A General Catalog of
HI Observations of Galaxies

W.K. Huchtmeier   O.-G. Richter

A General Catalog of HI Observations of Galaxies

The Reference Catalog

Springer-Verlag
New York Berlin Heidelberg
London Paris Tokyo

W.K. Huchtmeier
Max-Planck-Institut für Radioastronomie
D-5300 Bonn 1, Federal Republic of Germany

O.-G. Richter
Space Telescope Science Institute
Baltimore, MD 21218, USA
also affiliated with the
Astrophysics Division of the
Space Science Department of
E.S.A.

With 8 Figures

Library of Congress Cataloging-in-Publication Data
Huchtmeier, W.K.
  A general catalog of HI observations of galaxies: the reference
catalog/W. K. Huchtmeier, O. G. Richter.
    p. cm.
    Bibliography: p.
    ISBN 0-387-96997-7
    1. Galaxies—Spectra—Catalogs. 2. Hydrogen—Spectra—Catalog.
  I. Richter, O.-G. II. Title.
  QB857.H83 1989
  523.1'12'0287—dc20   89-6356

Printed on acid-free paper.

© 1989 by Springer-Verlag New York Inc.
All rights reserved. This work may not be translated or copied in whole or in part without the written permission of the publisher (Springer-Verlag, 175 Fifth Avenue, New York, NY 10010, USA), except for brief excerpts in connection with reviews or scholarly analysis. Use in connection with any form of information storage and retrieval, electronic adaptation, computer software, or by similar or dissimilar methodology now known or hereafter developed is forbidden.
  The use of general descriptive names, trade names, trademarks, etc. in this publication, even if the former are not especially identified, is not to be taken as a sign that such names, as understood by the Trade Marks and Merchandise Marks Act, may accordingly be used freely by anyone.

Camera-ready text provided by the authors.
Printed and bound by Edwards Brothers, Inc., Ann Arbor, Michigan.
Printed in the United States of America.

9 8 7 6 5 4 3 2 1

ISBN 0-387-96997-7 Springer-Verlag New York Berlin Heidelberg
ISBN 3-540-96997-7 Springer-Verlag Berlin Heidelberg New York

Summary

A catalog of all published HI observations of external galaxies has been compiled. Its construction is briefly described. It contains almost 20,000 entries for over 10,000 galaxies based on more than 570 references. Here the *reference* catalog is presented. It contains the HI data basically just as they were originally published. No numerical conversions were made and no error correction was attempted.

Contents

Summary		v
Introduction		ix
1.	The Compiled Data	ix
1.1.	References Included	ix
1.2.	Description of the Catalog	x
1.3.	Comments on Table 1	x
1.3.1.	Galaxy Names	x
1.3.2.	Galaxy Coordinates	xi
1.3.3.	Masses	xi
1.3.4.	Codes Used	xi
1.3.5.	Telescopes	xi
1.4.	Auxiliary Information	xii
2.	Some Bibliographic and a Few Other Statistics	xii
3.	Concluding Remarks	xii
Acknowledgments		xiii
General References		xiii
Figures 1–8		xv

The Tables

Table 1	The Catalog	1
Table 2a	List of HI References, Ordered by Sequence Number	287
Table 2b	List of HI References, Ordered Alphabetically	298
Table 2c	List of HI References, Ordered by Publication Year	309
Table 3	References to Further HI Emission and Absorption Observations	320
Table 4	Discussions of Global Galaxy Parameters from HI Observations	322
Table 5	Discussions of the Tully–Fisher Relation	323
Table 6	Catalogs, Review Articles, Popular Articles, and Miscellaneous HI References	324
Table 7	Abstracts Published in *Astron. J.* and *Bull. A.A.S.*	325
Table 8	Author Index with Number of References and Number of Entries	328
Table 9	Codes for and Number of Entries from Different Telescopes	339
Table 10	Galaxies Observed with Radio Interferometers	340
Table 11	Number of Entries Per Reference	349

Introduction

Following its theoretical prediction by H.C. van de Hulst (1945), the 21-cm spectral line of neutral hydrogen (HI) was first observed in March 1951 by Ewen and Purcell (1951a,b), closely followed by confirmations by groups in Holland (Muller and Oort, 1951) and Australia (*cf.* van de Hulst, 1951). Soon its potential for galactic astronomy was exploited. The demonstration of the spiral structure of our Galaxy was one of the widely recognized early successes. Only after bigger radio telescopes were built and receiver technology advanced were observations of external galaxies started. Of course, the early observations concentrated on nearby galaxies of large angular size like the Magellanic Clouds, M31 and M33. The first publication of extragalactic HI measurements was by Kerr and Hindman (1953). The first HI absorption measurement, against galactic sources, was reported shortly thereafter by Hagen and McClain (1954).

In recent years the number of accurate HI measurements of external galaxies has increased rapidly, notably due to the work of Fisher and Tully (1981). Until now the multitude of these data has been widely spread over many different publications by different authors. Furthermore, some data have been presented in journals or books which may not be available everywhere. Some data never reached the formal publication level but may have been contained in unpublished theses. Clearly, all this complicates any statistical study.

The first larger data collection, published by Bottinelli *et al.* (1982), contained exclusively those references (until early 1980) which gave plots of global profiles. Unfortunately, it thereby neglects a large number of high-quality observations. Additionally, no upper limits for HI emission were cataloged. In order to remedy this situation we have compiled the present catalog, which was pre-released a few years ago (Huchtmeier *et al.*, 1983). Some earlier references provided a global profile but no numerical information (*e.g.*, Roberts, 1978). In those cases we have measured (graphically) the profiles. For these (almost by necessity) rather uncertain values we find satisfactory agreement with those given by Bottinelli *et al.* (1982).

No attempt was made in this reference catalog to convert the data to a common scale. A later second version of the catalog will contain corrected, edited, and averaged data with just one data entry per galaxy. As much as possible, that second catalog will represent a homogeneous catalog.

1. The Compiled Data

1.1. References Included

The whole astronomical literature published until the middle of 1988 (and available to us) has been surveyed for 21-cm line data of extragalactic objects. Every attempt has been made to include all additional references that appeared in print during the remainder of 1988. Some more recent publications were included when they were readily available to us. More than 900 references in total were found. They are listed in Tables 2–7.

In Tables 2a–c, the references actually used in the catalog (viz. Table 1) are listed. While Table 2a is ordered by the reference number used in Table 1, Table 2b is ordered alphabetically by authors, and Table 2c is ordered chronologically. All these references give data from 21-cm *emission* measurements. In general, 21-cm *absorption* data cannot be used directly to determine global properties of galaxies. References to such data are listed in Table 3 together with various other emission references. Table 4 lists further references not given previously which discuss global galaxian parameters on the basis of HI observations. Discussions of the Tully–Fisher relation (Tully and Fisher, 1977) are listed in Table 5. Catalogs, review articles, and miscellaneous articles about HI data that have come to our attention are listed in Table 6. For the sake of completeness we have listed in Table 7 the abstracts of papers which (usually) later appeared as formal papers. Occasionally, more than one reference presented the same basic data or discussed various aspects of them. These have been combined to form a single number entry in the reference lists.

The reader should note that no completeness is claimed for Tables 4–6. Those reference lists are provided just as an added convenience to the user of this catalog. Also note that references that appeared already in Tables 2 or 3 are not listed again in the later Tables.

In Table 8 we have included an alphabetical index of all authors that appear in Tables 2–7 for easy reference. This listing will be especially useful during a search for inadvertently omitted references.

1.2. Description of the Catalog

Our reference catalog is presented in Table 1. It contains—where given by the authors—the following data:

- the object name in column 1;
- the most accurate known equatorial coordinates (see below) in columns 2 and 3 (epoch 1950);
- the morphological type (internally coded in a crude 1-byte code based on the system of the RC2[1]) in column 4;
- the inclination i (in degrees) used by the authors in column 5. In the rare cases where it was obvious that the authors used $90°-i$ this was changed accordingly. In our definition $i=0°$ denotes face-on orientation;
- the HI mass (or an upper limit to it) in one of several formats in column 7. Listed are either
  - the integrated flux I ($=\int S \cdot dv$) (in $Jy \cdot kms^{-1}$),
  - the reduced HI mass F_H (in $10^6 \, M_\odot/Mpc^2$), denoted F, or
  - the derived total HI mass M_H (in $10^9 \, M_\odot$), denoted M, or
  - the logarithm of the total HI mass, denoted L.

  Occasionally, only an upper limit for the peak flux S_{max} (denoted S) is given (in mJy). The codes I, F, M, L, or S are given in column 6;
- the error of the quantity in column 7 appears in column 8. In several instances the achieved noise level S_{rms} for non-detections is given here. For upper limits this is, in fact, the preferred datum to be included in our catalog since it does not yet contain any assumptions made by the authors about linewidth and statistical uncertainty;
- the radial velocity (in $km \, s^{-1}$) in column 10. If specified by the authors, the reference frame is coded (see below) in column 9. If no radial velocity was known and no HI detection was obtained by the authors, we list the range in radial velocity searched for emission in columns 9–11 (if specified in the reference);
- the error of the radial velocity (also in $km \, s^{-1}$) in column 11;
- the HI line width Δv_{50} measured at 50% of the peak intensity in column 12, and
- the HI line width Δv_x at another (coded, see below) level in column 13, typically at either 25% or 20% of the peak flux (again in $km \, s^{-1}$). The code appears in column 14;
- the distance D used by the authors (in Mpc) in column 15;
- the optical dimensions a and b (in arcmin) used by the authors in columns 16 and 17. In rare cases (e.g., HI clouds) the HI size is listed;
- the maximum rotational velocity v_{max} (in $km \, s^{-1}$) in column 18, and
- the dynamical position angle $p.a.$ (in degrees) in column 19, both derived principally from HI synthesis observations;
- the number of the reference from where these data were taken (see Table 2a) in column 20;
- a code for the radio telescope used (cf. Table 9), and
- an asterisk indicating that some graphical representation of the observations (e.g., a profile) and/or a photograph of this object is given in the reference, both in column 21.

1.3. Comments on Table 1

1.3.1. Galaxy Names

Often one galaxy entered our catalog more than once under several different names. We attempted to retain only the most "common" one. However, in some cases the identifications remain uncertain or ambiguous. These are marked by a question mark or a colon following the name. Most objects named "Anonymous" by the authors have been searched for in the standard

---

[1] *Second Reference Catalog of Bright Galaxies* (de Vaucouleurs et al., 1976)

galaxy catalogs, viz. the UGC[2], the CGCG[3], the ESO/Uppsala catalog (Lauberts, 1982), or the MCG[4] (in order of preference). Eventually, those galaxies were renamed. Individual (proper) names of single galaxies were not used. The Small Magellanic Cloud (SMC = ESO 29-G 21) is identified as NGC 292.

1.3.2. Galaxy Coordinates

Different authors sometimes used different coordinates to observe the same galaxy. We give only the most accurate coordinates known to us taken either directly from the used reference, from one of the standard galaxy catalogs, or from one or more of the following references: Clements (1981), Dressel and Condon (1976), Foltz et al. (1980), Gallouët and Heidmann (1971) or Gallouët et al. (1973, 1975), Joshi and Kandalian (1981), Kojoian et al. (1978, 1981a,b,c, 1982), Peterson (1973), Santagata et al. (1987a,b), Vettolani et al. (1986), and Wilson and Meurs (1978). Sub-arcsecond accuracies could not be retained due to format limitations. In general, small differences in the *observed* positions are not critical because the beam widths were much larger than the positional deviations. Some references—mostly those presenting synthesis observation—give the position of the galaxy's dynamical center derived either directly or via modelling from the velocity field. For consistency throughout the whole catalog we have not used those, but rather have retained the optical coordinates.

1.3.3. Masses

Total masses M_T were included in the pre-release of this catalog (Huchtmeier et al., 1983) whenever available. Occasionally they were the only item indicating the HI linewidth or the maximum rotation velocity. Nevertheless, (partially pressured by the revised format requirements) we have chosen here to drop the total masses since they are derived in a variety of different ways from more basic data which are actually listed.

Unfortunately, some authors have given insufficient information to retrieve the basic observed data. The most common example is the publication of an HI mass without specifying a distance either directly or implicitly via quotation of the Hubble constant *and* the radial velocity reference frame used. Another example is the publication of upper limits to the HI flux without mentioning the optical radial velocity or the observed range of radial velocities. Such data are nevertheless included for the sake of completeness. They have not been marked specifically because the lack of such additional information is readily apparent.

1.3.4. Codes Used

The radial velocities given in the catalog (Table 1, column 10) are preceded by a code number indicating their reference frame as follows:

0 $v_\odot$
1 v_0 (RC2)   HI radial velocity.
2 v_{LG} (RSA[5])
3 v_{LSR}
5 $v_\odot$
6 v_0 (RC2)   optical radial velocity.
7 v_{LG} (RSA)
8 v_{LSR}

Usually, authors who used LSR velocities did not specify the actual reference frame. In all cases the standard LSR is assumed.

The second linewidth given is (in virtually all cases) followed by a one-digit code indicating the level at which it has been measured:

1, 2   0%
3   50% of average flux   (used only by some Arecibo observers)
4, 6   20% of peak flux
5, 7   25% of peak flux
8   Rectangle model   (used only by some Nançay observers)
9   Triangle model

The second code for the same level is used (because of internal format limitations) to identify linewidths larger than 999 $km\ s^{-1}$; in those cases one must add 1000 $km\ s^{-1}$ to the printed value (applies to ≤ 5 entries). If no code is given, then the level was not specified by the authors.

1.3.5. Telescopes

The one-letter codes for the different telescopes are given in Table 9. Since the two 21-cm feeds in Arecibo—commonly referred to as the "flat" feed and the "circular" feed—produce quite different telescope beam widths and, hence, different corrections for resolution, we use both lower- and upper-case letters for proper identification. Not always is the actually used feed given. In those cases we use upper-case. As

---

[2]*Uppsala General Catalogue of Galaxies* (Nilson, 1973, 1974)

[3]*Catalogue of Galaxies and Clusters of Galaxies* (Zwicky et al., 1961–1968)

[4]*Morphological Catalogue of Galaxies* (Vorontsov-Veljaminov et al., 1962–1974)

[5]*A Revised Shapley–Ames Catalog of Bright Galaxies* (Sandage and Tammann, 1981)

can be seen from Table 9, the use of the Arecibo and the (former) NRAO 300-ft telescopes as redshift measurement machines ("z-machines") has led to a total fraction of about 70% of all entries in this catalog.

In general, data obtained with synthesis telescopes provide much more detail than single-dish observations. For the reader's convenience we list in Table 10 all galaxies that were observed with one of those instruments. This list should be particularly useful for studies of HI surface density distributions and rotation curves.

1.4. Auxiliary Information

Some other information given by the authors could not be included in Table 1. Nevertheless, it is sometimes essential in order to make proper use of the data given in the catalog. Usually, those data did not fit into the format for the main catalog. Therefore, they are currently stored separately. Among such information are the following items:

- a flag showing the availability of coordinates directly from the HI reference,
- the Hubble constant H_0 adopted by the authors,
- a flag indicating if the fluxes given were corrected for beam broadening or not,
- the number of entries a reference contributes to Table 1, and
- the number of galaxies it contributes.

Clearly, the second and third items above are often important for the recovery of originally measured data. Most of the other items are needed internally for proper management of the catalog. Table 11 gives the number of entries from the different references. The other items are not printed out here but are available upon special request.

2. Some Bibliographic and a Few Other Statistics

The catalog presented in Table 1 contains 19,976 entries for 10,308 galaxies. The actual distribution of all these galaxies in galactic coordinates is shown in Fig. 1. In Fig. 2 their distribution in declination is shown. Table 11 lists the number of entries from all references (see above). The distribution of the number of entries per galaxy is shown in Fig. 3. Of course, the majority of all galaxies (i.e., $\approx$ 60%) have been observed just once. There are, on the other hand, quite a few well studied galaxies with more than 10 entries each. The record holder is still M101 (NGC 5457) with currently 31 entries.

Another interesting statistic is the number of HI references published per year. This is shown in Fig. 4. Assuming about 2–3 years time lag between conduct of observations and actual appearance in print, one may conclude from Fig. 4. that extragalactic HI research became a really "hot" topic only around 1975. This roughly coincides with the advent of a new generation of low-noise 21-cm receivers at the major radio telescopes. From the beginning of 1954 until 1969 on average only 2.5 references with extragalactic HI data were published per year. From 1970 until 1976 the pace accelerated and this figure climbed to about 17. Since 1977 an average of about 33 references per year have appeared.

The frequency distribution of the number of entries provided into Table 1 per reference is shown in Fig. 5. Just about 50% of all references contribute only one or two entries to the catalog. While references with just one or two entries are "over-abundant", the overall distribution is fairly flat and drops off only for references with more than about 130 entries. Nevertheless, those latter references contribute more than 60% of all entries in Table 1. In this context it is also instructive to look at the average (mean and median) number of entries per reference as a function of time. Figure 6 shows the corresponding curves. It is apparent that early observations of single galaxies were published as individual papers, whereas today researchers can conduct entire surveys in the same amount of telescope time.

A final statistic we were curious about was the number of references and entries that individual authors contributed to the catalog. Those two frequency distributions are shown in Figs. 7 and 8.

3. Concluding Remarks

We have presented a complete reference catalog of extragalactic HI observations. The completeness of the catalog is estimated to be better than 95% for references and better than 99.5% for data entries. Through two successive proofreadings we are able to place a conservative upper limit on the error rate in Table 1 of no more than one faulty item per about 350 data lines. This should limit the total number of errors to less than about 100. [Usually, errors or misprints in original references will have propagated into our catalog.]

The authors intend to update this catalog periodically. We sincerely hope that any researcher producing data that should be referenced and/or included in this catalog will send their data to us (a) as early as possible, and (b) preferably in computer readable form. Naturally, this will ease the updating process considerably. We will gladly acknowledge the receipt of any reprints of papers to be referenced in this catalog. In order to improve the catalog as much as possible we invite interested readers

- to point out obvious omissions from Tables 2, 3, and 7,
- to help completing Tables 4, 5, and 6,
- to identify typing errors or other corrections to listed and/or originally published results,
- to complement the collected data with currently missing data items (see remarks in section 2.3.3),
- to notify us of not widely available references to be included (*e.g.*, data currently only available in theses, yearly reports, etc.),
- to send us data for already well-known galaxies which were obtained as a secondary calibration or system performance check. Those data will ease the task of comparing flux scales. They will receive an individual reference code (citation) in our catalog;
- to communicate high-quality optical data, especially optical redshifts for (yet) undetected galaxies and total blue magnitudes in the B_T system of the RC2.

Acknowledgments

In 1974 Paris Pismis initiated a collection of data on internal velocity information of extragalactic systems. In 1976 the project was announced at a session of the "Working group on internal motions in galaxies" (sub-group of I.A.U. commission 28) at Grenoble. The collection of the data was performed as a background job and the ideas about its presentation changed substantially until 1981.

The early stages of this work were financially supported by the Deutsche Forschungsgemeinschaft (DFG) under grant Hu 234/3. The project would have been impossible without the support of the Hamburger Sternwarte and the help of several staff members, most notably H.-D. Bohnenstengel and M. Hauschildt. We would like to thank the European Southern Observatory which made it possible to publish the pre-release version of this catalog in printed form. Special thanks go to Dave Davis (S.T.Sc.I.), whose help during the final assembly of the catalog into its present form was instrumental for the success of the project.

Thanks are due to many authors who provided data in advance of publication, especially J.R. Fisher. In more recent years, a number of authors were kind enough to transmit their data in computer readable form. Fortunately, this eliminates typing and the need for proof-reading in exchange for usually simple re-formatting. Here we like to thank Drs. M. Bicay, J.R. Fisher, R. Giovanelli, M.P. Haynes, B.M. Lewis, S.E. Schneider, W.T. Sullivan III, R.B. Tully, and A. Wootten. Drs. W.D. Pence, M.M. Phillips, W.T. Sullivan III, A.G. Turtle, and R.B. Tully kindly communicated heretofore unpublished HI observations in computer readable form. L. Dressel made her large collection of accurate coordinates for UGC galaxies available on tape.

We would also like to thank all those people who made constructive comments on the form and content of this catalog, most notably F.J. Kerr, M.S. Roberts, and W.T. Sullivan III.

General References

Bottinelli, L., Gouguenheim, L., and Paturel, G.: 1982, *Astron.Astrophys.Suppl.Ser.* **47**, 171

Clements, E.D.: 1981, *M.N.R.A.S.* **197**, 829

deVaucouleurs, G., deVaucouleurs, A., and Corwin Jr., H.G.: 1976, *Second Reference Catalogue of Bright Galaxies*, Univ. of Texas Press, Austin (RC2)

Dressel, L.L., and Condon, J.J.: 1976, *Astrophys. J.Suppl.* **31**, 187

Ewen, H.I., and Purcell, E.M.: 1951a, *Astron.J.* **56**, 125

Ewen, H.I., and Purcell, E.M.: 1951b, *Nature* **168**, 356

Fisher, J.R., and Tully, R.B.: 1981, *Astrophys.J.Suppl.* **47**, 139

Foltz, C.B., Peterson, B.M., and Boroson, T.A.: 1980, *Astron.J.* **85**, 1328

Gallouët, L., and Heidmann, N.: 1971, *Astron.Astrophys.Suppl.Ser.* **3**, 325

Gallouët, L., Heidmann, N., and Dampierre, F.: 1973, *Astron.Astrophys.Suppl.Ser.* **12**, 89

Gallouët, L., Heidmann, N., and Dampierre, F.: 1975, *Astron.Astrophys.Suppl.Ser.* **19**, 1

Hagen, J.P., and McClain, E.F.: 1954, *Astrophys.J.* **120**, 368

Huchtmeier, W.K., Richter, O.-G., Bohnenstengel, H.-D., and Hauschildt, M.: 1983, **ESO** Scientific Preprint no. 250

Joshi, M.N., and Kandalian, R.A.: 1981, *Bull.Astr.Soc. India* **9**, 24

Kerr, F.J., and Hindman, J.V.: 1953, *Astron.J.* **58**, 212

Kojoian, G., Elliot, R., and Tovmassian, H.M.: 1978, *Astron.J.* **83**, 1545

Kojoian, G., Elliot, R., and Tovmassian, H.M.: 1981a, *Astron.J.* **86**, 811

Kojoian, G., Elliot, R., and Bicay, M.D.: 1981b, *Astron.J.* **86**, 816

Kojoian, G., Elliot, R., Bicay, M.D., and Arakelian, M.A.: 1981c, *Astron.J.* **86**, 820

Kojoian, G., Elliot, R., and Bicay, M.D.: 1982, *Astron.J.* **87**, 1364

Kraan-Korteweg, R.C., and Tammann, G.A.: 1979, *Astron.Nachr.* **300**, 181

Lauberts, A.: 1982, *The ESO/Uppsala Survey of the ESO (B) Atlas*, ESO, Garching Muller, C.A., and Oort, J.H.: 1951, *Nature* **168**, 357

Nilson, P.: 1973, *Uppsala General Catalogue of Galaxies*, Uppsala Obs.Ann. **6** (UGC)

Nilson, P.: 1974, *Catalogue of Selected non-UGC galaxies*, Uppsala Astron.Obs.Report No. 5(UGCA)

Peterson, S.D.: 1973, *Astron.J.* **78**, 811

Roberts, M.S.: 1978, *Astron.J.* **83**, 1026

Santagata, N., Basso, L., Gottardi, M., Palumbo, G.G.C., and Vettolani, G.: 1987a, *Astron.Astrophys.Suppl.Ser.* **70**, 189

Santagata, N., Basso, L., Gottardi, M., Palumbo, G.G.C., Vettolani, G., and Vigotti, M.: 1987b, *Astron.Astrophys.Suppl. Ser.* **70**, 191

Tully, R.B., and Fisher, J.R.: 1977, *Astron.Astrophys.* **54**, 661

van de Hulst, H.C.: 1945, *Ned. Tijdschr.Naturk.* **11**, 201

van de Hulst, H.C.: 1951, *Astron.J.* **56**, 144

Vettolani, G., Palumbo, G.G.C., and Santagata, N.: 1986, *Astron.Astrophys.Suppl.Ser.* **64**, 247

Vorontsov-Velyaminov, B.A., Krasnogorskaja, A., and Arhipova, V.P.: 1962, 1963, 1964, 1968, 1974, *Morfologiceskij Katalog Galaktik* (Morphological Catalogue of Galaxies), Vols. **I–V**, Moscow State University, Moscow (MCG)

Wilson, A.S., and Meurs, E.J.A.: 1978, *Astron.Astrophys.Suppl.Ser.* **33**, 407

Zwicky, F., Herzog, E., Wild, P., Karpowicz, M., and Kowal, C.T.: 1961–1968, *Catalogue of Galaxies and Clusters of Galaxies*, Vols. **I–VI**, California Institute of Technology, Pasadena (CGCG)

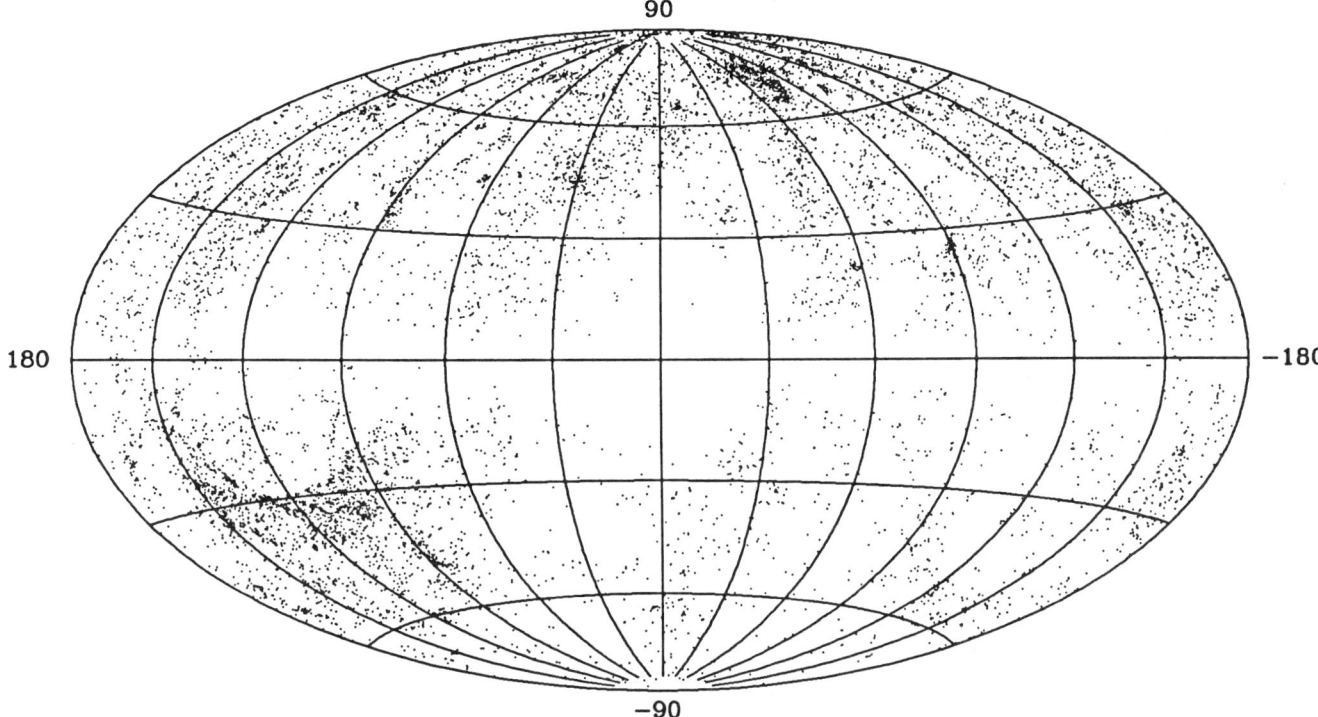

FIGURE 1. An equal area Aitoff projection of the galactic coordinate distribution of all galaxies listed in the catalog (Table 1). The Virgo cluster with its southern extension as well as the Perseus/Pisces supercluster are the two most prominent features in this graph.

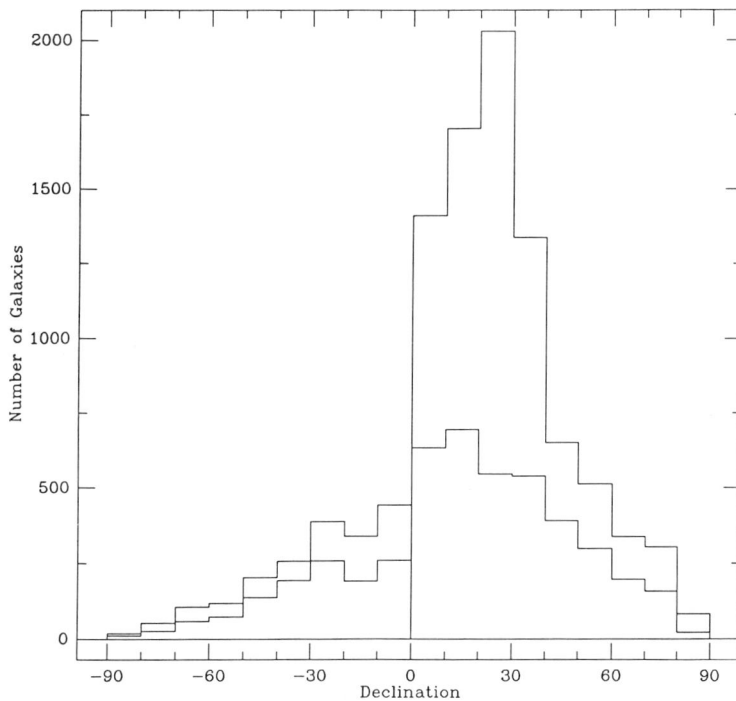

FIGURE 2. The distribution of the cataloged galaxies in declination. Shown are both the curves for the 1983 pre-release version (lower curve) and for the current catalog (upper curve). A strong selection bias toward northern galaxies is obvious.

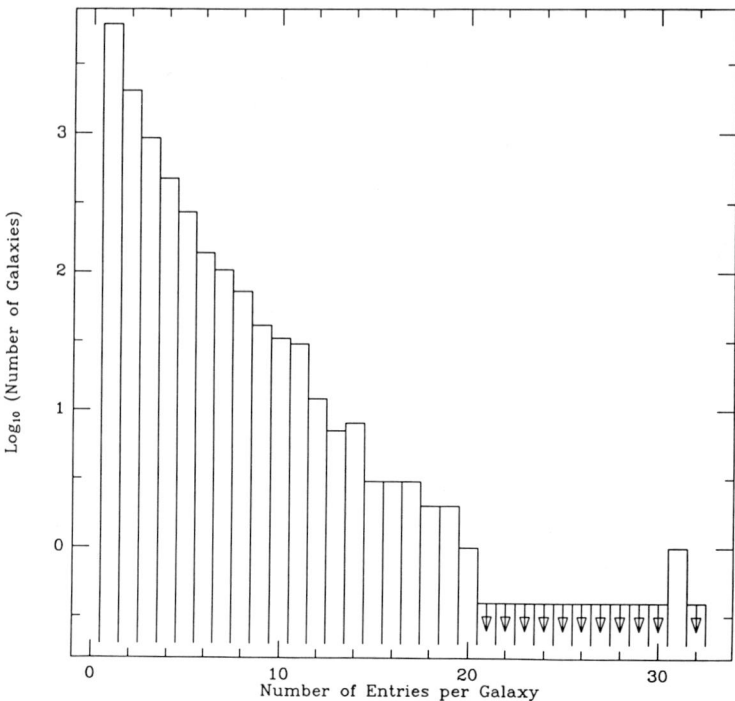

FIGURE 3. The frequency distribution of the number of entries per galaxy. Note the logarithmic scale on the vertical axis for the galaxy number.

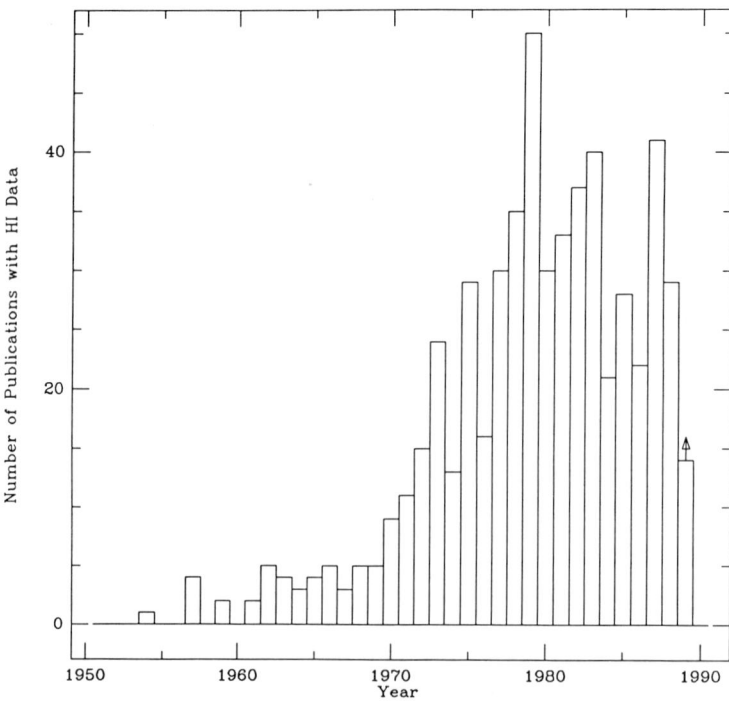

FIGURE 4. The number of HI references per year as a function of time. The number for 1989 is a lower limit because of the incompleteness of the catalog.

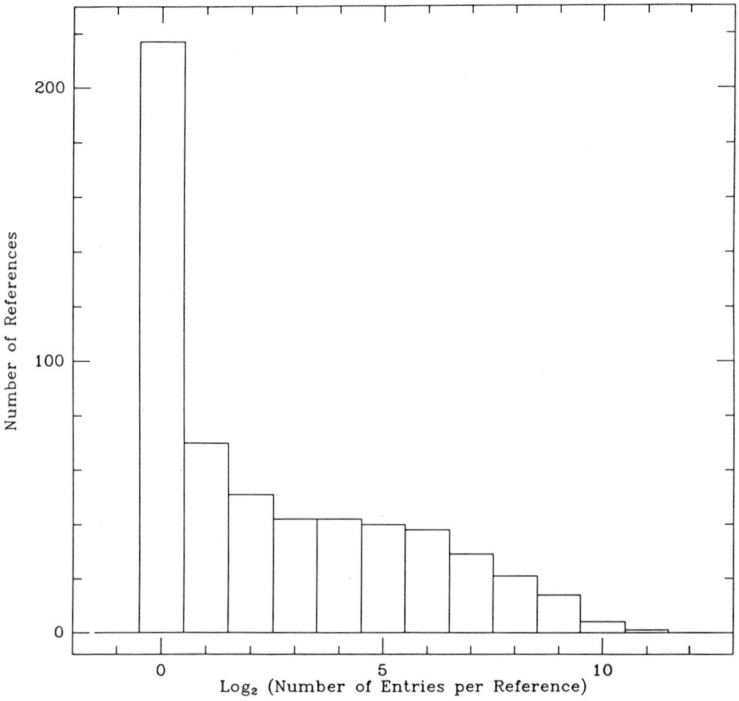

FIGURE 5. The frequency distribution of the number of entries per reference. Note the logarithmic scale on the abscissa. The ordinate values are the sums of all numbers of entries between $2^{n-1}+1$ and 2^n, where n is shown on the abscissa.

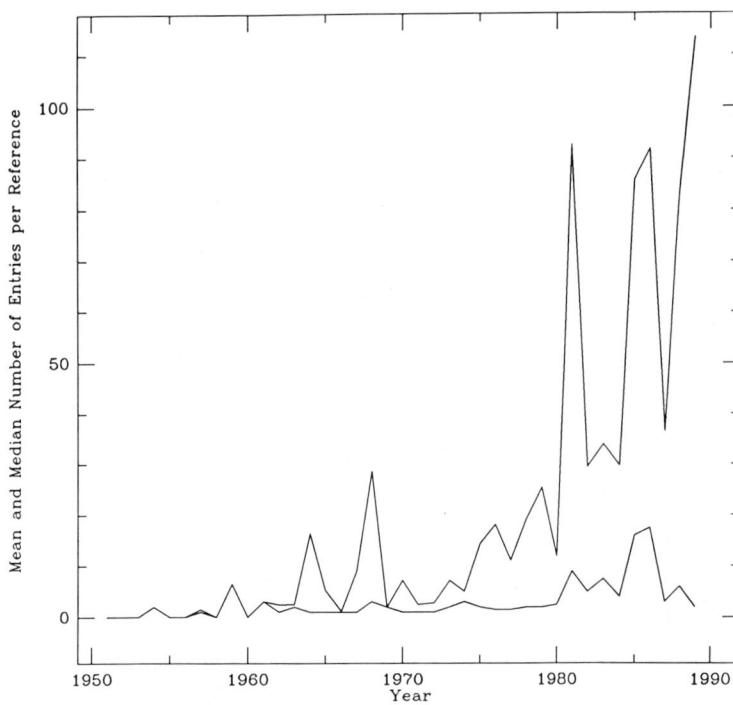

FIGURE 6. The mean (upper curve) and the median (lower curve) number of entries per reference as a function of time.

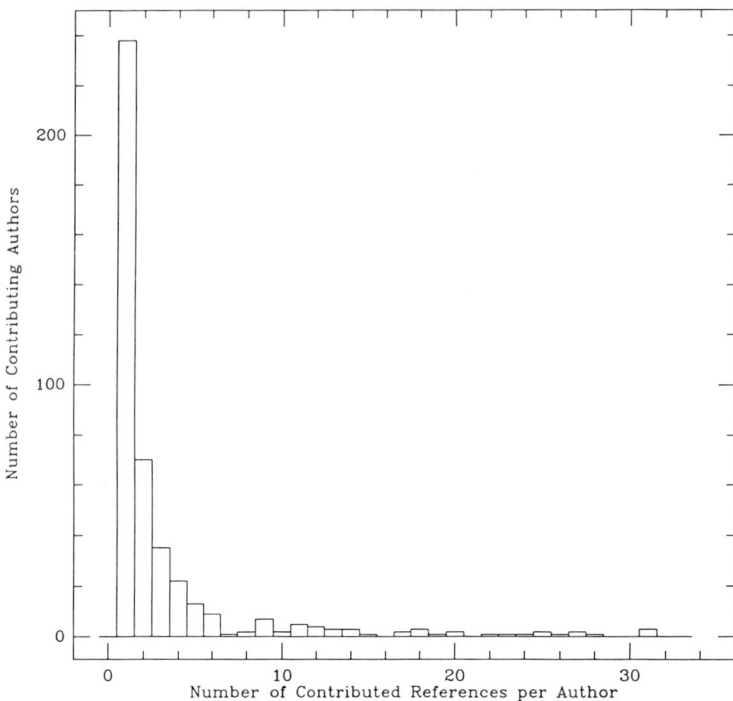

FIGURE 7. The frequency distribution of the number of references per contributing author. Only references that provide entries into Table 1 are considered.

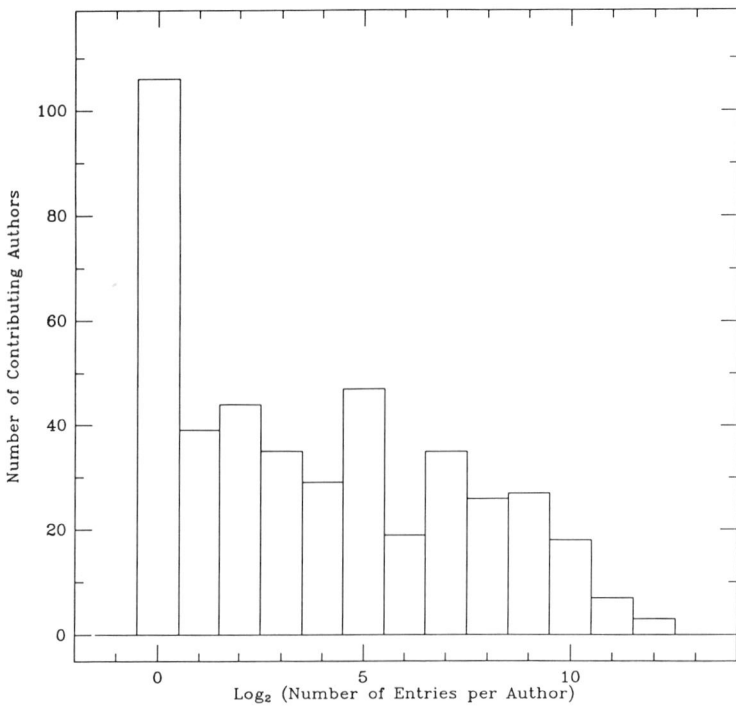

FIGURE 8. The frequency distribution of the number of entries in Table 1 per contributing author. Note the logarithmic scale on the abscissa. The ordinate values are the sums of all numbers of authors between $2^{n-1}+1$ and 2^n entries where n is shown on the abscissa.

The Tables

Table 1 The Catalog

Name (1)	R.A. (2)	Dec. (3)	Type (4)	i (5)	(6)	HI-flux (7)	(8)	(9)	v (10)	(11)	(12)	Δv (13)	(14)	Dist (15)	a (16)	b (17)	Vmax (18)	Pos (19)	Ref (20)	T (21)
IC 5378	00 00 00	+16 22	SBd		I	5.0		0	5838	10		160	4		1.2	0.9			78	A ★
IC 5379	00 00 00	+16 22	S0/a		I	1.3		0	6207	20		339	4		1.1	0.9			78	A ★
ESO 12-G 14	00 00 13.0	−80 37 25	Sm	62	I	≤60.0									3.1	1.5			310	P
			Im	62				1	1953	20				23.4	2.1	1.1			528	P
ESO 149-G 13	00 00 13.0	−53 03 00		67	M	2.59		1	1387			166	4	27.7	1.1	0.5			535	P
Anon 0000+18	00 00 14.4	+18 41 22			I	1.10		0	713		50				0.68				556	A
Zw 499-039	00 00 17.0	+31 12 33	Sc		I	1.49		0	4949			119	3		0.8	0.6			565	A ★
Anon 0000+29	00 00 22.2	+29 18 21			I	1.40		0	4836		114				0.68				556	A
Zw 499-040	00 00 34.0	+30 45 40	S0/a		I	0.45		0	4797			419	3		0.7	0.3			565	A ★
UGC 6	00 00 35.4	+21 40 51	Im	45	I	1.07	0.21	0	6602	11	300	346	3		1.0	0.7			454	A ★
					I	1.25		0	6600			411	4	88.4	1.0	0.7			562	A ★
Zw 478-016	00 00 36.0	+24 54 00	S0/a		I	0.35		0	7753			103	3		0.3	0.3			565	A ★
NGC 7814	00 00 41.1	+15 52 03	Sab	67	F	6.2	1.2	0	1063	20		541	4	14.1	5.5				53	N ★
			Sab	65	I	12.0		0	1050	4	462			13.	8.2				273	A
			Sab		I	≥23.4		0	1064	20		457	4						232	N ★
																			127	W
			Sab		I	13.70	0.16		1049	5	464								519	a ★
UGC 12	00 00 46.2	+29 31 00	Sbc		I	2.8		0	6984			249	3		1.1	0.9			488	A
UGC 11	00 00 47.6	+21 49 35						0	4440										490	A
			S0/a		I	1.85		0	4453			186	3		1.1	0.8			565	A ★
UGC 13	00 00 55.5	+27 04 13	SBab	25	I	0.80	0.15	0	7721	9	146	200	3		1.1	1.0			454	A ★
Zw 478-018	00 01 00.0	+21 48 13	Sb		I	1.44		0	7500			332	3		0.6	0.4			565	A
UGC 14	00 01 01.2	+22 55 19	Sc		I	≤3.0		0	−	6700					3.1				273	A
			Sd	57	I	6.92	1.11	0	7253	1	345	364	3		1.9	1.0			454	A ★
UGC 17	00 01 09.0	+14 56 26	Sm	46	F	1.70	0.30	0	885	10	99			21.0	4.3	3.01			89	G
			Sm	47	F	1.70	0.53	0	881	20		107	4	10.8	4.4	3.0			373	G
			Im		I	6.10		0	877			117	4		4.4	3.1			515	G ★
NGC 7816	00 01 15.2	+07 12 03	Sbc	27	M	4.43		0	5227	20				49.6					324	N
			Sbc		I	14.99			5241	5	173	195	4						457	A ★
			Sbc		I	8.534		0	5241		170	188	4		2.0	2.0			475	A
NGC 7817	00 01 24.9	+20 28 18	Sbc	71	I	14.0	2.0	0	2312	9	417			26.	5.4				273	A
			Sbc		S	≤40.0		400	−	2000									203	G
			SXbc	74	F	3.81	1.42	0	2316	15		403	4	25.3	5.6	1.9			373	G
			Sbc	79	I	13.6		0	2302			426	4	50.5	4.0	1.9		45	393	A
			Sbc	74	M	1.86		0	2303	20				23.1					324	N
			Sbc	74	I	18.8		0	2312			461	5	25.3					417	G
			Sbc	75	I	16.6	1.4	0	2318	8	405	433	4		3.7				473	J ★
			Sbc		I	13.6		0	2308			426	5		4.0	1.1			488	a ★
			Sbc		I	14.30		0	2301			444	4		5.7	1.7			515	G ★
				76	F	16.7	2.0	0	2311	4	397	439	4				199	45	555	W
UGC 20	00 01 30	+80 01	Sdm		S	± 18.0		−400	−	3000					3.9	2.6			373	G
UGC 24	00 01 39.6	+22 18 40	SBd	47	I	4.57	0.72	0	4442	1	177	196	3		1.2	0.8			454	A ★
Zw 499-043	00 01 41.7	+31 46 13	Sc	26	S	± 1.7		2372	−	9308					0.5	0.5			452	A
UGC 23	00 01 42	+10 30			S	± 4.0		400	−	7400									490	A
NGC 7819	00 01 50.4	+31 11 43	Sc	51	I	9.21	0.9	0	4958	10		256	4		1.6				188	G ★
			SBc	26	I	8.89	1.38	0	4959	1	245	262	3		2.0	1.8			452	A ★
Zw 478-000	00 01 53.0	+22 04 45	Sm	62	I	2.20	0.36	0	6494	4	209	222	3		1.0	0.5			454	A ★
UGC 30	00 01 58.4	+33 16 47	S		I	2.41		0	4760			278	3		1.2	0.1			565	A ★
Zw 478-021	00 02 10.5	+26 33 13	S		I	1.08		0	7570			238	3		0.6	0.6			565	A ★
Anon 0002+18	00 02 13.0	+18 01 56			I	1.00		0	6315		77				0.5				556	A
UGC 32	00 02 24	+11 26			S	± 4.0		−100	−	6900									490	A
Zw 478-023	00 02 32.4	+21 54 43	S		I	1.03		0	14451			651	3		0.4	0.3			565	A ★
UGC 35	00 02 42	+05 59			F	≤1.0		−400	−	4800									213	G
Zw 499-049	00 02 54.4	+32 15 10	Sc		I	1.16		0	10422			156	3		0.9	0.9			565	A ★
UGC 40	00 03 14.0	+27 10 07	SBc	54	I	2.18	0.38	0	7531	4	379	398	3		1.2	0.7			454	A ★
UGC 41	00 03 23.0	+22 12 47	SBd	76	I	3.70	0.59	0	6597	1	258	277	3		1.2	0.3			454	A ★
Anon 0003+27	00 03 28.4	+27 04 17			I	1.50		0	3181		69				0.82				556	A
Mark 335	00 03 45.1	+19 55 27	Seyf1	27	M	≤2.1			7450				4	102.0	0.2	0.2			293	A
			Seyf1			≤0.24		5	7445					153.					28	A
					F	≤0.13		5	7757										154	A
ESO 293-G 34	00 03 48	−41 46 18	SBd	64	F	7.21	1.35	0	1542	20		314	4	15.0	5.0	2.3			373	B
NGC 7828/29	00 03 56	−13 41 57	Mult p		M	≥5.6		5	5668					57.3	1.5				549	V ★
UGC 47	00 04 00	+17 00						0	870										490	A
UGC 48	00 04 00	+47 36			I	12.69		0	4322		95	83	3						498	G ★
UGC 50	00 04 06.0	+25 52 33	Sbc	75	I	2.89	0.50	0	7561	6	404	419	3		1.0	0.3			454	A ★
Anon 0004+21	00 04 06.9	+21 06 05			S	± 0.25		100	−	8120					0.4				556	A
Anon 0004−06	00 04 18	−06 54	Pec		S	± 18.0		−400	−	3000									373	G
NGC 1	00 04 41.3	+27 25 50	Sc	50	I	11.02		0	4548	10		367	5		1.8	1.2		120	158	G ★
			Sb	39	I	10.0	2.0	0	4534	6	324			48.	3.0				273	A
			Sc	48	I	11.86	1.92	0	4555	2	318	329	3		1.8	1.2			454	A ★

Table 1 cont.

Name (1)	R.A. (2)	Dec. (3)	Type (4)	i (5)	(6)	HI-flux (7)	(8)	(9)	v (10)	(11)	Δv (12) (13) (14)	Dist (15)	a (16)	b (17)	Vmax (18)	Pos (19)	Ref (20)	(21)
NGC 1					I	9.59		0	4551	5	314 334 4						508	A
NGC 2	00 04 42.0	+27 24 00	Sab		I	2.20		0	7550		375 3		1.1	0.7			565	A ⋆
IC 1530	00 04 44.5	+32 19 53	Sc	84	I	5.64	0.91	0	5072	1	470 495 3		1.8	0.3			452	A ⋆
Anon 0004+31	00 04 52.7	+31 47 39			I	2.10		0	4864		100		0.77				556	A
Zw 478-028	00 05 05.3	+25 18 37	Pec		I	0.37		0	7054		168 3		0.7	0.3			565	A ⋆
NGC 7836	00 05 26.6	+32 47 31	Im		I	≤1.1		6	5311			96.6	1.1	0.7			235	A ⋆
			Sc	50	I	1.37	0.25	0	4904	5	315 450 3		1.1	0.7			452	A ⋆
UGC 68	00 05 35.3	+26 43 31	SBc	57	I	2.93	0.48	0	8774	3	252 308 3		1.0	0.6			454	A ⋆
UGC 69	00 05 35.5	+27 14 53	Sd	45	I	6.95	1.08	0	4638	1	173 193 3		1.3	0.9			454	A ⋆
ESO 349-G 31	00 05 41	−34 51 24	dI		M	0.011	0.003	0	207	7	25	2.9					63	N ⋆
NGC 7	00 05 48.8	−30 11 45	Sb	79	I	≤7.3		0	− 6200				1.9				320	P ⋆
UGC 76	00 06 10.0	+24 15 53			I	2.97		0	4581		218 3		1.1	0.3			565	A ⋆
NGC 12	00 06 10.9	+04 20 05	Sc	28	I	5.96	1.2	0	3940	20	272 4		1.7				188	G
NGC 14	00 06 12.0	+15 32 13	IBm	39	I	12.0	2.0	0	867	9	79	11.	4.3				273	A
			Im	33	F	5.15	0.67	0	860	10	143 4	10.6	4.4	3.7			373	G
			IBm	41	I	16.8		0	875		180 5	10.7					417	A
			IBm	41	I	17.8		0	866		123 5	10.7					417	A
			IBm	41	I	16.8		0	875		180 5	10.7					417	G
			Im	41	I	17.60		0	862		129 4		4.4	3.5			515	G ⋆
UGC 77	00 06 12.8	+33 09 21	Sc	76	I	3.81	0.64	0	4808	3	458 487 3		2.5	0.7			452	A ⋆
NGC 9	00 06 20.1	+23 32 24	Sab p		I	2.7		0	4528		187 3		1.3	0.7			488	A ⋆
UGC 79	00 06 28.5	+25 20 20	Sc		I	2.9		0	4339	10	212 4		1.7	1.3			78	A ⋆
								0	4351								490	A
			Sd	40	I	5.30	0.84	0	4341	1	188 208 3		1.7	1.3			454	A ⋆
NGC 16	00 06 29.7	+27 27 08	Sa	57	S	±	1.09	5	3041				1.8	1.0			454	A
			E/S0		I	≤0.64		5	3041				2.0			16	501	A
			SB0		I	≤0.8		5	3040				2.1	1.2			419	A
UGC 85	00 06 52	+47 04 45			I	7.03		0	5154		348 300 3		2.2				498	G ⋆
NGC 20	00 06 57.5	+33 01 53	E/S0		I	≤0.99		4000	−	6000			2.2	1.4			501	A
NGC 22	00 07 12.5	+27 33 06	Sc	39	I	4.35	0.72	0	8312	2	387 405 3		1.8	1.4			452	A ⋆
Zw 478-035	00 07 16.4	+26 30 43	S		I	1.76		0	17225		288 3		0.5	0.3			565	A ⋆
NGC 23	00 07 19.3	+25 38 50	Sb	45	I	8.92		0	4566	15	364 5		2.2	1.6		8	158	G ⋆
			SBa		I	4.1		0	4575	8	450 4		2.2	1.6			78	A ⋆
			SBab	47	I	8.01		0	4558		432 4		2.2	1.6			471	A ⋆
			SBa	30	I	7.05		0	4565	6	386 446 4		3.4	3.0		8	508	A ⋆
			SBb	44	I	6.38		0	4557		0 438 3	65.	2.2	1.6			454	A ⋆
				47				0	4561	6	389 442 4				263	8	555	A
				47	F	5.5	1.3	0	4576	9	343 375 4				224	8	555	W
					I	5.354		0	4563		429 4	61.7	2.2	1.6			562	A ⋆
			SBa		I	8.3	0.3	0	4553		530 4		2.2	1.6			503	G
NGC 24	00 07 23.8	−25 14 35	Sc	79	F	15.6	5.46		550	50	281 9	10.0	6.0				22	N ⋆
			Sc	77	I	74.0	5.5	0	553	9	245 4	11.7	4.3				320	P ⋆
			Sc	74	F	12.28	1.26	0	561	10	222 4	6.0	8.0	2.6			373	B
			Sc		I	71.0		0	548		202 212 4						429	E
			Sc	72	I	45.76	3.3	0	549	5	213 234 4						442	E ⋆
			Sc	77	I	45.8	3.9	0	554	4	209 223 4		5.5	2.7			523	J ⋆
UGC 90	00 07 24	+16 40			F	≤1.0		−400	−	3000							213	G
UGC 92	00 07 26.5	+27 55 53	Sc	30	I	4.01	0.63	0	8168	1	79 127 3		1.5	1.3			452	A ⋆
UGC 91	00 07 28.1	+27 52 20	Sc	78	I	4.04	0.65	0	8216	1	330 438 3		1.4	0.3			452	A ⋆
ESO 538-G 24	00 07 45.0	−18 32 36	Im	20	F	1.96	0.38	0	1546	5	35 4	16.1	2.5	2.3			373	G
			S	0	I	7.4	0.8	0	1546	6	23 37 4		1.86	1.86			377	E ⋆
			Im		I	9.00		0	1546		39 4		2.5	2.3			515	G ⋆
UGC 93	00 07 47.0	+30 34 16	Sm	39	I	8.00	1.27	0	4948	1	72 282 3		2.6	2.0			452	A ⋆
			Sdm		S	±	18.0	−400	−	3000			4.0	3.1			373	G
								0	4946								490	A
UGC 95	00 07 51.0	+28 42 40	Sd	90	I	4.78	0.84	0	7851	3	447 483 3		1.9	0.1			452	A ⋆
NGC 26	00 07 51.3	+25 33 16	Sc	59	I	12.05		0	4583	15	354 5		2.0	1.1		100	158	G ⋆
			Sab	44	I	12.0	2.0	0	4589	7	304	48.	3.2				273	A
			Sb		I	7.2		0	4592	8	331 4		2.0	1.1			78	A ⋆
			Sb	46	I	8.54		0	4593	5	305 329 4	65.	3.2	2.3		100	508	A ⋆
			Sc	57	I	8.32		0	4602		0 331 3		2.0	1.1			454	A ⋆
				45				0	4596	3	306 338 4				209	100	555	A ⋆
				45	F	7.7	1.5	0	4592	5	298 345 4				202	100	555	W
Anon 0007+10	00 07 56.7	+10 41 47	Pec		I	≤1.2			26930								114	G
					I	0.65		0	26960	30	800 4						472	A ⋆
					I	0.50		0	26150	30	600 4						472	A ⋆
NGC 27	00 07 57.7	+28 43 09	Sc	67	I	3.20	0.54	0	7033	4	448 470 3		1.5	0.6			452	A ⋆
NGC 21	00 08 05.9	+32 42 18	SBbc		S	≤15.0		400	−	2000							203	G
			SBc	60	I	5.80		0	4796		328 3		1.2	0.6			452	A ⋆
UGC 99	00 08 06.0	+13 25 54		0	F	1.67		0	1736		89 111 4	25.7	4.3				213	G ⋆

Table 1 cont.

Name (1)	R.A. (2)	Dec. (3)	Type (4)	i (5)	(6)	HI-flux (7)	(8)	(9)	v (10)	(11)	(12)	Δv (13)	(14)	Dist (15)	a (16)	b (17)	Vmax (18)	Pos (19)	Ref (20)	(21)
UGC 99			Sm		F	2.59	0.39	0	1744	10		98	4	19.4	4.4	4.4			373	G
			S		I	8.50		0	1742			91	4		4.4	4.4			515	G ⋆
Zw 499-068	00 08 08.2	+28 17 10	Sc		I	0.77		0	8651			182	3		0.6	0.6			565	A ⋆
NGC 29	00 08 11.5	+33 04 24	Scd	64	I	10.23		0	4797			396	3		1.6	0.7			452	A ⋆
UGC 101	00 08 21.0	+25 17 00	SBb	67	I	2.92	0.50	0	10231	2	451	474	3		1.4	0.6			454	A
UGC 102	00 08 26.0	+29 46 40	SBb	36	S	±	1.7	−831	−	12688					1.6	1.3			452	A
			SBa		I	1.82		0	6791			394	3		1.6	1.3			565	A ⋆
Mark 938	00 08 33.7	−12 23 13	Mult		F	2.4	0.8	0	5931			514	4						154	G ⋆
					S	20.0		5	5753										548	P
Zw 499-070	00 08 36.0	+28 48 26	Sb		I	1.60		0	8153			331	3		0.8	0.3			565	A ⋆
UGC 105	00 08 39.7	+28 37 33	SB0/a		I	1.49		0	8046			264	3		1.2	1.1			565	A ⋆
UGC 107	00 09 02.5	+27 40 13	S		I	1.38		0	7446			389	3		1.1	0.2			565	A ⋆
UGC 108	00 09 10.0	+28 13 20	SBc	60	S	±	1.7	2372	−	12688					1.0	0.5			452	A
			SBb		I	1.92		0	8036			496	3		1.0	0.5			565	A ⋆
Zw 478-038	00 09 20.5	+22 44 47	S		I	2.49		0	7574			280	3		0.6	0.4			565	A ⋆
UGC 110	00 09 24.0	+26 06 53	Sd	51	I	2.57	0.42	0	4510	4	173	183	3		1.3	0.8			454	A ⋆
Zw 478-040	00 09 30.5	+24 42 33	Sb		I	3.76		0	10749			346	3		0.8	0.5			565	A ⋆
UGC 111	00 09 33.5	+11 46 00	Sb		I	4.8		0	6342			271	3		1.3	0.4			488	A ⋆
Zw 499-074	00 09 33.7	+27 38 00	S		I	2.57		0	7491			500	3		0.6	0.3			565	A ⋆
Anon 0009−34	00 09 36	−34 23	S0/a		S	±	18.0	−400	−	3000									373	B
Zw 499-075	00 09 36.0	+29 02 27	S		I	0.79		0	7389			149	3		0.6	0.3			565	A ⋆
UGC 112	00 09 36	+41 28			F	≤1.0		−400	−	3000									213	G
			Sm		S	±	18.0	−400	−	3000					3.4	3.4			373	G
					I	3.38		0	5029			76 64	3						498	G ⋆
UGC 113	00 09 38.5	+22 02 27	Sb	74	I	4.52	0.75	0	7629	2	483	526	3		1.2	0.4			454	A ⋆
NGC 39	00 09 43.6	+30 47 03	Sc		I	2.974		0	4857		187	203	4		1.2	1.1			475	A ⋆
			Sd	23	I	2.93		0	4887			217	3		1.2	1.1			452	A ⋆
UGC 115	00 10 00	+88 06	SBm		S	±	18.0	−400	−	3000					3.5	3.2			373	G
UGC 116	00 10 02.8	+05 13 33	Sb		I	4.1		0	8474			366	5		1.2	0.5			488	A ⋆
NGC 41	00 10 13.4	+21 44 40	Sb		I	1.65		0	5949			347	3		0.8	0.6			565	A ⋆
UGC 117	00 10 18.9	+33 04 53	Sd	44	I	6.95	1.09	0	4756	1	216	228	3		1.7	1.2			452	A ⋆
Anon 0010+18	00 10 21.1	+18 15 43			I	0.49		0	5514			32			0.53				556	A
NGC 43	00 10 25.1	+30 38 16	SBa	22	S	±	0.68	5	4785						1.4	1.3			452	A
UGC 122	00 10 42.0	+16 45 00	Im	83	F	3.64	0.58	0	848	10		113	4	10.5	3.9	0.8			373	G
			Im		I	13.80		0	855			112	4		3.9	0.8			515	G ⋆
UGC 124	00 10 48.0	+28 05 40	Sb	90	S	±	1.7	2372	−	10989					1.1	0.2			452	A
Zw 499-081	00 11 07.6	+29 55 00	Sb		I	3.96		0	7148			481	3		0.8	0.3			565	A ⋆
UGC 126	00 11 12	+14 20			S	±	4.0	2400	−	9400									490	A
UGC 128	00 11 12	+35 43	Sdm		S	±	18.0	−400	−	3000					3.7	3.2			373	G
								0	4533										490	A
Zw 499-082	00 11 19	+28 29 06	Sd	39	S	±	1.7	2372	−	12688					0.9	0.7			452	A
			Sd		I	1.10		0	6945			107	3		0.9	0.7			565	A ⋆
UGC 127	00 11 19.5	+26 41 26	SBd	63	I	7.25	1.12	0	4685	1	199	211	3		1.8	0.8			454	A ⋆
NGC 48	00 11 24.2	+47 57 26	Sc p	48	I	18.2			1776			480	4	27.1	1.5				203	G ⋆
UGC 134	00 11 30	+12 38			S	±	4.0	400	−	7400									490	A
NGC 45	00 11 31.8	−23 27 35	Sdm	55	M	0.82		0	459	5				3.	7.4	5.1	120	145	142	P ⋆
			Sdm	39	F	55.80	2.98	0	471	7		187	4	5.1	10.0	7.8			373	B
			Sdm	50	F	63.0	3.0		467	5	165			3.0	6.7	10.0		160	79	J ⋆
			Sc		M	≤0.5		5	450	30				2.4	15.0	10.0			87	H
			Sd	38	F	53.53	2.98	0	471	10	171			10.1	9.4	7.43			89	B
			Sdm		F	47.0	6.0		461			200	0						275	I ⋆
			Sc	50					470						2.4	8.5	5.9			365	O ⋆
			Sd	42	M	0.45		0	470		168	187	4	3.	9.4		111	315	376	E ⋆
			Sdm	46	I	222.0	9.5	0	468	4		195	4	10.2	7.6				320	P ⋆
			Sdm					0	474			212	5	3.0	7.4				256	B
			Scd	44	I	241.8	3.8	0	468	5	167	188	4						442	E ⋆
Anon 0011+28	00 11 41.3	+28 37 10			I	1.80		0	7060			167			0.68				556	A
Zw 478-045	00 12 19.7	+26 03 10	Sb		I	3.49		0	7350			182	3		0.6	0.5			565	A ⋆
Anon 0012+60	00 12 25	+60 19 48			I	4.8		0	4480	20		240							333	E
NGC 55	00 12 31	−39 28 54	SBm		M	1.14		0	116			151	5	2.4	30.0	4.9			226	P ⋆
			Sc	84	I	2450	250.	0	131	5		190	4	2.3	47.0	9.0			87	H ⋆
			SBm		F	300.0	17.0	0	120		150	175	0						275	I ⋆
			SBm	90	M	2.0		0	130					1.74	47.	9.	77		279	P ⋆
			SBm	79	I	1415			132		161	214	4		47.	9.			364	O ⋆
			Sm	89	I	610.0		0	122			165	4	1.8	22.9				320	P ⋆
			SBm		M	4.1								2.5					85	N
			SBm	80	I	1600	100.	0	110	3				2.0	22.4		110	109	426	V ⋆
Anon 0012+28a	00 12 36.9	+28 58 18			I	0.33		0	6899			62			0.58				556	A
Anon 0012+28b	00 12 56.3	+28 22 44			I	0.93		0	6682			87			0.45				556	A
ESO 410-G 05	00 13 01.4	−32 27 29	Im	51	I	≤60.0									2.5	1.7			310	P

Table 1 cont.

Name (1)	R.A. (2)	Dec. (3)	Type (4)	i (5)	(6)	HI-flux (7)	(8)	(9)	v (10)	(11)	(12)	Δv (13)	(14)	Dist (15)	a (16)	b (17)	Vmax (18)	Pos (19)	Ref (20)	(21)
UGC 147	00 13 04.5	+29 22 27	Sab	90	S	±	1.7	2372	–	9308					1.7	0.3			452	A
Zw 478-046	00 13 05.5	+24 50 10	S		I	0.46		0	20363			165	3		0.6	0.3			565	A ⋆
UGC 148	00 13 16.3	+15 48 45	S	71	I	7.0	1.0	0	4203	9	296			44.	2.7				273	A
Anon 0013+27a	00 13 21.4	+27 12 05			S	±	0.25	100	–	8120					0.45				556	A
Anon 0013+27b	00 13 49.5	+27 17 54			I	0.87		0	4597		92				0.23				556	A
UGC 149	00 13 21.7	+13 47 40	Sa		I	2.8		0	5474			316	3		1.3	0.3			488	A ⋆
UGC 151	00 13 39.0	+10 03 17	S0		S	±	0.96	0	–	12700					1.3	1.2			488	A
UGC 152	00 13 54.0	+29 38 33	Sd	70	I	3.95	0.64	0	4863	2	226	241	3		1.5	0.5			452	A ⋆
UGC 154	00 14 12	+02 11			F	≤1.0		–400	–	3000									213	G
UGC 156	00 14 13.8	+12 04 00		48	F	2.17		0	1127		125	147	4	17.5	4.3				213	G ⋆
			Im	47	F	3.18	0.67	0	1135	10		152	4	13.2	4.4	3.0			373	G
			Im		I	12.40		0	1135			147	4		4.4	3.1			515	G ⋆
Zw 499-095	00 14 14.6	+29 20 13	S		I	0.28		0	6895			151	3		0.5	0.5			565	A ⋆
UGC 157	00 14 18.5	+27 34 32	SBc	35	S	±	1.7	2372	–	12688					1.1	0.9			452	A
UGC 158	00 14 24	+41 53			I	9.95		0	5071		352	335	3						498	G ⋆
Zw 499-098	00 14 26.2	+29 39 47	S0/a		I	0.97		0	9690			382	3		0.8	0.4			565	A ⋆
Anon 0014+22	00 14 28.9	+22 43 11	Im		I	2.20		0	4405		118				0.85				556	A
Zw 478-049	00 14 33.8	+23 28 27	S		I	2.22		0	18043			663	3		0.7	0.3			565	A ⋆
UGC 161	00 14 36	+06 27			F	≤1.0		–400	–	3000									213	G
Zw 499-099	00 14 40.5	+29 56 10	Sb		I	0.53		0	6292			297	3		0.6	0.4			565	A ⋆
UGC 159	00 14 40.6	+17 14 50			F	≤1.0		–400	–	3000									213	G
					I	2.20		0	1005		72				0.5				556	A
Anon 0014+20	00 14 44.1	+20 31 36			I	5.00		0	4366		144				0.9				556	A
Zw 478-050	00 14 53.5	+25 59 00	S		I	1.26		0	7456			182	3		0.5	0.5			565	A ⋆
UGC 166	00 14 59.5	+29 55 40	Sd	59	I	7.31	1.16	0	4834	1	259	270	3		2.4	1.2			452	A ⋆
Anon 0015+22	00 15 00	+22 13			F	0.268	0.139	0	3695	8	73	110	4	49.3	2.2	2.2			245	A ⋆
UGC 165	00 15 05.5	+24 23 20	Sbc	86	I	3.82	0.65	0	6047	6	327	336	3		1.0	0.2			454	A ⋆
NGC 63	00 15 10.8	+11 10 18	S	46	I	4.0	2.0	0	1172	26	162			14.	2.9				273	A
Zw 478-052	00 15 23.9	+24 17 03	Sbc		I	3.01		0	5794			269	3		0.9	0.6			565	A ⋆
NGC 70	00 15 45.8	+29 48 11	Sc	37	I	1.55	0.28	0	7167	5	332	371	3		2.0	1.6			452	A ⋆
UGC 175	00 15 48	+49 43			I	6.65		0	5283		178	97	3						498	G ⋆
NGC 72	00 15 52.5	+29 45 50	SBb	40	I	0.16	0.03	0	7259	28	122	129	3		1.3	1.0			452	A ⋆
DDO 1 ?	00 16 10.0	–19 07 04	S	0	F	2.6	2.1		2060	80		240	9	28.2	2.2	2.2			20	N ⋆
Anon 0016+30	00 16 12	+30 13			F	≤0.794		–1000	–	6000					2.2	2.2			245	A ⋆
Anon 0016+19	00 16 13.7	+19 42 45			I	1.40		0	5542		72				0.63				556	A
ESO 539-G 07	00 16 16.0	–19 19 07	Sm		F	≤1.5		–400	–	3000					2.7				89	B
					S	±	18.0	–400	–	3000					2.5	2.3			373	B
UGC 179	00 16 25.2	+23 12 00	Sd	56	I	5.54	0.87	0	4464	1	210	232	3		1.3	0.7			454	A ⋆
Anon 0016-57	00 16 44.8	–57 55 14	SB0	43	I	36.0	4.0		1745	10		265	4	34.2	2.7	2.0			311	P ⋆
UGC 183	00 16 55.5	+46 57 50		64	S	±	2.6	4636	–	5636								50	555	W
UGC 184	00 17 00	+12 55			F	≤1.0		–400	–	3000									213	G
Anon 0017+54	00 17 00.3	+54 23 05			I	1.3	0.3	0	11089			174	4						503	G
NGC 76	00 17 00.9	+29 39 28			I	≤3.0		0	–	6700					2.5				273	A
Anon 0017-10	00 17 12	–10 32			I	6.01		0	8159			429	5	86.0					518	G
UGC 186	00 17 14.3	+23 29 43	SBc	63	I	0.88	0.19	0	5834	14	365	385	3		1.1	0.5			454	A ⋆
UGC 191	00 17 30.0	+10 36 07	Sm	34	F	4.14	0.70	0	1144	10	125			25.8	3.8	3.15			89	G
			Sm	36	F	4.40	0.73	0	1144	10		142	4	13.2	3.9	3.1			373	G
			S		I	18.50		0	1145			146	4		3.9	3.1			515	G ⋆
UGC 189	00 17 30	+14 50			S	±	4.0	400	–	7400									490	A
IC 10	00 17 41.5	+59 00 52	IBm	35	I	100			–346	5	60	113	4	3.0	9.0	3.6		60	198	O ⋆
			Im	35	I	811.0	60.0	0	–342	3	61	94	4						204	D ⋆
			Im	35	I	546.0	40.0	0	–344	3		88	4						204	D ⋆
			Im		M	0.27		0	–346	3	58	76	5	1.0	10.0				117	E ⋆
			IBm	48	F	154.0	8.0	0	–346	9	62	87	4	1.3	5.3			217	79	J ⋆
					F	215.0	15.0	0	–346	2	58	84	4		64.	51.		43	65	J ⋆
			Im		I	800	200.	0	–347	7	80			1.0	5.	3.	125		87	H ⋆
			Sm		M	0.84		0	–341	3				2.9	7.5	4.5		130	50	N
			Im		M	0.2		0	–345	7	65	106	4	1.	5.	4.	115		363	H ⋆
			Im		I	254.0			–350		73	103	4	1.3	4.0	2.8			365	O ⋆
			Im		M	0.22		0	–346		58	86	4	1.	10.				376	E
			Im	35	I	491.0		0	–348		54	77	4	3.0	4.9				203	G ⋆
				35	I	385.0									4.9				203	B
				35	I	491.0	10.0								4.9				203	D
			IBm		M	0.17	0.02	0	–340	5				1.3					85	N
			IBm	15				0	–350					1.			77		202	W
			Im		I	518.3		0	–348			81	4		20.4	16.3			515	G ⋆
			IBm	45	M	0.8		0	–352					1.3			42		557	W ⋆
ESO 28-G 14	00 17 48.8	–77 22 00	Sbc	47	I	23.0	4.0	0	1810	20	125			16.2	2.5	1.8			310	P
			SBm	41				1	1810	20				21.4	1.7	1.4			528	P
UGC 196	00 17 54.4	+47 09 26	Sd		I	4.69		0	5136	15		280	5		1.5	1.1		140	158	G ⋆

Table 1 cont.

Name (1)	R.A. (2)	Dec. (3)	Type (4)	i (5)	(6)	HI-flux (7)	(8)	(9)	v (10)	(11)	(12)	Δv (13)	(14)	Dist (15)	a (16)	b (17)	Vmax (18)	Pos (19)	Ref (20)	(21)
UGC 196	00 18 05.3	+22 18 55		42	F	6.7	1.2	0	5151	9	268	319	4				196	140	555	W
Anon 0018+22	00 18 08.6	+22 19 20	S		I	3.50		0	7352		197				0.77				556	A
IC 1542					I	2.41		0	7352			254	3		0.8	0.6			565	A ⋆
IC 1543	00 18 19.8	+21 35 18	Sc	29	I	3.27	0.52	0	5593	1	237	251	3		0.8	0.7			454	A ⋆
UGC 200	00 18 22.7	+17 24 47			I	1.50		0	5235		136				0.82				556	A
					F	≤1.0		−400	−	3000									213	G
								0	5227										490	A
UGC 199	00 18 24	+12 35			F	≤1.0		−400	−	3000									213	G
Zw 479-004	00 18 30.0	+26 14 13	Sbc		I	0.99		0	11665			391	3		0.8	0.3			565	A ⋆
NGC 80	00 18 35.1	+22 04 51	S0		I	≤5.9		5	5586										232	N
			E/S0		I	≤0.80		5	5698										501	A
Anon 0018−64	00 18 36.0	−64 08 00	Im	90	I			1	1764	20				20.7	2.1	0.4			528	P
Zw 500-004	00 18 39.7	+30 13 47	SBc	29	S	±	1.85	5	4713						0.8	0.7			452	A
			SBb		I	0.98		0	4840			272	3		0.8	0.7			565	A ⋆
Zw 500-003	00 18 41.0	+29 34 53	S		I	0.96		0	6791			199	3		0.3	0.2			565	A ⋆
IC 1544	00 18 42.0	+22 48 53	Sd	49	I	4.39	0.71	0	5713	1	258	278	3		1.4	0.9			454	A ⋆
				53	I	4.1		0	5714		259	276	4						543	A ⋆
Zw 500-005	00 18 49.5	+29 21 10	Sc	32	I	4.71	0.74	0	6154	1	70	86	3		0.7	0.6			452	A ⋆
IC 1546	00 18 53.0	+22 13 24	Sbc		I	1.35		0	5804			375	3		0.9	0.3			565	A ⋆
UGC 207	00 18 54.0	+29 23 00	Sc	74	I	1.03	0.20	0	7041	10	297	321	3		1.0	0.3			452	A ⋆
NGC 86	00 18 58.3	+22 18 53	Sbc		I	0.78		0	6618			418	3		0.8	0.3			565	A ⋆
Zw 383-002	00 19 01	+00 53 14			S	±	3.30	400	−	10300									547	A
Zw 479-014B	00 19 10.8	+21 45 33	Sc		I	0.91		0	5835			224	3		0.7	0.4			565	A ⋆
NGC 91	00 19 15.5	+22 07 23	Sc	56				5	5168	190					1.4				188	G ⋆
					L	9.30		0	5360										392	A ⋆
			Sc	69	I	5.60	0.92	0	5345	1	455	634	3		2.4	0.9			454	A ⋆
			SXc	66	I	8.4	3.1	0	5339	20	431	464	4		2.5	0.8			523	J ⋆
					I	0.7		0	5509										543	A
NGC 93	00 19 26.4	+22 07 47			L	9.20		0	5380			600	4						392	A ⋆
			Pec	65	M	1.6						634	4						413	A
			Sc	63	I	1.11	0.21	0	5687	4	125	496	3		1.5	0.7			454	A ⋆
					I	2.0		0	5385		488	583	4						543	A
UGC 210	00 19 29.4	+23 27 47	Sc	71	I	4.00	0.63	0	4481	1	246	259	3		1.3	0.5			454	A ⋆
NGC 95	00 19 39.0	+10 12 54	Sc	38	M	18.35		0	5465	20				51.8					324	N
			Sc		I	10.08			5380	5	306	343	4						457	A ⋆
UGC 215	00 19 49.0	+29 13 33	SBbc	52	S	±	1.7	762	−	10989					1.3	0.8			452	A ⋆
			SBab		I	1.84		0	7091			393	3		1.3	0.8			565	A ⋆
UGC 217	00 19 56.2	+27 50 40			F	≤1.0		−400	−	3000									213	G
			Sm	47	I	1.62	0.27	0	4756	4	124	141	3		1.2	0.8			452	A ⋆
ESO 150-G 05	00 20 01.8	−53 55 31	Sc	27	I	15.0	4.0	0	1438	10	122			13.4	3.2	2.9			310	P ⋆
			Sc	54				1	1430	20				16.5	3.4	2.2			528	P
Zw 500-010	00 20 08.4	+29 39 47	Sc	69	I	1.95	0.35	0	9182	6	291	309	3		0.8	0.3			452	A ⋆
Zw 479-018	00 20 12.0	+23 52 27	Sc		I	1.48		0	12556			285	3		0.6	0.5			565	A ⋆
Zw 479-019	00 20 20.3	+24 56 10	Sab		I	1.51		0	12189			447	3		0.7	0.5			565	A ⋆
UGC 221	00 20 34.1	+27 09 21	Im	44	I	2.03	0.33	0	3908	4	148	178	3		0.7	0.5			454	A ⋆
Zw 479-021	00 20 39.5	+24 40 40	Sc		I	1.34		0	17974			145	3		0.7	0.6			565	A ⋆
Zw 383-005	00 20 47	+01 34 08			S	±	2.78	400	−	10300									547	A
UGC 223	00 20 54	+19 58			F	≤1.0		−400	−	3000									213	G
Zw 500-012	00 21 02.1	+30 00 47	Sc	70	S	±	1.7	4000	−	12688					0.7	0.3			452	A
UGC 229	00 21 16.5	+28 03 17	Sb		I	1.34		0	7208			274	3		1.0	0.5			488	A ⋆
UGC 228	00 21 20.0	+24 01 44	Scd	46	I	6.45	1.02	0	5683	1	282	296	3		1.3	0.9			454	A ⋆
NGC 99	00 21 24.0	+15 29 33	Scd	21	M	5.78		0	5312	20				50.6					324	N
			Scd	21	I	10.3			5340			275	5	55.3					417	G
			Sc		I	11.59			5310	5	137	164	4						457	A ⋆
Zw 479-024	00 21 25.3	+25 23 07	S		I	1.99		0	7378			268	3		0.7	0.4			565	A ⋆
NGC 100	00 21 26.9	+16 12 32	Scd	90	I	48.7		0	836			240	4	13.7	3.7				203	G ⋆
			Sc	90	F	12.54	1.24	0	844	10		238	4	10.4	7.8	1.5			373	G
			Scd	86	M	1.28		0	844	20				9.5					324	N
			Sc		I	42.00		0	844			225	4		7.8	1.6			515	G ⋆
Anon 0021+20	00 21 52.2	+21 46 42			I	0.58		0	5246		76				0.45				556	A
UGC 232	00 22 00.6	+32 58 33	SBb	0	I	4.47	0.74	0	4842	3	259	271	3		1.5	1.5			452	A ⋆
Zw 383-009	00 22 04	+03 02 43	Sb	74	S	±	3.56	400	−	10300					0.6	0.2			547	A
			Sb	74	I	0.979	0.36	0	5388	17	129	139	4		0.6	0.2			547	A
Zw 383-010	00 22 07	+03 00 38			S	±	2.77	400	−	7200									547	A
Mark 339	00 22 07.2	+14 32 42	Pec	0	I	4.15		0	5279			143	4		1.	1.			471	A ⋆
UGC 234	00 22 08.9	+29 17 00	Sd	65	I	1.45	0.25	0	4668	5	218	231	3		1.2	0.5			452	A ⋆
UGC 238	00 22 25.6	+31 04 04	Sc	78	I	7.45		0	6785			418	3		2.0	0.5			452	A ⋆
Zw 500-019	00 22 35.9	+29 45 33	SBc	29	I	2.15	0.36	0	4855	5	104	113	3		0.8	0.7			452	A ⋆
UGC 244	00 22 52.0	+24 32 00	SBcd	63	I	3.24	0.54	0	4544	3	235	254	3		1.1	0.5			454	A ⋆
NGC 108	00 23 21.2	+28 56 05	SBa	30	I	2.74		0	4763			311	3		2.3	2.0			452	A ⋆

Table 1 cont.

Name (1)	R.A. (2)	Dec. (3)	Type (4)	i (5)	(6)	HI-flux (7)	(8)	(9)	v (10)	(11)	(12)	Δv (13)	(14)	Dist (15)	a (16)	b (17)	Vmax (18)	Pos (19)	Ref (20)	(21)
Mark 945	00 23 21.3	−03 41 50	E	35	F	≤0.38		5	4398						0.6				154	G
Zw 479-028	00 23 25.2	+21 31 17	Sd	44	I	1.17	0.21	0	5582	9	97	121	3		0.7	0.5			454	A ★
UGC 248	00 23 29.5	+25 27 00	Im	47	I	5.75	0.98	0	10151	4	466	525	3		1.9	1.3			454	A ★
					I	7.37		0	10175			671	5	109.4					518	G
Zw 479-030	00 23 31.0	+25 23 00	S		I	0.45		0	10086			291	3		0.5	0.2			565	A ★
NGC 109	00 23 36.0	+21 32 00	SBb	33	I	0.49	0.09	0	5572	9	132	148	3		1.3	1.1			454	A
					S	±	1.6	5	5450										543	A
NGC 112	00 24 10.5	+31 25 35	Sc	63	I	5.34		0	6281			374	3		1.3	0.6			452	A ★
UGC 256	00 24 12	+49 45			I	1.19		0	5170		189	147	3						498	G ★
UGC 260	00 24 27.6	+11 18 27	Sc	77	F	9.39	1.27	0	2131	20		291	4	23.1	4.5	1.3			373	G
			Scd	77	I	33.9		0	2144			318	5	23.1					417	G
			Scd	77	I	34.5		0	2129			303	5	23.1					417	B
			Sc		I	33.35			2131	5	262	285	4						457	A ★
			Sc		I	33.70		0	2136			284	4		4.5	1.4			515	G ★
UGC 261	00 24 39.4	+23 53 26	Im	40	I	1.66	0.30	0	7348	5	282	514	3		1.3	1.0			454	A ★
UGC 266	00 24 48	+10 33			S	±	4.0		400 − 7400										490	A
Zw 500-022	00 24 53.2	+30 43 07	S		I	3.83		0	9385			472	3		0.5	0.3			565	A ★
IC 1551	00 24 59.3	+08 35 53	Sb		I	0.6		0	13108			300	3		2.6	1.3			488	A ★
UGC 274	00 25 14.1	+30 19 27	SBab	55	S	±	1.7		2372 − 9308						1.2	0.7			452	A
Zw 383-020	00 25 17	+03 12 49	Sc	55	I	3.706	0.46	0	1371	13	112	241	4		0.5	0.3			547	A ★
			Sc	55	I	3.424	0.43	0	1371	9	119	159	4		0.5	0.3			547	A ★
UGC 270	00 25 18.9	+32 30 00	Sc	23	I	2.04	0.33	0	4923	3	167	183	3		1.2	1.1			452	A ★
UGC 276	00 25 21.4	+30 29 20	Sbc	90	I	1.33	0.23	0	6331	5	308	477	3		1.1	0.2			452	A ★
UGC 273	00 25 29.7	+25 43 13	Sm	47	I	2.44	0.40	0	5602	3	159	176	3		1.2	0.8			454	A ★
					S	±	4.0		−100 − 6900										490	A
Zw 479-033	00 25 35.0	+23 10 47	S0/a		I	0.79		0	18612			479	3		0.6	0.3			565	A ★
UGC 279	00 25 36.6	+30 31 33	SBc	76	I	9.25		0	6276			460	3		1.8	0.5			452	A ★
Zw 500-027	00 25 38.4	+30 55 23	Sc	0	S	±	1.7		2372 − 14406						0.7	0.7			452	A
			S		I	1.91		0	14719			306	3		0.7	0.7			565	A ★
UGC 282	00 25 42	+03 07	SXdm		S	±	18.0		−400 − 3000						3.0	3.0			373	G
UGC 278	00 25 44.5	+27 05 26	SBcd	76	I	2.70	0.52	0	9619	11	394	441	3		1.5	0.4			454	A ★
Anon 0025+01	00 25 47	+01 34 08			I	1.793	0.36	0	3429	9	91	111	4						547	A
UGC 284	00 25 52.1	+32 59 43	SBd	46	I	4.52	0.72	0	4731	1	225	245	3		1.6	1.1			452	A ★
Zw 383-025	00 25 55	+02 22 18	S	62	S	±	3.65		400 − 7200						0.6	0.3			547	A
				62	I	1.907	0.36	0	4355	18	288	337	4		0.6	0.3			547	A ★
Zw 500-028	00 25 56.1	+30 52 47	Sc	76	I	3.39	0.59	0	6070	7	224	255	3		0.9	0.3			452	A ★
UGC 285	00 26 13.5	+28 39 53	Sb	77	S	±	1.7		2372 − 12688						1.0	0.3			452	A
NGC 125	00 26 16.2	+02 33 48	S0/a	28	I	≤7.2		5	5289					47.0					417	G
			S0/a		I	0.99	0.16	0	5306	44	264	367	4		2.0				501	A ★
UGC 288	00 26 18	+43 09			I	5.22		0	188		64	42	3						498	G ★
Zw 500-032	00 26 28.7	+30 43 40	SBab		I	0.80		0	6098			365	3		0.8	0.4			565	A ★
UGC 290	00 26 32.4	+15 37 24		90	F	2.04		0	758		104	135	4	12.6	3.3				213	G ★
			Im		S	±	18.0		−400 − 3000						3.2	0.5			373	G
UGC 291	00 26 33.7	+32 49 33	Sm	26	I	1.89	0.32	0	4821	4	163	179	3		1.0	0.9			452	A ★
					F	≤1.0			−400 − 3000										213	G
NGC 126	00 26 34	+02 32 04	SB0	30	S	±	3.39	5	4283	50					0.8	0.7			547	A
Anon 0026+33	00 26 36	+33 04			F	≤0.162			−1000 − 6000						4.3	3.2			245	A
NGC 128	00 26 40.7	+02 35 16	S0		M	≤2.1		6	4386					80.0	3.0	0.9			27	A ★
			S0											49.0					417	G
			S0	86	I	≤14.4		5	4243										501	A
					I	≤1.36		5	4243						2.8			1	501	A
UGC 293	00 26 42	+26 08			S	±	4.0		1900 − 8900										490	A
UGC 294	00 26 44.3	+31 07 00	Sd	90	I	2.09	0.35	0	6335	5	256	271	3		1.2	0.1			452	A ★
Anon 0026+27	00 26 48	+27 41			F	≤0.13			−1000 − 6000						2.2	2.2			245	A
Anon 0027−11	00 27 00	−11 45					4.0	5	6075					63.7					518	G
IC 1552	00 27 05.8	+21 11 47	Sab		I	2.6		0	5600			398	3		1.0	0.2			488	A ★
NGC 131	00 27 10	−33 32 06	Sb	76	M	1.70		0	1410	20				12.8					324	N
UGC 299	00 27 14.6	+31 07 00	Sd	50	I	3.86	0.63	0	6305	1	342	358	3		1.6	1.0			452	A ★
UGC 300	00 27 29.4	+03 14 00		0	F	1.04		0	1349		37	54	4	19.9	2.6				213	G ★
			Im		F	1.00	0.20	0	1345	7		36	4	14.9	2.2	2.2			373	G
			Im		I	4.19		0	1345			37	4		2.3	2.3			515	G ★
UGC 302	00 27 44.5	+24 51 41			F	≤1.0			−400 − 3000										213	G
			Sm	26	I	0.69	0.12	0	5415	9	107	124	3		1.0	0.9			454	A ★
					S	±	4.0		2400 − 9400										490	A
UGC 303	00 27 48	+41 49	Sm		S	±	18.0		−400 − 3000						3.5	2.5			373	G
					I	5.25		0	5623		238	224	3						498	G ★
Zw 479-036	00 27 52.5	+22 50 23	Sa		I	0.34		0	9101			339	3		0.9	0.2			565	A ★
NGC 134	00 27 54.0	−33 31 12	Sbc	75	I	167.0	8.3	0	1584	11		462	4	31.4	6.5				320	P ★
			SXbc	77	M	41.0	4.0	0	1566			493	5	31.	7.2	2.0			226	P ★
			SXbc	74	F	36.34	3.79	0	1587	10		504	4	15.7	10.6	3.6			373	B
			Sbc		M	≤1.7								16.					85	N

Table 1 cont.

Name (1)	R.A. (2)	Dec. (3)	Type (4)	i (5)	(6)	HI-flux (7)	(8)	(9)	v (10)	(11)	(12)	Δv (13)	(14)	Dist (15)	a (16)	b (17)	Vmax (18)	Pos (19)	Ref (20)	(21)
NGC 134			Sbc	74	M	10.08		0	1575	20				14.3					324	N
NGC 137	00 28 22.8	+09 55 58	S0		S	±	0.28	5	5276						1.6	1.6			488	A ⋆
UGC 310	00 28 39.8	+28 43 00	Sd	72	I	3.77	0.62	0	4663	4	211	237	3		1.3	0.4			452	A ⋆
NGC 140	00 28 41.5	+30 30 51	Sd	30	I	7.39	1.14	0	6433	1	117	147	3		1.5	1.3			452	A ⋆
Anon 0028+08	00 28 59.6	+08 53 42	Mult		I	15.7	1.3	0	4380		303	355	4						469	G ⋆
					I	5.90		0	2156		108								556	A
NGC 145	00 29 12.0	−05 25 48	Sdm	38	M	4.44		0	4140	20				39.0					324	N
			SBdm		S	±	18.0	−400	−	3000					3.0	2.8			373	G
UGC 318	00 29 12.3	+37 24 13	SBc		S	±	2.50	0	−	12700					1.1	1.1			488	A
Zw 383-034	00 29 24	+02 21 19			S	±	2.83	400	−	10300									547	A
UGC 319	00 29 32.9	+31 24 20	Scd	51	I	6.24	1.02	0	6343	3	280	290	3		1.6	1.0			452	A ⋆
Zw 500-040	00 29 33.0	+31 08 27	S		I	0.47		0	6136			284	3		0.8	0.2			565	A ⋆
Anon 0029−40	00 29 48	−40 32	Im		S	±	18.0	−400	−	3000					1.7	1.7			373	B
UGC 321	00 29 54.5	+23 07 07	SBd	80	I	3.67	0.60	0	4668	2	218	233	3		1.6	0.3			454	A ⋆
Anon 0029+22	00 29 58.9	+22 18 17	SB		I	1.10		0	4560		118				0.53				556	A
Zw 500-042	00 30 05.2	+30 28 27	Sc	67	I	3.69	0.64	0	6120	5	316	330	3		1.0	0.4			452	A ⋆
Zw 479-038	00 30 05.5	+25 50 33	Sbc		I	0.31		0	20361			76	3		0.7	0.6			565	A ⋆
UGC 325	00 30 26.4	+21 55 23	Sab		I	2.02		0	7758			143	3		1.0	0.8			565	A ⋆
NGC 147	00 30 27.4	+48 13 56	E		M	≤0.03		5	−253					0.7	18.	12.			87	H ⋆
			dE		F	≤1.5		−400	−	3000					18.0				89	G
			E		S	±	18.0	−400	−	3000					22.7	15.2			373	G
UGC 328	00 30 48.0	−01 24 00	SBm		F	4.12	0.73	0	1984	10		149	4	21.1	2.5	2.5			373	G
			SBm		I	16.10		0	1988			166	4		2.6	2.6			515	G ⋆
Zw 479-039	00 30 54.0	+22 37 43	Sb		I	0.97		0	4599			238	3		0.9	0.2			565	A ⋆
Zw 479-040	00 30 58.6	+23 07 33	Sc		I	2.44		0	5179			268	3		0.9	0.4			565	A ⋆
UGC 329	00 31 00	+02 24	Scd		S	±	18.0	−400	−	3000					3.2	2.3			373	G
UGC 333	00 31 12	+48 40			I	4.73		0	5214		147	125	3						498	G ⋆
UGC 334	00 31 15.8	+31 10 36	Sm		F	≤1.5		1200	−	3000					3.1				89	G
			p		S	±	18.0	−400	−	3000					3.2	3.2			373	G
			Sm	0	I	4.30	0.75	0	4633	7	131	143	3		2.0	2.0			452	A ⋆
UGC 336	00 31 24	+43 52			I	3.29		0	5646		250	231	3						498	G ⋆
NGC 151	00 31 30.1	−09 58 56		61	I	26.2		0	3742			465	4	51.1	3.2				203	G ⋆
			SBbc	65	F	5.25	1.78	0	3748	15		472	4	38.4	5.9	2.7			373	G
			Sbc	61	M	6.28		0	3766	20				35.4					324	N
			SBbc	61	I	27.9	3.2	0	3743	15	459	475	4		3.7				473	J ⋆
Anon 0031−07	00 31 39	−07 52 07	Mult		S	±	9.5	6600	−	9000									469	G
ESO 410-G 18	00 31 44.6	−31 02 37	Sd		I	19.0	3.0	0	1585	5		57		15.8	2.8	2.8			310	P
			Im	30	F	4.34	0.51	0	1585	10		54		31.6	3.3	2.87			89	B
			Sm	30	F	4.30	0.51	0	1585	8		79	4	15.8	3.2	2.7			373	B
					M	3.72		1	1578			87	4	31.6	1.7	1.4			535	P
UGC 337	00 31 45.8	+24 20 00	Sd	23	I	4.61	0.72	0	5332	1	146	162	3		1.2	1.1			454	A ⋆
					S	±	4.0	−100	−	6900									490	A
NGC 150	00 31 47	−28 04 42		63	M	11.78		1	1562			350	4	31.2	3.1	1.4			535	P
				63	M	12.90		1	1560			350	4	31.2	3.1	1.4			535	P
			Sb	58	I	66.2	6.1	0	1588	4		457	4	31.9	3.8				320	P ⋆
			SBbc p	58	F	10.41	1.46	0	1593	15		329	4	16.0	5.8	3.2			373	B
			Sb	58	M	2.94		0	1582	20				14.6					324	N
			SBb	58	I	53.6	4.5	0	1579	4	314	348	4		4.2				473	J ⋆
NGC 148	00 31 47.6	−32 03 40	S0		I	10.7		0	1516	20		507	4						232	N ⋆
UGC 343	00 32 00	+53 10			I	3.39		0	5185		226	210	3						498	G ⋆
UGC 344	00 32 06	+39 17			I	5.73		0	5780		243	216	3						498	G ⋆
UGC 345	00 32 09.5	+28 08 00	Sc		I	3.8		0	4177			196	3		1.1	0.2			488	A ⋆
NGC 157	00 32 14.4	−08 40 18						0	1672	25									359	G
								0	1651	20									42	N
			Sbc	48	M	4.72		0	1651	20				16.0					324	N
			Sc	47	I	17.6		0	1640	10	196	226	5	32.8					416	E ⋆
			SXbc	48	I	62.6	5.5	0	1654	5	213	324	4		4.3				473	J ⋆
UGC 346	00 32 16.7	+31 40 20	Scd	63	I	0.93	0.23	0	5871	31	252	335	3		1.1	0.5			452	A ⋆
Anon 0032+24	00 32 21.5	+24 34 54	S		I	0.61		0	5480		121				0.4				556	A
Zw 479-041	00 32 28.5	+23 02 24	Sc		I	1.65		0	11334			255	3		0.4	0.3			565	A ⋆
Zw 500-048	00 32 34.0	+29 31 27	S		I	0.71		0	6972			286	3		0.6	0.3			565	A ⋆
Anon 0032+36	00 32 36	+36 14	dE		F	≤0.134		−1000	−	6000				0.731	4.5	3.0			245	A
UGC 348	00 32 53.3	+02 39 28	Sdm		I	10.4		0	4214		101	160	4		1.3				501	A ⋆
IC 34	00 33 00.8	+08 50 51	SBa		S	±	18.0	−400	−	3000					5.0	2.1			373	G
			SBa		I	≤3.8													457	A
UGC 352	00 33 08.8	+23 57 32	Sm	49	I	1.67	0.28	0	5146	3	176	187	3		1.4	0.9			454	A ⋆
UGC 355	00 33 15.9	+31 35 46	SBbc	76	I	1.44	0.27	0	6356	4	418	445	3		1.2	0.3			452	A ⋆
UGC 354	00 33 16.3	+23 45 57	Scd	73	I	1.37	0.29	0	5617	10	213	239	3		1.0	0.3			454	A ⋆
			Sbc		I	1.05	0.09	0	5618	12	222	248	4		0.9			45	501	A ⋆
IC 1558	00 33 18.0	−25 38 54	SXdm	42	F	8.07	1.22	0	1555	10		122		31.4	4.8	3.55			89	B

Table 1 cont.

Name (1)	R.A. (2)	Dec. (3)	Type (4)	i (5)	(6)	HI-flux (7)	(8)	(9)	v (10)	(11)	(12)	Δv (13)	(14)	Dist (15)	a (16)	b (17)	Vmax (18)	Pos (19)	Ref (20)	(21)
IC 1558			Sm	33	I	42.0	4.0	0	1558	5	135			15.8	4.2	3.5			310	P
			SXdm	43	F	7.59	0.83	0	1557	20		145	4	15.7	5.0	3.6			373	B
UGC 354	00 33 18	+23 42	Sbc		I	7.2		0	5255			570	4						232	N ★
NGC 160	00 33 26.0	+23 41 00	S0 p		I	≤3.0		5	5255	50					4.3				273	A
			Sa	47	I	3.55		0	5252	5	524	542	4	70.	4.5	3.1	45		508	A ★
			Sb	59	I	3.58	0.60	0	5247	2	535	560	3		3.0	1.6			454	A ★
			S0		I	3.56	0.27	0	5255	3	520	545	3		3.0				501	A ★
Zw 500-050	00 33 39.0	+32 37 40	S0/a		I	1.02		0	4877			233	3		0.9	0.4			565	A ★
Anon 0033+09	00 33 40.1	+09 31 11			S	±	0.25	100	–	8120					0.63				556	A
UGC 362	00 33 53.7	+32 28 20	Sm	41	I	2.20	0.36	0	6069	3	182	199	3		1.2	0.9			452	A ★
					F	≤1.0		–400	–	3000									213	G
								0	6062										490	A
NGC 165	00 33 54	–10 23	Sc	39	I	4.87	0.7	0	5874	10		310	4		1.7				188	G ★
NGC 169	00 34 13.6	+23 42 58	Sb		I	10.1		1	4682	20	320			85.1	3.5	1.1			235	A ★
			Sab		I	≤3.0		5	4477	220					4.9				273	A
								0	4595	75									324	N
			Sab	76	I	≤7.2		5	4508					49.0					417	G
			Sab	76	I	≤5.3		5	4508					49.0					417	A
			Sab	76	I	7.50		0	4599			617	4		3.5	1.1			471	A ★
			Sb	64	I	7.28		0	4627	7	556	615	4	70.	5.1	2.4	88		508	A ★
			Sc	73	I	6.11	0.98	0	4600	1	331	600	3		3.5	1.1			454	A ★
Zw 500-052	00 34 28.5	+28 33 37	Sab		I	3.97		0	1986			148	3		0.7	0.3			565	A ★
Zw 479-046	00 34 31.9	+25 33 53	S		I	0.91		0	9014			310	3		0.5	0.3			565	A ★
NGC 173	00 34 38.3	+01 40 03	Sc	54	I	23.87	1.2	0	4366	10		326	4		3.2				188	G ★
			Sc	28	F	5.59	1.25	0	4367	15		304	4	45.0	5.5	4.8			373	G
			Sbc	25	M	9.18		0	4342	20				41.1					324	N
			Sbc	25	I	25.3	4.4	0	4369	5	301	314	4		3.5				473	J ★
			Sc	47	I	13.0		0	4369		295	322	4						505	A ★
UGC 371	00 34 42.0	+28 52 26	Sd	90	I	3.83	0.62	0	5276	2	329	343	3		1.8	0.1			452	A ★
UGC 372	00 34 48	+42 38	Sm		S	±	18.0	–400	–	3000					3.9	3.5			373	G
					I	3.29		0	5418		138	121	3						498	G ★
Zw 383-044	00 35 02.0	+00 00 27	SB		F	≤0.31		5	10424										154	G
					S	±	5.24	400	–	10300									547	A
IC 35	00 35 03.7	+10 04 47	Sc		I	2.8		0	4587			238	3		1.3	1.2			488	A ★
			Sc		I	4.146		0	4586		208	228	4		1.3	1.2			475	A ★
Anon 0035+23	00 35 05.7	+23 56 00			I	0.75		0	4650		103				0.4				556	A
NGC 224 HVC	00 35 10	+42 07 30			M	0.008		0	–451		22			0.7	36.	24.			73	J
					M	0.0047		0	–450					0.69	24.	22.			156	C ★
UGC 376	00 35 13.9	+32 24 46	Sd	90	I	5.42	0.86	0	4817	1	211	227	3		1.4	0.1			452	A ★
ESO 350-G 40	00 35 14.4	–33 59 25	S	40	I	9.8	1.0	0	8934	30		355	4	150.					153	P ★
NGC 180	00 35 22.1	+08 21 33	Sbc	34	M	4.50		0	5165	75				48.9					324	N
			SBbc	35	I	19.3	1.6	0	5278	5	352	383	4		2.6				473	J ★
			Sc		I	9.4		0	5289		365	398	4						505	A ★
Anon 0035+13a	00 35 24.6	+13 47 23			S	±	0.25	100	–	8120					0.5				556	A
Anon 0035+13b	00 35 45.3	+13 12 20			I	0.66		0	5597		102				0.58				556	A
Anon 0035+60	00 35 27	+60 00			I	5.0		0	4300										512	G
UGC 384	00 35 41.2	+32 21 43	Sd	26	I	4.68	0.77	0	4702	2	195	210	3		1.9	1.7			452	A ★
NGC 181	00 35 43.5	+29 11 53	Sc	78	S	±	1.7	2372	–	9308					0.8	0.2			452	A ★
			Sbc		I	0.74		0	5535			472	3		0.8	0.2			565	A ★
Zw 500-058	00 35 48.0	+29 21 00	Scd	73	I	1.33	0.23	0	5657	4	251	280	3		1.0	0.3			452	A ★
UGC 385	00 35 48.3	+13 12 44			I	1.60		0	5459		158				0.5				556	A
UGC 388	00 35 51.9	+30 00 50	Sd	61	I	2.17	0.36	0	5405	2	258	272	3		1.7	0.8			452	A ★
UGC 389	00 35 52	+01 41 52		69	S	±	3.01	400	–	10300					1.0	0.4			547	A
Zw 383-049	00 35 55	+01 25 50			S	±	4.72	400	–	7200									547	A
NGC 184	00 35 55.5	+29 10 20	S0/a		I	0.81		0	5289			416	3		0.7	0.2			565	A ★
UGC 393	00 36 00	+17 08	Sm		S	±	18.0	–400	–	3000					3.0	1.0			373	G
					S	±	4.0	400	–	7400									490	A
UGC 394	00 36 00	+41 43	SXdm		S	±	18.0	–400	–	3000					3.7	1.4			373	G
					I	5.26		0	5610		277	255	3						498	G ★
Zw 500-060	00 36 07.2	+32 08 33	S		I	0.92		0	11263		108		3		0.6	0.6			565	A ★
Zw 479-050	00 36 08.5	+25 26 23	Sb		I	1.96		0	7245			255	3		0.8	0.3			565	A ★
NGC 185	00 36 11.3	+48 03 45	E		M	≤0.03		5	–253	75				0.7	14.0	12.0			87	H ★
					F	≤1.0		–400	–	3000									213	G
			E4	53	I	1.5	0.5	0	–200		40			.69				60	406	B ★
			E p		L	5.18		0	–208			35	5	0.7					112	V ★
Zw 479-052B	00 36 16.5	+26 41 30	Sc		I	2.17		0	5175			223	3		0.9	0.1			565	A ★
UGC 398	00 36 19.0	+25 21 40	Sb	43	I	2.05	0.35	0	4612	4	199	217	3		1.5	1.1			454	A ★
NGC 190	00 36 19.5	+06 47 19	Sab		I	0.83			12100		270			245.	1.15	0.95			28	A ★
Zw 383-050	00 36 26	+01 35 58			S	±	3.59	400	–	10300									547	A
NGC 178	00 36 37.8	–14 26 48	Sm	54	M	1.16		0	1449	20				13.9					324	N

Table 1 cont.

Name (1)	R.A. (2)	Dec. (3)	Type (4)	i (5)	(6)	HI-flux (7)	(8)	(9)	v (10)	(11)	(12)	Δv (13)	(14)	Dist (15)	a (16)	b (17)	Vmax (18)	Pos (19)	Ref (20)	(21)
UGC 400	00 36 38.6	+29 23 00	Sc	23	I	3.28	0.54	0	5507	4	181	198	3		1.2	1.1			452	A ★
NGC 193	00 36 43.9	+03 03 25	E2		S	≤85.0		5	4220										356	G
					I	≤2.0		5	4220										126	A
NGC 194	00 36 44.0	+02 45 39	SX0	0	S	±	2.50	5	4220	165					2.0	2.0			547	A
			E1	0	S	±	1.63	5	5105	50					2.0	2.0			547	A
Zw 479-054	00 36 45.8	+24 58 43	S		I	2.43		0	4638			207	3		0.6	0.3			565	A ★
Anon 0036+00	00 36 50	+00 36 13			I	5.6	0.7	0	4410		235								469	G ★
					I	2.4	0.7	0	4140		228								469	G ★
UGC 412	00 36 50.5	+29 29 17	S0/a		I	0.53		0	5484			405	3		1.0	0.2			565	A ★
NGC 199	00 36 59	+02 51 34	S0	46	I	5.434	0.64	0	4602	10	466	488	4		1.4	1.0			547	A ★
			S0	46	I	5.938	0.69	0	4608	9	448	472	4		1.4	1.0			547	A ★
Anon 0037+06	00 37 00	+06 06			I	≤0.22		5	18890	150									472	A
UGC 417	00 37 00	+03 55			F	≤1.0			−400 − 3000										213	G
Zw 500-065	00 37 04.3	+32 53 00	Sc	36	I	1.86	0.33	0	8818	6	277	290	3		0.8	0.7			452	A ★
NGC 203	00 37 05	+03 09 52	S0/a	58	S	±	3.22		400 − 10300						0.9	0.5			547	A
NGC 204	00 37 10	+03 01 14	Comp	29	S	±	3.13		400 − 10300						1.7	1.5			547	A
UGC 424	00 37 18	+20 16			S	±	4.0		−100 − 6900										490	A
UGC 425	00 37 32.6	+22 26 32	Im	44	I	1.45	0.24	0	5850	4	120	160	3		0.7	0.5			454	A ★
UGC 427	00 37 36	+50 04			I	10.78		0	5293		319	297	3						498	G ★
NGC 205	00 37 38.7	+41 24 44			M	0.0003			−234	5	15			.69					251	C
			E		M	≤0.005		5	−239					0.7	26.	16.			107	N ★
			SB0		M	≤0.1		8	−236					.63					282	D
					M	≤0.004								.69					83	C
			E p		M	≤0.047		5	−231					.63					315	J
			S0 p		L	5.57		0	−228			46	5		0.7		29		112	V ★
UGC 428	00 37 42	+29 17			S	±	4.0		2400 − 9400										490	A
NGC 208	00 37 43	+02 28 37			S	±	4.57		400 − 10300										547	A
Anon 0037+08	00 37 44.2	+08 36 10			I	2.10		0	5249		138				0.58				556	A
Zw 383-065	00 38 01	+01 23 27	Comp		S	±	4.34		400 − 10300										547	A
NGC 210	00 38 04.2	−14 08 48	SXb		I	68.1		0	1638	10	266								171	G ★
			Sb	47	M	6.46		0	1592	35				15.2					324	N
			SXb	48	I	74.3	7.2	0	1636	4	282	303	4		5.4				473	J ★
Anon 0038+22	00 38 04.7	+22 24 06	Mult		I	0.66		0	5899		73				0.5				556	A
Zw 383-067	00 38 17	+02 33 46			S	±	4.33		400 − 10300										547	A
UGC 434	00 38 18	+50 28			I	3.52		0	5180		259	239	3						498	G ★
UGC 433	00 38 21.4	+31 27 40	Sd	82	I	6.48		0	4656			438	3		1.9	0.3			452	A ★
Anon 0038−63	00 38 35.9	−63 43 00	SBd p	64	I			1	1721	20				20.1	2.2	1.1			528	P
UGC 437	00 38 48	+03 13			F	≤1.0			−400 − 3000										213	G
NGC 214	00 38 48.7	+25 13 31	Sc		I	7.0	3.0	0	4530	80		380	4						203	N
								0	4466	35									42	N
			Sc	40	M	4.13		0	4496	35				43.2					324	N
			Sc		I	5.30			4534	5	365	382	4						457	A ★
			Sd	39	I	9.49	1.53	0	4539	1	349	366	3		2.2	1.7			454	A ★
			SXc	40	I	7.5	0.6	0	4547	10	357	372	4		2.1	0.3			523	J ★
Zw 500-068	00 38 53.5	+29 14 37	Sc		I	2.70		0	5253			108	3		0.7	0.7			565	A ★
Zw 500-069	00 38 57.5	+28 55 43	S		I	1.26		0	6978			275	3		0.6	0.4			565	A ★
NGC 216	00 38 58.0	−21 19 36		70	F	5.00	1.7	0	1588	35		310	9	21.1					34	N ★
								0	1558	20									324	N
UGC 442	00 39 10.1	+32 43 00	Sd	59	I	3.97	0.67	0	4931	2	212	233	3		1.8	0.9			452	A ★
								0	4929										490	A
Zw 383-070	00 39 11	+00 53 41			S	±	5.69		400 − 10300										547	A
Zw 479-060	00 39 22.0	+25 17 40	S		I	2.11		0	10151			225	3		0.5	0.4			565	A ★
UGC 443	00 39 26.1	+33 07 50	Sd	74	I	2.97	0.48	0	6245	2	189	206	3		1.1	0.3			452	A ★
Anon 0039−34	00 39 36	−34 28			S	±	18.0		−400 − 3000										373	B
NGC 219	00 39 36	+00 37 16	Comp	55	S	±	6.05		400 − 10300						0.2	50.1	5		547	A
UGC 446	00 39 36	+32 56			F	≤1.0			−400 − 3000										213	G
UGC 445	00 39 39.6	+30 01 40	SBc	67	S	±	1.7		2372 − 12688						1.0	0.4			452	A
IC 43	00 39 41.5	+29 22 03	Sc	27	I	4.12	0.6	0	4860	10		182	4		1.7				188	G ★
			Sc		I	5.281		0	4860		182	184	4		2.2	2.1			475	A ★
			Sd	17	I	5.97		0	4849			200	3		2.2	2.1			452	A ★
			SXc	22	I	7.8	1.6	0	4857	8	177	190	4		2.1	0.2			523	J ★
UGC 449	00 39 42.0	+29 25 24	Im	78	I	3.72	0.61	0	5281	3	237	260	3		1.0	0.3			452	A ★
UGC 446	00 39 46.1	+32 54 40	Sm	33	I	4.28	0.70	0	6249	4	160	168	3		1.2	1.0			452	A ★
								0	6279										490	A
Anon 0039+40	00 39 48	+40 18			I	≥25.0			−375	5				.69					83	C ★
NGC 221	00 39 58.0	+40 35 33	E		M	≤0.03		5	−214	10				.69	12.0	8.0			87	H
			E		M	≤0.008		5	−213					0.7	12.	8.			107	N ★
					M	≤0.025		8	−210	10				.63	12.	8.			281	D
			E2		M	≤0.06		8	−200					.63					282	D
					M	≤0.002								.69					83	C

Table 1 cont.

Name (1)	R.A. (2)	Dec. (3)	Type (4)	i (5)	(6)	HI-flux (7)	(8)	(9)	v (10)	(11)	(12)	Δv (13)	(14)	Dist (15)	a (16)	b (17)	Vmax (18)	Pos (19)	Ref (20)	(21)
NGC 221			E2		M	0.024	0.016		−214		42			.44	8.				307	H
			E2		M	≤0.014		5	−200					.63					315	J
UGC 453	00 39 59.5	+29 36 00	Sd	82	I	1.79	0.31	0	4851	6	176	185	3	.69	1.3	0.2			452	A ★
NGC 224 SW	00 40 00.2	+40 59 43		78					−300					.69				38	251	C ★
NGC 224	00 40 00.3	+40 59 43	Sb	77	M	2.74		0	−315	5				.69			257	38	56	W ★
			Sb	78	F	8600.	500.		−296	2	513	536	4	.69	156.			37	79	J ★
				77	M	4.00	1.20							.69			245		108	N ★
				78					−300					.69			228	38	85	C
				76										.69					54	S ★
				76	M	3.7		3	−300	10				.69					99	J ★
									−303	5							265	38		
			Sb	75	M	5.4		0	−300	3	500			0.7	197.	92.	310		87	H
									−310										223	B ★
				76	M	2.5		3	−296	3				0.5					280	D ★
			Sb	76	M	4.5		3	−296					.63					282	D
				77	M	3.86		0	−300		540		5	.69			270	38	172	E ★
				78					−300					.69	300.				83	C ★
			Sb	75	M	2.4		0	−289	5				.63				38	287	J ★
				77				3	−298								270		334	G ★
				77	M	3.68			−310	3				.69			244	38	289	G ★
				74	M	1.93		3	−296		450		0	0.5				33	306	F ★
				78				0	−300	6							250		338	C ★
				77				0	−310	10				.71			268		386	W ★
			Sb		M	3.9		0	5071		63				0.4				85	N
Anon 0040+09	00 40 02.0	+09 43 50			I	0.46													556	A
Zw 383-077	00 40 05	+02 27 26			S	±	2.78	400	−	10300									547	A
Zw 479-061	00 40 08.3	+23 12 55	Pec		I	3.45		0	7327		363		3		0.8	0.2			565	A ★
UGC 457	00 40 11.4	+33 14 53	Scd	84	I	2.81	0.47	0	6245	4	293	310	3		1.2	0.2			452	A ★
NGC 226	00 40 12.7	+32 18 21	Im	0	I	5.44	0.85	0	4825	1	142	171	3		1.0	1.0			452	A ★
			Pec	26	I	3.9	0.40	0	4786	10	120	150	4		1.0	0.9			384	E ★
NGC 228	00 40 13.9	+23 13 39	SBb	24	I	3.23	0.53	0	7314	1	151	357	3		1.2	1.1			454	A ★
IC 46	00 40 18.0	+26 58 37	S		I	3.51		0	5287		245		3		0.8	0.6			565	A ★
IC 1574	00 40 35.0	−22 31 14	Im	63	F	1.61	0.37	0	368	10	43			7.8	3.8	1.71			89	B
			Im	66	F	1.55	0.39	0	361	20	81		4	3.9	3.8	1.6			373	B
			Im	57	I	≤60.0									2.5	1.4			310	P
			Im	66	I	10.2	1.2	0	354	5	47	68	4	3.0	2.04	0.91			377	E ★
Anon 0040+08	00 40 35.6	+08 32 56			I	0.66		0	5363		110				0.58				556	A
UGC 460	00 40 36	+50 24			I	11.86		0	5219		265	232	3						498	G ★
NGC 236	00 40 53	+02 41	Sc		I	3.636		0	5643		123	140	4		1.3	1.2			475	A ★
NGC 237	00 40 54.4	−00 23 50	Scd	48	M	5.93		0	4202	20				39.7					324	N
			Scd	48	I	8.1		0	4166		321		5	42.8					417	G
			Sc		I	9.2		0	4174		305		5		2.0	1.2			488	A ★
NGC 234	00 40 55.5	+14 04 10	Sc	00	I	5.0	2.0	0	4452	16	205			46.	3.0	0.5			273	A
UGC 465	00 41 09.4	+32 34 46	SBb	82	I	2.53	0.46	0	4774	5	411	425	3		1.8	0.5			452	A ★
			SBa	37	I	4.1	0.61	0	4770	20	399	484	4		1.8	1.45			384	E ★
			SBa		I	2.50		0	4771		433		4		3.4	1.0			515	G ★
Anon 0041+25	00 41 18.1	+25 52 25			I	0.95		0	4898		38				0.5				556	A
IC 49	00 41 21.9	+01 34 28	Sc	48	I	5.46	0.5	0	4562	10	188		4		1.6				188	G ★
UGC 469	00 41 24.0	+25 56 07	Sc	81	I	2.11	0.39	0	10081	3	539	563	3		1.6	0.3			452	A ★
UGC 467	00 41 24.2	+28 36 10	Sm	69	I	1.72	0.27	0	4825	1	114	133	3		1.4	0.5			454	A ★
								0	4831										490	A
UGC 470	00 41 30.0	+26 34 33	Sm	71	I	9.60	1.49	0	5191	1	241	266	3		1.1	0.3			454	A ★
UGC 472	00 42 18	+16 40			F	≤1.0		−400	−	3000									213	G
								0	4666										490	A
Zw 479-068	00 42 26.5	+25 30 30	Sbc		I	0.96		0	13724		227		3		0.5	0.3			565	A ★
Anon 0043+37	00 43 00	+37 44	dE		F	≤0.154		−1000	−	6000				0.731	2.5	2.5			245	A
Zw 479-069	00 43 15.0	+24 59 23	Sab		I	3.56		0	13714		442		3		0.8	0.5			565	A ★
NGC 244	00 43 16.7	−15 52 14			F	2.67	0.9	0	941	20	115		9	13.1	1.3	1.2			34	N ★
				27	M	0.182	0.017		940	3	84		4	13.3					293	G ★
					F	1.64	0.19		948		65	122	4	13.9	1.32	1.22			347	G ★
Zw 479-070	00 43 18.0	+24 56 37	S		I	2.42		0	13604		699		3		0.5	0.5			565	A ★
NGC 243	00 43 19.6	+29 41 07	S0/a		I	0.71		0	4787		318		3		0.9	0.5			565	A ★
UGC 475	00 43 24	+50 57			I	5.85		0	5271		352	332	3						498	G ★
NGC 245	00 43 32.4	−01 59 58						0	4074	20									324	N
UGC 477	00 43 33.6	+19 12 21			I	18.00		0	2646		231				2.88				556	A
			Sm	77	F	8.06	1.09	0	2657	15	256		4	28.4	5.0	1.5			373	G
					S	±	4.0	−100	−	6900									490	A
			Sdm		I	24.00		0	2645		263		4		5.1	1.5			515	G ★
DDO 5	00 43 36.0	−11 48 00	SXm	39	F	4.08	0.62	0	1617	10	81			33.5	3.2	2.50			89	G
			SXm	40	F	3.90	0.62	0	1617	10		98	4	16.9	3.5	2.7			373	G
			SXm		I	15.00		0	1620		108		4		3.6	2.5			515	G ★

Table 1 cont.

Name (1)	R.A. (2)	Dec. (3)	Type (4)	i (5)	(6)	HI-flux (7)	(8)	(9)	v (10)	(11)	(12)	Δv (13)	(14)	Dist (15)	a (16)	b (17)	Vmax (18)	Pos (19)	Ref (20)	(21)
Zw 500-083	00 43 43.3	+29 21 00	Sd	33	S	±	1.7	2372	–	12688					0.9	0.8			452	A
			Sc		I	1.10		0	4969		213		3		0.9	0.8			565	A ★
UGC 478	00 43 44.0	+29 57 53	Sb	90	I	0.81	0.16	0	4995	6	418	442	3		1.6	0.3			452	A ★
			Sa	90	S	±	9.0	3100	–	6600					1.6	0.25			384	E
UGC 479	00 43 46.7	+31 32 13	SBb	58	I	3.11	0.52	0	6253	2	351	380	3		1.1	0.6			452	A ★
			SBa	59	S	±	9.0	3100	–	6600					1.2	0.65			384	E
Zw 479-071	00 43 47.5	+25 20 50	SBab		I	0.55		0	13549		211		3		0.7	0.4			565	A ★
UGC 480	00 43 48.3	+36 03 15			I	1.93		0	11130		547		5	120.1					518	G ★
Zw 500-085	00 43 55.4	+29 27 00	Sc	30	I	1.21	0.20	0	4816	6	172	186	3		0.8	0.7			452	A ★
Zw 500-087	00 43 57.7	+31 26 37			I	1.35		0	5982		222		3		0.5	0.3			565	A ★
Zw 500-089	00 44 07.5	+29 31 43	Sc	29	I	0.73	0.13	0	5230	7	181	198	3		0.8	0.7			452	A ★
UGC 483	00 44 10.5	+26 12 06	Sab		I	2.7		0	4956		255		3		1.2	0.5			488	A ★
UGC 484	00 44 14.2	+32 24 05	SBc	75	I	14.79	2.41	0	4859	2	422	442	3		2.8	0.8			452	A ★
			SBbc	76	I	16.7	2.3	0	4827	15	397	449	4		2.55	0.8			384	E ★
Zw 480-003	00 44 16.8	+24 29 07	S		I	1.34		0	12677		162		3		0.5	0.4			565	A ★
Anon 0044+21	00 44 17.8	+21 18 18	S		I	1.20		0	5180		72				0.68				556	A
UGC 485	00 44 20.9	+30 03 57						0	2931	20									359	G
			Sd	90	I	5.41	0.87	0	5238	1	353	377	3		2.2	0.2			452	A ★
			Sc	90	S	±	9.0	5	2931						2.2	0.2			384	E
Zw 500-092	00 44 23.0	+27 47 37	Sc		I	1.05		0	5143		166		3		0.7	0.4			565	A ★
UGC 486	00 44 24	+50 37	Sc	44	I	6.47	1.0	0	5176	10	320		4		0.7				188	G ★
					I	6.27		0	5163		356	311	3						498	G ★
Zw 500-094	00 44 28.4	+32 25 07	Sbc		I	4.47		0	5031		257		3		0.6	0.5			565	A ★
IC 1584	00 44 38.0	+27 33 07	Sc	19	I	2.00	0.34	0	4744	2	98	330	3		1.8	1.7			452	A ★
								0	4787										490	A
			S		S	±			2975						2.9	2.6			515	G ★
			S	15	S	±	5.0	3100	–	6600					1.55	1.5			384	E
ESO 474-G 25	00 44 39	–22 52	Im		S	±	18.0	–400	–	3000					2.2	1.6			373	B
NGC 247	00 44 39.8	–21 01 58	SXd	72	F	188.0	9.0		157	9	200	236	4	3.0	18.4			177	79	J ★
			SXd	75	M	2.6	0.3	0	156		207			3.4	25.7				226	P ★
			Sd					0	156			207	5	3.4	21.0	7.4			226	P ★
			Sc	75	I	530	160.	0	156	15	210			2.4	28.0	10.0	120		87	H ★
			SXd		F	124.0	11.0		172			235	0						275	I ★
			Sd		F	97.0			165		196	216	4	3.5					372	B ★
				68				1	182					3.				351	323	P
			SXd	72	F	174.7	6.14	0	159	5		218	4	1.9	28.0	10.0			373	B
			Sd		M	0.78								2.5					85	N
			Sc	67	I	676.4	6.0	0	153	5	195	223	4						442	E ★
UGC 488	00 44 42.2	+14 25 50	Sab	47	F	0.61	0.12	0	11787			418	4		1.64				154	A ★
Zw 501-015	00 44 46.3	+31 22 53	Scd	48	I	2.49	0.41	0	5072	2	173	188	3		0.9	0.6			452	A ★
ESO 540-G 23	00 45 02.0	–20 42 01	Sc		F	≤1.4			6308										372	B ★
NGC 254	00 45 02.2	–31 41 38	S0/a	59	F	0.9	0.7	0	1624	65		317	4	17.9	1.9				53	N ★
NGC 247 A	00 45 03.0	–20 45 42	S	71	I	0.112									1.0				23	N ★
NGC 253	00 45 07.6	–25 33 39	SXc	79	M	3.8	0.4	0	239			386		3.4	28.5				226	P ★
			SXc	78	M	4.9			250	10				3.4	22.5	4.6	190		67	O ★
				79	I	≤380.								2.4					165	H
			Sc	78	M	4.1								3.0	14.4		205		116	E ★
			Sc	79	M	≤0.6		5	–81					2.4	42.0	8.0			87	H ★
			Sc	78	I	1429.			250	10	385	424	4	3.4	22.5	4.5		51	237	N ★
			SXc		F	135.0	10.0		305			400	0						275	I ★
			Sc		M	≥0.07		3	–88					2.3					282	D
				73				1	257					3.				51	323	P
			Sc	78	M	3.7								2.4					355	H
			Sc		M	1.7								2.5					85	N
			Sc		I	924.8		0	233		414	438	4						429	E
			Sc	72	I	794.6	8.9	0	241	5	420	442	4						442	E ★
			SXc	77	I	756.3	74.3	0	238	7	420	444	4		25.1	12.5			523	J ★
NGC 247 B	00 45 09.0	–20 47 36	Sc	72	I	8.12		5	6164			436	4	89.	1.8				23	N ★
NGC 247 D	00 45 11.0	–20 51 06	Sb	70	I	0.62								89.	1.4				23	N
NGC 247 C	00 45 12.0	–20 46 48	Im	73	I	1.82		0	5750		150		4	89.	1.3				23	N
UGCA 14	00 45 12.0	–10 11 00	SBc	83	F	3.73	0.76	0	1346	7	153		4	14.2	4.6	1.0			373	G
			SBc		I	16.20		0	1345		160		4		4.7	0.9			515	G ★
NGC 247 E	00 45 13.0	–20 53 06	Sbc	43	I	2.01		5	6308		144		4	89.	2.3				23	N ★
NGC 255	00 45 16.2	–11 44 27	Sbc	28	I	44.8		0	1608		200		4	22.4	3.0				203	G ★
			Sbc	34	I	22.9			1594	9	240		5	33.4	4.3				80	G ★
			Sbc	27	M	1.88		0	1593	20				15.3					324	N
IC 1586	00 45 17.0	+22 06 04	Comp		F	2.1	1.2	0	5812	65				86.0	0.8		280		60	N ★
					F	≤2.1			5730										141	N
				55	M	3.00	0.20		5830	11	200		4	80.0	0.3	0.25			293	A ★
NGC 252	00 45 20.9	+27 21 03	S0	41	S	±	9.0	3100	–	6600					1.7	1.3			384	E

Table 1 cont.

Name (1)	R.A. (2)	Dec. (3)	Type (4)	i (5)	(6)	HI-flux (7)	(8)	(9)	v (10)	(11)	(12)	Δv (13)	(14)	Dist (15)	a (16)	b (17)	Vmax (18)	Pos (19)	Ref (20)	(21)
NGC 257	00 45 25.9	+08 01 27	Scd	43	M	4.82		0	5235	75				49.5					324	N
			Sc		I	12.49			5278	5	402	426	4						457	A ★
			Sc	53	I	11.7		0	5270		394	437	4	59.9					505	A ★
NGC 259	00 45 31	−03 03	Sbc	81	I	34.0	2.7	0	3808	4	427	456	4		3.2				473	J ★
Zw 501-019	00 45 33.4	+27 42 53	S		I	1.62		0	7025			292	3		0.5	0.3			565	A ★
Zw 480-008	00 45 35.3	+26 11 40	S		I	1.10		0	5259			201	3		0.6	0.1			565	A ★
NGC 260	00 45 54.0	+27 25 06	S		I	4.27		0	5206	25		217	5		0.9	0.9			158	G ★
			S/Irr		I	3.628		0	5211		164	207	4		0.9	0.9			475	A ★
			Sm	0	I	3.19	0.50	0	5212	1	175	192	3		0.9	0.9			454	A ★
			S/Irr	15	I	3.9	0.50	0	5166	20	113	186	4		0.85	0.8			384	E ★
Mark 960	00 46 04.0	−12 59 25		57	M	5.54	1.8		6407	10		220		86.	0.87	0.47			293	G ★
NGC 262	00 46 04.5	+31 41 02	S0/a		I	17.6	1.8		4534			145	1						114	G ★
			S0/a		M	13.7		1	4670		70			85.0	1.6	1.5			27	A ★
			S0/a	12	M	28.0		1	4670					85.	1.5				242	A ★
			S0/a	15	I	20.0	2.0	0	4540	5	65	91	4	63.	2.				348	W ★
			S0/a		I	17.5	0.72	0	4502	5	68	98	4						0	E ★
			S0/a	14	F	1.65	0.09	0	4538			110	4		2.64				154	A ★
			S0/a	14	F	4.11	0.31	0	4540			120	4		2.64				154	G ★
			Seyf2	31	I	2.15		1	4757					95.	14.9	11.7			499	V ★
			S0	13	I	17.5	0.85	0	4502	5	68	98	4		1.5	1.45			384	E ★
			S0	13	I	23.9	1.5	0	4496	10	73	102	4		1.5	1.45			384	E ★
			S0		I	20.00		0	4540			170	3		1.6	1.5			565	A ★
Anon 0046+20	00 46 14.8	+20 03 20			S	±	0.25		100 − 8120						0.5				556	A
UGC 502	00 46 18	+45 55			F	≤1.0			−400 − 3000										213	G
UGC 501	00 46 21.0	+27 56 45	Sc	90	S	±	8.0		3100 − 6600						1.75	0.2			384	E
			Sd	86	I	4.03	0.66	0	5089	2	380	394	3		1.8	0.2			452	A ★
			Sc	90	I	2.9		0	5091		396	416	4		1.8	0.2			543	A ★
Anon 0046+19	00 46 56.6	+19 47 06			S	±	0.25		100 − 8120						0.58				556	A
UGC 506	00 46 59.5	+22 39 36	Im	36	S	±	0.78	5	7461						1.6	1.3			454	A
UGC 509	00 47 04.0	+31 19 40	Sd	69	I	2.09	0.34	0	5136	3	211	227	3		1.4	0.5			452	A ★
			Sc	67	S	±	8.0		3100 − 6600						1.15	0.5			384	E
NGC 266	00 47 05.6	+32 00 25	SBab						4670										348	A
			SBab					0	4200						5.5	5.2			373	G
			SBa		I	≤5.2													457	A
			Sb	20	I	5.71	0.94	0	4651	2	468	490	3		3.5	3.3			452	A ★
			SBab	28	I	13.5	1.4	0	4614	10	450	479	4		3.5	3.3			384	E ★
				20	I	6.9		0	4664		483	518	4						543	A ★
Zw 480-012	00 47 13.2	+25 08 03	S0/a		I	0.32		0	15158			351	3		0.7	0.2			565	A ★
Anon 0047+10	00 47 14.8	+10 19 54			S	±	0.25		100 − 8120						0.45				556	A
ESO 540-G 31	00 47 20.0	−21 17 29	Im	70	F	1.1	0.39		307	20		24	9	2.5					20	N ★
			Im	63	F	0.62	0.30	0	299	10	32			6.5	2.9	1.33			89	B
			Im	65	F	1.07	0.30	0	303	8		47	4	3.3	2.7	1.2			373	B
			Im	64	I	4.1	0.5	0	295	2	22	42	4	3.0	1.66	0.79			377	E ★
Anon 0047+08	00 47 22.2	+08 54 21			S	±	0.25		100 − 8120						0.53				556	A
UGC 511	00 47 27.7	+31 27 33	Sd	78	I	3.02	0.48	0	4591	1	277	299	3		1.8	0.4			452	A ★
			Scd	90	I	6.0	1.1	0	4550	15	270	311	4		1.75	0.35			384	E ★
Zw 480-013	00 47 32.0	+24 13 23	SBa		I	3.76		0	10103			420	3		0.7	0.7			565	A ★
Zw 480-014	00 47 45.2	+24 14 40	S		I	3.53		0	10135			389	3		0.5	0.4			565	A ★
Anon 0047+26	00 47 55.3	+26 33 45			S	±	0.25		100 − 8120						0.45				556	A
UGC 515	00 48 00	+11 50			S	±	4.0		400 − 7400										490	A
NGC 224 NC	00 48 00	+43 00			M	0.002		0	−150					.69	24.	9.			156	C ★
Anon 0048−66	00 48 05.9	−66 49 00	SBd	40				1	1673	20				19.5	1.4	1.1			528	P
UGC 518	00 48 07.5	+29 53 27	SBd	24	S	±	1.7		762 − 9308						1.1	1.0			452	A
			SBc	26	S	±	8.0		3100 − 6600						1.05	0.95			384	E
			SBc		I	2.31		0	10384			161	3		1.1	1.0			565	A ★
Zw 501-024	00 48 09.5	+28 25 40	S		I	2.96		0	4992			247	3		0.8	0.2			565	A ★
NGC 274	00 48 29.8	−07 19 43	S0 p	22	M	2.6		0	1750	15		388	4	18.	2.2				160	G ★
NGC 275	00 48 32.7	−07 20 07	SBcd p	46											2.9				160	G ★
			Scd	40	M	1.67		0	1734	20				16.7					324	N
			SBcd	44	I	26.5			1749	9		280	5	36.3	2.4				80	G ★
			Scd	46	I	28.5	4.3	0	1750	9		338	4	33.3	2.2				201	G
			SBcd p	43	F	7.27	1.25	0	1735	25		301	3	18.2	2.7	1.9			373	G
			Sbc		I	27.30		0	1745			321	4		2.7	1.9			515	G ★
UGC 522	00 48 42	+40 27			I	1.59		0	5855		203	189	3						498	G ★
UGC 524	00 48 52.8	+29 07 45	SBb		I	2.006		0	10782		242	276	4		0.9	0.9			475	A ★
			SBc	0	I	2.00	0.35	0	10777	8	266	283	3		0.9	0.9			452	A ★
			SBb	0	S	±	8.0		3100 − 6600						0.9	0.9			384	E
UGC 525	00 48 52.8	+29 26 33	SX p		S	±	18.0		−400 − 3000						2.7	1.7			373	G
			Sc	54	I	2.94	0.48	0	4927	3	201	216	3		1.7	1.0			452	A ★
			SX	56	S	±	7.0		3100 − 6600						1.8	1.05			384	E

Table 1 cont.

Name (1)	R.A. (2)	Dec. (3)	Type (4)	i (5)	HI-flux (6)	(7)	(8)	v (9)	(10)	(11)	Δv (12)	(13)	(14)	Dist (15)	a (16)	b (17)	Vmax (18)	Pos (19)	Ref (20)	(21)
UGC 525				56	I	2.5		0	4935		215	253	4		1.7	1.0			543	A ★
Zw 480-016	00 49 02.7	+22 14 50	Sc		I	2.64		0	7296			389	3		0.9	0.1			565	A ★
NGC 278	00 49 14.7	+47 16 46	Sb	25	I	29.8			640	9		156	5	17.5	4.1				80	G ★
			Sb	6	F	8.10	2.84		655	50		215	9	12.3	2.8				22	N ★
UGC 529	00 49 30.1	+29 24 16	S0	85	S	±	4.0	3100	–	6600					1.0	0.22			384	E
NGC 280	00 49 49.2	+24 03 36	Sc	44	I	5.39	0.93	0	10169	3	554	585	3		1.8	1.3			454	A ★
UGC 535	00 49 50.5	+25 51 21	SBc	53	I	1.42	0.26	0	14797	9	216	248	3		1.0	0.6			454	A ★
UGC 536	00 49 53.0	+28 56 17	S		I	1.06		0	4863			233	3		1.0	0.5			565	A ★
UGC 537	00 50 00	+05 45			F	≤1.0		–400	–	3000									213	G
Anon 0050+12	00 50 00	+12 24			I	4.0	0.4	0	18330	2	380								456	A ★
Anon 0050−37	00 50 12	−37 51	S0/a		S	±	18.0	–400	–	3000									373	B
UGC 540	00 50 16.2	+28 45 40	Im	60	I	4.24	0.66	0	4980	1	236	276	3		0.7	0.3			452	A ★
			Pec	51	I	5.5	0.60	0	4921	10	222	315	4		0.7	0.45			384	E ★
			S0/a	62	I	4.4		0	4984		257	282	4		0.7	0.3			543	A ★
NGC 289	00 50 17.2	−31 28 36	SBbc	44	I	244.0	8.3	0	1629	8		322	4	32.2	3.6				320	P ★
			SBbc	42	F	38.05	2.45	0	1633	10		305	4	16.1	5.8	4.3			373	B
			Sbc	44	M	7.76		0	1638	20				14.9					324	N
			SBbc	45	M	18.0		0	1626	2				22.4	3.7		250	126	148	P ★
			SBbc	35	I	195.3	31.4	0	1627	2	273	304	4		8.6				473	J ★
				32	M	37.89		1	1609			306	4	32.2	9.0	7.6			535	P
			SBbc	45	I	161.3		0	1625		270	297	4		3.7	2.7			538	P ★
UGC 541	00 50 29.5	+21 39 06	Sd	81	I	1.84	0.36	0	7296	13	279	295	3		1.2	0.2			454	A ★
UGC 542	00 50 44.3	+28 59 58	S		S	±	4.0	3400	–	7100									543	A
			S	69	M	8.7						380	4						413	A
			S	78	I	12.0		0	4510	5				55.			176	159	477	W ★
			Sc	90	I	11.27	1.74	0	4506	1	368	389	3		2.3	0.3			452	A ★
			Sb	90	I	11.2		0	4510		362	387	4		2.3	0.3			543	A ★
UGC 545	00 50 57.9	+12 25 23			I	≤12.2													457	A
NGC 292	00 51 00	−73 06	Im	60	M	0.60		0	161					0.057	300.	180.0			87	H
				70	M	0.48								0.046					295	P ★
					M	0.06	0.03	1	19					0.046			36	55	335	I ★
					M	0.28					59			0.046					301	Q ★
			Im	60	M	0.43		0	161	5				0.046	480.			45	303	L ★
								0	151	6	25								342	P ★
UGC 546	00 51 00	+17 48						0	4508										490	A
Zw 501-035	00 51 22.8	+30 04 30	Sc	68	I	1.25	0.25	0	6765	11	287	335	3		0.9	0.3			452	A ★
			Scd	73	I	0.9		0	6782		272	309	4		1.0	0.3			543	A ★
UGC 548	00 51 39.9	+31 23 33	Sd	31	I	3.90	0.63	0	6606	2	242	259	3		1.4	1.2			452	A ★
UGC 549	00 51 56.2	+36 30 17	Sc		I	1.8		0	6035			283	5		1.1	0.1			488	A ★
UGC 551	00 52 00	+44 29			F	≤1.0		–400	–	3000									213	G
UGC 552	00 52 00	+52 14			I	3.25		0	5165		301	288	3						498	G ★
Zw 480-020	00 52 00.5	+24 36 03	SBc		I	2.32		0	13511			144	3		0.9	0.8			565	A ★
IC 1596	00 52 03.4	+21 15 00	Sa	64	I	6.15		0	2673			250	4	57.2	2.5	1.2		120	393	G ★
			Sa	64	I	10.7		0	2677			243	4	57.2	2.5	1.2		120	393	A
			Sa		I	10.7		0	2677			243	5		2.5	1.2			488	a ★
UGC 557	00 52 03.6	+31 05 40	Sc	63	I	4.25	0.69	0	4502	3	256	273	3		1.1	0.5			452	A ★
			Sb	66	I	4.0		0	4495		251	312	4		1.1	0.5			543	A ★
UGC 554	00 52 05.0	+28 26 50	Sbc	73	S	±	1.7	2372	–	9308					1.2	0.4			452	A
UGC 556	00 52 07.8	+28 58 28	Sc	54	I	4.25	0.71	0	4617	3	363	405	3		1.2	0.7			452	A ★
			Sm	56	I	3.9		0	4628		388	414	4		1.2	0.7			543	A ★
Anon 0052+13	00 52 10.2	+13 23 25			I	4.794		0	4640			414	4	62.6	1.2	0.7			562	A ★
UGC 558	00 52 11.1	+10 15 50	Sa		I	1.30		0	5428		66				0.72				556	A
UGC 560	00 52 12	+13 25			S	±	0.75	0	–	12700					1.7	0.7			488	A
UGC 561	00 52 16.4	+30 32 03	Im	63	F	≤1.0		–400	–	3000									213	G
					I	6.99	1.15	0	4684	1	370	401	3		1.5	0.7			452	A ★
								0	4685										490	A
NGC 295	00 52 24.5	+31 16 15	SXb	63	I	9.0	2.0	0	5430	34	348			54.	3.4				273	A
			SBc	67	I	6.37		0	5456			475	3		2.2	0.9			452	A ★
			Sa	69	I	5.5		0	5481		443	476	4		2.2	0.9			543	A ★
NGC 300	00 52 33.5	−37 57 30	Scd	45	M	2.5		0	145	2	147	166	4	2.5	21.2	26.6	94	108	174	O ★
			Sd		M	0.9		0	146		120	143	4	2.4	20.	14.1			226	P ★
			Scd	43	M	2.1			145	2				1.9	30.	23.	79	109	197	P ★
			Sc	42	I	2010	200.	0	145	10	160	178	4	1.9	35.	26.	75		87	H ★
			Sd	43					140		150	184	4	1.9	35.	26.	140		364	O ★
			Sd		F	201.0	11.0		125			135	0						275	I ★
			Sd		M	2.9								2.5					85	N
UGC 566	00 52 35.0	+31 27 33	Sm	0	I	7.69	1.32	0	6300	6	218	233	3		1.5	1.5			452	A ★
								0	6302										490	A
NGC 296	00 52 38.2	+31 24 23	Sd	76	I	2.09	0.35	0	5649	4	226	247	3		1.2	0.3			452	A ★
				81	I	2.0		0	5645		226	277	4		1.2	0.3			543	A ★

Table 1 cont.

Name (1)	R.A. (2)	Dec. (3)	Type (4)	i (5)	(6)	HI-flux (7)	(8)	(9)	v (10)	(11)	(12)	Δv (13)	(14)	Dist (15)	a (16)	b (17)	Vmax (18)	Pos (19)	Ref (20)	(21)
Zw 501-043	00 52 40.2	+30 13 07	Sbc		I	0.78		0	5149			215	3		0.8	0.2			565	A ⋆
Zw 501-047	00 52 50.0	+30 07 38	Sc	65	I	1.56	0.27	0	6675	4	218	240	3		0.8	0.3			452	A ⋆
			S0/a	68	I	1.6		0	6579		226	298	4		0.8	50.3			543	A ⋆
Anon 0052+23	00 52 54.7	+23 55 29			I	1.30		0	4980		82				0.58				556	A
NGC 304	00 53 25.7	+23 51 16			I	≤3.0		0	−	6700					2.5				273	A
			Im	50	S	±	1.39	5	4991						1.4	0.9			454	A
UGC 575	00 53 26.2	+30 48 16	Scd	88	I	1.53	0.27	0	4655	6	291	304	3		1.1	0.1			452	A ⋆
			S0/a	90	I	1.5		0	4666		285	320	4		1.0	0.1			543	A ⋆
UGC 574	00 53 30	+04 08			F	≤1.0		−400	−	3000									213	G
UGC 576	00 53 30	+50 21			I	2.48		0	5070		268	255	3						498	G ⋆
Anon 0054+22	00 54 03.1	+22 51 25			S	±	0.25	100	−	8120					0.45				556	A
NGC 309	00 54 11.6	−10 11 05	Sc	30	I	16.6		0	5665			236	4	76.5	3.0				203	G ⋆
								0	5665	10									359	G
			SXc	33	F	5.65	1.78	0	5657	20		238	4	57.3	5.0	4.2			373	G
			Sc	30	I	23.9	2.8	0	5665	8	237		4		3.02	2.63			384	E ⋆
			SXc	30	I	22.5	1.2	0	5661	3	202	220	4		3.1	0.4			523	J ⋆
UGC 591	00 54 38.9	+23 37 09	Im	37	I	4.08	0.65	0	4835	2	176	196	3		1.0	0.8			454	A ⋆
								0	5260						0.85				556	A
NGC 314 B	00 54 51.1	+43 31 26	Sb	59	I	6.9		0	5325			416	5	55.6					417	G
					I	3.99		0	5343		280	251	3						498	G ⋆
					I	6.90		0	5325			416	5	58.6					518	G
Anon 0054+43	00 54 54	+43 26	Sc	52	I	2.48	0.3	0	5422	10		98	4		0.9				188	G ⋆
Zw 501-051	00 54 57.1	+33 04 46	Sc	56	I	0.81	0.15	0	5303	10	218	232	3		0.9	0.5			452	A ⋆
Zw 501-050	00 55 01.0	+32 16 27	Sd	24	I	0.78	0.15	0	7400	10	138	253	3		0.6	0.5			452	A ⋆
NGC 315	00 55 05.8	+30 04 58			S	≤86.0		5	5010										356	G
			E		S	≤4.5		5	4921	18									82	A ⋆
			E/S0					5	4922										126	A ⋆
			E/S0		I	≤1.33		5	4921						3.2				501	A ⋆
UGC 598	00 55 06.3	+31 12 52	Sa	73	S	±	1.9	5	5039						1.0	0.3			543	A
			S0/a		I	0.45		0	5005			447	3		1.0	0.3			565	A ⋆
Zw 501-055	00 55 18.0	+30 26 07	S		I	1.01		0	4723			210	3		0.6	0.3			565	A ⋆
UGC 600	00 55 31.7	+48 23 30	Sc	41	I	3.94	0.6	0	6812	15		166	4		1.1				188	G ⋆
					I	2.74		0	6815		144	128	3						498	G ⋆
UGC 602	00 55 37.7	+36 27 40	Sc	37	I	6.54	0.7	0	6140	10		264	4		1.2				188	G ⋆
			SBd		I	5.1		0	6145			279	5		1.7	1.6			488	A
Zw 480-027	00 55 46.5	+23 16 20	Sb		I	1.89		0	10432			309	3		0.8	0.5			565	A ⋆
Anon 0055+23	00 55 46.5	+23 32 37			S	±	0.25	100	−	8120					0.5				556	A
UGC 604	00 55 48	+44 45			I	2.21		0	5215		219	202	3						498	G ⋆
UGC 608	00 56 09.2	+47 44 57	SXdm	66	I	12.7		0	2753	4		213	4	28.9	2.5		104	125	407	W ⋆
			SXdm	62	F	3.45	0.53	0	2760	15		215	4	30.0	3.7	1.8			373	G
			SXdm		I	13.40		0	2756			213	4		3.8	1.9			515	G ⋆
UGC 612	00 56 20.1	+23 34 58	Im	64	S	±	1.41	5	5058						1.0	0.5			454	A
NGC 336	00 56 30	−19 00 48	Sc	66	I	17.0	0.8	0	1987	5	272	283	4		4.0	1.8			377	E ⋆
Zw 480-029	00 56 42.0	+23 42 53	Sc		I	0.56		0	5079			183	3		0.6	0.5			565	A ⋆
Zw 501-056	00 56 48.0	+31 31 50	Sbc		I	1.35		0	4616			170	3		0.6	0.5			565	A ⋆
Zw 501-057	00 56 57.3	+29 04 07	Sbc		I	1.41		0	4861			168	3		0.6	0.6			565	A ⋆
Anon 0057+47	00 57 08.3	+47 46 17		90	I	4.1		0	2598	8				28.9			62	170	407	W ⋆
Zw 501-058	00 57 08.6	+31 33 27	S0		I	1.9	0.4		4448			245	1						114	A ⋆
			Seyf1p		I	2.4		1	4687	20	240			85.2					235	A ⋆
			Seyf1	57	M	3.14	0.22		4442	12		242	4	62.	0.87	0.47			293	A ⋆
			Sbc		I	2.36		0	4456			242	3		0.7	0.5			565	A ⋆
NGC 337	00 57 18.7	−07 50 43	SBd	45	I	51.1		0	1646			264	4	23.0	2.6				203	G ⋆
				45	I	61.9									2.6				203	B
			SBd	44	F	14.25	1.57	0	1651	15		260	4	17.3	4.5	3.2			373	G
			Sd	44	M	2.33		0	1651	20				15.9					324	N
			Sd		I	52.95		0	1650			278	4		4.5	3.1			515	G ⋆
			Sdm		I	108.9		0	1073			103	4		9.0	6.3			515	G ⋆
UGC 622	00 57 36.0	+47 43 39	Sb	52	I	9.0		0	2711	8				28.9	1.7		154	145	407	W ⋆
					I	12.13		0	2716		273	244	3						498	G ⋆
ESO 351-G 30	00 57 47	−33 58 42	dE		S	≤129.		5	196					0.084	24.				133	B ⋆
			E		S	±	18.0	−400	−	3000					4.7	3.7			373	B
IC 66	00 57 48.8	+30 31 40	Sb	65	I	1.40	0.27	0	4825	8	366	385	3		1.1	0.5			452	A ⋆
			S0/a		S	±	1.3	3400	−	7100					1.1	0.5			543	A
NGC 338	00 57 52.6	+30 23 58	Sab		I	≤3.0		0	−	6700					3.1				273	A
			Sbc	70	I	10.10	1.58	0	4781	1	529	553	3		1.9	0.7			452	A ⋆
			Sa	72	I	9.7		0	4775		526	552	4		1.9	0.7			543	A ⋆
Zw 501-060	00 57 55.8	+29 51 27	S0/a		I	0.84		0	6755			237	3		0.7	0.5			565	A ⋆
IC 65	00 58 03.2	+47 24 43	SXbc	77	I	40.8		0	2614	4				28.9	4.1		168	153	407	W ⋆
			SXbc	74	F	9.32	1.35	0	2614	10		346	4	28.5	7.5	2.5			373	G
UGC 630	00 58 17.4	+29 40 46	Sm	39	I	0.80	0.14	0	4885	7	145	159	3		1.3	1.0			452	A ⋆

Table 1 cont.

Name (1)	R.A. (2)	Dec. (3)	Type (4)	i (5)	(6)	HI-flux (7)	(8)	(9)	v (10)	(11)	(12)	Δv (13)	(14)	Dist (15)	a (16)	b (17)	Vmax (18)	Pos (19)	Ref (20)	(21)
UGC 630								0	4881										490	A
UGC 628	00 58 18	+19 13			F	≤1.0			−400 − 3000										213	G
			SBm		S	±	18.0		−400 − 3000						3.5	2.8			373	G
UGC 629	00 58 19.0	+29 19 53	Sd	38	I	4.73	0.79	0	4991	4	185	208	3		1.4	1.1			452	A★
UGC 632	00 58 27.8	+29 51 43	SBbc	67	I	0.37	0.09	0	6965	55	402	471	3		1.2	0.5			452	A★
			Sa	68	S	±	1.4	5	7012						1.2	0.5			543	A
Zw 501-064	00 58 30.0	+29 53 00	S0/a		I	0.46		0	7000			407	3		0.5	0.4			565	A★
UGC 633	00 58 37.2	+31 14 20	Sc	82	I	6.36	1.05	0	5572	3	393	405	3		1.7	0.3			452	A★
			Sa	82	I	6.0		0	5574		393	420	4		1.7	0.3			543	A★
IC 69	00 58 39.9	+30 46 20	Sc	0	S	±	1.7		2372 − 9308						0.9	0.9			452	A
			S		I	0.54		0	5017			214	3		0.9	0.9			565	A★
UGC 634	00 58 48.0	+07 21 20	SXm	52	F	3.29	0.68	0	2211	10	138			46.5	3.0	1.86			89	G
			SXm	53	F	3.39	0.67	0	2211	15		148	4	23.5	3.0	1.8			373	G
			S		I	14.70		0	2213			159	4		3.0	1.8			515	G★
NGC 337 A	00 59 02.3	−07 51 22	Sdm					0	413										203	G
			SXdm	40	F	23.87	1.50	0	1084	5		100	4	11.6	9.0	7.0			373	G
Zw 501-068	00 59 03.4	+30 57 27	Pec		I	2.17		0	4895			210	3		0.7	0.6			565	A★
Zw 480-033	00 59 16.8	+26 13 07	S		I	0.86		0	10075			139	3		0.7	0.3			565	A★
Zw 480-035	00 59 42.0	+26 21 30	S		I	1.75		0	4988			266	3		0.3	0.1			565	A★
ESO 157-G 19	01 00 10.5	−54 35 48	Sm	58	I	≤60.0									2.2	1.2			310	P
UGC 643	01 00 23.8	+24 42 19	Sd	33	I	3.44	0.55	0	9041	1	275	292	3		1.2	1.0			454	A★
								0	9023										490	A
NGC 354	01 00 35.8	+22 04 25	SB		I	≤1.9		6	5061					92.0	1.0	0.6			235	A
			SB p	56	I	2.46		0	4665	4		185			1.6	1.0			471	A★
			SBc	53	I	1.77	0.29	0	4670	3	185	211	3		1.0	0.6			454	A★
UGC 646	01 00 41.2	+31 58 05	SBc	60	I	0.75	0.17	0	5319	15	372	439	3		2.0	1.0			452	A★
			S0		S	±	1.8	5	5344						2.0	1.0			543	A
NGC 357	01 00 50.4	−06 36 18	SBa	41	I	≤4.9		5	2674	50				53.5	3.1	2.4			346	E
			S0/a		I	≤3.5		5	2541										232	N
NGC 360	01 01 01.0	−65 52 57		84	M	17.37		1	2155			446	4	43.1	3.2	0.4			535	P
			Sbc	85	I	19.1	1.5		2300	9	364	387	4		3.3	0.7			550	P★
UGC 653	01 01 05.0	+30 55 53	Sc		I	2.61		0	6262			286	3		1.0	0.1			565	A★
UGC 652	01 01 09.9	+21 45 40	SBd	62	I	3.14	0.50	0	5670	1	186	205	3		1.3	0.6			454	A★
								0	5670										490	A
Anon 0101+21	01 01 12.0	+21 37 00	Im		F	0.322	0.054	0	−280	8	34	51	4	0.817	3.2	3.2			245	A★
			Im		I	7.34								0.9					415	V★
			Im		I	2.09		0	−286			36	4		3.2	3.2			515	G★
UGC 655 ?	01 01 12	+45 35	Sm		S	±	18.0		−400 − 3000						5.0	5.0			373	G
UGC 655	01 01 12	+41 35			I	20.80		0	829		138	116	3						498	G★
UGC 657	01 01 14.2	+32 41 48			F	≤1.0			−400 − 3000										213	G
			Sm	23	I	2.30	0.46	0	4978	14	129	147	3		1.2	1.1			452	A★
UGC 659	01 01 38.6	+18 25 47	Sab		I	3.1		0	5463			235	3		1.1	0.3			488	A★
UGC 660	01 01 42	+06 21			F	≤1.0			−400 − 3000										213	G
Anon 0101+22	01 01 46.0	+22 13 30			I	1.20		0	5662		118				0.53				556	A
Zw 480-038	01 02 11.5	+22 02 50	Sc		I	1.29		0	15247			190	3		0.6	0.5			565	A★
UGC 667	01 02 12	+05 21			S	±	4.0		−100 − 6900										490	A
Zw 501-074	01 02 16.4	+32 32 36	Sd	0	S	±	1.7		2372 − 14406						0.6	0.6			452	A
			Sc		I	1.15		0	11394			382	3		0.6	0.6			565	A★
IC 1613	01 02 19.8	+01 51 56	Im		I	542.4		0	−228			23	5		23.0	23.0			183	G★
			Im		I	500.	100.	0	−236	3	25			0.7	23.0	23.0	30		87	H★
			Im		M	≥0.02		3	−242					.44					282	D
			Im		M	0.049	0.005	3	−234	5	29			.63	23.	23.			360	D★
			Im		M	0.05		0	−235		22	37	4	.85	23.0				376	E★
			Im		M	0.059								.71					85	N
			IBm		I	543.0		0	−232			37	4		24.1	21.7			515	G★
			IBm		I	0.70		0	−230			47	4		1.0	1.0			515	G★
Zw 480-039	01 02 20.7	+21 49 10	SBc	28	I	2.48		0	16493			307	3		0.9	0.6			565	A★
Anon 0102-06	01 02 33.0	−06 28 36	Sd		F	62.6		0	1095			189	4	15.7	3.9				203	G
			SXd	40	F	17.23	1.53	0	1092	8		191	4	11.7	6.5	5.0			373	G
			Sd	27	M	2.47		0	1097	20				10.8					324	N
UGC 669	01 02 34.1	+31 24 52	Sd	76	I	1.56	0.27	0	5865	6	251	271	3		1.6	0.4			452	A★
			Scd	81	S	±	1.9	5	5877						1.6	0.4			543	A
Zw 480-040	01 02 40.4	+23 45 47	S0/a		I	0.76		0	9243			462	3		0.6	0.4			565	A★
UGC 672	01 03 18.6	+44 41 18		0	F	0.44		0	707		33	47	3	12.5	2.7				213	G
			Im		I	2.00		0	710			55	4		2.8	2.5			515	G★
UGC 673	01 03 24.5	+31 08 20	Sd	72	I	3.75	0.61	0	6256	1	276	296	3		2.0	0.6			452	A★
			Sa	77	I	3.0		0	6251		284	323	4		2.0	0.6			543	A★
UGC 674	01 03 30	+21 07			F	≤1.0			−400 − 3000										213	G
Zw 480-041	01 03 31.0	+25 17 00	Sab		I	1.64		0	6623			358	3		1.0	0.1			565	A★
UGC 675	01 03 36	+00 31			F	≤1.0			−400 − 3000										213	G

Table 1 cont.

Name (1)	R.A. (2)	Dec. (3)	Type (4)	i (5)	(6)	HI-flux (7)	(8)	(9)	v (10)	(11)	(12)	Δv (13)	(14)	Dist (15)	a (16)	b (17)	Vmax (18)	Pos (19)	Ref (20)	(21)
Zw 480-043	01 03 57.5	+23 57 00	S		I	1.44		0	11733			340	3		0.6	0.4			565	A ⋆
UGC 679	01 04 18.0	+32 07 23	Sm	70	I	2.16	0.36	0	5106	4	182	192	3		1.2	0.4			452	A ⋆
				77	I	2.6		0	5086		188	269	4		1.2	0.4			543	A ⋆
NGC 379	01 04 29.4	+32 15 12	S0		M	≤36.0			5573					101.	1.6				27	A
NGC 380	01 04 31.2	+32 13 00	E2		M	≤3.3		5	4341					60.8					134	A
Zw 480-044	01 04 34.7	+24 14 37	S		I	0.82		0	9102			231	3		0.6	0.4			565	A ⋆
NGC 382	01 04 38.7	+32 08 13	E		S	≤80.0		5	5160										356	G
NGC 384	01 04 39.0	+32 01 36	E3		M	≤13.0			4599					84.	1.1				27	A
NGC 383	01 04 39.4	+32 08 46	S0		I	≤0.51		5	5198					107.	2.2	1.9			28	A ⋆
			S0		M	≤23.0			5086					92.	2.4				27	A
			E		S	≤80.0		5	4890										356	G
					I	≤2.8		5	4888										126	A
UGC 685	01 04 43.0	+16 25 01	Sm		I	9.9		0	155			91	3		1.9	1.3			488	A ⋆
UGC 690	01 04 43.6	+39 07 56	Sd		I	7.55		0	5869	20		365	5		2.5	1.9		105	158	G ⋆
UGC 691	01 04 47.2	+31 49 20	Sc	90	S	±	1.7	2372	−	9308					1.4	0.1			452	A
UGC 692	01 04 51.2	+32 40 13	SBd	24	I	2.24	0.36	0	5789	2	137	158	3		1.1	1.0			452	A ⋆
NGC 388	01 05 00	+32 02			S	±	4.0	3400	−	7100									543	A
Zw 501-091	01 05 11.5	+33 02 13	Sbc	39	I	1.54	0.26	0	4209	6	122	141	3		0.9	0.7			452	A ⋆
Zw 501-092	01 05 17.5	+31 24 27	Sc	73	S	±	1.7	2372	−	14406					0.8	0.3			452	A
Anon 0105−17	01 05 18	−17 46			S	≤27.0		5	5700										548	P
UGC 697	01 05 18.5	+33 11 00	SBc	53	I	0.60	0.14	0	4700	17	319	332	3		1.0	0.6			452	A ⋆
UGC 699	01 05 30	+20 49			F	≤1.0		−400	−	3000									213	G
NGC 406	01 05 43.0	−70 08 36	Sc	69	I	49.7	4.4	0	1509	11		258	4	26.7	3.3				320	P ⋆
			Sc	69	I	54.4		0	1510			250	5	17.8	3.3				486	I ⋆
			Sb	69	M	8.17		0	1506					26.7	3.3				544	P
IC 1672	01 05 57	−46 21 36	Sb	74					5440						2.5	0.9	114	163	550	P ⋆
UGC 710	01 05 58.4	+33 11 47	Scd	71	I	2.77	0.62	0	12474	13	490	543	3		1.5	0.5			452	A ⋆
					S	±	4.0	3400	−	7100									543	A
Anon 0105+21	01 05 59.6	+21 15 29			I	1.70		0	5546		100				0.53				556	A
Zw 501-099	01 06 00.4	+31 49 57	Sc	0	S	±	1.7	2372	−	12688					0.7	0.7			452	A
			S		I	1.63		0	10423			121	3		0.7	0.7			565	A ⋆
UGC 711	01 06 06.0	+01 23 00	Sc	90	F	3.95	0.58	0	1979	15		226	4	20.9	5.5	1.1			373	G
			Sc		I	19.25		0	1982			231	4		5.6	1.1			515	G ⋆
NGC 399	01 06 13.0	+32 22 06	SB0	45	M	≤2.3		5	5167					71.					268	A
			SBb	34	S	±	0.53	5	5167						1.2	1.0			452	A
Anon 0106+21	01 06 17	+21 39	Im		I	3.60		0	−326			63	4		1.0	1.0			515	G ⋆
UGC 714	01 06 27.9	+31 53 03	Sd	45	I	1.47	0.25	0	4634	6	238	248	3		1.3	0.9			452	A ⋆
NGC 403	01 06 28.2	+32 29 05	Sa		S	≤15.0.		−800	−	4200									203	G
			Sab	73	S	±	1.09	5	4977						2.0	0.7			452	A
Zw 501-106	01 06 33.3	+33 12 43	Sb	42	S	±	1.7	2372	−	9308					0.8	0.6			452	A
			Sa		I	2.95		0	10593			336	3		0.9	0.7			565	A ⋆
NGC 404	01 06 39.3	+35 27 10	S0/a		M	0.01		0	−50		80			1.	3.5				17	E ⋆
UGC 717/19	01 06 45	+14 05 30	Mult		I	0.68		0	11327			228	5	120.7					518	G
Zw 501-108	01 06 56.3	+30 52 00	S		I	1.02		0	6497			202	3		0.6	0.6			565	A ⋆
Zw 480-045	01 06 59.4	+23 01 40	S		I	1.17		0	10279			209	3		0.4	0.4			565	A ⋆
UGC 722	01 07 06	+13 02			I			0	4207										490	A
UGC 724	01 07 13.5	+32 06 10	Sbc	35	I	6.10		0	5189			329	3		2.3	1.9			452	A ⋆
			Sa		I	3.5		0	6209		319	384	4		2.3	1.9			543	A ⋆
Zw 501-112A	01 07 14.0	+32 37 27	Sc		I	3.63		0	10420			313	3		0.7	0.1			565	A ⋆
UGC 725	01 07 18.8	+42 50 37	Sb	79	I	8.25		0	5050	10		360	5		2.2	0.6		43	158	G ⋆
			SXc	79	I	9.3		0	5041	5				52.0	2.3		159	43	407	W ⋆
UGC 726	01 07 24	−02 01	SXdm		S	±	18.0	−400	−	3000					3.0	1.7			373	G
Anon 0107+01	01 07 24.8	+01 51 56			I	0.70		0	−230			47	4						515	G ⋆
Zw 501-113	01 07 36.0	+29 55 00	Sc	60	I	1.48	0.29	0	6826	12	216	234	3		0.7	0.3			452	A ⋆
UGC 728	01 07 36.3	+43 01 23	Sd	00	I	9.09		0	4910	20		302	5		1.5	1.5			158	G ⋆
			SXc	45	I	11.2		0	4907	6				52.0	2.2		189	103	407	W ⋆
UGC 731	01 07 45.0	+49 20 07	Im	23	F	9.85	0.89	0	646	10	129			16.8	3.6	33.1			89	G
			Im	24	F	9.60	0.85	0	639	10		146	4	8.8	4.9	4.5			373	E
UGC 732	01 07 57.2	+33 17 23	Sd	57	I	2.50	0.44	0	5435	5	267	281	3		1.7	0.9			452	A ⋆
			Sa	61	I	1.8		0	5437		284	304	4		1.7	0.9			543	A ⋆
Zw 480-047	01 08 09.2	+24 11 23	S		I	0.48		0	13902			102	3		0.3	0.3			565	A ⋆
NGC 418	01 08 12	−30 29	SBc	25	I	14.2	1.2	0	5710	6	231	265	4		2.3	0.2			523	J ⋆
Anon 0108+17	01 08 27.5	+17 41 09			S	±	0.25	100	−	8120					0.5				556	A
UGC 742	01 08 31.3	+31 28 33	Sm	0	I	4.62	0.72	0	5757	1	115	145	3		1.3	1.3			452	A ⋆
					S	8.17	0.28	5	5179	5	323	351	4						457	A
UGC 743	01 08 32.4	+31 37 20	Sb	64	S	±	2.45	5	5229						1.5	0.7			452	A
Zw 480-048	01 08 49.5	+22 57 13	Sc		I	3.95		0	10308			374	3		0.9	0.1			565	A ⋆
UGC 749	01 08 56.4	+01 03 21			I	8.2	2.0	0	6787	15	205								506	D ⋆
Mark 563	01 09 16.9	−01 55 16						5	4975										503	G
UGC 756	01 09 56.4	+32 42 06	Sd	37	I	2.10	0.38	0	5346	9	206	219	3		1.0	0.8			452	A ⋆

Table 1 cont.

Name (1)	R.A. (2)	Dec. (3)	Type (4)	i (5)	(6)	HI-flux (7)	(8)	(9)	v (10)	(11)	(12)	Δv (13)	(14)	Dist (15)	a (16)	b (17)	Vmax (18)	Pos (19)	Ref (20)	(21)
NGC 425	01 10 12	+38 30 13			I	5.02		0	6355		410	272	3						498	G ★
NGC 428	01 10 22.6	+00 42 56	Sm	39	I	76.3		0	1153			185	4	16.7	3.8				203	G ★
			Sm	38	M	1.2			1175	30				7.9	5.5		120		285	G
				39	I	75.7									3.8				203	B
			Sdm		M	3.5	1.3		1130	40				13.					85	N
NGC 434 A	01 10 32.0	−58 28 36	S0/a p	72	I	13.1	2.5	0	4828	29		300	4	93.8	1.0				320	P ★
UGC 769	01 10 36	+12 30			S	±	4.0	−100	−	6900									490	A
Mark 975	01 11 00	+13 00			I	0.70		0	14875	30		575	4						472	A ★
UGC 772	01 11 06.0	+00 36 42		0	F	1.49		0	1164		70	99	4	16.9	2.8				213	G ★
NGC 431	01 11 16.4	+33 26 25	SBa	56	I	0.54	0.20	0	6297	35	497	545	3		1.4	0.8			452	A ★
UGC 777	01 11 18	+41 59			I	2.32		0	5055		205	156	3						498	G ★
NGC 439	01 11 26.4	−32 00 43	S0		I	≤15.9		5	2000					39.3					320	P ★
UGC 783	01 11 36	+42 17	Sc	45	I	7.28	1.4	0	5914	10		340	4		1.2				188	G ★
					I	6.89		0	5913		339	318	3						498	G ★
Anon 0112+26	01 12 01.2	+26 52 23	S		I	4.90		0	3618		111				0.77				556	G
IC 1652	01 12 09.7	+31 41 03	Sab	90	S	±	0.59	5	5176						1.4	0.2			452	A
					S	±	4.0	3400	−	7100									543	A
UGC 795	01 12 18	+12 07			S	±	4.0	2400	−	9400									490	A
IC 1653	01 12 19.2	+33 06 50	Sc	27	I	3.62		0	4785			277	3		0.9	0.8			452	A ★
IC 1654	01 12 26.2	+29 55 51	SBb	42	I	4.64	0.75	0	4897	2	207	227	3		1.6	1.2			452	A ★
UGC 800	01 12 34.0	+28 13 33	Sd	39	I	2.53	0.42	0	4812	5	168	183	3		1.3	1.0			452	A ★
NGC 447	01 12 49.8	+32 48 10	Pec		I	0.7	0.3		4780			150	4						114	A ★
			SBab	23	I	2.52	0.46	0	5597	10	207	230	3		2.6	2.4			452	A ★
NGC 450	01 12 57.3	−01 07 27	Scd	40	I	29.1	4.4	0	1761	9		204	4	33.6	4.5				201	G ★
			SXcd	36	F	6.91	0.94	0	1759	15		205	4	18.5	5.0	4.1			373	G
			Scd	36	M	1.79		0	1770	20				17.1					324	N
			SXcd	36	I	27.3		0	1758			234	5	18.9					417	G
			Sc		I	28.40		0	1763			200	4		5.0	4.0			515	G ★
			Sc		I	25.5	0.5	0	1767			224	4		1.1	0.5			503	G
			S		I	25.5	0.5	0	1767			224	4						503	G
NGC 444	01 13 03.1	+30 49 04	Scd	79	I	≤9.9								51.2					417	G
			Sd	80	I	5.19	0.81	0	4834	1	259	272	3		2.1	0.4			452	A
			Scd	79	I	9.3		0	4846			298	5	51.2					417	A
				84	I	4.0		0	4838		258	296	4		2.1	0.4			543	A ★
				84				0	4851	19	282	286	4				131	157	555	A
				84	F	8.5	1.0	0	4837	12	290	341	4				143	157	555	W
UGC 809	01 13 03.9	+33 32 49	Sc	90	I	5.6		0	4216		324	357	4		1.4	0.2			543	A ★
NGC 449	01 13 19.5	+32 49 33	SBa		I	3.7		1	5050	20	170			91.8	2.6	2.4			235	A ★
			Seyf1	44	M	3.34	0.23		4839	12		259	4	67.0	0.7	0.50			293	A
NGC 455	01 13 21.6	+04 54 50			I	≤3.0		0	−	6700					4.0				273	A
UGC 813/16	01 13 22	+46 29	Mult		I	10.5		0	5237			637	5	57.7					518	G ★
UGC 816	01 13 24	+46 29			I	11.11		0	5188		646	360	3						498	G ★
NGC 451	01 13 24.5	+32 48 00	Sd	31	I	2.21	0.42	0	4880	10	209	265	3		0.7	0.6			452	A
Zw 481-001	01 13 27.5	+24 55 43	Sbc		I	2.32		0	8885			375	3		0.8	0.5			565	A ★
IC 89	01 13 28.1	+04 01 53	S0		I	1.07	0.10	0	5446	10	282	316	4		2.3				501	A ★
NGC 452	01 13 28.6	+30 46 13	Sab		I	≤3.0		0	−	6700					4.0				273	A
			Sa	69	M	5.0						552	4						413	A
			SBab	66	I	≤16.2								51.2					417	G
			SBab	66	I	5.9		0	4963			502	5	51.2					417	A
			SBbc	67	I	6.23	1.22	0	4966	10	469	506	3		2.7	1.1			452	A ★
			Sa	69	I	5.2		0	4958		453	523	4		2.7	1.1			543	A ★
				66				0	4965	8	456	488	4				244	43	555	A
				66	F	9.7	1.5	0	4962	13	458	517	4				250	43	555	W
Mark 977	01 13 36.0	+38 47 00			S	30.0		2890	−	8378									471	A
Zw 502-021	01 13 48.8	+28 42 47	Sbc		I	2.78		0	8170			239	3		0.8	0.4			565	A ★
UGC 823	01 14 00	+00 57			F	≤1.0		−400	−	3000									213	G
UGCA 16	01 14 48	+37 10	Im		S	±	18.0	−400	−	3000					1.7	1.3			373	G
Anon 0115+17	01 15 08.1	+17 11 35	Sm		S	±	0.25	100	−	8120					0.77				556	A
UGC 833	01 15 30.3	+11 07 06	Sc	49	I	10.91		0	5195			321	4	106.6	2.5	1.7		50	393	G ★
			Sc	49	I	11.7		0	5196			303	4	106.6	2.5	1.7		50	393	A
			Scd	48	M	5.40		0	5176	20				48.8					324	N
			SBc		I	11.7		0	5196			303	5		2.5	1.7			488	a ★
UGC 835	01 15 53.2	+30 46 30	Sd	43	I	1.52	0.31	0	6834	16	255	265	3		1.1	0.8			452	A ★
Zw 502-022	01 15 53.3	+31 59 37	Sd	19	S	±	1.7	−831	−	10989					0.9	0.8			452	A
			Sc		I	1.84		0	10456			217	3		0.9	0.8			565	A ★
UGC 841	01 16 22.2	+32 46 06	Scd	77	I	2.31	0.40	0	5572	4	289	302	3		1.6	0.4			452	A ★
				81	I	1.8		0	5572		290	308	4		1.6	0.4			543	A ★
UGC 843	01 16 24	+05 18			S	±	4.0	−100	−	6900									490	A
UGC 846	01 16 30	+48 56			I	3.14		0	6736		145	123	3						498	G ★
NGC 467	01 16 35.4	+03 02 18	S0		I	≤1.56		5	5467						2.6				501	A

Table 1 cont.

Name (1)	R.A. (2)	Dec. (3)	Type (4)	i (5)	(6)	HI-flux (7) (8)	v (9) (10) (11)	Δv (12) (13) (14)	Dist (15)	a (16)	b (17)	Vmax (18)	Pos (19)	Ref (20)	(21)
ESO 151-G 40	01 16 44.6	−53 33 19	Sbc	55	I	≤60.0				2.8	1.7			310	P
UGC 853	01 16 50.9	+31 23 37	SBc	57	S	± 1.7	2372 − 16144			1.1	0.6			452	A
UGC 855	01 17 00	+07 54 37	SBb		I	1.430	0 9566	244 275 4		1.2	1.1			475	A ⋆
IC 1666	01 17 05.8	+32 12 27	Sd	0	I	2.44 0.40	0 4880 3	161 174 3		1.1	1.1			452	A ⋆
Anon 0117+16	01 17 06.5	+16 31 48			I	1.20	0 2163	32		0.58				556	A
NGC 470	01 17 10.5	+03 08 53	Scd	57	I	14.40	0 2370 10	409 5		3.3	1.9		155	158	G ⋆
			Sbc	54	I	15.6	0 2371	389 4	24.7	3.3	1.9			292	A ⋆
			Sb	49			2555	222 0	16.					180	G
			Sbc	54	F	3.32 0.76	0 2374 20	373 4	24.8	4.8	2.9			373	G
			Sb	50	M	2.38	0 2335 35		22.4					324	N
			Sb		I	13.5	0 2388 20	418 4						232	N
			Sb	50	I	20.5	0 2388	478 4	24.6					417	G
			Sb	50	I	14.9	0 2373	398 5	24.6					417	A
			Sb	50	I	19.8 1.6	0 2372 4	364 388 4		3.0				473	J ⋆
			Sbc		I	18.50	0 2367	410 4		4.8	2.9			515	G ⋆
NGC 473	01 17 14.4	+16 16 58	SB	49	I	6.8 2.2	0 2127 10	236 254 5	46.9	2.6	1.7			346	G ⋆
			Sb		I	4.2	0 2138	226		2.2	1.4			419	A
Zw 502-032	01 17 18.0	+32 55 27	Sa		I	0.42	0 5717	213 3		1.0	0.3			565	A ⋆
MCG+02-04-025	01 17 22.8	+14 05 53			I	≥0.989	0 9415	177 4	124.6	0.5	0.3			562	A ⋆
UGC 863	01 17 24	+78 22			I	4.59	0 4174	90 73 3						498	G ⋆
NGC 474	01 17 31.7	+03 09 17	S0/a	25			2385	376 0	16.					180	G
			S0/a	24	I	3.3 1.0	0 2359 15	365 377 5	51.0	8.4	7.7			346	E ⋆
							0 2190 35							324	N
			S0		I	≤3.7	5 2306							232	N
			S0	26	I	≤16.2	5 2332		24.6					417	G
			S0	26	I	≤5.9	5 2332		24.6					417	A
NGC 491 A	01 17 46.0	−34 09 42	Sd	60	I	≤10.0	500 − 7700			2.6				320	P ⋆
UGC 871	01 17 48.0	+05 33 48		0	F	1.09	0 2166	93 111 4	30.4	3.2				213	G ⋆
			Im		F	3.32 0.44	0 2178 15	103 4	22.9	3.0	3.0			373	G
					I	5.50	0 2160	109 4		3.1	3.1			515	G ⋆
IC 1672	01 17 51.7	+29 26 11	S		I	≤3.0	0 − 6700			3.0				273	A
			Sc	44	I	3.68	0 7023	359 3		1.8	1.3			452	A ⋆
UGC 873	01 17 53.5	+30 07 53	Scd	24	S	± 1.7	2372 − 9308			1.1	1.0			452	A
UGC 884B	01 18 08.4	+25 17 08	Sc	69	I	1.50 0.35	0 8985 24	444 350 3		0.8	0.3			454	A ⋆
UGC 877	01 18 12.0	+28 58 16	Sbc		I	3.20	0 9640	419 3		1.0	0.1			565	A ⋆
UGC 884	01 18 14.0	+25 17 15	Im	72	I	0.75 0.18	0 8670 13	384 330 3		1.5	0.5			454	A ⋆
Zw 502-042	01 18 19.0	+32 57 16	Sm	0	I	5.66 0.91	0 5417 2	79 109 3		1.1	1.1			452	A ⋆
NGC 477	01 18 27.5	+40 13 42					0 5859 15							359	G
UGC 888	01 18 30	+05 10			F	≤1.0	−400 − 3000							213	G
UGC 891	01 18 38.9	+12 09 02	SXm	59	F	3.44 1.50	0 643 10	108	15.2	4.5	2.34			89	G
			SXm	61	F	4.37 0.53	0 646 7	142 4	7.9	4.6	2.3			373	G
			Im		I	15.60	0 641	133 4		4.7	2.3			515	G ⋆
					I	12.00	0 644	103		2.25				556	A
Mark 357	01 19 00	+22 54			I	0.50	0 15950 30	280 4						472	A ⋆
UGC 905	01 19 03.7	+23 31 13	Sc	37	I	1.32 0.23	0 11465 3	398 430 3		1.5	1.2			454	A ⋆
					S	± 4.0	400 − 7400							490	A
NGC 483	01 19 07.0	+33 15 41	Sc	0	I	5.79	0 5997	313 3		0.8	0.8			452	A ⋆
NGC 488	01 19 10.9	+04 59 46	Sb	46	I	14.0	2268 9	456 5	47.6	7.0				80	G ⋆
			Sb	40	M	3.00	0 2276 35		22.0					324	N
			Sb	40	I	24.2 7.2	0 2267 6	450 469 4		5.2				473	J ⋆
NGC 489	01 19 16.4	+08 56 40	S		I	≤3.0	0 − 6700			3.0				273	A
UGC 911	01 19 21.7	+31 57 06	SBc	35	S	± 1.7	4000 − 7645			1.1	0.9			452	A
			SBb		I	2.04	0 10567	314 3		1.1	0.9			565	A ⋆
Zw 502-052	01 19 24	+31 27			S	± 4.0	3400 − 7100							543	A
NGC 490	01 19 30	+05 06					0 2225 75							324	N
Zw 502-054	01 19 31.5	+28 32 20	Sc		I	2.50	0 4207	200 3		1.1	0.2			565	A ⋆
NGC 493	01 19 34.8	+00 41 10	Scd	70	M	3.84	0 2341 20		22.4					324	N
			Sc	67	F	9.50 1.32	0 2340 10	292 4	24.4	6.0	2.5			373	G
			Sc		I	36.30	0 2337	314 4		6.0	2.4			515	G ⋆
Anon 0119+26	01 19 47.4	+26 56 28	S		S	± 0.25	100 − 8120			0.77				556	
NGC 494	01 20 05.8	+32 54 48	Sbc	69	I	1.29 0.28	0 5462 12	503 520 3		2.1	0.8			452	A ⋆
NGC 495	01 20 07.1	+33 12 40	SBc	40	M	≤0.36	5 4114		59.					268	A ⋆
			SBab	53	S	± 0.82	5 4114			1.3	0.8			452	A ⋆
Zw 502-056	01 20 07.5	+28 34 20	S		I	2.18	0 8380	221 3		0.7	0.2			565	A ⋆
NGC 496	01 20 22.2	+33 16 04	Sbc	57	M	7.63	0 6019 20		57.2					324	N
			Scd	58	I	5.92 0.94	0 6002 1	297 318 3		1.7	0.9			452	A ⋆
NGC 499	01 20 22.8	+33 12 01	E/S0		I	≤1.16	5 4375			2.1				501	A
Zw 481-006	01 20 30.0	+21 59 40	Sbc		I	0.53	0 13604	466 3		0.7	0.4			565	A ⋆
Anon 0120+12	01 20 32.4	+12 02 18					0 4869	105		0.4				556	A
UGC 929	01 20 40	−00 38 43	Sc		I	3.571	0 7465	60 94 4		1.5	1.5			475	A ⋆

Table 1 cont.

Name (1)	R.A. (2)	Dec. (3)	Type (4)	i (5)	(6)	HI-flux (7)	(8)	(9)	v (10)	(11)	(12)	Δv (13)	(14)	Dist (15)	a (16)	b (17)	Vmax (18)	Pos (19)	Ref (20)	(21)
UGC 934	01 20 40.5	+30 31 31	Sc	73	I	1.47	0.27	0	10494	4	396	463	3		2.2	0.7			452	A ⋆
UGC 937	01 20 48.0	+32 23 00	Pec		I	0.82		0	4748			167	3		1.2	1.0			565	A ⋆
NGC 507	01 20 51.1	+32 59 40	S0		M	≤5.6		5	4929					68.4					134	A
IC 1689	01 20 58.9	+32 47 41	S0		M	≤0.3		5	4567									16	474	V ⋆
			S0		S	±	0.75	5	4567						1.0	0.6			565	A
					F	≤1.0			−400 − 3000										213	G
UGC 948	01 21 18.2	+26 47 17	Sm	68	I	1.83	0.31	0	4918	6	157	173	3		1.1	0.4			454	A ⋆
					I	2.80		0	4908			163			0.72				556	A
NGC 514	01 21 24.8	+12 39 22	SXc	34	I	17.0		0	2473	6		246		27.	5.7				273	A
								0	2473	20									42	N
								0	2470	10									359	G
			Sc	34	M	4.03		0	2473	20				24.0					324	N
			Sc	37	I	20.3		0	2475	10	245	270	4	49.5					416	E ⋆
			SXc	35	I	30.1	2.6	0	2471	4	251	274	4		3.5	0.5			523	J ⋆
UGC 957	01 21 49.2	+03 37 24		39	F	3.61		0	2150		88	203	4	30.1	2.5				213	G ⋆
					F	3.45								30.1					353	A
			Im	39	I	18.0		0	2177			255	5	22.8					417	G
			Im	39	I	4.7		0	2153			96	5	22.8					417	A
Zw 481-007	01 21 53.5	+21 37 20	Sc		I	1.47		0	10166			172	3		0.7	0.6			565	A ⋆
UGC 959	01 21 56.5	+31 54 24	Sa		I	≤0.30		5	10802					220.	1.1	0.95			28	A ⋆
			Sa	30	F	≤0.21		5	10800						1.89				154	A
			Sb	34	S	±	1.10	5	10532						1.2	1.0			452	A
NGC 520	01 21 59.5	+02 30 15	S0/a p	67	I	19.0		0	2178			271	5	22.8					417	G
			S0/a p	67	I	38.8		0	2247			381	5	22.8					417	B
			S0/a p	67	I	8.8		0	2174			255	5	22.8					417	A
			S p	66	I	23.2			2193			220	4	30.6	3.9				203	G ⋆
			Pec	67	I	25.4			2162	9		222	5	47.6	5.3				80	G ⋆
			Pec	76	M	4.0		0	2260	30		288	4	24.0	6.8				160	G ⋆
			I0		M	2.7	0.8	0	2280			192	5	16.	6.8	2.9			76	J
			I0	69	F	4.28	0.41	0	2255	10		429	4	30.1	6.8	2.9		145	353	A ⋆
			I0	66				0	2267			481	4						272	A
								0	2230	35									324	N
					I	≥7.66		0	2267			481	4	29.5	5.0	2.0			562	A ⋆
					I	5.34		0	2178		160				5.0	2.0			563	A ⋆
NGC 521	01 21 59.7	+01 28 17	SBbc	22	I	12.0		0	5018	4	210			51.	5.2				273	A
			SBbc		S	±	18.0		−400 − 3000						5.4	5.1			373	G
			Sbc	21	M	4.72		0	5105	35				47.8					324	N
Zw 502-080	01 22 01.3	+31 58 27	Sd	49	I	1.30	0.25	0	10542	6	302	367	3		0.7	0.5			452	A ⋆
NGC 524	01 22 10.1	+09 16 45	S0/a		I	≤0.65		6	2595					47.2	3.5	3.5			30	A
			S0		M	≤0.53		5	2470					34.6					134	A
			S0/a		M	≤4.4			2587					47.	3.5				27	A
			S0		I	≤3.7		5	2470										232	N
			S0/a		I	≤1.7		5	2426						5.2	3.2			419	A
UGC 971	01 22 12	+00 46			F	≤1.0			−400 − 3000										213	G
NGC 523	01 22 31.0	+33 45 55	Pec		S	±	18.0		−400 − 3000						4.9	1.5			373	G
					L	9.58		0	4750										392	A ⋆
Anon 0122+13	01 22 35.0	+13 53 52			I	1.20		0	5041		35				0.72				556	A
NGC 532	01 22 39.2	+09 00 18	Sb	70	I	3.0	2.0	0	2375	7	380			26.	4.1				273	A
UGC 987	01 22 42.7	+31 52 32	Sa	75	M	4.6						444	4						413	A
			Sa	72	F	1.44	0.57	0	4662			391	4		2.9				154	G ⋆
			Sb	76	I	5.17	0.83	0	4653	1	383	399	3		2.6	0.8			452	A ⋆
			Sa		I	≤7.6													457	A
			S0	76	I	5.4		0	4661		391	438	4		2.6	0.8			543	A ⋆
								0	2793										490	A
UGC 989	01 22 48	+07 17			F	≤1.0			−400 − 3000										213	G
UGC 990	01 22 48	+10 33			S	≤15.0		0	900			400							333	E
Anon 0123+60	01 23 10	+60 31 42																			
Anon 0123+27	01 23 22.4	+27 42 31	Mult		I	1.10		0	4021		75				0.63				556	A
Anon 0123−01	01 23 22.9	−01 37 49			S	±			5610						1.0	1.0			515	G ⋆
NGC 545	01 23 26.2	−01 35 56			S	≤11.4.		5	5450										356	G
NGC 547	01 23 27.6	−01 36 12			S	≤11.4.		5	5380										356	G
Anon 0123+34	01 23 28.4	+34 29 40	S0 p		I	3.9	0.7	0	5211			563	4						469	A ⋆
NGC 536	01 23 31.4	+34 26 35	Sab p		I	7.6	0.7	0	5205			565	4						469	A ⋆
			SBb		S	±	18.0		−400 − 3000						5.0	2.6			373	G
			SBb	62	I	15.4	2.2	0	5184	5	474	528	4		3.7				473	J ⋆
			Sab	65	I	6.5		0	5191		504	536	4		3.4	1.7			543	A ⋆
Anon 0123+34	01 23 40.4	+34 24 56	Sab		I	1.4	0.4	0	4665			350	4						469	A ⋆
UGCA 17	01 23 42.0	−06 20 00	Sc	86	F	4.61	0.78	0	1968	10		262	4	20.3	4.4	0.9			373	G ⋆
			Sc		I	19.10		0	1957			291	4		4.4	0.9			515	G ⋆
IC 114	01 23 42	+09 40	S0		S	±	18.0		−400 − 3000						2.9	1.6			373	G
Zw 502-085	01 23 44.8	+31 21 20	Sbc		I	1.6			13550			370		275.					28	A ⋆

Table 1 cont.

Name (1)	R.A. (2)	Dec. (3)	Type (4)	i (5)	(6)	HI-flux (7)	(8)	(9)	v (10)	(11)	(12)	Δv (13)	(14)	Dist (15)	a (16)	b (17)	Vmax (18)	Pos (19)	Ref (20)	(21)
Zw 502-085			Sbc		I	≤3.0			13570										114	G
			Scd	41	I	1.79	0.36	0	13554	12	347	465	3		0.8	0.6			452	A★
UGC 1014	01 23 45.6	+06 01 00	Sc		I	2.8		0	2132			63	5		1.6	1.6			488	A★
UGC 1018	01 24 00	+00 18			F	≤1.0			−400 − 3000										213	G
UGC 1019	01 24 00	+10 01						0	2182										490	A
UGC 1026	01 24 32.9	+13 20 36			F	≤1.0			−400 − 3000										213	G
					S	± 18.0			−400 − 3000						3.0	2.3			373	G
								0	4508										490	A
					I	2.50		0	4505		102				1.17				556	A
UGC 1033	01 24 46.4	+31 17 42	Sc		S	± 18.0			−400 − 3000						5.0	1.3			373	G
			Sd	79	I	13.96	2.16	0	4038	1	342	355	3		3.4	0.7			452	A★
			Sc	84	I	13.2		0	4037		343	359	4		3.4	0.7			543	A★
UGC 1032	01 24 50.5	+18 55 11			I	≤2.0													457	A
UGC 1039	01 25 00	+84 46			I	3.64		0	5281		429	416	3						498	G★
UGC 1045	01 25 12.0	+31 46 33	Sc	77	I	6.11	1.01	0	6421	2	315	339	3		1.3	0.3			452	A★
			S0/a	79	I	5.4		0	6412		315	348	4		1.3	0.3			543	A★
NGC 562	01 25 28.1	+48 07 43	Sc	42	I	7.07	1.1	0	10254	20		192	4		1.0				188	G★
UGC 1051	01 25 30.0	+28 43 46	Sm	41	I	2.64	0.49	0	7439	12	188	200	3		1.2	0.9			452	A★
UGC 1056	01 26 06.4	+16 25 55			I	2.20		0	594		49				0.85				556	A
Zw 502-090	01 26 09.4	+31 03 20	SBbc	61	S	± 1.7			4000 − 10989						0.8	0.4			452	A
					S	± 4.0			3400 − 7100										543	A
UGC 1059	01 26 18	+39 10			I	5.29		0	8263		183	135	3						498	G★
Zw 502-093	01 26 23.0	+33 24 40	Sb		I	2.29		0	6605			267	3		0.7	0.5			565	A★
UGC 1064	01 26 30	+50 08			I	6.14		0	5843		231	207	3						498	G★
UGC 1066	01 26 31.4	+31 48 23	Sc	81	I	2.3		0	5076		163	187	4		1.4	0.3			543	A★
UGC 1063/65	01 26 33	+10 53	Mult		I	10.0		0	5801			336	5	61.6					518	G★
UGC 1068	01 26 47.6	+45 20 24	Sd		I	6.71		0	5239	20		404	5		1.9	1.2		30	158	G★
Zw 502-097	01 26 51.0	+31 45 47	Sb		I	0.99		0	6341			257	3		0.8	0.3			565	A★
					S	± 4.0			3400 − 7100										543	A
Zw 502-095	01 26 51.7	+32 33 06	Sm	61	S	± 1.7			2372 − 12688						0.8	0.3			452	A
Zw 502-096	01 26 54	+31 03			S	± 4.0			3400 − 7100										543	A
UGC 1070	01 27 04.4	+40 42 56	Sd	41	I	11.45		0	2806	15		187	5		2.1	1.6		55	158	G★
			Sc		I	10.20		0	2807			161	4		3.6	2.8			515	G★
UGC 1069	01 27 07.3	+32 14 33						0	4657										490	A
			Sc	0	I	5.53	0.86	0	4659	1	79	99	3		1.8	1.8			452	A★
UGC 1072	01 27 10.8	−01 29 56	S0	51	S	± 20.0		5	900						1.7	1.1			377	E
UGC 1074	01 27 14.5	+33 03 06			F	≤1.0			−400 − 3000										213	G
			Sm	0	I	2.08	0.35	0	5516	5	108	150	3		1.2	1.2			452	A★
UGC 1073	01 27 21.5	+25 36 25	SBm		F	≤1.5			1200 − 3000						3.0				89	G
			SBm		S	± 18.0			−400 − 3000						3.0	1.8			373	G
			Sm	54	I	8.86	1.37	0	3675	1	154	174	3		1.9	1.1			454	A★
					I	9.30		0	3678		152				1.75				556	A
Anon 0127+13	01 27 25.5	+13 20 31			I	1.80		0	6395		120				0.68				556	A
Anon 0127+14	01 27 34.8	+14 25 11			I	3.80		0	2449		121				0.72				556	A
Zw 481-009	01 27 53.0	+22 00 40	Sc		I	1.97		0	10280			325	3		0.7	0.2			565	A★
NGC 573	01 27 53.1	+41 00 00	Pec		I	3.89		0	2796	15		163	5		0.5	0.4			158	G★
			Pec		I	3.60		0	2782			143	4		1.0	0.9			515	G★
NGC 598 HVC	01 28 00	+31 10			M	0.16			−280		28			0.696					247	A★
IC 1710	01 28 02.8	+21 10 56		18	I	7.1		0	3187			353	5	33.5					417	G
			SBc		I	5.164		0	3135		142	154	3		1.9	1.8			475	A★
			SBc		I	2.8		0	3128			164	3		1.9	1.8			488	A★
Zw 481-010	01 28 04.5	+25 39 27	S		I	1.34		0	11203			309	3		0.6	0.5			565	A★
NGC 578	01 28 05.6	−22 55 27	Sc	50	I	57.5	2.8	0	1626	7		271	4	32.4	4.6				320	P★
								0	1688	20									42	N
								0	1619	10									359	B
			SXc	52	F	18.19	1.67	0	1629	15		308	4	16.2	7.1	4.4			373	B
			Sc	49	M	3.91		0	1688	20				15.4					324	N
			SXc	50	I	60.7	5.5	0	1630	4	264	285	4		4.8	1.0			523	J★
			Sc	50	M	14.46		0	1624					32.4	4.6		150	314	544	P
UGC 1084	01 28 35.0	+23 41 43			F	≤1.0			−400 − 3000										213	G
			Sm	31	I	4.03	0.62	0	3414	1	68	90	3		1.4	1.2			454	A★
								0	3416										490	A
					I	4.40		0	3414		65				0.82				556	A
NGC 584	01 28 50.4	−07 07 18	E		M	≤0.3								18.8					205	G
NGC 579	01 28 55.2	+33 21 38	Sd	20	I	5.33		0	4981	15		239	5		1.7	1.6			158	G★
			Scd	49	I	4.8		0	4990			274	5	48.5					417	G
			Scd	49	I	5.3		0	4988			315	5	48.5					417	A
			Sd	19	I	3.38	0.59	0	4991	7	205	230	3		1.7	1.6			452	A★
			Sab	20	I	4.1		0	5020		220	320	4		1.7	1.6			543	A★
Anon 0128+13	01 28 55.9	+13 04 29			I	0.82		0	2739		107				0.63				556	A

Table 1 cont.

Name (1)	R.A. (2)	Dec. (3)	Type (4)	i (5)	(6)	HI-flux (7)	(8)	(9)	v (10)	(11)	Δv (12) (13) (14)	Dist (15)	a (16)	b (17)	Vmax (18)	Pos (19)	Ref (20)	(21)
UGC 1091	01 29 00	+08 11			F	≤1.0		−400	−	3000							213	G
Anon 0129+13	01 29 05.9	+13 53 54	Sm		I	2.30		0	6763		175			0.95			556	A
NGC 582	01 29 07.2	+33 13 08	Sc	79	I	9.74		0	4354	10	502 5		2.2	0.6		58	158	G ★
			SBb	75	I	7.3		0	4349		471 5	48.5					417	G
			SBb	75	I	8.4		0	4362		525 5	48.5					417	A
			SBc	76	I	8.63	1.49	0	4346	4	450 461 3		2.2	0.6			452	A ★
			Sb	79	I	6.7		0	4349		466 4		2.2	0.6			543	A ★
Zw 502-104	01 29 11.9	+32 57 07	S		I	1.75		0	10506		238 3		0.8	0.3			565	A ★
Zw 502-108	01 29 42	+32 03			S	± 4.0		3400	−	7100							543	A
UGC 1102	01 30 00.0	+04 20 00	Pec	28	F	3.25	0.78	0	1985	10	181 4	20.9	2.5	2.2			373	G
			Mult		I	11.00		0	1979		174 4		2.6	2.1			515	G ★
UGC 1105	01 30 12	+04 23						0	1993								490	A
UGC 1107	01 30 30	−00 04			F	≤1.0		−400	−	3000							213	G
NGC 600	01 30 34.8	−07 34 06	SBd		I	20.0	5.0	0	1840	10	94 4						203	G
			SBd		F	6.91	0.64	0	1841	10	89 4	19.0	6.5	6.5			373	G
			Sd	30	M	1.48		0	1847	20		17.5					324	N
			Sd		I	26.40		0	1842		83 4		6.5	6.5			515	G ★
NGC 591	01 30 38.8	+35 24 43	SB0/a	37	F	0.45	0.12	0	4554		318 4		2.24				154	A ★
NGC 590	01 30 41.5	+44 40 21	SB0/a		S	± 18.0		−400	−	3000			6.3	3.4			373	G
IC 1715	01 30 54.9	+12 19 48	Pec		I	2.0		0	4176		212 3		0.7	0.5			488	A ★
NGC 598	01 31 01.6	+30 24 15		55					−180	1		.69			107	21	179	O ★
			Scd	55	F	2600	200.		−184	2	183 201 4	.72	55.			200	79	J ★
				54	M	1.0			−182	2	186 201 4	.69			107	22	163	C ★
			Sc	57	M	0.99		0	−180	2		.63	83.0	53.0	98		215	D ★
			Scd	55								.72	41.5		103		116	E ★
			Sc	57	I	10400		0	−186	5	190	0.7	83.0	53.0	110		87	H
			Sc	54	M	0.9		0	−180	1		.69				22	217	C ★
			Sc	55	M	1.8			−180	2		.72	83.	53.		22	239	N ★
				54	M	1.0			−180	1		.69				22	252	C ★
			Sc	57	M	0.92		3	−176	2		.63					282	D ★
			Scd	55	M	1.6		0	−180	3		.72	83.	53.	85		284	G ★
			Sc	55	M	1.35	0.20		−181	1		.72	83.	53.	104	26	297	J ★
					M	1.35	0.10					.69					354	E ★
			Sc	57	M	1.0		0	−186	5		.63					316	H ★
			Sc	60				3	−184						97		334	G ★
			Scd		M	1.3						0.7					85	N
			Sc		M	1.16		0	−180	2	97 139 4	.89	55.4				385	E ★
																	230	G ★
			Scd	57				0	−181	1		0.724	83.	53.		22	481	W ★
			Sc									0.8	73.	45.			558	a ★
UGC 1118	01 31 12	+03 18	Sdm		S	± 18.0		−400	−	3000			3.7	1.2			373	G
UGC 1119	01 31 12	+16 58						0	7968								490	A
Anon 0131+12	01 31 25.1	+12 35 01			I	0.86		0	5019		104		0.45				556	A
UGC 1122	01 31 30	+29 04			S	± 4.0		2400	−	9400							490	A
UGC 1124	01 31 42	+55 10			I	5.67		0	5752		343 330 3						498	G ★
NGC 613	01 31 58.7	−29 40 19	SBbc	38	I	41.6	3.3	0	1493	16	400 4	29.1	5.8				320	P ★
								0	1528	35							42	N
			SBbc		F	12.0	3.0		1431		155 0						275	I ★
			SBbc	43	F	9.98	1.64	0	1487	10	383 4	14.5	8.0	5.9			373	B
			Sbc	38	M	2.02		0	1492	20		13.4					324	N
NGC 606	01 32 06	+21 09 40	SBc		I	4.849		0	9972		321 352 4		1.7	1.5			475	A ★
Mark 1158	01 32 06.0	+34 48 00		32	I	0.78		0	4585		84 4		1.4	1.2			471	A ★
UGCA 19	01 32 12	−07 15	Im		S	± 18.0		−400	−	3000			1.7	0.7			373	G
UGC 1132	01 32 24	+47 18			I	7.26		0	5327		340 305 3						498	G ★
UGC 1133	01 32 27.0	+04 07 27	Im	57	F	4.38	0.64	0	1966	10	117	41.0	5.4	2.97			89	G
			Im	59	F	3.18	0.57	0	1968	10	119 4	20.7	5.5	2.9			373	G
			Im		I	15.60		0	1962		134 4		5.6	2.8			515	G ★
UGC 1134	01 32 30	+36 04			F	≤1.0		−400	−	3000							213	G
NGC 615	01 32 35.1	−07 35 45	Sb	63	I	17.6		0	1857	9	464 5	36.5	4.3				80	G ★
			Sb	66	M	1.81		0	1847	20		17.5					324	N
			Sb	66	I	16.0	5.3	0	1837	6	365 374 4		4.0				473	J ★
UGC 1136	01 32 36	+41 17			F	≤1.0		−400	−	3000							213	G
UGC 1137	01 32 42	+05 14			F	≤1.0		−400	−	3000							213	G
NGC 625	01 32 55.0	−41 41 18	Sm	66	I	38.0	3.5	0	387	5	116 4	6.0	2.6				320	P ★
			SBm	63	F	7.62	0.70	0	404	8	98 4	3.2	9.0	4.4			373	B
			SBm		S	≤79.8		781	−	2904			2.9	1.2			226	P
			Sm	67	I	35.1		0	370		140 5	3.8	2.6				486	I ★
			Im	66	M	0.22		0	387			6.0	2.6		46	312	544	P
UGC 1141	01 33 00	+80 24			I	2.26		0	8261		348 322 3						498	G ★
NGC 622	01 33 25.6	+00 24 35	SBb		I	4.0		0	5155		379 5		2.1	1.7			488	A ★

21

Table 1 cont.

Name (1)	R.A. (2)	Dec. (3)	Type (4)	i (5)	(6)	HI-flux (7)	(8)	(9)	v (10)	(11)	(12)	Δv (13)	(14)	Dist (15)	a (16)	b (17)	Vmax (18)	Pos (19)	Ref (20)	(21)
Anon 0134+03	01 34 00	+03 18			I	≤0.42		5	23685	150									472	A
UGC 1148	01 34 00	+83 43			I	2.91		0	4708		172	146	3						498	G ★
NGC 628	01 34 00.7	+15 31 55	Sc		I	469.8		0	662			75	5		12.0	12.0			183	G ★
			Sc	35	F	118.0	6.0	0	654	4	52				7.8	6.9		54	79	J ★
			Sc	22	I	551.6		0	659			122	4	10.6	10.2				203	G ★
			Sc	35	I	650.0			654	5	115			7.2	12.0	12.0			165	H ★
			Sc	22	I	359.0									10.2				203	B
			Sc	22	I	496.0	10.0								10.2				203	D
			Sc	35	I	630	150.	0	654	5	68			7.8	12.0	12.0	115		87	H
			Sc	35	M	10.6								7.8					355	G
			Sc	36					655					7.8	9.6	8.9			365	O ★
			Sc		F	90.07	4.11	0	659	5		74	4	8.0	12.1	12.1			373	B
			Sc	35	M	10.0	1.5	0	660	5				9.1					85	N
			Sc	10	M	11.5	0.20	0	655					10.6	12.	12.			74	A ★
			Sc	21	I	394 0		0	643	5	57	76	4	12.9					416	E ★
			Sc	6	I	425.0		0	654	1				10.	11.			25	423	W ★
			Sc		I	64.9		0	652		55	82	4						429	E
			Sc		I	310.5		0	656			75	4		12.1	12.1			515	G ★
			Sc	22	I	461.1	18.5	0	657	1	54	74	4		10.2	1.1			523	J ★
NGC 628 SW			Sc	4					655					18.2	12.	12.		45	262	A ★
UGC 1152	01 34 06.0	+31 43 47	Sb		I	4.90		0	6617			340	4		1.2	0.6			343	A
			Sc	60	I	4.18	0.69	0	6619	2	310	333	3		1.2	0.6			452	A ★
UGC 1154	01 34 28.1	+28 38 06	Sc	27	I	4.14	0.66	0	7756	1	268	291	3		0.9	0.8			452	A ★
Anon 0134+26	01 34 28.5	+26 10 57			I	0.99		0	3872		66				0.45				556	A
NGC 632	01 34 42.0	+05 37 25	S0	41	I	3.86		0	3159			248	4		1.7	1.3			471	A
			S0/a		I	3.3		0	3180		185				2.0	1.5			419	A
UGC 1158	01 34 50.7	+32 24 40	Sbc		I	3.26		0	13362			362	3		1.0	0.7			565	A ★
UGC 1160	01 35 13.0	+32 14 17	Sc		I	2.60		0	5444			333	4		1.7	0.2			343	A
			Sd	86	I	1.96	0.35	0	5448	7	302	325	3		1.7	0.2			452	A ★
Anon 0135+22	01 35 27.8	+22 25 32	Sm		S	±	0.25		100 − 8120						0.63				556	A
Anon 0135+60	01 35 29	+60 28			S	≤20.0			2000 − 6000										333	E
UGC 1167	01 35 42.1	+07 16 47	Sc	39	I	11.4		0	4295			237	4	86.1	2.8	2.2		150	393	A
			Scd	38	M	2.37		0	4328	35				40.8					324	N
			Sc		I	11.4		0	4295			237	5		2.8	2.2			488	a ★
UGC 1165	01 35 42.5	+28 28 06	Sc		I	2.3		0	10897				3		1.4	0.2			488	A ★
			Sd	83	I	2.34	0.40	0	10897	4	424	438	3		1.4	0.2			452	A ★
UGC 1168	01 36 12	+48 31			I	4.88		0	5281		434	336	3						498	G ★
Anon 0136−08	01 36 25.4	−08 01 14	S0		M	0.83		0	5528									52	474	V ★
NGC 638	01 37 00.7	+06 59 00		50	I	1.60		0	3650			182	4		0.9	0.6			471	A
UGC 1171	01 37 01.8	+15 38 56			F	2.17		0	632		45	66	4	10.2	2.6				213	G ★
					M	0.034		0	739		21			10.6	1.4	1.3			74	A ★
			S		M	0.046		0	740	3	23			10.4					464	V ★
			Im	80	I	11.20		0	632			54	4		2.3	2.1			515	G ★
UGC 1172	01 37 06	+05 32	Im	35	F	6.91	0.56	0	3252	12	207	234	4				99	27	555	A
UGC 1176	01 37 26.1	+15 38 44	Im	54	M	1.06		0	634	10	37			14.9	6.5	5.33			89	G
			Im	36	F	8.23	0.58	0	634		37	51	4	9.96	6.5		30	140	376	E ★
			Im		M	0.48		0	630	5		54	4	7.7	6.9	5.6			373	G
			Im	18	I	0.77		0	629	1	36			10.6	6.5	5.5			74	A ★
			Im		I	32.80		0	630		38	55	4	10.4	5.	4.	53	327	464	V ★
															6.9	5.5			515	G ★
Anon 0137+15	01 37 27.5	+15 41 05			M	0.007		0	750	5	23			10.4					464	V ★
NGC 645	01 37 32.3	+05 28 30	SXb	61	I	13.0	2.0	0	3304	7	311			35.	4.3				273	A
								0	3312	10									359	G
			SBb		S	±	18.0		−400 − 3000						4.4	2.1			373	G
				64				0	3314	5	334	355	4				177	125	555	A
UGC 1178	01 37 35.5	+34 22 20	Sc		I	15.09		0	5502			397	4		2.0	0.35			343	A
Anon 0137+31	01 37 35.7	+31 59 38	Mult		F	≤0.42		5	19620										154	G
Zw 503-005	01 38 44.5	+28 05 25	Sc	31	S	±	1.7		−831 − 14406						0.7	0.6			452	A
Zw 482-001	01 38 58.2	+27 15 00	Sc		I	0.94		0	10827			207	3		0.5	0.5			565	A ★
Zw 503-006	01 39 05.0	+33 00 13	Sc		I	1.02		0	13399			351	3		0.7	0.3			565	A ★
UGC 1188	01 39 10.8	+22 26 13	S		I	1.84		0	13308			501	3		1.1	0.5			565	A ★
Anon 0139+26	01 39 29.3	+26 06 57			I	1.10		0	359		38				0.53				556	A
NGC 658	01 39 29.8	+12 21 02	Sb	56	I	21.0		0	2988	6	305			32.	4.9				273	A
								0	2977	20									359	G
			Sc	60	F	6.78	0.80	0	2988	15		322	4	31.1	5.0	2.6			373	G
			Sb	57	M	5.89		0	2984	20				28.6					324	N
			Sb	58	I	29.8	2.4	0	2988	3	301	327	4		3.2				473	J ★
			Sc	64	I	18.0		0	2989		305	344	4	28.3					505	A ★
NGC 656	01 39 39.9	+25 53 30	SB0/a		S	±	0.78	5	3916						1.5	1.3			488	A
UGC 1195	01 39 46.4	+13 43 30	Im p	71	F	4.84	0.76	0	767	20		145	4	9.0	5.0	1.9			373	E

Table 1 cont.

Name (1)	R.A. (2)	Dec. (3)	Type (4)	i (5)	(6)	HI-flux (7)	(8)	(9)	v (10)	(11)	Δv (12) (13) (14)	Dist (15)	a (16)	b (17)	Vmax (18)	Pos (19)	Ref (20)	(21)
UGC 1195			Im	70	M	9.28		0	775	20		49.6					324	N
			Im	75	I	21.6		0	776		187 5	9.6					417	G
			Im	67	I	17.12		0	776	5	139 159 4	13.	5.0	2.2		50	508	A ★
			Im		I	22.70			774	5	130 157 4						457	A ★
			Im		I	23.40		0	773		161 4		5.0	1.5			515	G ★
UGC 1197	01 39 48.0	+18 03 00	Im	72	F	2.95	0.53	0	2800	20	206 4	29.4	3.0	1.0			373	G
			Im		I	11.40		0	2793		215 4		3.1	0.9			515	G ★
Zw 503-007	01 40 00.0	+31 13 27	Sc		I	3.04		0	10447		324 3		0.9	0.6			565	A ★
UGC 1200	01 40 08.1	+12 54 17	Im	45	M	5.49		0	795	20		49.8					324	N
			Im	38	I	8.80		0	810	5	130 148 4	13.	3.5	2.7		170	508	A ★
Zw 482-005	01 40 20.0	+27 29 57	Sab		I	1.05		0	10156		703 3		1.0	0.4			565	A ★
NGC 660	01 40 20.8	+13 23 20	SBa		I	150.3		0	852		320 5		9.8	4.4			183	G ★
			Sa	65	F	53.6	10.7	0	855	20	375 4	10.9	8.0				53	N ★
			SBa p	66	F	41.82	2.51	0	856	8	327 4	9.8	9.8	4.4			373	G
			SBa	62				0	856		327 4						272	A ★
			SBa	67	I	129.2		0	851		366 5	9.6					417	G
			SBa	67	I	150.9		0	851		341 5	9.6					417	B
			SBa		I	54.6		0	845		314		9.1	4.1			419	A
			SBa	65	I	51.86		0	848	5	306 324 4	13.	9.8	4.5		170	508	A ★
			SBa		I	154.6		0	851		325 4		9.9	4.0			515	G ★
					I	57.87		0	856		327 4	12.0	9.9	4.5			562	A ★
Zw 482-006	01 40 33.1	+22 10 07	Sc		I	1.51		0	9919		294 3		0.5	0.3			565	A ★
IC 1723	01 40 35.9	+08 38 17	Sb		S	± 18.0		-400	- 3000				5.1	1.6			373	G
			Sb	78	I	16.9	1.4	0	5531	5	420 443 4		3.5				473	J ★
UGCA 20	01 40 36.0	+19 44 00	Im	75	I	2.12	0.41	0	501	15	103 4	6.5	4.5	1.4			373	G
			Im		I	9.30		0	498		81 4		4.6	1.4			515	G ★
Anon 0140+15	01 40 50.0	+15 26 16			M	0.07		0	791		32	10.6					74	A ★
Zw 503-012	01 40 57.5	+28 55 00	Sc		I	2.22		0	4014		156 3		0.7	0.7			565	A ★
UGC 1207	01 41 00	+81 58			I	6.92		0	1254		141 124 3						498	G ★
Anon 0141+23	01 41 00.3	+23 59 21	Sc		I	1.28		0	10401		256 3		0.3	0.3			565	A ★
UGC 1211	01 41 12	+13 33			F	≤1.0		-400	- 3000								213	G
			Im		S	± 18.0		-400	- 3000				4.4	3.0			373	G
Mark 360	01 41 13.8	+16 48 47			M	4.5	0.6		8028	11	153	109.	0.50	0.50			209	A ★
			Scd	37	M	8.20	0.33		8057	3	245 4	109.0	0.5	0.5			293	A ★
			Im	0	I	1.93		0	8025		176 4						471	A ★
UGC 1214	01 41 22.9	+02 05 56	S0	19	F	≤0.17		5	5178				2.75				154	A
UGC 1216	01 41 24	+40 41			F	≤1.0		-400	- 3000								213	G
NGC 661	01 41 25.0	+28 27 24	S0		S	≤30.0		300	- 2000								203	A
			S0		I	≤0.57		5	3836				2.3				501	A
UGC 1219	01 41 37.9	+17 13 35	SB		I	4.72			4611	8	399 412 4						457	A ★
NGC 662	01 41 39.4	+37 26 43	S p		I	3.01		0	5662		291 4		0.8	0.45			343	A
			Sab		I	2.8		0	5662		291 5		0.8	0.4			488	A ★
Anon 0141+16	01 41 47.9	+16 51 05			M	3.31	0.25		8222	6	189 4	111.0	0.33	0.12			293	A ★
			Mult		I	0.85	0.20	0	8225	20							524	N ★
					M	≥3.2			8225		137		0.4	0.15			521	N ★
					I	≥0.584		0	8225		167 4	108.9	0.4	0.2			562	A ★
					S	± 3.2		5	8222								563	A
Zw 482-007	01 41 52.7	+21 40 40	Sbc		I	0.67		0	10464		386 3		0.6	0.3			565	A ★
UGC 1222	01 41 54	+04 25							7790								490	A
Zw 482-008	01 42 04.0	+21 37 40	SBc		I	1.26		0	10508		143 3		0.7	0.5			565	A ★
UGC 1227	01 42 23.5	+31 48 53	Sc		I	2.25		0	10776		119 4		1.0	1.0			343	A
			Sd	0	I	1.94	0.31	0	10774	3	107 116 3		1.0	1.0			452	A ★
UGC 1228	01 42 31.8	+28 28 19	Sdm	63	I	4.37	0.70	0	3959	1	198 218 3		1.8	0.8			452	A ★
					I	4.25		0	3961		189 5	43.0					518	G ★
UGC 1230	01 42 44.7	+25 16 20			F	≤1.0		-400	- 3000								213	G
					S	± 18.0		-400	- 3000				3.5	3.5			373	G
			Sm	0	I	9.52	1.46	0	3836	1	88 115 3		2.3	2.3			454	A ★
								0	3839								490	A
Zw 482-011	01 42 50.6	+23 11 33	S		I	0.95		0	10275		366 3		0.4	0.1			565	A ★
UGC 1233	01 42 50.9	+28 33 26	Sd	45	I	3.74	0.65	0	7842	7	307 327 3		1.0	0.7			452	A ★
ESO 245-G 05	01 42 57.0	-43 50 45			M	0.65		1	363		79 4	7.3	4.2	3.5			535	P
			IBm		I	77.5	7.0	0	395	4	87 4	5.9					320	P ★
			Im	58	F	19.61	1.19	0	394	7	86 4	2.9	5.1	2.7			373	B
			Im	16	M	0.66		0	394			5.9			116	68	544	P
UGC 1234	01 42 57.5	+34 51 30	SXc		I	4.47		0	5653		265 4		1.2	0.7			343	A
NGC 668	01 43 27.4	+36 12 36						0	4515	15							359	G
			Sb		I	10.15		0	4500		305 4		2.2	1.6			343	A
			Sb	44	I	5.8	0.80	0	4470	10	285 304 4		2.2	1.6			384	E ★
Zw 522-004	01 43 33.8	+34 40 43	Sb p		I	3.27		0	5548		265 4		0.75	0.45			343	A
Zw 503-021	01 44 00.0	+33 08 33	Sbc		I	2.17		0	11179		254 3		0.9	0.6			565	A ★

Table 1 cont.

Name (1)	R.A. (2)	Dec. (3)	Type (4)	i (5)	(6)	HI-flux (7)	(8)	(9)	v (10)	(11)	(12)	Δv (13)	(14)	Dist (15)	a (16)	b (17)	Vmax (18)	Pos (19)	Ref (20)	(21)
UGC 1244	01 44 02.0	+24 13 00	Sb		I	3.1		0	3128			210	3		1.4	0.6			488	A ⋆
Zw 503-023	01 44 04.0	+31 51 40	Sb		I	0.84		0	10505			614	3		0.9	0.4			565	A ⋆
Zw 503-022	01 44 07.5	+28 30 27	Sa		I	2.73		0	10761			343	3		0.9	0.7			565	A ⋆
NGC 669	01 44 20.9	+35 18 48	Sab		I	3.01		0	4694			873	4		3.3	0.7			343	A ⋆
			Sab	86	S	±	8.0	3100	−	6600					3.3	0.7			384	E
UGC 1251	01 44 35.4	+35 47 13	Pec		I	0.56		0	4847			306	4		1.0	0.5			343	A
			Pec	62	S	±	9.0	3100	−	6600					1.0	0.5			384	E
NGC 670	01 44 35.8	+27 38 16	Sb		I	3.9		0	3703		438				2.5	1.1			419	A
IC 1727	01 44 41.6	+27 04 55	SBm	74	I	74.2		0	336			149	4	5.6	8.0	3.0			292	A ⋆
			SBm	72	M	1.6			333					11.	10.2	3.4	70	150	259	O ⋆
			SBm	74				0	339					5.1	10.5	3.4			373	G
			Im	65	I	45.5		0	343					8.9	9.8		75		138	A ⋆
			SBm	65	I	121.4		0	363			230	5	5.1					417	G
UGC 1252	01 44 42	+16 03			S	±	4.0	400	−	7400									490	A
Anon 0144−58	01 44 48.0	−58 55 00	Im	27				1	2209	20				26.1	2.0	1.8			528	P
Zw 522-006	01 44 49.9	+34 46 27	Sc		I	5.01		0	5557			115	4		0.9	0.9			343	A
Zw 482-015	01 45 00.0	+25 19 33	Sc		I	3.22		0	12257			351	3		0.7	0.4			565	A ⋆
NGC 672	01 45 04.2	+27 11 05	Scd	66	M	80.0		2	562	10				11.2	2.8				136	A
			SBcd	72	I	144.0			408	9		274	5	11.3	8.3				80	G ⋆
			SBcd	72				0	425					5.9	11.6	4.1			373	G
			SBc	69	I	32.38		0	428					8.9	20.4		124	9	138	A ⋆
			SBc	67	M	3.4			428					11.	11.3	4.1	110	72	259	O ⋆
			SBc						420						6.2	2.3			365	O ⋆
			Scd	72	I	148.8	22.3	0	409	9		299	4	10.3	9.2				201	G ⋆
			SBc	72	I	186.0		0	429			244	4	5.6	7.2	2.8			292	A ⋆
			SBcd	67	I	136.1		0	413			278	5	5.1					417	G
NGC 672/IC ...			Mult		I	227.8		0	410			280	5		11.3	4.1			183	G ⋆
UGC 1257	01 45 11.2	+36 12 13	Sab		I	2.03		0	4662			352	4		1.1	0.55			343	A
			Sab	62	S	±	21.0	3100	−	6600					1.2	0.6			384	E
Anon 0145−16	01 45 24	−16 58	Sc	54	I	6.58	2.0	0	5160	20		262	4		1.1				188	G ⋆
NGC 673	01 45 42.9	+11 16 28						0	5173	15									359	G
			Sc	38	M	7.26		0	5192	20				48.8					324	N
			Sc		I	15.20			5187	5	312	343	4						457	A ⋆
			Sc	45	I	11.9		0	5180		321	355	4	54.3					505	A ⋆
			SXc	39	I	28.6	2.3	0	5185	5	315	352	4		2.4	0.3			523	J ⋆
NGC 685	01 45 49.0	−53 00 30	Sc	12	I	42.3	3.7	0	1358	8		187	4	24.5	4.3				320	P ⋆
			Sc	13	I	44.2		0	1354			183	5	16.3	4.3				486	I ⋆
			Sc	12	M	5.69		0	1357					24.5	4.3		377	46	544	P
UGC 1260	01 45 52.7	+12 21 58	Sa	38	F	1.60	0.6	0	5315	100		445	4	60.4	0.98				53	N ⋆
			SBa		I	3.77			5485	8	155	183	4						457	A ⋆
			SBbc	38	I	3.61		0	5491			155	4		0.9	0.7			471	A ⋆
DDO 14	01 45 59.0	−12 37 54	Sb	26	M	1.1		0	1620	20		170	4	16.	5.0				160	G ⋆
			Sm	33	F	4.54	0.69	0	1617	10	85			32.7	4.3	3.61			89	G
			Sm	34	F	4.96	0.67	0	1623	15		110	4	16.4	4.8	4.0			373	G
IC 162	01 46 04.8	+10 15 35			S		12.0	2890	−	8378									471	A
NGC 676	01 46 20.6	+05 39 35	S0/a	68	F	3.59	1.50	0	1508					16.0	6.9	2.8			373	G
			S0/a		I	7.2		0	1505		380				4.3	1.5			419	A
			S0/a	59	I	7.98		0	1506	5	380	394	4	22.	6.6	3.6		172	508	A ⋆
			S0/a		I	12.90		0	1519			417	4		6.9	2.8			515	G ⋆
UGC 1272	01 46 21.1	+34 49 24	S0	55	S	±	10.0	3100	−	6600					1.5	0.9			384	E
Zw 522-012	01 46 25.1	+35 59 33	S		I	≤0.93									0.9	0.35			343	A
IC 163	01 46 30.3	+20 27 48			I	12.87		0	2735	15		277	5		2.0	0.9		95	158	G ⋆
			SBdm	60	I	11.0	2.0	0	2746	4	228			30.	3.2				273	A
			SBdm	62	F	3.62	0.92	0	2750	10		235	4	29.0	3.0	1.5			373	G
			SBdm		I	13.90		0	2746			249	4		3.1	1.5			515	G
UGC 1277	01 46 30.5	+35 12 14	S0/a		I	3.97		0	4141			499	4		2.0	1.2			343	A
			S0/a	55	S	±	10.0	3100	−	6600					2.0	1.2			384	E
Anon 0146+27	01 46 33.0	+27 28 15	S		I	2.04		0	10756			308	3		0.7	0.2			565	A ⋆
UGC 1281	01 46 38.8	+32 20 33	Sdm	79	F	9.89	0.85	0	163	7		139	4	3.4	6.8	1.9			373	G
			Sdm	86	I	35.8	1.2	0	155	5	117	131	4		3.87	0.82			377	E ⋆
			Sdm		I	38.09		0	157			135	4		6.8	1.4			515	G ⋆
			Sdm		I	39.20		0	157			136	4		6.8	1.4			515	G ⋆
NGC 678	01 46 39.3	+21 44 58	SBb	77	I	6.0	2.0	0	2836	28	396			30.	6.5				273	A
			Sb	77	I	10.6		0	2863			390	4	30.7	5.0	1.0			292	A ⋆
			Sb		S	±	18.0	−400	−	3000					6.9	2.0			373	G
			Sb	83	M	1.34		0	2797	75				27.1					324	N
			SBb	83	I	9.4		0	2809			427	5	29.7					417	G
			SBb	83	I	4.0		0	2818			459	5	29.7					417	A
			Sb	78	M	4.1		0	2855	15				31.0			191		545	V ⋆
UGCA 21	01 46 42	−10 19	SXcd	31	F	6.00	1.03	0	1991	15		220	4	20.2	3.9	3.3			373	G

Table 1 cont.

Name (1)	R.A. (2)	Dec. (3)	Type (4)	i (5)	(6)	HI-flux (7)	(8)	(9)	v (10)	(11)	(12)	Δv (13)	(14)	Dist (15)	a (16)	b (17)	Vmax (18)	Pos (19)	Ref (20)	(21)
NGC 681	01 46 42.6	−10 40 27	Sab	53	I	18.3			1757	9		386	5	35.6	3.0				80	G ⋆
NGC 679	01 46 48.2	+35 32 13	E/S0	0	S	±	8.0	3100	−	6600					2.1	2.1			384	E
Mark 577	01 46 49.6	+12 15 38			S	12.0		2890	−	8378									471	A
UGC 1287	01 46 56.3	+22 08 06	dI	15	I	1.9		0	2953		118		4	30.7	1.2	1.2			292	A ⋆
					F	≤1.0		−400	−	3000									213	G
NGC 680	01 47 01.4	+21 43 22	E		I	5.0		0	2779		398		4	30.7	2.7	2.4			292	A ⋆
			S0	34	I	4.5		0	2822		509		5	29.7					417	A
			E		S	±	0.8	5	2953					31.0					545	V ⋆
UGC 1289	01 47 12	+16 10						0	4974										490	A
DDO 15	01 47 13.0	−13 04 20	Im		I	2.70		0	1705		110		4		2.9	2.3			515	G ⋆
			Im		F	≤1.5		−400	−	3000					2.5				89	G
			Im	29	F	0.94	0.44	0	1720	20	148		4	17.4	2.9	2.5			373	G
IC 1731	01 47 23.3	+26 56 58	Sc		S	±	18.0	−400	−	3000					2.7	1.8			373	G
			Sd	49	I	5.95	0.94	0	3498	1	217	228	3		1.7	1.1			454	A ⋆
NGC 684	01 47 24.6	+27 24 01	Sb	77	I	16.0	2.0	0	3533	6	482			37.	4.7				273	A
			S0		S	±	18.0	−400	−	3000					5.3	1.7			373	G
			Sb	85	I	22.1	1.8	0	3536	5	483	497	4		3.9				473	J ⋆
			Sc	77	I	8.60		0	3477		0	481	3		3.4	0.9			454	A ⋆
UGC 1294	01 47 25.7	+22 54 43			F	≤1.0		−400	−	3000									213	G
			Sm	0	I	1.75	0.28	0	2867	2	94	109	3		1.2	1.2			454	A ⋆
NGC 687	01 47 37.7	+36 07 25	S0		I	≤0.25		5	5147						1.4	1.4			343	A
UGC 1299	01 47 37.8	+35 06 47	Sm		I	3.91		0	5497		192		4		1.0	0.6			343	A
UGC 1285	01 47 40	+86 25 49			I	3.31		0	4655		196	185	3						498	G ⋆
Anon 0147+21	01 47 41	+21 38	Other		M	1.0		0	2765	10				31.0					545	V ⋆
Zw 503-031	01 47 46.9	+32 15 17	S		I	1.10		0	10535		479		3		0.6	0.2			565	A ⋆
Zw 503-031B	01 47 46.9	+32 15 17	Sb		I	0.51		0	11236		388		4		0.6	0.2			565	A ⋆
NGC 688	01 47 49.0	+35 02 13	Sb		I	11.08		0	4144		379		4		2.6	1.7			343	A
			SB	50	I	7.62		0	4162		361		4		2.6	1.7			471	A ⋆
			SBb	51	I	7.8	1.1	0	4109	20	313	380	4		2.6	1.7			384	E ⋆
					I	6.3		0	4142		351	374	4						543	A ⋆
IC 1732	01 47 51.8	+35 41 07	Sa		I	≤0.50		5	4889						1.7	0.5			343	A
			S	77	S	±	9.0	3100	−	6600					1.7	0.5			384	E
UGC 1306	01 47 53.5	+32 18 13	Sab		I	1.51		0	11334		290		3		1.3	1.1			565	A ⋆
NGC 693	01 47 54.0	+05 53 51	S0/a		I	9.3		0	1570		216				2.7	1.4			419	A
			S	49	I	9.29		0	1561	5	242	270	4	22.	4.7	3.1		106	508	A ⋆
			S		I	10.76			1567	5	248	287	4						457	A ⋆
					I	9.34		0	1564		233				3.2	1.6			563	A ⋆
UGC 1308	01 47 55.3	+36 01 45	E		M	≤2.0		5	5173					97.	2.3				300	A
NGC 691	01 47 55.8	+21 30 45	Sbc		I	9.30		0	2662		344		4		5.5	3.8			515	G ⋆
			Sbc	39	I	9.0		0	2664	9	326			29.	5.2				273	A
			Sbc	46	I	10.2		0	2662		331		4	30.7	3.8	2.7			292	A ⋆
			Sc	43	F	3.48	0.82	0	2660	20	343		4	28.1	5.5	4.0			373	E
			Sbc	40	M	3.42		0	2681	20				26.0					324	N
			Sbc	40	I	8.1	0.7	0	2665	4	321	328	4		3.5				473	J ⋆
			Sbc	39	M	2.2		0	2659	5				31.0			236		545	V ⋆
Anon 0148+11	01 48 01.1	+11 54 34			I	1.90		0	6873		166				0.85				556	A
UGC 1311	01 48 09.7	+29 33 19	Sm	53	I	4.12	0.65	0	4349	1	144	155	3		1.7	1.0			452	A ⋆
NGC 694	01 48 12.5	+21 45 05	S0	47	I	6.0	2.0	0	2963	17	186			32.	1.6				273	A
				25	I	5.1		0	2951		189		4	30.7	0.55	0.55			292	A ⋆
								0	2926	20									324	N
			S0	51	I	14.3		0	2934		223		5	30.8					417	G
			S0	51	I	4.6		0	2942		198		5	30.8					417	A
			Sc p	49	I	6.42		0	2952		189		4		0.55	0.35			471	A ⋆
			Im	50	I	9.55	1.49	0	2956	1	137	182	3		0.6	0.3			454	A ⋆
				49	M	1.0		0	2962	10				31.0			90		545	V ⋆
Anon 0148+09	01 48 16.2	+09 53 07			S	±	0.25	100	−	8120					0.5				556	A
IC 167	01 48 22.2	+21 40 01	Sd	57	I	24.02		0	2928	10	213		5		3.0	1.7		95	158	G ⋆
			SBc	53	I	24.4		0	2939		189		4	30.7	3.0	1.7			292	A ⋆
			SBc p	54	F	5.43	0.73	0	2934	10	172		4	30.8	4.5	2.7			373	G
			Sc	49	M	6.59		0	2933	20				28.3					324	N
			SXc	49	I	19.4		0	2932		192		5	30.8					417	G
			SXc	49	I	17.2		0	2940		193		5	30.8					417	A
			SBc		I	25.54			2932	5	160	192	4						457	A ⋆
			SXc	50	I	24.8	2.0	0	2934	3	144	184	4		3.0	0.6			523	J ⋆
			SBc	21	M	4.9		0	2937	5				31.0			190		545	V ⋆
Anon 0148+10	01 48 23.6	+10 24 30			S	±	0.25	100	−	8120					0.4				556	A
UGC 1316	01 48 23.9	+34 35 58	S	57	S	±	12.0	3100	−	6600					1.4	0.8			384	E
								0	4703										490	A
UGC 1314	01 48 24	+12 21						0	3303										490	A
NGC 695	01 48 27.9	+22 20 08	S0 p		I	≤3.0		0	−	6700					1.6				273	A

Table 1 cont.

Name (1)	R.A. (2)	Dec. (3)	Type (4)	i (5)	(6)	HI-flux (7)	(8)	(9)	v (10)	(11)	(12)	Δv (13)	(14)	Dist (15)	a (16)	b (17)	Vmax (18)	Pos (19)	Ref (20)	(21)
NGC 695			Pec		I	5.275		0	9723		234	353	4		0.5	0.5			475	A ★
			Im	26	I	3.84	0.64	0	9742	4	233	308	3		0.5	0.5			454	A ★
					I	4.936		0	9729			363	4	129.3	0.5	0.5			562	A ★
					I	5.67		0	9748		138				0.5	0.5			563	A ★
			Pec		I	6.6	0.6	0	9795			424	4		0.5	0.5			503	G
NGC 697	01 48 30.9	+22 06 43	Sc	68	I	54.8		0	3109			471	4	30.7	5.1	1.7			292	A ★
			Sbc	70	F	13.70	1.22	0	3126	20		463	4	32.8	7.0	2.7			373	E
			Sbc	70	M	13.48		0	3116	35				30.0					324	N
			Sc		I	62.37			3121	8	433	479	4						457	A ★
UGC 1319	01 48 33.1	+35 49 06	Sb p		I	1.51		0	5312			273	4		0.9	0.6			343	A
			S	50	S	± 60.0		3100	−	6600					0.9	0.6			384	E
NGC 701	01 48 35.3	−09 56 58		61	I	23.3		0	1829			291	4	24.8	2.1				203	G ★
			SBc	59	F	4.27	1.13	0	1839	30		280	4	18.7	4.4	2.3			373	G
			Sc	60	M	1.82		0	1839	20				17.2					324	N
IC 1738	01 48 39.6	−10 02 18	Sb	38	M	2.47		0	1750	35				16.4					324	N
UGC 1322	01 48 42	+12 53						0	4821										490	A
UGC 1323	01 48 48	+11 38			F	≤1.0		−400	−	3000									213	G
Zw 503-039	01 48 52.0	+30 08 23	Sbc		I	2.59		0	7569			324	3		0.6	0.3			565	A ★
ESO 245-G 07	01 49 03	−44 41 30	Im		M	≤0.02		−350	−	915				1.85					514	I ★
UGC 1329	01 49 03.0	+17 56 27	SBc		F	≤1.5		−400	−	3000					3.6				89	G
			SBc		S	± 18.0		−400	−	3000					3.7	1.4			373	G
Anon 0149+11a	01 49 06.0	+11 39 19	Sm		I	4.60		0	4839		188				0.82				556	A
Anon 0149+11b	01 49 46.7	+11 18 33			S	± 0.25		100	−	8120					0.4				556	A
Zw 522-025	01 49 06.5	+35 53 00	Sbc		I	≤0.43		5	5181	10					0.9	0.6			343	A
UGC 1330	01 49 11.4	+34 47 30	Sdm	0	I	8.2	1.1	0	4383		130	194	4		1.3	1.3			384	E ★
			Sdm		I	2.83		0	5087			119	4		1.3	1.3			343	A
UGC 1335	01 49 12	+17 18						0	4977	75				46.6					490	A
NGC 706	01 49 13.2	+06 02 56	Sb	40	M	3.17		0	4993		287	317	4						324	N
			Sc	43	I	4.6			4980	5	258	333	4						505	A ★
			Sc			4.50													457	A ★
UGC 1338	01 49 25.7	+35 33 00	Sb		I	≤0.41		5	4099						1.0	0.8			343	A
			Sb	38	S	± 30.0		3100	−	6600					1.0	0.8			384	E
UGC 1339	01 49 29.9	+35 35 58	SB0	33	S	± 12.0		3100	−	6600					1.3	1.1			384	E
UGC 1341	01 49 38.0	+31 44 23	Sbc		I	2.15		0	10757			256	4		1.3	1.2			343	A
			Sd	22	I	1.99	0.36	0	10756	7	248	267	3		1.3	1.2			452	A ★
UGC 1344	01 49 38.0	+36 15 20	SBab	45	I	0.34	0.34	0	4155			103	4	67.	1.7	0.8			268	A ★
			SBa		I	≤0.88		5	4398						1.9	0.9			343	A
			SBa	64	S	± 9.0		3100	−	6600					1.2	0.9			384	E
NGC 703	01 49 43.1	+35 55 26	E/S0	42	S	± 8.0		3100	−	6600					1.2	0.25			384	E
NGC 705	01 49 45.3	+35 53 49	S0/a	87	S	± 8.0		3100	−	6600					1.2	0.25			384	E
			S0/a		I	≤0.67		5	4526										343	A
UGC 1347	01 49 49.7	+36 22 30	Sc	25	I	3.4		0	5524			144	4	67.	1.4	1.2			268	A
			SXc	32	S	± 10.0		3100	−	6600					1.4	1.2			384	E
			Sc		I	5.59		0	5542			126	4						343	A
NGC 708	01 49 51.5	+35 54 13	cD		S	≤3.48		5	4830					64.4					332	A
					I	≤2.0		5	4837										126	A
NGC 710	01 49 57.5	+35 48 19	Sc	50	M	≤4.1								67.					268	A
			Sc		I	2.34		0	6105			236	4		1.7	1.7			343	A
			Sc	0	S	± 11.0		3100	−	6600					1.7	1.7			384	E
UGC 1350	01 50 00.6	+36 16 05	SXc	45	I	0.48		0	4975			252	4	67.					268	A ★
			SBb		I	≤0.59		5	5244						2.1	1.5			343	A
			SBb	46	I	13.8	1.7	0	5010	15	218	274	4		2.1	1.5			384	E ★
NGC 712	01 50 11.8	+36 34 30	S0	41	S	± 16.0		3100	−	6600					1.3	1.0			384	E
IC 1743	01 50 18.8	+12 27 43	Sa	65	F	1.20	0.4	0	4597	30		363	4	52.4	1.9				53	N ★
			Sc	68	I	6.1		0	4545		409	466	4	43.7					505	A ★
			Sab		I	9.41			4560	6	391	428	4						457	A ★
					I	6.259		0	4556			424	4	59.9	1.6	0.4			562	A ★
					I	7.22		0	4553		412				2.1	0.9			563	A ★
UGC 1353	01 50 25.7	+36 42 33	E/S0	34	I	6.4	0.96	0	5424	15	460	481	4		1.2	1.0			384	A
IC 1742	01 50 27.5	+22 28 40	Sb		I	2.01		0	9768			333	3		0.7	0.5			565	A ★
Zw 503-046	01 50 30.5	+28 45 00	Sc		I	1.06		0	10259			257	3		0.8	0.4			565	A ★
NGC 714	01 50 32.8	+35 58 31	S0/a	90	S	± 10.0		3100	−	6600					2.1	0.35			384	E
			S0/a		I	≤0.91		5	4470						1.6	0.35			343	A
NGC 720	01 50 34.2	−13 59 12	E		M	≤0.2								18.1					205	G
NGC 718	01 50 36.5	+03 57 03	Sa	26	I	≤7.5		5	1954	40				39.1	3.3	3.0			346	E
			Sa	26	I	≤3.5		5	1954	40				39.1	3.3	3.0			346	G
			Sa		I	≤3.7		5	1672										232	N
			SXa	28	I	≤20.3		5	1672					17.6					417	B
			SBa		I	0.1		0	1733			125	5		2.6	2.2			488	A ★
Zw 503-048	01 50 48.5	+31 13 37	Sc		I	1.07		0	10077			320	3		0.6	0.4			565	A ★

Table 1 cont.

Name (1)	R.A. (2)	Dec. (3)	Type (4)	i (5)	(6)	HI-flux (7)	(8)	(9)	v (10)	(11)	(12)	Δv (13)	(14)	Dist (15)	a (16)	b (17)	Vmax (18)	Pos (19)	Ref (20)	(21)
Anon 0150+12	01 50 49.2	+12 34 51			I	0.63		0	4656		84				0.5				556	A
UGC 1359	01 50 50.3	+29 41 11	SBb		I	2.2		0	7658			308	3		0.9	0.8			488	A ★
Zw 522-051	01 50 53.4	+36 32 33	Sd p		I	≤0.37									0.55	0.55			343	A
Zw 522-049	01 50 53.7	+36 19 07	Sd		I	1.33		0	4684			208	4		1.0	0.6			343	A
UGC 1361	01 50 56.2	+36 20 27	Sc	74	I	13.8	1.6	0	5032	15	285	365	4		1.2	0.4			384	E ★
			Sc		I	2.22		0	5740			231	4		1.2	0.4			343	A
NGC 717	01 50 59.9	+35 58 58	S0/a	90	S	± 10.0		3100	–	6600					1.5	0.22			384	E
UGC 1362	01 51 00	+14 32			S	± 4.0		–100	–	6900									490	A
UGC 1366	01 51 22.6	+36 23 07	SBc		I	≤0.77									1.7	0.45			343	A
			SBc	77	I	7.0	1.0	0	5048	15	229	347	4		1.7	0.5			384	E ★
NGC 723	01 51 26.0	–24 00 22		22	M	3.42		1	1456			122	4	29.1	1.7	1.5			535	P
IC 1746	01 51 42	+04 33	Sb	72	M	0.57		0	2540	75				24.1					324	N
NGC 721	01 51 45.9	+39 08 13			I	5.60		0	5597		304	284	3						498	G ★
UGC 1378	01 51 54	+73 02			I	36.12		0	2940		515	493	3						498	G ★
UGC 1385	01 51 56.9	+36 40 26	SBb		I	2.13		0	5621			197	4		0.85	0.45			343	A
			SBa	42	S	± 10.0		5	5400						0.8	0.6			384	E
Anon 0152+10a	01 52 06.7	+10 19 08			I	2.20		0	6085		37				1.13				556	A
Anon 0152+10b	01 52 20.7	+10 36 41			I	1.60		0	6205		193				0.63				556	A
Anon 0152+10c	01 52 41.2	+10 05 05	S		S	± 0.25		100	–	8120					0.53				556	A
UGC 1387	01 52 13.9	+36 01 00	Im		I	3.57		0	4532			237	4		1.1	0.9			343	A
			S/Irr	36	I	3.8	0.75	0	4502	19	216	253	4		1.1	0.9			384	E ★
IC 171	01 52 14.4	+35 02 08	S0		I	≤0.45		5	5362						2.5	2.2			343	A
				29	S	± 9.0		3100	–	6600					2.5	2.2			384	E
UGC 1394	01 52 36	+46 34			I	4.80		0	6388		498	481	3						498	G ★
Zw 482-030	01 52 37.2	+23 54 00	Sc		I	0.69		0	9883			384	3		0.5	0.4			565	A ★
UGC 1391	01 52 37.7	+09 46 00	Sc		I	2.7		0	5928			454	3		1.5	0.1			488	A ★
UGC 1395	01 52 44.8	+06 22 00	Sb		I	2.2		0	5164			260	5		1.7	1.5			488	A ★
Zw 503-051	01 52 48.0	+31 10 20	Sab		I	1.11		0	10716			253	3		0.6	0.4			565	A ★
Zw 482-031	01 52 54.0	+22 49 40	Sc		I	1.16		0	13792			219	3		0.6	0.6			565	A ★
UGC 1398	01 53 00.8	+36 53 00	Sc		I	1.38		0	5218			154	4		1.4	1.2			343	A
			Sc	32	I	12.3	1.7	0	5389	20	124	333	4		1.4	1.2			384	E ★
UGC 1400	01 53 07.7	+35 53 06	Sb		I	≤1.52									2.5	0.35			343	A
			Sb	90	S	± 9.0		3100	–	6600					2.6	0.35			384	E
UGC 1405	01 53 23.4	+37 12 40	Sc		I	≤1.48									1.2	0.12			343	A
UGC 1404	01 53 26.2	+36 58 16	SBb		I	3.54		0	4458			276	4		1.4	0.6			343	A
			SBb	67	S	± 9.0		3100	–	6600					1.4	0.6			384	E
NGC 735	01 53 42.2	+33 55 58	Sb		I	16.08		0	4634			458	4		1.8	0.8			343	A
			Sb	66	I	8.0	1.3	0	4592	10	363	440	4		1.8	0.8			384	E ★
					I	11.9		0	4636		432	462	4						543	A
NGC 741	01 53 44.0	+05 23 06	E0		F	≤1.8		5	5559					80.0	4.8				60	N
					F	≤0.9			5460										141	N
			E0		M	≤4.0		5	5559					75.3					134	A
			E0		I	≤0.3		5	5559					113.	3.	3.			28	A ★
			E		S	≤95.0		5	5560										356	G
UGC 1415	01 53 46.1	+36 08 35	S0/a	90	I	6.1	0.83	0	4492	15	180	213	4		1.4	0.25			384	E ★
UGC 1416	01 53 47.9	+36 38 58	S	59	S	± 19.0		3100	–	6600					1.3	0.7			384	E
NGC 755	01 53 54.6	–09 18 30	Sb	71	M	2.12		0	1638	20				15.3					324	N
			SBb	70	F	8.12	1.24	0	1641	10		256	4	16.7	5.4	2.1			373	G
			SBb	71	I	29.9	2.5	0	1641	6	226	243	4		4.0				473	J ★
Anon 0153+09	01 53 57.3	+09 55 12			I	1.10		0	6135		65				0.45				556	A
NGC 740	01 53 59.8	+32 46 16	S		I	2.35		0	4609			365	4		1.7	0.3			343	A
			Sc	86	I	1.84	0.35	0	4608	5	345	368	3		1.7	0.3			452	A ★
UGC 1419	01 54 00	+10 03						0	6157										490	A
UGC 1422	01 54 12.8	+32 32 41	Pec		I	3.93		0	4583			348	4		1.3	0.5			343	A
			Im	68	I	3.38	0.57	0	4583	3	329	346	3		1.3	0.5			452	A ★
Anon 0154+11	01 54 27.1	+11 17 12			I	2.80		0	3470		112				0.77				556	A
NGC 750	01 54 37.6	+32 58 00	E	40	I	≤12.6		5	5250					53.7					417	G
NGC 750/...	01 54 37.8	+32 58 00	Mult		M	≤13.0			5128					70.5					18	B
Anon 0154+63	01 54 40	+63 19 24			S	≤10.0		2000	–	6000									333	E
UGC 1434	01 54 41.9	+35 59 58	S0/a	74	S	± 17.0		3100	–	6600					1.5	0.5			384	E
UGCA 22	01 54 42	–12 02	SBdm	90	I	13.6	0.8	0	1845	5	117	181	4		2.51	0.50			377	E ★
			SBdm	79	F	3.29	0.64	0	1860	10		173	4	18.8	4.4	1.1			373	G
UGC 1432	01 54 42.0	+16 58 27	Sb		I	2.3		0	8054			222	3		1.0	0.7			488	A ★
NGC 753	01 54 45.4	+35 40 21	Sbc	43	I	19.3		0	4902			350	4	67.8	2.7				203	G ★
								0	4868	35									42	N
			Sc		I	31.43		0	4880			338	4		3.3	2.1			343	A
			Sbc	43	M	8.09		0	4867	75				46.4					324	N
			Sc	52	I	20.4	2.5	0	4861	4	303	332	4		3.3	2.1			384	E ★
NGC 746	01 54 45.4	+44 40 29	IBm	42	F	4.74	0.64	0	712	15		127	4	9.2	4.0	3.0			373	G
UGC 1436	01 54 48	+19 37	Mult		I	3.0		0	8820	20		314	4		1.1	0.9			78	A ★

Table 1 cont.

Name (1)	R.A. (2)	Dec. (3)	Type (4)	i (5)	(6)	HI-flux (7)	(8)	(9)	v (10)	(11)	(12)	Δv (13)	(14)	Dist (15)	a (16)	b (17)	Vmax (18)	Pos (19)	Ref (20)	(21)
NGC 761	01 54 54.8	+33 08 03	SBab	78	S	±	1.7	762	–	7645					1.7	0.5			452	A
			SB0/a		I	0.57		0	5029			434	3		1.7	0.5			565	A ★
Mark 364	01 54 58.0	+27 37 20		15	M	≤2.7			8150				4	111.0	0.42	0.40			293	A
Mark 1170	01 55 06.0	+37 20 00			S	22.0		2890	–	8378									471	A
Anon 0155+09	01 55 30.9	+09 44 09			I	1.30		0	5888		169				0.5				556	A
UGC 1449	01 55 31.1	+02 50 35	SBm p		S	±	18.0	–400	–	3000					3.4	1.5			373	G
			SBm	66	I	8.4		0	5559			259	5	56.3					417	G
			SBm	66	I	6.9		0	5559			244	5	56.3					417	A
			Im		I	6.42			5551	14	113	227	4						457	A ★
UGC 1448	01 55 33.7	+01 49 07	Sc		I	3.0		0	6292			378	5		1.3	0.3			488	A ★
Zw 503-065A	01 55 37.0	+31 51 00	Sab		I	0.70		0	12920			115	3		0.5	0.4			565	A ★
UGC 1451	01 55 41.1	+25 07 02	SBc	57	I	3.50	0.61	0	4923	6	335	368	3		1.3	0.7			454	A ★
					I	3.635		0	4919			360	4	65.7	1.3	0.7			562	A ★
					I	4.20		0	4936		299				1.3	0.7			563	A ★
UGC 1452	01 55 43.9	+21 51 33	Sdm	78	I	3.30	0.55	0	4977	1	180	194	3		1.4	0.3			454	A ★
Anon 0155+07	01 55 48.1	+07 08 26			S	±	0.25	100	–	8120					0.45				556	A
IC 178	01 55 56.7	+36 25 58	Sab		I	1.40		0	4845			285	4		1.4	0.9			343	A
			Sab	51	I	17.2	2.0	0	5057	15	184	348	4		1.4	0.9			384	E ★
UGC 1453	01 55 57.4	+24 24 06	Sm	34	I	2.12	0.33	0	4897	1	90	109	3		1.7	1.4			454	A ★
					F	≤1.0		–400	–	3000									213	G
NGC 765	01 55 58.7	+24 38 56	SBcd	0	I	10.10	1.55	0	5123	1	114	154	3		3.0	3.0			454	A ★
UGC 1459	01 56 05.9	+35 48 58	Sc	90	S	±	25.0	3100	–	6600					1.6	0.20			384	E
UGC 1460	01 56 05.9	+36 00 58	Sa	55	S	±	25.0	3100	–	6600					1.5	0.9			384	E
UGC 1462	01 56 20.0	+25 08 33	SBd	34	I	3.89	0.62	0	5059	1	198	230	3		1.7	1.4			454	A ★
Anon 0156-08	01 56 24	–08 24	Sc	40	I	4.60	1.1	0	4754	20	212		4		1.0				188	G ★
Zw 482-035	01 56 27.2	+24 10 43	S		I	1.18		0	3907			165	3		0.6	0.3			565	A ★
NGC 770	01 56 28.2	+18 42 46	E3	38	I	15.0		0	2419			462	5		2.35	1.88		15	264	A ★
			E	48	I	9.1		0	2455			494	5	25.8					417	A
UGC 1464	01 56 30	+01 40			F	≤1.0		–400	–	3000									213	G
UGC 1465	01 56 30	+17 47	SB		I	0.61		0	2012	10		192	4		1.0	0.1			78	A
NGC 772	01 56 35.3	+18 45 50	Sb	51	M	9.6	1.0	0	2435	14				25.4	10.5	6.8	248		152	J ★
			Sb		I	69.2		0	2475			445	5		10.5	6.8			183	G ★
			Sb	51	I	64.6		0	2459	9		514	5	51.6	9.2				80	G ★
			Sb	51	I	24.0		0	2449			442	5		10.5	6.8		130	264	A ★
			Sb	55	M	8.5			2430	30				16.6	10.5			120	285	G
					I	76.1		0							6.3				203	G
					I	101.0									6.3				203	B
			Sb	51	F	22.05	2.20	0	2473	25		490	4	26.1	10.6	6.8			373	B
			Sb	53	I	76.4		0	2461			460	4	53.0	8.0	5.0		130	393	A
			Sb	52	M	10.31		0	2438	20				23.6					324	N
			Sb	52	I	64.0		0	2474			514	5	26.0					417	G
			Sb	52	I	103.3		0	2476			520	5	26.1					417	B
			Sb	52	I	29.2		0	2449			466	5	25.8					417	A
			Sb	52	I	103.6	12.3	0	2474	4	444	488	4		7.1				473	J ★
			Sb		I	76.4		0	2461			460	5		8.0	5.0			488	a ★
NGC 769	01 56 42.4	+30 40 00	Sc	60	I	3.88		0	4446			293	3		0.9	0.5			452	A ★
Zw 482-036	01 56 47.5	+27 11 27	Sb		I	3.73		0	5268			230	3		1.1	0.4			565	A ★
UGC 1468	01 56 48	+13 42						0	4623										490	A
UGC 1470	01 56 48.4	+31 50 33	Sdm		I	3.73		0	5166			256	4		1.7	0.2			343	A
			Sm	85	I	2.77	0.47	0	5165	4	236	249	3		1.7	0.2			452	A ★
UGC 1472	01 57 02.2	+34 06 00	Sm		I	4.00		0	4849			149	4		1.3	1.2			343	A
					F	≤1.0		–400	–	3000									213	G
Anon 0157+10	01 57 02.8	+10 10 32			I	1.10		0	6302		77				0.5				556	A
Anon 0157+12	01 57 03.4	+12 02 51			I	1.50		0	7828		145				0.63				556	A
NGC 776	01 57 06.5	+23 24 06			I			0	4920	10									359	G
			SXb		I	5.553		0	4919		125	170	4		1.9	1.9			475	A ★
			SBc	0	I	5.11	0.79	0	4914	1	133	160	3		1.9	1.9			454	A ★
			SXb		I	6.64			4924	9	129	175	4						457	A ★
Zw 482-038	01 57 07.0	+24 04 10	Sc		I	1.67		0	5089			305	3		1.0	0.1			565	A ★
NGC 779	01 57 11.9	–06 12 19	Sb	70	I	17.1			1386	9		378	5	36.5	4.1				80	G ★
			SXb	74	F	5.71	0.96	0	1397	15		382	4	14.4	6.5	2.2			373	G
			Sb	73	M	1.58		0	1377	20				13.0					324	N
			SXb	74	I	22.3	1.8	0	1394	4	364	382	4		4.1				473	J ★
			Sb		I	18.50		0	1396			381	4		6.5	2.0			515	G ★
UGC 1474	01 57 12.5	+37 21 37	Sdm		I	3.93		0	4044			177	4		1.6	1.2			343	A
			SBdm	42	I	10.7	1.4	0	4235	15	564	626	4		1.6	1.2			384	E ★
Anon 0157-07	01 57 18	–07 16 14	Mult		S	±	7.7	3000	–	9900									469	G
UGC 1477	01 57 24	+06 43						0	6032										490	A
UGC 1478	01 57 25.7	+24 00 33	SBd	26	I	3.00	0.47	0	4846	1	96	116	3		1.0	0.9			454	A ★
NGC 781	01 57 28.1	+12 24 48	S		I	≤3.0		0	–	6700					2.9				273	A

Table 1 cont.

Name (1)	R.A. (2)	Dec. (3)	Type (4)	i (5)	(6)	HI-flux (7)	(8)	(9)	v (10)	(11)	(12)	Δv (13)	(14)	Dist (15)	a (16)	b (17)	Vmax (18)	Pos (19)	Ref (20)	(21)
NGC 781			Sab		S	±	0.33	5	3483						1.7	0.5			488	A
UGC 1479	01 57 29.9	+24 13 56	Sc	80	I	1.08	0.21	0	4927	8	449	494	3		1.1	0.3			454	A ★
UGC 1483	01 57 34.5	+22 38 35			F	≤1.0			−400 − 3000										213	G
			Sm	0	I	1.47	0.25	0	5106	4	78	101	3		1.3	1.3			454	A ★
IC 1764	01 57 34.7	+24 20 25	SBc	0	I	4.60	0.73	0	5068	1	233	248	3		1.7	1.7			454	A ★
Zw 503-070	01 57 36.7	+29 39 13	Sc		I	0.91		0	11516			260	3		0.6	0.5			565	A ★
			Sd	52	S	±	1.7	2372 − 10989							1.0	0.6			452	A
Zw 503-071	01 57 37.4	+32 13 36	Sc		I	2.41		0	12921			346	3		1.0	0.6			565	A ★
UGC 1487	01 57 38.0	+24 50 30	S0		I	0.37		0	9255			489	3		1.2	0.9			565	A ★
UGC 1491	01 57 50.6	+29 33 22	Sm	0	S	±	1.7	762 − 7645							1.0	1.0			452	A
UGC 1493	01 57 55.9	+37 58 15	Sab		I	1.61		0	4105			283	4		2.3	0.8			343	A
NGC 783	01 58 12.3	+31 38 27	Sc		I	9.32		0	5190			74	4		1.7	1.4			343	A
								0	5195	5									359	G
			Sd	34	I	7.34		0	5190			81	3		1.7	1.4			452	A ★
			Sc		I	7.80		0	5190			109	4		2.8	2.2			515	G ★
Zw 482-046	01 58 15.4	+23 10 47	S		I	2.50		0	5036			207	3		0.6	0.4			565	A ★
UGC 1498	01 58 20.1	+08 04 15	Sc	63	I	2.5		0	4742		260	345	4	44.2					505	A ★
UGC 1502	01 58 20.1	+30 07 08	Im		S	±	18.0	−400 − 3000							3.2	1.7			373	G
			Sm	59	I	1.68	0.27	0	3811	2	128	145	3		2.0	1.0			452	A ★
Anon 0158+08	01 58 22.0	+08 15 24			I	1.90		0	7804		147				0.63				556	A
UGC 1503	01 58 24.6	+33 05 15	E		I	1.71		0	5087			298	4		1.0	0.9			269	A ★
			E		I	1.7		0	5085			288	3		1.0	0.9			488	A ★
NGC 784	01 58 25.0	+28 35 45	Sdm		I	56.9		0	200			95	5		9.7	2.6			183	G ★
			Sdm	79	F	16.79	1.01	0	201	5		119	4	3.6	10.0	2.6			373	G
			Sdm	79	I	67.2	1.4	0	195	5	98	122	4		6.17	1.66			377	E ★
			Sdm		I	70.00		0	198			123	4		10.0	2.0			515	G ★
UGC 1507	01 58 40.3	+26 14 28	SBb	70	I	4.35	0.72	0	5149	5	541	551	3		2.1	0.8			454	A ★
			SBa		I	≤2.7		0	5009	15		238	5		0.6	0.3			457	A
UGC 1510	01 58 56.0	+26 18 15			I	3.51	0.5	0	5009	15		238	5		0.6	0.3		45	248	A
			Sc	60	I	4.72	0.74	0	5012	1	170	257	3		0.6	0.3			454	A ★
Zw 482-050	01 59 00.0	+23 27 00	S		S	±	0.91	5	4727						0.4	0.2			565	A
IC 189	01 59 04.5	+23 18 47	Sc		I	1.32		0	12347			296	3		0.8	0.8			565	A ★
Anon 0159+12	01 59 10.1	+12 38 37			S	±	0.25	100 − 8120							0.45				556	A
IC 190	01 59 19.0	+23 18 33	S0/a		S	±	0.59	5	4769						0.6	0.5			565	A
UGC 1515	01 59 19.6	+11 29 22			F	≤1.0		−400 − 3000											213	G
			Sdm		I	1.20		0	4643		136				0.85				556	A
NGC 789	01 59 31.2	+31 49 55	Pec		I	3.24		0	5267			254	4		0.7	0.35			343	A
			Im	60	I	3.02		0	5267			261	3		0.7	0.3			452	A
Zw 482-053	01 59 41.2	+22 04 53	S		I	0.45		0	4823			143	3		0.4	0.4			565	A ★
Zw 482-054	01 59 48.1	+22 08 20	Sc		I	1.40		0	12525			413	3		0.6	0.2			565	A ★
IC 193	01 59 50.3	+10 50 47	Sc		I	3.3		0	4649			268	3		1.9	1.9			488	A ★
UGC 1533	01 59 57.1	+26 20 33	SBd	35	I	3.44	0.56	0	14601	2	225	274	3		1.1	0.9			454	A ★
Anon 0200+07	02 00 09.4	+07 34 32			I	1.00		0	5771		159				0.68				556	A
UGC 1535	02 00 12.8	+36 04 27	dI		I	3.72		0	4320			76	4		1.1	0.9			343	A
					F	≤1.0		−400 − 3000											213	G
			Im		I	3.00		0	4323			86	4		2.0	1.6			515	G ★
UGC 1540	02 00 23.6	+33 23 30			F	≤1.0		−400 − 3000											213	G
			Sm	52	I	2.82	0.49	0	5507	7	175	192	3		1.0	0.6			452	A ★
								0	5467										490	A
NGC 797	02 00 27.8	+37 52 40	Sb	44	I	12.38		0	5647	20		495	5		1.9	1.4		65	158	G ★
			Sa		I	6.12		0	5660			436	4		1.9	1.4			343	A
			SXa	44	I	3.2		0	5666	15				58.9	2.7		266	65	407	W ★
			SXa	42	I	6.0		0	5642			411	5	58.6					417	G
			SXa	44	I	7.0	0.88	0	5545	6	281	302	4		1.9	1.4			384	E ★
UGC 1544	02 00 30	+47 52			I	2.98		0	5028		105	90	3						498	G
UGC 1538	02 00 31.1	+23 31 30						0	2823										490	A
			Sm	49	I	1.76	0.29	0	2829	3	108	130	3		1.4	0.9			454	A ★
UGC 1547	02 00 32.6	+21 48 00	IBm	23	F	7.50	1.92	0	2635	15	132			55.0	3.4	3.13			89	G
			IBm	24	F	6.66	0.69	0	2649	10		165	4	27.9	3.5	3.2			373	E
			Sm		I	15.0		0	2646			151	3		2.2	2.0			488	A ★
			IBm		I	27.30		0	2640			161	4		3.5	3.1			515	G ★
UGC 1546	02 00 36	+18 23	Sc	29	I	9.62	1.9	0	2374	10		106	4		0.9				188	G ★
UGCA 23	02 00 42	−09 53	Sc p		S	±	18.0	−400 − 3000							4.3	0.7			373	G
UGC 1549	02 00 43.0	+26 03 47	S0/a		I	0.34		0	5219			419	3		1.0	0.2			565	A ★
NGC 801	02 00 44.8	+38 01 10	Sd	86	I	14.86		0	5764	10		477	5		3.3	0.7		150	158	G ★
			Sc		S	±	18.0	−400 − 3000							5.1	1.4			373	G
			Sc	86	I	13.2		0	5762	5				58.9	3.0		226	149	407	W ★
			Sc	77	I	17.8	2.0	0	5710	3	437	463	4		3.4	1.0			384	E ★
			Sc	81	I	15.6	1.3	0	5764	4	434	461	4		3.2	1.7			523	J ★
UGC 1551	02 00 48.4	+23 50 03	SBdm	59	F	3.62	0.58	0	2672	10		133	4	28.2	4.5	2.4			373	G

Table 1 cont.

Name (1)	R.A. (2)	Dec. (3)	Type (4)	i (5)	(6)	HI-flux (7)	(8)	(9)	v (10)	(11)	(12)	Δv (13)	(14)	Dist (15)	a (16)	b (17)	Vmax (18)	Pos (19)	Ref (20)	(21)
UGC 1551			SBdm	59	I	15.4		0	2666	8					4.0		89	135	509	W ★
			SBdm		I	14.10		0	2672		142		4		4.5	2.3			515	G ★
Zw 482-062	02 00 50.0	+26 02 17	Sc		I	1.11		0	5022		249		3		0.7	0.5			565	A ★
NGC 803	02 01 01.6	+15 47 31	Sc	62	I	30.0			2110	9	270		5	44.3	3.7				80	G ★
			Sc	62	F	7.21	1.14	0	2096	15	271		4	22.1	4.6	2.3			373	G
			Sc		I	32.52			2099	5			4						457	A ★
			Sc		I	31.90		0	2100		279		4		4.7	2.3			515	G ★
			Sc	65	I	31.3	2.6	0	2099	3	256 270		4		3.3	1.1			523	J ★
UGC 1558	02 01 12	+11 43			F	≤1.0		−400 − 3000											213	G
UGC 1561	02 01 18.0	+23 58 00	Im p	47	F	1.00	0.30	0	595	10	80		4	7.4	2.5	1.7			373	G
			Im		I	3.20		0	612		77		4		2.6	1.8			515	G ★
UGC 1565	02 01 41.1	+27 41 13	Sm	67	I	4.86	0.77	0	4697	1	203 222		3		1.6	0.6			452	A ★
Zw 504-005	02 01 56.9	+32 02 33	Sbc		I	1.23		0	6983		204		3		0.9	0.6			565	A ★
UGCA 24	02 02 00.0	−06 25 00	SBdm	61	F	5.87	0.69	0	1364	10	188		4	14.0	4.6	2.3			373	E
			Sdm		I	26.00		0	1363		185		4		4.7	2.3			515	A ★
NGC 807	02 02 03.0	+28 45 00	E		M	14.0					510		4						531	A
UGC 1575			Sm	90	I	4.10	0.66	0	4841	1	197 219		3		1.2	0.1			454	A ★
UGC 1576	02 02 20.9	+24 25 44	Sc		I	1.41		0	5235		234		3		1.2	0.1			565	A ★
Zw 483-001	02 02 26.1	+29 46 07	Sb		I	3.69		0	4810		228		3		0.7	0.4			565	A ★
UGC 1577	02 02 30.5	+24 52 00	Sbc		I	9.13		0	5277		300		4		2.4	1.7			393	G ★
	02 02 32.2	+30 56 20			I			0	5274	15									359	G
			SBbc	43	I	8.4		0	5269		310		5	54.3					417	G
			SBbc		I	6.9		0	5278		297		3		2.4	1.7			488	A ★
UGC 1581	02 02 36.0	+34 38 36	Im		I	15.03		0	4411		360		4		1.8	0.8			343	A
UGC 1582	02 02 37	+39 36 05			I	6.57		0	4815		301 284		3						498	G ★
IC 1776	02 02 37.8	+05 51 56	SBd		S	± 18.0		−400 − 3000							3.5	3.3			373	G
Zw 483-002	02 02 54.0	+23 59 40	Sc		I	1.21		0	12664		571		3		0.9	0.7			565	A ★
UGC 1586	02 02 54	+49 40			I	1.29		0	6046		457 220		3						498	G ★
UGC 1587	02 02 59.3	+06 31 43	Sb		I	4.0		0	5658		376		5		1.1	0.4			488	A ★
UGC 1591	02 03 18.9	+29 43 40	Sc	90	S	± 1.04		5	4835						1.5	0.2			452	A
Anon 0203−55	02 03 21	−55 21	Sc	34	I	14.8	1.2		6529	9	181 210		4		2.8	2.4			550	P ★
IC 198	02 03 24	+09 03	Sc		I	4.7			9250		340			187.	1.2	0.8			28	A
			Sc	62	I	4.6		0	9239		365 393		4	71.2					505	A ★
UGC 1595	02 03 36.0	+26 47 47	Sbc		I	3.7		0	4962		272		3		1.4	0.8			488	A ★
UGC 1597	02 03 42.5	−00 31 47	S0	32	F	≤0.38		5	12693						2.01				154	G
NGC 812	02 03 44	+44 19 56			I	29.30		0	5163		452 433		3						498	G ★
IC 200	02 03 55.5	+30 55 17	Pec		I	2.85		0	3846		153		3		0.6	0.5			565	A ★
UGC 1608	02 04 24.3	+30 11 12	Sm	24	I	0.66	0.12	0	9269	9	183 192		3		1.1	1.0			452	A ★
Anon 0204+60	02 04 28.7	+60 31 48			S	≤10.0		2000 − 6000											333	E
UGC 1607	02 04 33	+45 23 11			I	2.82		0	6261		486 461		3						498	G
UGC 1608	02 04 36	+30 13			S	± 4.0		1400 − 8400											490	A
UGC 1626	02 05 17	+41 14 36			I	6.48		0	5543		185 171		3						498	G ★
NGC 821	02 05 40.6	+10 45 31	E6		M	≤0.19		5	1778					25.0					134	A ★
			E	57	I	≤20.7		5	1778					18.7					417	G
			E		S	± 0.90		5	1716						3.3	2.2			488	A
NGC 819	02 05 41.3	+28 59 48	Im	46	I	2.11	0.37	0	6576	6	287 300		3		0.7	0.5			452	A ★
UGC 1634	02 05 42	+46 59	SXcd		S	± 18.0		−400 − 3000							6.0	5.6			373	G
					I	7.08		0	4978		164 145		3						498	G
NGC 820	02 05 42.5	+14 06 45	Sb		I	11.7	0.7	0	4416		446		4		1.5	0.9			503	G
								0	4426	20									359	G
			Sb		I	11.76			4418	5	348 371		4						457	A ★
NGC 818	02 05 42.7	+38 32 22	Scd	69	I	14.09		0	4245	10	500		5		3.5	1.4		113	158	G ★
			Sc		S	≤40.0		300 − 3700											203	G
			SXc		S	± 18.0		−400 − 3000							5.4	2.4			373	G
			Sbc		I	16.65		0	4245		466		4		3.5	1.4			343	A
			SXc	64	I	14.3	2.6	0	4244	4	440 452		4		3.2	1.0			523	J ★
UGC 1638	02 06 06.0	+25 47 47	Sb		I	1.2		0	4874		247		3		1.0	0.5			488	A ★
Zw 483-005	02 06 09.1	+27 18 13	SBb		I	2.27		0	9856		137		3		0.7	0.5			565	A ★
UGC 1644	02 06 11.8	+30 04 56	Sm	0	S	± 1.7		762 − 7645							1.0	1.0			452	A
					F	≤1.0		−400 − 3000											213	G
Anon 0206+00	02 06 12	+00 33	Mult		I	0.80		0	6090	8	140		4		0.4	0.3			78	A ★
NGC 829	02 06 13.1	−08 01 36	Sb p	53	I	22.2			4056		220		4	54.4	1.2				203	G ★
UGC 1641	02 06 14.6	+31 45 27	Sdm		I	11.28		0	5006		115		4		1.5	1.5			343	A
			Sm	0	I	8.79	1.35	0	5008	1	97 110		3		1.5	1.5			452	A
UGC 1648	02 06 23.2	+25 20 06	S0/a		I	5.1		0	4872		383		4		1.2	0.8			488	A ★
UGC 1650	02 06 26.1	+37 01 20	Sc		I	5.94		0	4585		250		4		2.2	0.1			343	A
Zw 504-020	02 06 30.0	+33 13 43	Sm	59	S	± 1.7		2372 − 12688							0.8	0.4			452	A
			Sc		I	1.59		0	11577		472		3		0.8	0.4			565	A ★
Anon 0207−10	02 07 06	−10 23 56	Mult		I	22.7	2.0	0	3900		200 384		4						469	G ★
NGC 828	02 07 07.0	+38 57 23	Pec		I	8.53		0	5374	15	458		5		3.5	2.7			158	G ★

Table 1 cont.

Name (1)	R.A. (2)	Dec. (3)	Type (4)	i (5)	(6)	HI-flux (7)	(8)	v (9)	(10)	(11)	(12)	Δv (13)	(14)	Dist (15)	a (16)	b (17)	Vmax (18)	Pos (19)	Ref (20)	(21)
NGC 828	02 07 23.5	+25 26 43	Sa p		S	±	18.0	−400	−	3000					5.8	4.5			373	G
Zw 483-007	02 07 36.0	+07 36 00	Pec		I	0.58		0	4641		222		3		0.7	0.4			565	A ⋆
NGC 840			Sb	57	M	26.5		0	7269		448	471	4	147.					450	A ⋆
			Sc	66	I	6.2		0	7273		446	485	4	69.4					505	A ⋆
			SBb		I	5.186		0	7269		448	471	4		2.6	1.4			489	A ⋆
IC 1783	02 07 55.0	−33 10 30	Sa		I	≤10.1		5	3299					62.1					320	P ⋆
								0	3350	75									324	N
NGC 834	02 08 00.6	+37 25 56	S		I	5.50		0	4553	25		307	5		1.2	0.5	20		158	G ⋆
			S	56	I	3.68		0	4631	25	194	258	4	65.	2.1	1.2	20		508	A ⋆
				20				0	4590								20		555	A
				20	S	±	3.3	4020	−	5020							20		555	W
UGC 1671	02 08 01.3	+32 27 53	SBc	63	S	±	1.7	2372	−	9308					1.1	0.5			452	A
			SB		I	2.39		0	11797			598	3		1.1	0.5			565	A ⋆
Zw 504-025	02 08 03.0	+32 29 40	Sbc		I	1.07		0	11795			615	3		1.0	0.1			565	A ⋆
UGC 1670	02 08 07.1	+06 32 06	Sm		F	2.29	0.43	0	1611	10	102			33.5	3.7	3.7			89	G
					F	2.38	0.44	0	1611	10		118	4	16.9	3.8	3.7			373	G
			Sm	30	I	9.6	2.0	0	1585	10	58	123	4		2.29	2.29			377	E ⋆
			S		I	9.30		0	1605			122	4		3.8	3.8			515	G ⋆
NGC 841	02 08 16.9	+37 15 48	SXab		I	7.01		0	4543			420	4		2.0	1.0			343	A
			SXab	49	I	7.14		0	4537	9	404	437	4	65.	3.2	2.1		135	508	A ⋆
				56	S	±	8.0	3540	−	5540									555	A
				56	F	5.4	1.0	0	4540	7	404	431	4				233	135	555	W
UGC 1675	02 08 23.4	+25 34 34	SBc	60	I	1.87	0.33	0	5128	5	178	324	3		1.2	0.6			454	A ⋆
Anon 0208+61	02 08 30	+61 30			I	3.0		0	5900										512	G
IC 211	02 08 32.3	+03 37 03	SXc	30	I	14.0	1.2	0	3254	4	214	236	4		2.5	0.3			523	J ⋆
			Sc	44	I	16.12	2.4	0	3242	15		256	4		2.3				188	G ⋆
			SXc	36	F	5.18	0.96	0	3266	15		225	4	33.3	3.9	3.1			373	G
			Sc	41	I	5.2		0	3266			225	4						505	A
UGC 1682	02 08 39.1	+31 16 33	Sc		I	3.64		0	4983			247	4		1.2	0.5			343	A
			Sd	65	I	3.03	0.49	0	4983	2	223	240	3		1.2	0.5			452	A ⋆
Mark 366	02 08 50.5	+13 40 54		39	M	1.61	0.23	0	7949	6		89	4	107.0	0.93	0.63			293	A ⋆
					I	0.90		0	7975			43	4		1.7	1.2			515	G ⋆
UGC 1686	02 08 54	+46 08			I	4.79		0	4872		145	132	3						498	G ⋆
NGC 846	02 09 03	+44 20 01			I	3.80		0	5118		425	391	3						498	G ⋆
UGC 1690	02 09 03.4	+29 04 36	Sc	90	I	1.30	0.24	0	4914	5	392	413	3		1.6	0.1			452	A ⋆
UGC 1693	02 09 12	+13 52			F	≤1.0		−400	−	3000									213	G
								0	3821										490	A
Zw 504-029	02 09 12.0	+31 21 00	Scd	31	I	1.28	0.24	0	8765	14	273	295	3		0.7	0.6			452	A ⋆
UGC 1694	02 09 18	+09 19						0	4453										490	A
UGC 1696	02 09 33.9	+29 37 27	Sm	0	I	3.08	0.49	0	5899	1	136	158	3		1.3	1.3			452	A ⋆
								0	5899										490	A
Anon 0209+12	02 09 40.8	+12 58 17			I	0.80		0	2262			156			0.45				556	A
UGC 1703	02 09 58.1	+32 34 46			F	≤1.0		−400	−	3000									213	G
			Sm	55	S	±	1.7	−831	−	10989					1.8	1.0			452	A
UGC 1706	02 10 42.2	+25 37 07	Sc		I	2.3		0	4794			294	3		1.2	0.4			488	A ⋆
Zw 504-032	02 10 44.5	+30 57 27	Sc		I	0.92		0	8886			434	3		0.9	0.1			565	A ⋆
UGC 1712	02 10 50.5	+33 22 06	Sdm		I	3.33		0	5090			136	4		1.0	1.0			343	A
			Sm	0	I	2.02	0.34	0	5101	4	123	141	3		1.0	1.0			452	A ⋆
								0	5091										490	A
UGC 1711	02 10 54.0	+24 39 20			F	≤1.0		−400	−	3000									213	G
			Sm		I	1.90		0	2640			172	3		1.0	0.4			565	A ⋆
UGC 1716	02 11 08.8	+03 52 08		34	M	1.01	0.30		3444	16		186	4	47.0	0.80	0.68			293	A ⋆
			Comp		F	0.88		0	3429					50.0	1.6				60	N
					F	≤5.0		0	3546										141	N
Zw 483-010	02 11 23.0	+23 23 33	Sc		I	3.91		0	9780			227	3		0.6	0.6			565	A ⋆
IC 214	02 11 28.7	+04 56 27	S p		I	2.9		0	9061	50		463	4		0.9	0.6			78	A ⋆
					I	2.96		0	9195			419	5	97.2					518	G
					S	±	1.7	5	3448						0.9	0.6			563	A
UGC 1721	02 11 32.6	+37 10 33	SBc		I	13.47		0	4638			136	4		2.3	2.3			343	A
			SBbc		S	±	18.0	−400	−	3000					3.7	3.7			373	G
			SBbc		I	6.938		0	4644		115	123	4		2.3	2.3			475	A ⋆
UGC 1726	02 11 54.5	+31 14 13	Sbc		I	10.16		0	5275			362	4		1.9	0.4			343	A
			Scd	80	I	7.79	1.26	0	5277	1	339	358	3		1.9	0.4			452	A ⋆
NGC 863	02 11 59.9	−01 00 05	Sa		I	5.2	1.4	0	7910			380	4						114	G ⋆
			Sa	0	F	≤0.99		5	7891						2.25				154	G
UGC 1729	02 12 07.3	+32 29 30	Sc		I	6.81		0	4443			195	4		1.7	1.0			343	A
			SBd	53	I	5.48	0.87	0	4442	1	177	188	3		1.7	1.0			452	A ⋆
Anon 0212+08	02 12 22.4	+08 35 53			I	1.00		0	1590			38			0.58				556	A
UGC 1734	02 12 30.0	+31 39 03	Sbc	90	S	±	1.7	762	−	12688					1.0	0.1			452	A
UGC 1733	02 12 31.9	+21 46 06	Sc		I	5.5		0	4415			280	3		1.7	0.2			488	A ⋆

31

Table 1 cont.

Name (1)	R.A. (2)	Dec. (3)	Type (4)	i (5)	(6)	HI-flux (7)	(8)	(9)	v (10)	(11)	(12)	Δv (13)	(14)	Dist (15)	a (16)	b (17)	Vmax (18)	Pos (19)	Ref (20)	(21)
ESO 544-G 30	02 12 37	−20 26 36	Sd	50	I	6.7	1.5	0	1608	10	71	111	4		1.95	1.28			377	E ★
NGC 864	02 12 49.8	+05 46 10	Sbc	44	I	116.0		0	1560			241	4	34.2	4.8	3.5		20	393	A
								0	1568	20									42	N
			Sc	40	I	96.3		0	1559			240	4	21.7	4.3				203	G ★
			Sc	40	M	3.75		0	1555	20				15.0					324	N
			SXc	40	I	80.5		0	1559			275	5	16.3					417	G
			SXc	40	I	98.9		0	1562			258	5	16.3					417	B
			Sbc		I	116.0		0	1560			241	5		4.8	3.5			488	a ★
			SXc	40	I	94.5	8.9	0	1560	2	222	240			4.6	0.7			523	J ★
NGC 861	02 12 50.8	+35 41 00	Sb		I	3.98		0	8199			521	4		1.5	0.6			343	A
UGC 1739	02 12 52.8	+24 58 31	Sc	84	I	4.32	0.69	0	5085	2	244	261	3		1.3	0.3			454	A ★
UGC 1740	02 12 54	+43 16			F	≤1.0		−400	−	3000									213	G
IC 1784	02 13 15.6	+32 25 08	Sbc		I	6.87		0	4819			471	4		2.3	1.2			343	A
			Scd	58	I	4.94	0.82	0	4812	2	448	467	3		2.3	1.2			452	A ★
Zw 483-013	02 13 19.8	+23 24 50	Sc		I	1.55		0	9288			365	3		0.9	0.4			565	A ★
NGC 865	02 13 21.7	+28 22 05	Sc	86	I	8.47	1.34	0	2993	1	279	290	3		2.0	0.3			452	A ★
			S		I	11.34			2997	5	274	304	4						457	A ★
UGC 1750	02 13 26.9	+31 46 06	Sab		I	6.41		0	8751			423	4		1.4	0.4			343	A
			Sbc	77	I	4.55	0.86	0	8752	9	394	409	3		1.4	0.4			452	A ★
UGC 1752	02 13 30.0	+24 39 20	Sc		I	3.92		0	17836			412	3		1.7	1.7			565	A ★
IC 1788	02 13 38.8	−31 25 56	Sb	64	I	32.8	4.2	0	3526	31		490	4	69.0	2.1				320	P ★
UGC 1753	02 13 39.0	+27 58 27	Sm	74	I	2.60	0.43	0	2993	2	119	159	3		1.1	0.3			452	A ★
Zw 483-014	02 13 44.8	+26 06 57	Sc		I	0.26		0	8851			148	3		0.7	0.3			565	A ★
UGC 1754	02 14 06.2	+30 42 47	SBcd	90	I	1.38	0.27	0	10156	14	275	294	3		1.3	0.1			452	A ★
Zw 504-047	02 14 17.5	+30 21 20	SBb		I	4.75		0	10507			361	3		0.6	0.3			565	A ★
UGC 1757	02 14 19.8	+38 10 59	S	75	F	≤0.50		5	5285						1.2				154	G
NGC 871	02 14 27.1	+14 19 05			I	13.11		0	3740	10		314	5		1.1	0.4		4	158	G ★
								0	3726	35									42	N
			SBc	69	I	16.7		0	3728	9		242	5	76.4	1.4				80	G ★
			Sc	67	M	4.71		0	3714	20				35.1					324	N
				67	I	14.70		0	3739	5	268	314	4	55.	1.9	0.8		4	508	A ★
				67	I	11.76		0	3744	6	269	312	4	55.	1.9	0.8		4	508	a ★
Anon 0214+37	02 14 36	+37 10			S	± 18.0		−400	−	3000									373	G
UGC 1761	02 14 42	+14 21			F	≤1.0		−400	−	3000									213	G
			Im	0	I	4.41		0	3994	5	136	163	4	55.	2.3	2.3			508	A ★
			Im	0	I	4.00		0	4003	7	140	168	4	55.	2.3	2.3			508	a ★
IC 1789	02 14 54.0	+32 10 00	Sa		I	3.94		0	4794			454	4		2.7	0.4			343	A
			Sb	90	I	2.52	0.44	0	4795	6	434	449	3		2.7	0.4			452	A ★
UGC 1767	02 15 02.8	+37 50 48	Sm		I	2.33		0	5159	25		170	5		1.2	1.2			158	G
Zw 504-050	02 15 03.7	+31 39 07	Sa		I	4.06		0	6062			316	3		0.8	0.4			565	A ★
NGC 876	02 15 10.0	+14 17 26	Sc	80	I	28.9		0	3905			394	4	53.4	1.5				203	G ★
			Sc	78	M	12.30		0	3860	20				36.4					324	N
NGC 877	02 15 15.3	+14 19 01	Sd	40	I	40.07		0	3914	25		495	5		2.3	1.8		140	158	G ★
			Sbc	41	I	24.3		0	3909	9		402	5	80.0	3.3				80	G ★
			Sbc	40	M	8.68		0	3912	20				36.9					324	N
			Sc	42	I	19.9		0	3923		392	438	4						505	A ★
			Sc	29	I	25.30		0	3919	5	408	448	4	55.	3.5	3.1		140	508	A ★
			Sc	29	I	21.14		0	3915	6	381	439	4	55.	3.5	3.1		140	508	a ★
					I	22.09		0	3912			452	4	51.4	2.3	1.8			562	A ★
					I	28.44		0	3912		403				2.3	1.8			563	A ★
UGC 1771	02 15 16.3	+37 39 46	Sm		I	4.02		0	4332			68	4		2.2	1.8			343	A
					F	≤1.0		−400	−	3000									213	G
					S	± 18.0		−400	−	3000					3.7	3.0			373	G
			S			3.60		0	4331			65	4		3.7	3.0			515	G ★
UGC 1777	02 15 48.5	+30 16 16	SBd	52	I	3.05	0.49	0	4723	2	184	200	3		1.0	0.6			452	A ★
UGC 1775	02 15 48.8	+05 25 17	Mult		I	3.1		0	9105	8		271	4		1.9	1.8			78	A ★
UGC 1778	02 15 53.2	+33 29 40	Sdm		I	4.37		0	5032			200	4		1.4	1.1			343	A
			Sm	38	I	3.40	0.53	0	5034	1	173	190	3		1.4	1.1			452	A ★
UGC 1780	02 15 54	+40 20	IBm		S	± 18.0		−400	−	3000					3.5	0.9			373	G
					I	4.69		0	5204		235	224	3						498	G ★
UGC 1787	02 16 35.5	+37 42 23	Im		I	7.32		0	6421			421	4		1.4	0.5			343	A
UGC 1792	02 16 58.5	+28 48 26	SBd	54	I	8.06	1.28	0	4987	1	337	352	3		2.6	1.5			452	A ★
UGC 1791	02 16 59.5	+28 01 06	Sm	0	I	3.26	0.52	0	4761	1	100	114	3		1.0	1.0			452	A ★
UGC 1796	02 17 18	+40 34			I	4.70		0	6983		117	98	3						498	G ★
Zw 504-059	02 17 31.5	+31 27 20	Sb		I	1.13		0	5830			284	3		0.8	0.3			565	A ★
Anon 0217+58	02 17 32	+58 45 24			S	≤15.0		2000	−	6000									333	E
UGC 1803	02 17 54	+06 35	Im		S	± 18.0		−400	−	3000					3.9	1.1			373	G
UGC 1804	02 17 54	+38 26			I	2.96		0	5188		210	175	3						498	G ★
UGC 1807	02 18 00.0	+42 32 00	Im		F	2.51	0.41	0	631	10		80	4	8.2	4.4	4.4			373	G
			Im		I	10.40		0	628			70	4		4.4	4.4			515	G ★

Table 1 cont.

Name (1)	R.A. (2)	Dec. (3)	Type (4)	i (5)	(6)	HI-flux (7)	(8)	(9)	v (10)	(11)	(12)	Δv (13)	(14)	Dist (15)	a (16)	b (17)	Vmax (18)	Pos (19)	Ref (20)	(21)
UGC 1805	02 18 01.1	+32 36 43	Sc	81	S	±	1.7	2372	−	9308					1.0	0.2			452	A
UGC 1806	02 18 01.9	+33 08 00	Sm	65	I	1.31	0.22	0	4256	4	97	134	3		1.2	0.5			452	A ★
UGC 1808	02 18 15.9	+23 22 03	Sc		I	1.5		0	9447			158	3		1.2	1.1			488	A ★
UGC 1810	02 18 24.3	+39 08 50	Sb p		S	±	18.0	−400	−	3000					3.5	2.4			373	G
					I	12.22		0	7563		547	515	3						498	G ★
UGC 1812	02 18 34.1	+25 11 37	Sd	62	I	2.38	0.40	0	4532	5	218	242	3		1.1	0.5			454	A
IC 1793	02 18 34.4	+32 19 03	Sab		I	4.36		0	5312			563	4		1.8	0.8			343	A
			Sbc	65	I	3.37	0.60	0	5311	5	536	558	3		1.8	0.8			452	A ★
UGC 1815	02 18 36.0	+30 48 40	Sm		I	2.3		0	4762			75	3		1.4	1.3			488	A ★
UGC 1814	02 18 39.2	+16 20 16	SXbc	58	I	5.0	2.0	0	4098	9	213			41.	4.0				273	A
			SXbc	60	I	9.1		0	4110		255		5	42.1					417	G
			SXbc	60	I	7.2		0	4106		250		5	42.1					417	G
UGC 1819	02 18 48	+16 09						0	3897										490	A
UGC 1820	02 18 48.0	+32 47 27	Sc		I	7.00		0	3960		262		4		1.8	0.35			343	A
			Sd	79	I	5.31	0.87	0	3959	3	219	252	3		1.8	0.3			452	A ★
NGC 890	02 19 02.0	+33 02 16	E/S0		I	≤1.4		6	4201					76.4	2.9	2.3			30	A
			E/S0		M	≤5.0		5	4043					56.0					134	A
			S0	62	M	≤4.37								59.9	4.8				246	N
			E/S0		I	≤0.89		5	4043						2.9				501	A
NGC 895	02 19 05.9	−05 44 60	Scd	42	I	41.0			2286	9		276	5	46.0	4.9				80	G ★
			Scd	38	I	43.1	6.5	0	2294	9		291	4	41.9	5.4				201	G ★
			Scd	42	F	10.72	1.38	0	2287	10		263	4	23.1	5.8	4.3			373	G
			Scd	41	M	5.02		0	2295	20				21.3					324	N
			Scd		I	50.90		0	2288			297	4		5.8	4.1			515	G ★
UGC 1825	02 19 06.0	+32 00 27	Sd	45	S	±	1.7	2372	−	9308					1.3	0.9			452	A ★
			Sc		I	2.57		0	10135			317	3		1.3	0.9			565	A ★
UGC 1830	02 19 18	+47 37	SB0/a		S	±	18.0	−400	−	3000					7.0	5.8			373	G
UGC 1828	02 19 18.0	+28 30 01	Sc	90	I	6.80	1.19	0	4795	6	230	243	3		1.4	0.1			452	A ★
NGC 891	02 19 24.3	+42 07 17	Sb		I	222.7		0	530			480	4		17.4	3.5			515	G
			Sb	89	F	170.0	8.0	0	530	5	432	464	5	14.0	15.0	3.8	225		191	W ★
			Sb		I	143.7		0	531			470	5		15.0	3.8			183	G ★
			Sb	81	I	134.2		0	525	9		484	4	15.5	9.94				80	G ★
			Sb	86	I	241.0	23.0	0	527	4	440	470	4						204	D ★
			Sb	81				1	712			460		10.	15.0				255	J
			Sb	81	F	49.38	3.09	0	529	10		490	4	7.1	17.3	4.3			373	B
			Sb	86	I	213.2	24.0	0	527	3	456	478	4	13.5					473	J ★
UGC 1833	02 19 29.2	+28 29 13	SBd	35	I	8.73	1.35	0	4757	1	160	182	3		1.6	1.3			452	A ★
NGC 899	02 19 36	−21 02	Im	42	F	15.35	1.14	0	1563	10		143	4	15.2	3.0	2.2			373	B
Zw 504-069	02 19 46.0	+28 14 23	Sbc		I	2.36		0	9530			111	3		0.8	0.5			565	A ★
IC 221	02 19 46.9	+28 01 50			I			0	5079	15									359	G
			Sd	56	I	11.01		0	5082			371	3		2.2	1.2			452	A ★
			Sc		I	10.32			5090	5	342	372	4						457	A ★
ESO 545-G 09	02 19 48	−21 21 30	Im		S	±	18.0	−400	−	3000					1.7	1.7			373	B
UGC 1836	02 19 48	+37 52			F	≤1.0		−400	−	3000									213	G
UGC 1839	02 20 00.0	−00 51 00	Sdm	86	F	1.90	0.69	0	1527	20		155	4	15.7	4.4	0.9			373	E
			Sdm		I	6.10		0	1541			169	4		4.4	0.9			515	G ★
Zw 483-019	02 20 00.0	+25 43 00	S		I	1.12		0	14694			198	3		0.6	0.5			565	A ★
Arak 81	02 20 00	+31 54			I	0.76		0	10130	30		310	4						472	A
UGC 1841	02 20 00	+42 46	E2		S	≤11.9.		5	6360										356	G
Zw 483-018	02 20 02.5	+25 05 00	S		I	4.50		0	4587			200	3		0.4	0.4			565	A ★
UGC 1840	02 20 03.9	+41 08 28	Comp		F	2.7		0	5425					80.0	2.9				60	N
					F	≤1.9			5380										141	N
					I	0.52		0	5852		153	126	3						498	G ★
					I	1.55		0	5304		250	227	3						498	G ★
Zw 483-021	02 20 17.3	+24 31 07	S		I	0.67		0	11576			332	3		0.5	0.3			565	A ★
Zw 504-070	02 20 21.2	+31 57 40	Sab		I	1.05		0	10060			315	3		0.6	0.5			565	A ★
Mark 1034	02 20 23.6	+31 58 09			I	0.749		0	10130			140	4	135.3	0.5	0.3			562	A ★
								5	10142										503	G
								5	10097										503	G
Zw 483-024	02 20 37.1	+27 05 53	S		I	0.91		0	10597			325	3		0.6	0.4			565	A ★
NGC 907	02 20 43.1	−20 56 24	Sd	72	I	≤11.4		5	1585					30.9	1.6				320	P ★
			Im p	72	F	2.37	0.80	0	1723	20		209	4	16.8	3.0	1.0			373	B
			Sd	70	M	0.60		0	1735	20				15.6					324	N
NGC 908	02 20 46.2	−21 27 42	Sc	62	I	29.8	3.1	0	1480	23		450	4	28.8	4.9				320	P ★
								0	1498	35									42	N
			Sc	61	F	11.95	1.71	0	1508	10		389	4	14.7	8.6	4.3			373	B
			Sc	61	M	1.43		0	1502	20				13.4					324	N
			Sc	60	I	4200		0	1485	10	373	297	4	29.8					416	E ★
			Sc		I	63.5		0	1500		388	436	4						429	E
			Sc	62	I	49.3	4.4	0	1509	3	383	413	4		5.5	1.7			523	J ★

Table 1 cont.

Name (1)	R.A. (2)	Dec. (3)	Type (4)	i (5)	(6)	HI-flux (7)	(8)	(9)	v (10)	(11)	Δv (12)	(13)	(14)	Dist (15)	a (16)	b (17)	Vmax (18)	Pos (19)	Ref (20)	(21)
UGC 1844	02 20 47.0	+26 55 53	Sm	35	I	1.38	0.24	0	10646	6	162	175	3		1.6	1.3			454	A ⋆
Zw 483-026	02 21 00.0	+25 19 00	S		I	1.84		0	5114			291	3		0.8	0.6			565	A ⋆
UGC 1848	02 21 01.3	+27 15 49	Sc	66	I	2.05	0.36	0	10704		454	462	3		1.2	0.5			454	A ⋆
UGC 1850	02 21 04.8	+26 53 23			F	≤1.0		−400	−	3000									213	G
			Sm	35	I	1.40	0.24	0	5468	5	92	106	3		1.1	0.9			454	A ⋆
UGC 1856	02 21 33.9	+31 23 13	Sd	82	I	11.01	1.70	0	4804	1	249	270	3		2.2	0.3			452	A ⋆
UGC 1857	02 21 34.9	+32 56 33	Sd		S	±	18.0	−400	−	3000					3.9	1.4			373	G
			Sm	73	I	7.69	1.21	0	4413	1	263	282	3		2.4	0.7			452	A ⋆
Zw 504-076	02 21 41.5	+28 23 00	Sab		I	0.91		0	9964			310	3		0.6	0.1			565	A ⋆
UGC 1861	02 21 44.9	+30 35 29			F	≤1.0		−400	−	3000									213	G
			Sm	49	I	2.18	0.37	0	4791	3	101	153	3		1.1	0.7			452	A ⋆
UGC 1860	02 21 49.0	+25 20 08	SBc	53	I	2.65	0.47	0	9637	4	441	483	3		1.5	0.9			454	A ⋆
Zw 483-030	02 21 50.3	+25 18 20	Sc		I	1.37		0	10461			283	3		0.6	0.6			565	A ⋆
UGC 1863	02 21 53.3	+01 36 43	Sc		I	1.4		0	6712			159	5		1.1	1.1			488	A ⋆
UGC 1865	02 21 58.5	+35 48 43	S	46	F	2.3	0.8	0	592	20		78	9	6.2					20	N ⋆
			Sm	35	F	2.29	0.45	0	575	10	75			14.2	4.9	4.02			89	G
			Sm	36	F	3.56	0.41	0	577	15		87	4	7.4	5.4	4.4			373	G
			S		I	12.10		0	574			94	4		5.4	4.3			515	G ⋆
UGC 1866	02 22 00	+41 38	Sm	86				1	739		75			10.	4.9				255	J
UGC 1867	02 22 00	+45 15			I	3.91		0	5195		296	281	3						498	G ⋆
Zw 483-032	02 22 05.0	+27 17 50	S0/a		I	0.98		0	9542			385	3		0.7	0.3			565	A ⋆
Zw 483-031	02 22 07.5	+25 49 30	Sd	74	I	2.25	0.43	0	10082	8	269	380	3		0.9	0.3			454	A ⋆
NGC 906	02 22 07.7	+41 51 53						0	4640	75									324	N
UGC 1871	02 22 14.3	+21 59 33	Sc	45	I	2.93	0.51	0	10121	3	534	585	3		1.0	0.7			454	A ⋆
Zw 483-034	02 22 19.1	+23 37 27	S		I	2.07		0	6508			188	3		0.7	0.4			565	A ⋆
Zw 483-035	02 22 24.5	+24 02 13	S		I	1.15		0	9711			504	3		0.8	0.3			565	A ⋆
UGC 1881	02 22 41.3	+26 31 00	Sc	26	I	1.51	0.29	0	10341	10	268	297	3		1.0	0.9			454	A ⋆
Zw 483-038	02 22 45.8	+27 04 26	Sd	0	I	3.13	0.53	0	8983	4	185	199	3		0.6	0.6			454	A ⋆
Zw 483-039	02 22 47.8	+22 46 30	S		I	2.30		0	4194			255	3		0.9	0.5			565	A ⋆
UGC 1883	02 22 48	+11 15						0	3775										490	A
			Sd		S	±	18.0	−400	−	3000					3.7	1.2			373	G
Zw 483-040	02 22 49.0	+24 44 33	Sc	69	I	1.23	0.34	0	10345	27	371	489	3		0.8	0.3			454	A ⋆
			Sb		I	1.59		0	10351			548	3		0.8	0.3			565	A ⋆
NGC 922	02 22 49.2	−25 00 56	Scd p	24	I	20.7	2.5	0	3097	15		244	4	60.8	2.0				320	P ⋆
			SBcd p	26	F	5.24	0.76	0	3086	25		268	4	30.3	3.0	2.6			373	B
			SBcd p	26	F	5.52	0.76	0	3086	25		268	4	30.3	3.0	2.6			373	E
			Scd	24	M	5.07		0	3089	20				27.9					324	N
Zw 483-042	02 22 54.0	+24 33 07	S		I	0.53		0	10367			420	3		0.5	0.3			565	A ⋆
UGC 1886	02 22 54.6	+39 14 50	SXbc					0	4770						6.9	3.8			373	G
			SXbc	58	I	25.6		0	4873			527	5	50.5					417	G
					I	16.46		0	4857		501	471	3						498	G ⋆
UGC 1885	02 22 56.0	+27 11 23	SBc	26	I	1.19	0.19	0	10526	3	49	72	3		1.0	0.9			454	A ⋆
NGC 914	02 22 56.0	+41 55 05						0	5548	15									359	G
NGC 918	02 23 03.7	+18 16 20	Sc	52	I	25.33	2.5	0	1512	10		277	4		3.1				188	G ⋆
			SXc	53	F	5.41	0.78	0	1516	10		257	4	16.3	5.3	3.2			373	E
			Sc	56	I	20.81		0	1508			273	4	32.3	3.6	2.1			393	G ⋆
			Sc	56	I	24.3		0	1508			270	4	32.3	3.6	2.1		157	393	A
			Sc		I	22.6		0	1508			270	5		3.6	2.1		157	488	a ⋆
			Sc	55	I	15.5		0	1512		251	270	4						505	A ⋆
			Sc		I	22.20		0	1509			279	4		5.3	3.2			515	G ⋆
			SXc	52	I	27.7	2.3	0	1510	4	261	285	4		3.4	0.7			523	J ⋆
Zw 483-045	02 23 04.4	+24 38 00	Sc		I	0.74		0	10786			114	3		0.6	0.5			565	A ⋆
Zw 483-045B	02 23 06.5	+24 35 48	Sc		I	1.92		0	12188			480	3		0.9	0.1			565	A ⋆
UGC 1890	02 23 09.5	+31 41 16	Sbc	59	I	1.66	0.35	0	5388	14	567	629	3		2.5	1.3			452	A ⋆
Zw 504-078	02 23 10.5	+28 46 13	Sb		I	3.73		0	9806			391	3		0.9	0.4			565	A ⋆
UGC 1892	02 23 19.0	+27 22 36	SBc	0	I	1.49	0.26	0	9997	3	207	272	3		1.3	1.3			454	A ⋆
UGC 1894	02 23 22.5	+26 59 00	Sbc	89	I	0.75	0.17	0	10349	6	629	681	3		1.3	0.3			454	A ⋆
UGC 1896	02 23 24.0	+30 13 00	Sa		I	1.47		0	10048			526	3		1.5	1.0			565	A ⋆
UGC 1895	02 23 28.3	+28 17 00	SBd	42	I	3.32	0.53	0	10310	1	263	297	3		1.5	1.1			452	A ⋆
Zw 388-013	02 23 30	+00 47 38			S	±	2.74	400	−	7200									547	A
UGC 1899	02 23 31.0	+27 25 49	Im	23	I	0.92	0.16	0	9726	5	97	222	3		1.3	1.2			454	A ⋆
Zw 504-082	02 23 32.6	+30 21 30	Sbc		I	2.33		0	5497			270	3		0.8	0.2			565	A ⋆
Anon 0223+31	02 23 34.0	+31 27 33	Sc		I	1.00		0	4840			200	3		0.8	0.4			565	A ⋆
UGC 1898	02 23 34.1	+22 46 35	Sd	79	I	2.79	0.52	0	10187	8	487	509	3		1.5	0.3			454	A ⋆
UGC 1903	02 23 36.5	+29 36 30	Sb		S	±	1.74	5	10769						1.0	0.2			488	A
			Sb		I	1.50		0	10475			536	3		1.0	0.2			565	A ⋆
Zw 483-051	02 23 37.5	+21 55 06	Sd	29	I	1.19	0.21	0	10024	7	188	201	3		0.8	0.7			454	A ⋆
UGC 1902	02 23 38.5	+27 36 07	Sd	59	S	±	1.7	762	−	7645					1.2	0.6			452	A
			Sc		I	3.13		0	9617			298	3		1.2	0.6			565	A ⋆
ESO 545-G 16	02 23 41.0	−21 38 53	Sm	38	F	3.37	0.74	0	1555	15	140			30.3	3.5	2.76			89	B

Table 1 cont.

Name (1)	R.A. (2)	Dec. (3)	Type (4)	i (5)	(6)	HI-flux (7)	(8)	(9)	v (10)	(11)	(12)	Δv (13)	(14)	Dist (15)	a (16)	b (17)	Vmax (18)	Pos (19)	Ref (20)	(21)
ESO 545-G 16			Sm	39	F	3.34	0.73	0	1555	15		160	4	15.1	3.4	2.6			373	B
DDO 20	02 23 54.0	−10 04 06	SXm		F	≤1.5			−400 − 3000						4.6				89	G
			SXm		S	± 18.0			−400 − 3000						5.0	2.0			373	G
UGC 1906	02 23 55.0	+22 31 47	Sc	90	I	1.14	0.23	0	9984	10	459	496	3		1.4	0.2			454	A ⋆
NGC 927	02 23 55.1	+11 55 53	SBc		I	3.7			8260		200			167.	1.35	1.30			28	A ⋆
			Sc		I	5.97	1.5	0	8270	30		230	4		1.1				188	G ⋆
			SBc		I	4.108		0	8250		215	239	4		1.3	1.3			475	A ⋆
UGC 1909	02 23 55.8	+31 52 13	Sd	53	I	2.57	0.44	0	4995	5	200	223	3		1.2	0.7			452	A ⋆
Zw 483-053	02 24 02.5	+24 48 34	Sd	61	I	2.73	0.53	0	9641	8	404	428	3		1.0	0.5			454	A ⋆
ESO 479-G 04	02 24 12	−24 31	SBdm	56	F	5.25	0.94	0	1515	25		247	4	14.6	4.1	2.3			373	B
NGC 925	02 24 16.7	+33 21 22	Sd	54	I	194.5			550	9		222	5	15.5	12.1				80	G ⋆
			Sd	53	I	312.7		0	553			220	4		9.5	8.7			203	G ⋆
			SXd	53	F	80.0	4.0		557	20	204				6.8	5.2		290	79	J ⋆
			Sd		I	271.9		0	560			225	5		14.0	8.6			183	G ⋆
			SXd	53	M	4.4		0	574	30					6.8	14.0	8.6		115	G ⋆
			SBc	55	I	78.00		0	550					11.3	14.1		127		138	A ⋆
			Sd	54				1	709		200			10.	14.0				255	J
			SXc	57	M	11.2		0	545	1				14.	14.0	8.6	120	102	263	X ⋆
			Sc	53					555					6.3	8.5	4.9			365	O ⋆
				53	I	258.0									8.7				203	B
				53	I	298.0	10.0								8.7				203	D
			Sd	52	M	17.0		2	693	10				16.2	4.7				136	A
			SXd	54	F	71.09	3.26	0	554	8		224	4	7.1	14.8	9.0			373	B
			Sc	54	I	310.0		0	550			219	4	15.8	13.0	8.0		115	393	A
			Sd	67	M	4.0	1.4	0	570	10				7.6					85	N
			SXd	52	I	188.9		0	551			252	5	7.1					417	G
			SXd	52	I	264.7		0	552			237	5	7.1					417	B
			SBc	55	I	258.6		0	550					9.4	14.0	8.6	119	102	480	W ⋆
			Sc		I	310.0		0	550			218	3		13.0	8.0			488	a ⋆
Anon 0224+33	02 24 18.4	+33 06 20	SBcd	60	I	4.03	0.63	0	4885	1	115	130	3		0.8	0.4			452	A ⋆
Zw 483-054	02 24 35.0	+22 52 17	Sc		I	0.97		0	9545			268	3		0.9	0.1			565	A ⋆
UGC 1917	02 24 35.3	+24 02 18	SBc	45	I	0.67	0.15	0	9340	17	349	364	3		1.0	0.7			454	A ⋆
NGC 920	02 24 36	+45 44			I	6.86		0	6196		317	302	3						498	G ⋆
UGC 1918	02 24 39.7	+25 26 40	Sab		I	0.97		0	5085			420	3		1.3	0.7			565	A ⋆
NGC 928	02 24 47.5	+26 59 45	Sb		I	1.16		0	5124			350	3		0.9	0.3			565	A ⋆
Zw 483-058	02 24 48.0	+26 00 00	S		I	2.80		0	9505			339	3		0.9	0.7			565	A ⋆
IC 226	02 24 50.5	+27 59 10	Sc	39	I	4.35	0.84	0	10894	7	668	691	3		2.3	1.8			452	A ⋆
UGC 1924	02 24 51.9	+31 30 13	Sd	84	I	7.29	1.13	0	595	1	104	118	3		1.9	0.3			452	A ⋆
UGC 1921	02 24 53.7	+26 21 55	SBc	0	I	0.96	0.16	0	9786	3	89	127	3		1.1	1.1			454	A ⋆
Anon 0225+31	02 25 00	+31 20			I	≤0.40		5	17420	150									472	A
NGC 936	02 25 04.7	−01 22 42	S0		I	6.0		0	1340	20		500	4						232	N
NGC 936/41			Mult		M	0.82			1430		530			18.2					18	B ⋆
NGC 930	02 25 06.1	+20 06 32	Sa		I	≥2.16			4078	5	197	218	4						457	A ⋆
Anon 0225−31	02 25 07.7	−31 55 09						0	4530	20									474	V
Zw 483-061	02 25 11.2	+21 34 40	Sc		I	1.84		0	9067			318	3		0.7	0.5			565	A ⋆
NGC 931	02 25 17.4	+31 05 22	Sbc		S	± 18.0			−400 − 3000						6.5	2.2			373	G
			Sb	74	F	4.65	0.17	0	4990			489	4		4.45				154	A ⋆
			Sc	75	I	22.12		0	5062			431	3		4.5	1.3			452	A ⋆
					I	20.9		0	4996		442	485	4						543	A ⋆
Zw 483-062	02 25 22.8	+23 42 00	S		I	2.10		0	10402			279	3		0.7	0.4			565	A ⋆
NGC 935	02 25 23.0	+19 22 35	Scd	49	I	18.1		0	4153			417	5	42.5					417	G
			Sc		I	18.20		0	4142	5	395	416	4						457	A ⋆
			SBb	64	I	12.4		0	4157			423	5	42.5					417	A
				50	F	22.5	1.0	0	4173	5	342	409	4				225	155	555	W
UGC 1939	02 25 23.3	+26 05 46	SBb	49	I	8.00	1.31	0	5230	2	461	502	3		1.2	0.8			454	A ⋆
IC 1801	02 25 24	+19 21		64	S	± 3.1			3832 − 4832									30	555	W
Zw 504-090	02 25 24.0	+29 14 03	Sbc		I	1.17		0	9322			325	3		0.6	0.5			565	A ⋆
IC 1799	02 25 30	+45 45			I	12.46		0	5022		633	417	3						498	G ⋆
UGC 1938	02 25 32.5	+22 59 21	Scd	78	I	4.13	0.67	0	6395	1	391	425	3		1.5	0.3			454	A ⋆
UGC 1944	02 25 36.0	+29 45 43			F	≤1.0			−400 − 3000										213	G
			Sm	47	I	3.51	0.56	0	4600	2	192	204	3		1.5	1.0			452	A ⋆
								0	4598										490	A
UGC 1945	02 25 39.9	−01 34 10	Sm		S	± 18.0			−400 − 3000						3.7	1.5			373	G
Zw 388-022	02 25 47	+00 27 51			S	± 3.12			400 − 10300										547	A
UGC 1950	02 25 48.0	+23 34 30	S		I	2.35		0	6275			283	3		1.1	0.7			565	A ⋆
NGC 941	02 25 55.0	−01 22 27			M	0.82			1430					18.2					18	G ⋆
			SXcd	53	F	2.59	0.71	0	1627	10		157	4	16.6	4.5	2.7			373	G
			Sc		I	9.4		0	1591	20		163	4						232	N ⋆
			Sc		I	13.90		0	1608			174	4		4.5	2.7			515	G ⋆
UGC 1957	02 26 00	+47 17			I	4.97		0	5299		306	293	3						498	G ⋆

Table 1 cont.

Name (1)	R.A. (2)	Dec. (3)	Type (4)	i (5)	(6)	HI-flux (7)	(8)	(9)	v (10)	(11)	(12)	Δv (13)	(14)	Dist (15)	a (16)	b (17)	Vmax (18)	Pos (19)	Ref (20)	(21)
NGC 933	02 26 00	+45 42			I	14.48		0	5105		498	462	3						498	G ⋆
UGC 1955	02 26 01.7	+25 07 16	Sc	65	I	3.99	0.64	0	5208	2	223	237	3		1.6	0.7			454	A ⋆
UGC 1958	02 26 04.0	+27 55 20	Sd	79	I	4.19	0.66	0	1016	1	100	115	3		1.5	0.3			452	A ⋆
UGC 1959	02 26 06	+34 19			F	≤1.0			−400 − 3000										213	G
NGC 945	02 26 10.8	−10 45 36	SBc		S	≤50.0			−800 − 4200										203	G
			SBc		S	±	18.0		−400 − 3000						3.9	3.5			373	G
MCG−05−07−001	02 26 11.5	−32 06 14	S0		M	1.8		0	4625									17	474	V ⋆
UGC 1963	02 26 28.2	+31 14 56	Sbc	46	I	4.85		0	5134			218	3		1.3	0.9			452	A ⋆
NGC 925 CO	02 26 30.0	+33 27 30			M	0.12			574					6.8					115	G
Anon 0226+28	02 26 45.4	+28 45 42			I	≤0.39		5	13868					280.					28	A
Anon 0226+61	02 26 46	+61 15			I	2.0		0	4350										512	G
Zw 504-097	02 26 50.6	+31 13 47	Sc		I	1.90		0	5214			295	3		0.8	0.2			565	A ⋆
UGC 1968	02 26 53.5	+29 31 10			F	≤1.0			−400 − 3000										213	G
			Sm	47	I	5.91	0.94	0	4625	1	218	228	3		1.5	1.0			452	A ⋆
UGC 1970	02 27 02.8	+25 02 00	Sd	84	I	5.35	0.85	0	1915	2	228	239	3		2.2	0.3			454	A ⋆
UGC 1971	02 27 03.8	+28 24 50	Sc	38	I	7.18	1.15	0	4566	1	261	295	3		1.4	1.1			452	A ⋆
UGC 1975	02 27 14.7	+32 54 20	Sab		I	2.5		0	3176			187	3		1.3	0.2			488	A ⋆
IC 231	02 27 22	+00 57 24	S0	44	S	±	4.01		400 − 10300						1.1	0.8			547	A
UGC 1980	02 27 34.4	+31 57 16	Sc	70	I	2.60	0.50	0	4778	12	425	436	3		1.1	0.4			452	A ⋆
Zw 504-101	02 27 35.5	+30 39 13	Sdm	27	I	1.26	0.22	0	5443	11	103	126	3		0.5	0.4			452	A ⋆
Zw 504-100	02 27 36.8	+28 30 40	Sb	34	S	±	1.7		2372 − 9308						0.6	0.5			452	A
Mark 1044	02 27 38.7	−09 13 13	E	49	F	0.99	0.33	0	4932			258	4		0.61				154	G ⋆
Zw 483-072	02 27 43.5	+26 56 07	Sbc		I	0.87		0	5083			349	3		0.9	0.2			565	A ⋆
Zw 388-028	02 27 45	+01 04 46			S	±	3.16		3400 − 10300										547	A
NGC 949	02 27 45.1	+36 54 53	Sc	52	I	18.73		0	614			223	4	17.1	3.6	2.3		145	393	G ⋆
			Sc	52	I	15.0		0	612			194	4	17.1	3.6	2.3		145	393	A
			Sb	52				1	765		189			10.	5.0				255	J
			Sd	49	F	4.37	0.78	0	610	10		191	4	7.7	5.6	3.7			373	G
			Sb	52	I	16.4		0	610			241	5	7.7					417	G
			S0/a		I	16.9		0	612			194	5		3.6	2.3			488	a ⋆
UGC 1981	02 27 48	+00 43	Im					0	1500						2.7	2.4			373	G
UGC 1982	02 27 48	+00 29						0	4145										490	A
Zw 483-073	02 27 57.0	+25 58 30	Sbc		I	1.88		0	13290			545	3		0.7	0.5			565	A ⋆
DDO 23	02 28 00.0	−10 58 07	Im		F	≤1.5			−400 − 3000						3.2				89	G
			Im		S	±	18.0		−400 − 3000						3.5	2.4			373	G
Zw 483-074	02 28 00.0	+25 11 00	S0/a		I	0.95		0	5286			292	3		0.6	0.4			565	A ⋆
NGC 955	02 28 00.7	−01 19 43	Sb		S	±	18.0		−400 − 3000						4.9	1.7			373	G
UGC 1990	02 28 09.1	+27 28 48	Im	90	S	±	1.7		2372 − 12688						1.3	0.1			452	A
			Im	90	I	1.51	0.26	0	4617	4	228	364	3		1.3	0.1			454	A ⋆
NGC 958	02 28 10.8	−03 09 48						0	5738	15									359	G
								0	5747	35									42	N
			SBc		S	±	18.0		−400 − 3000						4.4	1.4			373	G
			Sc	69	M	21.08		0	5748	20				53.1					324	N
			SBc	70	I	25.9	2.1	0	5737	5	556	582	4		2.8	1.1			523	J ⋆
UGCA 33	02 28 12	−04 01	Sm		F	4.44	0.53	0	1627	5		100	4	16.5	5.0	5.0			373	G
UGC 1993	02 28 33	+39 09 33			M	6.72		0	8018		496	473	3						498	G ⋆
Zw 484-001	02 28 41.5	+25 57 00	Sd	31	I	2.65	0.44	0	10870	4	228	241	3		0.7	0.6			454	A ⋆
UGC 1995	02 28 48	+01 07	Sc	62	I	3.7		0	7302		321	351	4	68.2					505	A ⋆
IC 1809	02 28 49.7	+22 42 00	SBc	35	I	5.70	0.91	0	5576	2	250	274	3		1.1	0.9			454	A ⋆
IC 233	02 29 05	+02 35 20			S	±	3.15		400 − 10300										547	A
Zw 484-003	02 29 08.0	+23 32 00	S		I	0.43		0	9064			199	3		0.7	0.7			565	A ⋆
Zw 388-035	02 29 09	+00 40 58	Sc	0	I	4.388	0.55	0	6289	18	165	208	4		0.9	0.9			547	A ⋆
			Sc	0	I	2.736	0.37	0	6285	9	144	157	4		0.9	0.9			547	A ⋆
NGC 959	02 29 21.0	+35 16 26						0	601	15									359	G
			Sm	54	F	2.81	0.48	0	609	10		175	4	7.7	4.1	2.5			373	G
			S/Irr		I	11.20		0	597			163	4		4.2	2.5			515	G ⋆
UGC 2008	02 29 33.1	+31 23 20	Sm	26	I	2.69	0.45	0	5042	4	127	147	3		1.0	0.9			452	A ⋆
UGC 2011	02 29 39.7	+31 20 13	Sc	62	S	±	1.7		−831 − 12688						1.7	0.8			452	A
			Sb		I	1.69		0	9527			571	3		1.7	0.8			565	A ⋆
NGC 979	02 29 46.2	−44 44 38	Sc	44	I	≤60.0									3.3	2.4			310	P
			S0	44	I	≤10.4									3.0	2.2			311	P
UGC 2014	02 29 48.0	+38 27 33	Im	55	F	1.20	0.34	0	567	10	51			14.1	3.6	2.09			89	G
			Im	56				1	733		51			10.	3.6				255	J
			Im	56	F	2.34	0.35	0	570	10		70	4	7.4	4.0	2.3			373	G
			Im			6.00		0	563			74	4		4.1	2.0			515	G ⋆
UGC 2017	02 29 54.0	+28 37 00	Im	36	F	3.62	0.53	0	1019	10	−104		4	11.6	3.9	3.1			373	G
			Im		I	14.10		0	1012			97	4		3.9	3.1			515	G ⋆
Zw 484-004	02 30 02.0	+24 52 27	Sc		I	2.70		0	5415			157	3		0.7	0.7			565	A ⋆
UGC 2020	02 30 08.0	+23 07 00	Sd	82	I	4.39	0.71	0	5559	3	253	272	3		1.6	0.3			454	A ⋆
UGC 2023	02 30 17.0	+33 16 13	Im	20	F	4.38	0.73	0	615	10	40			14.8	4.3	4.04			89	G

Table 1 cont.

Name (1)	R.A. (2)	Dec. (3)	Type (4)	i (5)	(6)	HI-flux (7)	(8)	(9)	v (10)	(11)	(12)	Δv (13)	(14)	Dist (15)	a (16)	b (17)	Vmax (18)	Pos (19)	Ref (20)	(21)
UGC 2023			Im	20				1	766		40			10.	4.3				255	J
			Im	20	F	4.24	0.41	0	611	5		56	4	7.6	4.6	4.3			373	E
			Im		I	16.70		0	604			54	4		4.7	4.2			515	G ★
UGC 2025	02 30 24.0	+25 18 07	Sd	86	I	2.45	0.43	0	11084	6	491	508	3		1.3	0.1			454	A ★
UGC 2026	02 30 24.0	+27 05 00	Sm	42	I	1.67	0.27	0	5217	2	156	174	3		1.5	1.1			454	A ★
UGC 2028	02 30 27.8	+22 10 37	Sd	61	I	6.89	1.11	0	5431	2	362	388	3		1.5	0.7			454	A ★
UGC 2034	02 30 34.0	+40 18 26	Im	30	F	7.52	0.57	0	581	10	44			14.5	4.9	4.26			89	G
			Im	30				1	751		44			10.	4.9				255	J
			Im	30	F	8.56	0.60	0	581	5		66	4	7.5	5.6	4.8			373	G
			Im		I	31.40		0	578			64	4		5.7	4.6			515	G ★
Zw 505-007	02 30 37.0	+32 19 00	Sc		I	1.34		0	9673			376	3		0.9	0.4			565	A ★
Zw 484-009	02 30 37.3	+21 56 27	Sbc		I	1.03		0	12286			255	3		0.5	0.4			565	A ★
Zw 484-009B	02 30 38.1	+21 54 47	Sbc		I	1.20		0	9368			370	3		0.7	0.1			565	A ★
NGC 986 A	02 30 42	−39 32	SBm		S	± 18.0		−400	−	3000					2.9	1.1			373	B
UGC 2035	02 30 45	+44 07 33			I	7.21		0	5077		317	302	3						498	G ★
Zw 505-009	02 30 48.0	+29 58 13	Sc		I	5.66		0	10229			346			1.0	1.0			565	A ★
NGC 976	02 31 10	+20 45 28	Sb		I	13.37		0	4297		319	340	4		1.7	1.6			475	A ★
NGC 972	02 31 16.3	+29 05 35	Sb	68	M	1.4	1.0	0	1545	10				16.5	4.1	1.7	120		152	J ★
			S0/a	58	I	9.7		0	1550					22.5	3.2				203	G ★
								0	1550	20									324	N
UGC 2046	02 31 18.0	+29 47 10	Sbc	64	I	12.56	1.96	0	1532	1	291	313	3		3.7	1.7			452	A ★
NGC 973	02 31 20.5	+32 17 13	Sm	38	I	5.62	0.88	0	5080	1	164	174	3		1.4	1.1			452	A ★
NGC 974	02 31 25.9	+32 44 06	Sc	90	I	8.83	1.49	0	4851	2	574	603	3		4.0	0.6			452	A ★
UGC 2055	02 31 30	+36 56	Sc	29	I	9.39		0	4517			336	3		4.0	3.5			452	A ★
					F	≤1.0		−400	−	3000									213	G
UGC 2053	02 31 31.0	+29 31 47	Im	53	F	2.97	0.54	0	1035	10	55			23.0	3.5	2.1			89	G
			Im	55				1	1174		60			14.	3.5				255	J
			Im	55	F	3.81	0.40	0	1034	5		64	4	11.7	3.7	2.2			373	G
			Im	73	F	4.7	0.9	0	1034	20		64	9	15.7					20	N ★
			Im		I	29.0		0	1028			94	4	24.	3.7				487	B
			Im		I	15.60		0	1026			85	4		3.7	2.2			515	G ★
NGC 986	02 31 33.0	−39 15 48	SBab	41	I	13.1	2.1	0	2019	17		209	4	38.1	3.6				320	P ★
			SBab	42	F	2.43	0.57	0	1983	30		119	4	18.7	6.0	4.5			373	B
UGC 2052 B	02 31 33.0	+25 03 00	Sm		I	1.14		0	5698			170	3		1.5	0.2			565	A ★
Anon 0231+58	02 31 42	+58 01 42			I	11.7		0	5650	30		260							333	E
NGC 984	02 31 51.2	+23 11 40	S0	47	I	7.8		0	4352			618	4						414	A ★
MCG-02-07-033	02 31 58.8	−11 03 44			I	16.0	1.0	0	4756			414	4						503	G
NGC 985	02 32 12	−09 01	Other		I	≤0.8			12950										114	G
NGC 980	02 32 15	+40 39 06			I	6.88		0	5737		593	558	3						498	G ★
UGC 2064	02 32 18	+20 38	SXbc p		S	± 18.0		−400	−	3000					3.5	2.6			373	G
UGC 2065	02 32 18	+37 16			I	10.77		0	3890	6	101	127	4						508	A
UGCA 96	02 32 30	+37 25	SXcd		S	± 18.0		−400	−	3000					4.1	2.9			373	G
Anon 0232+59	02 32 36	+59 26	E		S	≤100.		5	−10	50				1.2	3.		130		340	M
NGC 988	02 32 54.0	−09 35 00	SBc	64	F	8.39	0.89	0	1509	15		290	4	15.0	6.0	2.8			373	E
			Sc		I	33.40		0	1502			282	4		6.0	2.4			515	G ★
NGC 991	02 33 04.2	−07 22 12	Sc	21	M	0.79		0	1535	20				14.1					324	N
			SXc	25	F	4.77	0.60	0	1538	8		85	4	15.4	4.8	4.3			373	G
			Sc		I	20.70		0	1532			94	4		4.8	4.3			515	G ★
Zw 388-057	02 33 11	+02 21 26			S	± 3.48		400	−	7200									547	A
UGC 2079	02 33 16.5	+23 41 00	Sc	61	I	9.07	0.9	0	5648	10		272	4		1.7				188	G ★
			SBd	63	I	8.16	1.26	0	5651	1	246	267	3		1.8	0.8			454	A ★
			Sc	69	I	7.7		0	5647		239	280	4						505	A ★
IC 239	02 33 20.8	+38 45 08	Scd	15				1	1067		120			14.	6.5				255	J
			Scd	22	M	6.3	0.7		897	4	130			13.0	6.5	6.3		60	12	C ★
			Scd	21	I	84.3	12.7	0	903	9		149	4	19.2	6.4				201	A
			SXcd	14	F	26.66	1.39	0	909	8		140	4	10.7	7.3	7.0			373	G
			Sc		I	104.1		0	903			137	4		7.3	6.6			515	G ★
UGC 2082	02 33 22.7	+25 12 27	Sc	90	I	53.85		0	707			228	4	16.6	6.3	1.1	133		393	G ★
			Sc	90	I	58.1		0	706			223	4	16.6	6.3	1.1	133		393	A
			Sc	81	F	11.98	0.89	0	710	10		217	4	8.3	8.6	2.1			373	G
			Scd	81	I	40.4		0	709			236	5	8.3					417	G
			Scd	81	I	46.5		0	709			223	5	8.3					417	B
			Sc		I	56.0		0	706			222	3		6.3	1.1			488	a ★
			Sc		I	49.10		0	706			216	4		8.6	1.7			515	G ★
UGC 2081	02 33 24	+00 12	SXcd					0	2600						4.4	3.0			373	G
UGC 2084	02 33 24	+35 55		49	S	± 3.9		4600	−	5600								85	555	W
Anon 0233+54	02 33 25.5	+54 39 21	Sc	58	S	≤35.0		500	−	8200									479	E
UGC 2083	02 33 28.8	+32 29 43	Scd	90	I	4.33	0.73	0	4702	3	409	435	3		1.7	0.2			452	A ★
UGC 2087	02 33 32.1	+31 22 43	Sd	71	I	2.74	0.47	0	4889	5	210	228	3		1.1	0.3			452	A ★
Zw 388-060	02 33 35	+01 34 12			S	± 2.05		2000	−	4000									547	A

Table 1 cont.

Name (1)	R.A. (2)	Dec. (3)	Type (4)	i (5)	(6)	HI-flux (7)	(8)	v (9)	(10)	(11)	Δv (12)	(13)	(14)	Dist (15)	a (16)	b (17)	Vmax (18)	Pos (19)	Ref (20)	(21)
UGC 2094	02 33 47.5	+35 53 41						0	5126	15									359	G
			SBc		S	±	18.0	−400	−	3000					3.7	3.5			373	G
			SBc		I	5.68		0	5135		261	277	4		2.3	2.2			475	A ★
				16				0	5128										555	A
				16				0	5126	11	256								555	W
NGC 987	02 33 48.6	+33 06 32	SBab	45	S	±	1.7	762	−	7645					1.4	1.0			452	A
Zw 388-062	02 34 03	+00 53 17			S	±	4.42	3400	−	10300									547	A
UGC 2100	02 34 29.4	+33 24 53	Sm	43	I	3.29	0.55	0	4370	4	160	179	3		1.1	0.8			452	A ★
UGCA 36	02 34 30	−05 34	SBc		S	±	18.0	−400	−	3000					2.2	1.7			373	G
NGC 992	02 34 35.7	+20 52 56	S		F	5.4	1.0	5	4135	30				61.0	1.6		225		60	N
			S	47	I	12.76		0	4136			381	4						272	A ★
			S		I	25.13			4150	5	275	342	4						457	A
					I	11.73		0	4136			381	4	54.9	0.9	0.7			562	A ★
					I	11.89		0	4142		281				0.9	0.7			563	A ★
UGC 2104	02 34 35.8	+23 05 07	Sd	37	I	3.27	0.57	0	8242	4	325	346	3		1.0	0.8			454	A
UGC 2105	02 34 37.7	+34 12 59	Sb		I	3.57		0	4915	50		291	5		1.6	1.3			158	G ★
				46	S	±	8.0	3915	−	5915									555	A
				46	S	±	3.2	4385	−	5385									555	W
Mark 369	02 34 37.9	+20 55 26	Comp		F	≤1.5		5	3750					61.0	0.7				60	N
			E	0	I	6.81		0	4075		155		4		0.25	0.25			471	A ★
UGC 2109	02 34 56.3	+34 01 31	SXd		S	±	18.0	−400	−	3000					3.2	2.8			373	G
Zw 388-066	02 34 58	+01 26 08			S	±	3.86	400	−	7200									547	A
Zw 388-067	02 35 02	+01 23 18			S	±	3.33	400	−	7200									547	A
NGC 1004	02 35 06.6	+01 45 30	E		M	≤1.9		5	6480					119.	1.8	1.7			300	A
UGC 2116	02 35 12.8	+30 37 54	Sm	32	I	4.90	0.83	0	8853	3	236	258	3		2.0	1.7			452	A ★
			Sdm		S	±	18.0	−400	−	3000					3.2	2.7			373	G
UGC 2122	02 35 30.0	+29 32 40	Sd	0	I	5.28	0.82	0	5081	1	132	157	3		1.1	1.1			452	A ★
			Sc	29	I	5.61	0.8	0	5078	15		170	4		1.0				188	G ★
			SXc		I	4.468		0	5082		112	148	4		1.1	1.1			475	A ★
IC 1823	02 35 36.8	+31 51 10	SBd	17	I	6.88	1.09	0	5187	1	199	218	3		2.3	2.2			452	A ★
			SBc		S	±	18.0	−400	−	3000					3.7	3.2			373	G
NGC 1015	02 35 38.9	−01 31 50	SBa		F	4.36	1.35	0	2631	20		188	4	26.6	5.0	5.0			373	G
				22	M	0.18		1	497			87	4	9.9	1.4	1.5			535	P
UGC 2131	02 35 39.3	+33 13 47	SBd	65	I	4.67	0.76	0	4615	3	202	211	3		1.7	0.7			452	A ★
UGC 2130	02 35 42.9	+07 46 27	Sb		I	0.8		0	6400			412	5		1.2	0.3			488	A
NGC 1019	02 35 52.3	+01 41 32	SBb	26	F	≤0.28		5	7251						1.9				154	A
NGC 1002	02 35 52.3	+34 24 33	SBb	50	S	±	4.4	4385	−	5385								140	555	W
UGC 2134	02 35 56.1	+27 38 02	Sc	64	I	8.68		0	4565			353	3		1.8	0.8			452	A ★
NGC 1022	02 36 04.3	−06 53 24	SBa p	33	I	≤15.2		5	1575	46				31.5	3.0	2.6			346	E
			SBa p	33	I	≤4.3		5	1574	46				31.5	3.0	2.6			346	G
			SBa		S	±	18.0	−400	−	3000					4.4	4.0			373	G
					S	≤48.0		5	1498										548	P
NGC 1003	02 36 06.6	+40 39 26	Scd	66				1	794		220			10.	7.7				255	J
			Scd	65	I	131.8	19.8	0	626	9		244	4	14.2	6.6				201	G ★
				69	I	172.0									4.4				203	B
			Scd	66	F	39.51	2.06	0	626	8		230	4	7.9	8.8	3.9			373	G
			Scd	68	M	1.17		0	634	20				7.4					324	N
NGC 1020	02 36 09	+02 00 56			S	±	4.18	400	−	10300									547	A
UGC 2139	02 36 12	+36 12			F	≤1.0		−400	−	3000									213	G
NGC 1021	02 36 13	+02 00 04			S	±	3.75	400	−	7200									547	A
IC 1825	02 36 13.4	+08 52 47	Sc		I	10.49		0	5126			320	4		1.4	1.0			393	G ★
			Sc		I	11.0		0	5124			307	5		1.4	1.0			488	A ★
NGC 1012	02 36 16.5	+29 56 11	Pec	58	F	12.19	1.14	0	986	10		222	4	11.2	4.9	2.7			373	G
			I0	58	M	5.35	1.34	0	972			232	4	22.1	4.9	2.7			382	G ★
			Im p		I	64.0		0	976			240	4	23.	4.9				487	B
			Sdm	58	I	32.84	5.03	0	974	1	179	213	3		2.9	1.5			452	A ★
UGC 2140	02 36 18.5	+18 10 17	Mult		I	12.5	0.6	0	4080		140	177	4						469	G ★
								0	4082	20									324	N
			Mult	37	I	15.6		0	4070	20				54.	3.0	2.5	100	135	532	V ★
NGC 1024	02 36 30.4	+10 37 56	Sab		S	±	18.0	−400	−	3000					6.8	2.7			373	G
			Sab	68	I	23.1		0	3548			571	5	35.9					417	G
			Sab	68	I	12.0		0	3519			534	5	35.9					417	A
			Sb		I	28.19			3535	5	503	530	4						457	A ★
UGC 2144	02 36 32.4	+29 02 37	Sm	23	I	1.85	0.31	0	4782	3	124	150	3		1.2	1.1			452	A
								0	4776										490	A
					F	≤1.0		−400	−	3000									213	G
Anon 0236−61	02 36 33.8	−61 32 34	Im	90				1	511	20				4.5	6.5	1.0			528	P
			Sbc	90	I	96.0	8.0	0	513	10	115			3.3	11.0	1.5			310	P
UGC 2146	02 36 42	+42 53			F	≤1.0		−400	−	3000									213	G
					I	3.44		0	5346		187	169	3						498	G ★

Table 1 cont.

Name (1)	R.A. (2)	Dec. (3)	Type (4)	i (5)	(6)	HI-flux (7)	(8)	(9)	v (10)	(11)	(12)	Δv (13)	(14)	Dist (15)	a (16)	b (17)	Vmax (18)	Pos (19)	Ref (20)	(21)
UGC 2148	02 36 48	+12 28						0	3555										490	A
Zw 388-087	02 36 49	+01 44 48			S	±	4.29	400	–	10300									547	A
IC 244	02 36 49	+02 30 48	Sc	57	S	±	1.87	400	–	7200					0.7	0.4			547	A
			Sc	57	I	2.495	0.38	0	7943	17	469	479	4		0.7	0.4			547	A ★
NGC 1032	02 36 49.1	+00 52 43	Sa		S	±	18.0	–400	–	3000					5.6	2.2			373	G
IC 1826	02 36 51.0	–27 39 20			F	1.72	0.6	0	1447	35		250	9	18.2					34	N ★
IC 1830	02 36 52.3	–27 39 31	S0/a	24	I	30.8	4.7	0	1349	41		536	4	25.4	1.9				320	P ★
NGC 1029	02 36 55.0	+10 34 42	S0/a	75	I	9.7		0	3638			336	5	35.9					417	G
			S0/a	75	I	≤5.5								35.9					417	A
ESO 115-G 22	02 36 59.0	–58 27 11			M	1.39		1	1131			123	4	22.6	1.0	0.6			535	P
UGC 2150	02 37 00	+09 41						0	6397										490	A
NGC 1035	02 37 01.3	–08 20 45	Sc	71	I	16.4		0	1234			291	4	16.4	1.8				203	G ★
			Sc	69	F	2.7	0.4	0	1210	20		270	4		1.9				45	N ★
			Sc	74	F	3.56	1.14	0	1236	20		280	4	12.3	3.5	1.1			373	G
			Sc		I	14.80		0	1249			279	4		3.6	1.1			515	G ★
			Sc	71	I	15.9	1.3	0	1245	7	244	284	4		2.2	0.9			523	J ★
UGC 2151	02 37 01.5	+28 06 40	Sd	63	I	5.24	0.84	0	10933	1	490	509	3		2.0	0.9			452	A ★
NGC 1030	02 37 03	+17 48 38	S		I	5.275		0	8552		667	678	4		1.7	0.7			489	A ★
			Sc	66	M	37.3		0	8552		667	678	4	173.					450	A ★
NGC 1023	02 37 15.5	+38 50 56	SB0		I	45.2			670			250		14.0					26	E ★
			SB0	75	M	0.25		0	590	50		330	4	7.4	11.6				160	G ★
			SB0	73	M	1.9	0.3	0	685	40	230			13.0	11.6	4.3			12	C ★
			S0	77	M	≤20.0		5	557	60				9.1	11.6	4.3			87	H ★
			S0	80	F	15.1	5.3	0	680	20	380			6.0	12.2				246	N ★
			E/S0	71	I	45.0	2.0	1	607	12	375			10.	11.6	3.4			255	J ★
			S0		M	0.8	0.6	0	600	100				11.					85	N
			SB0														150		220	W
			SB0	81	I	31.7		0	652			470	5	8.1					417	G
			SB0	81	I	51.4		0	683			504	5	8.1					417	B
			SB0	80	I	63.0	5.0				494	538					86		431	W ★
UGC 2157	02 37 18	+38 21	Sdm		S	±	18.0	–400	–	3000					3.5	1.2			373	G
UGC 2156	02 37 18.7	+32 02 52	Sd	24	I	10.29		0	4488			208	3		2.2	2.0			452	A ★
Anon 0237+38	02 37 29.4	+38 50 38			I	0.8	0.2		695	5		44							431	W ★
					F	0.8	0.2	0	695	5		44							422	J
					I	3.7	0.1		743	3		35							431	W ★
UGC 2159	02 37 29.5	+29 52 00	Sc		I	2.99		0	5182			174	3		1.1	0.1			565	A ★
Anon 0237+39	02 37 30.7	+39 09 56			F	1.3	0.1	0	903	5		25							422	J
					I	1.7	0.1		905	5		25							431	W ★
NGC 1038	02 37 30.9	+01 17 41	Sb		I	3.44		0	4372	25		173	5		1.3	0.5		61	158	G ★
NGC 1036	02 37 40.2	+19 05 01			F	2.69	0.54		787	20		145	1	11.8					38	N ★
			Sm	46	F	2.14	0.38	0	790		134	171	4	12.9	2.05	1.48			347	G ★
					I	8.29			788	5	109	146	4						457	A ★
Zw 388-091	02 37 42	+02 12 46	S	55	I	1.749	0.36	0	6459	17	101	158	4		0.5	0.3			547	A ★
			S	55	I	1.558	0.36	0	6460	17	226	240	4		0.5	0.3			547	A ★
NGC 1023 CL	02 37 42	+38 59	Other	45	I	15.0	3.0	1	882	10	113			14.	7.0				255	J ★
UGC 2162	02 37 49.0	+01 00 47	Im		F	0.83	0.35	0	1186		51			24.2	3.1	3.1			89	G
			Im		F	1.63	0.33	0	1194	25		65	4	12.3	3.0	3.0			373	G
			Im		I	5.20		0	1181			64	4		3.1	3.1			515	G ★
ESO 356-G 04	02 37 50.4	–34 44 24	E		M	0.0001		5	35	60				.18	112.0	72.0			87	H ★
			dE		S	≤105.		5	35					0.188	33.				133	B
			E		S	±	18.0	–400	–	3000									373	B
IC 246	02 37 53	+02 15 54			S	±	3.81	400	–	10300									547	A
NGC 1042	02 37 56.3	–08 38 50	Scd	34	F	12.4	1.5	0	1369	20		150	4		4.7			94	45	N ★
			Am		I	52.0	4.0	1	1374	11		123	4	28.					91	P
			Scd	16	I	36.0	5.4	0	1368	9		125	4	24.6	6.7				201	G ★
			SXcd	29	F	12.67	1.00	0	1377	10		119	4	13.7	6.8	5.9			373	G
			Scd		I	47.9	0.5							13.4					493	V ★
Zw 505-033	02 37 59.5	+31 58 00	Sc		I	4.27		0	4434			165	3		0.9	0.7			565	A ★
NGC 1047	02 38 04.8	–08 21 36	S0/a	67	F	1.42	0.2	0	1340	30		200	4		1.3				45	N ★
			S0/a		S	±	9.0	1215	–	1793				13.4					493	V
UGCA 38	02 38 06.0	–06 19 00	Im	26	F	2.85	0.49	0	1333	10		110	4	13.4	2.9	2.6			373	G
			Im		I	11.10		0	1325			104	4		2.9	2.6			515	G ★
UGCA 39	02 38 08.1	+59 23 21	S	67	I	93.0	10.0		20	5				1.	8.8	3.4	92	29	231	O ★
			Sb	55	M	1.23		0	–10	15		370	5	4.	9.0	5.0	230		147	C ★
								0	–15	20									42	N
			S	70	M	0.031		0	–28	10		320	5	1.	9.		169	28	207	O
			S		M	0.67	0.17	0	–15	7	250	347	5	3.0	10.0	6.0			76	K ★
			Sab	70	F	58.0			25	10		440	1	2.7	7.2		200		33	N ★
Anon 0238–15	02 38 24	–15 21	Sc	44	I	4.47	0.9	0	7756	30		188	4		1.1				188	G ★
NGC 1051	02 38 36	–07 09	SBm	30	F	5.30	1.00	0	1300	10		205	4	13.0	3.2	2.7			373	G

Table 1 cont.

Name (1)	R.A. (2)	Dec. (3)	Type (4)	i (5)	(6)	HI-flux (7)	(8)	(9)	v (10)	(11)	(12)	Δv (13)	(14)	Dist (15)	a (16)	b (17)	Vmax (18)	Pos (19)	Ref (20)	(21)
NGC 1052	02 38 37.0	−08 28 05	E2		M	3.2		0	1300			261	5	26.0	1.6	1.1			226	P ★
			E4		I	8.0	1.0	0	1486	10		500	4	28.0	2.9		110	180	164	E ★
			E0	50	F	1.50	0.4	0	1590	30		540	4		2.9			120	45	N ★
			E3		I	12.0	5.0	1	1540	40		470	4	28.					91	P ★
			E4		M	0.83	0.26		1470	70	350			19.2					130	G
			E		M	≤0.3								14.4					205	G
			E4		I	5.6	0.5	0	1478	50	440			13.4	2.9	2.0		44	493	V ★
UGC 2171	02 38 54.0	+31 52 27	Sd	90	I	2.31	0.38	0	4561	3	224	237	3		1.3	0.1			452	A ★
Mark 595	02 38 55.8	+06 58 27	Seyf2		I	≤0.63		5	8348					168.					28	A ★
			E	51	F	≤0.14		5	7792							0.52			154	A
UGC 2174	02 39 05.3	+32 09 53	Sd	17	I	7.81	1.25	0	5127	1	89	115	3		2.3	2.2			452	A ★
			SXc		S	± 18.0		−400	−	3000					3.7	3.5			373	G
NGC 1055	02 39 10.7	+00 13 45	Sb	69	I	86.5			992	9		414	5	25.9	9.06				80	G ★
			Sb		I	89.9		0	994			405	5		11.9	4.8			183	G ★
			Sb	69	F	32.04	2.48	0	1002	10		410	4	10.3	12.0	4.8			373	G
			Sb	77	M	0.8	0.6	0	1070	90				7.9					85	N
			SBb	69	I	131.4	8.0	0	994	4	392	415	4		7.6				473	J ★
Zw 388-096	02 39 23	+01 01 23			S	± 5.81		400	−	7200				13.					547	A
Anon 0239−08	02 39 23.8	−08 08 18	Im		I	1.7	0.1		1369					13.4					493	V ★
UGC 2179	02 39 30	+35 00	SBcd		S	± 18.0		−400	−	3000					2.9	2.9			373	G
NGC 1050	02 39 31.8	+34 33 01	SBb		I	1.4		0	3901			283	5		1.8	1.2			488	A ★
UGC 2182	02 39 48.0	+32 28 27	Sm	73	I	2.27	0.36	0	5260	2	158	172	3		1.4	0.4			452	A ★
					F	≤1.0		−400	−	3000									213	G
								0	5265										490	A
NGC 1056	02 39 51.5	+28 21 43	Sb	48	I	18.58	2.91	0	1545	1	270	287	3		2.5	1.7			452	A ★
UGC 2185	02 40 00.9	+40 12 54	Sc		S	± 18.0		−400	−	3000					5.5	1.9			373	G
					I	9.51		0	4359		455	426	3						498	G ★
NGC 1068	02 40 06.8	−00 13 31	Sb		M	2.45	0.36	0	1133	22		306	5	10.8	10.	8.			76	J ★
			Sb	39	I	44.2	5.3	0	1145	25		365	1	11.0	5.3	4.5	290	31	5	N ★
			Sb	38	I	20.1			1144	9		304	5	25.9	9.35				80	G ★
			Sb		M	4.1		0	1130			290	5	23.0	5.3	4.5			226	P ★
			Sb		I	28.9	2.9	0	1140			355	4						114	G ★
			Seyf1		M	≤1.0			1110										308	B
			Seyf1	37	M	3.7	1.85	0	1150	20		340	1	10.8					313	J
			Sb		M	3.2		0	1143	10		364	5	23.	10.0	8.0			356	G ★
			Sb	38	F	8.14	1.39	0	1151	20		307	4	11.8	10.1	8.0			373	B
			Sb		M	≤0.3								13.					85	N
			Sb	31	I	45.82	4.3	0	1129	10	229	257	4						442	E ★
			Sb	33	I	42.5	7.8	0	1137	6	248	298	4		6.9				473	J ★
			Sb	39	M	≥0.65		0	1136	4				21.				70	465	A ★
			Sb	32	I	39.3		0	1148		229	337	4		6.9	5.9			538	P ★
NGC 1061	02 40 14.2	+32 15 00	S		I	0.92		0	4026			184	3		0.8	0.5			565	A ★
UGC 2194	02 40 18	+41 13			I	7.95		0	5479		318	308	3						498	G ★
Anon 0240−12	02 40 21	−12 37 26	Mult		I	2.5	0.6	0	4290		153								469	G ★
NGC 1058	02 40 23.2	+37 07 48	Sc	18	I	107.0	7.0	0	520	2		40	4	15.5	6.0				10	D ★
			Sc		I	59.2			518	9		52	5	6.3	6.0				80	G ★
			Sc		M	1.25	0.16	0	517	1		41	5	6.3	6.0	6.0			76	J ★
			Sc	5								28		6.3			90		143	J ★
			Sc	15				1	672			30		10.	6.0				255	J
			Sc		M	0.06	0.08	0	517	15		41	5	6.3	6.	6.			76	K
			Sc		F	19.54	1.00	0	520	5		42	4	6.8	6.5	6.5			373	G
			Sc	17	M	0.84		0	508	20				6.1					324	N
			Sc		I	87.8		0	517	1		23	32	4					425	W ★
					I	74.9	0.4												473	J
					I	96.2	4.5												473	J
					I	71.6	0.3	0	518	1		28	42	4					479	E ★
					I	98.0	10.0												487	B
			Sc	11	M	3.57			518			28	42	4					435	A ★
			Sc		I	78.30		0	518			45	5		6.6	6.6			515	G ★
			Sc	19	I	97.5	1.9	0	518	1		27	41	4	3.0	0.3			523	J ★
UGC 2197	02 40 26.1	+31 15 37	Sd	45	I	6.29	0.98	0	5098	1	256	269	3		2.0	1.4			452	A ★
UGC 2198	02 40 31.8	+31 34 43	Sd	77	I	5.73	0.94	0	4714	3	304	320	3		1.1	0.3			452	A ★
UGC 2201	02 40 43.1	+32 17 00	Sd	81	I	5.39	0.88	0	4134	3	327	350	3		1.7	0.3			452	A ★
UGC 2202	02 40 48.0	+32 10 40	Sm	26	I	1.86	0.31	0	4048	5	107	124	3		1.0	0.9			452	A ★
					F	≤1.0		−400	−	3000									213	G
NGC 1067	02 40 48.5	+32 18 00	Sd	24	I	2.82	0.45	0	4534	2	133	162	3		1.1	1.0			452	A ★
			Sc		I	2.246		0	4531		129	138	4		1.1	1.0			475	A ★
UGC 2206	02 40 50.7	+33 08 10	Sc	43	I	4.88	0.78	0	4723	2	212	232	3		1.1	0.8			452	A ★
UGC 2205	02 40 53.1	+32 57 20	Sd	47	I	1.98	0.34	0	5460	5	226	279	3		1.2	0.8			452	A ★
Anon 0241+62	02 41 00.7	+62 15 27	Other		F	≤0.52		5	13200										154	G

Table 1 cont.

Name (1)	R.A. (2)	Dec. (3)	Type (4)	i (5)	(6)	HI-flux (7)	(8)	(9)	v (10)	(11)	(12)	Δv (13)	(14)	Dist (15)	a (16)	b (17)	Vmax (18)	Pos (19)	Ref (20)	(21)
NGC 1073	02 41 05.6	+01 09 55							1218	30									286	B
			SBc	30	F	17.16	1.17	0	1212	8		92	4	12.4	6.3	5.4			373	G
			Sc	21	M	2.38		0	1207	20				11.4					324	N
			SBc		I	26.0		0	1211	8		108	4		5.5	5.5			78	A ⋆
					M	13.29		1	1242			96	4	24.8	4.2	4.2			535	P
			SBc	22	I	73.8	5.5	0	1208	1	75	92	4		4.9	0.5			523	J ⋆
			SBc	22	I	73.8	5.5	0	1208	0	75	91	4		4.9	4.6			550	J ⋆
			SBc	22	I	70.5	3.3	0	1207	2	75	90	4		4.9	4.6			550	P ⋆
NGC 1079	02 41 35.1	−29 12 52	S0/a p	52	I	32.6	4.0	0	1460	20		325	4	27.5	3.0				320	P ⋆
			Sa	50	I	37.3	4.0	0	1433	10	325	355	5	28.1	3.4	2.3			346	E ⋆
			SX0/a		F	8.0													229	P
UGC 2221	02 41 58.7	+30 10 00	Sm	90	I	3.76	0.62	0	833	4	107	122	3		1.7	0.1			452	A ⋆
UGC 2225	02 42 12.7	+32 46 14	Sc	76	S	±	1.7	2372	−	16144					1.1	0.3			452	A
NGC 1080	02 42 42	−04 55	Sc	51	I	3.16	0.5	0	7848	10		210	4		1.0				188	G ⋆
UGC 2227	02 42 42	+42 36			I	5.65		0	5916		161	130	3						498	G ⋆
					I	3.93		0	5192		160	150	3						498	G ⋆
UGC 2229	02 42 48	+00 43	Mult		I	4.5		0	7475	50		838	4		1.5	0.7			78	A
NGC 2573	02 42 56	−89 34 12	S0	69	I	≤6.3									3.6				320	P ⋆
Zw 505-052	02 43 03.5	+27 49 00	Sbc		I	5.08		0	7953			377	3		1.1	0.4			565	A ⋆
UGC 2236	02 43 13.0	+26 49 47	Sc	57	I	4.27	0.70	0	5726	3	196	227	3		1.3	0.7			454	A ⋆
NGC 1084	02 43 31.8	−07 47 08	Sc	59	I	59.7		0	1402			331	4	18.6	2.5				203	G ⋆
								0	1407	20									42	N
			Sc	58	I	60.8			1410	9		380	5	25.9	3.6				80	G ⋆
			Sc	59	M	2.39		0	1407	20				12.9					324	N
UGC 2238	02 43 33.4	+12 53 10			I	5.355		0	6436			446	4	84.6	1.8	1.1			562	A ⋆
UGC 2239	02 43 34.4	+32 14 24	SBcd	84	I	2.17	0.37	0	4821	4	325	334	3		1.8	0.3			452	A ⋆
UGC 2242	02 43 48	+20 08	Im		S	±	18.0	−400	−	3000					2.0	2.0			373	G
Anon 0243+21	02 43 49.2	+21 22 44			I	0.667		0	6987			159	4	92.6	0.7	0.4			562	A ⋆
NGC 1085	02 43 49.3	+03 23 50	Sb		I	12.00		0	6789		382	414	4		2.5	1.8			489	A ⋆
			Sb	44	M	53.2		0	6789		382	414	4	137.					450	A ⋆
			Sb		I	24.21			6788	5	383	409	4						457	A ⋆
NGC 1087	02 43 51.6	−00 42 30	Sc	48	M	1.55		0	1508	20				14.1					324	N
			Sc	50	I	28.3			1523	9		240	5	25.9	5.2				80	G ⋆
			SXc	48	I	27.9	2.3	0	1520	5	216	238	4		3.5	0.7			523	J ⋆
NGC 1090	02 44 00.0	−00 27 20			I			0	2760	30									325	N
			SBc	71	F	7.47	0.92	0	2765	10		338	4	27.9	8.0	3.0			373	G
			SBb		I	33.50		0	2752			346	4		8.0	2.4			515	G ⋆
UGC 2250	02 44 00	+46 08			F	≤1.0		−400	−	3000									213	G
UGC 2248	02 44 01.5	+23 23 27	S		I	2.80		0	6190			387	3		1.1	0.8			565	A ⋆
UGC 2251	02 44 06.4	+24 39 00	Sm	66	I	2.74	0.45	0	7470	2	311	329	3		1.0	0.4			454	A ⋆
NGC 1097	02 44 11.5	−30 29 06	SBab	37	M	≤10.0		5	1326	100				12.	15.0	9.0			87	H ⋆
			SBb		F	21.0	5.0		1343			205	0						275	I
			SBb	46	I	137.3	8.0	0	1278	11		395	4	23.7	8.9				320	P ⋆
			SBb	54	F	35.35	2.43	0	1275	10		402	4	11.8	14.1	8.6			373	B
			SBb	37	M	12.0	12.0	0	1255	150				15.					85	N
			Sb	46	M	6.77		0	1272	20				12.4					324	N
																			125	V ⋆
			SBb	46	I	159.2	24.4	0	1273	2	378	404	4	9.3					473	J ⋆
UGC 2254	02 44 12	+37 19						0	578										490	A
NGC 1086	02 44 43.7	+41 02 13						0	4037	10									359	G
UGC 2259	02 44 47.9	+37 19 50	Sdm	43				1	741					0.	4.1				255	J
			SBdm	38	F	5.81	0.71	0	589	20		137	4	7.4	4.6	3.6			373	G
			SBcd	41	I	18.9	2.1	0	582	2				7.33	1.9			160	476	W ⋆
			SBdm		I	20.00		0	583			137	4		4.7	3.8			515	G ⋆
NGC 1094	02 44 54.4	−00 29 33	Sab	36	F	1.7	0.6	0	6464	23		414	4	72.0	1.5				53	N ⋆
UGC 2267	02 44 59.0	+23 11 40	SBc	0	I	3.14	0.51	0	6051	1	318	335	3		1.8	1.8			454	A ⋆
UGC 2268	02 44 59.6	+25 52 53	Sm	0	I	1.16	0.20	0	7570	5	164	182	3		1.1	1.1			454	A ⋆
UGC 2270	02 45 00	+50 33			I	17.99		0	4944		631	597	3						498	G ⋆
Anon 0245+60	02 45 02	+60 08			I	3.0		0	4450										512	G
UGC 2272	02 45 07.0	+26 53 27	Scd	83	I	6.31	1.04	0	5648	2	484	503	3		2.0	0.3			454	A ⋆
UGC 2275	02 45 20.0	+03 40 33	Sm		F	14.37	1.11	0	1030	10	84			21.2	7.5	7.5			89	G
			Sm	80	M	0.42		0	1025		83	97	4	14.1	7.5		217	105	376	E ⋆
					F	15.48	1.17	0	1025	7		109	4	10.6	8.1	8.1			373	B
Anon 0245+52	02 45 20.9	+52 49 20	Sb	66	I	6.5	3.1	0	4954	3	265	305	4	102.9	2.2	1.0			479	E ⋆
UGC 2280	02 45 42	+41 35			I	6.89		0	8375		474	459	3						498	G ⋆
UGC 2285	02 45 55.3	+06 18 55	Sm		I	3.9		0	5959			296	5		1.4	0.5			488	A ⋆
			S0/a	72	I	4.7		0	8347			325	4		1.4	0.5			543	A ⋆
Zw 505-054	02 45 56.0	+28 04 00	Pec		I	3.34		0	5405			234	3		0.5	0.4			565	A ⋆
UGC 2290	02 46 13.9	+22 48 00	Sm	0	I	1.38	0.23	0	6283	3	75	90	3		1.7	1.7			454	A ⋆
								0	6276										490	A

Table 1 cont.

Name (1)	R.A. (2)	Dec. (3)	Type (4)	i (5)	(6)	HI-flux (7)	(8)	(9)	v (10)	(11)	(12)	Δv (13)	(14)	Dist (15)	a (16)	b (17)	Vmax (18)	Pos (19)	Ref (20)	(21)
UGCA 42	02 46 18	−00 33	Im		S	±	18.0	−400	−	3000					1.6	1.6			373	G
UGC 2296	02 46 21.1	+18 07 42			I	≤6.9													457	A
UGC 2297	02 46 21.4	+30 27 37	S0/a		I	2.11		0	8172			652	3		1.1	0.6			565	A ★
UGC 2295	02 46 22.3	+02 57 38	S		I	5.59			4172	5	358	377	4						457	A ★
UGC 2299	02 46 30	+10 54	S		S	±	4.0	1400	−	8400									490	A
UGC 2300	02 46 30.0	+30 29 27	Sab		I	4.25		0	8316			424	3		1.1	0.7			565	A ★
IC 1854	02 46 30.9	+19 05 54	Seyf2		I	≤0.29		5	9235					187.					28	A ★
UGC 2302	02 46 33.0	+01 55 06	Sm		F	13.06	0.99	0	1108	10	54			22.6	7.5	7.5			89	G
			Sm	75	M	4.91		0	1103		51	70	4	15.1	7.5		110	60	376	E ★
					F	14.22	0.82	0	1105	5		71	4	11.3	8.1	8.1			373	B
			S		I	66.40		0	1104			71	4		8.1	8.1			515	G ★
					M	6.64		1	1132			78	4	22.6	4.2	4.2			535	P
UGC 2304	02 46 38.3	+21 55 20	Sc	86	I	1.99	0.35	0	7258	5	482	499	3		1.4	0.3			454	A ★
Mark 1058	02 46 46.9	+34 46 53	SB		F	≤0.14		5	5190										154	A
NGC 1110	02 46 48.0	−08 03 00	Im	79	F	7.62	0.87	0	1336	10		193	4	13.3	4.4	1.1			373	G
			Im		I	27.05		0	1336			206	4		4.4	0.9			515	G ★
UGCA 44	02 46 49.0	−02 51 00	Im		F	4.31	0.69	0	1094	20		118	4	11.0	2.2	2.2			373	G
					M	1.81		1	1044			131	4	20.9	1.0	1.0			535	P
UGC 2315	02 46 55.6	+22 32 07	Scd	78	I	4.58	0.78	0	5550	3	352	372	3		1.1	0.3			454	A ★
UGC 2320	02 47 24	+12 40			I	1.62		0	10403			204	5	110.4					518	G
Zw 505-055	02 47 45.8	+33 18 23	SBbc		I	1.32		0	11985			401	3		0.5	0.5			565	A ★
Zw 484-021	02 47 58.3	+22 34 00	S0/a		S	±	0.59	5	6153						0.9	0.2			565	A
UGC 2333	02 48 18.2	+25 12 00	Scd	60	I	1.54	0.26	0	7184	3	323	341	3		1.0	0.5			454	A ★
Mark 600	02 48 27.3	+04 14 50		59	F	1.47	0.15	0	1010		71	114	4	15.0	0.50	0.28			347	A ★
				55	I	7.8	0.4	0	998	5	73	102	4		0.50	0.30			377	E ★
UGC 2345	02 49 21.0	−01 22 47	SBm	37	F	6.15	0.71	0	1508	10	97			30.4	5.9	4.72			89	G
			SBm	38	F	6.40	0.71	0	1508	10		116	4	15.2	6.1	4.8			373	G
			SB		I	27.50		0	1506			118	4		6.2	5.0			515	G ★
UGC 2351	02 49 21.6	+46 43 55	SBb	41	S	≤33.0		500	−	8200									479	E
					I	4.26		0	8420		312	292	3						498	G ★
UGC 2352	02 49 30	+04 11			F	≤1.0		−400	−	3000									213	G
NGC 1122	02 49 36.0	+42 00 01			I	1.01		0	3599		218	208	3						498	G ★
				38	S	±	4.3	3220	−	4220								40	555	W
UGC 2354	02 49 42	+42 02		90	S	±	3.2	3220	−	4220								41	555	W
UGC 2355	02 49 48	+01 47			F	≤1.0		−400	−	3000									213	G
MCG+08-06-019	02 49 53.2	+47 22 01	Sb	0	S	≤30.0		4500	−	8200									479	E
IC 1861	02 50 11.9	+25 17 00	S0	45	I	2.20		0	6688			439	4		1.8	1.3			269	A ★
			S0		I	5.41		0	6747			487	4		1.8	1.3			393	G ★
			S0		I	1.8		0	6691			430	4		1.8	1.3			488	A ★
			S0		I	3.80		0	6684			428	4		3.4	2.4			515	G ★
UGC 2358	02 50 12	+74 57			I	10.51		0	4300		443	416	3						498	G ★
UGC 2360	02 50 20.9	+31 29 04	Sm	32	I	3.60	0.59	0	10562	2	330	354	3		1.3	1.1			452	A ★
UGC 2362	02 50 24	+12 50	Im	38	I	7.62		0	3625	5	111	144	4	50.	3.0	2.3			508	A ★
UGC 2364	02 50 42.7	+06 20 09		76	I	4.1		0	5430		346	370	4		1.6	0.5			543	A ★
NGC 1134	02 50 57.1	+12 48 42			I	26.73		0	3643			451	4	47.7	2.5	0.9			562	A ★
					I	26.67		0	3641		403				2.5	0.9			563	A ★
				69				0	3651	3	381	448	4				205	148	555	A
UGC 2367	02 51 02.6	+06 03 42		73	I	5.8		0	7380		583	610	4		2.0	0.8			543	A ★
			S0	73	M	8.7						623	4						413	A
IC 267	02 51 06.1	+12 38 43	SBb		M	≤1.6			1800					33.	2.1	1.4			27	A
			SBb	36	I	14.95		0	3570	5	344	393	4	50.	3.3	2.7		15	508	A ★
				40				0	3574	5	349	387	4				265	15	555	A
UGC 2370	02 51 12	+42 27	Im		S	±	18.0	−400	−	3000					5.5	0.6			373	G
					I	7.06		0	2162		207	197	3						498	G ★
UGC 2372	02 51 17	+05 47		25	I	3.1		0	7910		263	301	4		1.0	0.9			543	A ★
UGC 2376	02 51 21.2	+31 05 27	Sd	32	I	3.72	0.63	0	5422	3	213	271	3		2.0	1.7			452	A ★
UGC 2375	02 51 24.8	+06 03 16		78	I	2.2		0	7607		442	466	4		1.1	0.3			543	A
			S	78								462	4						413	A
NGC 1137	02 51 25.0	+02 45 34		54	M	30.89		1	3053			324	4	61.1	1.5	0.9			535	P
UGC 2380	02 51 42	+51 43			I	6.73		0	4629		499	431	3						498	G ★
Anon 0251+51	02 51 43.9	+51 29 53	Sd	37	S	≤29.0		500	−	8200									479	E
UGC 2383	02 51 58.3	+46 08 02	SBc	50	I	6.5	3.4	0	6720	5	91	225	4	137.8	1.1	0.7			479	E ★
NGC 1140	02 52 08.1	−10 13 53	Im	55	I	37.0		0	1506			213	4	19.8	1.3				203	G ★
			Im	54	I	32.5		0	1507	9		240	5	29.5	2.5				80	G ★
			Im		M	3.7			1528	30				15.0	3.1			0	285	G
			Im p	53	F	8.45	0.96	0	1508	15		218	4	14.8	2.7	1.6			373	G
			Im		I	34.70		0	1501			217	4		2.7	1.6			515	G ★
Zw 484-024	02 52 17.9	+24 25 53	Sc		I	0.82		0	6987			124	3		0.5	0.5			565	A ★
NGC 1145	02 52 18	−18 50	Sc	85	F	3.90	0.60	0	1968					19.1	4.9	1.0			373	G
NGC 1143/44	02 52 36	−00 23	Mult		I	2.83		0	8477			554	5	89.1					518	G ★

Table 1 cont.

Name (1)	R.A. (2)	Dec. (3)	Type (4)	i (5)	(6)	HI-flux (7)	(8)	(9)	v (10)	(11)	(12)	Δv (13)	(14)	Dist (15)	a (16)	b (17)	Vmax (18)	Pos (19)	Ref (20)	(21)
Zw 415-025	02 52 41	+05 55 18			I	1.7		0	7455		145	176	4		0.5	0.5			543	A ★
UGC 2393	02 52 50.9	+32 08 00	Sd	62	I	2.48	0.45	0	11297	7	441	452	3		1.1	0.5			452	A ★
UGC 2396	02 53 00	+36 52						0	5114										490	A
UGC 2399	02 53 09	+06 01 06	Sc	0	M	5.5													413	A
				0	I	2.8		0	8006		196	222	4		1.6	1.6			543	A ★
UGC 2409	02 53 18	+50 26			I	17.69		0	3884		319	287	3						498	G ★
UGC 2405	02 53 18.6	+06 17 34	Sc	62	I	3.3		0	7709		424	466	4		1.8	0.9			543	A ★
UGC 2411	02 53 24	+75 33	Sm	90	F	8.87	1.43	0	2547	15		238	4	27.7	7.8	1.1			373	G
UGC 2414	02 53 40.3	+04 19 40	Scd	85	I	2.6		0	8268		400	495	4		1.2	0.2			543	A ★
UGC 2415	02 53 44.1	+05 57 15	Sab	72	I	2.1		0	7771		341	376	4		1.1	0.4			543	A ★
UGC 2417	02 53 48	+36 08			F	≤1.0		-400	-	3000									213	G
UGC 2423	02 54 06	+04 47			S	±	4.0	5300	-	9000									543	A
Anon 0254+05	02 54 07	+05 51 12	S0/a		I	1.8		0	7816		214	254	4						543	A ★
UGC 2426	02 54 30	+05 07			S	±	4.0	5300	-	9000									543	A
UGC 2427	02 54 32.8	+46 40 01	Sbc	66	S	≤29.0		500	-	8100									479	E
UGC 2432	02 54 45.0	+09 56 06		33	F	1.0		0	757		86	104	4	10.8	2.4				213	G ★
UGC 2431	02 54 45.1	+47 56 53	Sm	43	S	≤29.0		500	-	8100									479	E
Zw 484-025	02 54 45.5	+27 23 00	Sc		I	1.25		0	10762			209	3		0.5	0.3			565	A ★
UGC 2434	02 54 54	+07 55						0	8037										490	A
UGC 2435	02 54 54	+35 03	Scd		S	±	18.0	-400	-	3000					4.1	3.3			373	G
3C 75	02 55 02.5	+06 00 24	E0		I	≤0.50		5	6965					140.					28	A
Zw 485-002B	02 55 02.5	+25 13 00	Sc		I	2.32		0	6904			260	3		0.6	0.4			565	A ★
Anon 0255+05	02 55 04.9	+05 50 41	Mult		S	≤58.0		5	7030										356	G
Zw 415-042	02 55 06	+05 45			S	±	4.0	5300	-	9000									543	A
Zw 485-002	02 55 08.5	+25 14 23	Sc		I	2.02		0	6966			214	3		0.7	0.7			565	A ★
Zw 485-003	02 55 15.0	+23 50 00	Sb		I	1.43		0	10424			447	3		0.8	0.3			565	A ★
Zw 506-001	02 55 15.4	+32 08 10	S		I	2.33		0	3610			247	3		0.6	0.5			565	A ★
Zw 485-004	02 55 21.5	+25 14 40	Sc		I	2.89		0	10508			240	3		0.8	0.8			565	A ★
ESO 154-G 23	02 55 23.0	-54 46 24	Sd	81	I	141.0	6.5	0	578	4		145	4	8.1	5.2				320	P ★
				81	M	1.93		1	397			140	4	7.9	6.1	1.0			535	P
			SBd	90				1	578	10		143	4	5.4	6.8	1.2			528	P
IC 1870	02 55 24.0	-02 33 00	SBm	50	F	11.16	1.21	0	1539	10		217	4	15.4	4.6	3.0			373	G
			SBm		I	42.90		0	1542			221	4		4.7	2.8			515	G ★
UGC 2442	02 55 40.8	+25 04 39	Sc	32	I	4.25	0.69	0	10451	2	170	186	3		1.3	1.1			454	A ★
UGC 2441	02 55 42	+03 40			S	±	4.0	5300	-	9000									543	A
ESO 356-G 22	02 55 48	-36 54						0	6208	70									359	B
UGCA 47	02 55 48	-04 30	SBcd		S	±	18.0	-400	-	3000					3.5	1.8			373	G
UGC 2445	02 55 48.0	+25 33 33			F	≤1.0		-400	-	3000									213	G
			Sm		I	2.59		0	7210			245	3		1.2	0.3			565	A ★
Zw 485-005	02 55 49.5	+25 12 43	S0/a		I	1.93		0	10383			524	3		0.8	0.5			565	A ★
UGC 2444	02 55 50.9	+06 06 26	Scd	38	I	4.0		0	6708		343	379	4		1.1	0.9			543	A ★
			Sc	38	M	10.0													413	A
Anon 0256+06	02 56 00	+06 00			I	1.3			6680		170			135.					28	A ★
UGC 2449	02 56 00	+46 53			I	3.30		0	4433		175	124	3						498	G ★
UGC 2447	02 56 01.0	+32 26 00	Sbc		I	3.47		0	11469			553	3		1.2	0.1			565	A ★
UGC 2446	02 56 04.8	+03 14 05	Pec		I	4.58		0	7089	25		219	5		0.5	0.4	105		158	G ★
Zw 415-050	02 56 36	+05 56			S	±	4.0	5300	-	9000									543	A
UGC 2454	02 56 36.8	+07 06 23		76	I	2.3		0	7629		370	395	4		1.3	0.4			543	A ★
Anon 0256+41	02 56 42	+41 21	Comp		F	≤2.1		5	4920					73.	1.6				60	N
Anon 0256+05	02 56 45	+05 50	S0/a		I	1.3		0	8206		117	153	4						543	A ★
NGC 1156	02 56 46.8	+25 02 21	IBm		I	57.4			372	9		134	5	9.3	5.9				80	G ★
			Im	42	I	63.1		0	374			106	4	6.4	2.9				203	G ★
			Im		I	38.8		1	450		65			8.2	3.7	3.0			30	A ★
			Im		M	1.1			380	30				6.3	5.9			30	285	G
			Im		M	5.5			440		67			8.	3.7	3.0			27	A
			Im	37	I	76.4		0	371			103	4	11.2	3.7	3.0		25	393	A
			IBm	42	I	58.9		0	371			168	5		4.8				417	G
			IBm	42	I	69.3		0	379			133	5		4.8				417	B
			E5		I	75.0		0	373			116	4	7.0	5.9				487	B
			Sm		I	76.4		0	371			102	3		3.7	3.0			488	a ★
UGC 2456	02 56 49.8	+36 37 21	SB0	37	F	≤0.17		5	3610						2.99				154	A
UGC 2457	02 56 59.8	+24 01 34	Sd	22	I	3.40	0.55	0	10218	2	294	315	3		1.3	1.2			454	A ★
UGC 2459	02 57 06	+48 52	Sdm	80	F	9.10	1.34	0	2464	10		341	4	26.4	8.0	2.0			373	G
Zw 415-051	02 57 13.2	+06 20 06		54	I	2.5		0	8584		229	273	4		0.6	50.4			543	A
Anon 0257+70	02 57 13.3	+70 02 39			I	10.5	1.5	0	4917			323	4						503	G
IC 277	02 57 14.5	+02 34 23						0	2852	15									359	G
			SBbc	34	I	15.4		0	2845			327	5	28.7					417	G
			SBbc	35	I	9.98		0	2850			248	4		1.7	1.7			471	A ★
			SBbc		I	9.483		0	2852		227	272	4		1.7	1.7			475	A ★
			SBbc		I	24.92		0	2848	5	230	311	4						457	A ★

Table 1 cont.

Name (1)	R.A. (2)	Dec. (3)	Type (4)	i (5)	HI-flux (6)	(7)	(8)	v (9)	(10)	(11)	Δv (12)	(13)	(14)	Dist (15)	a (16)	b (17)	Vmax (18)	Pos (19)	Ref (20)	(21)
UGC 2463	02 57 24	+40 03	SXm	47	F	4.15	0.82	0	1899	25	220		4	20.5	5.1	3.5			373	G
UGC 2464	02 57 35.8	+32 26 57	S0/a		I	2.33		0	10168		556		3		1.1	0.5			565	A ★
UGC 2469	02 57 42	+05 31			S	±	4.0	5300	−	9000									543	A
Anon 0257+50	02 57 46.9	+50 47 38	Sd	44	S	≤27.0		4500	−	8200									479	E
UGC 2472	02 57 51.9	+22 59 07	Sa		I	1.61		0	10157		573		3		1.0	0.2			565	A ★
Anon 0258+50	02 58 23.3	+50 57 00	SBb	17	I	9.0	2.4	0	4808	3	326	340	4	99.8	1.9	1.8			479	E ★
UGC 2485	02 58 30	+74 14			I	5.69		0	2014		124	108	3						498	G ★
UGC 2483	02 58 33.4	+31 37 23	Sc		I	5.37		0	6222		308		3		1.6	0.4			565	A ★
NGC 1167	02 58 35.3	+35 00 31	S0		S	±	18.0	−400	−	3000					5.5	3.9			373	G
					S	≤76.0		5	4720										356	G
			S0		I	4.7	2.9	0	4950	10	490		4						126	A ★
			E/S0	40	I	12.1		0	4956	3	451	468	4		6.4			70	501	A ★
NGC 1164	02 58 42	+42 23 23			I	5.74		0	4175		341	291	3						498	G ★
UGC 2488	02 58 43.0	+28 32 20	Sm	0	I	3.54	0.55	0	3136	1	36	53	3		1.2	1.2			452	A ★
MCG+09-06-001	02 58 47.0	+51 46 08	Sb	76	I	17.2	4.1	0	3352	2	356	373	4	70.7	3.3	1.0			479	E ★
UGC 2492	02 58 50.1	+47 45 21	Sm	58	S	≤42.0		500	−	8100									479	E
UGC 2497	02 59 07.4	+28 54 39	Sm	77	I	16.33	2.51	0	3115	1	256	273	3		3.4	0.8			452	A ★
			Sdm		S	±	18.0	−400	−	3000					5.1	1.5			373	G
NGC 1172	02 59 16	−15 02	S0	24	I	≤4.2		5	1566	50				31.3	2.8	2.6			346	E
UGC 2498	02 59 23.6	+17 08 53	SBc		I	4.1		0	6930		319		3		1.7	0.8			488	A ★
UGC 2501	02 59 58.3	+01 59 55		64	I	7.0		0	5190		300		5	52.1					417	G
			Im		I	7.74			5181	18	206	280	4						457	A ★
3 C 76.1	03 00 00	+16 12			I	≤3.0		5	9732										126	A
NGC 1169	03 00 11.5	+46 11 21	SBa	45	F	33.3	3.5	0	2374	10	451	466	5	52.3	4.7	3.4			346	E ★
			SXb	54	F	12.35	1.75	0	2397	15		482	4	25.6	11.3	6.8			373	G
			Sb	47	M	5.77		0	2402	35				23.6					324	N
			SXb	48	I	36.0	3.6	0	2388	4	450	460	4		4.4				473	J ★
			SXb		I	33.2	3.7	0	2377	3	448	466	4						479	E ★
			SXb		F	42.50		0	2385			478	4		11.4	6.8			515	G ★
NGC 1179	03 00 20.9	−19 05 36	Scd	32	I	44.3	4.2	0	1775	9		188	4	34.2	4.6				320	P ★
			SXcd	36	F	11.50	0.87	0	1781	10		207	4	17.2	6.1	5.0			373	E
			Scd	32	M	3.68		0	1799	20				18.2					324	N
NGC 1187	03 00 23.8	−23 03 47	Sc	36	F	10.9	3.82		1395	50		346	9	14.5	7.6				22	N
								0	1426	40									35	N
			SBc	36	I	56.7	3.3	0	1404	8		279	4	26.5	5.0				320	P ★
			SBc	35	F	14.17	1.50	0	1394	10		284	4	13.1	6.6	5.4			373	B
			SBc	37	I	57.9	5.6	0	1388	3	246	287	4		5.0	0.7			523	J ★
UGC 2505	03 00 24	−01 17			F	≤1.0		−400	−	3000									213	G
NGC 1171	03 00 40.0	+43 12 16						0	2742	15									359	G
			Sc	63	F	4.56	1.04	0	2747	15		287	4	29.1	6.1	2.9			373	G
			SXc	64	I	22.0	1.8	0	273	4	269	295	4		3.1	1.0			523	J ★
Zw 415-055	03 00 41	+04 05	S0/a		I	1.4		0	6932		183	230	4		0.4	0.4			543	A ★
UGC 2507	03 00 41.2	+30 25 30	SBc		I	3.68		0	16091		486		3		1.1	0.4			565	A ★
UGC 2509	03 00 46.9	+04 17 50	S0/a	70	I	4.7		0	6003		346	369	4		1.0	0.4			543	A ★
MCG+09-06-002	03 01 09.9	+53 55 19	Sb	76	I	2.0	1.1	0	2205	5	164	187	4	47.8	4.1	1.3			479	E ★
Anon 0301−15	03 01 11	−15 52 14	Mult		I	4.3	0.5	0	2580		127	150	4						469	G ★
NGC 1175	03 01 15.5	+42 08 43	Sc	71	S	±	1.9	5	5395						2.3	0.8			84	G ★
UGC 2516	03 01 18	+47 07			I	1.41		0	5095		105	92	3						498	G
NGC 1199	03 01 18.6	−15 48 36	E3		F	≤0.86		5	2581					33.7	2.2	2.1			455	J ★
ESO 480-G 25	03 01 39.0	−25 28 07	Sm		F	≤1.5		−400	−	3000					3.0				89	B
					S	±	18.0	−400	−	3000					2.9	2.6			373	B
NGC 1201	03 01 57.2	−26 15 54	S0	58	M	≤0.59								23.2	5.8				246	N
			S0	50	I	≤19.5		5	1694	50				33.9	4.6	3.1			346	E
			S0	52	F	≤6.4		5	1722					32.6	4.2				320	P ★
Zw 415-058	03 02 00	+05 15			I	0.8		0	8409		308	335	4						543	A ★
UGC 2519	03 02 10.5	+79 56 21	Sd		I	6.56		0	2377	30	257		5		1.5	0.9		75	158	G ★
			Sc		I	5.6	0.6	0	2340		267		4		1.5	0.9			503	G
NGC 1189	03 02 12.0	−15 43 00	S		M	1.08		0	2546		127			33.7					455	J ★
NGC 1186	03 02 13.1	+42 38 33	SBc		S	±	18.0	−400	−	3000					7.3	3.2			373	G
			SBd	66	I	5.19		0	2739		415	430	4		4.0	1.6			84	G ★
UGC 2526	03 02 34.4	+36 35 42	Sb		S	±	18.0	−400	−	3000					7.0	1.7			373	G
UGC 2525	03 02 35.0	+33 12 00	Sbc		I	8.46		0	6228		398		3		1.0	0.3			565	A ★
UGC 2524	03 02 36	+05 03			F	≤1.0		−400	−	3000									213	G
ESO 417-G 14	03 02 50.0	−27 41 57	Mult		F	0.63	0.5	0	6536	35		251	9	84.0					34	N ★
IC 284	03 02 52.2	+42 10 45	Sdm	59	F	11.81	1.39	0	2717	25		358	4	28.7	8.8	4.7			373	G
			Sdm	59	I	29.0		0	2728	8					5.4		236	13	509	W ★
			SXdm		I	32.30		0	2726			352	4		8.8	4.4			515	G ★
UGC 2530	03 02 53.8	+22 00 50	Sm	59	I	7.75	1.23	0	4268	1	292	313	3		1.8	0.9			454	A ★
								0	4258										490	A
UGC 2534	03 03 18.0	+41 17 00	Im	32	S	±	2.0	5	5306						1.3	1.1			84	G ★

Table 1 cont.

Name (1)	R.A. (2)	Dec. (3)	Type (4)	i (5)	(6)	HI-flux (7)	(8)	(9)	v (10)	(11)	(12)	Δv (13)	(14)	Dist (15)	a (16)	b (17)	Vmax (18)	Pos (19)	Ref (20)	(21)
Anon 0303+62	03 03 18	+62 00			I	2.0		0	3150										512	G
UGC 2535	03 03 30	+01 25			F	≤1.0			−400 −	3000									213	G
UGC 2537	03 03 39.1	+46 25 49	Sc p	0	I	4.8	0.9	0	5007	10	114	132	4	103.5	1.6	1.6			479	E ★
			Sc p	0	I	6.2	1.7	0	4952	10	196	242	4	102.4	1.6	1.6			479	E ★
					I	4.09		0	5046		142	129	3						498	G ★
UGC 2538	03 03 48.1	+41 34 03	SBb	64	S	±	2.1	5	5805						1.7	0.8			84	G ★
UGCA 51	03 04 00	−19 36	Im		S	±	18.0		−400 −	3000					1.7	1.2			373	B
UGC 2543	03 04 12	+37 39	Sdm		S	±	18.0		−400 −	3000					3.7	1.4			373	G
IC 288	03 04 12.0	+42 12 04	Sc	78	I	1.08		0	5446		253	395	4		1.2	0.3			84	G ★
Anon 0304+65	03 04 24.0	+65 28 04			I	15.4		0	2460	20		230							333	E
Anon 0304−09	03 04 41	−09 46 38			I	11.3	1.8	0	4920		351	436	4						469	G ★
					I	3.1	0.6	0	4500		149								469	G ★
UGCA 52	03 04 42.0	−14 13 00	Im p		F	1.67	0.47	0	1530	15		85	4	14.8	2.0	2.0			373	G
			Im p		I	6.30		0	1524			82	4		2.0	2.0			515	G ★
UGC 2549	03 05 05.9	+23 27 26	Sb		I	2.10		0	10355			467	3		1.2	0.5			565	A ★
ESO 417-G 18	03 05 09.0	−31 35 32		61	M	74.55		1	4613			333	4	92.3	2.6	1.3			535	P
NGC 1218	03 05 49.3	+03 55 18			I	≤9.4		5	8650										126	A
UGC 2557	03 06 00	+38 27	Sdm		S	±	18.0		−400 −	3000					5.1	4.0			373	G
					I	17.63		0	3427		171	142	3						498	G ★
UGC 2558	03 06 00	+39 30			F	≤1.0			−400 −	3000									213	G
IC 1892	03 06 18	−23 15	S	64	F	3.23	0.82	0	2888	25		187	4	28.0	3.2	1.5			373	E
IC 1884	03 06 24.0	+40 48 02	Sc	90	I	1.23		0	5821		229	245	4		1.2	0.2			84	G ★
NGC 1222	03 06 26.2	−03 08 31		27	I	9.5	1.0	0	2462	10	170	199	4		1.32	1.18			377	E ★
					S	50.0		5	2455										548	P
Anon 0306+60	03 06 43.9	+60 55 27			I	4.5		0	2350	60		300							333	E
IC 1887	03 06 57.5	+40 34 38	Sdm	56	I	6.82		0	2992		282	294	4		1.3	0.7			84	G ★
UGC 2566	03 07 00	+33 40			S	±	4.0		400 −	7400									490	A
UGC 2565	03 07 05.3	+31 44 06	Sm	47	I	4.03	0.73	0	12161	8	366	385	3		1.5	1.0			452	A ★
NGC 1232	03 07 30.0	−20 46 13	Sc	27	I	110.4	7.4	0	1686	9		259	4	32.2	7.9				320	P ★
			SXc		F	≤0.59													275	I
			SXc	20	F	29.98	1.71	0	1684	10		250	4	16.1	9.5	8.9			373	B
			Sc	27	M	9.60		0	1669	20				16.7					324	N
			Sc					0	1656		230	256	4						429	E
			SXc	28	I	127.9	13.8	0	1678	3	232	250	4		7.8	1.0			523	J ★
			Sc	27	M	29.11		0	1678					32.2	7.9		237	276	544	P
UGC 2571	03 07 36.0	+22 42 47	Sb		I	2.19		0	10544			412	3		1.1	0.1			565	A ★
ESO 300-G 14	03 07 46.0	−41 13 16		80	M	2.81		1	814			192	4	16.3	4.3	0.7			535	P
				80	M	1.58		1	808					16.2	4.3	0.7			535	P
			Sd	63					951		135	160	4	15.9					379	P ★
			Sd	66	F	5.94	0.80	0	950	10		149	4	8.0	6.5	2.9			373	B
NGC 1232 A	03 07 46.3	−20 47 25	SBm	27	I	≤25.0		5	1779			246	4	31.9	1.0				320	P ★
IC 1898	03 08 06	−22 35	Sc	83	F	4.21	1.89	0	1328	15		260	4	12.4	5.5	1.2			373	B
ESO 357-G 07	03 08 23.0	−33 20 24	Im						1108		111	129	4	15.9	2.8	0.4			379	P ★
			Im		F	4.21	0.73		1130	15		143	4	10.1					373	B
NGC 1249	03 08 35.0	−53 31 12	SBcd	61	I	85.3	5.9	0	1081	8		236	4	18.0	4.7				320	P ★
			Scd	61	I	119.0		0	1063			235	5	11.8	4.7				486	I ★
			SBcd	60				1	1007	90		235	4	10.7	5.4	3.1			528	P
IC 298	03 08 42.0	+00 01 48			M	≤1.0													209	A ★
			Pec		S	±	18.0		−400 −	3000					1.1	1.1			373	G
NGC 1241	03 08 49.2	−09 06 42	SBb		I	27.4		0	4036	10	418								171	G ★
			SBb		S	±	18.0		−400 −	3000					5.5	3.9			373	G
UGC 2580	03 08 54	+06 31			S	±	4.0		−100 −	6900									490	A
UGC 2582	03 09 03.8	+27 56 17			S	±	4.0		2400 −	9400									490	A
			Sc		I	2.67		0	16992			295	3		1.0	0.9			565	A ★
UGC 2584	03 09 06	+00 53			F	≤1.0			−400 −	3000									213	G
NGC 1233	03 09 19.2	+39 07 50	Sc	68	I	5.20		0	4563		177	233	4		2.3	0.9			84	A ★
UGC 2588	03 09 42	+14 14			S	±	4.0		−100 −	6900									490	A
Anon 0309+62	03 09 44.6	+62 21 57			I	4.0		0	3050	50		200							333	E
NGC 1247	03 09 48	−10 40	Sb		S	±	18.0		−400 −	3000					5.0	1.2			373	G
ESO 481-G 07	03 09 58	−25 19 06	Pec		S	±	18.0		−400 −	3000					1.0	0.8			373	B
Zw 485-009	03 10 01.5	+22 20 07	S		I	2.71		0	12842			413	3		0.7	0.3			565	A ★
UGC 2596	03 10 08.0	+43 56 41	Sm		S	±	18.0		−400 −	3000					5.0	2.9			373	G
			Sm	56	I	12.52		0	5380		338	366	4		2.2	1.2			84	G ★
IC 302	03 10 13.9	+04 31 06	Sc		I	17.36		0	5903			284	4		2.2	2.0			393	G ★
			Sc	35	I	15.87	1.6	0	5905	10		265	4		1.8				188	G ★
			SBbc	24	I	25.5		0	5908			434	5	59.3					417	G
			SBbc		I	11.44		0	5903		252	292	4		2.2	2.0			475	A ★
			SBc		I	17.4		0	5903			284	5		2.2	2.0			488	a ★
UGC 2601	03 11 18	+39 36			F	≤1.0			−400 −	3000									213	G
NGC 1255	03 11 22.5	−25 54 40	Sbc	47	I	20.4	3.6	0	1701	23		261	4	32.0	4.0				320	P ★

45

Table 1 cont.

Name (1)	R.A. (2)	Dec. (3)	Type (4)	i (5)	(6)	HI-flux (7)	(8)	(9)	v (10)	(11)	(12)	Δv (13)	(14)	Dist (15)	a (16)	b (17)	Vmax (18)	Pos (19)	Ref (20)	(21)
NGC 1255								0	1690	25									359	B
			SXbc	44	F	8.98	1.25	0	1699	15		260	4	16.0	5.5	4.0			373	B
			Sbc	47	M	3.15		0	1701	20				16.9					324	N
UGC 2603	03 11 24	+81 10			I	12.11			2519		140	118	3						498	G
ESO 481-G 14	03 11 29.0	−25 22 29	Im	79	I	39.0	4.0	0	1740	5	185			16.4	5.6	1.5			310	P ★
			Im	79	F	8.69	0.98	0	1735	10		182	4	16.4	6.1	1.6			373	B
UGC 2605	03 11 30	+40 06			F	≤1.0		−400	−	3000									213	G
UGC 2604	03 11 30.1	+39 27 03	SBd	41	I	3.96		0	4520		252	262	4		1.6	1.2			84	G ★
NGC 1253	03 11 36.0	−03 00 00	Sc	62	M	7.8		0	1710	10		380	4	17.0	7.1				160	G ★
			SBcd	62	F	31.01	3.20	0	1709	15		328	4	17.0	7.5	3.7			373	G
			Scd	57	M	7.88		0	1720	20				17.9					324	N
			Sc		I	106.9		0	1709			327	4		7.6	3.8			515	G ★
			Sm	53	M	1.11		0	1821	20				19.0					324	N
UGC 2608	03 11 42.8	+41 51 03	SBb	30	F	≤0.35		5	7041						1.75				154	G
			SBc	26	I	1.50		0	7000		263	292	4		1.0	0.9			84	G ★
Anon 0311−57	03 11 47.9	−57 33 00	SB	75				1	1140	20		232	4	12.3	3.5	1.3			528	P
UGC 2610	03 11 48.0	+39 11 00	Sc	66	I	3.44		0	5090		261	279	4		1.2	0.5			84	G ★
DDO 31	03 11 52.0	−02 59 20	Sm		F	≤1.5		−400	−	3000					2.6				89	G
			Im												3.0	1.8			373	G
UGC 2612	03 11 54.2	+41 48 06	Sd	45	I	1.79		0	9534		128	241	4		1.0	0.7			84	G ★
DDO 32	03 12 09.0	−04 57 47	Im	32	F	3.72	0.57	0	2218	10	114			44.0	2.9	2.46			89	G
			Im	33	F	3.76	0.57	0	2218	12		164	4	22.0	3.2	2.7			373	G
			Im		I	15.20		0	2215			160	4		3.3	2.6			515	G ★
UGC 2618	03 12 42.0	+41 53 00	Sbc	66	I	0.74		0	5376						1.4	0.6			84	G ★
UGC 2617	03 12 43.8	+40 42 06	SXd		S	± 18.0		−400	−	3000					5.5	2.1			373	G
			Sd	70	I	16.11		0	4627		391	503	4		3.0	1.0			84	G ★
IC 309	03 12 48.0	+40 38 00	Sa	0	I	1.99		0	3886		73	111	4		0.9	0.9			84	G ★
UGC 2620	03 13 00	+80 04	SXm	38	F	4.81	1.22	0	2244	10		151	4	24.6	3.9	3.1			373	G
UGC 2621	03 13 08.4	+41 20 54	Sb	90	S	± 1.9		5	4813						1.6	0.2			84	G ★
UGC 2623	03 13 19	+34 52 50	SBd		S	± 18.0		−400	−	3000					4.5	4.1			373	G
			SBc		I	10.78		0	4424		103	121	4		2.7	2.5			475	A ★
UGC 2627	03 13 54.7	+31 23 03	Sc	38	I	15.20	7.6	0	4238	140		336	4		1.6				188	G
			Sc		I	9.5		0	4213	8		237	4		2.0	1.7			78	A ★
			Sc		I	10.48		0	4219		212	258	4		2.0	1.7			489	A ★
			Sd	32	I	7.60	1.18	0	4217	1	229	243	3		2.0	1.7			452	A ★
ESO 481-G 16	03 14 00	−24 23	Im	22	F	1.07	0.31	0	2077	15		74	4	19.8	2.2	2.0			373	B
UGC 2629	03 14 02.2	+31 24 20	Sdm		I	6.9		0	4161	10		212	4		1.0	0.8			78	A ★
			SBd	37	I	3.59	0.56	0	4128	1	54	153	3		1.0	0.8			452	A ★
UGC 2640	03 14 30.1	+43 07 04	SBc	52	I	5.95		0	6109		337	357	4		1.3	0.8			84	G ★
UGC 2641	03 14 41.6	+03 25 47	Sdm	68	S	± 18.0		5	900						0.93	0.39			377	E
					S	± 4.0		1400	−	8400									490	A
ESO 357-G 12	03 14 54.5	−35 43 25	Sd	58	F				1569		142	160	4	15.9					379	P ★
			Sd	36	F	6.41	0.82	0	1572	20		160	4	14.4	2.9	2.3			373	B
			Sd	48	I	40.0	4.0	0	1579	5	147			14.5	3.9	2.6			310	P
NGC 1265	03 14 57.0	+41 40 36	E3		S	≤12.3		5	7540										356	G
UGC 2648	03 15 06.2	+47 14 31	SBc	43	S	≤30.0		500	−	8100									479	E
NGC 1288	03 15 12.0	−32 45 36						0	4533	15									359	B
			Sbc	21	M	3.66		0	4564	20				46.7					324	N
UGC 2655	03 15 24.0	+43 03 32	SXd		S	± 18.0		−400	−	3000					4.6	2.2			373	G
			SBd	64	I	7.69		0	6190		297	317	4		2.1	0.9			84	G ★
UGC 2654	03 15 24.0	+42 07 00	Im	69	S	± 2.3		5	5812						1.6	0.6			84	G ★
NGC 1291	03 15 29.3	−41 17 28	SBa		M	1.3			835		50			8.6					18	B ★
			SBa	50	F	4.6	0.8	0	836			58	5	14.0	5.8	3.9			226	P ★
			SBa	30	I	72.5	7.5	0	842	5		75	4	11.	10.5	9.1	40	170	155	P ★
			SB0/a		F	15.0	5.0		839			65	0						275	I ★
			S0		M	1.1			833	10	40			8.					366	P ★
								0	837	15									359	B
			SB0/a		F	14.0													229	P
			SB0/a	30	I	72.5	5.9	0	843	3		75	4	13.8	11.0				320	P ★
			SBa	6	I	45.0		0	843		35	70	4		6.9	11.0			517	V ★
NGC 1272	03 16 02.8	+41 18 40	S0		M	≤5.32								64.0	4.1				246	N
NGC 1292	03 16 07.6	−27 47 34	Sc	63					1351		240	256	4	15.9					379	P ★
			Sc	60	I	23.4	4.3	0	1386	23		250	4	25.6	2.8				320	P ★
			Sc	64	F	6.68	1.17	0	1370	20		263	4	12.6	4.0	1.8			373	B
			Sc	61	I	33.7	2.7	0	1367	5	248	283	4		3.2	0.9			523	J ★
UGC 2664	03 16 12	+40 34			F	≤1.0		−400	−	3000									213	G
ESO 481-G 18	03 16 24	−26 01 06	Sbc	68	F	2.51	0.62	0	1802	15		208	4	17.0	3.7	1.5			373	E
NGC 1275	03 16 29.9	+41 19 55	Seyf1		M	≤30.0			5280										308	B ★
			Pec		S	≤14.3		5	5220										356	G
ESO 481-G 19	03 16 33.5	−23 57 49	Im	38	I	19.0	4.0	0	1534	5	77			14.4	2.8	2.2			310	P

Table 1 cont.

Name (1)	R.A. (2)	Dec. (3)	Type (4)	i (5)	(6)	HI-flux (7)	(8)	(9)	v (10)	(11)	(12)	Δv (13)	(14)	Dist (15)	a (16)	b (17)	Vmax (18)	Pos (19)	Ref (20)	(21)
ESO 481-G 19			Im		F	3.21	0.55	0	1536	10		100	4	14.4	2.5	2.5			373	B
					M	2.71		1	1452			122	4	29.0	1.7	1.6			535	P
					M	1.99		1	1441			88	4	28.8	1.7	1.6			535	P
Anon 0316+66	03 16 35.0	+66 44 22			S	≤10.0		2000	–	6000									333	E
UGC 2671	03 16 48	+07 58			S	±	4.0	–100	–	6900									490	A
Anon 0317+00	03 17 12	+00 23	Mult		I	1.8		0	7334	15		380	4		0.8	0.7			78	A ★
NGC 1300	03 17 25.2	–19 35 29	SB						1560										196	W ★
								0	1502	20									42	N
			SBbc	55	M	1.5	0.5	0	1537	10				15.					35	N
			SBbc	50	I	30.3	5.0	0	1576	24		300	4	29.9	6.2				320	P ★
			SBbc	55	F	10.54	1.39	0	1583	15		292	4	15.0	4.8				373	B
			SBb	50	F	8.7		0	1575	1				17.1	6.5	4.8	185	274	570	V ★
IC 1913	03 17 33.1	–32 38 49	Sb	89	I	≤10.8		5	1287					23.2	1.3				320	P ★
UGC 2684	03 17 34.2	+17 06 54		60	F	1.45		0	351		86	107	4	5.5	3.2				213	G ★
			Im	59	F	2.53	0.44	0	357	8		88	4	4.2	3.2	1.7			373	G
			Im	62	I	10.1	0.74	0	342	5	76	93	4		1.68	0.84			377	E ★
			Im		I	9.10		0	352			96	4		3.2	1.6			515	G ★
NGC 1313	03 17 39.0	–66 40 42	SBd		F	110.0	8.0		462		166	216	4						275	I ★
			SBd					3	453	10	156	186	4						369	P ★
			SBd	40	I	440.2	14.0	0	475	3		199	4	5.4	8.3				320	P
			SBc	40				0	475					5.4	8.3		135	12	544	P
NGC 1302	03 17 42.3	–26 14 25	Sa		M	2.0			1696					21.6					131	B ★
			S	18	F	5.28	1.9		1698	20		221		22.8	6.0				246	N
			Sa	20	I	14.1	1.5	0	1706	10	92	113	5	34.1	5.1	4.9			346	E ★
			SB0/a	17	I	14.5	2.6	0	1712	10		110	4	32.0	4.7				320	P ★
NGC 1298	03 17 48.8	–02 15 38	E1	25	S	±	43.0	5	300					1.48	1.35				377	E
IC 1914	03 17 51.5	–49 46 44	Sd	59	I	53.0	5.0	0	1037	5		206		8.6	5.5	3.0			310	P ★
			Sc	62				1	1031	20				11.1	4.3	2.4			528	P
Anon 0318-01	03 18 11	–01 13 53	Mult		I	7.3	1.0	0	6270			333							469	G ★
Zw 540-115	03 18 15.0	+41 19 44	Sd	66	S	±	2.5	5	7176						1.0	0.4			84	G ★
UGC 2692	03 18 26	–00 32 49	Sc		I	4.352		0	6309		188	215	4		1.4	1.3			475	A ★
NGC 1311	03 18 36.0	–52 22 00	S	81				1	570	20				5.2	2.8	0.8			528	P
NGC 1310	03 19 07.0	–37 16 48	Sc	41	I	≤24.7		5	1715					31.5	2.3				320	P ★
Anon 0319-13	03 19 33	–13 49 27	Mult		I	6.6	2.8	0	9480			425			1.8	0.5			469	G ★
UGC 2700	03 19 36.0	+42 22 00	SBc	76	I	4.51		0	6622		421	442	4						84	G ★
UGC 2702	03 19 42	+36 51			S	±	18.0	–400	–	3000					5.6	5.2			373	G
NGC 1309	03 19 46.9	–15 34 40	Sbc	25	I	20.3			2137	9		130	5	41.2	3.1				80	G ★
			Sbc	19	I	28.0		0	2132			161	4	27.5	2.3				203	N
			Sbc		F	7.22	0.98	0	2138	10		161	4	20.7	4.4	4.4			373	G
			Sbc	18	M	2.69		0	2137	20				21.8					324	N
			Sbc		I	29.90		0	2134			162	4		4.4	4.4			515	G
UGCA 67	03 20 30.0	–11 23 00	SBd	33	F	4.34	0.75	0	2808	15		239	4	27.6	3.7	3.1			373	G
			SBd		I	19.29		0	2807			246	4		3.8	3.0			515	G ★
UGC 2707	03 20 30	+36 52						0	3405										490	A
UGC 2709	03 20 42.0	+38 30 00	SXb		S	±	18.0	–400	–	3000					6.0	2.5			373	G
			SBc	69	I	16.02		0	5148		363	378	4		3.5	1.3			84	A ★
NGC 1316	03 20 47.0	–37 23 06	S0 p	40	I	≤4.5		5	1774					32.6	7.1				320	P ★
			SX0		F	≤0.5													275	I
			S0		M	≤3.4								22.					85	N
			E		M	≤0.2		6	1632					16.3					418	P
NGC 1317	03 20 50.0	–37 16 42	Sa	30	I	≤4.5		5	2060					38.3	3.2				320	P ★
UGC 2712	03 21 00	+06 24						0	7113										490	A
ESO 548-G 05	03 21 32	–19 55 48	S p	25	F	2.73	0.62	0	1838	15		125	4	17.5	3.0	2.7			373	B
Anon 0321+60	03 21 34	+60 00			I	2.0		0	1165										512	G
UGCA 69	03 21 42.0	+72 40 00	Im	76	F	5.02	0.76	0	2074	15		269	4	22.8	4.3	1.3			373	G
			Im		I	16.70		0	2073			266	4		4.3	1.3			515	G ★
NGC 1326	03 22 01.8	–36 38 28	SB0		M	1.8			1360			241		19.5					18	B ★
								0	1349	35									42	N
			SB0	50	I	39.5	4.2	0	1364	10		270	4	24.0	6.	3.	170	30	155	P
			SB0	47	M	1.9	0.7	0	1381	45				17.					35	N
			S0/a						1364		253	271	4	15.9	4.8	3.2			379	P ★
			S0		F	9.0													229	P
			SB0/a	41	I	39.5	4.4	0	1364	15		270	4	24.4	4.0				320	P ★
			SB0		F	7.00	1.18	0	1363	20		280	4	13.4	6.0	6.0			373	B
NGC 1325	03 22 11.8	–21 43 16	Sbc	70				5	1635					30.9	3.8				320	P ★
			Sbc	69	F	6.75	1.07	0	1595	15		346	4	15.0	6.1	2.5			373	E
			Sbc	70	I	27.8	2.3	0	1589	3	329	354	4		4.6				473	J ★
				76	M	10.97		1	1507			376	4	30.1	5.5	1.4			535	P
				76	M	5.49		1	1485			370	4	29.7	5.5	1.4			535	P
UGC 2729	03 22 12.0	+68 24 00	S0/a	43	F	7.28	1.10	0	1936	10		260	4	21.4	9.1	6.7			373	G

47

Table 1 cont.

Name (1)	R.A. (2)	Dec. (3)	Type (4)	i (5)	(6)	HI-flux (7)	(8)	(9)	v (10)	(11)	(12)	Δv (13)	(14)	Dist (15)	a (16)	b (17)	Vmax (18)	Pos (19)	Ref (20)	(21)
UGC 2729			S0/a		I	38.70		0	1941			269	4		9.1	6.4			515	G
NGC 1325 A	03 22 34.7	−21 30 48	Sb	21	I	5.7	1.4	0	1333	7		60	4	24.8	2.6				320	P ★
UGC 2730	03 22 36.0	+40 35 00	Sc	82	I	3.39		0	3767		413	477	4		1.7	0.3			84	G ★
UGC 2734	03 22 44.1	+46 27 33	Sd	51	I	2.7	1.4	0	5623	8	181	229	4	115.5	0.9	0.6			479	E ★
IC 320	03 22 48.0	+40 37 00	SBc	20	I	2.29		0	6981		210	232	4		1.6	1.5			84	G ★
Mark 609	03 22 57.3	−06 19 09	S	52	F	≤0.83		5	9000										154	G
UGCA 71	03 23 12	−16 24	Sm	83	F	4.33	0.82	0	1878	15		247	4	18.0	3.9	0.8			373	G
UGC 2736	03 23 12.0	+40 20 00	Sbc	90	I	1.43		0	5887		266	314	4		1.8	0.3			84	G ★
NGC 1326 A	03 23 13	−36 32 24	SBm	43	F	4.74	0.85	0	1836	15		95	4	13.4	2.0	1.4			373	B
NGC 1326 B	03 23 24.0	−36 33 30	SBd	76	F	16.15	1.28	0	1012	10		185	4	13.4	4.8	1.4			373	B
			SBc	81	I	53.3	4.7	0	1003	8		182	4	17.2	2.0				320	P ★
UGC 2739	03 23 45.2	+49 48 34	Sc	67	S	≤26.0		500	−	8100									479	E
NGC 1331	03 23 49	−21 31	S	74	S	±	15.0	5	1408						4.37	1.45			377	E
NGC 1332	03 24 03.9	−21 30 40	S0		F	≤2.0		7	1497					20.					95	B ★
								0	1344	35									42	N
			S0	81	F	1.27	1.0		1524	35	228			20.4	6.1				246	N ★
			S0		M	0.98	0.8	0	1381	35				14.					35	N
			E/S0	70	I	≤7.9		5	1564					26.5	4.0				320	P ★
UGC 2741	03 24 12	+06 56			S	±	4.0	2400	−	9400									490	A
IC 1933	03 24 14.0	−52 57 12	Scd	52	I	19.9	3.4	0	1068	17		193	4	17.7	2.3				320	P ★
UGC 2742	03 24 24.0	+40 44 00	SBd	43	I	1.99		0	4401		341	370	4		1.1	0.8			84	G ★
ESO 358-G 05	03 25 17	−33 39 36	Im		S	±	18.0	−400	−	3000					3.0	2.3			373	B
NGC 1337	03 25 39.8	−08 33 46	Scd	72	I	73.8			1235	9		270	5	23.5	5.3				80	G ★
			Scd	72	I	72.5	10.9	0	1238	9		275	4	21.4	5.9				201	G ★
			Scd	72	F	22.74	1.75	0	1246	8		269	4	12.0	7.3	2.6			373	G
UGCA 73	03 25 57.8	−17 35 26		59	M	0.42	0.072	0	1855	16		141	4	24.0	0.80	0.38			293	G ★
					F	0.53	0.5	0	1881	35		170	9	23.9					34	N ★
				64	F	0.79	0.32	0	1871		89	176	4	24.8	0.80	0.39			347	G ★
NGC 1344	03 26 39.0	−31 13 53	S0	68	I	≤13.9								12.	5.				311	P
NGC 1334	03 26 42.0	+41 40 00	Im	52	I	3.85		0	4398		60	103	4		1.8	1.1			84	G ★
NGC 1351 A	03 26 52	−35 21	Sc						1354		167	228	4	15.9	3.0	0.6			379	P ★
UGCA 75	03 27 12	−15 24	Sm	24	F	6.94	1.11	0	1890	10		136	4	18.2	3.4	3.1			373	G
UGC 2765	03 27 12	+68 12	S0/a	66	F	9.66	1.39	0	1679	10		329	4	18.8	10.0	4.4			373	G
NGC 1345	03 27 14.0	−17 57 07		49	F	3.03	0.6	0	1523	20		130	9	19.1					34	N ★
				39	F	3.59	0.45	0	1531		126	152	4	20.3	1.45	1.15			347	G ★
			Comp		M	5.0			1531										502	V
Anon 0327−04	03 27 48	−04 25	Sc	52	I	7.84	1.6	0	8395	20		358	4		1.2				188	G ★
UGC 2767	03 27 48	+79 56			F	≤1.0		−400	−	3000									213	G
Mark 612	03 28 09.9	−03 18 35	E p	60	F	≤0.45		5	6002						0.44				154	G
UGC 2775	03 28 48.0	+41 26 12	Sd	27	I	6.20		0	4405		289	305	4		1.8	1.6			84	G ★
NGC 1349	03 28 48.9	+04 12 33	E/S0		I	2.46		0	6593			404	4		1.0	1.0			269	A ★
			S0		I	2.03		0	6596			391	5		1.0	1.0			488	A ★
NGC 1350	03 29 10.0	−33 47 54	Sab	57	F	7.4	2.6	0	1868	50		564	4	19.2	3.9				53	N ★
			SBab	61					1898		394	427	4	15.9					379	P ★
			SBab	57	I	13.7	3.9	0	1769	43		302	4	32.6	3.9				320	P ★
NGC 1353	03 29 49.7	−20 59 11	Sb	65	I	≤10.3		5	1700					32.1	3.0				320	P ★
			SXb		S	±	18.0	−400	−	3000					4.6	2.1			373	B
			SBb	65	I	7.9	1.2	0	1525	10	392	408	4		3.4				473	J ★
ESO 548-G 32	03 30 02.6	−17 53 12	Sdm	65	I	≤60.0									2.4	1.1			310	P
			Im	64	F	2.65	0.76	0	1961	20		160	4	18.8	3.2	1.5			373	G
IC 1954	03 30 05.0	−52 04 24	Sb	60	I	25.7	3.3	0	1079	23		349	4	17.8	3.2				320	P ★
			SBc	64				1	1079	23		229	4	11.6	2.8	1.4			528	P
			Sc	55	I	19.2	1.5		1064	9	216	240	4		2.9	1.8			550	P ★
NGC 1357	03 30 56.4	−13 59 48	Sa	43	I	≤6.2		5	2101	63				42.0	2.9	2.2			346	G
								0	2009	75									324	N
UGC 2783	03 31 01.0	+39 11 23	E		S	≤10.6.		5	6100										356	G
IC 1953	03 31 29.3	−21 38 43	SBd	36	I	21.5	3.4	0	1859	23		285	4	35.2	2.8				320	P ★
								0	1883	20									359	B
			Sd	36	M	1.84		0	1995	75				19.9					324	N
			SBbc	34	F	3.43	0.67	0	1860	15		220	4	17.6	4.1	3.4			373	E
NGC 1359	03 31 33.1	−19 39 30	Sm	32	I	27.0	3.2	0	1962	15		259	4	37.4	1.9				320	P ★
			SBm p	33	F	9.31	1.14	0	1976	15		239	4	18.8	3.5	2.9			373	B
			Sm	32	M	4.67		0	1958	20				19.6					324	N
					M	11.38		1	1869			255	4	37.4	2.3	1.4			535	P
NGC 1365	03 31 41.8	−36 18 24	SBb		F	15.0	7.0		1755										275	I
			SBb	61					1636		378	409	4	15.9					379	P ★
			SBb	57	I	142.0	8.0	0	1647	11		400	4	30.0	8.9				320	P ★
			SBb	56	F	37.59	2.48	0	1639	20		403	4	13.4	13.3	7.8			373	B
			SBb	66	M	4.0	4.0	0	1595	80				9.8					85	N
			Sb	57	M	11.75		0	1640	20				15.7					324	N

Table 1 cont.

Name (1)	R.A. (2)	Dec. (3)	Type (4)	i (5)	(6)	HI-flux (7)	(8)	(9)	v (10)	(11)	(12)	Δv (13)	(14)	Dist (15)	a (16)	b (17)	Vmax (18)	Pos (19)	Ref (20)	(21)
NGC 1365			SBb	58	I	146.8		0	1633		368	400	4		9.8	5.5			125	V ★
			Sc	57				0	1647					30.0	8.9				538	P
			SBb	42	I	135.1	10.8		1634	2	369	396	4		9.2	7.0	209	200	544	P ★
			Sc	89				1	639	20				6.0	3.0	0.6			550	P
Anon 0331−50	03 31 42.0	−50 35 00																	528	P
UGC 2789	03 31 42	+67 24	SB		I	14.19		0	3135		373	359	3						498	G ★
			S			± 18.0			−400 − 3000						5.5	4.0			373	G
NGC 1366	03 31 52.4	−31 21 37	S0/a	65	I	≤9.3		5	1255					22.4	0.2				320	P ★
UGC 2791	03 32 12.0	+41 15 00	Sm	21	I	4.60		0	5679		166	229	4		1.5	1.4			84	G ★
Anon 0332+47	03 32 17.1	+47 48 09	Sd	52	I	9.3	1.7	0	4784	3	167	187	4	98.7	1.3	0.8			479	E ★
NGC 1343	03 32 25.2	+72 24 28	Comp		F	≤4.9		5	300					8.8	4.1				60	N
				51	F	4.53	0.26	0	2215		111	144	4	32.9	2.82	1.86			347	G ★
					I	19.10		0	2215		157	118	3						498	G ★
NGC 1371	03 32 52.7	−25 05 54	Sa	43	I	100.0	6.4	0	1479	14		452		27.3	5.4				320	P ★
			Sa	41	I	55.5	3.5	0	1464	10	388	404	5	28.4	5.7	4.4			346	E ★
			SXa	41	F	17.99	1.28	0	1472	10		412	4	13.6	7.5	5.7			373	E
			Sa		I	76.0		0	1462	20		403	4						232	N ★
UGC 2795	03 32 53.2	+04 53 40	Sb		I	4.98		0	6395			412	4		1.1	0.5			393	G ★
			SBb		I	5.0		0	6408			412	5		1.1	0.5			488	a ★
UGC 2794	03 32 54	+48 20			I	4.30		0	5823		170	157	3						498	G ★
UGCA 80	03 34 00	−06 53	SBm	57	F	1.96	0.51	0	3081	40		187	4	30.3	2.7	1.5			373	E
UGC 2796	03 34 00	+13 15			S	± 4.0			2400 − 9400										490	A
NGC 1380	03 34 31.0	−35 08 24	S0	77	M	≤0.68								24.5	6.6				246	N
			S0	70	I	≤5.4		5	1809					33.3	4.2				320	P ★
UGC 2797	03 34 36	+23 07			S	± 4.0			1400 − 8400										490	A
NGC 1381	03 34 37.0	−35 27 48	S0	77	I	≤4.5		5	1776					32.6	2.3				320	P ★
NGC 1376	03 34 37.2	−05 12 30	Scd	25	I	11.5	1.7	0	4155	9		183	4	74.6	2.8				201	G ★
			Scd		S	± 18.0			−400 − 3000						3.2	3.2			373	G
			Scd	17	M	4.46		0	4168	20				43.4					324	N
UGC 2800	03 34 45.6	+71 14 42		60	F	6.52		0	1172		213	242	4	18.4	4.3				213	G ★
UGC 2798	03 34 48	+40 50	Im	59	F	7.13	1.10	0	1180	15		235	4	13.9	5.9	3.1			373	G
					I	4.28		0	4941		426	400	3						498	G ★
NGC 1380 A	03 34 51.0	−34 53 54	S	89	I	≤11.4		5	1616					29.4	1.2				320	P
NGC 1386	03 34 52.0	−36 09 54	Sa	67	I	≤4.5		5	794					12.9	3.0				320	P ★
			Sa	67	S	± 20.5		5	918	34					3.5	1.5			538	P
NGC 1380 B	03 35 13.0	−35 21 18			I	≤11.4		5	1925					35.6					320	P
NGC 1385	03 35 19.8	−24 39 52	SBcd	50	I	38.4	5.5	0	1488	16		217	4	27.5	2.9				320	P ★
								0	1488	20									42	N
			SBcd	52	F	7.33	0.98	0	1503	15		224	4	13.9	4.6	2.9			373	B
			Scd	49	M	1.60		0	1488	20				14.5					324	N
UGCA 81	03 35 30	+66 34	SBcd	53	I	39.6		0	1499	10	187	216	4	30.0					416	E ★
Anon 0335+23	03 35 43.2	+23 04 09	S0/a	53	F	17.91	1.67	0	1501	10		284	4	17.0	4.5	2.7			373	G
UGC 2807	03 35 50.4	+30 05 49	Sbc		I	0.73		0	16769			236	3		0.6	0.5			565	A ★
					F	≤1.0			−400 − 3000										213	G
Anon 0335+09	03 35 57.3	+09 48 27	Sm	55	I	2.97	0.46	0	4158	1	117	143	3		1.6	0.9			452	A ★
			Comp		F	≤0.33		5	10458										154	G
UGCA 82	03 36 00	−04 29	Sm		S	± 18.0			−400 − 3000						3.7	2.5			373	G
NGC 1399	03 36 34.0	−35 36 42	E		M	≤0.1		6	1295					13.0					418	P
UGC 2809	03 36 39.0	+19 37 30			F	1.46		0	1282		131	145	4	17.8	3.0				213	G ★
NGC 1398	03 36 45.0	−26 29 55	SBab	38	I	54.4	4.1	0	1394	19		500	4	25.5	6.6				320	P ★
			SBab	38	F	11.76	1.92	0	1401	10		458	4	12.8	10.1	8.0			373	B
			Sab		I	44.9		0	1432	20		506	4						232	N ★
UGC 2810	03 36 48	+39 27			I	3.20		0	6500		293	276	3						498	G ★
NGC 1400	03 37 15.4	−18 50 56	S0	29	M	≤0.3								5.4	2.4				246	N
			E/S0	28	S	± 13.0		5	524	31					1.91	1.70			377	E
UGC 2813	03 37 16.2	+71 09 00		65	F	2.22		0	1378		126	169	4	21.1	3.6				213	G
			Im	63	F	2.59	0.73	0	1407	20		172	4	16.1	4.6	2.2			373	G
NGC 1406	03 37 22.5	−31 29 00	SBbc	85					1055		324	338	4	15.9					379	P ★
			SBc	81	F	8.54	2.68	0	1068	15		352	4	9.3	5.5	1.3			373	B
			SBbc	81	I	40.2	3.3	0	1083	6	309	379	4		3.9				473	J ★
Anon 0337+69	03 37 44.5	+69 40 46			I	1.70		0	1470			115	4						515	G ★
NGC 1407	03 37 56.6	−17 14 23	E		M	≤0.1		6	1717					17.2					418	P
			E0		F	≤1.50		5	1766					22.3	2.4	2.4			455	J ★
UGC 2816	03 38 13.2	+23 51 06	Sbc		I	1.32		0	7675			573	3		1.4	0.4			565	A ★
NGC 1427 A	03 38 14.0	−35 47 12	Im						2020		80	151	4	15.9	3.3	2.1			379	P ★
			IBm	52	I	25.4	2.8	0	2023	7		117	4	37.5	1.9				320	P ★
			IBm	51	F	6.21	0.62	0	2029	25		96	4	13.4	3.5	2.2			373	B
ESO 548-G 69	03 38 23.3	−21 40 48	Im	50	I	≤60.0									2.0	1.3			310	P
NGC 1409/10	03 38 42	−01 27	E		I	≤1.5			7380										114	G
NGC 1415	03 38 46.0	−22 43 25	S0/a	56	I	≤4.9		5	1508					28.0	3.4				320	P ★

Table 1 cont.

Name (1)	R.A. (2)	Dec. (3)	Type (4)	i (5)	(6)	HI-flux (7)	(8)	(9)	v (10)	(11)	(12)	Δv (13)	(14)	Dist (15)	a (16)	b (17)	Vmax (18)	Pos (19)	Ref (20)	(21)
NGC 1415			S0/a	61	F	1.93	1.5		1617	80	364			21.5	5.2				246	N ★
			SXa	54	I	7.8	1.5	0	1553	10	324	336	5	30.5	3.8	2.4			346	E ★
IC 334	03 38 52.9	+76 28 46	Pec		F	1.42	0.94	0	2511	40		255	4	27.2	9.0	9.0			373	G
			I0	00	M	8.64	2.16	0	2560			408	4	54.6	8.8	8.8			382	G ★
Anon 0338−45	03 38 53.9	−45 31 00	Im	48				1	1566	20				17.8	2.1	1.5			528	P
UGC 2827	03 39 00	+69 10			I	4.02		0	1523		163	144	3						498	G ★
NGC 1417	03 39 28.2	−04 51 54	Sb	50	M	8.29		0	4120	20				42.9					324	N
NGC 1418	03 39 47.4	−04 53 30	Sb	40	M	2.18		0	4218	75				43.9					324	N
UGC 2834	03 40 06	+42 37			F	≤1.0		−400	−	3000									213	G
ESO 482-G 36	03 40 08.3	−22 54 52	Sm	42	I	≤60.0									1.8	1.3			310	P
NGC 1421	03 40 09.0	−13 38 53	Sbc	78	I	40.2		0	2079			386	4	26.7	2.7				203	G ★
			SXbc	79	F			0	2099	15		383	4	20.2	5.4	1.5			373	G
			Sbc	76	M	5.02		0	2078	20				21.3					324	N
			Sbc		I	40.70		0	2087			402	4		5.4	1.1			515	G ★
NGC 1425	03 40 09.4	−30 03 11	Sb	62	I	65.0	5.2	0	1504	14		362	4	27.4	4.8				320	P ★
			Sb	65					1508		356	369	4	15.9					379	P ★
			Sb	60	F	8.67	0.71	0	1510	15		368	4	13.8	6.8	3.6			373	B
			Sb	62	M	2.15		0	1496	20				14.3					324	N
			Sb	62	I	52.4	4.7	0	1514	3	365	385	4		5.4				473	J ★
NGC 1433	03 40 27.0	−47 22 48	SBa		M	3.2		0	1069			205	5	18.	6.0	5.0			226	P ★
			SBa		F	≤0.43													275	I
			SBa	27	I	23.6	2.1	0	1080	9		191	4	18.0	7.1				320	P ★
				39	M	3.09		1	898			219	4	18.0	6.2	4.9			535	P
UGC 2837	03 40 36	+39 52			I	3.52		0	4921		166	148	3						498	G ★
UGC 2838	03 40 45.8	+23 54 17	Sd	87	I	3.53	0.57	0	5974	2	388	401	3		1.4	0.1			454	A ★
UGC 2839	03 41 00	+14 10			S	±	4.0	2400	−	9400									490	A
UGC 2840	03 41 00.7	+22 30 27	Sm	33	I	2.73	0.43	0	3637	1	126	145	3		1.8	1.5			454	A ★
								0	3650										490	A
ESO 358-G 54	03 41 09	−36 25 48	Sm	42	F	1.42	0.43	0	895	40		107	4	13.4	2.7	2.0			373	B
UGC 2843	03 41 20.8	+46 02 42	Sbc	69	S	≤23.0		500	−	8100									479	E
NGC 1437	03 41 43.0	−36 00 42	SBa	43	I	≤5.7		5	1231					21.6	2.8				320	P ★
			SBa					0	1050						4.5	3.3			373	B
IC 342	03 41 58.4	+67 56 26	Scd		I	4908		0	35			200	5		40.				183	G ★
			Scd	25	M	10.4			35			200	5	3.				35	182	G ★
			SXc	35	M	2.9								1.8	40.	33.			81	H ★
			SXcd	25	M	15.0	1.0	0	25	5	164	189	5	4.5	40.	33.	192	40	178	O ★
			Sc	35	I	3550		0	56	5	110			2.2	40.	33.	60		87	H
			Scd	25										4.5	19.8		192		116	E ★
			SXcd	22	M	14.7		0	25	5	164	189	4	4.5	40.		192	40	177	O ★
			Scd	25	M	17.0			25	3	174	195	4	4.5	40.			39	253	C ★
			Scd												19.8		188		351	G ★
			Scd		M	5.2								2.5					85	N
			Sc					5	31						24.0	24.0			503	G
UGC 2848	03 42 00	+72 30			I	6.02		0	4302		202	183	3						498	G ★
UGC 2849	03 42 06	+44 43			I	10.02		0	8138		591	580	3						498	G ★
UGC 2851	03 42 12	+46 32			I	10.40		0	5477		491	407	3						498	G ★
UGC 2852	03 42 18	+05 45						0	6100										490	A
NGC 1448	03 42 52.8	−44 48 00	Scd	85	M	11.7	1.1	0	1161			406	5	20.0	7.4	1.3			226	P ★
			Scd	84	I	131.3	11.0	0	1157	17		407	4	19.6	6.0				320	P ★
			Scd	82	F	31.62	5.84	0	1178	15		416	4	10.0	11.0	2.6			373	B
			Sc	84	M	12.91		0	1165					19.6	6.0		198	53	544	P
UGC 2853	03 43 00	+41 44			F	≤1.0		−400	−	4800									213	G
NGC 1452	03 43 07.2	−18 47 18	SBa	29	I	7.6	1.5	0	1737	20	177	236	5	37.6	2.2	2.0			346	E ★
UGC 2855	03 43 18.0	+70 00 00						0	1201	10									359	G
			SXc	60	F	24.50	2.26	0	1210	10		440	4	14.1	8.8	4.6			373	G
			SXc		I	94.30		0	1202			451	4		8.8	4.4			515	G ★
			SXc	62	I	95.6	8.9	0	1204	4	417	466	4		4.4	1.3			523	J ★
Anon 0343+45	03 43 20.2	+45 12 22	Sd	61	S	≤43.0		500	−	8200									479	E
UGC 2856	03 43 36	+15 17			S	±	4.0	2400	−	9400									490	A
UGC 2858	03 43 51.2	+45 48 57	Sdm		S	±	18.0	−400	−	3000					6.1	4.4			373	G
			Sdm	54	I	9.0	2.2	0	5054	13	250	276	4	103.9	1.7	1.0			479	E ★
UGC 2859	03 44 00	+40 43			I	8.84		0	5493		226	187	3						498	G ★
ESO 358-G 61	03 44 02.0	−36 30 48	Im						1493		102	133	4	15.9	3.2	0.8			379	P ★
ESO 358-G 63	03 44 24.0	−35 05 48	Sm	82					1933		271	284	4	15.9					379	P ★
			Sm	69	F	6.72	1.32	0	1930	20		298	4	13.4	5.0	2.0			373	B
UGC 2861	03 44 24	+39 12			I	10.59		0	6368		505	494	3						498	G ★
ESO 302-G 09	03 45 44.0	−38 43 48	Im	79				0	993		142	163	4	15.9					379	P ★
UGC 2872	03 46 30	+01 02						0	4135										490	A
Anon 0346−80	03 46 36.0	−80 16 00	SBd	69				1	1632	20				19.1	2.1	0.9			528	P
NGC 1473	03 47 12.0	−68 22 00	SBd	61				1	1338	20				15.0	1.5	0.8			528	P

Table 1 cont.

Name (1)	R.A. (2)	Dec. (3)	Type (4)	i (5)	(6)	HI-flux (7)	(8)	(9)	v (10)	(11)	(12)	Δv (13)	(14)	Dist (15)	a (16)	b (17)	Vmax (18)	Pos (19)	Ref (20)	(21)
Anon 0347−49	03 47 36.0	−49 01 00	Sd	90				1	977	20				10.3	3.9	0.8			528	P
ESO 482-G 46	03 47 37.0	−27 08 42	Sc						1516		225	251	4	15.9	5.0	0.7			379	P ★
			Sc	85	F	3.23	0.98	0	1535	20		235	4	14.0	4.9	1.0			373	B
UGC 2877	03 47 54	+36 45			S	±	4.0	−100	−	6900									490	A
UGC 2878	03 48 30	+42 40			I	2.82		0	5390		288	279	3						498	G ★
UGC 2879	03 48 36.0	+32 49 32			F	≤1.0		−400	−	3000									213	G
			Sm	37	I	2.84	0.46	0	3938	1	159	177	3		1.5	1.2			452	A ★
UGC 2880	03 48 48.6	+24 45 13	Sd	83	I	2.13	0.37	0	5983	7	268	278	3		1.4	0.2			454	A ★
UGC 2882	03 49 30	+34 32						0	4355										490	A
UGC 2885	03 49 48.6	+35 26 33						0	5815	15									359	G
			Sc	62	F	8.18	1.89	0	5803	20		541	4	59.1	9.5	4.7			373	G
			Sc	64	I	25.2	0.8	0	5794	3	583	629	4	118.	5.5	2.5		44	444	W ★
			Sc	63	M	56.2		0	5802		554	581	4	118.					450	A ★
			SBbc	53	I	34.2	3.3	0	5801	5	550	595	4		5.1				473	J ★
			Sc		I	17.34		0	5802		556	581	4		5.5	2.5			489	A ★
			Sc		I	32.70		0	5801			607	4		9.5	4.8			515	G ★
ESO 302-G 14	03 49 52.8	−38 36 04	Sm	18	I	18.0	3.0	0	881	5	75			7.2	2.3	2.2			310	P ★
			Im	28				1	881	20				9.3	1.8	1.6			528	P
UGC 2887	03 50 00	+34 48			F	≤1.0		−400	−	3000									213	G
ESO 359-G 03	03 50 05.0	−33 37 06	Sb						1596		169	172	4	15.9	1.8	0.7			379	P ★
ESO 54-G 21	03 50 05.8	−71 47 00	Sd	56	I	68.0	5.0	0	1428	4	205			12.1	5.6	3.3			310	P ★
			Sd	59				1	1429	20		209	4	16.3	4.3	2.5			528	P
Zw 508-002	03 50 07.2	+32 09 06	Scd	43	I	6.84	1.08	0	4076	1	116	325	3		0.6	0.4			452	A ★
UGC 2888	03 50 10.4	+32 11 00	Mult		I	5.6		0	4031	15		262	4		1.1	0.8			78	A ★
			Scd	43	I	7.39	1.15	0	4039	1	187	255	3		1.1	0.8			452	A ★
UGC 2890	03 50 18	+72 46			I	12.76		0	1165		186	127	3						498	G ★
NGC 1465	03 50 22.0	+32 20 46	Sab	81	S	±	1.7	2372	−	9308					1.9	0.5			452	A
UGC 2892	03 50 43	+18 57 23	SBb		I	3.205		0	7963		447	468	4		1.6	1.5			475	P ★
NGC 1483	03 51 15.0	−47 37 24	Sbc		I	12.1	2.3	0	1143	14		141	4	19.1					320	P ★
UGC 2896	03 51 24	+79 25			I	6.48		0	2224		213	202	3						498	G ★
Anon 0351+15	03 51 25.9	+15 46 54			I	1.392		0	6662			224	4	87.8	0.4	0.4			562	A ★
Anon 0351+02a	03 51 33.5	+02 40 33	Seyf1		M	13.2		0	10357	50	950	469	7		0.2				344	A ★
			Seyf1		M	7.0		0	10650										391	A ★
Anon 0351+02b	03 51 33.6	+02 40 19	S		M	3.0		0	10200										391	A ★
IC 2002	03 51 46.5	+10 33 27	Sb		I	9.49		0	5232			366	4		1.4	1.1			393	G ★
			SBb		I	9.5		0	5222			315	3		1.4	1.1			488	G ★
UGC 2899	03 51 48	+06 27						0	3471										490	A
Anon 0352−49	03 52 06.0	−49 08 00	Im	50				1	1584	20				18.0	1.9	1.3			528	P
ESO 359-G 05	03 52 11	−36 12 36	Im		I	1.1	0.3	0	1330	10				26.	1.33	0.75			553	V ★
NGC 1482	03 52 26.8	−20 38 55	S0/a	43	I	≤6.4		5	1655					30.8	1.5				320	P ★
					S	≤60.0		5	1655										548	P
IC 2006	03 52 36.1	−36 06 44	S0	31	I	≤7.7									4.5	3.9			311	P
			E1	37	I	3.0	0.5	0	1390	10				26.	1.1	0.95	202	34	553	V ★
Anon 0353+45	03 53 58.1	+45 33 14	Sc	30	S	≤26.0		4500	−	8200									479	E
NGC 1487	03 54 03.0	−42 30 48		47	I	53.9	4.8	0	856	10		224	4	13.5	1.9				320	P ★
			p		M	2.13		0	660			236	4	13.2	4.5	1.0			535	P
UGC 2905	03 54 12	+16 22			S	±	4.0	900	−	7900									490	A
UGCA 86	03 55 00.0	+66 59 00	SX/Ir		M	1.6			85			150	5	3.	8.		70	305	182	G ★
					I	773.2		0	85			150	5		8.				183	G ★
			S0/a	28	F	78.94	4.56	0	72	10		145	4	2.6	2.8	2.4			373	G
			SX/Ir	32	I	300.8	90.0	0	76		83	148	4	4.7	2.33	2.00			377	E ★
			SX/Ir		I	446.9		0	38			231	4		2.8	2.2			515	G ★
UGC 2906	03 55 06.9	+73 56 30	Sb		S	±	18.0	−400	−	3000					5.6	3.5			373	G
					I	26.72		0	2494		468	439	3						498	G ★
NGC 1488	03 55 18.3	+18 26 31			I	3.95		0	7011		251								563	A ★
UGC 2907	03 55 24	+78 08			I	8.77		0	2171		121	89	3						498	G ★
UGC 2908	03 55 30	+43 13			I	1.52		0	4646		325	203	3						498	G ★
Zw 508-005	03 55 40.2	+27 37 37	Sb		I	2.54		0	6761			356	3		0.5	0.3			565	A ★
ESO 249-G 32	03 55 48.0	−46 30 37	Im	57	I	≤60.0									1.5	0.9			310	P ★
NGC 1493	03 55 54.0	−46 21 00	SBcd		M	3.0		0	1051			132	5	17.	2.5	2.2			226	P ★
			SBcd	29	F	9.13	1.17	0	1059	10	119		4	8.7	4.1	3.6			373	B
				20	M	2.94		1	853			127	4	17.1	2.6	2.4			535	P
UGC 2911	03 56 00	+43 11			I	1.73		0	5117		218	138	3						498	G ★
Anon 0356+10	03 56 10.4	+10 17 34	E		S	≤14.4.		5	9190										356	G
NGC 1494	03 56 12.0	−49 03 00	Sd	47	I	24.7	3.4	0	1123	14		208	4	18.6	2.5				320	P ★
			Sbc	61				1	1123	14		205	4	12.2	3.2	1.8			528	P
UGC 2913	03 56 29	+01 13	SBa		I	2.387		0	3912		133	151	4		1.0	1.0			475	A ★
Zw 487-004	03 56 32.8	+21 39 18			I	1.14		0	7508		107								563	A ★
			S		I	1.55		0	7512			127	3		0.6	0.3			565	A ★
NGC 1495	03 56 44	−44 36 30	Sc		S	±	18.0	−400	−	3000					4.5	1.3			373	B

Table 1 cont.

Name (1)	R.A. (2)	Dec. (3)	Type (4)	i (5)	(6)	HI-flux (7)	(8)	(9)	v (10)	(11)	(12)	Δv (13)	(14)	Dist (15)	a (16)	b (17)	Vmax (18)	Pos (19)	Ref (20)	(21)
UGC 2915	03 56 44.0	+32 28 13	Sc		I	4.46		0	5302			310	3		1.2	0.2			565	A ⋆
UGC 2916	03 57 06	+71 34			I	25.56		0	4517		331	291	3						498	G ⋆
UGC 2917	03 57 12	+79 43			I	3.93		0	2221		118	101	3						498	G ⋆
UGC 2918	03 57 21.1	+22 45 53	S		I	4.803		0	6001		200	234	4		1.5	1.4			475	A ⋆
			Sm	21	I	3.61	0.59	0	6000	3	212	234	3		1.5	1.4			454	A
								0	5996										490	A
UGC 2919	03 57 24	+05 34			S	±	4.0	2400	–	9400									490	A
ESO 249-G 36	03 57 42.0	–46 00 45	Sdm	18	I	27.0	5.0	0	901	7	105			7.1	2.3	2.2			310	P
			Im	19				1	901	20				9.4	2.1	2.0			528	P
Anon 0357+71	03 57 54	+71 34 56			I	16.67		0	4509		338	172	3						498	G ⋆
UGC 2917	03 58 04.8	+79 41 54		35	F	1.63		0	2184		183	240	4	32.0	2.3				213	G ⋆
UGC 2924	03 58 18.0	+26 41 10	S		I	1.62		0	9405			345	3		1.0	0.5			565	A ⋆
IC 2051	03 58 24	–83 58 36	Sbc	49	I	32.4	2.6		1740	16	300	337	4		2.4	1.6			550	P ⋆
Zw 487-006	03 58 28.4	+23 06 33	Sc		I	3.57		0	7243			236	3		0.7	0.3			565	A ⋆
Anon 0358–10	03 58 36	–10 25	Sc	17	I	5.14	0.8	0	11060	25		280	4		0.9				188	G ⋆
UGC 2927	03 58 41.9	+22 58 40	SBb	52	I	4.08	0.66	0	6257	1	223	245	3		2.4	1.5			454	A ⋆
UGC 2928	03 58 42.2	+23 03 57	SBb	46	I	1.60	0.28	0	7521	4	374	387	3		1.0	0.7			454	A ⋆
ESO 549-G 47	03 59 00	–18 12 54	S	55	S	±	11.0	–600	–	3300					1.51	0.91			377	E
UGC 2931	03 59 16.0	+25 40 53	Sd	44	I	3.54	0.56	0	5747	1	208	237	3		1.4	1.0			454	A ⋆
NGC 1511	03 59 23.0	–67 46 52	Sab	72	I	63.7	6.1	0	1350	14		283	4	22.6	2.9				320	P ⋆
			Sab	72	I	85.3		0	1352			270	5	15.1	2.9				486	I ⋆
			p	73	M	35.67		0	1743			726	4	34.9	2.5	0.7			535	P
Zw 487-012	03 59 23.5	+26 41 13	SBc		I	0.82		0	5640			96	3		0.7	0.5			565	A ⋆
UGC 2932	03 59 42	+33 44			S	±	4.0	1400	–	8400									490	A
NGC 1485	03 59 42	+70 51 40			I	10.92		0	1083		313	297	3						498	G ⋆
UGC 2934	03 59 52.4	+30 55 08	Sc	83	I	4.14	0.69	0	5200	3	309	328	3		1.5	0.3			452	A ⋆
UGC 2935	04 00 00	+83 20			I	1.81		0	4326		81	61	3						498	G ⋆
UGC 2936	04 00 12.4	+01 49 33	Sc	73	I	8.4		0	3809			490	4	75.7	2.6	0.9	30		393	A
			Scd		S	±	18.0	–400	–	3000					4.0	1.6			373	G
			Sc		I	8.4		0	3823			473	5		2.6	0.9			488	a ⋆
			Sc		I	11.70		0	3816			513	4		4.0	1.6			515	G ⋆
Zw 487-014	04 00 17.0	+26 52 50	Sbc		I	2.45		0	14602			373	3		0.8	0.5			565	A ⋆
UGC 2938	04 00 24.9	+04 24 24			I	3.27		0	5512		410	389	3						467	A ⋆
UGC 2939	04 00 25.4	+46 05 21	S/Irr	34	I	9.3	2.0	0	4429	4	169	285	3	91.2	2.9	2.1			479	E
					I	6.78		0	4440		248	228	3						498	G ⋆
								0	4443										400	G
Zw 487-015	04 00 28.0	+26 13 23	Sbc		I	2.85		0	7064			421	3		0.9	0.3			565	A ⋆
Anon 0400–18	04 00 29.9	–18 08 42	SB	60	M	≤6.0		5	11010	30				107.	0.43				410	P
NGC 1511 B	04 00 38.0	–67 45 23		90	M	8.38		1	1101			341	4	22.0	1.8	0.1			535	P
IC 357	04 00 47.1	+22 01 27			I	5.87		0	6260		173	138	3						467	A ⋆
			SBb		I	5.585		0	6262		141	161	4		1.3	1.0			489	A ⋆
Zw 487-017	04 00 52.5	+24 15 33	S		I	3.24		0	6032			569	3		0.6	0.4			565	A ⋆
Anon 0401+30	04 01 08.0	+30 42 00	Sc		I	0.88		0	5038			161	3		0.6	0.5			565	A ⋆
Anon 0401+47	04 01 11.8	+47 05 04	Sd	46	S	≤28.0		4500	–	8200									479	E
UGC 2942	04 01 12.7	+22 01 10			I	6.95		0	6361		401	317	3						467	A ⋆
UGC 2944	04 01 25.1	+33 09 07			I	5.00		0	5593		294	284	3						467	A ⋆
UGC 2946	04 01 31.5	+25 50 06			I	1.91		0	7080		203	193	3						467	A ⋆
NGC 1510/12	04 01 54	–43 33	Mult		F	35.0	3.0	0	913	10		350	1						319	B ⋆
NGC 1507	04 01 55.8	–02 19 25	Sm	74	M	0.66		0	828	35				8.1					324	N
			SBm	72	F	9.74	0.92	0	864	10		205	4	8.1	5.3	1.9			373	G
			SBm		M	0.04	0.04	0	840					2.6					85	N
			SBm	78	I	37.7		0	860			211	5	8.1					417	G
			SBm	78	I	36.5		0	858			228	5	8.0					417	G
			Sdm		I	41.20		0	866			204	4		5.3	1.6			515	G ⋆
UGC 2950	04 01 57.8	+30 53 21			I	13.88		0	4952		457	437	3						467	A ⋆
								0	4953										490	A
			S		I	12.12		0	4957			472	3		1.8	0.3			565	A ⋆
UGC 2948	04 01 59.5	+20 41 40			I	1.45		0	5204		452	432	3						467	A ⋆
UGC 2949	04 02 01.2	+25 07 43			I	4.36		0	7166		398	377	3						467	A ⋆
NGC 1512	04 02 15.0	–43 29 04	SBa p	35	I	232.0	20.0		900	5		250	4	14.	7.0		210	265	111	P ⋆
			SBa p		F	58.0													229	P
			SBa	38	I	232.0	10.6	0	893	5		240	4	14.1	4.1				320	P ⋆
			SBa		F	36.91	2.31	0	911	10		271	4	7.3	6.0	6.0			373	B
IC 356	04 02 34.5	+69 40 46	S0/a		M	0.09	0.08	0	743	15		206	5	4.5	3.2				76	K ⋆
			Sa	59	M	2.9		0	870	15		550	4	11.	5.9				160	G ⋆
			Sab p	25	F	23.38	1.60	0	898	10		489	4	10.9	9.1	8.2			373	G
			Sbc		I	106.3		0	896			493	4		9.1	8.2			515	G ⋆
			Sbc		I	1.70		0	1470			115	4		1.0	1.0			515	G ⋆
Zw 487-020	04 02 41.0	+25 21 54	Sbc		I	1.55		0	6880			214	3		0.7	0.5			565	A ⋆
NGC 1515	04 02 47.0	–54 13 48	Sbc	81	I	≤12.5		5	1091					19.5	4.1				320	P ⋆

Table 1 cont.

Name (1)	R.A. (2)	Dec. (3)	Type (4)	i (5)	(6)	HI-flux (7)	(8)	(9)	v (10)	(11)	(12)	Δv (13)	(14)	Dist (15)	a (16)	b (17)	Vmax (18)	Pos (19)	Ref (20)	(21)
NGC 1515			SXa	89				1	1169	20				13.4	5.7	1.2			528	P
				78	M	2.47		1	949			525	4	19.0	2.2	0.5			535	P
			Sb	76	I	15.9	1.3		1170	13	354	374	4		4.7	1.5			550	P ★
UGC 2954	04 02 52.7	+04 18 44			I	3.41		0	5345		297	266	3						467	A ★
UGC 2955	04 03 12	+69 32			I	18.99		0	1007		247	174	3						498	G ★
UGC 2956	04 03 24.8	+31 08 53	Sd	77	I	1.86	0.38	0	4548	13	320	338	3						452	A
ESO 550-G 05	04 03 45.0	−17 54 36	Im	74	F	2.51	0.60	0	1890	15		146	4	17.8	3.5	1.1			373	G
			Im		I	13.30		0	1884			160	4		3.5	1.1			515	G ★
UGC 2959	04 03 53.2	+34 18 03			I	3.67		0	5546		99	69	3						467	A ★
UGC 2958	04 03 54.7	+22 43 47			I	4.80		0	6221		497	476	3						467	A ★
UGC 2961	04 04 15.3	+26 34 24			F	≤1.0		−400	−	4800									213	G
					I	1.23		0	3909		120	103	3						467	A ★
UGC 2960	04 04 17.5	+24 28 50			I	1.60		0	5343		250	230	3						467	A ★
NGC 1518	04 04 38.1	−21 18 44	SBdm	65	I	63.8	4.9	0	925	7		187	4	16.0	2.6				320	P ★
								0	933	20									42	N
			SBdm	61	M	3.4	0.7	0	972	10				14.					35	N
			Sc	65	M	3.76		0	928					16.0	2.6		93	13	544	P
UGC 2962	04 04 40.5	+25 38 37			F	≤1.0		−400	−	3000									213	G
					I	3.89		0	5415		325	313	3						467	A ★
UGCA 88	04 04 54.0	−17 21 00	Sm	17	F	2.12	0.55	0	1866	10		98	4	17.5	3.2	3.0			373	G
			Sm		I	9.30		0	1856			97	4		3.3	3.0			515	G ★
UGC 2963	04 05 01.1	+03 50 13			I	11.01		0	5300		439	416	3						467	A ★
					I			0	5296										490	A
Zw 487-023	04 05 04.6	+23 09 50	S		I	1.05		0	6278			269	3		0.7	0.5			565	A ★
UGC 2964	04 05 53.2	+27 03 47	Sc		S	±	0.93	0	−	12700					1.3	1.2			488	P
Anon 0405−55	04 05 53.9	−55 27 00	Im	58				1	1062	20				13.4	1.7	1.0			528	P
Anon 0405+49	04 05 56	+49 11 18			S	≤15.0		2000	−	6000									333	E
UGC 2965	04 05 57.8	+02 59 27			F	≤1.0		−400	−	3000									213	G
					I	5.28		0	7319		236	224	3						467	A ★
					S	±	4.0	−100	−	6900									490	A
UGC 2966	04 06 04.5	+08 23 03			I	6.50		0	3572		183	172	3						467	A ★
								0	3612										490	A
UGC 2968	04 06 18	+16 58						0	7282										490	A
NGC 1517	04 06 29.0	+08 31 02			I	11.54		0	3483	10									359	G
					I			0	3482		182				1.2	1.1			563	A ★
Anon 0406+74	04 06 49	+74 52 17			I	1.36		0	1711		112	101	3						498	G ★
NGC 1527	04 06 55.0	−48 01 42	E/S0	69	I	≤4.7		5	1038					16.8	3.0				320	P ★
Anon 0407−48	04 07 34	−48 51 24	Sc	88	I	14.2	1.1		4066	9	344	360	4		2.6	0.5			550	P ★
IC 2038	04 07 48.0	−56 07 30			I	≤29.8		−200	−	3500					1.4	1.3			320	P ★
UGC 2975	04 07 57.5	+26 29 06	Sc		I	2.41		0	19937			312	3		1.1	1.1			565	A ★
UGC 2974	04 07 58.8	+26 01 47	Sc		I	2.07		0	5875			230	3		2.2	1.0			310	P
ESO 420-G 06	04 08 02.5	−31 23 20	Im	66	I	≤60.0									1.7	1.3			373	B
			Im		S	±	18.0	−400	−	3000									359	G
UGC 2976	04 08 20.0	+26 44 50						0	1447	15									454	A ★
			Sd	67	I	2.81	0.48	0	6369	3	379	392	3		1.8	0.7			229	P
NGC 1533	04 08 46.2	−56 15 00	SB0		F	19.0													320	P ★
			E/S0	30	I	87.5	6.5	0	790	12		320	4	11.5	3.1				467	A ★
UGC 2979	04 09 08.6	+06 19 40			I	4.08		0	8187		297	284	3						488	A ★
UGC 2982	04 09 43.2	+05 25 11	Sb		I	5.4		0	5330			391	3		1.0	0.5			562	A ★
					I	9.121		0	5310			427	4	69.2	1.0	0.5			563	A ★
					I	10.53		0	5296		351				1.0	0.5			503	G
			Sc		I	14.6	0.6	0	5313			569	4						320	P ★
NGC 1536	04 09 57.0	−56 36 54	Sc	32	I	≤12.7		5	1592					27.5	2.0				528	P
			SBc	29				1	1592	20				13.4	2.0	1.8			320	P ★
NGC 1532	04 10 10.0	−33 00 06	Sab	74	I	240.0	11.0	0	1186			549	4		4.5				373	B
			SBab	79	F	54.11	7.00	0	1212	10		538	4	10.5	11.1	3.1			85	N
			SBab		M	10.0	3.5	0	1220	60				22.					490	A
UGC 2983	04 10 12	+02 14						0	5001										467	A ★
UGC 2984	04 10 24.9	+13 17 40			I	17.19		0	1542		141	110	3						490	A
								0	1534											
UGC 2985	04 10 28.5	+27 25 00	Sd	73	I	6.52	1.04	0	3923	1	311	344	3		1.4	0.4			454	A ★
								0	4004										490	A
UGC 2987	04 10 30	+79 41			I	2.78		0	5424		228	216	3						498	G ★
UGC 2986	04 10 33.5	+27 27 27	Sm	66	I	7.11	1.11	0	4038	1	192	219	3		1.0	0.4			454	A ★
UGC 2988	04 10 36.5	+25 21 17	Sb	74	I	31.17		0	3837			499	4	77.4	3.0	1.0		5	393	G ★
			Sb		S	±	18.0	−400	−	3000					5.0	1.9			373	G
			Sb	74	I	28.0		0	3823			473	4	77.4	3.0	1.0		5	393	A
			Sb		I	29.6		0	3823			466	3		3.0	1.0			488	a ★
			Sc	72	I	13.27	2.10	0	3815	1	450	468	3		3.0	1.0			454	A ★
			Sb		I	26.70		0	3816			482	4		5.0	1.5			515	G ★

Table 1 cont.

Name (1)	R.A. (2)	Dec. (3)	Type (4)	i (5)	(6)	HI-flux (7)	(8)	(9)	v (10)	(11)	(12)	Δv (13)	(14)	Dist (15)	a (16)	b (17)	Vmax (18)	Pos (19)	Ref (20)	(21)
UGC 2989	04 10 49.5	+29 01 46		65	M	1.17	0.24		5454	4		101	4	74.0	1.50	0.83			293	A★
			Comp		F	≤2.5		5	5290					77.	2.6				60	N
					F	≤1.0			5290										141	N
			SBc	62	I	2.29	0.42	0	5642	19	436	483	3		1.7	0.8			452	A★
ESO 359-G 29	04 10 56	−33 07 42	S0/a		S	± 18.0			−400 − 3000										373	B
UGC 2992	04 11 06	+01 38			I	2.80		0	5030			246	5	52.4					518	G
Zw 487-028	04 11 13.5	+24 32 00	Sc		I	1.13		0	6595			231	3		0.6	0.5			565	A★
UGC 2993	04 11 33	+35 03 16	Sc		I	2.29		0	6232		143	167	4		1.2	1.1			475	A★
NGC 1543	04 11 42.0	−57 51 54	SB0	58	I	≤6.7		5	1400					23.7	3.7				320	P★
Anon 0412+06	04 12 04.8	+06 22 10			S	± 1.4		0	9990										563	A
UGC 2997	04 13 23	+08 03 22			I	2.14		0	1592		121				1.2	0.6			563	A★
			S0/a		I	1.4	0.4	0	1567			230	4						503	G
			S0/a		I	1.2	0.2	0	1592			214	4						503	G
NGC 1546	04 13 32.0	−56 11 06	S0	62	I	≤6.6		5	1150					18.7	3.0				320	P★
UGC 2998	04 13 58.3	+02 38 04			I	2.56		0	3346		120	83	3						467	A★
			SBb		I	1.863		0	3350		83	130	4		1.6	1.5			475	A★
					I	1.64		0	3351		79				1.6	1.5			563	A★
Anon 0414+10	04 14 28.6	+10 20 02			I	3.04		0	7500		142								563	A★
NGC 1542	04 14 34.0	+04 39 40	Sab		I	0.9		0	3714			422	5		1.4	0.6			488	A★
UGC 3004	04 14 43.1	+02 18 52			I	4.65		0	3218		185				1.5	1.0			563	A★
			SB		I	12.3	1.3	0	3398			572	4						503	G
NGC 1553	04 15 05.0	−55 54 12	S0	48	I	≤4.5		5	1280					21.3	4.1				320	P★
			S0		F	7.0	2.3		1080			125	0						275	I★
Zw 392-017	04 15 07.3	+01 26 21			I	3.42		0	4927		74				0.5	0.4			563	A★
Anon 0415+55	04 15 08.1	+55 45 38	Sc	54	I	10.8	4.1	0	5213	4	383	412	4	107.3	2.2	1.4			479	E★
UGC 3007	04 15 16.3	+33 39 20			I	4.80		0	5631		97	80	3						467	A★
								0	5632										490	A
Anon 0415−60	04 15 42.0	−60 20 00	SX0 p	36				1	1129	20				12.3	1.9	1.6			528	P
UGC 3009	04 16 02.6	+26 03 31			I	5.28		0	3754		273	260	3						467	A★
			Sd	78	I	2.17	0.39	0	3756	7	254	270	3		1.8	0.4			454	A★
UGC 3010	04 16 18.0	+05 19 27	Sc		I	8.23		0	3870			239	4		1.1	0.7			393	G★
			SBc		I	3.7		0	3870			220	5		1.1	0.7			488	A★
IC 2058	04 16 50.0	−56 03 18	Sd	89	I	17.8	2.9	0	1359	21		262	4	22.8	2.1				320	P★
			Sd	90				1	1369	21		213	4	13.4	2.6	0.4			528	P
NGC 1559	04 17 01.0	−62 54 18	SBcd	52	I	47.6	4.6	0	1293	13		270	4	21.4	3.2				320	P★
			SBcd		M	7.0		0	1291			306	5	21.	2.8	1.6			226	P★
			SBcd	57				1	1293	13		299	4	14.3	3.3	2.0			528	P
NGC 1530	04 17 04.9	+75 10 48	SBb		I	43.80		0	2459			349	4		8.0	4.0			515	G★
			SBab		I	27.8		0	2470			325	5		7.4	4.4			183	G★
			SBb		I	38.4		0	2459	10	305								171	G★
			SBb	56	F	9.06	1.42	0	2460	10		326	4	26.6	8.0	4.6			373	G
			Sb	55	M	8.45		0	2484	20				33.1					324	N
			SBb	55	I	34.7		0	2456			348	5	26.6					417	G
			SBb	55	I	45.4	4.3	0	2457	3	316	346	4		4.9				473	J★
UGC 3014	04 17 17.1	+01 58 29			I	6.16		0	4213		204	184	3						467	A★
					I	6.67		0	4214		181				1.4	0.8			563	A★
NGC 1566	04 18 53.0	−55 03 24	Sbc	36	I	135.2	6.3	0	1505	5		229	4	25.8	7.8				320	P★
			SXbc	35	M	31.0	4.0	0	1497			222	5	26.	7.2	5.8			226	P★
			SBcd		F	42.0	4.0		1480			290	0						275	I★
					M	21.20		1	1281			236	4	25.6	7.6	7.6			535	P
			Sc	36	I	140.3		0	1501		202	226	4		7.6	6.2			538	P★
			Sc	36	M	21.56		0	1503					25.8	7.8		168	227	544	P
			Sbc	42	I	130.2	10.4	0	1502	2	203	230	4		9.4	7.1			550	P★
ESO 550-G 24	04 19 04	−21 57 42	Sd	66	F	12.76	1.17	0	906	10		191	4	7.7	7.6	3.3			373	B
Anon 0419+44	04 19 42.8	+44 11 25	Sc	46	S	≤34.0			4500 − 8200										479	E
UGC 3025	04 20 30	+05 28						0	4985										400	G
								0	4988										490	A
Anon 0421+04	04 21 02.6	+04 00 08			I	≥1.04		0	13861			694	4	182.8	0.2	0.1			562	A★
UGC 3028	04 21 19.9	+33 45 40			I	10.68		0	5484		452	430	3						467	A★
								0	5473										490	A
Anon 0421−63	04 21 42.0	−63 44 00	S	82				1	1300	20				14.5	1.8	0.5			528	P
UGC 3030	04 21 42	+66 13			F	≤1.0			−400 − 3000										213	G
					I	4.44		0	3757		224	171	3						498	G★
UGC 3033	04 21 45.3	+10 46 27			I	2.24		0	10605		545	515	3						467	A★
UGC 3031	04 21 48	−00 51			I	2.42		0	4582			324	5	47.6					518	G
UGC 3032	04 21 48	−00 51			I	1.19		0	4836			246	5	50.3					518	G
UGC 3034	04 21 52.2	+09 34 43			F	≤1.0			−400 − 3000										213	G
					I	2.57		0	7618		419	401	3						467	A★
								0	7621										490	A
UGC 3036	04 22 12	+70 47			I	4.29		0	7453		440	424	3						498	G★

Table 1 cont.

Name (1)	R.A. (2)	Dec. (3)	Type (4)	i (5)	(6)	HI-flux (7)	(8)	(9)	v (10)	(11)	(12)	Δv (13)	(14)	Dist (15)	a (16)	b (17)	Vmax (18)	Pos (19)	Ref (20)	(21)
UGC 3038	04 22 20.4	+07 03 34			I	1.46		0	8089		502	480	3						467	A ⋆
ESO 551-G 01	04 22 35	−21 18 12	Im		S	±	18.0	−400	−	3000									373	B
Anon 0422+09	04 22 37	+09 44 26			I	5.3	0.3	0	5839			290	4						503	G
UGC 3040	04 22 48	+35 05			S	±	4.0	−100	−	6900									490	A
ESO 202-G 15	04 22 54.2	−47 38 08	S0	16	I	≤4.1									2.8	2.7			311	P
UGC 3042	04 23 12	+70 15	Sc	69	I	16.73	1.7	0	3058	10		306	4		1.9				188	G ⋆
								0	3059										400	G
					I	14.59		0	3060		292	276	3						498	G ⋆
UGC 3043	04 23 24	+70 49						0	7400										400	G
					I	6.19		0	7410		400	377	3						498	G ⋆
Anon 0423+40	04 23 24.6	+40 21 42	Sd	76	I	3.3	2.8	0	6787	5	266	275	4	137.7	1.5	0.5			479	E ⋆
UGC 3044	04 23 42	+29 51			F	≤1.0		−400	−	3000									213	G
								0	5228										299	A
UGC 3045	04 23 48	+20 18						0	1387										299	A
UGC 3046	04 23 54	+69 26			I	7.22		0	4699		261	234	3						498	G ⋆
UGC 3048	04 24 00	+70 20			I	8.00		0	3049		280	230	3						498	G ⋆
UGC 3047	04 24 02.9	+32 30 47						0	6449										490	A
			SBd	29	I	4.08	0.66	0	6442	7	185	236	3		1.6	1.4			452	A ⋆
UGC 3050	04 24 19.6	+30 50 10			I	9.12		0	2146		146	132	3						467	A ⋆
								0	2148										490	A
UGC 3051	04 24 42.4	+02 15 57			I	3.36		0	6933		221	195	3						467	A ⋆
			Sc		I	2.82		0	6934		187	206	4		1.1	1.0			475	A ⋆
Anon 0424−10	04 24 57	−10 25 39	Mult		S	±	3.8	9000	−	12600									469	G
UGC 3052	04 25 01.5	+39 30 52						0	4242										400	G
			SBb	62	I	7.2	2.1	0	4202	7	281	307	4	85.9	2.3	1.2			479	E ⋆
					I	9.47		0	4234		299	279	3						498	G ⋆
Anon 0425+10	04 25 01.9	+10 37 27			I	3.7	0.7	0	6454			265	4						503	G
UGC 3053	04 25 12	+21 33						0	2407	15									359	G
NGC 1569	04 26 05.8	+64 44 18	IBm	63	M	0.09	0.02	0	−77	1	72	102	4	3.3	5.9	2.8	40	116	261	C ⋆
			Im						−90						2.5	1.2			365	O ⋆
			Im		M	0.21			−95	30					2.5	6.9		110	285	G
			SBm					5	−87										203	G
			IBm		S	±	18.0	−400	−	3000					10.3	4.7			373	G
			IBm	66	M	0.351	0.088	0	−103			77	4	4.7	13.8	6.2			382	G
UGC 3057	04 26 18	+76 28			I	9.36		0	7886		384	282	3						498	G ⋆
NGC 1596	04 26 32.0	−55 08 12	S0	76	I	15.7	2.7	0	1510	22		250		25.8	3.2				320	P
Anon 0426+42	04 26 38.3	+42 38 22	Sb	55	S	≤33.0		4500	−	8200									479	E
NGC 1602	04 26 48	−55 10	Im		I	11.2	2.3	0	1568	9		90	4	26.9					320	P ⋆
UGC 3059	04 27 04.6	+03 34 20	Scd	68	I	10.24		0	4811			400	4	95.0	2.4	1.0		40	393	G ⋆
			Scd	68	I	12.8		0	4811			391	4	95.0	2.4	1.0		40	393	A
			Sd		I	12.8		0	4811			391	5		2.4	1.0			488	a ⋆
			Sdm		S	±	18.0	−400	−	3000					3.7	1.7			373	G
NGC 1560	04 27 08.2	+71 46 29	Sc		M	0.84	0.12	0	−43	6	87	157	5	3.2	11.9	2.2			76	K ⋆
			Sd		I	443.1		0	−41		156	185	5		11.9	2.2			183	G ⋆
			Sd	90	F	45.05	5.00	0	−28	10		153	4	1.6	14.0	2.5			373	G
			Sdm		I	237.4		0	−37			166	4		14.0	1.4			515	G ⋆
UGCA 92	04 27 24.0	+63 30 00	S0/a	61	I	104.7	1.4	0	−87	5	80	94	4	4.7	4.59	2.38			377	E ⋆
			S0/a	59				0	−104					1.0	5.6	2.9			373	G
					I	54.40		0	−106			61	4		5.6	2.8			515	G ⋆
IC 2082	04 27 58.0	−53 56 06	S0		I	≤31.8		5	12088					236.1					320	P ⋆
NGC 1587	04 28 05.2	+00 33 17	E		M	≤1.6		5	3667					66.	1.8				300	A
					F	≤1.5			4019										141	N
			E	20	I	≤7.2		5	3667					35.1					417	G
NGC 1587/88	04 28 05.4	+00 33 18	Mult p		I	4.0			3690			500	5	48.	1.				350	G ⋆
NGC 1589	04 28 11.2	+00 45 25	Sb		S	±	18.0	−400	−	3000					5.0	1.9			373	G
UGC 3066	04 28 18.2	+05 26 00	SXd		S	±	18.0	−400	−	3000					3.2	2.4			373	G
					I	9.11		0	4640		342	324	3						467	A ⋆
								0	4640										490	A
IC 2075	04 28 24	−05 54	Sc	51	I	6.67	1.0	0	4328	15		298	4		1.7				188	G ⋆
NGC 1590	04 28 28.6	+07 31 33	Sc		F	1.1	0.5	0	3927	45				56.	2.1		410		60	N
					I	5.13		0	3877		304	291	3						467	A ⋆
UGC 3072	04 28 36	+00 44			F	≤1.0		−400	−	3000									213	G
UGC 3074	04 28 41.5	+06 32 00			I	1.92		0	4427		130	112	3						467	A ⋆
								0	4435										490	A
UGC 3078	04 29 08.1	+33 06 46	Scd	77	I	6.97	1.16	0	5417	2	420	438	3		1.6	0.4			452	A ⋆
								0	5424										490	A
UGC 3080	04 29 20.7	+01 05 23	Sc	21	I	13.64	1.4	0	3538	10		170	4		1.5				188	G ⋆
					I	9.86		0	3544		165	143	3						467	A ⋆
			Sc		I	10.56		0	3541		139	173	4		2.2	2.1			475	A ⋆
			SXc	22	I	14.8	1.2	0	3537	5	151	180	4		2.1	0.2			523	J ⋆

55

Table 1 cont.

Name (1)	R.A. (2)	Dec. (3)	Type (4)	i (5)	(6)	HI-flux (7)	(8)	(9)	v (10)	(11)	(12)	Δv (13)	(14)	Dist (15)	a (16)	b (17)	Vmax (18)	Pos (19)	Ref (20)	(21)
UGC 3084	04 30 03.4	+10 17 06			I	5.81		0	4066		355	334	3						467	A ★
								0	4063										490	A
Anon 0430+45	04 30 05.0	+45 23 27	SBcd	66	S	≤23.0		4500	–	8200									479	E
UGC 3086	04 30 21	+00 25 53			F	≤1.0		–400	–	3000									213	G
			S/Irr		I	3.395		0	5478		137	180	4		1.0	1.0			475	G ★
UGC 3087	04 30 31.3	+05 15 03	S0		I	≤2.3			9900										114	G ★
					M	≤6.6			10020					100.					308	B
			Seyf1		I	≤0.84		5	9991					199.	0.85	0.65			28	A
			Seyf1		S	≤45.0		5	9990										356	G
NGC 1617	04 30 33.0	–54 42 24	SBa	61	I	≤6.3		5	1000					15.6	4.3				320	P ★
			SBa		S	≤79.8		5	788						3.6	1.7			226	P
UGC 3088	04 30 36	+07 36			F	≤1.0		–400	–	3000									213	G
Anon 0430–49	04 30 53.9	–49 47 00	Sc	90	I			1	1856	20				21.5	2.5	0.4			528	P
UGC 3090	04 31 00	+71 27			F	≤1.0		–400	–	3000									213	G
			Im	41	F	2.29	0.67	0	2916	10	155		4	31.1	3.0	2.3			373	G
NGC 1614	04 31 35.7	–08 40 56	S		F	0.87		0	4778					67.	2.1				60	N
					I	≥3.05		0	4738		290		5	48.9					518	G ★
UGC 3098	04 33 24	+43 51	SBb	66	I	13.7	1.1	0	3908	10	224	287	4		1.1				473	J ★
					I	11.09		0	3918		289	215	3						498	G ★
UGC 3101	04 33 30	+79 53			I	4.45		0	4276		202	189	3						498	G ★
UGC 3100	04 33 30	+65 13			I	4.21		0	3882		141	124	3						498	G ★
NGC 1618	04 33 36.7	–03 14 57	SBb		S	± 18.0		–400	–	3000					4.0	1.6			373	G
					I	12.6	0.6	0	4886		404		4						503	G
UGC 3102	04 33 42	+14 14						0	4425										490	A
Anon 0433–02	04 33 58	–02 55 59	Mult		S	± 2.9		2400	–	9300									469	G
Mark 618	04 33 59.9	–10 28 36	SB	50	F	≤0.47		5	10406						0.38				154	G
NGC 1620	04 34 03.7	–00 14 40	Sbc	69	I	22.3		0	3508		449		4	45.8	2.5				203	G ★
								0	3509	10									359	G
			Sc		S	± 18.0		–400	–	3000					4.9	2.1			373	G
			Sbc	68	M	8.56		0	3520	20				36.3					324	N
NGC 1625	04 34 36	–03 23	Sc		I	28.40		0	3513		454		4		4.8	1.9			515	G ★
			SBb		S	± 18.0		–400	–	3000					3.7	1.1			373	G
UGC 3107	04 34 38.0	+09 26 47			I	3.81		0	8368		483	467	3						467	A ★
UGC 3108	04 34 58	+43 56 24						0	3961										400	G
					I	14.69		0	3957		305	281	3						498	G ★
					I	9.8		0	3920	30	280								333	E
UGC 3109	04 35 00	–00 24						0	3720										490	A
UGC 3110	04 35 00	+73 34			I	7.16		0	4486		424	403	3						498	G
UGC 3112	04 35 24	+79 55			F	≤1.0		–400	–	3000									213	G
UGC 3114	04 35 30	+66 32	Sc		S	± 18.0		–400	–	3000					5.5	2.2			373	G
					I	20.21		0	3725		378	363	3						498	G ★
Anon 0435–52	04 35 42.0	–52 16 00	SBm	48				1	1642	20				18.8	1.5	1.1			528	P
Anon 0435+11	04 35 53.6	+11 08 35		42	M	1.51	0.098		4455	5	280		4	59.0	0.37	0.30			293	A ★
			Comp		F	≤1.8		5	4370					62.	1.7				60	N
Anon 0436+49	04 36 15	+49 11 42			I	18.9		0	3780	30	290								333	E
UGC 3117	04 36 15.4	+02 44 23			I	14.95		0	4625		288	275	3						467	A ★
UGC 3118	04 36 18	+05 31			F	≤1.0		–400	–	3000									213	G
					S	± 4.0		–100	–	6900									490	A
UGC 3119	04 36 18	+11 27			S	± 4.0		1400	–	8400									490	A
Anon 0436+25	04 36 54.6	+25 39 17			I	2.0	2.0	0	1053		374		4						503	G
UGC 3120	04 36 56.3	+40 09 35	Sc	58	I	3.9	2.0	0	5625	4	241	264	4	114.3	1.8	1.0			479	E ★
UGC 3122	04 37 09.7	+06 57 26			I	5.84		0	4687		358	337	3						467	A ★
								0	4700										490	A
NGC 1633	04 37 27.8	+07 15 20			I	2.33		0	4989		188	159	3						467	A ★
UGC 3129	04 37 45.7	+17 02 41			F	≤1.0		–400	–	3000									213	G
			Im		S	± 18.0		–400	–	3000					4.3	2.4			373	G
					I	5.35		0	4671		272	259	3						467	A ★
IC 381	04 37 50.4	+75 32 48	SXb	54	F	6.13	0.85	0	2485	10	313		4	26.8	4.9	2.9			373	G
			SXbc	55	I	25.0	2.0	0	2478		267	290	4		2.8				473	J ★
			SXb		I	24.60		0	2481		293		4		4.9	2.9			515	G ★
UGC 3131	04 38 54	+72 43			I	10.25		0	4754		324	309	3						498	G ★
NGC 1637	04 38 57.5	–02 57 11	Sc	30	I	59.4		0	717		193		4	8.4	3.2				203	G ★
								0	711	20									42	N
			Sc	36	M	1.9	0.7	0	731	10				10.					35	N
			Sc	35	M	0.72			712	30				5.6	7.7			30	285	G
									716	30									286	B
				30	I	73.0									3.2				203	B
			SXc	36	F	17.51	1.21	0	726	8	205		4	6.4	8.0	6.5			373	G
			Sc	30	M	0.45		0	720	20				6.7					324	N
			SXc	30	I	65.7	5.6	0	716	3	181	197	4		3.3	0.4			523	J ★

Table 1 cont.

Name (1)	R.A. (2)	Dec. (3)	Type (4)	i (5)	(6)	HI-flux (7)	(8)	(9)	v (10)	(11)	(12)	Δv (13)	(14)	Dist (15)	a (16)	b (17)	Vmax (18)	Pos (19)	Ref (20)	(21)
NGC 1638	04 39 04.8	−01 54 12						0	3320	20									324	N
UGC 3135	04 39 12	+19 57						0	7400										299	A
IC 387	04 39 18	−07 11	Sc	33	I	8.37	1.3	0	4530	20	398		4			1.3			188	G ★
UGC 3137	04 39 24.0	+76 20 00	Sb	79	F	10.44	1.00	0	994	10	246		4	11.9	6.0	1.6			373	G
			Sb			44.80		0	993		248				6.0	1.2			515	G ★
Anon 0439+55	04 39 38.6	+55 24 02	Sb	51	S	≤27.0		4500	−	8200									479	E
NGC 1640	04 40 04.1	−20 31 45	SBb	43	I	32.3	5.2	0	1506	40	503		4	27.1	2.8				320	P ★
			SBb	48	F	2.26	0.73	0	1602	15	157		4	14.5	3.9	2.6			373	B
			Sb	43	M	1.08		0	1606	35				15.3					324	N
UGC 3139	04 40 12	+40 02						0	6290										400	G
					I	2.39		0	6386		268	259	3						498	G ★
NGC 1642	04 40 20.1	+00 31 35	Sc					0	4650										203	G
			Sc	27	M	6.68		0	4640	20				47.9					324	N
			Sc	28	I	12.3	1.0	0	4621	4	125	148	4		2.0	0.2			523	J ★
UGCA 94	04 40 30	−08 10	Sm	46	F	3.68	0.67	0	2522	20	209		4	24.1	3.0	2.1			373	G
UGC 3141	04 40 30	+00 38	Sc		I	0.65		0	4972	20	145		4		1.0	1.0			78	A
Anon 0440+41	04 40 42.2	+41 33 33	Scd	72	S	≤29.0		4500	−	8200									479	E
UGC 3143	04 41 18	+70 02			I	6.63		0	4560		344	323	3						498	G ★
UGC 3144	04 41 29.0	+74 50 07	IBm	55	F	5.83	0.84	0	1635	10	142			35.9	3.2	1.82			89	G
			IBm	57	F	6.08	0.83	0	1635	10		158	4	18.3	3.7	2.1			373	G
			Im		I	25.30		0	1636			165	4		3.7	1.9			515	G ★
Anon 0441+40	04 41 49.2	+40 44 00	Sbc	58	I	3.3	2.4	0	5419	6	177	203	4	110.1	1.8	1.0			479	E ★
UGC 3149	04 42 18	+65 57			I	8.72		0	4698		445	388	3						498	G ★
UGC 3150	04 42 18	+73 22			I	3.12		0	4501		208	190	3						498	G ★
UGC 3157	04 43 36	+18 23						0	4615										490	A
Anon 0443+44	04 43 46	+44 54 18			S	≤10.0		2000	−	6000									333	E
NGC 1659	04 44 01.8	−04 52 42	Sbc	36	M	2.77		0	4584	75				47.2					324	N
UGC 3161	04 44 02.9	+00 32 00			I	3.76		0	8779		530	515	3						467	A ★
UGC 3162	04 44 12	+08 13						0	4644										490	A
UGC 3165	04 44 30	+23 53						0	3797										299	A
			Im		S	± 18.0		−400	−	3000					5.0	3.2			373	G
								0	3763										490	A
UGC 3167	04 44 48	+63 51						0	4735										400	G
					I	7.60		0	4736		499	398	3						498	G ★
NGC 1672	04 44 55.2	−59 20 12	SBab	40	M	18.7	2.2	0	1338			261	5	22.	4.4	3.4			226	P ★
			SBb		F	44.0	11.0		1368			285	0						275	I ★
				40	M	23.28		1	1096			307	4	21.9	5.8	4.4			535	P
UGC 3169	04 45 00.5	+09 30 33			I	2.79		0	8788		373	358	3						467	A ★
Anon 0445+56	04 45 08.5	+56 36 50	SB	26	I	7.7	1.9	0	5257	6	249	265	4	108.0	1.6	1.4			479	E ★
UGC 3171	04 45 09.6	+01 43 37	SBc		I	6.3		0	4554			204	3		1.5	1.1			488	A ★
ESO 158-G 03	04 45 24.0	−57 25 43	Im		I	1210	20	1	1210	20				13.3	1.4	1.4			528	P
			Sm	38	I	≤60.0									2.2	1.8			310	P
UGC 3173	04 45 48	+07 58			S	± 4.0		1400	−	8400									490	A
UGC 3174	04 46 00.0	+00 09 13	Im	35	F	4.18	0.68	0	669	10	108			12.0	3.1	2.54			89	G
			Im	36	F	4.36	0.71	0	669	20	131		4	5.9	3.2	2.6			373	G
			Im		I	17.40		0	671		124		4		3.2	2.6			515	G ★
NGC 1667	04 46 10.2	−06 24 24	Sc	36	M	3.41		0	4547	75				46.7					324	N
UGC 3177	04 46 49.8	+21 35 53		0	F	2.06		0	3918		162	201	4	52.3	2.6				213	G ★
					I	6.54		0	3916		164	152	3						467	A ★
Mark 1087	04 47 02.0	+03 14 30			I	5.38		0	8335			300	4	109.3	0.2	0.2			562	A ★
UGC 3179	04 47 07.3	+03 14 53		38	M	17.2	1.3		8330	10		270	4	110.0	1.18	0.98			293	A ★
					I	4.83		0	8342		269	225	3						467	A ★
			S0 p	35	F	1.53		0	8339			244	4		1.1	0.9			471	A ★
ESO 421-G 19	04 47 13.0	−29 17 54	Sm	31	F	4.21	0.78	0	1471	10	143			26.4	4.5	3.87			89	B
			Sm	31	F	4.22	0.78	0	1471	10	155		4	12.9	4.8	4.1			373	B
Anon 0447+42	04 47 39	+42 49 36			S	≤15.0		0	2800		300								333	E
					S	≤15.0		0	4100		400								333	E
NGC 1688	04 47 40.0	−59 53 12	SBc	38	I	18.5	2.6	0	1230	13		175	4	19.9	2.5				320	P ★
UGC 3181	04 47 57.1	+05 55 30			I	15.86		0	4614		311	301	3						467	A ★
								0	4612										490	A
NGC 1679	04 48 03.0	−32 03 13	IBm	28	F	9.93	0.98	0	1059	10		158	4	8.7	3.9	3.4			373	B
					M	3.21		1	862			157	4	17.2	2.0	1.4			535	P
Anon 0448+44	04 48 07	+44 31 24			I	15.6		0	5150	30	260								333	E
IC 2098	04 48 16.5	−05 30 12			I	4.6	0.6	0	10548		232		4						503	G
					I	7.0	1.0	0	2844		334		4						503	G
UGC 3183	04 48 18.5	+23 07 27			I	3.00		0	4409		424	398	3						467	A ★
					S	± 4.0		2400	−	9400									490	A
Anon 0448+49	04 48 30.5	+49 27 40	S	58	I	2.6	2.1	0	6108	4	155	234	4	124.5	2.2	1.2			479	E ★
Anon 0448+43	04 48 34	+43 44 54			S	≤10.0		2000	−	6000									333	E
UGC 3184	04 49 00	+05 23						0	4560										490	A

Table 1 cont.

Name (1)	R.A. (2)	Dec. (3)	Type (4)	i (5)	(6)	HI-flux (7)	(8)	(9)	v (10)	(11)	(12)	Δv (13)	(14)	Dist (15)	a (16)	b (17)	Vmax (18)	Pos (19)	Ref (20)	(21)
UGC 3185	04 49 00	+64 24			I	7.73		0	4680		288	279	3						498	G ★
UGC 3184	04 49 02.0	+05 25 11			I	8.63		0	4561		406	390	3						467	A ★
UGC 3187	04 49 03.7	+06 46 27			I	1.14		0	4726		261	236	3						467	A ★
								0	4734										490	A
Anon 0449−17	04 49 05.0	−17 35 12	E		S	≤13.8.		5	9650										356	G
UGC 3188	04 49 05.1	+08 46 57			I	1.57		0	3522		247	233	3						467	A ★
UGC 3186	04 49 08.9	+03 35 13			I	11.42		0	4579		263	249	3						467	A ★
								0	4576										490	A
UGC 3189	04 49 12	+69 39			I	11.95		0	4560		352	332	3						498	G ★
IC 2101	04 49 14.7	−06 18 54			I	8.0	1.0	0	4492			490	4						503	G
IC 391	04 49 43.7	+78 06 38	Sc	12	I	13.9		0	1565			173	4	23.5	1.7				203	G ★
			Sc	12	I	11.3		0	1548			213	5	17.5					417	G
ESO 422-G 05	04 50 07	−28 40 30	Im	59	F	3.04	1.11	0	1460	40		145	4	12.8	2.5	1.3			373	E
UGC 3193	04 50 15.3	+02 58 16			I	3.14		0	4454		412	399	3						467	A ★
			Mult		I	2.2		0	4089	30		450	4		1.6	0.7			78	A
Anon 0450+42	04 50 16	+42 14 12			S	≤15.0		2000	−	6000									333	E
Anon 0450+52	04 50 35.7	+52 35 16	Sb	71	S	≤32.0		4500	−	8200									479	E
UGC 3196	04 50 36	+67 40			I	5.31		0	3693		223	181	3						498	G ★
Anon 0450−04	04 50 48.7	−04 26 58			I	6.6	0.6	0	3866			152	4						503	G
ESO 485-G 21	04 50 49.0	−25 19 47	SXm	18	F	8.67	0.74	0	1374	10	71			24.6	5.1	4.84			89	B
			SXm	19	F	8.88	0.69	0	1374	7		98	4	12.0	5.4	5.1			373	B
ESO 119-G 16	04 50 53.4	−61 44 00		71	M	0.62		1	734			144	4	14.7	2.1	0.7			535	P
			Sd	70				1	980	20				10.4	2.6	1.1			528	P
NGC 1691	04 52 01.0	+03 11 23	SBab		I	2.1		0	4581	8		373	4		1.8	1.7			78	A ★
NGC 1703	04 52 07.0	−59 49 12	SBb	24	I	17.9	2.6	0	1526	5		75	4	25.8	3.3				320	P ★
IC 396	04 52 43	+68 14 38			I	5.07		0	880		239	216	3						498	G ★
UGC 3205	04 53 04.3	+29 58 24			I	12.23		0	3589		442	425	3						467	A ★
								0	3467										490	A
NGC 1705	04 53 06.0	−53 27 00	S0 p	49				1	640	20				6.0	1.7	1.2			528	P
UGC 3206	04 53 21.1	+02 51 33	Sc		I	2.2		0	4085	10		279	4		1.3	0.8			78	A ★
					I	6.31		0	4448		279	261	3						467	A ★
								0	4453										490	A
UGC 3208	04 53 44	+01 31 44	Sc		I	1.704		0	8500		89	104	4		1.3	1.2			475	A ★
UGC 3209	04 53 48	+02 57	Sbc					0	8200	100					1.7	0.7			78	A
ESO 85-G 14	04 54 14.0	−62 52 55	Im	71	M	6.98		1	1409	20		201	4	15.9	2.7	1.1			528	P
NGC 1700	04 54 28.2	−04 56 30	E		M	≤1.4		1	1174					23.5	2.0	0.9			535	P
Anon 0454+41	04 54 37	+41 05 06			S	≤10.0		0	2900			300		38.6					205	E
Anon 0454−56	04 54 42.0	−56 19 00	Im	56				1	1775	20				20.4	1.4	0.9			528	P
UGC 3212	04 55 00	+71 08			F	≤1.0		−400	−	3000									213	G
UGC 3214	04 55 23.1	−00 12 09	Sbc		I	1.75		0	1225		63	51	3						498	G ★
					S	± 18.0		−400	−	3000					5.0	1.2			373	G
UGC 3216	04 56 00	−01 32			F	≤1.0		−400	−	3000									213	G
UGC 3217	04 56 00	+53 45						0	4074										400	G
					I	9.88		0	4074		522	501	3						498	G ★
UGC 3218	04 56 00	+62 10						0	5223										400	G
					I	21.63		0	5229		514	481	3						498	G ★
UGC 3220	04 56 07.1	+07 02 27			I	3.45		0	8517		258	239	3						467	A ★
			Sc	53	I	3.7		0	8507		250	290	4		1.1	0.7			543	A ★
UGC 3219	04 56 08.7	+06 54 20			I	2.66		0	8479		312	297	3						467	A ★
			Sc	67	I	2.5		0	8482		298	324	4		1.4	0.6			543	A ★
Anon 0456+43	04 56 18.5	+43 07 51	S	55	S	≤32.0		4500	−	8200									479	E
UGC 3225	04 56 36	+12 47			S	±	4.0	2400	−	9400									490	A
UGC 3224	04 56 41.2	+05 32 35	Sc	34	I	10.34	1.0	0	4695	10		266			1.3				188	G ★
					I	9.19		0	4687		268	252	3						467	A ★
UGC 3227	04 57 24	+76 48			I	3.15		0	7774		351	332	3						498	G ★
NGC 1729	04 57 45.6	−03 25 29						0	3644	10									359	G
					I	14.6	0.6	0	3647			218	4						503	G
NGC 1744	04 57 55.6	−26 05 46	SBd	54	I	148.8	9.3	0	751	7		215	4	11.4	6.3				320	P ★
			SBd	52	F	36.09	1.99	0	742	7		217	4	5.6	8.2	5.1			373	B
			SBd	49	M	6.6	2.3	0	740	20				13.					85	N
			Sd	54	M	0.55		0	740	20				5.9					324	N
			SBd	54	M	4.97		0	746					11.4	6.3		112	171	544	P
Anon 0458+43	04 58 04.8	+43 33 37	Sd	77	I	1.3	0.9	0	5161	7	51	125	4	105.0	3.5	1.0			479	E ★
					S	≤20.0		2000	−	6000									333	E
					I	6.07		0	7181		731	580	3						498	G ★
NGC 1771	04 58 30.0	−63 22 18	Scd		I	≤11.5		5	5070					96.6					320	P ★
Anon 0459+03	04 59 04.2	+03 30 08			M	≤5.6			8578				4	113.0	0.30	0.30			293	A
NGC 1741	04 59 08.4	−04 19 48	Pec		M	8.3		0	4060	25		280	4	39.	3.1				160	G ★
			Sm p	60	M	7.07		0	4052	20				36.3					324	N

Table 1 cont.

Name (1)	R.A. (2)	Dec. (3)	Type (4)	i (5)	(6)	HI-flux (7)	(8)	(9)	v (10)	(11)	(12)	Δv (13)	(14)	Dist (15)	a (16)	b (17)	Vmax (18)	Pos (19)	Ref (20)	(21)
NGC 1741			Mult		I	22.6	1.1	0	4050		147	212	4						469	G ★
UGC 3229	04 59 36	+07 33			S	±	4.0	2400	−	9400									490	A
UGC 3231	05 00 00.9	+00 10 33			I	8.29		0	4831		271	259	3						467	A ★
								0	4845										490	A
Anon 0500+03	05 00 06	+03 34			M	1.2	0.8		8580					113.					209	A ★
UGC 3232	05 00 23.3	+18 23 06			I	12.45		0	5009		404	390	3						467	A ★
								0	5008										490	A
UGC 3235	05 00 30	+66 57			I	4.99		0	3958		232	220	3						498	G ★
UGC 3234	05 00 31.0	+16 19 53	Im		F	5.13	1.62	0	1390	15	113			27.4	3.1	3.1			89	G
								0	1408										299	A
			Im		F	6.21	0.58	0	1396	10		145	4	13.7	3.7	3.7			373	G
					I	18.08		0	1401		143	118	3						467	A ★
			Im		I	23.60		0	1405			151	4		3.8	3.8			515	G ★
MCG −01-13-050	05 00 46.8	−03 00 26			I	9.8	0.8	0	4325			471	4						503	G
UGC 3236	05 00 51.8	+06 35 20			I	4.51		0	8513		422	405	3						467	A ★
				72	I	4.3		0	8508		407	436	4		1.1	0.4			543	A ★
UGC 3237	05 00 52.7	+00 35 40			I	10.11		0	4193		304	296	3						467	A
								0	4200										490	A
NGC 1762	05 01 01.1	+01 30 15						0	4633	15									359	G
UGC 3240	05 01 42	+04 35			I	0.7		0	10695		118	178	4						543	A
NGC 1796	05 02 08.0	−61 12 24	Sb	57	I	≤11.4		5	1017					15.5	1.9				320	P ★
			Scd	56					1030						1.8	1.0			550	P ★
UGC 3243	05 02 12	+20 56						0	5315										299	A
UGC 3244	05 02 18	+33 57						0	6692										299	A
Anon 0502+41a	05 02 18.9	+41 32 28	Sd	76	I	2.9	2.1	0	5312	5	227	300	4	107.8	2.8	0.9			479	E ★
Anon 0502+41b	05 02 22.0	+41 17 50	S	65	S	≤21.0		4500	−	8200									479	E
					S	≤20.0		2000	−	6000									333	E
NGC 1809	05 02 23.9	−69 38 00	S	74				1	1302	20				14.7	3.2	1.2			528	P
Anon 0502+48	05 02 27.3	+48 00 51	S	0	S	≤22.0		4500	−	8200									479	E
UGC 3245	05 03 06	+70 26						0	4875										400	G
					I	6.80		0	4814		428	359	3						498	G ★
NGC 1784	05 03 06.6	−11 56 24			I	62.00		0	2315			357	4		6.0	3.6			515	G ★
				48	I	60.1		0	2317			358	4	29.1	3.8				203	G ★
			Sc	52	F	10.4	3.64		2285	50		355	9	13.8	5.9				22	N
								0	2318	40									35	N
									2313	30									286	B
			SBc	52	F	16.62	1.45	0	2321	10		345	4	21.8	6.0	3.8			373	G
			Sc	48	M	7.61		0	2310	20				22.8					324	N
			SBc	48	I	57.4	0.1	0	2316	4	328	343	4		4.2	0.8			523	J ★
NGC 1792	05 03 15.0	−38 02 42	Sbc	60	I	38.0	3.4	0	1231	15		324	4	20.4	3.5				320	P ★
								0	1193	75									42	N
			Sbc		M	≤1.5								13.					85	B
			Sbc	56	F	9.89	1.35	0	1216	25		316	4	10.0	9.8	5.7			373	G
			Sbc	75	M	1.8	1.8	0	1205	100				13.					35	N
IC 402	05 03 54	−09 10	SXd	41	F	4.06	1.07	0	3339	25		251	4	32.1	3.9	3.0			373	G
UGCA 100	05 03 54	+30 46	Im	0	S	±	10.0	−600	−	3300					2.51	2.51			377	E
			Im		S	±	18.0	−400	−	3000					7.5	7.5			373	G
UGC 3247	05 03 54.5	+08 36 27			I	5.99		0	3369		196	137	3						467	A ★
			S		I	5.155		0	3373		143	213	4		1.0	1.0			475	A ★
ESO 536-G474	05 04 24	−17 37 18	Sc	42	I	5.28	1.1	0	4514	25		362	4		1.2				188	G ★
UGC 3248	05 04 28.2	+03 54 51			I	6.13		0	8930		446	427	3						467	A ★
			Sb	63	I	1.4		0	8851		278	301	4		1.8	0.9			543	A
NGC 1800	05 04 32.4	−32 01 06	Am	30	M	0.35			802			60		12.	1.8				298	B ★
			Mult	58	M	0.09		0	805	20				5.6					324	N
UGC 3249	05 05 24	+75 52			I	1.87		0	4605		164	152	3						498	G ★
DDO 36	05 05 31.0	−16 21 41	SBm	53	F	4.04	0.53	0	2044	7	34			38.3	3.5	2.1			89	G
			SBm	55	F	4.11	0.51	0	2044	7		54	4	18.9	4.0	2.4			373	G
			SBm		I	21.10		0	2038			56	4		4.0	2.4			515	G ★
			SBm	55	I	18.3	0.5	0	2039	1	34	53	4		2.3	1.4			550	J ★
			SBm	55	I	18.3	0.8	0	2038	2	35	52	4		2.3	1.4			550	P ★
UGC 3250	05 05 49.3	+63 06 13						0	4532										400	G
					I	9.34		0	4528		454	421	3						498	G ★
UGC 3251	05 05 58.6	+13 11 50			I	5.86		0	5330		353	340	3						467	A ★
NGC 1808	05 05 58.9	−37 34 41	S0	62	F	15.4	3.08		997	20		390	4	10.5	9.7				21	N ★
			Sa p		F	16.0													229	P
			Sa	57	I	57.2	5.2	0	1008	14		300	4	15.9	6.8				320	P ★
NGC 1824	05 06 12.0	−59 47 23	SBm	84				1	1254	20				13.9	3.2	0.8			528	P
				90	M	3.41		1	997			197		19.9	2.3	0.4			535	P
ESO 305-G 09	05 06 25.0	−38 22 26	Sc	48	I	62.0	5.0	0	1027	5	115			8.1	6.1	4.2			310	P
			Im	43	F	16.11	1.07	0	1022	7		134	4	8.1	2.0	1.4			373	B

Table 1 cont.

Name (1)	R.A. (2)	Dec. (3)	Type (4)	i (5)	(6)	HI-flux (7)	(8)	(9)	v (10)	(11)	(12)	Δv (13)	(14)	Dist (15)	a (16)	b (17)	Vmax (18)	Pos (19)	Ref (20)	(21)
UGC 3252	05 06 35	+67 25 38			I	17.88		0	6115		332	304	3						498	G ★
UGC 3253	05 06 37.8	+83 59 48						0	4138	15									359	G
					I	8.06		0	4122		348	338	3						498	G ★
UGCA 101	05 06 48.0	−09 19 00	Im	61	F	2.75	0.64	0	2693	25		215	4	25.6	2.5	1.2			373	G
			Im		I	8.10		0	2714			191	4		2.6	1.3			515	G ★
Zw 421-002	05 07 00	+06 29			S	±	4.0	6200	−	9900									543	A
UGC 3254	05 07 00	+66 42			I	3.90		0	6149		174	161	3						498	G ★
UGC 3255	05 07 08.0	+07 25 16	SXb	78	F	≤0.40		5	5689						1.55				154	G
ESO 85-G 47	05 07 17.0	−63 03 32			M	2.95		1	1226			83	4	24.5	1.1	1.1			535	P
			Im	41				1	1469	20				16.7	2.1	1.7			528	P
NGC 1796 A	05 07 18.0	−61 15 18	S		I	≤10.0		0	−	6400									320	P ★
UGC 3256	05 07 40	+00 50 44	SXb		I	5.388		0	8697		218	256	4		1.2	1.1			475	A ★
Anon 0507+17	05 07 53	+17 58 25	Mult		I	5.9	1.0	0	7740		372								469	G ★
UGC 3258	05 08 08.7	+00 20 50	SBb		I	1.2		0	2821			369	5		0.7	0.6			488	A ★
UGC 3259	05 08 12	+72 16	SXd		S	±	18.0	−400	−	3000					3.7	2.7			373	G
					I	5.06		0	4939		236	223	3						498	G ★
UGCA 102	05 08 18.5	−02 44 45		48	M	1.01	0.09		2828	2		153	4	36.0	0.78	0.58			293	G ★
			Comp		F	1.7	0.7	0	2832	19				39.	1.3		100		60	N ★
					F	≤1.0			2850										141	N
				44	F	1.45	0.17	0	2832		133	175	4	37.4	0.78	0.58			347	G ★
NGC 1827	05 08 19	−37 01 12	Scd	82	F	5.28	0.92	0	1049	13		200	4	8.4	5.5	1.3			373	B
UGC 3261	05 08 38.8	+16 59 47			I	3.23		0	5174		278	262	3						467	A ★
								0	5179										490	A
ESO 422-G 41	05 08 53.7	−31 39 35	Scd	35	I	45.0	5.0	0	982	5	132			7.8	4.4	3.6			310	P
			Sm	22	F	7.80	0.86	0	980	10	128			16.2	3.8	3.53			89	B
			Sm	22	F	7.55	0.85	0	980	10		145	4	7.8	3.9	3.6			373	B
NGC 1819	05 09 06.5	+05 08 26	SB0/a		I	2.8		0	4471	20		322	4		1.7	1.2			78	A ★
			SB0	46	I	3.00		0	4477			307	4		1.7	1.2			471	A ★
						2.83		0	4463			357	4	58.3	1.7	1.2			562	A ★
UGC 3266	05 09 12.9	+13 48 57			I	1.46		0	6072		427	407	3						467	A ★
					S	±	4.0	2400	−	9400									490	A
UGCA 104	05 09 25.2	−14 51 00	Sc	34	M	1.84		0	1985	20				19.3	4.5	3.6			324	N
			Scd	37	F	5.00	0.78	0	1976	10		233	4	18.2	9.5	6.3			373	G
UGCA 105	05 09 36.0	+62 31 00	Im	49	F	51.00	2.64	0	112	7		139	4	2.6	9.5	6.3			373	G
			Im	50	I	139.5	2.4	0	114	5	117	127	4	4.7	4.75	3.11			377	E ★
					I	161.7		0	111		135	122	3						498	G ★
			Im		I	198.8		0	110			142	4		9.5	5.7			515	G ★
NGC 1832	05 09 48.0	−15 44 48	SBbc	48	I	24.5		0	1938			307	4	23.8	2.5				203	B
								0	1912	20									42	N
								0	1936	15									359	G
			Sbc	47	M	3.71		0	1937	20				18.7					324	N
UGC 3267	05 10 00	+71 25			I	10.02		0	7036		369	343	3						498	G ★
ESO 362-G 09	05 10 07.4	−33 01 52	Sdm	29	I	103.0	15.0	0	931	5	84			7.3	4.7	4.2			310	P ★
			Im	42	F	19.33	1.18	0	935	10	75			15.3	4.8	3.55			89	B
			Im	43	F	18.84	1.17	0	935	7		98	4	7.3	5.0	3.6			373	B
Anon 0510+46	05 10 34.0	+46 18 37	S	50	S	≤30.0		4500	−	8200									479	E
UGC 3268	05 10 48	+68 12			I	9.17		0	3934		246	232	3						498	G ★
NGC 1853	05 11 23.9	−57 27 00	Sd	76				1	1388	20				15.6	1.9	0.7			528	P
UGC 3269	05 11 25.8	+06 27 49			I	1.12		0	9015		151	125	3						467	A ★
			Sc	55	I	1.3		0	8935		296	330	4		1.0	0.6			543	A ★
NGC 1843	05 11 42	−10 41	Sd	19	F	6.87	0.87	0	2611	15		215	4	24.7	3.2	3.0			373	G
Zw 421-008	05 12 12	+06 11			S	±	4.0	6200	−	9900									543	A
UGC 3270	05 12 38.4	+06 25 08			I	2.40		0	8632		365	354	3						467	A ★
				70	I	2.7		0	8640		360	384	4		1.0	0.4			543	A ★
Zw 421-011	05 12 54.9	+07 08 36		73	I	3.4		0	8915		370	400	4		1.0	0.3			543	A ★
Zw 421-012	05 13 12	+07 06 54		44	I	2.4		0	8923		302	351	4		0.8	0.6			543	A ★
ESO 432-G 02	05 13 21	−30 35	SBcd	69	F	5.37	0.78	0	1481	15		245	4	12.8	4.0	1.6			373	B
Zw 421-014	05 13 24	+05 31			S	±	4.0	6200	−	9900									543	A
Anon 0513+05	05 13 31.4	+05 52 54	Sc	44	I	4.2		0	8782		264	294	4		0.6	0.4			543	A ★
UGC 3271	05 13 37.9	−00 12 15	E	42	F	≤0.35		5	9798						2.20				154	G
UGC 3273	05 13 42.0	+53 30 00	Sm	72	F	14.05	0.89	0	616	8		203	4	7.3	9.3	3.4			373	G
			Sm		I	48.90		0	616			204	4		9.4	2.8			515	G ★
UGC 3275	05 14 05.0	+06 34 07			I	4.46		0	7964		534	508	3						467	A ★
			Sc	84	I	4.0		0	7979		520	579	4		1.9	0.4			543	A ★
UGC 3276	05 14 06	+76 18			I	14.83		0	2503		303	288	3						498	G ★
ESO 159-G 02	05 14 10.8	−53 47 31	Sbc	46	I	≤60.0									3.1	2.2			310	P
UGC 3277	05 14 12	+65 25						0	5115										400	P
					I	3.93		0	5117		364	346	3						498	G ★
Anon 0514+00	05 14 24.6	+00 52 08			M	≤2.7			7220				4	95.0	0.27	0.22			293	A
UGC 3279	05 14 28.2	+06 52 33			I	1.94		0	8386		653	611	3						467	A ★

Table 1 cont.

Name (1)	R.A. (2)	Dec. (3)	Type (4)	i (5)	(6)	HI-flux (7)	(8)	(9)	v (10)	(11)	(12)	Δv (13)	(14)	Dist (15)	a (16)	b (17)	Vmax (18)	Pos (19)	Ref (20)	(21)
UGC 3280	05 14 35.7	+30 24 37			I	2.06		0	6266		229	182	3						467	A ★
								0	6270										490	A
ESO 362-G 11	05 14 55	−37 09 12	Sc	79	F	16.85	1.64	0	1348	10		294	4	11.3	6.6	1.7			373	B
UGC 3282	05 14 55.9	+06 44 50			I	3.38		0	8249		304	282	3						467	A ★
			Sc	45	I	4.8		0	8265		288	338	4		1.2	0.9			543	A ★
ESO 159-G 03	05 15 05.4	−54 09 30	SB0	50	I	≤11.5									3.0	2.0			311	P
UGC 3284	05 15 12	+72 40						0	4697										400	G
					I	5.54		0	4703		217	197	3						498	G ★
UGC 3285	05 15 58.1	+19 07 26			I	5.68		0	5966		432	415	3						467	A ★
								0	5968										490	A
UGC 3286	05 16 27.7	+16 49 27			I	5.06		0	6959		418	344	3						467	A ★
Anon 0516+43	05 16 38.2	+43 15 19			I	10.7	0.7	0	3785			184	4						503	G
					I	12.3	0.3	0	3774			264	4						503	G
UGC 3287	05 16 43.8	+01 17 03			I	5.37		0	8186		349	148	3						467	A ★
UGC 3288	05 16 52.4	+04 04 26			I	3.35		0	3055		163	157	3						467	A ★
								0	3067										490	A
					S	± 4.0		6200	−	9900									543	A
NGC 1892	05 16 54.0	−65 01 00	Sb	80				1	1362	20		233	4	15.4	2.6	0.8			528	P
ESO 553-G 33	05 16 54.0	−21 35 47	Im	37	F	2.05	0.85	0	1811		129			33.2	3.0	2.4			89	B
			Im	38	F	2.84	0.69	0	1841	15		143	4	16.6	3.0	2.4			373	B
Zw 421-027	05 17 06	+03 40			S	± 4.0		6200	−	9900									543	A
Anon 0517+51	05 17 22.9	+51 40 43	Sc	21	S	≤28.0		4500	−	8200									479	E
UGC 3290	05 17 25.2	+17 40 23			I	3.77		0	6288		298	279	3						467	A ★
								0	6286										490	A
UGC 3289	05 17 25.4	+06 31 57			I	2.32		0	8893		330	298	3						467	A ★
Zw 421-030	05 17 32.1	+05 47 14	Sc	70	I	4.5		0	8570		416	480	4		0.7	50.3			543	A ★
UGC 3291	05 17 44.9	+06 31 19			I	1.10		0	8889		98	47	3						467	A ★
			Sd	66	I	0.8		0	8866		82	157	4		1.1	0.5			543	A ★
UGC 3292	05 17 50.8	+52 46 58	Sc	77	S	≤28.0		500	−	8100									479	E
					I	4.08		0	10092		477	456	3						498	G ★
NGC 1879	05 17 56	−32 11 30	Im	26	F	3.59	0.72	0	1247	10	126			21.5	3.1	2.79			89	B
			IXm	26	F	3.45	0.69	0	1247	15		145	4	10.4	3.0	2.6			373	B
UGC 3293	05 18 00	+08 45						0	4689										299	
					S	± 4.0		6200	−	9900									543	A
UGC 3295	05 18 24	+15 12						0	5614										490	A
UGC 3294	05 18 25.3	+03 57 28	Sb	59	F	5.59	1.53	0	4138	20		389	4	40.5	5.5	2.9			373	G
			Sb	60	M	16.4		0	4145		370	400	4	81.					450	A ★
					I	14.58		0	4141		400	127	3						467	A ★
			Sb	59	I	38.0	3.2	0	4147	10	369	419	4		3.3				473	J ★
			Sb		I	11.34		0	4145		375	403	4		3.4	1.7			489	A ★
UGC 3295	05 18 32.8	+15 11 37			I	7.85		0	5593		406	385	3						467	A ★
Anon 0518+52	05 18 40.7	+52 05 37	Sbc	40	S	≤26.0		4500	−	8200									479	E
UGC 3296	05 18 42.7	+04 50 18			I	10.53		0	4269		335	315	3						467	A ★
			Sab		I	7.56		0	4264		318	348	4		1.9	1.4			489	A ★
Anon 0518−25	05 18 54	−25 24			S	≤27.0		5	12900										548	P
Anon 0519+06	05 19 06	+06 37 45	Mult		S	± 4.9		7800	−	10200									469	G
ESO 362-G 19	05 19 20	−37 00 18	Sm	72	F	2.62	0.69	0	1299	15		148	4	10.8	4.5	1.6			373	B
UGC 3300	05 19 54	+43 30						0	6327	15									359	G
					I	9.64		0	6308		339	258	3						498	G ★
NGC 1888	05 20 14.5	−11 32 46	Sc	74	M	1.43		0	2476	35				24.5					324	N
			SBc p	78	F	1.09	0.50	0	2310	20		111	4	21.6	4.3	1.2			373	G
			Sc		I	11.90		0	2394			317			4.3	0.9			515	G ★
			SBc	75	I	19.9	3.1	0	2468	8	453	471	4		3.0	1.4			523	J ★
								5	2310										503	G
					I	15.9	0.9	0	2466			634	4						503	G
					I	15.9	0.9	0	2469			663	4						503	G
NGC 1889	05 20 14.6	−11 32 44						5	2472										503	G
					I	15.9	0.9	0	2466			634	4						503	G
					I	15.9	0.9	0	2469			663	4						503	G
UGC 3302	05 21 12	+76 37	Sc	32	I	4.02	1.2	0	4177	15		231	4		1.2				188	G ★
					I	5.55		0	4170		230	220	3						498	G ★
Anon 0521+49	05 21 28.1	+49 50 49	Sc	71	S	≤31.0		500	−	8100									479	E
Anon 0521+32	05 21 56	+32 16 48			S	≤15.0		2000	−	6000									333	E
UGC 3303	05 22 19.2	+04 27 24		41	F	6.08		0	521		168	185	4	5.7	5.4				213	G ★
			Sm	41	F	10.39	1.08	0	528	8		179	4	4.4	6.6	5.0			373	G
					I	27.2	3.2	0	519	13	159	173	4						378	G
			Im	42	I	26.9	1.3	0	519	6	158	164	4		4.	3.			384	E ★
			Im		I	36.59		0	519			178	4		6.6	4.6			515	G ★
UGC 3304	05 22 28.8	+21 48 40			I	8.07		0	5629		307	291	3						467	A ★
								0	5617										490	A

Table 1 cont.

Name (1)	R.A. (2)	Dec. (3)	Type (4)	i (5)	(6)	HI-flux (7)	(8)	(9)	v (10)	(11)	(12)	Δv (13)	(14)	Dist (15)	a (16)	b (17)	Vmax (18)	Pos (19)	Ref (20)	(21)
UGC 3305	05 22 36	+54 23			F	≤1.0			−400 − 3000										213	G
ESO 4-G 17	05 22 49.0	−87 04 51			M	4.20		1	1622		271		4	32.4	1.1	0.4			535	P
					M	8.16		1	1620		306		4	32.4	1.1	0.4			535	P
UGC 3308	05 23 18	+08 55						0	8517										490	A
MCG+08-10-003	05 23 24.5	+45 38 05	S/Irr	21	I	5.6	1.0	0	6087	6	92	130	4	123.4	1.5	1.4			479	E ★
ESO 56-G115	05 24 00	−69 48	Im	27	M	0.62		0	276					0.048	720.	640.			87	H
				35	M	0.32		1	77		50			0.046			29	5	301	Q ★
				25	M	0.54								0.052					302	P ★
			Im	25	M	0.57		0	280	5	50		4	0.046	720.			160	303	L ★
UGC 3309	05 24 00	+67 19			I	3.98		0	6051		383	343	3						498	G ★
UGC 3311	05 24 30	+79 21			I	2.04		0	4543		154	121	3						498	G ★
UGC 3310	05 24 30.4	+49 55 21	S	77	S	≤39.0			4500 − 8200										479	E
UGC 3312	05 25 36	+22 04			S	± 4.0			2400 − 9400										490	A
UGC 3313	05 25 36	+79 11			F	≤1.0			−400 − 5800										213	G
					I	4.12		0	4688		112	55	3						498	G ★
UGC 3314	05 25 54	+55 53			I	7.87		0	2185		223	178	3						498	G ★
Anon 0526−16	05 26 00	−16 10	Sc	39	I	17.07	1.7	0	2174	10		100	4		2.1				188	G ★
UGC 3315	05 26 15.5	+53 18 51	S	72	S	≤33.0			500 − 8200										479	E
UGC 3316	05 26 52.8	+55 47 18		48	F	3.11		0	2203		192	218	4	31.0	2.7				213	G ★
					I	13.15		0	2199		192	179	3						498	G ★
UGC 3317	05 27 16.0	+73 41 14	Im		F	3.83	0.66	0	1241	10	107			27.9	3.5	3.5			89	G
			Im		F	4.09	0.69	0	1241	15		136	4	14.2	3.7	3.7			373	G
			Im		I	14.40		0	1238			127	4		3.8	3.8			515	G
UGC 3318	05 27 48	+76 46			F	≤1.0			−400 − 5800										213	G
					I	5.58		0	4468		234	213	3						498	G ★
UGC 3319	05 28 42	+70 09			I	5.57		0	4216		351	324	3						498	G ★
Anon 0529+49	05 29 17.6	+49 19 54	Sd	22	I	4.4	1.5	0	7245	12	123	166	4	146.8	1.1	1.1			479	E ★
UGCA 111	05 29 42	−07 58	SBb	38	F	10.43	1.54	0	3557	20		323		34.1	5.0	4.0			373	G
UGC 3320	05 30 00	+79 33			I	5.44		0	4739		282	202	3						498	G ★
NGC 1954	05 30 31.1	−14 05 49	Sc	56	I	39.6		0	3126			488	4	39.5	3.5				203	G ★
			SBc	61	F	8.55	1.22	0	3143	25		464	4	29.8	6.5	3.3			373	G
			Sc		I	46.90		0	3126			516	4		6.6	3.3			515	G ★
			Sc	56	I	40.7	3.5	0	3133	6	426	463	4		4.1	1.0			523	J ★
UGC 3321	05 30 54.0	+06 14 33			I	1.81		0	8067		523	506	3						467	A ★
NGC 1964	05 31 14.4	−21 58 52	Sb	68	I	46.8	4.9	0	1666	23		442	4	29.5	5.5				320	P ★
								0	1679	35									42	N
			Sb	71	M	4.1	3.2	0	1690	50				15.					35	N
			SXb	72	F	16.21	3.37	0	1671	15		427	4	14.8	8.6	3.1			373	B
			Sb	68	M	3.68		0	1649	20				15.3					324	N
			SXb	69	I	69.0	6.5	0	1661	3	406	429	4		6.2				473	J ★
IC 2135	05 31 28	−36 26	Sc	74	F	6.97	1.17	0	1324	20		250	4	11.0	5.5	1.8			373	B
UGC 3322	05 31 38.5	+06 45 23			I	7.04		0	7879		468	436	3						467	A ★
								0	7869										490	A
UGC 3323	05 31 42.2	+49 44 08	Sd	48	I	4.0	1.1	0	6214	5	152	182	4	126.2	1.7	1.2			479	E ★
					I	4.83		0	6283		214	166	3						498	G ★
UGC 3325	05 31 48	+40 53						0	6692										400	G
					I	7.19		0	6685		346	327	3						498	G ★
UGC 3326	05 32 09	+77 17	Sc		S	± 18.0		0	−400	3 000					5.1	0.9			373	G
					I	12.34		0	4085		558	514	3						498	G ★
UGC 3328	05 33 35.1	+07 17 40			I	2.27		0	3857		399	374	3						467	A ★
UGC 3329	05 33 39.4	+16 36 41			I	2.40		0	5253		494	469	3						467	A ★
					S	± 4.0			400 − 7400										490	A
UGC 3330	05 33 56.5	+14 23 30						0	5170										299	A
					I	5.22		0	5234		204	163	3						467	A ★
			S		I	4.521		0	5239		170	202	4		1.2	1.1			475	A ★
Anon 0535+41	05 35 17.4	+41 05 56	Sb	19	I	2.4	0.5	0	6117	9	46	61	4	123.5	1.9	1.8			479	E ★
Anon 0535−52	05 35 17.9	−52 13 00	Im	41				1	1279	20				14.3	1.7	1.4			528	P
UGC 3332	05 36 10.8	+15 33 00			I	10.70		0	5817		474	438	3						467	A ★
								0	5818										490	A
Anon 0536+42	05 36 11.8	+42 20 24	Sbc	50	S	≤32.0			4500 − 8200										479	E
NGC 1961	05 36 33.9	+69 21 16	Sc	48	I	68.6		0	3935			673	4	54.7	4.0				203	G ★
								0	3910	75									42	N
				55	M	140.0			3941	10		682	5	82.	7.7				186	G ★
			Sb		M	≤5.9		5	3873					38.7					315	J
			Sb	50	M	54.0		0	3935	8		716	4	55.	4.5		457		389	W ★
			Sc	47	M	16.36		0	3899	35				50.1					324	N
			Sb		I	76.69		0	3934			718	4		7.0	6.3			515	G ★
			SXc	48	I	72.6	9.5	0	3932	6	642	700	4		4.3	0.8			523	J ★
Zw 329-009	05 37 00	+69 13	S/Irr	70	M	0.5		0	3895	20		143	4	55.	0.7				389	W ★

Table 1 cont.

Name (1)	R.A. (2)	Dec. (3)	Type (4)	i (5)	(6)	HI-flux (7)	(8)	(9)	v (10)	(11)	(12)	Δv (13)	(14)	Dist (15)	a (16)	b (17)	Vmax (18)	Pos (19)	Ref (20)	(21)
UGC 3336	05 37 00	+85 54			I	7.59		0	5511		249	224	3						498	G ★
					I	1.95		0	5756		175	143	3						498	G ★
Anon 0537+69	05 37 12	+69 11	S/Irr	90	M	1.4		0	3800	50		350	4	55.	0.3				389	W ★
UGC 3338	05 37 46.1	+16 26 07			I	5.92		0	4865		325	308	3						467	A ★
								0	4863										490	A
Zw 329-011	05 37 54	+69 24	Sb	55	M	1.2		0	4108	15		186	4	55.	0.8				389	W ★
Zw 307-021	05 38 06	+68 55	S		S	≤15.0		3000	–	5000									389	W
Anon 0538+69	05 38 18	+69 23	Im		S	≤15.0		3500	–	4500									389	W
UGC 3342	05 38 54	+69 16	Sc	84	M	1.5		0	3927	12		296	4	55.	1.8				389	W ★
					I	9.30		0	3992		512	471	3						498	G ★
UGC 3341	05 39 00.0	+18 28 03			I	15.15		0	4569		159	146	3						467	A ★
			SBab		I	20.78		0	4569		141	157	4		2.0	2.0			475	A ★
Anon 0539-58	05 39 12.0	-58 37 00	SBc	45				1	1342	20				15.1	2.0	1.5			528	P
ESO 363-G 15	05 39 15.6	-35 43 57	Scd	46	I	23.0	4.0	0	1278	10	170			10.5	3.7	2.6			310	P
			Sm	46	F	3.03	1.07	0	1273	15		140	4	10.4	5.5	3.9			373	B
UGC 3343	05 39 22.0	+72 20 20	Sc	77	I	13.2		0	1094			239	5	12.7					417	G
					I	12.52		0	1085		190	174	3						498	G ★
ESO 487-G 35	05 39 55	-22 58 06	Im	77	F	5.37	0.87	0	1731	15		172	4	15.3	4.0	1.2			373	B
UGC 3346	05 40 06	+51 11						0	5958										400	G
					I	7.36		0	5940		400	372	3						498	G ★
Zw 329-016	05 40 12	+69 02	Im p		S	≤15.0		3000	–	5000									389	W
					I	6.58		0	4286		288	151	3						498	G ★
UGC 3348	05 40 20.8	+16 28 50			I	6.84		0	5172		327	309	3						467	A ★
								0	5170										490	A
UGC 3349	05 41 04.5	+69 01 51	S		S	≤15.0		3000	–	5000									389	W
					I	1.80		0	4335		198	133	3						498	G ★
			Sab	50	M	2.8		0	4260	12		298	4	55.	1.2				389	W ★
Anon 0541+58	05 41 25.6	+58 40 51			I	7.5	0.5	0	4476			512	4						503	G
					I	7.0	1.0	0	4427			512	4						503	G
NGC 2082	05 41 36.0	-64 19 12	SBb	12	I	≤12.0		5	1104					17.0	1.8				320	P ★
			SBbc	24				1	1104	20				12.1	1.4	1.3			528	P
ESO 554-G 29	05 41 42	-19 18 54	SBc	73	F	5.83	1.14	0	2749	40		280	4	25.6	3.5	1.2			373	B
UGC 3352	05 41 54.7	+16 44 44			I	1.44		0	5394		163	103	3						467	A ★
								0	5413										490	A
ESO 159-G 25	05 42 00.0	-52 43 45	Sm	47	I	17.0	3.0	0	1100	10	110			8.5	2.2	1.5			310	P
			Im	50				1	1084	20				11.8	1.7	1.2			528	P
Anon 0542+05	05 42 22.0	+05 02 30		60	F	17.7		0	360	3		172	1	2.8					96	A ★
				60	F	19.0	15.0	0	360		115	140	4	2.8					96	B
UGC 3354	05 43 06	+56 05						0	3085										400	G
					I	14.04		0	3087		411	390	3						498	G ★
UGC 3356	05 44 12	+17 33						0	5582	15									359	G
Anon 0544+46	05 44 24.4	+46 14 12	Sc	42	I	3.2	1.0	0	6048	10	167	201	4	122.5	1.0	0.7			479	E ★
MCG+07-12-002	05 44 34.5	+42 26 53	Sc	70	S	≤24.0		4500	–	8200									479	E
NGC 2101	05 45 13.3	-52 06 34	Im	52	I	36.0	4.0	0	1192	5	100			9.4	2.4	1.5			310	P
			Im p	59				1	1192	20				13.3	2.0	1.2			528	P
NGC 2090	05 45 14	-34 16 06	Sc	63	F	5.90	2.07		1805	50		280	9	20.6	5.6				22	N
			Sc	60	I	100.7	6.3	0	928	10	303		4	14.0	4.1				320	P ★
			Sc	53	F	27.27	2.06	0	936	10		297	4	7.1	5.3	3.2			373	B
			Sc	59	M	1.41		0	927	20				7.3					324	N
			Sb	60	M	5.25		0	918					14.0	4.1		155	195	544	P
Anon 0545+50	05 45 49.7	+50 02 35	Scd	66	S	≤29.0		4500	–	8200									479	E
NGC 2104	05 45 54.0	-51 34 00	Sbc	69				1	1151	20				12.7	2.1	0.9			528	P
UGC 3358	05 46 01.0	+50 22 32	S	42	S	≤36.0		4500	–	8200									479	E
UGC 3359	05 46 01.2	+51 04 39	SBc	80	S	≤27.0		500	–	8100									479	E
UGC 3360	05 46 25.9	+17 49 34	Sbc		I	2.6		0	4566	10		246	4		1.3	0.5			78	A ★
					I	3.95		0	4553		262	221	3						467	A ★
UGC 3361	05 46 32.1	+49 41 56	SB/Ir	50	S	≤54.0		500	–	8100									479	E
					I	2.77		0	3304		177	153	3						498	G ★
UGC 3362	05 46 36	+17 39	Sbc	90	I	0.95		0	4441	30		619	4		1.3	0.4			78	A ★
					S	±	4.0	400	–	7400									490	A
UGC 3363	05 46 36	+17 41	S0/a		I	0.65		0	4725	30		391	4		1.6	0.7			78	A ★
UGC 3364	05 46 48	+76 41			I	3.79		0	4430		154	138	3						498	G ★
UGC 3365	05 47 00	+39 49						0	5194	10									359	G
UGC 3365	05 47 24	+66 47			I	4.23		0	5151		556	533	3						498	G ★
UGC 3366	05 47 37.5	+48 37 30	Sc	40	I	7.0	2.6	0	5856	6	262	291	4	118.8	1.3	1.0			479	E ★
UGC 3368	05 48 06.7	+39 49 05	Sc	72	I	11.0	2.3	0	5156	4	304	325	4	104.0	2.0	0.7			479	E ★
UGC 3369	05 48 39.2	+41 46 25	Sd	81	S	≤37.0		500	–	8100									479	E
UGCA 114	05 48 42	-14 47	SBdm p	29	F	6.84	1.50	0	908	10		133	4	7.3	4.9	4.3			373	G
			SXdm		I	24.90		0	902			140	4		4.9	3.9			515	G ★
IC 2150	05 49 36.0	-38 19 45		73	M	31.93		1	2868			411	4	57.4	2.4	0.7			535	P

Table 1 cont.

Name (1)	R.A. (2)	Dec. (3)	Type (4)	i (5)	(6)	HI-flux (7)	(8)	v (9)	(10)	(11)	Δv (12)	(13)	(14)	Dist (15)	a (16)	b (17)	Vmax (18)	Pos (19)	Ref (20)	(21)
NGC 2110	05 49 46.4	−07 28 02	E		F	≤0.45		5	2307										154	G
			E	38	S	± 21.0		1000	−	3000					1.0	0.8			538	P
UGC 3371	05 49 53.0	+75 18 20	Im	35	F	6.55	0.86	0	818	10	127			16.4	6.5	5.33			89	G
			Im	66	M	1.51		0	815		120	141	4	12.9	6.5		158	306	376	E ★
			Im	36	F	7.90	0.73	0	820	8		149	4	10.0	7.1	5.8			373	G
			Im		I	31.60		0	814			146	4		7.2	5.8			515	G ★
IC 438	05 50 48.0	−17 53 30						0	3114	10									359	G
			Scd	33	F	7.43	1.07	0	3125	8		325	4	29.3	4.8	4.0			373	G
					M	28.66		1	2919			315	4	58.4	2.3	1.4			535	P
			Scd		I	32.59		0	3122			336	4		4.8	3.8			515	G ★
UGC 3373	05 51 06	+78 30	Sc	54	I	9.46	1.4	0	4758	15		292	4		1.6				188	G
UGC 3374	05 51 09.8	+46 25 53						0	6136	20									359	G
			SB	26	F	1.86	0.64	0	6146			429	4		4.06				154	G ★
UGC 3375	05 51 24	+51 55						0	5783										400	G
					I	15.95		0	5783		531	495	3						498	G ★
UGC 3376	05 51 50.3	+15 11 07						0	3938										299	A
					I	5.39		0	3952		133	89	3						467	A ★
Zw 232-004	05 52 26.3	+48 32 09	Scd	21	I	8.8	3.2	0	5757	5	278	319	4	116.8	1.1	1.1			479	E ★
MCG+07-13-001	05 52 38.4	+40 59 49	S	61	S	≤27.0		4500	−	8200									479	E
UGC 3379	05 53 03	+68 27 20			I	18.94		0	4114		396	363	3						498	G ★
UGCA 116	05 53 04.9	+03 23 06			M	0.066	0.012	0	760					6.8					291	W ★
				39	M	0.349	0.028	0	795	2		170	4	9.0	1.28	1.07			293	A ★
					F	4.3	0.8	0	810	20	121	211	4	7.3					62	N ★
					M	0.23								7.3	2.8				141	N
				30	F	3.6		0	800					12.8				150	101	O ★
				43	F	4.45	0.33	0	795		143	172	4	10.1	0.33	0.25			347	G ★
			Pec	26	F	3.84	0.55	0	805	15		149	4	6.9	3.2	2.8			373	G
			Comp		M	0.45			795					10.1					502	V ★
					I	16.20		0	795			165	4		3.2	2.9			515	G ★
Anon 0554+07	05 54 51.0	+07 28 40			F	1.0		0	427		53			5.	4.				299	A
UGC 3382	05 55 06	+62 08						0	4495										400	G
					I	4.83		0	4497		201	190	3						498	G ★
UGC 3384	05 55 25.2	+73 07 00	S	0	F	4.33		0	1085		83	101	4	16.8	3.1				213	G ★
					I	20.50		0	1088			90	4		3.2	3.2			515	G ★
ESO 425-G 02	05 58 38.4	−28 59 33	Sc	61	I	33.0	5.0	0	1393	5	180			11.7	3.2	1.7			310	P
			SBm	57	F	5.01	1.40	0	1395	15	173			24.1	3.2	1.76			89	B
			SBm	59	F	4.22	0.85	0	1392	15		189	4	11.7	3.2	1.7			373	E
UGC 3390	05 58 48.0	+36 07 00						0	1518	15									359	G
			SXdm	55	F	5.21	0.83	0	1511	15		220	4	15.3	7.0	4.2			373	G
								0	1519	4	204	224	4						150	A ★
			SXdm		I	15.79		0	1519		204	221	4		2.3	1.3			489	A ★
			SXdm		I	20.90		0	1518			230	4		7.0	4.2			515	G ★
NGC 2139	05 59 03.4	−23 40 20	Scd	30	I	66.0	3.9	0	1843	8		267	4	32.6	2.3				320	P ★
								0	1804	35									42	N
			Scd	33	M	2.1	0.7	0	1800	26				15.					35	N
								0	1842	10									359	B
			SXcd	29	F	12.91	1.28	0	1845	15		235	4	16.3	3.5	3.0			373	B
			Scd	30	M	4.17		0	1838	20				17.1					324	N
			Sc	30	M	16.29		0	1833					32.6	2.3			214	200	544	P
UGC 3393	06 00 28.7	+07 49 46			M	0.584	0.099		5263	6			4	69.0	0.40	0.40			293	A ★
					I	≤1.5		6	5295					96.3	0.4	0.4			235	A
			Comp		F	≤1.5		5	5560					78.	0.9				60	N
					F	≤1.0			5560										141	N
UGC 3394	06 00 36	+56 09						0	1821										400	G
					I	7.48		0	1821		150	135	3						498	G ★
UGC 3395	06 01 14	+08 39 26						0	5395	15									359	G
								0	7042										299	A
			Sb		I	6.596		0	5381		213	228	4		1.2	1.2			475	A ★
ESO 555-G 27	06 01 27.0	−20 38 38	SBd	17	F	6.34	0.87	0	1982	15		175	4	17.8	3.7	3.5			373	B
					M	7.37		1	1765			166	4	35.3	1.7	1.3			535	P
					M	12.93		1	1775			175	4	35.5	1.7	1.3			535	P
UGC 3398	06 02 00	+60 35			I	4.84		0	7045		298	284	3						498	G ★
MCG−02-16-002	06 02 16.6	−12 37 16			I	22.6	0.6	0	2217			301	4						503	G
ESO 555-G 28	06 02 17.0	−19 36 54			M	1.64		1	645			656	4	12.9	0.9	0.3			535	P
					M	0.57		1	654			157	4	13.1	0.9	0.3			535	P
ESO 488-G 60	06 02 42	−26 07 06	SXd	56	F	5.96	1.10	0	1814	15		260	4	15.9	3.7	2.1			373	B
ESO 364-G 29	06 03 52.8	−33 04 39	Sm	50	I	36.0	4.0	0	790	5	85			5.5	3.9	2.5			310	P
			Sc	82				1	790	20				8.3	2.9	0.8			528	P
UGC 3403	06 04 45.4	+71 23 43						0	1264										400	G
					I	12.81		0	1264		243	232	3						498	G ★

Table 1 cont.

Name (1)	R.A. (2)	Dec. (3)	Type (4)	i (5)	(6)	HI-flux (7)	(8)	(9)	v (10)	(11)	(12)	Δv (13)	(14)	Dist (15)	a (16)	b (17)	Vmax (18)	Pos (19)	Ref (20)	(21)
UGC 3403			SBc		I	15.6	0.6	0	1271			264	4		2.7	0.8			503	G
UGC 3405	06 05 00	+80 29			I	15.99		0	3791		395	317	3						498	G ★
UGC 3407	06 05 30	+42 05			I	4.12		0	3604		302	105	3						498	G ★
Anon 0605+32	06 05 30.2	+32 29 30			S	≤10.0		2000	−	6000									333	E
UGC 3409	06 05 48	+64 36			F	≤1.0		−400	−	4800									213	G
					I	6.00		0	1362		140	122	3						498	G ★
NGC 2179	06 05 55.0	−21 44 19	S0/a	46	F	0.6	0.2	0	2839	100		382	4	30.0	1.6				53	N ★
			Sa	44	I	1.9	0.5	0	2783	20	192	251	5	52.7	1.8	1.3			346	E
			S0/a	46	I	≤6.1		5	2854					52.8	1.5				320	P ★
UGC 3410	06 06 00	+80 28			I	17.31		0	3887		564	313	3						498	G ★
UGC 3411	06 06 12	+62 01			I	7.05		0	6798		257	242	3						498	G ★
UGC 3412	06 06 48	+79 44			I	8.92		0	4003		280	253	3						498	G ★
ESO 555-G 39	06 06 52.0	−21 42 24			M	1.98		1	1489			87	4	29.8	1.1	0.6			535	P
Anon 0607−61	06 07 00.0	−61 48 00	Sc	90				1	1205	20				13.5	3.9	0.8			528	P
UGC 3413	06 07 17.6	+81 09 08						0	4211	15									359	G
					I	16.25		0	4212		286	265	3						498	G ★
			SBc		I	19.8	0.8	0	4213			308	4		2.6	1.8			503	G
UGC 3414	06 07 24	+64 16 48			I	3.3	0.3	0	4249			594	4						503	G
UGC 3415	06 07 30	+70 15			F	≤1.0		−400	−	3000									213	G
					I	6.29		0	3907		187	173	3						498	G ★
UGC 3416	06 08 00	+69 45			I	8.44		0	4002		306	282	3						498	G ★
NGC 2188	06 08 21.5	−34 05 36	SBm	76	I	32.9	4.4	0	744	9		133	4	10.0	3.0				320	P ★
			SBm	69	F	10.11	0.95	0	757	8		145	4	5.2	5.5	2.2			373	B
			SBm		M	0.15	0.15	0	760	30				3.2					85	N
			Sm	73	M	0.31		0	750	20				5.3					324	N
UGC 3418	06 08 48	+44 27						0	6743										400	G
					I	2.45		0	6742		89	41	3						498	G ★
UGC 3420	06 09 01.0	+75 57 08	Sb	74	F	0.76	0.82	0	5092	20		487	4	52.7	5.0	1.6			373	G
			Sb		I	16.60		0	5106			533	4		5.2	1.6			515	G ★
ESO 556-G 02	06 09 07.0	−21 34 49	Im	38	F	9.54	0.82	0	854	10		115	4	6.4	3.2	2.5			373	B
					M	1.18		1	636			105	4	12.7	2.0	1.4			535	P
					M	1.57		1	635			113	4	12.7	2.0	1.4			535	P
UGC 3422	06 09 18.8	+71 09 05	Sc	43	I	18.58		0	4053	10		449	5		2.4	1.8		43	158	G ★
			Sc	49	I	19.50	2.9	0	4061	10		421	4		1.8				188	G ★
			Sb	36	M	12.26		0	4066	35				52.1					324	N
			SXb	36	I	14.5		0	4078			461	5	41.1					417	G
			SXb		I	13.77		0	4062			440	4		3.9	2.7			515	G ★
UGC 3423	06 09 24	+78 52			I	6.33		0	4273		245	214	3						498	G ★
UGC 3424	06 09 30	+53 05			F	≤1.0		−400	−	4800									213	G
UGC 3425	06 09 48	+66 35			I	6.97		0	4057		456	398	3						498	G ★
UGC 3426	06 09 48.8	+71 03 10	S0		I	9.5	2.2		3952			680	1						114	G ★
					F	≤2.8								56.					51	N
			SX0	26	F	0.85	0.35	0	3957			250	4		2.79				154	G ★
			S0	28	I	8.4		0	4061			469	5	41.1					417	G
			S0 p		I	8.00		0	4050			434	4		3.5	3.1			515	G ★
NGC 2196	06 10 02.5	−21 47 35	Sa	38	F	7.9	1.6	0	2315	30		445	4	23.3	3.0				53	N ★
			Sa	45	F	7.41	1.5		2330	20	380			30.3	4.9				246	N ★
			Sa	38	I	21.7	3.1	0	2305	30		414	4	41.8	3.0				320	P ★
			Sa	45	F	≤2.95								21.9	4.2				21	N
			Sab	35	F	5.19	2.92	0	2333	30		407	4	21.2	5.0	4.1			373	B
				35	M	11.97		1	2083			148	4	41.7	1.9	1.5			535	P
				35	M	13.00		1	2107			393	4	42.1	1.9	1.5			535	P
UGC 3428	06 10 06	+67 45			I	3.58		0	3878		219	192	3						498	G ★
IC 440	06 10 17	+80 05 15			I	2.40		0	4344		358	336	3						498	G ★
Zw 308-015	06 10 39.2	+66 51 15			I	8.3	0.3	0	4066			416	4						503	G
NGC 2146	06 10 40.1	+78 22 23	SBab p		F	29.0	4.2		900			460	5	10.	8.4			143	90	G ★
			Pec		I	121.3		0	1861	10	362								171	G ★
			Sab	60	F	6.35	1.3		856	35		221	0	8.7	8.4				21	N
			SBab p	57	F	18.46	1.53	0	918	15		494	4	11.1	8.8	5.0			373	G
			SBab p	57	M	20.22	5.06	0	831			760	4	22.2	8.7	5.0			382	G ★
			SBab		M	≤0.8								9.1					85	N
								0	879	20									324	N
			SBab	52	I	61.1		0	897			514	5	11.6					417	G
			Sb											14.5					504	W ★
			SBa		I	70.00		0	903			499	4		8.8	4.4			515	G ★
			Sc		I	32.50		0	1493			244	4		5.2	2.1			515	G ★
UGC 3432	06 12 00	+57 04			I	5.95		0	4998		306	294	3						498	G ★
UGC 3433	06 12 36	+00 13						0	2340	10									359	G
								0	2326										299	A
								0	2350										490	A

Table 1 cont.

Name (1)	R.A. (2)	Dec. (3)	Type (4)	i (5)	(6)	HI-flux (7)	(8)	(9)	v (10)	(11)	(12)	Δv (13)	(14)	Dist (15)	a (16)	b (17)	Vmax (18)	Pos (19)	Ref (20)	(21)
UGC 3434	06 13 16.2	+32 14 53			I	8.60		0	7625		138	117	3						467	A ★
								0	7625										490	A
ESO 489-G 22	06 13 18.0	−26 33 53	Im	31	F	1.68	0.46	0	1799	20	69			32.2	2.5	2.15			89	B
			Im	31	F	1.65	0.46	0	1799	30		104	4	15.7	2.5	2.1			373	B
Anon 0613+07	06 13 37.5	+07 16 18			S	≤15.0		0	3800										333	E
NGC 2206	06 13 59	−26 44 48						0	6279	20									359	B
			SXbc		S	± 18.0		−400 − 3000							3.9	2.3			373	B
UGC 3436	06 14 00	+63 28						0	4297										400	G
					I	8.65		0	4297		223	196	3						498	G ★
NGC 2207	06 14 17.0	−21 21 20	Sbc p	48	I	45.0	4.3	0	2748	13		273	4	50.6	4.4				320	P ★
			Sbc	48	M	11.28		0	2739	20				26.5					324	N
				40	M	53.73		1	2569			394	4	51.4	2.3	1.7			535	P
IC 2163	06 14 20.4	−21 21 30	Sc	64	M	6.48		0	2688	75				26.0					324	N
ESO 489-G 29	06 15 06	−27 22	Sb	83	F	2.39	0.60	0	1696	15		314	4	14.7	4.4	1.0			373	B
UGC 3439	06 15 54.2	+78 33 18	Sc	67	F	8.66	1.21	0	1495	10		246	4	16.9	5.1	2.1			373	G
			Sb	67	I	30.5		0	1495			274	5	11.6					417	G
			SXc	67	I	33.0	2.7	0	1490	3	222	236	4		3.2	1.1			523	J ★
UGC 3443	06 16 00	+51 24			F	≤1.0		−400 − 3000											213	G
UGC 3442	06 16 00	+84 57	S0/a	77	S	± 7.0		3100 − 6600							1.2	0.35			384	E
Anon 0616−70	06 16 25.4	−70 52 28	Sd	68	I	15.0	4.0	0	1294	10	77			10.4	2.1	0.9			310	P
Anon 0616+03	06 16 25.4	+03 11 08	Sd		S	≤25.0		1	1294	20		250		14.7	0.0	0.0			528	P
								0	4650										333	E
UGC 3444	06 16 30	+73 44			F	≤1.0		−400 − 3000											213	G
					I	4.20		0	3348		178	163	3						498	G ★
UGC 3450	06 18 03.8	+27 52 57			I	2.49		0	6296		462	425	3						467	A ★
Anon 0618−16	06 18 30	−16 02	Sc	62	I	9.29	0.9	0	2852	15		220	4		1.6				188	G ★
UGCA 127	06 18 30.0	−08 26 00	Sc	75	F	50.45	3.58	0	739	8		315	4	5.6	8.3	2.6			373	G
			Sc		I	198.6		0	732			328	4		8.3	2.5			515	G ★
UGC 3453	06 18 36	+73 08			I	6.02		0	1044		169	154	3						498	G ★
UGC 3454	06 18 48	+72 07			F	≤1.0		−400 − 3000											213	G
					I	4.45		0	4156		93	77	3						498	G ★
ESO 556-G 15	06 18 56	−20 01 24	S p	29	F	13.10	1.60	0	1981	20		359	4	17.7	4.3	3.7			373	B
UGC 3457	06 19 12	+00 24						0	2728										299	A
NGC 2217	06 19 40.3	−27 12 31	Sa		M	3.8			1620					24.4					131	B ★
								0	1413	75				15.					42	N
			SB0	36	M	0.51	0.51	0	1406	100									35	N
			SB0	26	F	10.5	3.7	0	1630	35	335			19.9	8.0				246	N ★
			SBa	24	I	24.8	2.9	0	1615	10	240	268	5	28.7	5.4	5.0			346	E ★
			SB0		F	8.0													229	P
			SB0/a	24	I	28.2	3.7	0	1612	20		300	4	27.5	5.4				320	P ★
			SB0		M	≤1.2								15.					85	N
NGC 2146 A	06 19 53.1	+78 33 15	Sc	67	M	30.3		0	1494			244	4	22.5	2.6				203	G ★
			Sc	66	M	2.45		0	1500	20				20.8					324	N
			Sc						1495					15.	5.1				90	G ★
				67	M	14.86	3.72	0	1501			246	4						382	G
Anon 0621−59	06 21 00.0	−59 43 00	Sb	50				1	2262	20				27.0	3.4	2.4			528	P
UGC 3459	06 21 20.9	+04 44 17			I	4.19		0	2880		311	296	3						467	A ★
								0	2864										490	A
UGC 3460	06 21 27.6	+74 19 54			F	≤4.3								66.					51	N
								0	4737	35									324	N
Anon 0621−86	06 21 54.0	−86 37 00	Sa	90	I	2.82		0	5292		177	148	3						498	G ★
								1	1870	20				22.4	3.9	0.8			528	P
UGC 3462	06 21 59.5	+28 34 53			I	3.51		0	9299		266	247	3						467	A ★
					S	± 4.0		2400 − 9400											490	A
NGC 2223	06 22 29.9	−22 48 35	Sb	27	I	≤10.8		5	2691						3.7				320	P ★
			SXbc	29	F	7.15	1.34	0	2716	60		392	4	24.9	5.3	4.6			373	B
			Sb	27	M	3.26		0	2751	20				26.6					324	N
			SXb	28	I	24.4	2.1	0	2718	3	298	324	4		3.3				473	J ★
IC 2166	06 22 30.5	+59 06 29						0	2693	10									359	G
			SXbc	45	F	5.05	1.20	0	2696	10		324		28.1	4.3	3.0			373	G
			Sc	44	M	4.57		0	2684	35				34.5					324	N
			SXbc	45	I	28.6		0	2697			388	5	28.1					417	G
			Sc		I	27.23		0	2691			345	4		4.3	3.0			515	G ★
NGC 2227	06 23 51	−21 58 30						0	2261	10									359	B
Zw 330-004	06 23 58.4	+74 28 35			I	8.3	0.3	0	5546			388	4		1.7	1.7			503	G
UGC 3468	06 24 18	+18 51	S/Irr		I	7.049		0	2464		173	215	4		1.4	0.4			489	A ★
								0	2487										490	A
IC 442	06 24 41	+83 00 16			I	4.26		0	4264		554	485	3						498	G ★
UGC 3471	06 25 00	+74 28	Sc	21	I	8.84	1.3	0	5578	15		252	4		1.5				188	G ★
UGC 3474	06 26 42	+71 36			I	15.90		0	3634		383	353	3						498	G ★

Table 1 cont.

Name (1)	R.A. (2)	Dec. (3)	Type (4)	i (5)	(6)	HI-flux (7) (8)	(9)	v (10) (11)	Δv (12) (13) (14)	Dist (15)	a (16)	b (17)	Vmax (18)	Pos (19)	Ref (20)	(21)
UGC 3475	06 27 00.0	+39 32 12		58	F	4.74	0	484	172 193 4	6.8	4.1				213	G ★
			Sm	56	F	6.35 0.87	0	487 20	190 4	5.1	5.6	3.1			373	G
			S		I	24.60	0	487	181 4		5.6	2.8			515	G ★
UGC 3477	06 27 30	+50 07			I	12.28	0	6494							400	G
					I	12.28	0	6489	424 386 3						498	G ★
Anon 0627+71	06 27 43.6	+71 25 55			I	1.2 0.2	0	5615	306 4						503	G
UGC 3478	06 27 59.9	+63 42 38	Sb	76	M	7.10	0	3835 35		48.9					324	N
					I	9.86	0	3828	384 351 3						498	G ★
			S0/a		I	8.3 0.3	0	3825	415 4						503	G
UGC 3479	06 29 03.3	+35 13 40			I	4.97	0	7238	449 427 3						467	A ★
ESO 206-G 16	06 30 03.5	−52 23 27	Im		I	11.0 3.0	0	1190 10	70	9.2	2.0	1.8			310	P
			Im				1	1191 20		13.4	1.5	1.5			528	P
UGC 3487	06 30 06	+40 43					0	5211							400	G
					I	6.92	0	5212	430 319 3						498	G ★
UGC 3489	06 30 34	+21 04 30					0	5454 15							359	G
			Sbc		I	12.16	0	5457	476 502 4		2.2	0.3			489	A ★
UGC 3491	06 31 30	+75 27			F	≤1.0	−400 − 3000								213	G
UGC 3493	06 31 36	+48 53			I	5.40	0	5899	638 578 3						498	G ★
UGC 3496	06 32 00.0	+85 53 00	Im	42	F	1.35 0.41	0	1583 15	75 4	18.0	3.5	2.6			373	G
			Im		I	3.70	0	1588	76 4		3.6	2.5			515	G ★
Anon 0632+06	06 32 18.0	+06 55 45			S	≤15.0	0	4200	250						333	E
UGC 3498	06 32 30	+15 00					0	3790							299	A
							0	3790							490	A
Anon 0633+75	06 33 28.8	+75 41 10			I	0.80	0	790	83 4		1.0	1.0			515	G ★
UGC 3500	06 34 00	+84 13			I	11.81	0	4388	259 177 3						498	G ★
			Pec	86	S	± 8.0	3100 − 6600				1.9	0.4			384	E
UGC 3501	06 34 46.8	+49 18 06		72	F	0.86	0	451	60 95 4	6.9	2.4				213	G ★
			Im		I	3.60	0	449	81 4		2.3	0.7			515	G ★
UGC 3503	06 35 00	+22 41					0	1383							299	A
							0	1400							490	A
Mark 5	06 35 24.9	+75 33 56			F	1.4 0.5	0	790 20	170 9	13.					51	N ★
			Im	33	F	0.75 0.16	0	786	71 90 4	13.3	0.683	0.58			347	G ★
			Pec	33	F	0.58 0.35	0	794 10	80 4	9.7	1.1	0.9			373	G
			Im	32	I	2.2 0.5	0	794 10	36 70 4		0.68	0.58			377	E ★
					I	2.09	0	795	79 4		1.1	0.9			515	G ★
					I	0.80	0	790	83 4		1.0	1.0			515	G ★
					I	1.50	0	777	130 4		1.0	1.0			515	G ★
UGC 3504	06 35 37.9	+60 07 37					0	2105 10							359	G
			SXcd	30	F	4.68 0.64	0	2106 10	233 4	22.2	4.5	3.9			373	G
			Sc		I	17.29	0	2103	229 4		4.6	3.7			515	G ★
			Sc		I	19.6 0.6	0	2116	259 4		2.9	2.5			503	G
Anon 0635−14	06 35 42	−14 58			F	3.1	1	531	205 4		2.	1.			299	G ★
Anon 0636+60	06 36 31	+60 54			I	1.90	0	2068	196 4						515	G ★
UGC 3505	06 36 37.4	+20 47 26			I	3.97	0	5374	354 341 3						467	A ★
							0	3042							490	A
UGC 3509	06 38 00	+85 42		72	S	± 7.0	3100 − 6600				1.4	0.5			384	E
UGC 3511	06 38 45.8	+65 15 22					0	3567							400	G
							0	3552 20							359	G
			Scd	41	I	11.7	0	3568	369 5	37.0					417	G
					I	13.33	0	3567	348 315 3						498	G ★
Anon 0639+05	06 39 01	+05 36			S	≤15.0	2000 − 6000								333	E
UGC 3512	06 39 12	+42 28			F	≤1.0	−400 − 3000								213	G
ESO 122-G 01	06 40 01.0	−58 28 25	Sb p	83			1	2598 20	310 4	31.4	3.5	0.9			528	P
				29	M	13.68	1	2313	306 4	46.3	2.8	0.6			535	P
UGC 3516	06 40 06.7	+22 55 26			I	3.24	0	1296	138 123 3						467	A ★
							0	1300							490	A
UGC 3521	06 41 00	+84 06			I	8.81	0	4424	327 305 3						498	G ★
			S	60	S	± 7.0	3100 − 6600				1.7	0.9			384	E
UGC 3522	06 41 00	+84 59	Pec	58	F	2.76 0.67	0	2137 10	208 4	23.5	3.5	1.9			373	G
ESO 58-G 09	06 41 10.8	−72 24 45	Sb	64	I	≤60.0				1.9	0.9			310	P
UGC 3524	06 41 12	+12 28					0	3997							299	A
UGC 3528A	06 42 00	+86 40			I	4.25	0	4544	343 267 3						498	G ★
NGC 2273 B	06 42 02.6	+60 23 43	SBc		I	19.20	0	2097	230 4		4.0	2.4			515	G ★
			SB	49	I	14.9	0	2112 9	272 5	44.3	3.4				80	G ★
			SXd	52	F	4.87 0.62	0	2109 15	220 4	22.2	4.0	2.5			373	G
			SXd	55	I	19.9	0	2099 8			4.0		141	55	509	W ★
			SBc	56	I	20.7 1.7	0	2096 5	206 234 4		2.8	0.7			523	J ★
UGC 3529	06 42 06.8	+34 32 20			I	7.20	0	5427	424 380 3						467	A ★
UGC 3531	06 42 24.8	+25 52 53			I	4.76	0	11989	419 397 3						467	A ★
					S	± 4.0	2400 − 9400								490	A

Table 1 cont.

Name (1)	R.A. (2)	Dec. (3)	Type (4)	i (5)	(6)	HI-flux (7)	(8)	(9)	v (10)	(11)	(12)	Δv (13)	(14)	Dist (15)	a (16)	b (17)	Vmax (18)	Pos (19)	Ref (20)	(21)
UGC 3532	06 42 30	+43 50						0	6287										400	G
					I	5.34		0	6288		383	364	3						498	G ★
UGC 3534	06 42 36	+22 28						0	4468										299	A
NGC 2280	06 42 49.5	−27 35 10													2.7				22	N ★
								0	1900	20									42	N
			Scd	62	M	6.3	1.3	0	1902	10				15.					35	N
			Scd	56	I	141.3	6.5	0	1910	9	409		4	33.3	5.6				320	P ★
			Scd	64	F	33.76	3.71	0	1896	10	400		4	16.5	11.5	5.4			373	B
			Scd	56	M	13.62		0	1910	20				17.5					324	N
			Sc	56	M	37.62		0	1896					33.3	5.6		214	165	544	P
UGC 3528	06 42 58.3	+84 08 25	SBab	60	S	± 7.0		3100	−	6600					1.7	0.9			384	E
Zw 370-003	06 43 00	+86 38	Mult		S	± 7.0		3100	−	6600						0.9			384	E
UGC 3537	06 43 27.5	+33 40 20			I	1.86		0	5183		234	139	3						467	A ★
			SBc		I	1.304		0	5186		218	253	4		1.0	0.9			475	A ★
NGC 2283	06 43 41	−18 09 24	Sc	43	I	100.8	3.5	0	822	5	177	194	4		4.37	3.24			377	E ★
UGC 3539	06 43 54	+66 18			I	8.45		0	3305		329	310	3						498	G ★
NGC 2274	06 44 00.0	+33 37 19	E	0	I	≤11.6		5	4873					48.8					417	G
UGC 3540	06 44 00	+82 33			I	3.63		0	1941		149	126	3						498	G ★
NGC 2275	06 44 00.6	+33 39 13	S	43	I	≤8.5		5	4927					48.8					417	G
ESO 253-G 19	06 44 29.8	−47 28 20	Sbc	32				1	1055	20				11.8	2.1	1.8			528	P
			Sdm	47	I	35.0	4.0	0	1063	10	140			7.9	2.9	2.0			310	P
					S	± 4.0		−100	−	6900									490	A
UGC 3543	06 44 48	+05 46			I	4.87		0	7353		379	358	3						467	A ★
UGC 3544	06 44 50.9	+33 37 53			I	16.3		0	1356	10	394								171	G ★
NGC 2273	06 45 38.4	+60 54 16	S0/a		F	2.64	0.69	0	1844	15		367	4	19.6	5.6	3.9			373	G
			SBa	47	I	11.5		0	1855	20		363	4						232	N ★
			S0/a														210		220	W
			SX0		I	10.40		0	1829			370	4		5.7	4.0			515	G ★
			SBa		I	11.15		0	1834			379	4		5.7	4.0			515	G ★
			SBa		I	10.6	0.6	0	1843			436	4		3.6	2.4			503	G
IC 450	06 45 43.6	+74 29 08	Seyf1	45	M	≤2.8			5500				4	76.0	1.27	0.65			293	G
			S0		I	≤1.4			5660										114	G ★
			S0/a	51	F	≤0.26		5	5536						1.6				154	G
			Sa	53	M	0.4		0	5850					106.					465	G ★
UGC 3548	06 45 54	+77 28			I	3.05		0	5047		207	192	3						498	G ★
UGC 3551	06 46 35.1	+29 35 00			I	3.72		0	4821		398	363	3						467	A ★
UGC 3552	06 46 42.1	+28 25 47			I	3.43		0	4865		274	260	3						467	A ★
UGC 3553	06 46 46.3	+20 08 23			I	2.31		0	5229		273	249	3						467	A ★
UGC 3555	06 46 54.3	+25 41 28			I	5.13		0	4646		191	175	3						467	A ★
			SXbc		I	8.069		0	4643		177	206	4		1.2	1.1			475	A ★
UGC 3559	06 47 23.5	+34 06 00			I	2.79		0	5416		263	250	3						467	A ★
NGC 2290	06 47 40.0	+33 29 50			I	1.29		0	5043		454	431	3						467	A ★
UGC 3564	06 47 42.7	+16 24 40			I	6.26		0	2548		94	79	3						467	A ★
								0	2546										490	A
UGC 3565	06 47 44.8	+09 43 30			I	5.20		0	7424		341	328	3						467	A ★
Anon 0647−02	06 47 46.8	−02 48 03			S	≤15.0		2000	−	6000									333	E
UGC 3566	06 48 00	+41 49			F	≤1.0		−400	−	3000									213	G
IC 454	06 48 17.8	+12 58 55			I	23.78		0	3946		428	411	3						467	A ★
			SBab		I	14.58		0	3944		412	450	4		1.9	1.0			489	A ★
UGC 3571	06 48 30.0	+29 07 57			I	5.48		0	10780		574	545	3						467	A ★
UGC 3573	06 48 40.2	+27 32 44			I	5.63		0	4828		480	462	3						467	A ★
z Anon 0648+27	06 48 54	+27 32			I	≤0.33		5	12270					245.					28	A
UGC 3574	06 48 55.7	+57 14 26						0	1442	10									359	G
			Scd		F	11.07	0.78	0	1445	10	172		4	15.5	6.5	6.5			373	G
			Sc		I	42.90		0	1441	10	166		4		6.6	6.6			515	G ★
			Sc		S	±			2590						6.6	6.6			515	G ★
			SBc	0	I	46.3	4.7	0	1442	2	145	162	4		4.3	0.4			523	J ★
UGC 3575	06 49 06	+70 49			I	3.73		0	3902		308	246	3						498	G ★
Anon 0649−03	06 49 14.1	−03 32 34			S	≤20.0		2000	−	6000									333	E
UGC 3576	06 49 18	+50 05						0	5948										400	G
					I	4.86		0	5948		423	337	3						498	G ★
UGC 3577	06 49 18	+65 16			I	3.95		0	4591		296	281	3						498	G ★
UGC 3578	06 49 29.2	+15 18 50			I	9.15		0	4530		429	398	3						467	A ★
			SBab		I	8.879		0	4531		407	441	4		1.7	0.8			489	A ★
ESO 207-G 07	06 49 30.8	−52 04 15	Sd	60	I	27.0	3.0	0	1085	10	166			8.1	4.4	2.3			310	P
			Scd	49				1	1085	20				12.0	2.8	2.0			528	P
UGC 3580	06 50 02.0	+69 37 41	Sa	62	F	11.61	1.29	0	1204	10	236		4	13.6	6.5	3.2			373	G
			SXa	63	I	38.3		0	1202		273		5	13.5					417	G
			Sa		I	43.20		0	1199		249		4		6.5	3.3			515	G ★
			Sa		I	26.3	0.3	0	1204		250		4						503	G

Table 1 cont.

Name (1)	R.A. (2)	Dec. (3)	Type (4)	i (5)	(6)	HI-flux (7)	(8)	(9)	v (10)	(11)	(12)	Δv (13)	(14)	Dist (15)	a (16)	b (17)	Vmax (18)	Pos (19)	Ref (20)	(21)
UGC 3584	06 50 05.0	+27 08 37			I	4.37		0	4438		312	295	3						467	A ★
UGC 3583	06 50 10.6	+16 59 23	Im		S	±	18.0	−400	−	3000					11.1	11.1			373	G
					S	±	4.0	400	−	7400									490	A
UGC 3582	06 50 12.2	+12 14 57			S	±	4.0	400	−	7400									490	A
					I	2.94		0	8390		171	152	3						467	A ★
UGC 3581	06 50 21.6	+80 04 10	Sc	45	I	4.12	0.4	0	4962	15		288	4		1.1				188	G ★
								0	4948	20									359	G
UGC 3585	06 50 30	+27 23			F	≤1.0		−400	−	3000									213	G
					S	±	4.0	2400	−	9400									490	A
UGC 3586	06 50 38.8	+14 47 33			I	3.24		0	2396		204	194	3						467	A ★
								0	2415										490	A
UGC 3587	06 50 58.5	+19 21 46	S	68	F	11.43	1.50	0	1254	10		239	4	11.7	8.6	3.6			373	G
								0	1262	4	212	234	4						150	A ★
					I	23.77		0	1262		227	212	3						467	A ★
					S			0	1263		214	231	4		3.0	1.1			489	A ★
					I	23.72		0	1279										490	A
					S			0	1268			240	4		8.6	3.4			515	G ★
					I	43.40														
UGC 3600	06 51 12.0	+39 09 18	Im	68	I	7.0	0.46	0	399	5	97	116	4		1.02	0.42			377	E ★
UGC 3590	06 51 19.9	+30 08 10			I	2.46		0	5223		266	255	3						467	A ★
UGC 3593	06 51 42	+41 01			I	3.95		0	6694		404	372	3						498	G ★
UGC 3594	06 51 47.0	+23 33 57			I	6.21		0	4547		278	259	3						467	A ★
UGC 3598	06 52 00.0	+60 43 00	IBm	56	F	2.29	0.38	0	1996	20		115	4	21.1	3.5	2.0			373	G
			IBm		I	9.89		0	1995			107	4		3.6	1.8			515	G ★
UGC 3599	06 52 08.2	+24 17 43			I	0.91		0	4670		179	160	3						467	A ★
UGC 3596	06 52 08.2	+39 49 50	Sa		I	11.25		0	1340	30		563	5		1.1	1.0			158	G ★
UGC 3600	06 52 12.0	+39 09 18	Im	66	F	0.98		0	398		87	112	4	5.5	2.4				213	G ★
NGC 2310	06 52 18.0	−40 47 54	S0	81	I	≤7.0		5	1217						4.4				320	P ★
UGC 3602	06 52 34.6	+16 00 00			I	9.58		0	2074		132	119	3						467	A ★
								0	2073										490	A
UGC 3605	06 53 01.4	+13 58 16			I	2.02		0	7971		487	465	3						467	A ★
UGC 3607	06 53 38.2	+06 20 03			I	6.67		0	6763		235	219	3						467	A ★
			SXc		I	11.24		0	6770		225	269	4		1.1	1.0			475	A ★
								0	6765										490	A
Zw 205-009	06 54 25.1	+44 13 16			I	4.6	0.6	0	6070			438	4						503	G
UGC 3613	06 54 25.8	+13 36 24			I	5.62		0	3989		230	217	3						467	A ★
								0	4005										490	A
UGC 3616	06 54 51.1	+22 55 57			I	3.59		0	5578		175	160	3						467	A ★
UGC 3617	06 54 55.8	+13 38 33			I	5.61		0	3988		164	151	3						467	A ★
Mark 374	06 55 34.2	+54 15 55	Sb		I	≤1.6			13200										114	G
			S	61	F	≤0.33		5	13043						0.27				154	G
UGC 3621	06 56 14.5	+14 21 47		0	F	2.99		0	2336		161	188	4	29.7	2.8				213	G ★
					I	9.59		0	2337		173	158	3						467	A ★
			Im		I	10.30		0	2336		156	172	4		1.6	1.5			475	A ★
UGC 3622	06 56 19.1	+33 05 53			I	4.26		0	4991		313	302	3						467	A ★
UGC 3626	06 57 00	+71 02			I	10.71		0	3277		324	301	3						498	G ★
UGC 3630	06 58 24	+01 59						0	1778	20									359	G
								0	1770										490	A
UGC 3635	06 58 47.1	+17 15 16			I	1.83		0	4941		177	113	3						467	A ★
UGC 3637	06 59 12	+05 00						0	3549										299	A
								0	3550										490	A
UGC 3639	06 59 29.0	+20 02 30			I	1.72		0	7658		418	399	3						467	A ★
UGC 3642	06 59 34.8	+64 05 43	Sa		I	22.77		0	4497	10		486	5		1.4	1.0		30	158	G ★
			S0			22.70		0	4499			482	4		2.8	2.0			515	G ★
UGC 3641	06 59 34.9	+11 18 36			I	1.26		0	10314		282	272	3						467	A ★
					S	±	4.0	1400	−	8400									490	A
UGC 3644	06 59 54	+71 08	SXd	52	F	3.20	0.64	0	3242	10		245	4	34.0	3.5	2.2			373	G
UGC 3647	07 00 39.0	+56 35 40	IBm	30	F	3.15	0.31	0	1382	7	51			29.2	2.4	2.09			89	G
			IBm	30	F	3.09	0.32	0	1382	8		76	4	14.8	2.4	2.0			373	G
			IBm		I	12.50		0	1385			77	4		2.4	1.9			515	G ★
NGC 2268	07 00 48.6	+84 27 48	Sbc	54	I	23.5			2221	9		424	5	48.4	4.0				80	G ★
			Sbc	51	I	26.7		0	2231			394	4	32.5	3.1				203	G ★
			Sbc	51	M	3.24		0	2200	20				29.6					324	N
			Sbc	49	I	49.5	5.5	0	2228	3	355	380	4		3.7	2.5			384	G ★
UGC 3652	07 00 51.1	+22 26 40			I	6.30		0	4535		383	367	3						467	A ★
								0	4555										490	A
UGC 3658	07 01 45.6	+17 39 18		67	F	1.75		0	1181		138	159	4	14.5	3.2	2.2			213	G ★
			Im	66	F	1.92	0.62	0	1183	15		142	4	10.9	4.9	2.2			373	G
			Im		I	6.70		0	1186			164	4		4.9	2.0			515	G ★
UGC 3660	07 01 49	+63 55 36			I	1.42		0	4262		140	111	3						498	G ★
UGC 3661	07 02 00	+85 51	S	90	S	±	10.0	3100	−	6600					1.8	0.2			384	E

Table 1 cont.

Name (1)	R.A. (2)	Dec. (3)	Type (4)	i (5)	(6)	HI-flux (7)	(8)	(9)	v (10)	(11)	(12)	Δv (13)	(14)	Dist (15)	a (16)	b (17)	Vmax (18)	Pos (19)	Ref (20)	(21)
UGC 3671	07 03 00	+78 30			F	≤1.0		−400	−	3000									213	G
UGC 3669	07 03 00	+85 33		22	S	±	9.0	3100	−	6600					1.4	1.3			384	E
UGC 3670	07 03 00	+85 41		59	S	±	9.0	3100	−	6600					1.3	0.7			384	E
UGC 3672	07 03 16.4	+30 24 06			I	11.73		0	983		119	91	3						467	A ★
								0	997										490	A
UGC 3676	07 03 37.9	+23 58 16			I	4.17		0	6777		360	347	3						467	A ★
UGC 3674	07 03 41.4	+25 31 47			I	3.02		0	8831		370	341	3						467	A ★
UGC 3679	07 03 48	+44 52						0	5832										400	G
					I	4.02		0	5830		446	365	3						498	G ★
NGC 2314	07 03 53.7	+75 24 28	E		M	≤1.5								40.2					205	G
UGC 3680	07 04 03.6	+52 58 54		82	F	0.47		0	602		68	80	4	9.0	2.6				213	G ★
			Im		S	±									2.4	0.5			515	G ★
NGC 2326	07 04 18.7	+50 45 40						0	5985	15									359	G
UGC 3682	07 04 22.6	+14 15 20			I	1.95		0	8111		375	361	3						467	A ★
Anon 0704−58	07 04 30.0	−58 27 01			M	0.27		1	274			96	4	5.5	2.3	2.3			535	P
UGC 3685	07 04 33.1	+61 40 29	Sc		I	45.34		0	1800	10		165	5		4.0	4.0			158	G
								0	1796	5									359	G
			SBb		F	13.37	0.85	0	1797	7		101	4	19.1	5.8	5.8			373	G
			SBb		I	44.6	0.7	0	1791	3	77	98	4						479	E ★
			SBb	33	I	49.4	4.3	0	1794	1	82	101	4		3.5				473	J ★
			SBb		I	50.50		0	1797			101	4		5.8	5.8			515	G ★
			SBb		I	45.3	0.3	0	1796			129	4		4.0	4.0			503	G
NGC 2333	07 05 02.5	+35 14 55			I	3.91		0	4731		392	368	3						467	A ★
UGC 3691	07 05 06.0	+15 15 00	Sc		I	18.10		0	201			273	4		6.1	3.0			515	G ★
			Sc	61	M	1.72		0	2202	75				22.0					324	N
								0	2202	15									359	G
			Scd	61	F	4.74	0.64	0	2208	25		265	4	21.0	6.0	3.0			373	G
			Sc		I	15.87		0	2202		222	249	4		2.4	1.1			489	A ★
UGC 3690	07 05 06.0	+53 31 34	Im		I	4.19		0	3145			76	4		2.0	2.0			515	G ★
			Im		F	0.92	0.24	0	3145	10	45			64.2	1.9	1.9			89	G
			Im		F	0.94	0.24	0	3145	7		62	4	32.2	2.0	2.0			373	G
UGC 3688	07 05 06.7	+13 10 10			I	7.28		0	8225		475	449	3						467	A ★
UGC 3694	07 05 22.6	+32 45 40			I	6.35		0	4772		291	276	3						467	A ★
NGC 2339	07 05 25.2	+18 51 40	Sbc	40	I	32.2		0	2261			358	4	29.0	2.6				203	G ★
								0	2429	20									42	N
			SXbc		I	21.4		1	2150		340			39.1	2.6	1.9			30	A ★
			Sc		M	61.7			2120		340			39.	2.6	1.9			27	A
			Sbc	40	M	3.40		0	2180	35				24.4					324	N
					I	20.21		0	2251		348	324	3						467	A ★
					I	27.5	0.5	0	2259			379	4		2.6	1.9			503	G
								5	1852						2.6	1.9			503	G
UGC 3697	07 05 32.5	+71 55 01	Im		I	19.08		0	3141	20		333	5		3.3	0.2		76	158	G ★
			Sbc	90	F	4.04	0.80	0	3120	30		325	1	44.					41	N ★
			Sb p	90	F	4.55	0.75	0	3157	30		293	4	33.2	4.9	0.7			373	G
			Sb	90	M	12.44		0	3068	20				39.7					324	N
			Sb	90	I	21.2		0	3145			324	5	33.0					417	G
			Sb	90	I	23.8	1.9	0	2901	4	278	329	4		3.5				473	J ★
				90	F	17.4	1.0	0	3151	10	271	330	4				134	80	555	W
			Sb		I	24.0	1.0	0	3142			254	4		3.3	0.2			503	G
UGC 3698	07 05 41.4	+44 27 42		50	F	2.42		0	426		56	119	4	6.1	2.3				213	G ★
UGC 3701	07 05 48	+72 15			I	8.85		0	2915		145	134	3						498	G ★
UGC 3705	07 06 02	+73 33 08			I	11.29		0	2685		142	126	3						498	G ★
UGC 3706	07 06 06	+47 59			I	1.61		0	6248			348	5	68.8					518	G
NGC 2341	07 06 14.1	+20 41 05			I	5.34		0	5241		262	202	3						467	A ★
			Pec		I	8.693		0	5223		201	359	4		0.9	0.9			475	A ★
			Pec	0	I	4.62		0	5218	10	198	289	4	70.	1.8	1.8			508	A ★
			Sm	18	I	5.9		0	5191			333	5	51.0					417	A
NGC 2342	07 06 20.5	+20 43 05			I	11.59		0	5277		433	215	3						467	A ★
			S		I	9.238		0	5275		325	411	4		1.4	1.3			475	A ★
			Scd	21	I	9.2		0	5221			283	5	51.0					417	G
UGC 3707	07 06 20.9	+07 00 40			I	6.08		0	5967		261	240	3						467	A ★
UGC 3710	07 06 24	+28 45			S	±	4.0	2400	−	9400									490	A
NGC 2337	07 06 37.1	+44 32 20	IBm	35	F	9.50	0.92	0	433	15		178	4	4.7	4.3	3.5			373	G
			IBm		I	42.0		0	434			157	4	9.3	4.3				487	B
			IBm		I	37.80		0	436			177	4		4.3	3.4			515	G ★
UGC 3714	07 06 46.3	+71 49 56	S p		S	±	18.0	−400	−	3000					3.2	2.7			373	G
					I	3.40		0	3064		175	141	3						498	G ★
			S	30	I	≤13.5								33.0					417	G
				30	S	±	2.6	2620	−	3620								35	555	W
					I	5.2	0.2	0	3078			140	4						503	G

Table 1 cont.

Name (1)	R.A. (2)	Dec. (3)	Type (4)	i (5)	(6)	HI-flux (7)	(8)	(9)	v (10)	(11)	(12)	Δv (13)	(14)	Dist (15)	a (16)	b (17)	Vmax (18)	Pos (19)	Ref (20)	(21)
UGC 3715	07 07 00	+86 19		64	S	±	9.0		3100 – 6600						2.3	1.1			384	E
Anon 0707−27	07 07 42	−27 29			S	≤70.0		5	2700										548	P
UGC 3724	07 07 42.5	+48 19 22						0	5925										400	G
					I	9.55		0	5917		408	390	3						498	G★
UGC 3730	07 08 12.1	+73 33 58	Other		I	10.2		0	2709			181	4	38.3					203	G★
			E p	69	I	7.6		0	2698			222	5	29.0					417	G
UGC 3731	07 08 29.0	+29 15 00			I	3.98		0	4902		424	403	3						467	A★
UGC 3735	07 08 41.6	+33 10 20			I	4.46		0	7366		248	223	3						467	A★
					S	±	4.0		2400 – 9400										490	A
NGC 2344	07 08 45.8	+47 15 05						0	969										400	G
								0	967	35									42	N
								0	962	25									35	N
			SBc		M	≤0.27								12.					85	N
			Sc	12	M	1.00		0	995	20				12.8					324	N
			SXc	12	I	19.8		0	974			206	5	10.2					417	G
					I	20.07		0	970		162	151	3						498	G★
UGC 3737	07 09 24	+23 49						0	4450										490	A
					I	5.95		0	4452			212	5	48.4					518	G★
UGC 3739	07 09 44.4	+75 49 42		0	F	2.31		0	1121		92	112	4	17.3	2.4				213	G★
UGC 3741	07 10 00	+50 20			I	3.35		0	5301		357	305	3						498	G★
UGC 3742	07 10 09.7	+35 10 59	Sdm		I	3.6		0	3803	10		262	4		1.5	0.7			78	A★
					I	7.21		0	3800		274	159	3						467	A★
UGC 3743	07 10 12	+35 44	Sc		I	3.6		0	5087	8		149	4		1.3	1.3			78	A★
					I	3.70		0	7825		364	329	3						467	A★
UGC 3745	07 10 16.5	+27 36 00	SXc		I	16.6	0.6	0	2400			226	4		2.8	2.5			503	G
NGC 2276	07 10 16.8	+85 50 56	Sd	27	I	21.18		0	2419	15		236	5		2.8	2.5		20	158	G★
			Sc		I	19.0		0	2418	9		206	5	52.4	4.0				80	G★
			Sc		F	3.8	1.1	0	2410	10				34.	4.1				60	N
			SXc		F	5.93	0.83	0	2409	20		154	4	26.2	4.0	4.0			373	G
			Sc	17	M	4.54		0	2418	20				32.5					324	N
			Sc	17	I	12.9		0	2392	10	74	138	4	47.8					416	E★
			SXc	18	I	21.2		0	2446			269	5	24.0					417	G
			SXc		I	19.4	2.0	0	2407	2	110	167	4						479	E★
			Sc	37	I	14.0	1.6	0	2380	4	69	97	4		3.1	2.5			384	G★
			SXc	19	I	24.5	2.0	0	2401	6	115	180	4		2.6	0.2			523	J★
UGC 3748	07 10 30	+65 31			F	≤1.0			−400 – 5800										213	G
NGC 2276/2300	07 10 31.3	+85 50 51	Mult	19	M	3.6		0	2400	35		240	4	24.	4.0				160	G★
Mark 376	07 10 35.8	+45 47 07	Sb		I	≤1.9			16800										114	G
UGC 3752	07 10 45.3	+35 22 00			I	1.44		0	4705		171	95	3						467	A★
UGC 3751	07 10 52.9	+23 10 00			I	11.08		0	2295		278	259	3						467	A★
UGC 3753	07 10 54.5	+23 19 33			I	3.30		0	5433		431	405	3						467	A★
UGC 3754	07 11 00.5	+12 25 13			I	3.82		0	8262		234	216	3						467	A★
UGC 3755	07 11 06.3	+10 36 18			I	8.36		0	315		84	43	3						467	A★
								0	333										490	A
NGC 2347	07 11 16.2	+64 47 53	Sc		I	10.08		0	4424	10		457	5		2.0	1.5		175	158	G★
			Sb	43	M	7.11		0	4424	75				56.1					324	N
			Sb		I	12.10		0	4421			468	4		3.2	2.2			515	G
					I	11.5	0.5	0	4424										503	G
								0	490										490	A
UGC 3763	07 11 41.0	+34 54 00			I	3.10		0	7158		321	303	3						467	A★
UGC 3764	07 11 49	+67 12 03			I	4.05		0	4130		270	206	3						498	G★
UGC 3766	07 11 57.2	+17 04 00			I	6.46		0	4910		345	329	3						467	A★
UGC 3767	07 12 06.5	+06 52 03			I	4.49		0	5809		264	246	3						467	A★
								0	5816										490	A
UGC 3769	07 12 21.8	+00 50 50			I	4.26		0	8248		461	436	3						467	A★
UGC 3770	07 12 28.1	+23 31 00			I	6.95		0	6379		343	321	3						467	A★
								0	6378										490	A
UGC 3772	07 12 44.6	+15 14 00			I	1.69		0	4735		260	245	3						467	A★
UGC 3773	07 12 54	+39 51			F	≤1.0			−400 – 5800										213	G
UGC 3774	07 12 58.9	+33 01 33			I	1.68		0	7242		464	429	3						467	A★
UGC 3775	07 13 04.8	+12 12 03		0	F	0.89		0	2129		82	119	4	26.7	2.9				213	G★
					I	3.74		0	2135		91	70	3						467	A★
UGC 3776	07 13 22.4	+34 04 36	S/Irr		I	4.138		0	2137		73	84	4		1.7	1.5			475	A★
					I	4.30		0	3883		317	299	3						467	A★
			S	84	S	±	23.0		3100 – 6600						1.8	0.4			384	E
UGC 3777	07 13 32.9	+29 56 36	Sc	82	M	4.88		0	3218	20				33.4					324	N
					I	12.86		0	3212		288	268	3						467	A★
UGC 3778	07 13 46.7	+28 37 10			F	≤1.0			−400 – 3000										213	G
					I	3.71		0	4746		150	135	3						467	A★
								0	4746										490	A
UGC 3780	07 14 10.9	+34 10 03			I	4.48		0	3960		341	290	3						467	A★

Table 1 cont.

Name (1)	R.A. (2)	Dec. (3)	Type (4)	i (5)	(6)	HI-flux (7)	(8)	(9)	v (10)	(11)	(12)	Δv (13)	(14)	Dist (15)	a (16)	b (17)	Vmax (18)	Pos (19)	Ref (20)	(21)
UGC 3780			S	72	S	± 10.0		3100	–	6600					1.1	0.4			384	G
UGC 3779	07 14 15.8	+34 04 00			I	4.97		0	3849		290	275	3						467	A ⋆
			S	90	I	1.62	0.36	0	4956	30	95	140	4		1.4	0.2			384	G ⋆
NGC 2357	07 14 36.0	+23 27 00	Sc	86	F	5.55	1.28	0	2273	15		358	4	22.0	6.3	1.3			373	G
			Sc		I	35.20		0	2271			379	4		6.3	1.3			515	G ⋆
			Sc	90	I	34.1	2.8	0	2267	4	337	364	4		3.6	2.4			523	J ⋆
MCG+10-11-020	07 14 57.9	+58 14 50						0	2416										503	G
Anon 0715-57	07 15 00.0	-57 15 00	Scd	78				1	1095	20				12.2	2.1	0.7			528	P
UGC 3785	07 15 00	+08 02	Mult					0	5553	50					1.4	0.6			78	A
UGC 3786	07 15 04.9	+30 48 00			I	4.74		0	3401		198	181	3						467	A ⋆
			Sdm	83	S	± 11.0		3100	–	6600					1.3	0.3			384	G
UGC 3788	07 15 12	+31 39	S	78	I	15.2	1.8	0	3469	11	340	370	4		1.4	0.4			384	G ⋆
UGC 3790	07 15 18	+31 28						0	3438										490	A
UGC 3794	07 15 24.0	+77 53 54		48	F	2.04		0	2648		157	188	4	37.7	3.0				213	G ⋆
UGC 3791	07 15 26.0	+27 14 53	Sbc		I	6.08		0	5083			362	4		1.3	0.2			393	G
			Sbc		I	5.1		0	5098			367	5		1.3	0.2			488	A ⋆
NGC 2369	07 16 06.0	-62 14 54	SBa	72	I	≤19.1		5	3296					60.4	4.3				320	P ⋆
UGC 3799	07 16 06	+53 06						0	5932										400	G
					I	4.72		0	5930		219	207	3						498	G ⋆
UGC 3802	07 16 35.5	+31 00 34			I	3.20		0	4748		431	406	3						467	A ⋆
			Sa	90	S	± 27.0		3100	–	6600					1.1	0.2			384	E
UGC 3804	07 16 52.3	+71 41 35	Sc	46	M	4.78		0	2912	20				37.8					324	N
								0	2878	15									359	G
			Sc		I	10.3	0.3	0	2889			322	4		1.9	1.3			503	G
UGC 3803	07 16 59.5	+22 11 10			I	1.69		0	10149		309	283	3						467	A ⋆
UGC 3805	07 17 06.5	+18 02 26			I	3.23		0	8290		467	445	3						467	A ⋆
UGC 3806	07 17 22.1	+22 59 40			I	2.09		0	5484		216	200	3						467	A ⋆
Anon 0717-57	07 17 36.0	-57 27 01			M	1.27		1	862			79	4	17.2	1.7	1.1			535	P
UGC 3808	07 17 58.2	+25 16 20	SBd	59	F	3.09	0.78	0	2382	10		208	4	23.2	3.5	1.8			373	G
					I	12.62		0	2388		207	194	3						467	A ⋆
			SBc		I	13.60		0	2386			216	4		3.6	1.8			515	G ⋆
UGC 3811	07 18 24.3	+35 49 57			I	4.35		0	8044		384	368	3						467	A ⋆
NGC 2336	07 18 26.3	+80 16 32	Sbc		I	59.8		0	2204			455	5		10.4	6.1			183	G ⋆
								0	2204	35									42	N
								0	2216	35									35	N
			Sbc	56	I	42.5			2202	9		480	5	47.9	8.9				80	G ⋆
			Sbc	56	I	103.1		0	2208			468	4	32.0	6.0				203	G ⋆
			SXbc	56	F	17.38	2.06	0	2196	15		455	4	23.9	10.6	6.2			373	G
			SBc	59	I	60.9		0	2199	4				22.9	7.3		256	179	407	W ⋆
			Sbc	56	M	9.48		0	2149	75				28.8					324	N
			SBc		I	84.10		0	2204			474	4		10.7	5.3			515	G ⋆
			SXbc		I	52.8	0.8	0	2230			494	4		7.0	3.6			503	G
UGC 3813	07 18 38.3	+13 21 26			F	≤1.0		-400	–	3000									213	G
					I	4.65		0	4095		242	231	3						467	A ⋆
IC 455	07 19 01.9	+85 38 21	S0	50	S	± 9.0		3100	–	6600					1.2	0.8			384	E
UGC 3817	07 19 06.6	+45 12 00		60	F	2.40		0	439		50	71	4	6.3	3.2				213	G ⋆
			Im	59	F	2.66	0.27	0	437	5		52	4	4.7	3.3	1.7			373	G
			Im		I	10.20		0	438			55	4		3.3	1.6			515	G ⋆
UGC 3819	07 19 21.3	+05 14 33			I	3.69		0	10022		406	389	3						467	A ⋆
					S	± 4.0		900	–	7900									490	A
NGC 2365	07 19 23.1	+22 10 47	SXa		S	± 18.0		-400	–	3000					5.6	3.2			373	G
			SXa		I	2.4		0	2285	10		451	4		3.0	1.6			78	A ⋆
					I	4.27		0	2271		382	364	3						467	A ⋆
UGC 3820	07 19 27.2	+17 23 00			I	7.41		0	2527		320	299	3						467	A ⋆
Zw 177-001	07 19 42	+32 51			S	± 8.0		3100	–	6600									384	G
UGC 3823	07 19 52.1	+19 01 27			I	4.24		0	8513		431	414	3						467	A ⋆
NGC 2369 B	07 19 54.0	-61 57 18	Sc	21	I	≤9.5		500	–	7700					2.6				320	P ⋆
IC 2185	07 20 00	+32 36		46	I	2.44	0.54	0	4737	15	160	193	4		0.7	0.5			384	G
UGC 3825	07 20 00	+41 31			I	3.77		0	8281		229	124	3						498	G ⋆
UGC 3826	07 20 00.0	+61 48 00	SXd	28	F	6.66	0.46	0	1734	5		70	4	18.5	5.8	5.1			373	G
			Sc		I	26.30		0	1732			71	4		5.8	4.6			515	G ⋆
UGC 3827	07 20 08.1	+22 18 20	Sb		I	6.9		0	5355	15		230	4		1.1	1.1			78	A ⋆
					I	6.18		0	5372		207	175	3						467	A ⋆
			SB		I	4.954		0	5375		182	238	4		1.1	1.1			475	A ⋆
UGC 3828	07 20 22.0	+58 03 57						0	3217										400	G
					I	3.28		0	3510		264	250	3						498	G ⋆
			SXb		I	3.3	0.3	0	3502			296	4		1.8	0.9			503	G
UGC 3829	07 20 28.7	+33 32 29		50	I	2.3		0	4088		148	5		40.5					417	A
				50	I	2.2		0	4058		244	5		40.5					417	G
			Mult	0	S	± 31.0		3100	–	6600					1.3	1.3			384	E

Table 1 cont.

Name (1)	R.A. (2)	Dec. (3)	Type (4)	i (5)	(6)	HI-flux (7)	(8)	(9)	v (10)	(11)	(12)	Δv (13)	(14)	Dist (15)	a (16)	b (17)	Vmax (18)	Pos (19)	Ref (20)	(21)
Anon 0720−72	07 20 36.8	−72 38 02	Im		I	14.0		0	1501		176			12.4	1.7	1.7			310	P
			Im					1	1501	20				17.6	0.0	0.0			528	P
					M	1.96		1	1236			131	4	24.7	1.7	0.6			535	P
UGC 3831	07 21 13.4	+49 35 28						0	5949	5									359	G
NGC 2397	07 21 30	−68 54 18	SBab	60	I	≤7.9		5	1299					20.5	2.2				320	P ★
UGC 3833	07 21 33.2	+32 54 07			I	3.65		0	4695		185	167	3						467	A ★
			S	26	S	± 10.0		3100	−	6600					1.0	0.9			384	G
NGC 2377	07 21 54	−09 30	Sbc	27	I	3.0		0	2500						1.8				512	G ★
IC 467	07 21 56.3	+79 58 30	Sc	68	I	20.2		0	2040	5				22.9	3.8		157	70	407	W ★
			SXc	66	F	5.25	1.18	0	2036	15		316	4	22.3	5.0	2.2			373	G
			Sc	65	M	3.29		0	2061	20				27.7					324	N
			Sc		I	21.20		0	2038			307	4		5.1	2.0			515	G ★
			SXc	66	I	21.2	1.7	0	2040	6	286	307	4		3.4	1.2			523	J ★
NGC 2370	07 21 59.7	+23 52 56			I	9.92		0	5500		460	423	3						467	A ★
NGC 2397 A	07 22 04	−68 44 54	Sc	41		≤12.8		0	−	3700					1.6				320	P ★
UGC 3838	07 22 18.7	+72 40 24	Im	61	M	3.45	0.16		3049	2		232	4	43.0	0.98	0.42			293	G ★
					M	11.0								43.					141	N
					F	5.8	2.0	0	3090	80		500	9	43.					51	N ★
UGC 3839	07 22 25.6	+09 37 00			I	3.16		0	5267		223	202	3						467	A ★
			SBb		I	2.359		0	5266		192	210	4		1.1	1.0			475	A ★
NGC 2377	07 22 33.0	−09 33 36	S	20	M	20.0		5	2370					42.	1.6	1.8	300		110	G ★
			Sc		M	22.5		0	2456	10		199	5	45.					356	G ★
			SXb	26	F	11.76	1.25	0	2455	10		206	4	22.4	5.8	5.2			373	G
			Sbc	27	M	9.11		0	2455	20				23.6					324	N
UGC 3843	07 22 47.8	+20 12 07			I	2.08		0	5273		214	200	3						467	A ★
UGC 3846	07 23 00	+75 37 09			I	3.38		0	2464		153	143	3						498	G ★
UGC 3845	07 23 02.7	+47 11 43						0	3032	10									359	G
NGC 2373	07 23 21.7	+33 55 30	S					0	7550	50					0.9	0.6			78	A
					I	2.35		0	7786		180	167	3						467	A ★
			S	50	I	7.4	0.86	0	7786	7	250	360	4		0.9	0.6			384	G ★
NGC 2366	07 23 34.2	+69 18 27	IBm		I	276.4		0	107			98	5		10.0	5.3			183	G ★
			Im	64	I	269.9		0	100			118	4	3.3	6.3				203	G ★
			IBm	63							98	115	4	3.3	10.0	5.3			216	G ★
			IBm	60	I	194.7			100	9		116	5	4.2	8.3				80	G ★
			IBm	63	F	83.0	5.0		96	4	89	111	4	3.3	4.5			25	79	J ★
			IBm	58	F	52.50	3.18	0	102	5	101			3.25	10.0	5.3			89	G
			SBm		M	0.73		0	100		94	126	4	3.25	10.				376	E ★
			Im	66	F	76.27	0.34	0	96		99	126	4	3.6	7.42	3.49			347	G ★
			IBm	60	F	64.74	3.26	0	102	5		116	4	2.5	10.3	5.4			373	B
			IBm	60	M	0.816	0.204	0	101			103	4	3.5	10.1	5.4			382	G ★
			SBm		M	0.60	0.60	0	110	50				2.9					85	N
			SBm	61	I	292.1	2.9	0	100	5	93	123	4						442	E ★
			IBm	65	I	203.0		0	98					3.3	10.9	5.3	46	40	480	W ★
			Im		I	245.5		0	100			115	4		10.3	3.1			515	G ★
UGC 3850	07 23 37	+63 21 28			I	4.35		0	4709		310	290	3						498	G ★
IC 2184	07 23 37.8	+72 13 56	Im		F	4.04	3.23		3570	80		400	1	49.7					38	N ★
				39	M	4.60	0.31		3595	3		243	4	50.0	1.27	1.07			293	G ★
			S	33	I	9.5		0	3631			284	5	34.9					417	G
			S0/a		I	8.5	0.5	0	3610			315	4		1.2	1.0			503	G
NGC 2375	07 23 54.0	+33 56 04	SBb		I	4.1		0	7859	20		520	4		1.4	0.9			78	A
					I	4.73		0	7860		281	258	3						467	A ★
			SBb	51	S	± 13.0		3100	−	6600					1.4	0.9			384	G
UGC 3856	07 24 00.5	+20 28 13			I	3.36		0	8505		200	183	3						467	A ★
					S	± 4.0		3400	−	10400									490	A
UGC 3859	07 24 41	+73 48 33			I	4.16		0	5379		405	390	3						498	G ★
UGC 3860	07 24 50.2	+40 52 13	Im	46	F	2.81	0.30	0	355	7	40			7.3	2.9	2.03			89	G
			Im	47	F	2.82	0.31	0	355	7		55	4	3.7	3.1	2.0			373	V
			Im																66	V
			Im	41	I	16.9	0.8	0	349	5	38	66	4		1.59	1.21			377	E ★
			Im		I	13.2		0	354			56	4	8.4	3.1				487	B
			Im		I	11.30		0	355			58	4		3.1	2.2			515	G ★
			Im		I	11.70		0	354			55	4		3.1	2.2			515	G ★
UGC 3862	07 24 51.1	+20 29 54			I	5.23		0	8151		450	427	3						467	A ★
NGC 2385	07 25 12	+33 56	Sb					0	4158	50					0.6	0.25			78	A
UGC 3866	07 25 26.6	+31 02 00			I	4.09		0	6972		344	328	3						467	A ★
UGC 3868	07 25 30	+40 18			F	≤1.0		−400	−	3000									213	G
NGC 2388	07 25 37.6	+33 55 20	Sc	52	M	5.78		0	4060	35				42.4					324	N
			SBb		I	5.4		0	4068	20		482	4		1.0	0.6			78	A
					I	6.44		0	4116		329	261	3						467	A ★
				65	I	2.72		0	4215	9	151	183	4	50.	1.8	1.3		65	508	A ★

Table 1 cont.

Name (1)	R.A. (2)	Dec. (3)	Type (4)	i (5)	HI-flux (6) (7) (8)	v (9) (10) (11)	Δv (12) (13) (14)	Dist (15)	a (16)	b (17)	Vmax (18)	Pos (19)	Ref (20)	(21)
NGC 2388				55	I 19.7 2.4	0 4011 10	415 465 4		1.0	0.6			384	G ⋆
				52		0 4204						65	555	A
				52		3500 – 4500						65	555	W
NGC 2389	07 25 48.7	+33 57 47	Sc	39	I 23.3	0 3998	457 4	53.0	2.0				203	G ⋆
			Sc	38	M 6.15	0 3963 20		41.4					324	N
					I 16.25	0 3947	358 339 3						467	A ⋆
			Sc	32	I 16.59	0 3947 5	343 381 4	50.	3.1	2.6		83	508	A ⋆
			Sc	32	I 13.59	0 3945 6	341 391 4	50.	3.1	2.6		83	508	a ⋆
			Sc	42	I 29.9 3.6	0 4002 10	297 378 4		2.0	1.5			384	G ⋆
			SXc	39	I 19.4 2.9	0 3948 5	350 384 4		2.1	0.3			523	J ⋆
				38		0 3949 4	345 389 4				275	83	555	A
				38	F 17.5 2.0	0 3945 8	339 377 4				265	85	555	W
UGC 3875	07 25 54	+52 54			I 2.79	0 5225	208 194 3						498	G ⋆
UGC 3873	07 25 56.9	+20 41 41			I 11.10	0 4464	359 335 3						467	A ⋆
UGC 3874	07 25 59.8	+27 01 23			I 1.67	0 7949	390 358 3						467	A ⋆
ESO 257-G 17	07 26 03.0	−45 34 57			M 1.08	1 721	115 4	14.4	1.7	0.9			535	P
			Im	37		1 1007 20			11.3	2.4	2.0		528	P
UGC 3876	07 26 10.5	+28 00 18	Scd	55	I 16.06	0 857	231 4	16.2	2.5	1.5		2	393	G ⋆
			Scd	55	I 21.4	0 863	207 4	16.2	2.5	1.5		2	393	A
			Sd		I 18.7	0 863	207 5		2.5	1.5			488	a ⋆
UGC 3878	07 26 24	+73 02			I 3.37	0 3037	172 153 3						498	G ⋆
UGC 3879	07 26 29.2	+33 47 43	Scd	90	I 9.1	0 4799 10	272 4		2.3	0.3			78	A ⋆
					I 9.58	0 4797	269 250 3						467	A ⋆
			S/Irr	83	I 8.42	0 4797 6	248 285 4	65.	3.5	0.8		103	508	A ⋆
			S/Irr	83	I 7.44	0 4796 7	249 276 4	65.	3.5	0.8		103	508	a ⋆
			S/Irr	90	I 1.52 1.1	0 4789 34	240 286 4		2.3	0.3			384	G ⋆
UGC 3883	07 26 42.8	+07 16 49			F ≤1.0	−400 – 3000							213	G
					I 3.32	0 3953	193 171 3						467	A ⋆
NGC 2393	07 26 48.5	+34 08 00	Sc		I 3.7	0 4885 10	290 4		1.1	0.7			78	A ⋆
					I 5.11	0 4895	302 278 3						467	A ⋆
			Sc	42	I 4.96	0 4884 9	291 311 4	65.	1.9	1.4		103	508	A ⋆
			Sc	42	I 3.62	0 4881 9	260 306 4	65.	1.9	1.4		103	508	a ⋆
			Sc	52	I 3.94 0.49	0 3250 10	287 330 4		1.1	0.7			384	G ⋆
UGC 3885	07 26 48.5	+59 35 16				0 3805							400	G
					I 2.61	0 3814	178 161 3						498	G ⋆
UGC 3886	07 26 54	+62 35			I 6.19	0 4883	130 113 3						498	G ⋆
UGC 3892	07 28 22.1	+13 10 00			I 1.51	0 8103	482 408 3						467	A ⋆
UGC 3895	07 28 48.9	+00 09 47		0	F 0.58	0 1457	38 50 4	17.0	2.2				213	G ⋆
					I 2.86	0 1457	62 37 3						467	A ⋆
			Im		I 2.80	0 1456	46 4		3.5	3.5			515	G ⋆
UGCA 133	07 29 13.8	+66 59 36	Im	47	S ±16.0	−600 – 3300			2.95	2.04			377	E
			Im		S ±18.0	−400 – 3000			4.5	3.1			373	G
			Im		F ≤1.5	1200 – 6000			4.3				89	G
UGC 3899	07 29 20.2	+35 43 07	Sab		I 4.8	0 3883 8	245 4		1.1	0.3			78	A ⋆
			Sb		I 5.6	0 3885	224 5		1.1	0.3			488	A ⋆
NGC 2417	07 29 36.0	−62 08 48	Sbc	30	I 30.4 3.8	0 3166 19	311 4	57.7	2.5				320	P ⋆
					M 31.31	1 2912	298 4	58.2	2.0	2.0			535	P
			Sc	44	I 35.4 3.0	3209 10	276 308 4		3.6	2.6			550	P ⋆
UGC 3900	07 29 41.5	+11 00 40			I 1.37	0 8535	343 325 3						467	A ⋆
Anon 0729−61	07 29 47.9	−61 41 00	Sbc	76		1 3203 20		39.4	1.9	0.7			528	P
Anon 0730−74	07 30 00.0	−74 57 00	Im	67		1 1144 20		12.9	2.1	1.0			528	P
Anon 0730+30	07 30 12	+30 36	Scd	90	I 1.7	0 4611 10	314 4		0.9	0.12			78	A ⋆
IC 2193	07 30 12.0	+31 36 27			I 2.61	0 5021	447 426 3						467	A ⋆
UGC 3903	07 30 14.2	+19 18 27			I 1.48	0 8040	480 457 3						467	A ⋆
UGC 3904	07 30 18	+30 40	SB0/a		I 1.2	0 4734 10	187 4		1.4	1.4			78	A ⋆
UGC 3909	07 30 48	+73 49			I 17.24	0 945	188 171 3						498	G ⋆
ESO 59-G 01	07 31 19.0	−68 04 41	S	21		1 528 20		4.4	1.8	1.7			528	P
					M 0.12	1 262	105 4	5.2	1.7	1.1			535	P
					M 0.13	1 253	104 4	5.1	1.7	1.1			535	P
UGC 3912	07 31 33.9	+04 39 22	IBm	54	F 3.93 0.83	0 1236 15	190 4	10.7	4.9	2.9			373	G
					I 12.73	0 1234	180 155 3						467	A ⋆
			IBm		I 15.90	0 1225	201 4		4.9	2.9			515	G ⋆
UGC 3913	07 31 37.1	+33 38 53			I 8.50	0 4010	270 255 3						467	A ⋆
IC 2199	07 31 44.5	+31 23 10			I 7.08	0 4680	340 319 3						467	A ⋆
NGC 2410	07 31 48.8	+32 56 03			I 6.97	0 4678	503 487 3						467	A ⋆
UGC 3916	07 31 49.2	+22 41 13			I 5.10	0 4452	258 244 3						467	A ⋆
NGC 2403	07 32 05.5	+65 42 40	Scd		I 1448	0 140	240 272 4		29.0	15.0			183	G ⋆
			Sc	55		128	272 350 4	3.3	29.	15.	170		364	O ⋆
			SXcd	55	M 2.5	1 133 10		2.8	29.	15.	150		288	N ⋆
			SXcd	60	M 4.6		138 5	3.25	29.0	15.	130	125	55	G ⋆

Table 1 cont.

Name (1)	R.A. (2)	Dec. (3)	Type (4)	i (5)	(6)	HI-flux (7)	(8)	(9)	v (10)	(11)	Δv (12) (13)		(14)	Dist (15)	a (16)	b (17)	Vmax (18)	Pos (19)	Ref (20)	(21)
NGC 2403			SXcd	60	M	3.5	0.7		128	3	242	270	4	3.25			126	126	206	O ★
			Sc	54	I	1810	450.	0	137	5	256			3.3	29.0	15.	220		87	H
			Scd	60										3.25	14.5		135		116	E ★
				54	I	1880			137	5	220	250	4	2.3	29.0	15.			165	H ★
			SXcd	60	M	3.5		0	126	5				3.25			128	126	177	O ★
			SXcd	61	F	344.4	11.28	0	132	20	247		4	2.6	29.7	15.4			373	B
			Scd		M	3.7								2.9					85	N
			SXcd	53	I	470.8		0	128		283		5	2.6					417	G
			SXcd	53	I	908.1		0	137		256		5	2.7					417	B
			Sc	60	I	1285		0	125					3.25	29.0	15.0	135	125	480	W ★
			SXcd		I	407.0	3.0	0	132		248		4		28.0	14.0			503	G
UGC 3920	07 32 24	+19 09 28	Sb		I	1.799		0	8520		143	174	4		1.4	1.3			475	G
UGC 3922	07 32 36	+55 10						0	8770										400	G
					I	3.95		0	8800		508	454	3						498	G ★
Mark 9	07 32 42.1	+58 52 56	S0 p	19	F	≤0.26		5	11895						0.89				154	G
UGC 3924	07 32 52.1	+11 37 53			F	≤1.0			−400 − 5800										213	G
					I	2.66		0	5157		130	108	3						467	A ★
			S/Irr		I	1.878		0	5165		94	118	4		1.1	1.0			475	A ★
								0	5166										490	A
NGC 2416	07 32 55.6	+11 43 30			I	4.51		0	5101		224	201	3						467	A ★
UGCA 134	07 33 30	+02 49	Im	46	S	±	13.0	−600 − 3300							1.66	1.17			377	E
			Im		S	±	18.0	−400 − 3000							4.0	2.8			373	G
			Im		F	≤1.5		1200 − 6000							2.8				89	G
NGC 2415	07 33 39.7	+35 21 18	Pec		I	9.50		0	3782	20	285		5		1.0	1.0			158	G ★
					F	1.25	0.42	0	3786	35	240		9	50.2					34	N ★
				27	M	6.04	0.23	0	3797	9	250		4	50.0	1.02	1.02			293	A ★
			Im		I	8.1		0	3773		205		4		1.0	1.0			459	N
					I	7.6	0.6	0	3782		197		4		1.0	1.0			503	G
ESO 257-G 19	07 33 44.0	−46 49 08		85	M	50.84		1	2607		394		4	52.1	2.7	0.2			535	P
			Sc	85				1	2881	20				35.5	2.9	0.7			528	P
Anon 0733+35	07 33 54	+35 46			S	±	6.0	3195 − 4445											459	N
UGC 3932	07 34 04.4	+22 27 47			I	6.20		0	4578		398	378	3						467	A ★
UGC 3933	07 34 08.6	+42 03 38						0	5894										400	G
			Sc	55	I	8.25	0.8	0	5904	15	356		4		1.2				188	G ★
					I	6.17		0	5894		368	357	3						498	G ★
UGC 3934	07 34 10.1	+35 46 13			F	≤1.0		−400 − 5800											213	G
					I	4.33		0	4095		122	92	3						467	A ★
								0	4975										490	A
UGC 3936	07 34 14.7	+13 42 46			I	1.44		0	4725		366	339	3						467	A ★
UGC 3937	07 34 18.7	+35 43 10	S	83	I	11.37		0	3990	10	351		5		2.1	0.5		151	158	G ★
			SB		I	15.1		0	3999		323		4		2.1	0.5			459	N
UGC 3938	07 34 23.5	+10 01 30			I	2.85		0	8863		211	193	3						467	A ★
UGC 3940	07 34 24.0	+71 14 48		0	F	0.94		0	2462		121	143	4	34.9	2.7				213	G ★
UGC 3941	07 34 34.2	+14 11 40			I	5.31		0	4767		244	233	3						467	A ★
UGC 3943	07 34 54	+59 17			I	11.30		0	3527		290	260	3						498	G ★
NGC 2427	07 35 01.0	−47 31 24	Sdm	65	I	72.0	6.9	0	977	13	274		4	13.8	5.4				320	P ★
			SXdm		M	3.1		0	967		269		5	14.	5.5	2.3			226	P ★
			SXdm	72				1	977	13	272		4	10.9	5.0	2.0			528	P
				69	M	4.04		1	674		271		4	13.5	4.8	1.7			535	P
			Sc	65	M	3.24		0	973					13.8	5.4			134	139	544	P
UGC 3944	07 35 16.0	+37 45 00	Sc		I	6.60		0	3890		307		4		2.0	0.9			393	G ★
			Sc		I	7.0		0	3901		317		5		2.0	0.9			488	A ★
UGC 3946	07 35 21.7	+03 25 28	Im	48	F	3.45	0.53	0	1198	12	109		4	10.3	3.4	2.3			373	G
					I	11.83		0	1194		112	79	3						467	G ★
			Im		I	14.30		0	1199		126		4		3.4	2.0			515	G ★
UGC 3947	07 35 47.5	+34 01 54			F	≤1.0		−400 − 3000											213	G
					I	1.86		0	3913		136	124	3						467	A ★
UGC 3949	07 36 00	+48 51	Sc	42	I	3.86	0.6	0	6382	15	150		4		1.0				188	G
UGC 3952	07 36 14.4	+19 36 50			I	3.34		0	5104		277	264	3						467	A ★
Zw 262-036	07 36 18	+56 01			S	±	8.0	3100 − 6600							0.8				384	G
UGC 3954	07 36 30	+39 08			F	≤1.0		−400 − 3000											213	G
NGC 2442	07 36 31.0	−69 24 36	SBb	24	I	54.9	5.1	0	1469	25	533		4	23.9	6.9				320	P ★
			SBb		F	27.0	8.0		661		270		0						275	I ★
			Sb	25	I	120.9		0	1430		480		5	15.4	6.9				486	I ★
UGC 3955	07 36 41.8	+09 00 54			I	4.28		0	5106		349	338	3						467	A ★
UGC 3956	07 36 46.5	+24 35 13			I	2.09		0	7356		243	233	3						467	A ★
Anon 0737−55	07 37 00.0	−55 04 00	Sb	83				1	2818	20				34.6	2.4	0.6			528	P
Anon 0737−50	07 37 05.9	−50 38 00	SBm	53				1	1078	20				12.1	2.4	1.6			528	P
NGC 2424	07 37 16.4	+39 20 48	SBb					0	2900						5.6	1.1			373	G
			SBb	90	I	20.9	3.1	0	3112	5	426	439	4		4.0				473	J ★

Table 1 cont.

Name (1)	R.A. (2)	Dec. (3)	Type (4)	i (5)	(6)	HI-flux (7)	(8)	(9)	v (10)	(11)	(12)	Δv (13)	(14)	Dist (15)	a (16)	b (17)	Vmax (18)	Pos (19)	Ref (20)	(21)
IC 2203	07 37 18.8	+34 20 48			I	5.17		0	4525		209	185	3						467	A ★
UGC 3962	07 37 40.6	+13 59 27			I	6.32		0	8715		564	546	3						467	A ★
UGC 3964	07 37 48	−01 28	SXdm	41	F	2.81	0.76	0	1461	15		178	4	12.7	5.4	4.1			373	G
Mark 78	07 37 56.8	+65 17 42	E	63	F	≤0.38		5	11136						0.58				154	G
UGC 3967	07 38 00	+63 03			I	5.26		0	5876		152	144	3						498	G ★
UGC 3968	07 38 00	+66 22			I	5.51		0	6780		205	192	3						498	G ★
UGC 3966	07 38 01.1	+40 13 47	Im	23	F	4.66	0.50	0	364	10	71			7.3	3.4	3.13			89	G
			Im	24	F	4.60	0.53	0	364	10		91	4	3.7	3.5	3.2			373	G
			Im	25	I	25.1	0.65	0	355	5	73	97	4		1.86	1.82			377	E ★
			Im		I	19.50		0	363			91	4		3.5	3.1			515	G ★
IC 2204	07 38 03.8	+34 20 57			I	5.93		0	4661		94	82	3						467	A ★
			SBb		I	6.286		0	4669		78	96	4		1.1	1.1			475	A ★
UGC 3969	07 38 08.8	+27 44 00			I	2.47		0	8130		491	450	3						467	A ★
UGC 3973	07 38 47.0	+49 55 40	Sb		I	4.0	1.0		6643			225	4						114	G ★
					I	3.81		0	6658		182	162	3						498	G ★
UGC 3975	07 39 00.0	+72 55 00	SBdm	38	F	2.20	0.38	0	2480	10		88	4	26.4	3.5	2.8			373	G
			SBdm		I	11.10		0	2480			88	4		3.6	2.9			515	G ★
UGC 3974	07 39 03.0	+16 55 07	Im	35	F	13.09	0.89	0	265	10	64			4.4	6.5	5.33			89	G ★
			Im	55	M	0.36		0	276		65	89	4	4.3	6.5		49	116	376	E ★
			Im	36	F	16.54	0.94	0	265	5		88	4	1.5	7.7	6.2			373	G
			Im	35	M	0.0465								2.1			62	66	V ★	
			IBm		I	64.0		0	274			88	4	4.4	7.7				487	B ★
			Im		I	21.36		0	269		51	69	4		5.0	4.0			489	A ★
			Im		I	60.50		0	273			88	4		7.7	6.2			515	G ★
UGC 3979	07 39 42	+67 23			I	8.88		0	4061		395	368	3						498	G ★
UGC 3980	07 39 50.4	+18 26 40			I	3.72		0	8402		514	487	3						467	A ★
UGC 3984	07 39 53.8	+70 09 13	Sc	74	I	14.18	1.4	0	3882	10		347	4		1.9				188	G ★
IC 472	07 40 05	+49 44			I	3.43		0	5682		467	447	3						498	G ★
UGC 3986	07 40 21.7	+31 39 16			I	2.77		0	3736		178	159	3						467	A ★
UGC 3987	07 40 31.0	+23 03 03			I	3.75		0	7261		379	352	3						467	A ★
UGC 3989	07 40 42	+53 58			F	≤1.0			−400 − 3000										213	G
UGC 3992	07 41 00	+84 45			S	±	9.0		3100 − 6600						1.7	1.7			384	E
UGC 3995	07 41 00.8	+29 22 05	Mult	0	I	4.9		0	4777	15		476	4		2.5	1.1			78	A ★
			S	62	I	7.6		0	4748			488	5	46.9					417	G
			S	62	I	6.8		0	4743			481	5	46.9					417	A
					I	4.82		0	4754		466	427	3						467	A ★
					I	7.1		0	4753		441	475	4						543	A ★
UGC 3997	07 41 12	+40 29			F	≤1.0			−400 − 3000										213	G
UGC 3998	07 41 12	+56 18						0	989										400	G
					I	5.74		0	987		93	71	3						498	G ★
Anon 0741+29	07 41 18	+29 22	Im		I	0.26		0	4566	10		90	4		0.6	0.25			78	A ★
IC 469	07 41 31.7	+85 17 11	Sa	61	S	±	9.0		3100 − 6600						2.3	1.2			384	E
UGC 3993	07 41 49.6	+85 03 16	Sa		I	5.83		0	4365	25		225	5		1.6	1.2	35		158	G ★
			S0	42	S	±	9.0		3100 − 6600						1.6	1.2			384	E
UGC 4006	07 42 28.6	+11 11 03			I	2.94		0	4897		237	215	3						467	A ★
UGC 4005	07 42 29.1	+08 03 17			I	13.45		0	5044		487	463	3						467	A ★
UGC 4010	07 43 06.0	+05 06 13			I	9.50		0	2768		245	227	3						467	A ★
UGC 4012	07 43 07.2	+59 08 36	SXb			12.0		5	6494						2.2	1.0			503	G
UGC 4013	07 43 07.9	+61 03 23	Sb		I		3.0	0	8753			625	1						114	G ★
UGC 4015	07 43 24	+62 26			I	4.48		0	5709		221	188	3						498	G ★
NGC 2444	07 43 30.6	+39 09 18						0	4048	35									324	N
			Pec		S	±	18.0		−400 − 3000						4.5	3.5			373	G
NGC 2444/45			Mult p		I	10.0			3975		500	650	5	54.	2.				350	G ★
NGC 2445	07 43 32.9	+39 08 14	Other		I	14.0		0	4020			480	4	53.6	2.0				203	G ★
			Im p	39	I	13.9		0	3984			499	5	38.4					417	G
Anon 0743−58	07 43 42.0	−58 02 00	Sc	90				1	2903	20				35.6	2.3	0.3			528	P
UGC 4020	07 43 42	+59 08	Sc	58	I	12.32	1.8	0	6494	10		384	4		1.8				188	G ★
Anon 0744+28	07 44 00	+28 02	Sc	52	I	3.0		0	8246		351	397	4	81.8					505	A ★
			Sc	59	I	5.88	0.9	0	8260	20		316	4		0.9				188	G ★
UGC 4024	07 44 06	+62 19			I	5.12		0	1716		220	211	3						498	G ★
UGC 4025	07 44 14.5	+07 25 10			I	2.34		0	5068		347	335	3						467	A ★
NGC 2449	07 44 16.0	+27 03 20			I	1.58		0	4778		251	221	3						467	A ★
Anon 0744+55	07 44 34.8	+55 56 28						5	10770										356	G
NGC 2446	07 44 41.9	+54 44 08						0	5672										400	G
					I	12.95		0	5672		511	440	3						498	G ★
UGC 4028	07 44 44.3	+74 29 00	Sb	64	I	10.4	1.2	0	9783	8	295	355	4		2.1	1.0			384	G ★
			S		I	14.07		0	3943	15		277	5		1.1	0.9		10	158	G ★
			Sbc		F	2.3	0.8	0	4130	80		320	9	55.					51	N ★
			SXc	41	I	15.0		0	3967			333	5	41.1					417	G
					I	15.76		0	3948		269	208	3						498	G ★

Table 1 cont.

Name (1)	R.A. (2)	Dec. (3)	Type (4)	i (5)	(6)	HI-flux (7)	(8)	(9)	v (10)	(11)	(12)	Δv (13)	(14)	Dist (15)	a (16)	b (17)	Vmax (18)	Pos (19)	Ref (20)	(21)
UGC 4029	07 45 05.4	+34 27 30			I	10.13		0	4415		369	344	3						467	A★
UGC 4031	07 45 20.6	+23 21 47	Sbc		I	3.7		0	6852			267	5		1.0	0.7			488	A★
UGC 4033	07 45 24	+61 28			I	2.81		0	5935		267	250	3						498	G★
UGC 4032	07 45 26.6	+30 16 40			I	4.24		0	8122		372	354	3						467	A★
NGC 2466	07 45 43.0	−71 16 54	Sc	27	I	14.4	3.1	0	5364	19		179	4	101.9	1.7				320	P★
UGC 4034	07 46 09.7	+31 01 40			I	2.88		0	3971		215	196	3						467	A★
Zw 262-035	07 46 12	+55 32		66	S	± 12.0		3100	−	6600					1.0	0.45			384	G
NGC 2441	07 46 13.1	+73 08 57			I	8.2	0.2	0	3479			211	4		2.3	2.2			503	G
			Sb	27	M	4.12		0	3470	75				44.7					324	N
UGC 4038	07 46 32.0	+27 02 03			I	2.82		0	7065		436	422	3						467	A★
UGC 4039	07 46 33.1	+30 04 07			I	4.17		0	3706		309	297	3						467	A★
IC 2207	07 46 36.0	+34 05 13			I	6.80		0	4806		461	443	3						467	A★
								0	4780										490	A
UGC 4041	07 46 43	+73 37 51			I	4.5	0.5	0	3447			310	4						503	G
UGC 4043	07 46 48	+54 29						0	3402										400	G
					I	7.61		0	3401		432	422	3						498	G★
			Sc	90	S	± 13.0		3100	−	6600					2.2	0.2			384	G
UGC 4042	07 46 51.1	+30 09 06			I	2.08		0	8292		410	391	3						467	A★
UGC 4044	07 46 57.1	+18 57 23			I	4.97		0	4634		213	198	3						467	A★
UGC 4047	07 47 00.2	+30 51 35	SBb		I	7.0		1	4200	20		270		76.4	1.8	1.0			235	A★
			Sc	57	I	6.09	0.9	0	4308	15		330	4		1.8				188	G★
					I	5.94		0	4274		280	229	3						467	A★
			Sc	57	I	5.9		0	4293		250	332	4						505	A★
UGC 4046	07 47 01.0	+30 48 40						0	4434										490	A
					I	2.61		0	4434		96	80	3						467	A★
UGC 4055	07 47 54.0	+34 11 10			I	3.15		0	4748		199	189	3						467	A★
								0	4748										490	A
UGC 4054	07 47 55.9	+24 01 13	Sb		I	8.30		0	2121			262	4		2.2	0.5			393	G★
			Sb		I	9.7		0	2122			255	5		2.2	0.5			488	A★
ESO 163-G 19	07 48 05.7	−54 19 48	Im	72	I	28.0	3.0	0	1047	5	52			7.6	2.4	0.9			310	P
			Im p	66				1	1047	20				11.8	2.6	1.2			528	P
UGC 4058	07 48 10	+18 05 30			I	3.459		0	8491		184	230	4		1.1	1.1			475	A★
					S	± 4.0		1400	−	8400									490	A
UGC 4059	07 48 12	+62 40			I	6.78		0	6572		267	245	3						498	G★
UGC 4060	07 48 37.6	+14 08 54			I	5.46		0	4678		434	398	3						467	A★
UGC 4061	07 48 50.8	+27 25 47			I	3.44		0	7903		524	495	3						467	A★
UGC 4065	07 49 00	+55 21			I	9.39		0	7482		554	480	3						498	G★
			Scd	90	I	8.5	1.3	0	1008	12	100	210	4		1.6	0.2			384	G★
UGC 4063	07 49 00	+85 57	SBm	34	I	3.5	0.55	0	3639	11	48	129	4		1.2	1.0			384	E★
UGC 4064	07 49 04.7	+30 29 23			I	2.77		0	4306		180	136	3						467	A★
					F	≤1.0		−400	−	5800									213	G
UGC 4066	07 49 05.6	+78 08 45	Sd	18	I	9.32		0	2301	10		144	5		2.1	2.0			158	G★
			Sc		I	10.30		0	2297			122	4		3.3	3.0			515	G★
UGC 4067	07 49 12	+72 45			I	7.28		0	3462		227	211	3						498	G★
NGC 2456	07 50 11.0	+55 37 30	E	47	S	± 12.0		3100	−	6600					1.3	0.9			384	G
UGC 4077	07 50 39.9	+14 44 34			I	3.01		0	4665		178	164	3						467	A★
UGC 4078	07 51 00	+84 46			I	2.51		0	1860		227	214	3						498	G★
			Sbc	85	S	± 9.0		3100	−	6600					2.3	0.5			384	E
UGC 4079	07 51 05.4	+55 50 06			F	≤2.7								82.					51	N
			S	62	S	± 13.0		3100	−	6600					1.0	0.5			384	G
UGC 4081	07 51 06	+38 47			F	≤1.0		−400	−	3000									213	G
UGC 4083	07 51 18	+56 21	Sc	90	S	± 14.0		3100	−	6600					1.1	0.1			384	G
UGC 4084	07 51 25.8	+29 50 30			I	4.50		0	4995		241	223	3						467	A★
UGC 4088	07 51 30	+56 20	Sc	90	S	± 12.0		3100	−	6600					1.1	0.1			384	G
UGC 4086	07 51 36.0	+16 20 43			F	≤1.0		−400	−	3000									213	G
					I	1.21		0	4754		95	85	3						467	A★
								0	4755										490	A
IC 2209	07 51 58.0	+60 26 13	SBbc	33	F	7.34	0.67	0	1427		337	420	4	20.9	1.15	0.98			347	G★
Mark 382	07 52 03.2	+39 19 07	Sbc		I	≤1.5			10200										114	G
UGC 4095	07 52 03.5	+66 44 37	Pec		I	9.24		0	4080	15		360	5		0.9	0.4		51	158	G★
			S0/a		I	8.4	0.4	0	4069			396	4		0.9	0.3			503	G
IC 480	07 52 19.5	+26 52 33	Sbc	84	I	4.21		0	4627		355				1.8	0.3			453	A★
					I	4.11		0	4625		348	333	3						467	A★
UGC 4098	07 52 32.5	+66 34 18	S	54	I	9.33		0	4913	10		368	5		0.9	0.6		105	158	G★
NGC 2460	07 52 35.8	+60 29 01	Sc	47	I	44.10		0	1450	10		384	5		4.0	2.8		70	158	G★
			Sa	46	I	41.2			1452	9		384	5	30.9	5.1				80	G★
			Sa	46	F	8.83	3.0		1450	35	380			22.1	6.1				246	N
UGC 4099	07 52 48.0	+24 50 20	SBb	33	I	6.87		0	4674		321				1.9	1.6			453	A★
					I	6.46		0	4672		324	302	3						467	A★
UGC 4100	07 53 00	+84 55			I	7.11		0	1008		101	90	3						498	G★

Table 1 cont.

Name (1)	R.A. (2)	Dec. (3)	Type (4)	i (5)	(6)	HI-flux (7)	(8)	(9)	v (10)	(11)	(12)	Δv (13)	(14)	Dist (15)	a (16)	b (17)	Vmax (18)	Pos (19)	Ref (20)	(21)
UGC 4100			IBm	34	I			0	1013	5	78	96	4		1.8	1.5			384	E ★
UGC 4103	07 53 00	+79 30			I	5.04		0	2133		168	158	3						498	G ★
ESO 561-G 02	07 53 15	−21 12 30		48	I	44.1	4.5	0	922	5	151	182	4		2.82	1.95			377	E ★
UGC 4107	07 53 19.1	+49 42 06	Sc	20	I	5.2		0	3498			351	5	35.5					417	G
					I	3.09		0	3510		160	146	3						498	G ★
UGC 4105	07 53 22.0	+27 08 50			I	2.76		0	6565		410	390	3						467	A ★
UGC 4109	07 53 30	+11 48			S	±	4.0	1400	−	8400									490	A
NGC 2469	07 54 01.5	+56 48 58	S	47	I	31.7	3.8	0	3460	12	192	295	4		1.0	0.7			384	G ★
NGC 2485	07 54 07.2	+07 36 43			I	1.09		0	4595		238	147	3						467	A ★
			Sa		I	1.18		0	4629		271	278	4		1.6	1.6			475	A
UGC 4113	07 54 07.6	+31 36 13			I	3.09		0	5274		232	205	3						467	A ★
NGC 2475	07 54 09.8	+52 59 48	E	0	I	≤6.3		5	5019					54.3					417	G
UGC 4117	07 54 10.1	+36 04 36			I	5.04		0	774		75	54	3						467	A ★
NGC 2481	07 54 11.0	+23 55 00			I	1.30		0	2334		121	84	3						467	A ★
								0	2316										490	A
UGC 4115	07 54 13.6	+14 31 17			I	15.41		0	340		101	74	3						467	A ★
			Im	59	I	21.0	0.93	0	329	5	86	116	4		1.68	0.92			377	E ★
			Im	56	F	5.89	0.68	0	341	10		122	4	2.1	3.4	2.0			373	G
			Im	58	I	19.6	1.9	0	336	6	88	122	4		2.0	1.1			384	E ★
			IXm		I	19.20		0	342			118	4		3.4	1.7			515	G ★
NGC 2482	07 54 13.7	+23 54 06			I	1.25		0	2332		177	134	3						467	A ★
IC 2211	07 54 35.1	+32 41 38			I	4.24		0	5360		378	350	3						467	A ★
UGC 4121	07 54 50.0	+58 10 57	S	76	F	3.9	1.4		1104	20		166	9	16.0					20	N ★
			SBm	68	F	3.72	0.73	0	1090	10	148			23.3	3.7	1.41			89	G
			SBm	71	F	3.95	0.76	0	1090	10		165	4	11.8	3.9	1.4			373	G
			SB		I	11.70		0	1092			176	4		3.9	1.2			515	G ★
NGC 2486	07 54 55.0	+25 17 48	Sa	56	I	3.29		0	4647		433				1.9	1.1			453	A ★
			Sa	43	I	2.45		0	4649	6	415	437	4	65.	3.0	2.2		100	508	a ★
				54				0	4647									100	555	A
NGC 2487	07 55 18.9	+25 17 08			I	5.16	0.8	0	4826	15		327	5		2.5	2.2		115	248	A ★
					I	6.75		0	4841		283	268	3						467	A ★
			SBb	0	I	4.34		0	4842	5	263	277	4	65.	3.8	3.8		115	508	a ★
				35				0	4841	3	262	275	4				214	115	555	A
Zw 262-054	07 55 24	+55 25		62	S	±	6.0	3100	−	6600					0.9	0.45			384	G
UGC 4128	07 55 56.3	+60 25 33						0	5992	15									359	A
					I	5.78		0	5978		330	312	3						498	G ★
UGC 4131	07 56 00	+31 56			S	±	4.0	2400	−	9400									490	A
UGC 4133	07 56 00	+56 31	Sc	90	S	±	5.0	3100	−	6600					1.9	0.15			384	G
UGC 4132	07 56 01.8	+33 03 06			I	6.72		0	5219		519	503	3						467	A ★
UGC 4134	07 56 12	+56 30	SB	69	S	±	5.0	3100	−	6600					1.0	0.4			384	G
UGC 4135	07 56 17.0	+24 35 20			I	5.06		0	5837		327	314	3						467	A ★
UGC 4140	07 56 29.3	+18 15 00			I	3.82		0	4709		268	256	3						467	A ★
Anon 0756−76	07 56 30.0	−76 17 00	Sc	90				1	1760	20				21.0	4.3	0.9			528	P
UGC 4139	07 56 33.3	+16 33 27	Sc	20	I	6.21	0.5	0	4886	10		184	4		1.2				188	G ★
			Sc	25	M	3.81		0	4920	35				50.5					324	N
					I	4.36		0	4885		187	177	3						467	A ★
			Sc		I	6.492		0	4884		186	218	4		1.4	1.3			475	A ★
NGC 2498	07 56 37.8	+25 07 12			I	1.33		0	4720		312	246	3						467	A ★
Anon 0756−49	07 56 47.9	−49 43 00	Sc	90				1	1119	20		334	4	12.8	5.7	0.9			528	P
UGC 4144	07 56 48	+07 35			S	±	4.0	2400	−	9400									490	A
UGC 4145	07 56 50.3	+15 31 30			I	1.65		0	4623		393	350	3						467	A ★
UGC 4148	07 56 54	+42 19	Sd	90	F	2.95	0.67	0	737	10		148	4	7.5	3.9	0.7			373	G
NGC 2504	07 57 13.0	+05 44 46			I	4.96		0	2618		143	91	3						467	A ★
IC 485	07 57 16.8	+26 50 26			I	2.25		0	8338		542	481	3						467	A ★
UGC 4151	07 57 17.3	+77 57 26	Sdm	20	I	3.83		0	2286	15		174	5		1.7	1.6			158	G ★
			S/Irr		I	4.30		0	2287			163	4		2.8	2.5			515	G ★
IC 486	07 57 17.5	+26 45 13			I	3.85		0	8057		402	362	3						467	A ★
UGC 4154	07 57 18.9	+13 17 20			I	3.49		0	4622		274	261	3						467	A ★
Zw 262-059	07 57 30	+55 43	E		S	±	7.0	3100	−	6600									384	G
NGC 2503	07 57 32.1	+22 32 13	SBc		I	1.4		0	5508			239	5		1.1	1.1			488	A ★
			SXbc		I	3.789		0	5503		222	235	4		1.1	1.1			475	A ★
IC 2217	07 57 45.8	+27 38 18			I	1.89		0	5206		210	160	3						467	A ★
UGC 4162	07 57 54.5	+16 40 57			I	1.58		0	4369		408	338	3						467	A ★
UGC 4164	07 58 00	+56 47	S0/a	67	S	±	10.0	3100	−	6600					1.4	0.6			384	G
NGC 2500	07 58 08.7	+50 52 38	SBd	22	I	35.3		0	517			130	4	7.6	2.9				203	G ★
			SBd	19	I	28.6			515	9		122	5	12.0	3.8				80	G ★
				22	I	32.0									2.9				203	B
			SBd	19	F	7.93	0.62	0	519	10		122	4	5.7	4.0	3.7			373	G
			SBd		M	1.2	0.9	0	530	50				12.					85	N
			SBd	21	I	32.0		0	513			161	5	15.7					417	G

Table 1 cont.

Name (1)	R.A. (2)	Dec. (3)	Type (4)	i (5)	(6)	HI-flux (7)	(8)	(9)	v (10)	(11)	(12)	Δv (13)	(14)	Dist (15)	a (16)	b (17)	Vmax (18)	Pos (19)	Ref (20)	(21)
NGC 2500			SBd		I	31.3	0.3	0	515			129	4		2.8	2.8			503	G
UGC 4166	07 58 12	+74 11 21			I	5.10		0	3804		230	219	3						498	G ★
UGC 4169	07 58 12.2	+61 31 50						0	1591	10									359	G
					I	26.13		0	1586		241	209	3						498	G ★
UGC 4167	07 58 17.7	+25 25 43			I	4.97		0	4553		333	147	3						467	A ★
UGC 4173	07 58 36.0	+80 16 00	Im	79	F	7.37	0.76	0	866	7		89	4	10.5	4.9	1.3			373	G
			Im		I	29.50		0	861			86	4		4.9	1.0			515	G ★
NGC 2507	07 58 47.2	+15 50 59	S		I	≤0.43		6	4500					81.8	1.8	1.7			30	A
UGC 4171	07 58 48.0	+09 50 50			I	2.52		0	4879		522	497	3						467	A ★
UGC 4176	07 59 18	+40 49						0	3086										400	G
					I	6.06		0	3087		215	204	3						498	G ★
UGC 4177	07 59 26.5	+07 48 50			I	2.29		0	9999		486	435	3						467	A ★
UGC 4179	07 59 31.3	+00 56 54			I	5.43		0	5581		185	149	3						467	A ★
								0	5542										490	A
IC 2219	07 59 32.3	+27 34 40	Sc	66	I	5.18		0	5223		347				1.5	0.6			453	A ★
			Sc		I	5.507		0	5231		333	359	4		1.5	0.6			489	A ★
UGC 4183	07 59 41.5	+07 01 07			I	3.30		0	9280		482	467	3						467	A ★
								0	6341										490	A
NGC 2514	07 59 59.8	+15 57 07	SBc		I	5.2		1	4734	20	140			86.1	1.2	1.2			235	A ★
			Sc	13	I	5.37	0.5	0	4854	15		152	4		1.1				188	G ★
			SBc		I	4.98	0.16	0	4851	16	117	150	4	64.	1.2	1.2			327	A ★
					I	5.41		0	4856		137	118	3						467	A ★
			SBc		I	5.592		0	4862		116	138	4		1.2	1.2			475	A ★
Anon 0008+02	08 00 00	+02 00	Sc		S	±	5.0	5	12722										505	A ★
NGC 2512	08 00 08.4	+23 32 00	SBb		I	1.9		1	4600	20	330			83.6	1.4	1.0			235	A ★
			SBb	45	I	1.38		0	4708		355				1.4	1.0			453	A ★
			SBb	46	I	2.10		0	4707			353	4		1.4	1.0			471	A ★
UGC 4195	08 00 24	+66 55			I	6.41		0	4888		405	354	3						498	G ★
Mark 385	08 00 27.3	+25 14 34		48	M	1.05	0.45		8300	100		165	4	110.0	0.77	0.48			293	A
Anon 0801+40	08 01 12	+40 21	Sc	33				5	12202	75					1.0				188	G
UGC 4203	08 01 26.5	+05 15 22			I	1.74		0	4046		86	50	3						467	A ★
UGC 4201	08 01 28.1	+35 32 26			I	2.65		0	8725		389	367	3						467	A ★
UGC 4204	08 01 30	+56 07			F	≤1.0			-400 - 3000										213	G
			Im	42	S	±	11.0		3100 - 6600						1.2	0.9			384	G
UGC 4208	08 01 41.8	+25 00 50			I	1.83		0	4971		189	167	3						467	A ★
					S	±	4.0		2400 - 9400										490	A
UGC 4207	08 01 52.8	+20 50 00			I	5.43		0	9362		536	519	3						467	A ★
			Sb		I	5.4		0	9362			536	3		1.7	1.0			488	A ★
UGC 4210	08 02 04.7	+25 12 20			I	3.48		0	5017		326	311	3						467	A ★
IC 492	08 02 36.7	+26 18 30	SBb	25	I	2.85	0.46	0	5151	16	249	272	4	68.	1.1	1.0			327	A ★
					I	3.37		0	5157		262	247	3						467	A ★
			SBb		I	3.366		0	5157		242	257	4		1.1	1.0			475	A ★
UGC 4214	08 02 42	+55 17	Sb	85	S	±	9.0		3100 - 6600						1.4	0.3			384	G
UGC 4215	08 02 49.6	+10 31 47			I	1.30		0	10198		341	325	3						467	A ★
NGC 2525	08 03 15.3	-11 17 04		46	I	13.7		0	1585			228	4	18.1	2.6				203	G ★
								0	1569	20									42	N
			SBc	42	F	4.28	1.00	0	1586	15		232	4	13.5	6.9	5.2			373	G
			Sc	46	M	0.80		0	1559	20				14.0					324	N
			SBc	46	I	11.2	2.1	0	1581	6	213	227	4		2.9	0.5			523	J ★
UGC 4219	08 03 18	+39 14			I	5.33		0	12433		396	379	3						498	G ★
IC 2226	08 03 24.7	+12 41 20	Sab		I	1.1			10800		330			213.	1.25	1.05			28	A ★
					I	1.01		0	10873		276	266	3						467	A ★
UGC 4226	08 03 54	+40 33						0	7911										400	G
					I	5.13		0	7910		379	365	3						498	G ★
UGC 4225	08 03 55.9	+22 59 16						0	7260										490	A
					I	2.58		0	6754		381	368	3						467	A ★
UGC 4227	08 04 05	+39 20 25			I	3.37		0	3928		127	113	3						498	G ★
UGC 4230	08 04 12	+55 32	S	90	S	±	5.0		3100 - 6600						1.3	0.2			384	G
NGC 2526	08 04 16.6	+08 09 03			I	5.74		0	4603		345	335	3						467	A ★
UGC 4229	08 04 21.1	+39 09 00		17	M	≤2.8			7075				4	94.0	0.67	0.67			293	G
			E	0	F	0.64	0.40	0	6964			380	4		1.2				154	G ★
ESO 35-G 20	08 04 51.0	-76 55 40			M	4.10		1	1499			140	4	30.0	1.7	0.9			535	P
					M	6.45		1	1544			297	4	30.9	1.7	0.9			535	P
			Im	45				1	1747	20				20.8	1.4	1.0			528	P
UGC 4236	08 04 55.7	+26 10 30			I	1.65		0	4204		180	128	3						467	A ★
NGC 2529	08 05 03.8	+17 57 47			I	6.02		0	5029		175	155	3						467	A ★
UGC 4238	08 05 09.3	+76 34 09						0	1547	10									359	G
			SBd	54	F	6.91	0.96	0	1541	10		187	4	17.1	4.3	2.6			373	G
UGC 4240	08 05 17.1	+14 59 00		83	I	3.10		0	8563		537				1.5	0.3			453	A ★
UGC 4239	08 05 18	+05 21	S		S	±	4.0		2400 - 9400										490	A

Table 1 cont.

Name (1)	R.A. (2)	Dec. (3)	Type (4)	i (5)	(6)	HI-flux (7)	(8)	(9)	v (10)	(11)	(12)	Δv (13)	(14)	Dist (15)	a (16)	b (17)	Vmax (18)	Pos (19)	Ref (20)	(21)
UGC 4241	08 05 18	+57 54	Sab	70	I	7.6	0.90	0	1235	7	150	210	4		1.3	0.5			384	G ⋆
UGC 4243	08 05 36	+67 23 27			I	3.65		0	4949		357	341	3						498	G ⋆
Zw 287-046	08 05 42	+58 04	E		S	±	6.0	3100	−	6600									384	G
UGC 4245	08 05 53.8	+18 20 27			I	7.85		0	5217		374	352	3						467	A ⋆
Zw 287-047	08 06 00	+57 59		35	S	±	6.0	3100	−	6600					0.85	0.7			384	G
UGC 4247	08 06 12.2	+16 49 23			I	4.64		0	2838		208	187	3						467	A ⋆
UGC 4249	08 06 22.1	+17 07 57			I	2.61		0	4839		326	310	3						467	A ⋆
Anon 0806+22	08 06 35.2	+22 42 25	Sm		L	8.81			4810		80				1.0	1.0			539	A ⋆
UGC 4254	08 06 49.6	+00 45 25			I	7.09		0	1807		177	157	3						467	A ⋆
NGC 2532	08 07 03.1	+34 06 20	SXc	32	I	17.0	2.0	0	5269	14	204			52.	3.4				273	A
								0	5276	35									42	N
			Sc		I	12.42		0	5255		220		4		2.2	1.7			393	G ⋆
			Sc	32	M	6.86		0	5271	20				55.1					324	N
			SXc	32	I	10.9		0	5253		232		5	52.2					417	G
			Sc		I	8.7		0	5249		192		5		2.2	1.7			488	A ⋆
			SXc	33	I	14.6	1.2	0	5253	4	183	225	4		2.2	0.3			523	J ⋆
UGC 4257	08 07 10.0	+25 02 27	Sc	90	I	9.25		0	4164		263				2.3	0.2			453	A ⋆
UGC 4259	08 07 12	+73 43			I	6.16		0	3833		421	388	3						498	G ⋆
			Im	18	F	2.66	0.45	0	2254	10	142			45.6	2.9	2.76			89	G
			Im	19	F	2.76	0.47	0	2254	10		154	4	22.8	2.9	2.7			373	G
UGC 4261	08 07 40.3	+36 58 40			I	2.58		0	6421		213	146	3						467	A ⋆
NGC 2535	08 08 13.0	+25 21 20			L	10.11		0	4100										392	A ⋆
								0	4095	20									42	N
			Sc	55	M	7.92		0	4094	20				42.2					324	N
			Sc		I	12.0		0	4100	8		178	4		3.6	2.5			78	A ⋆
			Sc	55	I	21.7		0	4090		223		5	40.2					417	G
			Sc	55	I	16.6		0	4096		195		5	40.2					417	A
					I	16.19		0	4096		160	126	3						467	A ⋆
			Sc	55	I	25.3	2.1	0	4098	4	122	169	4		3.0	0.7			523	J ⋆
					I	21.2		0	4097			178	5	45.2					518	G
			Sc	46	I	14.0		0	4102		127	170	4		3.6	2.5			543	A
NGC 2535/36	08 08 13.3	+25 21 26	Mult p	64	M	7.5		0	4110	25		205	4	40.0	3.9	1.9			160	G ⋆
									4109	30									286	B
NGC 2536	08 08 15.8	+25 19 46	Sb p		I	2.2		0	4096	8		169	4		0.8	0.5			78	A ⋆
UGC 4263	08 08 17.7	+79 00 38			I	4.5	0.5	0	2104			357	4		0.9	0.9			503	G
UGC 4262	08 08 32	+83 25 11			I	13.15		0	5696		422	388	3						498	G ⋆
UGC 4269	08 09 07.4	+19 30 53	Sb		I	2.0		0	8533			657	5		1.2	0.6			488	A ⋆
UGC 4270	08 09 18	+58 00			I	8.38		0	2479		354	330	3						498	G ⋆
			SXbc	41	I	6.5	1.0	0	4152	19	285	375	4		1.7	1.3			384	G ⋆
NGC 2537	08 09 42.8	+46 08 33	Im p	25	I	21.6			450			126	4	6.4	1.6				203	G ⋆
			IBm	28	I	16.9			443	9		102	5	12.0	2.9				80	G ⋆
			Sm		F	5.05	0.26	0	449		100	129	4	7.0	1.67	1.52			347	G ⋆
			IBm p	28	F	5.08	0.59	0	452	10		116	4	4.8	2.7	2.4			373	G
								0	455	20									324	N
			S/Irr	25	I	20.1	1.1	0	444	10	97	115	4		1.66	1.51			377	E ⋆
			IBm	26	I	17.2		0	446			127	5	4.7					417	G
			IXm	26	I	17.2		0	446			127	5	4.7					417	G
NGC 2543	08 09 43.3	+36 27 18	SBb	53	I	24.0	4.0	0	2471	9	296			25.	4.0				273	A
NGC 2540	08 09 44.0	+26 30 45	SBc	44	I	3.02		0	6301		344				1.4	1.0			453	A ⋆
UGC 4276	08 10 03.7	+09 23 13	SBa		S	±	1.78	0	−	12700					1.1	0.8			488	A
UGC 4277	08 10 06	+52 48	Sc		S	±	18.0	−400	−	3000					5.5	1.0			373	G
					I	17.87		0	5459		594	572	3						498	G ⋆
Anon 0810+46	08 10 09.0	+46 08 33			I	10.1		0	443			132	5	4.7					417	G
IC 2233	08 10 27.6	+45 53 36	Sd	87	M	0.67		0	558	20				7.2					324	N
			Sd	90	F	12.53	1.08	0	565	8		206	4	5.9	6.8	1.2			373	G
Zw 287-057	08 10 36	+58 07	Mult		S	±	11.0	3100	−	6600									384	G
UGC 4281	08 10 36	+58 23	Sab	84	S	±	5.0	3100	−	6600					1.1	0.25			384	G
Anon 0810−74	08 10 42.0	−74 22 00	Im	76				1	1247	20				14.4	1.7	0.6			528	P
NGC 2541	08 11 02.0	+49 12 59	Scd	63	I	96.4			554	9		212	5	12.0	6.9				80	G ⋆
			Scd	59	I	140.6		0	561			213	4	8.0	5.8				203	G ⋆
			Scd	63	I	121.3		0	563			210	5		8.6	4.2			183	G ⋆
			Scd	63	I	110.4	16.6	0	561	9		224	4	10.8	7.5	4.2			201	G ⋆
				59	I	129.0									5.8				203	B
				59	I	176.0	10.0								5.8				203	D
			Scd	63	F	35.14	1.89	0	553	8		216	4	6.0	8.7	4.2			373	G
			Scd		M	0.63	0.21	0	570	15				6.					85	N
			Scd	58	M	1.06		0	510	35				6.8					324	N
			Sc	56	I	163.8	6.5	0	558	5	196	220	4						442	E ⋆
NGC 2545	08 11 18.6	+21 30 31	Sab	54	F	1.0	0.8	0	3260	45		479	4	35.1	2.2				53	N ⋆
			SBab	50					3381			458	0						180	G

Table 1 cont.

Name (1)	R.A. (2)	Dec. (3)	Type (4)	i (5)	(6)	HI-flux (7)	(8)	(9)	v (10)	(11)	(12)	Δv (13)	(14)	Dist (15)	a (16)	b (17)	Vmax (18)	Pos (19)	Ref (20)	(21)
NGC 2545			Sab	64	I	≤3.6		6	3086						3.1				329	A
					I	3.23		0	3384		436	425	3						467	A ★
			SBab					0	3240										513	G
			Sa	64	I	2.7		0	3394		424	461	4		2.5	1.2			543	A ★
UGC 4286	08 11 23.5	+18 35 47			I	7.67		0	5143		371	352	3						467	A ★
Zw 287-060	08 11 24	+58 20	E		S	±	5.0	3100	–	6600									384	G
UGC 4288	08 11 42	+19 30			S	±	4.0	–100	–	6900									490	A
Zw 119-019	08 12 25.5	+21 42 45	Scd		I	1.0		0	4277			258	4		1.1	0.2			543	A ★
UGC 4301	08 12 58.2	+28 46 40			I	3.47		0	5968		373	363	3						467	A ★
UGC 4298	08 12 59	+05 24 40	S/Irr		I	3.036		0	4184		97	118	4		1.0	1.0			475	A ★
								0	4179										490	A
					F	≤1.0		–400	–	5800									213	G
UGC 4300	08 12 59.0	+27 13 53	Sc	36	I	3.78		0	7661		320				1.6	1.3			453	A ★
								0	7669										490	A
UGC 4302	08 13 00	+64 43			I	2.45		0	11412		243	219	3						498	G ★
UGC 4299	08 13 01.7	+23 21 07	Sbc	90	I	2.82		0	4288		412				2.0	0.3			453	A ★
			Sb	90	I	2.8		0	4285			417	4		2.0	0.2			543	A ★
UGC 4297	08 13 51.9	+85 46 11	Sa	74	S	±	9.0	3100	–	6600					2.1	0.7			384	E
UGC 4305	08 13 53.5	+70 52 13	Im		I	331.6		0	160			54	5		11.0	8.9			183	G
											54	76	4						216	G ★
			Im	20	M	0.08	0.02	0	155	5	56	74	4	3.22	10.0	10.0		175	69	C ★
			Im	40	F	78.0	4.0		156	14	54	70	4	3.3	5.3			202	79	J ★
			Im	37	I	164.1			158	9	52	72	5	4.2	10.3				80	G ★
			Im		I	790	180.	0	159	12	105			3.3	11.0	8.9	130		87	H ★
			Im		F	51.0	15.0		161	10				2.5	11.2				60	N
			Im	36	F	45.01	2.70	0	158	10	57			3.25	11.0	8.91			89	G
			Im						150		66	107	4	2.5	7.4	5.9			365	O ★
			Im		M	0.94		0	159		55	75	4	3.25	11.			58	376	E ★
				37	F	87.42	0.32	0	157		64	86	4	3.2	7.58	6.14			347	G ★
			Im	37	F	91.60	3.58	0	158	5		76	4	3.1	11.1	8.9			373	G
			Im		M	0.32	0.11	0	165	13				2.3					85	N
			Im	37	I	193.9		0	155			115	5	3.0					417	G
			Im	37	I	256.6		0	156			96	5	3.0					417	B
			Im		I	265.0		0	158			73	4		11.1	8.9			515	G ★
			Im		I	259.7		0	158			73	4		11.1	8.9			515	G ★
UGC 4306	08 14 23.5	+35 36 06			I	4.04		0	2400		219	160	3						467	A ★
UGC 4308	08 14 29.9	+21 50 20	Sc	36	I	10.8		0	3573	21		260	4		3.2				329	A ★
								0	3566	4	247	270	4						150	A ★
					I	11.82		0	3569		259	244	3						467	A ★
			SBc		I	11.45		0	3566		244	266	4		2.2	1.8			489	A ★
			SBc		I	14.80		0	3564			272	4		3.5	2.8			515	G ★
			SBc	35	I	13.4	1.1	0	3569	5	242	277	4		2.3	0.3			523	J ★
			Sc	39	I	7.7		0	3573		238	260	4		2.2	1.8			543	A
UGC 4310	08 14 40.7	+01 21 47			I	5.30		0	4358		172	155	3						467	A ★
								0	4360										490	A
NGC 2553	08 14 42	+21 04			S	±	4.0	2600	–	6300									543	A
UGC 4314	08 14 54	+58 26	Pec	55	I	5.3	0.72	0	1074	8	70	110	4		1.0	0.6			384	G ★
NGC 2554	08 14 55.7	+23 37 38	p		S	±	18.0	–400	–	3000					5.5	4.2			373	G
			Sa p	43	I	≤3.1		6	4067						4.6				329	A
			S0/a		I	1.4		0	4158	10		449	4		3.5	2.6			78	A ★
			Sa	45	S	±	2.0	5	4067						3.5	2.6			543	A
NGC 2549	08 14 56.8	+57 57 34	S0		M	≤0.36			1082					15.5					131	G ★
			S0	77	F	≤2.50								15.4	5.6				21	N
			S0		I	≤5.2		5	1082										232	G
			S0	77	S	±	6.0	5	1082						3.7	1.1			384	G
NGC 2559	08 15 01	–27 18 06	SBc p	59	F	10.43	1.07	0	1571	30		419	4	13.0	8.3	4.4			373	E
			SBb	61	I	38.8	4.2	0	1554	5	363	387	4		4.8				473	J ★
IC 2267	08 15 02.5	+24 53 20	SXc	83	I	15.61		0	2062		224				2.3	0.3			453	A ★
UGC 4316	08 15 03.1	+04 45 50	SXdm	20	F	1.35	0.31	0	4227	12		67	4	40.5	2.7	2.5			373	G
					I	5.22		0	4222		68	45	3						467	A ★
			S		I	4.175		0	4221		43	62	4		1.6	1.5			475	A ★
								0	4225										490	A
			Sab		I	5.40		0	4220			60	4		2.8	2.5			515	G ★
			Sab		I	0.50		0	4107			76	4						515	G ★
UGC 4317	08 15 06.5	+13 03 13			I	1.94		0	9703		385	360	3						467	A ★
UGC 4324	08 15 34.7	+20 55 02			I	1.17		0	4787		335	289	3						467	A ★
			Sb	76	I	1.1		0	4811			338	4		1.6	0.5			543	A ★
			Sm	66	I	1.1		0	4811		304	338	4		0.5	0.2			543	A ★
NGC 2552	08 15 40.5	+50 09 57	Sm	45	I	21.9			517	9		142	5	12.0	4.95				80	G ★
			Sm	48	F	5.11	1.79		511	20		212	9	4.6	4.5				22	N ★

Table 1 cont.

Name (1)	R.A. (2)	Dec. (3)	Type (4)	i (5)	(6)	HI-flux (7)	(8)	(9)	v (10)	(11)	(12)	Δv (13)	(14)	Dist (15)	a (16)	b (17)	Vmax (18)	Pos (19)	Ref (20)	(21)
NGC 2552			Sm	47	F	6.91	0.61	0	527	8		157	4	5.7	5.6	3.8			373	G
			Im	48	M	1.351	0.338	0	519			145	4	11.3	5.4	3.7			382	G ★
			Sm	47	M	0.29		0	508	20				6.8					324	N
			Sm		I	34.0		0	518			141	4	11.	5.6				487	B
			Im		I	27.80		0	522			151	4		5.6	3.9			515	G ★
ESO 431-G 02	08 15 41	−29 58 30	Sd	39	F	14.41	1.27	0	1650	99		272	4	13.7	6.8	5.3			373	B
			SBc	26	I	113.7	26.9	0	1653	3	195	223	4		3.7	0.4			523	J ★
MCG+11-10-075	08 15 42.5	+68 45 21	SB0/a					5	2787						1.0	0.8			503	G
Zw 119-043	08 15 53	+21 22 36	S	71	I	≤3.4		6	4366						1.1				329	A
			Sa	71	S	±	1.0	5	4366						0.8	0.3			543	A
Zw 119-044	08 15 53.9	+22 16 22	S0/a	58	I	1.6		0	3500		137	164	4		0.6	0.5			543	A ★
NGC 2544	08 15 57.2	+74 08 59		36	S	±	3.8	2250	−	3250								70	555	W
					I	7.4	0.4	0	3624			312	4		1.0	0.8			503	G
UGC 4328	08 16 00	+79 20			I	3.84		0	4000		201	187	3						498	G ★
UGC 4329	08 16 06.9	+21 20 37	Sc	55	I	7.8		0	4092	11		248	4		3.3				329	A ★
								0	4098	4	224	252	4						150	A ★
					I	8.20		0	4095		244	221	3						467	A ★
			Sc		I	7.04		0	4098		220	243	4		2.5	1.5			489	A ★
			Sc		I	8.39		0	4100			259	4		3.9	2.3			515	G ★
			Sbc	55	I	7.4		0	4090		232	288	4		2.5	1.5			543	A
Zw 119-047	08 16 09	+21 57 06	Sa	48	I	4.6		0	4510		253	290	4		0.7	0.5			543	A ★
IC 2282	08 16 16.2	+24 57 01	Sb	30	I	4.9		0	4658		137	155	4		0.7	0.6			543	A ★
Zw 119-051	08 16 18.3	+20 54 57	Sb	59	I	1.2		0	5031		218	253	4		1.0	0.5			543	A ★
NGC 2558	08 16 18.4	+20 40 06	Sbc	43	S	±	2.0	5	4916						2.2	1.7			543	A
			Sab	40	I	10.3		0	4979	6		412	4		3.2				329	A ★
Zw 89-001	08 16 23	+19 28 18	S0/a		I	1.2		0	5681		199	224	4		0.6	0.4			543	A
Zw 119-053	08 16 24.8	+21 12 58	S0/a	50	I	1.6		0	4852		195	226	4		0.7	0.5			543	A
			S	46	I	1.7		0	4852	17		226	4		1.2				329	A ★
IC 2288	08 16 24.8	+23 54 14	S0/a	66	I	2.8		0	4603		220	279	4		0.5	50.2			543	A ★
IC 2293	08 16 36	+21 33 12	Sb		S	±	2.1	5	4130						0.7	0.6			543	A
NGC 2566	08 16 38	−25 20 24	SBab	52	F	6.03	0.94	0	1649	30		223	4	13.8	9.0	5.7			373	B
UGC 4332	08 16 43.1	+21 16 22			I	2.32		0	5496		493	436	3						467	A ★
			Sm		I	1.3		0	5480		468	500	4		1.4	0.8			543	A ★
UGC 4333	08 16 48	+52 42			F	≤1.0		−400	−	3000									213	G
NGC 2565	08 16 52.1	+22 11 40	SBb		I	12.6		1	3514	20	400			63.9	1.8	0.7			235	A ★
			SBb	70	I	11.60	0.88	0	3581	16	432	461	4	47.	1.8	0.7			327	A
			Sbc	70	I	11.2		0	3583	6		439	4		2.2				329	A ★
								0	3585	20									324	N
			Sb	70	I	9.7		0	3583		403	439	4		1.8	0.7			543	A
NGC 2560	08 16 56	+21 08 42	S0/a	80	I	≤2.7		6	4796						1.8				329	A
			Sa	84	S	±	2.7	5	4796						1.5	0.4			543	A
Zw 119-059	08 17 03	+21 13 06	S0/a		S	±	1.7	5	4248						0.9	0.3			543	A
UGC 4341	08 17 07.2	+27 15 00	Sa		S	±	1.27	0	−	12700					1.1	0.6			488	A
UGC 4340	08 17 11.0	+26 10 54	Sc	38	I	2.41		0	4674		204				1.4	1.1			453	A ★
UGC 4343	08 17 16.0	+17 30 53			I	4.46		0	4648		196	184	3						467	A ★
Zw 119-061	08 17 16	+21 13 42	S	38	I	≤0.8		6	5093						1.0				329	A
			S0/a	40	S	±	1.7	5	5093						0.5	0.4			543	A
UGC 4344	08 17 21.8	+21 02 03	Sdm		I	4.788		0	5043		105	128	4		1.7	1.7			475	A ★
			Scd	0	I	7.2		0	5030	5		136	4		2.8				329	A ★
			Sc	0	I	5.4		0	5030		107	136	4		1.7	1.7			543	A
UGC 4343	08 17 24	+17 30			S	±	4.0	1400	−	8400									490	A
					F	≤1.0		−400	−	3000									213	G
			Im		S	±	18.0	−400	−	3000					2.0	1.5			373	G
NGC 2562	08 17 28.6	+21 17 26	S0/a		I	≤0.53		6	4863					88.4	1.3	1.0			30	A
			S0	41	I	≤1.5		6	4848						2.1				329	A
			Sa	44	S	±	2.0	5	4848						1.3	1.0			543	A
UGC 4346	08 17 40.5	+26 03 57			I	1.16		0	5871		152	126	3		1.0	0.9			467	A ★
			SBab		I	0.977		0	5870		114	162	4		1.0	0.9			475	A ★
NGC 2563	08 17 40.7	+21 13 40	S0		I	≤0.55		5	4642						2.4				501	A
Zw 89-006	08 17 52.2	+19 31 18	S0/a	68	I	2.2		0	5732		307	357	4		0.6	0.2			543	A ★
Zw 119-066	08 17 52.6	+22 49 00	S0/a	45	I	3.5		0	4138		216	236	4		0.7	50.5			543	A
UGC 4348	08 18 00	+86 07			I	2.58		0	1913		215	181	3						498	G ★
			Pec	20	S	±	8.0	3100	−	6600					1.8	1.7			384	E
NGC 2570	08 18 27.9	+21 04 22	Sb	59	I	2.2		0	6541	7		314	4		1.9				329	A ★
			Sb	60	I	2.0		0	6541		294	314	4		1.3	0.7			543	A
Anon 0818+71	08 18 42.0	+71 11 36	dI	45	I	4.2	0.4	0	113	2	19			3.25	1.7				401	W ★
			dI		M	0.0072		0	113	5	20			3.25	1.7				145	E ★
			Im	46	I	4.1	0.27	0	118	5	29	37	4	3.5	1.43	1.01			377	E ★
			Im		I	4.30		0	112			39	4		2.3	1.6			515	G ★
NGC 2550	08 18 48.8	+74 10 25		69				2250	−	3250								103	555	W

Table 1 cont.

Name (1)	R.A. (2)	Dec. (3)	Type (4)	i (5)	HI-flux			(9)	v (10)	(11)	Δv			Dist (15)	a (16)	b (17)	Vmax (18)	Pos (19)	Ref (20)	(21)
					(6)	(7)	(8)				(12)	(13)	(14)							
NGC 2550					I	6.3	0.3	0	2252			259	4		1.1	0.4			503	G
IC 2327	08 18 50.7	+03 19 48	Sb	77	I	11.02		0	2685	10		346	5		1.5	0.5		168	158	G ★
								0	2683	10									359	G
			Sa		I	11.2	0.2	0	2679			319	4		1.5	0.4			503	G
UGC 4361	08 18 57.5	+22 48 06			I	4.23		0	3743		203	187	3						467	A ★
			S0/a	71	I	3.5		0	3738		188	211	4		1.2	0.4			543	A ★
Zw 119-071	08 19 02	+21 30 12	S0/a	35	I	1.4		0	6469		186	224	4		0.6	0.5			543	A ★
NGC 2551	08 19 12.0	+73 34 28	S0/a	49	M	≤2.31								35.0	3.3				246	N
UGC 4363	08 19 15.0	+74 35 40	SBd		F	1.87	0.43	0	3523	20	60			73.2	2.5	2.5			89	G
			SBd		F	2.37	0.44	0	3522	30		115	4	36.9	2.5	2.5			373	G
UGC 4364	08 19 24.5	+25 40 13	SXab	0	I	2.25		0	8336		232				1.5	1.5			453	A ★
			SXab		I	2.753		0	8342		224	245	4		1.5	1.5			475	A ★
					S	± 4.0		2600	–	6300									543	A
IC 2329	08 19 32.9	+19 34 40	Sm		I	2064									3.5	0.9			373	G
					I	8.58		0	2082		220	204	3						467	A ★
IC 503	08 19 33.4	+03 25 43	Sb	25	I	12.55		0	4131	15		342	5		1.1	1.0			158	G ★
NGC 2575	08 19 46.3	+24 27 30			I	10.34		0	3870		256	241	3						467	A ★
			Sbc	43	I	9.3		0	3870		247	264	4		2.6	2.0			543	A ★
NGC 2577	08 19 47.0	+22 42 51	E/S0		I	≤0.35		6	2054					37.3	1.8	1.1			30	A ★
			S0		M	≤2.3			2054					37.	1.8	1.1			27	A
UGC 4373	08 19 56.0	+27 52 06			I	3.25		0	5936		245	231	3						467	A ★
								0	5955										490	A
NGC 2576	08 19 57.5	+25 54 07			I	4.44		0	8353		563	538	3						467	A ★
					S	± 4.0		2600	–	6300									543	A
UGC 4375	08 20 14.8	+22 49 33	Sbc	53	I	4.2		0	2059		284	314	4		2.7	1.8			543	A
								0	2500										329	A
UGC 4374	08 20 16.5	+03 44 00			I	6.24		0	3983		214	197	3						467	A ★
UGC 4378	08 20 18	+70 04			F	≤1.0		−400	–	3000									213	G
UGC 4380	08 20 36	+55 00						0	7487										400	G
					I	3.03		0	7483		140	118	3						498	G ★
IC 2338	08 20 37.5	+21 29 58	S	62	M	5.5		0	5400	50		360	4	53.	1.4				160	G ★
IC 2338/39			Mult		I	4.8		0	5348		234	318	4						543	A
			Mult		I	4.8		0	5348	31		320	4						329	A ★
IC 2339	08 20 39.3	+21 30 34	S	49											2.3				160	G ★
Zw 119-082	08 21 01	+21 08 18	Sa		S	± 2.5		5	4700						0.9	0.5			543	A
UGC 4385	08 21 04.2	+14 54 56	Pec		I	6.6		0	1969			171	5		0.9	0.8			488	A ★
UGC 4386	08 21 06.9	+21 11 19	Sb	80	I	4.1		0	4649	25		485	4		2.2				329	A
					I	2.59		0	4635		493	471	3						467	A
			Sb	80	I	3.6		0	4649		485	506	4		1.9	0.5			543	A ★
IC 2348	08 21 26.2	+20 41 45	Sa	67	I	1.5		0	5973		316	364	4		0.8	0.3			543	A ★
IC 2351	08 21 38.2	+18 45 36			I	5.72		0	5912		269	252	3						467	A ★
UGC 4390	08 22 12.0	+73 41 00	SBd	24	F	3.40	0.76	0	2167	30		205	4	23.3	3.4	3.1			373	G
			SBc		I	15.60		0	2170			193	4		3.4	3.1			515	G ★
NGC 2582	08 22 18.2	+20 29 55	Sab	0	I	≤0.4		6	4372						2.0				329	A
			SBb		I	0.94		0	4517	30		467	4		1.1	1.1			78	A ★
					I	0.97		0	4406		267	244	3						467	A ★
			SBb		I	0.761		0	4419		235	248	4		1.1	1.1			475	A ★
			Sab	0	I	0.8		0	4420		238	269	4		1.1	1.1			543	A ★
NGC 2590	08 22 28.5	−00 25 42						0	4998	25									359	G
UGC 4393	08 22 34.9	+46 07 56	SB	46	F	4.81	0.51	0	2129	10		127	4	21.5	3.7	2.6			373	G
			SB	46	I	20.5		0	2129			183	5	21.5					417	G
			SB		I	23.20		0	2122			147	4		3.8	2.7			515	G ★
UGC 4395	08 22 38.4	+28 17 00			I	2.81		0	2193		232	207	3						467	A ★
Anon 0822−60	08 22 42.0	−60 43 00	Sc	65				1	2582	20				31.8	1.7	0.9			528	P
IC 2361	08 22 42.0	+28 02 17			I	1.02		0	2087		224	209	3						467	G
UGC 4397	08 22 58.9	+73 54 53						0	3641	15									359	G
UGC 4396	08 23 00	+84 29	SBbc	90	S	± 9.0		3100	–	6600					2.2	0.4			384	E
UGC 4398	08 23 06	+64 23			I	3.53		0	11059		359	334	3						498	G ★
UGC 4400	08 23 10.3	+21 49 57	Sc	90	I	5.5		0	4392		224	254	4		1.7	0.1			543	A ★
			Sc	90	I	5.1		0	4392	8		246	4		1.7	0.1			78	A ★
UGC 4401	08 23 12	+48 58			F	≤1.0		−400	–	3000									213	G
UGC 4399	08 23 12.6	+21 37 16			I	2.83		0	4482		261	238	3						467	A ★
			S/Irr	72				0	5344	20	221	271	4	54.5					358	A
			Scd		I	2.0		0	4481	10		255	4		1.1	0.35			78	A ★
			S0/a	72	I	1.9		0	4497		220	254	4		1.1	0.3			543	A ★
Zw 119-095	08 23 24.6	+23 03 51		90	I	3.7		0	5379		346	436	4		1.0	0.1			543	A ★
IC 2369	08 23 30	+20 26			S	± 4.0		2600	–	6300									543	A
UGC 4403	08 23 33.0	+11 39 53	Sab		I	3.0		0	9530			373	5		1.0	0.3			488	A ★
UGC 4404	08 23 33.1	+22 26 26			I	1.63		0	8491		394	336	3						467	A ★
			Scd	90	I	2.8		0	8501	15		445	4		1.1	0.15			78	A ★

Table 1 cont.

Name (1)	R.A. (2)	Dec. (3)	Type (4)	i (5)	(6)	HI-flux (7)	(8)	(9)	v (10)	(11)	(12)	Δv (13)	(14)	Dist (15)	a (16)	b (17)	Vmax (18)	Pos (19)	Ref (20)	(21)
UGC 4404			S0/a		S	±	1.0		2600 –	6300					1.1	0.1			543	A
UGC 4405	08 23 35.9	+23 21 28	Sa	79	I	3.4		0	5652		462	533	4		1.5	0.4			543	A ★
UGC 4406	08 23 40	+23 07	Sa	35	I	1.6		0	5898		242	267	4		1.2	1.0			543	A ★
IC 2373	08 23 55.4	+20 31 45	Sc	0	I	3.4		0	7522		101	133	4		1.4	1.4			543	A
			Sc	0	I	5.8		0	7507	9		156	4		2.4				329	A ★
UGC 4414	08 24 11	+21 48 36	Sa		S	±	1.0								1.1	1.0			543	A
			SBb		I	1.5		0	7561	8		150	4		1.1	1.0			78	A ★
UGC 4415	08 24 12	+54 36						0	3611										400	G
					I	8.73		0	3609		165	149	3						498	G ★
UGC 4416	08 24 20.2	+23 02 35			I	8.79		0	5533		405	380	3						467	A
			Sbc	73	I	9.6		0	5526		384	415	4		2.5	0.9			543	A
Zw 119-107	08 24 27.1	+23 20 46		79	I	1.5		0	5285		322	374	4		0.9	0.2			543	A
UGC 4418	08 24 28.0	+25 53 26			I	3.02		0	2245		177	135	3						467	A ★
NGC 2596	08 24 36.1	+17 26 59			I	7.22		0	5940		458	439	3						467	A
			Sb	70	I	7.0		0	5928		415	452	4		1.5	0.6			543	A
NGC 2595	08 24 46.7	+21 38 40	SBbc		I	11.9		1	4200	20	340			76.4	3.2	2.8			235	A ★
			Sbc		F	2.6	2.6		4312	100		420	1	57.	5.5				141	N ★
			SXbc	28	F	3.14	0.69	0	4335	40		385	4	42.4	4.8	4.2			373	G
			Sc	30	I	15.0		0	4332	5		362	4		4.5				329	A ★
			Sc	40	M	5.39		0	4332	35				44.5					324	N
			SBbc		I	8.3		0	4336	8		356	4		3.2	2.8			78	A ★
			SXbc		I	8.762		0	4336		332	352	4		3.2	2.8			475	A ★
			SXbc		I	13.35		0	4330	5	337	361	4						457	A ★
			SXc	40	I	18.9	2.2	0	4338	8	343	368	4		3.1	0.5			523	J ★
			Scd	30	I	8.3		0	4332		334	362	4		3.2	2.8			543	A
UGC 4421	08 24 49.3	+02 00 33	SBc		I	3.7		0	9412			268	5		1.1	0.8			488	A ★
ESO 164-G 10	08 24 51.1	–53 52 40	Im	34	I	26.0	3.0	0	1054	10	157			7.6	3.3	2.8			310	P
			S					1	1054	20				12.0	1.5	1.5			528	P
UGC 4426	08 25 12.0	+42 02 00	Im	59	F	2.64	0.49	0	392	10		96	4	4.0	3.1	1.6			373	G
			Im	57	F	2.50	0.47	0	392	10	82			7.9	3.1	1.70			89	G
			Im	59	I	12.1	0.8	0	391	5	86	133	4		2.04	1.12			377	E ★
			Im		I	9.30		0	396			104	4		3.1	1.5			515	G ★
UGC 4425	08 25 12.0	+28 13 23			I	2.63		0	5897		281	270	3						467	A ★
UGC 4424	08 25 14.2	+20 25 37			I	5.94		0	4439		225	211	3						467	A ★
			Sbc	82	I	4.3		0	4445		220	248	4		1.3	0.3			543	A ★
UGC 4427	08 25 18	+55 40			I	7.05		0	7758		476	431	3						498	G ★
UGC 4431	08 25 39.1	+00 11 30			I	3.73		0	9061		244	231	3						467	A ★
UGC 4432	08 25 40.5	+01 10 13	Sc		S	±	2.74	0	–	12700					1.7	1.2			488	A
UGC 4434	08 25 43.9	+34 49 03			I	2.32		0	6286		285	256	3						467	A ★
Mark 89	08 25 55.8	+52 14 36			F	2.0	1.6	0	1715	35		190	9	24.					51	N ★
			Im	60	F	0.82	0.18	0	1738		136	174	4	24.5	0.57	0.31			347	G ★
UGC 4442	08 26 58.6	+52 28 03	Sc	42	I	3.93	0.6	0	5086	20		182	4		1.1				188	G ★
NGC 2597	08 27 06	+21 40	Sbc		I	0.36		0	4609	20		323	4		1.2	0.5			78	A
					S	±	4.0		1400 –	8400									490	A
NGC 2598	08 27 07	+21 39 30	Sa		I	1.6		0	3303		167	202	4		1.2	0.5			543	A
UGC 4444	08 27 11.8	+17 25 33			I	2.75		0	2084		192	179	3						467	A ★
			Sbc	59	I	2.5		0	2076		181	205	4		1.6	0.9			543	A
UGC 4445	08 27 18	+61 10						0	6330										400	G
					I	6.64		0	6330		69	41	3						498	G ★
UGC 4446	08 27 46.6	+20 46 09	S0/a	90	I	2.5		0	6002		338	355	4		1.2	0.1			543	A ★
UGC 4447	08 27 58.8	+20 00 43			I	1.73		0	4649		179	159	3						467	A ★
								0	4659										490	A
UGC 4450	08 28 23.2	+27 45 03			I	4.35		0	5885		257	228	3						467	A ★
Anon 0828+52	08 28 44.7	+52 46 33	S0/a		I	3.3	0.3	0	5060			379	4						503	G
4C 32.25	08 28 52.9	+32 33 30	E0		I	≤0.69		5	15380					307.					28	A
UGC 4457	08 29 05.8	+19 23 00			I	5.14		0	11159		298	280	3						467	A ★
IC 509	08 29 06.2	+24 10 45	Scd		I	5.96		0	5486			162	4		1.9	1.7			393	G ★
			Sc	20	I	6.75	0.7	0	5484	10		118	4		1.7				188	G ★
			Sd		I	5.3		0	5487			112	5		1.9	1.7			488	A ★
			Sc		I	4.535		0	5494		82	105	4		1.9	1.7			475	A ★
			Sc	25	I	5.4		0	5488		82	109	4		1.9	1.7			543	A ★
NGC 2599	08 29 15.6	+22 43 50	Sa		I	0.049		1	4650	20	240			84.5	2.6	2.6			235	A ★
			Sa	0	I	9.8		0	4732	11		280	4		4.0				329	A ★
			Sa		I	7.438		0	4757		273	298	4		2.6	2.6			475	A ★
			Sa		I	9.77			4760	5	249	284	4						457	A ★
			Sa	0	I	5.9		0	4732		253	280	4		2.6	2.5			543	A
UGC 4459	08 29 33.0	+66 21 01	Im	32	F	5.6	1.0	0	19	7	30			3.25	2.9	2.46			89	G
			Im	33				0	19					1.4	2.9	2.4			373	G
UGC 4466	08 30 00	+78 00	S		F	≤1.0			–400 –	3000									213	G
					I	1.87		0	1416		107	95	3						498	G ★

Table 1 cont.

Name (1)	R.A. (2)	Dec. (3)	Type (4)	i (5)	(6)	HI-flux (7)	(8)	(9)	v (10)	(11)	(12)	Δv (13)	(14)	Dist (15)	a (16)	b (17)	Vmax (18)	Pos (19)	Ref (20)	(21)
UGC 4466			S	38	S	±			3100 – 6600						1.5	1.2			384	E
UGC 4464	08 30 00.7	+26 11 00			I	3.17		0	5260		308	294	3						467	A ★
NGC 2604	08 30 19.2	+29 42 33	SBc		I	11.0		0	2090	8		167	4		2.1	2.0			78	A ★
					I	11.98		0	2097		160	138	3						467	A ★
Anon 0830+29	08 30 30	+29 41	Im		I	5.2		0	2104	8		167	4		0.9	0.7			78	A ★
NGC 2591	08 30 44.9	+78 11 58	Sc	78	F	3.70	0.75	0	1331	10		277	4	15.1	4.8	1.3			373	G
			Sc	85	I	3.7	1.1	0	1331	10		277	4		3.2	0.7			384	E ★
			Sc		I	16.29		0	1325			292	4		4.8	1.0			515	G ★
			Sc	81	I	16.7	3.1	0	1321	6	257	280	4		3.2	1.7			523	J ★
			Sc		I	14.0	1.0	0	1334			327	4		3.2	0.7			503	G
NGC 2607	08 30 56.5	+27 08 40			I	6.21		0	3528		83	63	3						467	A ★
								0	3528										490	A
UGC 4476	08 31 00	+67 30			F	≤1.0		–400	– 3000										213	G
UGC 4474	08 31 00	+84 49	Sb	90	S	±	9.0	3100	– 6600						1.7	0.25			384	E
IC 499	08 31 01.7	+85 55 05	Sa	54	S	±	9.0	3100	– 6600						2.3	1.4			384	E
NGC 2613 ?	08 31 06	+25 56	Sb	70	M	0.33	0.25	0	1831	80				8.7					35	N
NGC 2613	08 31 11.1	–22 48 01	Sb	77	I	125.0	7.2	0	1680	18		613	4	28.2	6.6				320	P ★
			Sb	75	F	22.14	4.78	0	1679	25		637	4	14.1	16.5	5.2			373	B
			Sb	76	M	3.34		0	1690	20				14.9					324	N
			Sb	77	I	53.2	11.7	0	1673	4	597	617	4		7.2				473	J ★
ESO 562-G 19	08 31 44	–21 42 48	Im	74	F	3.34	0.96	0	1777	15		224	4	15.1	5.0	1.6			373	B
Anon 0832+46	08 32 09.9	+46 39 57	S0/a		I	4.4	0.4	0	4452			419	4						503	G
UGC 4482	08 32 10.8	+28 55 34			I	1.52		0	2045		173	160	3						467	A
					S	±	4.0	2400	– 9400										490	A
UGC 4483	08 32 13.8	+69 57 12		60	F	3.52		0	156		52	76	4	4.0	2.6				213	G ★
			Im	62	I	3.1	0.52	0	717	10	73	96	4		1.19	0.59			377	E ★
			Im		M	0.57								4.0					415	V
			Im		I	12.90		0	158			56	4		2.3	1.1			515	G ★
			Im		I	12.30		0	156			54	4		2.3	1.1			515	G ★
NGC 2608	08 32 15.3	+28 38 47	SBbc		I	4.4		1	2053	20	230			37.3	2.5	1.8			235	A ★
			Sc		M	11.5			2060		240			37.	2.5	1.8			27	A
			SBbc	45	I	4.45	0.94	0	2134	16	296	407	4	28.	2.5	1.8			327	A ★
			Sb	51	M	0.46		0	2165	75				22.1					324	N
Mark 390	08 32 28.2	+30 42 20		48	M	6.57	0.19		7640	2		292	4	101.0	0.62	0.40			293	A ★
UGC 4491	08 33 13.8	+01 53 47			I	5.14		0	4102		429	405	3						467	A ★
NGC 2618	08 33 18.8	+00 52 52	Sab		S	±	18.0	–400	– 3000						5.1	4.3			373	G
				33				0	4031	7	438	469	4				391	140	555	A
UGC 4493	08 33 30	+00 47		74	S	±	3.3	3000	– 5000									88	555	A
ESO 431-G 18	08 33 35	–31 58 24	Sdm	74	F	4.78	1.85	0	1552	20		248	4	12.7	7.8	2.5			373	B
UGC 4496	08 33 42	+25 19			S	±	4.0	1400	– 8400										490	A
UGC 4497	08 33 54	+67 33			F	≤1.0		–400	– 3000										213	G
Anon 0833+65	08 33 55.4	+65 17 50	S0/a		I	5.3	0.3	0	5773			367	4						503	G
UGC 4499	08 34 03.6	+51 48 53	SXdm	36	F	6.96	0.73	0	696	10		142	4	7.5	4.4	3.6			373	G
			SXdm	40	I	24.9	0.74	0	690	5	112	131	4		2.75	2.14			377	E ★
				40	F	8.14	0.44	0	692		130	162	4	10.5	2.75	2.15			347	G ★
			SXdm		I	25.60		0	691			132	4		4.4	3.5			515	G ★
UGC 4502	08 34 30	+73 55			I	7.38		0	3285		220	205	3						498	G ★
NGC 2619	08 34 30.3	+28 52 53						0	3471	10									359	G
					I	13.69		0	3476		409	391	3						467	A ★
NGC 2620	08 34 30.5	+25 07 06			I	3.86		0	7838		673	647	3						467	A ★
UGC 4504	08 34 49.7	+20 40 50						0	4678	10									359	G
			Sd		I	3.8		0	4724			243	5		1.5	1.0			488	A ★
NGC 2622	08 35 13.1	+25 04 16	S	57	F	≤0.12		5	8564						1.02				154	A
NGC 2623	08 35 25.6	+25 55 49	Pec		M	≤3.7		6	5320		100			97.	2.2	0.7			27	A ★
			Mult		I	1.4		1	5440		130				0.6				29	A ★
			Mult	71				0	5545										272	A ★
					I	≥2.11		0	5533			157	5	60.7					518	G ★
					I	≥0.50		0	5545			93	4	76.2	2.2	0.7			562	A ★
			Mult						5435						2.2	0.7			503	G
			Mult		I	1.1	0.1	0	5515			155	4		2.2	0.7			503	G
IC 2387	08 35 29.0	+30 58 30			I	5.73		0	7679		386	367	3						467	A ★
UGC 4512	08 35 30	+61 08			I	3.74		0	7912		401	379	3						498	G ★
UGC 4514	08 35 54.2	+53 38 00	SBc	60	F	4.90	0.78	0	697	10		172	4	7.6	3.5	1.8			373	G
			SBc		I	19.10		0	692			176	4		3.5	1.8			515	G
UGC 4515	08 36 28.5	+52 38 03						0	4974										400	G
					I	4.59		0	4973		394	373	3						498	G ★
NGC 2614	08 37 25.2	+73 09 24						0	3458	15									359	G
			Sc	30	F	1.82	0.60	0	3460	20		277	4	36.2	4.1	3.5			373	G
			Sc	36	M	2.36		0	2321	75				30.5					324	N
			Sc	37	I	5.0	0.4	0	3452	5	252	259	4		2.8	0.4			523	J ★

Table 1 cont.

Name (1)	R.A. (2)	Dec. (3)	Type (4)	i (5)	(6)	HI-flux (7)	(8)	(9)	v (10)	(11)	(12)	Δv (13)	(14)	Dist (15)	a (16)	b (17)	Vmax (18)	Pos (19)	Ref (20)	(21)
NGC 2628	08 37 26.4	+23 43 06			I	6.18		0	3621		272	259	3						467	A ⋆
			Sc		I	7.301		0	3623		260	272	4		1.2	1.1			475	A ⋆
UGC 4524	08 37 35.5	+05 48 43			I	6.07		0	1940		170	161	3						467	A ⋆
			Sc		I	6.1		0	1940			170	3		1.4	0.2			488	A
UGC 4526	08 38 02.4	+19 32 00			I	4.13		0	4379		362	331	3						467	A ⋆
UGC 4528	08 38 10.1	+16 21 44			I	2.58		0	4290		107	89	3						467	A ⋆
								0	4291										490	A
UGC 4527	08 38 10.2	+77 05 48		48	F	0.93		0	721		83	99	4	11.9	2.7				213	G ⋆
NGC 2642	08 38 14.4	−03 56 36	Sbc	12	M	3.47		0	4342	20		478		43.4					324	N
UGC 4531	08 38 46.0	+33 02 53	SBb		I	2.0		0	7728				5		1.2	0.4			488	A
UGC 4532	08 38 49.9	+19 03 10			I	4.82		0	4619		248	209	3						467	A ⋆
NGC 2644	08 38 54.4	+05 09 43	Pec	67	I	12.5		0	1880			441	5	17.0					417	G
					I	6.19		0	1941		217	197	3						467	A ⋆
			Pec		I	6.2		0	1941			217	3		1.8	0.7			488	A ⋆
ESO 36-G 06	08 39 26.2	−74 58 41	Sd	65				1	1355	20				15.9	2.4	1.2			528	P
			Sm	62	I	41.0	5.0	0	1135	10	145			8.7	4.4	2.2			310	P ⋆
UGC 4538	08 39 30	+65 14			I	2.96		0	6982		204	191	3						498	G ⋆
UGC 4539	08 39 33	+67 08 35			I	5.02		0	3660		153	123	3						498	G ⋆
UGC 4537	08 39 34.9	+35 56 23			I	4.22		0	2914		186	176	3						467	A ⋆
UGC 4540	08 39 52.2	+10 46 00			I	7.71		0	2047		153	133	3						467	A ⋆
NGC 2648	08 39 53.3	+14 27 58	Sa	69	I	5.0	2.0	0	1925	11	648			18.	5.0				273	A
			Sa		S	±	18.0	−400	− 3000						5.5	2.0			373	G
			Mult		I	2.5		0	2111	20		351	4		3.6	1.1			78	A ⋆
			Sa	74	I	≤27.0		5	1925					17.9					417	G
					I	2.57		0	2060		424	161	3						467	A ⋆
UGC 4543	08 39 54.0	+45 55 00	Sdm	55	F	6.22	0.64	0	1961	15		137	4	19.8	5.1	3.0			373	G
			SXdm		I	29.00		0	1960			138	4		5.2	3.1			515	G ⋆
UGC 4542	08 39 55.0	+25 14 53	Im		I	3.63		0	5182			185			1.5	1.5			393	G ⋆
			Sm		I	3.49		0	5181		155	167	4		1.5	1.5			475	A ⋆
			Sm		I	4.1		0	5190			166	5		1.5	1.5			488	A ⋆
Zw 332-007	08 39 56.8	+69 16 20			I	1.4	0.4	0	5421			340	4						503	G
NGC 2639	08 40 02.7	+50 23 09			S	±	3.00	5	3336										498	G
			Sa					5	3226						2.0	1.5			503	G
			S0/a					5	1680										503	G
UGC 4545	08 40 09.6	+13 49 18	S p		I	4.9		0	5029	8		175	4		1.3	1.1			78	A ⋆
					I	5.71		0	5029		149	98	3						467	A ⋆
UGC 4548	08 40 17.1	+18 24 10			I	2.98		0	6273		383	363	3						467	A ⋆
UGC 4549	08 40 24	+59 01 17			I	9.76		0	1288		151	133	3						498	G ⋆
UGC 4550	08 40 30.5	+13 16 00			I	14.61		0	2068		280	260	3						467	A ⋆
UGC 4554	08 40 46.1	+22 16 23	Sc	74	I	3.22		0	3710		258				1.4	0.4			453	A ⋆
UGC 4553	08 40 48.9	+03 47 44			I	6.05		0	8136		402	386	3						467	A ⋆
ESO 563-G 16	08 40 58.0	−20 29 41		68	M	6.73		1	1475			192	4	29.5	2.0	0.7			535	P
NGC 2649	08 40 59.1	+34 53 56	SBbc	20	I	3.19	0.92	0	4267	16	245	270	4	56.	1.7	1.6			327	A ⋆
			SXbc		I	5.164		0	4237		250	257	4		1.7	1.6			475	A ⋆
			SBc		I	3.5		0	4235			246	5		1.7	1.6			488	A ⋆
UGC 4557	08 41 00	+84 29	Im	65	I	9.4	1.1	0	1804	5	69	108	4		1.1	0.5			384	E ⋆
UGC 4558	08 41 00.8	+33 41 50			I	6.27		0	7673		490	461	3						467	A ⋆
UGC 4559	08 41 04.7	+30 18 00	Sbc	79	F	3.98	0.69	0	2086	15		357	4	20.3	4.4	1.1			373	G
					I	11.89		0	2086		364	348	3						467	A ⋆
			Sab		I	14.40		0	2084			375	4		4.4	0.9			515	G ⋆
UGC 4562	08 41 24	+47 55			I	3.22		0	8667		321	307	3						498	G ⋆
UGC 4563	08 41 30	+78 45			F	≤1.0		−400	− 3000										213	G
			Im	44	S	±		3100	− 6600						1.1	0.8			384	E
UGC 4566	08 41 48	+78 44			F	≤1.0		−400	− 3000										213	G
					I	6.58		0	3752		235	206	3						498	G ⋆
			Im	36	S	±		3100	− 6600						1.1	0.9			384	E
Anon 0841+44	08 41 56	+44 42 14	Mult		S	±	5.1	7800	− 13800										469	G
UGC 4567	08 42 00.0	+09 58 54			I	3.94		0	4083		253	243	3						467	A ⋆
UGC 4568	08 42 00.0	+10 39 06	Sc		I	5.3		0	4095			225	5		1.7	0.4			488	A ⋆
Zw 264-012	08 42 00	+54 10	Mult		S	±	6.0	3100	− 6600										384	G
UGC 4570	08 42 15.8	+28 00 20			I	2.63		0	6438		216	201	3						467	A ⋆
								0	6442										490	A
UGC 4571	08 42 17.1	+01 20 10			I	4.00		0	4007		194	183	3						467	A ⋆
IC 2389	08 42 31.7	+73 43 18	Sb	83	M	3.61		0	2383	20				31.3					324	N
					I	14.04		0	2381		204	170	3						498	G ⋆
NGC 2657	08 42 33.9	+09 49 43						0	4141	15									359	G
NGC 2633	08 42 35.7	+74 17 00	SBb		I	19.4	0.4	0	2152			376	4		2.8	1.7			503	G
			Sb	49	M	3.94		0	2157	20				28.5					324	N
			SBb	49	I	19.7		0	2151			338	5	23.1					417	G
					I	18.63		0	2170		278	240	3						498	G ⋆

Table 1 cont.

Name (1)	R.A. (2)	Dec. (3)	Type (4)	i (5)	(6)	HI-flux (7)	(8)	(9)	v (10)	(11)	Δv (12)	(13)	(14)	Dist (15)	a (16)	b (17)	Vmax (18)	Pos (19)	Ref (20)	(21)
UGC 4575	08 42 44.0	+24 03 06			I	3.50		0	12913		601	578	3						467	A ★
NGC 2634 A	08 42 56.4	+74 09 06	Sbc	79	M	2.28		0	2072	75				27.5					324	N
UGC 4579	08 43 02.2	+35 52 47			I	2.55		0	4047		179	169	3						467	A ★
NGC 2634	08 43 08.7	+74 07 21	SBbc	78	I	19.5		0	2092			507	5	23.9					417	G
UGC 4582	08 43 10.4	+12 57 54			I	4.59		0	8987		291	261	3						467	A ★
NGC 2661	08 43 14.7	+12 48 04						0	4120	15									359	G
			Sc		I	7.011		0	4106		85	119	4		1.6	1.5			475	A ★
			Sc		I	7.05			4108	5	82	119	4						457	A ★
UGC 4588	08 43 44.4	+19 12 10			I	3.48		0	4265		285	272	3						467	A ★
NGC 2665	08 43 45.0	−19 07 14		48	M	3.43		1	1457			157	4	29.1	0.9	1.1			535	P
UGC 4591	08 43 58.1	+28 25 16			I	1.43		0	6437		501	314	3						467	A ★
Anon 0844+34	08 44 00	+34 54			I	6.1	1.1	0	19490		400								456	A ★
					I	5.1		0	19490		480								456	A ★
					I	1.20		0	19375	30		550	4						472	A ★
UGC 4592	08 44 04.8	+21 53 53			I	4.80		0	3691		148	129	3						467	A ★
IC 2394	08 44 06.0	+28 25 12	SBb	67	I	1.70		0	6385		331				1.7	0.7			453	A ★
UGC 4593	08 44 07.0	+70 17 40	Mult		I	4.66		0	3626	15		241	5		0.7	0.5		155	158	G ★
UGC 4597	08 44 41.5	+26 04 34			I	4.09		0	6541		348	313	3						467	A ★
UGC 4602	08 44 58.0	+26 00 53			I	1.65		0	5653		408	390	3						467	A ★
UGC 4601	08 45 00	+85 00		67	S	± 8.0			3100 − 6600						1.6	0.7			384	E
ESO 563-G 21	08 45 02	−19 51	Sbc		S	± 18.0			−400 − 3000						6.0	1.2			373	B
NGC 2650	08 45 04.1	+70 25 08	Sc	45	I	3.87		0	3826	15		365	5		1.8	1.3		82	158	G ★
NGC 2654	08 45 11.1	+60 24 23	Sa	82	I	23.5			1295	9		396	5	29.4	3.9				80	G ★
			SBab	77	I	77.0		0	1340						4.3				512	G
			Sab	81	F	5.4	1.9	0	1369	27		502	4	16.3	3.2				53	N ★
			SBab		I	36.8		0	1155	10	272								171	G ★
			Sab	78	I	33.3	3.2	0	1350	10	394	424	5	29.4	3.7	1.1			346	G ★
			Sab		I	38.1		0	1336	20		478	4						232	N ★
			SXab	84	I	33.4		0	1352			474	5	14.5					417	G
			Sab	85	I	39.0		0	1347	6					6.6		224	63	509	W ★
IC 2407	08 45 20.3	+17 47 57			I	2.06		0	6175		427	414	3						467	A ★
IC 2409	08 45 34.7	+18 30 56			I	4.53		0	6329		157	136	3						467	A ★
UGC 4611	08 45 48.0	+30 03 20			I	3.67		0	5957		419	400	3						467	A ★
UGC 4612	08 46 00	+85 44			I	6.47		0	1604		162	137	3						498	G ★
			Im	50	I	2.2	0.53	0	1570	10	36	82	4		1.5	1.0			384	E ★
UGC 4613	08 46 05.5	+01 13 30			I	4.58		0	8639		238	186	3						467	A ★
			SBb		I	4.685		0	8649		184	229	4		1.7	1.5			475	A ★
UGC 4614	08 46 06.7	+36 18 22			I	5.90		0	7556		173	132	3						467	A ★
Zw 332-020	08 46 08.8	+72 02 17						5	3456										503	G
NGC 2668	08 46 12.3	+36 53 40			I	5.62		0	7529		428	406	3						467	A ★
UGC 4617	08 46 25.5	+29 42 27			I	4.73		0	8177		396	375	3						467	A ★
								0	8175										490	A
NGC 2672	08 46 31.2	+19 15 38	E1		M	≤2.1		5	4223					54.8					134	A
			E1		I	≤0.48		6	4109					74.7	3.3	2.3			235	A ★
			E	23	I	≤10.8		5	4223					40.1					417	G
			E	23	I	≤4.7		5	4223					40.1					417	A
NGC 2672/73			Mult		M	≤0.61		6	3850		300			70.	2.3	2.3			27	A ★
NGC 2673	08 46 33.7	+19 15 36	E0					6	3678						2.8	2.8			235	A
UGC 4621	08 47 03.3	+35 15 47			I	3.82		0	2306		275	243	3						467	A ★
UGC 4623	08 47 11.0	+76 40 26	Sc		S	± 18.0			−400 − 3000						5.0	1.7			373	G
					I	14.28		0	2885		382	367	3						498	G ★
UGC 4624	08 47 25.0	+26 08 20	Sab		I	1.5		0	8297			392	5		1.1	0.5			488	A ★
MCG+12-09-024	08 47 35.7	+73 06 57			I	0.3	0.3	0	3913			158	4						503	G
Mark 16	08 47 58.2	+73 22 42			F	0.80	0.18	0	2316		50	136	4	33.3	0.78	0.68			347	G ★
UGC 4628	08 48 00	+51 19	Sc	90	I	5.8	0.98	0	790	15	110	130	4		1.8	0.3			384	G ★
UGC 4626	08 48 05.4	+24 30 23		0	F	1.34		0	2739		113	149	4	35.3	2.2				213	G ★
					I	4.97		0	2734		124	106	3						467	A ★
			Im		I	4.892		0	2731		100	115	4		1.0	1.0			475	A ★
IC 0520	08 48 21.5	+73 40 48	SXab		I	4.3	0.3	0	3464			316	4		2.6	2.3			503	G
NGC 2675	08 48 24.3	+53 48 20	E	42	I	2.1	0.38	0	1766	17	70	105	4		1.6	1.2			384	G ★
UGC 4633	08 48 30	+53 04	SBb	65	I	5.8	0.77	0	5777	11	265	327	4		1.1	0.5			384	G ★
UGC 4634	08 48 30	+73 44			F	≤1.0			−400 − 3000										213	G
UGC 4636	08 48 47.2	+29 27 50			I	1.71		0	8088		351	340	3						467	A ★
Anon 0848−17	08 48 49.0	−17 22 28		76	M	10.34		1	1753			341	4	35.1	2.3	0.6			535	P
				76	M	6.88		1	1740			368	4	34.8	2.3	0.6			535	P
Anon 0848−34	08 48 56	−34 20 54	Sc	68	I	33.3	2.7		2366	9	393	405	4		3.8	1.6			550	P ★
NGC 2655	08 49 08.1	+78 24 49	Sa		M	0.63			1450					19.6					131	G ★
			SX0/a		M	2.3	0.6	0	1389			328	5	13.	7.7	6.2			76	J
			Sa p	31	I	33.1	3.6	0	1382	10	182	378	5	31.8	5.7	5.0			346	G ★
			Sa p	31	I	13.4	3.6	0	1382	20	177	319	5	31.8	5.7	5.0		0	G

Table 1 cont.

Name (1)	R.A. (2)	Dec. (3)	Type (4)	i (5)	(6)	HI-flux (7)	(8)	(9)	v (10)	(11)	(12)	Δv (13)	(14)	Dist (15)	a (16)	b (17)	Vmax (18)	Pos (19)	Ref (20)	(21)
NGC 2655			S0/a		I	17.4	1.3	0	1382		200	395	4						0	E ★
			S0/a	41	F	≤1.75								13.2	7.7				21	N
			Sa p	31	I	33.1	3.6	0	1382	15	182	400	4		5.7				381	E ★
			S0/a		I	17.4		0	1401	20		243	4						232	N ★
			S0/a	31	I	17.4	1.3	0	1382	11	200	395	4		6.8	6.8			384	E ★
			S0/a	31	I	33.1	6.0	0	1382	11	182	400	4		6.8	6.8			384	E ★
			SX0/a		I	17.4	0.4	0	1392			493	4		6.5	5.8			503	G
UGC 4640	08 49 12.0	−01 56 46	Sc	69	F	5.75	0.87	0	3316	15		329	4	31.1	5.1	2.0			373	G
NGC 2683	08 49 34.9	+33 36 28	Sb		I	64.2		0	413		422	444	4		12.1	3.9			183	G ★
			Sb	85	M	0.42			260	30				5.8	12.1			40	285	G
			Sb	75	F	19.98	1.51	0	415	10		446	4	3.7	12.2	3.8			373	B
			Sb		M	≤0.6								11.					85	N
			Sb	79	I	54.0	2.4	0	405	10	320	432	4		9.33	2.51			377	E ★
			Sb	79	I	96.3	15.0	0	410	4	424	437	4		9.3				473	J ★
UGC 4643	08 49 47.5	+21 36 47			I	7.02		0	7699		336	311	3						467	A ★
NGC 2681	08 49 58.0	+51 30 16	S0/a	30	M	≤0.18								11.5	5.8				246	N
			Sa		M	≤0.08			709						7.9				131	G
			SX0/a		M	≤0.19		5	709					6.	5.4	5.4			76	J
			Sa	24	I	≤2.0		5	800	24				16.0	4.4	4.1			346	G
			S0/a	30	F	7.40	5.9		772	80				11.5	5.4				21	N
			Sa	0	S	20.0		5	700					15.7	5.4				480	W ★
					S	±	3.30	5	692										498	G
			Sa	0	S	±	4.0	5	715	24					4.0	4.0			384	G
			SX0/a		S			5	715						3.8	3.8			503	G
UGC 4648	08 50 12.0	+45 31 18		33	F	1.88		0	1881		78	101	4	25.3	2.4				213	G ★
IC 523	08 50 29.5	+09 20 13			I	5.89		0	8774		347	330	3						467	A ★
IC 512	08 50 57.0	+85 41 46	SXcd	41	F	3.67	0.62	0	1614	15		149	4	18.2	5.3	4.0			373	G
UGC 4656	08 51 04.0	+18 22 10			I	4.22		0	8442		384	366	3						467	A ★
UGC 4659	08 51 12	+47 17			I	6.28		0	1748		194	181	3						498	G ★
			Sdm		S	±	18.0	−400	− 3000						3.7	1.5			373	G
								0	1749										400	G
IC 2421	08 51 16.2	+32 52 23			I	11.41		0	4382		138	114	3						467	A ★
			Sc	24	F	3.62	0.55	0	4385	20		170		43.4	3.7	3.4			373	G
			Sc	43	I	15.23	2.3	0	4385	10		122	4		2.5				188	G ★
			Sc		I	8.7		0	4380	8		170	4		2.4	2.2			78	A ★
			Sc		I	11.01		0	4384		109	136	4		2.4	2.2			475	A ★
			Sc	19	I	12.9	1.1	0	4382	4	110	137	4		2.6	0.2			523	J ★
UGC 4660	08 51 16.9	+34 44 50			I	6.23		0	2203		88	61	3						467	A ★
				40	F	1.72		0	2200		65	86	4	28.8	2.9				213	G ★
			S/Irr		I	5.676		0	2201		57	69	4		1.7	1.3			489	A ★
								0	2210										490	A
Anon 0851+32	08 51 18	+32 50	S		I	7.30		0	2205			75	4		2.7	1.9			515	G ★
NGC 2684	08 51 23.2	+49 21 05	S	90	I	3.0		0	4358	15		229	4		0.6	0.15			78	A ★
			S		F	2.47			3522			470	4	42.1	1.50				309	N
			S p		S	±	18.0	−400	− 3000						1.6	1.4			373	G
UGC 4663	08 51 30	+20 34	S		I	1.4		0	2860			180	4		0.9	0.8			459	N
					F	≤1.0		−400	− 3000										213	G
NGC 2691	08 51 32.6	+39 43 47	Sa		I	2.7	1.4		3992			365	4						114	G ★
			Sab		F	1.41	1.13		3990	80		325	1	53.1					38	N ★
			SX0/a	44	F	0.92	0.38	0	3991			362	4		2.42				154	G ★
NGC 2685	08 51 41.2	+58 55 30	S0		I	32.3			870		290			17.					26	E ★
			SB0	56	M	0.82		0	875	15		315	4	10.	5.5				160	G ★
			S0 p		M	0.59			930					12.8					131	G ★
			S0 p		F	5.8		7	957		306			12.8					95	B ★
			S0	58	F	10.6	3.7		880	35	390			11.5	5.5				246	N
			S0		M	2.1			870		282	319	5	17.					258	W ★
			SX0		M	≤0.70		5	877					8.8	5.5	3.6			76	J
			S0	58	F	6.70	5.4	0	883	80		189	0	11.5	5.5				21	N
			S0		M	≤0.6								14.					85	N
IC 2423	08 51 55.0	+20 24 44			I	1.88		0	9100		421	394	3						467	A ★
Anon 0852+19	08 52 10.1	+19 56 35	S/Irr		L	9.03			3495		126				1.0	0.9			539	A ★
UGC 4669	08 52 16.3	+19 07 30	Sm		S	±	18.0	−400	− 3000						2.5	2.2			373	G
					I	2.83		0	4100		173	161	3						467	A ★
								0	4110										490	A
UGC 4671	08 53 06.4	+52 17 51	S	28	I	8.4		0	3989			313	5	37.5					417	G
			S	30	I	6.0	0.73	0	4048	8	150	230	4		1.6	1.4			384	G ★
			Sa		I	6.5	0.5	0	4025			445	4		1.6	1.4			503	G
UGC 4673	08 53 17.1	+02 42 57			I	6.39		0	3818		148	132	3						467	A ★
								0	3818										490	A
NGC 2692	08 53 22.2	+52 15 33	Sa	66	I	4.4		0	3990			259	5	37.5					417	G

Table 1 cont.

Name (1)	R.A. (2)	Dec. (3)	Type (4)	i (5)	(6)	HI-flux (7)	(8)	(9)	v (10)	(11)	Δv (12) (13) (14)	Dist (15)	a (16)	b (17)	Vmax (18)	Pos (19)	Ref (20)	(21)
NGC 2692					I	3.87		0	4032		195 159 3						498	G ★
			SBab	78	I	3.2	0.53	0	4065	13	125 200 4		1.4	0.4			384	G ★
			SBab	78	I	3.5	0.58	0	4306	14	205 250 4		1.4	0.4			384	G ★
UGC 4676	08 53 30	+52 00	Sc	70	I	8.0	1.0	0	3020	15	220 255 4		1.3	0.5			384	G ★
IC 2424	08 53 34	+39 34 33			I	2.92		0	7116		341 315 3						498	G ★
UGC 4679	08 53 36	+51 40	Sc	90	I	4.9	0.76	0	1255	14	130 220 4		1.4	0.2			384	G ★
NGC 2708	08 53 36.6	−03 10 03	Sb		I	19.20		0	2000		501 4		4.7	2.3			515	G ★
			Sb	61	I	16.9		0	2021		496 4	24.1	2.5				203	G ★
			Sb	59	F	4.27	1.00	0	2007	40	467 4	18.0	4.6	2.4			373	G
UGC 4677	08 53 39.0	+13 22 33						0	4138								490	A
					I	2.15		0	4141		226 209 3						467	A ★
UGC 4683	08 54 00.0	+59 16 00			F	≤1.0		−400 − 3000									213	G
			Im	56	F			0	909	15	79 4	10.0	3.0	1.7			373	G
			Im		I	2.30		0	927		76 4		3.1	1.5			515	G ★
UGC 4684	08 54 06.5	+00 34 00			I	9.16		0	2525		175 152 3						467	A ★
			Sc		I	9.2		0	2525		175 3		1.4	1.1			488	A ★
UGC 4685	08 54 16.6	+13 23 28			I	4.83		0	3972		312 293 3						467	A ★
			S		I	5.885		0	3982		314 334 4		1.4	0.6			489	A ★
UGC 4690	08 54 30	+52 23	Sab	62	S	±	7.0	3100 − 6600					1.2	0.6			384	G
NGC 2711	08 54 34.5	+17 28 50			I	4.81		0	6147		176 105 3						467	A ★
NGC 2713	08 54 44.3	+03 06 52						0	3913	20							324	N
			SBbc		S	±	18.0	−400 − 3000					5.8	2.3			373	G
					I	7.41		0	3925		638 576 3						467	A ★
			SBb	61	I	7.59		0	3921	6	611 624 4	45.	5.7	2.9		107	508	a ★
UGC 4697	08 55 24	+70 13			I	4.56		0	3731		202 189 3						498	G ★
NGC 2701	08 55 27.0	+53 57 50	Sc		I	24.10		0	2323		281 4		3.1	1.9			515	G ★
								0	2328	10							359	G
								0	2338	20							42	N
			SXbc p	48	F	5.40	1.00	0	2328	10	254 4	23.9	3.0	2.0			373	G
			Sc	47	M	5.36		0	2319	20		29.3					324	N
			Sc	90	I	4.2	0.54	0	2306	9	135 175 4		1.1	0.1			384	G ★
			Sc	90	I	4.8	0.61	0	4872	9	195 235 4		1.1	0.1			384	G ★
			SXc	48	I	26.0	2.1	0	2329	3	247 268 4		2.1	0.4			523	J ★
			Sc		I	24.7	0.7	0	2327		279 4		2.0	1.3			503	G
UGC 4698	08 55 33.1	+28 27 40			I	5.36		0	7997		619 599 3						467	A ★
UGC 4700	08 55 36	+41 46			I	2.57		0	8481		340 195 3						498	G ★
UGC 4701	08 55 36	+78 29	Sd		S	±	18.0	−400 − 3000					3.4	1.7			373	G
					I	6.38		0	1408		206 138 3						498	G ★
			Sdm	65	I	5.8	0.70	0	1407	10	78 187 4		2.2	1.0			384	E ★
UGC 4704	08 55 48.0	+39 24 00	Sdm	90	F	5.31	0.73	0	599	10	137 4	5.9	5.8	1.0			373	G
			Sdm		I	22.40		0	595		137 4		5.8	0.6			515	G ★
UGC 4703	08 55 48.3	+06 31 21			M	0.816	0.064		3700	85	4	47.	0.78	0.53			293	A ★
			Comp		F	1.1	0.4	0	3555	30		53.	0.6		160		60	N ★
					F	≤1.25			3546								141	N
UGC 4706	08 56 00	+65 06			I	3.13		0	10802		177 139 3						498	G ★
NGC 2710	08 56 04.8	+55 54 05						0	2538	15							359	G
NGC 2712	08 56 09.7	+45 06 38	Sb		F	4.90			1815	30	314 4	22.9	4.62				309	N ★
			SBb	54	M	1.1	0.1	0	1818	16	330	18.	2.9			178	388	W ★
			Sb	55	M	2.46		0	1807	20		22.5					324	N
			SBb	55	I	22.0		0	1828		396 5	18.5					417	G
			SBb		I	21.3	1.0	0	1815	5	306 329 4		2.5	1.5			484	E ★
			SBb		I	27.4	2.1	0	1815	5	309 336 4		2.5	1.5			484	E ★
			SBb		I	18.4	0.4	0	1821		334 4		3.5	1.7			503	G
NGC 2718	08 56 11.5	+06 29 13	Sab		F	4.0	1.6	0	3848	13		53.	3.8				60	N
								0	3831	10							359	G
			SXab		F	3.90	0.67	0	3849	15	133 4	36.8	4.0	4.0			373	G
			SXab		I	11.30		0	3843		119 137 4		2.3	2.3			475	A ★
Anon 0856−04	08 56 25.1	−04 42 19			I	23.9	0.9	0	3702		366 4						503	G
UGC 4711	08 56 36	+78 57		25	S	20.0	6.0	3100 − 6600					1.1	1.0			384	E
UGC 4713	08 56 44.8	+52 41 18			I	4.50		0	9033		542 523 3						498	G ★
			Sb	48	S	±	5.0	3100 − 6600					1.9	1.3			384	G
UGC 4715	08 56 48	+53 16	Pec	62	S	±	8.0	3100 − 6600					1.0	0.5			384	G ★
UGC 4714	08 56 49.0	+78 45 38			I	1.81		0	1257		154 87 3						498	G ★
			Sbc	39	I	2.1	0.30	0	1258	20	70 158 4		1.4	1.1			384	E ★
ESO 60-G 19	08 56 56.3	−68 52 03	Sbc	46	I	71.0	6.0	0	1445	10	218	11.7	4.2	3.0			310	P
			SBc	74				1	1440	20	234 4	17.1	3.2	1.2			528	P
UGC 4717	08 57 00	+51 25	Sab	65	I	1.6	0.41	0	3583	13	100 115 4		1.1	0.5			384	G ★
UGC 4719	08 57 06	+50 53			I	6.37		0	5116		587 513 3						498	G ★
NGC 2719	08 57 07.4	+35 55 28	Im	81	I	16.7		0	3167		313 5	31.1					417	G
					I	15.72		0	3157		272 203 3						467	A ★

Table 1 cont.

Name (1)	R.A. (2)	Dec. (3)	Type (4)	i (5)	(6)	HI-flux (7)	(8)	(9)	v (10)	(11)	(12)	Δv (13)	(14)	Dist (15)	a (16)	b (17)	Vmax (18)	Pos (19)	Ref (20)	(21)
UGC 4720	08 57 12.0	+34 52 03			I	4.69		0	3198		250	238	3						467	A ⋆
UGC 4721	08 57 18.5	+17 07 16			I	3.81		0	6255		172	152	3						467	A ⋆
								0	6257										490	A
UGC 4722	08 57 26.8	+25 48 24	Sd		I	11.80		0	1794		162	128	3						467	A ⋆
					I	11.8		0	1794			162	3		1.6	0.3			488	A ⋆
UGC 4724	08 57 43.2	+17 34 23			I	2.95		0	3875		171	154	3						467	A ⋆
UGC 4729	08 57 52.6	+17 49 00			I	3.78		0	3900		147	88	3						467	A ⋆
UGC 4726	08 57 53.2	+35 57 43			I	12.75		0	3220		243	220	3						467	A ⋆
NGC 2725	08 58 20.2	+11 17 37			I	4.41		0	2074		199	183	3						467	A ⋆
UGC 4733	08 58 37.1	+04 19 00	Sc		I	2.1		0	8430			357	5		1.3	0.1			488	A ⋆
UGC 4736	08 58 48	+75 07			I	3.17		0	6350		210	191	3						498	G ⋆
NGC 2728	08 58 58.2	+11 16 36			I	4.50		0	5748		303	290	3						467	A ⋆
UGC 4740	08 59 12.2	+23 35 03			I	2.91		0	3144		220	213	3						467	A ⋆
ESO 497-G 02	08 59 17	−26 06 12	Sm		F	5.31	0.80	0	1960	15		185	4	16.8					373	B
NGC 2731	08 59 27.5	+08 29 51			I	2.05		0	2583		222	158	3						467	A ⋆
NGC 2730	08 59 28.0	+17 02 11	SBm p		S	±	18.0	−400 − 3000							2.7	2.1			373	G
					I	5.21		0	3828		209	191	3						467	A ⋆
			Sc		I	7.52			3832	5	177	204	4						457	A ⋆
NGC 2735	08 59 41.9	+26 07 58	SBa		I	13.7		1	2350	20	410			42.7	1.1	0.4			235	A ⋆
			Sb	69	M	2.57		0	2483	20				25.3					324	N
			Mult		I	10.79		0	2446		405	393	3						467	A ⋆
					I	11.60		0	2454		392	423	4		1.1	0.4			489	A ⋆
					I	15.9		0	2431			421	5	28.2					518	G ⋆
UGC 4745	08 59 47.8	+25 17 20			I	4.12		0	6006		355	325	3						467	A ⋆
UGC 4746	08 59 48.0	+25 37 13			I	5.31		0	6036		330	309	3						467	A ⋆
IC 2428	09 00 12.8	+30 47 27			I	3.78		0	4315		343	330	3						467	A ⋆
			Sc		I	3.8		0	4315			343	3		1.9	0.5			488	A ⋆
UGC 4749	09 01 01.3	+51 48 49			F	1.1	0.9	0	4750	80		270	9	63.					51	N ⋆
			S	0	S	±	8.0	3100 − 6600							0.7	0.7			384	G
NGC 2726	09 01 02	+60 07 56			I	1.62		0	1518		388	367	3						498	G ⋆
NGC 2737	09 01 07.0	+22 06 12	Sab	69	I	5.3		0	3105			333	5	30.2					417	G
			Sab	69	I	≤5.2								30.2					417	A
				69	S	±	2.6	2620 − 3620										61	555	W
NGC 2738	09 01 07.5	+22 10 01	S	65	I	9.08		0	3102	15		307	5	30.2	1.5	0.7		55	158	G ⋆
			S	61	I	7.8		0	3131			279	5	30.2					417	G
			S	61	I	≤34.8								30.2					417	B
			S	61	I	7.8		0	3116			312	5	30.2					417	A
			S		I	7.753		0	3104		261	315	4		1.5	0.7			489	A ⋆
			Sc		I	6.99			3093	5	245	296	4						457	A ⋆
				62	F	9.2	1.0	0	3109	6	255	281	4				135	55	555	W
NGC 2734	09 01 36.0	+16 56 00	Mult		I	6.68			3424	5	234	255	4						457	A ⋆
NGC 2744	09 01 49.5	+18 39 31	Mult		I	9.54		0	3431	10		284	5		1.6	1.0			158	G ⋆
			S	52	I	6.97	0.85	0	3428	16	300	340	4	45.	1.6	1.0			327	A ⋆
				49	I	8.0		0	3424			298	5	33.3					417	G
					I	7.58		0	3427			267	5	38.3					518	G
NGC 2715	09 01 50.4	+78 17 12	Sc	66	I	173.0	14.0	0	1327	15	306	440	4		4.7				381	E ⋆
			Sc		I	53.8	1.3	0	1316	8	283	326	4						0	E ⋆
			Sc		I	56.8		0	1319		280	311	4						429	E
			Sc	74	I	83.0	15.0	0	1316	8	290	315	4		5.0	1.7			384	E ⋆
			SXc	70	I	48.1	4.1	0	1322	3	285	307	4		5.0	2.0			523	J ⋆
			SXc		I	51.5	0.5	0	1319			330	4		5.0	1.7			503	G
NGC 2743	09 01 58.8	+25 12 16			I	1.88		0	3001		195	179	3						467	A ⋆
NGC 2788 A	09 02 03	−68 01 42	Sb	86	S	±	70.0	3200 − 5000							3.2	0.7			550	P
UGC 4762	09 02 15	+45 31 12		63	F	0.59		0	2017		98	111	4	27.1	2.3				213	G ⋆
Anon 0902+21	09 02 28.5	+21 49 30	dI		L	8.91			3060		179				0.8				539	A ⋆
UGC 4764	09 02 30.6	+25 45 00	Sc		I	5.5		0	2941	10		168	4		1.0	0.7			78	A ⋆
					I	4.93		0	2936		154	142	3						467	A ⋆
NGC 2749	09 02 32.4	+18 30 53	E3		M	≤1.3		5	4236					54.9	2.0	1.7			249	A
NGC 2750	09 02 52.1	+25 38 11			I			0	2685	10									359	G
			SXc	24	F	5.36	0.73	0	2684	30		203	4	26.0	3.4	3.1			373	G
			Sc		I	13.0		0	2651	10		210	4		2.2	2.0			78	A ⋆
			SXc	25	I	21.5		0	2669			285	5	25.9	2.2	2.0			417	G
			Sc		I	15.01		0	2671		130	187	4		2.2	2.0			475	A ⋆
			SXc	25	I	16.5	1.3	0	2674	6	144	196	4		2.3	0.2			523	J ⋆
NGC 2746	09 02 53.0	+35 34 42	SBa		I	4.979		0	7063		256	270	4		1.8	1.7			475	A ⋆
			SBc		I	1.8		0	7066			268	5		1.8	1.7			488	A ⋆
NGC 2752	09 02 54.0	+18 32 27			I	6.08		0	8875		665	645	3						467	A ⋆
UGC 4773	09 03 10.7	+18 57 57			I	2.88		0	3437		347	333	3						467	A ⋆
UGC 4774	09 03 18	+25 47	SBdm		I	3.5		0	2979	10		160	4		1.0	0.9			78	A ⋆
								0	2980										490	A

Table 1 cont.

Name (1)	R.A. (2)	Dec. (3)	Type (4)	i (5)	(6)	HI-flux (7)	(8)	(9)	v (10)	(11)	(12)	Δv (13)	(14)	Dist (15)	a (16)	b (17)	Vmax (18)	Pos (19)	Ref (20)	(21)
UGC 4776	09 03 18.0	+79 33 24		44	F	0.50		0	2073		40	78	4	30.1	2.6				213	G ★
			S		I	2.70		0	2070			73	4		2.3	1.6			515	G ★
UGC 4777	09 03 34.3	+34 49 13	Sc		I	7.82		0	2051			218	4		2.4	0.4			393	G ★
			Im	82	F	1.92	0.46	0	2056	15		212	4	20.2	3.7	0.8			373	G
			Sc		I	6.3		0	2055			196	5		2.4	0.4			488	G ★
NGC 2742	09 03 38.5	+60 40 53	Sc	56	I	21.8			1296	9		350	5	31.6	4.0				80	G ★
			Sc	58	I	20.6	1.7	0	1288	5	296	312	4		3.1	0.8			523	J ★
			Sc		I	16.2	0.2	0	1295			326	4		3.3	1.7			503	G
UGC 4780	09 03 49.2	+19 32 13	SXdm		S	±	18.0	−400	−	3000					2.7	2.1			373	G
					I	9.13		0	3283		147	124	3						467	A ★
								0	3286										490	A
UGC 4781	09 03 55.3	+06 30 17			I	13.51		0	1441		163	138	3						467	A ★
			Sc		I	13.5		0	1441			163	3		1.9	0.7			488	A ★
			Sc		I	11.87		0	1445		142	163	4		1.9	0.7			489	A ★
UGC 4786	09 04 09.5	+28 31 07			I	0.71		0	6546		235	222	3						467	A ★
NGC 2763	09 04 28.2	−15 17 54	Scd	21	I	16.7	2.5	0	1889	9		228	4	29.7	3.3				201	G ★
			Scd		F	4.43	0.76	0	1892	15		208	4	16.4	3.7	3.7			373	G
			Scd	24	M	1.33		0	1906	20				17.4					324	N
UGC 4787			Sdm	78	F	1.87	0.39	0	553	15		148	4	5.1	3.5	1.0			373	G
					I	8.18		0	551		137	123	3						467	A ★
UGC 4790	09 04 42	+51 51	SBab	59	I	9.4	1.1	0	5920	9	425	460	4		1.1	0.6			384	G ★
NGC 2765	09 04 59.9	+03 35 47	S0		S	±	0.36	5	4250						1.7	1.0			488	A
			S0		I	≤1.3		1	3828						2.3	1.4			419	A
NGC 2764	09 05 25.6	+21 38 46	Sb p	51	I	4.21	0.6	0	2714	10		340	5		1.4	0.9		15	248	A ★
			Sb p	53	I	≤9.7		5	2636	14				52.7	2.1	1.3			346	G
			Sb		I	4.6		0	2718		318				1.7	1.0			419	A
					I	5.26		0	2722		316	294	3						467	A ★
			S		I	6.03			2720	5	312	346	4						457	A ★
UGC 4798	09 05 30	+45 00			I	5.22		0	8023		290	270	3						498	G ★
UGC 4797	09 05 31.0	+06 07 53	S		I	6.20		0	1305			98	4		3.9	3.9			515	G ★
			Sm		F	1.29	0.42	0	1305	10	72			23.2	3.7	3.7			89	G
					F	1.75	0.73	0	1315	10		101	4	11.4	3.9	3.9			373	G
			S/Irr		I	4.703		0	1310		71	86	4		2.5	2.5			475	A ★
UGC 4800	09 05 42	+55 06			I	8.47		0	2433		254	237	3						498	G ★
NGC 2766	09 05 48.0	+30 04 00			I	3.16		0	4187		420	395	3						467	A ★
UGC 4807	09 06 27.9	+54 47 02						0	3956										400	G
					I	4.60		0	3964		212	132	3						498	G ★
UGC 4809	09 06 29.3	+20 54 07			I	5.76		0	3022		214	197	3						467	A ★
NGC 2770	09 06 29.7	+33 19 38	Sc	74	I	7.94	1.32	0	1953	15		342	4	19.1	5.1	1.7			373	G
			Sc	74	I	37.8	3.1	0	1950	6	334	357	4		3.7	1.6			523	J ★
UGC 4810	09 06 32	+37 48 17	S		I	5.245		0	6889		365	392	4		1.9	1.8			475	A ★
IC 528	09 06 36.2	+16 00 00			I	4.27		0	3781		368	346	3						467	A ★
			Mult		S	±	2.2	5100	−	12300									469	G
NGC 2732	09 06 52.7	+79 23 33	S0		M	≤2.81			2121					30.6					131	B
			S0	76	I	≤11.7								21.4					417	G
ESO 372-G 07	09 07 26	−33 08 30	Im					0	1136	7		46	4	8.5					373	B
ESO 497-G 17	09 07 31.1	−22 48 14	Im	44	F	0.99	0.47	0	727	10	80			10.0	2.5	1.8			89	B
			Im	45	F	0.95	0.70	0	724	10		84	4	4.5	2.7	1.9			373	B
			Im	25	S	±	31.0	5	728	10				1.26	1.15				377	E
NGC 2775	09 07 41.0	+07 14 35	Sa	40	I	4.0		0	1350			420	4	12.2	5.0	4.0			292	A ★
			Sa	36	I	6.2	2.1	0	1357	10	403	427	5	24.3	5.0	4.1			346	G ★
			Sab		I	9.4		0	1518	20		235	4						232	N ★
			Sab	38	I	≤17.0		5	1135					9.6					417	G
			Sa		I	3.3		0	1354		415				4.5	3.5			419	A
			Sa		I	4.0		0	1350			420	4		5.0	4.0			488	a ★
NGC 2768	09 07 45.2	+60 14 40	E5		M	≤0.7		5	1408					20.					93	B
			E		M	≤0.2								15.0					205	G
			S0		F	≤2.4		7	1495					22.4					95	B
UGC 4822	09 07 48	+19 41						0	3129										490	A
ESO 372-G 08	09 08 00	−32 57	Im	48	F	2.81	0.71	0	1541	25		154	4	12.5	6.4	4.3			373	B
NGC 2748	09 08 00.9	+76 40 51	Sbc		I	33.5	0.5	0	1476			319	4		3.1	1.2			503	G
NGC 2777	09 08 02.5	+07 24 41		46	I	6.6		0	1487			171	4	12.2	0.7	0.50			292	A ★
			Comp		I	5.4		0	1490	10		200	4		0.7	0.5			78	A ★
UGC 4824	09 08 04.0	+51 27 36						0	2185										400	G
			Sd		S	±	18.0	−400	−	3000					3.7	1.1			373	G
					I	6.78		0	2186		261	246	3						498	G ★
UGC 4826	09 08 13.3	+03 10 40	Sa		S	±	2.18	0	−	12700					1.0	0.15			488	A
UGC 4827	09 08 17.1	+13 37 00	Sab		I	5.0		0	8629			467	5		1.4	0.5			488	A ★
UGCA 150	09 08 24	−08 41 30	Sb					0	1650						7.1	1.7			373	G
			SXb	90	I	29.6	2.4	0	1833	8	510	554	4		4.7				473	J ★

Table 1 cont.

Name (1)	R.A. (2)	Dec. (3)	Type (4)	i (5)	(6)	HI-flux (7)	(8)	(9)	v (10)	(11)	Δv (12)	(13)	(14)	Dist (15)	a (16)	b (17)	Vmax (18)	Pos (19)	Ref (20)	(21)
UGC 4831	09 08 30	+33 02						0	4311										490	A
UGC 4834	09 08 42	+35 10						0	2073										490	A
NGC 2776	09 08 56.1	+45 09 40	Sc	20	M	5.6	0.6	0	2620	10				26.2	3.6	3.4	117		152	J ★
								0	2629	20									42	N
								0	2630	10									359	G
			Sc	21	M	10.24		0	2628	20				32.6					324	N
			SXc	21	I	32.5		0	2626		246	5		26.4					417	G
			SXc	22	I	37.6	3.1	0	2626	3	184	212	4		2.9	0.3			523	J ★
DDO 57	09 08 58.0	−14 50 47	Im		F	3.05	0.55	0	2054	25	87			36.9	2.6	2.6			89	G
			Im		F	3.34	0.55	0	2054	15	134		4	18.0	3.2	3.2			373	G
			Im		I	13.50		0	2047		126		4		3.3	3.3			515	G ★
			Im		I	2.00		0	1970		25		4		1.0	1.0			515	G ★
UGC 4837	09 09 03.0	+35 44 07	Sm	55	F	2.66	0.44	0	1880	10	121			37.1	3.2	1.82			89	G
			Sm	57	F	2.54	0.42	0	1880	10	149		4	18.5	3.2	1.8			373	G
			S/Irr		I	5.981		0	1878		104	123	4		2.1	1.1			489	A ★
								0	1880										490	A
			S		I	8.10		0	1880		147		4		3.3	1.6			515	G ★
NGC 2781	09 09 06.0	−14 36 36	Sa	59	I	13.2	3.0	0	2022	15	362	443	5	35.9	4.0	2.2			346	E ★
			SXa	57	F	3.92	1.00	0	2028	40	418		4	17.8	6.5	3.7			373	G
UGC 4839	09 09 06.0	+16 29 03			I	2.53		0	8272		419	405	3						467	A ★
			SXd		F	7.43	1.02	0	1128	10	200		4	12.9	4.0	4.0			373	G
			Sd		F	6.48		0	1127	15	167		5						157	G
UGC 4844	09 09 35	+49 50 40			I	10.47		0	3999		238	218	3						498	G ★
ESO 564-G 27	09 09 37	−19 54 42	Sd	90	F	8.88	1.50	0	2178	15	356		4	19.1	7.5	1.2			373	B
UGC 4842	09 09 39.2	+12 42 17			I	1.76		0	8915		540	525	3						467	A ★
NGC 2780	09 09 39.4	+35 07 57			I	1.43		0	1979		305	271	3						467	A ★
UGC 4845	09 09 43.8	+10 09 43	SBb		I	13.2		0	2117		234		5		1.6	0.7			488	A ★
UGC 4850	09 09 54	+33 37			S	±	4.0	2400	−	9400									490	A
NGC 2784	09 10 05.7	−23 57 56	S0	65	I	≤4.5		5	708					8.7	5.0				320	P ★
			S0		F	≤2.1		7	431					7.1					95	B
			S0		I	≤5.2		5	708										232	N
			S0	66	S	±	17.0	5	708	52					5.13	2.29			377	E
UGC 4853	09 10 10.3	+20 34 27			I	6.53		0	2623		100	69	3						467	A ★
								0	2623										490	A
Anon 0910+23	09 10 24	+23 16	Mult		I	3.0		0	11287	20	150		4		0.5	0.4			78	A ★
IC 2446	09 10 32.0	+29 09 20			I	4.64		0	7934		632	614	3						467	A ★
UGC 4858	09 10 32.8	+19 34 36	Im		F	≤1.5		−400	−	3000					2.6				89	G
			Im		S	±	18.0	−400	−	3000					2.5	2.3			373	G
					I	5.19		0	3045		134	108	3						467	A ★
Anon 0910+30	09 10 36	+30 13 16	Mult		S	±	3.5	5700	−	8100									469	G
			Mult		S		0.6	5700	−	8100									469	A
UGC 4857	09 10 37.4	+03 26 17			I	3.96		0	3793		247	230	3						467	A ★
NGC 2783	09 10 40.2	+30 12 02	E		M	≤1.1		5	6713					121.	2.1				300	A
ESO 564-G 30	09 10 53.8	−19 12 19	Sm	50	I	46.0	4.0	0	760	10	122			5.0	3.0	2.0			310	P
			Im	59	F	2.97	0.64	0	772	25	130		4	5.1	3.0	1.6			373	B
NGC 2782	09 10 54.0	+40 19 18	Sa		I	15.9	1.6		2562		335		4						114	G ★
			Sa	37	F	1.83	1.5	0	2570	35	221			36.8	6.2				246	N ★
			SXa		I	14.5		0	895	10	444								171	G ★
			Sa p	40	I	9.5	1.1	0	2555	10	147	159	5	51.5	4.3	3.3			346	E ★
			Sa	37	F	4.05	3.24	0	2561	80	438		0	32.7	3.8				21	N
			S			15.4	0.4	0	2565		274		4		4.2	3.2			503	G
UGC 4864	09 11 25.6	+16 57 06	Sc	32	I	3.12	0.8	0	8367	15	244		4		1.3				188	G
					I	3.22		0	8369		272	250	3						467	A ★
			Sa		I	3.524		0	8368		253	267	4		1.9	1.9			475	A ★
UGC 4867	09 11 30	+41 05						0	2497										400	G
					I	10.72		0	2495		214	200	3						498	G ★
Anon 0911+47	09 11 34.4	+47 06 38	SBbc		I	7.4	0.4	0	4283		339		4		1.1	0.5			503	G
UGC 4871	09 11 46	+39 28	SXm		F	≤1.5		−400	−	3000					2.9				89	G
			SXm		S	±	18.0	−400	−	3000					2.9	1.1			373	G
Anon 0912−60	09 12 12	−60 34			S	≤50.0		5	2940										548	P
UGC 4878	09 12 25.6	+31 36 26			I	5.89		0	1873		158	144	3						467	A ★
								0	1881										490	A
Anon 0912+42	09 12 30	+42 28			S	±	8.0	1052	−	2284									459	N
UGCA 124	09 12 30	+53 03	Im		S	±	18.0	−400	−	3000					3.7	2.3			373	G
IC 530	09 12 34.0	+12 05 38			I	5.75		0	4965		513	479	3						467	A ★
			Sab		I	5.8		0	4965		513		3		2.1	0.7			488	A ★
UGC 4881	09 12 42	+44 33			I	3.26		0	11899		468		5	129.5					518	G ★
NGC 2836	09 13 05.9	−69 08 00	S	49				1	1702	20				20.6	2.8	2.0			528	P
Mark 104	09 13 13.2	+53 39 06		51	F	0.53	0.36	0	2203		163	184	4	30.6	0.45	0.30			347	G ★
IC 2454	09 13 13.9	+18 02 33			I	0.72		0	8622		298	247	3						467	A ★

Table 1 cont.

Name (1)	R.A. (2)	Dec. (3)	Type (4)	i (5)	(6)	HI-flux (7)	(8)	(9)	v (10)	(11)	(12)	Δv (13)	(14)	Dist (15)	a (16)	b (17)	Vmax (18)	Pos (19)	Ref (20)	(21)
Anon 0913−60a	09 13 24	−60 32	Sc					1	2994	20				37.4	1.8	1.8			528	P
Anon 0913−60b	09 13 24	−60 13	Sc	45				1	2913	20				36.3	1.7	1.3			528	P
IC 529	09 13 27.0	+73 58 07	Sd		I	28.24		0	2264	10		374	5		3.9	1.8		145	158	G ★
			Sc	66	F	7.28	1.32	0	2258	10		308	4	24.2	5.5	2.4			373	G
			Sc	63	I	30.0	2.5	0	2258	3	305	321	4		3.7	1.1			523	J ★
			Sc		I	27.4	0.4	0	2264			330	4		3.9	1.8			503	G
UGC 4890	09 13 32.3	+06 32 30			I	6.20		0	3678		223	190	3						467	A ★
NGC 2793	09 13 42.6	+34 38 28			M	0.01	0.05		1681	3	103			22.					209	A ★
			SBm		M	≤0.45								19.					85	N
			Sm	34	M	1.34		0	1681	20				20.2					324	N
			SBm	34	I	8.0		0	1687			149	5	16.4					417	G
			SBm	34	I	9.0		0	1677			158	5	16.4					417	A
					I	7.40		0	1686		130	102	3						467	A ★
NGC 2811	09 13 50.0	−16 06 14	Sa	65	F	≤0.4								25.1	2.4				53	N ★
UGC 4895	09 13 53.0	+27 42 00			I	3.78		0	7073		457	441	3						467	A ★
NGC 2801	09 13 54.5	+20 08 40			I	2.21		0	7720		215	203	3						467	A ★
NGC 2804	09 14 00.4	+20 24 20	cD		S	≤0.90		5	8150					108.7					332	A
NGC 2815	09 14 05.0	−23 25 26	Sb	71	I	33.8	4.1	0	2289	30		504	4	40.3	3.2				320	P ★
			SBb		S	± 18.0		−400	−	3000					5.8	2.2			373	B
			Sb	71	M	2.47		0	2546	20				23.9					324	N
NGC 2798	09 14 09.5	+42 12 37	SBb	71	I	19.2	1.6	0	2541	6	555	590	4		3.5				473	J ★
			SBa	64	I	8.5	1.2	0	1744	15	236	324	5	35.5	2.8	1.3			346	G ★
			SBa	69	I	9.0		0	1778			419	2	17.4					417	G
			SBa p		I	3.2		0	1669			175	4		2.8	0.9			459	N
NGC 2798/99			Mult	64	M	0.74		0	1740	40		380	4	17.	3.1	2.6			160	G ★
			Mult	68	F	2.7	0.5	0	1726	12		313	4	19.2	2.4				53	N ★
UGC 4907	09 14 11.8	+16 30 47			I	2.54		0	11913		198	184	3						467	A ★
NGC 2799	09 14 18.1	+42 12 15	Sm	78											2.6				160	G ★
			Sm	73	M	1.29		0	1755	20				21.6					324	N
			SBm	77	I	9.6		0	1757			356	5	17.4					417	G
UGC 4912	09 14 34.6	+26 10 33			I	5.19		0	6538		408	372	3						467	A ★
NGC 2787	09 14 49.6	+69 24 50	SB0		M	≤0.32			621					10.0					131	G
			SB0/a	46	I	15.1	1.8	0	700	15	358	384	5	16.6	3.8	2.7			346	E ★
			S0		I	≤5.7		5	620										232	N
			SB0/a	42	I	19.2		0	690	8		338	5	11.	3.4		235	140	168	W ★
UGC 4922	09 15 12.0	+48 05 00	Sm	59	F	3.40	0.58	0	1993	15		254	4	20.3	5.5	2.9			373	G
			S		F	3.75		0	1992	15		247	5		2.0				157	G
			SXm		I	15.00		0	1990			255	5		5.6	2.8			515	G ★
UGC 4926	09 15 31.6	+34 45 50			I	6.29		0	6365		587	507	3						467	A ★
			Sb	90	S	± 8.0		3100	−	6600					1.7	0.3			384	G
UGC 4925	09 15 32.3	+17 57 53			I	5.8		0	6384		480	512	4						543	A ★
					I	6.41		0	3011		220	204	3						467	A ★
NGC 2835	09 15 36.6	−22 08 45	SBc	47	I	124.6	5.1	0	890	4		207	2	12.4	6.3				320	P ★
			SBc	49	F	37.57	2.01	0	890	8		220	4	6.2	10.0	6.7			373	B
			SBc	43	M	1.1	0.8	0	870	15				7.6					85	N
			SBc	48	I	138.2	8.7	0	884	2	192	213	4		6.3	1.2			523	J ★
			Sc	47	M	4.69		0	891					12.4	6.3		120	18	544	P
Mark 704	09 15 39.4	+16 30 59	E	66	F	≤0.10		5	8796						0.58				154	A
Anon 0915+42	09 15 42	+42 13			S	± 8.0		1052	−	2284									459	N
Mark 105	09 15 43.1	+71 37 00		54	M	≤0.83			3560				4	49.0	0.40	0.25			293	G
UGC 4932	09 16 00	+51 19			I	5.97		0	546		137	113	3						498	G ★
NGC 2823	09 16 12	+34 13	SBa	59	S	± 4.0		3100	−	6600					1.1	0.6			384	G
NGC 2805	09 16 17.0	+64 18 55	Sd	42	I	73.6			1733	9		134	5	31.6	7.3				80	G ★
			Sd	39	I	118.0		0	1737			118	4	24.7	5.9				203	G ★
			SXd	38	F	19.0	2.0	0	1726	13	158			13.7	6.2		125		162	C ★
			SBd	20	M	12.0			1734	5				24.	6.2				270	W ★
									1742	30									286	B
				39	I	91.8									5.9				203	B
				39	I	93.4	10.0								5.9				203	D
			SXd	42	F	19.09	1.13	0	1736	8		121	4	18.5	8.0	6.0			373	G
			Sd	38	M	15.04		0	1730	20				22.7					324	N
			SXd	38	I	83.5		0	1732			164	5	18.0					417	G
UGC 4938	09 16 20.4	+20 27 23			I	0.85		0	9020		561	537	3						467	A ★
Anon 0916−62	09 16 24.0	−62 40 00	Sc	61				1	2121	20				26.2	2.2	1.2			528	P
UGC 4939	09 16 24	+33 50	S0/a	90	S	± 6.0		3100	−	6600					1.5	0.25			384	G
UGC 4940	09 16 40.8	+27 40 03			I	1.40		0	7767		461	443	3						467	A ★
NGC 2830	09 16 42	+33 57		78	I	1.1		0	6105		472	498	4						543	A ★
NGC 2832	09 16 43.1	+33 57 45	cD		M	≤9.7													331	A
UGC 4947	09 16 54	+33 08	SB	65	S	± 8.0		3100	−	6600					1.1	0.5			384	G
UGC 4945	09 16 55.2	+75 58 54		0	F	0.87		0	659		39	63	4	11.0	2.7				213	G ★

Table 1 cont.

Name (1)	R.A. (2)	Dec. (3)	Type (4)	i (5)	(6)	HI-flux (7)	(8)	(9)	v (10)	(11)	Δv (12) (13) (14)	Dist (15)	a (16)	b (17)	Vmax (18)	Pos (19)	Ref (20)	(21)
UGC 4945			Im		I	3.50		0	659		39 4		2.5	2.3			515	G ★
			Im		S	± 18.0		−400 − 3000					2.0	1.8			373	G
UGC 4949	09 17 00	+33 18	Sbc	90	S	± 10.0		3100 − 6600					1.1	0.15			384	G
NGC 2814	09 17 09.2	+64 27 50						0	1672	75							324	N
			I0	77	F	≤0.7		5	1663	95		13.7	1.2				162	C
			Sbc		M	0.15			1634	20		24.	1.15				270	W
			I0	80	I	47.6		0	1589		413 5	18.0					417	G
DDO 60	09 17 24.0	−12 02 14	Im	32	F	3.34	0.51	0	1945	10	49	34.6	2.0	1.7			89	G
			Im	33	F	3.43	0.51	0	1945	8	67 4	17.0	2.5	2.1			373	G
			Im		I	16.00		0	1947		74 4		2.6	2.1			515	G ★
UGC 4955	09 17 24	+25 30						0	6461								490	A
IC 2458	09 17 26.4	+64 27 03	Im	90	F	17.90	1.00	0	1574		324 379 4	22.9	4.27	0.73			347	G ★
					F	8.0	4.16	0	1480	26	158	13.7	0.5				162	C ★
			Pec					5	1467	20		24.		0.49			270	W
NGC 2820/IC ...	09 17 27.0	+64 27 06	Mult	90	F	15.0	0.2	0	1561	13	341	13.7					162	C ★
UGC 4957	09 17 32.7	+09 00 16			I	5.13		0	8475		403 383 3						467	A ★
NGC 2820	09 17 43.7	+64 28 16	SB	90	F	4.0	0.96	0	1692	26	79	13.7	3.0				162	C ★
			SBc		M	5.6			1574	10		24.	2.9				270	W
			SBc p	77	F	13.75	1.64	0	1576	25	373 4	16.9	4.6	1.3			373	G
			SBc	86	I	50.2		0	1595		431 5	18.0					417	G
			SBc	90	I	58.5	4.7	0	1572	4	325 369 4		4.3	2.9			523	J ★
NGC 2848	09 17 48	−16 18	SXc	42	F	7.75	1.20	0	2044	10	208 4	17.9	4.4	3.3			373	G
UGC 4959	09 17 48	+07 17	Sbc		I	1.004		0	5539		163 189 4		1.0	0.9			475	A ★
NGC 2859	09 17 48	+35 35	SBb	26	S	± 7.0		3100 − 6600					1.0	0.9			384	G
UGC 4962	09 17 55.4	+15 18 47			I	1.49		0	8651		208 188 3						467	A ★
			SBa		I	1.582		0	8653		183 202 4		1.4	1.3			475	A ★
UGC 4965	09 18 12.4	+24 31 07	Sa		I	1.9		0	8015		447 5		1.1	0.2			488	A ★
DDO 61	09 18 15.0	−12 21 59	Im	35	F	2.75	0.50	0	1906	20	79	34.1	1.7	1.39			89	G
			Im	36	F	2.93	0.51	0	1906	10	96 4	16.6	2.0	1.6			373	G
			Im		I	10.70		0	1904		98 4		2.1	1.7			515	G ★
NGC 2841	09 18 34.9	+51 11 20	Sb	62	I	104.3			635	9	604 5	12.0	9.2				80	G ★
								0	665	75							42	N
			Sb		I	177.6		0	638		600 5		11.3	5.7			183	G ★
			Sb	62	M	2.1	2.1	0	641	100		9.1					35	N
			Sb	75	M	2.8		0	635	5	584 666 4	9.	11.3	5.7			374	W ★
			Sb	67	M	0.81			661	30		6.0	11.3			150	285	G
			Sb	62	F	44.81	3.45	0	637	10	616 4	6.9	11.3	5.6			373	B
			Sb		M	≤0.4						9.1					85	N
			Sb	64	I	111.8		0	638		648 5	6.9					417	G
			Sb	64	I	183.1		0	635		632 5	6.8					417	B
			Sb	61	I	153.2	17.6	0	636	5	591 610 4		8.1				442	E ★
			Sb	64	I	142.7	10.0	0	634	3	598 619 4						473	J ★
			Sb	65	I	207.0	5.0	0	631	1		9.5	11.3	5.7	326	149	522	W ★
			Sb		I	108.6	0.6	0	598		627 4		7.4	3.5			503	G
UGC 4969	09 18 35.1	+19 46 47			I	1.40		0	8600		539 519 3						467	A ★
UGC 4970	09 18 36	+39 45			I	3.78		0	2408		247 229 3						498	G ★
NGC 2844	09 18 37.8	+40 21 48	Sb	58	I	5.8	0.9	0	1486	10	310 328 5	30.1	2.2	1.2			346	G ★
IC 534	09 18 39.4	+03 21 57			I	7.61		0	3514		265 250 4						467	A ★
			Sb		I	9.199		0	3519		256 276 4		1.9	0.3			489	A ★
Mark 395	09 18 42.0	+33 31 00			S	27.0		2890 − 8378									471	A
Zw 350-021	09 18 42	+76 45	E		S	± 9.0		3100 − 6600									384	G
NGC 2855	09 19 02.4	−11 41 48	S0/a		F	≤2.1		7	1663			22.1					95	B
			Sa	26	F	≤4.7		5	1689	35		33.8	3.3	3.0			346	E
ESO 565-G 01	09 19 11.0	−22 17 27	Im	74	F	7.93	0.84	0	849	10	120	12.5	3.8	1.03			89	B
			Im	79	F	7.63	0.83	0	849	10	141 4	5.8	4.4	1.1			373	B
Anon 0919−68	09 19 12.0	−68 42 00	Sc	75				1	2353	20		28.9	1.6	0.6			528	P
UGC 4978	09 19 30	+04 06						0	4135								490	A
UGC 4979	09 19 30	+36 53			F	≤1.0		−400 − 3000									213	G
UGC 4984	09 19 54	+54 43			F	≤1.0		−400 − 3000									213	G
UGC 4985	09 20 01.5	+22 11 13			I	4.89		0	10180		566 544 3						467	A ★
NGC 2861	09 20 04.7	+02 19 35						5	5134				1.7	1.5			503	G
UGC 4988	09 20 12	+34 56			M	0.07		0	1535		50						140	W
			SB/Ir		I	1.9		0	1571	8	158 4		1.1	0.9			78	A ★
			SXm	42	S	± 8.0		3100 − 6600					1.2	0.9			384	G
NGC 2854	09 20 39.8	+49 25 08			I	10.51		0	2741		317 266 3						498	G ★
				77				2180 − 3180								50	555	W
UGC 4994	09 20 41.4	+24 58 43			I	4.29		0	7597		498 463 3						467	A ★
UGC 4998	09 20 48	+68 37			F	≤1.0		−400 − 3000									213	G
			Im		S	± 18.0		−400 − 3000					3.0	2.0			373	G
NGC 2856	09 20 53.6	+49 27 48		63				2180 − 3180								134	555	W

Table 1 cont.

Name (1)	R.A. (2)	Dec. (3)	Type (4)	i (5)	HI-flux (6)	(7)	(8)	v (9)	(10)	(11)	Δv (12)	(13)	(14)	Dist (15)	a (16)	b (17)	Vmax (18)	Pos (19)	Ref (20)	(21)
IC 2469	09 20 54	−32 14 06	Sa		S	±	18.0	−400	−	3000					7.5	2.8			373	B
NGC 2861	09 21 00.8	+02 21 07						0	5134	15									359	G
NGC 2857	09 21 14.8	+49 34 16	Sc	27	I	10.39	1.0	0	4888	10	168	4			2.1				188	G ★
			Sc		S	±	18.0	−400	−	3000					3.7	3.4			373	G
			Sc	25	I	9.8	0.8	0	4886	4	143	162	4		2.4	0.2			523	J ★
NGC 2859	09 21 15.8	+34 43 43	SB0		M	≤0.47			1694					19.5					131	G ★
			S0		M	0.15		1	1550		170			28.	4.5	4.0			27	A ★
			SB0		M	≥1.2		0	1670						4.5	4.0			140	W
			SB0		I	1.3		0	1621	30	350	4			4.5	4.0			78	A ★
			SBa		I	1.5		0	1716		350				4.8	4.2			419	A
			SB0		I	1.19	0.14		1687	100	168								519	a ★
UGC 5002	09 21 25.3	+28 30 30	SBb		I	1.8		0	6518		288	5			1.0	0.5			488	A ★
UGC 5004	09 21 30.8	+34 52 33			M	≥0.09		0	+1836		+80								140	W
			SB/Ir		I	1.3		0	1854	8	167	4			1.4	1.1			78	A ★
					I	1.44		0	1833		123	101	3		1.4	1.1			467	A ★
			Sm	39	S	±	7.0	3100	−	6600									384	G
UGC 5005	09 21 38.9	+22 29 20			F	≤1.0		−400	−	3000									213	G
			Im		S	±	18.0	−400	−	3000					2.5	2.0			373	G
					I	5.31		0	3833		124	111	3						467	A ★
								0	3845										490	A
UGC 5008	09 21 42	+47 12			F	≤1.0		−400	−	3000									213	G
Mark 110	09 21 44.3	+52 30 07	Pec		I	≤1.0			10800										114	G
			Pec	72	F	≤0.54		5	10465						0.39				154	G
IC 536	09 21 46.4	+25 19 44			I	1.23		0	8186		590	571	3						467	A ★
Mark 398	09 21 52.2	+17 52 36			I	1.7		1	3900	20	250			70.9					235	A ★
UGC 5009	09 21 54	+20 14						0	4277										490	A
NGC 2862	09 21 59.5	+26 59 40			I	11.14		0	4100		609	592	3						467	A ★
			S		I	11.26		0	4091		592	606	4		2.4	0.6			489	A ★
			Sb		I	11.1		0	4100			609	3		2.4	0.6			488	A ★
UGC 5011	09 22 16.3	+34 19 47			M	≥0.15		0	+1848		+50								140	W
			S/Irrp		I	2.7		0	6752	10	172	4			1.2	0.9			78	A ★
					I	3.15		0	6754		168	155	3						467	A ★
			SBc	42	I	2.9	0.54	0	6762	13	136	170	4		1.2	0.9			384	G ★
UGC 5014	09 22 36	+35 04			M	≥0.40		0	+1820		120								140	W
			Sdm	90	I	4.4	0.68	0	4853	12	180	225	4		1.1	0.1			384	G ★
UGC 5015	09 22 46.1	+34 29 47	SXdm		S	±	18.0	−400	−	3000					3.0	2.7			373	G
					M	0.38		0	1644		120								140	W
			SXdm		I	4.1		0	1650	8		142	4		2.0	1.8			78	A ★
					I	3.98		0	1646		133	124	3						467	A ★
			SXdm	26	I	8.6	1.0	0	1530	9	345	425	4		2.0	1.8			384	G ★
Anon 0922+34	09 22 54	+34 51	Sdm		I	1.5		0	7249	10		225	4		0.7	0.5			78	A
UGC 5020	09 23 00.0	+34 52 10			M	0.52		0	1635		200								140	W
			Sc	90	I	2.9		0	1625	8		208	4		2.3	0.5			78	A ★
					I	6.20		0	1617		207	196	3		2.3	0.5			467	A ★
			Sc	85	I	8.0	1.0	0	1618	10	190	255	4		2.3	0.5			384	G ★
NGC 2872/74	09 23 00.2	+11 38 57	Mult		M	2.2		1	3560		400			65.	1.8	1.7			27	A ★
NGC 2874	09 23 05.5	+11 38 31	Sd	74	I	3.64		0	3775	50		435	5		2.4	0.8		43	158	G ★
			Sc	74	I	4.07	0.82	0	3768	16	415	432	4	50.	2.4	0.8			327	A ★
			SBbc	71	I	13.3		0	3748			583	5	33.1					417	G
			SBbc	71	I	2.7		0	3789			440	5	33.1					417	A
			SBbc	73	I	2.9	0.6	0	3785	15	398	403	4		2.5				473	J ★
UGC 5023	09 23 12.3	+19 36 01			I	2.5		1	2420	20	170			44.0	0.8	0.7			235	A ★
					F	0.73	0.14	0	2510		177	200	4	32.3	0.87	0.77			347	A ★
					I	2.33		0	2523		183	154	3						467	A ★
					I	2.338		0	2527		161	210	4		0.8	0.7			475	A ★
UGC 5025	09 23 20.0	+12 57 04	S0	31	F	≤0.08		5	8637						1.15				154	G
Anon 0923−11	09 23 24	−11 46			I	2.2	0.5	0	5100	20									525	N ★
UGC 5028	09 23 31.4	+68 37 48	SBdm	53	I	13.1		0	3876			529	5	40.2					417	G
			SBdm		I	13.9	0.9	0	3918			505	4		0.6	0.4			503	G
UGC 5029	09 23 31.7	+68 37 52	S		I	13.9	0.9	0	3918			505	4		1.8	1.1			503	G
Zw 350-023	09 23 48	+77 52		31	S	±	10.0	3100	−	6600					0.75	0.65			384	G
Mark 399	09 23 49.2	+35 06 48			S	±	6.0	5	4773										384	G
NGC 2882	09 23 55.8	+08 10 15			I	2.94		0	2148		300	286	3						467	A ★
			S		I	3.723		0	2150		285	307	4		1.7	0.9			489	A ★
UGC 5031	09 24 00	+77 25	S	72	S	±	10.0	3100	−	6600					1.1	0.4			384	E
UGC 5033	09 24 06	+65 09			S	2.73		0	5207		277	267	3						498	G ★
UGC 5032	09 24 09.6	+01 22 03	Sa		S	±	3.56	0	−	12700					1.0	0.2			488	A
NGC 2870	09 24 15.4	+57 35 43						0	3210										400	G
			Sbc	76	I	16.6		0	3210			402	5	32.9	2.6				417	G
			Sbc	77	I	16.1	2.3	0	3210	7	328	363	4		2.6				473	J ★

Table 1 cont.

Name (1)	R.A. (2)	Dec. (3)	Type (4)	i (5)	(6)	HI-flux (7)	(8)	v (9)	(10)	(11)	Δv (12)	(13)	(14)	Dist (15)	a (16)	b (17)	Vmax (18)	Pos (19)	Ref (20)	(21)
NGC 2870	09 24 24.5	+30 39 33			I	11.50		0	3212		351	337	3						498	G ★
IC 2473					I	2.55		0	8073		334	311	3						467	A ★
			SBb		I	2.5			8073			334	3		1.6	1.6			488	G ★
NGC 2889	09 24 32.0	−11 25 18	Sb	35	I	10.34	1.4	0	3407	8		533	4		2.1	1.9			466	G ★
					I	6.50		0	3308			318	4		3.5	2.8			515	G ★
			SXc	28	I	7.5	0.6	0	3308	5	284	303	4		2.0	0.2			523	J ★
UGC 5040	09 24 39.4	+29 01 00	Im		S	± 18.0		−400 − 3000							3.4	3.2			373	G
					I	6.16		0	4149		80	58	3						467	A ★
NGC 2889	09 24 46.8	−11 25 24	Sc	27	M	3.09		0	3336	20				32.6					324	N
IC 2481	09 24 48	+04 08 59	Sab		I	3.066		0	5329		247	282	4		0.9	0.5			489	A ★
Anon 0924+12	09 24 56	+12 29 56	Mult		I	1.6	0.3	0	8640		265	430	4		2.0	2.0			469	A ★
UGC 5042	09 25 06	+66 41	SBdm		S	± 18.0		−400 − 3000											373	G
ESO 434-G 05	09 25 18	−31 47 30	Im	39	F	2.15	0.51	0	1082	15		98	4	7.9	3.7	2.9			373	B
UGC 5050	09 25 36	+76 41	S	87	I	13.5	1.6	0	2181	8	192	237	4		1.2	0.25			384	E ★
NGC 2880	09 25 42.0	+62 42 42	SB0		I	≤2.4			1514					29.					26	E
Anon 0926−60	09 26 12.0	−60 33 00	S p	67				1	2211	20				27.4	2.1	1.0			528	P
NGC 2915	09 26 31.5	−76 24 30	I0	55	M	3.6	0.7	3	439		179	229	4	7.2	2.3	1.4			371	I ★
			Im	52	I	86.2	6.0	0	466	5		153	4	4.0	1.5				320	P ★
			Im	52	I	104.0		0	468			164	5	2.7	1.5				486	I ★
			Im	54	M	0.40		0	469					4.0	1.5		83	293	544	P ★
UGC 5055	09 26 36.7	+56 04 20			I	7.69		0	7541		250	209	3		1.5	1.3			498	G
			SBb		I	7.3	0.3	0	7545			246	4						503	G
Anon 0926+21	09 26 48	+21 39	Mult		I	0.44		0	9902	20		207	4		0.7	0.6			78	A
NGC 2894	09 26 50.6	+07 56 14			I	10.68		0	2146		414	404	3						467	A ★
			Sa		I	11.22		0	2146		398	414	4		2.3	1.1			489	A ★
ESO 315-G 12	09 27 00.9	−37 37 55	Sc	90	I	≤60.0									2.4	0.3			310	P
NGC 2893	09 27 20.0	+29 45 35			F	1.42	0.5		1711	35		120	1	22.4					38	N ★
			SBb		F	1.41	0.10	0	1703		64	166	4	22.2	1.38	1.29			347	A ★
			SB0/a		I	3.5		0	1704			75			1.4	1.3			419	A
					I	3.38		0	1704		176	69	3						467	A ★
			SBa		I	4.265		0	1688		81	208	4		1.2	1.2			475	E ★
IC 2487	09 27 20.2	+20 18 34	Sbc		S	≤40.0		−800 − 6000											203	G
			Sb		I	6.9		0	4343			394	5		1.9	0.4			488	A ★
			Sb		I	9.612		0	4336		374	396	4		1.9	0.5			489	A ★
UGC 5063	09 27 24	+49 28			I	1.93		0	7695		493	362	3						498	G ★
NGC 2900	09 27 37.5	+04 21 40	Sc		I	7.30		0	5351			153	4		1.6	1.3			393	G ★
			SBc p		S	± 18.0		−400 − 3000							2.5	2.0			373	G
			SBc		I	5.9		0	5341			98	5		1.6	1.3			488	A ★
UGC 5067	09 27 54	+68 40			F	≤1.0		−400 − 3000											213	G
UGC 5070	09 28 15.7	+30 14 36			I	5.00		0	4189		273	258	3						467	A ★
UGC 5071	09 28 18	+42 34	Im		S	± 18.0		−400 − 3000							3.0	0.2			373	G
NGC 2902	09 28 29.8	−14 30 53	S0	32	I	12.23	1.4	0	1990	5		178	4		1.4	1.2			466	G ★
Anon 0928+66	09 28 56.2	+66 21 15			I	3.6	0.6	0	1650			439	4						503	G
UGC 5076	09 29 06	+52 06			F	≤1.0		−400 − 3000											213	G
			Im		S	± 18.0		−400 − 3000							2.5	2.3			373	G
UGC 5078	09 29 09.3	+03 56 57			I	4.85		0	3219		204	193	3						467	A ★
NGC 2907	09 29 14.8	−16 31 00	S0	46	I	≤4.4		5	1827	83				36.5	2.3	1.6			346	E
			S0/a	47	I	6.10	0.75	0	2090	15		510	4		2.0	1.4			466	G ★
NGC 2903	09 29 19.9	+21 43 19		56	I	¡220								7.0	13.9	9.0			165	H ★
			Sc	70	M	≤2.5		5	642	65				7.0	13.9	9.0			87	H
			Sbc	70	I	3.0			561	30				7.0	13.9			20	285	G
			Sc		M	≤0.46		5	619					7.9					315	J
			SXbc	51	F	44.07	2.31	0	554	15		395	4	4.5	13.9	8.9			373	B
			Sc	66	I	239.0		0	555			393	4	9.4	13.3	6.0		17	393	A
			Sbc	56	M	2.5	0.4	0	560	20				7.9					85	N
								0	551	20									324	N
			Sc	60	I	121.5	0.92	0	558	5	373	395	4		2.59	6.61			377	E ★
			Sc	60	I	271.8		0	554	5	373	396	4		2.59	6.61			377	E ★
			SXbc	60	I	151.2		0	559			427	5	4.6					417	G
			SXbc	60	I	217.5		0	559			405	5	4.6					417	B
			Sc	57	I	224.4	19.9	0	553	5	372	395	4						442	E ★
			SXbc	60	I	33.75		0	552			391	4		13.3	6.0			471	A ★
			SXbc	51	I	269.2	22.8	0	553	4	370	381	4		12.6				473	J ★
			Sc	60	I	234.7		0	560					6.1	13.9	9.0	207	29	480	W ★
			Sbc		I	239.0		0	555			393	5		13.3	6.0			488	a ★
			Sbc		I	243.5		0	557			399	4		13.9	8.3			515	G ★
MCG−03-25-003	09 29 21	−15 50	SBc	90	I	4.44	0.62	0	5979	10		283	4		2.0	0.4			466	G ★
NGC 2906	09 29 26.6	+08 39 51			I	3.69		0	2137		359	347	3						467	A ★
			Sc		I	4.176		0	2143		342	364	4		1.5	0.9			489	A ★
UGC 5086	09 29 58.2	+21 44 54	Im		F	3.03		0	448		175			4.6	2.2				213	G ★

Table 1 cont.

Name (1)	R.A. (2)	Dec. (3)	Type (4)	i (5)	(6)	HI-flux (7)	(8)	(9)	v (10)	(11)	(12)	Δv (13)	(14)	Dist (15)	a (16)	b (17)	Vmax (18)	Pos (19)	Ref (20)	(21)
UGC 5086			Im		S	±	20.0	−400	−	3000					1.7	1.7			373	G
			Im	0	S			−600	−	3300					0.85	0.85			377	E
UGC 5085	09 30 00	+42 35			F	≤1.0		−400	−	3000									213	G
IC 2490	09 30 06.3	+30 09 00			I	4.67		0	7348		396	363	3						467	A ★
MCG−01-25-002	09 30 18	−05 30	S	53	S	±	6.1	0	−	6400					1.6	1.0			466	G
UGC 5088	09 30 24	+34 16			S	±	4.0	2400	−	9400									490	A
				41	I	14.4	1.7	0	4387	7	235	295	4		1.3	1.0			384	G ★
Mark 116	09 30 30.0	+55 27 45			M	0.0905	0.009		750	2		95	4	10.9	0.73	0.22			293	G ★
			Comp		I	2.81	0.45		759		49	74	4	10.					277	W ★
					F	0.9	0.9	0	760	60	111	178	4	8.7					62	N ★
			Comp		F	0.67	0.60	0	767	30				12.	0.7		60		60	N ★
					F	≤0.9			760										141	N
				57	F	0.51	0.11	0	746		38	73	4	11.2	0.38	0.23			347	G ★
			Pec					0	700						0.5	0.3			373	G
			Comp																564	V ★
UGCA 167	09 30 52.5	−16 33 00	SXab	29	F	6.06	0.92	0	2123	15		260	4	18.7	4.1	3.6			373	G
			SBb	39	I	23.05	2.7	0	2117	5		248	4		2.8	2.2			466	G ★
Zw 181-059	09 31 00	+34 13		40	S	±	8.0	3100	−	6600					0.9	0.7			384	G
NGC 2911	09 31 05.5	+10 22 30	S0/a p	41	I	3.0		0	3218			525	4						414	A ★
			S0		I	2.2		0	3123			278			4.3	3.2			419	A
			S0	43	I	4.4		0	3134	1	311	405	4		3.9			140	501	A ★
					I	2.1		0	3202		359	531	4						543	A ★
ESO 373-G 08	09 31 13	−32 48 36	Sm	79	F	17.40	1.46	0	929	10		243	4	6.4	11.1	3.1			373	B
NGC 2914	09 31 21.9	+10 01 04	Sab	50	F	0.3	0.2	0	3151	100		266	4	33.3	1.2				53	N ★
			Sa		I	1.6	0.5	0	3199	35	521	563	4						501	A ★
NGC 2913	09 31 22	+09 42 15	S		I	2.719		0	3058		226	235	4		1.2	0.8			489	A ★
MCG−02-25-002	09 31 24	−11 05	Sb	73	I	10.31	1.2	0	2660	8		334	4		1.7	0.6			466	G ★
UGC 5097	09 31 36.9	+00 27 54			I	4.84		0	4885		296	203	3						467	A ★
NGC 2917	09 31 55.0	−02 16 49	S0/a	80	I	9.49	1.2	0	3675	10		340	4		1.5	0.4			466	G ★
UGC 5099	09 32 00.7	+00 18 34			I	9.80		0	4915		277	264	3						467	A ★
UGC 5100	09 32 00.9	+06 03 50			I	3.78		0	5514		349	329	3						467	A ★
NGC 2919	09 32 06.8	+10 30 27	Sb	69	M	0.91		0	2448	35				24.1					324	N
			Sbc		I	5.696		0	2428		320	342	4		1.7	0.6			489	A ★
NGC 2916	09 32 07.6	+21 55 45	Sb p		S	±	18.0	−400	−	3000					3.7	2.6			373	G
			Sbc		I	8.5		0	3727	8		414	4		2.5	1.7			78	A ★
					I	8.34		0	3732		389	78	3						467	A ★
Anon 0932+21	09 32 12	+21 51	S	90	I	3.5		0	3596	8		253	4		0.8	0.18			78	A ★
IC 2491	09 32 12	+34 57	E		I	6.9	1.2	0	2945	13	150	200	4						384	G ★
NGC 2921	09 32 13.0	−20 41 56		71	M	3.65		1	1032			359	4	20.6	2.6	0.9			535	P
				71	M	49.65		1	2737			744	4	54.7	2.6	0.9			535	P
UGC 5105	09 32 18	+36 08			F	≤1.0		−400	−	3000									213	G
Mark 402	09 32 22.0	+30 37 57		44	M	2.91	0.14		7416	7		206	4	98.0	0.42	0.35			293	A ★
NGC 2912	09 32 24.0	+10 16 00	Im		I	0.7		0	3440	6	122	180	4		0.4				501	A ★
Zw 181-063	09 32 24	+35 13		38	S	±	14.0	3100	−	6600					0.5	0.4			384	G
UGC 5107	09 32 30.0	+05 20 33			I	7.75		0	2007		188	174	3						467	A ★
								0	2010										490	A
UGC 5110	09 32 30	+73 36			I	5.38		0	2135		137	123	3						498	G ★
Zw 289-012	09 32 51.2	+59 37 21	S0/a					5	12100										503	G
UGC 5114	09 33 00	+82 21			I	3.08		0	1609		115	79	3						498	G ★
Anon 0933+88	09 33 00	+88 24	Sdm		S	±	18.0	−400	−	3000					3.7	3.2			373	G
NGC 2938	09 33 07.3	+76 32 40			I	20.86		0	2285		218	205	3						498	G ★
			SBc	59	I	28.3	3.2	0	2274	5	203	221	4		2.4	1.3			384	E ★
MCG−01-25-004	09 33 15	−04 30	E	30	I	2.21	0.46	0	3961	15		195	4		0.9	0.9			466	G ★
NGC 2922	09 33 48.5	+37 54 53	Sm		I	6.5		0	4369			293	5		1.1	0.4			488	A ★
MCG−02-25-005	09 33 51	−10 44	Sa	62	S	±	6.5	0	−	6400					1.4	0.7			466	G
UGC 5123	09 34 21.1	+20 03 40			I	1.49		0	8483		434	416	3						467	A ★
NGC 2927	09 34 24.3	+23 49 03			I	4.62		0	7547		536	508	3						467	A ★
NGC 2935	09 34 26.3	−20 54 12	Sb	34	I	48.7	4.7	0	2276	15		318	4	40.2	3.7				320	P ★
			SXbc	35	F	10.85	1.42	0	2275	15		307	4	20.1	5.8	4.8			373	B
			Sb	34	M	4.97		0	2280	20				21.2					324	N
			SXb	35	I	63.0	5.5	0	2275	3	283	318	4		3.5				473	J ★
				44	M	20.32		1	1998			324	4	40.0	3.5	2.5			535	P
			Sc	34	M	19.52		0	2271					40.2	3.7		244	356	544	P
Anon 0934+01	09 34 26.5	+01 19 14	Sb		I	≤1.7			15550										114	G
NGC 2926	09 34 32.0	+33 04 01			I	2.27		0	4362		258	241	3						467	A ★
NGC 2929	09 34 38.8	+23 23 11			I	7.64		0	7509		466	446	3						467	A ★
ESO 565-G 27	09 35 04	−20 48 06	SBa	74	S	±	15.0	−600	−	3300					3.89	1.29			377	E
UGC 5129	09 35 05.5	+25 43 15			I	5.98		0	4063		337	313	3						467	A ★
MCG−02-25-008	09 35 27	−10 44	Sb	74	S	±	4.8	0	−	6400					1.5	0.5			466	G
NGC 2939	09 35 28	+09 44 53	Sbc		I	16.13		0	3338		347	369	4		2.6	0.9			489	A ★

Table 1 cont.

Name (1)	R.A. (2)	Dec. (3)	Type (4)	i (5)	(6)	HI-flux (7)	(8)	(9)	v (10)	(11)	(12)	Δv (13)	(14)	Dist (15)	a (16)	b (17)	Vmax (18)	Pos (19)	Ref (20)	(21)
ESO 565-G 29	09 35 32	−22 10 48	SXd	35	F	3.10	1.49	0	2412	20		193	4	21.4	3.5	2.9			373	B
MCG−02-25-009	09 35 36	−11 26	Sb	34	I	3.91	0.53	0	1853	6		175	4		1.2	1.0			466	G ★
UGC 5139	09 36 00.5	+71 24 51	Im	32	I	49.0	4.0	0	140	2	28	45	4		3.5				10	D ★
								0	117	6	24	50	4	3.2	5.3	5.1			76	J ★
			Im		M	0.10	0.2	0	133		21	40	5	3.2	5.3	5.1			76	K
				30	M	0.13			140	2	29	44	4	3.25	5.3	5.1	20		214	W ★
			Im	16	I	39.7			141	9	25	43	4	4.2	5.2				80	G ★
			Im	16	F	10.59	0.60	0	141	5	30			3.25	5.3	2.09			89	G
			IXm	53	M	0.13			140		22	39	4	3.25	5.3		185	235	376	E ★
			Im	17	F	10.04	0.62	0	141	5		46	4	2.9	5.3	5.0			373	B
					I	42.0	1.0	0	140	13	30	47	4						378	G
			Im		I	48.0	3.0	0	138			49	4	3.5	5.3				487	B ★
			Im		I	42.50		0	141			46	4		5.3	4.8			515	G ★
NGC 2942	09 36 07.7	+34 13 51	Sc	46	I	13.05	1.3	0	4412	20		294	4		1.8				188	G ★
			Sc	41	I	9.65	0.51	0	4422	16	357	405	4	58.	2.1	1.6			327	A ★
			Sc	36	M	10.01		0	4429	20				54.1					324	N
			Sc	47	I	11.1		0	4421		244	284	4						505	A ★
			Sc	37	I	14.3	1.2	0	4424	4	230	273	4		2.2	0.3			523	J ★
UGC 5142	09 36 09.6	+07 59 34			I	2.22		0	6767		158	137	3						467	A ★
NGC 2946	09 36 15.2	+17 15 13			I	1.64		0	8953		403	392	3						467	A ★
ESO 315-G 17	09 36 16.2	−38 47 11	Sc	32	I	12.0	3.0	0	2470	10	100			21.8	3.1	2.6			310	P
			Sd					1	2470	20				31.9	2.1	2.1			528	P
UGC 5142	09 36 18	+08 00			S	±	4.0	400	−	7400									490	A
NGC 2944	09 36 19.5	+32 32 17	S		F	3.2	0.6	0	6831	10				97.	1.7		160		60	N
			S	71	I	3.45	1.32	0	6753	16	149	411	4	90.	1.1	0.4			327	A ★
NGC 2948	09 36 21	+07 11	SBbc		I	5.392		0	4983		381	396	4		1.7	0.9			489	A ★
UGCA 116	09 36 23.0	−04 38 14	S		F	≤0.85			6451					24.					372	B ★
			Mult		S	±	5.0	6600	−	7800									469	G
UGC 5146	09 36 28.1	+32 35 35	Comp		F	≤1.6		5	6348					90.	0.9				60	N
					F	≤2.3			6800										141	N
					I	4.77		0	6862		311	263	3						467	A ★
ESO 565-G 33	09 36 54.6	−20 50 13	Sm	73	I	≤60.0									1.9	0.7			310	P
UGC 5151	09 37 10.0	+48 33 51	Pec	30	I	10.4	0.62	0	773	5	106	137	4		0.69	0.60			377	E ★
NGC 2954	09 37 40.5	+15 08 58	S0		I	0.2		0	3440			312	5		1.7	1.1			488	A ★
UGC 5156	09 37 41.3	+25 43 00			I	1.80		0	9953		451	425	3						467	A ★
UGC 5157	09 37 42.2	+47 50 50						0	4841										400	G
					I	7.43		0	4831		319	307	3						498	G ★
Mark 403	09 37 55.7	+21 27 43	Comp		F	0.09	0.02	0	7356			212	4						154	A ★
NGC 2958	09 38 00	+12 06 56	SBbc		I	4.279		0	6663		381	416	4		1.1	0.8			489	A ★
NGC 2960	09 38 00.5	+03 48 15	Sa	39	I	≤23.0		5	4988					48.0					417	G
			S0		I	1.5		0	4932			442	5		1.7	1.3			488	A ★
MCG−01-25-015	09 38 06	−08 43	Sb	36	I	18.01	2.1	0	2069	10		218	4		2.2	1.8			466	G ★
NGC 2955	09 38 15.4	+36 06 40	Sb p	58	I	≤9.0		5	7026					70.0	1.5	0.7			417	G
			Sc		I	7.8		0	7013			500	5		1.5	0.7			488	A ★
			SB		I	11.9	0.9	0	7030			559	4						503	G
NGC 2962	09 38 16.8	+05 23 39	SB0		M	0.97		1	1940		430			35.	3.0	2.2			27	A ★
			SX0		S	±	18.0	−400	−	3000					4.9	3.7			373	G
			SB0		I	3.5		0	1962		417				3.3	2.4			419	A
			SB0		I	1.28	0.18	1	1970	12	412								519	a ★
IC 551	09 38 21.5	+07 09 50			I	1.97		0	8574		361	326	3						467	A ★
UGC 5172	09 38 36.0	+48 54 00	Sm		F	1.15	0.25	0	2597	20		80	4	26.4	3.0	3.0			373	G
			SXm		I	5.90		0	2594			80	4		3.1	3.1			515	G ★
NGC 2977	09 38 50.7	+75 05 23	S0/a		I	4.5	0.5	0	3038			360	4		1.6	0.6			503	G
UGC 5173	09 38 51.7	+11 38 33			I	6.86		0	6237		508	488	3						467	A ★
			Sb		I	9.457		0	6238		491	507	4		2.2	0.3			489	A ★
NGC 2950	09 38 58.2	+59 04 48	SB0		M	≤0.77			1393					19.7					131	G
			S0		I	≤6.4		5	1362										232	N
Mark 118	09 39 06.0	+76 34 48		67	F	≤1.10		5	2548					34.0	1.12	0.51			347	G
UGC 5180	09 39 13.0	+00 44 00	Sc		I	1.90		0	1934			110	4		1.0	1.0			515	G ★
NGC 2969	09 39 26	−08 22 28	Sbc	33	I	4.56	0.59	0	4960	8		199	4		1.3	1.1			466	G ★
NGC 2967	09 39 29.7	+00 33 51	Sc	17	M	4.71		0	1887	20				17.8					324	N
					I	24.14		0	1891		137	109	3						467	A ★
			Sc		I	25.14		0	1894		116	146	4		2.8	2.8			475	A ★
			Sc	19	I	53.7	4.6	0	1893	3	133	159	4		3.0	0.3			523	J ★
NGC 2966	09 39 34.7	+04 54 08						0	2048	50									359	G
			SB		I	6.58		0	2042		243	256	4		2.3	0.9			489	A ★
MCG−01-25-024	09 39 54	−06 01	Sc	70	I	5.84	0.79	0	1863	8		295	4		1.8	0.7			466	G ★
NGC 2964	09 39 56.4	+32 04 35	Scd	59	I	22.30		0	1319	20		346	5		3.5	1.9		97	158	G ★
			SXbc	55	I	15.0		0	1311	19	300			14.	4.9				273	A
				57	F	4.72	0.69	0	1315		266	320	4	17.2	2.95	1.71			347	G ★

Table 1 cont.

Name (1)	R.A. (2)	Dec. (3)	Type (4)	i (5)	(6)	HI-flux (7)	(8)	(9)	v (10)	(11)	(12)	Δv (13)	(14)	Dist (15)	a (16)	b (17)	Vmax (18)	Pos (19)	Ref (20)	(21)
NGC 2964								0	1296	35									324	N
			Sbc		I	18.3		0	1318	20	290		4						232	N ★
			Sbc		I	20.3	0.3	0	1328		352		4		3.5	1.9			503	G
UGC 5187	09 39 59	+41 19 18			I	12.85		0	1465		143	132	3						498	G ★
UGC 5185	09 39 59.9	+29 12 36			I	4.32		0	8511		565	544	3						467	A ★
UGC 5186	09 40 00	+33 28			S	±	4.0	2400	–	9400									490	A
NGC 2974	09 40 01.9	−03 28 14	E4		F	0.53			2072	50	320		1	23.3					47	N ★
			E4		S	≤9.0		5	1998					24.					405	B ★
			E4	55	I	6.0	1.0	0	1890	40	580		4	22.5	3.4	2.1	355	45	534	V ★
NGC 2909	09 40 09.8	+66 12 25			I	2.02		0	3322		188	130	3						498	G ★
			E		I	1.2	0.2	0	3337		176		4		0.5	0.4			503	G
UGC 5189	09 40 13.0	+09 43 13		71	I	24.6		0	3198		240		5	30.4					417	G
			Im p		S	±	18.0	−400	–	3000					4.8	1.8			373	G
NGC 2968	09 40 14.5	+32 09 26	S0 p	44	I	21.7	1.3	0	1347	20	260	331	5	26.4	2.6	1.9			346	G ★
								0	1345	20									324	N
					I	2.90		0	1435		460	237	3						467	A ★
			S0/a	47	I	0.42	0.05	0	1616	17	71	127	4		2.2		87	45	501	A ★
UGC 5192	09 40 20.2	+21 24 53			I	6.58		0	4940		486	388	3						467	A ★
MCG+00-25-009	09 40 39	−02 01	S0	0	I	3.26	0.52	0	4778	15		235	4		0.6	0.6			466	G ★
NGC 2980	09 40 44.6	−09 22 58	SBbc	56	S	±	9.0	−100	–	4400					1.9	1.1			466	E
NGC 2978	09 40 49.3	−09 30 58	SBbc	56	I	14.43	1.7	0	5720	10	512		4		1.9	1.1			466	G ★
			Sb	35	I	8.40	1.1	0	1802	15	253	361	4		1.3	1.2			466	E ★
UGCA 173	09 40 54	−05 03	SBdm p		S	±	18.0	−400	–	3000					2.0	0.4			373	G
			SBd	78	I	12.71	1.5	0	1867	5	189		4		1.4	0.4			466	G ★
MCG−02-25-013	09 40 54	−09 42	Sb	62	I	13.18	1.5	0	2697	10	336		4		2.4	1.2			466	G ★
NGC 2959	09 40 59	+68 49 37			I	1.63		0	4429		291	250	3						498	G ★
UGC 5201	09 41 00	+56 00			I	3.95		0	7627		258	239	3						498	G ★
UGC 5203	09 41 00	+80 02			I	14.71		0	1551		216	179	3						498	G ★
			Sc	90	I	15.0	1.8	0	1534	6	174	188	4		2.6	0.2			384	E ★
UGCA 175	09 41 06	−05 41	Sd	28	F	1.99	0.42	0	2028	15	102		4	18.1	3.7	3.2			373	G
			Sc	30	I	10.44	1.3	0	2016	5	121		4		2.4	2.1			466	G ★
Mark 406	09 41 08.0	+29 50 06			I	0.87		1	5032	20	210			91.5					235	A ★
NGC 2983	09 41 21.6	−20 14 48	SBa	45	I	≤4.8		5	1760	100				35.2	3.0	2.1			346	E
UGC 5205	09 41 36	−00 26	Im	50	I	12.50	1.5	0	1492	10	169		4		1.2	0.8			466	G ★
ESO 434-G 27	09 41 55	−31 56 06	Im		F	2.25	0.42	0	1209	10	70		4	9.2	2.0	2.0			373	B
NGC 2986	09 41 56.8	−21 02 53	E		M	≤0.1		6	2132					21.3					418	P ★
NGC 2986 A			S		M	3.0		1	2482					24.8					418	P ★
NGC 2981	09 41 59.7	+31 19 47			I	6.00		0	10406		388	355	3						467	A ★
UGC 5210	09 42 00	+69 12			I	10.40		0	4441		320	304	3						498	G ★
UGC 5211	09 42 06	+00 01			S	±	4.0	2400	–	9400									490	A
UGC 5209	09 42 06.9	+32 28 00						0	560										490	A
					I	1.64		0	535		68	42	3						467	A ★
					F	≤1.0		−400	–	3000									213	G
UGC 5213	09 42 12	+16 56 18	SBa		I	1.176		0	5958		311	378	4		1.2	1.1			475	A ★
ESO 434-G 32	09 42 25	−29 05 36	Sm		S	±	18.0	−400	–	3000					3.2	2.1			373	B
UGC 5214	09 42 32.4	+23 19 54		57	F	0.34		0	2132		33	67	4	27.2	2.3				213	G ★
			Im		S	±									1.9	0.9			515	G ★
UGC 5215	09 42 35	+09 20 33	Sbc		I	9.052		0	5484		404	427	4		1.7	0.9			489	A ★
ESO 434-G 33	09 42 37	−31 35 42	SXdm	30	F	12.02	1.35	0	1256	15	122			20.3	3.3	2.87			89	B
			SXdm	30	I	11.63	1.35	0	1256	10		164	4	9.7	4.0	3.4			373	B
NGC 3059	09 42 38.0	−73 41 04			M	6.86		1	983		184		4	19.7	3.4	3.4			535	P
UGC 5216	09 42 42.2	+09 59 43			I	6.01		0	3279		232	217	3						467	A ★
UGC 5218	09 42 52.2	+06 36 40	SXd		S	±	18.0	−400	–	3000					3.0	1.6			373	G
					I	7.01		0	3085		194	183	3						467	A ★
			Sc		I	12.77		0	3089		182	195	4		2.0	1.0			489	A ★
UGC 5219	09 42 54	+28 43						0	7432										490	A
NGC 2989	09 43 04.3	−18 08 44	Sbc	41	I	13.3	3.0	0	4189	30	267		4	78.6	1.4				320	P ★
			Sbc	41	M	6.77		0	4205	20				41.5					324	N
			Sc	62	I	11.41	1.5	0	4146	5	302		4		3.0	1.5			466	G ★
NGC 2987	09 43 05	+05 10 25	Sab		I	5.342		0	3742		345	357	4		1.5	0.6			489	A ★
NGC 2976	09 43 10.0	+68 08 43	Sc	61	F	15.0	2.0	0	6	9	91			3.25	9.7	5.7	120		296	J ★
			Sc p	56	F	12.60	1.95	0	9					1.4	9.7	5.6			373	G
			Sc		M	≤0.03								2.5					85	N
			Sd	61	S	±		5	42					3.5	4.90	2.51			377	E
			Sc		I	43.00		0	22		139		4		9.7	4.8			515	G ★
			Sc		I	59.2	0.2	0	−2		179		4		5.5	3.0			503	G
UGC 5225	09 43 16.1	+45 59 00			M	≤4.0			4965				4	67.0	1.02	1.02			293	G
			Comp		F	≤2.7		5	4870					70.	1.9				60	N
					F	≤1.0			4870										141	N
NGC 2992	09 43 17.5	−14 05 45	Sa	69	I	27.1	3.8	0	2304	10	355	444	5	39.3	3.8	1.6			346	E ★

Table 1 cont.

Name (1)	R.A. (2)	Dec. (3)	Type (4)	i (5)	(6)	HI-flux (7)	(8)	(9)	v (10)	(11)	(12)	Δv (13)	(14)	Dist (15)	a (16)	b (17)	Vmax (18)	Pos (19)	Ref (20)	(21)
NGC 2992			Sa p	67	F	4.30	0.71	0	2325	20		428	4		1.53				324	N
								0	2350						4.1	1.5			154	G
			Sa	72	S	±	13.0	5	2200	36									466	G
UGC 5224	09 43 18.0	+03 12 00	SBdm	61	F	2.75	0.76	0	1941	15		184	4	17.6	2.7	1.4			373	G★
			SBdm		I	10.70		0	1929			186	4		2.7	1.4			515	G★
ESO 434-G 34	09 43 18	−30 06 42	Im	79	F	5.11	0.78	0	1004	10		148	4	7.2	3.7	0.9			373	B
NGC 2993	09 43 24.1	−14 08 12																	397	G★
			Sab	41	S	±	13.0	5	2105	46					1.7	1.3			466	G
					S	≤80.0		5	2373										548	P
NGC 2997	09 43 27.4	−30 57 35	SXc	32	M	13.0	1.8	0	1084			271	5	16.	10.2				226	P★
								0	1091	35									42	N
			Sc		M	3.3	1.1	0	1049	22				7.6					35	N
			SXc		F	39.0	5.0		1092			375	0						275	I★
								0	1089	10									359	B
			Sc	38	I	173.1	10.1	0	1087	8		270	4	16.0	8.7				320	P★
			SXc	29	I	60.63	2.89	0	1083	8		279	4	8.0	16.2	14.2			373	B
			SXc	39	I	216.3	26.8	0	1088	2	259	285	4		8.1	1.3			523	J★
UGC 5228	09 43 28.0	+01 54 00			I	16.68		0	1870		278	261	3						467	A★
			SB		I	16.01		0	1874		261	287	4		2.6	0.8			489	A★
Anon 0943−03	09 43 32	−03 39	S	76	I	1.85	0.46	0	5453	15		164	4		0.95	0.3			466	G★
IC 562	09 43 32.1	−03 44 25	Sc	76	S	±	14.0	−100	−	4600					1.6	0.5			466	E
			Sc	76	I	11.11	1.4	0	4801	5		317	4		1.6	0.5			466	G★
NGC 2990	09 43 40.2	+05 56 28	Sc	62	I	10.80	1.14	0	3108	16	226	352	4	41.	1.1	0.5			327	A★
			Sc	56	M	2.18		0	3112	35				30.9					324	N
					I	13.40		0	3083		305	273	3						467	A★
			S		I	12.86		0	3084		285	316	4		1.1	0.6			489	A★
					I	11.32		0	3081			323	4	43.8	1.1	0.6			562	A★
UGC 5237	09 43 45	+47 00	Sc	60	I	2.0		0	4640						1.6				512	G
UGC 5235	09 44 05.0	+23 15 20			I	3.62		0	7296		401	371	3						467	A★
UGC 5234	09 44 05.5	+16 16 30			I	7.19		0	6017		368	342	3						467	A★
NGC 3001	09 44 06.7	−30 12 24	Sbc	47	I	26.1	3.1	0	2496	25		427		44.2	3.2				320	P★
			SXbc	48	F	8.87	1.65	0	2474	25		398	4	21.9	6.0	4.1			373	B
			Sbc	47	M	4.38		0	2480	20				23.1					324	N
UGC 5236	09 44 10.8	+21 57 48		0	F	0.40		0	735		44	64	4	8.5	2.5				213	G★
			S/Irr		I	2.559		0	3793		90	112	4		1.3	1.2			475	A★
			S		S	±			735						2.2	2.0			515	G★
UGC 5237	09 44 12	+46 51						0	4684										400	G
					I	3.32		0	4690		259	249	3						498	G
UGC 5238	09 44 18.0	+00 44 00	SXd	68	F	4.86	1.00	0	1787	20		247	4	15.9	3.9	1.6			373	G
			Sc		I	24.30		0	1774			243	4		3.9	1.6			515	G★
			Sc		I	19.10		0	1776			229	4		3.9	1.6			515	G★
ESO 262-G 04	09 44 26.9	−46 24 50	Scd	90	I	≤60.0									3.1	0.4			310	P
UGC 5240	09 44 29.8	+25 58 37			I	5.30		0	6929		349	331	3						467	A★
UGC 5242	09 44 30.9	+01 11 41		53	F	1.23		0	1855		101	117	4	22.2	2.7				213	G★
					I	8.41		0	1857		132	113	3						467	A★
Mark 407	09 44 43.2	+39 19 00		51	F	2.78	0.50	0	1589		172	224	4	21.3	0.52	0.34			347	G★
Anon 0944−63	09 44 47.9	−63 03 00	Sc	90				1	2907	20				36.4	1.8	0.3			528	P
UGC 5244	09 44 54	+64 25			I	6.00		0	3025		247	236	3						498	G
UGC 5245	09 45 00	−01 48	Sdm	81	F	2.65	0.71	0	1425	25		170	4	12.2	4.3	1.0			373	G
NGC 3031 SWC	09 45 00	+68 46			M	0.05		0	50		40		4	3.3					73	J★
					F	30.0	3.0	0	60	9	43			3.25					296	J★
UGC 5247	09 45 00	+69 39	Sdm	62	I	3.3	0.47	0	143	5	72	105	4	3.5	1.52	0.76			377	E★
IC 565	09 45 06.5	+16 05 07			I	11.15		0	5852		536	517	3						467	A★
Mark 408	09 45 07.8	+33 06 54		65	F	0.66	0.15	0	1551		69	173	4	20.4	0.63	0.30			347	A★
UGC 5249	09 45 09.7	+02 51 35	SBcd	70	F	5.27	0.98	0	1882	15		247	4	17.0	3.7	1.4			373	G
NGC 3007	09 45 15	−06 12	SBb	68	S	±	3.2	0	−	6400					1.2	0.5			466	G
NGC 2998	09 45 34.3	+44 18 50						0	4777	10									359	G
			SXc					0	4700						3.9	2.1			373	G
			SXc		I	31.9	2.6	0	4779	4	374	392	6		0.9	0.3			523	J★
NGC 3003	09 45 37.9	+33 39 16	Sbc	66	I	72.1			1479	9		300	5	29.4	5.9				80	G★
			Sbc	77	I	92.5		0	1481			299	4	19.2	4.4				203	G★
			Sd	77	I	81.44		0	1482	10		315	5		5.7	1.7		79	158	G★
			Sbc	73	I	71.0		0	1482	9	265			15.	7.3				273	A
			Sbc	76	M	5.98		0	1475	20				17.7					324	N
			SBc		I	88.10		0	1479			304	4		7.6	2.3			515	G★
				77	F	77.0	7.0	0	1478	6	283	316	4				138	79	555	W
NGC 2985	09 45 52.6	+72 30 45	Sab	38	I	77.3		0	1322			362	5	14.0			218	178	417	G
			Sab	38	F	64.0	10.0	0	1322	7	325	349	4		4.3	3.3			555	W
					I	76.3	0.3	0	1353			337	4	20.					503	G
Mark 22	09 46 03.0	+55 48 48			F	≤1.9													51	N

Table 1 cont.

Name (1)	R.A. (2)	Dec. (3)	Type (4)	i (5)	(6)	HI-flux (7)	(8)	v (9) (10) (11)	Δv (12) (13) (14)	Dist (15)	a (16)	b (17)	Vmax (18)	Pos (19)	Ref (20)	(21)
Mark 22				60	F	0.29	0.19	0 1592	69 104 4	22.5	0.35	0.19			347	G ★
Anon 0946−74	09 46 05.9	−74 22 00	Sd	84				1 1165 20		13.5	2.8	0.7			528	P
Anon 0946−07	09 46 24	−07 49	Sc	50	I	6.65	1.0	0 6580 15	288 4		1.3				188	G ★
NGC 3017	09 46 30	−02 36	E	0	S	±	4.1	0 − 6400			1.0	1.0			466	G
UGC 5258	09 46 42.7	+14 53 27			I	4.57		0 5921	327 310 3						467	A ★
NGC 3011	09 46 44.4	+32 26 54			F	0.77	0.15	0 1540	166 198 4	20.2	1.20	1.07			347	A ★
			S0	28	I	0.61		0 1514	101 4		0.9	0.8			471	A ★
NGC 3009	09 47 01	+44 31 41			I	3.64		0 4666	443 103 3						498	G ★
NGC 3018	09 47 07.1	+00 51 22	S	38	I	30.2		0 1869	208 5	16.7					417	G
			S		I	13.72		0 1862	111 173 4		1.3	1.0			489	A ★
			S	25	I	15.13		0 1865 5	124 181 4	22.	2.2	2.0		27	508	A ★
Anon 0947+28	09 47 07.8	+28 14 51		35	M	0.256	0.029	1448 2	125 4	18.4	0.82	0.70			293	A ★
			E1	00	M	0.648	0.162	0 1445	92 4	27.8	1.9	1.9			382	G ★
NGC 3016	09 47 09.1	+12 55 43			I	5.18		0 8961	484 454 3						467	A ★
			Sb		I	6.484		0 8970	453 499 3		1.2	1.0			489	A ★
NGC 3023	09 47 18.4	+00 51 15	SXcd p	58	F	6.80	0.85	0 1877 10	151 4	16.8	4.8	2.6			373	G
			SXcd	57	I	27.7		0 1876	202 5	16.7					417	G
			SXcd	57	I	18.8		0 1880	171 5	16.7					417	A ★
			S	49	I	15.89		0 1881 5	126 155 4	22.	4.7	3.1		70	508	A ★
NGC 3020	09 47 24.5	+13 02 56						0 1430 10							359	G
			SBcd	55	F	10.91	1.21	0 1447 15	247 4	13.1	4.6	2.7			373	G
			SBc	48	I	27.59		0 1443 5	216 246 4	17.	4.6	3.2		105	508	A ★
			SBc	48	I	22.89		0 1439 5	212 228 4	17.	4.6	3.2		105	508	a ★
			SBc		I	38.77		1440	219 233 4						457	A ★
UGC 5272	09 47 25.8	+31 43 18	Im	65	I	3.93	0.57	0 520 15	97	9.5	3.4	1.43			89	G
			Im	68	F	4.06	0.59	0 520 15	164 4	4.7	3.4	1.4			373	G
			Im	68	I	18.5	0.59	0 520 5	89 115 4		2.19	0.93			377	E ★
			Im		I	19.6		0 522	147 4	9.8	3.4				487	B ★
			Im		I	12.42		0 527	76 95 4		2.2	0.8			489	A ★
Anon 0947+71	09 47 26.7	+71 09 15			I	5.8	0.8	0 5769	459 4						503	G
UGC 5277	09 47 44	+65 43 42	SBb		I	12.1	0.1	0 3368	131 4						503	G
NGC 3024	09 47 45.5	+13 00 00	Sc					−400 − 3000			3.0	0.9			373	G
			S	69	I	18.60		0 1416 5	230 270 4	17.	3.2	1.3		125	508	A ★
			S	69	I	19.06		0 1411 5	229 252 4	17.	3.2	1.3		125	508	a ★
			S		I	29.28		1417 5	239 263 4						457	A ★
UGC 5276	09 47 47.0	+30 43 44			I	6.14		0 8759	428 408 3					γ	467	A ★
					S	±	4.0	1400 − 8400							490	A
UGC 5278	09 47 56.4	+22 59 16			I	1.95		0 8586	426 401 3						467	A ★
NGC 3021	09 47 59.5	+33 47 20	S	55	I	14.32		0 1541 20	332 5		1.5	0.9		110	158	G ★
					I	14.3	2.2	0 1541 20	332 5						248	A ★
			Sbc	52	I	14.0	2.0	0 1537 16	251	15.	2.7				273	A
			Sbc	53	M	0.91		0 1541 35		18.5					324	N
			S	41	I	10.91		0 1539 5	243 285 4	20.	2.5	1.9		110	508	A ★
			S		I	14.60		0 1545	306 4		2.5	1.5			515	G ★
				53	F	9.0	2.5	0 1536 15	216				127	110	555	W
NGC 3026	09 48 00.8	+28 47 01	Sm	79	I	9.57		0 1492 10	234 5		2.6	0.7		82	158	G ★
			Im	74	F	2.90	0.55	0 1497 15	225 4	14.3	3.9	1.2			373	G
			Im	79	I	11.08		0 1492	246 4	28.5	2.6	0.7		82	393	G ★
			Im	79	I	10.9		0 1485	233 4	28.5	2.6	0.7		82	393	A
			Im	79	I	≤20.7		5 1485		14.2					417	G
			Sm		I	10.9		0 1485	233 5		2.6	0.7			488	a ★
			Im		I	11.40		0 1486	240 4		3.9	1.2			515	G ★
UGC 5283	09 48 12	+45 10						0 4658							400	G
UGC 5284	09 48 18	+04 31			S	±	4.0	400 − 7400							490	A
IC 568	09 48 24.5	+15 57 53			I	1.89		0 8720	302 288 3						467	A ★
UGC 5286	09 48 26.6	+09 14 35	Sd		S	±	18.0	−400 − 3000			3.2	2.3			373	G
MCG−01−25−049	09 48 27	−04 45	SBm	72	S	±	13.0	−100 − 4600			2.2	0.8			466	E
			SBm	72	S	±	6.4	0 − 6400			2.2	0.8			466	G
UGC 5287	09 48 31.0	+33 10 27			I	5.00		0 1475	169 130 3						467	A ★
			SBc	40	I	3.93		0 1465 5	136 167 4	20.	2.4	1.9		15	508	A ★
UGC 5288	09 48 38.5	+08 03 43	Im	49	I	25.3	0.7	0 548 5	92 111 4		1.27	0.85			377	E ★
				48	F	4.03	0.08	0 562	93 113 4	5.5	1.55	1.09			347	A ★
			Im p	51	F	6.04	0.62	0 561 8	116 4	4.0	2.0	1.2			373	B
			SB/Ir		I	21.80		0 557	109 4		2.0	1.2			515	G ★
ESO 566-G 19	09 48 51	−18 14 24	SBd		S	±	18.0	−400 − 3000			2.9	2.9			373	G
			Scd	35	I	7.7	0.97	0 3699 10	160 191 4		2.0	2.0			466	E ★
			Scd	35	I	8.75	1.0	0 3703 5	190 4		2.0	2.0			466	G
NGC 3038	09 49 04.8	−32 31 05	Sa	50	I	≤18.0		5 2698			2.7				320	P ★
DDO 65	09 49 10	+01 41	Im	30	F	1.49	0.38	0 1853 10	84	33.9	2.6	2.26			89	G
			Im	30	F	1.46	0.39	0 1853 10	97 4	16.6	2.2	1.9			373	G

Table 1 cont.

Name (1)	R.A. (2)	Dec. (3)	Type (4)	i (5)	(6)	HI-flux (7)	(8)	(9)	v (10)	(11)	(12)	Δv (13)	(14)	Dist (15)	a (16)	b (17)	Vmax (18)	Pos (19)	Ref (20)	(21)
NGC 3032	09 49 14.1	+29 28 20	Sa		I	5.33		0	1561	20		289	5		2.0	1.7		95	158	G ⋆
			S0		M	0.2		1	1440		160			26.	2.0	1.7			27	A ⋆
			S0		M	≤0.47			1568					19.5					131	G
			S0/a	29	I	≤10.1		5	1492	14				29.8	3.0	2.6			346	E
			S0/a		I	1.0		0	1540		150				2.5	2.1			419	A
			S0		S	±									3.5	2.8			515	G ⋆
NGC 3035	09 49 24	−06 35	SB0/a	31	S	±	4.5	0	−	6400					1.5	1.3			466	G
NGC 3059	09 49 39.0	−73 41 12	SBbc	24	I	57.2	4.5	0	1260	6		154	4	19.8	4.0				320	P ⋆
			Sbc	25	I	67.3		0	1260			135	5	13.2	4.0				486	I ⋆
			SBc	24	M	5.84		0	1247					19.8	4.0		182	325	544	P
UGC 5296	09 49 42	+58 43			F	≤1.0		−400	−	5800									213	G
								0	1520										400	G
					I	2.95		0	1519		109	93	3						498	G ⋆
Mark 1239	09 49 46.3	−01 22 36	E		F	1.11	0.45	0	5834			360	4						154	G ⋆
UGC 5295	09 49 47.2	+43 05 03	Sb	55	M	9.71		0	4771	35				58.9					324	N
					I	19.60		0	4790		307	285	3						498	G ⋆
UGC 5302	09 50 18	+68 34	Sdm		S	±	18.0	−400	−	3000					3.4	2.6			373	G
					I	7.79		0	4376		262	242	3						498	G ⋆
NGC 3041	09 50 22.6	+16 54 53	Sc	49	M	0.98		0	1415	20				13.6					324	N
								0	1417	20									42	N
			SXc	48	F	5.46	0.82	0	1419	30		313	4	13.0	5.3	3.6			373	E
			Sc		I	28.25			1413	5	282	304	4						457	A ⋆
			Sc		I	21.40		0	1412			295	4		5.3	3.2			515	G ⋆
			SXc	50	I	21.4	1.8	0	1410	4	278	301	4		3.7	0.8			523	J ⋆
UGC 5308	09 50 48	+08 05 53	S		I	3.188		0	5359		58	84	4		1.2	1.2			475	A ⋆
								0	5358										490	A
UGC 5310	09 51 00	+79 32	SBb	42	S	±	9.0	3100	−	6600					1.2	0.9			384	G
NGC 3044	09 51 04.8	+01 48 57	SBc	79	I	49.0		0	1292	6	330			11.	6.2				273	A
			Sc	84	M	1.30		0	1318	20				11.9					324	N
			SBc	90	I	50.5	4.1	0	1290	3	332	335	4		4.8	3.0			523	J ⋆
			Sc		I	44.5	0.5	0	1291			355	4		4.7	0.8			503	G
UGC 5313	09 51 07.4	+23 37 10			I	2.60		0	3962		243	225	3						467	A ⋆
IC 573	09 51 09	−12 16	SBc	62	S	±	5.3	0	−	6400					1.2	0.6			466	G
Anon 0951+68	09 51 12	+68 50	dE	69	F	2.5		0	−83	9	35				3.25	4.5	1.8		296	J ⋆
NGC 3027	09 51 15.8	+72 26 26	SBd	62	I	95.2		0	1059			228	4	16.2	4.0				203	G ⋆
								0	1072	20									42	N
			SBd	58	M	6.0	2.0	0	1061	20				17.					35	N
			SBd	58	F	21.70	1.74	0	1057	10		234	4	12.1	6.4	3.5			373	G
			SBd	61	I	85.4		0	1056			270	5	14.0					417	G
			SBd	62	F	94.0	10.0	0	1058	4	223	245	4				115	123	555	W
NGC 3061	09 51 18.1	+76 06 08	SBc	21	I	11.8		0	2465			267	5	26.3					417	G
					I	12.36		0	2448		224	207	3						498	G ⋆
			SBc	26	I	18.4	2.1	0	2420	8	197	230	4		2.0	1.8			384	G ⋆
NGC 3031	09 51 27.6	+69 18 13	Sab	68	I	266.8			−38	9	425	450	4	4.2	26.8				80	G ⋆
				59	M	2.6			−40	5				3.25			245	332	185	W ⋆
			Sb	58	M	4.9		0	−31	6				3.25			250	151	102	O ⋆
			Sb	59	I	600	600.	0	−40					3.3	35.	14.4			87	H ⋆
			Sab	55										3.25			260		336	G ⋆
			Sab		M	1.8								2.9					85	N
			Sab	55	M	2.3			−40					3.25	35.			152	184	W ⋆
			Sb	30				8	−45						2.6				282	D
			S		M	1.35	0.4	3	−40						26.	14.			360	D
			Sab	57	F	205.0	21.0	0	−34	9	422			3.25	35.	14.4		337	296	J ⋆
			Sb		M	2.6			−45		50			1.30	35.	14.			307	H ⋆
			Sab		I	264.4	0.4	0	−1			477	4		26.0	14.0			503	G
NGC 3031/34/77			Mult		I	3982		0	29			440	5		35.	14.4			183	G ⋆
UGC 5320	09 51 29.3	+23 31 33			I	5.60		0	4140		319	299	3						467	A ⋆
NGC 3034	09 51 43.5	+69 55 04	I0		M	0.34	0.1		220	20				3.25	13.	8.		62	70	C ⋆
			I0					0	230			240	5		13.4	8.5			183	G ⋆
			I0		M	1.4			205	5		300	1	3.24	13.4	8.5		63	104	O ⋆
			I0	80	M	0.63			205		200	279	4	3.24	13.4	8.5			71	O ⋆
			I0		I	700	140.	0	184	15	150			3.3	13.4	8.5	200		87	H
			I0					0	180	20					13.4	8.5			106	N ⋆
			I0	90	M	1.1	0.2	3	190	5		300	4	2.6	13.4	8.5			360	D ⋆
			I0	82	F	68.0	7.0	0	183	9	147			3.25	13.4	8.5		22	296	J ⋆
								0	222	20									356	G ⋆
			Pec		M	2.6		0	70	50				4.					85	N
			S0/a					5	267						13.0	6.0			503	G
NGC 3052	09 52 06.0	−18 24 09	Sc	43	M	2.97		0	3705	20				36.3					324	N
			SXc		S	±	18.0	−400	−	3000					3.5	2.4			373	G

Table 1 cont.

Name (1)	R.A. (2)	Dec. (3)	Type (4)	i (5)	HI-flux			v			Δv			Dist (15)	a (16)	b (17)	Vmax (18)	Pos (19)	Ref (20)	(21)
					(6)	(7)	(8)	(9)	(10)	(11)	(12)	(13)	(14)							
NGC 3052			SXc	43	I	≤11.4		5	3586					66.6	2.1				320	P
			Sc	51	I	11.63	1.4	0	3778	8		300	4		2.8	1.8			466	G ★
			SXc	43	I	13.3	1.1	0	3777	6	274	316	4		2.1	0.3			523	J ★
NGC 3049	09 52 10.3	+09 30 55	Sb	52	I	13.63		0	1495			238	4	26.8	2.5	1.6		25	393	G
			Sb	52	I	11.3		0	1496			212	4	26.8	2.5	1.6		25	393	A
			SBab	49	I	14.8		0	1486			266	5	13.3					417	G
			SBbc	51	I	8.70		0	1494			214	4		2.5	1.6			471	A ★
			SBb		I	12.4		0	1496			212	5		2.5	1.6			488	a ★
			SBb		I	10.10		0	1498		200	216	4		2.5	1.6			489	A ★
NGC 3054	09 52 12.0	−25 27 57	Sb	50	I	≤11.6		5	2199					43.7	3.9				320	P ★
			SXb		S	±	18.0	−400	−	3000					5.6	3.7			373	B
			Sb	50	M	0.72		0	2440	35				22.8					324	N
			SXb	50	I	21.8	1.9	0	2429	4	383	409	4		3.9				473	J ★
UGC 5326	09 52 28	+33 30 01	Im		I	4.04		0	1411		101	124	4		1.1	0.9			489	A ★
			Im	28	I	3.65		0	1413	5	101	126	4	20.	2.1	1.9			508	A ★
Mark 711	09 52 30.0	+13 40 00			S	14.0		5	5816										471	A
NGC 3055	09 52 40.9	+04 30 31	Sc	52	M	0.85		0	1832	20				17.4					324	N
NGC 3043	09 52 41.3	+59 32 40						0	2994										400	G
			Sb	71	I	4.3		0	2995			319	5	30.9					417	G
					I	4.32		0	2996		284	198	3						498	G ★
			Sb		I	5.4	0.4	0	3008			316	4		1.9	0.5			503	G
IC 2522	09 52 58	−32 54	Sc	54	I	45.2	5.4	0	3000	21		342	4	54.3	2.8				320	P ★
			SXcd	59	F	10.57	2.37	0	3018	25		331	4	27.3	6.3	3.4			373	B
			SBc	55	I	45.5	3.7	0	3016	4	281	310	4		2.8	0.7			523	J ★
UGC 5332	09 53 05.4	+16 39 00		78	F	0.41		0	1105		66	77	4	13.1	2.4				213	G ★
			Im		S	±			1105						2.0	0.6			515	G ★
Anon 0953+00	09 53 18	+00 28			I	≤1.0		3140	−	7000					0.8	0.1			327	A
IC 2520	09 53 28.6	+27 28 00			I	6.04		0	1238		201	147	3						467	A ★
NGC 3060	09 53 35.3	+17 04 11		84				0	3686	5	476	502	4				233	78	555	A
UGC 5336	09 53 36.1	+69 17 12	Im		F	19.0	4.0	0	50	9	50				3.25	4.5			296	J ★
			Im		F	≤1.5		−400	−	3000					4.3				89	G
			dI	73	M	0.4			40		140				3.25				102	O ★
			Im					−400	−	3000					4.4	4.0			373	G
ESO 566-G 30	09 53 49.3	−21 44 50	Sc	62	I	≤60.0									2.0	1.0			310	P
UGC 5341	09 53 49.7	+20 53 10			I	11.03		0	7568		623	605	3						467	A ★
UGC 5340	09 53 52.2	+29 03 48	Im	61	F	7.06	0.63	0	504	10	84			9.0	3.8	1.82			89	G
			Im p	64	F	7.18	0.66	0	504	10		113	4	4.4	3.9	1.8			373	G
			Im	59	I	29.1	0.52	0	502	5	88	111	4		2.57	1.38			377	E ★
			Im p		I	29.0		0	502			103	4	9.1	3.9				487	B
			Pec		I	18.49		0	503		74	99	4		2.6	1.1			489	A ★
UGC 5343	09 54 01.6	+17 02 50			I	4.13		0	3748		231	210	3						467	A ★
				65				0	3747	6	215	242	4				112	115	555	A
MCG−01−26−002	09 54 21	−06 56	Sab	76	S	±	3.1	0	−	6400					1.9	0.6			466	G
UGC 5344	09 54 24	+15 48	I0	9	M	2.71			4106		36	55	4						435	A ★
			Sc		I	1.817		0	4105		36	55	4		1.1	1.0			475	A ★
Anon 0954+36	09 54 30	+36 19	Mult		I	2.4		0	5730	10		274	4		0.6	0.2			78	A ★
Anon 0954+45	09 54 31	+45 28 41	Mult		I	3.1	1.2	0	7260		380								469	G ★
IC 2524	09 54 36.0	+33 51 24		46	F	0.93	0.15	0	1487		124	202	4	19.6	0.73	0.53			347	A ★
Anon 0954+07	09 54 42.8	+07 25 39	Comp		F	0.38	0.05	0	6459			236	4		0.49				154	A ★
			S0/a		I	2.2	0.9		6518			125	4						114	G ★
Mark 412	09 55 04.8	+32 38 42			S	12.0		5	4497										471	A
Anon 0955+00	09 55 06	+00 14			I	≤1.0		3140	−	7000					0.6	0.1			327	A
UGC 5349	09 55 06.6	+37 31 55	Sm	69	F	3.65	0.55	0	1381	15		220	4	13.6	3.9	1.5			373	G
NGC 3067	09 55 26.0	+32 36 30	Sb	68	I	7.5	1.0	0	1456	5		267	4	28.3	2.5		151	102	408	A ★
			I0	67	I	11.0			1470	20	250			28.7	3.7				241	E
			SXab	65	I	10.0	2.0	0	1484	14	239			15.	3.4				273	A
			Sab		I	13.8		0	1475	20		259	4						232	N ★
			Sb		I	5.40		0	1492			258	4		3.8	1.5			515	G ★
ESO 435-G 14	09 55 33	−28 16	Sc	90	S	±	8.0	−100	−	4600					2.9	0.4			466	E
UGC 5354	09 55 41.9	+47 58 32						0	1172										400	G
UGC 5357	09 56 00	+05 30			I	18.93		0	1170		188	168	3		1.1	0.3			498	G ★
					I	≤1.0		4700	−	8550									327	A
ESO 499-G 26	09 56 04.0	−24 56 19	SBd		S	±	18.0	−400	−	3000					4.3	1.2			373	B
			Scd	90	I	8.1	1.1	0	2384	10	156	189	4		3.7	0.6			466	E ★
				83	M	10.23		1	2143			358	4	42.9	2.3	0.3			535	P
NGC 3078	09 56 05.1	−26 41 13	E		M	≤0.3		6	2231					22.3					418	P
UGC 5358	09 56 06	+11 37 45	SBb		I	4.724		0	2914		201	217	4		1.7	1.1			489	A ★
UGC 5361	09 56 12	+25 28			S	±	4.0	2400	−	9400									490	A
NGC 3075	09 56 14	+14 39 38	Sc		I	13.96		0	3582		270	303	4		1.2	0.8			489	A ★
UGC 5364	09 56 29.0	+30 59 07		54	M	0.019	0.003		23	3	19	52	4	1.1	7.0	4.5		94	11	C ★

Table 1 cont.

Name (1)	R.A. (2)	Dec. (3)	Type (4)	i (5)	(6)	HI-flux (7)	(8)	(9)	v (10)	(11)	(12)	Δv (13)	(14)	Dist (15)	a (16)	b (17)	Vmax (18)	Pos (19)	Ref (20)	(21)
UGC 5364			Im	50	F	15.45	1.50	0	26	10	26				1.5	7.0	4.48		89	G
			Im	52	F	16.54	1.30	0	28						1.0	7.0	4.4		373	G
			Im		M	0.019									1.1				415	V
			Im		I	31.00		0	10		42	66	4		5.5	3.5			489	A ★
			Im		I	56.55		0	24			34	4		7.0	4.2			515	G ★
NGC 3077 BR	09 56 34.8	+68 55 55	Other		M	0.5			40					3.25					124	W ★
UGC 5365	09 56 36	+03 32			F	≤1.0		−400	− 3000										213	G
UGC 5367	09 56 42	+45 31			I	3.31		0	7027		259		5	77.9					518	G
NGC 3074	09 56 43.4	+35 37 57	Sc	36	I	13.26	1.3	0	5150	15	150		4		2.1				188	G ★
			SXc		S	± 18.0		−400	− 3000						3.7	3.4			373	B
					I	10.39		0	5141		144	124	3						467	A ★
			SXc	25	I	15.7	1.3	0	5143	4	130	164	4		2.5	0.3			523	J ★
NGC 3081	09 57 10.1	−22 35 10	SBa	35	I	17.7	2.2	0	2359	10	255	276	5	7.6	2.7	2.2			346	E ★
								0	2389	20									324	N
			SBa	36	I	11.0		0	2386		212	232	4		2.2	1.8			538	P ★
NGC 3080	09 57 14.2	+13 17 05	Sa	18	F	0.45	0.05	0	10629			189	4		1.8				154	A ★
					I	2.25		0	10634		178	156	3						467	A ★
UGC 5373	09 57 22.9	+05 34 22	Im	50	I	112.0		0	302			58	4	2.4	6.0	4.0		110	393	A
			Im	40	F	19.71	1.27	0	295	10	39		4	1.5	7.7	5.93			89	G
			IXm	70	M	0.09		0	301		40	66	4	1.81	7.7		42	240	376	E ★
			IBm	41	F	21.23	1.35	0	302	5		63	4	1.3	7.8	6.0			373	B
			Im	18	M	0.045								1.57			+90		66	V ★
			Im	48	I	75.3		0	302			100	5	1.3					417	G
			Im	48	I	92.4		0	301			85	5	1.3					417	B
			IBm		I	100.0		0	301			60	4	2.8	7.8				487	B
			Sm		I	112.0		0	302			58	5		6.0	4.0			488	a ★
			Im		I	89.90		0	301			62	4		7.8	5.5			515	G ★
NGC 3073	09 57 29.2	+55 51 30	E1		F	0.88	0.35	0	1217		200	218	4	17.5	1.52	1.44			347	G ★
			S0		I	1.8	0.2	0	1174	20		102	4	12.					536	V ★
NGC 3065	09 57 34.6	+72 24 40	S0	22	I	≤18.0		5	2002					21.9					417	G
					I	7.80		0	2000		353	299	3						498	G ★
IC 2531	09 57 41	−29 22 30	Sc	90	F	12.58	3.73	0	2477	15		491	4	22.0	9.8	1.8			373	B
				90	I	40.3		1	2190		492	535	4	31.5	6.6	0.7			552	P ★
UGC 5376	09 57 51	+03 36 56	S/Irr		I	12.63		0	2050		372	393	4		2.1	0.7			489	A ★
MCG+09-17-009	09 57 51	+55 57 45	S		I	3.6	1.6	0	1303	10		131	4	12.					536	V ★
NGC 3066	09 57 51.9	+72 22 00	Sc		F	1.44	0.38	0	2092		69	168	4	30.2	1.23	1.15			347	G ★
			SXbc p	21	I	6.4		0	2093			199	5	21.9					417	G
					I	7.63		0	2004		344	98	3						498	G ★
NGC 3095	09 57 52.6	−31 18 45	Sc	47	I	21.8	2.8	0	2721	23		353	4	48.8	3.2				320	P ★
			SXc		S	± 18.0		−400	− 3000						5.3	4.5			373	B
			SXc	48	I	41.1	6.4	0	2724	6	341	360	4		3.2	0.6			523	J ★
UGC 5378	09 57 55.1	+04 38 51			I	4.13		0	4161		274	262	3						467	A ★
UGC 5377	09 57 55.3	+03 26 40						0	2131										490	A
					I	5.14		0	2144		177	148	3						467	A ★
UGC 5380	09 57 57.9	−01 55 14	SBab	44	I	0.83	0.46	0	6233	20		119	4		1.1	0.8			466	G ★
			S	45	I	2.75	0.46	0	10729	10		328	4		0.5				466	G ★
MCG-02-26-012	09 58 12	−14 43 30	Sc	48	I	5.54	0.74	0	9100	15		355	4		1.9	1.3			466	G ★
			Sc	57	I	6.71	1.0	0	9084	15		314	4		1.5				188	G ★
UGC 5385	09 58 20.7	+17 10 47			I	2.40		0	7850		292	267	3						467	A ★
Anon 0958+47	09 58 21.7	+47 14 10			I	1.4	0.4	0	3396			229	4						503	G
NGC 3079	09 58 35.4	+55 55 11	Sc	85	I	109.2		0	1131			488	4	16.1	5.2				203	G ★
				85	I	109.0	10.0								5.2				203	D
			SBm	86	F	26.41	1.78	0	1125	10		478	4	12.0	11.0	2.3			373	B
			SBm	83	M	2.9	2.9	0	1170					11.					85	N
			SBc	85	I	126.2	9.7	0	1118	3	437	482	4		7.6	4.5			523	J ★
			S		I	109.0	5.0	0	1132	5		493	4	12.					536	V ★
			SBc		I	97.5	0.5	0	1120			498	4		8.7	1.6			503	G
UGC 5389	09 58 36	+39 52						0	6982										400	G
					I	5.07		0	6978		374	345	3						498	G ★
NGC 3094	09 58 42.0	+26 45 21			I	6.957		0	2404			266	4	36.2	1.6	1.2			562	A ★
			SBa		I	9.4		0	2403		243				1.7	1.1			419	A
			SBa		I	10.11			2409	5	244	268	4						457	A ★
UGC 5391	09 58 42	+37 30	Sm	66	F	3.84	0.55	0	1569	20		223	4	15.5	3.5	1.5			373	G
ESO 567-G 02	09 58 46	−17 45 48	Im	59	S	± 4.4		0	− 6400						1.1	0.6			466	G
UGC 5393	09 58 48	+33 22	SBm	55	F	3.03	0.64	0	1448	25		173	4	14.1	3.5	2.1			373	G
UGC 5396	09 59 00.0	+10 59 47			I	5.25		0	5402		355	339	3						467	A ★
			Sc		I	5.67		0	5399		334	352	4		1.7	0.5			489	A ★
ESO 567-G 06	09 59 11	−20 08 36	Sc	90	S	± 33.0		−100	− 4600						2.6	0.4			466	G
NGC 3077	09 59 21.5	+68 58 32	I0		I	356.6		0	10			110	5		8.8	8.0			183	G ★
			I0		M	0.01	0.02		15	5	44	70	4	3.25	8.8	8.0		45	68	C ★

Table 1 cont.

Name (1)	R.A. (2)	Dec. (3)	Type (4)	i (5)	(6)	HI-flux (7)	(8)	(9)	v (10)	(11)	(12)	Δv (13)	(14)	Dist (15)	a (16)	b (17)	Vmax (18)	Pos (19)	Ref (20)	(21)
NGC 3077			I0					0	15					3.3	8.8	8.0		60	73	J ★
			I0		M	0.02	0.06	0	10	3	67	103	4	3.2	8.8	8.0			76	J ★
			I0	38	F	95.0	10.0	0	19	9	70			3.25	8.8	8.0		74	296	J ★
			I0		M	0.5	0.075		−10		58			3.25	8.8	8.0			124	W ★
			S0/a		I	142.7	5.7	0	15			107	4		6.0	4.5			503	G
NGC 3098	09 59 28.2	+24 57 06	S0		F	1.14			1311			346	4	15.0	3.28				309	N
			S0	90	I	≤25.0		5	1310					12.3					417	G
			S0		I	≤0.7		5	1401						2.6	1.8			419	A
			S0		S	±	0.64	5	1401						2.3	0.6			488	A
			S0		I	≤1.58		5	1401						2.1				501	A
UGC 5401	09 59 45.6	+19 16 42		65	F	1.00		0	2010		145	158	4	25.3	2.6				213	G ★
UGC 5402	09 59 48	+79 30	Sb	48	S	±	9.0	3100	−	6600					1.6	1.1			384	G
NGC 3057	09 59 53.4	+80 31 53	SBdm	34	F	2.50	0.53	0	1529	15		149	4	17.2	4.1	3.4			373	G
			SBdm	33	F	2.33	0.52	0	1529	15	132			33.7	4.1	3.44			89	G
			SBdm	36	F	13.6	1.6	0	1519	6	139	155	4		2.8	2.3			384	E ★
UGCA 193	10 00 12.0	−05 46 00	Sd	90	F	5.03	0.84	0	666	15		157	4	4.5	4.9	0.9			373	G
			Sd	90	I	21.4	1.1	0	653	5	130	144	4		2.33	0.33			377	E
			Sdm	90	S	±	13.0	5	666	15					3.3	0.4			466	E
			Sdm	90	M	20.06	2.3	0	662	5		141	4		3.3	0.4			466	G ★
			Sd		I	18.79		0	664			142	4		4.9	1.0			515	G ★
UGC 5408	10 00 22.0	+59 40 50	Comp		F	1.1	0.7	0	2602	20				39.	1.1		90		60	N
UGC 5409	10 00 24.5	+11 00 34			I	3.19		0	3001		211	83	3						467	A ★
UGC 5411	10 00 32.3	−02 09 27	S	65	S	±	3.7	0	−	6400					1.5	0.7			466	G
NGC 3109	10 00 49.5	−25 55 04	Im		M	0.6		0	404		88	113	4	2.2	14.1	3.1			226	P ★
			Im	81	F	328.0	16.0	0	403	2	123	139	4	2.2	25.4			79	79	J ★
			Im	90	M	2.2		0	401	5				2.2	10.	2.			72	P ★
			Im		I	1280.	150.	0	403	10	126	167	4	2.2	23.	3.	90		87	H ★
			Im	90	M	2.5								2.2	9.2		54		116	E ★
			Im	90	M	2.2			403	2				2.2	23.	3.		93	238	N ★
			Im	71	F	195.7	9.83	0	403	10	101			1.5	17.2	5.68			89	B
			Im		F	199.0	12.0		407		103	145	4						275	I ★
			Sm	74	M	1.9		0	404	5	124	149	4	2.2	14.5	3.6	56		278	E ★
			SB/Ir	90					408					2.2	23.	3.	62		364	O ★
			Sm	74	M	1.90		0	403		117	134	4	2.2	17.2		56	273	376	E
			SBm	81	I	980.0	1.60	0	404	2		107	4	2.6	10.7				320	P ★
			Im	74	F	227.14	9.83	0	403	7		124	4	1.3	19.0	6.2			373	B
			Im		M	2.3								2.8					85	N
			SBm	80	I	678.7		0	404	1				1.7	13.3	2.8	57	92	491	P ★
NGC 3104	10 00 55.7	+41 00 01	Im	46	F	6.61	2.31		630	20		200	9	7.4	3.5				22	N
			Im	49	F	5.72	0.89	0	618	7		118	4	6.2	5.1	3.4			373	G
			IXm		I	24.10		0	604			121	4		5.2	3.1			515	G ★
ESO 567-G 10	10 00 58	−21 11 18	SXd		F	0.71	0.30	0	3069	20		67	4	28.1	2.0	2.0			373	B
UGC 5421	10 01 18	+55 34	Sm					0	1120						3.0	0.6			373	G
UGC 5428	10 01 18.0	+66 47 53	Im		F	≤1.5		1200	−	3000					1.8				89	G
			Im		S	±	18.0	−400	−	3000					1.7	1.7			373	G
UGC 5423	10 01 24.0	+70 37 00	dI		M	0.0045			333	5	28			3.25	2.8				145	E ★
			Im	40	I	2.8	0.85	0	343	5	67	89	4	3.5	1.10	0.85			377	E ★
			Im		I	4.19		0	344			70	4		2.2	1.5			515	G ★
ESO 499-G 37	10 01 25.0	−26 47 26	Sd	66	F	10.72	1.02	0	961	10		203	4	6.9	5.5	2.4			373	B
				72	M	2.09		1	676			210	4	13.5	3.1	1.0			535	P
IC 2537	10 01 35.5	−27 19 32	Sc	44	I	26.5	3.4	0	2768	23		352	4	49.8	2.7				320	P ★
			SXc	41	F	5.16	1.38	0	2809	30		358	4	25.3	4.5	3.4			373	B
UGC 5425	10 01 40.1	+13 51 51			I	2.0		1	2670		210			48.5	0.8	0.7			30	A ★
			Sbc	36	I	≤10.0		5	2713					25.8					417	G
			Sa		I	5.5		0	2782			298	5		0.8	0.7			488	A ★
UGC 5427	10 01 48.1	+29 36 34			I	2.64		0	493		90	75	3						467	A ★
								0	498										490	A
Anon 1001−64	10 01 54.0	−64 43 00	Sa	62				1	2152	20				26.8	2.0	1.1			528	P
Zw 36-030	10 02 06	+05 36			I	≤1.0		4700	−	8550					0.6	0.1			327	A
NGC 3113	10 02 10.0	−28 12 01	Sd	63	I	37.5	4.7	0	1093	16		258	4	16.3	3.0				320	P ★
			Sdm	63	F	8.33	1.04	0	1088	10		215	4	8.1	5.4	2.6			373	E
UGC 5433	10 02 21.4	+22 21 53			F	≤1.0		−400	−	3000									213	G
					I	2.40		0	4012		191	170	3						467	A
								0	3983										490	A
UGC 5434	10 02 27.6	+21 42 00			I	5.38		0	5580		277	255	3						467	A ★
UGC 5436	10 02 37	+19 31 45	S		I	8.644		0	3767		290	311	4		1.5	0.6			489	A
Zw 36-033	10 02 42	+02 44			I	≤1.0		4700	−	8550					0.6	0.3			327	A ★
UGC 5437	10 02 43.5	+27 45 43			I	3.46		0	6348		210	199	3						467	A
								0	6347										490	A
NGC 3115	10 02 44.5	−07 28 32	E/S0		F	≤1.6		7	422					5.6					95	B ★

Table 1 cont.

Name (1)	R.A. (2)	Dec. (3)	Type (4)	i (5)	(6)	HI-flux (7)	(8)	v (9)	(10)	(11)	Δv (12)	(13)	(14)	Dist (15)	a (16)	b (17)	Vmax (18)	Pos (19)	Ref (20)	(21)
NGC 3115			S0	90	M	≤0.6		0	658					7.6	9.0				246	N
			E/S0		M	0.096	0.026	0	658		255		5	4.2	6.5	2.1			76	J
			S0		M	0.27	0.27	0	680					7.6					85	N
			S0	71	S	±	1.8	5	655	8					8.4	3.2			466	G
UGC 5439	10 03 00	+00 19			F	≤1.0		−400	−	3000									213	G
			E		S	±	18.0	−400	−	3000					4.8	4.8			373	G
UGC 5440	10 03 00	+04 31			S	±	4.0	400	−	7400									490	A
UGC 5442	10 03 00	+68 05			F	≤1.0		−400	−	3000									213	G
			Im		S	±	18.0	−400	−	3000					3.0	1.6			373	G
UGCA 200	10 03 12	−07 30	Im		S	±	18.0	−400	−	3000					1.8	1.2			373	G
ESO 567-G 13	10 03 25	−18 00 12	S	46	I	6.96	0.85	0	4941	6	270		4		1.7	1.2			466	G ★
UGCA 201	10 03 26.5	+29 11 20		44	M	0.0618	0.003		1372	2	87		4	17.5	0.58	0.55			293	A ★
					F	0.08	0.08	0	1354		120	143	4	17.4	0.58	0.54			347	A ★
Zw 36-039	10 03 42	+04 04			I	≤1.0		4700	−	8550					0.6	0.5			327	A
ESO 37-G 10	10 03 46.0	−75 14 08		44	M	5.20		1	1527		201		4	30.5	2.0	1.4			535	P
				44	M	4.79		1	1537		179		4	30.7	2.0	1.4			535	P
Anon 1004+10	10 04 00	+10 00	I0 p	61	M	0.043	0.011	0	522					7.9	3.6	1.9			382	G
NGC 3118	10 04 17	+33 16 27	Sbc		I	18.15		0	1342		201	232	4		2.5	0.3			489	A ★
NGC 3124	10 04 17.3	−18 58 38	Sbc	32	I	28.0	1.2	0	3557	7	304		4	66.0	3.3				320	P ★
								0	3570	15									359	G
			SXbc		S	±	18.0	−400	−	3000					4.5	3.8			373	G
			Sbc	32	M	6.26		0	3562	20				34.8					324	N
NGC 3125	10 04 18.0	−29 41 30		57	I	≤9.3		5	1110						1.5				320	P ★
UGC 5454	10 04 29.5	+12 54 26			I	3.83		0	2791		146	129	3						467	A ★
Anon 1004+06	10 04 36	+06 21			I	≤1.0		4700	−	8550					0.8	0.1			327	A
UGC 5455	10 04 36.0	+70 53 00	Im		F	2.40	0.44	0	1291	15	72		4	14.4	3.0	3.0			373	G
			Im		I	6.00		0	1291		78		4		3.1	3.1			515	G ★
IC 591	10 04 46.8	+12 31 15	S		I	1.50			2854	5	121	182	4						457	A ★
					I	1.97		0	2830		213	188	3						467	A ★
UGC 5460	10 04 54.8	+52 05 24						0	1092	10									359	G
			SBd	22	F	3.29	0.55	0	1094	15	110		4	11.5	3.9	3.6			373	G
					I	13.80		0	1095		111		4		3.9	3.5			515	G ★
Anon 1004+17	10 04 55.3	+17 20 43	Comp		F	≤0.07		5	7800						4.6	2.5			154	A
UGC 5459	10 04 55.7	+53 19 36	SBc	80	I	45.5	3.7	0	1109	2	265	284	4		4.3	0.5			523	J ★
			Sc		I	43.3	0.3	0	1118		292		4		6.0	1.2			503	G
			Sc	90	F	11.48	1.35	0	1121	15	280		4	11.8	6.0	1.2			373	G
			Sc		I	47.80		0	1109		290		4						515	G ★
UGC 5461	10 05 02.6	+29 42 17			I	4.46		0	4799		283	268	3						467	A ★
UGC 5463	10 05 12	+78 25		74	S	±	12.0	3100	−	6600					1.2	0.4			384	G
Zw 350-041	10 05 12	+78 25		64	S	±	10.0	3100	−	6600					1.05	0.5			384	G
UGC 5464	10 05 15.7	+29 47 13	Sm		F	≤1.5		−400	−	3000					2.5				89	G
					S	±	18.0	−400	−	3000					2.5	1.6			373	G
					I	3.09		0	1004		119	106	3						467	A ★
								0	1018										490	A
Anon 1005+00	10 05 18	+00 40			I	≤1.0		1720	−	5570					0.9	0.1			327	A
IC 592	10 05 26.5	−02 15 09	Sbc	26	I	2.75	0.46	0	6050	8	149		4		1.0	0.9			466	G ★
NGC 3126	10 05 27.3	+32 06 32	Sb		I	11.45		0	5188		632		4		2.9	0.5			393	G ★
			Sb	84	I	4.1		0	5377		325		5	53.3					417	G
			Sb		I	7.8		0	5169		596		5		2.9	0.5			488	A ★
IC 593	10 05 46.0	−02 16 50	S	30	I	3.24	0.47	0	6078	10	263		4		0.8	0.7			466	G ★
UGC 5470	10 05 46.7	+12 33 10	dE		F	≤1.5		1200	−	3000					12.0				89	G
			dE		S	≤20.4		−475	−	475				0.220	7.				133	G
			E		S	±	18.0	−400	−	3000					12.0	9.4			373	G
NGC 3131	10 05 52	+18 28 33	SBb		I	4.631		0	5098		522	551	4		2.3	0.7			489	A ★
IC 594	10 06 01.3	−00 24 40	SBbc	65	I	2.74	0.46	0	6426	5	384		4		1.1	0.5			466	G ★
			SBab		I	2.6		0	6447		472		5		1.1	0.5			488	A ★
UGC 5474	10 06 07.9	+32 44 23			I	4.52		0	5893		169	148	3						467	A ★
UGC 5478	10 06 39.0	+30 23 47	Im	26	F	1.93	0.31	0	1371	15	46			26.5	2.9	2.61			89	G
			Im	26	F	1.67	0.31	0	1381	10	80		4	13.3	2.9	2.6			373	G
			Im		I	6.499		0	1374		53	69	4		1.8	1.6			475	A ★
			Im		I	7.20		0	1378		75		4		2.9	2.6			515	G ★
NGC 3137	10 06 51	−28 49 06	Sd	64	F	29.14	2.01	0	1109	10	269		4	8.3	8.5	3.9			373	B
Zw 350-044	10 06 54	+77 55			S	±	10.0	3100	−	6600									384	G
UGC 5481	10 06 59.7	+30 34 07			I	3.43		0	6305		563	536	3						467	A ★
UGC 5482	10 07 23.5	+32 31 24			I	6.94		0	1458		120	105	3						467	A ★
								0	1475										490	A
UGC 5483	10 07 30	−02 13	S	0	I	2.58	0.46	0	6227	10	106		4		1.0	1.0			466	G ★
			S	0	I	3.5	0.56	0	6241	11	85	135	4		1.0	1.0			384	G ★
IC 2554	10 07 33.0	−66 46 30	Sc	64	I	29.3	3.5	0	1378	24	400		4	21.9	4.1				320	P ★
					M	4.19		1	1095		411		4	21.9	2.4	0.9			535	P

Table 1 cont.

Name (1)	R.A. (2)	Dec. (3)	Type (4)	i (5)	(6)	HI-flux (7)	(8)	(9)	v (10)	(11)	(12)	Δv (13)	(14)	Dist (15)	a (16)	b (17)	Vmax (18)	Pos (19)	Ref (20)	(21)
IC 2550	10 07 37.8	+28 12 13			I	2.70		0	4788		269	257	3						467	A ★
NGC 3145	10 07 43	−12 11 18						0	3648	25									359	G
			Sbc	60	M	4.71		0	3664	20				36.0					324	N
			SBbc	60	S	±	12.0	5	3651	11					3.4	1.8			466	E
			SBbc	60	I	14.26	1.7	0	3651	5	464		4		3.4	1.8			466	G ★
ESO 263-G 13	10 07 43.9	−42 33 46	Sb	37	I	≤60.0									1.8	1.4			310	P
IC 2551	10 07 53.2	+24 39 50			I	2.45		0	6319		383	223	3						467	A ★
				32	I	2.67		0	6375			319	4		1.3	1.1			471	A ★
UGC 5489	10 07 54.7	+20 19 02	Sa		I	6.72			3830	5	414	435	4						457	A ★
					I	6.07		0	3820		442	427	3						467	A ★
Anon 1008−39	10 08 16.0	−39 27 03		70	M	85.64		1	5774			175	4	115.5	0.9	0.3			535	P
ESO 500-G 06	10 08 16.0	−25 34 40	Sm	34	F	1.56	0.44	0	2516	10	66			45.8	3.3	2.74			89	B
			Sm	35	F	2.15	0.42	0	2514	15		74	4	22.4	3.5	2.9			373	B
			Sd	37	I	8.4	0.99	0	2521	2	64	89	4		3.2	2.6			466	E ★
Mark 27	10 08 31.8	+58 58 54		60	F	0.36	0.20	0	2096		62	146	4	29.4	0.35	0.19			347	G ★
DDO 75	10 08 32.0	−04 27 45	Im	36	I	140.0	5.0	0	325	5	46				1.32	4.8		47	533	V ★
					I	220.0	10.0												533	D
			Im		I	300.0	80.0	0	325	8	75			2.0	9.3	8.6	60		87	H ★
			IBm	23	F	33.65	2.27	0	321	10	43			1.5	9.3	8.56			89	G
			Im						320						1.0	6.2	5.7			365	O ★
			IBm		M	0.16		0	323		49	67	4	1.6	9.3				376	E ★
			IBm	24	F	37.61	2.40	0	325	5		64	4	1.1	9.4	8.5			373	B
			IBm		M	0.06	0.02	0	330	13				1.2					85	N
			Im		I	140.0			325									47	478	V ★
			Im		I	230.0													478	D
			IBm		I	190.0		0	324			66	4	2.3	9.4				487	B
			Im		I	172.4		0	325			65	4		9.4	8.5			515	G ★
					I	5.40		0	137			56	4						515	G ★
UGC 5490	10 08 38.1	+31 02 20			I	3.43		0	5115		225	211	3						467	A
								0	5115										490	A
Anon 1008+00	10 08 40	+00 12 55	Mult		S	±	6.1	4800 − 11700											469	G
DDO 76	10 08 42	−13 32 30	Im		F	≤1.5		1200 − 3000							3.2				89	G
			Im		S	±	18.0	−400 − 3000							3.7	1.5			373	G
			SBcd	69	I	7.72	0.99	0	3628	8		350	4		2.2	0.9			466	G ★
UGC 5493	10 08 43.6	+00 41 27						0	3636	10									359	G
			SXbc		I	5.537		0	3649		232	263	4		1.7	1.4			489	A ★
Anon 1008−25	10 08 54.0	−25 34 36		70	M	6.04		1	2259			92	4	45.2	3.4	1.1			535	P
UGC 5495	10 09 06	+16 41	Sc		S	±	18.0	−400 − 3000							4.4	0.8			373	G
Zw 8-064	10 09 12	−02 30		26	I	7.8	1.1	0	3197	12	285	400	4		1.0	0.9			384	G ★
UGC 5499	10 09 28.0	+28 06 33			I	12.05		0	4752		443	424	3						467	A ★
Zw 8-066	10 09 30	−01 54		0	S	±	10.0	3100 − 6600							0.7	0.7			384	G
NGC 3197	10 09 32.3	+78 04 08	Sb	39	S	±	11.0	3100 − 6600							1.4	1.1			384	G
NGC 3156	10 10 05.6	+03 22 42	E5		M	0.057		5	1135		690			13.3	2.1	1.2			249	A ★
			E5		M	≤0.043		5	1174					13.2					134	A
			E5		I	≤0.7		5	1296						2.1	1.2			419	A
Zw 36-061	10 10 06	+07 21			I	≤1.0		4700 − 8550							0.6	0.3			327	A
Anon 1010+22	10 10 06	+22 58	Sd		I	2.0		0	1296	8		166	4		0.6	0.2			78	A ★
NGC 3153	10 10 09.5	+12 55 00						0	2806	15									359	G
			Sc	63	F	2.93	0.60	0	2811	15		247	4	26.7	3.5	1.7			373	G
			Sc		I	13.88			2811	5	254	272	4						457	A ★
			Sc		I	15.40		0	2806			277	4		3.5	1.4			515	G ★
UGC 5504	10 10 11.0	+07 21 00			I	4.32		0	1545		162	149	3						467	A ★
UGC 5506	10 10 14.9	+05 02 20			I	2.20		0	9576		516	488	3						467	A ★
Anon 1010−47	10 10 17.9	−47 03 00	Sc	90				1	2497	20				32.1	3.2	0.4			528	P
			Scd	90	I	19.9	1.6		2526	9	346	256	4		3.2	0.6			550	P ★
Zw 8-070	10 10 18	−02 27		42	S	±	6.0	3100 − 6600							0.8	0.6			384	G
IC 2556	10 10 25	−34 28 54		65	I	9.5		1	2237		206	240	4	29.9	1.9	1.0			552	P ★
ESO 436-G 01	10 10 30	−27 35 30	Sc	90	I	17.6	2.1	0	2603	5	342	369	4		4.5	0.5			466	E ★
NGC 3162	10 10 45.4	+22 59 16	Sbc	39	I	26.2		0	1302	9		192	5	24.6	4.6				80	G ★
			Sc		I	21.5		1	1200		170			21.8	3.4	2.8			30	A ★
			Sbc	30	M	2.35		0	1302	20				14.9					324	N
UGC 5509	10 10 47.3	+20 25 16			I	5.24		0	8351		584	553	3						467	A ★
NGC 3158	10 10 48	+39 01			S	±	10.0	5	6817										459	N
NGC 3165	10 10 55.8	+03 37 25	Im	56	I	3.3		0	1335			150	4	11.2	1.6	0.8			292	A ★
			Sdm		I	4.9		0	1332	20		141	4						232	N ★
			Im		I	3.921		0	1328		139	158	4		1.6	0.8			489	A ★
NGC 3166	10 11 09.3	+03 40 25	S0/a	64	I	3.5		0	1283			435	4	11.2	5.0	2.8			292	A ★
			Sa	58	I	39.2	2.4	0	1328	15	177	272	5	23.3	5.2	2.9			346	G ★
			SX0	62	I	27.2		0	1328			293	5	11.4					417	G
			SX0	62	I	4.6		0	1418			167	5	11.4					417	A

107

Table 1 cont.

Name (1)	R.A. (2)	Dec. (3)	Type (4)	i (5)	(6)	HI-flux (7)	(8)	(9)	v (10)	(11)	(12)	Δv (13)	(14)	Dist (15)	a (16)	b (17)	Vmax (18)	Pos (19)	Ref (20)	(21)
NGC 3166/69			Mult		I	105.0		0	1239	20		443	4						232	N ★
UGC 5518	10 11 11.4	+39 41 54		55	F	1.01		0	2056		87	94	4	27.3	3.3				213	G ★
			Im	54	F	0.62	0.41	0	2115					21.1	3.2	1.9			373	G
NGC 3144	10 11 12.5	+74 28 13	SBab	57	S	±	10.0	3100	–	6600					1.4	0.8			384	G
UGC 5521	10 11 18.1	+00 47 53	Sc		I	3.0		0	6232			180	5		1.0	0.9			488	A ★
UGC 5522	10 11 21.5	+07 16 18	Sc		I	38.30		0	1218			228	4		4.4	2.6			515	G ★
			Scd	52	F	10.04	1.21	0	1228	15		232	4	10.7	4.4	2.8			373	G
					I	26.54		0	1219		217	200	3						467	A ★
UGC 5520	10 11 21.6	+65 23 16	Sd	52	I	15.99		0	3315	10		291	5		2.2	1.4		100	158	G ★
			Sc		S	±	18.0	–400	–	3000					3.4	2.2			373	G
UGC 5524	10 11 36.0	+22 22 33			I	2.48		0	1644		193	181	3						467	A ★
NGC 3169	10 11 38.7	+03 43 03	Sa	34	I	57.7		0	1227			481	4	11.2	5.5	3.0			292	A ★
			Sa	34	M	1.7	1.4	0	1093	80				17.					35	N
			Sa	53	F	23.29	4.5		1240	20	537	533		15.2	6.2				246	N
			Sa	50	I	96.0		0	1240			533	5	11.4					417	G
			Sa	50	I	42.3		0	1234			494	5	11.4					417	A
ESO 567-G 26	10 11 42	–21 43 42	Sc	90	S	±	9.0	–100	–	4600					3.0	0.6			466	E
NGC 3173	10 12 17	–27 26 36	Sc	35	I	14.9	1.7	0	2501	5	203	224	4		2.6	2.3			466	E ★
UGC 5529	10 12 18.5	+21 25 20			I	5.02		0	6197		318	303	3						467	A ★
NGC 3175	10 12 25.0	–28 37 20	Sa	72	I	≤8.3		5	1125						4.2				320	P ★
Anon 1012+21	10 12 29.4	+21 21 32	Comp		F	1.4	0.7	0	6206	50				87.	1.1		165		60	N ★
					F	≤3.3			6028										141	N
				0	M	11.8	0.80		6201	10		288	4	81.0	1.50	1.50			293	A ★
IC 2559	10 12 32	–33 48 42		72	I	5.3		1	2716		275	287	4	24.9	1.8	0.7			552	P ★
ESO 317-G 06	10 12 39	–37 56 24			S	±	36.0	2000	–	3600									552	P
NGC 3147	10 12 39.3	+73 39 02	Sbc		I	23.3	0.3	0	2812			423	4		4.7	4.0			503	G
			Sbc	27	M	5.30		0	2820	35				36.7					324	N
			Sb	32	I	45.6	5.2	0	2810	9	395	455	4		4.7	4.0			384	G ★
MCG-02-26-041	10 12 48	–14 52	S	32	I	11.21	1.4	0	3475	8		155	4		1.4	1.2			466	G ★
UGC 5534	10 12 48	+58 40						0	7650										400	G
UGC 5537	10 13 04	+07 34 44	Sc		I	9.928		0	3756		289	308	4		2.5	0.2			489	A ★
Anon 1013+04	10 13 18	+04 39			I	≤1.0		4700	–	8550					0.6	0.1			327	A
UGC 5539	10 13 18.6	+02 56 06		60	F	3.09		0	1271		159	183	4	14.5	3.5				213	G ★
			IBm	58	F	3.93	1.14	0	1278	20		160	4	11.0	3.4	1.8			373	G
NGC 3155	10 13 22.2	+74 35 55	S	48	I	6.0	0.72	0	2923	12	245	280	4		1.6	1.1			384	G ★
Mark 719	10 13 24.0	+05 12 00			S	16.0		5	9593										471	A
Mark 140	10 13 25.2	+45 34 18		51	F	1.14	0.20	0	1661		147	188	4	22.7	0.45	0.30			347	G ★
UGC 5543	10 13 42	+05 04	Sc		S	±	5.0	5	13586										505	A
NGC 3177	10 13 49.2	+21 22 28	Sb		I	5.1		1	1220			200		22.2	1.6	1.3			30	A ★
			Sb	36	I	6.0	2.0	0	1299	14		180	4	13.	2.8				273	A
			Sb	39	I	3.3		0	1296			204	4	12.4	1.6	1.3			292	A ★
			Sb	36	M	0.34		0	1303	35				14.8					324	N
IC 2560	10 14 05	–33 18 54		65	I	49.8		1	2632		390	417	4	26.1	3.7	1.9			552	P ★
UGC 5551	10 14 35.8	+04 35 10		36	F	1.01		0	1349		53	87	4	15.7	2.2				213	G ★
					I	4.10		0	1340		88	61	3						467	A ★
			Im		I	4.80		0	1338			91	4		1.7	1.4			515	G ★
IC 600	10 14 42	–03 15	SBdm	64	F	4.71	1.10	0	1314	15		187	4	11.1	3.9	1.8			373	G
			SBdm	68	I	18.13	2.1	0	1305	5		190	4		2.6	1.1			466	G ★
			S	56	I	19.6	2.2	0	1350	6	190	250	4		1.4	1.4			384	G ★
			S	56	I	6.1	0.83	0	6233	10	167	215	4		2.4	1.4			384	G ★
NGC 3185	10 14 53.2	+21 56 19	SBa	46	I	6.0	2.0	0	1218	14	241			13.	3.2				273	A
			SBa	50	I	3.4		0	1234			278	4	12.4	2.0	1.2			292	A ★
			SBa	45	I	7.3	1.6	0	1237	15	266	337	5	23.0	2.7	1.9			346	G ★
			Sa	51	F	≤3.35								13.2	3.9				21	N
			Sa		I	3.5		0	1239			253	4						232	N ★
			Sc p		I	3.7	0.6	0	1227			263	4						469	A ★
ESO 567-G 40	10 14 54	–18 24 48	SB	30	I	3.35	0.52	0	4015	10		123	4		1.8	1.8			466	G ★
Anon 1014–48	10 14 57.5	–48 37 48	Sc	50				1	2742	20				35.1	3.6	2.5			528	P
			Sc	38	I	72.0	6.0	0	2742	10	370			24.5	5.0	4.0			310	P
NGC 3187	10 15 02.2	+22 07 25	S	71	I	9.6		0	1579			262	4	12.4	3.5	1.5			292	A ★
			Sc	64	M	2.00		0	1573	35				18.2					324	N
			Sc		I	14.3		0	1591	20		261	4						232	N ★
			SBc	64	I	12.5		0	1581			354	5	12.6					417	G
			SBc	64	I	8.2		0	1577			263	5	12.6					417	A
			S		I	10.43			1579	9	224	276	4						457	A ★
			Sc p		I	10.6	0.4	0	1581			245	4						469	A ★
			SBc	65	I	10.2	0.8	0	1589	8	219	243	4	13.1	3.3	1.1			523	J ★
NGC 3184	10 15 17.7	+41 40 28	Scd		I	81.3		0	593			148	5	9.5	9.5				80	G ★
			Sc		M	5.4	0.4	0	588	12		214	5	9.6	9.5	9.5			76	J ★
			Scd	24	I	87.2	13.1	0	595	9		142	4	10.8	9.4				201	G ★

Table 1 cont.

Name (1)	R.A. (2)	Dec. (3)	Type (4)	i (5)	HI-flux			v			Δv			Dist (15)	a (16)	b (17)	Vmax (18)	Pos (19)	Ref (20)	(21)
					(6)	(7)	(8)	(9)	(10)	(11)	(12)	(13)	(14)							
NGC 3184				12	I	91.4									6.9				203	B
				12	I	138.0	10.0								6.9				203	D
			Scd	13				0	594	9		156	0	9.6					180	G
			SXcd		F	29.75	1.38	0	599	8		148	4	6.0	9.5	9.5			373	G
			Sc	12	I	118.4	3.8	0	592	5	128	144	4						442	E ★
			Sc		I	115.7		0	592			148	4		9.5	9.5			515	G ★
NGC 3189	10 15 20.2	+22 05 01	Sa		I	4.4		0	1314	20		477	4						232	N ★
			Sa	70	I	6.8		0	1518			399	5	12.6					417	G
			Sa	70	I	≤6.5		5	1310					12.6					417	A
			Sa		I	3.22		0	1310		441								427	A
NGC 3189/90			Mult	69	I	4.1		0	1302			457	4	12.4	4.5	1.7			292	A ★
			S0		I	6.2	1.0	0	1374			606	4						469	A ★
NGC 3190	10 15 21.0	+22 05 06	Sa	66	I	7.4	1.1	0	1558	15	95	272	5	27.7	4.4	2.0			346	G ★
Mark 141	10 15 39.3	+64 13 06		37	F	≤0.24		5	11700						0.52				154	G
NGC 3193	10 15 39.5	+22 08 45	E2		M	≤0.057		5	1371					15.0					134	A
			E2		F	≤1.9								16.6	4.9				52	N ★
			E2		M	≤0.065		5	1371					15.0	2.8	2.6			249	A
IC 602	10 15 42.3	+07 18 01	S	50	I	9.2		0	3700			288	5	36.2					417	G
					I	10.30		0	3741		325	161	3						467	A ★
					I	10.23		0	3747		220	323	4		0.9	0.6			489	A ★
Anon 1015+59	10 15 49	+59 21 38	Mult		S	±	3.2	7200	−	9300									469	G
NGC 3191	10 16 00.2	+46 42 17	SBbc		I	5.3	0.3	0	9139			278	4		0.7	0.5			503	G
NGC 3200	10 16 11.6	−17 43 59						0	3528	20									324	N
			Sb		S	±	18.0	−400	−	3000					7.0	2.5			373	G
			Sb	77	I	48.5	5.5	0	3507	5	539	575	4		5.0	1.5			466	E ★
			Sb	77	I	49.20	5.6	0	3520	5		549	4		5.0	1.5			466	G ★
Anon 1016+21	10 16 16.0	+21 32 00			I	1.70		0	1079			67	4						471	A ★
UGC 5571	10 16 31.8	+52 18 54		74	F	1.91		0	659		53	75	4	9.6	2.5				213	G ★
			S		I	7.70		0	663			64	4		2.2	0.7			515	G ★
NGC 3198	10 16 52.0	+45 47 59			I	223.5		0	662			320	5		11.9	4.9			183	G ★
			SBc	68	I	138.1			663	9		320	5	13.1	9.1				80	G ★
			SBc	70	M	5.1		0	660	5				9.0	11.9	4.9			374	W ★
			SBc	73	M	6.4			677	30				9.6	11.9			40	285	G
			SBc	69	F	48.67	2.81	0	660	7		322	4	6.9	11.8	4.8			373	B
			SBc	73	M	1.8	0.3	0	680	30				8.7					85	N
			SXc	70	I	239.4		0	660					9.0	11.9	4.9	150	136	480	W ★
			Sc	71	I	242.0	10.0	0	660	1				9.4	11.9	4.9	157	216	522	W ★
			SBc	66	I	224.8	14.4	0	657	1	304	321	4		8.3	2.9			523	J ★
			SBc		I	165.6	1.6	0	664			326	4		10.0	3.8			503	G
UGC 5574	10 16 57.3	+22 42 10			I	2.02		0	1467		141	130	3						467	A ★
UGC 5575	10 17 01.2	+22 50 40			F	≤1.0		−400	−	3000									213	G
					I	0.97		0	1466		139	128	3						467	A ★
UGC 5573	10 17 01.2	+06 34 12	Sc	59	I	4.87	0.96	0	8567	16	447	505	4	114.	1.5	0.8			327	A ★
UGC 5576	10 17 08.1	+65 25 26	S	55	I	4.35		0	3296	15		329	5		1.5	0.9			158	G ★
NGC 3203	10 17 14.4	−26 26 49	S0/a	82	I	≤6.5		5	2424						2.3				320	P ★
ESO 567-G 48	10 17 17	−17 29 54	S	90	I	6.57	0.89	0	901	5		124	4		3.8	0.7			466	G ★
UGC 5579	10 17 18	+57 28			S	±	17.0	503	−	1731									459	N
NGC 3208	10 17 21	−25 33 42						0	3006	15									359	B
			Sc	34	I	14.6	1.7	0	2896	5	169	198	4		2.5	2.1			466	E ★
NGC 3204	10 17 22.0	+28 04 10			I	3.39		0	4968		328	314	3						467	A ★
Anon 1017+08	10 17 22.1	+08 28 41			S	±	1.2	5	14390						0.5	0.3			521	A
					I	≤0.10		5	14720					198.1	0.2	0.1			562	A
NGC 3183	10 17 35.9	+74 25 48	SBb	48	F	5.18	0.83	0	3076	20		350	4	32.4	3.5	2.4			373	G
			SBbc	52	I	16.6	1.3	0	3095	4	311	329	4		2.5				473	J ★
			SBbc		I	15.5	0.5	0	3076			339	4		2.4	1.3			503	G
NGC 3205	10 17 49.4	+43 13 25	SXb p		S	±	18.0	−400	−	3000					6.8	2.6			373	B
UGC 5586	10 18 00	−02 15	Mult	60	I	3.1	0.64	0	6557	18	110	130	4		1.7	0.9			384	G ★
UGC 5588	10 18 10.1	+25 37 03			I	3.31		0	1291		224	188	3						467	A ★
NGC 3206	10 18 31.1	+57 10 58	Scd	46	I	35.7	5.4	0	1158	9		204	4	22.5	4.2				201	G ★
			SBcd	47	F	8.51	0.75	0	1161	15		209	4	12.5	4.4	3.0			373	G
			SBcd	45	I	30.5		0	1159			217	5	12.4					417	G
			SBcd		I	34.9		0	1158			189	4		3.	2.			459	N
				46	F	27.6	2.0	0	1154	4	171	206	4				111	158	555	W
NGC 3213	10 18 33.8	+19 54 15			I	1.66		0	1347		160	144	3						467	A ★
ESO 500-G 31	10 18 34	−26 41			S	±	36.0	1700	−	5600									552	P
UGC 5592	10 18 48	+22 48			S	±	4.0	2400	−	9400									490	A
UGC 5595	10 18 58.4	+12 49 40			I	3.81		0	2905		148	133	3						467	A ★
								0	2905										490	A
UGC 5596	10 19 00	+79 07	E	0	S	±	8.0	3100	−	6600					1.3	1.3			384	G
Anon 1019+57	10 19 06	+57 18			S	±	17.0	503	−	1731									459	N

Table 1 cont.

Name (1)	R.A. (2)	Dec. (3)	Type (4)	i (5)	(6)	HI-flux (7)	(8)	(9)	v (10)	(11)	(12)	Δv (13)	(14)	Dist (15)	a (16)	b (17)	Vmax (18)	Pos (19)	Ref (20)	(21)
UGC 5597	10 19 06.2	+24 06 50			I	3.04		0	6283		422	398	3						467	A ★
Zw 9-007	10 19 12	−03 12		0	S	±	11.0	3100	−	6600					0.4	0.4			384	G
UGC 5600	10 19 16.6	+78 52 51	S0/a		I	10.3	0.3	0	2765			180	4		1.4	1.1			503	G
Anon 1019+18	10 19 19	+18 04 03	Mult		S	±	0.5	1400	−	13500									469	A
NGC 3223	10 19 20.0	−34 00 48	Sb	52	I	40.3	4.6	0	2841	35	606		4	51.2	4.1				320	P ★
			Sb	46	F	7.05	1.65	0	2900	25	425		4	26.2	5.9	4.1			373	B
			Sb	52	M	3.53		0	2907	20				27.6					324	N
			Sbc	47	I	28.8	2.4		2889	10	402	427	4		3.5	2.5			550	P ★
				55	I	22.0		1	2629		411	451	4	23.0	4.1	2.6			552	P ★
UGC 5600/09	10 19 24.7	+78 52 18	Mult		I	11.2		0	2764			177	5	33.8					518	G ★
UGC 5609	10 19 31.9	+78 51 48	S0/a		I	10.3	0.3	0	2765			180	4		1.1	0.7			503	G
			Pec	56	I	11.4	1.4	0	2775	10	130	145	4		1.2	0.7			384	G ★
NGC 3221	10 19 35.5	+21 49 19	SBm		S	±	18.0	−400	−	3000					4.8	1.4			373	G
			SB/Ir		I	25.59		0	4102		538	570	4		3.3	0.8			489	A ★
			SBc	79	I	30.7	2.5	0	4118	6	497	560	4		3.3	1.7			523	J ★
					I	19.69		0	4105			576	4	58.5	3.3	0.8			562	A ★
UGC 5604	10 19 39	+46 29 30	Sc	63	I	7.81	0.8	0	5062	10		386	4		2.3				188	G ★
			SXc		S	±	18.0	−400	−	3000					3.9	2.1			373	G
			SXc	58	I	14.7	2.3	0	5059	5	361	382	4		2.5	0.7			523	J ★
NGC 3214	10 19 48	+57 18			S	±	15.0	503	−	1731									459	N
UGC 5607	10 19 48.6	+04 15 01	Sb	75	I	4.07	0.95	0	6835	16	400	494	4	91.	1.9	0.6			327	A ★
					I	4.96		0	6834		424	389	3						467	A ★
IC 605	10 19 49.8	+01 27 08	Sab		I	2.9		0	6492			262	5		0.7	0.6			488	A ★
NGC 3222 ?	10 19 50.5	+20 18 26	E/S0		I	≤0.50		6	5475					99.5	0.9	0.8			30	A
NGC 3222	10 19 50.7	+20 08 24	S0/a	52	M	≤6.81								78.2	1.9				246	N
Zw 9-011	10 19 54	+00 56			I	≤1.0		3140	−	7000					1.1	0.2			327	A
UGC 5612	10 20 11.0	+71 07 53	SBdm	46	F	5.10	0.81	0	1011	10	146			22.7	4.9	3.38			89	G ★
			SBdm	48	F	5.38	0.83	0	1011	10		172	4	11.6	5.0	3.4			373	G
NGC 3220	10 20 28.6	+57 16 50	Sb p		I	6.0		0	1192			154	4		1.3	0.5			459	N
				69	F	8.7	1.0	0	1170	6	187	213	4				92	88	555	W
ESO 500-G 32	10 20 30	−24 05 06	Sd	26	I	4.0	0.54	0	2365	10	118	142	4		2.0	1.8			466	E ★
UGC 5618	10 20 30	+21 19	S		S	±	18.0	−400	−	3000					1.7	0.3			373	G
NGC 3226	10 20 43.5	+20 09 07	E2 p		M	0.29		5	1356		510			15.0					134	A ★
			E		I	6.79	0.43	0	1169	3	398	514	4		2.9				501	A ★
NGC 3226/27			Mult		M	3.0		0	1138	15		485	5		6.0				119	E ★
UGC 5621	10 20 47.5	+28 33 57			I	1.51		0	6558		210	199	3						467	A ★
NGC 3227	10 20 47.6	+20 07 00	Sa		M	1.20	0.27	0	1199	32		294	5	16.5	5.6	3.5			76	J ★
																			134	A ★
			Sa		I	20.0	2.8		1106			575	4						114	G ★
			Sa	47	I	9.9		0	1284	9		234	5	24.6	7.7				80	G ★
			Sb		I	13.1		1	1050	20	430			19.1	6.5	4.5			235	A ★
			Sc	47	I	18.10		0	1165	25		497	5		6.5	4.5		155	158	G ★
			Sa	51	I	7.6	1.4	0	1260	40	290		1	16.5	3.7	2.4	190	160	5	N ★
			Seyf1	51	M	6.9	3.45	0	1117	30	530		1	16.					313	J
			Sb	45				0	1146			526	4						272	A
			SXab p	47	F	3.02	0.17	0	1146			526	4		6.72				154	A ★
			SXa	46	I	14.0		0	1233			319	5	11.1					417	G
			SXa	46	I	15.0		0	1148			483	5	11.1					417	A
Zw 9-015	10 20 48	−03 00		51	I	2.4	0.41	0	4652	10	70	110	4		0.7	0.45			384	G ★
UGC 5622	10 20 49.1	+34 01 36			I	5.18		0	9999		235	211	3						467	A ★
					S	±	4.0	3400	−	10400									490	A
UGC 5623	10 20 56.7	+34 03 40			I	3.24		0	10161		246	204	3						467	A ★
ESO 317-G 20	10 20 59.0	−41 58 59		44	M	10.04		1	2268			79	4	45.4	1.5	1.1			535	P
ESO 263-G 31	10 21 10.8	−47 05 40	Sc	72				1	2674	20				34.4	2.1	0.8			528	P
			Scd	67	I	≤60.0									2.3	1.0			310	P
MCG+00-27-005	10 21 24	−02 56	S	54	I	7.62	0.90	0	5670	8		436	4		1.8	1.1			466	G ★
				51	I	6.1	0.78	0	5638	11	385	422	4		2.0	1.3			384	G ★
UGC 5629	10 21 28.6	+21 18 13			F	≤1.0		−400	−	3000									213	G
					I	6.36		0	1238		128	115	3						467	A ★
								0	1255										490	A
IC 607	10 21 33.3	+16 59 50			I	4.12		0	5575		347	65	3						467	A ★
NGC 3225	10 21 52.5	+58 24 16	Sc	58	F	4.65	0.67	0	2137	15		259	4	22.3	3.5	1.9			373	G
			Sc		I	16.90		0	2132			274	4		3.5	1.8			515	G ★
UGC 5633	10 21 59.0	+15 00 31	S	34	F	6.7	2.3		1370	20		395	9	8.5					20	N ★
			SBdm	46	F	3.22	0.75	0	1390	10	169			25.7	3.8	2.62			89	G
			SBdm	48	F	3.39	0.75	0	1390	15		179	4	12.6	3.9	2.6			373	G
			Sdm		F	3.86		0	1383	15		177	5						157	G
			Sb		I	12.01		0	1382		166	178	4		2.6	1.7			489	A ★
			SBdm		I	15.50		0	1381			186	4		3.9	2.3			515	G ★
Anon 1022−23	10 22 06	−23 17			S	≤33.0		5	3300										548	P

Table 1 cont.

Name (1)	R.A. (2)	Dec. (3)	Type (4)	i (5)	(6)	HI-flux (7)	(8)	(9)	v (10)	(11)	(12)	Δv (13)	(14)	Dist (15)	a (16)	b (17)	Vmax (18)	Pos (19)	Ref (20)	(21)
Mark 142	10 22 23.1	+51 55 40	S0		I	≤1.5			13500										114	G
NGC 3239	10 22 23.3	+17 24 50	SBm	45	I	73.4			751	9	192		5	15.5	6.8				80	G ★
			Im p	46	I	79.5			755		197		4	8.5	4.8				203	G ★
			IBm	46	I	52.4		0	754	6	144				4.9	3.5			375	A ★
				46	I	75.0	10.0								4.8				203	D
			SBm p	47	F	20.75	1.35	0	754	7	200		4	6.4	8.0	5.5			373	G
			IBm	47	I	60.7		0	751		231		5	6.4					417	G
			IBm	47	I	73.0		0	756		208		5	6.4					417	A
			Pec		I	78.60		0	751		197		4		8.0	5.6			515	G ★
DDO 78	10 22 48.0	+67 54 40	Im		F	≤1.5			1200 – 3000										89	G
					S	±18.0			-400 – 3000										373	G
UGC 5642	10 23 01.8	+11 59 30	Sc		I	5.8		0	2349		264		5		1.7	0.2			488	A ★
			Sbc		I	5.624		0	2351		244	258	4		1.7	0.2			489	A ★
IC 609	10 23 02.7	-01 57 37	SBb	64	I	3.38	0.48	0	5538	10	400		4		1.6	0.75			466	G ★
			SBb	62	S	±8.0			3100 – 6600						1.6	0.8			384	G
Anon 1023+13	10 23 08	+13 59 10	Mult		S	±2.7			8400 – 10800										469	G
UGC 5646	10 23 12	+14 37 01	S		I	9.757		0	1370		222	236	4		2.5	0.7			489	A ★
NGC 3212	10 23 13.2	+80 04 47	SB	60	S	±7.0			3100 – 6600						1.7	0.9			384	G
					I	5.68		0	9712		397		5	107.3					518	G
NGC 3244	10 23 17.0	-39 34 24	Sd	27	I	≤8.1			0 – 5700						2.0				320	P ★
NGC 3215	10 23 38.1	+80 04 07	S	25	S	±7.0			3100 – 6600						1.1	1.0			384	G
UGC 5651	10 23 43	+17 45 53	Sc		I	8.33		0	5568		213	229	4		1.4	1.1			489	A ★
Mark 32	10 23 48.0	+56 31 30		56	F	0.63	0.14	0	851		58	85	4	12.6	0.40	0.24			347	G ★
			Pec	54	F	0.87	0.27	0	799	20	62		4	8.8	0.6	0.3			373	G
					I	3.00		0	841		90		4		0.7	0.4			515	G ★
NGC 3243	10 23 49.1	-02 22 02	E/S0	35	S	±6.0			3100 – 6600						1.7	1.4			384	G
UGC 5654	10 23 50.4	+15 35 43			I	2.58		0	9831		302	285	3						467	A ★
UGC 5658	10 23 54	+71 29			F	≤1.0			-400 – 3000										213	G
UGC 5656	10 23 57.8	+35 10 30			I	3.92		0	6662		343	320	3						467	A ★
Zw 9-036	10 24 00	-02 35	SBc	76	I	2.95	0.46	0	5891	10	385		4		1.3	0.4			466	G
				69	S	±8.0			3100 – 6600						1.5	0.6			384	G
ESO 568-G 09	10 24 05	-19 47 12	Sc	35	I	17.1	2.1	0	3108	5	205	233	4		1.8	1.6			466	E ★
NGC 3246	10 24 05.9	+04 06 56	SXdm	52	F	4.96	1.07	0	2150	15	262		4	19.8	3.5	2.2			373	G
					I	17.46		0	2153		255	233	3						467	A ★
			SXdm	54	I	21.5		0	2145	8					4.2		177	100	509	W ★
UGC 5662	10 24 13	+28 53 48	SBb	90	F	2.73	0.62	0	1327	40	235		4	12.7	5.1	0.8			373	E
			SBb	90	F	7.1	0.6	0	1327	4	167	192	4		3.5				473	J ★
ESO 568-G 11	10 24 16	-18 47 42	Sc	47	S	±10.0			-100 – 4600						2.0	1.4			466	E
NGC 3245	10 24 29.9	+28 45 48	S0		M	≤0.51			1261					16.0	2.9	1.9			131	G
			S0		M	≤0.29			1198					22.					27	A
			S0		S	±18.0			-400 – 3000						4.6	3.1			373	G
			S0		I	≤0.7		5	1370						3.2	1.9			419	A
			S0		I	≤1.47		5	1370						3.1			177	501	A
IC 2574	10 24 41.3	+68 40 18	Sm		I	398.8		0	55		108	135	4	3.3	16.	8.			183	G ★
				50	I	440.0	50.0		50	5	107	134	4	3.3	16.	8.	92	60	194	O ★
			SXm	68							117		4	3.25	16.	8.			216	G ★
			SXm	68	F	101.0	5.0		52	10	111			3.3	8.7			82	79	J ★
			Im		I	560	110.	0	47	10	140			3.3	16.	8.0	100		87	H ★
			SXm	60	F	67.35	3.92	0	38	10	95			3.25	16.0	8.			89	G
			Im						45						2.5	12.6	5.1		365	O ★
			SXc	60	F	92.0	9.0	0	43	9	107			3.25	16.	8.0		50	296	J ★
			SXm	62	F	117.7	4.15	0	38	10	117		4	1.8	16.0	8.0			373	G
			Sm		M	0.56								2.1					85	N P
IC 2578	10 25 15	-42 52 54			S	±36.0			2000 – 3600										552	P
UGC 5671	10 25 18.0	+67 03 42		67	S	1.41		0	1120		113	130	4	16.7	2.7				213	G ★
			Im		S	±18.0			-400 – 3000						2.5	1.1			373	G
ESO 436-G 24	10 25 26	-29 47 48	Im	42	S	±10.0			-100 – 4600						4.0	3.0			466	E
NGC 2536	10 25 30.0	-43 37 46			M	29.00		1	2500		569		4	50.	2.8	0.6			535	P ★
NGC 3250 B	10 25 33.0	-40 10 36	Sa	78	I	≤5.8			2539					45.0	2.8				320	P
				77	M	38.72		1	3892		455		4	77.8	1.7	0.4			535	P
UGC 5672	10 25 36.0	+22 49 40			I	2.74		0	531		102	82	3						467	A ★
NGC 3256	10 25 42.0	-43 38 54		56	I	≤20.0		5	2886					51.9	3.7				320	P ★
UGC 5675	10 25 47.4	+19 48 24		41	F	0.70		0	1111		64	85	4	13.4	3.2				213	G ★
			Sm	41	F	1.36	0.33	0	1104	10	88		4	10.0	3.0	2.3			373	G
								0	1120										490	A
			S		I	3.80		0	1104		90		4		3.1	2.2			515	G ★
NGC 3253	10 25 47.8	+12 57 43	Sc	30	I	5.44	0.8	0	9682	20	264		4		1.2				188	G ★
			SXbc		I	4.404		0	9696		232	268	4		1.2	1.1			475	A ★
UGC 5677	10 26 02.7	+03 48 57			I	5.72		0	1153		128	103	3						467	A ★
UGC 5678	10 26 06	+03 56			I	≤1.0			3140 – 7000						1.1	0.8			327	A

Table 1 cont.

Name (1)	R.A. (2)	Dec. (3)	Type (4)	i (5)	(6)	HI-flux (7)	(8)	(9)	v (10)	(11)	(12)	Δv (13)	(14)	Dist (15)	a (16)	b (17)	Vmax (18)	Pos (19)	Ref (20)	(21)
UGC 5679	10 26 06	+26 36						0	6488										490	A
UGC 5681	10 26 10.3	+20 00 57			I	0.28		0	8134		92	72	3						467	A ⋆
UGC 5682	10 26 18	+79 07	SBc	0	I	6.0	0.78	0	2806	8	130	145	4		1.2	1.2			384	G ⋆
UGC 5686	10 26 30	+74 29			F	≤1.0		−400	−	3000									213	G
IC 2579	10 26 30.2	+26 21 20			I	5.81		0	5087		489	462	3						467	A ⋆
NGC 3254	10 26 31.6	+29 44 52	Sbc	72	I	38.0			1366	9		448	5	25.8	5.3				80	G ⋆
			Sbc	71	M	2.40		0	1361	20				16.1					324	N
IC 2580	10 26 36.0	−31 21 08						0	3132	10									359	B
				55	M	11.05		1	2940			140	4	58.8	4.0	2.3			535	P
UGC 5688	10 26 37.0	+70 18 26	SBm	52	F	3.05	0.44	0	1916	15	54			40.8	5.0	3.1			89	G
			SBm	53	F	3.31	0.43	0	1916	8		68	4	20.6	5.1	3.1			373	G
			SBm		I	16.29		0	1924			96	4		5.2	3.1			515	G ⋆
UGC 5687	10 26 38.3	+06 23 16			I	6.61		0	3566		275	244	3						467	A ⋆
			Sc		I	11.44		0	3561		265	280	4		2.1	0.22			489	A ⋆
NGC 3258	10 26 39.0	−35 21 00	E		M	≤0.15		6	2525					25.2					418	P
					S	±	36.0	2000	−	3600									552	P
UGC 5690	10 26 46.5	+19 52 38			I	3.13		0	8072		220	207	3						467	A ⋆
UGC 5692	10 26 48.0	+70 52 33	Sm		F	≤1.5		1200	−	3000					5.4				89	G
					S	±	18.0	−400	−	3000					5.5	3.6			373	G
NGC 3250 E	10 26 49.0	−39 49 24	Sd	41	I	24.6	3.7	0	2818	14		193	4	50.6	1.7				320	P ⋆
				62	M	22.09		1	2511			219	4	50.2	2.3	1.1			535	P
NGC 3261	10 26 53.0	−44 24 06	SBb	40	I	48.1	3.6	0	2543	18		486	4	45.0	4.6				320	P ⋆
			SBc		F	11.55	2.98	0	2571	30		403	4	22.8	6.6	6.6			373	B
			Sb	40	I	101.9		0	2550			352	5	30.1	4.6				486	I ⋆
				34	M	32.66		0	2286			446	4	45.7	3.0	2.4			535	P
NGC 3256 C	10 26 56.0	−43 35 42	SBd	34	I	≤10.5		2000	−	5700					1.5				320	P ⋆
Zw 9-058	10 27 00	−03 30	E		S	±	13.0	3100	−	6600									384	G
NGC 3263	10 27 05.0	−43 51 54	Scd	73	I	69.2	8.5	0	3015	37		606	4	54.5	3.2				320	P ⋆
UGC 5695	10 27 06.9	+13 16 27			I	3.49		0	2940		243	231	3						467	A ⋆
ESO 501-G 01	10 27 17.0	−23 51 60	Scd	53	I	19.1	2.2	0	3776	5	238	264	4		3.4	2.1			466	E ⋆
				53	M	20.32		1	2857			218	4	57.1	1.9	1.1			535	P
				65	I	18.1		1	3576		244	267	4						552	P ⋆
UGC 5698	10 27 18	+44 23						0	8707										400	G
UGC 5701	10 27 24	+78 04	Im	60	I	6.4	0.83	0	1629	6	35	70	4		1.7	0.9			384	G ⋆
UGC 5704	10 27 36	+23 00			S	±	4.0	2400	−	9400									490	A
IC 2584	10 27 37.0	−34 39 18	S0	64	I	≤4.9		500	−	4200					4.8				320	P ⋆
NGC 3269	10 27 41.0	−34 58 06	S0/a	62	I	≤4.0		5	3754					69.4	3.0				320	P ⋆
ESO 436-G 29	10 28 04.4	−30 08 12	Sc	0	I	6.497	1.01	0	4079	8	68	93	4	50.6	2.0	2.0			385	E ⋆
Zw 9-068	10 28 06	−01 35		59	S	±	6.0	3100	−	6600					1.2	0.65			384	G
ESO 501-G 02	10 28 18	−27 20 12		90	I	4.2		1	3292		370	407	4						552	P ⋆
UGC 5707	10 28 18	+43 23	SXcd	42	F	2.92	0.42	0	2800	15		130	4	28.2	3.9	2.9			373	G
NGC 3265	10 28 19.1	+29 03 13	S0/a		I	1.79		0	1445		188								427	A
			E					0	1450						0.9	0.7		75	507	V ⋆
UGC 5706	10 28 19.2	+34 45 36		36	F	0.86		0	1493		40	58	4	19.5	2.7				213	G ⋆
			Im	36	F	1.20	0.25	0	1494	15		65	4	14.7	2.5	2.0			373	G
			Im		I	3.60		0	1495			49	4		2.5	2.0			515	G ⋆
Zw 9-070	10 28 24	−02 28			S	±	7.0	3100	−	6600									384	G
UGC 5709	10 28 33.2	+19 38 33			I	3.73		0	6208		261	242	3						467	A ⋆
								0	6243										490	A
UGC 5708	10 28 36.9	+04 43 40	Sc	90	I	37.17		0	1174			214	4	20.1	3.4	0.6		168	393	G ⋆
			SXd	81	F	9.01	0.85	0	1177	10		205	4	10.1	4.9	1.2			373	G
			Sc	90	I	34.4		0	1175			195	4	20.1	3.4	0.6		168	393	A
			Sc		I	35.8		0	1175			195	5		3.4	0.6			488	a ⋆
NGC 3275	10 28 38.0	−36 28 48	SBab	34	I	≤10.0		5	3202					58.4	3.1				320	P ⋆
UGC 5710	10 28 42	+24 24			S	±	4.0	2400	−	9400									490	A
IC 2586	10 28 42.4	−28 27 35	E3	42	I	≤7.40								45.6	1.2	0.9			385	E
NGC 3270	10 28 44.5	+25 07 35	Sbc		I	15.64		0	6275			570	4		3.1	0.8			393	G ⋆
			SXb		S	±	18.0	−400	−	3000					4.5	1.4			373	G
			Sb	76	M	21.33		0	6268	20				76.3					324	N
			Sb	75	M	38.6		0	6261		510	546	4	127.					450	A ⋆
			Sbc		I	14.5		0	6259			553	5		3.1	0.8			488	A ⋆
			Sb		I	10.15		0	6261		520	546	4		3.1	0.8			489	A ⋆
Anon 1028−36	10 28 48	−36 36			S	±	18.0	−400	−	3000									373	B
NGC 3268	10 28 48.0	−35 12 00	E		M	≤0.2		6	2479					24.8					418	P
Zw 37-063	10 28 48	+05 16			I	≤1.0		3140	−	7000					0.8	0.1			327	A
UGC 5716	10 28 57.8	+25 33 53		50	F	2.20		0	1277		117	135	4	16.0	2.6				213	G ⋆
					I	10.06		0	1277		135	124	3						467	A ⋆
ESO 436-G 31	10 29 06.2	−29 41 44	SXc	26	I	6.307	1.16	0	4061	15	107	144	4	50.3	2.1	1.9			385	E ⋆
NGC 3259	10 29 06.8	+65 17 56	Sbc	55	M	3.84		0	1686	35				22.3					324	N
			SXbc		I	37.3	0.3	0	1686			263	4		2.3	1.1			503	G

Table 1 cont.

Name (1)	R.A. (2)	Dec. (3)	Type (4)	i (5)	(6)	HI-flux (7)	(8)	(9)	v (10)	(11)	Δv (12)	(13)	(14)	Dist (15)	a (16)	b (17)	Vmax (18)	Pos (19)	Ref (20)	(21)
NGC 3264	10 29 08.6	+56 20 27	SBm	64	F	4.74	0.75	0	942	10	182		4	10.2	5.0	2.4			373	G
ESO 568-G 14	10 29 13	−17 35 36	Im	72	S	±	4.1	0	−	6400					1.4	0.5			466	G
UGC 5720	10 29 22.9	+54 39 34			F	2.6	2.1	0	1620	35	150		9	22.					51	N ★
				43	M	0.52	0.037		1467	4	208		4	21.0	1.12	1.07			293	G ★
			Im		F	1.10	0.21	0	1454		113	153	4	20.5	1.12	1.06			347	G ★
			Im		I	5.3	0.3	0	1453		281		4		1.0	0.9			503	G
ESO 317-G 44	10 29 28.0	−30 42 12	Im	84	M	0.70		1	674		458		4	13.5	2.6	0.3			535	P
NGC 3274	10 29 29.5	+27 55 40	SXcd p	57	F	13.60	1.15	0	543	8	178		4	4.8	3.3	1.8			373	G
			SXcd	57	M	1.606	0.402	0	536		172		4	9.6	3.5	2.0			382	G ★
			SXcd	60	I	54.1	1.1	0	537	5	158	182	4		2.19	1.15			377	E ★
			Im		I	60.0		0	534		190		4	9.6	3.3				487	B
Zw 9-074	10 29 30	−02 11		50	S	±	8.0	3100	−	6600					0.9	0.6			384	G
IC 2588	10 29 31.2	−30 07 36	SBa	32	I	7.80	2.16	0	5290	13	192	205	4	66.7	1.8	1.6			385	E ★
			SBa	35	I	8.8	1.0	0	3520	15	328	380	4		1.8	1.6			466	E ★
UGC 5723	10 29 36	−01 15	S	70	I	5.96	0.73	0	1171	20	372		4		1.8	0.7			466	G
			S	70	S	±	16.0	3100	−	6600					1.8	0.7			384	G
NGC 3281	10 29 37.0	−34 35 48	S		S	±	36.0	2000	−	3600									552	P
			Sb	59	I	≤11.4		5	3395					62.3	3.2				320	P ★
UGC 5728	10 29 48	+79 25	SB	50	I	2.0	0.48	0	2727	13	92	122	4		1.5	1.0			384	G ★
NGC 3277	10 30 07.9	+28 46 11	Sa	24	I	2.6	1.1	0	1415	20	248	274	5	27.3	2.6	2.4			346	
								0	1353	35									324	N
					I	3.39		0	1421		288	247	3						467	A ★
NGC 3258 E	10 30 09	−34 44 30			S	±	36.0	2000	−	3600									552	P
ESO 501-G 07	10 30 20.7	−27 16 07	Sc	72	I	≤5.15								45.6	1.2	0.4			385	E
			Sc	77	S	±	1.5	−100	−	4600					1.0	0.3			466	E
NGC 3252	10 30 24	+74 01	SBcd	69	F	2.54	0.66	0	1136	30	275		4	13.0	3.0	1.2			373	G
ESO 436-G 34	10 30 24.4	−28 21 09	Sb	82	I	≤5.75		5	3614	48				45.6	2.6	0.6			385	E
NGC 3285 A	10 30 28.0	−27 15 49	SXcd	43	I	6.302	1.70	0	4300	16	152	214	4	45.6	1.6	1.2			385	E ★
					S	±	36.0	1700	−	5600									552	P
Zw 9-078	10 30 30	−01 50			S	±	11.0	3100	−	6600									384	G
ESO 436-G 35	10 30 31.3	−30 00 32	SBcd	30	I	4.189	1.69	0	3451	14	141	167	4	42.2	1.5	1.3			385	E ★
ESO 501-G 10	10 30 46.6	−26 50 15	S0/a	88	I	≤4.56		5	4238	28				45.6	1.6	0.3			385	E
ESO 501-G 11	10 30 48	−24 17 12			S	±	36.0	1700	−	5600									552	P
Mark 34	10 30 52.2	+60 17 20	Sa		I	≤1.5			15300										114	G
Anon 1030+12	10 30 54	+12 08	Mult		I	3.0		0	10100	20	273		4		0.3	0.2			78	A
Zw 37-078	10 31 00	+08 04			I	≤1.0		4700	−	8550					0.6	0.6			327	A
NGC 3285	10 31 14.7	−27 11 45	Sab	53	I	9.786	3.66	0	3378	21	556	594	4	45.6	3.3	2.1			385	E ★
				52	I	6.9		1	3161		533	575	4	48.8	2.5	1.7			552	P ★
UGC 5736	10 31 18	−00 18	Sbc	36	S	±	3.5	0	−	6400					1.1	0.9			466	G
ESO 436-G 38	10 31 33.0	−27 34 15	S	47	I	2.386	0.941	0	2696	12				45.6	1.4	1.0			385	E ★
				50	I	2.4	0.46	0	2691	12	108	210	4		1.2	0.8			466	E ★
UGC 5738	10 31 38.9	+35 30 58	S		I	5.25		0	1516	10	186		5		1.0	0.6		30	158	G ★
ESO 436-G 39	10 31 40	−29 54 42	Sbc	90	S	±	7.0	−100	−	4600					2.1	0.4			466	E
UGC 5739	10 31 40.2	+14 00 43			I	1.79		0	2976		242	202	3						467	G
UGC 5740	10 31 42	+51 01	SXm	52	F	3.18	0.62	0	651	25	170		4	7.1	3.4	2.1			373	G
NGC 3289	10 31 51.0	−35 03 54	Sc	84	I	≤18.8		2000	−	5700					1.7				320	P ★
NGC 3281 D	10 32 01.0	−34 08 36	Sd	89	I	≤14.4		2000	−	5700					1.6				320	P
IC 622	10 32 04.0	+11 27 28	Scd		S	±	18.0	−400	−	3000					4.1	0.8			373	G
			Sc		I	4.146		0	1392		326	360	4		2.8	0.35			489	A ★
NGC 3287	10 32 04.1	+21 54 33	Sm	64	I	7.57		0	1307	10	233		5		2.1	1.0		20	158	G ★
			SBd	60	I	7.0	2.0	0	1305	10	165			12.	3.3				273	A
			SBd		S	±	18.0	−400	−	3000					3.2	1.6			373	G
			Sd	61	M	0.30		0	1308	35				15.0					324	N
NGC 3285 B	10 32 15.9	−27 23 38	SXab	30	I	4.746	1.33	0	2952	10	121	165	4	45.6	2.0	1.7			385	E ★
ESO 501-G 20	10 32 26.6	−26 57 20	SB0	42	I	≤3.52		5	4306	52				45.6	1.2	0.9			385	E
ESO 436-G 46	10 32 30.1	−28 19 28	SBc	39	I	7.652	2.79	0	3427	12	229	306	4	45.6	3.1	2.5			385	E ★
			SBc	41	I	11.2	1.4	0	3450	15	241	283	4		3.0	2.3			466	
UGC 5747	10 32 37.2	+44 34 24		57	M	≤5.2			7150				4	96.0	1.58	0.30			293	G
ESO 437-G 02	10 32 38.7	−27 49 10	Sa	68	I	≤3.44		5	2311	27				45.6	1.2	0.5			385	E
NGC 3290	10 32 42	−17 00	SBb	50	I	3.04	0.47	0	10576	10	437				1.2	0.8			466	G ★
UGC 5749	10 32 52.4	+28 49 28			I	1.75		0	4413		176	151	3						467	A ★
ESO 501-G 23	10 33 00.0	−24 29 47	SBdm	30	F	8.31	0.69	0	1048	10	62			16.6	4.8	4.18			89	B
			SBdm	30	F	8.12	0.69	0	1048	10		86	4	7.9	5.3	4.6			373	B
UGC 5750	10 33 02.2	+21 15 00			I	1.58		0	7148		148	81	3						467	A ★
					I	3.04		0	4168										490	A
ESO 437-G 04	10 33 02.5	−28 03 18	Sb	43	I	6.899	1.31	0	3273	16	300	324	4	45.6	2.4	1.8			385	E ★
			Sb	46	I	8.1	0.96	0	3304	5	300	334	4		2.8	2.0			466	E ★
				54	I	6.8		1	3056		315	330	4	47.6	1.6	1.0			552	P ★
UGC 5751	10 33 02.9	+21 18 32			I	5.16		0	7041		415	374	3						467	A ★
MCG−02-27-009	10 33 03	−13 52	SBb	76	S	±	5.8	0	−	6400					1.9	0.6			466	G

Table 1 cont.

Name (1)	R.A. (2)	Dec. (3)	Type (4)	i (5)	(6)	HI-flux (7)	(8)	v (9)	(10)	(11)	Δv (12)	(13)	(14)	Dist (15)	a (16)	b (17)	Vmax (18)	Pos (19)	Ref (20)	(21)
ESO 501-G 25	10 33 03	−26 23 42	S0	62	S	±	8.0	5	3834	29					2.0	1.0			466	E
Anon 1033−26	10 33 11.0	−26 56 54	S	0	I	≤1.81		2100 − 5500						45.6	1.8	1.8			385	E
NGC 3294	10 33 23.7	+37 35 01	Sc	58	I	16.0		0	1592		409		4	21.1	2.9				203	G ★
								0	1569	35									42	N
			Sc	58	M	1.39		0	1567	35				19.1					324	N
			Sc	57	I	2.6		0	1566	10	368			31.4					416	E ★
			Sc	58	I	18.0	2.7	0	1587	8	378	410	4		3.3	0.9			523	J ★
UGC 5757	10 33 30	+79 38	Sa	70	I	11.2	1.4	0	1915	9	155	190	4		2.3	0.9			384	G ★
Anon 1033−28	10 33 32.8	−28 01 53	SB0	34	S	±	20.0	5	3438	87					1.2	1.0			466	E
UGC 5758	10 33 36	+13 42			F	≤1.0		−400 − 3000											213	G
UGC 5760	10 33 41.8	+13 58 17			I	3.29		0	3000		308	289	3						467	A
NGC 3299	10 33 44.5	+12 57 48	SXdm	36	I	2.9	0.36	0	601	10	104	119	4		2.09	1.70			377	E ★
			SXdm	31	F	1.01	0.40	0	597	30	158		4	4.7	3.1	2.5			373	G
			SXdm		I	5.40		0	691		334		4		3.1	2.5			515	G ★
ESO 501-G 29	10 33 47	−24 33 18	Im	33	S	±	11.0	−100 − 4600							2.0	1.7			466	E
IC 624	10 33 48	−08 05	SBa	75	S	±	15.0	−100 − 4600							3.4	1.1			466	E
			SBa	75	I	11.98	1.4	0	5042	10	613		4		3.4	1.1			466	G ★
IC 2591	10 33 48.4	+35 18 43			I	6.33		0	6797		367	347	3						467	A ★
UGC 5764	10 33 54.0	+31 48 26	Im	50	F	3.56	0.57	0	584	10	103			11.0	3.1	1.98			89	G
			Im	52	F	3.69	0.59	0	584	20	161		4	5.4	3.1	1.9			373	G
			IBm		I	13.2		0	602		157		4	11.	3.1				487	B
			Im		I	10.71		0	582		101	116	4		2.0	1.2			489	A ★
			Im		I	11.80		0	582		121		4		3.1	1.9			515	G ★
ESO 357-G 71	10 33 54.9	−36 59 08			M	1.25		1	674		43		4	13.5	2.0	2.0			535	P
			Im	32	I	42.0	4.0	0	956	5	39			6.7	3.7	3.2			310	P ★
			Im		F	3.68	0.64	0	959	8	67		4	6.8					373	B
NGC 3300	10 33 58.6	+14 25 53	SX0		M	≤0.15								10.9					131	G
			SB0		I	≤0.7		5	2992						2.1	1.1			419	A
ESO 501-G 32	10 33 59	−25 06 48	SBb	38	S	±	20.0	−100 − 4600							1.0	0.8			466	E
ESO 501-G 33	10 33 59.8	−26 30 47	Sab	78	I	≤6.46		2100 − 5500						45.6	1.5	0.4			385	E
ESO 501-G 35	10 34 03.5	−26 44 24	S0/a	73	I	±	20.0	5	4158	70					1.7	0.6			466	E
Anon 1034−27	10 34 08.0	−27 13 28	SB0	26	S	±	20.0	5	4927	133					1.0	0.9			466	E
ESO 437-G 08	10 34 11.5	−27 48 12	S0	80	I	≤5.88		5	4333	28				45.6	1.6	0.4			385	E
NGC 3301	10 34 12.1	+22 08 33	SB0		I	≤0.51		6	1244					22.6	3.4	1.1			30	A
			Sa	69	I	≤23.4		5	1246	75				24.9	3.5	1.4			346	E
			Sa	69	I	≤6.1		5	1246	75				24.9	3.5	1.4			346	G
			Sa		I	0.4		0	1321		300				3.6	1.2			419	A
ESO 437-G 09	10 34 13.8	−27 57 17	E/S0	70	I	≤3.56		5	3783	105				45.6	1.5	0.6			385	E ★
			S0/a	74	I	1.5	0.46	0	3460	5	123	166	4		1.5	0.5			466	E ★
NGC 3303	10 34 17.9	+18 23 48			I	1.79		0	6238		258		5	68.5					518	
UGC 5769	10 34 18	+20 43			S	±	4.0	2400 − 9400											490	A
ESO 568-G 19	10 34 23	−17 50 48	Sb	52	S	±	4.5	0 − 12900							1.9	1.2			466	G
ESO 437-G 10	10 34 26.8	−29 17 22	Sb	54	I	≤4.98		2100 − 5500						45.6	1.5	0.9			385	E
ESO 437-G 11	10 34 29.6	−27 39 36	S0	59	I	≤5.20		5	4745	40				45.6	1.5	0.8			385	E
NGC 3306	10 34 31.2	+12 54 48	Sd		I	8.91		0	2884	15	338		5		1.4	0.5	141		158	G ★
					I	8.43		0	2890		285	267	3						467	A ★
			Sc		I	9.12			2887	5	266	280	4						457	A ★
ESO 501-G 41	10 34 31.5	−26 47 36	Sb	52	I	≤5.96		2100 − 5500						45.6	1.1	0.7			385	E
			Sb	55	I	2.5	0.46	0	3533	8	198	215	4		1.0	0.6			466	E ★
ESO 437-G 13	10 34 33.0	−27 39 28	S0 p	68	I	≤5.78		5	3610	49				45.6	1.2	0.5			385	E
ESO 437-G 14	10 34 34	−32 05 18		71	I	22.1		1	2604		379	402	4	29.1	2.1	0.9			552	P ★
ESO 501-G 42	10 34 35	−25 56 06			S	±	36.0	1700 − 5600											552	P
ESO 437-G 15	10 34 37.2	−27 54 59	S0	80	I	≤6.99		5	2753	16				45.6	2.7	0.7			385	E
UGC 5776	10 34 39.2	+64 31 35	S0		F	0.35	0.13	0	1697		41	80	4	24.4	0.57	0.57			347	G ★
			Pec		S	±	18.0	−400 − 3000							1.0	1.0			373	G
			Comp		I	2.09		0	1701		124		4		1.0	1.0			515	G ★
NGC 3312	10 34 41.4	−27 18 16	Sb	67	I	≤8.8		5	2774					50.1	3.2				320	P ★
			Sab p	65	I	≤2.97		5	2793	42				45.6	3.3	1.5			385	E
			Sb	69	I	9.0	1.1	5	2869	15	580	640	4		4.2	1.7			466	E ★
Anon 1034−27a	10 34 44.2	−27 43 31	SB0	25	S	±	20.0	5	4048	30					1.1	1.0			466	E
Anon 1034−27b	10 34 46.2	−27 36 46	SBb	46	S	±	3.4	5	4083	57					0.85	0.6			466	E
ESO 501-G 45	10 34 50.8	−26 24 38	S0/a	47	S	±	3.6	5	4578	45					1.0	0.7			466	E
NGC 3314 A	10 34 51.9	−27 25 27	S0/a p	55	I	≤4.9		0	3031					55.2	2.0				320	P ★
			Sbc	30	I	5.6	0.70	0	2872	15	175	224	4		1.6	1.5			466	E ★
			SXb	20	I	4.843	2.12	0	3130	10	186	210	4	45.6	1.6	1.5			385	E ★
NGC 3314 B	10 34 51.9	−27 25 27	Scd	63	I	6.486	1.09	0	4426	8	173	182	4	45.6	2.5	1.2			385	E ★
UGC 5779	10 34 54	+05 53	Sc	89	I	4.36	0.92	0	8574	16	342	403	4	114.	1.0	0.2			327	A ★
ESO 501-G 48	10 34 57.7	−26 55 54	SB0 p	33	I	≤1.80		5	3840	70				45.6	1.8	1.1			385	E
IC 628	10 34 59.4	+05 51 48	Sab	37	I	3.87	1.04	0	7170	16	462	562	4	95.	1.0	0.8			327	A ★
NGC 3313:	10 35 03.0	−25 03 38	SBa		S	±	18.0	−400 − 3000							6.4	5.1			373	B

Table 1 cont.

Name (1)	R.A. (2)	Dec. (3)	Type (4)	i (5)	(6)	HI-flux (7)	(8)	(9)	v (10)	(11)	(12)	Δv (13)	(14)	Dist (15)	a (16)	b (17)	Vmax (18)	Pos (19)	Ref (20)	(21)
NGC 3313:					M	32.86		1	3443			249	4	68.9	1.9	1.9			535	P
NGC 3318	10 35 03	−41 22 06	Sb	55	I	≤25.0		5	2910					50.8	2.6				320	P ★
ESO 501-G 51	10 35 07.1	−26 03 24	SXab	53	I	≤3.57		5	3325	27				45.6	2.6	1.6			385	E
ESO 501-G 52	10 35 15.4	−27 07 37	S0/a	76	S	± 13.0		−100	− 4600						1.3	0.4			466	E
ESO 501-G 53	10 35 15.9	−26 01 00	Sa	79	S	± 11.0		5	3814	26					1.1	0.3			466	E
NGC 3316	10 35 16.3	−27 19 58	SB0	26	I	3.893	1.43	0	4213	10	214	235	4	45.6	1.8	1.7			385	E ★
NGC 3318 B	10 35 21.0	−41 12 18	SBc	24	I	≤10.2		2000	− 5700						1.6				320	P ★
ESO 501-G 56	10 35 23.4	−26 22 13	S0	77	I	≤3.81		5	3456	45				45.6	2.0	0.6			385	E
UGC 5782	10 35 24	+78 53	Sbc	25	S	± 8.0		3100	− 6600						1.1	1.0			384	G
IC 2597	10 35 25.7	−26 49 16	E/S0	37	I	≤2.76		5	3018	58				45.6	2.2	1.8			385	E
ESO 501-G 59	10 35 28.0	−26 51 41	Sa	33	I	≤1.65		5	2385	51				45.6	1.3	1.1			385	E
UGC 5784	10 35 31.3	+05 09 13			I	4.78		0	6607		422	406	3						467	A ★
ESO 437-G 18	10 35 32	−30 24 36		85	I	8.0		1	3118		327	352	4		1.6	0.4			552	P ★
ESO 437-G 19	10 35 35.6	−28 38 52	SB0	48	S	± 19.0		5	4174	26					1.9	1.3			466	E
UGC 5785	10 35 36	+30 25						0	6365										490	A
NGC 3310	10 35 40.3	+53 45 45	Sbc	45	M	1.4		0	970	15		320	4	10.	5.3				160	G ★
								0	1010	35									42	N
			Sbc	36	M	2.9	1.0	0	981	25				14.					35	N
			Sbc p	22	M	11.63	2.91	0	989			200	4	20.9	5.6	5.2			382	G ★
			Sbc	36	I	63.06		0	992	10	173	229	4	19.9					416	E ★
			SXb		I	61.2	0.2	0	988			282	4		3.8	3.5			503	G
UGC 5787	10 35 54	−02 19	SBb	73	I	3.93	0.53	0	8258	10		422	4		2.0	0.7			466	G ★
ESO 437-G 22	10 35 57.2	−28 32 29	Sbc	74	I	≤6.95		2100	− 5500					45.6	2.4	0.8			385	E
			Sbc	79	I	6.3	0.77	0	4356	8	282	305	4		2.2	0.6			466	E ★
ESO 317-G 54	10 36 00.8	−37 50 02	Sc	17	I	25.0	4.0	0	3050	5	82			27.7	2.6	2.5			310	P
			Sc		I			1	3050	20				40.0	2.4	2.4			528	P
ESO 214-G 16	10 36 05.2	−49 54 02	Sbc	90	I	≤60.0									2.4	0.2			310	P
Zw 37-100	10 36 12	+05 57			I	≤1.0		3140	− 7000						0.8	0.7			327	A
ESO 501-G 65	10 36 12.3	−27 28 38	Sbc	42	I	≤3.90		5	4378	41				45.6	2.1	1.6			385	E
NGC 3319	10 36 15.2	+41 56 56	SBcd	63	I	60.5		0	743	9		238	5	13.1	7.1				80	G ★
			Scd	63	I	69.6	10.4	0	744	9		236	4	13.6	7.6				201	G ★
			SBcd	58	M	2.0		0	742	30				9.2	8.8			40	285	G
			SBcd	63	F	18.36	2.03	0	743	10		218	4	7.5	8.8	4.3			373	B
			SBcd		M	1.1	0.4	0	760	30				9.5					85	N
			SBcd	56	I	72.1		0	739			251	5	7.5					417	G
			SBcd	56	I	90.8		0	739			241	5	7.5					417	B
			SBc	54	I	101.6	6.7	0	738	5	196	226	4						442	E ★
NGC 3321	10 36 18.6	−19 50 43	Sc	61	F	6.06	2.20	0	2489	20		277	4	22.6	4.5	2.2			373	G
			Sb	59	I	17.55	2.1	0	2485	10		277	4		2.2	1.2			466	G ★
ESO 437-G 25	10 36 19.3	−28 18 26	Sb	71	S	± 18.0		5	3459	45					1.6	0.6			466	E
					S	± 36.0		1700	− 5600										552	P
ESO 437-G 27	10 36 22.0	−28 30 29	S0	71	I	≤4.55		5	3867	204				45.6	1.6	0.6			385	E
UGC 5791	10 36 27.4	+48 12 28						0	858										400	G
UGC 5790	10 36 30	+04 54			S	± 4.0		2400	− 9400										490	A
ESO 501-G 66	10 36 33	−26 22 42	S0/a	78	S	± 12.0		5	3142	276					1.4	0.4			466	E
IC 632	10 36 36	−00 09	Sa	55	I	9.54	1.1	0	5620	10		378	4		1.0	0.6			466	G ★
NGC 3320	10 36 37.4	+47 39 25	Scd	60	I	16.6	2.5	0	2331	9		309	4	43.0	2.8				201	G
			Scd		S	± 18.0		−400	− 3000						3.4	1.7			373	G
			Scd	58	M	2.74		0	2325	35				29.1					324	N
			Scd		I	13.4	0.4	0	2317			306	4		2.2	1.0			503	G
UGC 5798	10 36 47.4	+48 11 32						0	1517										400	G
NGC 3323	10 36 54.3	+25 34 58	Mult		I	4.2		0	5175	10		290	4		1.4	0.7			78	A ★
ESO 437-G 30	10 36 55	−30 02 18		89	I	12.4		1	3515		426	440	4						552	P ★
ESO 501-G 68	10 36 56.3	−26 34 45	SXbc	69	I	13.68	6.29	0	3328	12	445	501	4	45.6	2.8	1.1			385	E ★
			Sbc	73	I	3.8	0.52	0	3095	10	318	333	4		2.6	0.9			466	E ★
				76	I	3.3		1	2843		325	351	4						552	P ★
ESO 437-G 31	10 37 01.6	−29 19 27	Sc	55	S	± 8.0		−100	− 4600						2.0	1.2			466	E
					S	± 36.0		1700	− 5600										552	P
ESO 501-G 69	10 37 03	−23 29 36			S	± 36.0		1700	− 5600										552	P
ESO 437-G 32	10 37 03.6	−27 39 07	Sb	24	S	± 15.0		−100	− 4600						1.2	1.1			466	E
UGC 5801	10 37 06	+22 07			S	± 4.0		2400	− 9400										490	A
Anon 1037+14	10 37 15.8	+14 10 14	Im		I	0.605		0	1010		29	52	4						447	A ★
NGC 3333	10 37 33.0	−35 46 24	Sc		I	≤8.6		500	− 5700										320	P ★
ESO 437-G 33	10 37 38.1	−29 55 54	Sa	44	I	≤8.50		2100	− 5500						1.9	1.4			385	P ★
ESO 437-G 34	10 37 39	−29 09 12		79	I	4.0		1	3530		183	200	4						552	P ★
UGC 5805	10 37 41.3	+21 52 50						0	1235										490	A
					I	6.24		0	1227		146	135	3						467	A ★
NGC 3332	10 37 51.1	+09 26 40	S0		M	4.5		5	5850			410	4		3.	3.			300	A ★
NGC 3336	10 37 55.4	−27 30 59	SXc	23	I	16.96	2.93	0	4000	7	300	320	4	45.6	2.6	2.4			385	E ★
NGC 3347 A	10 38 04	−36 09 06		76	I	17.0		1	2519		332	365	4	29.9	2.2	0.8			552	P ★

115

Table 1 cont.

Name (1)	R.A. (2)	Dec. (3)	Type (4)	i (5)	(6)	HI-flux (7)	(8)	(9)	v (10)	(11)	(12)	Δv (13)	(14)	Dist (15)	a (16)	b (17)	Vmax (18)	Pos (19)	Ref (20)	(21)
ESO 214-G 17	10 38 09.1	−48 18 46	Sbc	27	I	115.0	4.0	0	1052	5	36				7.6	6.2 5.5			310	P
			SBc	37				1	1052	20				13.1	4.6	3.8			528	P
			SBd	30	I	92.9	4.6		1052	1	33	50	4		4.6	4.0			550	P ★
UGC 5812	10 38 17.3	+12 44 12	Sm		I	1.616		0	1009		54	76	4						447	A ★
					I	1.37		0	1008		71	56	3						467	A ★
UGC 5814	10 38 18	+77 46	Pec	58	I	15.8	1.9	0	1881	8	311	335	4		1.6	0.9			384	G ★
UGC 5813	10 38 19.1	+36 37 40	Sbc		I	4.0		0	13277			485	5		1.8	0.8			488	A ★
Mark 724	10 38 25.8	+21 37 18			F	≤0.13		5	932					12.4	0.25	0.25			347	A
ESO 437-G 38	10 38 28.7	−27 42 10	S0	61	I	≤6.45		5	4510	112				45.6	1.4	0.7			385	E
UGC 5816	10 38 36	+06 32			I	≤1.0		4700	−	8550					1.0	0.2			327	A
NGC 3347 C	10 38 37.0	−36 01 24	Sdm	47	I	≤12.8		0	−	5700					2.8				320	P ★
ESO 501-G 75	10 38 38	−26 48 57	Sc	55	S	± 11.0		−100	−	4600					3.0	1.8			466	E
					S	± 36.0		1700	−	5600									552	P
UGC 5818	10 38 44.3	+06 37 20			I	3.53		0	6255		283	265	3						467	A ★
NGC 3355	10 39 02.0	−23 07 33	Sm	31	F	4.96	0.77	0	1199	15	132			19.7	3.1				89	B
			Im	31	F	4.77	0.76	0	1199	15		155	4	9.4	3.0	2.5			373	B
Anon 1039-31	10 39 08	−31 30 41		38	M	5.63		0	2356			87	4	47.1	3.3	1.3			535	P
UGC 5822	10 39 10.1	+21 30 50			I	4.08		0	7446		268	241	3						467	A ★
			SBa		I	3.491		0	7448		248	268	4		1.4	1.3			475	A ★
Mark 151	10 39 15.0	+48 01 42	S0	75	F	≤0.63		5	1548					20.6	0.73	0.26			347	G
IC 636	10 39 18	+04 36			I	≤1.0		3140	−	7000					1.1	0.4			327	A
ESO 437-G 44	10 39 21.0	−28 31 04	Sa	35	I	22.4	2.4	0	4396	5	100	140	4		3.2	2.8			466	E ★
UGC 5825	10 39 26.7	+24 00 43			I	6.07		0	3485		316	306	3						467	A ★
NGC 3338	10 39 28.1	+14 00 35	Sc		I	108.0		0	1306			350	5		9.4	5.7			183	G ★
			Sc	48	I	116.9		0	1299			354	4	15.7	5.0				203	G ★
			Sc	54	I	90.7			1298	9		356	5	15.5	8.1				80	G ★
			Sc	49	I	126.1		0	1303	6	337				5.3	3.6			375	A ★
			Sc	48	M	7.25		0	1321	20				14.7					324	N
			Sc		I	209.9		0	1298		315	354	4						429	E
			Sc	48	I	116.2	11.4	0	1297	5	336	357	4		5.5	1.1			523	J ★
NGC 3347 B	10 39 43.0	−36 40 24	Sd	87	I	≤12.9		0	−	3700					2.9				320	P ★
				90	I	12.1		1	2922		335	361	4	34.5	3.9	0.8			552	P ★
NGC 3339	10 39 44.1	−00 06 59	S	38	I	7.31	0.87	0	5566	10		299	4		1.0	0.8			466	G ★
			IBm	31	F	12.51	0.82	0	633	10	71			12.2	6.8	5.85			89	B
UGC 5829	10 39 55.1	+34 43 13			F	16.38	0.24	0	630		82	110	4	8.1	4.47	4.06			347	G ★
			IBm	31	F	15.55	0.87	0	633	7		97	4	6.1	7.1	6.1			373	G
			Im	33	I	58.3		0	627			91	4	12.2	5.3	4.5			393	A
			IBm		I	64.0		0	626			102	4	11.	7.2				487	B
			Sm		I	58.3		0	627			91	5		5.3	4.5			488	a ★
			Im		I	23.25		0	636		61	83	4		5.3	4.5			489	A ★
			IBm		I	59.00		0	630			100	4		7.2	5.8			515	G ★
ESO 437-G 47	10 40 09	−30 37 24			S	± 36.0		1700	−	5600									552	P
UGC 5832	10 40 09.5	+13 43 18	SB		I	9.14		0	1219	16	90	149	4						457	A ★
					I	4.88		0	1221		141	102	3						467	A ★
			SB	0	I	4.56		0	1216	5	99	149	4	16.	1.9	1.9			508	A ★
ESO 501-G 80	10 40 14	−23 40 24			S	± 36.0		1700	−	5600									552	P
ESO 501-G 81	10 40 23	−26 31 54			S	± 36.0		1700	−	5600									552	P
UGC 5833	10 40 24.0	+20 40 53	S0		I	0.97		1	1214	20	100			22.1	1.6	0.5			235	A ★
				78	F	0.05	0.07	0	1333		79	119	4	16.5	1.82	0.58			347	A ★
NGC 3347	10 40 29.0	−36 05 18	SBb	54	I	41.5	4.5	0	3010	20		370	4	54.6	4.4				320	P ★
			SBb		S	± 18.0		−400	−	3000					5.9	4.1				373	B
NGC 3329	10 40 31.1	+77 04 23	Sab	54	S	± 9.0		5	1910	57					2.3	1.4			384	G
NGC 3344	10 40 46.6	+25 11 10	Sbc		I	186.7		0	590			175	5		9.3	9.0			183	G ★
			Sc		M	1.6	0.12	0	728	5		169	5	5.8	9.3	9.0			76	J ★
			Sbc	25	M	2.0		0	581	30				7.9	9.3			140	285	G
			Sbc	22	I	184.0		0	588			170	4	12.5	7.5	7.0			393	A
			Sbc		M	3.1	0.45	0	589	10				10.					85	N
			SXbc	21	I	119.1		0	589			211	5	5.2					417	G
			SXbc	21	I	177.2		0	590			194	5	5.2					417	B
			SXbc	22	I	199.1	16.3	0	583	4	156	174	4		6.9				473	J ★
			SBbc		I	184.0		0	588			170	5		7.5	7.0			488	a ★
			SBbc											12.5	7.5	7.0			558	a ★
ESO 501-G 82	10 40 48	−25 59 15	Sb	68	S	± 6.0		−100	−	4600					2.4	1.0			466	E
				66	I	9.3		1	4321		385	414	4						552	P ★
UGC 5841	10 40 48	+76 58	SXc		I	11.7		0	1766			102	4		1.7	0.9			459	N
			SXc	60	S	± 10.0		3100	−	6600					1.7	0.9			384	G
ESO 437-G 49	10 40 48.7	−29 47 14	Sc	28	I	5.70	1.54	0	3190	11	141	154	4	38.7	2.6	2.3			385	E ★
NGC 3346	10 40 59.0	+15 08 03	SBcd	27	I	12.0	2.0	0	1258	4	160			9.	3.9				273	A
								0	1266	10									359	G
			SBcd	17	F	4.91	0.58	0	1257	20		175	4	11.4	3.9	3.7			373	G

Table 1 cont.

Name (1)	R.A. (2)	Dec. (3)	Type (4)	i (5)	(6)	HI-flux (7)	(8)	(9)	v (10)	(11)	(12)	Δv (13)	(14)	Dist (15)	a (16)	b (17)	Vmax (18)	Pos (19)	Ref (20)	(21)
NGC 3346			Sc	16	I	14.34		0	1260		183		4	22.8	2.6	2.5			393	G ★
			Sc	16	I	17.3		0	1260		166		4	22.8	2.6	2.5			393	A
			Scd	27	M	0.73		0	1265	20				14.1					324	N
			SBcd	27	I	16.4		0	1255		189		5	11.3					417	G
			SBc		I	17.3		0	1260		166		5		2.6	2.5			488	a ★
			SBc		I	17.10		0	1259		181		4		3.9	3.5			515	G ★
Anon 1041−09	10 41 06	−09 36	Sd	33	F	4.16	0.78	0	2077	30	182		4	18.6	2.9	2.4			373	G
			Scd	34	I	15.35	1.8	0	2080	5	166		4		1.8	1.5			466	G ★
MCG−01−28−001	10 41 12	−09 23	SBa	0	S	±	4.0	0	−	6400					1.8	1.8			466	G
NGC 3358	10 41 16.0	−36 09 00	SX0	54	I	41.5	4.5	0	3010	20	370		4	54.6	3.9				320	P ★
			SX0/a		S	±	18.0	−400	−	3000					7.5	3.8			373	B
			S0/a		I	8.1		0	2953	20	483		4						232	N ★
UGC 5848	10 41 16.2	+56 41 06		48	F	1.59		0	815		135	162	4	12.0	3.3				213	G ★
			Sm	47	F	2.06	0.64	0	829	15		134	4	9.1	3.2	2.2			373	G
ESO 437-G 54	10 41 17	−28 36 12		90	I	5.6		1	3227		284	297	4						552	P ★
UGC 5846	10 41 17.0	+60 37 47	Im		F	3.81	0.42	0	1018	10	43			22.1	3.1	3.1			89	G
			Im		F	4.08	0.43	0	1018	8	69		4	11.2	3.0	3.0			373	G
			Im		I	16.60		0	1021		69		4		3.1	3.1			515	G ★
UGC 5847	10 41 18	−02 15	SBb	65	S	±	4.0	0	−	6400					1.3	0.6			466	G
Anon 1041+13	10 41 18	+13 39			M	0.07	0.01		1210	3	99			14.					209	A ★
NGC 3351	10 41 19.3	+11 58 03	SBb	40	I	72.0	14.0	0	779	3	284		4	10.	8.		222	112	314	G ★
					I	45.0		0							6.9				203	G
					I	50.3									6.9				203	B
					I	63.5	10.0								6.9				203	D
			SBb	48	I	41.2			776	9	274		5	15.5	8.3				80	G ★
								0	779	10									359	G
			SBb	45	I	60.5	5.2	0	780	5	277	297	4		7.4				442	E ★
			SBb	48	I	59.0	13.0	0	778	4	268	286	4						473	J ★
ESO 501-G 86	10 41 24	−24 06 18	Sc	62	S	±	8.0	−100	−	4600					2.6	1.3			466	E
				67		6.1		1	3492		341	381	4						552	P ★
Anon 1041−01	10 41 24	−01 01	S0/a		I	8.6	4.5		7808		745		4						114	G ★
ESO 318-G 04	10 41 34	−38 00		86	I	6.8		1	2666		369	389	4	29.6	2.9	0.7			552	P ★
NGC 3356	10 41 36.0	+07 01 18	Sc		I	10.93		0	6184	10	368		5		1.8	0.8		102	158	G ★
			Sb	63	I	≤17.1								60.1					417	G
			Sb	63	I	13.1		0	6165		378		5	60.1					417	A
			Sb		I	12.48		0	6177		338	379	4		1.8	0.8			489	A ★
UGC 5854	10 41 36	+77 22			S	±	44.0	1033	−	2265					1.1	1.0			459	N
			S/Irr	25	S	±	9.0	3100	−	6600									384	G
NGC 3361	10 42 00	−10 57	S	40	I	12.33	1.6	0	1926	5	286		4		2.2	1.7			466	G ★
ESO 437-G 56	10 42 04	−31 56 48		52	I	4.3		1	2665		240	263	4	31.3	1.6	1.1			552	P ★
UGC 5858	10 42 09.2	+16 12 53	Sc		I	3.1		0	6481		95		5		1.6	1.2			488	A ★
NGC 3362	10 42 15.2	+06 51 28	SXcd	37	I	≤8.6								60.1					417	A
					I	3.26		0	8318		201	185	3		1.5	1.1			467	A ★
NGC 3353	10 42 16.5	+56 13 23	Im		I	10.2	0.2	0	939		138		4						503	G
				48	M	0.563	0.012		940	2	141		4	13.6	1.48	1.10			293	G ★
			Sm	44	F	2.83	0.39	0	944		96	119	4	13.9	1.48	1.10			347	G ★
			Sm	42	M	0.958	0.239	0	948		103		4	20.4	2.6	2.0			382	G ★
			Sm		I	11.6		0	943		116		4	20.	2.7				487	B
ESO 501-G 90	10 42 19	−23 10 30			S	±	36.0	1700	−	5600									552	P
NGC 3363	10 42 27.6	+22 20 40			I	4.88		0	5766		414	400	3						467	A ★
UGC 5865	10 42 33.6	+05 12 20	Sa		S	±	2.59	5	23000						1.0	1.0			488	A
Zw 10-005	10 42 36	+00 23			I	≤1.0		3140	−	8550					0.8	0.8			327	A
Anon 1042+13	10 42 46.7	+13 42 21	Im		I	0.742		0	3142		85	103	4						447	A
UGC 5869	10 43 04.9	+11 36 30			I	6.28		0	6569		294	282	3						467	A ★
					I	4.75		0	6572	6	271	293	4						508	A
NGC 3359	10 43 21.1	+63 29 11	SBc	53	M	6.0			1008	5				10.0	4.8	8.0	160	169	208	X ★
			Sc		I	204.1		0	1018		260		5		9.0	5.6			183	G ★
			SBc	70					1010					11.2	8.3	2.9			365	O ★
			SBc	51	M	4.8			1003	30				10.0	9.0			0	285	G
			SBc	53	F	50.17	3.37	0	1013	10	263		4	11.3	9.0	5.5			373	G
			SBc	51	M	1.8			1024	2				11.			146	−8	341	X ★
			SBc	52	I	139.4		0	1014		296		5	11.3					417	G
			SBc	52	I	174.7		0	1013		281		5	11.3					417	B
			SBc	52	I	193.7	16.7	0	1012	2	243	264	4		6.8	1.5			523	J ★
			SBc		I	147.3	0.3	0	1011		275		4		8.0	4.8			503	G
NGC 3348	10 43 27.6	+73 06 12	E0		F	≤1.48		5	2831					39.9	2.2	2.2			455	J ★
UGC 5877	10 43 36	+77 07	S	73	S	±	8.0	3100	−	6600					1.0	0.35			384	G
NGC 3365	10 43 38.6	+02 04 35	Sc	81	F	12.50	1.42	0	986	15	251		4	8.1	6.4	1.6			373	G
NGC 3367	10 43 55.4	+14 00 58	SBc	25	I	15.1		0	3045	8	230				2.4	2.2			375	A ★
								0	3040	20									42	N

117

Table 1 cont.

Name (1)	R.A. (2)	Dec. (3)	Type (4)	i (5)	(6)	HI-flux (7)	(8)	(9)	v (10)	(11)	(12)	Δv (13)	(14)	Dist (15)	a (16)	b (17)	Vmax (18)	Pos (19)	Ref (20)	(21)
NGC 3367			SBc	17	I	10.40	0.69	0	3050	16	208	236	4	40.	2.3	2.2			327	A ⋆
			Sc	25	M	5.07		0	3040	20				35.9					324	N
			SBc	24	I	15.9		0	3050	10	209	264	4	60.7					416	E ⋆
			Sbc	24	I	16.14	3.8	0	3030	10	206	259	4						442	E ⋆
			SBc	25	I	15.3	1.2	0	3043	4	228	259	4		2.3	0.2			523	J ⋆
					I	11.89		0	3039			255	4	44.8	2.3	2.2			562	A ⋆
Anon 1044+13	10 44 02.6	+13 16 10	Im		I	0.315		0	6526		78	90	4						447	A
NGC 3368	10 44 07.4	+12 05 05	Sab		I	44.2		0	900			335	5		10.8	7.8			183	G ⋆
			Sab	45	I	61.1			891	9		352	5	15.5	9.8				80	G ⋆
			Sab	49	F	15.3	3.06		831	35		576	4	9.5	10.8				21	N ⋆
			SXab	45	I	90.0		0	905	8	339				6.8	4.9			375	A ⋆
			SXab		M	0.13	0.22	0	966			196	5	8.3	10.8	7.8			76	J
			SXab	45	F	26.40	3.06	0	899	10		375	4	7.7	10.8	7.7			373	B
			Sab	45	I	87.8		0	903	6					9.8		271	5	509	W ⋆
			Sab		I	88.20		0	893			365	4		10.8	7.6			515	G ⋆
UGC 5883	10 44 15.6	+54 18 06		0	F	1.33		0	767		65	97	4	11.2	2.3				213	G ⋆
UGC 5886	10 44 17.6	−01 07 37	S	56	S	± 11.4		0	− 6400						1.2	0.7			466	G
NGC 3370	10 44 23.2	+17 32 16	Sc	53	I	26.0	4.0	0	1279	4	277			12.	4.2				273	A
			Sc	55	I	29.2		0	1281	6	275				2.9	1.7			375	A ⋆
			Sc	54	M	1.67		0	1287	20				14.5					324	N
			Sc	55	I	32.5	2.7	0	1278	6	266	288	4		3.1	0.7			523	J ⋆
MCG−03−28−003	10 44 24	−15 53	SB0	45	S	± 4.0		0	− 6400						2.5	1.8			466	G
Anon 1044+12	10 44 30	+12 30	Other		M	1.6		0	960		180			10.	15.				446	A ⋆
UGC 5888	10 44 36	+56 20						0	1239										400	G
UGC 5889	10 44 43.2	+14 20 06	Sm	18	F	1.58	0.30	0	571	10	48				9.4	2.7	2.56		89	G
			Sm	19	F	1.63	0.31	0	571	8		77	4	4.5	2.7	2.5			373	G
			SXm	13	I	7.2	0.51	0	572	5	42	59	4		2.00	1.95			377	E ⋆
			S/Irr		I	3.56		0	573		45	60	4		1.7	1.6			475	A ⋆
			S		I	5.60		0	573			58	4		2.7	2.4			515	G ⋆
NGC 3364	10 44 48.4	+72 41 29	Sc		I	7.4	0.4	0	2733			230	4		1.8	1.7			503	G
NGC 3376	10 44 50.6	+06 18 38	S0		S	± 1.51		5	5837						0.8	0.2			488	A
ESO 501-G 98	10 44 55	−24 18 06			S	± 36.0		1700	− 5600										552	P
UGC 5894	10 44 55.5	+26 33 33			I	5.00		0	6537		461	440	3						467	A ⋆
UGC 5896	10 45 00	−01 13	Sab	74	S	± 5.5		0	− 6400						1.5	0.5			466	G
UGC 5898	10 45 02.4	+33 59 33			I	3.81		0	1648		147	133	3						467	A ⋆
								0	1647										490	A
NGC 3377	10 45 02.6	+14 14 51	E5		M	≤0.006		5	718					8.3	4.3	2.7			249	A
			E6		M	≤0.028		5	718					8.3					134	A
			E5		I	≤5.80		5	718	90					4.2	2.6			375	A
			E6		M	≤0.34			718					9.9					131	G
			E6		F	≤1.7		7	593					9.9					95	B
			E5		M	≤0.10			593					11.					27	A
UGC 5897	10 45 04.1	+11 20 31	Sc		S	± 18.0		−400	− 3000						4.1	1.5			373	G
			Sc		I	11.96		0	2718		297	315	4		2.8	0.9			489	A ⋆
NGC 3379	10 45 11.3	+12 50 48	E0		M	≤0.02		5	885					8.3					134	A
			E1		F	≤3.9								8.3	6.2				52	N ⋆
			E1		I	≤6.20		5	862	90					4.7	4.2			375	A
			E		M	≤0.05								7.5					205	G
			E1		M	≤0.3			877					12.1					122	E
UGC 5904	10 45 18.1	+66 37 23	Sb		I	8.4	0.4	0	6569			611	4		2.2	0.4			503	G
NGC 3380	10 45 27	+28 51 59	S		I	2.164		0	1606		120	139	4		1.6	1.3			489	A ⋆
UGC 5907	10 45 30	+66 27			F	≤1.0		−400	− 3000										213	G
NGC 3381	10 45 36.7	+34 58 35	SB	24	I	21.0	3.0	0	1627	9	80			16.	3.5				273	A
			SB		I	8.44		0	1631		56	126	4		2.3	2.1			475	A ⋆
NGC 3450:	10 45 38	−20 35 06	SBb		S	± 18.0		−400	− 3000						3.9	3.9			373	B
NGC 3384	10 45 38.7	+12 53 41	SB0		M	≤0.18			767					9.9					131	G ⋆
			SB0		M	≤0.021		6	636					12.	5.4	2.8			27	A ⋆
			S0		I	≤10.1								13.6	5.9	2.6			137	A
			SB0		I	≤5.06		5	781	90					5.3	2.3			375	A
			SB0		I	≤0.8		5	728						5.9	2.6			419	A
UGC 5912	10 45 43.3	+26 51 00	Sc	14	I	8.34	1.3	0	6296	10		156	4		1.2				188	G ⋆
			Sc		I	8.374		0	6294		135	154	4		1.3	1.2			475	A ⋆
NGC 3390	10 45 43.5	−31 16 10	Sb	89	I	≤9.0		5	2850					51.6	2.9				320	P ⋆
NGC 3389	10 45 49.4	+12 47 53	Sc	58	I	22.4		0	1300	7	265				2.5	1.4			375	A ⋆
																			397	G ⋆
			Sc	57	M	0.84		0	1296	20				14.4					324	N
			Sc	58	I	29.2	2.4	0	1296	7	228	284	4		2.7	0.7			523	J ⋆
UGC 5916	10 45 57	+22 00 14	Sc		I	6.177		0	7362		113	129	4		1.1	1.0			475	A ⋆
								0	7374										490	A
Mark 727	10 46 00.0	+26 19 17			F	0.58	0.5	0	6432	80		350	9	85.0					34	N ⋆

Table 1 cont.

Name (1)	R.A. (2)	Dec. (3)	Type (4)	i (5)	(6)	HI-flux (7)	(8)	v (9)	(10)	(11)	Δv (12)	(13)	(14)	Dist (15)	a (16)	b (17)	Vmax (18)	Pos (19)	Ref (20)	(21)
Mark 727			dE		M	5.74	0.14		7630	5	279		4	101.0	0.32	0.32			293	A ★
Anon 1046+12	10 46 04.0	+12 34 33	dE		S	±	1.1	−600	−	8000									447	A
					I	0.604		0	888		66	93	4						447	A ★
Mark 153	10 46 04.2	+52 35 48	Sc p	54	F	≤0.49		5	2465					32.9	1.45	0.90			347	G
UGCA 220	10 46 06	+65 00	Im	47	S	±	17.0	−600	−	3300					1.45	1.02			377	E
			Im		S	±	18.0	−400	−	3000					2.7	1.9			373	G
Anon 1046+11	10 46 11.0	+11 41 05	Im		S	±	1.2	−600	−	8000									447	A
Anon 1046+12	10 46 11.8	+12 09 25	cD		S	±	1.0	−600	−	8000									447	A
UGC 5918	10 46 17.0	+65 47 40	Im		F	4.21	0.51	0	336	15	62			8.9	4.3	4.3			89	G ★
			Im		F	4.70	0.53	0	336	8		83	4	4.7	4.4	4.4			373	G
			Im	30	I	16.2	0.41	0	345	5	65	78	4		2.95	2.95			377	E ★
			Im		I	16.5		0	335			78	4	9.6					487	B
			Im		I	15.90		0	338			79	4		4.4	4.4			515	G ★
NGC 3391	10 46 17.4	+14 29 10			I	6.98		0	2959		234	213	3						467	A ★
Anon 1046+12	10 46 17.8	+12 27 16	cD		I	4.846		0	1325		126	151	4						447	A
UGC 5921	10 46 27.6	+28 11 23			I	5.22		0	1407		163	153	3						467	A
UGC 5922	10 46 30	−00 22	SB	52	I	5.23	0.66	0	1846	10		195	4		1.1	0.7			466	G ★
UGC 5924	10 46 30	+22 17			I	3.97		0	7636		606	591	3						467	A ★
Anon 1046+12a	10 46 32.0	+12 04 32	Im		S	±	0.8	−600	−	8000									447	A
Anon 1046+12b	10 46 37.3	+12 38 24	Sm		I	2.546		0	1383		76	101	4						447	A
Anon 1046+12c	10 46 38.8	+12 38 24	Im		I	0.71		0	1350		46	78	4						447	A ★
UGC 5926	10 46 43.8	+77 12 08			S	±	39.0	1033	−	2265									459	N
			S	42	S	±	10.0	3100	−	6600					1.2	0.9			384	G
Anon 1046+84	10 46 50.6	+84 00 17			I	1.3	0.3	0	3268		127		4						503	G
NGC 3395	10 47 02.3	+33 14 45	Scd	52	I	37.8	5.7	0	1631	9	228		4	29.0	3.0				201	G ★
			Scd	52					1621		256		0	16.5					180	G
			SXcd	51	I	36.7		0	1628		260		5	16.4					417	G
			SXcd	51	I	27.5		0	1624		262		5	16.4					417	A
			SX p	52	I	15.94		0	1621		223		4		1.8	1.0			471	A ★
			Sc		I	19.96		0	1620		176	225	4		1.8	1.0			489	A ★
NGC 3395/96									1605	30									286	B
			Mult p		I	29.0		0	1616	4	187			19.2					390	A ★
NGC 3396	10 47 09.0	+33 15 16	SBm	65	I	26.0		0	1625		162			17.	5.1				273	A
			IBm	69	I	22.1		0	1630			258	5	16.4					417	A
UGC 5934	10 47 11.8	+32 10 13						0	1609										490	A
					I	8.84		0	1608		105	87	3						467	A ★
NGC 3394	10 47 19.8	+65 59 33	Sc		S	±	18.0	−400	−	3000					3.0	2.4			373	G
Anon 1047+12	10 47 35.0	+12 42 02	Im		S	±	1.0	−600	−	8000									447	A
UGC 5946	10 47 40.9	+79 25 11	Mult	62	S	±	10.0	3100	−	6600					1.2	0.6			384	G
UGC 5943	10 47 42	−01 02	Sc	37	I	3.43	0.5	0	4544	15		122	4		0.9				188	G ★
UGC 5944	10 47 42	+13 32			F	≤1.0		−400	−	3000									213	G
UGC 5945	10 47 42	+17 50	IBm		S	±	18.0	−400	−	3000					3.0	1.4			373	G
NGC 3404	10 47 48.4	−11 50 39	SBab	79	S	±	11.0	−100	−	4600					2.6	0.7			466	E
			SBab	79	S	±	3.5	0	−	6400					2.6	0.7			466	G
UGC 5947	10 47 49.0	+19 54 33	Im 1	52	F	1.65	0.34	0	1253	10	75			23.5	2.4	1.46			89	G
			Im p	54	F	1.68	0.34	0	1253	12		98	4	11.6	2.2	1.3			373	G
UGC 5948	10 48 00	+16 00			F	≤1.0		−400	−	3000									213	G
UGC 5950	10 48 06	+15 35			F	≤1.0		−400	−	3000									213	G
			Pec		S	±	18.0	−400	−	3000					3.0	1.6			373	G
NGC 3412	10 48 14.5	+13 40 41	E/S0		M	≤0.02		5	861					9.2					134	A
			SB0		I	≤1.72		5	861	90					3.4	1.9			375	A
			SB0		M	≤0.20			735					13.	3.3	1.9			27	A
			SB0		I	≤0.7		5	867						3.6	2.0			419	A
UGC 5953	10 48 23.9	+44 50 10	S0/a	57	F	≤0.91		5	1831					24.4	0.55	0.32			347	G
			Pec		I	≤14.0								36.6	1.2	0.7			382	G
NGC 3421	10 48 24	−12 11	S0	40	S	±	4.4	0	−	6400					1.8	1.4			466	G
IC 651	10 48 25.6	−01 53 02	Pec	0	I	5.36	0.70	0	4469	6		199	4		0.7	0.7			466	G ★
UGC 5958	10 48 31.3	+28 06 57			I	2.33		0	1181		196	182	3						467	A ★
			Sbc	74	I	2.45		0	1183	5	186	200	4	18.	2.6	0.9		179	508	A ★
NGC 3414	10 48 31.8	+28 14 28	S0		M	0.15		1	1360					25.	3.0	2.6			27	A ★
ESO 501-G 12	10 48 33	−23 23 36	Sb	0	I	9.4	1.9	0	3979	5	123	166	4		2.0	2.0			466	E ★
NGC 3413	10 48 34.3	+33 02 00	S0 p	67	I	12.3		0	645	4	158				2.1	0.9			390	A ★
			S0	72	I	15.3		0	645	1	157	190	4		4.2			178	501	A ★
NGC 3423	10 48 37.4	+06 06 27	Scd	28	I	37.2	5.6	0	1013	9		189	4	15.6	5.6	5.3			201	G ★
			Scd	17	F	12.35	1.11	0	1008	10		179	4	8.5	5.6				373	G
NGC 3419	10 48 38.7	+14 12 38	S0		M	1.3		1	2900		240			53.	0.7	0.6			27	A ★
			SX0/a	32	I	3.2		0	3055	13					1.1	0.9			375	A ★
UGC 5965	10 48 41.3	+14 17 20			I	8.95		0	3076		271	253	3						467	A ★
			SBbc		I	14.52		0	3073		256	276	4		1.7	0.1			489	A ★
NGC 3415	10 48 49.7	+43 58 40	Sab	57	I	1.91		0	3303	20		167	5		2.1	1.2		10	158	G ★

Table 1 cont.

Name (1)	R.A. (2)	Dec. (3)	Type (4)	i (5)	(6)	HI-flux (7)	(8)	(9)	v (10)	(11)	(12)	Δv (13)	(14)	Dist (15)	a (16)	b (17)	Vmax (18)	Pos (19)	Ref (20)	(21)
ESO 569-G 14	10 48 58	−19 37 24	SBcd	79	F	6.13	1.21	0	2054	15		278	4	18.1	3.9	1.0			373	E
			Sc	90	I	17.1	2.1	0	3108	5	205	233	4		5.0	0.8			466	E ⋆
UGC 5974	10 48 59.6	+04 50 53			I	12.89		0	1041		168	155	3						467	A ⋆
NGC 3424	10 48 59.8	+33 09 58	SBb	76	I	13.7		0	1501	5	353			19.2	2.3	0.7		202	390	A ⋆
UGC 5979	10 49 12	+68 15	Im	38	F	2.12	0.42	0	1121	10		111	4	12.6	2.9	2.3			373	G
ESO 376-G 23	10 49 14	−35 12 30			S	± 36.0		2000	−	3600									552	P
NGC 3434	10 49 22.6	+04 03 26	Sb	33	I	13.5		0	3623			304	5	34.6					417	A
			Sb		I	15.08		0	3641		252	291	4		2.3	1.9			489	A ⋆
NGC 3430	10 49 24.2	+33 13 06	Sc	55	I	41.9			1594	9		340	5	32.0	5.3				80	G ⋆
									1583	30									286	B
								0	1583	10									359	G
			SXc	55	I	43.6		0	1586	4	340			19.2	3.6	2.2		120	390	A ⋆
			SXc	55	I	56.6	4.8	0	1581	3	338	370	4		3.9	0.9			523	J ⋆
NGC 3433	10 49 26.1	+10 24 56	Sd		I	27.20		0	2719	10		298	5		4.0	3.6		50	158	G ⋆
								0	2720	10									359	G
			Sc	25	F	5.93	1.07	0	2720	15		262	4	25.8	5.5	5.0			373	G
			Sc	25	M	6.93		0	2724	20				31.8					324	N
			Sc		I	15.96		0	2719		259	277	4		4.0	3.6			475	A ⋆
			Sc	25	I	32.2	2.8	0	2719	4	252	284	4		3.5	0.4			523	J ⋆
UGC 5984	10 49 30	+30 20			I	2.66		0	10446			399	5	113.9					518	G
IC 653	10 49 33.0	−00 17 42	Sa	64	I	3.69	0.51	0	5538	15		521	4		2.3	1.1			466	G ⋆
NGC 3432	10 49 42.7	+36 53 05	SBm	77	I	103.7			615	9		272	5	13.1	5.7				80	A
			SBm	89	M	2.8			641	30				9.6	8.2			40	285	G
			SBm	78	F	29.69	5.00	0	611	10		273	4	6.0	8.1	2.3			373	B
			Sc	80	I	140.0		0	608			252	4	12.1	7.5	2.0		38	393	A
			SBm	82	I	109.1		0	608			292	5	6.0					417	G
			SBm	82	I	109.1		0	608			292	5	5.9					417	G
			Sc		I	141.1		0	612			267	4		7.5	2.0			488	a ⋆
UGC 5990	10 49 50.7	+34 44 57			I	3.05		0	1569		199	184	3						467	A ⋆
UGC 5989	10 49 51	+20 03 26	Im		I	7.779		0	1126		142	164	4		1.5	0.5			489	A ⋆
NGC 3437	10 49 52.8	+23 12 01	SXc	69	I	17.0	2.0	0	1275	7	315			12.	4.1				273	A
			Sc		F	5.33			1272	30		405	4	17.4	3.42				309	N ⋆
			SXc	71	F	4.68	0.73	0	1291	30		341	4	12.1	4.1	1.5			373	G
			Sc	75	I	20.46		0	1279			342	4	23.7	2.8	0.9		122	393	G ⋆
			Sc	75	I	20.4		0	1285			340	4	23.7	2.8	0.9		122	393	A
																			397	G ⋆
			SXc	70	I	16.1		0	1294			369	5	12.1					417	G
			Sc		I	20.4		0	1285			340	5		2.8	0.9			488	a ⋆
ESO 437-G 67	10 49 54.0	−32 24 01		36	M	28.42		1	4067			297	4	81.3	2.4	2.0			535	P
UGC 5994	10 49 56	+10 17	Sc		I	5.811		0	6389		344	355	4		1.7	0.1			489	A ⋆
UGC 5999	10 50 13.0	+07 53 13			I	1.08		0	3388		75	58	3						467	A ⋆
								0	3400										490	A
UGC 5998	10 50 14.0	+50 32 58		70	F	1.11	0.42	0	1385		173	189	4	19.3	1.18	0.49			347	G ⋆
NGC 3403	10 50 14.3	+73 57 18	Sbc		I	46.3	0.3	0	1268			310	4		3.5	1.5			503	G
			Sbc	66	I	43.2		0	1262			339	5	14.3					417	G
NGC 3443	10 50 20.4	+17 50 28	Sd	61	F	2.56	0.76	0	1132	10		183	4	10.3	3.9	1.9			373	G
NGC 3442	10 50 21.3	+34 10 37	Sab	39	F	0.99	0.21	0	1729		120	196	4	22.8	0.73	0.58			347	A ⋆
					I	3.05		0	1732		147	130	3						467	A ⋆
			Sa p	38	I	2.00		0	1736			143	4		0.65	0.50			471	A ⋆
UGC 5999	10 50 24	+07 53	Im		F	≤ 1.5		1200	−	3000					2.6				89	G
			Im		S	± 18.0		−400	−	3000					2.5	2.2			373	G
NGC 3449	10 50 32.6	−32 39 40	S0/a	64	I	≤11.3		5	3267						2.5				320	P ⋆
				67	I	19.2		1	3032		504	556	4	37.7	2.6	1.2			552	P ⋆
NGC 3447 A	10 50 43.7	+17 02 22							1062	30									286	B
			Sd	57					1071	9		184	0	8.3					180	G
			SXd	56	F	9.77	0.85	0	1073	8		148	4	9.7	5.9	3.4			373	G
			Sdm	52	M	1.44		0	1064	35				11.8					324	N
			SBm		I	38.90		0	1067			167	4		5.9	3.0			515	G ⋆
NGC 3440	10 50 46.2	+57 23 11						0	1911										400	G
			S	85	I	19.1	2.2	0	1934	7	225	250	4		2.3	0.5			384	G ⋆
NGC 3447 A/B	10 50 46.5	+17 02 44	Mult		I	21.0		0	1085	8		137	4		4.2	2.3			78	A ⋆
NGC 3447 B	10 50 49	+17 03 05	Im		I	15.78		0	1096		85	123	4		1.7	0.8			489	A ⋆
UGC 6014	10 51 05.3	+09 59 40			I	2.36		0	1134		108	87	3						467	A ⋆
								0	1136										490	A
UGC 6016	10 51 12	+54 34	SBd	45	M	0.68	0.17	0	1500	10		132	4	10.7	2.2	1.6		70	161	C ⋆
			dI	58	F	3.1	0.9		1480	20		180	1	10.7	2.3	1.3			37	N ⋆
			Im					−400	−	3000					3.4	2.5			373	G
			SBd	42	I	51.6		0	1370			413	5	14.1					417	G
UGC 6018	10 51 25.0	+20 54 37	Im		S	± 18.0		−400	−	3000					2.0	2.0			373	G
					I	1.69		0	1292		72	51	3						467	A ⋆

Table 1 cont.

Name (1)	R.A. (2)	Dec. (3)	Type (4)	i (5)	(6)	HI-flux (7)	(8)	(9)	v (10)	(11)	(12)	Δv (13)	(14)	Dist (15)	a (16)	b (17)	Vmax (18)	Pos (19)	Ref (20)	(21)
UGC 6018								0	1289										490	A
MCG-03-28-017	10 51 30	-15 53	Sc	0	I	1.92	0.48	0	4370	30		120	4		0.7	0.7			466	G ★
NGC 3445	10 51 32.9	+57 15 27	Sm	21	M	2.58		0	2015	20				25.9					324	N
			SXm	19	F	5.06	0.53	0	2026	25		181	4	21.2	2.7	2.5			373	G
			SXm	21	I	14.8		0	2022			200	5	21.1					417	G
			SXm		I	18.3	0.3	0	2007			250	4		1.7	1.6			503	G
ESO 318-G 22	10 51 33	-37 56 48			S	± 36.0		2600	- 3200										552	P
UGC 6020	10 51 33.1	+21 24 06			I	3.31		0	9764		624	595	3						467	A ★
NGC 3456	10 51 35.1	-15 45 44	Sbc	41	I	12.0	1.5	0	4180	15	274	338	4		2.1	1.6			466	E ★
				41	I	15.70	1.8	0	4203	15		253	4		2.1	1.6			466	G ★
NGC 3451	10 51 37.0	+27 30 23	Scd		S	± 18.0		-400	- 3000						3.0	1.5			373	G
					I	6.24		0	1334		244	235	3						467	A ★
NGC 3448	10 51 38.4	+54 34 23	I0		M	2.7	0.5	0	1321	24		344	5	13.2	5.0	1.6			76	J ★
			SB0/ap	75	M	9.2		0	1360	10		347	5	26.	5.5				119	E ★
			SBa	75	M	3.4		0	1380	20		440	4	15.	5.5				160	G ★
			I0	73	M	1.15	0.26	0	1370	15		317	4	10.7	4.3			75	161	C ★
			Sdm	74	F	16.0	3.0	0	1350	20		350	1	10.7	5.1	1.6			37	N ★
			I0	61	I	47.8		0	1365			341	5	14.1					417	G
			I0	61	I	64.8		0	1374			395	5	14.1					417	A
			S0/a		I	55.4	0.4	0	1371			384	4		5.3	1.5			503	G
NGC 3435	10 51 39.6	+61 33 25	Sc	48	I	6.30		0	5158	10		393	5		1.9	1.3	35		158	G ★
UGC 6027	10 51 48.0	+64 17 00			F	≤1.0		-400	- 3000										213	G
			Im	54	F	1.00	0.30	0	1701	15		82	4	18.2	2.2	1.3			373	G
			Im		I	1.80		0	1702			108	4		2.3	1.4			515	G ★
NGC 3454	10 51 49.2	+17 36 42	SBc	77	I	5.0		0	1111			226	5		3.38	0.98	116		264	A ★
			SBc	79	I	17.9		0	1104			282	5	10.0					417	G
			SBc	79	I	5.6		0	1110			241	5	10.0					417	A
				73	I	7.57		0	1102	5	214	231	4	13.	3.7	1.3	116		508	a ★
NGC 3455	10 51 51.6	+17 33 08	Sc		I	20.76		0	1102	10		248	5		2.8	1.8	80		158	G ★
			Sb	50	I	14.0		0	1109			214	5		4.18	2.79	80		264	A ★
			SXb	50	I	14.0		0	1124	7	208				2.6	1.7			375	A ★
			Sb	50	M	1.59		0	1101	35				12.1					324	N
			SXb 5	50	I	19.7		0	1105			249	5	10.0					417	G
			SXb 5	50	I	12.8		0	1104			220	5	10.0					417	A
			Sb	38	I	14.73		0	1105	5	210	227	4	13.	4.2	3.4	80		508	a ★
ESO 569-G 20	10 51 53	-17 55 54	S	30	I	4.95	0.79	0	4134	5		73	4		1.6	1.4			466	G ★
UGC 6029	10 52 06.7	+49 59 33	Pec		I	10.82		0	1353	20		222	5		1.0	0.8	35		158	G ★
			Im		F	3.09	0.63	0	1377		161	205	4	19.2	1.23	1.10			347	G ★
NGC 3457	10 52 08.8	+17 53 18			I	≤3.0		0	- 6700						2.1				273	A
					I	1.29		0	1158		219	194	3						467	A ★
UGC 6031	10 52 12	+29 48			S	± 4.0		2400	- 9400										490	A
NGC 3464	10 52 13.6	-20 47 55	Sbc	46	I	≤9.1		5	3836						2.8				320	P ★
			SBc		S	± 18.0		-400	- 3000						4.3	3.3			373	B
			Sbc	46	M	5.69		0	3742	20				36.7					324	N
NGC 3459	10 52 18	-16 48	SBb	80	I	6.03	0.74	0	2663	10		386	4		1.5	0.4			466	G ★
UGC 6035	10 52 48.6	+17 24 18		0	I	1.42		0	1069		43	62	4	12.8	2.5				213	G ★
			IBm	22	F	1.72	0.33	0	1073	7		56	4	9.7	2.2	2.0			373	G
								0	1073	4	38	56	4						150	A ★
			Im	26	M	0.63			1073		36	53	4						435	A ★
			Im		I	7.209		0	1073		36	53	4		1.3	1.2			475	A ★
			IBm		I	7.20		0	1074			52	4		2.2	2.0			515	G ★
NGC 3463	10 52 49	-25 53 30	Sb	66	S	± 10.0		-100	- 4600						2.0	0.9			466	E
				67	I	4.3		1	3723		407	427	4	50.1	1.4	0.7			552	P ★
NGC 3458	10 52 58.8	+57 23 08	S0	57	S	± 12.0		3100	- 6600						1.4	0.8			384	G
Anon 1053+67	10 53 18	+67 26 47	Mult		S	± 2.6		6500	- 21900										469	G
NGC 3469	10 54 30	-14 02	SB0/a	46	S	± 7.3		0	- 6400						1.4	1.0			466	G
Anon 1054+08	10 54 30	+08 36			I	≤1.0		4700	- 8550						0.4	0.1			327	A
NGC 3468	10 54 41.7	+41 12 51			I	1.4		0	2468										299	A
UGC 6051	10 55 12	+76 43	Sc	59	S	± 11.0		3100	- 6600						1.1	0.6			384	G
UGC 6053	10 55 29	+06 18 50	Sc		I	1.847		0	7871		61	85	4		1.1	1.0			475	A ★
NGC 3465	10 55 36	+75 28	Sb	38	S	± 10.0		3100	- 6600						1.5	1.2			384	G
NGC 3470	10 55 40.9	+59 46 41	Sa	41	I	11.1	1.6	0	6540	12	275	310	4		1.7	1.3			384	G ★
NGC 3475	10 55 43.5	+24 29 44			I	3.86		0	6431		548	519	3						467	A ★
UGC 6063	10 56 00.0	+25 25 00	Sb		I	2.8		0	6052			454	5		1.5	0.2			488	A ★
NGC 3471	10 56 02.2	+61 47 56	Sa	60	F	2.8	2.2	0	2254	100		524	4	26.3	1.9				53	N ★
			Sab	62	F	1.01	0.41	0	2129		209	235	4	30.0	2.05	1.07			347	G ★
			Sa		I	3.3	0.3	0	2152			209	4		1.9	0.9			503	G
MCG-02-28-026	10 56 18	-15 16	SBb	90	S	± 3.9		0	- 6400						2.0	0.4			466	G
UGC 6065	10 56 18	+77 12	Sb	79	S	± 11.0		3100	- 6600						1.3	0.35			384	G
NGC 3479	10 56 30	-14 42	S	50	I	4.93	0.63	0	4545	15		337	4		1.5	1.0			466	G ★

Table 1 cont.

Name (1)	R.A. (2)	Dec. (3)	Type (4)	i (5)	(6)	HI-flux (7)	(8)	(9)	v (10)	(11)	(12)	Δv (13)	(14)	Dist (15)	a (16)	b (17)	Vmax (18)	Pos (19)	Ref (20)	(21)
NGC 3478	10 56 35.4	+46 23 27			I	≥0.108		0	6667			137	4	178.0	0.4	0.3			400	G
Anon 1056+24	10 56 35.5	+24 48 43			I	≤1.0		0	13100						0.8	0.2			562	A ★
Zw 10-053	10 56 36	+02 10			I				3140 – 8550										327	A
Anon 1056-49	10 56 41.9	-49 42 00	SBd	57				1	2741	20				35.4	2.1	1.3			528	P
UGC 6070	10 57 01.0	+33 39 38			I	6.16		0	1849		171	118	3						467	A ★
UGC 6074	10 57 01.9	+51 10 17	Pec		I	2.2	0.2	0	2881			118	4		0.9	0.8			503	G
UGC 6072	10 57 07.7	-03 12 48			I	3.25		0	10647		227	206	3						467	A ★
			Sab	26	I	3.13		0	10650			225	4		1.0	0.9			420	A
Anon 1057-16	10 57 08	-16 46	Sm	45	I	2.00	0.46	0	5269	10		245	4		0.5				466	G ★
MCG-02-28-031	10 57 15	-15 16	Sb	90	I	5.46	0.68	0	3041	8		304	4		2.0	0.4			466	G ★
NGC 3485	10 57 23.9	+15 06 43	SBb	27	I	14.0	2.0	0	1436	4	133			13.	3.9				273	A
			SBb		I	56.53		0	1432		131	146	4		2.6	2.4			475	A ★
NGC 3489	10 57 40.0	+14 10 15	SBbc		M	≤0.01		6	470		300			9.	3.2	1.9			27	A ★
			S0 p		F	≤3.3		7	57					9.9					95	B ★
			SXa		I	≤0.42		6	577					10.5	3.2	1.9			30	A ★
			E/S0		M	≤0.026		5	695					7.7					134	A
			SX0/a		I	≤3.66		5	638	36					3.4	2.0			375	A
			S0		M	≤0.44		5	690					9.9					131	G
			S0/a		I	0.6		0	708						3.7	2.1			419	A
NGC 3486	10 57 40.0	+29 14 40	Sc		I	130.3		0	685			235	5		9.8	7.2			183	G ★
			Sc	40	I	145.2		0	681			244	4	8.5	6.5				203	G ★
			Sc	42	F	20.7	4.14		708	20		192	9	6.0	9.3				22	N ★
				40	I	125.0									6.5				203	B
			SXc	44	F	33.35	2.54	0	679	10		246	4	6.3	9.8	7.1			373	B
			SXc	40	I	90.4		0	678	4	214			10.7	6.8	5.2	350		390	A ★
			Sc		I	212.8		0	678		217	257	4						429	E
			Sc		I	135.2		0	681			240	4		9.8	6.9			515	G ★
			SXc	40	I	126.1	8.1	0	677	2	203	226	4		6.9	1.1			523	J ★
UGC 6081	10 57 41.0	+10 19 02	Sab		I	≤0.6									1.1	0.9			420	A
ESO 318-G 29	10 57 57	-38 21 48			S	± 36.0		2600 – 3200											552	P
UGC 6086	10 57 58.0	+10 13 31	Sc	90	I	≤6.0									1.0	0.15			420	A
UGC 6090	10 58 00	+75 29		65	I	2.8	0.61	0	3467	10	44	57	4		1.5	0.7			384	G ★
UGC 6091	10 58 03.0	+10 08 44	SBb	73	I	≤10.9									1.0	0.35			420	A
UGC 6093	10 58 12	+11 00	Sc	24	I	1.88	0.4	0	10805	20		162	4		1.1				188	G ★
UGC 6095	10 58 18	+19 21			F	≤1.0		-400 – 3000											213	G
NGC 3488	10 58 23.0	+57 56 45			I			0	2994										400	G
			Sc	50	I	8.2	1.2	0	2964	12	245	295	4		2.1	1.4			384	G ★
Mark 728	10 58 24.9	+11 19 00	Comp		F	0.12	0.05	0	10686			393	4		0.47				154	A ★
NGC 3495	10 58 40.9	+03 53 43	Sd	78	I	37.9		0	1146			335	4	13.1	3.4				203	G ★
			Sc	87	I	35.9		0	1133			328	4	19.4	4.8	1.0		20	393	A
			Sd	75	I	34.2		0	1131			341	5	9.7					417	G
					I	35.9		0	1133			328	5		4.8	1.0			488	a ★
UGC 6100	10 58 42.5	+45 55 22	Sa	47	F	0.94	0.52	0	8718			375	4		1.5				154	G ★
ESO 265-G 03	10 58 53.0	-43 46 16			M	4.09		1	1092			236	4	21.8	2.6	0.9			535	P
Anon 1058+02	10 58 54	+02 01			I	≤1.0		4700 – 8550							1.0	0.4			327	A
UGC 6102	10 59 06.0	+28 57 18		35	F	2.24		0	699		98	133	4	8.7	2.3				213	G
UGC 6103	10 59 07.8	+45 29 50			F	1.4	1.1	0	5990	35		270	9	79.					51	N ★
			SBc		I	2.3	0.3	0	5974			301	4		0.7	0.5			503	G
UGC 6104	10 59 12.5	+16 52 33			I	6.87		0	2945		270	247	3						467	A ★
			Sbc		I	7.067		0	2947		241	262	4		1.5	0.4			489	A ★
Anon 1059+10	10 59 21.0	+10 33 48			F	0.38	0.07	0	10414			295	4						154	A ★
NGC 3523	10 59 29.4	+75 23 13	Sb	21	I	28.4	3.4	0	7100	10	455	480	4		1.6	1.5			384	G
UGC 6110	10 59 36	+59 24		64	S	±	5.0	3100 – 6600							1.7	0.8			384	G
UGC 6113	10 59 53.4	+52 22 54		0	F	0.79		0	947		53	69	4	13.5	2.2				213	G ★
			Im		I	4.60		0	949			63	4		1.7	1.7			515	G ★
UGC 6112	10 59 57.1	+17 00 11	Sdm		I	14.23		0	1036	10		211	5		2.3	0.8		123	158	G ★
			Sd	69	F	5.02	0.89	0	1037	10		190	4	9.3	3.5	1.4			373	G
Zw 39-225?	11 00 00	+00 00			I	≤1.0		3140 – 7000							0.6	0.6			327	A
NGC 3501	11 00 07.6	+18 15 42	Sc	86	F	4.38	0.71	0	1139	15		319	4	10.4	5.4	1.1			373	G
			S p	90	I	8.7		0	1134	4	304			9.6	2.5	0.4		297	390	A ★
			Sc		I	14.29			1133	5	307	323	4						457	A ★
					I	17.70			1132	5		325			5.4	1.1			515	G ★
ESO 501-G 12	11 00 24	-23 19 18	Sbc	58	I	9.2	1.2	0	3596	10	250	280	4		2.0	1.1			466	E ★
NGC 3504	11 00 28.1	+28 14 35	Sab	36	F	1.7	1.4	0	1531	25		194	4	16.4	2.7				53	N ★
			SXab	60	I	3.2		0	1543	5				14.1	3.1		110	155	407	W ★
			SXab	36	I	≥3.2		0	1538	5	193			24.0	2.7	2.2			390	A ★
			SXab	36	I	3.56		0	1540			202	4		2.5	2.5			471	A ★
					I	4.584		0	1540			213	4	27.7	2.5	2.5			562	A ★
Zw 38-098	11 00 30	+03 14			I	≤1.0		3140 – 7000							0.8	0.4			327	A
NGC 3506	11 00 35.2	+11 20 48	Sc	22	I	4.0	2.0	0	6409	12	169			62.	2.4				273	A

Table 1 cont.

Name (1)	R.A. (2)	Dec. (3)	Type (4)	i (5)	(6)	HI-flux (7)	(8)	(9)	v (10)	(11)	(12)	Δv (13)	(14)	Dist (15)	a (16)	b (17)	Vmax (18)	Pos (19)	Ref (20)	(21)
NGC 3506					I	6.28		0	6402		202	189	3						467	A ★
			Sc		I	7.679		0	6399		195	211	4		1.3	1.3			475	A ★
NGC 3507	11 00 46.3	+18 24 25						0	980	10									359	G
			SBb	34	F	5.43	0.78	0	977	10		158	4	8.8	4.9	4.1			373	G
			SBb	32	I	11.6		0	980	4	139			9.6	3.6	3.1		200	390	A ★
			SBb	33	I	22.7	2.0	0	979	3	144	160	4		3.5				473	J ★
			SBb		I	20.70		0	980			161	4		4.9	3.9			515	G ★
UGC 6124	11 00 48	+32 08			S	±	4.0	2400	−	9400									490	A
Anon 1100+79	11 00 49.1	+79 15 45	SB0					5	2911						0.9	0.8			503	G
UGC 6122	11 00 55.3	+11 23 17						0	6395										490	A
					I	2.49		0	6393		92	77	3						467	A ★
					F	≤1.0		−400	−	3000									213	G
NGC 3511	11 00 58.8	−22 48 29	Scd	72	I	71.0	0.0	0	1106		297			8.6	7.4	2.6			310	P
			Sc	68	I	81.7	6.8	0	1106	13		307	4	17.1	4.7				320	P ★
			Sc	67	F	21.14	1.78	0	1104	10		325	4	8.5	8.1	3.4			373	E
			Sc	67	M	2.06		0	1109	20				9.0					324	N
			Sc	68	I	78.7	7.0	0	1102	3	296	318	4		5.4	2.0			523	J ★
			Sc	68	M	5.31		0	1107					17.1	4.7		140	222	544	P
NGC 3510	11 01 00.9	+29 09 19	SBm	86	F	17.8	3.5	0	709	20		200	9	8.8	3.80	0.95			34	N ★
				90	I	12.59	0.59	0	705		193	214	5	8.7	3.80	0.95			347	G ★
			SBm	79	F	11.74	1.10	0	710	10		200	4	6.6	5.9	1.6			373	G
			SBm	78	M	1.78	0.445	0	695			199	4	13.2	6.0	1.7			382	G ★
			SBm p	82	I	25.1		0	714	9	167			10.7	2.8	0.7		73	390	A ★
			SBm		I	60.0		0	702			215	4	13.	5.9				487	B
			SBm		I	48.30		0	705			205	4		5.9	1.2			515	G ★
Zw 291-025	11 01 18	+57 41		48	S	±	10.0	3100	−	6600					0.95	0.65			384	G
NGC 3513	11 01 19.2	−22 58 27	SBc	34	I	≤15.0		5	1116					17.3	2.8				320	P ★
			SBc	33	F	5.90	0.69	0	1195	8		110	4	9.5	4.5	3.8			373	E
			Sc	34	M	1.08		0	1190	20				9.9					324	N
			SBc	35	I	25.3	2.4	0	1194	3	85	114	4		4.0	3.3			466	E ★
NGC 3512	11 01 19.7	+28 18 30	Sc	25	I	10.0			1388	9		270	5	28.0	2.6			80	G ★
			Sc	24	I	8.0	2.0	0	1370	7	190			12.	2.9				273	A
			SXc		S	±	18.0	−400	−	3000					2.7	2.5			373	G
			Sc	20	I	9.8		0	1376	5				14.1	2.7		257	140	407	W ★
			Sc	25	M	0.33		0	1372	20				16.3					324	N
			SXc	25	I	≥6.4		0	1371	4	187			24.0	1.8	1.6		225	390	A ★
			Sc		I	5.117		0	1376		203	223	4		1.7	1.6			475	A ★
UGC 6132	11 01 40.9	+38 28 43			S	≤13.2.		5	8900										356	G
UGC 6133	11 01 42	+64 16			F	≤1.0		−400	−	3000									213	G
UGC 6135	11 01 46.5	+45 23 41	S					5	6512						1.0	1.0			503	G
NGC 3509	11 01 48.5	+05 06 01	S	67	I	8.70	1.69	0	7722	16	466	540	4	102.	2.1	0.9			327	A ★
					I	8.6	1.6	0	7690	25		495	4						126	A ★
					I	8.68		0	7699		460	420	3						467	A ★
UGC 6138	11 01 54	+28 00	Sm		S	±	18.0	−400	−	3000					3.0	1.6			373	G
								0	2575										490	A
Mark 36	11 02 15.8	+29 24 33		39	M	0.019	0.001		640	2		99	4	7.9	0.32	0.28			293	A ★
				33	F	0.30	0.05	0	647		44	76	4	8.0	0.32	0.27			347	A ★
			Pec		S	±	18.0	−400	−	3000					0.5	0.4			373	G
					I	1.60		0	649			110	4		0.5	0.4			515	G ★
Zw 38-117	11 02 30	+04 51			I	≤1.0		3140	−	7000					0.8	0.2			327	A
NGC 3517	11 02 39.3	+56 47 46	Sab	26	S	±	6.0	3100	−	6600					1.0	0.9			384	G
UGC 6145	11 03 00	+04 26			F	≤1.0		−400	−	3000									213	G
					S	±	4.0	−100	−	6900									490	A
NGC 3521	11 03 15.1	+00 13 58	Sbc		I	307.4		0	809			465	5		13.6	7.0			183	G ★
			SXbc	61	F	66.53	9.50	0	804	10		466	4	6.3	13.6	6.9			373	B
			Sb	61				0	804			459	4	12.0	13.5	7.0		163	393	A
			Sbc	66	M	3.5	1.2	0	810	20				7.6					85	N
			Sbc	60	M	2.93		0	835	20				8.1					324	N
			SXbc	60	I	212.1		0	800			503	5	6.2					417	G
			SXbc	60	I	263.0		0	798			486	5	6.2					417	B
			SXbc	61	I	246.0	37.0	0	801	5	437	468	4		9.5				473	J ★
			Sb		I	282.0		0	804			459	5		13.5	7.0			488	a ★
			Sb		I	306.6		0	800			475	4		13.6	6.8			515	G ★
UGC 6151	11 03 16.0	+20 05 40	Sm		F	1.82	0.28	0	1330	7	27			25.1	2.9	2.9			89	G
					F	1.46	0.20	0	1330	7		41	4	12.4	2.9	2.9			373	G
			S		I	6.40		0	1333			43	4		2.9	2.9			515	G ★
UGC 6152	11 03 18	+30 12	SBb		I	1.95		0	8932		419								421	A ★
ESO 570-G 02	11 03 22	−20 31 18	Sc	56	S	±	9.0	−100	−	4600					1.7	1.0			466	E
NGC 3516	11 03 22.8	+72 50 20	S0		I	≤1.4			2540										114	G ★
			SB0		M	≤1.80			2621					37.					131	G

Table 1 cont.

Name (1)	R.A. (2)	Dec. (3)	Type (4)	i (5)	(6)	HI-flux (7)	(8)	(9)	v (10)	(11)	(12)	Δv (13)	(14)	Dist (15)	a (16)	b (17)	Vmax (18)	Pos (19)	Ref (20)	(21)
NGC 3516			S0	44	F	1.58	0.55		2503	35		380	0	35.2	2.5				21	N
			SB0/a	30	F	≤0.66		5	2540						3.12				154	G
UGC 6154	11 03 24	+76 58	SBa	62	S	±	14.0	3100	−	6600					1.0	0.5			384	G
UGC 6155	11 03 27.1	+04 41 55			I	2.26		0	6425		209	192	3						467	A ★
UGC 6157	11 03 42	+17 46	Sdm	26	F	2.87	0.48	0	2959	15		160	4	28.6	2.9	2.6			373	G
NGC 3520	11 03 47	−17 59 18	Sab	74	F	4.47	0.61	0	3899	15		284	4		1.5	0.5			466	G ★
Zw 291-029	11 03 48	+57 58		47	I	2.3	0.37	0	9668	11	160	185	4		1.15	0.8			384	G ★
NGC 3524	11 03 55.2	+11 39 18	S0/a		I	≤0.6		5	1369						1.7	0.6			419	A
UGC 6161	11 04 00.7	+43 59 36	SBdm	56	F	5.56	0.67	0	765	10		133	4	7.9	4.4	2.5			373	G
			SBdm		I	24.90		0	754			140	4		4.4	2.2			515	G ★
NGC 3522	11 04 00.9	+20 21 22	E		I	1.08		0	1221		245								427	A
UGC 6162	11 04 00.9	+51 28 29	Scd	60	F	4.15	0.87	0	2203	10		223	4	22.7	3.7	1.9			373	G
ESO 377-G 10	11 04 10	−37 22 54			S	±	36.0	2600	−	3200									552	P
UGC 6166	11 04 18	+28 52		38	I	4.0		0	10174		370	414	4						543	A ★
NGC 3526	11 04 20.5	+07 26 40	Sbc		I	7.98		0	1415			225	4		2.0	0.5			393	G ★
			Scd	75	I	10.0		0	1430			243	5	12.8					417	G
			Sbc		I	8.3		0	1418			220	5		2.0	0.5			488	A ★
UGC 6169	11 04 26.5	+12 19 54			I	8.00		0	1557		247	103	3						467	A ★
UGC 6171	11 04 36	+18 50	Im p	76	F	3.09	0.51	0	1212	15		173	4	11.2	3.7	1.1			373	G
NGC 3527	11 04 36.1	+28 47 50			I	1.17		0	10093		408	138	3						467	A ★
UGC 6175	11 04 42	+18 42			I	0.95		0	8136			237	5	89.1					518	G
NGC 3533	11 04 45	−36 54 06		85	I	5.0		1	2861		395	416	4						552	P ★
UGC 6181	11 05 06.4	+19 49 13	Scd		I	3.88		0	1171			70	4		1.0	0.9			393	G ★
				0	F	1.51		0	1165		75	96	4	14.3	2.2				213	G ★
			Sd		I	3.9		0	1171			83	5		1.0	0.9			488	A ★
			Im		I	3.80		0	1170			71	4		1.7	1.5			515	G ★
UGC 6185	11 05 18.0	+08 16 36	Sab	59	I	3.97	0.72	0	3327	16	236	255	4	44.	1.7	0.9			327	A ★
			SXdm		S	±	18.0	−400	−	3000					2.7	1.5			373	G
Anon 1105−46	11 05 30.0	−46 15 00	Sd	75				1	1055	20				13.4	3.9	1.4			528	P
NGC 3530	11 05 42.7	+57 30 00		72	S	±	8.0	3100	−	6600					0.7	0.25			384	G
NGC 3537	11 06 00	−10 10	S0	35	I	7.46	1.1	0	6274	10		478	4		1.2	1.2			466	G ★
Anon 1106+00	11 06 06	+00 33	Mult		I	2.6		0	7600	10		225	4		0.6	0.4			78	A ★
NGC 3536	11 06 09.6	+28 44 47			I	2.39		0	10925		501	50	3						467	A ★
NGC 3534	11 06 14.4	+26 52 51			I	6.81		0	6576		578	553	3						467	A ★
UGC 6194	11 06 21.4	+23 11 40	Sc		I	5.9		0	2642			130	5		1.6	1.6			488	A ★
			S		I	6.158		0	2644		110	132	4		1.6	1.6			475	A ★
NGC 3540	11 06 31.6	+36 17 13	SB0/a		S	±	1.88	5	6400						1.3	1.3			488	A
ESO 438-G 05	11 06 33.2	−28 05 37	Sd	90	I	38.0	6.0	0	1519	15	218			12.6	5.0	1.0			310	P
			Im	74	F	5.83	0.87	0	1499	15		182	4	12.4	3.7	1.2			373	B
			Scd	84	I	25.2	2.9	0	1497	5	148	168	4		4.5	1.0			466	E ★
UGC 6200	11 06 51	+00 10 23	Sa		I	15.92		0	3859		326	361	4		2.0	0.8			489	A ★
ESO 502-G 20	11 06 55	−22 36 18	Sb	30	I	19.4	2.2	0	1377	5	124	146	4		1.8	1.7			466	E ★
UGC 6205	11 07 07.2	+46 22 00		39	F	0.86		0	1391		91	114	4	19.1	3.0				213	G ★
					S	±	18.0	−400	−	3000					2.9	2.3			373	G
UGC 6204	11 07 10.4	+24 32 13			I	6.79		0	6173		555	456	3						467	A
Mark 729	11 07 12.1	+13 02 32			S	22.0		2890	−	8378									471	A
NGC 3547	11 07 18.8	+10 59 40	Sb	59	I	10.0	2.0	0	1614	23	197			15.	3.3				273	A
UGC 6208	11 07 19.2	+07 30 18	Sb	89	I	4.13	0.77	0	6334	16	388	405	4	84.	1.0	0.2			327	A ★
IC 2627	11 07 26.2	−23 27 18	Sbc	17	I	21.9	3.0	0	2075	3		50	4	36.5	2.8				320	P ★
			Sbc	22	F	5.77	0.50	0	2090	8		59	4	18.4	3.9	3.6			373	E
			Sc	33	I	24.8	2.5	0	2082	3	39	62	4		4.0	3.4			466	E ★
NGC 3557	11 07 35.0	−37 16 00	E		M	≤0.3		6	2837					28.4					418	P ★
UGC 6212	11 07 49.8	+05 06 05			I	≤1.0		3140	−	7000					1.0	0.6			327	A
Zw 67-023	11 07 58.2	+12 43 30	S	89	I	2.07	0.64	0	6250	16	231	262	4	83.	1.0	0.2			327	A ★
NGC 3549	11 08 03.1	+53 39 33	Sc	68	M	7.98		0	2866	20				36.2					324	N
			Sc	72	F	5.37	0.83	0	2867	10		419	4	29.4	4.8	1.7			373	G
			Sc	69	I	29.5	2.4	0	2855	6	422	436	4		3.2	1.2			523	J ★
			Sc		I	21.4	0.4	0	2875			426	4		3.3	1.0			503	G
UGC 6218	11 08 06	+28 33	S	90	I	6.5	0.85	0	5160	12	350	400	4		1.1	0.15			384	G ★
NGC 3559	11 08 08.4	+12 17 15			I	5.19		0	3249		236	208	3						467	A ★
UGC 6216	11 08 12.0	+05 07 06	Sa	89	I	6.24	1.48	0	5810	16	453	603	4	77.	1.3	0.2			327	A ★
Zw 67-027	11 08 12	+11 53			I	≤1.0		4700	−	8550					0.8	0.8			327	A
NGC 3558	11 08 13.8	+28 28 54			S	±		2890	−	8378									471	A
Anon 1108−48	11 08 18.0	−48 50 00	SBab	53				1	2717	20				35.2	2.4	1.6			528	P
UGC 6222	11 08 20.5	+34 50 26			I	3.33		0	1960		97	80	4						467	A
ESO 570-G 10	11 08 23	−21 42 12	Sb	67	I	10.8	1.4	0	3560	15	208	311	4		1.4	0.6			466	E ★
NGC 3568	11 08 26.0	−37 10 48	Sc	76	I	37.3	4.0	0	2446	18		343	4	43.4	2.0				320	P ★
			Sc	74	M	2.73		0	2442	20				22.8					324	N
			SB		M	5.0		6	2163					21.6					418	P ★
				79	I	32.2		1	2153		289	307	4						552	P ★

Table 1 cont.

Name (1)	R.A. (2)	Dec. (3)	Type (4)	i (5)	(6)	HI-flux (7)	(8)	(9)	v (10)	(11)	Δv (12)	(13)	(14)	Dist (15)	a (16)	b (17)	Vmax (18)	Pos (19)	Ref (20)	(21)
ESO 438-G 10	11 08 26	−27 37 30	Sb	60	I	4.4	0.59	0	1487	10	138	159	4		1.9	1.0			466	E★
UGC 6224	11 08 30	+28 58			I	1.65		0	8731			294	5	95.9					518	G
ESO 377-G 21	11 08 33	−35 42 36		71	I	14.3		1	2507		267	332	4						552	P★
UGC 6228	11 08 36	+56 49						0	3054										400	G
			SBc	33	I	8.6	1.0	0	3050	7	95	135	4		1.3	1.1			384	G★
NGC 3556	11 08 36.8	+55 56 33	SBcd		I	130.4	0.4	0	696			336	4		8.8	2.2			503	G
			SBcd		I	157.5		0	701			330	5		11.1	4.5			183	G★
			SBcd	77	I	173.0	16.0	0	698	3		330	4		6.6				10	D★
			SBcd	75								328	4	12.6	11.1	4.6			216	G★
			Sc	84					670					10.0	8.3	2.1			365	O★
			Scd	69	I	138.0	20.7	0	699	9		339	4	14.2	9.2				201	G★
			SBcd	84	M	2.6			694	30				7.7	11.1			80	285	G
				77	I	144.0	10.0								6.3				203	D
			SBcd	69	F	47.99	2.18	0	697	8		328	4	7.9	11.1	4.5			373	G
					I	140.7	17.5	0	705	13	286	325	4						378	E★
			SBcd	84	M	1.6	0.5		695	60				7.2					85	N
			SBcd	74	I	147.4		0	699			359	5	7.9					417	G
			SBcd	74	I	164.4		0	698			346	5	7.8					417	B
			Sc	72	I	212.8	5.9	0	696	5	308	340	4						442	E★
UGCA 228	11 08 42	−09 41	Sc	47	I	8.02	1.2	0	7780	10		179	4		1.8				188	G★
			SXbc					0	2900						2.7	2.2			373	G
			SBbc	38	I	7.72	1.0	0	7784	5		193	4		1.7	1.35			466	G★
NGC 3563 A	11 08 48	+27 14	SB0		I	≤0.37		5	10055					209.	1.1	0.75			28	A
NGC 3563 B	11 08 48	+27 14	E		I	≤0.37			10955					209.	0.35	0.20			28	A
UGC 6235	11 08 54	+79 05	Sbc	90	S	±	11.0		3100 − 6600						1.2	0.22			384	G
NGC 3573	11 08 56	−36 36 06		68	I	26.4		1	2143		430	511	4						552	P★
NGC 3571	11 09 01.3	−18 01 04	SBa	68	I	≤11.4		5	3777						2.9				320	P★
			Sa	72	I	4.11	0.55	0	3614	5		303	4		3.8	1.4			466	G★
Anon 1109+08	11 09 40.8	+08 53 54	S	89	I	2.87	0.71	0	3334	16	189	241	4	44.	1.0	0.1			327	A★
UGC 6243	11 09 42	+31 41			S	±	4.0		2400 − 9400										490	A
UGC 6246	11 10 10.8	+23 31 44			I	4.83		0	6340		293	283	3						467	A★
UGC 6247	11 10 12.0	+27 42 27			I	2.97		0	6830		398	385	3						467	A★
UGC 6248	11 10 16.2	+10 28 23		35	F	0.72		0	1297		84	101	4	15.6	2.8				213	G★
					I	1.97		0	1282		55	34	3						467	A★
UGC 6249	11 10 18	+60 11	Sc	0	I	16.9	1.9	0	1062	4	100	125	4		1.8	1.8			384	G★
UGC 6251	11 10 32.0	+53 52 00	SXm	41	F	2.67	0.32	0	928	10	45			19.9	3.0	2.28			89	G
			SXm	42	F	2.76	0.33	0	928	7		61	4	10.1	3.0	2.2			373	G
			S		I	11.50		0	928			63	4		3.0	2.1			515	G★
			S		I	11.40		0	1133			92	4		1.0	1.0			515	G★
UGC 6252	11 10 36	+26 08						0	6442	20									359	G
NGC 3585	11 10 49.8	−26 28 48	E6		F	≤2.8		7	1240					16.5					95	B
UGC 6253	11 10 49.8	+22 25 32	dE		S	≤1.05			−475 − 475					0.220	6.				133	B
			dE		F	≤1.5			1200 − 3000						11.0				89	G
			E		S	±	18.0		−400 − 3000						11.0	10.0			373	G
UGC 6255	11 10 53.4	+47 50 51	dE					5	5405						0.8	0.5			503	G
NGC 3577	11 10 55.8	+48 32 42						0	5336										400	G
Zw 39-080	11 11 06	+06 58			I	≤1.0			4700 − 8550						0.6	0.2			327	A
ESO 63-G 11	11 11 09.0	−68 59 56		84	M	3.70		1	1049			219	4	21.0	3.2	0.3			535	P
			Sc	90				1	1334	20				16.3	3.2	0.6			528	P
UGC 6258	11 11 10.3	+21 47 27	Pec		I	8.76		0	1453			197	4		2.1	0.5			393	G★
			Im	76	F	2.48	0.53	0	1460	20	215		4	13.8	3.2	0.9			373	G
			Pec		I	8.3		0	1450			183	5		2.1	0.5			488	A★
Anon 1111+57	11 11 12	+57 04		41	S	±	8.0		3100 − 6600						0.85	0.65			384	G
IC 2637	11 11 13.7	+09 51 30			S	≤9.0		5	8094										471	A
Anon 1111+56	11 11 18	+56 51			S	±	11.0		3100 − 6600										384	G
IC 677	11 11 19.9	+12 34 25			I	4.78		0	3248		295	278	3						467	A★
NGC 3583	11 11 22.3	+48 35 33						0	2130	10									359	G
								0	2140	30									325	N
			SBb	42	F	5.99	1.25	0	2135	25		362	4	21.9	4.0	3.0			373	G
			Sb	46	M	3.96		0	2140	20				27.0					324	N
			SBb		I	28.3	0.3	0	2134			368	4		2.7	2.0			503	G
UGC 6264	11 11 24	+20 40			I		4.0	5	8040					88.2					518	G
UGC 6266	11 11 42	+43 30			F	≤1.0			−400 − 3000										213	G
								0	2204										400	G
Zw 291-044	11 11 42	+58 06		50	S	±	6.0		3100 − 6600						1.05	0.7			384	G
NGC 3592	11 11 50.3	+17 31 53			I	1.85		0	1298		197	182	3						467	A★
			Sbc	84	I	2.721	0.36	0	1300	10	194	261	4		2.2	0.5			547	A★
			Sbc	84	I	2.984	0.39	0	1296	4	198	210	4		2.2	0.5			547	A★
NGC 3593	11 11 59.2	+13 05 28			M	0.13		1	500			270		9.	5.2	2.1			27	A★
			Sb	68	M	0.25		0	621	6		239	5	18.4	5.4		120		139	A★

Table 1 cont.

Name (1)	R.A. (2)	Dec. (3)	Type (4)	i (5)	(6)	HI-flux (7)	(8)	(9)	v (10)	(11)	(12)	Δv (13)	(14)	Dist (15)	a (16)	b (17)	Vmax (18)	Pos (19)	Ref (20)	(21)
NGC 3593			Sb		I	7.11								10.1	5.8	2.5			137	A
			S0/a	75	F	2.11	0.7		550	35	387			6.7	7.3				246	N ⋆
			S0/a	73					627	9		300	0	7.6					180	G
			Sa p	64	I	8.1	1.4	0	641	15	145	248	5	9.9	5.4	2.6			346	G ⋆
			Sa p	64	I	8.6	1.3	0	641	20	209	227	5	9.9	5.4	2.6			346	E ⋆
			S0/a	75	F	≤3.45								7.2	7.5				21	N
			S0/a	65	M	0.04	0.01	0	631			252	4	3.0	8.9	4.1			382	G ⋆
			S0/a		I	8.1		0	621		223				5.8	2.5			419	A
			Sa	64	I	11.54	4.2	0	643	15	114	262	4						442	E ⋆
NGC 3597	11 12 12	−23 27			S	≤51.0		5	3300										548	P
UGC 6274	11 12 13.9	+34 06 00			I	3.15		0	11073		278	265	3						467	A ⋆
NGC 3589	11 12 16.0	+60 58 25						0	1969										400	G
Anon 1112−00	11 12 27	−00 35	Sm	45	I	2.22	0.46	0	1002	10		177	4		0.5				466	G ⋆
NGC 3596	11 12 27.9	+15 03 38	Sc		I	33.09		0	1193			140	4		6.1	6.1			515	G ⋆
			Sc	18	I	26.9			1202	9		146	5	15.5	6.0				80	G ⋆
			Sc	21	F	6.56	2.30	0	1160	20		196	9	7.2	5.4				22	N ⋆
			SXc		F	8.68	0.82	0	1193	10		135	4	10.8	6.0	6.0			373	G
			Sc	0	I	34.7		0	1192			145	4	21.4	4.4	4.4			393	A
			Sc	12	M	1.22		0	1194	20				13.4					324	N
			SXc	12	I	28.4		0	1196			169	5	10.9					417	G
			Sc		I	34.7		0	1192			145	5		4.4	4.4			488	a ⋆
			SXc	12	I	33.3	3.2	0	1193	4	118	143	4		4.2	0.4			523	J ⋆
NGC 3598	11 12 33.8	+17 32 08	E/S0	42	S	±	1.20	5	6175						1.6	1.2			547	A
ESO 438-G 15	11 12 37	−28 07 06	Sc	62	I	9.8	1.3	0	3353	10	305	332	4		2.4	1.2			466	E ⋆
NGC 3599	11 12 49.1	+18 23 08	SB0		I	≤0.6		5	850						2.8	2.8			419	A
			E		S	±	0.53												427	A
NGC 3600	11 13 06.6	+41 51 55	Sa	76	F	11.82	1.14	0	719	10		221	4	7.4	6.0	1.8			373	G
ESO 215-G 37	11 13 18.8	−48 29 07	Sbc	30	I	≤60.0									3.5	3.1			310	P
UGC 6287	11 13 26.2	+24 11 13			F	≤1.0			−400 − 3000										213	G
					I	2.59		0	6258		93	73	3						467	A ⋆
					I			0	6257										490	A
IC 2672	11 13 29.5	+10 25 53	Sc		I	2.1		0	5895			236	5		1.0	0.8			488	A ⋆
IC 2674	11 13 33.2	+11 18 53	Sc		I	2.0		0	5883			219	5		1.4	0.7			488	A ⋆
ESO 377-G 31	11 13 36	−33 41 36	Sb		M	1.07		0	2971	35				33.3					324	N
				67	I	8.2		1	2770		292	329	4						552	P ⋆
UGC 6289	11 13 42.5	+03 09 40			I	≤1.0			4700 − 8550						0.8	0.8			327	A
NGC 3605	11 14 08.7	+18 17 27	S0/a		I	≤3.07								23.0	1.7	1.0			137	A
			E4		M	≤0.005		5	693					8.0	1.7	1.0			249	A
			E4		I	≤2.84		5	693	90					1.6	0.9			375	A
			E		M	≤0.04								6.0					205	G
UGC 6296	11 14 13.1	+18 04 27	Sa	70	I	2.20		0	973			207	4	8.8	1.3	0.4			292	A ⋆
			S		I	1.752		0	979		182	210	4		1.3	0.4			489	A
NGC 3607	11 14 16.1	+18 19 35	E1		I	≤2.96								23.0	3.7	3.2			137	A
			S0		I	≤0.14		6	1000					18.2					30	A ⋆
			S0		I	≤5.47		5	911	63					3.8	3.3			375	A
Anon 1114−75	11 14 18	−75 56			S	≤51.0		5	2100										548	P
NGC 3608	11 14 20.7	+18 25 20	E3		I	≤3.28								23.0	3.0	2.5			137	A
			E2		I	≤4.08		5	1210	90					3.1	2.5			375	A
			E1		I	0.21		0	1108		141								427	A
UGC 6300	11 14 36	+16 36			S	±	4.0		2400 − 9400										490	A
ESO 377-G 34	11 14 40	−34 40 54		82	I	25.4		1	2329		226	242	4						552	P ⋆
UGC 6304	11 14 48	+58 38			F	≤1.0			−400 − 3000										213	G
			SBm	32	I	5.9	0.91	0	1782	12	148	159	4		1.4	1.2			384	E ⋆
ESO 438-G 17	11 14 51	−27 32 54	Sb	56	I	6.9	0.86	0	1230	10	147	169	4		1.95	1.15			377	E ⋆
			SBm		S	±	18.0		−400 − 3000						3.0	1.9			373	B
UGC 6306	11 14 52.0	+04 52 42			F	≤1.0			−400 − 3000										213	G
					I	4.18		0	1751		122	96	3						467	A ⋆
			Im	69	I	23.9		0	1761			723	5	14.3					417	G
			Im	69	I	8.5		0	1619			401	5	14.3					417	A
NGC 3611	11 14 54.7	+04 49 41	Sb	38	M	1.87		0	1567	61		281	5	18.4	2.4				139	A ⋆
			Sa	32	F	3.0	1.1	0	1624	25		355	4	16.4	2.4				53	N ⋆
			Sb		I	8.85								26.7	2.4	2.0			137	A
			Sa	31	I	18.4	1.9	0	1618	10	315	384	5	29.0	2.9	2.5			346	G ⋆
			Sa	32	I	24.0		0	1609			425	5	14.3					417	G
			Sa	32	I	10.1		0	1582			325	5	14.3					417	A
					I	10.62		0	1573		309	274	3						467	A ⋆
UGC 6309	11 14 58.3	+51 44 49	Sb		I	5.2	0.2	0	2863			284	4		1.6	0.8			503	G
ESO 438-G 18	11 15 07	−27 37 18	SBc	53	S	±	11.0		−100 − 4600						2.4	1.5			466	E
UGC 6316	11 15 20.5	+65 18 12	Sc					5	9857						1.7	0.6			503	G
UGC 6311	11 15 22.0	−01 49 07	Sc	36	I	4.47	0.4	0	7404	10		242	4		1.3				188	G ⋆

Table 1 cont.

Name (1)	R.A. (2)	Dec. (3)	Type (4)	i (5)	(6)	HI-flux (7)	(8)	(9)	v (10)	(11)	(12)	Δv (13)	(14)	Dist (15)	a (16)	b (17)	Vmax (18)	Pos (19)	Ref (20)	(21)
UGC 6311			Sc	21	I	5.96	0.81	0	7422	5		239	4		1.5	1.4			466	G ★
UGC 6314	11 15 24	+30 41	S		I	2.76		0	7880		334								421	A ★
ESO 319-G 11	11 15 30.0	−40 18 59		60	M	22.28		1	2832			263	4	56.6	2.3	1.1			535	P
				58	I	29.4		1	2852		254	312	4						552	P ★
UGC 6317	11 15 30	+04 54			F	≤1.0		−400	−	3000									213	G
NGC 3610	11 15 31.0	+59 03 38	E5		I	≤2.4			1765					34.					26	E
NGC 3612	11 15 33.8	+26 53 34			I	3.63		0	8352		281	263	3						467	A ★
NGC 3614	11 15 35.2	+46 01 16	SXc		I	23.6	0.6	0	2328			338	4		4.6	2.8			503	G
			SXc	52	F	7.62	0.78	0	2339	10		310	4	23.8	6.4	4.0			373	G
			SXc	52	I	43.3	3.8	0	2330	3	293	307	4		4.6	1.0			523	J ★
ESO 570-G 16	11 15 37	−18 27 06	SB/Ir	34	S	±	5.0	−100	−	4600					1.2	1.0			466	E
UGC 6320	11 15 39.7	+19 07 18			I	3.87			1125	5	50	114	4						457	A ★
					I	3.89		0	1121		124	58	3						467	A ★
			S	25	I	3.614	0.45	0	1117	4	53	101	4		1.1	1.0			547	A ★
NGC 3613	11 15 42.4	+58 16 29	E6	59	S	±	10.0	5	2054	75					3.7	2.0			384	G
NGC 3621	11 15 50.4	−32 32 25	Sd		M	11.3		0	731		263	286	4	9.4	11.2	7.6			226	P ★
			Sd	50	M	19.2	2.3	0	731			275	5	9.4	15.7				226	P ★
			Sd		F	148.0	9.0		720		271	314	4						275	I ★
			Sd	51	I	846.0	15.8	0	723	5		282	4	9.2	9.5				320	P ★
			Sd	61	F	157.7	7.47	0	734	10		290	4	4.7	12.6	6.5			373	B
			Sd		M	8.7	1.0	0	720	10				7.2					85	N
			Sc	51	M	14.31		0	727					9.2	9.5		163	348	544	P
NGC 3618	11 15 53	+23 44 30	Sb		I	3.09		0	6807		284	311	4		1.0	0.8			489	A ★
Zw 291-052	11 16 12	+58 20	E		S	±	6.0	3100	−	6600									384	G
NGC 3623	11 16 18.6	+13 22 00	Sa	71	I	17.9			818	9		510	5	15.5	8.9				80	G ★
			Sa	74	M	0.33		0	804	6		495	5	18.4	4.5		248		139	A ★
			Sb		I	6.68								10.1	10.0	3.3			137	A ★
			Sa	71	I	14.0		0	813			502	4	6.8	9.5	2.3			292	A
			SXa		M	≤0.73		5	755					7.6	11.9	4.5			76	J
			Sa	70	I	12.1	2.6	0	799	20	448	507	5	13.5	8.4	3.3			346	E ★
			Sa	70	I	14.6	3.0	0	799	15	496	520	5	13.5	8.4	3.3			346	G ★
			Sa		M	0.15			813			502	4	6.7					113	A ★
			SXa	71	F	6.18	1.09	0	806	20		508	4	6.9	11.8	4.4			373	B
			Sa		M	≤0.4								8.3					85	N
			Sa	70	I	10.74	4.0	0	817	10	460	486	4						442	E ★
			Sa		I	17.70		0	802			523	4		11.9	3.6			515	G ★
NGC 3623/27					I	309.4		0											183	G ★
UGC 6329	11 16 22	+00 27	Sc		I	4.61		0	7475		201	226	4		1.2	1.1			475	A ★
ESO 570-G 17	11 16 26	−20 09 42	Sb	50	S	±	7.0	−100	−	4600					1.2	0.8			466	E
ESO 438-G 20	11 16 27	−29 09 06	Sb	55	S	±	15.0	−100	−	4600					1.5	0.9			466	E
NGC 3619	11 16 28.6	+58 02 00	Sa	33	I	5.07	2.0	0	1542	25	308	360	5	33.2	3.6	3.1			346	E ★
UGC 6331	11 16 33.1	+03 30 20			I	8.64		0	6031		399	370	3						467	A ★
UGC 6333	11 16 38.2	+23 09 20			I	3.73		0	6283		234	215	3						467	A ★
Anon 1116+51	11 16 46.2	+51 46 36		33	F	0.60	0.28	0	1341		72	148	4	18.8	0.25	0.21			347	G ★
					F	≤0.8			1326										141	N
					F	≤0.8		5	1326					14.6					62	N
					S	±	18.0	−400	−	3000									373	G
UGC 6335	11 16 48	+59 34						0	2927										400	G
			Sc	26	I	8.9	1.0	0	2930	4	60	90	4		2.0	1.8			384	G ★
3 C 255	11 16 51.7	−02 47 48	S p		S	≤10.7.		5	7280										356	G
NGC 3622	11 17 10.3	+67 30 53	S		F	3.25			1306	30		164	4	18.2	1.75				309	N ★
UGC 6340	11 17 21.6	−00 36 24	Sb	68	S	±	3.4	0	−	12900					1.9	0.8			466	G
NGC 3626	11 17 25.9	+18 37 56	S0	49	M	1.06		0	1473	12		346	5	18.4	1.5		178		139	A ★
			S0		M	0.20			1562					14.1					131	G ★
			SB		I	5.47								23.0	3.1	2.2			137	A ★
			S0	50					1537			238		16.5					180	G
			Sa	44	I	15.3	2.4	0	1476	15	300	359	5	28.1	3.5	2.6			346	E ★
			Sa		I	6.57	0.15		1467	35	363								519	a ★
UGC 6344	11 17 30	+58 01			F	≤1.0		−400	−	3000									213	G
MCG+00-29-017	11 17 36	−02 46	Sc	48	I	5.27	0.68	0	7721	10		290	4		1.9	1.3			466	G ★
NGC 3627	11 17 38.5	+13 55 56	Sb		I	19.3		0	735			375	5		13.8	6.5			183	G ★
			Sb	57	M	0.3		0	740			380	5	6.7	13.8	6.5			181	G ★
			Sb	64	I	45.3			716	9		386	5	15.5	11.0				80	G ★
					M	0.41			736			363	4	6.7					113	A ★
			Sb	63				0	722					9.4	11.6		197		138	A
			Sb	64	I	38.6		0	736			363	5	6.8	9.0	4.2			292	A
			SXb	64	F	14.30	1.20	0	737	15		382	4	6.2	13.8	6.4			373	B
			Sb	57	M	0.7	0.1	0	740	30				7.9					85	N
			SXb	62	I	43.4	5.2	0	728	5	347	378	4		8.7				473	J ★
			Sb		I	62.03		0	722			91	4		13.8	5.5			515	G ★

Table 1 cont.

Name (1)	R.A. (2)	Dec. (3)	Type (4)	i (5)	(6)	HI-flux (7)	(8)	(9)	v (10)	(11)	Δv (12)	(13)	(14)	Dist (15)	a (16)	b (17)	Vmax (18)	Pos (19)	Ref (20)	(21)
NGC 3627			SXb	62	I	16.32		0	848			483	4		9.0	4.2			471	A ★
NGC 3625	11 17 39.0	+58 03 21	SBb	82	I	7.3	0.96	0	1931	10	235	265	4		2.1	0.5			384	G ★
NGC 3628	11 17 39.6	+13 51 48	Sc		I	233.2		0	847			465	5		18.	4.3			183	G ★
			Sc	89	M	2.5		0	855			465	5	6.7	18.0	4.3			181	G ★
			Sb	82	I	180.3			847	9		490	5	15.5	11.7				80	G ★
			Sb		M	3.23			849			473	4	6.7					113	A ★
			Sb	82	I	348.6		0	846	4	450				11.2	2.8			375	A ★
			Sb	82	I	305.0		0	849			473	4	6.8	15.5	4.3			292	A
			Sb	89	M	3.2			842	30				7.6	18.0			100	285	G
			Sb p	82	F	65.21	3.59	0	846	8		478	4	7.3	18.0	4.3			373	B
			Sbc	76	I	172.8	9.0	0	847	5	451	480	4						442	E ★
			Sb	81	I	263.5	20.0	0	844	2	450	478	4		14.8				473	J ★
			Sb		I	296.6		0	843			490	4		18.0	3.6			515	G ★
NGC 3628 WSP					I	44.3		0	897			48	5						183	G ★
UGC 6345	11 17 40.4	+02 47 58	IBm	52	F	5.77	0.62	0	1609	15		142	4	14.5	3.7	2.3			373	G
			IBm	50	F	5.69	0.60	0	1609	15	99			29.5	3.7	2.37			89	G
			IBm		I	23.80		0	1589			145	4		3.8	2.3			515	G ★
NGC 3630	11 17 42.1	+03 14 23	S0		M	≤0.9			1650					30.	1.9	0.8			27	A
			S0		I	≤0.8		5	1510						2.3	0.9			419	A
NGC 3633	11 17 51	+03 51 38	Sa		I	2.984		0	2598			325 348	4		1.2	0.4			489	A ★
NGC 3629	11 17 51.9	+27 14 13	Scd	41	I	16.0	2.0	0	1523	28	165			15.	3.3				273	A
			Scd	47	I	22.5	3.4	0	1508	9		244	4	26.5	3.4				201	G ★
			Scd	40	F	5.62	0.82	0	1520	20		253	4	14.7	3.2	2.4			373	G
UGC 6353	11 17 54	+56 59	Sb	62	S	±	7.0	3100	–	6600					1.2	0.6			384	G
NGC 3637	11 18 07.5	–09 59 03	SB0/a	20	I	1.14	0.46	0	1846	10		212	4		1.8	1.7			466	A ★
Zw 96-030	11 18 13	+19 38 51	Sc	42	I	2.079	0.36	0	4076	11	199	258	4		0.8	0.6			547	A ★
			Sc	42	I	1.362	0.36	0	4091	12	224	256	4		0.8	0.6			547	A ★
NGC 3631	11 18 13.2	+53 26 43	Sc	32	M	3.7			1165	30				14.5	7.2			130	285	G
			Sc		F	12.25	0.92	0	1161	8		133	4	12.4	7.1	7.1			373	B
			Sc	27	I	41.06		0	1154	10	99	126	4	19.9					416	E ★
			Sc		I	54.50		0	1156			130			7.2	7.2			515	G ★
			Sc	28	I	50.7	4.9	0	1155	2	106	128	4		4.6	0.5			523	J ★
Anon 1118+53	11 18 17.0	+53 52 00	S		I	11.40		0	1133			92	4						515	G ★
UGC 6362	11 18 18	+19 54 22	Sbc	84	I	2.959	0.39	0	4272	9	360	401	4		1.1	0.25			547	A ★
			Sbc	84	I	2.021	0.36	0	4284	9	357	367	4		1.1	0.25			547	A ★
UGC 6363	11 18 21.6	+21 36 40			I	4.84		0	6306		370	263	3						467	A ★
UGC 6366	11 18 27.1	+21 37 43			I	6.18		0	6306		398	233	3						467	A ★
UGC 6369	11 18 30	+58 03			F	≤1.0		–400	–	3000									213	G
NGC 3640	11 18 32.3	+03 30 35	Sab		I	≤7.31								20.1	4.1	3.4			137	A
			E		M	≤0.1								12.0					205	G
			E2		S	±	0.65												427	A
NGC 3641	11 18 34.2	+03 28 10	E		S	±	0.89												427	A
UGC 6374	11 18 57.9	+18 44 10	S		I	5.61			5449	10	297	376	4						457	A ★
					I	6.77		0	5434	3	366	324	3						467	A ★
			S	40	I	6.308	0.73	0	5431	9	364	406	4		1.0	0.9			547	A ★
Mark 734	11 19 00	+12 00			I	0.55		0	15050	30		310	4						472	A ★
UGC 6377	11 19 00	+41 30			F	≤1.0		–400	–	3000									213	G
NGC 3646	11 19 05.2	+20 26 43			I			0	4257	20									324	N
			Sc	55	M	32.4		0	4249		511	540	4	83.					450	A ★
			Sc		I	19.91		0	4249		511	540	4		3.8	2.2			489	A ★
					I	20.0		0	4241		507	545	4						543	A ★
Zw 268-023	11 19 06	+53 15	E		S	±	14.0	3100	–	6600									384	G
UGC 6381	11 19 12	+69 24			F	≤1.0		–400	–	3000									213	G
ESO 439-G 02	11 19 15	–29 18 24	Sb	44	S	±	8.0	–100	–	4600					1.1	0.8			466	E
Zw 39-147	11 19 18	+05 53			I	≤1.0		4700	–	8550					0.8	0.2			327	A
NGC 3642	11 19 25.6	+59 21 01						0	1587										400	G
			Sbc	32	M	4.83		0	1590	20				20.9					324	N
			Sb	37	I	95.1	10.0	0	1587	4	60	80	4		6.2	5.0			384	G ★
Anon 1119+53	11 19 32	+53 58			S	±	11.0	2184	–	3425									459	N
NGC 3649	11 19 36.6	+20 29			I			0	4979	75									324	N
IC 2763	11 19 41.8	+13 20 20			I	2.80		0	1574		148	129	3						467	A ★
Anon 1119+24	11 19 42	+24 34 03	Mult		S	±	6.1	2700	–	9600									469	G
UGC 6390	11 19 48	+64 21						0	1008										400	G
ESO 377-G 40	11 20 16	–36 26 48		76	I	4.9		1	3764		212	228	4						552	P ★
NGC 3655	11 20 17.6	+16 51 55			I			0	1437	30									325	N
			Sc	50	F	3.31	0.69	0	1481	20		325	4	13.8	2.5	1.6			373	G
																			397	G ★
			Sc	48	I	10.4		0	1504			345	5	14.1					417	G
UGC 6397	11 20 19.6	+34 46 13	Sab		I	1.0		0	6314			344	5		1.8	0.2			488	A ★
UGC 6399	11 20 36	+51 12	Sm	76								170	4	12.6	4.8	1.5			216	G ★

Table 1 cont.

Name (1)	R.A. (2)	Dec. (3)	Type (4)	i (5)	(6)	HI-flux (7)	(8)	(9)	v (10)	(11)	(12)	Δv (13)	(14)	Dist (15)	a (16)	b (17)	Vmax (18)	Pos (19)	Ref (20)	(21)
UGC 6399			Sm	76	F	2.39	0.46	0	805	20		173	4	8.7	4.8	1.4			373	G
UGC 6400	11 20 36	+53 58	Sbc	72	I	12.9	1.5	0	1231	6	195	255	4		1.1	0.4			384	G ★
UGC 6401	11 20 42	+13 55			S	±	4.0	2400	-	9400									490	A
NGC 3656	11 20 50.5	+54 07 08	I0 p		I	≤10.5								57.7	3.4	3.4			382	G
					S	±	15.0	5	2828										459	N
			S0/a		I	2.4	0.4	0	2871			376	4		1.7	1.7			503	G
NGC 3660	11 21 00.3	-08 23 08	SBb	32	I	25.6	4.8	0	3660	6	275	290	4		2.8				399	E ★
			SBbc		S	±	18.0	-400	-	3000					4.1	3.2			373	G
			SBb	39	I	20.75	2.5	0	3678	5		299	4		2.8	2.2			466	G ★
NGC 3661	11 21 06	-13 32	S0	69	S	±	5.6	0	-	6400					1.5	0.6			466	G
NGC 3657	11 21 06.2	+53 11 43	SXc p		F	8.45	0.75	0	1215	10		215	4	12.9	4.3	4.3			373	G
NGC 3659	11 21 07.8	+18 05 28	SBm	56	I	17.0	2.0	0	1276	10	218			10.	3.2				273	A
			SBm	59	F	5.50	1.72	0	1291	30		263	4	12.0	3.0	1.6			373	G
NGC 3662	11 21 12.4	-00 49 54	Sb	60	S	±	14.0	-100	-	4600					1.5	0.8			466	E
UGC 6412	11 21 18	+58 53	Sdm	59	S	±	8.0	3100	-	6600					1.1	0.6			384	G
MCG-02-29-023	11 21 24	-12 00	Sb	50	I	8.26	0.97	0	5040	8		371	4		1.8	1.2			466	G ★
UGC 6413	11 21 26	+02 57 59	Sb		I	2.954		0	6887		51	93	4		1.1	1.1			475	A ★
NGC 3667	11 21 42	-13 33	Sa	39	I	5.75	0.75	0	5351	20		564	4		1.4	1.1			466	G ★
UGC 6416	11 21 42	+39 31			F	≤1.0		-400	-	3000									213	G
								0	1932										400	G
UGC 6421	11 21 46.5	+27 43 54			I	7.31		0	1505		175	165	3						467	A ★
								0	1501										490	A
UGC 6418	11 21 48	+03 30	SBm	0	I	6.0		0	1325			83	5	12.3					417	A
			SBm	0	I	12.9		0	1365			199	5	12.3					417	G
UGC 6422	11 21 48	+54 01		76	S	±	11.0	3100	-	6600					1.3	0.4			384	G
NGC 3666	11 21 50.0	+11 37 06	Sc	74	F	12.87	1.42	0	1067	10		280	4	9.5	6.1	2.0			373	G
			Sc	73	M	1.19		0	1060	20				11.6					324	N
			Sc	74	I	39.7	3.3	0	1058	3	259	274	4		4.2	1.9			523	J ★
NGC 3664	11 21 50.4	+03 36 08	SBm p	26	F	5.58	0.63	0	1379	25	120			25.0	3.0	2.7			89	G
			SBm p	26	F	5.43	0.62	0	1370	10		134	4	12.2	3.0	2.6			373	G
			SBm	18	I	24.3		0	1368			210	5	12.3					417	G
			SBm	18	I	17.1		0	1390			129	5	12.3					417	A
UGC 6423	11 21 54	+60 54	SBc	62	S	±	6.0	3100	-	6600					1.0	0.5			384	G
Anon 1122+23	11 22 00.0	+23 00 00	Sc		I	6.1		0	6471		179	196	4						505	A ★
UGC 6425	11 22 00	+23 53			S	±	4.0	2400	-	9400									490	A
NGC 3665	11 22 00.9	+39 02 16	S0		M	≤3.6			2002					27.					131	G
UGC 6424	11 22 03.7	+15 13 26			I	3.89		0	4155		276	263	3						467	A ★
MCG-02-29-027	11 22 18	-13 17	Sb	42	I	8.03	1.2	0	5394	8		270	4		2.0	1.5			466	G ★
			Sc	50	I	11.65	1.7	0	5384	15		266	4		1.5				188	G ★
Anon 1122+17	11 22 24.7	+17 21 40	Im		I	0.186		0	1209		30	48	4						447	A ★
UGC 6429	11 22 25.1	+64 00 11	Sc	22	I	9.9	0.8	0	3729	3	58	73	4		2.6	0.3			523	J ★
			Sc	14	I	11.26	1.1	0	3726	5		69	4		2.1				188	G ★
			Sc		I	10.30		0	3726			75	4		4.3	4.3			515	G ★
NGC 3672	11 22 30.6	-09 31 12	Sc	70	I	65.0			1857			435	4	33.			218	8	187	G ★
			Sc	58	I	54.6			1855	9		414	5	29.8	5.3				80	G ★
								0	1867	10									359	G
			Sc	59	M	7.74		0	1858	20				20.4					324	N
			Sc	67	I	54.89	6.2	0	1868	5		411	4		4.0	1.7			466	G ★
			Sc	61	I	59.2	5.0	0	1864	5	393	428	4		4.1	1.2			523	J ★
Anon 1122+17	11 22 33.7	+17 09 36	Sm		I	0.639		0	1019		31	42	4						447	A ★
NGC 3668	11 22 35.2	+63 43 13	Sbc		I	2.5	0.5	0	3424			404	4		2.1	1.3			503	G
NGC 3669	11 22 36.9	+57 59 11	Sm	77	F	3.04	0.78	0	1940	50		410	4	20.4	3.4	1.0			373	G
NGC 3673	11 22 44.3	-26 27 42	SBb	47	I	≤9.7		5	1940						3.5				320	P ★
			SBb	46	F	3.26	0.82	0	1946	20		337	4	17.0	5.1	3.6			373	B
			SBbc	47	I	14.8	1.7	0	1938	5	319	338	4		5.0	3.5			466	E ★
			SBb	48	I	17.5	1.5	0	1938	4	311	326	4		3.5				473	J ★
Mark 40	11 22 47.6	+54 39 31	Seyf1		M	≤3.9			6150				4	83.0	1.62	0.25			293	G
					F	≤1.1			6080										141	N
			Comp		F	1.2		0	6323	50				92.	0.6				60	N
			S0		I	≤2.2			6150										114	G
IC 2810	11 23 09.8	+14 56 53			I	1.639		0	10243			415	4	139.7	1.3	0.5			562	A ★
IC 692	11 23 18.0	+10 15 43			I	2.52		0	1163		88	55	3						467	A ★
NGC 3675	11 23 24.2	+43 51 36	Sb	58	I	43.5			767	9		442	5	14.3	7.5				80	G ★
			Sb	58	F	14.68	1.88	0	771	10		426	4	8.1	8.8	4.9			373	B
			Sb	58	M	1.28		0	767	20				9.9					324	N
			Sb	58	I	47.3	4.5	0	764	4	408	425	4		5.9				473	J ★
NGC 3678	11 23 36	+28 08 29	Sbc		I	2.072		0	7210		73	106	4		0.8	0.7			475	A ★
NGC 3674	11 23 37.3	+57 19 28	S0	74	S	±	5.0	3100	-	6600					1.5	0.5			384	G
Anon 1123+21	11 23 41	+21 21 51	Mult		S	±	3.3	2000	-	14100									469	G
ESO 170-G 02	11 23 44.3	-52 30 21	Sc	51	I	≤60.0									1.9	1.2			310	P

Table 1 cont.

Name (1)	R.A. (2)	Dec. (3)	Type (4)	i (5)	(6)	HI-flux (7)	(8)	(9)	v (10)	(11)	(12)	Δv (13)	(14)	Dist (15)	a (16)	b (17)	Vmax (18)	Pos (19)	Ref (20)	(21)
NGC 3681	11 23 52.6	+17 08 22	SBcd	18	I	34.8		0	1244	5	161				2.6	2.5			375	A ★
			Sbc	19	I	38.9			1244			205	4	15.3	2.5				203	G ★
			SXbc	18	I	30.3		0	1237	5	172			20.2	2.6	2.5		211	390	A ★
			SXbc	19	I	37.6	3.1	0	1237	4	168	206	4		2.5				473	J ★
			Sbc		I	18.61		0	1240		141	166	4		2.7	2.7			475	A ★
			Sbc		I	34.70		0	1239			210	4		4.0	4.0			515	G ★
IC 691	11 23 52.9	+59 25 47		44	M	0.522	0.024		1203	2		152	4	17.5	0.77	0.52			293	G ★
				49	F	1.13	0.35	0	1194		141	163	4	17.4	0.77	0.52			347	G ★
UGC 6446	11 23 53.0	+54 01 28			S	±	13.0		2184 - 3425										459	N
			Sd	49	F	10.82	0.96	0	643	10		157	4	7.3	5.8	3.8			373	G
			S		F	8.85			646	15		139	5		2.7				157	G
UGC 6448	11 23 55.8	+64 24 48		63	F	0.99	0.25	0	997		60	87	4	15.1	1.78	0.91			347	G ★
			Pec		I	5.20		0	987			109	4		3.1	1.5			515	G ★
IC 2822	11 23 59.4	+11 42 54	SBbc	64	I	8.13	1.21	0	3205	16	253	295	4	42.	1.7	0.8			327	A ★
					I	7.95		0	3201		234	217	3						467	A ★
			SBbc		I	8.075		0	3205		222	238	4		1.7	0.8			489	A ★
Mark 423	11 24 07.6	+35 31 34	Im	49	F	≤0.14		5	9789						0.77				154	A
ESO 571-G 01	11 24 08	-18 15 48	Im	46	S	±	4.3	0	- 12900						1.4	1.0			466	G
ESO 170-G 04	11 24 22.1	-53 58 55	Sc	90	I	≤60.0									3.3	0.2			310	P
UGC 6452	11 24 28.9	+59 54 11	S	65	I	6.5	0.83	0	5110	11	295	328	4		1.1	0.5			384	A
NGC 3684	11 24 34.3	+17 18 20	Sbc	45	I	39.5		0	1171			236	4	14.4	3.0				203	G ★
			Sbc	47	I	34.8			1173	9		260	5	22.0	4.6				80	G ★
			Sbc	44	I	27.0		0	1158	7	216			10.	4.9				273	A
			Sbc	45	I	29.2		0	1158	7	210				3.2	2.3			375	A ★
			Sbc	45	I	29.2		0	1158	4	211			20.2	3.2	2.3		40	390	A ★
			Sc		I	41.20		0	1162			254	4		5.0	3.5			515	G ★
IC 2828	11 24 36	+09 00			M	≤2.0		3300 - 10400						82.1					412	A
UGC 6456	11 24 36	+79 16	dI		M	0.036			54					3.25	2.64				210	G
			Comp		F	≤2.9		5	-110						2.0	2.6			60	N
				56	F	3.69	0.28	0	-92		43	54	4	3.2	1.67	1.00			347	G ★
			Im		F	1.4		0	-96			118	0	1.4	0.67	0.37			58	N
			Pec	55				0	-92						1.0	2.6	1.5		373	G
			Im	55	F	3.4		0	-92		54			3.25					337	G
			Pec					0	-100			68	4		2.6	1.6			515	G ★
UGC 6457	11 24 42	-00 43	Im	35	I	16.20						133	4		1.3	1.2			466	G
Anon 1124+54	11 24 46.8	+54 11 24		44	I	6.04	0.80	0	976	8				39.7	0.40	0.30			347	G
NGC 3686	11 25 07.3	+17 29 56	SBbc	40	F	≤1.45		0	2895			200	5	22.0	4.3				80	G ★
			SBbc	39	I	14.3		0	1142	9		213	4	14.2	3.1				203	G ★
			SBbc	38	I	14.4		0	1157						3.2	2.6			375	A ★
			SBbc	36	F	12.7	0.53	0	1156	7	189	193	4	10.8	4.5	3.6			373	G
			SBbc	38	I	12.7		0	1156	4	189			20.2	3.2	2.6		105	390	A ★
			SBbc		I	14.70		0	1158			217	4		4.5	3.6			515	G ★
UGC 6462	11 25 12.1	+08 16 02	Sa	89	I	1.97	0.65	0	6386	16	219	276	4	85.	1.7	0.3			327	A ★
					I	2.72		0	6337		287	259	3						467	A ★
NGC 3687	11 25 20.6	+29 47 13	SBbc	20	I	9.6	1.2	0	2503	10	180	196	5	49.1	2.6	2.6			346	G ★
			Sbc	0	M	2.69		0	2530	35				30.7					324	N
			SBb		I	6.5		0	2504	8		197	4		1.8	1.8			78	A ★
			Sb		I	8.14		0	2507		173	190	4		1.8	1.8			475	A ★
NGC 3689	11 25 31.8	+25 56 15	Sc		S	≤13.2.		5	2690										356	G
			Sc	44	M	1.11		0	2740	35				33.1					324	N
					I	4.38		0	2739		357	330	3						467	A ★
			Pec		I	5.00		0	1113			261	4		1.9	1.5			515	G ★
NGC 3691	11 25 31.9	+17 11 46			I	3.97			1071	5	145	163	4						457	A ★
			SBb	40	I	2.6		0	1067	5	125			20.2	1.2	1.0		285	390	A ★
			Pec		I	3.116		0	1080		128	150	4		1.1	0.9			489	A ★
UGC 6465	11 25 34.6	+22 16 23			I	4.70		0	6307		214	194	3						467	A ★
NGC 3693	11 25 36	-12 54	Sb	90	I	18.42	2.2	0	4953	5		529	4		2.6	0.5			466	G ★
ESO 378-G 03	11 25 38	-36 16						0	3023	10									359	B
				64	I	34.8		1	2775		253	277	4						552	P ★
IC 2850	11 25 38	+09 20 14	Pec	78	I	3.34	0.82	0	6298	16		306	4	82.1	0.5	0.2			412	A ★
IC 2853	11 25 39.0	+09 25 24	SBab	65	I	4.17	0.75	0	6311	16	394	444	4	84.	1.0	0.4			327	A ★
			SBab	65	I	4.43	0.75	0	6313	18		405	4	82.1	1.0	0.4			412	A ★
					I	5.09		0	6308	11	388	411	4						508	A
IC 694	11 25 42.1	+58 50 18	SBm		I	2.3	0.3	0	2938			219	4		2.9	2.1			503	G
			SBm		I	3.3	0.3	0	3324			193	4		2.9	2.1			503	G
UGC 6469	11 25 43	+02 55 48	S		I	4.183		0	6841		347	379	4		0.9	0.35			489	A ★
UGC 6471/72	11 25 43.0	+58 50 12	Mult		I	≥5.90		0	3150			500	5	37.9					518	G ★
NGC 3690	11 25 44.2	+58 50 23	SBm		I	3.3	0.3	0	3324			193	4		2.9	2.1			503	G
			SBm		I	2.3	0.3	0	2938			219	4		2.9	2.1			503	G
			SB/Ir	34	I	6.5			3104			584	5	31.0					417	G

Table 1 cont.

Name (1)	R.A. (2)	Dec. (3)	Type (4)	i (5)	(6)	HI-flux (7)	(8)	(9)	v (10)	(11)	(12)	Δv (13)	(14)	Dist (15)	a (16)	b (17)	Vmax (18)	Pos (19)	Ref (20)	(21)
NGC 3690			S	45	S	±	6.0	5	3111						2.9	2.1			384	G
			S	45	S	±	6.0	5	2988	20					2.9	2.1			384	G
NGC 3692	11 25 48.9	+09 40 55	Sb	75	I	9.0	2.0	0	1740	19	361			16.	4.4				273	A
			Sb		S	±	18.0		−400	− 3000					4.5	1.3			373	G
			Sb	80	I	11.3	1.7	0	1717	5	402	408	4		3.3				473	J ⋆
IC 2857	11 25 56	+09 22 48	Sc	89	I	8.45	1.00	0	6324	7			4	82.1	1.7	0.15			412	A ⋆
UGC 6476	11 25 58	+23 40 50	Sb		I	3.798		0	7328		300	322	4		1.5	1.1			489	A ⋆
UGC 6478	11 26 03.8	+20 00 20			I	3.35		0	5831		317	303	3						467	A ⋆
IC 696	11 26 04.6	+09 22 27	Sc	26	I	3.84	0.50	0	6279	13		172	4	82.1	1.0	0.9			412	A ⋆
			SB/Ir		I	5.144		0	6284		145	236	4		1.0	0.9			475	A
NGC 3697	11 26 12.9	+21 04 15	SXb		I	12.09		0	6263		518	530	4		2.5	0.7			489	A ⋆
			Sbc	78	I	10.5		0	6263		519	551	4		2.5	0.7			543	A ⋆
Anon 1126+21	11 26 21	+21 03 07	Mult		I	6.8	2.0	0	6270		507								469	G ⋆
UGC 6484	11 26 24.0	+57 24 29						0	2429										400	G
			SBc	42	I	17.4	2.0	0	2422	10	256	274	4		2.4	1.8			384	E ⋆
					I	8.6	0.6	0	1639			302	4		2.4	1.8			503	G
UGC 6483	11 26 25.9	+17 30 16			I	8.12		0	3891		337	323	3						467	A ⋆
IC 698	11 26 28.7	+09 22 15	Sb	62	I	2.34	0.54	0	6353	19		235	4	82.1	1.0	0.5			412	A ⋆
IC 699	11 26 31	+09 16 51	SB0/a	79	I	2.19	0.52	0	6219	20		529	4	82.1	1.3	0.35			412	A ⋆
					I	≤1.0		3140	−	7000					1.3	0.4			327	A
Anon 1126+29	11 26 36	+29 14	E		S	±	18.0	−400	−	3000					3.7	2.7			373	G
UGC 6486	11 26 36.9	+12 08 27						0	3231										490	A
					I	4.42		0	3229		129	112	3						467	A ⋆
					F	≤1.0		−400	−	3000									213	G
IC 700	11 26 37.0	+20 51 24			I	5.12		0	1418			109	4						471	A ⋆
			Mult		S	±	0.6	5100	−	7200									469	A
IC 2871	11 26 42	+08 53			M	≤2.0		3300	−	10400				82.1					412	A
UGC 6491	11 26 42	+35 08	Sdm	59	F	1.64	0.41	0	2530	20		170	4	25.2	3.0	1.6			373	G
NGC 3701	11 26 51.0	+24 22 10	Sbc		I	18.19		0	2805		257	274	4		2.0	0.9			489	A ⋆
			Sb	66	I	17.9		0	2808		271	306	4		2.0	0.9			543	A ⋆
Anon 1127+??	11 27	00						0	6550										212	A ⋆
UGC 6495	11 27 06	+22 24	Sc	44	I	3.52	0.4	0	6502	10		128	4		1.1				188	G ⋆
Anon 1127+17	11 27 12.0	+17 01 10	cD		S	±	1.5	−600	−	8000									447	A
NGC 3706	11 27 17.0	−36 07 00	E		M	≤0.3		6	2780					27.8					418	P
Anon 1127+16	11 27 19.5	+16 42 11	Im		I	0.254		0	1067		36	51	4						447	A ⋆
UGC 6497	11 27 24	+38 54	Sd		S	±	18.0	−400	−	3000					3.5	0.7			373	G
Zw 291-076	11 27 30	+58 25		26	I	5.4	0.66	0	1459	6	65	90	4		1.05	0.95			384	G ⋆
NGC 3705	11 27 31.5	+09 33 09	SXab	63	F	12.36	1.67	0	1017	10		361	4	8.9	6.9	3.3			373	G
			Sab		M	≤0.7								16.					85	N
UGC 6499	11 27 36	+36 08			F	≤1.0		−400	−	3000									213	G
Mark 424	11 27 46.8	+37 00 42		73	F	0.50	0.19	0	1977		96	136	4	26.3	0.80	0.30			347	A ⋆
IC 701	11 28 23.5	+20 44 45			L	9.38		0	6150										392	A ⋆
					I	2.96		0	6136		208	161	3						467	A ⋆
			S0/a		I	2.3		0	6155		178	219	4		1.2	0.6			543	A
UGC 6506	11 28 30	+28 50						0	1583										490	A
UGC 6507	11 28 30	+34 29	Sbc		I	5.65		0	6309		258								421	A ⋆
								0	6309										490	A
ESO 571-G 05	11 28 31	−18 09 36	Sc	44	S	±	9.0	−100	−	4600					1.1	0.8			466	E
UGC 6508	11 28 36	+26 35			S	±	4.0	2400	−	9400									490	A
UGC 6509	11 28 45.1	+23 23 28	Sd	85	I	4.8		0	2905		177	207	4		1.9	0.1			543	A ⋆
UGC 6510	11 28 58.3	−02 01 57						0	4745	5									359	G
			Sc	32	I	14.72	1.7	0	4739	5		126	4		2.1	1.8			466	G ⋆
NGC 3717	11 29 03.6	−30 01 58	Sb	81	I	44.4	4.6	0	1742	24		476	4	29.8	4.6				320	P ⋆
			Sb	76	I	39.8	5.4	0	1731	10	412	429	5	28.9	4.9	1.5			346	E ⋆
			Sab	82	F	12.48	1.82	0	1731	20		433	4	14.8	8.8	2.1			373	B
			Sb	76	I	56.0	7.7	0	1734	10	404	426	4						442	E ⋆
			Sb	81	I	50.6	4.4	0	1730	4	409	442	4		5.8				473	J ⋆
UGC 6512	11 29 04.1	+34 36 40			S	±	4.0	2400	−	9400									490	A
					I	9.07		0	1870		172	153	3						467	A ⋆
NGC 3716	11 29 06.2	+03 45 56	S0		I	1.9		0	6628			610	5		0.7	0.6			488	A ⋆
ESO 503-G 20	11 29 15	−24 48 12	Sb	26	S	±	5.0	−100	−	4600					1.0	0.9			466	E
UGC 6517	11 29 22.9	+36 58 28			I	8.04		0	2491		257	240	3						467	A ⋆
UGC 6518	11 29 30	+54 11	S	59	I	3.4	0.76	0	2810	16	173	188	4		1.1	0.6			384	E ⋆
Zw 268-047	11 29 42	+55 12	E		S	±	17.0	3100	−	6600									384	G
NGC 3720	11 29 48.2	+01 04 51						0	5818	75									324	N
NGC 3718	11 29 50.7	+53 20 33	SBa	56	I	93.3			992	9		476	5	22.7	6.9				80	G ⋆
								0	990	35									42	N
			SBa	56	M	2.6		0	990	10		485	4	11.	8.1				160	G ⋆
			SBa	64	M	6.4	2.1	0	962	40				18.					35	N
			SBa		F	21.0			990					15.					372	G ⋆

131

Table 1 cont.

Name (1)	R.A. (2)	Dec. (3)	Type (4)	i (5)	(6)	HI-flux (7)	(8)	(9)	v (10)	(11)	(12)	Δv (13)	(14)	Dist (15)	a (16)	b (17)	Vmax (18)	Pos (19)	Ref (20)	(21)
NGC 3718			S0 p	61	M	4.7	0.8	0	990	30	480			13.	8.1	4.7		351	352	C ★
			SX0/a		M	5.2	1.4	0	1004			495	5	14.5	8.1	4.7			76	J
			SBa	57	M	3.0			1074	30				14.5	8.1			0	285	G
			SBa p	56	F	20.02	6.24	0	987	10		480	4	10.7	8.1	4.6			373	B
			SBa p	65	F	27.2	2.7	0	944	10	458	462	4	14.3	11.	5.			387	J ★
			SB0/a		M	≤1.1								18.					85	N
			Sa p		M	28.9			1000	3	467	482	4	21.7	8.6				385	E ★
			SBa	61	I	95.1		0	995			520	5	10.8					417	G
			SBa	61	I	121.2		0	990			497	5	10.8					417	B
			SBa	65	I	120.0		0	991			470		13.	4.				441	W ★
			Sa	58	I	151.1	6.5	0	992	10	457	485	4						442	E ★
NGC 3718/29			Mult p	56	I	9.4		0	1017	10		493	5	18.5	8.2				119	E ★
UGC 6528	11 29 55.0	+62 06 14	Sd	24	I	3.23		0	3251	15		79	5		1.2	1.1			158	G ★
			Sc	4	I	1.6		0	3251	8				34.1	2.0				407	W ★
			Sc		I	3.00		0	3248			54	4		2.0	1.8			515	G ★
UGC 6527	11 29 55.6	+53 13 31	Mult		I	2.8	1.4	0	8220		409								469	G ★
			S0/a		I	2.0	1.4		8208			485	4						114	G ★
					F	≤0.85			8080										372	B ★
					S	±	4.0	5	7850					87.4					518	G
UGC 6526	11 29 59.3	+35 36 16			I	3.10		0	1907		172	134	3						467	A
UGC 6525	11 30 04.7	+20 42 53		47	I	3.5		0	6050		108	147	4		0.7	0.5			543	A
			SBb		I	5.055		0	6055		96	117	4		1.4	1.3			475	A ★
UGC 6531	11 30 06	+39 21	SBdm		F	1.65	0.33	0	1565	10		97	4	15.8	3.0	3.0			373	G
Zw 97-005	11 30 10.3	+20 18 52	Sa	67	I	3.0		0	6122		258	322	4		0.8	0.3			543	A ★
UGC 6533	11 30 18	+06 00			I	≤1.0			4700 – 8550						1.0	0.2			327	A
Zw 97-006	11 30 21	+16 10 58			S	±	2.14		400 – 7200										547	A
UGC 6534	11 30 30.6	+63 33 23	Scd	74	F	3.18	0.71	0	1273	20		149	4	14.0	4.4	1.4			373	G
UGC 6536	11 30 36	+24 43						0	6979										490	A
Mark 177	11 30 37.2	+55 20 54		44	F	≤0.61		5	1876					25.0	0.40	0.30			347	G
NGC 3726	11 30 38.3	+47 18 13	Sc	41	I	75.6			863	9		290	5	18.3	7.6				80	G ★
			Sc	43	I	99.0		0	869			299	4	12.3	5.6				203	G ★
			Sc	46	M	6.3			762	30				11.5	8.2			10	285	G
			SXc	41	F	19.79	2.54	0	861	10		290	4	9.1	8.1	6.2			373	B
			SXc	49	F	21.8	2.2	0	870	10	264	298	4	12.2	6.1	4.1			387	J ★
			Sc	42	M	11.1		0	870	10	268			17.2					416	E ★
			Sc		I	14.4		0	864		259	294	4						429	E
			Sc	55	I	108.8		0	857					12.1	8.2	6.3	146	18	480	W ★
			SXc	42	I	6.0		0	740						6.0				512	G
			SXc		I	84.5	0.5	0	860			305	4		6.1	4.1			503	G
UGC 6539	11 30 42	+32 52	Sbc		I	4.75		0	6260		347								421	A ★
UGC 6541	11 30 45.4	+49 30 50	Im		F	1.3	0.5	0	200	35		110	9	3.6					51	N ★
			Im	57	F	0.78	0.11	0	250		30	53	4	4.2	1.4	0.80			347	G ★
			Im	56	F	0.71	0.21	0	250	8		58	4	3.1	2.2	1.2			373	G
			Im	58	I	3.3		0	243			81	5	2.8					417	G
			Im		I	2.09		0	251			45	4		2.2	1.1			515	G ★
IC 2928	11 30 48.0	+34 35 24	Sbc	42	I	2.17	0.81	0	8057	16	289	324	4	107.	1.2	0.9			327	A ★
NGC 3725	11 30 52.4	+62 09 50	SBc	41	I	3.0		0	3336	8				34.1	2.4		113	153	407	W ★
								0	3328	75									324	N
NGC 3729	11 31 05.3	+53 24 11	Sc	48	M	0.5		0	1000		300			13.	4.6	3.1			352	C ★
								0	1014	30									325	N
			SBa p		S	±	18.0		−400 – 3000						4.5	3.0			373	G
			SBa p	46				5	1116	30					3.4	2.4			387	J
			SBa	48	I	≤16.2		5	1005					10.8					417	G
			IBm	45	I	25.0		0	1064			250		13.	1.4				441	W ★
			SB	46	I	9.7	1.2	0	1802	14	470	495	4		3.4	2.4			384	G ★
			SBa		I	7.9	0.9	0	950			458	4		3.4	2.4			503	G
UGC 6546	11 31 07.6	+17 40 22	Scd	90	I	1.3		0	5761			338	4		1.2	0.1			543	A ★
IC 707	11 31 08	+21 39 24	S0/a	35	I	1.9		0	6575			254	4		0.6	0.5			543	A
UGC 6551	11 31 25.2	+36 57 24	Sc	89	I	5.58	1.74	0	6444	16	277	448	4	85.	1.4	0.2			327	A ★
NGC 3732	11 31 41.4	−09 34 12	S p	20	I	3.1	0.6	0	1719	10	35	83	5	29.9	1.8	1.7			346	G ★
			Sc	46	I	3.15	0.46	0	1710	8		149	4		3.1	2.2			466	G ★
			S p		I	2.70		0	1666			135	4		1.8	1.6			515	G ★
Zw 97-012	11 31 45	+15 56 15	Sbc	62	I	8.353	0.96	0	5200	9	307	398	4		0.8	0.4			547	A ★
			Sbc	62	I	6.546	0.76	0	5197	6	302	334	4		0.8	0.4			547	A ★
Zw 97-013	11 32 00	+18 57			S	±	4.0		4300 – 8000										543	A
ESO 378-G 11	11 32 16	−36 56 18		90	I	10.8		1	2988		273	328	4						552	P ★
NGC 3733	11 32 17.1	+55 07 43	Sc	61	F	13.68	1.02	0	1188	10		255	4	12.8	6.5	3.3			373	E
			SXc	65	F	8.7	0.9	0	1184	10	231	243	4	16.9	4.8	2.2			387	J ★
			SXc	62	I	57.1		0	1183			282	5	12.7					417	G
Zw 268-054	11 32 18	+54 56		40	S	±	12.0		3100 – 6600						0.9	0.7			384	G

Table 1 cont.

Name (1)	R.A. (2)	Dec. (3)	Type (4)	i (5)	(6)	HI-flux (7)	(8)	(9)	v (10)	(11)	(12)	Δv (13)	(14)	Dist (15)	a (16)	b (17)	Vmax (18)	Pos (19)	Ref (20)	(21)
UGC 6556	11 32 19	+16 23 32	Sc	90	I	3.363	0.43	0	5404	17	284	307	4		1.5	0.2			547	A ★
			Sc	90	I	3.661	0.46	0	5443	17	270	320	4		1.5	0.2			547	A ★
			Sc	90	I	3.283	0.42	0	5438	4	261	274	4		1.5	0.2			547	A ★
Zw 97-014	11 32 24	+15 57 39	Sc	46	I	1.801	0.36	0	6168	19	175	216	4		0.7	0.5			547	A ★
Zw 126-102	11 32 24	+20 57			S	±	4.0	4300	−	8000									543	A
UGC 6557	11 32 24	+30 10			S	±	4.0	2400	−	9400									490	A
UGC 6558	11 32 30.0	+02 49 33	SBbc		I	2.7		0	5230			264	5		1.0	0.3			488	A ★
UGCA 240	11 32 30	+57 05	Im		S	±	18.0	−400	−	3000					2.2	1.2			373	G
UGC 6559	11 32 32	+16 14 08	Sc	90	I	6.037	0.71	0	5123	4	274	291	4		1.7	0.10			547	A ★
Zw 292-006	11 32 36	+57 55		65	S	±	10.0	3100	−	6600					0.65	0.3			384	G
ESO 571-G 06	11 32 51	−21 26 12	Sc	38	I	8.5	1.1	0	3645	5	218	242	4		1.5	1.2			466	E ★
Zw 292-007	11 32 54	+58 36			S	±	14.0	3100	−	6600									384	G
Zw 126-104	11 32 59	+20 47	S0/a	68	I	2.6		0	6679		282	316	4		0.7	0.3			543	A ★
UGC 6566	11 33 00	+58 28			F	≤1.0		−400	−	5800									213	G
UGC 6568	11 33 02.7	+00 24 16	Sa		I	1.5		0	5955			210	5		1.0	0.4			488	A ★
NGC 3738	11 33 04.5	+54 47 58	Sd	40	I	22.0	0.84	0	237	5	78	121	4	5.4	2.57	2.00			377	E ★
			Im p	44	F	5.55	0.66	0	225	30		115	4	3.1	4.4	3.2			373	G
			Im	32	F	5.0	0.5	0	225	10	74	120	4	4.1	3.5	3.0			387	J ★
			Im	45	M	0.298	0.075	0	227			108	4	5.4	4.4	3.2			382	G ★
								0	234	30									325	N
			Im		I	27.0		0	226			106	4	5.4	4.4				487	B
NGC 3735	11 33 04.8	+70 48 42	Sc	82	I	31.6	2.6	0	2696	4	495	517	4		4.2	2.4			523	J ★
			Sc	79	F	7.56	1.09	0	2696	15		509	4	28.5	6.0	1.6			373	G
Mark 1301	11 33 11.1	+35 36 42	S0/a	62	I	1.35		0	1603			130	4		1.2	0.6			471	A ★
UGC 6569	11 33 12	+17 43			S	±	4.0	4300	−	8000									543	A
Anon 1133+32	11 33 24.0	+32 39 54			S	13.0		5	2791										471	A
IC 2941	11 33 35	+10 19 56	Sb	0	I	2.05	0.10	0	6216	19		278	4		0.9	0.9			448	A ★
Zw 97-019	11 33 41	+15 44 48			S	±	2.22	400	−	7200									547	A
UGC 6575	11 33 41.4	+58 28 04	Sc	90	I	2.7	0.66	0	1600	14	77	126	4		2.2	0.4			384	E ★
NGC 3758	11 33 48.0	+21 52 00	Mult		F	0.17	0.07	0	8912			340	4						154	A ★
					S	±		5	9014										471	A
Zw 157-001	11 33 53.7	+27 08 07	Scd		S	±	1.3	3000	−	11000					0.7	0.6			483	A
IC 2943	11 33 54	+55 08	E		S	±	9.0	3100	−	6600									384	G
NGC 3755	11 33 54.3	+36 41 15	SXc	64	I	39.2	3.2	0	1568	3	270	290	4		3.2	1.0			523	J ★
			Sc		F	9.23			1587	10		281	4	19.2	4.47				309	N ★
								0	1565	15									359	G
			SXc p	66	F	9.45	1.18	0	1572	15		286	4	15.8	5.1	2.2			373	G
NGC 3756	11 34 04.7	+54 34 22	SXbc	62	F	6.8	0.7	0	1290	10	287	317	4	18.3	5.0	2.5			387	J
			SXc	58	F	6.27	0.76	0	1294	10		302	4	13.8	5.5	3.0			373	G
			Sbc	58	M	1.13		0	1285	20				16.9					324	N
			Sc	55	I	24.1	4.4	0	1285	5	283	297	4						442	E ★
			SXbc		I	24.3	0.3	0	1286			308	4		5.0	2.5			503	G
Zw 97-022	11 34 06	+17 55			S	±	4.0	4300	−	8000									543	A
UGC 6582	11 34 14.0	+55 26 23	SBbc	32	I	1.4	0.45	0	5780	15	100	125	4		1.4	1.2			384	G ★
UGC 6583	11 34 17.8	+20 14 52			I	5.1		1	6127	20	340			111.4	0.7	0.4			235	A ★
			S p	62	I	4.3		0	6187	16		386	4		1.1				328	A ★
			Sa p	62	I	5.86		0	6191			365	5		0.7	0.35			61	A ★
			Sdm		I	3.45		0	6202			386		70.0	0.7	0.3			483	A ★
			Pec		I	4.749		0	6208		308	378	4		0.7	0.3			489	A ★
					I	7.92			6195	5	282	387	4						457	A ★
			Sm		I	4.2		0	6187		333	386	4		0.7	0.3			543	A
Zw 97-027	11 34 17.9	+20 16 27	Sc		I	1.00		0	6630			280		70.0	0.7	0.4			483	A
NGC 3764	11 34 18	+18 10 07	Sc	71	I	2.626	0.36	0	3348	9	126	163	4		0.8	0.3			547	A ★
Zw 127-002	11 34 24	+21 17			S	±	4.0	4300	−	8000									543	A
UGC 6586	11 34 26.1	+15 50 50	Sb		I	11.50		0	3959		257	289	4		2.2	1.0			489	A ★
			SXbc	65	I	10.82	1.2	0	3950	4	258	308	4		2.2	1.0			547	A ★
			SXbc	65	I	8.809	1.0	0	3952	4	257	292	4		2.2	1.0			547	A ★
			Sc	66	I	8.1		0	3967		276	314	4		2.2	1.0			543	A ★
NGC 3765	11 34 27.4	+24 22 22	Scd		I	1.93		0	10206			513		102.1	0.9	0.7			483	A ★
NGC 3768	11 34 37.9	+18 07 00	S0/a		I	≤0.9		5	3301						1.8	1.1			419	A
UGC 6588	11 34 38	+15 42 30			S	±	4.0	4300	−	8000									543	A
			Sbc	72	I	3.56	0.45	0	4024	12	266	299	4		1.4	0.5			547	A ★
Zw 157-003	11 34 53.2	+31 38 21	Sdm		S	±	1.9	3000	−	11000					0.9	0.7			483	A
Zw 127-005	11 34 53.7	+22 40 35		59	I	2.2		0	6864		277	307	4		1.0	0.5			543	A ★
Zw 97-033	11 34 59.5	+20 26 26	S0	71	I	1.2		0	7736		393	413	4		0.8	0.3			543	A ★
UGC 6596	11 35 00	+56 25	IBm		S	±	18.0	−400	−	3000					2.0	1.2			373	G
NGC 3769	11 35 02.4	+48 10 16	SBb	77	F	10.4	1.0	0	730	10	229	276	4	10.5	3.3	1.0			387	J ★
			SBb	71	I	45.2		0	737			296	5	7.7					417	G
UGC 6599	11 35 06.0	+24 24 24		52	F	1.45		0	1572		140	163	4	20.2	2.5				213	G ★
NGC 3746	11 35 07.1	+22 17 10	Sbc		I	0.79		0	9022			554		90.2	1.2	0.6			483	A ★

133

Table 1 cont.

Name (1)	R.A. (2)	Dec. (3)	Type (4)	i (5)	(6)	HI-flux (7)	(8)	v (9)	(10)	(11)	Δv (12)	(13)	(14)	Dist (15)	a (16)	b (17)	Vmax (18)	Pos (19)	Ref (20)	(21)
Anon 1135−06	11 35 11	−06 59	S	45	I	1.83	0.62	0	9850	30		186	4		0.5				466	G ⋆
NGC 3770	11 35 13.8	+59 53 37	SBa	52	S	±	6.0	3100	−	6600					1.1	0.7			384	G
MCG−01−30−013	11 35 15	−07 00	SBc	0	I	3.79	0.71	0	9443	10		248	4		1.4	1.4			466	G ⋆
			Sc	28	I	7.59	2.7	0	9480	20		301	4		1.2				188	G ⋆
UGC 6604	11 35 24.3	+59 02 08		0	S	±	8.0	3100	−	6600					1.0	1.0			384	G
MCG−03−30−003	11 35 27	−16 57	SBc	90	S	±	4.4	0	−	6400					2.0	0.4			466	G
NGC 3773	11 35 37.4	+12 23 21	E		M	0.088		0	979		118			12.1	1.6	1.4			249	A ⋆
								0	1008	20									324	N
			S0 1		I	2.46	0.10		987	12	93								519	a ⋆
ESO 439−G 20	11 35 46	−29 27 06	Sb	69	I	13.5	1.7	0	4090	10	408	443	4		2.2	0.9			466	E ⋆
UGC 6607	11 35 48.9	+21 01 05	Sc	55	I	5.53		0	3357			229	5		1.6	0.9			61	A ⋆
				58	I	1.8		0	3377		116	220	4		1.6	0.9			543	A ⋆
UGC 6608	11 35 59.4	−00 54 30	S	52	S	±	5.1	0	−	6400					1.1	0.7			466	G
			Sa		S	±	4.00	5	6200						1.1	0.7			488	A
NGC 3779	11 36 09	−10 18	SXc	42	I	7.93	3.5	0	1700	50		200	4		1.6	1.2			466	G ⋆
Zw 97-036	11 36 12	+19 52			S	±	4.0	4300	−	8000									543	A
ESO 571−G 12	11 36 26	−17 41 30	Sc	74	S	±	8.0	−100	−	4600					1.8	0.6			466	E
			Sc	74	S	±	3.8	0	−	6400					1.8	0.6			466	G
NGC 3781	11 36 27.0	+26 38 17	Sab		I	1.00		0	6798			240		70.0	0.8	0.4			483	A ⋆
IC 716	11 36 29.1	+00 04 00	Sb		I	6.0		0	5429			469	5		1.6	0.2			488	A ⋆
NGC 3783	11 36 33	−37 27 42	SBa	36	I	10.3		0	2901		133	151	4		1.9	1.5			538	P ⋆
MCG+03−30−038	11 36 36	+17 44			I	2.42		0	3297	11	135	217	4						508	A
UGC 6616	11 36 36.9	+58 32 43	Sd	36	F	3.82	0.64	0	1154	10		119	4	12.6	4.4	3.6			373	G
ESO 504−G 08	11 36 38	−23 01 36	Sbc	31	S	±	9.0	−100	−	4600					1.5	1.3			466	E
UGC 6614	11 36 39	+17 25 14	Sa		S	±	18.0	−400	−	3000					5.0	4.4			373	G
			Sa	30	M	13.0													413	A
			Sa	40	I	9.556	1.1	0	6358	10	236	286	4		3.2	2.8			547	A ⋆
			Sa	30	I	7.1		0	6351		244	278	4		3.2	2.8			543	A ⋆
NGC 3780	11 36 40.1	+56 32 52	Sd	37	I	19.96		0	2394	10		328	5		3.1	2.5		90	158	G ⋆
			Sc	36	F	5.38	1.17	0	2393	10		317		24.9	4.5	3.6			373	G
			Sc	34	M	3.44		0	2418	35				31.0					324	N
			Sc	35	I	24.6	2.0	0	2394	6	296	337	4		3.1	0.4			523	J ⋆
NGC 3782	11 36 40.2	+46 47 28	SBcd	58								135	4	12.6	2.3	1.3			216	G ⋆
			SXcd p	58	F	6.99	0.73	0	740	12		133	4	7.9	2.2	1.2			373	G
			Im	62	F	5.5	0.5	0	737	10	99	140	4	10.5	1.4	0.7			387	J ⋆
UGC 6619	11 36 42	+60 49	S	85	I	9.2	1.2	0	3457	12	276	289	4		1.4	0.3			384	E ⋆
Zw 268-068	11 36 42	+55 26		62	S	±	10.0	3100	−	6600					1.0	0.5			384	G
UGC 6617	11 36 43	+10 14 23	S	74	I	≤2.30		5	6229						1.4	0.7			448	A
Zw 97-041	11 36 48	+19 48			S	±	4.0	4300	−	8000									543	A
NGC 3786	11 37 04.6	+32 11 09	SXa p	59	F	2.15	0.17	0	2707			644	4		2.94				154	A ⋆
			SXa	55	I	15.4		0	2718			568	5	25.2					417	G
			SXa	55	I	12.1		0	2672			524	5	25.2					417	A
			Sa		I	4.908		0	2725		331	401	4		2.2	1.1			489	A ⋆
			Sa	49	I	8.04		0	2770	19	288	452	4	35.	3.4	2.3		77	508	A ⋆
			SXab	62	I	10.14	1.2	0	2723	14	458	569	4		2.2	1.1			547	A ⋆
				55				2125	−	3125								77	555	W
NGC 3788	11 37 06.3	+32 12 35	S		I	9.359		0	2687		501	562	4		1.8	0.6			489	A ⋆
			S		I	12.91		0	2712	12	391	516	4	35.	2.9	1.4		178	508	A ⋆
			SXab	40	I	11.21	1.3	0	2683	9	522	549	4		1.8	1.6			547	A ⋆
				73				2125	−	3125								178	555	W
Zw 127-018	11 37 08.2	+22 57 46	Sm					0	6935			162		69.3	0.7	0.7			483	A ⋆
NGC 3790	11 37 11.9	+17 59 23	S0/a	84	S	±	2.49	400	−	7200					1.1	0.2	5		547	A
IC 718	11 37 18	+09 09 10	Im	71	I	5.12	0.85	0	1982	16		191	4		1.2	0.45			448	A ⋆
UGC 6631	11 37 18	+17 35			S	±	4.0	4300	−	8000									543	A
NGC 3795	11 37 23.4	+58 53 21	S	80	I	9.2	1.2	0	1216	12	222	262	4		2.3	0.6			384	E ⋆
UGC 6628	11 37 24.0	+46 12 00	Sm		F	5.75	0.48	0	851	5		56	4	9.0	5.0	5.0			373	G
			Sdm		F	4.5	0.5	0	850	10	41	58	4	12.0	3.5	3.5			387	J ⋆
			SXm		I	24.70		0	849			56			5.0	5.0			515	G ⋆
NGC 3799	11 37 33	+15 36 17	S		I	3.689		0	3312		425	442	4		0.7	0.5			489	A ⋆
			SBb	46	I	3.445	0.43	0	3281	11	338	484	4		0.7	0.5			547	A ⋆
UGC 6631	11 37 36.3	+17 35 25			S	±	3.0	5											508	A
				57	I	1.11	0.36	0	3527	9	261	274	4		0.7	0.4			547	A ⋆
NGC 3800	11 37 37.5	+15 37 11	SXb	76	I	2.5		0	3310	11					1.7	0.5			375	A ⋆
			Sb	75	M	2.30		0	3255	35				38.9					324	N
			SXb	78	I	≤25.2		5	3556					34.6					417	G
			SXb	78	I	4.8		0	3280			454	5	34.6					417	A
			S		I	4.701		0	3302		416	446	4		1.9	0.5			489	A ⋆
			S		I	5.24			3299	7	272	392	4						457	A ⋆
NGC 3801	11 37 41.4	+18 00 24	E3		S	≤88.0		5	3260										356	G ⋆
			S0		I	≥3.3		0	3460	20		630	4						126	A ⋆

Table 1 cont.

Name (1)	R.A. (2)	Dec. (3)	Type (4)	i (5)	(6)	HI-flux (7)	(8)	(9)	v (10)	(11)	Δv (12)	(13)	(14)	Dist (15)	a (16)	b (17)	Vmax (18)	Pos (19)	Ref (20)	(21)
NGC 3801			S0		I	2.2		0	3244		286				3.2	1.9			419	A
Zw 40-024	11 37 42	+03 16			I	≤1.0		3140	–	7000					0.7	0.7			327	A
NGC 3802	11 37 43	+18 02 37	S	69	I	1.19		0	3321	9	281	295	4	45.	2.1	0.8		85	508	A ★
			S	87	S	±	2.31	400	–	7200					1.2	0.2	5		547	A
IC 719	11 37 43.8	+09 17 11			I	≤1.0		3140	–	7000					1.3	0.4			327	A
			S0		I	3.3		0	1857		250				1.6	0.5			419	A
NGC 3796	11 37 45.8	+60 34 37	S	79	I	2.27	0.56	0	1865	16	322		4		1.3	0.35			448	A ★
			S	51	S	±	18.0	3100	–	6600					1.4	0.9			384	G
IC 720	11 37 48	+09 08 15	S	67	I	1.21	0.23	0	6371	17	196		4		0.7	0.3			448	A
UGC 6637	11 37 48.0	+28 39 01		54	M	0.201	0.01		1836	2	164		4	24.0	0.85	0.43			293	A ★
UGCA 241	11 38 00.0	−09 48 00	SXcd	17	F	5.99	0.80	0	1736	10	127		4	15.4	3.9	3.7			373	G
			SBc	30	I	19.06	2.2	0	1742	5	133		4		2.6	2.5			466	G ★
			SXcd		I	22.50		0	1738		131		4		3.9	3.5			515	G ★
			SXcd		I	23.00		0	1737		135		4		3.9	3.5			515	G ★
NGC 3808 S	11 38 07.9	+22 42 18			I	1.12		0	7139		180		5	79.1					518	G
NGC 3808/08A	11 38 08.2	+22 42 50	Mult	75	I	4.2		0	7067	8	289		4		2.7				328	A ★
NGC 3808	11 38 08.5	+22 43 22	Sd	56	I	3.38		0	7078		290		5		1.6	0.9			61	A ★
			Mult p		I	2.2		0	7080	10	293		4		1.6	0.7			78	A ★
			S0/a	74	I	3.5		0	7067		289	352	4		2.5	0.8			543	A
NGC 3808 N	11 38 08.5	+22 43 22			I	1.15		0	6985		124		5	77.4					518	G
Mark 426	11 38 10.2	+35 29 12	Sc	59	F	1.07	0.19	0	1548		114	163	4	20.5	0.62	0.35			347	A ★
NGC 3806	11 38 11	+18 04 17	SXb		I	3.685		0	3495		148	162	4		1.5	1.4			475	A ★
			SBb	0	I	5.56		0	3495	5	155	171	4	45.	2.5	2.5			508	A ★
					S	±	4.0	4300	–	8000									543	A
Zw 186-022	11 38 12	+33 57			I	≤1.0		3140	–	7000					1.0	0.6			327	A
NGC 3804	11 38 12.1	+56 28 48	Sd	49	I	17.68		0	1385	10	209		5		2.5	1.7		120	158	G ★
			Sc	46	F	4.21	0.64	0	1381	10	179		4	14.8	3.7	2.6			373	E
			Sc	48	F	4.2	0.6	0	1381	10	171	198	4	19.7	2.5	1.7			387	J ★
Zw 157-014	11 38 18	+30 52			I	≤1.0		4700	–	8550					0.6	0.2			327	A
UGC 6645	11 38 19.6	+26 03 29			S	±	4.0	−100	–	6900									490	A
			Sc		I	4.54		0	6871		300			70.0	1.7	1.3			483	A ★
NGC 3810	11 38 23.5	+11 44 55	Sc	50	I	39.6			995	9	272		5	15.5	5.4				80	G ★
			Sc	45	I	44.7		0	997	7	251				4.1	3.0			375	A ★
			Sc	50	F	12.29	1.38	0	993	15		277	4	8.8	6.0	3.9			373	G
			Sc	42	I	45.1		0	993	10	248	287	4	19.9					416	E ★
			Sc	42	M	2.6		0	996					18.					465	G ★
			Sc	45	I	48.3	4.3	0	992		253	278	4		4.3	0.8			523	J ★
ESO 571-G 15	11 38 28	−22 12	Sc	90	S	±	6.0	−100	–	4600					2.1	0.3			466	E
UGC 6647	11 38 29	+10 30 09		32	I	3.00	0.27	0	6277	16	231		4	80.5	1.4	1.2			448	A ★
Anon 1138+31	11 38 30	+31 33			I	≤1.0		4700	–	8550					0.6	0.2			327	A
NGC 3809	11 38 31.4	+60 09 50	S0	22	I	8.0	1.2	0	563	16	213	322	4		1.4	1.3			384	E ★
NGC 3811	11 38 36.5	+47 58 08	SBcd p	45	F	4.3	0.9	0	3108	10	264	284	4	42.2	2.5	1.8			387	J ★
			SBc p	42	F	4.71	1.14	0	3104	35		307	4	31.6	3.7	2.7			373	G
								0	3097	20									324	N
NGC 3813	11 38 40.1	+36 49 27	Sb	54	I	29.4			1464	9		316	5	22.2	2.9				80	G ★
			Sc	54	F	6.71	2.12	0	1468	25		317	4	14.7	3.2	1.9			373	G
			Sb					0	1464										513	G
UGCA 242	11 38 56	−06 12 30	Im p	45	F	1.21	0.35	0	1698	25	115		4	15.2	2.5	1.7			373	G
			Im	48	I	6.09	0.85	0	1728	5	172		4		1.6	1.1			466	G ★
NGC 3815	11 39 03	+25 04 38	Sab		I	7.192		0	3711		339	378	4		1.9	1.0			489	A ★
Zw 97-057	11 39 03.1	+17 21 19			S	±	4.04	400	–	7200									547	A
			S0/a	76	I	1.3		0	6752		215	252	4		0.8	0.2			543	A ★
Zw 97-058	11 39 07.8	+17 17 06	Sc	73	I	1.9		0	6739		292		4		1.0	0.3			543	A
NGC 3816	11 39 12.0	+20 22 55	S0 p	56	I	≤3.6		6	5580						2.6				328	A
			S0	58	I	≤23.4		5	5548					54.8					417	G
			S0/a	55	S	±	2.5	5	5548						1.9	1.1			543	A
UGC 6655	11 39 15.4	+16 15 03		61	F	0.09	0.07	0	745		62	106	4	8.4	0.57	0.30			347	A ★
Zw 40-031	11 39 16.8	+02 50 48	Sc	39	I	2.29	0.45	0	5912	16	192	237	4	78.	0.9	0.7			327	A ★
Zw 127-031	11 39 17.6	+23 19 15	Sdm		I	1.85		0	10407		325			104.1	0.7	0.5			483	A ★
NGC 3817	11 39 18	+10 34 54		44	I	1.09	0.23	0	6079	25	326		4	80.5	1.1	0.8			448	A ★
NGC 3820	11 39 30	+10 39 40	Sc p	46	I	0.90	0.18	0	6090	18	219		4	80.5	0.7	0.5			448	A ★
UGC 6659	11 39 30	+32 49			S	±	4.0	3400	–	10400									490	A
NGC 3821	11 39 33.0	+20 35 38	Sa	31	I	≤1.3		6	5600						2.4				328	A
			Sb		L	9.00		0	5557					65.0	1.5				483	A
			SBa		I	≤2.4													457	A
			Sa	30	S	±	1.5	5	5535						1.5	1.3			543	A
NGC 3823	11 39 36	−13 35	SB	0	S	±	6.5	0	–	6400					1.4	1.4			466	G
NGC 3822	11 39 36	+10 33 17	Sc p	59	I	3.63	0.51	0	6166	18	559		4	80.5	1.3	0.7			448	A ★
Zw 97-063	11 39 36.0	+20 19 00	Sm		I	0.63		0	6102		164			65.0	0.5	0.3			483	A ★
UGCA 244	11 39 36	+36 21	Pec		S	±	18.0	−400	–	3000					3.0	2.8			373	G

135

Table 1 cont.

Name (1)	R.A. (2)	Dec. (3)	Type (4)	i (5)	(6)	HI-flux (7)	(8)	(9)	v (10)	(11)	(12)	Δv (13)	(14)	Dist (15)	a (16)	b (17)	Vmax (18)	Pos (19)	Ref (20)	(21)
Anon 1139+10	11 39 37	+10 35 40	Mult		I	5.1	2.2	0	6150		397								469	G ★
ESO 571-G 16	11 39 38	−17 53 30	Sbc	84	S	±	10.0	−100	−	4600					2.2	0.5			466	E
			Sbc	84	I	3.77	0.55	0	3637	15	277		4		2.2	0.5			466	G ★
Zw 97-064	11 39 38.2	+20 22 33	Sm		I	0.88		0	5968		366			65.0	0.6	0.4			483	A ★
			Sa		S	±	1.1	5	5879						0.6	0.4			543	A
UGC 6665	11 39 38.5	+00 36 42			I	4.055		0	5488		273		4	76.1	0.4	0.4			562	A ★
Zw 97-062	11 39 38.9	+20 15 16	S p	72	I	≤2.3		6	7680						1.0				328	A
			S	75	I	1.64		0	7800		279				0.9	0.3			453	A ★
			S0/a	67	I	1.1		0	7781		203	296	4		0.8	0.3			543	A ★
UGC 6664	11 39 40.1	+30 30 26	Sd		I	4.78		0	9685			418		96.8	1.6	0.3			483	A ★
UGC 6667	11 39 42	+51 53	Sc	85							197		4	12.6	5.0	1.1			216	G ★
			Sc	85	F	2.73	0.51	0	974	20	205		4	10.5	5.0	1.0			373	G
			Sc	90	F	2.0	0.6	0	983	10	165	190	4	14.0	3.5	0.5			387	J ★
UGC 6669	11 39 42.5	+15 16 30		60	F	1.46		0	1010		57	105	4	12.2	2.8				213	G ★
			Im		I	6.146		0	1022		67	88	4						447	A ★
UGC 6666	11 39 45	+16 17 19	S		I	2.634		0	3087		194	210	4		1.1	0.4			489	A ★
			S	72	I	3.033	0.39	0	3086	9	198	230	4		1.1	0.4			547	A ★
Zw 97-068	11 39 48.3	+20 23 43	Sbc	50	I	3.99		0	5976			352	5		1.1	0.7			61	A ★
			Sbc	69	I	2.8		0	5960	5		350			1.4				328	A ★
			Sc	45	I	2.7		0	5960		333	350	4		1.1	0.8			543	A
NGC 3825	11 39 49	+10 32 26	Sa p	39	I	0.80	0.15	0	6323	18		393	4	80.5	1.4	1.1			448	A ★
UGC 6670	11 39 53.7	+18 36 35	IBm	73	F	4.03	0.92	0	918	15		217	4	8.4	4.5	1.5			373	G
			IBm		I	16.95		0	923		216	235	4						447	A ★
NGC 3826	11 39 56.4	+26 46 01	E					5	9051	41				164.	0.9				300	A ★
NGC 3827	11 40 01	+19 07 22		40	I	5.279	0.62	0	3136	9	247	262	4		0.9	0.7			547	A ★
UGC 6674	11 40 03.2	+25 06 00	Sd		I	3.50		0	6300			378		63.0	1.2	0.8			483	A ★
Anon 1140+36	11 40 06	+36 05			I	≤1.0		4700	−	8550					0.8	0.7			327	A
NGC 3824	11 40 06	+53 04		60	S	±	12.0	3100	−	6600					1.5	0.8			384	G
Zw 97-071	11 40 07	+15 38 02			S	±	4.38	400	−	7200									547	A
Zw 68-038	11 40 08	+09 09 02	S	24	I	0.65	0.36	0	6374	16	99				0.6	0.55			448	A ★
IC 722	11 40 09	+09 15 06	S	42	I	2.04	0.36	0	6535	16		317	4		0.8	0.6			448	A ★
Zw 97-072	11 40 10.2	+20 18 26	Sb	66	I	≤2.0		6	6242						1.3				328	A
			Sb	55	I	0.50		0	6334		310				1.0	0.6			453	A
			Sab	67	S	±	1.9	5	6314						0.9	0.4			543	A
Anon 1140+33	11 40 12	+33 55			I	≤1.0		4700	−	8550					1.0	0.2			327	A
Zw 127-034	11 40 19.9	+23 24 22	Sm					0	8696			309		70.0	0.8	0.5			483	A ★
Zw 97-073	11 40 20.8	+20 14 42	Sdm		I	0.98		0	7275			263		65.0	0.7	0.7			483	A ★
			S0/a	30	I	1.3		0	7275		291	412	4		0.7	0.6			543	A ★
UGC 6678	11 40 25.6	+26 32 09	Sc		I	2.17		0	9479			305		94.8	1.5	0.5			483	A ★
UGC 6682	11 40 26.0	+59 23 00	Sm	33	F	2.10	1.01	0	1318	15	72			28.2	2.7	2.27			89	G
			Sm	34	F	2.59	0.43	0	1328	10		93	4	14.4	2.7	2.2			373	E
			Sm		F	3.08		0	1325	15		83	5						157	G
			S		I	11.10		0	1325			82	4		2.7	2.2			515	G ★
UGC 6680	11 40 27.6	+19 56 07	Sc		S	±	1.1	3000	−	11000					1.2	0.6			483	A
					S	±	4.0	4300	−	8000									543	A
NGC 3831	11 40 36	−12 36	SB0/a	90	S	±	8.0	0	−	6400					2.7	0.5			466	G
Zw 97-079	11 40 37.5	+20 16 57	Im	62	I	1.0		6	6920						0.8				328	A
			Sdm		I	0.62		0	7000			248		65.0	0.6	0.4			483	A ★
			S0/a	68	S	±	0.8	5	7013						0.5	0.2			543	A
UGC 6685	11 40 42	+55 47	Sc	82	F	≤0.04	0.02	0	−	4100					1.4	0.2			387	J
			Sc	90	S	±	9.0	3100	−	6600					1.4	0.25			384	G
UGC 6684	11 40 44.4	+31 43 54		45	F	1.52		0	1789		108	161	4	23.6	2.2				213	G ★
			Im		S	±	18.0	−400	−	3000					1.7	1.2			373	G
UGC 6686	11 40 47.5	+16 45 47		90	I	7.5		0	6546		404	428	4		2.9	0.3			543	A ★
			Sc	90	M	9.0						419	4						413	A
Zw 68-042	11 40 48	+11 04 46	Sb	90	I	2.22	0.30	0	6098	16		254	4		0.7	0.2			448	A ★
UGC 6687	11 40 48	+18 28			S	±	4.0	4300	−	8000									543	A
NGC 3829	11 40 48	+53 00	SB	59	S	±	6.0	3100	−	6600					1.1	0.6			384	G
UGC 6691	11 40 48	+60 58	Sdm	47	I	5.3	0.81	0	1275	11	140	185	4		1.3	0.9			384	G ★
UGC 6689	11 40 48.5	+21 55 51	Sm		I	4.49		0	3524			242		32.9	1.0	0.2			483	A ★
					I	2.1		0	3533			254	4		1.0	0.2			543	A ★
IC 2951	11 40 49.0	+20 01 36	Sa	62	I	≤1.5		6	6100						1.9				328	A
			Sa	62	S	±	0.54	5	7600						1.4	0.7			453	A
			Sa	62	S	±	0.56	5	6100						1.4	0.7			453	A
			Sa	63	S	±	1.1	5	6100						1.4	0.7			543	A
Zw 127-037	11 40 49.3	+25 16 57	Sdm		I	2.17		0	6186			225		61.9	0.8	0.5			483	A ★
NGC 3836	11 40 54	−16 32	SB	21	I	13.01	1.5	0	3660	6		224	4		1.5	1.4			466	G ★
NGC 3833	11 40 54	+10 26 22	Sc	64	I	10.28	0.62	0	6055	16	417		4	80.5	1.5	0.7			448	A ★
Zw 68-044	11 40 55	+10 37 22	Sc	38	I	2.04	0.31	0	6013	19		214	4	80.5	0.5	0.35			448	A ★
NGC 3832	11 40 55.4	+23 00 10	Sc	36	I	11.9		0	6900	5		204	4		3.2				328	A ★

Table 1 cont.

Name (1)	R.A. (2)	Dec. (3)	Type (4)	i (5)	(6)	HI-flux (7)	(8)	(9)	v (10)	(11)	(12)	Δv (13)	(14)	Dist (15)	a (16)	b (17)	Vmax (18)	Pos (19)	Ref (20)	(21)
NGC 3832			Sc	35	I	11.33		0	6913			173	5		2.2	1.8			61	A ★
			Sbc	35	M	37.7		0	6910		170	194	4	137.					450	A ★
			SBc		I	8.505		0	6910		170	194	4		2.2	1.8			489	A ★
			SBc		I	12.28			6910	5	178	215	4						457	A
				35	I	8.4		0	6900		175	204	4		2.2	1.8			543	A
IC 724	11 41 00	+09 13 10	Sa	69	I	2.70	0.68	0	5972	18		551	4		2.5	1.0			448	A ★
Zw 97-086	11 41 06	+20 18			S	±	4.0	4300	−	8000									543	A
Zw 68-046	11 41 07	+10 31 21	Sc	53	I	3.72	0.68	0	6009	18		322	4	80.5	0.4	0.25			448	A ★
UGC 6697	11 41 13.0	+20 14 52	Sd	80	I	2.0		0	6746			275	4	85.					268	A ★
			S p	90	I	3.8		0	6730			580	4		2.0				328	A ★
			Sdm		I	3.41		0	6723			601		65.0	1.7	0.3			483	A ★
			S0/a	90	I	3.4		0	6931		281	593	4		1.7	0.4			543	A
UGC 6700	11 41 20	+11 03 46	S	62	I	9.33	0.46	0	5910	16		366	4		1.0	0.5			448	A ★
Zw 97-092	11 41 22.6	+20 27 46	Sab		I	0.77		0	6373			455		65.0	0.8	0.4			483	A ★
			S0/a	63	S	±	1.0	5	6494						0.8	0.4			543	A
NGC 3835	11 41 23.0	+60 23 52	Sab	76	I	17.4	2.1	0	2076	13	450	565	4		2.3	0.7			384	G ★
NGC 3840	11 41 23.3	+20 21 17	Sbc	50	I	1.7		0	7367		264	298	4		1.1	0.8			543	A ★
			Sbc	52	I	2.9		0	7369	16		286	4		1.7				328	A ★
Zw 97-093	11 41 26.3	+20 03 36	Sb	69	I	1.04		0	4857			416	4		1.05	0.4			404	A ★
			S p	69	I	≤2.6		0	4865						0.8				328	A
NGC 3842	11 41 26.4	+20 13 40	S0/a		S	±	2.8	5	4865						0.5	0.2			543	A
			cD		S	≤2.01		5	6150					82.0					332	A
UGC 6706	11 41 34.2	+55 18 45	IBm	32	F	1.7	0.5	0	1451	15	142	161	4	20.6	2.1	1.8			387	J ★
			Sm p	30	F	1.82	0.46	0	1431	20		175	4	15.3	3.2	2.7			373	G
Zw 97-102	11 41 36.0	+20 30 00	Sb		I	0.36		0	6300			226		65.0	0.9	0.5			483	A ★
NGC 3846	11 41 42	+55 55	Sbc	44	S	±	14.0	3100	−	6600					1.1	0.8			384	G
UGC 6711	11 41 42.7	+70 00 33			I	8.04		0	2702	10		195	5		0.8	0.5		132	158	G ★
Zw 97-110	11 41 43.7	+20 07 23	S0/a	44	I	≤0.28		5	6382						0.75	0.55			404	A
UGC 6713	11 41 44.4	+49 06 54		0	F	3.02		0	896		103	121	4	12.8	3.2				213	G ★
			Sm	31	F	3.53	0.57	0	901	7		103		9.7	3.0	2.5			373	G
			S	33	F	2.7	0.3	0	900	10	87	103	4	12.8	2.0	1.7			387	J ★
Zw 40-036	11 41 48	+08 27 11	S	72	I	2.43	0.53	0	5890	18		275	4		0.95	0.35			448	A ★
Zw 68-049	11 41 48	+08 39 55	S	55	I	1.35	0.36	0	5971	16		195	4		0.5	0.3			448	A
Zw 97-108	11 41 48	+17 35			S	±	4.0	4300	−	8000									543	A
UGC 6714	11 41 52.2	+68 14 06			I	2.5	0.5	0	4156			383	4		1.0	0.2			503	G
IC 727	11 41 54	+11 03 43	Sb	90	I	4.30	1.19	0	6121	18		539	4		1.6	0.25			448	A ★
ESO 440-G 01	11 41 55	−28 11 12	Sb	65	S	±	9.0	−100	−	4600					1.5	0.7			466	E
UGC 6716	11 42 00	+36 14	Sbc		S	±	18.0	−400	−	3000					2.9	2.7			373	G
					I	≤1.0		3140	−	7000					1.8	1.7			327	A
Zw 68-052	11 42 02	+11 03 53	Sb	90	I	2.56	0.47	0	6200	16		273	4		0.8	0.2			448	A ★
Anon 1142+20	11 42 10.2	+20 02 03	S0	63	I	≤0.70		5	6348						0.45	0.22			404	A
UGC 6717	11 42 11	+09 29 25	Im	0	I	3.76	0.17	0	2869	16		82	4		1.6	1.6			448	A ★
					F	≤1.0		−400	−	3000									213	G
								0	2869										490	A
UGC 6719	11 42 11.6	+20 24 11		51	S	±	1.6	5	6667						1.2	0.8			543	A
			Sab	49	I	1.41		0	6573			404	5		1.2	0.8			61	A ★
			Sc	50	I	≤1.6		6	6597						1.9				328	A
Zw 97-114	11 42 11.7	+20 03 02	Sdm		I	0.92		0	8293			547		65.0	0.5	0.4			483	A
			Pec		I	≤2.2		6	8450										328	A
			S0/a		I	2.4		0	8450			345	4						543	A ★
Zw 97-116	11 42 12	+18 09			S	±	4.0	4300	−	8000									543	A
Zw 97-119	11 42 12.8	+19 57 55	Sa	27	I	1.02		0	5256			281	4		0.52	0.47			404	A ★
UGC 6718	11 42 13.5	+20 04 20	Sab	61	I	≤1.32		4000	−	11400					1.2	0.6			61	A
			Sab	62	I	≤1.5		6	5545						1.7				328	A
			Sb	55	M	≤1.2		5	5461					85.					268	A
			Mult	61	I	1.03		0	5595			470	4		1.2	0.6			404	A ★
			Sa	63	S	±	1.3	5	5545						1.2	0.6			543	A
NGC 3857	11 42 14.6	+19 48 38	Sa	50	S	±	3.2	5	6183						0.6	0.4			543	A
			S0 p	50	I	≤2.2		6	6183						1.1				328	A
NGC 3859	11 42 17.0	+19 43 58	S p	81	I	≤2.0		6	5435						1.3				328	A
			S p	79	I	1.48		0	5466		441				1.0	0.3			453	A ★
			S0/a	76	S	±	1.6	5	5508						1.0	0.2			543	A
UGC 6720	11 42 18	−01 19	SBb	65	S	±	5.6	0	−	6400					1.3	0.6			466	G
NGC 3865	11 42 18.7	−08 57 21	Sab	42	I	6.86	0.86	0	5702	11		643	4		2.4	1.8			466	G ★
Zw 97-125	11 42 18.7	+20 03 12	Sc	51	I	1.02		0	8290			496	4		0.8	0.5			404	A
			Pec		I	≤1.6		6	8177										328	A
			Sd		I	1.29		0	8288			465		65.0	0.8	0.5			483	A ★
			S0/a		S	±	1.8	5	8177										543	A
Anon 1142+20	11 42 22.0	+20 00 11	S0	0	I	≤0.11		5	7809						0.6	0.6			404	A
NGC 3858	11 42 24	−08 59	Sb	46	S	±	7.7	0	−	6400					2.1	1.5			466	G

Table 1 cont.

Name (1)	R.A. (2)	Dec. (3)	Type (4)	i (5)	(6)	HI-flux (7)	(8)	(9)	v (10)	(11)	(12)	Δv (13)	(14)	Dist (15)	a (16)	b (17)	Vmax (18)	Pos (19)	Ref (20)	(21)
Zw 40-039	11 42 24.6	+07 46 36	S	89	I	4.88	1.61	0	5823	16	418	573	4	77.	1.0	0.2			327	A ⋆
UGC 6727	11 42 27.6	+61 59 11	Sc					5	10617						0.9	0.3			503	G
NGC 3861	11 42 28.4	+20 15 04	SXd	55	I	4.8		0	5076			486	4	85.					268	A
			Scd	56	I	7.2		0	5095	11		494	4		3.2				328	A ⋆
			Sb	55	I	8.55		0	5083			482	5		2.4	1.4			61	A ⋆
			SXb	50	I	≤17.1		5	5028					50.1					417	G
			SXb	50	I	5.9		0	5081			477	5	50.1					417	A
			Sc		I	6.25		0	5082			489		65.0	2.4	1.4			483	A ⋆
			Sb		I	5.27		0	5082	5	471	488	4		2.4	1.4			457	A ⋆
			Sbc	56	I	5.3		0	5095		480	494	4		2.4	1.4			543	A
NGC 3862	11 42 29.1	+19 53 05	E		S	≤20.5.		5	6230										356	G
					I	≤6.0		5	6462										126	A
Zw 127-046	11 42 30.0	+21 42 21	Sa	66	I	0.8		0	7814		201	259	4		0.9	0.4			543	A ⋆
NGC 3863	11 42 31	+08 44 41	Sbc		I	13.33		0	4492		492	513	4		2.8	0.6			489	A ⋆
			Sbc	86	I	9.30	0.80	0	4491	16		525	4		2.8	0.6			448	A ⋆
UGC 6725	11 42 31	+20 42 54	S0		S	± 2.3		5	6878						1.5	1.2			543	A
UGCA 245	11 42 39	−09 47	SBbc	81	I	17.52	2.1	0	1708	5		229	4		2.8	0.7			466	G ⋆
NGC 3864	11 42 41	+19 40 06	Sa	42	I	≤1.2		6	6924						0.8				328	A
			Sa	39	S	± 0.76		5	6697						0.7	0.6			453	A
Zw 97-133	11 42 41.5	+20 17 59	Sdm		I	0.61		0	5290			213		65.0	0.5	0.3			483	A ⋆
UGC 6729	11 42 41.5	+27 02 42	Scd		I	1.83		0	9045			418		90.4	1.3	0.8			483	A ⋆
UGCA 245	11 42 48	−09 49	SBbc	75	F	5.62	1.06	0	1729	15		232	4	15.4	4.1	1.3			373	G
UGC 6732	11 42 51.8	+59 15 22	Comp		F	≤2.2		5	2979					44.	1.6				60	N
UGC 6730	11 42 52.1	+09 26 22	Sab	44	I	4.05	0.34	0	2903			173	4		1.1	0.8			448	A ⋆
			Sab		I	4.104		0	2894		148	178	4		1.1	0.8			489	A ⋆
				42				0	2904	5	134	173	4				96	105	555	A
NGC 3867	11 42 54.0	+19 40 35	SB0/a	75	I	≤1.81			4000 − 11400						1.2	0.4			61	A
			S0/a	74	I	≤1.9		6	7384						1.5				328	A
			Sa		L	8.41		0	7526					65.0	1.2				483	A
			Sa	74	S	± 1.6		5	7384						1.2	0.4			543	A
NGC 3850	11 42 55.9	+56 09 48	SBc	65	F	2.8	1.0	0	1149	10	169	173	4	16.0	2.2	1.0			387	J ⋆
			SBc	62	F	2.51	0.75	0	1166	25		185	4	12.6	3.4	1.7			373	G
Zw 68-056	11 42 56	+10 00 23	Sb	58	I	3.63	0.64	0	6407	19		419	4		0.9	0.5			448	A ⋆
Zw 157-031	11 43 00	+31 34 36	S	71	I	1.733	0.36	0	1825	17	96	149	4		0.8	0.3			547	A ⋆
UGC 6734	11 43 02	+09 23 45		84				0	2905									33	555	A
			Sb	90	I	3.36	0.39	0	6257	16		397	4		1.6	0.3			448	A ⋆
Anon 1143−09	11 43 05.0	−09 48 0			I	13.80		0	1716			218	4						515	G ⋆
Zw 97-138	11 43 09.3	+20 18 32	S0/a	45	I	1.4		0	5313		62	140	4		0.7	0.5			543	A ⋆
			Im	46	I	1.4		0	5313	14		140	4		1.2				328	A ⋆
								0	5316	4	57	99	4						150	A ⋆
UGC 6736	11 43 10.8	+03 18 42	Sc	89	I	3.16	0.98	0	5986	16	311	329	4	79.	1.5	0.4			327	A ⋆
NGC 3869	11 43 10.9	+11 06 05	Sa		I	≤0.7		5	3026						1.9	0.5			419	A
ESO 440-G 04	11 43 11	−28 05 24	SB/Ir	66	I	28.0	3.2	0	1840	5	181	217	4		4.0	1.8			466	E ⋆
Zw 127-049	11 43 13.3	+20 54 22	S0/a	73	I	1.1		0	7061		288	313	4		1.0	0.3			543	A ⋆
UGC 6740	11 43 14	+10 45 17	S	62	I	3.10	0.75	0	5483	24		412	4		1.1	0.55			448	A ⋆
NGC 3872	11 43 14.1	+14 02 38	E4		I	≤2.54								50.2	2.2	1.5			137	A
			E5		I	≤1.71		5	3109	90					2.2	1.5			375	A
NGC 3870	11 43 17.2	+50 28 39			F	1.4	1.1	0	755	80		190	9	11.					51	N ⋆
			SB0/a	39	F	1.40	0.33	0	761		94	124	4	11.1	1.28	1.01			347	G ⋆
			S0	38	F	1.31	0.38	0	750	15		115	4	8.2	2.0	1.6			373	G
UGC 6743	11 43 20.1	+21 18 16	Sa	21	I	4.28		0	6752			197	5		1.6	1.5			61	A ⋆
			Sbc	21	I	2.8		0	6744	5		210	4		2.6				328	A ⋆
			Sbc		I	4.386		0	6751		186	201	4		1.6	1.5			475	A ⋆
				20	I	2.2		0	6744		191	208	4		1.6	1.5			543	A
IC 732	11 43 24.0	+20 43 03	Sm		I	0.80		0	7288			330		65.0	0.8	0.4			483	A ⋆
NGC 3877	11 43 29.4	+47 46 18	Sc	78								338	4	12.6	7.5	2.1			216	G ⋆
			Sc	79	F	5.86	1.32	0	894	10		347	4	9.5	7.5	2.0			373	G
			SBbc	85	F	5.5	0.6	0	914	10	355	396	4	12.9	5.6	1.2			387	J ⋆
			Sc		I	24.0		0	867		339	364	4						429	E
					I	20.5	0.5	0	900			367	4		5.6	1.2			503	G
ESO 170-G 11	11 43 33.2	−56 06 38	Sc	46	I	46.0	5.0	0	1817	10	271			15.4	3.1	2.2			310	P
			Sc	58				1	1817	20				23.5	2.4	1.4			528	P
NGC 3884	11 43 36.9	+20 40 11	Sa p	44	I	≤1.3		6	6842						2.8				328	A
			Sb		L	9.46		0	6968					65.0	1.9				483	A
			Sa		I	4.35		0	6948	5	507	537	4						457	A ⋆
			Sb	46	S	± 1.1		5	6842						1.9	1.4			543	A
Zw 68-061	11 43 38	+10 52 22	S	46	I	2.68	0.51	0	3038	16		154	4		0.7	0.5			448	A ⋆
Mark 429	11 43 49.2	+35 07 48			F	0.53	0.32	0	1382		176	187	4	18.3	0.40	0.35			347	A ⋆
Anon 1144−03	11 44 01.8	−03 34 42	Sb	52	M	5.58		0	5177	75				61.7					324	N
NGC 3879	11 44 04.5	+69 39 35	Sdm	90	I	14.08		0	1431	10		239	5		2.5	0.5		130	158	G ⋆

Table 1 cont.

Name (1)	R.A. (2)	Dec. (3)	Type (4)	i (5)	(6)	HI-flux (7)	(8)	v (9)	(10)	(11)	Δv (12)	(13)	(14)	Dist (15)	a (16)	b (17)	Vmax (18)	Pos (19)	Ref (20)	(21)
UGC 6750	11 44 06	−01 43	S	77	S	±	4.5	0	−	6400					1.2	0.35			466	G
UGC 6751	11 44 06.0	+24 15 00	Scd		I	5.84		0	6409		323			64.1	1.4	0.5			483	A ★
MCG−01−30−033	11 44 11.4	−03 33 54	Sb	68	I	14.05	1.6	0	5167	20	526	4			1.7	0.7			466	G
NGC 3883	11 44 11.6	+20 57 13	Sb		S	±	18.0	−400	−	3000					4.5	4.0			373	G
			Sbc	26	I	13.5		0	7022	5	229	4			4.4				328	A ★
			Sb	26	I	11.71		0	7026		228	5			3.1	2.8			61	A ★
			Sb	25	M	33.6		0	7023		208	226	4	139.					450	A ★
			Sb		I	7.358		0	7023		208	226	4		3.1	2.8			475	A ★
			Sbc	25	I	9.5		0	7028	5				65.			230	338	477	W ★
				25	I	7.6		0	7022		209	229	4		3.1	2.8			543	A
NGC 3885	11 44 14.9	−27 38 37	S0/a	62	I	≤6.3		5	1807						1.6				320	P ★
			Sa	59	I	18.0	4.3	0	1802	15	555	571	5	30.6	1.9	1.1			346	E ★
					S	≤10.0		5	1948										548	P
UGC 6756	11 44 24	+59 23	S	69	S	±	6.0	3100	−	6600					1.0	0.4			384	G
UGC 6757	11 44 24	+61 38			F	≤1.0		−400	−	3000									213	A
UGC 6761	11 44 31.6	+29 51 20	Sbc		I	0.75		0	6811		414			68.1	1.2	0.5			483	A ★
UGC 6758	11 44 32	+13 59 05	S		I	7.007		0	3102		181	195	4		2.0	1.8			475	A ★
NGC 3887	11 44 32.4	−16 34 36	Sbc	36	M	2.07		0	1215	20				12.3					324	N
			SBbc	25	F	12.77	2.46	0	1212	10	263	4		10.0	5.1	4.6			373	G
			Sc	34	I	41.68	4.7	0	1205	5	247	4			3.6	3.0			466	G ★
UGC 6762	11 44 41.7	+60 34 37	S	0	S	±	10.0	3100	−	6600					1.1	1.1			384	G
Zw 97-151	11 44 48	+18 20			S	±	4.0	4300	−	8000									543	A
NGC 3888	11 44 54.6	+56 14 41	SXbc	34	F	3.92	1.09	0	2408	15	283	4		25.1	2.7	2.2			373	G
			SXc		I	15.8	0.8	0	2399		319	4			1.7	1.4			503	G
Anon 1144−03a	11 44 56	−03 26			I	2.71		0	5365		134	5		59.1					518	G ★
Anon 1144−03b	11 44 56	−03 26			I	5.37		0	5168		235	5		56.9					518	G ★
UGC 6767	11 44 58.9	+57 55 30	Sc					5	9235						0.8	0.6			503	G
UGC 6766	11 45 00	+54 47	Sbc	90	S	±	6.0	3100	−	6600					1.1	0.2			384	G
Zw 97-152	11 45 04	+20 13	S0	75	I	1.6		0	6188		406	449	4		1.1	0.3			543	A ★
UGC 6769	11 45 09.3	+02 06 20	SBb		I	4.2		0	8537		484	5			1.1	0.5			488	A ★
UGC 6774	11 45 24	+55 19	Sc	90	I	4.6	0.73	0	2417	15	228	286	4		2.1	2.0			384	E ★
UGC 6771	11 45 26.0	+04 45 56	Sab	27	I	1.47	0.52	0	5967	16	291	314	4	79.	1.9	1.7			327	A ★
			SBb		I	1.5		0	5962		325	5			1.9	1.7			488	A ★
NGC 3891	11 45 27.3	+30 38 14	Scd		I	9.12		0	6371		459			63.7	2.3	1.8			483	A ★
NGC 3892	11 45 28.4	−10 41 12	SB0	39	S	±	3.0	5	1727	80					2.8	2.2			466	G
UGC 6773	11 45 30	+50 05	Im	70	F	≤0.04	0.02	−200	−	4000					1.8	0.7			387	J
Anon 1145+13	11 45 51	+13 00 15			I	0.4	0.2	0	4410		69	213	4						469	A ★
					I	1.4	0.2	0	3630		151	239	4						469	A ★
					I	2.7	0.2	0	4020		179	254	4						469	A ★
Zw 127-056	11 45 52.2	+21 26 04	S0/a	77	I	2.3		0	6834		395	466	4		1.0	0.3			543	A ★
NGC 3893	11 46 01.1	+48 59 20	Sc	54	I	70.6			970	9	308	5		17.7	5.4				80	G ★
			Sc	51	I	80.8		0	967		323	4		13.8	3.9				203	G ★
				56							307	4		12.6	6.4	3.7			216	G ★
									980	30									286	B
			SXc	56	F	20.13	1.21	0	977	8	308	4		10.4	6.4	3.7			373	G
			SXc	59	F	16.6	1.7	0	971	15	274	309	4	13.7	4.6	2.5			387	J ★
			SXc	51	I	70.7		0	967		343	5		10.7					417	G
			SXc		I	75.4	0.4	0	967		326	4			4.6	2.5			503	G
UGC 6777	11 46 01.6	+32 54 50	E		I	2.07		0	6999		285	4			0.9	0.8			269	A ★
			E		I	2.1		0	6999		285	5			0.9	0.8			488	A ★
Zw 292-029	11 46 06	+60 28		52	S	±	10.0	3100	−	6600					0.95	0.6			384	G
Zw 127-058	11 46 12	+22 17			S	±	4.0	4300	−	8000									543	A
ESO 440-G 11	11 46 14	−28 01	SBm		F	6.26	0.74	0	1934	10	105			34.6	3.6	3.6			89	B
			SBm		F	6.22	0.73	0	1934	10	125	4		16.9	3.5	3.5			373	B
UGC 6780	11 46 18	−01 45	Sd p	73	F	7.99	1.17	0	1736	10	239	4		15.7	5.0	1.7			373	G
Zw 127-059	11 46 18	+22 02			S	±	4.0	4300	−	8000									543	A
UGC 6782	11 46 21.0	+24 07 00	Im		F	1.52	0.35	0	528	10	85			9.7	3.1	3.1			89	G
			Im		F	1.71	0.35	0	528	10	92	4		4.8	3.1	3.0			373	G
					I	≤1.0		4700	−	8550					1.5	0.8			327	A
			Im	30	I	9.4	0.64	0	524	5	89	102	4		2.04	2.00			377	E ★
			Im		I	5.562		0	522		84	94	4		2.0	2.0			475	A ★
NGC 3897	11 46 23.2	+35 17 38	Sc	25	I	10.64	0.5	0	6412	10	320	4			1.7				188	G ★
			Sbc		I	29.68		0	6409		295	316	4		2.1	2.1			475	A ★
UGC 6783	11 46 24	+31 35			F	≤1.0		−400	−	3000									213	A ★
			Im		I	2.63		0	6507		163								421	A ★
					S	±	4.0	−100	−	6900									490	A
NGC 3905	11 46 31.9	−09 27 07	Sc	48	I	7.07	3.5	0	5794	50	296	4			1.8				188	G ★
			SBc	38	I	5.95	0.75	0	5758	8	258	4			1.5	1.2			466	G ★
NGC 3900	11 46 33.3	+27 18 06	Sa	55	I	17.6	4.0	0	1803	10	414	425	5	34.9	3.7	2.2			346	G ★
			S0		I	17.7		0	1794	20	443	4							232	N ★

Table 1 cont.

Name (1)	R.A. (2)	Dec. (3)	Type (4)	i (5)	(6)	HI-flux (7)	(8)	(9)	v (10)	(11)	(12)	Δv (13)	(14)	Dist (15)	a (16)	b (17)	Vmax (18)	Pos (19)	Ref (20)	(21)
NGC 3900			S0														220		220	W
NGC 3898	11 46 36.3	+56 21 42	Sab	54	I	36.8			1174	9		494	5	22.7	4.5				80	G ★
			Sa	53	I	30.0	2.4	0	1174	10	470	501	5	25.2	4.6	2.9			346	G ★
			Sab	56	F	8.1	0.8	0	1171	10	469	482	4	16.8	3.6	2.1			387	J ★
								0	1189	75									324	N
			Sab		I	51.2		0	1184	20		480	4						232	N ★
NGC 3904	11 46 41.4	−28 59 54	E2		F	1.6			1496	9		480	1	21.6	2.3				44	N ★
			E2		S	≤9.0		5	1613					18.					405	B ★
NGC 3902	11 46 43	+26 24 03	SXbc		I	8.766		0	3601		239	261	4		1.7	1.3			489	A ★
NGC 3911	11 46 48.0	+25 13 00	Sc	42	I	4.95	0.27	0	5958	16		207	4		1.2	0.9			75	A ★
			Sm		I	4.75		0	5954			221		70.0	1.2	0.9			483	A ★
UGC 6793	11 46 48	−00 48	Sb	81	S	±	4.7	5	6560	64					1.2	0.3			466	G
UGC 6791	11 46 48.4	+27 01 05	Sd		I	4.29		0	1852			234		9.8	1.9	0.3			483	A ★
UGC 6794	11 46 49.1	+16 55 10	SB/Ir	72	I	5.065	0.60	0	3467	4	249	264	4		1.4	0.5			547	A ★
			S0/a	72	I	5.0		0	3451		232	273	4		1.4	0.5			543	A ★
Zw 127-062	11 46 54	+21 20			S	±	4.0	4300	−	8000									543	A
NGC 3906	11 47 02.6	+48 42 11	SBd p					−400	−	3000					2.7	2.7			373	G
			SBd		F	1.2	0.1	0	959	10	40	58	4	13.7	1.7	1.7			387	J ★
			SB p		I	4.19		0	962			50	4		2.7	2.7			515	G ★
ESO 572-G 03	11 47 14	−21 12	Sc	62	S	±	11.0	−100	−	4600					1.6	0.8			466	E
UGC 6802	11 47 24	+52 09	Sc	90	F	1.6	0.3	0	1256	15	140	151	4	17.8	2.3	0.15			387	J ★
			Sc	90	S	±	10.0	3100	−	6600					2.3	0.2			384	G
Mark 750	11 47 27.0	+15 17 54		48	F	0.04	0.06	0	754		60	80	4	8.5	0.40	0.28			347	A ★
					I	1.20		0	756			70	4		0.8	0.6			515	G ★
NGC 3912	11 47 28.8	+26 45 28	SB	52	I	6.9	0.9	0	1795	10	160	225	5	34.7	2.0	1.3			346	G ★
			SXb		I	≤18.5								34.2	3.5	2.1			382	G
			S/Irr		I	5.647		0	1789		174	253	4		1.8	1.0			489	A ★
UGC 6806	11 47 45	+26 14 20	Sb	77	I	4.14	0.40	0	3760	16		265	4		2.0	0.6			75	A ★
UGC 6807	11 47 48	+26 17			F	≤1.0		−400	−	3000									213	G
Zw 127-067	11 48 00	+21 12			S	±	4.0	4300	−	8000									543	A
NGC 3913	11 48 00.6	+55 37 53	Sc		I	13.50		0	952			63	4		4.4	4.0			515	G ★
			Sd	22	I	12.39		0	956	10		89	5		3.0	2.8			158	G ★
			Sd	20	F	3.48	0.42	0	956	8		64	4	10.5	4.4	4.1			373	G
			Sd		F	2.7	0.3	0	952	10	43	62	4	13.8	3.0	2.8			387	J ★
			Sd		F	2.71		0	953	15		43	5						157	G
ESO 39-G 02	11 48 05.4	−75 05 18	Im	60				1	1823	20				22.5	2.4	1.4			528	P
				66	M	8.25		1	1595			170	4	31.9	1.5	0.6			535	P
			Im	44	I	36.0		0	1830		171			15.7	3.3	2.4			310	P
NGC 3917	11 48 07.7	+52 06 14	Scd	85	F	6.2	0.6	0	975	10	290	322	4	13.9	5.1	1.1			387	J ★
			Scd	78								277	4	12.6	6.9	2.0			216	G ★
			Scd	78	I	22.9	3.4	0	963	9		299	4	19.0	5.6				201	G ★
			Scd	78	F	5.18	1.11	0	975	10		279	4	10.6	6.9	2.0			373	G
UGC 6816	11 48 08.0	+56 44 00	IBm	34	F	3.05	0.47	0	896	15	120			19.6	2.6	2.16			89	G
			IBm	35	F	3.12	0.47	0	896	10		140	4	10.0	2.5	2.0			373	G
			IBm		I	13.10		0	885			138	4		2.6	2.1			515	G ★
Zw 127-068	11 48 12	+21 27			S	±	4.0	4300	−	8000									543	A
UGC 6818	11 48 12	+48 05	Pec	64								154	4	12.6	3.3	1.6			216	G ★
			Pec	64	F	3.50	0.50	0	803	15		163	4	8.6	3.2	1.5			373	G
			Pec	67	F	3.8	1.5	0	828	20	177	198	4	11.8	2.1	0.9			387	J ★
NGC 3916	11 48 12	+55 25	Sb	85	S	±	6.0	3100	−	6600					1.6	0.35			384	G
UGC 6817	11 48 15.0	+39 09 19	Im	61	F	8.50	0.60	0	248	10	39			6.0	6.1	2.93			89	G
			Im	64	F	9.55	0.63	0	248	5		67	4	2.7	6.5	3.1			373	G
			Im	67	I	39.3	0.39	0	248	5	35	62	4	5.4	3.89	1.70			377	E ★
			Im		I	37.30		0	242			68	4		6.5	2.6			515	G ★
UGC 6820	11 48 16	+20 46 18	S0/a	77	I	≤1.8		4900	−	8700					1.5				328	A
			S0/a	77	I	≤2.7		1600	−	12100					1.5				328	A
					S	±	1.8	4300	−	8000					1.2	0.3			543	A
Zw 127-071	11 48 20.6	+21 25 24	Sdm		I	1.11		0	6388			170		70.0	0.6	0.4			483	A ★
UGC 6821	11 48 26.2	+20 40 08		35	I	3.2		0	6438		276	295	4		1.4	1.2			543	A
			Sc	32	I	3.8		0	6438	5		300	4		2.3				328	A ★
IC 742	11 48 27.3	+21 04 41	Sb	25	I	0.8		0	6413		219	264	4		1.3	1.2			543	A ★
			Sb	23	I	1.2		0	6500						2.2				328	A
			SBab	23	I	0.50		0	6439		201				1.3	1.2			453	A ★
NGC 3921	11 48 28.9	+55 21 28			I	5.65		0	5838	25		337	5		2.2	1.3		20	158	G ★
NGC 3923	11 48 30	−28 31 42	E4		F	≤2.8								15.8	4.6				52	N ★
NGC 3942	11 48 48	−11 08	SBc	46	F	5.62	0.70	0	3696	10		271	4		1.4	1.0			466	A
UGC 6828	11 48 48	+53 43	Sb	32	S	±	9.0	3100	−	6600					1.4	1.2			384	G
NGC 3930	11 49 10.2	+38 17 35	Sc		F	9.46			923	5		178	4	12.2	5.87				309	N ★
			SXc	38	F	8.54	0.87	0	919	20		191	4	9.4	6.1	4.8			373	G
			Sc	38	M	0.73		0	895	35				11.2					324	N

Table 1 cont.

Name (1)	R.A. (2)	Dec. (3)	Type (4)	i (5)	(6)	HI-flux (7)	(8)	(9)	v (10)	(11)	(12)	Δv (13)	(14)	Dist (15)	a (16)	b (17)	Vmax (18)	Pos (19)	Ref (20)	(21)
NGC 3930			SXc	39	I	24.5	2.1	0	920	4	152	168	4		3.8	0.6			523	J ★
NGC 3928	11 49 10.6	+48 57 39	S		F	1.74	0.31	0	982		90	128	4	13.9	1.78	1.78			347	G ★
			E		I	≤4.4	0.4	0	1021			318	4		1.5	1.5			503	G
UGC 6837	11 49 17.7	+18 49 31	Sd	90	I	1.9		0	5975		346	375	4		1.0	0.1			543	A ★
Anon 1149+46	11 49 18	+46 02	Comp		F	≤1.8		5	5935					86.	0.7				60	N
Zw 127-082	11 49 25.1	+21 23 15	Sb	40	I	1.42		0	6654			261	5		0.9	0.7			61	A ★
			Sbc	57	I	1.0		0	6643	7		181	4		1.2				328	A ★
			Sab	49	I	1.8		0	6657		208	270	4		0.8	0.5			543	A ★
NGC 3933	11 49 27.4	+17 05 13	S	62	I	7.774	0.89	0	3723	9	328	352	4		1.4	0.7			547	A ★
			Sab	63	I	4.0		0	3738		279	358	4		1.4	0.7			543	A
UGC 6840	11 49 30.3	+52 23 06	SBm	32	F	3.73	0.68	0	1019	10	132			21.8	4.3	3.66			89	G
			SBm	33	F			0	1019	15		151	4	11.0	4.4	3.7			373	G
			SBm	34	F	3.0	0.3	0	1095	10	144	157	4	14.8	3.0	2.5			387	J ★
			SBm		I	15.50		0	1017			155	4		4.4	3.5			515	G ★
NGC 3934	11 49 38	+17 07 44						0	3779										490	A
			Pec	40	I	4.382	0.53	0	3699	9	251	290	4		1.3	1.1			547	A ★
Zw 127-083	11 49 45	+21 22 48		40	I	1.2		0	6743		272	322	4		0.5	0.4			543	A ★
NGC 3936	11 49 48.1	−26 37 33	Sc	81	F	3.73	0.80	0	2026	30		335	4	17.9	5.8	1.4			373	B
			Sc	90	I	17.1	1.8	0	2013	3	301	322	4		5.5	0.9			466	E ★
			SBb	90	I	21.0	3.1	0	2024	8	310	330	4		4.0				473	J ★
NGC 3935	11 49 49.0	+32 40 53	S	56	S	±	1.59	5	3067						1.2	0.7			547	A
Mark 641	11 49 52.2	+35 10 30			F	≤0.30		5	2148					28.6	0.27	0.24			347	A
IC 2958	11 49 54	+20 55			S	±	4.0	4300	−	8000									543	A
IC 2969	11 50 00	−03 23	Im	31	F	1.50	0.38	0	1665	40		122	4	15.0	2.2	1.8			373	G
			Sm	19	F	1.50	0.41	0	1003	15		103	4	10.8	2.9	2.7			373	E
NGC 3924	11 50 00	+50 18	S		F	1.2	0.3	0	995	10	91	119	4	14.3	1.8	1.7			387	J ★
UGC 6847	11 50 02.9	+24 35 07	Sb		I	5.82		0	4940			282	4		1.7	0.3			393	G ★
			Sb		I	5.6		0	4945			264	5		1.7	0.3			488	A ★
Zw 97-174	11 50 06	+18 54			S	±	4.0	4300	−	8000									543	A
Mark 752	11 50 10.0	+02 01 03	SBd	25	I	4.59		0	6130			164	4		1.1	1.0			471	A ★
			SBbc		I	3.6		0	6125			163	5		1.1	1.0			488	A ★
NGC 3938	11 50 13.6	+44 24 07	Sc	25	I	86.1		0	812			122	4	11.4	5.4				203	G ★
			Sc	14	I	59.4			809	9		114	5	17.7	6.7				80	G ★
			Sc	28	M	2.2			812	30				8.9	6.8			80	285	G
			Sc	10	I	67.9		0	805	8		108	4	10.	6.8		219	22	345	W ★
			Sc	24	I	64.86		0	797	10	94	110	4	19.9					416	E ★
			Sc		I	105.0		0	814		95	120	4						429	E
			Sc	25	I	81.6	8.8	0	807	1	93	113	4		5.4	0.6			523	J ★
UGC 6858	11 50 18	+61 30	Sc	58	I	9.9	1.2	0	3138	9	175	225	4		1.6	0.9			384	G ★
NGC 3941	11 50 19.4	+37 15 55	SB0		M	0.33		1	930		220			17.	3.6	2.5			27	A ★
			SB0/a	48	I	15.7	3.0	0	916	15	217	274	5	18.8	4.2	2.9			346	E ★
			S0		I	5.9		0	910	20		253	4						232	N ★
			SB0														160		220	W
			SB0		I	5.38	0.64		937	50	274								519	a ★
			SB0/a	48	I	17.9		0	928		240	305	4	14.6	3.8		174	10	517	W ★
NGC 3943	11 50 22.0	+20 45 25	Sm		I	0.44		0	6538			246		70.0	1.2	1.0			483	A ★
MCG−01−30−043	11 50 24	−04 08	SBc	46	I	28.28	3.2	0	1489	5		174	4		1.7	1.2			466	G ★
ESO 572-G 08	11 50 33	−18 05 54	Sb	30	I	3.8	0.5	0	1766	10	127	186	4		1.4	1.3			466	E ★
Anon 1150−38	11 50 36	−38 51			S	≤20.0		5	3100										548	P
UGC 6861	11 50 36.0	+25 42 58	Sc	47	S	±	1.2	3400	−	10400					1.0	0.7			75	A
			Sm		S	±	1.4	3000	−	11000					1.0	0.7			483	A
NGC 3945	11 50 36.7	+60 57 17	SB0		M	≤0.73			1220					18.					131	G
Zw 127-094	11 50 42.2	+23 44 31	Sab		I	1.85		0	7428			325		70.0	0.8	0.5			483	A ★
NGC 3947	11 50 45.4	+21 01 52						0	6196					14.					211	A ★
			Sbc	32	I	5.3		0	6190	5		415	4		2.3				328	A ★
			SBb	0	I	5.28		0	6199			403	5		1.4	1.4			61	A ★
			SBb		I	5.147		0	6201		391	422	4		1.4	1.4			475	A ★
					I	4.4		0	6190		397	415	4		1.4	1.2			543	A
ESO 572-G 09	11 50 50	−17 53 18	Im	38	S	±	9.0	−100	−	4600					2.5	2.0			466	E
			Im	38	I	5.08	0.79	0	1737	8		95	4		2.5	2.0			466	G ★
ESO 440-G 27	11 50 51	−28 16 30	Sdm	78	F	14.12	1.46	0	1702	10		287	4	14.6	5.4	1.5			373	E
UGC 6865	11 51 00	+43 44			I	8.40		0	5890			470	5	66.4					518	G
NGC 3949	11 51 05.2	+48 08 16	Sbc	54	F	8.3	0.8	0	796	10	254	276	4	11.4	2.8	1.7			387	J ★
			Sbc	52	F	10.07	1.28	0	804	10		284	4	8.7	4.1	2.6			373	E ★
			Sc	51	I	42.4	5.1	0	796	5	269	290	4						442	E ★
Mark 42	11 51 05.3	+46 29 20	Sab		I	≤1.2			7200										114	G
NGC 3951	11 51 06.6	+23 39 36	S0/a	62	I	2.64		0	6452			433	5		1.2	0.6			61	A ★
			S0/a	63	I	2.8		0	6459		393	426	4		1.2	0.6			543	A ★
NGC 3952	11 51 07.1	−03 43 04	S	64	I	14.31	1.7	0	1577	5		194	4		1.7	0.8			466	G ★
			Im		I	11.5		0	1575					31.	3.4				487	B

Table 1 cont.

Name (1)	R.A. (2)	Dec. (3)	Type (4)	i (5)	(6)	HI-flux (7)	(8)	(9)	v (10)	(11)	(12)	Δv (13)	(14)	Dist (15)	a (16)	b (17)	Vmax (18)	Pos (19)	Ref (20)	(21)
Zw 97-176	11 51 12	+20 01			S	±	4.0	4300	−	8000									543	A
NGC 3953	11 51 12.9	+52 36 20	SBbc		I	22.2		0	1065			430	5		9.4	6.5			183	G ★
			SBbc	60								418	4	12.6	9.4	6.5			216	G ★
			SBc	48	F	9.67	0.91	0	1054	10		418	4	11.4	9.3	6.4			373	G
			SBbc	60	F	9.2	0.9	0	1051	10	418	437	4	15.1	6.5	3.4			387	J
			SBbc	57	I	35.65		0	1047	10	402	423	4	19.9					416	E ★
IC 2974	11 51 15	−04 52	Sb	80	S	±	4.8	0	−	6400					2.3	0.6			466	G
IC 2973	11 51 15	+33 38 35	SBc		I	6.322		0	3205		183	216	4		1.5	0.8			489	A ★
			SBcd	60	I	6.352	0.74	0	3212	8	193	263	4		1.5	0.8			547	A ★
UGC 6873	11 51 18	+21 02			S	±	4.0	4300	−	8000									543	A
Anon 1151+03	11 51 24	+03 14			I	≤1.0		3140	−	7000					0.8	0.5			327	A
NGC 3955	11 51 24.3	−22 53 09		68	I	≤12.7		5	1345					22.3	2.8				320	P ★
								0	1519	35									324	N
			Sab	78	I	6.2	1.0	0	1480	20	184	237	4		4.2	1.2			466	E ★
UGC 6876	11 51 25.0	+20 50 59	SBab	38	I	1.83		0	6854			475	5		1.0	0.8			61	A ★
			Sb	38	I	≤3.6		6	6840						1.7				328	A
			Sa	40	I	1.9		0	6840		443	503	4		1.0	0.8			543	A ★
NGC 3956	11 51 27.7	−20 17 17	Sc	72	I	22.8	3.2	0	1646	20		283	4	28.5	2.8				320	P ★
			Sc	70	F	8.29	1.27	0	1660	25		320	4	14.4	5.3	2.0			373	B
			Sc	71	M	2.16		0	1662	20				17.8					324	N
			Sc	73	I	27.0	2.2	0	1656	4	255	283	4		3.5	1.5			523	J ★
NGC 3957	11 51 28.7	−19 17 32	S0/a	82	I	≤5.8		5	1838					32.4	2.7				320	P ★
IC 745	11 51 38.4	+00 24 58			S	13.0		5	1379										471	A
UGCA 252	11 51 39	−12 11	Im		S	±	18.0	−400	−	3000					2.9	1.5			373	G
			Im	62	S	±	5.9	0	−	6400					1.8	0.9			466	G
Zw 97-180	11 51 39	+20 18 18	Sc	71	I	1.0		0	6187		265	314	4		0.8	0.3			543	A ★
UGC 6879	11 51 50.9	−02 02 24	Sc	76	I	7.89	0.98	0	2383	10		297	4		1.9	0.6			466	G ★
MCG+00-30-035	11 51 54	−02 02	SBc	68	I	3.17	0.46	0	2904	10		210	4		1.9	0.8			466	G ★
NGC 3958	11 51 57.5	+58 38 43	Sb	70	I	11.60		0	3380	50		391	5		1.4	0.6		28	158	G ★
			Sa	64	F	1.9	0.7	0	3187	20		223	4	36.6	1.4				53	N ★
			Sa	67	I	2.3		0	3350	15		386	4	34.1	1.8		210	31	402	W ★
Anon 1152+35	11 52 00	+35 49			I	≤1.0		3140	−	7000					1.2	0.2			327	A
NGC 3962	11 52 06.7	−13 41 48	E1		F	2.3	1.0		1815	50		510	1	20.2	3.1			15	48	N ★
			E1		M	≤0.2			1825					29.6					122	E
			E1		M	≤0.4			1825					29.6					120	E
			E1		S	≤15.0		5	1822					22.					405	B ★
UGC 6881	11 52 09.6	+20 20 00		64	F	0.62		0	618		86	102	4	7.4	2.8				213	G ★
UGCA 254	11 52 16.5	−16 35 00	Sdm	62	F	4.71	0.80	0	1811	10		215	4	16.0	3.0	1.5			373	G
			Sdm	62	I	14.37	1.9	0	1814	5		210	4		1.6	0.8			466	G ★
Zw 40-063	11 52 18.6	+03 14 12	S	58	F	2.26	0.82	0	6036	16	124	152	4	80.	0.9	0.5			327	A ★
NGC 3963	11 52 22.5	+58 46 18	Sc	22	I	22.93		0	3185	20		204	5		2.9	2.7			158	G ★
			SXbc		S	±	18.0	−400	−	3000					4.3	4.0			373	G
			Sbc	25	M	6.78		0	3183	20				40.6					324	N
			SBb	22	I	26.8		0	3190	4		128	4	34.1	4.2		171	43	402	W ★
UGC 6883	11 52 23.8	+26 28 52	Sc	0	I	3.92	0.07	0	5150	16		59	4		1.4	1.4			75	A ★
			SXcd	7	M	11.15			5151		33	49	4						435	A ★
			SBc		I	6.109		0	5152		34	49	4		1.4	1.4			475	A ★
			Sdm		I	4.53		0	5151			68	4	46.5	1.4	1.4			483	A ★
								0	5148										490	A
Zw 157-053	11 52 27	+32 21 05			S	±	2.67	400	−	7200									547	A
NGC 3969	11 52 36	−18 38 54	Sb	56	S	±	10.0	−100	−	4600					1.7	1.0			466	E
Anon 1152+27	11 52 36	+27 34			I	≤1.0		4700	−	8550					0.9	0.2			327	A
UGC 6886	11 52 37.4	+06 26 46	SBb		I	5.547		0	6980		352	366	4		1.3	0.9			489	A ★
			Sc	52	I	5.1		0	6980		360	394	4	78.3					505	A ★
			SBb	45	I	7.48		0	6972		350	406	4		1.5	1.1		350	520	A ★
UGC 6887	11 52 40	+22 58 18	S	68	I	3.2		0	6807	7		349	4		1.6				328	A ★
			S0/a	68	I	2.2		0	6814		334	355	4		1.2	0.5			543	A ★
UGC 6890	11 52 42	+00 46			F	≤1.0		−400	−	3000									213	G
UGC 6891	11 52 42.4	+17 45 57	Sc	85	I	5.1		0	6781		368	406	4		1.7	0.3			543	A ★
			Sab	87	I	4.3		0	6633	12		399	4		2.0				328	A ★
UGC 6894	11 52 48	+54 56	Sc	90	F	1.2	0.4	0	767	15	153	159	4	11.5	1.4	0.2			387	J ★
			Sc	90	S	±	12.0	3100	−	6600					1.4	0.2			384	G
Mark 193	11 52 52.1	+57 56 26			S	±	18.0	3100	−	6600									384	G
Anon 1152+55	11 52 54	+55 09	S0	51	S	±	12.0	3100	−	6600					0.7	0.45			384	G
NGC 3968	11 52 54.7	+12 14 55						0	6406	15									359	G
			Sbc		I	23.0		0	6386	4	491	518	4		2.9	2.0			428	A ★
			SXbc		I	26.00			6388	5	495	531	4						457	A ★
UGC 6896	11 52 57.9	+80 30 09	Mult		I	1.4	0.4	0	12930			292	4		1.1				503	G
UGC 6897	11 53 00	+10 04						0	6524										490	A
Anon 1153+32	11 53 00	+32 24			I	≤1.0		3140	−	7000					1.1	0.2			327	A

Table 1 cont.

Name (1)	R.A. (2)	Dec. (3)	Type (4)	i (5)	(6)	HI-flux (7)	(8)	(9)	v (10)	(11)	(12)	Δv (13)	(14)	Dist (15)	a (16)	b (17)	Vmax (18)	Pos (19)	Ref (20)	(21)
IC 746	11 53 00.7	+26 10 04	Sb	79	I	6.70	0.62	0	5030	16		310	4		1.3	0.35			75	A ★
			Sm		I	7.68		0	5027			293		46.5	1.3	0.3			483	A ★
			S		I	7.43		0	5027		271	309	4		1.3	0.3			489	A ★
UGC 6903	11 53 02.7	+01 30 46	Scd	29	I	23.8		0	1893			201	4	34.9	2.5	2.2		150	393	G ★
			Scd	29	I	16.0		0	1890			192	4	34.9	2.5	2.2		150	393	A
			SXcd	28	F	5.43	0.91	0	1894	15		202	4	17.5	3.7	3.2			373	G
			SBd		I	19.9		0	1890			192	5		2.5	2.2			488	a ★
UGC 6900	11 53 04.0	+31 47 40	Im		F	≤1.5		−400	−	3000					3.1				89	G
			Im		S	±	18.0	−400	−	3000					3.0	1.9			373	G
			Im	55	I	0.885	0.36	0	569	9	83	93	4		2.0	1.2			547	A ★
Zw 127-105	11 53 08	+25 11 56	Sc	90	S	±	2.0	3400	−	10400					0.7	0.15			75	A
NGC 3972	11 53 10.0	+55 35 48	Sbc	76								262	4	12.6	5.8	1.8			216	G ★
			Sbc	76	F	3.29	0.62	0	848	15		265	4	9.5	5.8	1.7			373	G
			Sbc	81	F	3.7	0.7	0	838	10	251	268	4	12.4	4.1	0.4			387	J ★
Zw 97-185	11 53 10.6	+18 09 57		72	I	2.3		0	6346		320	352	4		0.9	50.3			543	A ★
UGC 6905	11 53 12	+30 13	Sb		I	2.43		0	6785		391								421	A ★
Zw 127-107	11 53 15	+25 24 35	Sbc	90	I	0.54	0.15	0	6458	20		86			0.7	0.15			75	A ★
ESO 572-G 18	11 53 18	−17 55	Sb	60	I	8.0	0.98	0	1584	10	183	203	4		2.1	1.1			466	E ★
NGC 3976	11 53 23.0	+07 01 40	SXb	69	I	36.0		0	2496	8	437			24.	5.0				273	A
			SXc	72	F	14.95	1.92	0	2504	20		448	4	23.8	5.1	1.8			373	G
			Sb	71	M	9.33		0	2500	20				29.3					324	N
			SXb	72	I	51.1	4.2	0	2495	4	418	441	4		3.9				473	J ★
			Sc	72	I	42.3		0	2497		425	452	4		3.9	1.4		143	520	A ★
NGC 3981	11 53 32.6	−19 37 02	Sbc	70	I	60.3	8.0	0	1747	21		309	4	30.6	3.2				320	P ★
			Sbc p	59	F	20.64	1.78	0	1717	15		329	4	15.0	6.9	3.7			373	B
			Sbc	70	I	56.4	4.6	0	1709	5	275	320	4		3.9				473	J ★
NGC 3978	11 53 34.2	+60 48 02	Sb	0	I	4.3	0.76	0	9956	14	170	222	4		1.7	1.7			384	G ★
UGC 6913	11 53 42	+17 18	Sb	59	S	±	6.0	−400	−	3300				21.9	1.7	0.9			494	E
								0	6800										490	A
UGC 6912	11 53 42	+58 28	Pec	61	F	3.78	0.51	0	1357	10		134	4	14.7	3.7	1.8			373	E
Zw 127-109	11 53 46	+25 39 12	SBbc	77	I	2.54	0.57	0	4731	20	284			60.0	0.8	0.25			75	A ★
IC 2978	11 53 48.0	+32 18 00	Sc		I	2.23		0	3189		315								421	A ★
			Sc		I	2.8	0.3	0	3249	9	200	252	4		1.0				501	A ★
ESO 572-G 22	11 53 49	−19 16 24	Sb	77	I	5.4	0.8	0	1915	10	171	204	4		2.0	0.6			466	E ★
NGC 3983	11 53 49.4	+24 08 43	Sab		S	±	0.8	3000	−	11000					1.2	0.3			483	A
			S0	81	S	±	1.8	3400	−	10400					1.2	0.3			75	A
NGC 3982	11 53 52.3	+55 24 10	SXb		F	4.6	0.5	0	1108	10	219	245	4	16.0	2.4	2.2			387	J ★
			SXbc	24	F	5.56	0.76	0	1110	15		236	4	12.1	3.7	3.4			373	E
			Sbc	26	I	22.54	3.6	0	1108	10	197	225	4						442	E ★
UGC 6917	11 53 54.4	+50 42 23	SBm	50								197	4	12.6	6.6	4.4			216	G ★
			SBm	50	F	7.43	0.96	0	919	10		206	4	10.0	6.5	4.2			373	G
			SBm	53	F	4.3	0.4	0	912	10	183	194	4	13.2	4.8	3.0			387	J ★
			SBm		F	4.3	0.4	0	912	10	183			13.	6.2	4.3			15	J ★
			SBm	51	I	25.0		0	917		182	201	4	14.7	6.2			130	517	W ★
UGC 6919	11 54 00	+55 54	S/Irr	74	S	±	12.0	3100	−	6600					1.5	0.5			384	G
NGC 3985	11 54 06.7	+48 36 48	SBm	49	I	14.1	0.86	0	963	5	114	168	4	1.23	0.83				377	E ★
			Sm	49	I	14.1		0	950			212	5	10.3					417	G
			SBm		I	12.4	0.4	0	950			205	4		1.1	0.7			503	G
NGC 3986	11 54 08.9	+32 17 58	S0	90	I	4.2		0	3263	2	538	572	4		2.4			110	501	A ★
			Sa	90	I	3.202	0.41	0	3281	18	528	568	4		2.8	0.5			547	A ★
UGC 6923	11 54 14.3	+53 26 23	Im	68	F	1.92	0.69	0	1083	15		170	4	11.7	3.4	1.4			373	G
			Im	72	F	2.3	0.6	0	1058	10	165	171	4	15.3	2.2	0.8			387	J ★
								0	1066			186	4	14.2	1.82				395	V ★
				69	M	0.74		0	1062			180	4	14.2	1.8				436	V
			Im		I	11.20		0	1066			176	4		3.4	1.4			515	G ★
UGC 6922	11 54 17	+51 05 44	S		F	2.1	0.5	0	893	10	148	159	4	12.9	2.	2.			387	J ★
			S		F	2.12		0	892	15		136	5		1.3				157	G
			S/Irr		F	1.9	0.2	0	852	20	108			13.	4.	4.			15	J ★
			S	0	I	8.8	1.1	0	888	9	132	162	4		2.	2.			384	E ★
			S		I	96.0		0	890		137	154	4	14.7	4.			65	517	W ★
UGC 6926	11 54 18	+57 47	Sdm	67	I	9.2	1.0	0	1080	4	150	180	4		1.4	0.6			384	G ★
Anon 1154+13	11 54 36.5	+13 44 53	dE		S	±	1.6	−600	−	8000									447	A
UGC 6930	11 54 42.0	+49 33 50	SXd	17	F	9.01	0.82	0	779	8		140	4	8.5	6.1	5.8			373	G
			SXd		F	12.8	1.3	0	778	10	119	137	4	11.2	4.5	4.3			387	J ★
NGC 3987	11 54 46.7	+25 28 25	Sbc	42	I	7.87	0.75	0	4501	16		577	4	60.0	2.3	0.4			75	A ★
			Sc		I	6.49		0	4495			575		46.5	2.3	0.4			483	A ★
UGC 6931	11 54 50.3	+58 12 29	SBm	51	I	7.3	0.87	0	1220	6	110	137	4		1.7	1.1			384	G ★
NGC 3989	11 54 52	+25 30 40	Sbc	67	I	2.01	0.75	0	4713	20		374	4	60.0	0.7	0.3			75	A ★
UGC 6932	11 54 54	+31 21	Im		I	2.46		0	6882		172								421	A ★
NGC 3991	11 54 56.2	+32 36 58	Im	73	I	22.0		0	3185			244	5		2.62	0.92		33	264	A ★

Table 1 cont.

Name (1)	R.A. (2)	Dec. (3)	Type (4)	i (5)	(6)	HI-flux (7)	(8)	(9)	v (10)	(11)	(12)	Δv (13)	(14)	Dist (15)	a (16)	b (17)	Vmax (18)	Pos (19)	Ref (20)	(21)
NGC 3991			Im	79	I	42.5		0	3212			313	5	31.9					417	G
			Im	79	I	17.0		0	3199			282	5	31.9					417	A
			Pec	75	I	13.68		0	3190	6	159	228	4	45.	2.6	0.8		33	508	a ★
UGC 6934	11 55 00	−00 58	Sc	90	I	9.20	1.1	0	5536	20		462	4		1.8	0.2			466	G ★
UGC 6939	11 55 00	+57 50		36	S	±	12.0	3100	−	6600					1.1	0.9			384	G
NGC 3992	11 55 01.0	+53 39 13	SBbc		I	48.4		0	1051			470	5		9.6	6.5			183	G ★
			SBbc	58								473	4	12.6	9.6	6.5			216	G ★
			SBbc	51	I	81.8		0	1053			488	4	15.2	6.8				203	G ★
			SBbc	49	I	52.4			1047	9		484	5	22.7	8.5				80	G ★
			SBbc	51	M	3.7								14.5	9.6			60	285	G
			SBbc	48	F	19.15	1.25	0	1051	10		475	4	11.4	9.6	6.5			373	G
			SBbc	58	F	13.6	1.4	0	1045	10	458	475	4	15.1	8.3	4.6			387	J
				57				0	1050	5		470	4	14.2	6.76		267	67	395	V ★
			SBbc		M	2.6		0	1046	5				14.2	7.6		293		100	V ★
			SBbc	53	M	3.8		0	1046	1		478	4	14.2	7.6				436	V
NGC 3994	11 55 01.5	+32 33 26	Sc	54	I	14.3		0	3207			290	5	31.9					417	A
			S	46	S	±	3.0	5	3118					45.	1.9	1.4		10	508	a
NGC 3993	11 55 03	+25 31 08	Sbc	81	I	4.28	0.41	0	4828	16		372	4	60.0	1.6	0.4			75	A ★
UGC 6940	11 55 06	+53 32		90				0	1104			97	4	14.2	0.72				395	V ★
				90	M	0.13		0	1112			112	4	14.2	0.72				436	V
			S	90	I	7.0	0.95	0	1184	12	183	226	4		1.0	0.15			384	E ★
NGC 3995	11 55 09.9	+32 34 20	Sm	65	I	23.0		0	3265			194	5		4.55	2.08		33	264	A ★
			Sm	68	I	46.4		0	3228			566	5	31.9					417	G
			Sm	68	I	42.8		0	3195			337	5	31.9					417	B
			Sm	68	I	21.9		0	3232			274	5	31.9					417	A
			Sm	60	I	21.73		0	3274	5	135	213	4	45.	4.2	2.2		33	508	a ★
NGC 3996	11 55 12.3	+14 34 31	Sb	38	S	±	6.0	5	6989	30					1.0	0.8			494	E
			S		S	±	1.3	5	6989						0.9	0.7			520	A
NGC 3997	11 55 14.2	+25 32 56	SXbc	36	I	8.73	0.35	0	4765	16		295	4	60.0	1.6	1.3			75	A ★
			Sc		I	6.98		0	4771			283		46.5	1.6	1.3			483	A ★
IC 2982	11 55 16.0	+28 08 48	S0	90	I	≤9.6								33.6					417	A
UGC 6943	11 55 19	+29 19	SBb		I	6.79		0	6408		61	83	4		1.2	1.1			475	A ★
NGC 3998	11 55 21.4	+55 43 57	S0		M	≤0.40			1080					14.3					131	G
			S0/a		F	≤2.3		7	1177					15.7					95	B
			S0	34	F	≤0.03	0.03	5	1009	23				16.5	3.0	2.5			387	J
			S0														280		220	W
			S0		I	6.4		0	1040	50	580	655		15.2	3.2				440	W ★
NGC 4000	11 55 22.9	+25 25 24	Sc	90	I	2.29	0.41	0	4562	16		318	4	60.0	1.1	0.2			75	A ★
			Sm		I	2.41		0	4551			305		46.5	1.1	0.2			483	A ★
NGC 4004	11 55 30.8	+28 09 28	Pec	54	I	18.5		0	3389			396	5	33.6					417	G
			Sdm		I	12.19		0	3366			300		34.0	2.0	0.5			483	A ★
NGC 4005	11 55 36.0	+25 24 02	Sb	59	I	1.97	0.76	0	4458	20		402	4	60.0	1.1	0.6			75	A ★
			Sb		I	2.11		0	4470			463		46.5	1.1	0.6			483	A ★
NGC 4008	11 55 42.9	+28 28 16	S0		I	≤0.45		6	1800					32.7	2.4	1.3			30	A ★
			S0/a		M	≤1.4			1800					33.	2.4	1.3			27	A
			S0/a		M	≤5.2			3100					56.	2.4	1.3			27	A
			S0		I	≤0.63		5	3550						2.4				501	A
DDO 104	11 55 44.0	−14 27 40	Im		F	≤1.5		−400	−	3000					2.4				89	G
			Im					0	1950						2.0	0.9			373	G
UGC 6955	11 55 48	+38 21	Im	59	F	7.94	0.83	0	917	10		160	4	9.4	8.0	4.3			373	G
			Im	57	F	7.22	0.81	0	917	9	144			18.7	7.5	4.12			89	G
			S		F	7.79		0	901	15		155	5						157	G
UGC 6957	11 55 48	+57 52	SB	58	S	±	11.0	3100	−	6600					2.0	1.1			384	G
UGC 6958	11 55 50.2	−01 59 56	Sb	0	S	±	4.0	0	−	6400					1.3	1.3			466	G
DDO 103	11 55 51.0	−14 14 47	IXm		F	≤1.5		−400	−	3000					2.3				89	G
			S p		S	±	18.0	−400	−	3000					1.8	1.4			373	G
NGC 4011	11 55 51	+25 22 35	Sb	73	S	±	2.0	3400	−	10400					0.4	0.14			75	A
UGC 6956	11 55 51.0	+51 11 40	SBm	22	F	2.73	0.39	0	912	10	46			19.6	4.0	3.72			89	G
			SBm	22	F	2.93	0.41	0	915	7		71	4	10.0	4.0	3.7			373	G
			SBm		F	2.6		0	918	10	53	67	4	13.3	2.7	2.5			387	J ★
			SBm		F	1.4	0.2	0	918	10	53			13.	3.9	3.8			15	J ★
			SBm		I	10.00		0	916			65	4		4.0	3.6			515	G ★
			SBm	30	I	100.0		0	917		55	72	4	14.7	3.9			116	517	W ★
ESO 572-G 30	11 55 52.0	−22 09 53	Im	45	F	3.61	0.73	0	1784	10	135			31.9	3.8	2.7			89	B
			Im	46	F	3.59	0.73	0	1784			160	4	15.6	3.9	2.7			373	B
NGC 4016	11 55 54.4	+27 48 30	SB/Ir	60	I	7.5		0	3432	6				34.3	2.0			81	177	407	W ★
			SBdm	56	I	13.6		0	3478			247	5	34.2					417	G
			SBdm	56	I	6.2		0	3454			207	5	34.2					417	A
NGC 4013	11 55 57.1	+44 13 30	Sb	78								397	4	12.6	6.9	2.0			216	G ★
			Sbc	78	F	7.97	0.87	0	835	10		398	4	8.8	6.9	2.0			373	G

Table 1 cont.

Name (1)	R.A. (2)	Dec. (3)	Type (4)	i (5)	(6)	HI-flux (7)	(8)	(9)	v (10)	(11)	(12)	Δv (13)	(14)	Dist (15)	a (16)	b (17)	Vmax (18)	Pos (19)	Ref (20)	(21)
NGC 4013			Sb	82	I	40.3	4.3	0	837	5	397	417	4		5.2				473	J ★
			Sbc	90	I	39.1								12.			195		511	W ★
IC 749	11 55 59.1	+43 00 52	SXcd	33	F	5.09	1.39	0	784					8.3	3.7	3.1			373	G
				32	F	9.2	1.0	0	806	9	186	235	4				169	135	555	W
NGC 4014	11 56 01.5	+16 27 22	Sb	53	S	±	20.0	5	3775	24				21.9	1.9	1.2			494	E
			S0/a		I	12.1		0	3749	7	403	447	4		1.9	1.2			428	A ★
NGC 4010	11 56 03.2	+47 32 20	Sm	78								277	4	12.6	5.6	1.6			216	G ★
			Sm	78	F	8.98	0.80	0	905	10		276	4	9.7	5.5	1.5			373	G
			SBcd	84	F	7.3	0.7	0	906	10	260	276	4	12.8	4.0	0.9			387	J ★
			SBcd		I	28.2	0.2	0	905			284	4		4.0	0.9			503	G
UGC 6968	11 56 06	+28 34	S		S	±	18.0	-400	-	3000					4.4	1.7			373	G
			S					0	8232		543								421	A ★
UGC 6969	11 56 06	+53 42	Im	77	S	≤10.0		-100	-	3400					1.7	0.5			387	J
								0	1110			157	4	14.2	1.35				395	V ★
				74	M	0.33		0	1115			157	4	14.2	1.4				436	V
			Im	77	I	12.0	1.4	0	995	8	330	365	4		1.7	0.5			384	G ★
NGC 4018	11 56 06.5	+25 35 46	Sbc		I	7.05		0	4479			361		46.5	1.8	0.3			483	A ★
			Sc	90	I	7.73	0.52	0	4482	16		369	4	60.0	1.8	0.3			75	A ★
NGC 4015 A	11 56 08	+25 18 55	E	0	S	±	1.5	5	4341						1.1	0.9			75	A
NGC 4015 B	11 56 09	+25 19 17	Im	81	I	2.32	0.49	0	4347	16		815	4	60.0	0.8	0.2			75	A ★
NGC 4017	11 56 11.1	+27 43 57	SXbc	45	I	25.8		0	3452	6				34.3	2.6		216	126	407	W ★
			SXbc	33	I	24.4		0	3471			329	5	34.2					417	G
			SXbc	33	I	15.0		0	3452			296	5	34.2					417	A
			SXbc		I	16.82		0	3456		261	301	4		1.8	1.5			489	A ★
UGC 6970	11 56 12	-01 10 30	Sdm		I	3.3		0	1492	8		150	4		1.6	0.8			78	A
			Im	62	I	4.26	0.61	0	1487	5		179	4		1.6	0.8			466	G ★
			Im	54	I	4.40		0	1476	16	129	179	4	17.	2.8	1.7		75	508	A ★
Anon 1156-01	11 56 12	-01 11	S/Irr		I			0	6390	50					0.2	0.12			78	A ★
ESO 572-G 33	11 56 13	-20 03 12	Sb	50	S	±	11.0	-100	-	4600					1.2	0.8			466	E
IC 750	11 56 17.3	+43 00 02	Sab p					-400	-	3000					4.9	2.5			373	G
				64	F	18.3	1.2	0	695	8	360	408	4				195	30	555	W
UGCA 259	11 56 18	+46 00	Im	35	F	1.40	0.30	0	1154	20		350	4	12.1	1.8	1.4			373	G
NGC 4020	11 56 21.4	+30 41 30	Sd	59	F	3.09	0.82	0	757	15		188	4	7.4	3.0	1.6			373	E
Zw 269-027	11 56 24.0	+54 30 54		0	S	±	12.0	3100	-	6600					0.8	0.8			384	G
Anon 1156+13	11 56 25.4	+13 34 06	S		S	±	1.3	-600	-	8000									447	A
NGC 4022	11 56 27	+25 39 05	S0	23	S	±	2.0	5	4390										75	A
NGC 3984	11 56 30.0	+29 11 00	SBb		I	3.21		0	6408		86								421	A ★
NGC 4023	11 56 31	+25 16 01	Sb	52	I	1.43	0.44	0	4408	16		221	4	60.0	1.1	0.7			75	A ★
UGC 6983	11 56 34.0	+52 59 08	SBcd	42								192	4	12.6	6.1	4.6			216	G ★
								0	1110	30									325	N
			SBcd	44	F	9.4	0.9	0	1080	10	175	194	4	15.5	4.4	3.2			387	J ★
			SBcd	42	F	8.55	1.03	0	1078	10		200	4	11.7	6.0	4.5			373	G
			Scd		F	8.85		0	1080	15		189	5		2.7				157	G
UGC 6980	11 56 36	+24 45			F	≤1.0		-400	-	3000									213	G
								0	3349										490	A
IC 2985	11 56 36.0	+31 00 00	SB		I	2.32		0	3322		160								421	A ★
NGC 4025	11 56 36	+36 04	SBcd		F	≤1.5		-400	-	3000					4.1				89	G
			SBcd		S	±	18.0	-400	-	3000					4.1	2.6			373	G
IC 753	11 56 38.8	-00 14 49	Pec	50	S	±	4.2	0	-	6400					0.6	0.4			466	G
Anon 1156+50	11 56 40	+50 59	Pec		I	4.2		0	963		53	90	4	14.7				170	517	W ★
UGC 6978	11 56 42	-02 18			F	≤1.0		-400	-	3000									213	G
			Im	54	I	5.34	0.69	0	1536	8		148	4		1.3	0.8			466	G ★
			Im		S	±	18.0	-400	-	3000					2.2	1.4			373	G
NGC 4026	11 56 51.1	+51 14 25	S0		S	±	18.0	-400	-	3000					6.4	1.9			373	G
			S0	82	F	≤0.09	0.07	5	878	75				12.8	4.5	1.1			387	J
			S0		F	≤0.09	0.07	5	878	75				13.	5.9	2.3			15	J ★
			S0	80	I	≤1.7		5	944					14.7	5.9				517	W ★
UGC 6986	11 56 52.6	+18 02 00	Sb	69	I	3.0		0	6449			331	5		1.1	0.3			488	A ★
Zw 127-129	11 56 56	+25 44 48	S		S	±	3.0	3400	-	10400					0.5	0.2			75	A
NGC 4027	11 56 56.5	-18 59 22	SBdm	38	I	50.3	3.9	0	1674	8		217	4	29.2	3.0				320	P ★
			Sdm	38	M	4.04		0	1677	20				18.0					324	N
			Sc	34	I	58.2	6.0	0	1664	3	144	209	4		4.2	3.5			466	E ★
Anon 1156+14	11 56 59.0	+14 09 48	Sm		I	4.189		0	1450		60	85	4						447	A ★
UGC 6987	11 57 00	+30 26	SBb		I	2.52		0	8775		357								421	A ★
Zw 127-131	11 57 10	+25 53 57	S	55	S	±	3.0	3400	-	10400					0.2	0.15			75	A
Zw 157-075	11 57 10.2	+26 49 00	Sc	26	I	1.83	0.44	0	6694	16	113	167	4	89.	1.0	0.9			327	A ★
UGC 6988	11 57 18	+55 59			F	≤1.0		-400	-	3000									213	G
Anon 1157+08	11 57 25.0	+08 53 34	Im		S	±	5.7	-600	-	8000									447	A
NGC 4029	11 57 29.3	+08 27 38	SXb	53	S	±	6.0	5	6144	29					1.3	0.8			494	E
			SXbc	56	I	1.88		0	6137		427	439	4		1.2	0.7			520	A ★

Table 1 cont.

Name (1)	R.A. (2)	Dec. (3)	Type (4)	i (5)	(6)	HI-flux (7)	(8)	v (9)	(10)	(11)	Δv (12)	(13)	(14)	Dist (15)	a (16)	b (17)	Vmax (18)	Pos (19)	Ref (20)	(21)
Zw 157-080	11 57 42	+31 30 10			S	±	4.47	400	–	7200									547	A
UGC 6992	11 57 42	+50 57	S/Irr	65	F	≤0.04	0.02	−100	–	3500					1.5	0.7			387	J
			S/Irr	65	S	±	6.0	3100	–	6600					1.5	0.7			384	G
NGC 4030	11 57 50.3	−00 49 22	Sbc	41	M	4.18		0	1460	20				16.1					324	N
			Sbc	40	F	15.56	0.80	0	1463	15	349		4	13.1	5.9	4.6			373	E
			Sbc	41	I	48.08	5.4	0	1460	5	348		4		4.2	3.2			466	G ★
			Sb	26	I	31.31		0	1459	5	331	365	4	17.	5.9	5.3		27	508	a ★
NGC 4035	11 57 55.6	−15 40 11	Sbc	25	I	12.4	1.5	0	1567	5	149	207	4		1.4	1.4			466	E ★
Anon 1157+10	11 57 56.1	+10 03 34	Im		S	±	4.5	−600	–	8000									447	A
ESO 505-G 02	11 57 58	−24 26 36	Sd	0	S	±	10.0	−100	–	4600					2.7	2.7			466	E
			Im					−400	–	3000					2.5	2.5			373	B
			Sd	17	I	10.2	0.52	0	1707	5	56	96	4		2.04	1.95			377	E ★
NGC 4032	11 57 59.1	+20 21 16	Im	11	I	13.0	2.0	0	1268	6	97		4	12.	3.1				273	A
			Im		I	22.1		0	1269	4	112	136	4		2.1	2.0			428	A ★
UGCA 262	11 58 00	+48 03	Im					−400	–	3000					1.6	1.4			373	G
UGC 6996	11 58 00	+79 08			F	≤1.0		−400	–	3000									213	G
Zw 127-133	11 58 10.0	+25 08 06	Sc	46	I	1.32	0.16	0	4667	16	164		4	60.0	0.7	0.5			75	A ★
			Sm					0	4659		166			46.5	0.7	0.7			483	A ★
UGC 6997	11 58 12	+32 09			F	≤1.0		−400	–	3000									213	G
UGC 6998	11 58 13.8	+00 15 18		39	F	1.37		0	1937		56	74	4	23.9	3.0				213	G ★
			Sm	38	F	1.74	0.38	0	1937	15	74		4	17.9	2.9	2.3			373	G
			S		I	6.30		0	1943		68		4		2.9	2.3			515	G ★
Anon 1158+15	11 58 15.1	+15 43 53	S/Irr		S	±	1.9	−600	–	8000									447	A
UGC 6999	11 58 18	+50 11			F	≤1.0		−400	–	3000									213	G
Anon 1158+15	11 58 19.9	+15 15 40	S/Irr		S	±	2.0	−600	–	8000									447	A
ESO 505-G 03	11 58 34	−24 17 30	Sdm	86	F	4.28	0.91	0	1808	20	211		4	15.8	3.5	0.7			373	B
IC 755	11 58 36.4	+14 23 05	SBb	82	I	10.9	1.3	0	1505	5	163	210	4	21.9	2.7	0.7			494	E ★
			SBb		I	11.2		0	1508	5	203	231	4		2.7	0.7			428	A ★
UGC 7000	11 58 36.9	−01 01 06	IBm		S	±	18.0	−400	–	3000					1.8	1.4			373	G
			Im		I	5.7		0	1483	10	133		4		1.1	0.9			78	A ★
			IBm	36	I	7.50	1.0	0	1487	10	125		4		1.1	0.9			466	G ★
			Im	28	I	5.40		0	1487	6	67	93	4	17.	2.1	1.9		50	508	A ★
			Im	28	I	5.81		0	1498	5	79	99	4	17.	2.1	1.9		50	508	a ★
Mark 1310	11 58 40.6	−03 23 59	Comp		F	≤0.47		5	5694										154	G
UGC 7003	11 58 47.5	+14 43 41	Im		I	3.823		0	1287		128	146	4						447	A
Anon 1158+14	11 58 48.5	+14 51 14	Im		S	±	2.8	−600	–	8000									447	A
NGC 4037	11 58 49.9	+13 40 48	Sb	30	M	0.11		0	924	20				10.3					324	N
			SBc p	26	F	0.96	0.34	0	936	25	97		4	8.4	4.1	3.6			373	G
			SBbc		I	4.5		0	932	3	88	106	4		2.7	2.3			428	A ★
NGC 4036	11 58 53.6	+62 10 23	S0	76	M	≤0.72								21.5	5.0				246	N
			S0/a	62	I	≤11.9		5	1509	50				30.2	4.4	2.2			346	E
			S0		S	±	18.0	−400	–	3000					5.0	3.0			373	G
UGC 7004	11 58 54	−00 25	SBc	33	S	±	3.0	0	–	6400					1.3	1.1			466	G
			SBc		S	±	3.0	0	–	6500									508	a
Mark 756	11 58 54.0	+14 18 39	Comp		I	4.43		0	1480		143	168	4		0.5	0.5		0	520	A ★
								0	1483	20	154								428	A
					S	13.0		2890	–	8378									471	A
UGC 7007	11 59 00.0	+33 37 00			F	≤1.0		−400	–	3000									213	G
					F	0.89	0.30	0	786	10	67		4	7.9	3.0	3.0			373	G
			S		I	3.40		0	774		72		4		3.1	3.1			515	G ★
Zw 127-135	11 59 11.3	+20 36 25	Sab		I	0.88		0	7050		232			70.0	0.8	0.8			483	A ★
UGC 7009	11 59 11.3	+62 36 26	Im	72	F	1.82	0.58	0	1120	15	187		4	12.5	2.7	0.9			373	E
Anon 1159+08	11 59 18.3	+08 45 47	Im		S	±	6.1	−600	–	8000									447	A
NGC 4038	11 59 19.0	−18 35 05	Sm p	47	I	34.4	2.9	0	1645	17	408		4	28.7	2.5				320	P ★
			Im		I	37.2		0	1640		285		5						183	G ★
NGC 4038/39			Mult p	55	M	1.6		0	1630	30	355		4	14.					160	G ★
			IBm		F	21.0	3.0		1574		300		0						275	I ★
			Mult p		M	2.8			1622		264			14.					118	E ★
					M	4.0								20.					124	W ★
			Mult p		S	≤79.8		5	1650						7.1	4.3			226	P
			Mult p		M	2.7	0.1							20.					516	V ★
UGC 7010	11 59 19.8	+22 49 00	Sb		I	1.02		0	6713		581			70.0	1.2	0.2			483	A ★
UGC 7011	11 59 24	−00 46	Sb	90	S	±	4.2	0	–	6400					1.1	0.2			466	G
UGC 7012	11 59 28.9	+30 07 40	Sc		I	9.52		0	3079		223								421	A ★
			Sc		I	10.04		0	3081		196	219	4		2.1	1.1			489	A ★
Anon 1159+12	11 59 37.4	+12 41 00	Sc p		S	±	1.6	−600	–	8000									447	A
NGC 4041	11 59 38.7	+62 24 58	Sbc	19	I	44.9		0	1234		240		4	18.2	2.8				203	G ★
			Sbc		I	38.4	0.4	0	1227		263		4		2.8	2.8			503	G
UGC 7016	11 59 48	+15 07	Sb	78	S	±	6.0	−400	–	3300				21.9	1.7	0.5			494	E
NGC 4043	11 59 49.0	+04 36 27	S		S	±	2.0	5	6462						0.6	0.5			520	A

Table 1 cont.

Name (1)	R.A. (2)	Dec. (3)	Type (4)	i (5)	(6)	HI-flux (7)	(8)	(9)	v (10)	(11)	(12)	Δv (13)	(14)	Dist (15)	a (16)	b (17)	Vmax (18)	Pos (19)	Ref (20)	(21)
UGC 7017	11 59 49.1	+30 08 20	Sb		I	7.08		0	3149		344								421	A ★
Zw 158-003	11 59 52	+29 45	Sc	67	I	3.693	0.46	0	3378	10	189	229	4		0.7	0.3			547	A ★
UGC 7020	12 00 02.6	+41 20 00	Sc	43	I	10.71	0.5	0	6132	10		321	4		2.0				188	G ★
Mark 195	12 00 03	+64 39 18	Sa	60	F	0.84	0.21	0	1514		98	177	4	22.1	1.52	0.82			347	G ★
NGC 4045	12 00 08.2	+02 15 26						0	1995	35									324	N
			Sbc					0	2011	2	242								170	A
			Sa		I	9.482		0	1978		300	327	4		3.0	2.0			489	A ★
			Sbc		I	11.6		0	2011		242				2.8	2.0			419	A
NGC 4047	12 00 17.9	+48 54 55	Sb	30	M	3.62		0	3410	75				42.9					324	N
NGC 4050	12 00 20.2	−16 05 24						0	1865	75									324	N
			SBb		S	±	18.0	−400	−	3000					3.9	2.9			373	G
			SBb	40	I	9.32	1.4	0	1761	8		373	4		3.2	2.5			466	G ★
NGC 4049	12 00 20.5	+19 01 53	S	38	I	3.8	0.43	0	829	10	86	115	4	21.9	1.1	0.9			494	E ★
Anon 1200+13	12 00 31.3	+13 44 54	Im p		S	±	4.7	−600	−	8000									447	A
Anon 1200+12	12 00 33.6	+12 42 02	Im		S	±	3.2	−600	−	8000									447	A
NGC 4051	12 00 35.9	+44 48 48	Sb		M	0.94	0.24	0	766	28		397	5	8.0	8.0	5.8			76	J ★
			Sbc	46	I	54.6	5.5	0	690	20		355	1	8.0	4.5	3.2	50	130	5	N ★
			Sbc	45	I	37.1			706	9		268	5	14.3	7.3				80	G ★
			Sbc		I	39.5	3.6		701			295	4						114	G ★
			Seyfl	44	M	1.7	0.85	0	807	20		440	1	8.					313	J
			SXbc	44	F	10.25	0.78	0	710	15		269	4	7.6	8.0	5.8			373	G
Anon 1200+10	12 00 42	+10 23			I	≤1.0		3140	−	7000					0.7	0.2			327	A
UGC 7031	12 00 48	+29 41 53	Sbc		I	4.86		0	3568		265								421	A ★
			Sbc	90	I	5.598	0.66	0	3590	5	243	271	4		1.7	0.25			547	A ★
			Sbc	90	I	1.919	0.36	0	6439	8	488	501	4		1.7	0.25			547	A ★
Zw 98-034	12 00 49.9	+20 18 01	Sm		I	0.18		0	6561			166		70.0	0.6	0.4			483	A ★
ESO 572-G 49	12 00 50	−19 14 36	Sc	90	I	13.4	1.9	0	1658	4	175	219	4		2.5	0.5			466	E ★
IC 2987	12 00 51.0	+34 05 30			S	15.0		5	6895										471	A
UGC 7032	12 00 53.4	+16 45 53			I	1.94		0	6968		125	163	4		0.6	0.5			520	A ★
					I	1.92			4063	5	167	180	4						457	A ★
			Sa	35	S	±	14.0	5	4048	29					0.8	0.7			494	E
Zw 128-003	12 00 54.0	+22 19 10	Sd p	39	I	2.79		0	6435			331	5		0.9	0.7			61	A ★
ESO 505-G 07	12 00 57	−25 11 54	Im	43	I	19.3	2.2	0	1780	5	74	100	4		3.1	2.3			466	E ★
ESO 505-G 08	12 01 01	−25 06 12	Sb	82	I	16.8	2.0	0	1858	5	143	295	4		2.1	0.5			466	E ★
Mark 45	12 01 01.9	+60 48 33		64	S	±	14.0	3100	−	6600					0.85	0.4			384	G
NGC 4058	12 01 15.2	+03 49 33	Sa		S	±	1.1	5	5800						1.2	0.5			520	A
ESO 505-G 09	12 01 17	−27 19 24	S	74	S	±	8.0	−100	−	4600					2.1	0.7			466	E
UGC 7038	12 01 17.0	+14 49 40	Im		I	3.433		0	899		80	108	4						447	A ★
UGC 7040	12 01 20.5	+25 42 40	SBdm		S	±	18.0	−400	−	3000					2.9	1.8			373	G
			SBdm	52	I	8.07		0	3234			133	5		1.8	1.1			61	A ★
Anon 1201+13	12 01 21.0	+13 10 32	Im		S	±	1.5	−600	−	8000									447	A
Anon 1201+12	12 01 26.3	+12 07 13	S/Irr		S	±	2.0	−600	−	8000									447	A
NGC 4068	12 01 29.7	+52 52 06	Im	57	I	35.6	0.78	0	215	5	55	76	4	5.4	3.16	1.78			377	E ★
			Im	52	F	8.78	0.68	0	213	7		83	4	3.0	4.4	2.8			373	G
			Im	55	I	7.0	0.7	0	212	10	49	80	4	3.9	3.0	1.8			387	J ★
			IXm		I	34.40		0	206			84	4		4.4	2.6			515	G ★
Anon 1201+07	12 01 30.1	+07 11 01	Sc p		S	±	5.7	−600	−	8000									447	A
NGC 4062	12 01 30.2	+32 10 23	Sc	62	I	17.3			774	9		298	5	15.4	5.3				80	G ★
			Sc	64	I	6.28	1.21	0	769	10		307	5	7.6	6.5	3.0			373	G
			Sc	68	I	23.6		0	767			310	4	14.9	4.8	2.0		100	393	A
			Sc	63	I	24.8		0	766			356	5	7.6					417	G
			Sc	61	I	19.54	5.9	0	765	10	288	303	4						442	E ★
			Sc		I	23.6		0	767			310	5		4.8	2.0			488	a ★
			Sc					0	773										513	G
Anon 1201+14	12 01 31.9	+14 20 34	Sc		S	±	1.5	−600	−	8000									447	A
NGC 4065	12 01 32.9	+20 30 47	E	20	I	≤26.1								13.0					417	G
UGC 7049	12 01 36.1	+20 27 47	Sdm		I	0.85		0	7551			476		70.0	1.0	0.1			483	A ★
NGC 4067	12 01 37.3	+11 08 00	SBc	43	S	±	6.0	5	2403	25				21.9	1.5	1.1			494	E
			Sb		I	4.5		0	2424	6	239	280	4		1.5	1.1			428	A ★
			Sb		I	3.883		0	2426		244	273	4		1.2	0.9			489	A ★
NGC 4064	12 01 37.9	+18 43 15	SBb		I	≤2.65								18.4	4.5	1.9			137	A
			SBa		I	≤3.60		5	1033	88					3.9	1.7			375	A
			SBb		I	1.2		0	913	10	178	207	4		4.5	1.9			428	A ★
			SBc		I	0.9		0	938		150				4.5	1.9			419	A
IC 758	12 01 41.1	+62 47 00	SBcd	19	F	1.39	0.44	0	1275	10		116	4	14.1	3.0	2.8			373	E
UGC 7053	12 01 47.0	−01 15 07	Im	32	F	2.42	0.57	0	1463	15	106			26.7	2.9				89	G
			Im	33	F	2.50	0.57	0	1463	25		140	4	13.1	2.9	2.4			373	G
					I	2.05		0	1470			120	4		2.9	2.3			515	G ★
NGC 4073	12 01 52.8	+02 10 30	E/S0		I	≤1.17		5	5966						2.5				501	A
NGC 4074	12 01 56.3	+20 35 40		59	F	≤0.19		5	6600										154	A

Table 1 cont.

Name (1)	R.A. (2)	Dec. (3)	Type (4)	i (5)	(6)	HI-flux (7)	(8)	(9)	v (10)	(11)	(12)	Δv (13)	(14)	Dist (15)	a (16)	b (17)	Vmax (18)	Pos (19)	Ref (20)	(21)
NGC 4076	12 01 59.3	+20 28 59	S		I	1.934		0	6212		323	349	4		0.9	0.9			475	A ★
			Sm		I	1.68		0	6220			365		70.0	0.9	0.9			483	A ★
			S		I	1.44		0	6209		319	335	4		1.0	1.0			520	A ★
NGC 4081	12 02 02.1	+64 42 51	Sa		I	6.4	0.4	0	1469			275	4		1.8	0.8			503	G
IC 2990	12 02 04.2	+11 18 48			S	±	7.0	−400 − 3300						21.9					494	E
ESO 440-G 46	12 02 07.0	−27 50 26	Sm	28	F	1.08	0.42	0	1740		65			30.9	3.6				89	B
			Sm	29	F	4.18	0.87	0	1787	60		242	4	15.5	3.5	3.0			373	B
			S/Irr	34	I	6.1	0.76	0	1747	5	92	117	4		3.0	2.5			466	E ★
				61	M	2.95		1	1524			175	4	30.5	2.6	1.3			535	P
				61	M	2.49		1	1516			157	4	30.3	2.6	1.3			535	P
ESO 572-G 51	12 02 08	−22 24 18	Scd	0	S	±	10.0	−100 − 4600							1.2	1.2			466	E
UGC 7064	12 02 10.2	+31 27 20	Sa		I	0.43		0	7494			84	5		0.8	0.8			61	A ★
			Sb		I	0.50		0	7494			133		70.0	0.8	0.8			483	A ★
			S		S	±			7494						1.4	1.4			515	G ★
UGC 7065	12 02 12	−02 26	SBb	20	I	5.64	0.75	0	5887	8		84	4		1.7	1.5			466	G ★
Zw 158-010	12 02 12.1	+31 26 15	Sm		I	1.10		0	7930			373		70.0	0.6	0.6			483	A ★
NGC 4078	12 02 14.2	+10 52 27	S0	75	S	±	6.0	5	410	150				21.9	1.6	0.5			494	E
			S0		I	≤0.7		5	410						1.6	0.5			419	A
NGC 4079	12 02 16.5	−02 06 16	Sb	56	S	±	8.0	5	6067	29					2.9	1.7			466	E
			Sb	56	I	4.92	0.63	0	6100	10		502	4		2.9	1.7			466	G ★
NGC 4080	12 02 18	+27 16 14	Im	65	I	3.798	0.49	0	571	9	159	185	4		1.3	0.6			547	A ★
			Im	65	I	2.315	0.36	0	566	5	155	184	4		1.3	0.6			547	A ★
UGC 7069	12 02 24	+43 25	S		S	±	18.0	168 − 1392											459	N
NGC 4082	12 02 36.0	+10 55 48			S	±	6.0	−400 − 3300						21.9					494	E
Zw 128-016	12 02 36.6	+22 17 11	Sm		I	1.09		0	6619			259		66.2	0.5	0.4			483	A ★
UGC 7072	12 02 39.5	+29 03 38	Sdm		I	7.76		0	3153			187		34.0	1.6	1.5			483	A ★
								0	3151										490	A
Mark 757	12 02 42	+31 08	Sdm	40	I	7.636	0.88	0	3159	4	166	182	4		1.6	1.5			547	A
					F	0.31	0.11	0	580		166	175	4	7.3	0.33	0.33			347	A ★
NGC 4085	12 02 49.5	+34 23 27	SXc		I	24.4	0.4	0	764			320	4		2.7	0.8			503	G
			SXc	69								290	4	12.6	3.7	1.5			216	G ★
			SXc					−400 − 3000							3.7	1.5			373	G
			SXc	77	F	5.5	0.6	0	752	10	282	299	4	11.1	2.7	0.8			387	J
			Sc	76	I	2.9		0	752	4				8.3	2.8		145	78	407	W ★
			Sc	70	I	19.74	6.1	0	749	10	178	283	4						442	E ★
UGC 7074	12 02 50.2	+18 12 00	Sm		I	2.0		5	4248					44.6	1.0	0.3			483	A ★
			S		I	2.11		0	4268		390	412	4		1.3	0.5			520	A ★
				71				0	4278									98	555	A
IC 202	12 02 50.4	+18 09 54		43				0	4320									115	555	A
			SBbc	43	I	2.99		0	4379		247	368	4		1.3	1.0		205	520	A ★
			Sd		I	2.84		0	4378			265		44.6	1.1	0.8			483	A ★
Anon 1202+12	12 02 54.5	+12 48 54	Im		S	±	5.2	−600 − 8000											447	A
Anon 1202+10	12 02 55.7	+10 33 40	Sc		S	±	5.3	−600 − 8000											447	A
UGC 7080	12 03 00.0	+25 23 00	Scd		I	3.22		0	7064			469		70.6	1.2	0.2			483	A ★
UGC 7082	12 03 00	+51 48	Sb	73	S	±	14.0	3100 − 6600							1.7	0.6			384	E
NGC 4088	12 03 03.1	+50 49 13	SXbc	67								375	4	12.6	6.5	2.8			216	G ★
			SXc p	67	F	25.75	1.50	0	763	8		376	4	8.4	6.5	2.7			373	G
			SXbc	71	F	25.0	2.5	0	754	10	336	364	4	11.1	5.9	2.2			387	J ★
			Sc	69	I	15.5		0	760	4				8.3	5.8		178	43	407	W ★
			SBc	63	I	128.4	7.8	0	763	10	338	373	4						442	E ★
			SXbc		I	98.4	0.4	0	755			385	4		5.9	2.2			503	G
UGC 7084	12 03 06	+33 23			S	±	4.0	400 − 7400											490	A
UGC 7085	12 03 06.6	+09 15 54	Sb	75	I	5.16	0.49	0	6352	16	120	356	4	84.	1.9	0.6			327	A ★
UGC 7085A	12 03 12.4	+31 20 14	Sab		I	0.72		0	7005			136		70.0	1.5	0.5			483	A ★
					I	0.68		0	6984			214	5	77.8					518	G
IC 2995	12 03 12.5	−27 39 42			M	3.93		1	1605			254	4	32.1	2.3	1.6			535	P
			Sc	70	I	≤10.6		5	1840						2.6				320	P ★
			SBc	69	F	4.62	1.07	0	1851	15		248	4	16.2	4.4	1.7			373	E
			SBc	71	I	13.8	4.1	0	1854	6	235	248	4		3.1	1.2			523	J ★
IC 2996	12 03 14	−29 41 42	Sb	81	I	6.7	0.95	0	2256	5	200	223	4		2.0	0.5			466	E ★
NGC 4092	12 03 17.3	+20 45 21	Sa	0	I	3.70		0	6719			252	5		1.1	1.1			61	A ★
NGC 4094	12 03 19.6	−14 14 52	Sc	66	M	2.58		0	1453	35				15.5					324	N
			Scd	67	F	6.61	2.15	0	1428	10		271	4	12.3	6.0	2.5			373	G
			Sbc	71	I	32.30	3.7	0	1443	5		267	4		4.3	1.6			466	G ★
			Sc	67	I	32.1	2.7	0	1435	3	246	261	4		4.2	1.5			523	J ★
UGC 7089	12 03 24	+43 25	Sm	75								155	4	12.6	5.0	1.6			216	G ★
			Sm	75	F	4.18	0.51	0	778	10		157	4	8.3	5.0	1.6			373	G
			Sdm		I	11.2		0	775			161	4		3.5	0.9			459	N
NGC 4096	12 03 28.7	+47 45 13	Sc		I	39.2		0	570			315	5		8.9	3.7			183	G ★
			Sc	68	I	54.8			575	9		346	5	17.7	6.8				80	G ★

149

Table 1 cont.

Name (1)	R.A. (2)	Dec. (3)	Type (4)	i (5)	HI-flux			v			Δv			Dist (15)	a (16)	b (17)	Vmax (18)	Pos (19)	Ref (20)	(21)
					(6)	(7)	(8)	(9)	(10)	(11)	(12)	(13)	(14)							
NGC 4096			Sc	74	F	9.88	1.98		500	50	307			13.2	7.8				22	N
								0	474	40									35	N
			SXc	68	F	17.38	1.61	0	577	15		340	4	6.4	8.8	3.6			373	G
			SXc	83	F	7.5	1.8	0	568	10	301	317	4	8.4	7.2	1.7			387	J ★
			Sc		I	94.0		0	569		290	328	4						429	E
			Sc	71	I	64.70	4.6	0	569	10	283	323	4						442	E ★
NGC 4098	12 03 31	+20 53 10	S		I	2.344		0	7296		425	528	4		1.1	1.1			475	A ★
ESO 505-G 13	12 03 33	−22 34 18	IBm		F	11.86	0.94	0	1718			136	4	15.0	3.9	3.9			373	E
Zw 158-018	12 03 36	+28 31			I	≤1.0		3140	−	7000					0.7	0.2			327	A
NGC 4100	12 03 36.4	+49 51 36	Sbc	74	F	10.0	1.0	0	1084	10	378	424	4	15.5	5.6	1.9			387	J ★
			Sc	69	F	12.74	1.71	0	1076	20		415	4	11.5	7.5	3.0			373	G
			Sc	67	I	34.88	7.1	0	1068	10	367	393	4						442	E ★
NGC 4102	12 03 51.6	+52 59 23	Sbc p	69								385	4	12.6	7.5	3.0			216	G ★
			SXb	52	F	3.01	0.62	0	862	30		298	4	9.5	4.6	2.8			373	G
			SXb	55	F	2.42	0.5	0	821	15	284	327	4	12.1	3.2	1.9			387	J ★
Zw 128-029	12 04 00.0	+25 16 48	S	71	I	2.06	0.96	0	6634	16	355	412	4	88.	0.8	0.3			327	A ★
NGC 4104	12 04 05.3	+28 27 13	cD		S	≤1.50		5	8250					110.0					332	A
NGC 4105	12 04 06.1	−29 28 56	E3		M	0.6	0.2		1873		140			29.7					122	E ★
			E3		F	1.11			1820			380	4	21.6					47	N ★
			S0		I	11.7		5	1906			760	4	24.					405	B ★
NGC 4106	12 04 11.0	−29 29 24			M	5.53		1	1943			507	4	38.9	2.3	1.7			535	P
			I0	42	M	≤0.84								27.8	2.8				246	N
			SB0		F	0.73			2150	60		220	1	21.6					47	N ★
			S0/a		I	11.7		5	2182			760	4	24.					405	B ★
UGC 7100	12 04 12	+17 59	Sc	85	S	±	7.0	−400	−	3300				21.9	1.9	0.4			494	E
NGC 4108	12 04 15.6	+67 26 21	Sc		I	14.8	0.8	0	2571			361	4		1.8	1.6			503	G
MCG−02-31-017	12 04 18	−10 48	SBc	90	I	15.79	1.9	0	4476	8		434	4		2.0	0.3			466	G ★
Zw 128-031	12 04 27.6	+26 00 36	S	54	I	1.36	0.52	0	7050	16	315	329	4	94.	0.5	0.3			327	A ★
NGC 4110	12 04 30.2	+18 48 35	Scd		I	4.13		0	7207			499		72.1	1.2	0.7			483	A ★
			SBbc	53	S	±	8.0	−400	−	3300				21.9	1.3	0.8			494	E
NGC 4111	12 04 30.5	+43 20 43	S0					−400	−	3000					6.3	1.8			373	G
			S0 p		I	9.2		0	807			327	4		4.3	0.8			459	N
NGC 4114	12 04 37.9	−13 54 23	Sa	64	S	±	4.9	0	−	6400					2.3	1.1			466	G
IC 3005	12 04 39	−29 44 42	Sbc	90	I	23.6	0.93	0	1709	5	243	274	4		2.09	0.39			377	E ★
UGCA 271	12 04 51.0	+40 05 26	Im	31	F	0.93	0.40	0	877		37			18.1	2.5				89	G
			Im	31	F	1.29	0.32	0	881	10		67	4	9.1	2.2	1.8			373	G
			Im		I	3.00		0	875			52	4		2.2	1.8			515	G ★
UGC 7110	12 04 54	+65 41			F	≤1.0		−400	−	3000									213	G
NGC 4116	12 05 02.7	+02 58 15			I	43.48		0	1309	10		243	5		3.8	2.5		155	158	G ★
			SBdm	51	I	36.0		0	1310	5	209			12.	5.2				273	A
			Sdm		M	1.4			1325					12.					290	P
			SBdm	44	F	12.81	1.50	0	1310	15		235	4	11.8	5.0	3.6			373	G
			SBc	52	I	43.2		0	1307	8				15.7	5.6			155	509	W ★
			S/Irr	45	I	31.57		0	1313	5	205	225	4	16.	5.1	3.7		155	508	a ★
			SBdm		I	47.10		0	1310			231	4		5.1	3.6			515	G ★
			SBc	52	I	39.9		0	1315		205	226	4		3.8	2.4		65	520	A ★
Anon 1205+14	12 05 05.5	+14 50 00	Sc		S	±	3.4	−600	−	8000									447	A
ESO 573-G 02	12 05 06	−17 47 42	Sc	54	S	±	14.0	−100	−	4600					1.8	1.1			466	E
			Sc	54	I	4.96	0.71	0	5790	20		215	4		1.8	1.1			466	G ★
MCG−02-31-019	12 05 12	−14 42	SBa	58	S	±	4.7	0	−	6400					2.0	1.1			466	G
NGC 4117	12 05 12	+43 24			S	±	15.0	5	958										459	N
IC 3008	12 05 17.4	+13 51 18	Sb	69	I	2.94	0.73	0	6988	16	327	357	4	93.	1.0	0.4			327	A ★
Mark 197	12 05 18	+67 39 48	E/S0		F	≤0.56		5	2477					33.0	0.68	0.68			347	G
NGC 4125	12 05 34.8	+65 27 18	E6 p		F	≤0.71		5	1330					19.6	5.1	3.2			455	J ★
			E5		M	≤0.4		5	1365					20.					93	B
NGC 4124	12 05 35.8	+10 39 27	S0		I	≤0.66		6	1551					28.2	4.1	1.8			30	A
			S0/a		M	≤1.1		1	1500					27.	4.1	1.8			27	A
			S0/a		M	≤9.5		1	3300					60.	4.1	1.8			27	A
			S0		S	±	18.0	−400	−	3000					6.0	2.9			373	G
			S0		I	≤0.5		5	1652						4.6	1.7			419	A
NGC 4123	12 05 37.5	+03 09 29	Sd	38	I	54.95		0	1328	10		240	5		5.0	4.0		135	158	G ★
			Sc		F	9.5		0	1330	13		320	4		5.8				234	N
			SBbc	33	F	13.69	1.60	0	1339	10		211	4	12.1	5.9	5.0			373	G
			SBc	33	I	23.68		0	1327	5	210	227	4	16.	5.9	5.0		135	508	A ★
			SBc		I	62.10		0	1327			228	4		5.9	4.7			515	G ★
			SBbc	40	I	44.2		0	1326		204	223	4		4.5	3.5		45	520	A ★
			SBc	40	I	55.3	5.0	0	1325	3	198	215	4		4.5	0.7			523	J ★
				40				0	1328	2	209	227	4				151	135	555	A ★
Zw 128-037	12 05 38.7	+26 01 53	Sa	49	I	1.54		0	7194			328	5		0.9	0.6			61	A ★
Anon 1205+13	12 05 53.4	+13 48 00	Comp		I	0.245		0	6801		31	114	4						447	A

Table 1 cont.

Name (1)	R.A. (2)	Dec. (3)	Type (4)	i (5)	(6)	HI-flux (7)	(8)	(9)	v (10)	(11)	(12)	Δv (13)	(14)	Dist (15)	a (16)	b (17)	Vmax (18)	Pos (19)	Ref (20)	(21)
Anon 1205+15	12 05 58.0	+15 22 30	Im		I	0.744		0	589		33	49	4						447	A ★
NGC 4127	12 06 04.1	+77 04 58						0	1813	10									359	G
			Sbc	58	F	4.71	1.13	0	1821	15		277	4	20.1	4.6	2.5			373	E
UGC 7125	12 06 12	+37 05	Sm	82	F	11.93	1.02	0	1078	10		187	4	11.0	6.5	1.5			373	G
					I	44.50		0	1067	5	126	150	4						508	A
NGC 4131	12 06 15.4	+29 35 00	S0/a		I	1.3		0	3836	30		515	4		1.5	0.8			78	A ★
			S	60	S	±	2.15	5	3710	150					1.5	0.8			547	A
				59	S	±	3.7	3295	–	4295								73	555	W
UGC 7128	12 06 18	+62 39			F	≤1.0		–400	–	3000									213	G
NGC 4129	12 06 19.3	–08 45 30	Sc	77	I	23.16	2.6	0	1174	5		271	4		2.7	0.8			466	G ★
NGC 4133	12 06 24.6	+75 10 58	SXb	38	I	5.2	0.67	0	1356	11	273	286	4		2.0	1.6			384	E ★
			SXbc					5	1363						2.0	1.6			503	G
NGC 4132	12 06 27	+29 31 42	Sab		I	4.4		0	3970	10		304	4		0.9	0.35			78	A ★
			Sbc	68	I	5.527	0.65	0	3974	9	288	315	4		0.95	0.40			547	A ★
Anon 1206+29	12 06 36	+29 33	Sb		I	4.3		0	3928	10		287	4		0.8	0.2			78	A ★
UGC 7131	12 06 36	+31 11						0	249										490	A
NGC 4134	12 06 37.8	+29 27 20	Sbc		I	13.0		0	3825	8		346	4		2.3	0.8			78	A ★
			Sb		I	14.66		0	3825		329	352	4		2.3	0.8			489	A ★
			Sb	73	I	13.15	1.5	0	3823	5	335	354	4		2.3	0.8			547	A ★
				70	I	12.8	1.2	0	3826	6	337	371	4				172	150	555	W
Mark 198	12 06 43.2	+47 20 03	Seyf1	27	M	≤4.7			7200					97.0	0.73	0.73			293	G
			S0		I	≤0.8			7220										114	G
NGC 4136	12 06 45.6	+30 12 18	Sc	19	M	1.2	0.1	2	596	13	100	130	4	12.	4.1	3.9		88	13	C ★
			SXc		F	11.63	0.80	0	618	8		112	4	6.1	5.9	5.9			373	G
			Sc	17	I	47.1	0.48	0	612	5	89	107	4		4.07	3.89			377	E ★
			SBc		I	25.02		0	606		92	109	4		4.2	4.2			475	B
UGC 7133	12 06 48.0	+19 16 00	Sd		S	±	1.4	3000	–	11000					1.6	1.0			483	A
			SBd	50	I	6.7	1.3	0	2258	10	125	213	4	21.9	1.7	1.1			494	E ★
								0	2567										490	A
ESO 505-G 21	12 06 49	–25 56 42	Sc	26	S	±	10.0	–100	–	4600					1.0	0.9			466	E
IC 3017	12 06 51.6	+13 51 06	Comp		I	2.423		0	1973		188	209	4						447	A ★
ESO 505-G 22	12 06 52	–24 00 24	Sb	26	S	±	9.0	–100	–	4600					1.0	0.9			466	E
IC 3019	12 06 54	+14 16			F	≤1.0		–400	–	3000									213	G
			E		S	±	18.0	–400	–	3000					3.2	2.5			373	G
NGC 4138	12 06 59.3	+43 57 57	Sa	51	I	16.0			960	20	290			18.4	2.5				241	E ★
			S0		M	≥2.0		0	875										140	W ★
Anon 1207+17	12 07 00.0	+17 17 35		34	M	2.27	0.35		6694	8		205	4	88.0	1.55	1.42			293	A ★
			Comp		F	1.9	0.6	0	6676	19				94.	2.0		310		60	N ★
NGC 4142	12 07 00.6	+53 22 58	SBcd	58	F	3.42	1.39	0	1163	10		187	4	12.6	3.4	1.8			373	G
			SBd	62	F	1.9	0.6	0	1154	20	160	194	4	16.5	2.2	1.1			387	J ★
ESO 505-G 23	12 07 01	–23 08 06	S/Irr	68	I	5.6	0.75	0	1669	5	122	142	4		2.4	1.0			466	E
NGC 4143	12 07 05.0	+42 48 52	S0/a	50	I	≤10.3		5	814	100				16.3	3.3	2.2			346	E
UGC 7141	12 07 05.4	+23 34 00	S	89	I	8.84	1.16	0	6922	16	375	424	4	92.	1.7	0.4			327	A ★
Zw 41-044	12 07 06	+05 32			I	≤1.0		3140	–	7000					0.8	0.5			327	A
UGC 7143	12 07 14.0	+25 18 13	Sab	65	I	≤0.51		5	6300						1.0	0.45			61	A
Anon 1207+11	12 07 18.0	+11 32 06	Comp		S	±	1.5	–600	–	8000									447	A
UGC 7146	12 07 18	+43 15			F	≤1.0		–400	–	3000									213	G
IC 3021	12 07 21.7	+13 19 39	Sb		I	1.14		0	2528		151				1.8	1.0			462	A ★
			Sa	56	S	±	5.0	–400	–	3300				21.9	1.8	1.1			494	E
			Sa		I	1.48		0	2545		137	155	4		1.8	1.1		90	520	A ★
Anon 1207+14	12 07 28.2	+14 53 36	Im		S	±	0.6	–600	–	8000									447	A
NGC 4144	12 07 28.3	+46 44 07	Scd	80	M	0.44	0.15	2	260	20	80			7.	5.9	1.5		101	13	C ★
			Scd	86	I	42.0	6.3	0	263	9		165	4	5.1	5.8				201	G
			SXcd	76	F	13.47	1.10	0	267	10		179	4	3.3	9.0	2.7			373	G
			SXcd	82	F	10.5	1.1	0	269	10	144	161	4	4.4	6.9	1.7			387	J ★
			Scd		M	0.7	0.25	0	535	15				11.5					85	N
			Scd	80	I	53.2	0.66	0	271	5	158	177	4	5.4	5.89	1.55			377	E ★
			SBc		I	53.0		0	265			173	4	5.4	9.0				487	B
			Scd	75	I	48.02	4.1	0	267	5	155	172	4						442	E ★
UGC 7150	12 07 28.9	+14 38 24	Im		I	1.60		0	825		50	75	4	15.8					445	A ★
			Im		I	2.514		0	819		47	69	4						447	A ★
NGC 4145	12 07 29.7	+40 09 36	Sd	46	I	48.1			1019	9		232	5	22.2	7.5				80	G ★
					I	75.6			1026		217								31	D ★
			SXd	48	F	16.26	1.27	0	1013	10		242	4	10.5	8.5	5.8			373	G
			SBc	42	I	57.8		0	1011	8					7.4		171	100	509	W ★
			SXd					0	1021										513	G
			Sc		I	61.70		0	1011			234	4		8.5	5.1			515	G ★
NGC 4129	12 07 36.0	–08 53 00	Sc	72	I	21.68	4.5	0	1178	10	182	266	4						442	E ★
IC 764	12 07 38.8	–29 27 29	Sc	70	I	31.4	5.5	0	2102	23		268	4	37.3	4.2				320	P ★
			Sc	77	F	14.32	2.45	0	2142	15		308	4	19.1	7.8	2.3			373	B

Table 1 cont.

Name (1)	R.A. (2)	Dec. (3)	Type (4)	i (5)	(6)	HI-flux (7)	(8)	v (9)	(10)	(11)	Δv (12)	(13)	(14)	Dist (15)	a (16)	b (17)	Vmax (18)	Pos (19)	Ref (20)	(21)
IC 764			Sc	66	M	21.39		1	1891			289	4	32.8	4.3	1.7			535	P
			Sc	71	I	52.5	4.5	0	2136	3	269	291	4		4.8	2.0			523	J ★
IC 3024	12 07 39.0	+12 36 05	Sc	74	I	3.07		0	8753		379	397	4		1.3	0.4			520	A ★
Anon 1207+13	12 07 40.8	+13 28 00	Comp		S	±	0.8	−600	−8000										447	A
NGC 4146	12 07 45.8	+26 42 33	SBa	20	I	5.14		0	6532			210	5		1.7	1.6			61	A ★
			SBa		I	4.07		0	6500		88	111	4		1.7	1.6			475	A ★
Anon 1207+13	12 07 51.0	+13 26 54	Comp		I	0.462		0	1691		49	86	4						447	A ★
IC 3025	12 07 52.8	+10 26 48	S0	63	S	±	7.0	−400	−3300					21.9	0.8	0.4			494	E
UGC 7164	12 08 00	+70 47	SXm	33	F	1.43	0.49	0	2124	15		101	4	22.9	2.9	2.4			373	G
NGC 4151	12 08 00.8	+39 41 11	Sab		I	47.1	4.7		994			200	4						114	G ★
								0	1013	20									42	N
			Sa		M	1.68	0.31	0	991	10		138	5	11.5	5.0	3.2			76	J ★
			Sab	36	I	42.6		0	999	9		156	5	22.2	8.6	3.2			80	G ★
			SBab	21	I	79.3			1000		132			13.8	3.3	2.1	140	130	31	W ★
			Sab	38	I	29.8	3.0	0	1005	25		170	1	11.5	3.3	2.2		129	5	N ★
			Sb	2	F	5 0.7	0.25	0	967	25				12.					35	N
			Sab	26					996	9		153	5	11.5	8.	7.			368	J ★
			SXab		M	1.94	0.37	0	1002			165	5	11.5	5.0	3.2			76	K ★
			Seyf1	50	M	3.5	1.75	0	1107	20		390	1	10.8					313	J
			SXab	30	F	12.47	1.31	0	989	10		137	4	10.2	8.8	7.6			373	B
			SXab		I	57.70		0	1000			149	4		8.8	7.0			515	G ★
NGC 4150	12 08 01.3	+30 40 47	S0		M	≤0.005		1	236					4.	2.1	1.5			27	A ★
			E/S0		M	≤0.005		5	244					3.1					134	A
			S0		M	≤0.001		5	244					3.1	2.4	1.8			249	A
			S0/a	43	I	≤11.2		5	211	50				4.2	2.9	2.2			346	E
Zw 128-049	12 08 02.3	+26 12 22	Scd		I	0.92		0	6445			290		64.4	1.0	0.6			483	A ★
Anon 1208+12	12 08 03.0	+12 02 18	Comp		I	3.538		0	1289		201	236	4						447	A ★
NGC 4152	12 08 03.8	+16 18 45	Sc		M	2.08	0.5	0	2161	10	210			19.5	3.4	2.8			121	E ★
			Sc		I	24.5		0	2168	4	219	244	4		2.3	1.9			428	A ★
			Sc	37	I	18.5		0	2165	5				15.7	3.8		187	115	509	W ★
UGC 7168	12 08 04.2	+70 38 48		90	F	1.14	0.32	0	2101		114	160	4	30.3	1.35	0.31			347	G ★
UGC 7170	12 08 06	+19 06	Sc	90	F	6.05	1.70	0	2444	15		232	4	23.8	4.4	0.6			373	G
Anon 1208+14	12 08 07.2	+14 55 30	Im		I	0.996		0	2469		38	56	4						447	A ★
IC 3029	12 08 09.4	+13 36 22	SBd		I	6.54		0	6819		332				1.5	0.3			462	A ★
			SBb	79	S	±	7.0	−400	−3300					21.9	1.5	0.4			494	E
			SBc	79	I	4.46		0	6812		331	358	4		1.5	0.4			520	A ★
NGC 4156	12 08 18.2	+39 45 05						0	6750	75									324	N
UGC 7175	12 08 24	+40 02			I	8.1			1139		120								31	W ★
			Sm	76	F	2.95	0.62	0	1168	30		148	4	12.0	3.2	0.9			373	E
UGC 7176	12 08 25.1	+50 33 54	Im	68	F	2.19	0.64	0	859	20	137			18.5	2.6				89	G
			Im					−400	−3000						2.5	0.9			373	G
			Im	76	F	1.7	0.2	0	888	10	107	115	4	12.9	1.6	0.5			387	J ★
UGC 7178	12 08 30	+02 17	Im	46	F	2.61	0.60	0	1339	10	78			24.5	2.5				89	G
			Im	47	F	2.65	0.69	0	1339	15		95	4	12.1	2.5	1.7			373	G
NGC 4159	12 08 31.9	+76 24 11	S	69	I	7.0	0.90	0	1753	5	172	201	4		1.5	0.6			384	E ★
NGC 4157	12 08 36.4	+50 45 51	SXb	82								427	4	12.6	9.9	2.4			216	G ★
			Sb	82	F	16.4	5.7		805	20	401			15.1	7.6				22	N ★
								0	782	20									35	N
					I	94.1		0							4.9				203	G
					I	88.8									4.9				203	B
			SXb	82	F	29.25	2.25	0	771	10		431	4	8.5	9.8	2.3			373	G
			SXb	90	F	20.4	2.0	0	767	10	403	410	4	11.3	7.7	1.3			387	J ★
IC 3033	12 08 36.8	+13 51 57	Sd		I	3.96		0	264		130				1.2	0.8			462	A ★
			SBa	47	I	4.3	0.95	0	263	10	119	146	4	21.9	1.3	0.9			494	E ★
			Sc	47	I	4.02		0	266		119	136	4		1.3	0.9		92	520	A ★
IC 767	12 08 37.2	+12 22 48	E3	55	S	±	7.0	−400	−3300					21.9	0.7	0.4			494	E
					S	±		2890	−8378										471	A
NGC 4158	12 08 37.2	+20 27 18	Sa	26	I	8.8	3.0	0	2448	20	284	331	5	47.6	2.6	2.3			346	E
			Sab		I	8.2		0	2466	4	279	295	4		2.0	1.8			428	A ★
Zw 187-019	12 08 39.6	+32 52 18	SBa	67	I	1.29	1.07	0	6907	16	279	361	4	92.	0.7	0.3			327	A ★
IC 3032	12 08 40.2	+14 32 48	dE	35	S	±	6.0	−400	−3300					21.9	0.4	0.4			494	E
Zw 98-085	12 08 42.3	+18 09 57	Sm		I	2.37		0	7042			242		70.0	0.8	0.6			483	A ★
UGC 7189	12 08 48	+75 06	SBdm		S	±	18.0	−400	−3000						3.0	1.6			373	G
			SBdm	62	I	5.2	0.72	0	1683	10	160	172	4		2.0	1.0			384	E ★
UGC 7186	12 08 49.0	+18 17 33	Im		F	≤1.5		−400	−3000						2.7				89	G
			Im		S	±	18.0	−400	−3000						2.7	0.6			373	G
UGC 7185	12 08 53.4	+03 12 00		0	F	1.74		0	1297		96	116	4	15.6	2.5				213	G ★
IC 768	12 09 13.9	+12 25 08	Sd		I	6.49		0	4023		277				1.6	0.8			462	A ★
			Sbc	59	S	±	7.0	−400	−3300					21.9	1.7	0.9			494	E
			Sc	89	I	8.86		0	4017		258	322	4		1.7	0.9		25	520	A ★

Table 1 cont.

Name (1)	R.A. (2)	Dec. (3)	Type (4)	i (5)	(6)	HI-flux (7)	(8)	(9)	v (10)	(11)	(12)	Δv (13)	(14)	Dist (15)	a (16)	b (17)	Vmax (18)	Pos (19)	Ref (20)	(21)
Anon 1209+33	12 09 18	+33 01			I	≤1.0		3140	–	7000					0.7	0.2			327	A
NGC 4162	12 09 19.4	+24 24 05	Sbc	51	I	24.0	4.0	0	2571	12	308			25.	3.8				273	A
			Sbc	52	M	2.68		0	2552	20				31.0					324	N
			Sc		I	10.63		0	2572		319	334	4		2.5	1.4			489	A ★
UGC 7194	12 09 24	+16 30	Sb	0	S	±	5.0	–400	–	3300				21.9	1.2	1.2			494	E
UGC 7196	12 09 26.3	+15 40 54			I	≤1.0		3140	–	7000					1.4	0.3			327	A
			Sbc		I	1.10		0	7104		620	633	4		1.4	0.4			520	A ★
Anon 1209+13	12 09 31.2	+13 01 06	IBm		I	0.197		0	2203		30	47	4						447	A ★
Anon 1209+15	12 09 34.2	+15 23 24	Comp		S	±	1.5	–600	–	8000									447	A
NGC 4166	12 09 37.0	+18 02 08	Sa	35	S	±	7.0	5	6954	32				21.9	1.4	1.1			494	E
NGC 4163	12 09 37.6	+36 26 51	dI		M	0.0515			154	5	28			5.	2.2				145	E
			Im	17	F	2.04	0.36	0	170	10		55	4	1.9	3.3	3.0			373	E
			Im	27	I	9.6	0.26	0	171	5	32	51	4	5.4	1.95	1.74			377	E ★
			IXm		I	8.00		0	165			53	4		3.3	3.0			515	G ★
NGC 4165	12 09 38.7	+13 31 27	Sb		I	1.02		0	1862		272				1.2	0.8			462	A ★
UGC 7200	12 09 42.0	+12 45 54	Sm		S	±	18.0	–400	–	3000					2.9	2.4			373	G
			Sdm		S	±	1.1	5	–53										447	A
NGC 4169	12 09 47.0	+29 27 30	S0		I	4.54	0.24	0	3811	2	405	473	4		2.0				501	A ★
			Mult		I	14.2	1.2	0	3870		84	426	4						469	G ★
					I	4.0	0.5	0	3840		236	457	4						469	A ★
			Sdm		I	3.7		0	3861	20		565	4		5.1	0.8			78	A ★
UGC 7207	12 09 48	+37 17 24		61	F	1.44		0	1048		74	92	4	14.3	3.8				213	G ★
			Im	60	F	1.52	0.41	0	1055	20		104	4	10.8	3.7	1.9			373	E
Anon 1209+07	12 09 49.2	+07 15 36	Im		I	0.18		0	2088		38	59	4						447	A ★
NGC 4173	12 09 49.6	+29 29 05	SBd	83	F	9.93	0.98	0	1127	20		205	4	11.1	6.9	1.5			373	G
					I	21.6	0.4	0	1020		58	98	4						469	A ★
					I	19.7		0	1085		83	150	4						543	A ★
Zw 158-042	12 09 52	+29 05 42	Sbc	71	I	0.975	0.36	0	3889	17	141	217	4		0.8	0.3			547	A ★
NGC 4174	12 09 54.9	+29 25 42	Sab	90	I	4.1		0	3922	20		574	4		0.8	0.3			78	A ★
UGC 7210	12 09 58.1	+15 33 00	Sb		I	1.12		0	7038		346	515	4		1.1	0.4			520	A ★
IC 769	12 09 58.5	+12 24 06	Sbc	60								280	4	13.2	3.8	2.7			216	G ★
			Sbc	46	F	4.15	2.00	0	2235	50		283		10.7	3.7	2.6			373	G
			Sbc		I	12.0		0	2207	4	242	261	4		2.5	1.8			428	A ★
NGC 4175	12 09 58.8	+29 26 46	Sb	90	I	14.0		0	1069	20		91	4		2.1	0.4			78	A ★
			Sab		I	4.04		0	3956			514		39.0	2.1	0.4			483	A ★
			S		I	2.825		0	3924		206	243	4		2.1	0.4			489	A ★
			Sb		I	3.30	0.24	0	3933	4	237	313	4		1.6				501	A ★
					I	4.332		0	3931			402	4	57.8	2.1	0.4			562	A ★
IC 3040	12 10 00.0	+11 21 11	Sm		I	1.701		0	4533		157	175	4						447	A ★
Anon 1210+23	12 10 00	+23 03	Mult		I	1.6		0	6692	20		320	4		0.3	0.3			78	A ★
IC 3039	12 10 01.6	+12 35 02	Sc	73	I	1.11		0	6998		338	357	4		1.3	0.4			520	A ★
			Sc	73	S	±	7.0	–400	–	3300					1.0	0.4			494	E
NGC 4177	12 10 12	–13 44	Sab	48	I	8.88	1.1	0	4083	10		418	4		1.6	1.1			466	G ★
NGC 4178	12 10 13.3	+11 08 38	SBdm	77								256	304	4	13.2	7.3	3.1			216	G ★
			Sc		M	5.1	0.8		329	25		376	5	14.8	7.3	3.1			144	J ★
			SBdm	66	I	52.0		0	380	18	231			11.	7.1				273	A
			SBm	69	I	50.0		0	377	5	256				4.2	1.7			375	A ★
			SBdm	68	F	17.26	1.54	0	381	15		286	4	10.7	7.3	3.0			373	G
			SBc	72	I	66.6			373			277	4	20.5	5.5	1.7			151	A ★
			SBc	69	I	95.4		0	369	6				15.7	7.1		159	30	509	W ★
				62				0	384								130	30	542	V ★
IC 3044	12 10 15.5	+14 15 13	Sd		I	9.18		0	–184		131				2.2	0.8			462	A ★
			SBab	65	S	±	6.0	–400	–	3300				21.9	2.1	1.0			494	E
			Sc p	65	I	6.14		0	–183		133	164	4		2.1	1.0		338	520	A ★
NGC 4179	12 10 18.5	+01 34 41	S0		I	≤8.79								18.4	4.2	1.2			137	A
			E/S0		M	≤0.1		5	1279					13.0					134	A
			S0	86	F	≤3.80								15.3	6.0				21	N
			S0		I	≤1.4		5	1279						4.2	1.2			419	A
ESO 573-G 03	12 10 20	–20 08 30	Im	61	F	2.45	0.62	0	1550	15		127	4	13.4	2.7	1.4			373	E
UGC 7217	12 10 24	+25 34	S		I	4.67		0	7301		354								421	A ★
UGC 7218	12 10 24	+52 33	Im p	58	F	1.20	0.46	0	791	15		112	4	8.8	2.2	1.2			373	G
			Im	60	F	1.4	0.4	0	757	10	91	111	4	11.3	1.4	0.7			387	J ★
NGC 4181	12 10 24	+53 11	E		S	±	10.0	3100	–	6600									384	G
NGC 4180	12 10 28.9	+07 19 01	Sab	69	S	±	9.0	5	2120	13				21.9	1.8	0.7			494	E
			Sb	69	I	3.78		0	2082		406	424	4		1.8	0.7			520	A ★
Anon 1210+15	12 10 28.9	+15 12 42	Im		I	1.10		0	90		33	49	4	15.8					445	A ★
			Im		I	1.523		0	6351		127	148	4						447	A ★
Anon 1210+16	12 10 31.8	+16 10 24	Comp		S	±	1.2	–600	–	8000									447	A
IC 3046	12 10 34.8	+13 11 40	Sd		I	10.04		0	8095		482				1.2	0.3			462	A ★
			Sc	82	I	5.94		0	8097		427	444	4		1.3	0.3			520	A ★

Table 1 cont.

Name (1)	R.A. (2)	Dec. (3)	Type (4)	i (5)	(6)	HI-flux (7)	(8)	(9)	v (10)	(11)	(12)	Δv (13)	(14)	Dist (15)	a (16)	b (17)	Vmax (18)	Pos (19)	Ref (20)	(21)
UGC 7221	12 10 42	+29 06 52	S	74	I	5.684	0.75	0	3803	4	249	264	4		1.5	0.5			547	A ★
NGC 4183	12 10 47.2	+43 58 35	Scd	90								253	4	12.6	7.4	1.4			216	G ★
			Scd	90	I	42.5	6.4	0	931	9		260	4	17.9	5.5				201	G ★
			Scd	90	F	11.70	1.25	0	934	10		253	4	9.9	7.4	1.4			373	G
NGC 4192 A	12 10 47.4	+15 05 00	Im		S	±	1.5	−600	−	8000									447	A
NGC 4185	12 10 50.1	+28 47 22	Sbc		S	±	18.0	−400	−	3000					4.3	3.3			373	G
			Sb		I	8.494		0	3903		367	392	4		2.9	2.2			489	A ★
			Sb		I	12.57			3904	5	375	390	4						457	A ★
			Sb	42	I	8.571	1.0	0	3904	4	376	394	4		2.9	2.2			547	A ★
NGC 4186	12 10 53.0	+15 03 00	Sc		I	4.477		0	2075		81	95	4						447	A ★
			Sdm		I	6.25		0	2075		103				1.4	1.1			462	A ★
UGC 7226	12 10 54	+75 20	Sm	33	I	5.9	0.78	0	2261	10	82	146	4		1.9	1.6			384	E ★
NGC 4187	12 10 59.9	+51 01 09	E	55	S	±	10.0	3100	−	6600					1.5	0.9			384	G
Anon 1211+14	12 11 00	+14 18			I	0.2	0.3	5	25480										456	A ★
IC 3049	12 11 00.3	+14 45 31	Im		I	1.15		0	2445		108	125	4	15.8					445	A ★
			Im		I	1.629		0	2439		107	119	4						447	A ★
			Sm		I	2.02		0	2439		121				1.1	0.8			462	A ★
UGC 7230	12 11 06.0	+16 24 00	Sc	63	S	±	7.0	−400	−	3300				21.9	1.7	0.8			494	E
					I	5.09		0	7114			225	5	78.6					518	G
Anon 1211+15	12 11 07.0	+15 43 54	Sdm		I	3.047		0	−134		97	121	4						447	A ★
NGC 4190	12 11 13.6	+36 54 40	Im p	22	M	0.05	0.05	2	234	4	40			7.	1.7	1.6		7	13	C ★
			dI		M	0.115			224	5	50			5.	1.8				145	E
			Im	19	F	4.77	0.50	0	234	7		80	4	2.6	2.9	2.7			373	G
			Sm	22	I	23.2	1.1	0	235	5	49	75	4	5.4	1.74	1.62			377	E ★
			Im		I	20.40		0	229			79	4		2.9	2.6			515	G ★
NGC 4189	12 11 14.0	+13 42 16	Scd	30	I	17.2	2.6	0	2101	9		292	4	36.7	3.3				201	G ★
			SXcd	33	F	2.40	0.73	0	2123	30		301		10.7	3.4	2.8			373	E
			SBc	29	I	13.3		0	2112	10	200	204	5	22.1					416	E ★
			Sbc		I	11.9		0	2116	2	258	278	4		2.5	2.1			428	A ★
			SBc	30	I	12.8		0	2113	10				15.7	3.3		261	85	509	W ★
NGC 4192	12 11 16.1	+15 10 41	Sb		M	5.2	1.4		−143	48	499		5	14.8	11.6	3.2			144	J ★
			SXab	78								455	4	13.2	11.6	3.2			216	G ★
			SXab	74	I	≥45.1		0	−135	5	456				7.8	2.6			375	A ★
			SXab	79	F	19.47	2.05	0	−142	10		458	4	10.7	11.6	3.2			373	G
			SXab	74				1	−248			470	4	21.	4.2				380	A
			Sb	81	I	83.7		0	−135			477	4	20.5	9.9	2.2		155	151	A ★
			Sb	70	I	79.6		0	−138	4				15.7	9.9	2.2	217	152	509	W ★
				71				0	−99								250	150	542	V ★
UGC 7236	12 11 18.0	+24 32 24		33	F	1.09		0	942		67	88	4	12.1	2.4				213	G ★
			Im		I	3.20		0	946			69	4		2.0	1.6			515	G ★
NGC 4193	12 11 20.6	+13 27 08	Sc		F	≤0.81									3.3				234	N
			SXc		S	±	18.0	−400	−	3000					3.5	1.8			373	G
			Sc		I	10.1		0	2466	6	337	361	4		2.3	1.2			428	A ★
			Sb	59	S	±	2.0	5	2464	20				21.9	2.3	1.2			494	E
			Sb		I	6.18		0	2480	5	348	359	4						457	A ★
Anon 1211+14	12 11 21.0	+14 08 54	Im		S	±	1.3	−600	−	8000									447	A
UGC 7238	12 11 30	+74 47	Sc	90	I	4.3	0.67	0	1689	14	131	159	4		1.4	0.2			384	E ★
NGC 4186	12 11 33.8	+15 00 15	Sb		I	1.26		0	7882		330				1.0	0.8			462	A ★
			Sab	40	S	±	6.0	5	2090	100				21.9	1.4	1.1			494	E
Anon 1211+13	12 11 34.8	+13 51 54	Comp		S	±	1.0	−600	−	8000									447	A
Anon 1211+10	12 11 35.4	+10 00 00	dE		S	±	1.5	−600	−	8000									447	A
UGC 7239	12 11 37.8	+08 03 00			F	1.26		0	1221		129	159	4	14.8	3.8				213	G ★
			Im	22	F	1.10	0.51	0	1234	15		112	4	11.3	3.7	3.4			373	G
			Im		I	3.40		0	1225		116	141	4	15.8					445	A ★
			Im		I	5.822		0	1221		112	130	4		2.5	2.3			475	A ★
			SBd	22	I	7.79		0	1221		115	133	4		2.5	2.3		45	520	A ★
NGC 4194	12 11 41.7	+54 48 21	SB0 p	59	M	0.75		0	2515	35		145	4	26.	2.6				160	G ★
					F	1.4	0.5	0	2545	35		190	9	35.				95	51	N ★
			Sm p	49	F	1.45	0.32	0	2502		92	149	4	34.6	2.45	1.67			347	G ★
			IBm p	47	F	≤0.03	0.02	5	2583					35.1	2.3	1.6			387	J
			IBm	50	I	9.2		0	2482			276	5	25.8					417	G
			IBm		I	4.2	0.2	0	2489			257	4		2.3	1.6			503	G
Zw 269-044	12 11 48	+51 36		53	S	±	7.0	3100	−	6600					0.8	0.5			384	G
Zw 128-058	12 11 52.8	+24 27 24	S		I	1.58	0.38	0	6778	16	173	269	4	90.	0.7	0.7			327	A ★
Anon 1212+05	12 12 01.2	+05 57 18	Im		I	2.08		0	2071		35	56	4						447	A ★
Anon 1212+09	12 12 02.4	+09 28 36	Im		I	3.494		0	1788		121	138	4						447	A ★
UGC 7248	12 12 04.2	+24 34 48	SBb	62	I	4.31	0.65	0	6228	16	312	383	4	83.	1.0	0.5			327	A ★
UGC 7249	12 12 04.8	+13 05 26	Sc		I	4.57		0	620		125	146	4		1.5	0.6			520	A ★
			Im	65	F	1.72	0.60	0	654		124			19.8	2.4				89	G
			Im	68	F	1.21	0.47	0	627	15		130	4	10.7	2.3	0.9			373	E

Table 1 cont.

Name (1)	R.A. (2)	Dec. (3)	Type (4)	i (5)	HI-flux (6) (7) (8)	v (9) (10) (11)	Δv (12) (13) (14)	Dist (15)	a (16)	b (17)	Vmax (18)	Pos (19)	Ref (20)	(21)
NGC 4197	12 12 04.9	+06 05 01	Scd	82	I 26.4	0 2064	286 5	11.4					417	G
			Scd		I 20.8	0 2064 4	266 288 4		3.5	0.7			428	A ★
			Sm	90	I 28.9 2.3	0 2253 5	273 304 4	21.9	3.5	0.7			494	E ★
ESO 380-G 01	12 12 07.0	−35 14 02	SBc	50	F 5.06 1.22	0 2689 25	317 4	24.5	5.1	3.3			373	B
			Sb	55	M 20.73	1 2501	394 4	50.0	2.3	1.3			535	P
			Sb	47	I 20.5 1.7	2688 10	265 282 4		2.8	1.9			550	P ★
NGC 4200	12 12 11.0	+12 27 32	S0	59	S ± 7.0	5 2347 28		21.9	1.8	1.0			494	E
Anon 1212+13	12 12 14.4	+13 21 54	Sm		I 0.225	0 2084	22 66 4						447	A ★
IC 3059	12 12 23.0	+13 44 13	Im		F ≤1.5	−400 − 3000			3.1				89	G
			Im		S ± 18.0	−400 − 3000			3.0	2.4			373	G
			dE		L ≤6.65	−500 − 3200		15.8					445	A
			SBd	32	I 4.63	0 263	99 116 4		1.7	1.5		27	520	A ★
DDO 113	12 12 27.0	+36 29 48	Im		F 5.87 0.53	0 283 10	51	6.0	2.2				89	G
			Im		S ± 18.0	−400 − 3000			1.7	1.7			373	G
			Im	14	I 23.4 0.66	0 285 5	39 63 4	5.4	1.07	1.04			377	E ★
			Im		I 23.60	0 284	77 4		1.7	1.7			515	G ★
IC 3060	12 12 28.8	+12 49 24	Sab	57	S ± 6.0	−400 − 3300			1.0	0.6			494	E
UGCA 275	12 12 30	+09 52	Im		S ± 18.0	−400 − 3000			1.6	1.4			373	G
Anon 1212+10	12 12 31.2	+10 01 54	Comp		I 1.057	0 2189	114 124 4						447	A ★
IC 3061	12 12 31.9	+14 18 19	Sd		I 12.54	0 2317	310		2.4	0.4			462	A ★
			Sc		S ± 18.0	−400 − 3000			3.5	0.9			373	G
IC 3062	12 12 32.0	+13 52 17	Sc	42	I 1.60	0 7867	285 305 4		1.1	0.8			520	A ★
Anon 1212+13	12 12 32.3	+13 18 41	SBd		I 1.90	0 2085	30 46 4		1.7	1.3			520	A ★
UGC 7257	12 12 32.3	+36 14 15	Sm	50	F 3.68 0.51	0 948 20	100 4	9.7	2.5	1.6			373	G
			S/Irr		I 13.90	0 942	121 4		2.6	1.6			515	G ★
NGC 4203	12 12 34.1	+33 28 33	S0		M 0.86	1093		13.4					131	B ★
			S0		M 0.6	1 1080	230	20.	3.5	3.3			27	A ★
			SX0	35	M 0.05 0.03	0 1091 3		10.8	4.2		210		260	A ★
			S0		I 26.7	0 1083 20	264 4						232	N ★
			SX0	30					3.6		150		220	W ★
			S0		I 27.40 1.09	1091 3	240						519	a ★
			S0	29	I 24.0	0 1090	243 283 4	18.	4.5		236	204	517	W ★
Anon 1212+09	12 12 38.0	+09 26 05	Im		S ± 0.9	−600 − 8000							447	A
IC 771	12 12 40.1	+13 27 53	SBc	32	I 2.18	0 5868	179 193 4		1.3	1.1			520	A ★
			SBc	32	S ± 7.0	−400 − 3300			1.0	0.9			494	E
IC 3063	12 12 40.2	+12 16 54	S p		S ± 1.3	5 2378							447	A
			Sc		S ± 0.5	−800 − 12000			1.0	0.5			462	A ★
			S0	59	S ± 6.0	−400 − 3300		21.9	1.1	0.6			494	E
NGC 4204	12 12 41.9	+20 56 18	SBdm		F 8.08 0.69	0 861 8	110 4	8.1	6.5	6.5			373	G
IC 3066	12 12 43.1	+13 45 05	Sc		I 1.12	0 375	142 171 4		1.1	0.3			520	A ★
NGC 4206	12 12 43.9	+13 18 09	Sbc	78			294 4	13.2	6.6	1.6			216	G ★
			Sbc		F 9.1	0 712 13	304 4		5.3				234	N
			Sbc	82	F 9.43 1.38	0 701 25	307 4	10.7	6.6	1.5			373	B
			Sc	83	I 38.2	0 704	288 4	20.5	5.8	0.9			151	A ★
			Sbc		I 35.8	0 702 2	277 296 4		5.2	1.2		0	428	A ★
			Sc	83	I 39.0	0 697 6		15.7	6.6		157	0	509	W ★
				68		0 683					120	181	542	V ★
IC 3065	12 12 45.0	+14 40 54	S0	57	S ± 6.0	−400 − 3300		21.9	1.0	0.6			494	E
Anon 1212+06	12 12 46.2	+06 02 24		49	F 0.09 0.09	0 2029	63 129 4	25.0	0.57	0.39			347	A ★
			Comp		I 2.305	0 2014	82 135 4						447	A ★
UGC 7265	12 12 48	+76 32	Sdm	56	I 1.9 0.47	0 1846 15	60 90 4		1.2	0.7			384	E ★
Zw 158-051	12 12 51.6	+27 09 46	Sm		S ± 1.4	5 7360		70.0	0.7	0.3			483	A
UGC 7263	12 12 53.0	+19 34 11	Scd		I 5.03	0 6229	200	62.3	1.1	0.9			483	A ★
Anon 1212+15	12 12 54.0	+15 31 24	Comp		I 1.20	0 7934	137 159 4						447	A ★
UGC 7267	12 12 54	+51 39	Sm	66	F 2.71 0.64	0 473 15	134 4	5.6	3.1	1.3			373	E
			Sdm	69	F 2.0 0.2	0 472 10	115 128 4	7.4	2.0	0.8			387	J ★
ESO 380-G 06	12 12 57	−35 21 06	Sb		S ± 18.0	−400 − 3000			5.1	2.8			373	B
NGC 4207	12 12 57.1	+09 51 46	Sc	59	I 4.9 0.45	0 603 5	149 183 4	21.9	1.82	1.0			377	E ★
			Sc	59	I 4.2 0.9	0 597 10	183 222 4	21.9	1.8	1.0			494	E ★
			Scd	59	I 5.98	0 592	206 227 4		1.8	1.0		214	520	A ★
UGC 7269	12 13 00	+15 17			F ≤1.0	−400 − 3000							213	G
UGC 7271	12 13 00	+43 42	SBd	69	F 1.74 0.56	0 546		6.0	3.5	1.4			373	E
UGC 7272	12 13 00	+52 13	Sc	90	S ± 10.0	3100 − 6600			1.0	0.12			384	E
UGC 7270	12 13 02.4	+22 06 36	Sm		I 4.89	0 6747	465	70.0	1.7	0.4			483	A ★
NGC 4211 A	12 13 04.6	+28 27 32	Sb p	75	I 3.35	0 6599	572 5		2.0	0.6			61	B
					I 0.73	0 6605	124 5	73.8					518	G
IC 3073	12 13 06	+13 53	SB0	36	S ± 6.0	−400 − 3300		21.9	1.1	0.9			494	E
NGC 4213	12 13 06.2	+24 15 38	cD		S ≤2.01	5 6565		87.5					332	A
NGC 4211 B	12 13 06.3	+28 27 05			I 1.22	0 6774	191 5	75.7					518	G
NGC 4212	12 13 06.4	+14 10 45	Sbc	58		1 −82 20		16.8	3.1	1.8			528	P

Table 1 cont.

Name (1)	R.A. (2)	Dec. (3)	Type (4)	i (5)	HI-flux		v			Δv			Dist (15)	a (16)	b (17)	Vmax (18)	Pos (19)	Ref (20)	(21)
					(6)	(7) (8)	(9)	(10)	(11)	(12)	(13)	(14)							
NGC 4212			Sbc		F	≤0.51		2027						4.6				234	N
			Sbc		I	≤3.03	5	2125	88					2.9	2.0			375	A
			Sbc		M	≤0.30							19.5	4.8	3.8			121	E
			Sbc		S	± 18.0	-400	-	3000					4.8	3.7			373	G
			Sbc				2	-198					15.	2.9	2.0			57	A
			Sc		I	≥7.0	0	-83	3	259	282	4		3.0	2.1			428	A ★
Anon 1213+08	12 13 08.0	+08 33 47	Im		I	1.477	0	2584		55	80	4						447	A ★
NGC 4214	12 13 08.8	+36 36 19	IBm		M	2.4 0.2		290	3	63			7.	10.6	10.6	70	130	14	C ★
			Im		I	380.0 60.0	0	289	5	60			3.3	10.6	10.6	118		87	H ★
			Im					288					3.3	11.	11.			364	O ★
			IXm				0	288					3.1	10.6	10.6			373	B
			IXm	0	M	2.371 0.593	0	293			86	4	5.4	10.6	10.6			382	G ★
			Im		M	1.1							3.5					85	N
					I	191.0 2.5												473	J
					I	279.0 15.0												473	J
			IBm		I	¿274	0	291			86	4	5.4	10.6				487	B
			SBm	20	I	319.8 2.1	0	291	5	61	87	4		1.20	0.77			442	E ★
			IXm		I	244.1	0	293			94	4		10.6	10.6			515	G ★
IC 3074	12 13 11.3	+10 58 35	Sm	90	F	4.43 0.98	0	1978	20		248	4	10.7	3.4	0.5			373	E
			Sd	90	I	11.2	0	1979		208	229	4		2.3	0.6			520	A ★
ESO 321-G 18	12 13 17.0	-37 49 07		64	M	48.80	1	2931			263	4	58.6	1.7	0.7			535	P
NGC 4218	12 13 17.5	+48 24 32			I	6.89	0	725	20		201	5		1.0	0.6		142	158	G ★
				53	M	0.215 0.012		724	2		163	4	10.6	1.20	0.77			293	G ★
				53	F	1.35 0.21	0	739		124	157	4	10.7	1.20	0.76			347	G ★
NGC 4216	12 13 20.3	+13 25 38	SXb	80	I	≥22.7	0	138	6	517				6.3	1.7			375	A ★
			SXb	78			1	17			524	4	21.	3.5				380	A
			SXb		M	1.8 0.5		-103	60		348	5	14.8	10.4	3.7			144	J
			SXb	72	F	13.18 2.14	0	139	25		580	4	10.7	10.4	3.7			373	G
			Sb	83	I	33.7	0	135			546	4	20.5	8.5	1.7		19	151	A ★
			Sb	80	I	31.4 1.4	0	142	5	511	527	4	21.9	8.32	2.19			377	E ★
					I	28.5	0	132	8				15.7	7.2		274	19	509	W ★
				63			0	142								290	198	542	V ★
NGC 4215	12 13 21.4	+06 40 47	S0		I	≤0.49	6	1980					36.0	1.6	0.6			30	A
			S0/a		M	≤1.6	1	1500					27.	1.6	0.6			27	A
			S0/a		M	≤1.0	1	1000					18.	1.6	0.6			27	A
			S0		I	≤1.2	5	2093						1.9	0.8			419	A
Anon 1213+14	12 13 21.6	+14 18 06	Im		I	0.332	0	682		52	72	4						447	A ★
NGC 4217	12 13 21.7	+47 22 12	Sb	73							408	4	12.6	7.4	2.6			216	G ★
			Sc		I	31.04	0	1032	10		422	5		5.5	1.6		50	158	G
			Sb	77	F	11.0 8.8		985	100				13.8	6.3				22	N
							0	962	100									35	N
			Sb	73	F	12.23 1.71	0	1028	20		421	4	11.0	7.4	2.5			373	G
			Sb	78	F	9.2 0.9	0	1008	10	430	474	4	14.1	5.5	1.6			387	J ★
			Sb p	71	I	4.0	0	1030						5.5				512	G
IC 3077	12 13 23.0	+14 42 39	Sa		I	0.41	0	1411		59				1.4	0.7			462	A ★
Anon 1213+09	12 13 23.4	+09 55 36	Im		I	4.905	0	2222		28	43	4						447	A ★
Zw 158-054	12 13 23.5	+26 56 20	Sc	48	I	2.34	0	7685			194	5		0.9	0.6			61	A ★
Anon 1213+08	12 13 26.0	+08 39 05	Im		S	± 0.9	-600	-	8000									447	A
UGC 7286	12 13 27.5	+27 43 12			I	≤1.0	3140	-	7000					1.5	0.5			327	A
			Sbc		I	1.37	0	7650			557		76.5	1.5	0.5			483	A ★
Anon 1213+04	12 13 27.6	+04 55 42	Pec	66	I	4.4 0.8	0	2167	10	58	128	4		0.9	0.4			494	E ★
			Comp		I	4.784	0	2175		113	164	4						447	A ★
IC 3080	12 13 30	+14 28	SBa	38	S	± 7.0	-400	-	3300					0.7	0.6			494	E
IC 3078	12 13 34.2	+12 55 54	Sb	0	S	± 5.0	-400	-	3300					0.5	0.5			494	E
UGC 7287	12 13 37.8	+28 24 28	Sb		I	1.24	0	8102			373		70.0	1.1	0.7			483	A ★
UGC 7289	12 13 42.0	+29 02 33	Sm		I	2.85	0	7819			442		78.2	1.5	0.3			483	A ★
NGC 4220	12 13 42.9	+48 09 45	Sa	67	I	≤8.3	5	1039	50				20.8	3.9	1.7			346	G
			S0/a	72	F	≤0.05 0.04	5	979	50				13.1	3.8	1.4			387	J
NGC 4219	12 13 49.0	-43 02 42	Sbc	70	I	67.6 5.2	0	1980	16		418	4	34.5	4.0				320	P ★
			Sbc	69	F	20.67 2.00	0	1993	15		385	4	17.4	7.5	3.0			373	B
NGC 4222	12 13 49.4	+13 35 11	Sd		F	2.6	0	222	30		253	4		3.4				234	N ★
			Sd		S	± 18.0	-400	-	3000					4.5	0.9			373	G
			Sd		I	12.6	0	226	4	222	243	4		3.3	0.6			428	A ★
			Scd	90	I	16.5	0	240	5				15.7	3.6		105	56	509	W ★
				72			0	234								120	49	542	V ★
DDO 116	12 13 54.0	-11 15 06	Im	74	F	2.99 0.72	0	1163	15	132			20.2	2.0	0.6			89	G
			Im	79	F	1.93 0.50	0	1165	15		140	4	9.9	2.4	0.6			373	E
Zw 98-124	12 13 54	+14 46			I	≤1.0	4700	-	8550					0.7	0.4			327	A ★
Anon 1214+	12 14 00	+00 00					0	1250										212	A
NGC 4224	12 14 00.4	+07 44 20	Sa	63	I	≤18.7	5	2442	74				48.8	2.6	1.3			346	E

155

Table 1 cont.

Name (1)	R.A. (2)	Dec. (3)	Type (4)	i (5)	(6)	HI-flux (7)	(8)	(9)	v (10)	(11)	(12)	Δv (13)	(14)	Dist (15)	a (16)	b (17)	Vmax (18)	Pos (19)	Ref (20)	(21)
NGC 4224			Sa		I	4.0		0	2603	6	495	541	4		2.4	1.0			428	A ★
UGC 7298	12 14 00.6	+52 30 18	Im	54	F	1.51		0	172		41	79	4	3.5	2.4				213	G ★
			Im	50	I	4.3	0.6	0	172	4	23	34	4	5.4	1.02	0.68			377	E ★
			Im		I	5.20		0	172			48	4		2.0	1.2			515	G ★
Anon 1214+09	12 14 03.0	+09 57 24	Comp		S	± 1.2		−600 − 8000											447	A
UGC 7300	12 14 11.0	+29 00 27	Im		F	3.11	0.47	0	1215	10	75			24.1	2.7				89	G
			Im		F	3.06	0.50	0	1215	15		97	4	12.0	2.7	2.7			373	G
UGC 7301	12 14 12	+46 21	Sc	90	F	1.34	0.35	0	712	20	132	148	4	10.4	2.1	0.3			387	J ★
IC 3093	12 14 15.0	+14 31 54	Sc	55	I	2.26		0	7097		184	275	4		0.4	0.3			520	A ★
			Sc	55	S	± 6.0		−400 − 3300							0.4	0.2			494	E
UGC 7302	12 14 18	+30 33	dI		I	3.84		0	3836		93								421	A ★
ESO 380-G 08	12 14 21.0	−37 11 40		79	M	11.56		1	1868			144	4	37.4	2.8	0.6			535	P
NGC 4236	12 14 21.8	+69 44 36	SBdm		I	582.7		0	5			195	5		26.	8.7			183	G ★
			SBdm	75								195	4	3.3	26.	8.7			216	G ★
			SBdm	74	I	296.1			−3	9		180	5	4.2	18.7				80	G ★
			SBdm	75	M	1.5	0.3		−10	5	177	211	4	3.25			89	163	206	O ★
			Sdm	75	M	2.0								3.25	13.		90		116	E ★
			Sc		M	≥0.98		3	33					3.3					282	D
			Sc	75				3	65	15	30								360	D
			Sc	75					5					2.5	16.6	5.8			365	O ★
			SBdm	74	F	112.2	4.29	0	2	30		177	4	1.6	26.0	8.5			373	B
			SBdm	70	I	295.1		0	−1			210	5	1.6					417	G
			SBdm	70	I	449.1		0	0			203	5	1.6					417	B
IC 3094	12 14 23.8	+13 54 12	S		I	1.212		0	−154		108	140	4						447	A ★
			Sc		I	1.45		0	−162		140				0.6	0.5			462	A ★
			Im	35	S	± 5.0		5	−169	34				21.9	0.8	0.7			494	E
IC 3096	12 14 27.0	+14 45 54	Sc	81	S	± 6.0		−400 − 3300						21.9	1.8	0.4			494	E
UGC 7307	12 14 27.6	+10 16 46										89	4						216	G ★
			Im		F	1.43	0.30	0	1188	10		86	4	10.7	3.0	3.0			373	G
			Im		I	4.314		0	1186		52	74	4						447	A ★
			Sm		I	5.95		0	1183		76				2.	2.			462	A ★
			Im		I	5.40		0	1183			70	4		3.1	3.1			515	G ★
IC 3097	12 14 28.2	+09 41 00	dE	62	S	± 6.0		−400 − 3300						21.9	0.7	0.4			494	E
NGC 4233	12 14 33.4	+07 54 03	SB0	64	S	± 4.0		5	2224	188				21.9	2.3	1.1			494	E
			SB0		I	≤0.8		5	2224						2.3	1.1			419	A
			S0		I	≤0.52		5	2224						2.1				501	A
NGC 4234	12 14 35.3	+03 57 38	SBc	18	I	3.6	0.66	0	2014	15	110	167	4	21.9	1.3	1.2			494	E ★
			SBc	18	I	2.65		0	2031		120	151	4		1.3	1.2		22	520	A ★
NGC 4235	12 14 35.7	+07 28 11	Sa		I	≤2.4			2410										114	A ★
			Sb		I	≤3.39								18.4	4.3	1.1			137	A
			Sa	75	I	4.4	1.5	0	2410	30	273	344	5	47.6	3.8	1.2			346	E ★
			Sa p	79	F	≤0.26		5	2300						3.7				154	A
DDO 118	12 14 37.0	−11 24 06	Im	60	F	≤1.5			1306			115		23.1	2.2				89	G
			Im	62	F	1.43	0.41	0	1278	15		115	4	11.0	1.7	0.8			373	E
Anon 1214+06	12 14 37.2	+06 42 36	Comp		F	0.688		0	2070		96	144	4						447	A ★
UGC 7313	12 14 37.8	+12 43 48			I	≤1.0		4700 − 8550							2.1	0.2			327	A
			Sb	90	I	6.7	1.5	0	2122	10	211	229	4		2.1	0.3			494	E ★
			Sdm		I	6.06		0	2133		240				2.1	0.3			462	A ★
NGC 4237	12 14 38.2	+15 36 08	Sbc		F	1.1		0	855	30		380	4		3.2				234	N ★
			Sc		I	4.5		0	863	4	249	271	4		2.3	1.6			428	A ★
			Sc	47	S	± 5.0		5	916	15				21.9	2.3	1.6			494	E
				41				0	863								160	114	542	V ★
Anon 1214+08	12 14 39.0	+08 36 12	Comp		S	± 1.5		−600 − 8000						11.4					447	A
NGC 4239	12 14 42.3	+16 48 35	E	58	I	≤18.9		5	955										417	E
			S0	51	S	± 4.0		5	946	17				21.9	1.9	1.2			494	E
			E		S	± 0.47													427	A
Anon 1214+13	12 14 44.0	+13 04 24	Sb		I	2.38		0	4987		221	246	4		0.9	2.5			520	A ★
NGC 4241	12 14 52.1	+06 58 05	Sa	58	S	± 8.0		5	2235	25				21.9	2.5	1.4			494	E
Anon 1214+17	12 14 54	+17 55			S	± 6.0		−400 − 3300						21.9					494	E
NGC 4242	12 14 59	+41 59 36	SBd	40	I	37.8		0	520					7.8	7.6	7.2	85	32	480	W ★
			SBd	36	I	34.15	2.2	0	518	5	111	140	4						442	E ★
			SXdm	48	F	10.4	1.0	0	516	10	117	144	4	7.5	5.7	3.8			387	J ★
			SXdm	19	F	11.46	1.00	0	516	10		142	4	5.8	7.6	7.1			373	G
NGC 4244	12 14 59.9	+38 05 06	Sc	86	I	620.0	15.0	0	240	10	240			3.3	18.	2.9	230		87	H
			Scd	86	M	3.2								3.8	9.		98		116	E ★
				86	I	640.0			240	10	230			4.4	18.	2.9			165	H ★
			Scd	86	M	4.0			242	2				3.8	18.	2.9		45	240	N ★
			Sc	86					229		180	205	5	3.3	18.	3.	115		364	O ★
			Sc	86					245		231	281	4	3.8	15.9	2.0			365	O ★
			Scd	90	F	98.76	4.39	0	247	5		220	4	2.8	18.0	2.8			373	B

Table 1 cont.

Name (1)	R.A. (2)	Dec. (3)	Type (4)	i (5)	(6)	HI-flux (7)	(8)	(9)	v (10)	(11)	(12)	Δv (13)	(14)	Dist (15)	a (16)	b (17)	Vmax (18)	Pos (19)	Ref (20)	(21)
NGC 4244			Scd		M	1.8								3.5					85	N
			Scd	83	I	422.0	4.2	0	249	5	203	223	4						442	E ★
IC 3105	12 15 00.8	+12 40 00	Sdm		I	7.76		0	−163		115				1.8	0.5			462	A ★
			Im		S	± 18.0		−400	− 3000						2.9	0.9			373	G
				78	F	2.02	0.09	0	−162		89	129	4	13.6	1.83	0.59			347	A ★
			Sd		I	9.44		0	−162		90	114	4		1.8	0.6	297		520	A ★
UGC 7321	12 15 02.3	+22 49 01	Scd	90	I	35.8	1.5	0	411	5	218	233	4		4.51	0.25			377	E ★
			Sc		I	35.9		0	406			240	5		5.5	0.3			488	a ★
			Sc		I	25.22		0	418		207	224	4		5.5	0.3			489	A ★
			Scd	90	F	9.49	1.18	0	403	10		234	4	3.6	7.4	1.0			373	B
			Sc	90	I	37.6		0	407			248	4	7.3	5.5	0.3		82	393	G ★
			Sc	90	I	41.4		0	406			240	4	7.3	5.5	0.3		82	393	A
NGC 4250	12 15 02.5	+71 05 11	SX0		I	9.2	0.2	0	2045			201			2.5	1.9			503	G
NGC 4245	12 15 05.9	+29 53 13	SBa	36	I	≤3.5		5	855	65				17.1	3.8	3.1			346	G
ESO 573-G 06	12 15 09	−21 53 48	Sc	70	S	± 16.0		−100	− 4600						1.8	0.7			466	E
Anon 1215+09	12 15 09.0	+09 05 42	Im		I	1.37		0	4296		111	129	4						447	A ★
Anon 1215+13	12 15 12	+13 27		38	S	± 6.0		−400	− 3300						0.7	0.6			494	E
Anon 1215+07	12 15 13.8	+07 32 18	Im		S	± 2.4		−600	− 8000										447	A
IC 3107	12 15 14.1	+11 07 22	Scd		I	8.56		0	7289		434				1.5	0.7			462	A ★
			Sb	62	S	± 6.0		5	7299	32					1.5	0.8			494	E
IC 3109	12 15 16.2	+13 24 54			S	± 6.0		−400	− 3300					21.9	1.6	0.8			494	A
UGC 7331	12 15 18	+17 42			I	≤1.0		3140	− 8550										327	A
IC 3115	12 15 18.6	+06 55 53	SBbc	36	I	8.81		0	733		120	134	4		1.7	1.4	90		520	A ★
Anon 1215+05	12 15 19.0	+05 18 12	Im		I	0.445		0	1775		48	84	4						447	A ★
NGC 4248	12 15 21.7	+47 41 16	SXbc	72	M	0.043	0.005		484	10				6.6	5.	2.1	110		2	W ★
			Pec		S	± 18.0		−400	− 3300						5.0	2.0			373	G
			I0	69											3.2	1.3			387	J
UGC 7332	12 15 24	+00 43	Im	48	F	6.09	0.66	0	941	15		100	4	8.1	3.5	2.3			373	G
NGC 4246	12 15 25.0	+07 27 46	Sc	64	I	23.66	2.4	0	3728	10		370	4		2.1				188	G ★
			Sc		S	± 18.0		−400	− 3300						3.5	2.3			373	G
			Sc	55	M	12.40		0	3759	35				45.0					324	N
					I	16.76		0	3719	5	347	363	4						508	a
			Sc	64	I	13.9		0	3721		350	376	4	50.4					505	A ★
			Sc	56	I	21.5		0	3721		337	365	4		2.5	1.5	173		520	A ★
NGC 4247	12 15 25.0	+07 33 08			I	1.84		0	3838	21	105	178	4		1.2	1.0			508	a
ESO 573-G 07	12 15 26	−20 34 30	Sb	34	S	± 9.0		−100	− 4600						1.7				466	E
IC 3115	12 15 26.4	+06 55 53	SBc		I	7.966		0	2332		117	132	4		1.7	1.4			489	A ★
			SBbc	36	I	9.2	0.7	0	730	5	116	136	4	21.9	1.7	1.4			494	E ★
NGC 4249	12 15 27.0	+05 51 54	S0	0	S	± 7.0		−400	− 3300						0.6	0.6			494	E
IC 3118	12 15 33.0	+09 46 36	SB0	59	S	± 6.0		−400	− 3300					21.9	1.7	0.9			494	E
UGC 7336	12 15 33.0	+16 14 30	S	89	I	2.99	1.17	0	5697	16	286	581	4	75.	1.0	0.2			327	A ★
IC 773	12 15 34.8	+06 24 36	SB0	60	S	± 6.0		−400	− 3300					21.9	1.8	1.0			494	E
UGC 7337	12 15 36	−00 47	Sbc	59	I	12.56	1.4	0	5707	5		326	4		1.1	0.6			466	G ★
NGC 4251	12 15 36.8	+28 27 11	S0/a		M	≤0.30		1	1000					18.	3.2	2.0			27	A
Anon 1215+08	12 15 38.0	+08 36 00			I	0.577		0	4313		61	83	4						447	A ★
Anon 1215+07	12 15 39.0	+07 56 12	Im		I	5.367		0	3953		133	164	4						447	A
IC 3104	12 15 42.0	−79 26 48	Im	64	I	12.0	3.0	0	430	5				42	1.9	4.6	2.2		310	P
			Scd	60				1	430	20					3.1	2.4	1.4		528	P
IC 3118	12 15 42	+09 46	Im		S	± 18.0		−400	− 3300						2.5	1.3			373	G
Anon 1215+10	12 15 42.0	+10 37 54	Sc		I	2.04		0	5940		157	175	4		0.6	0.6			520	A ★
Anon 1215+11	12 15 42	+11 45 30	Im		S	± 0.9		−600	− 8000										447	A
IC 3120	12 15 42.6	+14 01 36	Comp		I	0.556		0	257		35	101	4						447	A ★
UGC 7342	12 15 48	+29 33			S	± 4.0		1400	− 8400										490	A
UGC 7341	12 15 50.0	+25 29 36	Sb	58	I	5.05		0	6949			311	5		1.5	0.8			61	A
Anon 1215+05	12 15 54.6	+05 53 42	Im		I	0.351		0	1822		120	134	4						447	A ★
NGC 4253	12 15 55.6	+30 05 26	SB0/a	41	F	≤0.12		5	3836						1.6				154	A
			SBa	0	S	± 2.64		5	3869						0.9	0.9			547	A
					I	≤0.81		5	3870					57.0	0.9	0.9			562	A
NGC 4252	12 15 57.5	+05 50 18			I	≤1.0		3140	− 7000						1.2	0.3			327	A
			Sc	78	I	3.22		0	863		158	176	4		1.5	0.4			520	A
IC 3128	12 16 10.2	+11 59 54	Sc	55	S	± 6.0		5	11590	30					0.7	0.4			494	E
NGC 4254	12 16 17.1	+14 41 42	Sc		M	7.9	0.7		2387	14		277	5	14.8	7.3	6.0			144	J ★
			Sc		F	28.1		0	2407	13		266	4		7.1				234	N
			Sc	28	I	75.7		0	2405	6	223				5.5	4.9			375	A ★
			Sc	27	M	19.28		0	2447	35				29.2					324	N
			Sc	20	I	72.0		0	2415			268	4	20.5	5.0	4.7			151	A ★
			Sc		I	82.0		0	2406		224	275	4						429	E
			Sc	28	S	± 6.0		5	2413	10				21.9	5.4	4.8			494	E
			Sc	28	I	77.1		0	2415	6				15.7	7.2		307	56	509	W ★
			Sc	28	I	105.6		0	2403		228	269	4		5.4	4.8	180		520	A ★

Table 1 cont.

Name (1)	R.A. (2)	Dec. (3)	Type (4)	i (5)	(6)	HI-flux (7)	(8)	(9)	v (10)	(11)	(12)	Δv (13)	(14)	Dist (15)	a (16)	b (17)	Vmax (18)	Pos (19)	Ref (20)	(21)
NGC 4254			Sc	28	I	83.8	9.0	0	2403	3	227	270	4		5.4	0.6	250	62	523	J★
				27				0	2408			250	4						542	V★
					I	33.08		0	2403			250	4	17.6	5.0	4.7			562	A★
IC 3131	12 16 18.0	+08 08 18	S0	0	S	±	6.0	−400	−	3300				21.9	1.2	1.2			494	E
Anon 1216+12	12 16 18.6	+12 52 30	Im		I	0.749		0	1566		43	66	4						447	A★
IC 775	12 16 21.0	+13 11 31	S		I	8.77			1505	5	203	223	4						457	A★
UGC 7347	12 16 22.0	+12 44 52	Sd		I	4.50		0	6399		307				1.2	0.1			462	A★
NGC 4255	12 16 22.6	+05 03 51	S0	61	S	±	6.0	5	1696	50				21.9	1.5	0.8			494	E
ESO 573-G 10	12 16 23	−19 48 06	Sc	21	S	±	9.0	−100	−	4600					1.5	1.4			466	E
NGC 4258 ?	12 16 23.3	+31 08 20	Sc	27	I	54.4		0	2402	10	220	263	4	22.1					416	E★
IC 3134	12 16 24.0	+09 14 12	Sa	68	I	2.5	1.0	0	2367	10	173	246	4		0.9	0.4			494	E★
IC 3136	12 16 25.0	+06 27 45	S	73	I	2.57		0	5594		319	341	4		1.1	0.4			520	A★
			SBc	76	S	±	7.0	−400	−	3300				21.9	1.1	0.4			494	E
					M	10.32		1	980			271	4	19.6					535	P
NGC 4258	12 16 29.7	+47 34 55	Sbc		I	417.8		0	451			435	5		24.	9.6			183	G★
			SXbc	72	M	4.5			455	8				6.6			195	−28	1	W★
			Sb	64	M	≤0.5		5	420	40				3.3	24.	9.6			87	H★
			SXbc	72	M	4.4		0	450		421	454	4	6.6	24.	9.6		−30	3	W★
			Sb	64					450					3.8	18.6	7.6			365	O★
			SXbc	69	F	119.5	9.50	0	449	7		440	4	5.2	24.0	9.6			373	B
			SXbc	69	F	115.5	11.5	0	444	10	409	437	4	6.8	22.	9.			387	J★
			SXbc	66	I	460.1	41.7	0	443	3	421	442	4		18.2				473	J★
			Sb	63	I	486.9	6.9	0	440	5	418	444	4						442	E★
IC 776	12 16 30.0	+09 08 06	Sdm	57	F	2.85	0.76	0	2464	40		205	4	10.7	3.2	1.8			373	E
			SBcd	58	I	10.2		0	2469		167	188	4		2.1	1.2		8	520	A★
Anon 1216+04	12 16 32.3	+04 56 12	S		I	1.50		0	2348		55	75	4		0.9	0.9			520	A★
IC 3142	12 16 32.6	+14 15 22	Sm		I	2.58		0	−206		104				0.8	0.4			462	A★
			S/Irr	68	S	±	6.0	−400	−	3300				21.9	0.9	0.4			494	E
			Im		I	2.609		0	−210		66	99	4						447	A★
IC 3142 A/B			Mult		I	2.1		0	−210	15		99	4		1.0	1.0			78	A★
NGC 4257	12 16 33.8	+06 00 09	Sab	75	S	±	6.0	−400	−	3300				21.9	1.2	0.4			494	E
UGC 7354	12 16 36.2	+04 08 01			I	2.07		0	1528		49	73	4		0.5	0.4			489	A★
			E3		I	2.01		0	1526		46								427	A
			E					0	1520						0.5	0.4		60	507	V★
				44	M	0.174	0.007		1516	3		104	4	18.6	0.65	0.55			293	A★
				33	F	0.58	0.07	0	1523		40	70	4	18.2	0.65	0.55			347	A★
			Comp		I	2.275		0	1524		48	72	4						447	A★
			Mult		I	2.40		0	1533			84	4		1.0	0.8			515	G★
Anon 1216+13	12 16 39.0	+13 09 42	Im		I	0.50		0	2175		58	92	4	15.8					445	A★
			Im		I	1.06		0	2185		84	107	4						447	A★
			Sm		I	1.40		0	2179		107				0.8	0.3			462	A★
UGC 7356	12 16 39.6	+47 22 00	Im	43	F	9.12		0	255		98	137	4	4.3	2.3				213	G★
			Im	40	I	50.2	0.52	0	290	10	58	124	4	5.4	1.1	0.85			377	E★
Anon 1216+06	12 16 40.2	+06 16 00	Im		I	0.771		0	1622		58	76	4						447	A★
Anon 1216+14	12 16 41.8	+14 09 35	Comp	33	I	2.7	0.4		−235	15	80			20.					357	G★
			Comp	29	I	1.82	0.29	0	−231	10	74	95	4	21.9	0.25	0.22			377	E★
			Comp		I	0.75		0	−240		57	82	4	15.8					445	A★
			Comp		I	1.297		0	−254		55	76	4						447	A★
IC 3147	12 16 42	+12 20	S	58	S	±	6.0	−400	−	3300					1.0	0.6			494	E
UGC 7357	12 16 42.0	+22 42 33	SXc		S	±	18.0	−400	−	3000					2.7	2.5			373	G
			Sc		I	9.472		0	6683		45	64	4		1.7	1.6			475	A★
			Sd		I	4.90		0	6682			82	4	66.8	1.7	1.6			483	A★
								0	6681										490	A
Anon 1216+06	12 16 48.6	+06 11 30	Comp		I	2.732		0	1512		57	103	4						447	A★
NGC 4260	12 16 48.8	+06 22 40	SBb		I	≤5.51								18.4	2.6	1.4			137	A
			SBa	57	I	3.0	1.5	0	1958	30	465	480	5	36.1	2.8	1.6			346	E★
IC 3148	12 16 49.1	+08 08 47	SBd	0	I	0.77		0	2479		70	83	4		0.9	0.9			520	A★
NGC 4261	12 16 49.5	+06 06 15	E2											18.4	3.9	3.2			137	A
			E		S	≤21.5.		5	2200										356	G
IC 777	12 16 52.8	+28 35 11	SBa	59	I	2.95	1.05	0	4307	16	355	387	4	57.	1.3	0.7			327	A★
Anon 1216+13	12 16 54.6	+13 35 12	Im		I	1.367		0	305		30	47	4						447	A★
IC 3150	12 16 56.0	+08 04 30	Pec		I	1.546		0	7269		156	196	4						447	A★
IC 3151	12 16 58.0	+09 41 00	SBa	62	S	±	6.0	−400	−	3300					0.9	0.4			494	E
NGC 4262	12 16 58.2	+15 19 18	SB0	31	M	0.58		0	1369	9		404	5	18.4	2.2				139	A★
			SB		M	0.54		1	1280		440			23.	1.9	1.8			27	A★
			SB0		M	≤0.47			1353					15.7					131	B★
			SB0		I	4.69								18.4	2.2	2.0			137	A★
			SB0	19	I	5.5	0.78	2	1280	25		410	4	18.	1.9				135	A
			SB0												2.2		240		220	W★
			SB0	23	I	8.2	0.4	0	1360	20	440	480	4		1.8			153	443	W★

Table 1 cont.

Name (1)	R.A. (2)	Dec. (3)	Type (4)	i (5)	(6)	HI-flux (7)	(8)	(9)	v (10)	(11)	(12)	Δv (13)	(14)	Dist (15)	a (16)	b (17)	Vmax (18)	Pos (19)	Ref (20)	(21)
NGC 4262			SB0		I	6.61	0.19		1365	12	409								519	a ★
NGC 4264	12 17 02.8	+06 07 25	SB0	35	S	±	8.0	5	2633	100				21.9	1.1	0.9			494	E
IC 779	12 17 08	+30 09 37			S	±	4.0		2400 – 9400										490	A
				0	S	±	1.99		400 – 7200						1.1	1.1			547	A
UGC 7370	12 17 08.2	+02 20 43	Sbc	79	M	0.2		0	2217		210	231	4	28.8	1.2				526	A
NGC 4266	12 17 10.2	+05 49 00	S0	82	S	±	6.0		-400 – 3300					21.9	2.1	0.5			494	E
Anon 1217+12	12 17 11.4	+12 33 24	Im		S	±	1.3		-600 – 8000										447	A
IC 3155	12 17 12.0	+06 16 00	S0	60	S	±	6.0	5	2045	100				21.9	1.1	0.6			494	E
IC 3156	12 17 12.0	+09 25 36	SBc	46	S	±	7.0		-400 – 3300					21.9	0.7	0.5			494	E
UGC 7374	12 17 12	+29 09	S		I	1.56		0	7634		355								421	A ★
Anon 1217+05	12 17 12.6	+05 44 06	Im		I	0.595		0	2362		100	142	4						447	A
								0	2410	20	196								428	A
NGC 4267	12 17 13.1	+13 04 36	S0		I	≤2.86								18.4	3.5	3.2			137	A
			SB0		I	≤5.09		5	1260	90					3.6	3.4			375	A
			S0		I	≤0.8		5	1001						3.5	3.2			419	A
NGC 4268	12 17 13.9	+05 33 41	SB0/a	70	S	±	6.0	5	2318	100				21.9	1.6	0.6			494	E
NGC 4270	12 17 15.4	+05 44 31	S0		I	≤2.86								18.4	2.2	1.0			137	A
								0	2495	35									324	N
NGC 4269	12 17 15.8	+06 17 41	E/S0	49	S	±	7.0	5	2535	100				21.9	1.5	1.0			494	E
NGC 4272	12 17 17.5	+30 26 55	E		M	≤1.8		5	8453					155.	1.0				300	A
Anon 1217+06	12 17 20	+18 25	Im		I	1.412		0	482		27	42	4						447	A ★
			Im	30	I	2.0	0.2	0	482	5		40	4	15.9	0.25		28	350	510	V ★
			Im		I	2.60		0	479		33	50	4	15.8					445	A ★
NGC 4274	12 17 20.2	+29 53 33	SBab	68	I	6.4	0.96	2	926	25		460	4	14.4	7.3				135	A ★
			Sa		M	1.02	0.26	0	718	16		471	5	9.6	8.7	3.5			76	J ★
			Sb	69	M	0.35		0	930	5		453	5	18.4	6.4				139	A ★
			Sb		I	2.82								14.2	6.9	2.8			137	A ★
			Sa		F	≤3.1		7	761					12.5					95	B
			Sa	65	I	9.2	2.8	0	928	30	457	469	5	17.6	6.3	2.9			346	G ★
			Sa	65	I	8.2	3.2	0	928		471	502	5	17.6	6.3	2.9			346	E ★
			SBab		S	±	18.0		-400 – 3000						8.6	3.4			373	G
Anon 1217+08	12 17 20.4	+08 00 18	Comp		I	1.724		0	3779		130	142	4						447	A
NGC 4275	12 17 21	+27 53 55	S		I	2.037		0	2318		150	169	4		0.8	0.8			475	A ★
NGC 4273	12 17 22.6	+05 37 27	SBc	48	I	17.7		0	2375			299	4	30.1	2.1				203	G ★
			Sc	48	M	2.95		0	2418	35				28.4					324	N
			SBc	48	I	19.3		0	2400			352	5	11.4					417	G
			SBc	48	I	13.2		0	2400			347	5	11.4					417	A
			SBc		I	18.5		0	2378	4	276	301	4		2.3	1.5			428	A ★
			SBc	49	I	21.1	1.6	0	2368	10	234	310	4	21.9	2.3	1.5			494	E ★
			SBc		I	11.04	0.15		2384	3	282								519	a ★
					I	12.15		0	2392			293	4	37.8	2.5	1.2			562	A ★
UGC 7383	12 17 29.4	+08 52 57	Scd		I	5.91		0	7379		297				1.2	0.8			462	A ★
UGC 7384	12 17 33.5	+28 15 10	Sbc	47	S	±	6.0		-400 – 3300					21.9	1.3	0.9			494	E
			SBb	55	I	6.35		0	8315			427	5		1.9	1.1			61	A ★
ESO 506-G 02	12 17 34	-25 47 24	Sbc	90	I	27.4	3.2	0	3960	5	270	496	4		3.0	0.3			466	E ★
NGC 4276	12 17 34.7	+07 58 10	SBbc	30	I	5.6	0.8	0	2603	10	134	154	4	21.9	1.7	1.7			494	E ★
			Sc		I	4.66		0	2617		131	152	4		1.7	1.7		90	520	A ★
IC 781	12 17 36	+15 14	S0	51	S	±	6.0		-400 – 3300					21.9	1.0	0.7			494	E
NGC 4278	12 17 36.5	+29 33 26	E1		I	4.1			620		400			12.					26	E ★
			E1		M	0.7			670	17	470			16.					94	G ★
			E1		M	0.5			610		520			16.					94	B ★
			E1		M	≤0.09			700	50	100			16.8					120	E ★
			E1		F	≤2.7		7	622					12.5					95	B ★
			E1		I	2.20								14.2	3.6	3.5			137	A ★
			E1		M	≤0.3		5	630					12.					93	B ★
			E1		M	0.25		5	659		470			9.6					134	A ★
			E	45	I	11.7		1	608		374	414	5	16.4			180	37	265	W ★
			E1		F	1.82	0.6		680	40		510	0	9.6	6.3				43	N ★
			E1		I	10.52	0.19		621	20	399								519	a ★
Anon 1217+08	12 17 37.8	+08 55 12	Sc	42	S	±	7.0		-400 – 3300						1.2	0.9			494	E
UGC 7388	12 17 42	+33 55			S	±	4.0		2400 – 9400										490	A
UGC 7387	12 17 45.0	+04 28 36	Scd	90	I	3.19		0	1733		258	272	4		2.1	0.2			520	A ★
IC 3167	12 17 46.8	+09 49 24	SB0	62	S	±	5.6		-400 – 3300					21.9	1.2	0.6			494	E
NGC 4281	12 17 48.4	+05 39 51	E/S0		I	≤2.96								18.4	3.1	1.5			137	A
Anon 1217+12	12 17 50.4	+12 27 48	Comp		I	0.349		0	284		35	68	4						447	A ★
					S	±	20.0	5	272	30				21.9	0.3				377	E
Anon 1217+07	12 17 52.7	+07 11 12	Sd		I	1.54		0	2560		118	139	4		1.4	0.7			520	A ★
IC 3170	12 17 55.2	+09 42 00	Sbc	0	S	±	6.0		-400 – 3300						0.4	0.4			494	E
UGC 7395	12 17 57.3	+31 26 53	S/Irr	26	I	0.95		0	6734		130		5		0.5	0.45			61	A ★
IC 3175	12 17 59.3	+10 07 27	Sb	77	S	±	5.0		-400 – 3300						0.6	0.2			494	E

Table 1 cont.

Name (1)	R.A. (2)	Dec. (3)	Type (4)	i (5)	(6)	HI-flux (7)	(8)	(9)	v (10)	(11)	(12)	Δv (13)	(14)	Dist (15)	a (16)	b (17)	Vmax (18)	Pos (19)	Ref (20)	(21)
IC 3175			Sb		I	2.47		0	5900		343	368	4		0.7	0.2			520	A ★
ESO 573-G 12	12 18 02	−18 23 18	Sc	74	S	±	8.0	−100	−	4600					2.4	0.8			466	E
			Sc	74	S	±	5.8	0	−	6400					2.4	0.8			466	G
Anon 1218+08	12 18 03.0	+08 28 48	Im		S	±	1.3	−600	−	8000									447	A
Anon 1218+14	12 18 08.4	+14 10 06	Comp		I	0.621		0	794		50	95	4						447	A ★
NGC 4288	12 18 10.9	+46 34 14	SBd	50	F	8.51	0.96	0	534	15	174			11.8	4.3				89	G
			SBd	52	F	9.07	1.00	0	534	15		230	4		6.0	4.4	2.8		373	G
			SBm	55	F	9.0	0.9	0	535	15	174	220	4		8.0	3.0	1.8		387	J ★
NGC 4286	12 18 11.4	+29 37 18	S0/a		M	≤0.62			630					11.7					131	G
			S0	60	S	±	3.56	400	−	7200					1.7	0.9			547	A
NGC 4287	12 18 12	+05 55	S	90	S	±	6.0	−400	−	3300					1.5	0.3			494	E
ESO 380-G 17	12 18 14	−34 30 36			S	±	3.0	−400	−	3000									373	B
NGC 4290	12 18 23	+58 22 07	SBab		I	5.4	0.4	0	3020			373	4		2.5	1.9			503	G
Zw 128-080	12 18 24.8	+24 56 46	Sm		I	1.07		0	7349			251		73.5	0.5	0.5			483	A ★
Anon 1218+06	12 18 25.0	+06 36 54	Im		I	0.377		0	825		46	69	4						447	A ★
Anon 1218+13	12 18 27.6	+13 00 18	Im		I	0.907		0	672		44	65	4						447	A ★
NGC 4289	12 18 28.8	+03 59 48	Sbc					0	2500						5.5	0.9			373	G
			Scd	90	I	17.0	3.2	0	2530	5	357	374	4		3.9	0.5			494	E ★
			Sc	90	I	15.5		0	2541		366	384	4		3.9	0.5			520	A ★
Anon 1218+11	12 18 33.0	+11 52 24	Sm		I	0.749		0	910		77	109	4						447	A ★
ESO 573-G 13	12 18 38	−17 39 36	Sa	68	S	±	5.5	0	−	12900					1.7	0.7			466	G
Anon 1218+17	12 18 39.0	+17 54 54	Comp		I	2.465		0	2108		104	150	4						447	A ★
NGC 4293	12 18 41.1	+18 39 36	Sc		I	≤4.02								18.4	6.0	3.0			137	A
			SB0		I	≤7.11		5	750	88					5.4	2.6			375	A
			S0/a		M	≤0.62								19.5	7.2	3.3			121	E
			SB0		M	0.71	0.30		948	40		382	5	14.8	6.9	2.7			144	J
			Sa p	60	I	≤8.1		5	841	38				21.9	5.9	3.1			346	E
			Sa p	60	I	≤8.1		5	841	38				21.9	5.9	3.1			346	G
			Sa		I	≤1.0		5	933						6.0	3.0			419	A
NGC 4292	12 18 43.1	+04 52 25	SB0	50	S	±	5.0	5	2258	25				21.9	2.1	1.4			494	E
			S0		I	≤1.90		5	2258						2.0				501	A
NGC 4294	12 18 45.2	+11 47 23			I	19.67	2.9	0	351	15	187	217	4		3.0	1.1		155	248	A ★
			SBcd	63	I	20.0		0	365			206	5		4.3	2.1		155	264	A ★
			Scd	63	I	24.8	3.7	0	359	9		244	4	5.0	3.7				201	G ★
			SBcd					−400	−	3000					4.3	2.1			373	G
			SBcd	66	I	33.9		0	332			302	5	11.4					417	G
			SBcd	66	I	18.7		0	371			248	5	11.4					417	A
			SBc		I	26.8		0	357	4	197	226	4		3.1	1.3			428	A ★
			SBc	67	I	22.9		0	364	6				15.7	4.0		98	155	509	W ★
NGC 4294/99				69	F	8.92	0.17	0	359		197	227	4		3.1	3.08	1.33		347	A
			Mult		M	0.5		0	312	18		256		14.8	4.3	2.1			144	J ★
Anon 1218+04	12 18 46.2	+04 21 18	Comp		I	1.289		0	1979		38	65	4						447	A ★
UGC 7408	12 18 48.0	+46 05 19	Im	51	F	2.40	0.32	0	464	10	27			10.4	4.0				89	G
			Im	52	F	2.53	0.34	0	464	10		59	4	5.3	4.0	2.5			373	G
			Im	55	F	2.4	0.2	0	460	10	25	58	4	6.9	2.7	1.6			387	J ★
			IXm		I	8.89		0	462			54	4		4.0	2.4			515	G ★
Anon 1218+15	12 18 52.8	+15 53 48	dE		S	±	1.3	−600	−	8000									447	A
NGC 4296	12 18 55.1	+06 55 53	SB0	53	S	±	6.0	5	4227	24					1.8	1.1			494	E
Anon 1218+15	12 18 56.0	+15 18 05	Im		I	0.497		0	1866		29	43	4						447	A ★
Anon 1218+08	12 18 56.4	+08 25 42	Other		I	0.278		0	2536		39	114	4						447	A ★
IC 782	12 19 00.0	+06 02 30	SX0/a	72	S	±	6.0	−400	−	3300					21.9	1.7	0.6			494	E
NGC 4298	12 19 00.4	+14 53 03	Sc	54	I	25.2		0	1151			397	5	11.4					417	G
			Sc	54	I	17.5		0	1159			395	5	11.4					417	A
			Sc	55	I	12.9		0	1136	4	232			17.5	2.9	1.7		50	390	A ★
			Sc		I	12.9		0	1136	4	232	273	4		3.2	1.9			428	A ★
NGC 4298/4302			Mult		M	4.2	0.47	0	1035	10	348			19.5	5.2	4.4			121	E ★
NGC 4301	12 19 04.2	+05 02 48	S0	73	S	±	6.0	−400	−	3300					21.9	1.4	0.5			494	E
ESO 321-G 25	12 19 05	−39 29 36		61	I	28.7		1	1900		309	337	4						552	P ★
IC 783	12 19 06.8	+16 01 13	Sa		S	±	0.5	−800	−	12000			152	4		1.2	1.1			462	A ★
NGC 4299	12 19 08.0	+11 46 53	Sdm		F	3.9		0	241	13					3.1				234	N
					I	13.52	2.0	0	228	15		174	5		1.7	1.7			248	A
			Sdm	14	I	13.0		0	237			136	5		3.1	3.0			264	A ★
			SXdm	22	I	14.0	2.0	0	221	11	94			11.	2.9				273	A
			SBd		F	4.24	0.72	0	238					10.7	2.7	2.7			373	E
			SXdm	21	I	12.8		0	235			165	5	11.4					417	A
			Sdm		I	20.4		0	234	4	101	163	4		1.7	1.6			428	A ★
			Scd	22	I	12.2		0	227	5				15.7	2.6		126	96	509	W ★
				22				0	228	7	95	152	4				117		555	A
NGC 4300	12 19 08.6	+05 39 47	Sa	67	S	±	6.0	5	3210	31				21.9	1.5	0.7			494	E
			Sa	53	S	±	1.1	5	2310						1.5	0.7			520	A

Table 1 cont.

Name (1)	R.A. (2)	Dec. (3)	Type (4)	i (5)	(6)	HI-flux (7)	(8)	(9)	v (10)	(11)	(12)	Δv (13)	(14)	Dist (15)	a (16)	b (17)	Vmax (18)	Pos (19)	Ref (20)	(21)
IC 3199	12 19 09.0	+10 51 54	SBa	59	S	± 6.0		−400	− 3300					21.9	1.1	0.6			494	E
UGC 7416	12 19 10.0	+41 07 33	Sc	32	I	3.74	0.4	0	6901	15		204	4		1.6				188	G ★
NGC 4302	12 19 10.2	+14 52 43	Sc	81	I	26.4		0	1142			388	5	11.4					417	G
			Sc	81	I	22.6		0	1153			391	5	11.4					417	A
			Sc	90	I	25.7		0	1150	3	360			17.5	3.8	0.8		268	390	A ★
			Sc					−400	− 3000						7.6	2.4			373	G
			Sc		I	25.7		0	1150	3	360	383	4		5.2	1.1			428	A ★
			Sc		I	64.0		0											429	E
IC 3203	12 19 12.0	+26 10 00	Sb		I	4.63		0	6928		598								421	A ★
ESO 506-G 04	12 19 13	−23 53 36	Sbc	62	S	± 11.0		−100	− 4600						2.6	1.3			466	E
NGC 4303	12 19 21.4	+04 44 58	Sbc	25	I	111.2		0	1568			185	4	19.4	5.9				203	G ★
			Sc		M	7.5	0.6		1560	5		174	5	14.8	10.7	7.4			144	K ★
			Sbc	47	I	69.0			1566	9		172	5	24.5	9.6				80	G ★
			Sbc		M	7.6	0.80	0	1558	5	156			19.5	10.7	7.4			121	E ★
			Sc	48	M	7.7	0.8	0	1561	7				14.6	10.7	7.4	103	168	152	J ★
			Sbc		M	2.4			1670					12.					290	P
				25	I	90.6									5.9				203	B
					I	80.8	9.0	0	1567	13	152	178	4						378	E ★
			Sc	14	I	99.1		0	1566			175	4	20.5	6.6	6.4			151	A ★
			Sc		I	102.8		0	1568	2	162	184	4		6.0	5.5			428	A ★
			Sc	25	I	75.7		0	1568	6				15.7	7.8		216	7	509	W ★
			Sc	24	I	76.2	3.0	0	1561	5	153	174	4				150	318	442	E ★
				27				0	1566			170	4	17.6	6.6	6.4			542	V ★
					I	25.50		0	1535		135	160	4						562	A ★
UGC 7423	12 19 22.0	+06 43 42	Sdm		I	2.391		0	1258										447	A ★
UGC 7421	12 19 23.0	+12 14 35			F	≤1.0		−400	− 3000		108	124	4						213	G
			SBm		I	3.694		0	153		107	123	4	15.8					447	A ★
			SBm		I	1.95		0	160										445	A ★
UGC 7425	12 19 24	+15 55			S	± 4.0		−100	− 6900										490	A
UGC 7427	12 19 24	+35 18						0	729										490	A
Anon 1219+02	12 19 24.6	+02 37 24	Comp		I	0.27		0	1832		99	130	4						447	A ★
UGC 7424	12 19 25.0	+08 57 06	Sc p	22	I	1.05		0	851		39	54	4		1.3	1.2			520	A ★
NGC 4308	12 19 26.8	+30 21 10	E		S	± 0.54													427	A
NGC 4305	12 19 31.4	+13 01 03	Sa	56	S	± 5.0		5	1876	13				21.9	2.2	1.3			494	E
			Sa		I	≤0.8		5	1934						2.2	1.3			419	A
			Sa		I	≤3.2													457	A
			Sa	56	S	± 0.9		5	1934						2.2	1.3			520	A
NGC 4307	12 19 32.4	+09 19 17	Sa	75	I	≤4.4		5	1168	202				21.9	3.3	1.1			346	G
			Sb		I	1.3		0	1092	22	373				3.7	0.9			428	A ★
UGC 7428	12 19 32.5	+32 22 11	Im		I	7.516		0	1140		65	83	4		1.3	1.2			475	A ★
			Im	22	I	8.287	0.99	0	1136	4	62	80	4		1.4	1.3			547	A ★
IC 3209	12 19 33.0	+12 00 54	Sbc	81	S	± 6.0		5	7531	20					0.9	0.2			494	E
			Sbc	81	I	1.29		0	7508		378	433	4		1.1	0.3			520	A ★
NGC 4319	12 19 33.3	+75 36 06	SBab	38	I	≤6.3		5	1685					18.8					417	G
			SBb	49	S	± 10.0		5	1700						3.4	2.3			384	E
NGC 4304	12 19 35.0	−33 12 27	SBb		F	8.04	1.21	0	2631	15		260	4	24.0	3.7	3.7			373	B
UGC 7434	12 19 36	+26 20	Sdm		S	± 18.0		−400	− 3000						3.0	0.9			373	G
			Sdm		L	9.45		0						70.0	2.0				483	A
								0	1019										490	A
Zw 158-091	12 19 36	+28 28	Sab	32	I	1.25		0	7607			181	5		0.7	0.6			61	A ★
Anon 1219+16	12 19 36.8	+16 04 41	Im		I	0.30		0	1300		41	66	4	15.8					445	A ★
			Im		I	0.59		0	1297		37	56	4						447	A ★
NGC 4309	12 19 38.9	+07 25 20	Sa	56	I	3.6	0.9	0	1090	15	220	246	4	21.9	2.0	1.2			494	E
			S0		I	≤0.66		5	1053						1.9				501	A
Anon 1219+04	12 19 45.0	+04 33 48	Comp		S	± 1.5		−600	− 8000										447	A
Anon 1219+09	12 19 48.0	+09 18 30	Im		I	0.413		0	5796		70	122	4						447	A ★
UGC 7437	12 19 48	+29 07			S	± 4.0		2400	− 9400										490	A
UGC 7438	12 19 48	+30 21			S	± 4.0		−100	− 6900										490	A
Anon 1219+04	12 19 49.0	+04 01 24	Im		S	± 1.5		−600	− 8000										447	A
Anon 1219+09	12 19 52.0	+09 46 00	Im		I	0.431		0	4658		68	87	4						447	A ★
UGC 7439	12 19 56.0	+04 50 36	Sc	30	I	21.6	0.71	0	1274	5	118	140	4	21.9	1.7	1.4			494	E ★
			SB	42	I	21.7		0	1296		119	122	4		1.7	1.4		90	520	A ★
NGC 4310	12 19 56.1	+29 29 10	S0		I	1.15	0.08	0	913	5	174	199	4		2.3			128	501	A ★
IC 784	12 19 57	−04 22	Sab	74	I	10.90	1.3	0	4865	8		405	4		1.5	0.5			466	G ★
NGC 4312	12 19 59.4	+15 48 58	Sab		I	≤3.0		0	− 6700						5.6				273	A
			Sab	78	S	± 10.0		5	113	100				21.9	4.68	1.32			377	E
			Sab		I	1.8		0	153	7	208	227	4		4.7	1.3			428	A ★
Zw 352-030	12 20 00	+75 07			S	± 10.0		3100	− 6600										384	E
NGC 4314	12 20 02.0	+30 10 25	SBa		F	≤4.0		7	879					12.5					95	B
			SBa p	26	I	≤4.1		5	850	85				17.0	5.4	4.9			346	G

Table 1 cont.

Name (1)	R.A. (2)	Dec. (3)	Type (4)	i (5)	(6)	HI-flux (7)	(8)	(9)	v (10)	(11)	(12)	Δv (13)	(14)	Dist (15)	a (16)	b (17)	Vmax (18)	Pos (19)	Ref (20)	(21)
Anon 1220+12	12 20 04.0	+12 26 05	Comp		S	±	1.2	5	44										447	A
					S	±	5.0	5	44	30				21.9	0.3				377	E
Anon 1220+08	12 20 05.4	+08 34 24	SBm		I	3.124		0	1407		78	103	4						447	A ★
					M	0.2		0	1383	5				14.					537	N ★
			SBm	60	I	3.26		0	1395		75	90	4	13.5	0.9	0.5	40		559	N ★
			SBm	60	I	3.09		0	1380		63	100	4	13.5	0.9	0.5	40		559	W ★
NGC 4313	12 20 05.6	+12 04 51	Sa	78	S	±	5.5	5	1436	22				21.9	3.9	1.1			494	E
			Sab		I	1.9		0	1443	6	263	274	4		3.9	1.1			428	A ★
			Sab		I	1.8	1.5	0	1443										457	A ★
Anon 1220+06	12 20 06.0	+06 17 24	Im		I	0.473		0	877		42	68	4						447	A ★
IC 3225	12 20 06.6	+06 57 11	Scd	67	I	6.8	0.9	0	2360	10	130	225	4	21.9	1.8	0.8			494	E ★
			Scd	67	I	5.27		0	2366		203	231	4		1.8	0.8			520	A ★
Zw 158-094	12 20 09	+29 42 56			S	±	2.20	400	–	7200									547	A
Anon 1220+09	12 20 09.6	+09 06 36	dE		S	±	1.3	−600	–	8000									447	A
NGC 4316	12 20 10.0	+09 36 33	Scd		I	12.58		0	1254		324				2.7	0.5			462	A ★
			Sbc	84	I	11.1	1.6	0	1252	5	310	330	4	21.9	2.7	0.6			494	E ★
			Sbc	84	I	10.5		0	1253		311	328	4		2.6	0.6		203	520	A ★
NGC 4318	12 20 10.6	+08 28 33	E3	41	I	1.77	0.55	0	−339	10	204	273	4	21.9	1.02	0.78			377	E ★
			E		I	0.18		0	1383		92								427	A
			E4					5	1230					13.5	0.8	0.6		65	559	W
Anon 1220+15	12 20 14.4	+15 46 36	Im		S	±	1.5	−600	–	8000									447	A
Anon 1220+08	12 20 15.0	+08 11 24	Im		I	0.082		0	56		41	53	4						447	A
Anon 1220+11	12 20 15.0	+11 37 36	Im		S	±	1.4	−600	–	8000									447	A
NGC 4331	12 20 18	+76 28	Im p	74	F	2.73	0.80	0	1570	15		176	4	17.6	3.4	1.1			373	E
			Im	81	I	9.3	1.2	0	1571	10	133	190	4		2.4	0.6			384	E ★
IC 3229	12 20 19.7	+06 57 24	S		I	1.80		0	1540		136	150	4		1.4	0.1			520	A ★
NGC 4321	12 20 23.2	+16 06 00	Sbc	28	I	68.5		0	1576			276	4	20.1	6.8				203	G ★
			Sc	25	M	1.8	0.4	5	1617	75				15.6	10.0	9.1			152	J ★
			Sbc		F	12.0		2	1560		270								95	B ★
			Sbc		M	6.72	0.70	0	1567	5	256			19.5	10.0	9.1			121	E ★
			Sbc		F	13.4		0	1580	30		279	4		9.8				234	N
			Sbc	21	F	7.35	2.6		1585	20				10.5	9.8				22	N ★
								0	1537	10									35	N
			SBcd	28	I	48.4		0	1575	7	234				7.1	6.3			375	A ★
			Sbc		M	1.1			1630					12.					290	P
				28	I	45.0									6.8				203	B
			SXbc		M	2.6	0.5		1663	35	516		5	14.8	10.0	9.1			144	J
			Sbc		M	≤0.9								13.					85	N
			Sc	32	I	38.0		0	1572			266	4	20.5	6.8	5.8		30	151	A ★
			Sc	27	I	46.18		0	1568	10	243	262	4	22.1					416	E ★
			Sc	30	I	49.6		0	1574	5				15.7	7.3		201	153	509	W ★
				27				0	1575								270	153	542	V ★
					I	20.14		0	1576			276	4	17.6	6.8	5.8			562	A ★
NGC 4332	12 20 27	+66 07 12	SBa		I	1.2	0.2	0	2801			153	4		2.4	1.7			503	G
NGC 4322	12 20 30.0	+16 11 00	SB0	36	I	16.0	3.0	0	1520	10	87	195	4	21.9	1.3	1.1			494	E ★
NGC 4324	12 20 32.5	+05 31 36	Sab	65	M	0.6		0	1675	50		297	5	18.4	2.4		149		139	A ★
			S0	65	I	7.0	1.05	2	1551	25		320	4	18.0	2.1				135	A ★
			Sab		I	3.40								18.4	2.5	1.2			137	A ★
			Sa	60	I	10.1	2.4	0	1659	10	306	325	5	21.9	2.7	1.4			346	E ★
			Sa	64	I	9.80		0	1670		313	329	4		2.5	1.2		323	520	A ★
NGC 4325	12 20 33.0	+10 53 36	E4	52	S	±	6.0	−400	–	3300					1.2	0.8			494	E
Anon 1220+14	12 20 34.8	+14 01 18	Im		I	1.281		0	1890		40	72	4						447	A ★
UGCA 278	12 20 36.0	−13 39 00	Im	24	F	1.21	0.40	0	1158	15		86	4	9.7	2.0	1.8			373	E
			Im		I	4.40		0	1154			88	4		2.0	1.8			515	G ★
IC 3239	12 20 37.6	+12 00 18	Sm		I	1.534		0	746		91	113	4						447	A ★
			Sm		I	1.52		0	746		118				0.6	0.2			462	A ★
UGC 7457	12 20 42	+29 38			S	±	4.0	2400	–	9400									490	A
Anon 1220+07	12 20 42.6	+07 58 00	Im		I	0.265		0	−398		41	102	4						447	A ★
Anon 1220+63	12 20 43.9	+63 29 58	S0/a					5	17580										503	G
NGC 4330	12 20 44.0	+11 38 43	Sc		S	±	18.0	−400	–	3000					6.1	1.6			373	G
			Sc		I	5.7		0	1564	6	252	279	4		4.3	1.0			428	A ★
			Sc	82	S	±	6.0	5	1573	17				21.9	4.3	1.0			494	E
IC 3247	12 20 44	+29 10 14	Sc	90	I	2.218	0.36	0	525	9	189	237	4		2.4	0.2			547	A ★
Anon 1220+07	12 20 45.0	+07 11 18	Im		S	±	1.5	−600	–	8000									447	A
Mark 50	12 20 50.8	+02 57 21	Seyf1	39	M	≤2.6			7034					92.0	0.23	0.13			293	A
			Seyf1		I	≤0.9		0	7400		200			146.					28	A ★
			S0		I	≤1.4			6910										114	G
			Comp		F	≤0.17		5	7013										154	A
NGC 4334	12 20 51.7	+07 44 56	SBab	64	S	±	9.0	5	4382	100					2.4	1.1			494	E
			SB0	64	I	5.34		0	4247		270	298	4		2.4	1.1			520	A ★

Table 1 cont.

Name (1)	R.A. (2)	Dec. (3)	Type (4)	i (5)	(6)	HI-flux (7)	(8)	(9)	v (10)	(11)	(12)	Δv (13)	(14)	Dist (15)	a (16)	b (17)	Vmax (18)	Pos (19)	Ref (20)	(21)
Anon 1220+06	12 20 55.2	+06 05 36	Comp		I	1.135		0	906		72	128	4						447	A ⋆
NGC 4336	12 20 58.1	+19 42 16	SBa	55	S	± 9.0		5	1134	34				21.9	1.7	1.0			494	E
			SB0/a		S	± 0.9		5	1134						1.7	1.0			520	A
NGC 4346	12 21 01.2	+47 16 16	S0	69	F	≤0.06	0.07	5	810	28				10.8	3.2	1.3			387	J
NGC 4339	12 21 01.3	+06 21 32			I	≤2.75								18.4	2.3	2.3			137	A
			E		I	≤1.10		5	1287						2.5				501	A
IC 3255	12 21 03.0	+09 54 54	SBbc	40	S	± 6.0		−400	−	3300				21.9	0.5	0.4			494	E
NGC 4340	12 21 03.7	+17 00 06	SB0/a		I	≤3.92								18.4	4.1	3.2			137	A
			S0		M	≤0.66								19.5	5.2	4.2			121	E
			SB0		I	≤0.6		5	932						4.1	3.2			419	A
NGC 4343	12 21 05.0	+07 13 58	Sc	79	I	4.86	0.7	0	1012	10		361	5		2.6	0.7	133		248	A ⋆
			Sb		I	4.9		0	1014	5	329	348	4		2.8	0.9			428	A ⋆
NGC 4342	12 21 05.8	+07 19 56	E/S0		M	≤0.14		1	613					11.	1.0	0.4			27	A
			E		I	≤1.2		5	714						1.4	0.7			419	A
UGC 7464	12 21 06	+03 14	Sb	84	S	± 6.0		−400	−	3300				21.9	1.7	0.4			494	E
NGC 4344	12 21 06.0	+17 49 05	S p		I	0.725		0	1146		64	83	4		1.9	1.8			447	A ⋆
			SB0	25	S	± 4.6		5	1247	34				21.9	1.9	1.8			494	E
			S0/a		I	1.2		5	1147		58				1.9	1.8			419	A
IC 3253	12 21 07	−34 20 42	Sc	64	F	7.18	1.53	0	2724	30		395	4	24.9	4.6	2.1			373	B
IC 3258	12 21 12.0	+12 45 19	SBm	28	I	3.7		0	−427	7	90				1.6	1.4			375	A ⋆
			SBm p	33				1	−555			104	4	21.	0.80				380	A
			SBm	18	I	2.86	0.86	0	−435	8	78	98	4	21.9	1.62	1.54			377	E ⋆
			Sc	28	I	3.1		0	−431	6				15.7	1.6		97	0	509	W ⋆
			Sc p	28	I	3.69		0	−432		75	120	4		1.6	1.4		270	520	A ⋆
NGC 4363	12 21 12	+75 14			I	5.6	0.76	0	1427	11	89	168	4						384	E ⋆
Anon 1221+17	12 21 14.4	+17 04 06	Im		S	± 1.3		−600	−	8000									447	A
IC 3259	12 21 16.0	+07 28 00	Sc	55	I	1.75		0	1420		167	186	4		1.8	1.1			520	A ⋆
NGC 4341	12 21 19.7	+07 23 06	Sc	70	S	± 6.0		5	1103	100				21.9	1.9	0.7			494	E
NGC 4348	12 21 20.0	−03 10 00	Sc	76	I	13.34	1.7	0	2005	8		392	4		3.6	1.1			466	G ⋆
Anon 1221+33	12 21 24	+33 29			I	≤1.0		3140	−	7000					0.6	0.2			327	A
NGC 4350	12 21 26.4	+16 58 11	S0		I	≤3.28								18.4	3.2	1.1			137	A
			S0		I	≤3.84		5	1184	90					2.7	1.0			375	A
			S0/a		I	≤0.7		5	1247						3.1	1.1			419	A
NGC 4353	12 21 27.4	+08 03 43	I0		I	≤31.2		0	−	6500					2.9				382	G
			IBm	50	S	± 5.0		5	1060	100				21.9	1.3	0.9			494	E
			IBm		I	1.66		0	1125		171	192	4		1.3	0.9			520	A ⋆
NGC 4351	12 21 29.5	+12 29 01	Sab		M	0.56	0.17	0	2297	10	86			19.5	3.3	2.2			121	E ⋆
			SBab	46	I	4.2		0	2324	7	106				2.0	1.4			375	A ⋆
			SBab p	49				1	2201			114	4	21.	0.98				380	A
			Sc	46	I	3.4		0	2321	6				15.7	2.3		65	80	509	W ⋆
Anon 1221+05	12 21 30.0	+05 27 24	SBm		I	1.837		0	2048		105	121	4						447	A ⋆
NGC 4357	12 21 32.1	+49 03 23	Sbc	68	M	4.62		0	4088	35				51.3					324	N
			Sbc	68	I	16.7		0	4116			480	5	42.0					417	G
			Sbc	69	I	13.5	2.1	0	4139	6	423	447	4		3.8	0.9			473	J ⋆
NGC 4352	12 21 32.2	+11 29 45	SB0	65	S	± 3.7		5	2106	22				21.9	1.9	0.9			494	E
			S0		I	≤0.8		5	2106						1.9	0.9			419	A
IC 3267	12 21 32.9	+07 19 11	Sab	13	I	0.9	0.2	0	1228	15	57	78	4	21.9	1.1	1.1			494	E ⋆
			S	0	I	1.33		0	1231		65	85	4		1.1	1.1			520	A ⋆
IC 3268	12 21 35.0	+06 53 05	Sc	18	I	8.54		0	727		91	134	4		0.8	0.8		180	520	A ⋆
Anon 1221+09	12 21 36.0	+09 39 30	S0	0	S	± 6.0		−400	−	3300					0.3	0.3			494	E
DDO 121	12 21 38.0	+00 50 40	Im		F	≤1.5		−400	−	3000					1.7				89	G
			Im	36	F	1.71	0.44	0	2059	20		88	4	19.3	2.0	1.6			373	G
			Im		I	8.80		0	2062			126	4		2.0	1.6			515	G ⋆
Anon 1221+09	12 21 38.0	+09 30 47	Im		S	± 1.0		−600	−	8000									447	A
IC 3271	12 21 38.4	+08 13 36	Sc		I	3.36	0.57	0	3365	16	287	387	4	44.	1.1	1.1			327	A ⋆
			Sd			3.19		0	7212		164				1.1	1.1			462	A ⋆
Mark 51	12 21 40.8	+04 30 00		75	F	0.30	0.12	0	1175		170	204	4	13.6	0.63	0.22			347	A ⋆
NGC 4356	12 21 42.0	+08 48 48	Sc	83	S	± 6.0		5	1165	30				21.9	2.6	0.6			494	E
			Sd		I	1.00		0	1137		295				2.6	0.5			462	A ⋆
NGC 4359	12 21 42.2	+31 47 57	SBc	74	F	5.25	0.98	0	1253	10		220	4	12.6	5.1	1.7			373	E
IC 3274	12 21 43.2	+09 32 30	S0	62	S	± 7.0		−400	−	3300					0.6	0.3			494	E
Anon 1221+13	12 21 54.5	+13 30 26	Scd		I	3.02		0	7641		242				0.7	0.6			462	A ⋆
NGC 4365	12 21 55.0	+07 35 43	E2		I	≤2.65								18.4	6.2	4.6			137	A
			E		M	≤0.1								10.8					205	G
			E3		M	≤0.33								19.5	6.0	4.4			121	E
			E3		M	≤0.17			1183					19.5					120	E
			E3		M	≤0.084		5	1233					20.5	6.2	4.6			193	A ⋆
Mark 206	12 21 58.8	+67 43 00		48	F	≤0.74		5	1031					13.7	0.68	0.47			347	G
Anon 1222+04	12 22 06.6	+04 16 36	Sd		I	4.196		0	1725		157	172	4						447	A ⋆
Anon 1222+03	12 22 07.0	+03 34 47	Sd		I	8.80		0	927		47	66	4		2.5	2.5			520	A ⋆

Table 1 cont.

Name (1)	R.A. (2)	Dec. (3)	Type (4)	i (5)	(6)	HI-flux (7)	(8)	(9)	v (10)	(11)	(12)	Δv (13)	(14)	Dist (15)	a (16)	b (17)	Vmax (18)	Pos (19)	Ref (20)	(21)
Anon 1222+08	12 22 07.0	+08 46 47	SBm		I	1.242		0	875		117	134	4						447	A★
Anon 1222+04	12 22 08.4	+04 00 12	Comp		I	1.618		0	1861		140	145	4						447	A★
NGC 4369	12 22 08.4	+39 39 41	Sa	25	I	8.7			1052	9		164	5	22.2	3.6				80	G★
			Sa		F	2.08			1044	10		179	4	12.2	4.00				309	N★
			Sa		F	0.88	0.22	0	1030		34	89	4	14.0	2.45	2.40			347	G★
			Sa					0	1043										513	G
UGC 7490	12 22 10.0	+70 36 33	Sm		F	3.78	0.54	0	470	10	69			12.2	5.4				89	G
					F	4.36	0.55	0	470	8		83	4	6.4	5.5	5.5			373	G
			SXm		I	15.00		0	465			78	4		5.6	5.6			515	G★
NGC 4370	12 22 21.9	+07 43 14	Sa	58	S	±	8.0	5	465	100				21.9	1.62	0.91			377	E
			Sa		I	0.63		0	779		302								427	A
			S0		I	3.17		0	784		304	339	4		1.6	0.9			520	A★
NGC 4386	12 22 22.1	+75 48 26	S0	54	S	±	5.0	5	1811						2.8	1.7			384	E
NGC 4371	12 22 22.8	+11 58 53	SBa		I	≤2.96								18.4	3.9	2.5			137	A
			SB0		I	≤0.7		5	941						3.9	2.5			419	A
IC 3300	12 22 30.0	+26 14 00	Sc		I	1.88		0	6671		404								421	A★
NGC 4375	12 22 30.5	+28 50 06	Sa	22	F	≤1.45								9.6	2.5				21	N
			Sab	45	I	2.62		0	9059			466	5		1.4	1.0			61	A★
NGC 4374	12 22 31.5	+13 09 51	S0		M	1.43	0.19	0	910	17		290	5	14.8	10.7	10.5			144	J★
			E1											18.4	5.0	4.4			137	A
			E1		M	≤0.24		5	933					15.7					134	A
			E1		F	≤4.7								11.5	10.7				52	N★
			E1		M	≤0.29		5	933					15.7	5.0	4.4			249	A
			E1		I	≤9.94		5	954	90					5.3	4.6			375	A
			E1		M	≤0.2		5	954					19.5					122	E
			E		S	≤90.0		5	930										356	G
			E1		S	≤7.5		6	880					12.					403	W
					I	≤7.6		5	1011					10.	5.3				126	A
					S	±	8.0	5	933										169	W
IC 3298	12 22 32	+17 18 12	SBc	79	S	±	7.0		−400 − 3300						1.1	0.3			494	E
			SBc		I	1.82		0	2434		174	204	4		1.3	0.4			520	A★
Anon 1222+04	12 22 35.4	+04 41 36	Comp		I	0.694		0	1226		68	87	4						447	A★
NGC 4377	12 22 40.6	+15 02 28	S0		I	≤3.28								18.4	1.8	1.5			137	A
			S0		I	≤4.11		5	1329	137					1.9	1.6			375	A
			S0		M	≤0.49			1349					15.7					131	B
			S0		I	≤0.8		5	1375										419	A
IC 3305	12 22 42.0	+12 07 33	S0/a		S	±	0.6		−800 − 12000						1.1	0.4			462	A★
IC 3303	12 22 42.8	+12 59 29	E1		S	≤7.5			−560 − 1550					12.					403	W
NGC 4379	12 22 43.0	+15 53 03	SX0		I	≤3.92								18.4	2.1	1.8			137	A
			SB0/a		I	≤0.9		5	1039						2.1	1.8			419	A
NGC 4378	12 22 44.3	+05 12 13	Sb	27	M	0.71		0	2561	14		321	5	18.4	3.4				139	A★
			Sb		I	6.88								18.4	3.3	3.1			137	A
			Sa	33	I	13.1	2.7	0	2550	10	340	362	5	47.8	3.9	3.3			346	E★
			Sa	19	I	6.6	0.99	2	2423	25		370	4	18.	3.3				135	A
			Sa		I	14.8			2557	5	338	364	4		3.3	3.1			428	A★
NGC 4376	12 22 45.1	+06 01 06	Sm	55	I	4.4	0.8	0	1134	10	134	156	4	21.9	1.7	1.0			494	E★
			Scd		I	3.44		0	1139		144	170	4		1.7	1.0		67	520	A★
NGC 4384	12 22 48.2	+54 47 00	Sbc	39	F	1.39	0.41	0	2529		83	115	4	35.0	1.55	1.22			347	G★
			Sa p	39	F	0.6	0.2	0	2502	10	189	201	4	35.1	1.4	1.1			387	J★
			Sa		I	3.2	0.2		2532			226	4		1.4	1.1			503	G
NGC 4380	12 22 49.6	+10 17 33	Sb	57	M	0.2		0	963	7		262	5	18.4	3.6				139	A★
			Sb		I	2.25								18.4	3.7	2.2			137	A★
			Sb		M	≤0.9			1108	30		253	4		4.6				234	N★
			Sab		S	±	18.0		−400 − 3000						5.3	3.4			373	G
			Sab		I	3.0		0	971	7	278	303	4		3.7	2.2			428	A★
			Sab	55	S	±		5	963	7				21.9	3.7	2.2			494	E
Anon 1222+13	12 22 49.8	+13 21 00	Im		I	0.40		0	1910		25	42	4	15.8					445	A★
			Im		I	0.648		0	1906		33	50	4						447	A★
IC 3309	12 22 50.4	+28 39 36	S	39	I	2.94	0.33	0	4515	16	181	226	4	60.	1.4	1.1			327	A★
NGC 4382	12 22 53.2	+18 28 03	S0	33	M	≤40.0		5	773	30				13.8	10.9	8.3			87	H★
			S0		I	≤2.96								18.4	7.1	5.2			137	A
			S0		I	≤7.60		5	773	90					6.9	5.1			375	A
			S0		M	≤0.5			770					12.					290	P
			S0		M	≤0.32								19.5	10.9	8.3			121	E
			S0		M	≤0.2								11.					85	N
			S0		M	≤0.07		5	713					20.5	7.1	5.2			193	A★
			S0		I	≤0.7		5	758						7.1	5.2			419	A
			S0		I	≤0.02	00.0		773		24								519	a★
NGC 4382 A			p		I	0.39	0.06		773	6	24								519	a★
NGC 4383	12 22 53.8	+16 34 23	Sb		I	30.87		0	1708		217				1.8	0.9			462	A★

Table 1 cont.

Name (1)	R.A. (2)	Dec. (3)	Type (4)	i (5)	(6)	HI-flux (7)	(8)	(9)	v (10)	(11)	Δv (12) (13) (14)	Dist (15)	a (16)	b (17)	Vmax (18)	Pos (19)	Ref (20)	(21)
NGC 4383			S0	59	I	20.88		0	1712		214 4		1.8	0.9			471	A ★
			S0	59	S	±	7.0	5	1693	15		21.9	2.2	1.2			494	E
			S0		I	23.8		0	1712		200		2.2	1.2			419	A
			S0		I	44.2		0	1710	3	207 231 4		2.2	1.2			428	A ★
			Other		I	44.20		0	1710		207 231						447	A
IC 787	12 22 54	+16 24			I	≤1.0		4700 − 8550					0.8	0.2			327	A
Anon 1222+13	12 22 57.0	+13 46 24	Comp		S	±	1.5	5	−215								447	A
Anon 1223+05	12 23 00.0	+05 05 30	Im		I	0.295		0	2433		66 99 4						447	A ★
IC 3311	12 23 01.3	+12 32 06	Sm		S	±	18.0	−400 − 3000					3.2	0.7			373	G
			Sd		I	3.57		0	−142		173		2.1	0.3			462	A ★
Anon 1223+10	12 23 03.6	+10 31 42	dE		S	±	1.2	−600 − 8000									447	A
Anon 1223+08	12 23 06.6	+08 02 12	Im		S	±	1.4	−600 − 8000									447	A
Anon 1223+10	12 23 08.0	+10 51 24	Im		S	±	0.9	−600 − 8000									447	A
UGC 7512	12 23 08.2	+02 26 06		70	F	1.80		0	1504		72 104 4	18.4	2.3				213	G ★
			Im	68	F	2.98	0.46	0	1503	20	95 4	13.8	1.8	0.7			373	G
			Im		I	3.051		0	1507		57 73 4						447	A ★
			Im		I	7.90		0	1506		85 4		1.9	0.8			515	G ★
NGC 4389	12 23 08.6	+45 57 46	SB p	54	I	4.7	1.0	0	718	10	142 201 5	15.3	3.0	1.9			346	G ★
			SBcd p	45	F	1.79	0.55	0	718	40	220 4	7.9	3.9	2.8			373	E
			SBbc p	47	F	1.8	0.2	0	723	10	153 174 4	10.5	2.6	1.8			387	J
NGC 4385	12 23 09.3	+00 50 53	SBb	53	M	0.33		0	2140	7	99 5	18.4	2.2				139	A ★
			Sb		I	4.52						18.4	2.3	1.5			137	A ★
			SB0	55	I	4.6	0.69	2	2005	25			1.9				135	A
			SBab	52	F	1.37	0.18	0	2138		95 150 4	26.2	2.28	1.48			347	A
			SBbc	51	I	3.43		0	2150		118 4		1.9	1.1			471	A ★
NGC 4387	12 23 09.6	+13 05 18	E5		I	≤3.07						18.4	1.9	1.1			137	A
			E5		M	≤0.003		5	511			5.8	1.9	1.1			249	A
			E5		S	≤7.5		6	435			12.					403	W
IC 3322 A	12 23 11.5	+07 29 29	Sc	90							284 4	13.2	5.0	1.0			216	G ★
			Sc	90	F	6.28	1.25	0	1001	10	292 4	10.7	5.0	0.9			373	G
			Sc	87	I	22.8		0	991		303 4	20.5	3.5	0.4		157	151	A ★
			Sc	90	I	22.7		0	992		285 309 4		3.5	0.5		90	520	A ★
UGC 7516	12 23 13.7	+04 47 17	Sc	61	I	6.24		0	5381		228 263 4		1.3	0.8			520	A ★
NGC 4388	12 23 14.6	+12 56 17	S0 p		M	1.44	0.30	0	2642	15	243	19.5	8.6	2.7			121	E ★
			Sb	79	I	8.8		0	2515	7	381		4.0	1.1			375	A ★
			Sb p		S	±	18.0	−400 − 3000					8.6	2.6			373	G
			Sab	77				1	2393		393 4	21.	2.2				380	A
			Sb	78	M	1.31		0	2555	35		30.5					324	N
			Sab	77	I	5.3		0	2539		360 4	20.5	6.2	1.7		92	151	A ★
			Sab	79	I	4.5		0	2500	12		15.7	2.2		176	92	509	W ★
			Sab	79	I	6.41		0	2521		365 402 4		5.1	1.4		182	520	A ★
			Sab	79	S	±	18.6	5	2487	36		21.9	5.1	1.4			538	P
				74				0	2490						220	85	542	V ★
Anon 1223+15	12 23 15.7	+15 13 47	Comp		I	0.25		0	505		41 57 4	15.8					445	A ★
			Comp		I	0.552		0	501		41 86 4						447	A ★
			Im		I	0.60		0	501		61		0.4	0.2			462	A ★
					S	±	13.0	5	462	30		21.9	0.3				377	E
NGC 4390	12 23 17.6	+10 44 13	Sc		I	5.6		0	1103	10	158 4		1.8	1.4			78	A ★
			Sc	38	I	7.2	0.66	0	1103	10	132 155 4	21.9	1.8	1.4			494	E ★
			Sbc	38	I	7.07		0	1101		128 151 4		1.8	1.4		5	520	A ★
IC 3322	12 23 18.0	+07 50 00			S	±	18.0	−400 − 3000					3.7	1.0			373	G
			Sd		I	6.10		0	1195		207		2.4	0.5			462	A ★
Anon 1223+06	12 23 19.8	+06 05 06	Im		I	5.642		0	1537		115 167 4						447	A ★
NGC 4395	12 23 20.0	+33 49 29	Sd	41	I	296.0		0	330			4.5	15.0	11.0	90	147	480	W ★
			Sd	31	I	330.2	2.0	0	318	5	112 132 5						442	E ★
			Sm		I	301.1		0	320		140 5	15.	11.				183	G ★
			Sm	44	I	176.8			315	9	101 141 4	6.9	13.7				80	G ★
			Sm	44	F	78.66	3.50	0	318	5	135	3.3	15.0	10.9			373	B
NGC 4393	12 23 20.9	+27 50 13	SXd	30	F	8.79	0.82	0	755	8	137 4	7.4	5.0	4.3			373	G
NGC 4394	12 23 24.7	+18 29 30	Sbc		M	0.83	0.30	0	945	10	163	19.5	4.5	4.5			121	E ★
			SBb	25	I	4.7		0	914	7	161		4.1	3.7			375	A ★
			SBb		M	≤0.85			772	160		14.8	4.5	4.5			144	J
			SBb		M	0.51		0	920		165	20.5	3.9	3.5			193	A ★
			SBb	25	I	≤14.4		5	772			11.4					417	G
			SBb	25	I	9.4		0	920		192 5	11.4					417	B
			SBb	25	I	4.9		0	915		166 5	11.4					417	A
			SBb	25	I	7.4		0	917	8		15.7	3.7		164	108	509	W ★
			SBb		I	4.84	0.07		916	3	161						519	a ★
			SBb	0	I	7.05		0	915		161 176 4		3.9	3.5		90	520	A ★
UGC 7522	12 23 25.7	+03 42 30	Sc	90	I	6.16		0	1428		312 327 4		2.8	0.3			520	A ★

Table 1 cont.

Name (1)	R.A. (2)	Dec. (3)	Type (4)	i (5)	(6)	HI-flux (7)	(8)	(9)	v (10)	(11)	(12)	Δv (13)	(14)	Dist (15)	a (16)	b (17)	Vmax (18)	Pos (19)	Ref (20)	(21)
IC 3328	12 23 25.8	+10 19 42	dE	35	S	±	6.0	−400	−	3300				21.9	0.9	0.7			494	E
IC 3330	12 23 26.9	+31 07 13	Scd		I	4.90		0	6824		393			68.2	1.2	0.6			483	A ⋆
NGC 4396	12 23 27.5	+15 56 55	Sdm		S	±	18.0	−400	−	3000					5.0	2.0			373	G
			Sd		I	13.9		0	−127	3	184	198	4		3.5	1.2			428	A ⋆
					I	≤10.3													457	A
Anon 1223+08	12 23 28.8	+08 28 12	Im		I	0.688		0	1304		34	54	4						447	A ⋆
Anon 1223+09	12 23 33.6	+09 14 36	dE		S	±	1.4	−600	−	8000									447	A
NGC 4405	12 23 35.7	+14 55 24	S0/a		I	0.96		0	1747		87	155	4		2.0	1.4	110		520	A ⋆
			Sa	35	I	1.3	0.5	0	1719	25	163	184	4	21.9	2.0	1.4			494	E ⋆
			Sa		I	1.5		0	1739		160				2.0	1.4			419	A
NGC 4402	12 23 35.8	+13 23 22	Sb					5	−14										234	N
			Sb		S	±	18.0	−400	−	3000					5.5	2.0			373	G
			Sc		M	≤0.30		6	−88					12.					403	W
			S	76	I	7.2		0	233		293		4	20.5	3.8	1.1		90	151	A ⋆
			Sc	75	I	5.8		0	272	12				15.7	2.4		123	90	509	W ⋆
			Sb		I	8.0		0	234	5	254	285	4		4.1	1.3			428	A
			S		I	6.28		0	236	5	249	299	4						457	A ⋆
				71				0	238								150	94	542	V ⋆
IC 3331	12 23 36.0	+12 05 12	S0	71	S	±	6.0	5	13929	102					1.2	0.4			494	E
NGC 4406	12 23 39.7	+13 13 25	E3		I	≤2.54								18.4	7.4	5.5			137	A
			E3		I	≤10.6		5	−227	58					7.4	5.5			375	A
			E3		M	≤2.9			−292	32				14.8	12.0	10.3			144	J
			E3		S	≤7.5		6	−367					12.					403	W
			E3		I	1.3		0	−300		130			22.					551	A ⋆
NGC 4403	12 23 42	−07 25	SBb	73	I	13.30	1.5	0	5200	10		626	4		1.7	0.6			466	G ⋆
Anon 1223+08	12 23 45.5	+33 36 38	Im		I	1.442		0	1090		79	108	4						447	A ⋆
			Im		I	1.00		0	1100		75	108	4	15.8					445	A ⋆
UGC 7534	12 23 46.0	+58 35 47	IBm	52	F	6.99	0.60	0	724	10	55			16.5	4.9				89	G
			IBm	54	F	7.56	0.62	0	724	10		86	4	8.5	5.0	3.0			373	G
			IBm		I	28.40		0	722			75			5.0	3.0			515	G ⋆
Anon 1223+07	12 23 46.1	+07 10 17	S		S	±	1.1	−800	−	11000					2.7				520	A
Anon 1223+06	12 23 48.0	+06 56 42	Comp		S	±	1.3	−600	−	8000									447	A
Anon 1223+26	12 23 48	+26 02			I	≤1.0		3140	−	7000					0.7	0.2			327	A
IC 789	12 23 49.8	+07 44 54	SB0	61	S	±	6.0	−400	−	3300				21.9	1.3	0.6			494	E
Mark 209	12 23 50.5	+48 46 08	Sm	27	I	10.1	0.65	0	287	5	43	67	4	7.5	0.87	0.78			377	E ⋆
				27	M	0.0504	0.001		281	2		84		4.8	0.87	0.78			293	G ⋆
			Sm		F	2.36	0.15	0	279		47	76	4	4.6	0.87	0.77			347	G ⋆
					I	8.17	0.12	0	280		47			4.6	0.87	0.77			411	W ⋆
					I	8.53		0	281			76			1.7	1.0			515	G ⋆
			Comp																564	V ⋆
Anon 1223+06	12 23 55.0	+06 59 05	Im		I	0.372		0	4198		135	149	4						447	A ⋆
NGC 4411 A	12 23 56.1	+09 09 01	Sdm		F	1.5		0	1273	30		139	4		3.3				234	N ⋆
			SBc	15	I	4.5		0	1282		92	104	4	11.8	2.3	2.2			292	A ⋆
			SXd					0	1282					10.7	3.2	3.2			373	G
			Sdm		F	2.39		0	1280	15		80	5		3.2				157	A
			SBc		I	8.041		0	1279		92	104	4		2.3	2.2			475	A ⋆
			SBc	25	I	7.50		0	1290		67	84	4		2.2	2.0	60		520	A ⋆
NGC 4410	12 23 56.2	+09 17 52	Mult		I	≤0.51		5	7594					150.	1.0	0.65			28	A
			Sab p		S	±	18.0	−400	−	3000					2.4	1.9			373	G
NGC 4410 A			Sab p		I	0.74		0	7219		283	362	4		0.7	0.5			520	A ⋆
NGC 4414	12 23 58.2	+31 30 05	Sc	47	F	15.31	1.71	0	720	20	418		4	7.2	6.5	4.5			373	G
NGC 4413	12 23 59.9	+12 53 14	SXb	51	M	0.4		0	96	9		149	5	18.4	1.2				139	A ⋆
			SXb		I	2.64								18.4	2.5	1.7			137	A ⋆
			SBb	49	I	≥2.4		0	105	15	144				2.3	1.6			375	A ⋆
			SBb p	51				1	−79			194	4	21.	1.2				380	A
			Sc		S	≤7.5		6	−140					12.					403	W
			SBbc	49	I	2.6		0	104	6				15.7	1.9		119	60	509	W ⋆
NGC 4412	12 24 02.6	+04 14 33						0	1735	10									359	G
			SBbc	25	I	4.3	0.8	0	2292	15	107	152	4	21.9	1.5	1.4			494	E ⋆
			SBbc	25	I	3.12		0	2289		120	142	4		1.5	1.4		22	520	A ⋆
NGC 4373 B	12 24 05.0	−38 51 18	Sd	24	I	≤11.3		0	−	8700					1.3				320	P ⋆
IC 3344	12 24 06.0	+13 50 42	E/S0	68	S	±	5.0	−400	−	3300				21.9	0.9	0.4			494	E
NGC 4415	12 24 08.3	+08 42 47	E1	22	S	±	9.0	5	496	100				21.9	1.48	1.38			377	E
Anon 1224+09	12 24 10.8	+09 19 12	SBa	42	S	±	7.0	−400	−	3300					0.6	0.5			494	E
UGC 7544	12 24 12	+62 39			F	≤1.0		−400	−	3000									213	G
NGC 4416	12 24 14.5	+08 11 51	Sc	28	I	5.2	0.76	0	1387	10	151	171	4	21.9	1.8	1.6			494	E ⋆
			SBcd		I	4.8		0	1395	5	132				1.8	1.6			428	A ⋆
NGC 4411 B	12 24 14.7	+09 09 38	Sdm		F	3.4		0	1273	13		114	4		3.6				234	N ⋆
			Sc	15	I	7.2		0	1271		91		4	11.8	3.2	3.2			292	A ⋆
			Sdm		F	3.61		0	1269	15		77	5						157	A

Table 1 cont.

Name (1)	R.A. (2)	Dec. (3)	Type (4)	i (5)	(6)	HI-flux (7)	(8)	(9)	v (10)	(11)	(12)	Δv (13)	(14)	Dist (15)	a (16)	b (17)	Vmax (18)	Pos (19)	Ref (20)	(21)
NGC 4411 B			Sd					0	1265					10.7	3.5	3.5			373	G
			Sc	0	I	14.5		0	1271		82	100	4		2.7	2.7		308	520	A ★
IC 3349	12 24 14.7	+12 43 42	S0/a		S	±	1.2	−800	− 12000						0.8	0.6			462	A ★
NGC 4417	12 24 18.0	+09 51 38	S0		I	≤5.72								18.4	3.6	1.4			137	A
			S0/a		I	≤0.7		5	843						3.6	1.4			419	A
IC 3356	12 24 18.0	+12 22 28	Sm		I	15.83		0	1101		87				1.6	1.1			462	A ★
			Im		I	13.98		0	1100		67	83	4		1.6	1.1			489	A ★
				46	F	3.57		0	1098		78	99	4	13.5	2.8				213	G ★
			Im	45	F	4.62	0.57	0	1100	10		87	4	10.7	2.5	1.7			373	G
								0	1100	4	67	86	4						150	A ★
			Sm		I	9.525		0	1098		63	84	4						447	A ★
			Im		I	18.00		0	1102			86	4		2.6	1.8			515	G ★
			Im	45	I	18.8	0.7		1101	1	72	88	4		1.7	1.2			550	J ★
			Im	45	I	20.2	0.8		1102	2	68	84	4		1.7	1.2			550	P ★
IC 3355	12 24 18.2	+13 27 08	Im		F	≤1.5		−400	− 3000						2.2				89	G
			Im		S	±	18.0	−400	− 3000						2.2	0.9			373	G
			SBm		I	2.372		0	−9		30	44	4						447	A ★
			Sm		S	±	1.9	5	162						1.3	0.5			462	A ★
NGC 4418	12 24 20.3	−00 36 09	Sa	57	I	2.78	0.46	0	2179	8		126	4		1.4	0.8			466	G ★
Anon 1224+10	12 24 22.7	+10 09 17	SB		I	1.05		0	985		49	78	4		0.6	0.3			520	A ★
IC 3358	12 24 24	+11 56			S	±	18.0	−400	− 3000						2.4	2.0			373	G
NGC 4420	12 24 24.6	+02 46 15	Sc		M	1.12	0.30	0	1678	10	197			19.5	3.5	1.9			121	E
			Sc	60	I	11.1		0	1690		195	213	4		2.2	1.2		98	520	A ★
NGC 4419	12 24 25.1	+15 19 28	Sb	71	M	0.2		0	−273	48		198	5	18.4	3.0				139	A ★
			Sb		I	1.66								18.4		1.3			137	A ★
			SBa		I	≥1.1		0	−208	46	324				2.8	1.1			375	A ★
			SBa	71								318	4	21.	1.5				380	A
			Sa	71	I	2.04		0	−274		176	263	4		3.4	1.3		43	520	A ★
Anon 1224+15	12 24 27.6	+15 03 42	Im		I	0.776		0	1866		43	62	4						447	A ★
IC 791	12 24 29.1	+22 55 03	Sab	0	I	0.74		0	6832			84	5		1.1	1.1			61	A ★
			SBa	5	M	29.96			6845		55	76	4						435	A ★
			SBa		I	1.045		0	6844		56	78	4		1.1	1.1			475	A ★
			SBa		S	±			6832						2.3	2.3			515	G ★
IC 3363	12 24 30.8	+12 50 13	S0/a		S	±	0.8	−800	− 12000						0.8	0.4			462	A
NGC 4421	12 24 30.8	+15 44 19	SB0		I	≤3.49								18.4	2.7	2.2			137	A
			SB0		I	≤3.01		5	1692	90					2.8	2.3			375	A
			Sa		M	≤0.84								19.5	3.6	3.0			121	E
			SB0/a		I	≤1.1		5	1692						2.7	2.2			419	A
UGC 7559	12 24 36.0	+37 25 07	IBm	46	F	5.13	0.51	0	222	10	60			6.0	5.9				89	G
			IBm	47	F	5.83	0.54	0	222	8		76	4	2.5	6.2	4.2			373	G
			IBm	48	I	28.5	0.48	0	222	5	60	80	4	5.4	4.27	2.95			377	E ★
			IBm		I	25.20		0	215			80	4		6.2	4.3			515	G ★
NGC 4423	12 24 36.2	+06 09 23	Sm	83	F	3.82	1.21	0	1092	25		187	4	9.8	3.4	0.7			373	E
			Sd	90	I	14.6		0	1120		149	194	4		2.2	0.4			520	A ★
IC 792	12 24 37.2	+16 36 18	Sd		I	6.76		0	6223		377				1.8	0.6			462	A ★
			Sb	71	S	±	5.0	−400	− 3300					21.9	1.8	0.7			494	E
UGC 7557	12 24 38.0	+07 32 24	Scd	35	I	17.7		0	933		149	167	4		3.1	2.6		285	520	A ★
NGC 4424	12 24 39.0	+09 41 51	S p	58	I	2.9	0.6	0	433	15	42	62	5	21.9	3.9	2.2			346	E ★
			Sa	61	I	3.6	0.38	0	448	5	78	105	4	21.9	3.72	1.91			377	E ★
			Sa		I	2.0		0	438		66				3.7	1.9			419	A
			SBa		I	2.8		0	439	4					3.7	1.9			428	A ★
			S		I	3.40		0	439			85	4		5.2	2.6			515	G ★
NGC 4425	12 24 41.3	+13 00 45	Sb		I	≤3.18								18.4	3.4	1.2			137	A
			SB0		I	≤2.64		5	1883	90					2.8	1.0			375	A
			SX0/ap	68	I	≤10.2		5	1765	50				21.9	3.3	1.4			346	E
			SB0/a		I	≤0.6		5	1883						3.4	1.2			419	A
IC 3365	12 24 41.3	+16 11 15	Scd		I	3.52		0	2342		119	148	4		2.1	1.3			520	A ★
			Scd	70	I	4.3	0.2	0	2352	5		120	4	15.9	1.12			62	250	510 V ★
					I	≤1.0		4700	− 8550						0.8	0.2			327	A
			Im		I	3.05		0	2345		125	150	4	15.8					445	A ★
			Im	54	F	1.65	0.38	0	2336	10		131	4	10.7	3.2	1.9			373	G
Anon 1224+04	12 24 43.2	+04 32 18	Comp		I	0.30		0	1638		32	67	4						447	A ★
IC 3369	12 24 43.2	+16 19 00	E/S0	55	S	±	6.0	−400	− 3300					21.9	0.7	0.4			494	E
Anon 1224+07	12 24 45.0	+07 56 54	S/Irr		I	0.459		0	1846		40	70	4						447	A ★
IC 3371	12 24 47.1	+11 08 32	Sd		I	12.08		0	928		162				1.9	0.2			462	A ★
UGC 7557	12 24 47.8	+07 32 18		35	F	5.59		0	928		156	174	4	11.0	4.5				213	G ★
			Sm	35	F	5.69	0.85	0	935	10		164	4	10.7	4.6	3.8			373	G
			Im		F	6.16		0	937	15		144	5						157	A
			Sm		I	21.30		0	933			164	4		4.7	3.8			515	G ★
UGC 7567	12 24 53.0	+07 55 17	Sdm		I	1.785		0	874		120	159	4						447	A ★

Table 1 cont.

Name (1)	R.A. (2)	Dec. (3)	Type (4)	i (5)	(6)	HI-flux (7)	(8)	(9)	v (10)	(11)	(12)	Δv (13)	(14)	Dist (15)	a (16)	b (17)	Vmax (18)	Pos (19)	Ref (20)	(21)
UGC 7567					F	≤1.0			−400 − 3000										213	G
Anon 1224+13	12 24 53.0	+13 59 35	Im		I	0.451		0	338		30	45	4						447	G ★
NGC 4430	12 24 53.6	+06 32 26	SBb	27	I	≤16.2		5	1436					11.4					417	G
			SBbc	28	I	8.1	0.94	0	1437	15	104	178	4	21.9	2.7	2.4			494	E ★
			SBb		I	6.7		0	1450	4	138	165	4		2.7	2.4			428	A ★
NGC 4428	12 24 53.8	−07 53 30	Sc	63	M	3.85		0	2992	35				34.9					324	N
			Sc	66	I	12.29	1.5	0	2993	15		396	4		2.0	0.9			466	G ★
NGC 4429	12 24 54.1	+11 23 05	S0/a		I	≤2.86								18.4	5.5	2.6			137	A
			S0		F	≤3.4		7	1032					15.7					95	B
			S0/a p	61	I	≤5.0		5	989	65				21.9	5.3	2.7			346	E
			S0/a p	61	I	≤5.0		5	989	65				21.9	5.3	2.7			346	G
			S0		I	≤0.8		5	1131						5.5	2.6			419	A
NGC 4431	12 24 54.6	+12 34 03	S0	50	S	± 12.0		5	453	100				21.9	2.00	1.32			377	E
			S0	50	S	± 4.0		5	875	29				21.9	2.0	1.3			494	E
Anon 1224+09a	12 24 57.6	+09 36 54	Im		I	0.265		0	1712		32	71	4						447	A ★
Anon 1224+09b	12 24 58.0	+09 52 00	Im		S	± 0.8		−600 − 8000											447	A
NGC 4432	12 25 00.0	+06 30 00	Sc	45	S	± 7.0		−400 − 3300						21.9	1.1	0.8			494	E
Anon 1225+08	12 25 00	+08 58			I	≤0.34		5	25960	150									472	A
IC 3374	12 25 00.0	+10 16 42	Im		I	0.347		0	868		55	96	4						447	A ★
Anon 1225+11	12 25 00.0	+11 53 30	dE		S	± 1.2		−600 − 8000											447	A
NGC 4441	12 25 03.5	+65 04 36	SX0 p		S	± 18.0		−400 − 3000							6.4	5.1			373	G
			SX0					5	1439						4.5	3.5			503	G
NGC 4433	12 25 03.9	−08 00 13						0	2978	20									324	N
			SXab	66	M	17.04	4.26	0	3021			395	4	56.3	3.9	1.8			382	G ★
			Sbc	64	I	16.60	2.0	0	2989	8		384	4		2.3	1.1			466	G ★
NGC 4434	12 25 04.2	+08 25 53		0	S	± 4.0		5	1052	24				21.9	1.6	1.6			494	E
			E		S	± 0.88													427	A
NGC 4435	12 25 08.6	+13 21 23	E/S0		I	≤2.86								18.4	3.0	1.9			137	A
			SB0		I	≤4.30		5	869	90					2.9	1.9			375	A
			S0		S	≤7.5		6	796					12.					403	W
			S0/a		I	≤0.6		5	725						3.0	1.9			419	A
			S0		I	≤0.79		5	773						2.9			13	501	A
			SB0	52	I	≤12.6		5	776					11.4					417	G
			SB0	52	I	≤5.9		5	776					11.4					417	A
Anon 1225+08	12 25 09.0	+08 48 48	dE		S	± 1.2		−600 − 8000											447	A
NGC 4436	12 25 09.6	+12 35 35	S0	64	S	± 6.0		5	1324	30				21.9	1.9	0.9			494	E
Zw 158-111	12 25 11.4	+31 12 30	Sab		I	1.60		0	9098			204		91.0	0.6	0.4			483	A ★
UGC 7576	12 25 12.3	+28 58 28	S p	90	I	2.0		0	7036	5		485	4	80.	1.25				396	A ★
			p		I	2.4	0.2	0	7036	10	480	515	4	70.	1.7		235	54	460	W ★
NGC 4438	12 25 13.5	+13 17 11	SB0/a	66	M	1.0		0	4	20		421	5	19.5	10.3				119	E ★
			S0/a	68	I	≥4.5		0	69	15	347				8.0	3.3			375	A ★
			S0/a p	68					360				4	21.	4.2				380	A
			S0/a p	60	S	± 18.0		−400 − 3000			360				10.5	5.4			373	G
			S		M	0.25		0	66		360			12.					403	W ★
			S0/a	70	I	10.2		0	115			583	5	11.4					417	A
			Sb		I	6.1		0	70		240				9.3	3.9			419	A
UGC 7577	12 25 14.0	+43 46 20	Im	46	F	5.67	0.46	0	198	10	30				6.0	5.9			89	G
			Im	47	F	5.77	0.48	0	195	5		49	4	2.5	6.2	4.2			373	B
				50	M	0.13			197	2				4.5	6.0	4.3	19		214	W ★
			Im	51	M	0.086		0	197		28	50	4	3.2	5.9		19	310	376	E ★
					I	22.3	4.3	0	201	13	43	60	4						378	E ★
			Im		I	23.30		0	196			50	4		6.2	4.3			515	G ★
Anon 1225+07	12 25 17.0	+07 17 47	Im		S	± 0.7		−600 − 8000							0.7	0.2			447	A
Anon 1225+36	12 25 18	+36 38			I	≤1.0		4700 − 8550											327	A
IC 3376	12 25 20.3	+27 16 16	SBa	40	I	2.50		0	7165			442	5		1.8	1.4			61	A ★
NGC 4440	12 25 21.2	+12 34 10	SBa		I	≤3.0		0 − 6700							2.9				273	A
			SBab		I	≤0.8		5	739						2.0	1.7			419	A
UGC 7579	12 25 22.7	+05 59 54	Scd	90	I	2.15		0	2252		209	247	4		1.3	0.3			520	A
Anon 1225+03	12 25 30.0	+03 11 12	Sm		I	1.829		0	1487		79	107	4						447	A
NGC 4442	12 25 31.3	+10 04 53	SB0		I	≤3.18								18.4	4.6	1.9			137	A
			SB0/a		I	≤0.7		5	515						4.6	1.9			419	A
NGC 4446	12 25 33.8	+14 11 12	Sd		I	3.28		0	7315		262				1.1	1.1			462	A ★
UGC 7588	12 25 42.0	+13 50 39	Sd		I	2.32		0	6041		306				1.0	0.1			462	A ★
NGC 4445	12 25 43.0	+09 42 48	Sab	84	S	± 10.0		5	322	30				21.9	2.82	0.63			377	E
			S		I	0.95		0	363		226	238	4		2.8	0.6			520	A ★
NGC 4449	12 25 45.2	+44 22 15	Im	45	I	476.0	34.0	0	203	3	120	165	4						204	D ★
			IBm		M	2.0								3.3	4.7	3.0		45	228	W ★
			Im		I	950	180.	0	204	10	150			3.3	10.1	8.7	160		87	H ★
			Im					0	190					3.8	4.7	3.0			365	O ★
			Im		M	4.3		0	204	10				4.4					85	N

Table 1 cont.

Name (1)	R.A. (2)	Dec. (3)	Type (4)	i (5)	(6)	HI-flux (7)	(8)	(9)	v (10)	(11)	(12)	Δv (13)	(14)	Dist (15)	a (16)	b (17)	Vmax (18)	Pos (19)	Ref (20)	(21)
NGC 4449			IBm		I	¿348		0	206			141	4	5.4	10.1				487	B
UGC 7590	12 25 48	+09 00 18	Scd		I	16.13		0	1119		190				1.5	0.4			462	A★
			Sc	76	I	15.6	1.3	0	1116	5	165	181	4	21.9	1.5	0.5			494	E★
IC 3388	12 25 54	+13 06	dE	59	S	±	6.0	5	1873	112				21.9	0.7	0.4			494	E
NGC 4444	12 25 55	−42 59 06	Sb		F	5.59	1.50	0	2915	30		200	4	26.7	2.7	2.7			373	B
IC 3391	12 25 55.6	+18 41 32	Sc	35	I	2.0	0.65	0	1703	20	108	135	4	21.9	1.2	1.0			494	E★
Anon 1225+10	12 25 57.0	+10 47 48	Im		S	±	0.5		−600 − 8000										447	A
NGC 4450	12 25 58.0	+17 21 40	Sb	47	M	0.29		0	1957	12		297	5	18.4	4.8				139	A★
			Sb		I	3.18								18.4	4.8	3.5			137	A
			Sab		M	≤0.4			2050					12.					290	P
			Sab		M	≤0.48								19.5	8.8	6.0			121	E
			Sab p	48	I	4.4		0	1957			317	4	20.5	5.5	3.7		175	151	A★
			Sab		I	6.6		0	1954	4	309	330	4		4.8	3.5			428	A★
				37				0	1960								250	0	542	V★
UGC 7597	12 26 00	+28 57	S		I	4.44		0	4462		216								421	A
								0	4455										490	A
UGC 7598	12 26 00	+32 50			I	≤1.0		4700 − 8550							1.5	1.5			327	A
								0	9041										490	A
UGC 7596	12 26 01.0	+08 54 54			F	≤1.0		−400 − 3000											213	G
			Im		I	0.278		0	560		25	42	4						447	A★
UGC 7599	12 26 01.1	+37 30 35	Sm	57	F	2.84	0.45	0	280	10	69				6.0	3.1			89	G
			Sm	59	F	2.60	0.43	0	280	10		86	4	3.1	3.1	1.6			373	E
			Sm	58	I	12.7	0.46	0	283	5	68	87	4	5.4	2.09	1.15			377	E★
			Sm		I	10.50		0	274			84	4		3.1	1.5			515	G★
Zw 99-064	12 26 05.1	+19 44 49	Sm		S	±	1.4	3000 − 11000							0.7	0.7			483	A
Anon 1226+08	12 26 07.8	+08 04 54	dE		L	≤6.35		−500 − 3200						15.8					445	A
NGC 4451	12 26 08.1	+09 32 05	S0	46	S	±	6.0	5	876	39				21.9	1.5	1.0			494	E
			S0		I	2.4		0	862		207				1.5	1.0			419	A
			Sc	46	I	2.68		0	865		212	236	4		1.5	1.0			520	A★
Anon 1226+11	12 26 09.6	+11 24 30	Im		S	±	1.4	−600 − 8000											447	A
UGC 7605	12 26 10.2	+35 59 25	Im	46	F	1.13		0	306		41	61	4	4.4	2.8				213	G★
			Im	45	F	1.72	0.31	0	304	10		47	4	3.3	2.6	1.7			373	E
			Sm		I	4.8		0	309			58	5		1.6	1.1			488	G★
			Im		I	4.80		0	309			45	4		2.6	1.8			515	G★
NGC 4452	12 26 11.3	+12 01 56	S0	80	S	±	10.0	5	152	82				21.9	2.40	0.63			377	E
			S0		I	≤0.5		5	212						2.4	0.6			419	A
			S0		S	±	0.8	5	212						2.4	0.6			520	A
IC 3392	12 26 12.0	+15 16 40	Sab	64	S	±	5.0	5	1678	28				21.9	2.3	1.1			494	E
			Sab	64	I	0.89		0	1687		189	210	4		2.3	1.1			520	A★
UGC 7607	12 26 12.0	+04 33 48	Sd	90	I	≥5.84		0	4226		280	309	4		2.1	0.1		144	520	A★
Anon 1226+09	12 26 12.6	+09 19 54	Im		S	±	1.1	−600 − 8000											447	A
NGC 4455	12 26 14.1	+23 06 01	Sd	67	F	7.78	0.85	0	644	10		157	4	6.1	4.0	1.7			373	G
IC 3393	12 26 16.2	+13 11 00	S0		S	≤7.5		−560 − 1550						12.					403	W
			S0	70	S	±	6.0	5	400	60				21.9	1.3	0.5			494	E
NGC 4454	12 26 16.6	−01 39 50	Sa	31	I	3.7	1.2	0	2288	30	258	332	5	42.1	2.7	2.4			346	E★
			Sa	23	I	2.73	0.46	0	2407	10		238	4		2.7	2.5			466	G★
MCG−02-32-013	12 26 18	−11 23	Sc	0	I	9.77	1.2	0	5010	8		204	4		1.7	1.7			466	G★
UGC 7608	12 26 18.0	+43 30 00	Im	27	F	6.00	0.55	0	543	10	60			11.8	5.4				89	G
			Im	28	F	6.81	0.57	0	543	8		74	4	6.0	5.5	4.8			373	G
			Im		I	29.95		0	535			79	4		5.6	4.5			515	G★
Anon 1226+09	12 26 22.2	+09 42 00	Comp		I	0.559		0	1040		103	114	4						447	A★
NGC 4458	12 26 25.9	+13 31 10	E0		I	≤2.33								18.4	1.9	1.8			137	A
			E0		M	≤0.002		5	383					4.1	1.9	1.2			249	A★
NGC 4457	12 26 26.0	+03 50 51	Sb	38	M	0.33		0	894	23		132	5	18.4	3.0				139	A★
			Sb		I	3.29								18.4	3.0	2.5			137	A★
			Sb	35	I	4.51		0	887		129	171	4		3.0	2.5		135	520	A★
NGC 4459	12 26 28.3	+14 15 20	S0		I	≤3.81								18.4	3.8	2.8			137	A
			S0		I	≤4.34		5	1111	90					3.7	2.8			375	A
			S0		I	≤3.3			1111					19.					26	E
			Sa		I	≤1.2		5	1215						3.8	2.8			419	A
UGC 7612	12 26 29.5	+02 59 53	SBm	57	F	4.44	0.81	0	1571	10	159			29.4	3.4				89	G
			SBm	58	F	4.59	0.80	0	1571	15		193	4	14.5	3.4	1.8			373	G
			SB		I	11.90		0	1577			188	4		3.4	1.7			515	G★
			SBcd	59	I	9.70		0	1576		164	184	4		2.2	2.1		235	520	A★
IC 3402	12 26 30.0	+29 08 00	Sbc		I	2.77		0	8019		516								421	A★
NGC 4461	12 26 31.1	+13 27 43	S0		I	≤4.76								18.4	3.7	1.5			137	A
			SB0		I	≤3.12		5	1887	90					3.2	1.4			375	A
			Sa	64	I	≤7.8		5	1772	40				21.9	3.8	1.8			346	E
			S0		I	≤0.7		5	1925						3.7	1.5			419	A
Anon 1226+08	12 26 32.4	+08 44 00	Im		S	±	1.3	−600 − 8000											447	A

Table 1 cont.

Name (1)	R.A. (2)	Dec. (3)	Type (4)	i (5)	(6)	HI-flux (7) (8)	v (9) (10) (11)	Δv (12) (13) (14)	Dist (15)	a (16)	b (17)	Vmax (18)	Pos (19)	Ref (20)	(21)
UGC 7615	12 26 34.0	+28 03 20	Sc	63	I	1.98	0 6996	299 5		1.1	0.25			61	A ★
Anon 1226+16	12 26 39.0	+16 58 12	Im		S	± 1.5	−600 − 8000							447	A
Anon 1226+09	12 26 40.0	+09 43 47			S	± 1.1	−600 − 8000							447	A
Anon 1226+11	12 26 42	+11 58			S	± 11.0	5 160 30		21.9	0.3				377	E
NGC 4462	12 26 43.9	−22 53 25	SBab	66	I	≤8.5	5 1866		33.2	3.3				320	P ★
			SBab		S	± 18.0	−400 − 3000			6.0	2.6			373	B
Anon 1226+10	12 26 45.6	+10 12 54	Comp		S	± 0.9	−600 − 8000							447	A
IC 3413	12 26 48.0	+11 43 00	dE		S	± 0.54								427	A
NGC 4464	12 26 48.1	+08 26 05	S0	38	S	± 6.0	5 1199 50		21.9	1.1	0.9			494	E
			S0/a		I	≤0.8	5 1199			1.1	0.9			419	A
IC 3412	12 26 49.0	+10 15 54	Im		I	0.433	0 765	54 142 4						447	A ★
IC 796	12 26 54.8	+16 40 49	Im		I	0.272	0 1555	98 112 4						447	A ★
			Sab		I	0.26	0 1556	109		1.4	0.5			462	A ★
			S0/a		I	0.6	0 1500	200		1.4	0.6			419	A
NGC 4469	12 26 55.7	+09 01 40	SXb		I	≤2.65			18.4	3.9	1.5			137	A
			Sab	67	I	≤6.0	5 508 25		21.9	3.8	1.6			346	E
			Sab	67	I	≤6.6	5 508 25		21.9	3.8	1.6			346	G
			Sab		I	≤0.7	5 498			3.9	1.5			419	A
IC 3414	12 26 56.1	+07 02 51	Sd	52	I	5.0 0.7	0 530 15	98 135 4	21.9	1.7	1.1			494	E ★
			Sc	52	I	3.63	0 537	110 142 4		1.7	1.1		305	520	A ★
NGC 4466	12 26 58.0	+07 58 21	Sd		I	3.92	0 757	217		1.2	0.3			462	A ★
			Sab	73	S	± 4.0	5 1012 100		21.9	1.4	0.5			494	E
NGC 4468	12 26 59.6	+14 19 33	S0	42	S	± 4.0	5 895 28		21.9	1.5	1.1			494	E
			S0/a		S	± 0.44								427	A
Anon 1227+14	12 27 00	+14 03			I	0.80	0 30070 30	750 4						472	A ★
IC 3416	12 27 02.0	+11 04 11	Im		S	± 0.8	−600 − 8000							447	A
			Im	50	S	± 7.0	−400 − 3300		21.9	0.9	0.6			494	E
Anon 1227+08	12 27 03.0	+08 20 00			S	± 3.0	500 − 1500							458	A
NGC 4470	12 27 05.3	+08 05 56	SX0/a	26	I	≤4.6	5 1151 75		21.9	4.6	4.1			346	E
			I0		I	6.3	0 2341	133		1.5	1.1			419	A
			Sa		I	8.4	0 2339 5	136 158 4		1.5	1.1			428	A ★
Anon 1227+03	12 27 06.0	+03 53 17	Sm		I	0.637	0 1337	71 95 4						447	A ★
IC 3418	12 27 11.4	+11 40 45	Im		F	≤1.5	−400 − 3000			2.5				89	G
			Im		S	± 18.0	−400 − 3000			2.5	1.7			373	G
			SBm		L	≤6.40	−500 − 3200		15.8					445	A
			SBm		S	± 0.9	−600 − 8000							447	A
NGC 4472	12 27 13.9	+08 16 32	E4		I	≤3.49			18.4	8.9	7.4			137	A
			E2		M	≤0.48	5 914		15.7					134	A
			E2		M	≤0.3	5 948		12.					93	B ★
			E2		F	≤1.4			11.5	11.7				52	N ★
			E2		M	≤0.08	0 950		11.5	11.7				132	B
			E2		M	0.3	1010		12.					290	P
			E2		M	≤0.68			19.5	11.7	11.0			121	E
			E2		M	1.32 0.40	868 50	431 5	14.8	11.7	11.0			144	J
			E2		M	≤0.09	935		19.5					120	E
			E		M	0.27			11.					85	N
			E2		S	≤5.7	5 995		14.5					405	B ★
			E1		M	≤0.117	5 1001		20.5	8.9	7.4			193	A ★
			E2		I	≤0.10	5 914		22.					551	A
Anon 1227+07	12 27 17.0	+07 33 35	Im		S	± 0.7	−600 − 8000							447	A
NGC 4473	12 27 17.0	+13 42 23	E6		I	≤3.39			18.4	4.5	2.6			137	A
			E5		I	≤4.70	5 2241 90			4.2	2.4			375	A
			E5		F	≤2.2	7 2171		15.7					95	B
			E5		M	≤0.51			19.5	4.3	2.5			121	E
			E5		M	≤0.18	2275		19.5					120	E
NGC 4475	12 27 18	+27 31	Sc	57	I	3.81 0.8	0 7388 25	358 4		1.8				188	G ★
			Sc	63	I	3.1	0 7396	380 409 4	72.2					505	A ★
NGC 4474	12 27 21.7	+14 20 40	S0		I	≤4.13			18.4	2.3	1.2			137	A
			E/S0 p		M	≤0.14	5 1526		15.7					134	A
			S0		I	≤4.05	5 1526 90			2.2	1.2			375	A
			S0/a		I	≤1.1	5 1624			2.3	1.2			419	A
IC 3425	12 27 24	+10 53	Sb	67	S	± 5.0	−400 − 3300		21.9	2.2	1.0			494	E
NGC 4476	12 27 26.7	+12 37 27	S0						18.4	1.9	1.3			137	A
			S0/a		I	≤0.8	5 1948			1.9	1.3			419	A
UGC 7636	12 27 28.0	+08 12 17	Im				0 475	50	20.5	1.2	0.8			193	A ★
			Im		I	0.167	0 468	36 52 4						447	A ★
			Im		S	± 9.0	−500 − 1800							458	A
			Sm	47	S	± 6.0	−400 − 3300		21.9	1.3	0.9			494	E
UGC 7639	12 27 30.0	+47 48 00	Im	61	F	0.71 0.27	0 384 10	50 4	4.6	5.2	2.6			373	G
			Im	64	F	1.2 0.2	0 385 10	39 57 4	6.2	3.6	1.7			387	J ★

Table 1 cont.

Name (1)	R.A. (2)	Dec. (3)	Type (4)	i (5)	(6)	HI-flux (7)	(8)	(9)	v (10)	(11)	(12)	Δv (13)	(14)	Dist (15)	a (16)	b (17)	Vmax (18)	Pos (19)	Ref (20)	(21)
UGC 7639			Im	64	I	5.3	0.66	0	379	5	51	75	4	7.5	2.98	1.41			377	E ★
			Im		I	3.80		0	381			74	4		5.2	2.6			515	G ★
NGC 4477	12 27 30.7	+13 54 45	SX0		I	≤2.44								18.4	4.0	3.5			137	A
			SB0		I	≤2.23									4.2	3.7			375	A
			S0		F	≤3.1		5	1263	90				15.7					95	B
			S0		M	≤0.50		7	1194					19.5	5.0	4.4			121	E
			SB0		I	≤0.6		5	1355						4.0	3.5			419	A
Anon 1227+08	12 27 33.0	+08 29 30	dE		L	≤6.35		-500	-	3200				15.8					445	A
Anon 1227+06	12 27 33.6	+06 37 00	Im		S	±	1.2	-600	-	8000									447	A
Anon 1227+17	12 27 33.6	+17 40 36	Im p		I	3.815		0	2488		149	165	4						447	A ★
Anon 1227+16	12 27 34.2	+16 39 06	Comp		S	±	1.4	-600	-	8000									447	A
Anon 1227+03	12 27 39.0	+03 51 00	Comp		I	1.60		0	5248		131	188	4						447	A ★
UGC 7642	12 27 40.0	+02 54 06	Sdm		I	2.534		0	1637		40	57	4						447	A ★
			Sm	35	I	4.0		0	1780	10	60	80	4	21.9	1.2	1.0			494	E ★
NGC 4482	12 27 40.8	+11 03 12		57	S	±	5.0	5	1845	36				21.9	1.9	1.1			494	E
UGCA 282	12 27 43.5	-08 08 00	SBbc		S	±	18.0	-400	-	3000					3.5	3.2			373	G
			SBb	25	I	12.64	1.7	0	5462	10		389	4		2.3	2.1			466	G ★
IC 3430	12 27 44.0	+09 21 47	Im		S	±	0.9	5	2015										447	A
NGC 4478	12 27 45.5	+12 36 18	E1											18.4	2.0	1.8			137	A
			E2		M	≤0.26		5	1482					15.7					134	A
			E2		M	≤0.45								19.5	2.4	2.1			121	E
			E2		M	≤0.20			1482					19.5					120	E
NGC 4479	12 27 46.8	+13 51 15	S0		I	≤1.69								18.4	1.8	1.5			137	A
			S0/a		I	≤0.8		5	822						1.8	1.5			419	A
UGC 7644	12 27 48.0	+04 00 47	Sc	80	S	±	8.0	-400	-	3300				21.9	2.2	0.6			494	E
			Sc	80	I	5.64		0	4222		337	353	4		2.2	0.6			520	A ★
Anon 1227+14	12 27 52.2	+14 15 30	Im		S	±	1.4	-600	-	8000									447	A
NGC 4480	12 27 53.4	+04 31 27	SXc	59	I	13.2	1.5	0	2450	10	188	367	4	21.9	2.6	1.4			494	E ★
			Sc		I	11.6		0	2438	4	309	328	4		2.6	1.4			428	A ★
			Sb	59	I	10.8		0	2437		312	341	4		2.6	1.4		257	520	A ★
IC 3432	12 28 00	+14 27	S p		I	1.1		0	6037	10		240	4		0.6	0.4			78	A ★
NGC 4485	12 28 05.5	+41 58 35	Im p	45	I	330.0	29.0	0	578	5	168	244	4	7.3				204	D ★
			IBm p	50	M	0.7			480	15				8.				355	257	W ★
			S	60				0	480	15				12.	3.0	2.5			278	E
			IBm					-400	-	3000					3.2	3.0			373	G
			Im	44	M	0.31		0	560	20				7.5					324	N
NGC 4485/90			Mult	55	M	18.0		0	570	5		224	5	12.			144		278	E ★
			Mult						477		172	237	4						257	W
IC 3436	12 28 07.8	+19 56 06			S	±	6.0	5	3365	16				21.9					494	E
NGC 4483	12 28 08.3	+09 17 30	SB0/a	55	S	±	4.4	5	875	80				21.9	1.8	1.1			494	E
			SB0		I	≤0.7		5	845						1.8	1.1			419	A
NGC 4490	12 28 10.5	+41 54 56	SBd p	60	I	335.0	27.0	0	588	10	142	244	4						204	D ★
			SBd p	62	F	120.0	6.0		568	7	181			8.0	11.6			173	79	J ★
			Sc		M	7.3	0.6	0	565	3		232	5	8.	8.9	4.7			76	J ★
			SBd p	60	I	212.5		0	572	9		256	5	14.3	7.4				80	G ★
			SBd p	60					585	5				8.	8.9		97	115	257	W ★
			Scd	50				0	585	5				12.	7.0	3.5			278	E
			Sc	47					590					8.0	5.4	2.7			365	O ★
			SBd	47	M	4.9	1.5	0	560					8.3					85	N
			SBd p	60	F	84.36	3.81	0	577	10		245	4	6.3	8.8	4.6			373	G
			SBd	59	I	231.0		0	571			286	5	6.4					417	G
Anon 1228+12	12 28 17.4	+12 19 18	Comp		I	1.025		0	1254		100	114	4						447	A ★
Anon 1228+13	12 28 17.4	+13 47 06	Im		S	±	1.3	-600	-	8000									447	A
NGC 4486	12 28 17.8	+12 39 58	E		M	≤70.0		5	1243	25				13.8	10.7	10.7			87	H ★
			E1											18.4	7.2	6.8			137	A
			E		S	≤21.5.		5	1260										356	G
NGC 4488	12 28 18.9	+08 38 17	SB0/ap		S	±	18.0	-400	-	3000					6.5	2.4			373	G
			S0	67	S	±	3.5	5	990	40				21.9	3.6	1.5			494	E
			S0		I	≤0.9		5	990						3.6	1.5			419	A
Anon 1228+29	12 28 19.0	+29 03 18			S	±		5	1439										471	A
NGC 4489	12 28 21.1	+17 02 05	S0	18	S	±	5.5	5	930	21				21.9	2.2	2.1			494	E
			E		S	±	0.44												427	A
NGC 4491	12 28 24.4	+11 45 35	SBa	60	S	±	17.0	5	439	25				21.9	1.91	1.02			377	E
			SB0		I	≤0.7		5	497						1.9	1.0			419	A
			SBa		S	±	1.1	5	497						1.9	1.0			520	A
UGC 7658	12 28 25.9	+12 32 48	dE	25	S	±	31.0	5	66	83				21.9	1.26	1.15			377	E
NGC 4492	12 28 27.3	+08 21 12	Sb		I	1.27		0	1777			227			2.1	2.1			462	A ★
			Sa	22	S	±	5.0	5	1801	25				21.9	2.0	1.9			494	E
			Sa	22	I	0.77		0	1767		105	135	4		2.0	1.9			520	A ★
Anon 1228+11	12 28 28.2	+11 59 00	dE		S	±	1.2	-600	-	8000									447	A

Table 1 cont.

Name (1)	R.A. (2)	Dec. (3)	Type (4)	i (5)	HI-flux (6)	(7)	(8)	v (9)	(10)	(11)	Δv (12)	(13)	(14)	Dist (15)	a (16)	b (17)	Vmax (18)	Pos (19)	Ref (20)	(21)
NGC 4487	12 28 29.2	−07 46 41	Scd	46	I	26.7	4.0	0	1037	9		228	4	16.1	5.8				201	G ⋆
			SXcd	42	F	9.13	1.21	0	1037	30		235	4	8.8	5.8	4.3			373	G
			SBc	44	I	36.67	4.1	0	1037	5		222	4		4.2	3.1			466	G ⋆
Anon 1228+25	12 28 30	+25 50			I	≤1.0		4700	−	8550					0.5	0.5			327	A
Anon 1228+12a	12 28 32.4	+12 06 42	dE		S	±	1.3	−600	−	8000									447	A
Anon 1228+12b	12 28 47.4	+12 53 18	dE		L	≤6.45		−500	−	3200				15.8					445	A
IC 3442	12 28 48.7	+14 23 28	dE		S	±	0.88												427	A
IC 3446	12 28 51.6	+11 46 03	Sm		I	3.568		0	1251		156	175	4						447	A ⋆
			Sm		I	3.22		0	1251		168				0.6	0.3			462	A ⋆
Anon 1228+09	12 28 52.2	+09 45 06	Im		I	0.637		0	603		55	100	4						447	A ⋆
NGC 4495	12 28 54.0	+29 25 00	Sbc		I	13.15		0	4551			412		45.8	1.6	0.9			483	A ⋆
			Sab		I	12.37		0	4549		367	389	4		1.6	0.9			489	A ⋆
NGC 4494	12 28 54.8	+26 02 58	E1		F	≤1.7		7	1305					12.5					95	B ⋆
Anon 1229+09	12 29 00.0	+09 14 12	Im		S	±	1.5	−600	−	8000									447	A
Anon 1229+20	12 29 00	+20 24			I	0.6	0.2	5	19190										456	A ⋆
NGC 4497	12 29 00.9	+11 54 10	S0	62	S	±	7.0	5	1123	32				21.9	2.3	1.1			494	E
			S0/a		I	≤0.7		5	1107						2.3	1.1			419	A
NGC 4500	12 29 02.4	+58 14 23	SBa		I	7.5	0.5	0	3148			382	4		1.7	1.1			503	G
IC 3453	12 29 05.4	+09 40 33	Im		I	1.506		0	2562		89	124	4						447	A ⋆
			Im		I	1.35		0	2560		92	134	4	15.8					445	A ⋆
			Sm		I	2.48		0	2555		125				1.3	0.2			462	A ⋆
NGC 4496 A	12 29 05.8	+04 12 56	Sm		M	4.81	0.30	0	1725	5	152			19.5	5.2	5.2			121	E ⋆
			SBm		F	10.75	1.03	0	1738	10		179	4	16.3	5.1	5.1			373	G
			SBd		I	53.5		0	1732	3	161	184	4		3.9	3.1			428	A ⋆
			SBm	38	I	44.0		0	1728			214	5	11.4					417	G
Anon 1229−51	12 29 05.9	−51 28 00	Sc	90				1	2632	20				34.5	2.4	0.2			528	P
Anon 1229+11	12 29 07.0	+11 06 41	Im		S	±	1.1	−600	−	8000									447	A
NGC 4496 B	12 29 07.1	+04 12 24	Sc	0	I	2.13		0	4546		255	283	4		0.9	0.9			520	A ⋆
			Sa		I	3.9		0	4548	25	272	280	4		1.0	0.9			428	A ⋆
NGC 4498	12 29 08.7	+17 07 45	SBd	60								185	4	13.2	5.0	2.7			216	G ⋆
			SBd	60	F	2.87	0.50	0	1506	20		190	4	10.7	5.0	2.6			373	G
			SXcd	54	I	9.0		0	1507	6	185			11.	4.9				273	A
			SBc	61	I	10.2		0	1505			204	4	20.5	3.5	1.7			151	A ⋆
			SBc	56	I	12.0		0	1498	10				15.7	3.5		106	133	509	W ⋆
			Scd		I	13.0		0	1505	4	190	209	4		3.2	1.9			428	A ⋆
IC 3457	12 29 19.8	+12 55 54			F	≤1.0		−400	−	3000									213	G
			dE		L	≤6.30		−500	−	3200				15.8					445	A
IC 797	12 29 22.8	+15 24 00	Sd		I	3.94		0	2100		143				1.2	0.8			462	A ⋆
			SBc	47	I	1.7	0.48	0	2092	15	130	174	4	21.9	1.3	0.9			494	E ⋆
IC 3459	12 29 24	+12 27	Im		S	±	18.0	−400	−	3000					2.0	1.8			373	G
NGC 4501	12 29 27.9	+14 41 47	Sb	64								532	4	13.2	9.4	5.5			216	G ⋆
			Sb		M	5.70	0.88	0	2270	5	500			19.5	9.4	5.5			121	E ⋆
			Sbc	59	I	12.13		0	2281					14.9	4.8		293		138	A
			Sb		M	≤0.7			2120					12.					290	P
			Sb		M	0.89	0.35	0	2016	60	181		5	14.8	9.4	5.5			144	J
			Sb	56	F	8.79	1.00	0	2285	15		542	4	10.7	9.3	5.4			373	G
			Sbc	64	I	30.4		0	2275			541	4	20.5	6.7	3.0		140	151	A ⋆
			Sbc	58	I	29.6		0	2276	4				15.7	5.9		278	140	509	W ⋆
			Sbc		I	33.7		0	2284	3	509	539	4		6.9	3.9			428	A ⋆
				56				0	2274								300	142	542	V ⋆
					I	16.83		0	2284			536	4	17.6	6.7	3.0			562	A ⋆
Anon 1229+13	12 29 28.2	+13 21 30	Im		S	±	1.2	−600	−	8000									447	A
UGC 7673	12 29 29.0	+29 59 06						0	642										490	A
			Im	35	F	2.09	0.38	0	639	10	55			12.8	3.1				89	G
			Im	36	F	2.17	0.40	0	639	10		73	4	6.4	3.0	2.4			373	G
			Im		I	9.60		0	643			91	4		3.1	2.5			515	G ⋆
Anon 1229+40	12 29 30	+40 07	SB		F	1.61			693	30		162	4	9.34	2.48				309	N ⋆
IC 3461	12 29 30.6	+12 09 54	dE		L	≤6.50		−500	−	3200				15.8					445	A
NGC 4502	12 29 32.0	+16 57 43	Sm		I	2.349		0	1629		173	189	4						447	A ⋆
			Sm		I	4.06		0	1628		183				1.3	0.6			462	A ⋆
IC 3466	12 29 33.0	+12 05 36	Sc	62	I	3.5	1.0	0	1616	10	174	198	4	21.9	1.3	0.7			494	E ⋆
			Pec		I	1.331		0	911		42	72	4						447	A ⋆
			Im		I	0.92		0	903		68				0.8	0.7			462	A ⋆
			Pec	55	I	2.6	0.5	0	913	10	52	79	4	21.9	0.7	0.4			494	E ⋆
NGC 4503	12 29 34.4	+11 27 15	S0		I	≤8.58								18.4	3.5	1.8			137	A
			Sa	59	I	≤4.2		5	1269	76				21.9	3.7	2.0			346	E
			Sa		I	≤0.6		5	1359						3.5	1.8			419	A
NGC 4506	12 29 39.2	+13 41 51	Sc		I		0.6	0	737						1.7	1.5			462	A ⋆
			S0	40	S	±	5.0	5	681	100				21.9	1.6	1.3			494	E
			S p		S	±	1.0	5	680						1.6	1.3			520	A

Table 1 cont.

Name (1)	R.A. (2)	Dec. (3)	Type (4)	i (5)	(6)	HI-flux (7)	(8)	(9)	v (10)	(11)	(12)	Δv (13)	(14)	Dist (15)	a (16)	b (17)	Vmax (18)	Pos (19)	Ref (20)	(21)
UGC 7688	12 29 42.0	+08 20 00	dE		L	≤6.40		−500 − 3200						15.8					445	A
NGC 4504	12 29 42.2	−07 17 20	Scd	50	I	81.2	12.2	0	998	9	252		4	15.4	5.8				201	G
			Scd	46	F	22.32	2.01	0	1003	8	250		4	8.5	5.0	3.5			373	G ★
			Sc	47	I	82.98	9.3	0	999	5	242		4		4.0	2.8			466	G ★
Anon 1229+03	12 29 42.6	+03 16 30	Comp		S	±	1.5	−600 − 8000											447	A
IC 3473	12 29 48.4	+18 31 15	Sdm		S	±	1.4	3000 − 11000							1.1	0.7			483	A
Anon 1229+12	12 29 51.0	+12 10 12	Im		S	±	0.7	−600 − 8000											447	A
IC 3471	12 29 51.0	+16 18 00	Im		I	1.165		0	−132		99	114	4		4.7	3.0			447	A ★
UGC 7685	12 29 54.2	+00 39 56			I	41.79		0	1529	10	196		5		5.4			30	158	G ★
			SBdm	25	F	11.10	1.10	0	1532	5	177		4	14.1	5.4	4.9			373	G
			Sdm		F	9.43		0	1530	15	160		5		2.9				157	G
				25	I	28.26		0	1529	5	156	172	4	15.	5.4	4.9		30	508	a ★
			SBdm		I	42.30		0	1530		172		4		5.4	4.9			515	G ★
UGC 7688	12 30 00.0	+08 19 12	Im		S	±	0.9	5	609										447	A
Anon 1230+09	12 30 01.2	+09 26 54	Comp		I	1.324		0	1160		64	94	4						447	A ★
			E1					0	1145						0.367			160	507	V ★
			E1		I	1.49		0	1157		54								427	A
UGC 7690	12 30 01.4	+42 58 48	Im		F	5.64			531	10	160		4	9.34	3.27				309	N ★
			Im p	38	F	4.80	0.58	0	540	10	103		4	6.0	3.5	2.8			373	G
IC 3474	12 30 03.5	+02 56 16	Sd	90	I	12.4	0.88	0	1727	5	146	165	4	21.9	2.2	0.3			494	E ★
			Sd	90	I	9.37		0	1735		143	162	4		2.2	0.3			520	A ★
IC 3475	12 30 06.4	+13 02 57	dE		F	≤1.5		−400 − 3000							4.3				89	G
			E		S	±	18.0	−400 − 3000							4.1	3.8			373	G
			dE		L	≤6.40		−500 − 3200						15.8					445	A
			dE p		S	±	0.8	5	2572										447	A
			Im		S	±	0.3	−450 − 6700						15.8				40	463	A
			S0	18	I	1.5	0.26	0	2572	15	63	86	4	21.9	2.6	2.5			494	E ★
			dE		S	±	0.74												427	A
IC 3476	12 30 10.7	+14 19 35	Sc	76	I	4.60		0	−173		118	157	4		2.2	2.0		120	520	A ★
Mark 215	12 30 10.7	+46 02 33		34	M	≤3.6			5886				4	79.0	0.38	0.38			293	G
IC 3476	12 30 10.8	+14 29 36	Sm		S	±	18.0	−400 − 3000							4.0	3.2			373	G
			Im		I	3.70			−169	5	121	142	4						457	A ★
NGC 4517	12 30 11.9	+00 23 32	Sc	82	I	40.38		0	1125					17.5	11.9		159		138	A
			Scd	85	I	103.0	15.5	0	1129	9	315		4	18.3	11.1				201	G ★
			Scd	79	F	30.50	3.09	0	1131	7	317		4	10.0	12.6	3.5			373	B
			Scd p	82				1	951		318		4	21.	4.2				380	A
			Sc	80	I	158.4	6.6	0	1129	5	308	337	4						442	E ★
			Sc		I	144.1		0	1125			326	4		12.7	2.5			515	G ★
Anon 1230+08	12 30 14.0	+08 04 30	Im		I	0.207		0	1339		45	55	4						447	A ★
NGC 4514	12 30 14.8	+29 59 18	Sbc	24			6.01	0	8089			287	5		1.2	1.1			61	A ★
Anon 1230+03	12 30 16.7	+03 34 30	Sbc	59	I	3.86		0	4985		204	226	4		1.6	0.9			520	A ★
NGC 4512	12 30 18	+64 09	SBdm	42	F	2.26	0.57	0	2979	20		177	4	31.2	3.4	2.5			373	E
Anon 1230+02	12 30 18.6	+02 54 18	Comp		I	0.285		0	1774		48	83	4						447	A ★
Anon 1230+03	12 30 19.8	+03 27 24	Comp		I	1.349		0	8728		239	246	4						447	A
UGC 7699	12 30 21.2	+37 53 41	SBc	74	F	6.39	0.96	0	503	10	209		4	5.4	5.6	1.8			373	G
			SBcd	74	I	27.3		0	502		254		5	5.4					417	G
			SBd		I	25.1		0	503		214		4		4.0	1.1			488	G ★
Anon 1230+03	12 30 23.0	+03 38 06	Im		I	0.51		0	734		44	59	4						447	A
UGC 7697	12 30 24	+20 27	Sd		L	8.78		0	2538					25.3	2.1				483	A
			Sc	83	I	5.6	1.3	0	2525	5	215	226	4	21.9	2.1	0.5			494	E ★
			Sd		L	8.78		0	2538					25.3	2.1				483	A
Anon 1230+04	12 30 24.6	+04 51 12	Im		I	3.069		0	1233		78	107	4						447	A ★
UGC 7698	12 30 25.0	+31 48 53	Im	45	M	0.04	0.05	0	334	4	49			7.	5.8	4.2		9	13	C ★
			Im	42	F	8.23	0.64	0	335	10	63			6.8	8.6				89	G
			Im	68	M	0.26		0	332		55	72	4	4.6	8.6		71	175	376	E ★
			Im	43	F	10.14	0.76	0	335	7		83	4	3.4	9.1	6.7			373	B
			Im		I	41.10		0	331			73	4		9.1	6.4			515	G ★
Anon 1230+11	12 30 30.0	+11 25 30	Comp		S	±	1.4	−600 − 8000											447	A
NGC 4515	12 30 33.4	+16 32 27	S0/a		I	≤0.6		5	940						1.6	1.3			419	A
NGC 4521	12 30 33.5	+64 12 51	Sab	84	I	6.86		0	2971	20		209	5		2.7	0.6		167	158	G ★
UGCA 285	12 30 36	−00 16	Im		S	±	18.0	−400 − 3000							1.7	1.7			373	G
NGC 4516	12 30 36.4	+14 51 05	SBa	56	S	±	6.0	5	958	40				21.9	1.9	1.1			494	E
			SB0	56	S	±	1.2	5	958						1.9	1.1			520	A
IC 3484	12 30 37.2	+17 40 00	Sc	47	S	±	6.0	−400 − 3000							0.7	0.5			494	E
Anon 1230+09	12 30 37.8	+09 31 54	Im		I	0.505		0	7377		58	74	4						447	A
IC 3483	12 30 38.7	+11 37 20	SXb p		S	±	18.0	−400 − 3000							1.0	0.7			373	G
			SXb	39	S	±	28.0	5	108	40				21.9	0.47	0.37			377	E
			S p		I	0.67		0	129		101	148	4		0.5	0.4			520	A ★
NGC 4509	12 30 39.2	+32 22 05	Sab p	51	I	3.60		0	937			97	4		1.6	1.0			471	A ★
NGC 4518	12 30 40.2	+08 07 24	SB0/a	67	S	±	7.0	−400 − 3300							1.0	0.4			494	E

Table 1 cont.

Name (1)	R.A. (2)	Dec. (3)	Type (4)	i (5)	(6)	HI-flux (7)	(8)	(9)	v (10)	(11)	(12)	Δv (13)	(14)	Dist (15)	a (16)	b (17)	Vmax (18)	Pos (19)	Ref (20)	(21)
IC 3487	12 30 42.0	+09 40 06	E5	68	S	±	6.0	−400	−	3300				21.9	0.9	0.4			494	E
IC 3492	12 30 42.4	+13 08 02	Pec		S	±	11.0	5	374	220				21.9	0.8				377	E
IC 3489	12 30 42.5	+12 31 30	Sbc		I	0.43		0	7863		105	115	4		0.5	0.5			520	A ★
Anon 1230+09	12 30 47.4	+09 01 30						0	1320	20	34								428	A
UGCA 286	12 30 54	−04 36	Sdm	83	F	3.40	0.73	0	1297	20		148	4	11.5	3.9	0.8			373	G
			Sdm	90	I	17.80	2.1	0	1289	5		145	4		2.6	0.4			466	G ★
Anon 1230+04	12 30 56.4	+04 04 12	Sm		I	2.36		0	910		93	251	4						447	A ★
NGC 4519	12 30 58.0	+08 55 47	Sd		M	4.54	0.28	0	1229	5	162			19.5	4.2	3.2			121	E ★
			SBc	48	I	52.8		0	1228			224	4	20.5	3.8	2.5		145	151	A ★
			SBc	44	I	49.38		0	1372	10	170	217	4	22.1					416	E ★
			Sbc	45	I	41.3		0	1207	4				15.7	5.5		129	145	509	W ★
			SBc	43	I	46.89	3.6	0	1218	5	172	215	4						442	E ★
			SBcd		I	51.2		0	1212	5	175	200	4		3.1	2.2			428	A ★
NGC 4522	12 31 07.8	+09 27 02	Sbc	74	F	1.61	0.62	0	2331	30		316	4	10.7	5.9	1.9			373	E
			Sc	75	I	9.5		0	2332			247	4	20.5	4.2	1.1		33	151	A ★
			Sc		M	0.68	0.20	0	2316	10	190			19.5	6.0	2.0			121	E
			Sbc	72	I	4.78		0	2469	10	179	212	4	22.1					416	E ★
			Sbc	76	S	±	7.0	5	2318	10				21.9	3.7	1.1			494	E
			SBc		I	7.0		0	2330	5	211	243	4		3.7	1.1			428	A ★
UGC 7710	12 31 12.0	−02 22 41	Im	22	I	6.27	0.76	0	2476	8		104	4		1.4	1.3			466	G ★
			Im		F	≤1.5		−400	−	3000					2.4				89	G
			Im		S	±	18.0	−400	−	3000					2.2	2.0			373	G
UGCA 287	12 31 15	−10 23 30	S	60	I	4.50	0.59	0	1052	10		280	4		1.7	0.9			466	G ★
			Sm		S	±	18.0	−400	−	3000					2.7	1.5			373	G
IC 3501	12 31 16.8	+13 35 54	dE	28	S	±	6.0	−400	−	3300				21.9	0.7	0.6			494	E
NGC 4523	12 31 17.1	+15 26 37	Sdm		F	3.2		0	253	13		152	4		3.8				234	N
			SXm	27	F	4.08	1.66	0	262	10	119			19.8	3.7				89	G
			SXm	28	F	4.33	0.98	0	262	10		129	4	10.7	3.8	3.2			373	G
			SBdm	26	I	23.9	0.92	0	262	5	116	136	4	21.9	2.64	2.39			377	E ★
			SBd	18	I	25.2		0	262		128	146	4		2.6	2.5		23	520	A ★
UGC 7715	12 31 23.0	+03 49 23			F	≤1.0		−400	−	3000									213	G
			Sdm		I	1.55		0	1138		29	48	4						447	A ★
IC 800	12 31 25.7	+15 37 51	Sd		I	1.24		0	2335		111				1.5	1.2			462	A ★
			SBb	42	S	±	5.0	5	2295	23				21.9	1.7	1.3			494	E
UGC 7719	12 31 30.0	+39 17 00	Sdm	71	F	2.23	0.44	0	686	10		89	4	7.3	3.0	1.1			373	G
			Sdm		I	9.80		0	678			97	4		3.0	0.9			515	G ★
NGC 4526	12 31 30.4	+07 58 33	S0		M	1.6	0.3		448	24		347	5	14.8	8.1	2.2			144	J ★
			SX0		I	≤2.86								18.4	7.2	2.3			137	A
			E/S0		M	≤0.004		5	450						4.7	7.2	2.3		249	A
			S0		F	≤5.1		7	396					15.7					95	B
			S0		M	≤0.98			487					15.7					131	B
			S0		M	≤0.036								12.					85	N
			S0		M	≤0.065		5	447					20.5	7.2	2.3			193	A ★
NGC 4528	12 31 34.5	+11 35 53	S0	75	S	±	12.0	5	553	12				21.9	7.2	2.3			494	E
			S0/a		I	≤0.7		5	1374						1.8	1.2			419	A
NGC 4527	12 31 35.4	+02 55 43	Sc	74	I	98.19		0	1737	10		403	5		6.5	2.2		67	158	G ★
			Sc	72	I	40.25		0	1740					17.5	9.8	2.2	187		138	A
			Sbc		M	2.2			1730					12.					290	P
					F	30.4		0	1714			416	4						234	P
			SXbc	72	I	102.5		0	1736	3	359			13.9	5.2	1.9		157	390	A ★
			Sb	72	I	116.0		0	1733			381	4	20.5	6.5	2.2		67	151	A ★
			Sb		I	105.1		0	1736			385	4		8.5	3.4			515	G ★
			Sb	72	I	102.5		0	1736		362	388	4		6.3	2.3			520	A ★
					I	40.32		0	1738			378	4	30.6	6.5	2.2			562	A ★
UGC 7720	12 31 36	−00 05	SBab	25	S	±	4.0	0	−	6400					1.1	1.0			466	A
NGC 4534	12 31 38.8	+35 47 41	Sd		F	17.23			807	10		125	4	9.34	5.92				309	N
			Sdm	42	F	15.91	1.07	0	803	8		143	4	8.3	6.1	4.6			373	G
			Scd	44	I	63.3		0	801			149	4	16.6	4.5	3.3		125	393	G ★
			Scd	44	I	79.3		0	802			133	4	16.6	4.5	3.3		125	393	A
			Sd	34	I	56.6		0	799			169	5	8.3					417	G
			Sd		I	71.3		0	802			133	5		4.5	3.3			488	a ★
IC 3505	12 31 39.0	+16 14 00	SBc	74	S	±	7.0	−400	−	3300					1.0	0.3			494	E
Anon 1231+12	12 31 40.2	+12 05 00	Comp		S	±	1.2	−600	−	8000									447	A
IC 3516	12 31 42.0	+24 43 00	Sbc		I	3.47		0	6858		370								421	A ★
Anon 1231+04	12 31 43.8	+04 00 36	Im		I	0.626		0	2424		75	141	4						447	A ★
NGC 4531	12 31 44.6	+13 21 06	Sa	47	S	±	14.0	5	131	37				21.9	2.95	2.04			377	E
			Sa		I	≤1.3		5	8						3.0	2.0			419	A
			Sa		I	0.25		0	195	13					3.0	2.0			428	A ★
IC 3509	12 31 45.0	+12 19 00	E4	51	S	±	5.0	−400	−	3300				21.9	1.0	0.7			494	E
NGC 4535	12 31 46.3	+07 36 34	SBc	42	I	69.39		0	1956	10	267	286	4	22.1					416	E ★

Table 1 cont.

Name (1)	R.A. (2)	Dec. (3)	Type (4)	i (5)	(6)	HI-flux (7)	(8)	(9)	v (10)	(11)	(12)	Δv (13)	(14)	Dist (15)	a (16)	b (17)	Vmax (18)	Pos (19)	Ref (20)	(21)
NGC 4535			Sc		I	111.1		0	1956		267	286	4						429	E
			SBc	44	I	72.7		0	1963	5				15.7	8.4		209	0	509	W ★
			SBc		I	89.6		0	1962	3	269	291	4		6.8	5.0			428	A ★
			SXc	42								292	4	13.2	9.9	8.9			216	G ★
			Sc		M	5.5	0.4		1942	13		302	5	14.8	9.9	8.9			144	J ★
			Sc		M	10.9	0.8	0	1955	10	266			19.5	9.9	8.9			121	E ★
			Sc		M	1.4			1950					12.					290	P
			Sc		M	4.3	4.3	0	1038					9.7					315	J
			SXc	26	F	22.54	1.25	0	1966	8		291	4	10.7	9.8	8.8			373	G
			SBc	26	I	85.3		0	1962			290	4	20.5	7.8	7.0		0	151	A ★
NGC 4532	12 31 46.8	+06 44 42		40				0	1966								210	177	542	V ★
			IBm	65								265	4	13.2	4.0	2.6			216	G ★
			Im	66	I	45.1						216	4	25.3	2.3				203	G ★
			Im		M	3.16	0.19	0	1997	5	148			19.5	4.1	2.6			121	E ★
			IBm	51	F	15.18	1.09	0	2010	20		251	4	19.1	4.0	2.5			373	B
			Sm		I	42.30		0	2021		163	208	4						447	A
			Sm		I	42.3		0	2021	5	163	208	4		2.9	1.3			428	A ★
UGC 7730	12 31 48	+64 49			F	≤1.0		−400	−	3000									213	G
NGC 4533	12 31 48.6	+02 36 06	Sm					−400	−	3000					3.7	0.7			373	G
			S	78	I	11.55		0	1814	10	292	312	4	22.1					416	E ★
			Scd	90	I	6.50		0	1759		153	194	4		2.0	0.4			520	A ★
Anon 1231+11	12 31 49.2	+11 41 30	Im		S	±	1.5	−600	−	8000									447	A
NGC 4536	12 31 53.7	+02 27 45	Scd	69	I	74.88		0	1807	10		362	5		7.0	2.8		130	158	G ★
			Sbc	63	I	75.4			1804	9		344	5	24.5	7.2				80	G ★
			SBc	65				0	1800					17.5	11.6		174		138	A
			Sbc		M	1.2			1930					12.					290	P
					F	24.0		0	1800			348	4						234	P
			SXbc	64	I	73.3		0	1806	3	328			13.9	6.5	3.0		40	390	A ★
			Sc	67	I	69.1		0	1805			304	4	20.5	7.0	2.8		130	151	A
			Sc	62	I	71.93		0	1788	10	333	367	4	22.1					416	E ★
			Sbc		I	92.50		0	1808			353	4		9.9	4.0			515	G ★
			Sc	64	I	73.3		0	1802		323	351	4		7.4	3.5			520	A
					I	37.88		0	1802			348	4	31.3	7.0	2.8			562	A ★
IC 3517	12 31 59.4	+09 25 53	Sdm		I	1.55		0	427		120				1.5	0.9			462	E
			SBm	52	S	±	6.0	−400	−	3300				21.9	1.5	1.0			494	E
			Sd		I	0.82		0	440		97	116	4		1.5	1.0			520	A ★
IC 3520	12 32 00.9	+13 46 46	Sdm		I	0.43		0	799		109				0.7	0.5			462	A ★
Anon 1232+02	12 32 01.8	+02 50 42	Comp		I	1.656		0	1848		54	153	4						447	A
IC 3518	12 32 03.0	+09 52 54	S0		S	±	5.0	−400	−	3300				21.9	1.3	0.9			494	E
NGC 4539	12 32 04.4	+18 28 40	SBa	66	S	±	7.0	5	1287	34				21.9	3.5	1.6			494	E
			SBa		I	≤1.0		5	1287						3.5	1.6			419	A
			SBa p		S	±	0.7	5	1287						3.5	1.6			520	A
IC 3521	12 32 06.7	+07 26 12	SBm p		I	1.228		0	595		79	136	4		1.2	0.9			447	A ★
			SXdm	42	S	±	7.0	5	573	33				21.9	1.2	0.9			494	E
			SBm p	42	I	1.29		0	597		92	135	4		1.2	0.9		315	520	A ★
UGC 7739	12 32 12.0	+06 34 20	Im		I	17.20		0	1997			214	4		2.3	2.1			515	G ★
			dE		S	±	1.4	−600	−	8000									447	A
			Im		F	6.05	0.79	0	2026	30	129			19.8	2.5				89	G
			Im					0	2032					19.3	2.5	2.5			373	G
								0	2061	4	71	129	4						150	A ★
			Sm		I	6.39		0	2065		66	128	4						447	A ★
			dI					0	2020	20	87								428	A
			Im		I	7.755		0	2054		84	136	4		1.4	1.3			475	A ★
Anon 1232+03	12 32 13.8	+03 17 00	Comp		S	±	1.5	−600	−	8000									447	A
IC 3522	12 32 14.8	+15 29 46	Im	58								130	4	13.2	2.0	1.1			216	G ★
			Im	57	F	2.46	0.60	0	661	15	119			19.8	2.1				89	G
			Im	58	F	2.48	0.62	0	661	20		160	4	10.7	2.0	1.1			373	G
			Im		I	9.40		0	675		99	124	4	15.8					445	A ★
			Im p		I	9.031		0	666		104	122	4						447	A ★
			Sm		I	9.69		0	664		121				1.2	0.6			462	A ★
			Im	70	I	10.1	0.3	0	675	5		140	4	15.9	0.65		60	95	510	V ★
UGC 7745	12 32 18	+73 58	Im	52	I	1.0	0.41	0	1201	14	32		4		1.1	0.7			384	E ★
NGC 4540	12 32 19.9	+15 49 41	Scd		M	0.70	0.19	0	1286	10	119			19.5	2.9	2.4			121	E ★
			SXcd		S	±	18.0	−400	−	3000					3.2	2.6			373	G
			Scd		I	4.5		0	1286	4	113	199	4		2.0	1.6			428	A ★
NGC 4545	12 32 20.3	+63 48 10	Sd	58	I	15.18		0	2740	20		351	5		2.9	1.6		8	158	G ★
			SBcd	56	F	5.13	1.15	0	2716	10		295	4	28.6	4.3	2.5			373	G
IC 3530	12 32 25.2	+18 04 00			S	±	6.0	−400	−	3300				21.9					494	E
Anon 1232+09	12 32 28.8	+09 27 48	Im		I	0.32		0	1286		44	68	4						447	A ★
UGC 7750	12 32 41.3	+30 01 11	Sb	72	I	4.5		0	8055			465	4		1.4	0.5			543	A

Table 1 cont.

Name (1)	R.A. (2)	Dec. (3)	Type (4)	i (5)	(6)	HI-flux (7)	(8)	(9)	v (10)	(11)	(12)	Δv (13)	(14)	Dist (15)	a (16)	b (17)	Vmax (18)	Pos (19)	Ref (20)	(21)
UGC 7750			S		I	3.37		0	8047		477								421	A ★
UGC 7751	12 32 41.9	+41 20 00			M	0.097		0	605	5		41	5	12.	1.1	0.25			278	E ★
			Im		I	2.50		0	606			62	4		1.9	0.6			515	G ★
Anon 1232+10	12 32 42.5	+10 42 24	S	90	I	0.81		0	1077		80	94	4		1.3	0.1			520	A ★
NGC 4543	12 32 46.2	+06 23 24	E5	50	S	±	5.0	−400	−	3300				21.9	0.7	0.4			494	E
NGC 4546	12 32 54.9	−03 31 04	SX0/a		I	≤2.5			1050		350			16.					26	E ★
			SX0/a	60	I	3.38	0.48	0	1050	10		358	4		3.0	1.6			466	G ★
NGC 4507	12 32 55	−39 38	Sb	18	I	11.0		0	3525		228	251	4		1.3	1.3			538	P ★
NGC 4548	12 32 55.1	+14 46 20			I	≤1.0		4700	−	8550					0.9	0.6			327	A
			SBb	33	I	12.6		0	484	5				15.7	4.7		194	136	509	W ★
			Sb		M	1.51	0.33	0	472	10	238			19.5	7.7	5.6			121	E ★
			Sb		M	2.3	0.4		495	36		314	5	14.8	7.7	5.6			144	J ★
			SBb	37	I	7.8		0	484	6	232				5.4	4.4			375	A ★
			SBb	36	I	10.7		0	490			264	4	20.5	5.5	4.5		150	151	A ★
				42				0	504								200	135	542	V ★
IC 3540	12 32 55.2	+13 01 30	S0	36	S	±	6.0	−400	−	3300				21.9	0.7	0.5			494	E
UGC 7754	12 32 55.6	+29 46 03	S0/a	76	I	4.0		0	4573		276	301	4		1.1	0.3			543	A ★
NGC 4550	12 32 59.3	+12 29 48	E/S0 p		M	≤0.005		5	350					4.5					134	A
			S0		I	≤2.12								18.4	3.5	1.1			137	A
			Sa		I	9.03		0	381	15		291	5		3.3	0.9		178	158	G ★
			SB0		I	≤4.12								2.8	0.9				375	A
UGCA 289	12 33 01.5	−07 37 00	Sm	63	F	5.71	0.96	0	993	15		182	4	8.4	6.0	2.9			373	G
			Sm	66	I	25.30	2.9	0	990	6		176	4		4.3	1.9			466	G ★
NGC 4544	12 33 03.3	+03 18 45	SB0/ap	71	I	2.9		0	1181	24	189			13.9	1.8	0.7		71	390	A ★
			SB0/a	71	I	4.4	1.0	0	1130	15	128	205	4	21.9	2.1	0.8			494	E
			S		I	4.69		0	1152			225	4		3.7	1.1			515	G ★
			Sc	71	I	3.21		0	1151		185	220	4		2.1	0.8		71	520	A ★
NGC 4551	12 33 06.6	+12 32 27	E3		I	≤2.12								18.4	2.0	1.6			137	A
			E3		I	0.13		0	1470		199								427	A
NGC 4552	12 33 08.4	+12 49 56	E0		I	≤2.54								18.4	4.2	4.2			137	A
			E0		M	≤0.001		5	239					2.2	4.2	4.2			249	A
			E0		M	≤1.15								19.5	3.6	3.6			121	E
			E0		M	≤0.28			203					19.5					120	E
IC 3546	12 33 12.9	+26 29 50	Sb	47	I	1.09		0	6415			279		70.0	0.9	0.5			483	A ★
UGC 7763	12 33 18	−01 35	S		S	±	6.1	0	−	6400					1.0	0.7			466	G
Zw 352-036	12 33 18	+76 12			S	±	9.0	3100	−	6600									384	E
Anon 1233+14	12 33 21.0	+14 08 00	Sm		I	2.046		0	756		84	102	4						447	A ★
NGC 4559	12 33 28.9	+28 14 23	SXc	65	I	73.25		0	813					13.4	15.3		129		138	A ★
			Scd	62	M	8.0		2	805	10				11.0	4.4		135		136	A ★
			Scd	57	I	217.0	32.6	0	816	9		260	4	14.8	11.3				201	G ★
				64	I	273.0									8.7				203	B
				64	I	336.0	10.0								8.7				203	D
			Scd					0	805								118		189	A ★
			SXcd	57	F	68.42	3.51	0	816	10		255	4	8.1	11.6	6.6			373	B
			Scd	67	M	6.0	2.0	0	790	17				8.3					85	N
			Sc	61	I	352.5	4.5	0	814	5	238	254	4						442	E ★
UGC 7767	12 33 33.4	+73 57 01	E	0	S	±	6.0	3100	−	6600					0.9	0.9			384	E
NGC 4561	12 33 38.3	+19 35 57	Sdm		F	5.2		0	1387	12		127	4		2.3				234	N ★
			Sdm	34	M	1.54		0	1410	20				16.8					324	N
			SBdm	34	I	20.3		0	1407			179	5	11.4					417	A
			SBc	34	I	25.0		0	1400	7				15.7	3.0		134	30	509	W ★
			SBc		I	27.4			1407	5	114	158	4						457	A ★
			SBdm		I	29.5		0	1406		134	169	4		1.5	1.3		180	520	A ★
IC 3562	12 33 39.7	+10 11 52	Sm		I	2.37		0	2050		102				0.6	0.2			462	A ★
			Im		I	1.981		0	2051		71	100	4						447	A ★
NGC 4566	12 33 41.1	+54 29 43	S		F	1.85		0	5383	30		400	4	67.4	1.83				309	N ★
			S	42	I	13.9		0	5338			491	5	54.5					417	G
Anon 1233+50	12 33 45.3	+50 44 50			I	0.3	0.3	0	1387			115	4						503	G
IC 3567	12 33 51.0	+13 52 00	Sbc	32	S	±	6.0	−400	−	3300					1.0	0.8			494	E
NGC 4565	12 33 51.8	+26 15 50	Sb		I	242.2		0	1233			520	5		20.0	3.6			183	G ★
			Sb	90				0	1205					20.	11.		260		189	A ★
			Sb						1230					18.			270		190	W ★
			Sb	82	M	30.0		2	1205	10				20.1	5.6		254		136	A ★
			Sb	85	M	≤50.0		5	1199	100				12.0	20.0	3.6			87	H
			Sb	83	I	78.38		0	1227					13.4	16.1		254		138	A ★
			Sb	86	M	40.0			1230	10	508	530	5	24.4			245		276	E ★
			Sb	90	F			0	1228	15		524	4	12.1	20.0	3.5			373	G
			Sb	90	I	323.9	64.8	0	1225	5	508	532	4		16.2				473	J ★
UGC 7774	12 33 54	+40 17	Sd	86	F	6.02	0.74	0	526	10		203	4	5.7	5.3	1.1			373	E
NGC 4572	12 33 54	+74 31	S	58	I	8.6	1.2	0	1735	10	118	337	4		1.8	1.0			384	E ★

Table 1 cont.

Name (1)	R.A. (2)	Dec. (3)	Type (4)	i (5)	(6)	HI-flux (7)	(8)	(9)	v (10)	(11)	(12)	Δv (13)	(14)	Dist (15)	a (16)	b (17)	Vmax (18)	Pos (19)	Ref (20)	(21)
NGC 4564	12 33 55.3	+11 42 51	S0		I	≤1.8								18.4	3.1	1.4			137	A
			E6		M	≤0.047		5	1015					20.5	3.1	1.4			193	A ⋆
NGC 4567	12 34 01.1	+11 32 01	Sbc	46	I	22.7		0	2253			315	4	29.0	2.7				203	G ⋆
			Sbc	46	I	≥10.7		0	2277	3	201			22.3	2.8	2.0		175	390	A ⋆
			Sc					0	2277	3	201				3.0	2.1			428	A ⋆
			Sbc	46	I	11.5		0	2255			331	5	11.4					417	A
NGC 4567/68			Mult		F	5.6		0	2242	12		342	4		5.1				234	N
			Mult		M	0.58	0.28	0	2297	55		196	5	14.8					144	K
IC 3582	12 34 01.7	+26 28 31	Sbc		I	0.35		0	7128			345		70.0	0.4	0.2			483	A ⋆
Anon 1234+08	12 34 02.0	+08 19 47	Pec		I	0.409		0	1795		19	64	4						447	A ⋆
NGC 4568	12 34 03.0	+11 30 45	Sbc	64	I	≥10.7		0	2255	3	328			22.3	4.0	1.9		113	390	A ⋆
			Sbc	64	I	22.0		0	2238			363	5	11.4					417	G
			Sbc	64	I	16.2		0	2257			335	5	11.4					417	A
			Sc					0	2255	3	328				4.6	2.1			428	A ⋆
				43				0	2262								230	32	542	V ⋆
IC 3576	12 34 05.1	+06 53 50	Sm		F	4.43	0.50	0	1076	10	46			19.8	4.3				89	G
					F	4.84	0.51	0	1076	10		67	4	10.7	4.4	4.4			373	G
			S		M	1.8		0	1066		45	76	4		2.4				367	B ⋆
			Im	26	F	3.5	0.7	0	1074	50		60	9	13.0					20	N ⋆
			Sm	17	M	0.45		0	1075	20				12.0					324	N
			Sm		I	16.70		0	1074			64	4		4.4	4.4			515	G ⋆
			SBd	18	I	14.5		0	1073		47	66	4		2.5	2.3		270	520	A ⋆
IC 3581	12 34 08.5	+24 42 09	Scd	48	I	2.18		0	6920			362	5		0.9	0.6			61	A ⋆
					I	2.399		0	6923			414	4	96.9	0.4	0.2			562	A ⋆
UGC 7780	12 34 09.0	+03 22 53			F	≤1.0		−400	−	3000					1.7	0.4			213	G
			SBd	90	I	5.99		0	1443		120	138	4		3.7	2.3			520	A ⋆
IC 3583	12 34 13.0	+13 32 00	IBm	52	F	1.90	0.53	0	1125	15		160	4	10.7					373	E
			Sm		I	3.294		0	1122		106	126	4						447	A ⋆
IC 3587	12 34 18.0	+27 49 00	Sc		I	5.51		0	7331		406								421	A ⋆
NGC 4569	12 34 18.7	+13 26 18	SXab	63	I	≥6.9		0	−236	15	342				8.3	4.1			375	A ⋆
			Sab		M	≤0.2			960					12.					290	P
			SXab	64				1	−356			348	4	21.	4.4				380	A
			SXab		M	1.48	0.46		−236	50		313	5	14.8	11.7	5.8			144	K
			SXab					−400	−	3000					11.6	5.8			373	G
			Sab		M	≤0.5								12.					85	N
			Sab	67	I	12.4		0	−216			399	4	20.5	11.4	4.7		23	151	A ⋆
			Sb	63	I	6.9	0.86	0	−228	20	342	395	4	21.9	9.55	4.68			377	E ⋆
			Sab	63	I	7.0		0	−226	6				15.7	3.0		221	23	509	W ⋆
				56				0	−224								250	24	542	V ⋆
IC 3591	12 34 20	+07 14	SBm	59	I	6.9	0.9	0	1631	5	100	129	4	21.9	1.2	0.6			494	E ⋆
NGC 4570	12 34 20.8	+07 31 22	S0		I	≤2.01								18.4	4.1	1.3			137	A
			S0/a		I	≤0.6		5	1730						4.1	1.3			419	A
IC 3586	12 34 24	+12 47 24	S0	0	S	±	6.0	−400	−	3300				21.9	1.3	1.3			494	E
IC 3592	12 34 24.0	+28 09 00	Sa		I	3.38		0	7511		376								421	E ⋆
NGC 4571	12 34 25.4	+14 29 33	Scd		M	1.33	0.27	0	349	10	151	184	4	19.5	5.4	5.2			121	A
			Sc	26	I	10.5	1.0	0	334	10	154	181	5	21.9	4.4	4.0			346	G ⋆
			Scd	17	F	2.82	0.76	0	348	25		199	4	10.7	5.4	5.1			373	G
			Sc	35	I	15.1		0	342			163	4	20.5	4.5	3.7		55	151	A ⋆
			Scd	27	I	11.96		0	339	10	165	169	5	22.1					416	E ⋆
			Sc		M	1.5								21.9					451	W ⋆
			Sc	34	I	12.9		0	340	5				15.	3.8		130	40	477	V ⋆
			Sc	28	I	11.9		0	334	8				15.7	3.8	3.4	165	55	509	W ⋆
			Sc		I	12.8		0	342	3	153	176	4						428	A ⋆
Anon 1234+14	12 34 27.3	+14 36 15	S		I	3.5	0.5	0	24750	10		341	4		2.5				497	A ⋆
				45	I	4.6		0	24745		315	340	4	247.					554	B ⋆
				45	I	2.7		0	24705		295	355	4	247.					554	A ⋆
IC 3589	12 34 30.0	+07 12 17	IBm	30	I	9.0	0.62	0	1630	5	103	131	4	21.9	0.9	0.6			494	E ⋆
			SBm		I	6.121		0	1635		92	126	4						447	A ⋆
ESO 444-G 13	12 34 34	−28 13 06	Sc	70	I	45.3	5.1	0	1515	5	202	221	4		5.2	2.0			466	E ⋆
ESO 322-G 33	12 34 43	−39 54 06			S	±	36.0	1700	−	5600									552	P
UGCA 290	12 34 48	+39 01	Im p		S	±	18.0	−400	−	3000					1.2	0.8			373	G
IC 3598	12 34 52.9	+28 28 59	Sb		I	1.73		0	7673			530		76.7	1.5	0.4			483	A ⋆
NGC 4578	12 34 58.7	+09 49 48	S0		I	≤2.96								18.4	3.6	2.8			137	A
			E3		M	≤0.047		5	2282					20.5	3.6	2.8			193	A ⋆
			S0		I	≤0.5		5	2294						3.5	2.8			419	A
NGC 4576	12 35 00.5	+04 38 35	SXbc	47	S	±	7.0	−400	−	3000				21.9	1.4	1.0			494	E
			Sb	47	I	3.32		0	5364		304	326	4		1.4	1.0			520	A ⋆
IC 3600	12 35 06.0	+27 40 00		0	I	0.56		0	4662			109	4		0.17	0.17			471	A ⋆
NGC 4575	12 35 09.0	−40 15 45		39	I	17.7		1	2742		274	307	4						552	P ⋆
			SBbc	36	I	≤3.4		0	−	5200					2.3				320	P

Table 1 cont.

Name (1)	R.A. (2)	Dec. (3)	Type (4)	i (5)	(6)	HI-flux (7)	(8)	(9)	v (10)	(11)	(12)	Δv (13)	(14)	Dist (15)	a (16)	b (17)	Vmax (18)	Pos (19)	Ref (20)	(21)
Anon 1235+08	12 35 09.0	+08 50 00						0	1076	4	77								428	A
			Im		I	1.893		0	1068		71	114	4						447	A ⋆
NGC 4579	12 35 12.7	+12 05 40	Sb		M	1.77	0.42		1808	37		373	5	14.8	9.6	6.4			144	J ⋆
			Sb		F	≤2.4			1805						9.1				234	N
			SXb	37	I	9.0		0	1520	7	361				5.4	4.4			375	A ⋆
			Sb		M	≤0.6			1750					12.					290	P
			Sb		M	≤1.56								19.5	9.6	6.4			121	E
			Sab	34	I	11.2		0	1516			366	4	20.5	6.0	5.0		95	151	A ⋆
			Sab	36	I	8.1		0	1529	6				15.7	3.6		302	95	509	W ⋆
				36				0	1520								300	88	542	V ⋆
UGC 7795	12 35 13.0	+07 22 47	Sdm		I	4.815		0	61		65	95	4						447	A ⋆
			Im		F	≤1.5		−400	−	3000					2.2				89	G
			Im		S	± 18.0		−400	−	3000					2.2	1.7			373	G
Anon 1235+10	12 35 13.8	+10 15 42	Im		S	± 1.5		−600	−	8000									447	A
NGC 4580	12 35 15.6	+05 38 38	Sbc	40	I	± 5.0		5	1033	23				21.9	2.4	1.9			494	E
			Sbc		I	0.6		0	1035		183				2.4	1.9			419	A
			Sbc		I	1.0		0	1032	10	177	204	4		2.4	1.9			428	A ⋆
Anon 1235+14	12 35 22.8	+14 34 00	E3	38	S	± 7.0		−400	−	3300				21.9	0.4	0.3			494	E
UGC 7798	12 35 28.9	−01 59 20	Im	58	I	3.89	0.53	0	2568	5		213	4		0.9	0.5			466	G ⋆
NGC 4589	12 35 29.5	+74 28 10	E2	33	S	± 6.0		5	1971	32					3.3	2.8			384	E
IC 3602	12 35 39.0	+10 21 06	dE	76	S	± 6.0		−400	−	3300				21.9	1.0	0.3			494	E
Anon 1235+07	12 35 42.6	+07 16 12	Comp		I	0.332		0	−117		66	80	4						447	A ⋆
Anon 1235+15	12 35 45.0	+15 08 41	Im		I	0.73		0	737		64	81	4						447	A ⋆
Zw 159-037	12 35 45.1	+29 12 37	Sab p	54	I	2.93		0	7294			336	5		1.0	0.6			61	A ⋆
NGC 4584	12 35 46.3	+13 23 06	Sb		I	0.35		5	1783						1.5	1.1			462	A
			S0/a	40	S	± 9.0		5	1686	9				21.9	1.5	1.2			494	E
UGC 7802	12 35 48.5	+08 09 54	Sc	90	I	2.82		0	1788		159	185	4		1.8	0.4			520	A ⋆
NGC 4586	12 35 55.1	+04 35 37	Sb		I	≤2.44								18.4	4.4	1.6			137	A
			Sa	67	I	5.0	1.2	0	811	10	262	310	5	21.9	4.2	1.8			346	E
			Sa	67	I	≤9.7		5	660	57				21.9	4.2	1.8			346	G
			Sa	71	S	± 7.0		5	820	21				21.9	4.4	1.6			494	E
			Sa		I	1.3		0	794		257				4.4	1.6			419	A
			Sa		I	3.9		0	792	5	252	267	4		4.4	1.6			428	A ⋆
ESO 322-G 42	12 35 57	−41 56 24		77	I	9.4		1	3714		235	290	4						552	P ⋆
Anon 1236+33	12 36 00.0	+33 02 00	dI		M	0.083			307	5	25			5.	1.7				145	E ⋆
			Im	44	F	3.21	0.39	0	312	7		51	4	3.3	1.7	1.2			373	G
			Im		I	6.54								1.0					415	V
			Im		I	11.00		0	308			44	4		1.7	1.2			515	G ⋆
UGC 7806	12 36 01.2	+01 40 48	Sb	89	I	2.14	2.00	0	5174	16	212	300	4	68.	1.9	0.2			327	A ⋆
NGC 4587	12 36 02.3	+02 55 53	S0	55	S	± 6.0		5	901	29				21.9	1.5	0.9			494	E
IC 3608	12 36 06.0	+10 45 00	Sb		S	± 18.0		−400	−	3000					5.0	0.9			373	G
			Scd		I	16.34		0	7273		540				3.5	0.4			462	A ⋆
IC 3609	12 36 07.8	+14 37 00	Sb	50	S	± 7.0		5	9169	30					0.4	0.3			494	E
Anon 1236+10	12 36 23.4	+10 31 06	dE		S	± 1.3		−600	−	8000									447	A
UGC 7815	12 36 32.2	+18 28 20	Sd		I	3.89		0	7936			382		79.4	1.1	0.3			483	A ⋆
IC 3611	12 36 33.0	+13 38 18	Other		I	0.649		0	2750		54	97	4						447	A ⋆
			S	53	S	± 4.0		−400	−	3300				21.9	1.9	1.2			494	E
			S		I	1.12		0	2725		90	119	4		1.9	1.2		227	520	A ⋆
ESO 506-G 29	12 36 37	−26 38 12	Sc	35	I	5.9	0.80	0	2976	5	116	130	4		2.0	1.9			466	E ⋆
IC 3612	12 36 37.8	+14 59 12	S0/a	50	S	± 7.0		−400	−	3300				21.9	1.2	0.8			494	E
NGC 4591	12 36 39.9	+06 17 11	S0/a	59	I	7.0	1.5	0	2418	10	289	361	4	21.9	1.8	1.0			494	E ⋆
			Sb	59	I	3.80		0	2424		298	312	4		1.8	1.0		307	520	A ⋆
UGC 7818	12 36 40.8	+30 40 52	Sb		I	4.10		0	7019			373		70.2	1.1	0.4			483	A
Anon 1236+15	12 36 43.2	+15 54 18	Im		I	0.323		0	57		32	42	4						447	A ⋆
NGC 4592	12 36 44.5	−00 15 17	Sdm	72	F	35.45	2.43	0	1079	8		208	4	9.5	6.9	2.4			373	G
			Scd	77	I	116.1	9.9	0	1067	5		204	4		5.1	1.5			466	G ⋆
Anon 1236+05	12 36 48.0	+05 12 47	Im		I	1.065		0	1619		98	109	4						447	A ⋆
IC 3617	12 36 53	+08 14 12	Im	52	F	≤1.5			2115					19.8	2.1				89	G
			Im	53	F	1.75	0.34	0	2086	40		187	4	10.7	2.0	1.2			373	G
			SBm		I	6.307		0	2079		97	138	4						447	A ⋆
NGC 4603 A	12 36 54	−40 27 54		78	I	15.4		1	3536		263	302	4						552	P ⋆
Anon 1237+32	12 37 00	+32 21			I	≤1.0		4700	−	8550					0.5	0.4			327	A
NGC 4593	12 37 04.7	−05 04 16	SBb		S	± 18.0		−400	−	3000					5.0	3.2			373	G
			SBb	42	I	7.46	0.98	0	2490	10		362	4		4.1	3.1			466	G ⋆
			SBb	40	I	11.1	1.0	0	2499	5	358	378	4		4.0				473	J ⋆
			SBb	40	S	± 26.0		5	2698	38					4.0	3.1			538	P
IC 3625	12 37 06	+11 15	S0	35	S	± 7.0		−400	−	3300					0.3	0.2			494	E
Anon 1237+09	12 37 09.0	+09 40 30	Im		I	0.25		0	1898		82	94	4						447	A
IC 3631	12 37 17.0	+13 14 52	Sab		I	0.26		0	2797		107				1.0	0.7			462	A ⋆
			S0	45	S	± 6.0		5	2839	60				21.9	1.1	0.8			494	E

Table 1 cont.

Name (1)	R.A. (2)	Dec. (3)	Type (4)	i (5)	(6)	HI-flux (7)	(8)	(9)	v (10)	(11)	(12)	Δv (13)	(14)	Dist (15)	a (16)	b (17)	Vmax (18)	Pos (19)	Ref (20)	(21)
IC 3629	12 37 19.8	+13 47 12	Sbc	73	S	±	5.0	−400	−	3300					0.9	0.3			494	E
NGC 4595	12 37 20.9	+15 34 23	SXb	47	I	9.0	2.0	0	630	6	164			11.	2.9				273	A
			Sc		M	≤0.32		100	−	3500				19.5	3.1	2.3			121	E
			Sb	49	M	0.10		0	645	35				7.2					324	N
			Sc		I	6.3		0	632	4	140	161	4	18.6	1.8	1.2			428	A ★
NGC 4594	12 37 22.8	−11 21 00	Sa		M	0.87	0.26		1090			790	1	13.3					88	B ★
			Sab		F	≤2.5		7	1002										95	B ★
			Sa	79	M	≤40.0		5	1194	50				13.8	12.0	10.6			87	H ★
			Sa		M	≤0.5			1265					12.					290	P
			Sa		M	≤0.5								12.					85	N
				85	I	14.2		0	1100	3	760	793	4						434	W
			S0/a	84	M	0.87		0	1090			750	4	19.					450	A ★
			Sab	56	I	13.29	1.6	0	1087	8		772	4		8.5	5.0			466	G ★
NGC 4596	12 37 24.3	+10 27 01	SX0/a		I	≤3.71								18.4	3.9	2.8			137	A
			SBa	43	I	≤6.8		5	1834	86				21.9	4.3	3.2			346	E
			SBa		I	≤0.9		5	1853						3.9	2.8			419	A
Anon 1237+14	12 37 27.8	+14 03 24			I	2.00		0	1010		33	50	4	15.8					445	A ★
			Im		I	2.964		0	1002		32	51	4						447	A ★
Anon 1237+13	12 37 33.6	+13 18 36	Im		S	±	1.9	−600	−	8000									447	A
Anon 1237+07	12 37 37.0	+07 07 17	Im		I	0.637		0	1012		27	41	4						447	A ★
NGC 4597	12 37 38.0	−05 31 32	SBm	62	F	11.81	1.21	0	1049	8		171	4	9.0	5.0	2.5			373	G
			SBc	62	I	54.79	6.2	0	1038	5		180	4		3.8	1.9			466	G ★
Anon 1237+10	12 37 39.6	+10 07 18	dE		S	±	0.7	−600	−	8000									447	A
NGC 4598	12 37 39.9	+08 39 30	SB0	28	S	±	5.0	5	1961	23				21.9	2.0	1.8			494	E
Anon 1237−09	12 37 42	−09 01	Sc	57	I	6.33	1.9	0	6360	25		284	4		1.0				188	A
IC 3633	12 37 42	+10 09	dE	42	S	±	6.0	−400	−	3300				21.9	0.6	0.5			494	E
ESO 322-G 48	12 37 46	−40 47 42		90	I	6.2		1	4083		250	293	4						552	P ★
NGC 4605	12 37 47.5	+61 53 00	Sc	68	I	48.8	1.2	0	150	5	124	170	4		5.50	2.29			377	E ★
			SBc	67	I	54.6		0	136			242	5	2.7					417	G
			SBc p	69	F	12.84	2.50	0	140	30		199	4	2.8	9.1	3.7			373	G
			SBc	68	I	60.8	5.3	0	135	3	133	189	4		5.5	2.0			523	J ★
			SBc		I	44.9	1.9	0	139			198	4		7.0	2.5			503	G
NGC 4600	12 37 49.4	+03 23 38	S0	46	S	±	5.0	5	787	34				21.9	1.6	1.1			494	E
IC 3638	12 37 49.8	+10 46 12	Sbc	38	S	±	6.0	−400	−	3300					0.7	0.6			494	E
IC 3637	12 37 49.8	+14 58 12	S0	71	S	±	6.0	−400	−	3300				21.9	2.4	0.9			494	E
IC 855	12 37 49.8	+16 12 30	S0	46	S	±	6.0	−400	−	3300				21.9	0.5	0.4			494	E
NGC 4603 C	12 37 59.0	−40 29 18	S0	89	I	≤9.0		5	2990					55.0	1.7				320	P ★
NGC 4602	12 38 01.8	−04 51 27	SXbc	70	F	2.87	1.70	0	2559	50		422	4	24.2	4.5	1.7			373	G
			Sc	69	I	27.68	3.2	0	2539	5		449	4		3.7	1.5			466	G ★
Anon 1238+09	12 38 03.6	+09 49 42	Comp		S	±	1.5	−600	−	8000									447	A
NGC 4603	12 38 12.0	−40 41 54	Sc	50	I	≤11.9		5	2360					42.4	3.8				320	P ★
			Sc	51	F	8.55	1.81	0	2562	60		495	4	23.2	4.9	3.1			373	B
			Sc		S	≤79.8		484	−	2604					3.5	2.2			226	P
				53	I	22.7		1	2369		361	411	4						552	P ★
IC 3647	12 38 18	+10 46			F	≤1.0		−400	−	3000									213	G
			Im		S	±	18.0	−400	−	3000					2.9	1.8			373	G
UGC 7836	12 38 24	+29 45			I	≤1.0		1720	−	8550					1.4	0.4			327	A
NGC 4606	12 38 26.4	+12 11 08	SB0	58	S	±	7.0	5	1638	18				21.9	2.8	1.5			494	E
			SB0		I	0.7		0	1645		108				2.8	1.5			419	A
			SBa		I	0.38		0	1683	8	188	202	4		2.8	1.5			428	A ★
Zw 159-052	12 38 29.2	+29 44 20	Sc	76	I	6.44		0	9336			483	5		1.4	0.35			61	A ★
Anon 1238+03	12 38 34.2	+03 53 06	Im		S	±	1.5	−600	−	8000									447	A
UGC 7840	12 38 36	−01 20	Sc	55	I	4.58	0.62	0	3992	10		218	4		1.0	0.6			466	G ★
NGC 4607	12 38 40.8	+12 09 35	Sdm		I	5.00		0	2255		243				3.2	0.7			462	A
			SBb	82	S	±	3.6	5	2440	100				21.9	3.2	0.8			494	E
			SBb		S	±	18.0	−400	−	3000					4.1	1.3			373	G
			Scd	90	I	2.5		0	2263	10		234	4		3.2	0.7			78	A
			Scd	82	I	3.23		0	2252		222	255	4		3.2	0.8		272	520	A ★
NGC 4608	12 38 41.9	+10 25 50	SB0		I	≤3.49								18.4	3.2	2.6			137	A
			SB0/a		I	≤0.8		5	1863						3.2	2.6			419	A
IC 3653	12 38 42	+11 40			S	±	12.0	5	448	100				21.9	0.8				377	E
UGC 7844	12 38 42	+74 00			S	±	10.0	3100	−	6600					1.2	0.12			384	E
UGC 7845	12 38 48.0	+28 08 00	Sc	90	I	4.11		0	7737			318		77.4	1.3	0.3			483	A ★
NGC 4617	12 38 48	+50 42	Sb	85	I	15.7	2.4	0	4650	6	459	490	4		3.1				473	J ★
NGC 4611	12 38 54.5	+14 00 22	Scd		I	7.69		0	6120		396				1.3	0.3			462	A
			Sbc		I	3.49		0	6123		386	401	4		1.3	0.4			520	A ★
IC 3658	12 38 55.8	+14 57 48	dE	62	S	±	6.0	−400	−	3300				21.9	1.5	0.8			494	E
Anon 1239+30	12 39 00	+30 24			I	≤1.0		3140	−	8550		200			0.8	0.7			327	A
NGC 4612	12 39 00.6	+07 35 22	SB0		M	≤0.1		1	1120		200			20.	1.6	1.3			27	A ★
			E p		I	≤3.49								18.4	2.2	1.8			137	A

Table 1 cont.

Name (1)	R.A. (2)	Dec. (3)	Type (4)	i (5)	(6)	HI-flux (7)	(8)	v (9)	(10)	(11)	Δv (12)	(13)	(14)	Dist (15)	a (16)	b (17)	Vmax (18)	Pos (19)	Ref (20)	(21)
NGC 4612			SB0		I	≤0.32		6	100					18.2	1.6	1.3			30	A
			SB0		I	≤0.7		5	1832						2.2	1.8			419	A
Anon 1239+16	12 39 07.0	+16 06 00	Im		S	±	0.7	−600 − 8000											447	A
Anon 1239+09	12 39 07.2	+09 28 42	dE		S	±	1.5	−600 − 8000											447	A
IC 3662	12 39 07.8	+23 41 54	Sc		I	2.03		0	8612		292			70.0	0.7	0.5			483	A
NGC 4615	12 39 09.5	+26 20 55	Sd		I	10.81		0	4716		410			45.8	1.6	1.0			483	A
			Scd	49	I	5.7		0	4805		224	5		48.3					417	G
NGC 4618	12 39 09.5	+41 25 29	SBcd	28	M	4.7		0	545	5				12.	4.5	3.5	102		278	E
			SBm	22	F	20.37	2.50	0	546	8	157	4		6.0	6.0	5.5			373	G
			Sc	35	I	47.2		0	537	6				6.3	5.7		78	35	407	W ★
			SBm	30	I	62.1		0	552		195	5		6.8					417	G
			SBc		I	77.10		0	0		71	4			6.0	5.4			515	G ★
NGC 4618/25					M	5.9					170	5		12.					278	E ★
Anon 1239+11	12 39 14.4	+11 31 30	Im		I	0.216		0	4725		64	112	4						447	A
UGC 7854	12 39 18	+09 41	S0	52	S	±	6.0	−400 − 3300						21.9	1.1	0.7			494	E
IC 3665	12 39 18	+11 46			F	≤1.0		−400 − 3000											213	G
NGC 4619	12 39 19	+35 20 16	SBb		I	2.359		0	6927		236	255	4		1.5	1.5			475	A ★
NGC 4603 D	12 39 24.0	−40 32 48	Scd	47	I	≤4.0		5	2635					47.9	1.6				320	P ★
Anon 1239+13	12 39 27.0	+13 20 24	dE		S	±	1.3	−600 − 8000											447	A
NGC 4620	12 39 28.6	+13 13 01	S0/a	28	S	±	4.0	5	1214	60				21.9	2.0	1.8			494	E
			S0/a		I	≤0.9		5	1214						2.0	1.8			419	A
			S0		I	≤0.48		5	1214						2.1				501	A
NGC 4625	12 39 29.6	+41 32 53	Sm	30	M	0.9		0	610	5				12.	1.5	1.4	86		278	E
			SXm p	46	F	6.95	1.24	0	610	10	86	4		6.7	3.5	2.4			373	E
			Sc	27	I	29.7		0	611	5				6.3	2.4		64	132	407	W ★
			SXm	28	I	40.0	0.76	0	615	5	66	84	4	7.5	2.40	2.14			377	E ★
			SXm	32	I	49.7		0	568		203	5		6.8					417	G
			SXm		I	30.00		0	609		77	4			3.5	2.5			515	G ★
Anon 1239+23	12 39 30	+23 47			I	≤1.0		3140 − 7000							0.6	0.6			327	A
NGC 4621	12 39 31.2	+11 55 15	E3		I	≤2.86								18.4	5.1	3.4			137	A
			E5		F	≤2.5		7	345					15.7					95	B
			E5		M	≤0.115		5	439					20.5	5.1	3.4			193	A ★
Anon 1239+12	12 39 31.8	+12 45 30	dE		S	±	1.2	−600 − 8000											447	A
IC 3672	12 39 36	+12 01	E	0	S	±	11.0	5	229	75				21.9	1.38	1.38			377	E
IC 810	12 39 36	+12 52	S0	71	S	±	11.0	5	−99	100				21.9	2.00	0.74			377	E
NGC 4623	12 39 38.5	+07 57 08	S0		I	≤3.39								18.4	2.6	0.9			137	A
			S0		S	±	1.50												427	A
NGC 4631	12 39 41.5	+32 48 54	SBd		I	639.3		0	613		320	5			19.0	4.4			183	G ★
			SBd	83	I	323.6			617	9	320	5		14.3	12.3				80	G ★
			Sd	79	M	6.0		2	624	10				5.7	5.4		154	86	136	A ★
					M	3.2		0	610	10	380	4		5.2	19.0	4.4	150		222	W ★
			SBd	90	M	2.6			598	5				4.	19.0	4.4		84	227	C ★
			SBd	84	M	2.3		0	600	10				4.	19.0	4.4	130	85	219	N ★
			Sd	85	M	2.9								4.0	9.5		122		116	E ★
				84	I	610.0					180			4.4	19.0	4.4			165	H
			Sc	84	I	590	440.	0	570	80	230			5.2	19.0	4.4	170		87	H ★
			Sc	80	I	120.8		0	612					9.8	21.4		151		138	A ★
			Sc	84					600					8.0	14.5	2.6			365	O ★
			SBc	85	M	4.0	0.6		630	10				4.	19.	4.4	140	87	167	G ★
			SBd	83	F	142.2	6.25	0	613	7	325	4		6.3	19.0	4.3			373	B
			SBd		M	9.9								6.3					85	N
NGC 4631/56			Mult		I	1077		0											183	G ★
			Mult		M	6.1	0.92		630	10				4.					167	G ★
Anon 1239+14	12 39 43.8	+14 28 42	Im		I	1.187		0	7954		49	71	4						447	A
Anon 1239+06	12 39 45.6	+06 00 48	Im		I	2.114		0	980		68	86	4						447	A ★
NGC 4628	12 39 50	−06 41 30	SB	74	I	8.15	3.1	0	2828	20	434	4			1.5	0.5			466	G ★
IC 3687	12 39 50.4	+38 46 31	Im	0	F	4.1	0.8		367	20	50	9		5.3					20	N ★
			SBcd	49	F	5.07	0.46	0	352	10	49				6.0	5.4			89	G
			Im	50	F	5.20	0.49	0	352	8		71	4	4.0	5.6	3.6			373	G
			Im	38	I	21.7	0.39	0	363	5	47	61	4	7.5	3.47	2.75			377	E ★
			Im	21	I	21.20		0	354		64	4			5.6	3.4			515	G ★
NGC 4622	12 39 53.4	−40 28 12	Sa	21	I	≤5.7		5	4223					79.7	2.3				320	P
NGC 4648	12 39 54.5	+74 41 44	E	41	S	±	6.0	3100 − 6600							1.7	1.3			384	E
UGC 7869	12 39 58	−01 04 37	Im	35	F	30.91	3.5	0	1120	5	237	4			1.5	1.5			466	G ★
NGC 4632	12 39 58.2	+00 11 29	Sc	66	M	4.30		0	1725	20				19.7					324	N
					F	10.9		0	1716		245	4							234	P
NGC 4630	12 39 58.5	+04 14 03	IBm	43	I	7.7	0.7	0	739	5	134	159	4	21.9	1.7	1.3			494	E ★
			Sbc	43	I	6.07		0	742		141	159	4		1.7	1.3		280	520	E ★
UGC 7872	12 40 00	+75 35	Im	41	F	1.75	0.46	0	1887	15		98	4	20.7	3.0	2.3			373	E
			Im	42	I	6.0	0.76	0	1894	5	76	100	4		2.0	1.5			384	E ★

Table 1 cont.

Name (1)	R.A. (2)	Dec. (3)	Type (4)	i (5)	(6)	HI-flux (7)	(8)	v (9)	(10)	(11)	Δv (12)	(13)	(14)	Dist (15)	a (16)	b (17)	Vmax (18)	Pos (19)	Ref (20)	(21)
IC 3686	12 40 01.8	+10 49 06	Sc	65	S	±	7.0	−400	−	3000					0.8	0.4			494	E
NGC 4633	12 40 06.2	+14 37 48	SBd					−400	−	3000					3.4	1.5			373	G
			Sc	66	I	9.2	0.82	0	289	5	178	213	4	21.9	2.09	0.93			377	E ★
			SXd	64	I	32.9		0	225			403	5	11.4					417	G
			Sc	66	I	9.2	1.2	0	289	10	178	213	4	21.9	2.1	0.9			494	E ★
			SXd		I	11.2		0	290	5	187	215	4		2.1	0.9			428	A ★
				66	F	7.4	1.0	0	115	8	270	297	4				138	30	555	W
NGC 4633/34			Mult		F	2.5		0	303	30		190	4		3.0				234	N ★
NGC 4635	12 40 09.4	+20 13 11	Sd	38	I	1.85	0.60	0	981	30		212	4	9.4	2.9	2.3			373	E
			SXd	41	I	7.6		0	944			209	5	9.1					417	G
			Sd		I	6.5		0	960			170	5		1.8	1.4			488	A ★
			SXd	42	I	5.36		0	956		155	172	4		2.0	1.5		80	520	A ★
NGC 4634	12 40 09.7	+14 34 13	Sd					−400	−	3000					4.3	1.5			373	G
			SBcd	76	I	11.8		0	1838			138	5	11.4					417	A
			Sd	78	I	8.2	0.22	0	228	10	44	64	4		2.4	0.7			494	E ★
			SBcd		I	6.5	1.2	0	118	15	255	288	4		2.4	0.7			428	A ★
			Sc		I	≤7.4													457	A ★
				78	F	5.8	1.2	0	297	6	187	209	4				87	156	555	W
Anon 1240+13	12 40 10.2	+13 32 24	Im		I	3.665		0	1100		44	169	4						447	A ★
UGC 7877	12 40 12	+27 32	S		I	2.63		0	5909		360								421	A ★
Anon 1240+07	12 40 12.5	+07 36 42	Sab		I	1.54		0	2409		58	76	4		0.9	0.7			520	A ★
NGC 4638	12 40 16.4	+11 43 00	Sa		I	≤2.96								18.4	2.8	1.6			137	A
			S0		I	≤0.8		5	1148						2.8	1.6			419	A
NGC 4636	12 40 16.6	+02 57 43	E0		F	1.3			1100	9		570	1	14.3	6.3				44	N ★
			E0		F	3.1		0	1100	40		570	1	14.3	6.3				46	N
			E0		M	≤0.10			1080		130			19.5					120	E ★
			E/S0		I	≤3.92								18.4	6.2	5.0			137	A
			E0		M	0.82		0	1090	100	580			14.7					129	G ★
			E0		M	0.075		0	1305		850			11.6	6.2	5.0			249	A
			E1		M	≤0.3			970					12.					290	P
			E0		F	≤2.8		7	778					15.7					95	B
			E		M	≤0.83								19.5	5.1	4.3			121	E
			E0		M	≤0.115		5	931					20.5	6.2	5.0			193	A ★
IC 3690	12 40 17.5	+10 37 52	Sc		I	2.07		0	7617		366				1.3	0.3			462	A ★
NGC 4645 A	12 40 21.0	−41 04 54	S0	76	I	≤7.9		5	2044					36.1	3.9				320	P ★
Anon 1240+14	12 40 21.0	+14 33 48	Comp		S	±	1.4	−600	−	8000									447	A
NGC 4639	12 40 21.7	+13 31 55	Sb		M	1.83	0.29	0	971	10	275			19.5	4.0	3.5			121	E ★
			SBcd	45	I	15.8		0	1048	6	282				2.8	2.0			375	A ★
			SXb	29	F	4.71	0.80	0	983	20		313	4	10.7	4.0	3.5			373	E
			SBb	45	M	3.81		0	978	10	283			22.1					416	E ★
			SBb	45	I	13.3		0	984	5				15.7	3.9		204	123	509	W ★
UGC 7883	12 40 22.8	−00 57 17	Scd		S	±	18.0	−400	−	3000					4.6	1.6			373	G
NGC 4637	12 40 22.8	+11 42 36	Sc	78	S	±	7.0	5	4759	74					3.2	0.9			466	G
IC 3692	12 40 24.9	+21 15 41	S0	59	S	±	6.0	−400	−	3300				21.9	1.5	0.8			494	E
			Sc	45	I	1.35		0	6514			353	5		1.0	0.7			61	A ★
NGC 4640	12 40 26.7	+12 33 42	SBa		I	1.8		0	6579			460	5		1.0	0.7			488	A ★
			Sa		S	±	1.0	−800	−	12000					1.6	1.1			462	A
			SBa	46	S	±	4.0	0	2077	75				21.9	1.7	1.2			494	E
Anon 1240+07	12 40 34.8	+07 55 24	Im		I	2.375		0	1308		55	74	4						447	A ★
IC 3694	12 40 35.0	+11 29 12	Sbc	61	I	2.48		0	8433		327	390	4		0.6	0.3			520	A ★
NGC 4641	12 40 36.0	+12 19 24	Sa	46	S	±	4.0	5	2305	100				21.9	1.6	1.1			494	E
			S p		I	0.773		0	2012		40	63	4						447	A ★
UGC 7891	12 40 36	+30 40	Mult		I	2.16		0	7182		194								421	A ★
Anon 1240+03	12 40 37.1	+03 51 17	S	66	S	±	1.4	−800	−	11000					0.7	0.3			520	A
UGC 7890	12 40 38.1	+27 59 18	Sab p	49	I	2.44		0	7528			286	5		0.6	0.4			61	A ★
NGC 4642	12 40 43.6	−00 22 15	Sb	81	I	8.08	1.0	0	2646	10		302	4		2.0	0.5			466	G ★
			Sb	81	I	10.5	1.2	0	2643	10	200	309	4		2.0	0.5			466	E ★
			S	69	I	3.23		0	2642	8	270	280	4	35.	3.2	1.3		37	508	a ★
				74				0	2634									37	555	A
Anon 1240+13	12 40 45.0	+13 31 00	Im		S	±	1.4	−600	−	8000									447	A
IC 3698	12 40 46.0	+11 29 06	Sc	0	I	1.48		0	8288		57	96	4		0.5	0.5			520	A ★
NGC 4643	12 40 46.9	+02 15 06	SBb		I	1.66								18.4	3.4	2.7			137	A
Zw 159-061	12 40 47.7	+31 21 17	Scd	26	I	1.52		0	6966			332	5		1.0	0.9			61	A ★
Anon 1240+03	12 40 49.2	+03 41 30	Im		I	0.287		0	954		41	54	4						447	A ★
IC 3702	12 40 57.0	+11 08 54	SBc		I	1.26		0	8642		196	218	4		0.4	0.3			520	A ★
Zw 71-013	12 40 58.0	+10 22 00	Im		S	±	1.0	−600	−	8000									447	A
					I	≤1.0		3140	−	7000					0.6	0.4			327	A
NGC 4647	12 41 01.1	+11 51 21	Sc		F	2.1		0	1396	30		253	4		4.5				234	N ★
			SXc	36	I	8.0		0	1431		252		5	11.4					417	G
			SXc	36	I	5.6		0	1412		191		5	11.4					417	A

181

Table 1 cont.

Name (1)	R.A. (2)	Dec. (3)	Type (4)	i (5)	(6)	HI-flux (7)	(8)	(9)	v (10)	(11)	(12)	Δv (13)	(14)	Dist (15)	a (16)	b (17)	Vmax (18)	Pos (19)	Ref (20)	(21)
NGC 4647			Sc	37	I	6.6		0	1417	6				15.7	2.8		152	125	509	W ★
			SXc		I	8.2		0	1422	4	197	209	4		3.0	2.5			428	A ★
				36				0	1417								120	106	542	V ★
IC 3702	12 41 01.8	+11 07 12	SBc	45	S	±	6.0	−400	−	3300					0.4	0.3			494	E
NGC 4649	12 41 09.0	+11 49 23	E1		I	≤6.88								18.4	7.2	6.2			137	A
			E2		M	≤0.12		5	1200					15.7					134	A
			E2		M	≤0.3			1320					12.					290	P
NGC 4651	12 41 12.4	+16 40 05	Sc	59								377	4	13.2	6.1	4.5			216	G ★
			Sc		M	4.7	0.7		796	12		397	5	14.8	6.1	4.5			144	J ★
			Sc		M	7.08	0.39	0	827	5	365			19.5	6.1	4.5			121	E ★
			Sc	48	M	6.0		0	800	10		390	5	19.5	5.8				119	E ★
			Sc	47	I	59.0			820	20	360			18.1	5.5				241	E ★
			Sc	46	I	57.2		0	797	8	360				3.6	2.6			375	A ★
			Sc	43	F	16.08	1.78	0	800	25		403	4	10.7	6.0	4.4			373	G
			Sc	50	I	56.6		0	799			404	4	21.9	3.8	2.5		80	393	G ★
			Sc	50	I	66.9		0	800			385	4	21.9	3.8	2.5		80	393	A
			Sc	45	I	42.48		0	799	10	358	375	4	16.0					416	E ★
			Sc	46	I	50.6		0	798			424	5	7.4					417	G
			Sb		I	61.8		0	800			385	5		3.8	2.5			488	a ★
			Sc	42	I	49.9		0	807	5				15.7	7.1		250	71	509	W ★
IC 3704	12 41 14.4	+11 02 33	Sd		I	9.02		0	8698		477				1.3	0.3			462	A
			Sc	76	S	±	6.0	−400	−	3300				21.9	1.3	0.4			494	E
			Sbc	76	I	6.83		0	8690		447	494	4		1.3	0.4			520	A ★
NGC 4653	12 41 17.0	−00 17 09	SXcd	28	F	5.71	0.92	0	2628	10		204	4	25.1	4.4	3.9			373	G
			Sc	26	I	23.87	2.7	0	2625	5		216	4		2.5	2.25			466	G ★
				22				0	2620									30	555	A
Anon 1241+04	12 41 18.6	+04 02 06	Im		S	±	1.3	−600	−	8000									447	A
NGC 4654	12 41 25.7	+13 23 58	Sc		M	3.4	0.5		1027	15		307	5	14.8	7.0	4.9			144	J ★
			SXcd	55								302	4	13.2	7.0	4.9			216	G ★
			Scd		F	6.0						253	4		6.6				234	N
			SXcd	52	I	102.7		0	1039	6	295				4.4	2.8			375	A ★
			Scd	47	I	45.9	6.9	0	1037	9		315	4	17.7	5.0				201	G ★
									1040	30									286	B
			SXcd	47	F	13.93	1.52	0	1044	10		307	4	10.7	7.0	4.8			373	G
			SBc	56	I	56.3		0	1036			309	4	20.5	5.3	2.9		128	151	A ★
			SBc	52	I	47.72		0	1038	10	269	306	4	22.1					416	E ★
			SBc	52	I	47.3		0	1039	4				15.7	6.4		198	128	509	W ★
				49				0	1088								200	121	542	V ★
ESO 381-G 14	12 41 27	−36 14 12		90	I	12.1		1	3102		223	247	4						552	P
DDO 142	12 41 29.0	−05 24 20	Sm	48	I	34.03	3.8	0	1431	5		137	4		3.2	2.2			466	G ★
			Sm	45	F	7.76	0.94	0	1429	10	126			26.2	4.6				89	G
			Sm	46	F	8.49	0.94	0	1429	10		142	4	12.9	5.0	3.5			373	G
			Sm		F	8.86		0	1433	15		131	5		5.1	3.6			157	G
			Sm		I	38.00		0	1430			143	4						515	G ★
UGC 7903	12 41 29.0	+54 13 48			F	1.72		0	453		59	103	4	7.5	2.2				213	G ★
IC 3709	12 41 30	+09 20	Sbc	46	S	±	6.0	−400	−	3300					0.8	0.6			494	E
UGC 7905	12 41 32.4	+55 10 08			F	2.5	1.0	0	4937	22				72.	1.9				58	N
					F	2.2	0.9	0	4922	31	289		1	68.					58	N ★
					M	9.8			4950					64.6	2.6				141	N
					Mult	M	8.82	0.52		4938	3		211	4	67.0	1.45	0.88			293	G ★
					I	7.58		0	4939			324	5	56.8					518	G
NGC 4656	12 41 32.8	+32 27 00	SBm		I	393.0		0	644			174	5		14.5	4.1			183	G ★
			SBm p	78	I	182.3			645	9		194	5	14.3	9.9	4.1			80	G ★
				90					638					4.	14.5	4.1		36	227	C ★
			Im	85	M	0.97		0	630	10				4.	14.5	4.1	67	37	219	N
			SBm p		M	1.4	0.21	0	600	30				4.	14.5	4.1			167	G
					M	1.7		0	650	10		240	4	5.2	14.5	4.1	80		222	W ★
			Im		I	570	300.	0	660	30	150			3.3	14.5	4.1	100		87	H ★
			Im	79	I	40.25		0	634					9.8	18.5		87		138	A ★
			Sm	76	M	2.0		2	649	10				5.7	4.8				136	A
			SBm p	79	F	76.94	3.65	0	649	7		187	4	6.7	14.5	4.0			373	B
			SBm	85	M	1.8	0.6	0	625	7				4.8					85	N
			SBm	83	I	305.9		0	639			212	5	6.6					417	G
			SBm		I	274.6		0	646			184	4		14.5	2.9			515	G ★
Anon 1241+12	12 41 33.0	+12 23 24	Im		I	2.70		0	1010		107	124	4	15.8					445	A ★
UGC 7906	12 41 37.6	+12 23 28	Im	50	I	4.1	0.2	0	1016	5		110	4	15.9	0.65		58	315	510	V ★
					F	≤1.0		−400	−	3000									213	G
			Im		I	3.303		0	1003		100	121	4						447	A
Anon 1241+09	12 41 42.0	+09 59 48	dE		S	±	1.5	−600	−	8000									447	A
UGC 7908	12 41 42	+73 54	Sc	81	S	±	10.0	3100	−	6600					1.6	0.4			384	E

Table 1 cont.

Name (1)	R.A. (2)	Dec. (3)	Type (4)	i (5)	HI-flux (6) (7) (8)	v (9) (10) (11)	Δv (12) (13) (14)	Dist (15)	a (16)	b (17)	Vmax (18)	Pos (19)	Ref (20)	(21)
UGC 7911	12 41 55.0	+00 44 40	SBm	41	F 2.86 0.64	0 1184 10	113	21.7	4.2				89	G
			SBm	42	F 3.06 0.66	0 1184 10	119 4	10.7	4.3	3.2			373	G
			Sm		F 3.32	0 1182 15	112 5						157	G
IC 3714	12 41 55.2	+10 26 12	SBb	59	S ± 6.0	-400 - 3300			0.8	0.5			494	E
NGC 4659	12 41 59.0	+13 46 19	S0	43	S ± 11.0	5 380		21.9	1.82	1.35			377	E
			S0/a		I ≤0.9	5 267			1.8	1.3			419	A
UGC 7913	12 41 59.4	-02 02 54		54	F 2.42	0 1589	127 142 4	19.5	2.4				213	G ★
UGC 7916	12 42 00.0	+34 39 47	Im	38	F 5.58 0.52	0 612 10	57	12.7	3.8				89	G
			Im	39	F 5.90 0.55	0 612 10	82 4	6.4	3.9	3.0			373	G
			Im		I 18.29	0 606	81 4		3.9	2.7			515	G ★
NGC 4660	12 42 01.1	+11 27 51	E5		I ≤3.07			18.4	2.8	1.9			137	A
NGC 4662	12 42 02.1	+37 23 37	Sbc		I 3.71	0 6982	294 4		2.5	2.0			393	G ★
			Sc	20	I 6.21 1.6	0 6980 50	280 4		1.7				188	G ★
			SBbc		I 4.9	0 6994	281 5		2.5	2.0			488	A ★
NGC 4658	12 42 02.2	-09 48 41	SBc	65	I 14.29 1.7	0 2394 8	272 4		2.2	1.0			466	G ★
NGC 4650 A	12 42 04.8	-40 26 35	S0		M 2.6	0 2910						162	474	V
UGCA 294	12 42 11.7	+28 44 35		57	M 0.198 0.010	939 2	142 4	12.5	0.78	0.47			293	G ★
				56	F 1.32 0.28	0 955	60 103 4	12.3	0.78	0.47			347	G ★
ESO 574-G 29	12 42 13	-20 09 06				0 6301 25							359	B
IC 3718	12 42 15.0	+12 37 21	Other		I 1.016	0 844	60 78 4						447	A ★
			Sb		I 1.28	0 844	78		2.7	1.0			462	A ★
			SB0/a	69	S ± 7.0	5 954 100		21.9	3.0	1.2			494	E
			S		I 0.88	0 847	63 81 4		3.0	1.2		162	520	A ★
IC 3716	12 42 15.0	+08 22 54	Im		I 0.338	0 1857	72 82 4						447	A ★
			Im	56	S ± 7.0	-400 - 3300		21.9	0.5	0.3			494	E
IC 3720	12 42 16	+12 20	dE		F ≤1.5	-400 - 3000			4.3				89	G
			E		S ± 18.0	-400 - 3000			4.1	2.6			373	G
ESO 268-G 37	12 42 19	-43 44		60	I 16.8	1 4687	309 334 4						552	P ★
IC 3725	12 42 23.1	+19 01 40			I ≤1.0	3140 - 7000			1.0	0.4			327	A
			Sm		I 1.27	0 6611	501	66.1	1.0	0.4			483	A ★
UGCA 295	12 42 24	-08 52	Im	26	F 2.40 0.50	0 1378 10	126 4	12.3	1.6	1.4			373	E
IC 3724	12 42 25.2	+10 32 12	Sc	52	S ± 6.0	-400 - 3300			0.6	0.4			494	E
NGC 4665	12 42 33.1	+03 19 50	SX0/a		I ≤7.31			18.4	4.2	3.5			137	A
NGC 4666	12 42 35.1	-00 11 14	Sbc	75	I 61.12 6.9	0 1523 8	410 4		4.7	1.5			466	G ★
			Sc	65	I 58.97	0 1516 5	391 416 4	19.	6.7	3.1	42		508	a ★
IC 3730	12 42 37.9	+21 26 34		27	M 7.04 0.19	7015 2	287 4	93.0	0.38	0.38			293	A ★
			Sm		I 3.78	0 6697	314	67.0	0.6	0.4			483	A ★
Anon 1242+10	12 42 40.2	+10 35 54	Comp		S ± 1.4	-600 - 8000							447	A
IC 813	12 42 43.4	+23 18 36	S p	25	I 4.65	0 6972	353 5		1.1	1.0			61	A ★
			S		I 5.568	0 6977	291 383 4		1.1	1.0			475	A ★
Anon 1242+10	12 42 45.0	+10 27 00	Sa	0	S ± 7.0	-400 - 3300		21.9	1.2	1.2			494	E
IC 3735	12 42 49.8	+13 57 36	dE	56	S ± 6.0	-400 - 3300		21.9	1.0	0.6			494	E
NGC 4670	12 42 49.8	+27 23 58	S0/a		I 9.6 0.7	1084	245 1						114	G ★
			SB0/ap		M 0.49	1049	146	12.5					18	B ★
			Pec	30	I 9.6	1073 9	212 5	18.7	2.9				80	G ★
				40	F 3.66 0.10	0 1078	132 168 4	13.9	1.78	1.39			347	A ★
			SB0/a	41	I 9.7	0 1073	187 5	29.5					417	G
						0 1074							513	G
NGC 4668	12 42 58.0	-00 15 42	SBc	62	I 12.75 1.5	0 1626 8	166 4		1.2	0.6			466	G ★
			Im	46	I 12.61	0 1620 5	143 156 4	19.	2.4	1.7	5		508	a ★
ESO 507-G 07	12 43 02	-25 58 12	Sc	90	S ± 12.0	-100 - 4600			3.2	0.4			466	E
DDO 146	12 43 06.0	-05 48 00	Im	28	F 2.78 0.68	0 1479 9	132	27.2	4.6				89	G
			Im	29	F 2.92 0.67	0 1479 20	148 4	13.4	5.0	4.3			373	G
			Im		F 5.30	0 1476 15	168 5		2.9				157	G
			SBbc	30	I 16.70 2.0	0 1471 10	178 4		3.2	2.8			466	G ★
			Im		I 17.10	0 1475	169		5.1	4.1			515	G ★
IC 3742	12 43 07.2	+13 35 12	SB		I 3.71	0 968	164 175 4		1.6	0.8			489	A ★
			Sc	59	I 10.9 1.1	0 966 5	169 194 4	21.9	1.9	1.0			494	E ★
			Sd		I 10.44	0 958	186		1.6	0.8			462	A ★
			SBc	59	I 4.24	0 967	169 189 4		1.9	1.0		135	520	A ★
UGC 7934	12 43 12	+35 23			S ± 4.0	2400 - 9400							490	A
NGC 4675	12 43 15.9	+55 00 38	SBb		I 5.3 0.3	0 4798	396 4		1.6	0.5			503	G
IC 3745	12 43 16.2	+19 26 48			S ± 6.0	-400 - 3300		21.9					494	E
ESO 381-G 20	12 43 18.9	-33 34 02	Im		I 38.0 6.0	0 585 5	98 4	5.	4.5	1.5			218	P
			Im	73	I 38.0 4.0	0 588 5	80		3.7	5.0	1.8		310	P ★
			Im	72		1 588 20			5.1	3.5	1.4		528	P
NGC 4672	12 43 30	-41 26		67	I 15.6	1 3052	356 403 4						552	P ★
Anon 1243+08	12 43 33.0	+08 44 54	Im		I 0.41	0 1486	31 50 4						447	A ★
Anon 1243+10	12 43 37.0	+10 26 11	Im		I 0.986	0 1500	53 72 4						447	A ★
Mark 223	12 43 40.8	+71 35 36			F ≤0.42	5 1348		18.0	0.35	0.35			347	G

183

Table 1 cont.

Name (1)	R.A. (2)	Dec. (3)	Type (4)	i (5)	(6)	HI-flux (7)	(8)	(9)	v (10)	(11)	(12)	Δv (13)	(14)	Dist (15)	a (16)	b (17)	Vmax (18)	Pos (19)	Ref (20)	(21)
IC 3754	12 43 43.7	+08 37 21	Sab	62	I	1.23	0.73	0	6494	16	120	255	4	75.	1.4	0.7			327	A ⋆
			SBa	59	I	3.23		0	6455		457	476	4		1.4	0.8			520	A ⋆
Anon 1243+10	12 43 43.9	+10 28 48	Im		I	0.30		0	1140		41	58	4	15.8					445	A ⋆
			Im		I	0.358		0	1142		36	53	4						447	A ⋆
NGC 4676 A	12 43 44.2	+31 00 23	S p	90	I	6.68		0	6613			710	5		2.2	0.35			61	A ⋆
					I	1.88		0	6360			180	5	71.2					518	G ⋆
NGC 4676 A/B			Mult		I	4.1	1.2	0	6592	20		695	4						126	A ⋆
NGC 4676 B	12 43 45.3	+30 59 51	S p	66	I	5.93		0	6613			710	5		1.9	0.8			61	A ⋆
					I	1.54		0	6832			169	5	76.5					518	G ⋆
IC 815	12 43 54.0	+12 08 48	Sm		F	8.32		0	2390	15		254	5						157	G
			E3	32	S	± 6.0		5	2390	15					0.5	0.4			494	E
ESO 322-G 76	12 43 58	−39 45 06		42	I	13.1		1	4364		308	328	4						552	P ⋆
UGC 7941	12 44 00	+64 50	Sd	82	F	4.18	0.96	0	2294	15		263	4	24.5	6.5	1.5			373	G
			Sd	90	I	19.3		0	2298	8					4.7		134	8	509	W ⋆
Mark 224	12 44 04.2	+48 30 36	Im	78	F	≤0.71		5	1256					16.7	0.93	0.30			347	G
NGC 4696 A	12 44 10	−41 13 24			S	± 36.0		1700	− 5600										552	P
UGC 7944	12 44 12	+10 07			I	≤1.0		4700	− 8550						1.0	0.7			327	A
UGC 7943	12 44 12.9	+06 14 33	Sc	36	F	2.21	1.03	0	837	15		133	4	7.4	3.7	3.0			373	G
			Sc	38	I	11.2		0	835		129	148	4		2.5	2.0		300	520	A ⋆
Anon 1244+15	12 44 18	+15 46			I	≤1.0		4700	− 8550						0.5	0.2			327	A
Anon 1244+26	12 44 18	+26 50	E p		S	± 18.0		−400	− 3000						1.5	1.0			373	G
NGC 4680	12 44 21	−11 21	SBc	30	I	2.72	0.65	0	2492	10		310	4		1.7	1.7			466	G ⋆
UGC 7945	12 44 24	−01 17			F	≤1.0		−400	− 3000										213	G
			Sm	55	S	± 3.7		0	− 6400						1.5	0.9			466	G
IC 817	12 44 24.0	+10 07 42	E1	42	S	± 6.0		−400	− 3300						0.6	0.5			494	E
IC 3772	12 44 30	+36 49			S	± 18.0		−400	− 3000						1.7	1.2			373	G
UGC 7949	12 44 36.0	+36 45 00	Im	52	F	4.37	0.41	0	333	15	31			6.0	3.2				89	G
			Im	54	F	4.53	0.42	0	333	8		52	4	3.7	3.3	1.9			373	G
			Im	39	I	20.7	0.36	0	339	5	32	47	4	7.5	2.00	1.58			377	E ⋆
			Im		I	17.10		0	331			47	4		3.3	2.0			515	G ⋆
UGC 7950	12 44 39.5	+21 02 52	Im		I	6.60		0	502			115	4		2.9	2.0			515	G
			Im	38	I	7.26	0.54	0	508	5	57	102	4	7.5	1.45	1.15			377	G ⋆
				55	M	0.137	0.011		496	2		129		8.0	1.45	1.15			293	G ⋆
				39	F	1.55	0.33	0	497		56	100	4	7.8	1.45	1.15			347	G ⋆
			Im	42	F	1.93	0.49	0	510	15		104	4	6.1	2.9	2.1			373	G
NGC 4682	12 44 39.8	−09 47 26	Scd		S	± 18.0		−400	− 3000						4.4	2.5			373	G
			Sc	56	I	10.14	1.4	0	2335	10		314	4		2.9	1.7			466	G ⋆
Anon 1244−53	12 44 41.9	−53 40 00	Im	50	I			1	1873	20				24.7	1.7	1.2			528	P
UGC 7955	12 44 42	+26 58	Sc		I	1.88		0	6761		422								421	A ⋆
					S	± 4.0		5000	− 8700										543	A
Anon 1244+28	12 44 42.1	+28 03 58		39	M	2.58	0.29		7452	4		93	4	99.0	0.32	0.25			293	A ⋆
NGC 4684	12 44 42.5	−02 27 08	S0	60	S	± 6.6		5	1590	51					2.1	1.1			466	G
NGC 4685	12 44 42.6	+19 44 11	S0	53	S	± 7.0		5	6760	24					1.8	1.1			494	E
IC 3773	12 44 44.0	+10 28 36	SB0	71	S	± 7.0		5	1095	44				21.9	2.3	0.9			494	E
			dE		S	± 0.47													427	A
NGC 4679	12 44 46	−39 17 54	Sbc	59	I	≤8.4		5	4792					91.2	2.2				320	P ⋆
			Sc	62	I	23.7	1.9		4647	10	404	427	4		2.7	1.4			550	P ⋆
				62	I	17.7		1	4470		415	445	4						552	P ⋆
IC 3779	12 44 54	+12 25 30	dE	65	S	± 6.0		−400	− 3300					21.9	0.8	0.4			494	E
NGC 4687	12 45 00.0	+35 37 32		35	F	≤0.49		5	725					9.7	1.18	0.98			347	A
IC 821	12 45 00.4	+30 03 37	Sc	14	I	3.19	0.6	0	6730	50		210	4		1.1				188	G ⋆
			Sbc	0	I	1.7			6742	7		253	4		2.1				328	A ⋆
			Scd	0	I	1.69		0	6743			231	5		1.2	1.2			61	A ⋆
			SXbc		I	1.462		0	6691		217	227	4		1.2	1.2			475	A ⋆
			Sbc	0	I	1.6		0	6742		228	253	4		1.2	1.2			543	A
Zw 159-075	12 45 01.2	+27 43 51	Sab		I	3.28		0	6610			321		66.1	0.7	0.5			483	G
UGC 7960	12 45 12	+04 09	Sab	63	S	± 6.0		−400	− 3300					21.9	1.2	0.6			494	E
NGC 4688	12 45 14.0	+04 36 27	Scd		F	7.9		0	994	13		76	4		6.1				234	N
			Scd	21	I	30.0	4.5	0	981	9		71	4	16.1	6.9				201	G ⋆
				22	I	30.2									3.2				203	B
				22	I	46.8	10.0								3.2				203	D
			SBcd		F	9.13	0.69	0	991	7		70	4	8.9	6.0	6.0			373	G
			SBc		I	36.8		0	984	2	54	72	4		3.3	3.1			428	A ⋆
			SBc		I	35.90		0	986			71	4		6.1	6.1			515	G ⋆
ESO 574-G 32	12 45 15	−21 39 18	Sb	79	S	± 8.0		−100	− 4600						2.2	0.6			466	E
NGC 4689	12 45 15.2	+14 02 09	Sbc		F	2.5		0	1620	12		139	4		5.8				234	N ⋆
			Sbc	30	I	6.0		0	1616	5	184			11.	5.4				273	A
			Sbc		M	≤0.66								19.5	5.9	5.6			121	E
			Sc					0	1550						5.9	5.6			373	G
			Sc	30	I	7.0		0	1620	8				15.7	3.1		185	165	509	W ⋆

Table 1 cont.

Name (1)	R.A. (2)	Dec. (3)	Type (4)	i (5)	(6)	HI-flux (7)	(8)	v (9)	(10)	(11)	Δv (12)	(13)	(14)	Dist (15)	a (16)	b (17)	Vmax (18)	Pos (19)	Ref (20)	(21)
NGC 4689			Sbc		I	9.1		0	1620	5	184	206	4		4.0	3.5			428	A ★
				27				0	1623								180	163	542	V ★
ESO 322-G 85	12 45 17	−40 19 18		79	I	2.3		1	3764		192	216	4						552	P ★
UGC 7963	12 45 18	−00 55	Sc	90	S	±	6.0	0	−	6400					1.5	0.1			466	G
ESO 574-G 33	12 45 19	−21 59 42	Sb	58	I	16.3	2.0	0	3458	5	266	315	4		3.2	1.8			466	E ★
ESO 507-G 13	12 45 25	−27 18 18	Sc	87	S	±	11.0	−100	−	4600					2.4	0.5			466	E
NGC 4691	12 45 39.5	−03 03 28						0	1220	35									324	N
			SBb	31	I	4.74	0.61	0	1119	5		132	4		3.7	3.2			466	G ★
			SBb	33	I	14.8	3.0	0	1098	5	74	167	4						442	E ★
Anon 1245+30	12 45 42	+30 24			I	≤1.0		3140	−	7000					0.7	0.2			327	A
NGC 4694	12 45 43.8	+11 15 24	S0/a p	65	M	0.18			1185	31		99	5	18.4	3.4				139	A ★
			SB0	63	I	2.6	0.39	2	1104	25		82	4	18.0	3.5				135	A
			S0/a		I	2.72								18.4	3.5	1.7			137	A ★
			S0 p		I	2.9		1	1100		100			20.0	3.5	1.6			30	A ★
			SB0 p		I	≤69.0								22.3	6.2	3.2			382	G
			S0		I	4.1		0	1161	20		128	4						232	N ★
			Other		I	3.347		0	1181		78	135	4						447	A ★
			S0/a		I	2.9		0	1181		75				3.6	1.7			419	A
			SB0		I	6.00		0	1172			114	4		5.3	2.7			515	G ★
			SB0	66	I	3.3		0	1183		75	130	4	13.5	3.6				517	W ★
Anon 1245−45	12 45 48.0	−45 21 00	Im	26				1	3177	20				42.0	1.2	1.1			528	P
NGC 4698	12 45 51.8	+08 45 37	Sab	59	I	17.6	2.64	2	922	25		425	4	18.0	3.5				135	A ★
			Sb	58	M	1.38		0	1008	4		412	5	18.4	4.0		206		139	A ★
			Sab		M	3.94	0.65	0	966	10	420			19.5	6.5	4.5			121	E ★
			Sab		M	1.13			1006					15.7					131	G ★
			Sb		I	9.01								18.4	4.3	2.5			137	A ★
			Sab		M	1.57	0.4		872	35		270		14.8	6.5	4.5			144	J
			Sa	54	I	28.0	3.8	0	1012	10	407	426	5	21.9	4.4	2.7			346	G
			Sa	57	I	24.9		0	1008	6				15.7	4.8		259	168	509	W ★
			Sa		I	50.3		0	1008	3	420	445	4		4.3	2.5			428	A ★
ESO 268-G 44	12 45 55	−44 44 06		68	I	13.2		1	3269		270	303	4						552	P ★
NGC 4697	12 46 00.7	−05 31 39	E6		M	≤0.5			1320					12.					290	P
			E5		F	≤2.8		7	1176					17.4					95	B
NGC 4696	12 46 03.5	−41 02 18	E1		S	≤79.8		5	2733						2.0	1.8			226	P
			E		M	≤0.3		6	2717					27.2					418	P
Anon 1246+09	12 46 04.0	+09 24 00	SBbc		I	1.36		0	7557		197	214	4		0.7	0.3			520	A ★
NGC 4707	12 46 07.0	+51 26 13	Sm	27	F	3.61	0.47	0	468	10	64			11.0	3.7				89	G
			Sm	28	F	3.85	0.49	0	468	10		83	4	5.7	3.8	3.2			373	G
			S		I	13.80		0	468			75	4		3.8	3.0			515	G ★
DDO 148	12 46 08.0	−04 58 53	Im		F	≤1.5		−400	−	3000					2.5				89	G
			Im		F	1.03	0.28	0	1343	10		65	4	12.1	2.9	2.9			373	G
			Sm	0	I	3.43	0.57	0	1340	5		50	4		1.7	1.7			466	G ★
			Im		I	8.10		0	1340			53	4		2.9	2.9			515	G ★
Mark 444	12 46 16.5	+34 44 55			F	0.526	0.4	0	4248	35		172	4	57.0					34	N ★
				19	M	0.981	0.078		4280	2		97	4	57.0	0.27	0.27			293	A ★
ESO 322-G 93	12 46 18	−41 04			S	±	36.0	1700	−	5600									552	P
IC 3799	12 46 21	−14 07	SBbc	90	I	10.20	1.4	0	3693	15		455	4		2.7	0.5			466	G ★
IC 3804	12 46 22.0	+35 36 22	S		I	6.12		0	4062	25		349	5		1.4	0.8		40	158	G ★
Anon 1246+27	12 46 24	+27 39			I	≤1.0		4700	−	8550					0.8	0.5			327	A
NGC 4704	12 46 24.0	+42 11 00	Sc	47	I	1.34	0.3	0	8174	25		50	4		1.0				188	G ★
			SBb		I	1.10		0	8167			52	4		1.7	1.5			515	G ★
NGC 4699	12 46 26	−08 23 36	Sb		M	1.0			1510					12.					290	P
			Sab	44	I	40.18	4.6	0	1399	8		409	4		3.8	2.8			466	G ★
			SXb	42	I	49.4	4.2	0	1391	4	377	410	4		3.5				473	J ★
NGC 4700	12 46 30.8	−11 08 25	SBd	81	F	6.87	1.28	0	1406	30		167	4	12.5	4.8	1.2			373	G
			Sc	84	I	27.17	3.1	0	1408	5		160	4		3.1	0.7			466	G ★
			SBc	83	I	23.8	1.9	0	1405	3	142	162	4		3.0	1.7			523	J ★
IC 3806	12 46 37.2	+15 09 54	Sa	70	I	2.3	0.4	0	3156	15	69	100	4	21.9	1.7	0.6			494	E ★
NGC 4701	12 46 39.0	+03 39 44	Scd	33	F	13.11	1.21	0	727	10		185	4	6.2	5.1	4.3			373	G
			Sbc	35	I	38.2		0	720		161	180	4		3.0	2.5		315	520	A ★
UGC 7976	12 46 42	+04 56		25	I	6.5	0.7	0	2649	5	75	98	4	21.9	1.1	1.1			494	E ★
DDO 149	12 46 43.0	−03 44 47	Im		F	≤1.5		−400	−	3000					2.3				89	G
			Im		S	±	18.0	−400	−	3000					2.7	0.9			373	G
NGC 4703	12 46 43.3	−08 50 09	Sb	82	S	±	7.0	−100	−	4600					2.9	0.7			466	E
Anon 1246−09	12 46 47.0	−09 50 48	SBm	42	F	8.69	1.50	0	1318	15		161	4	11.6	7.0	5.2			373	G
			SBcd	38	I	33.63	3.8	0	1307	5		149	4		4.0	3.2			466	G ★
NGC 4705	12 46 50.2	−04 55 26	SXbc		S	±	18.0	−400	−	3000					4.4	1.6			373	G
Anon 1246−11	12 46 53.6	−11 07 44						0	6061		280		4						503	G
NGC 4708	12 47 04.8	−10 49 15	Sab	46	S	±	9.0	−100	−	4600					1.7	1.2			466	E
NGC 4712	12 47 07.5	+25 44 33			S	±	6.0	455	−	1682									459	N

Table 1 cont.

Name (1)	R.A. (2)	Dec. (3)	Type (4)	i (5)	(6)	HI-flux (7)	(8)	v (9)	(10)	(11)	Δv (12)	(13)	(14)	Dist (15)	a (16)	b (17)	Vmax (18)	Pos (19)	Ref (20)	(21)
NGC 4712			Sbc					0	4351										513	G
			Sbc	67	I	11.1			4376	9	436		5	87.5	2.9				80	G ★
			Sbc					0	4384	20									359	G
			Sbc					−400	−	3000					3.7	1.5			373	G
			Sbc	63	M	10.06		0	4429	20				54.4					324	N
			Sc		I	10.0		0	4380		368	404	4		2.4	0.9			543	A ★
NGC 4710	12 47 09.0	+15 26 15	S0		I	≤0.60		6	1076					19.6	4.3	1.3			30	A
			Sb		I	≤2.44								18.4	5.1	1.4			137	A
			S0		I	≤4.30		5	1125	88					3.9	1.1			375	A
			S0		I	≤2.1		5	1128						5.1	1.4			419	A
UGC 7978	12 47 09.2	+31 07 12	Sc	57	I	2.97		0	8078		333		5		1.3	0.7			61	A ★
			Sbc	60	I	3.0		0	8092		305	339	4		1.3	0.7			543	A ★
UGC 7981	12 47 12	+31 01	Sc		I	2.35		0	4844		250								421	A ★
			S		S	±	4.0	5000	−	8700									543	A
UGC 7983	12 47 13.8	+04 07 00		46	F	1.35		0	694		47	68	4	7.9	2.5				213	G ★
			Im		I	5.80		0	695			47	4		2.2	1.5			515	G ★
ESO 323-G 02	12 47 18	−39 51 12			S	±	36.0	1700	−	5600									552	P
UGC 7982	12 47 18.0	+03 08 00	S					0	1200						4.8	1.4			373	G
				80	I	8.24		0	1158		220	233	4		3.5	0.9		270	520	A ★
NGC 4715	12 47 24.0	+20 05 00	S0		I	≤1.06		5	6922						2.0				501	A
NGC 4713	12 47 25.5	+05 34 59	Sd	48	I	53.0		0	657		200		4	7.5	2.6				203	G ★
			SXd	50	F	14.61	1.14	0	655	10	196		4	5.6	4.7	3.0			373	G
					F	16.3		0	644		201		4						234	P
			Sbc	49	I	41.1		0	655	5				15.7	5.3		137	100	509	W ★
			SBc		I	58.2		0	653	3	165	186	4		2.8	1.9			428	A ★
Anon 1247+18	12 47 30	+18 30			I	≤1.0		3140	−	7000					0.5	0.2			327	A
Anon 1247+22	12 47 30	+22 58			I	≤1.0		4700	−	8550					0.7	0.2			327	A
ESO 268-G 46	12 47 32	−44 09 18		81	I	17.3		1	2057		188	207	4						552	P ★
ESO 323-G 06	12 47 32	−40 23 18			S	±	36.0	1700	−	5600									552	P
Anon 1247+25	12 47 36	+25 17			S	±	7.0	455	−	1682									459	N
NGC 4719	12 47 44.6	+33 25 55	Sab		I	3.49		0	7085		154		4		1.7	1.5			393	G ★
			SBab		I	4.2		0	7098		160		5		1.7	1.5			488	A ★
Anon 1247+14	12 47 46.0	+14 20 40	Im		S	±	2.4	−600	−	8000									447	A
DDO 151	12 47 53.0	−10 35 06	Im	60	F	8.13	1.35	0	2407	15	245			45.5	5.3				89	G
			Sdm	62	F	8.94	1.35	0	2407	15	285		4	22.5	5.8	2.9			373	G
			S	65	I	30.69	3.5	0	2389	5	272		4		3.7	1.7			466	G ★
NGC 4718	12 47 57.5	−05 00 38	SBb	67	S	±	10.0	−100	−	4600					2.1	0.9			466	E
ESO 268-G 46	12 47 59.5	−44 19 21	Sd	74	I	≤60.0									3.3	1.1			310	P
NGC 4725	12 47 59.9	+25 48 20	SB0/ap	35	I	78.2			1212	9	418		5	18.7	11.4				80	G ★
			Sb	54	M	≤30.0		5	1114	65					11.0	12.1	10.0			87	H
			SXab p	45	M	12.0		0	1210		440		4	24.	7.2	11.			250	A ★
			SXb	35	I	88.3		0	1210		440		4	12.0	12.	9.			292	A
			SXab p	35	F	23.61	3.09	0	1207	10	410		4	12.0	12.1	10.0			373	B
					I	107.0	6.0	0	1205	10	388	411	4						433	W
			SXb	53	I	107.6		0	1205					16.0	12.1	10.0	234	30	480	W ★
			SXab					0	1215										513	G
			SXab	45	I	110.0	4.0	0	1206	10	388	411	4		12.1	10.0		33	433	J
			SXab p		I	36.7		0	1189		394		4		12.	9.			459	N
			SXb		I	112.4		0	1206		427		4		12.1	9.7			515	G ★
UGC 7990	12 48 00	+28 37			S	±	4.0	1400	−	8400									490	A
UGC 7992	12 48 06	+27 43			S	±	4.0	5000	−	8700									543	A
UGC 7995	12 48 12	+78 39	Im		S	±	18.0	−400	−	3000					3.0	2.5			373	G
NGC 4750	12 48 19.4	+73 08 50	Sb	17	I	11.9	1.5	0	1622	11	228	316	4		2.4	2.3			384	E ★
			Sab		I	10.4	0.4	0	1623		340		4		2.3	2.2			503	G
NGC 4727	12 48 20.3	−14 03 32	SBbc	35	S	±	10.0	5	7622						1.7	1.4			466	E
MCG-02-33-024	12 48 21	−13 11	S	34	I	5.23	0.72	0	346	10	229		4		1.2	1.0			466	G ★
NGC 4731	12 48 25.5	−06 07 17	Scd	76	I	99.2	14.9	0	1495	9	260		4	24.8	7.6				201	G ★
			SBcd	63	F	27.23	1.00	0	1497	10	244		4	13.6	8.8	4.3			373	E
			SBcd		S	≤79.8		313	−	2432					3.8	1.3			226	P
			SBcd		M	1.8		0	1488	5					10.5	6.5			100	V ★
			SBcd	54	M	2.8		0	1490	3	252		4	10.5					436	V
			SBc	66	I	101.3	9.9	0	1496	5	244		4		6.8	3.0			466	G ★
			SBc	57	I	148.7	4.4	0	1495	5	205	252	4						442	E ★
NGC 4736	12 48 32.4	+41 23 28	Sab	35	M	0.76			307	5	200	246	4	6.	13.5	9.	195	122	32	W ★
			Sab		I	51.2		0	311		204	241	4		15.0	13.3			183	G ★
			Sb	35	M	≤1.0		5	297	50				3.3	15.0	13.3			87	H ★
			Sb	35					240					3.8	7.4	5.9			365	O ★
			Sab	35					307					6.					32	D ★
			Sab	28	F	14.13	1.66	0	307	15	232		4	3.7	15.0	13.3			373	B
								0	305	20									324	N

Table 1 cont.

Name (1)	R.A. (2)	Dec. (3)	Type (4)	i (5)	(6)	HI-flux (7)	(8)	(9)	v (10)	(11)	(12)	Δv (13)	(14)	Dist (15)	a (16)	b (17)	Vmax (18)	Pos (19)	Ref (20)	(21)
NGC 4736			Sab	34	I	62.5	0.88	0	315	5	217	245	4	7.5	0.96	9.12			377	E ★
			Sab	33	I	94.18	4.7	0	309	5	210	241	4						442	E ★
NGC 4733	12 48 35.9	+11 11 03	SBa	25	S	±	4.0	5	908	23				21.9	2.3	2.1			494	E
			SBa		I	≤0.7		5	1034						2.3	2.1			419	A
NGC 4735	12 48 35.9	+29 12 00	Sm		I	0.91		0	6459			441		70.0	0.7	0.5			483	A ★
Zw 159-090	12 48 37.3	+27 38 31	Sc	51	I	4.4		0	8317		124	155	4		0.8	0.5			543	A ★
NGC 4734	12 48 40.6	+05 07 53	Sc	35	I	3.99		0	7523		237	279	4		1.2	1.0			520	A ★
Anon 1248+10	12 48 41.4	+10 50 24	Comp		S	±	1.4	−600	−	8000									447	A
NGC 4738	12 48 44	+29 03 36	S0/a	90	I	4.8		0	4765			471	4		2.2	0.2			543	A ★
					M	34.0													212	A ★
Anon 1248−20	12 48 48	−20 51			I	9.0	2.0	0	7720	20									525	N ★
IC 3829	12 48 51	−27 30 42	Sb	60	I	15.3	1.8	0	3553	10	272	300	4		3.0	1.6			466	E ★
Zw 159-093	12 48 52	+27 22 42	Sc	0	I	≤0.5		6	5446						1.2				328	A
					S	±	2.0	5	5446						0.6	0.6			543	A
NGC 4722	12 48 54	−13 03	Sa	66	I	3.76	0.82	0	1312	10		205	4		2.0	0.9			466	G ★
Zw 159-095	12 48 55.0	+31 19 43	Sbc	29	I	2.21		0	6937			215	5		0.8	0.7			61	A
NGC 4745	12 49 00	+27 41 36	S0/a	0	I	≤0.6		6	7597						1.0				328	A
			Sa		S	±	1.1	5	7597						0.4	50.4			543	A
Zw 100-012	12 49 01.1	+18 20 13	Sm		I	1.18		0	6481			161		64.8	0.5	0.5			483	A ★
UGC 8004	12 49 12	+31 37	Sc		I	4.45		0	6187		313								421	A
NGC 4747	12 49 18.6	+26 02 45	SBc	56	I	24.8			1197	9		190	5	23.9	3.8				80	G ★
			SBc	76	M	0.94		0	1200	15		270	4	12.0	4.5				160	G ★
			SBcd p	69	M	2.83		0	1179			218	4	24.	2.7	3.7			250	A ★
			Im	56	I	20.8		0	1179			218	4	12.0	3.5	1.5			292	A
			SBc p	56	F	6.21	0.64	0	1189	10		197	4	11.8	4.5	2.6			373	G
			SBc	69	I	39.0	2.0	0	1179		162	210	4		4.5	2.6		46	433	J
					I	33.0	5.0	0	1185	10	162	210	4						433	W
			SBcd p		I	16.4		0	1181			194	4		3.5	1.5			459	N
			SBc					0	1197										513	G
			Im		I	29.40		0	1191			200	4		4.5	2.3			515	G ★
ESO 507-G 29	12 49 19	−26 21	Sc	51	S	±	11.0	−100	−	4600					2.0	1.3			466	E
NGC 4749	12 49 22	+71 54 27	Sb		I	6.4	0.4	0	1745			380	4		1.7	0.4			503	G
NGC 4746	12 49 25.2	+12 21 18	Sc	79	I	16.9	2.3	0	1775	10	329	356	4	21.9	2.5	0.7			494	E ★
			Sb		I	17.4		0	1779	5	338	359	4		2.5	0.7			428	A ★
			S			13.43			1783	5	331	363	4						457	A ★
IC 827	12 49 25.8	+16 33 24	S	65	I	2.37	0.46	0	6514	16	383	404	4	86.	1.0	0.4			327	A ★
ESO 507-G 32	12 49 31.0	−26 02 48			M	5.69		1	1182			175	4	23.6	2.5	0.5			535	P
NGC 4744	12 49 33.0	−40 47 18	SB0/a		I	≤6.0		5	3358					62.5					320	P ★
NGC 4754	12 49 46.9	+11 35 06	SB0		I	≤0.37		6	1393					25.3	4.5	2.5			30	A ★
			SX0		I	≤1.38								18.4	4.7	2.6			137	B
			S0		F	≤1.9		7	1398					15.7					95	B
			SB0	63	I	≤25.2		5	1376					11.4					417	G
			SB0	63	I	≤6.0		5	1376					11.4					417	A
			SB0		I	≤0.8		5	1375						4.7	2.6			419	A
UGCA 304	12 49 48	−09 28	Scd	90	F	1.46	0.96	0	2258					21.1	3.9	0.7			373	G
			Sc	90	I	9.82	1.3	0	2258	10		255	4		2.6	0.3			466	G ★
UGC 8011	12 49 48	+21 55						0	762										490	A
NGC 4753	12 49 48.7	−00 55 40	S0 p		M	≤0.4			1360					12.					290	P
			S0		F	≤2.8		7	1252					16.7					95	B
			S0	60	S	±	4.6	5	1288	50					5.3	2.8			466	G
Anon 1249+13	12 49 52.6	+13 22 26	Sc p		S	±	1.8	−600	−	8000									447	A
ESO 323-G 25	12 49 53	−38 45 24		70	I	15.1		1	4043		381	405	4						552	P ★
NGC 4731 A	12 49 54.0	−06 25 00		62	M	0.29		0	1505			180	4	10.5	0.84				436	V
UGC 8011	12 50 00	+21 55	Im	36	F	1.90	0.42	0	770	10		143	4	7.5	2.5	2.0			373	G
DDO 152	12 50 01.0	−06 01 13	Im		F	2.89	0.45	0	1536	10	61			28.4	2.8				89	G
			Im		F	2.76	0.47	0	1536			105	4	14.0	3.2	3.2			373	G
			Im		I	12.15		0	1533			95	4		3.2	3.2			515	G ★
ESO 323-G 27	12 50 04	−40 10 48						0	3841	25									359	B
				62	I	7.7		1	3655		306	368	4						552	P ★
Anon 1250+10	12 50 04.8	+10 43 06	Im		S	±	1.2	−600	−	8000									447	A
UGC 8013	12 50 10	+27 01 18		78	I	2.2		0	7885		370	396	4		1.4	0.4			543	A ★
NGC 4758	12 50 14.8	+16 07 10	S	74								205	4	13.2	4.4	1.5			216	G ★
			SBb p	74	F	2.70	0.50	0	1244	10		205	4	12.0	4.4	1.4			373	G
			SBb		I	12.8		0	1240	6	188	213	4		3.2	0.9			428	A ★
UGC 8015	12 50 22.1	+10 15 33	Sb	52	S	±	3.4	−400	−	3300				21.9	2.1	1.3			494	E
			Sab	52	I	7.16		0	6479		473	511	4		2.1	1.3		330	520	A ★
Zw 159-101	12 50 23	+27 41	S0/a	41	I	0.6		0	7745		145	180	4		0.4	0.3			543	A ★
NGC 4762	12 50 25.5	+11 30 05	S0		M	≤0.014		1	876					16.0	9.0	2.0			27	A ★
			S0		I	≤1.91								18.4	8.7	1.6			137	A
			S0		F	≤1.9		7	876					15.7					95	B

Table 1 cont.

Name (1)	R.A. (2)	Dec. (3)	Type (4)	i (5)	(6)	HI-flux (7)	(8)	v (9)	(10)	(11)	Δv (12)	(13)	(14)	Dist (15)	a (16)	b (17)	Vmax (18)	Pos (19)	Ref (20)	(21)
NGC 4762			SB0		M	≤0.89			939	28				14.8	8.4	1.1			144	J
			S0		I	≤2.1			945					16.					26	E
			SB0	77	I	1.3	0.14	2	872	25	300		4		9.0				135	A
			S0		S	≤57.0		5	937					14.5					405	B
			S0		M	≤0.072		5	932					20.5	8.7	1.6			193	A ★
			SB0	90	I	≤25.2		5	1004					11.4					417	G
			SB0	90	I	≤7.7		5	1004					11.4					417	A
			S0		I	≤0.5		5	1000						8.7	1.6			419	A
UGC 8017	12 50 27.9	+28 38 34	Sab	73	I	4.75		0	7087		652		5		0.9	0.3			61	A ★
			S0/a	74	I	3.3		0	7057		517	562	4		0.9	0.3			543	A ★
Anon 1250+14	12 50 29.0	+14 40 14	Im		I	3.032		0	1047		82	82	4						447	A ★
NGC 4760	12 50 31.0	-10 13 25						0	4762	75									324	N
Anon 1250-08	12 50 32	-08 57 10	Mult		S	±	5.4	3000	-	5400									469	G
Anon 1250+25	12 50 42	+25 32			S	±	6.0	455	-	1682									459	N
NGC 4765	12 50 42.4	+04 44 10	S0/a	75	I	13.2		0	724		139		5	6.3					417	A
			Sd		I	13.4		0	725		75				1.4	1.1			419	A
			Sd	42	I	18.0	1.7	0	723	5	83	123	4		1.4	1.1			494	E ★
UGCA 305	12 50 48.0	-04 42 00	Im		F	0.96	0.31	0	1410	20		80	4	12.8	1.7	1.7			373	E
			Im		I	3.80		0	1413			69	4		1.7	1.7			515	G ★
NGC 4774	12 50 48	+37 05			M	≤1.0								110.					209	A
ESO 575-G 19	12 50 48	-22 04 24	Im	35	S	±	11.0	-100	-	4600					1.7	1.4			466	E
NGC 4771	12 50 48.5	+01 32 30	Sc		I	9.909		0	1135		277	292	4		4.0	0.9			489	A ★
			Sd		S	±	18.0	-400	-	3000					5.5	1.5			373	G
NGC 4763	12 50 48.8	-16 44 02	SBbc	41	I	6.36	0.82	0	4044	8		378	4		1.7	1.3			466	G ★
ESO 507-G 41	12 50 54	-25 06 48		45	I	2.0		1	2989		143	164	4						552	P ★
Anon 1250+11	12 50 54.6	+11 59 06	Comp		S	±	0.6	-600	-	8000									447	A
ESO 507-G 42	12 50 55	-26 01 18		65	I	7.2		1	3028		252	286	4						552	P ★
NGC 4772	12 50 55.9	+02 26 27	Sa	58	I	15.1	3.0	0	1039	10	434	461	5	17.7	3.5	1.9			346	G
			Sa		I	8.908		0	1043		437	467	4		2.9	1.4			489	A ★
			Sa		I	9.1		0	1038		464				3.3	1.7			419	A
NGC 4775	12 51 10.8	-06 21 11	Sd	19	I	31.7		0	1565			154	4	19.0	2.2				203	G ★
			Sc	17	I	29.21	3.3	0	1569	5		129	4		2.3	2.2			466	G ★
			Sc	18	I	21.5		0	1566	10					3.5		212	108	509	W ★
NGC 4779	12 51 19.8	+09 58 48						0	2826	10									359	G
			SBbc		S	±	18.0	-400	-	3000					3.2	2.7			373	G
			SBbc	30	I	7.75		0	2829			231	4		2.1	1.8			471	A ★
			SBbc		I	8.3		0	2832	3	220	237	4		2.3	2.0			428	A ★
DDO 153	12 51 20.0	-11 50 14	Im	63	F	6.48	0.74	0	824	10	72			13.8	3.6				89	G
			Im	66	F	6.46	0.78	0	824	8		103	4	6.7	3.5	1.5			373	G
Zw 159-108	12 51 27.7	+31 22 41	Sm		I	1.89		0	8944		320			89.4	0.8	0.5			483	A ★
NGC 4780	12 51 28.4	-08 21 04	Sc	48	I	8.72	1.0	0	3504	20	285		4		2.2	1.5			466	G ★
			Sc	48	I	7.85	1.0	0	3482	5	226	246	4		2.2	1.5			466	E ★
UGC 8025	12 51 37.0	+29 52 20	Sb	90	I	6.38		0	6316		528		5		2.0	0.25			61	A ★
UGC 8024	12 51 39.4	+27 25 22	Im	52	F	15.0	3.0		360	20		87	9	5.3					20	N ★
			Im	38	F	94.0	7.0	0	374	2		106	4		2.6				10	D ★
			Im	27	F	16.43	1.05	0	378	10	84				7.6	3.7			89	G
			Im	28	F	17.48	1.10	0	388	7		103	4		3.8	3.7	3.2		373	G
			IBm	38	I	75.4	0.57	0	382	5	84	103	4		7.5	4.07	3.24		377	E ★
			IBm	38	I	116.3		0	383	5	89	106	4		7.5	4.07	3.24		377	E ★
					I	106.0	5.0	0	375	4	90	107	4	10.	2.6			35	432	A ★
			IBm	36	I	143.4	3.5	0	384	5	86	103	4						442	E ★
			IBm	57	M	0.27								4.0	3.0	1.7	49	43	541	V ★
ESO 323-G 39	12 51 40	-40 06 06		61	I	8.2		1	4811		230	293	4						552	P ★
NGC 4781	12 51 46.8	-10 15 54	SBd	66	F	10.37	1.43	0	1265	20	272		4	11.1	5.8	2.6			373	G
			Sc	62	I	56.41	6.4	0	1260	5	254				3.6	1.8			466	G ★
ESO 575-G 23	12 51 58	-18 02 18	Sa	90	I	14.30	2.3	0	1513	20	534		4		1.5	1.5			466	G ★
NGC 4767 B	12 51 59.0	-39 34 54	Sd	24	I	≤9.7		0	-	7700					1.6				320	P ★
NGC 4782	12 51 59.1	-12 18 05			S	≤97.0		5	4020										356	G
NGC 4783	12 51 59.6	-12 17 25			S	≤97.0		5	4670										356	G
UGC 8030	12 52 00	+26 34			F	≤1.0		-400	-	3000									213	G
					S	±	4.0	2400	-	9400									490	A
					S	±	4.0	5000	-	8700									543	A
NGC 4791	12 52 12	+08 19			S	±	6.0	-400	-	3300				21.9	2.9	0.9			494	E
UGC 8032	12 52 13.8	+13 30 26	S0	77	S	±	9.0	-400	-	3300				21.9	2.9	0.9			494	E
			S		S	±	1.3	-800	-	11000					2.9	0.9			520	A
NGC 4790	12 52 15.5	-09 58 37	SBc	46	F	4.63	1.39	0	1354	20	255		4	12.0	2.9	2.0			373	G
			Sd	48	I	19.66	2.3	0	1359	5	230		4		1.9	1.3			466	G ★
NGC 4793	12 52 15.8	+29 12 36			I	17.82		0	2494		363		4	40.1	3.4	1.8			562	A ★
NGC 4809	12 52 17.9	+02 55 16	Im p	70	F	5.21	0.85	0	945	15	173		4	8.4	2.9	1.1			373	G
			Im		I	15.8		0	934		152	181	4		1.9	0.8		135	520	A ★

Table 1 cont.

Name (1)	R.A. (2)	Dec. (3)	Type (4)	i (5)	(6)	HI-flux (7)	(8)	(9)	v (10)	(11)	(12)	Δv (13)	(14)	Dist (15)	a (16)	b (17)	Vmax (18)	Pos (19)	Ref (20)	(21)
NGC 4809/10			Mult p		M	1.43	0.31	0	878	10	140			19.5	3.5	3.2			121	E ★
NGC 4800	12 52 20.1	+33 07 31	Sb		I	9.3	0.3	0	897			388	4		1.7	1.2			503	G
			Sb		F	3.09			891	50		380	4	9.34	2.50				309	N ★
IC 3881	12 52 20.2	+19 26 55	SBc	78	F	7.27	1.03	0	926	10		216	4	8.9	5.5	1.5			373	G
			SBc		I	34.4		0	918	4	209	228	4		3.8	1.0			428	A ★
NGC 4798	12 52 29.2	+27 41 06	Sa	47	I	≤2.8		6	7680						1.6				328	A
			Sa	47	S	±	0.63	5	7853						1.0	0.7			453	A
			Sa	49	S	±	2.7	5	7680						1.0	0.7			543	A
NGC 4795	12 52 31.6	+08 20 15	SBa	29	I	6.3	0.9	0	2803	20	407	422	5	53.5	2.2	1.9			346	E ★
			SBa	30	I	≤20.7		5	2714					11.4					417	G
			SBa		I	0.3		0	2812		210				1.7	1.5			419	A
NGC 4795/96	12 52 31.6	+08 20 15	SBa p	30	I	1.23		0	2736		276	364	4		1.7	1.5			520	A ★
UGC 8040	12 52 35.7	+59 02 51	Scd		I	8.2	0.2	0	2534			404	4		1.7	0.2			503	G
UGC 8042	12 52 36	+08 11						0	2657										490	A
NGC 4796	12 52 36	+08 20		45	I	11.0	1.7	0	2749	10	290	322	4	21.9					494	E ★
IC 3896 A	12 52 39.0	−49 47 48	SBd	37				1	2132	20				28.4	2.9	2.4			528	P
					M	1.62		1	1187			175		23.7	2.6	1.7			535	P
			Sd	41	I	≤13.0			1100 − 4800						1.3				320	P ★
UGC 8041	12 52 39.2	+00 23 18			F	10.9		0	1386			370	4						234	P
			SBd	52	F	5.09	1.39	0	1330	20		202	4	12.2	5.3	3.3			373	G
ESO 269-G 09	12 52 41.2	−44 57 51	Im	42	I	25.0	4.0	0	2210	10	115			19.7	2.2	1.7			310	P
			Im		F	5.09	0.60	0	2223	20		133	4	19.9					373	B
Anon 1252+13	12 51 51.2	+13 05 07	Sc p		S	±	1.6		−600 − 8000										447	A
UGCA 308	12 52 54.0	−10 06 00	Im	56	F	2.18	0.80	0	1321	15		86	4	11.7	2.2	1.2			373	G
			Im		I	7.80		0	1323			88	4		2.2	1.1			515	G ★
Anon 1252+15	12 52 54.0	+15 15 40	Sc		S	±	1.6		−600 − 8000										447	A
NGC 4803	12 53 01.5	+08 30 40	Comp		S	±	0.7	5	2653						0.8	0.5			520	A
				55	S	±	6.0		−400 − 3300					21.9					494	E
UGC 8048	12 53 05.4	+00 00 12		90	F	1.00		0	1116		95	111	4	13.4	2.7				213	G ★
UGC 8052	12 53 11.3	+73 26 59	S	81	I	7.5	0.96	0	1524	10	165	229	4		2.0	0.5			384	E ★
NGC 4814	12 53 13.3	+58 37 07	Sb	42	M	5.91		0	2486	20				32.2					324	N
			Sb	42	I	24.9	2.1	0	2516	4	340	366	4		3.2				473	J ★
			Sb		I	26.4	0.4	0	2513			376	4		3.5	2.5			503	G
NGC 4808	12 53 17.0	+04 34 28	Scd	65	I	52.0	7.8	0	778	9		236	4	12.6	3.7				201	G ★
			Scd	66	F	20.60	1.89	0	762	15		284	4	6.7	3.9	1.7			373	G
			Sc			85.3		0	760	3	259	280	4		2.7	1.3			428	A ★
UGC 8053	12 53 18.0	+04 17 00	SXdm	39	F	3.62	0.69	0	717	10		131	4	6.2	2.7	2.1			373	G
			SXdm		I	14.40		0	708			141	4		2.7	1.9			515	G ★
ESO 575-G 29	12 53 20	−18 59 54	Sc	40	I	19.6	2.3	0	3150	5	246	262	4		3.6	2.8			466	E ★
UGC 8055	12 53 31.2	+04 04 54	Im	36	F	2.02		0	617		91	105	4	6.9	2.2				213	G ★
			Im	41	I	9.1	0.56	0	619	5	85	99	4		0.87	0.67			377	E ★
ESO 323-G 46	12 53 32	−40 51 48			S	±	36.0		1700 − 5600					87.9					552	P
Mark 53	12 53 40.6	+27 56 52			I	≤0.54		6	4832										235	A ★
			Sdm		I	0.39		0	4968			288		69.0	0.5	0.4			483	A ★
UGC 8056	12 53 48	+10 28	SBc	57	I	11.6	1.4	0	2689	10	194	231	4		1.3	0.8			494	E ★
UGCA 309	12 53 54.0	+34 55 00	Im	26	F	1.65	0.38	0	730	10		67	4	7.7	1.6	1.4			373	G
			dI		M	0.066			717	5	40			6.6	1.7				145	E ★
			Im		I	5.80		0	731			63	4		1.6	0.8			515	G ★
MCG-02-33-066	12 54 00	−13 03	Sb	81	I	3.30	0.48	0	2968	20		331	4		1.6	0.4			466	G ★
NGC 4819	12 54 02.8	+27 15 30	Sa	36	I	≤1.8		6	6702						1.8				328	A
			SBa	36	I	≤0.34			4000 − 11400						1.1	0.9			61	A
			Sb		L	≤8.46		5	6702					69.0	1.1				483	A
			Sab	38	S	±	2.0	5	6702						1.1	0.9			543	A
IC 3913	12 54 03.1	+27 33 42	Scd	49	I	1.1		0	7534		162	225	4		0.8	0.5			543	A ★
UGC 8058	12 54 05.0	+57 08 41	Sc		I	≤1.5			12430										114	G ★
UGC 8061	12 54 12	+12 12			F	≤1.0			−400 − 3000										213	G
			SXab		S	±	18.0		−400 − 3000						5.4	2.2			373	G
NGC 4818	12 54 12.7	−08 15 13	Sab	71	S	±	4.2	5	1046	94					3.2	1.2			466	G
NGC 4826	12 54 16.9	+21 57 18	Sab		I	41.5		0	417		298	327	4		12.3	8.3			183	G ★
			Sb	60	M	≤3.0		5	382	30				3.6	12.3	8.3			87	H
			Sb	58	I	7.75		0	408					5.0	6.8		190		138	A
			Sab		M	0.08	0.03	0	404			314	5	3.8	12.3	8.3			76	J
			Sab		M	0.05	0.03	0	404			314	5	3.8	12.3	8.3			76	K
			Sab	57	F	4.40	1.54		367	20		441	0	9.5	12.3				21	N
			Sab	49	F	13.29	3.50	0	414	20		311	4	3.9	12.3	8.2			373	B
			Sab	62	I	51.2		0	410		355	4		7.0	10.0	5.0		115	393	A
			Sab	57	I	28.8		0	411		356	5		3.9					417	G
			Sab		I	51.2		0	410		355	5			10.0	5.0			488	a ★
Zw 160-031	12 54 24	+27 21 48	Sa		S	±	0.7	5	6852						0.8	0.3			543	A
Zw 160-032	12 54 26.2	+26 45 20	Sab	30	I	≤0.31			4000 − 11400						0.8	0.7			61	A

Table 1 cont.

Name (1)	R.A. (2)	Dec. (3)	Type (4)	i (5)	(6)	HI-flux (7)	(8)	(9)	v (10)	(11)	(12)	Δv (13)	(14)	Dist (15)	a (16)	b (17)	Vmax (18)	Pos (19)	Ref (20)	(21)
Zw 160-034	12 54 26.5	+29 12 00	Sm		S	±	1.6	5	8030					69.0	1.0	0.3			483	A
UGC 8066	12 54 30	+01 18						0	2751										490	A
NGC 4837 NE	12 54 31.9	+48 34 06	S0/a					5	8883						1.3	0.5			503	G
NGC 4837 SW	12 54 31.9	+48 34 06	S0/a					5	8582						1.3	0.5			503	G
NGC 4825	12 54 34.4	−13 23 34	S0	37	S	±	6.8	5	4452	45					2.1	1.7			466	G
UGCA 310	12 54 36	−03 54	Im	44	F	4.05	0.69	0	1538	10	133		4	14.1	2.7	1.9			373	G ★
UGC 8067	12 54 37.6	−01 26 10	S	90	I	16.40	2.0	0	2839	10	328		4		2.1	0.4			466	G
UGC 8069	12 54 47.0	+29 18 54	Pec	69	I	≤3.5		6	7472						1.9				328	A
			Sm	69	S	±	0.9	5	7472					69.0	1.5	0.6			483	A
				69	S	±	2.1	5	7472						1.5	0.6			543	A
Anon 1254+14	12 54 48	+14 29			I	≤1.0		4700 − 8550							0.7	0.2			327	A
NGC 4839	12 54 59.0	+27 46 06	S0		M	≤1.8		5	7446					90.	4.2	2.1			249	A
IC 837	12 55 05.8	+26 46 54	Sab		I	0.82		0	7222		348			69.0	1.0	0.3			483	A ★
UGC 8071	12 55 06.9	+28 28 00	S0/a	73	S	±	0.91	5	7069						1.0	0.3			453	A
UGC 8074	12 55 12.0	+02 57 47	Sm	20	F	1.79	0.54	0	926		99			16.8	2.6				89	G
			Sm	20	F	3.09	0.66	0	911	10	134		4	8.1	2.5	2.3			373	E
UGCA 311	12 55 12	−09 22	Sc	90	F	5.21	0.78	0	1487	15	269		4	13.4	5.1	0.9			373	E
NGC 4835	12 55 17.0	−45 59 30	Sbc	77	F	53.7	5.4	0	2196	15	385		4	39.2	2.9				320	P ★
			SXc	75	F	11.36	2.98	0	2185	20	380		4	19.5	6.1	1.9			373	B
NGC 4838	12 55 21	−12 47	SBa	30	I	13.69	1.6	0	5034	10	245		4		1.6	1.4			466	G ★
Anon 1255+10	12 55 23.5	+10 21 14	Sc		S	±	2.0	−600 − 8000							1.3	0.8			447	A
UGC 8076	12 55 25.4	+29 55 29		55	S	±	1.5	5	5319						1.5	0.7			543	A
NGC 4846	12 55 26.6	+36 38 27	Sa		I	8.8		0	4534		352		5		1.5	0.7			488	A ★
NGC 4845	12 55 28.1	+01 50 42	Sa	71	I	≤3.6		5	904	72				18.1	4.5	1.7			346	E
			Sa	71	I	≤3.6		5	904	72				18.1	4.5	1.7			346	G
			Sa		S	±	18.0	−400 − 3000							7.0	2.2			373	B
								0	1232	75									324	N
UGC 8080	12 55 37.1	+27 07 46		61	M	≤1.1		5700					4	76.0	1.32	0.78			293	A
UGC 8081	12 55 40.0	+15 07 47	Sm		F	≤1.5		−400 − 3000							1.8				89	G
					S	±	18.0	−400 − 3000							1.7	1.3			373	G
NGC 4848	12 55 40.8	+28 30 50	Sc	83	I	≤2.3		6	7247						2.0				328	A
			SBab	82	I	1.11		0	6991		479		5		1.7	0.4			61	A ★
			Sbc	81	I	0.50		0	7049		227				1.5	0.3			453	A ★
			Sb	80	S	±	0.7	5	7247						1.7	0.4			543	A
Zw 160-058	12 55 45.0	+28 58 41	Sb	83	I	≤2.5		6	7658						1.6				328	A
			Sbc	70	I	1.28		0	7609		295				1.0	0.3			453	A ★
				75	I	1.4		0	7647		277	377	4		1.1	0.3			543	A ★
Anon 1255+17	12 55 46.8	+17 13 06	S		I	0.88	0.24	0	6485	16	103	119	4	86.	0.6	0.6			327	A ★
NGC 4849	12 55 47.5	+26 40 01	E/S0		I	≤0.53		5	5885						2.2				501	A
UGC 8085	12 55 48.0	+14 49 40	Sb	78	I	18.3	0.82	0	2040	10	218	259	4		2.5	0.7			494	E ★
			SBc	71	I	11.87		0	2041	6	211	250	4	25.	3.8	1.4	115	508	A ★
			SBc	78	I	17.1		0	2055		230	249	4		3.2	0.7	205	520	A ★
UGC 8084	12 55 49.1	+03 03 41	SBdm	27	F	≤1.5			2725					52.8	2.7				89	G
			SBdm	28	F	2.20	0.48	0	2769	30	160		4	26.7	2.7	2.4			373	G
			SBdm	28	I	6.06		0	2767		119	149	4		1.7	1.5			520	A ★
UGC 8089	12 55 58.6	+09 47 47	Sdm		S	±	3.1	−600 − 8000											447	A
			Sdm	0	S	±	6.0	−400 − 3300						21.9	1.1	1.1			494	E
Zw 15-050	12 56 00	+01 58			I	≤1.0		3140 − 7000							0.8	0.2			327	A
Anon 1256+12	12 56 06.0	+12 26 34	Sc		S	±	2.1	−600 − 8000											447	A
UGC 8091	12 56 09.8	+14 29 12	Im	34	F	2.00	0.26	0	216	5	30				1.5	1.9			89	G
					F	1.94	0.16	0	215		40	62	4	1.0	1.20	1.09			347	G ★
			Im	35	F	2.03	0.26	0	216	7	46		4	1.7	1.9	1.4			373	A ★
								0	214	4	31	47	4						150	A ★
			Im	24	I	8.4	1.1	0	214	2	24	38	4		1.20	1.10			377	E ★
			Im		M	0.0055			214					1.0					415	V ★
			Im	90	I	6.30			214		26	40	4						435	A ★
			Im		I	5.915		0	214		30	46	4						447	A ★
			Im		I	8.6		0	212			45	4	2.3	1.9				487	B
			Im		I	7.765		0	213		27	41	4		1.1	0.9			489	A ★
			Im		I	8.70		0	214			48	4		1.9	1.5			515	G ★
Zw 160-064	12 56 10.2	+27 32 03			S	±	1.1	5	7425						0.5	0.3			543	A
			Sdm		I	0.27		0	7368		150			69.0	0.5	0.4			483	A ★
NGC 4853	12 56 10.4	+27 52 03	S0		M	≤3.7		5	7550					90.	1.2	1.0			249	A
				29	M	≤2.5			7550				4	101.0	1.18	1.05			293	A
IC 840	12 56 12	+10 53	Sbc	0	S	±	6.0	−400 − 3300						21.9	1.1	1.1			494	E
Zw 160-067	12 56 12.0	+27 26 44		39	M	2.22	0.16		7664	2		197	4	102.0	0.63	0.32			293	A ★
			Sbc	55	I	1.1		0	7653		194	241	4		0.7	0.4			543	A ★
UGC 8093	12 56 18	+09 55	Sbc	59	S	±	7.0	−400 − 3300						21.9	1.2	0.7			494	E
Anon 1256+13	12 56 23.1	+13 25 20	Im		I	3.857		0	1900		59	88	4						447	A ★
ESO 219-G 16	12 56 30.0	−49 21 18	Im	65				1	1895	20				25.5	1.7	0.9			528	P

Table 1 cont.

Name (1)	R.A. (2)	Dec. (3)	Type (4)	i (5)	(6)	HI-flux (7)	(8)	(9)	v (10)	(11)	(12)	Δv (13)	(14)	Dist (15)	a (16)	b (17)	Vmax (18)	Pos (19)	Ref (20)	(21)
ESO 219-G 16					M	4.52		1	1670		140		4	33.4	1.4	1.4			535	P
UGCA 312	12 56 30	−11 57	Im	55	F	2.64	0.46	0	1307	10	97		4	11.5	1.6	0.9			373	E
IC 3949	12 56 31.4	+28 06 15	S	90	I	≤1.6		6	7419						1.3				328	A
			Sa	90	S	±	0.52	5	7526						1.0	0.2			453	A
			S0/a	90	S	±	1.2	5	7419						1.0	0.1			543	A
NGC 4859	12 56 37	+27 05 06	S0/a	67	I	≤2.3		6	7037						2.1				328	A
			Sa	67	S	±	2.0	5	7037						1.6	0.7			543	A
NGC 4858	12 56 37.5	+28 23 09	Sb	55	I	≤1.2		6	9499						0.9				328	A
			Sb	40	S	±	0.53	5	9386						0.5	0.3			453	A
			S0/a	56	S	±	1.5	5	9499						0.5	0.3			543	A
NGC 4861 +I	12 56 37.8	+35 06 48	Mult	71	F	8.83	0.47	0	905		92	125	4	7.2	4.07	1.63			347	G ⋆
NGC 4861	12 56 38.5	+35 06 56						0	843	20									324	N
			SBm	67	F	9.56	0.73	0	847	7	116		4	8.9	6.1	2.6			373	G
					F	9.3	1.3	0	837	9	119		1	12.					58	N
			Sm		F	12.0	0.2	0	838	9				13.	5.6				58	N
					F	11.59			847	10	114		4	9.34	5.30				309	N ⋆
Zw 160-073	12 56 40.1	+27 54 48	Sab	26	I	0.34		0	5554		341				0.5	0.5			453	A ⋆
					I	≤0.72		6	5388					98.0					235	A ⋆
			Sab	38	I	≤1.2		6	5360						1.0				328	A
			S0/a	40	S	±	1.8	5	5360						0.5	0.4			543	A
IC 3931	12 56 40.3	+35 07 56	SBm	70	I	34.4		0	837		155		5	8.7					417	G
ESO 507-G 62	12 56 41	−27 09 24	Sb	77	S	±	10.0	−100 − 4600							2.0	0.6			466	E
NGC 4856	12 56 44.2	−14 46 13	S0/a	69	I	4.4	1.0	0	1314	30	485	499	5	21.9	4.3	1.7			346	E ⋆
			S0/a	69	I	≤11.2		5	1031	75				20.6	4.3	1.7			0	E
			S0/a	74	I	6.45	0.96	0	1385	15		454	4		4.2	1.4			466	G ⋆
NGC 4868	12 56 48.3	+37 34 45	Sb	18	M	3.56		0	4658	75				58.0					324	N
			Sa		I	0.844		0	4668		234	266	4		1.6	1.5			475	A ⋆
NGC 4866	12 56 57.9	+14 26 25	Sa		M	1.96			1986					24.9					131	G ⋆
			S0	82	I	22.2		0	1986	7	537				4.8	1.1			375	A ⋆
			Sa	76	I	14.1	3.6	0	1993	20	548	567	5	21.9	5.3	1.6			346	G ⋆
			Sa	90	I	28.2		0	1988			557	4	20.5	6.0	1.3		87	151	A ⋆
			Sa		I	8.3		0	1986		400				6.5	1.5			419	A
NGC 4863	12 57 03	−13 45	Sb	90	S	±	6.9	0 − 6400							2.0	0.4			466	G
ESO 443-G 21	12 57 03	−29 19 48	Sc	90	I	24.1	2.8	0	2798	10	328	361	4		2.5	0.4			466	E ⋆
IC 3973	12 57 06	+28 09 24			S	±	4.0	5000 − 8700											543	A
NGC 4874	12 57 10.5	+28 13 45	E0		M	≤4.6		5	7176					90.	2.7	2.7			249	A
					I	≤1.2		5	7176										126	A
ESO 269-G 28	12 57 12	−43 01 48		74	I	5.8		1	3059		227	267	4						552	P ⋆
Zw 160-076	12 57 15.8	+28 54 01	Sc	35	I	1.7		0	5358		74	110	4		0.6	0.5			543	A
			S	34	I	1.8		0	5358	10		110	4		1.1				328	A ⋆
								0	5822										211	A ⋆
								0	5349	4	60	116	4						150	A ⋆
Zw 160-080	12 57 21.8	+32 18 47	Sb	19	I	3.02		0	6817			122	5		1.0	0.95			61	A ⋆
			Sbc		I	1.9		0	6826		108	137	4						543	A ⋆
UGC 8107	12 57 30	+53 37	IBm		S	±	18.0	−400 − 3000							3.9	1.8			373	G
NGC 4892	12 57 38.5	+27 10 00	S	90	S	±	0.74	5	5898						1.6	0.3			453	A
Mark 235	12 57 39.0	+33 42 21		48	M	≤3.7			7445				4	100.0	0.50	0.40			293	A
NGC 4880	12 57 40.9	+12 45 10	E/S0		M	≤0.28		5	1557					20.0	3.3	2.5			249	A
			S0/a		I	≤1.2		5	1470						3.3	2.5			419	A
UGCA 314	12 57 42	−12 04	IBm	59	F	4.84	0.73	0	1582	12	200		4	14.3	3.0	1.6			373	G
NGC 4889	12 57 43.6	+28 14 48	E4		M	≤3.5		5	6467					90.	3.0	2.1			249	A
Mark 60	12 57 44.5	+28 08 07			I	≤1.2		6	6175					94.1					235	A ⋆
NGC 4877	12 57 48.6	−15 00 44	Sab	61	S	±	13.0	−100 − 4600							2.7	1.4			466	E
Zw 160-082	12 57 53.5	+27 40 26	Sdm		I	0.95		0	11114		352			111.1	0.5	0.4			483	A ⋆
NGC 4895	12 57 53.5	+28 28 15	S0	70	I	≤2.2		6	8410						2.2				328	A
			S0	70	S	±	1.6	5	8410						1.8	0.7			543	A
UGC 8114	12 57 55.3	+13 56 13	Pec		I	6.097		0	1988		122	154	4		1.7	0.7			447	A ⋆
			SBc	68	I	8.5	0.71	0	1983	10	119	158	4	21.9					494	E ⋆
			Pec	62	I	6.29		0	1987	5	136	160	4	25.	2.8	1.4		80	508	A ⋆
DDO 159	12 58 06	−15 27	Im		F	≤1.5			1407					25.4	2.5				89	G
			Im		F	1.13	0.40	0	1385	15	103		4	12.2	2.9	2.9			373	E
NGC 4900	12 58 06.3	+02 46 09	SBc	19	I	20.0		0	973		181		4	11.7	2.3				203	G ⋆
			SBc	18	I	19.0	3.0	0	962	6	79			8.	3.8				273	G
			SBc		F	4.05	0.58	0	968	20	130		4	8.7	3.7	3.7			373	G
					F	3.7		0	984		162		4						234	P
			Sc	18	I	12.5		0	964	5				15.7	2.4			190	0 509	W ⋆
			Sc		I	11.5		0	964		86	148	4		2.3	2.2		0	520	A ⋆
Zw 160-086	12 58 08.9	+27 54 23	S	65	I	≤1.0		6	7508						1.0				328	A
			Sdm		I	0.34		0	7476		279			69.0	0.6	0.5			483	A ⋆
				65	S	±	1.0	5	7508						0.6	50.3			543	A

Table 1 cont.

Name (1)	R.A. (2)	Dec. (3)	Type (4)	i (5)	(6)	HI-flux (7) (8)	(9)	v (10) (11)	Δv (12) (13) (14)	Dist (15)	a (16)	b (17)	Vmax (18)	Pos (19)	Ref (20)	(21)
IC 4040	12 58 13.5	+28 19 34	Sdm	70	I	≤1.2	6	7633			1.0				328	A
			Sbc	66	S	± 0.82	5	7557			0.6	0.3			453	A
			Sdm		I	0.24	0	7850	132	69.0	0.7	0.3			483	A ★
			Sdm	68	S	± 1.1	5	7633			0.6	50.2			543	A
NGC 4891	12 58 15.2	−13 10 49	Sb p	20	F	8.01 1.28	0	2546 10	236 4	23.9	4.1	3.8			373	G
			SBbc	25	I	31.10 3.5	0	2568 5	254 4		2.8	2.6			466	G ★
			SBbc	28	I	34.0 2.8	0	2560 5	238 268 4		2.8				473	J ★
IC 842	12 58 15.5	+29 17 19	S	59	I	≤1.3	6	7275 15	406 4		1.9				328	A
			S0/a	60	I	1.2	0	7275	381 406 4		1.3	0.7			543	A
NGC 4899	12 58 18.6	−13 40 31	SXc	53	F	5.56 0.91	0	2656 15	277 4	25.0	4.0	2.4			373	G
			Sc	54	I	25.45 2.9	0	2660 8	289 4		2.8	1.7			466	G ★
NGC 4902	12 58 21.3	−14 14 41					0	2638 15							359	G
			Sb	21	M	9.38	0	2634 20		30.5					324	N
			SBb	21	I	19.51 2.3	0	2621 5	249 4		3.1	2.9			466	G ★
			SBb	21	I	27.5 3.2	0	2604 5	212 290 4		3.1	2.9			466	E ★
			SBb	22	I	28.3 2.4	0	2623 4	229 278 4		3.0				473	J ★
NGC 4914	12 58 22.1	+37 35 06	E/S0		I	≤1.26	5	4663			3.5				501	A
NGC 4907	12 58 24.1	+28 25 37	Sb	44	I	≤1.6	6	5882			1.8				328	A
			SBb	44	S	± 0.65	5	5868			1.1	0.8			453	A
			Sb	48	S	± 1.7	5	5882			1.1	0.8			543	A
NGC 4904	12 58 25.0	+00 14 35			F	5.7	0	1162	271 4						234	P
			SBcd				0	1200			3.7	2.4			373	G
			SBc		I	10.77	0	1174	187 210 4		2.4	1.5			489	A ★
UGC 8127	12 58 27.6	−01 41 12		80	F	2.23	0	1419	44 188 4	17.4	2.9				213	G ★
ESO 575-G 47	12 58 30	−17 55 42	SBa	38	S	± 9.5	0	− 6400			2.0	1.6			466	G
NGC 4911	12 58 31.7	+28 03 40													211	A ★
			Sbc	44	I	≤1.6	6	5882			1.8				328	A
			Sbc	46	I	0.64	0	7970	372		1.0	0.7			453	A ★
			Sb	35	S	± 0.7	5	7956			1.3	1.1			543	A
Mark 234	12 58 37.2	+64 42 48		60	F	≤0.39	5	2224		29.6	0.68	0.37			347	G
DDO 160	12 58 58.0	−04 30 26	Im	70	F	1.49 0.50	0	2971 20	149	57.3	2.0				89	G
			Im	74	F	1.14 0.49	0	2981 30	160 4	28.6	2.4	0.8			373	G
NGC 4922	12 59 00.0	+29 34 48	Pec		I	≤1.0	6	7100							328	A
			Sm		I	0.70	0	7071	606	69.0	2.3	1.0			483	A ★
			Sm		S	± 1.1	5	7100							543	A
					I	≤0.60	5	7357		103.0	2.3	1.0			562	A
Zw 160-098	12 59 00.5	+28 56 59	Sbc	57	I	≤1.6	6	8922			1.2				328	A
			Sbc	34	I	0.51	0	8762	158		0.6	0.5			453	A ★
			Sc	55	S	± 1.8	5	8922			0.7	0.4			543	A
NGC 4921	12 59 01.8	+28 09 20	SBab		M	8.1	0	5450	250	90.	2.7	2.4			249	A
			Sa	38	I	0.95	0	5470	200 5		2.5	2.0			61	A ★
			Sb	38	I	1.0	0	5430 31	170 4		3.6				328	A ★
				40	I	0.6	0	5430	145 168 4		2.5	2.0			543	A
ESO 507-G 67	12 59 06	−26 51 18	Sc	46	I	14.7 1.8	0	3089 10	203 337 4		3.4	2.4			466	E ★
				41	I	7.1	1	2871	188 205 4						552	P
MCG−01-33-071	12 59 12	−08 04	Sb	84	I	17.52 2.0	0	3812 10	431 4		2.7	0.6			466	G ★
MCG+01-33-036	12 59 17.8	+04 36 04			I	2.597	0	11237	333 4	153.2	0.5	0.4			562	A ★
Anon 1259+09	12 59 18	+09 17			I	≤1.0		3140 − 7000			0.6	0.2			327	A
IC 4088	12 59 18.8	+29 18 45	Sab	76	I	4.16	0	7108	510 5		1.7	0.5			61	A ★
			Sb	77	I	2.2	0	7090 6	476 4		2.0				328	A
			Sb	76	I	3.1	0	7099	475 496 4		1.7	0.5			543	A ★
ESO 219-G 21	12 59 27.0	−50 03 47	Sc	87			1	1372 20	256 4	18.4	5.4	1.2			528	P
				81	M	11.17	1	1136	254 4	22.7	4.5	0.7			535	P
UGCA 319	12 59 30.0	−16 57 00	Im	43	F	0.83 0.31	0	738 10	49 4	5.7	2.3	1.6			373	G
			Im		I	8.70	0	750	116 4		2.3	1.6			515	G ★
			Im		I	9.30	0	750	111 4		2.3	1.6			515	G ★
Zw 160-107	12 59 41	+29 31 36	S0/a		S	± 0.9	5	7246			1.0	0.3			543	A
Zw 160-106	12 59 43.2	+27 55 04	Sc p	67	I	≤1.0	6	7188			1.1				328	A
			Sb p	48	S	± 0.63	5	7175			0.6	0.4			453	A
				65	S	± 1.9	5	7188			0.7	0.3			543	A
MCG−03-33-028	12 59 45	−17 24	Sb	90	I	6.29 0.87	0	4527 15	287 4		2.8	0.4			466	G ★
Zw 160-108	12 59 48	+28 29 06	Sbc		S	± 0.7	5	8323			0.6	0.4			543	A
UGC 8146	13 00 00	+58 58	Scd	86	F	7.49 0.94	0	669 10	176 4	8.1	5.4	1.1			373	G
Anon 1300−23	13 00 06	−23 39			S	≤18.0	5	6300							548	P
IC 4106	13 00 14	+28 23	Sa		S	± 1.1	5	7454			0.6	0.4			543	A
Anon 1300+15	13 00 14.3	+15 46 33	SXb	32	I	4.55	0	6479	199 244 4		0.6	0.5		90	520	A ★
Anon 1300+09	13 00 18.0	+09 33 00	SBc		S	± 3.7		−600 − 8000							447	A
NGC 4928	13 00 24.4	−07 48 56	Sbc	39	I	11.77 1.5	0	1720 8	176 4		1.4	1.1			466	G ★
Anon 1300+10	13 00 27.6	+10 46 17	Sc		I	1.412	0	9563	131 186 4						447	A
UGC 8153	13 00 33.3	+04 16 40	Scd		F	2.09 0.44	0	2869 15	143 4	27.8	2.9	2.9			373	G

Table 1 cont.

Name (1)	R.A. (2)	Dec. (3)	Type (4)	i (5)	(6)	HI-flux (7)	(8)	(9)	v (10)	(11)	(12)	Δv (13)	(14)	Dist (15)	a (16)	b (17)	Vmax (18)	Pos (19)	Ref (20)	(21)
UGC 8153			Sc	0	I	9.26		0	2860		126	148	4		1.8	1.8		90	520	A ⋆
NGC 4931	13 00 36.9	+28 18 07	S0		I	≤0.54		5	5849						1.7				501	A
DDO 161	13 00 38.0	−17 09 14	Pec	77	F	23.02	2.01	0	746	10	114			12.1	6.0				89	G
			S		M	2.2		0	751		116	139	4	8.1	6.0				376	E ⋆
			Im p	83	F	27.64	2.12	0	746	7		129	4	5.8	9.2	2.0			373	G
			Sbc		I	112.0		0	740			131	4		9.2	1.8			515	G ⋆
			Im	90	I	92.34	9.9	0	744	5		125	4		7.0	1.1			466	G ⋆
DDO 161 A				45	I	11.11	1.5	0	3013	15		186	4		0.5				466	G ⋆
DDO 161 B				45	I	5.07	0.87	0	5915	10		164	4		0.5				466	G ⋆
Anon 1300+08	13 00 41.5	+08 16 14	Sbc p		S	±	3.2	−600 − 8000											447	A
UGC 8155	13 00 43.4	+08 04 06	S p		S	±	18.0	−400 − 3000							4.6	4.0			373	G
			S		I	17.58		0	4546		211	259	4		3.2	2.8			475	A ⋆
			S	28	I	12.9		0	2922		214	243	4		3.1	2.8		90	520	A ⋆
NGC 4935	13 00 52.0	+14 38 44	SBb	58	I	3.99		0	6414		80	110	4		1.3	1.1		45	520	A ⋆
NGC 4934	13 00 52	+28 17 54	S0	90	I	≤1.3		6	6101						1.3				328	A
			S0/a	82	S	±	1.1	5	6104						1.0	0.2			543	A
Anon 1300+08	13 00 59.5	+08 35 41	SB/Ir		S	±	1.8	−600 − 8000											447	A
ESO 323-G 72	13 01 03	−41 34 12		77	I	3.8		1	3085		160	186	4						552	P ⋆
UGC 8161	13 01 04.4	+26 49 06	S	69	I	3.5		0	6610	15		397	4		1.4				328	A
			Sa	70	I	3.0		0	6677		371	396	4		1.0	0.4			543	A ⋆
ESO 323-G 73	13 01 14	−37 55 48		64	I	9.1		1	4777		269	324	4						552	P ⋆
NGC 4930	13 01 15.0	−41 08 18	Sbc	35	I	45.0	4.0	0	2583	10	270			23.6	5.6	4.6			310	P
			SBc	46	F	9.58	1.32	0	2591	15		277	4	23.6	5.6	3.9			373	B
NGC 4933	13 01 19.3	−11 13 47	S0	54	I	4.56	0.63	0	3238	15		528	4		2.6	1.6			466	G ⋆
UGC 8166	13 01 23.0	+11 14 27	Sbc		I	2.9		0	2942			193	5		1.5	0.1			488	A ⋆
NGC 4944	13 01 25.9	+28 27 13	S0	71	I	≤2.6		6	7009						2.0				328	A
			Sa		I	0.79		0	7111			286	2	69.0	1.6	0.6			483	A ⋆
			S0	71	S	±	1.5	5	7009						1.6	0.6			543	A
NGC 4936	13 01 32.6	−30 15 31	E		M	0.9		6	3065					30.6					418	P ⋆
NGC 4947 A	13 01 34.0	−34 57 36	Sd	56	I	≤7.2		1500 − 5200							1.5				320	P ⋆
NGC 4941	13 01 37.4	−05 17 02	Sab	54	I	7.0	1.2	0	1115	10	301	310	5	21.9	3.9	2.4			346	G ⋆
			Sab	61	F	2.15	1.72		648	35		282	0	12.0	5.2				21	N
			SXab					0	600						6.4	4.2			373	G
			Sab	50	I	6.50	0.82	0	1108	5		328	4		4.5	3.0			466	G ⋆
NGC 4939	13 01 37.6	−10 04 22	Sbc	58	I	56.8		0	3106			472	4	39.5	5.0				203	G ⋆
			Sbc		I	45.2	4.5		3109			520	1						114	G ⋆
			Sbc	55	I	39.3			3110	9		468	5	59.5	7.1				80	G ⋆
			Sbc	66	F	14.83	2.17	0	3117	10		446	4	29.7	8.1	3.6			373	G
			Sbc	58	M	14.59		0	3111	20				36.5					324	N
			Sbc	58	I	50.27	5.7	0	3111	5		471	4		5.8	3.2			466	G ⋆
UGC 8170	13 01 42.5	+09 29 33	Sbc		I	2.3		0	10505			265	5		1.0	0.9			488	A ⋆
NGC 4942	13 01 42.7	−07 22 50	Scd	38	F	2.45	0.53	0	1751	20		166	4	16.2	2.5	2.0			373	G
UGCA 322	13 01 54	−03 18	Sm	35	F	10.57	1.00	0	1368	8		134	4	12.5	5.3	4.3			373	G
Zw 160-127	13 02 02.2	+27 34 21	Sc	48	I	1.9		0	5523		181	209	4		0.6	0.4			543	A ⋆
UGC 8171	13 02 12	+18 42			I	≤1.0		3140 − 7000							1.0	0.9			327	A
					S	±	4.0	2400 − 9400											490	A
NGC 4948	13 02 19.0	−07 40 37	SBd					−400 − 3000							2.5	0.9			373	G
					I	7.0		0	1330	20									232	N
NGC 4948 A	13 02 29.0	−07 53 33	SBd	65	F	1.98	0.42	0	1553	10	83			28.8	3.5				89	G
			SBd	24	F	1.93	0.43	0	1553	15		103	4	14.2	2.2	2.0			373	G
NGC 4951	13 02 31.5	−06 13 39	Scd	71	I	32.6	4.9	0	1180	9		271	4	19.2	4.0				201	G ⋆
			Scd	67	M	1.60		0	1189	20				13.0					324	N
			Sc	68	I	35.77	4.1	0	1176	5		262	4		3.4	1.4			466	G ⋆
NGC 4945	13 02 32.1	−49 11 53	SBcd		M	2.0		0	563			376	5	6.7	16.6	2.7			226	P ⋆
			SBcd	85	M	4.2	0.5	0	563		363	384	4	6.7	17.6				226	P ⋆
			SBcd	90				1	563	20				5.2	18.6	3.5			528	P
									561		359	382	4						225	P
			SBcd	78	M			0	555					6.7				43	495	P ⋆
NGC 4947	13 02 33.0	−35 04 12	SBab	55	I	≤8.3		5	2492					45.5	2.8				320	P ⋆
			SBb	56	F	3.34	0.78	0	2409	70		380		21.9	4.1	2.4			373	B
DDO 163	13 02 38.0	−07 37 07	SBm	63	F	3.56	0.70	0	1123	15	159			20.2	2.2				89	G
			SBm	65	F	3.39	0.87	0	1123	15		218	4	9.9	2.5	1.1			373	G
Zw 130-006	13 02 51.2	+26 13 31	Scd		I	1.21		0	6521			242		65.2	0.7	0.5			483	A ⋆
					S	±	4.0	5000 − 8700											543	A
ESO 443-G 59	13 02 52	−28 11 30	Sb	81	I	8.4	1.0	0	2294	10	123	175	4		2.4	0.6			466	E ⋆
UGC 8179	13 02 54	+32 16			S	±	4.0	5000 − 8700											543	A
IC 4166	13 02 56.1	+31 42 38	Sbc		I	0.49		0	10853			500		108.5	1.0	0.6			483	A ⋆
					S	±	4.0	5000 − 8700											543	A
UGC 8181	13 03 06	+33 10						0	882										490	A
IC 4171	13 03 06	+36 23	Sc	55	I	4.0	0.51	0	1215	9	100	145	4		1.0	0.6			384	G ⋆

193

Table 1 cont.

Name (1)	R.A. (2)	Dec. (3)	Type (4)	i (5)	HI-flux (6)	(7)	(8)	v (9)	(10)	(11)	Δv (12)	(13)	(14)	Dist (15)	a (16)	b (17)	Vmax (18)	Pos (19)	Ref (20)	(21)
NGC 4958	13 03 11.9	-07 45 04	E/S0		M	0.5			1112					18.5	5.9	2.1			131	B ★
			SB0		S	±	18.0	-400	-	3000									373	G
			S0		I	≤3.6		5	1515										232	N
			S0	69	I	2.10	0.46	0	1223	10	374		4		4.5	1.8			466	G ★
NGC 4961	13 03 23.9	+28 00 10	Scd	43	I	13.5	2.0	0	2535	9	228		4	46.4	2.3				201	G ★
			Scd	44	M	2.44		0	2537	20				31.4					324	N
			Sc	48	I	13.6	1.7	0	2550	11	230	256	4		1.6	1.1			384	G ★
IC 4182	13 03 30.0	+37 52 23	Sm	22	M	0.04	0.05	2	326	6	47	60	4	7.	5.7	5.4		151	13	C ★
					F	10.61		0	319		47	69	4	5.0	8.6				213	G ★
			Sm	30	I	46.6			321	9	35	62	4	6.9	8.1				80	G ★
					F	14.1			330	10	57		4	4.27	8.81				309	N ★
								0	310	13									325	N
			Sm	30	F	16.51	0.80	0	326	7	59		4	3.8	9.1	7.9			373	G
			Sm		I	61.40		0	321		57		4		9.1	7.3			515	G ★
NGC 4693	13 03 34	+41 59 25						5	7150						0.9	0.9			503	G
NGC 4945 A	13 03 37.0	-49 25 30		58	M	3.07		1	1126		315		4	22.5	2.2	1.1			535	P
DDO 164	13 03 38.0	-17 14 54	Im		F	3.69	0.66	0	1463	10	87			26.5	2.5				89	G
			Im		F	3.65	0.66	0	1463	10	115		4	13.0	2.9	2.9			373	G
UGC 8192	13 03 48.0	+10 38 20	Sab	32	I	4.2	0.32	0	933	5	53	77	4		1.3	1.1			494	E ★
			Sb	34	I	2.47	1.87	0	9670	16	268		3		1.2	1.0			529	A
UGC 8193	13 03 48	+30 29			S		4.0	5000	-	8700									543	A
Zw 130-008	13 03 50.2	+25 43 40	Sab	42	I	2.45		0	7266		223		5		0.8	0.6			61	A ★
			Im	50	I	2.7		0	7279	24	250		4		1.1				328	A ★
			S0/a	45	I	1.7		0	7256		195	246	4		0.5	50.4			543	A
NGC 4966	13 03 54.0	+29 19 49	S	66	I	3.7		0	7030	40	427		4		1.4				328	A ★
			Sa	66	I	2.5		0	7039		413	456	4		1.0	0.4			543	A
Mark 241	13 03 58.0	+33 14 19		44	M	1.95	0.36		7869	3	136		4	105.0	0.47	0.43			293	A
UGC 8195	13 03 59.2	+29 55 29	Sd	90	I	2.6		0	7043		243	266	4		1.4	0.1			543	A ★
ESO 443-G 69	13 04 09.0	-28 17 23	SBd	19	F	3.57	0.71	0	2217	15	115		4	20.2	3.2	3.0			373	B
			SBc	23	I	14.6	1.7	0	2207	3	69	96	4		2.6	2.4			466	E ★
Zw 160-139	13 04 16.1	+29 07 02	Sd	52	I	3.3		0	4761		152	219	4		1.0	0.6			543	A ★
ESO 508-G 07	13 04 25	-23 50 42	SXd		S	±	18.0	-400	-	3000					2.7	1.7			373	B
			Sd	47	S	±	10.0	-100	-	4600					2.0	1.4			466	E
				66	I	5.7		1	2803		150	170	4						552	P ★
NGC 4965	13 04 25.6	-27 57 42	Sm	28	F	4.55	0.89	0	2265	15	190		4	20.7	3.9	3.4			373	B
				29	M	15.91		1	2112		324		4	42.2	2.0	1.8			535	P
Anon 1304+13	13 04 27.6	+13 29 07	Sc p		S	±	1.3	-600	-	8000									447	A
IC 848	13 04 36	+16 16			I	≤1.0		4700	-	8550					1.2	0.6			327	A
UGC 8201	13 04 39.4	+67 58 16	Im	46	F	5.68	0.65	0	34	10	42			3.25	5.1				89	G
			Im	47	F	6.64	0.69	0	33	8	68		4	2.0	5.3	3.7			373	G
			Im	52	I	6.00	0.39	0	41	5	46	70	4	3.5	3.24	2.05			377	E ★
			Im		I	31.00		0	31		72		4		5.3	3.7			515	G ★
ESO 269-G 49	13 04 40	-44 44 48			S	±	36.0	1700	-	5600									552	P
Zw 160-141	13 04 50.8	+28 18 37	Sm	0	I	0.41		0	7292		143				0.6	0.6			453	A ★
Anon 1304+11	13 04 59.0	+11 48 46	Im		S	±	0.8	-600	-	8000									447	A
			Sm	82	F	4.33	1.06	0	2616	15	253		4	24.3	4.5	1.0			373	E
ESO 508-G 11	13 05 03	-22 35 24	Sc	90	I	24.0	2.7	0	2601	5	242	276	4		4.2	0.7			466	E ★
				90	I	21.8		1	2424		241	264	4						552	P ★
IC 849	13 05 04.9	-00 40 34	Sc	24	I	5.28	0.68	0	5430	10	186		4		1.2	1.1			466	G ★
NGC 4979	13 05 17.9	+25 04 39	Sm		I	5.09		0	6335		262			70.0	1.1	0.7			483	A ★
			SBb	51	I	4.86	1.62	0	6331	8	253		3		1.1	0.7			529	A
UGC 8211	13 05 18	+52 40	Sc		S	±	18.0	-400	-	3000					2.2	1.8			373	G
NGC 4978	13 05 23.1	+18 40 56	Sab		S	±	1.2	5	6499					65.0	1.6	0.8			483	A
ESO 575-G 61	13 05 35	-20 44 06	Sc	90	I	3.3	0.50	0	1655	10	124	186	4		2.8	0.2			466	E ★
UGC 8215	13 05 50.4	+47 05 24	Im	36	F	0.90		0	214		38	57	4	4.1	2.2				213	G ★
			Im	36	F	1.18	0.26	0	221	10	59		4	3.1	1.7	1.3			373	G
			Im	32	I	4.6	0.5	0	220	2	23	37	4		0.85	0.73			377	E ★
			Im		I	4.00		0	219		42		4		1.7	1.4			515	G ★
ESO 269-G 52	13 05 55	-43 24 36		90	I	11.6		1	2983		208	243	4						552	P ★
NGC 4983	13 06 03.3	+28 35 13	SBa	51	I	≤0.92		4000	-	11400					1.1	0.7			61	A
			Sa	47	S	±	1.7	5	6647						1.0	0.6			543	A
UGC 8223	13 06 06	-01 52	SBc	26	I	5.46	0.73	0	5363	10	219		4		1.0	0.9			466	G ★
IC 4202	13 06 07.1	+24 58 04			S	±	4.0	5000	-	8700									543	A
			Scd		I	4.42		0	7131		551			70.0	1.8	0.2			483	A ★
			Sc	87	I	4.04	0.84	0	7127	8	551		3		1.8	0.2			529	A ★
IC 851	13 06 08.3	+21 23 58	Sdm		I	8.35		0	2616		258			25.3	1.0	0.4			483	A ★
			Sb	68	I	7.35	2.56	0	2613	8	249		3		1.0	0.4			529	A ★
NGC 4981	13 06 13	-06 31 18						0	1700	30									325	N
			SXbc	42	F	7.87	1.31	0	1677	15	283		4	15.5	4.4	3.3			373	G
			Sbc	38	M	2.18		0	1699	20				19.3					324	N

Table 1 cont.

Name (1)	R.A. (2)	Dec. (3)	Type (4)	i (5)	(6)	HI-flux (7)	(8)	(9)	v (10)	(11)	(12)	Δv (13)	(14)	Dist (15)	a (16)	b (17)	Vmax (18)	Pos (19)	Ref (20)	(21)
NGC 4981			SBbc	39	I	28.63	3.3	0	1677	5		271	4		2.8	2.2			466	G ★
NGC 4984	13 06 18.2	−15 15 01	Sa	36	I	≤5.1		5	1042	30				20.8	3.3	2.7			346	G
			Sa	39	I	2.54	0.52	0	1206	10		234	4		2.8	2.2			466	G ★
					S	≤27.0		5	1233										548	P
UGC 8229	13 06 31.2	+28 26 59	SBb	42	I	2.90		0	5983			364	5		1.6	1.2			61	A ★
			Sbc	42	I	4.9		0	5926	21		463	4		2.4				328	A ★
			Sa	44	I	2.9		0	5974		349	422	4		1.6	1.2			543	A ★
Zw 160-150	13 06 32.2	+29 18 26	Sm		I	2.92		0	9410			317		94.1	0.8	0.4			483	A ★
ESO 508-G 15	13 06 36	−24 07 30	Im	47	F	1.81	0.60	0	2872	20		119	4	26.9	2.0	1.3			373	E
IC 853	13 06 36	+53 02	Sc	20	I	2.30	0.5	0	7152	20		268	4		1.0				188	G
Zw 160-151	13 06 53.3	+29 38 01	Sm		I	0.57		0	6258			224		62.6	0.5	0.4			483	A
NGC 4999	13 06 56.6	+62 34 28	S0/a		I	11.1	1.1	0	3475			484	4		1.0	0.8			503	G
			SBb		I	11.1	1.1	0	3475			484	4						503	G
NGC 4995	13 07 04.4	−07 34 02	Sbc	43	I	1.62	0.46	0	1767	20		373	4		2.3	1.7			466	G ★
UGC 8238	13 07 06	−00 46	Sc	65	S	±	5.6	0	−	6400					1.1	0.5			466	G
ESO 508-G 19	13 07 08	−23 58 30	Im p	74	F	2.84	0.69	0	2967					27.8	3.2	1.0			373	B
				75	I	18.8		1	2778		237	286	4						552	P ★
ESO 269-G 56	13 07 09.3	−42 56 44	Sm	77	I	38.0	4.0	0	2130	20	170			19.0	3.3	1.0			310	P ★
Anon 1307−46	13 07 11.9	−46 10 00	Sa	49				1	3075	20				40.7	3.3	2.3			528	P
UGCA 330	13 07 12	−10 03	Sc	48	F	3.51	0.87	0	1213	15		190	4	10.7	5.0	3.4			373	G
NGC 5000	13 07 24.7	+29 10 28	SBb		I	5.1		1	5640	20	170			102.5	1.7	1.4			235	A ★
								0	5615	10									359	G
			Sbc	35	I	5.4		0	5605	17		215	4		2.6				328	A ★
			Sbc	30	M	6.25		0	5605	75				69.3					324	N
			SBb	35	I	6.79		0	5610			163	5		1.7	1.4			61	A ★
			SBbc	30	I	≤13.5		5	5667					56.2					417	G
			SBbc	30	I	4.7		0	5596			197	5	56.2					417	A
			Sb	35	I	4.2		0	5605		157	215	4		1.7	1.4			543	A
IC 854	13 07 25.5	+24 50 36	Sm		I	1.97		0	7100			250		71.0	0.8	0.6			483	A ★
UGC 8244	13 07 29.0	+28 38 55	Sc	65	I	3.9		0	7092	15		307	4		1.8				328	A
			Sd	65	I	3.3		0	7108		260	312	4		1.3	0.6			543	A ★
ESO 443-G 79	13 07 38	−27 42 17	S/Irr	87	I	8.2	0.97	0	2220	5	143	165	4		2.4	0.5			466	E ★
				81	I	10.8		1	1935		133	148	4						552	P ★
UGC 8246	13 07 42	+34 27	SBcd	76	F	4.63	0.71	0	813	20		170	4	8.6	4.8	1.4			373	G
IC 4209	13 07 46.0	−06 54 19	SBc	67	S	±	10.0	−100	−	4600					1.6	0.7			466	E
ESO 576-G 03	13 07 54	−21 29	Sbc	72	I	11.8	1.6	0	2943	5	220	243	4		2.8	1.0			466	E ★
Anon 1308+03	13 08 00	+03 41	SBc p	90	I	9.6			3042			209	4	39.4	1.0				203	G ★
			Sc	88	M	4.02		0	3042	20				36.4					324	N
UGC 8248	13 08 00.0	+18 42 07	Sc		L	9.34		0	3710					38.4	1.1				483	A
			S0	76	I	5.92	2.93	0	3709	8		279	3		1.1	0.3			529	A ★
UGC 8249	13 08 00.0	+25 11 18		74	F	0.97		0	2587		70	88	4	34.5	2.2				213	G ★
			Im		I	9.10		0	2545			195	4		1.7	0.5			515	G ★
ESO 508-G 24	13 08 04	−23 36	SBc		F	3.70	0.64	0	2855	15		188	4	26.7	3.5	3.5			373	B
NGC 5002	13 08 12	+36 54	SBc p		I	6.6		0	1050	10		220	4		1.7	1.1			78	A ★
UGC 8253	13 08 14	+11 58 27			F	≤1.0		−400	−	3000									213	G
					S	±	18.0	−400	−	3000					2.5	2.3			373	G
			S		F	2.27		0	3317	15		147	5						157	A
			S/Irr		I	7.968		0	3323		157	171	4		1.6	1.5			475	A ★
IC 856	13 08 15.4	+20 48 08	Sab		I	2.25		0	4049			323		38.4	1.0	0.3			483	A ★
IC 4210	13 08 25.4	+29 58 33	Sc		I	2.40		0	6364			267		63.6	0.9	0.5			483	A ★
UGC 8255	13 08 27.1	+11 44 33	Sc		I	8.736		0	3366		190	211	4		1.7	1.2			489	A ★
			Sd	45	I	7.63	0.93	0	3366	8		210	3		1.7	1.2			529	A ★
Anon 1308+17	13 08 30	+17 22			I	≤1.0		4700	−	8550					0.6	0.2			327	A
NGC 5005	13 08 37.6	+37 19 25	SBcd	62	I	12.6		0	950	7	521				4.8	2.4			375	A ★
			SXbc		M	3.6	1.3	0	1003			190	5	10.8	8.1	4.7			76	J
			SXbc		S	±	18.0	−400	−	3000					8.1	4.6			373	G
			Sbc	61	M	0.29		0	950	35				12.4					324	N
			SXbc	62	I	13.6		0	945	4	523			11.3	4.8	2.4	155		390	A ★
			Sb		I	19.20		0	943			569	4		8.4	4.2			515	G ★
UGC 8259	13 08 39.4	+29 50 37	Sbc		I	1.75		0	7262			372		70.0	1.4	0.6			483	A ★
UGC 8261	13 08 42.0	+35 47 00	Im	59	F	2.37	0.58	0	855	10		127	4	9.0	1.7	0.9			373	G
			Im		I	8.60		0	855			129	4		1.7	0.9			515	G ★
Zw 72-014	13 08 48	+10 21			I	≤1.0		4700	−	8550					0.7	0.2			327	A
UGC 8262	13 08 52	+00 00 56	S		I	3.902		0	3839		330	344	4		1.3	0.7			489	A ★
NGC 5012	13 09 12.1	+23 11 03	SXc	53	F	4.84	1.70	0	2625	25		407	4	26.2	4.3	2.6			373	G
			Sc	53	M	4.57		0	2640	20				32.5					324	N
			SBc		I	20.66			2619	5	392	409	4						457	A ★
NGC 5014	13 09 13.0	+36 32 57	Sa	69	F	1.3	0.5	0	1043	47		231	4	12.2	1.4				53	N ★
			Sa p	67	F	2.23	0.21		1120		65	181	4	15.2	1.70	0.77			347	A ★
			Sc p	69	I	4.23		0	1127			172	4		1.7	0.6			471	A ★

195

Table 1 cont.

Name (1)	R.A. (2)	Dec. (3)	Type (4)	i (5)	(6)	HI-flux (7)	(8)	v (9)	(10)	(11)	Δv (12)	(13)	(14)	Dist (15)	a (16)	b (17)	Vmax (18)	Pos (19)	Ref (20)	(21)
NGC 5014	13 09 17.0	−43 02 42	S		I	6.341		0	1151		163	216	4		1.7	0.6			489	A ★
NGC 5011 A			Scd	55	I	≤8.0		1500	−	5200					1.9				320	P ★
					S	± 36.0		1700	−	5600									552	P
UGCA 332	13 09 24	−11 49	SBcd	48	F	1.86	0.49	0	2107	15		125	4	19.6	2.7	1.8			373	G
UGCA 333	13 09 24	−06 44	SBdm	56	F	10.92	1.17	0	1485	8		173	4	13.6	5.4	3.1			373	G
UGC 8264	13 09 31.1	+84 53 47	S0/a		I	6.4	0.4	0	4639			208	4		1.7	1.5			503	G
UGC 8276	13 09 33.6	+05 44 12		60	F	0.98		0	914		68	89	4	11.1	2.2				213	G ★
			Im		I	3.60		0	916			92	4		1.7	0.9			515	G ★
MCG−03−34−013	13 09 39	−19 10 57			I	1.2		0	2816			155	4	31.4					534	V ★
UGC 8278	13 09 42	+21 40			F	≤1.0		−400	−	3000									213	G
NGC 5016	13 09 42.5	+24 21 42	Sc	40	M	2.79		0	2601	20				32.0					324	N
			SXc	42	F	2.70	0.92	0	2613	15		247	4	26.1	3.0	2.2			373	G
			Sbc		I	5.9		0	2614			268	5		1.9	1.4			488	A ★
IC 4213	13 09 52.3	+35 56 15	Sc	80	F	2.65	0.51	0	815	15		194	4	8.7	4.0	1.0			373	G
			Sc		I	10.00		0	814			210	4		4.0	0.8			515	G ★
MCG−03−34−014	13 09 54	−17 15	Sc	71	I	12.09	1.4	0	2760	8		388	4	8.0	3.2	1.2			466	W ★
NGC 5023	13 09 57.9	+44 18 12	S	87	I	42.3		0	408	8		185	4					28	36	W ★
			Sc	90	I	48.8	1.3	0	418	5	175	189	4	7.5	6.46	0.98			377	E ★
			Sc	90	F	14.31	1.09	0	400	10		193	4	4.8	9.6	1.8			373	G
			Sc	90	I	59.6	4.3	0	409	1	183	192	4		6.5	4.6			523	J ★
UGC 8285	13 10 00	+07 27	Sm	75	F	1.67	0.46	0	896	15		142	4	8.3	3.0	0.9			373	G
Anon 1310+19	13 10 00	+19 43			I	≤1.0		4700	−	8550					0.7	0.2			327	A
Anon 1310−19	13 10 07	−19 06 27			I	2.0		0	3110			156	4	31.4					534	V ★
ESO 443-G 83	13 10 09	−32 25 24	SBdm	74	F	4.78	1.11	0	2382	15		261	4	21.8	4.5	1.4			373	B
NGC 5020	13 10 11.7	+12 51 46			F			0	3354	15									359	G
			SXbc		S	± 18.0		−400	−	3000					4.8	4.1			373	G
			SXbc		I	26.06		0	3362	5	222	254	4						457	A ★
					I	14.48		0	3360			245	4	50.3	3.3	2.8			562	A ★
UGC 8290	13 10 12.0	+23 06 00	Sm p	42	F	2.12	0.42	0	2604	40		190	4	26.0	2.5	1.9			373	G
			Sdm		L	8.70		0	2604					25.3	1.5				483	A
			Sm p		I	8.80		0	2580			218	4		2.5	1.8			515	G ★
			Pec	43	I	3.31	0.60	0	2564	8		188	3		1.5	1.1			529	A ★
NGC 5018	13 10 19.9	−19 15 14	S0	68	I	≤13.9									5.5	2.3			311	P
			E4		I	1.9	1.0	0	2850	80		170	4	31.4	6.0	4.5		112	534	V ★
UGC 8292	13 10 22.5	+32 04 23	Sb	77	I	9.37		0	6340			474	5		2.2	0.6			61	A ★
ESO 576-G 11	13 10 24	−19 42 48	Sc	90	I	24.8	2.9	0	2735	10	315	354	4		3.9	0.6			466	E ★
				90	I	16.1		1	2606		310	331	4						552	P ★
UGC 8291	13 10 24	+22 04			F	≤1.0		−400	−	3000									213	G
UGCA 336	13 10 30	+41 43	Sc		S	± 18.0		−400	−	3000					1.3	1.1			373	G
UGC 8294	13 10 36	+31 31	Sc		I	2.56		0	6073		231								421	A ★
Zw 160-163	13 10 36.6	+27 24 22	Sm		S	± 0.9		5	6877					68.8	0.6	0.4			483	A
ESO 576-G 12	13 10 40	−18 40 06			S	± 36.0		2200	−	3800									552	P
UGCA 337	13 10 42	+42 04	Im		S	± 18.0		−400	−	3000					1.7	1.5			373	G
UGC 8298	13 10 48.9	+10 27 27	Sm	25	I	10.43	4.10	0	1156	8		89	3		1.1	1.0			529	A ★
NGC 5022	13 10 49.6	−19 17 07	Sc	90	S	± 13.0		−100	−	4600					3.1	0.5			466	E
			S	60	I	9.8	1.0	0	3000	40		430	4	31.4	3.1	0.5	220	25	534	V ★
				88	I	10.4		1	2847		367	390	4						552	P ★
UGCA 338	13 10 54.0	−15 11 00	Sdm	20	F	3.12	0.55	0	2503	8		85	4	23.5	4.1	3.8			373	G
			Sdm		I	14.80		0	2501			89	4		4.2	3.8			515	G ★
UGC 8303	13 10 59.0	+36 28 34	Im	14	F	3.38	0.49	0	956	10	77			20.0	3.2				89	G
			Im	14	F	3.54	0.55	0	949	10		106	4	10.0	3.2	3.1			373	G
			Im		I	13.40		0	944			103	4		3.2	2.9			515	G ★
UGC 8301	13 11 00	+30 37						0	4868										490	A
NGC 5032	13 11 04.1	+28 04 01	SBb	61	I	3.66		0	6408			555	5		2.2	1.1			61	A ★
			SBb	16	I	≤11.7		5	6536					65.5					417	G
UGC 8306	13 11 06.0	+16 15 27			I	≤1.0		3140	−	7000					1.6	0.2			327	A
			Sb		I	4.9		0	6792			525	5		1.6	0.2			488	A ★
Anon 1311+18	13 11 06	+18 27			I	≤1.0		4700	−	8550					0.7	0.2			327	A
NGC 5033	13 11 09.7	+36 51 27	Sc		I	155.9		0	878			430	5		12.3	5.8			183	G ★
			Sc	66	M	10.0		0	875	5				14.	12.3	5.8			374	W ★
			Sc	64	I	131.7			872	9		450	5	18.6	9.8				80	G ★
			Sc	59	M	6.8			913	30				9.5	12.3			0	285	B
			Sc	64	F	42.11	3.84	0	877	10		452	4	9.3	12.3	5.7			373	B
			Sc	59	I	167.2		0	876	3	427			11.3	9.6	5.1		80	390	A ★
			Sbc	62	I	217.5		0	866					12.3	12.3	5.8	216	352	480	W ★
			Sc		I	195.6		0	875			459			12.3	4.9			515	G ★
			Sc	59	I	224.1	23.2	0	872	3	429	451	4	10.5	3.0				523	J ★
					I	40.36		0	874			459	4	19.4	11.5	5.5			562	A ★
UGC 8308	13 11 10.0	+46 35 00	Im	49	F	0.96	0.25	0	165	10	39				5.5	2.2			89	G
			Im	51	F	1.09	0.25	0	165	7		50	4		2.6	2.2	1.4		373	G

Table 1 cont.

Name (1)	R.A. (2)	Dec. (3)	Type (4)	i (5)	(6)	HI-flux (7)	(8)	(9)	v (10)	(11)	(12)	Δv (13)	(14)	Dist (15)	a (16)	b (17)	Vmax (18)	Pos (19)	Ref (20)	(21)
UGC 8308			Im		I	4.20		0	165			48	4		2.2	1.3			515	G ★
Anon 1311−19	13 11 14	−19 09 12			I	1.5		0	2732			40	4	31.4					534	V ★
IC 857	13 11 22.8	+17 20 13	SBab	38	I	0.82	1.07	0	6769	8		72	3		1.0	0.8			529	A ★
UGC 8311	13 11 24	+23 31						0	3452										490	A
ESO 323-G 98	13 11 36	−39 29 24			S	±	36.0	1700	−	5600									552	P
UGC 8313	13 11 36	+42 28	SBc		M	0.035		0	630	10	117	130	4	8.0					374	W ★
			SBc	74	F	1.29	0.38	0	621	15		127	4	7.0	2.9	0.9			373	G
Anon 1311+35	13 11 38.9	+35 34 44		39	M	1.00	0.29		5143	100			4	69.0	0.12	0.08			293	A ★
UGC 8315	13 11 54	+39 24			I	4.70		0	1143			121	5	18.2					518	G
Anon 1312−54	13 12 00	−54 53			S	≤33.0		5	9900										548	P
UGC 8317	13 12 00	+30 45	Sdm		I	2.9		0	6048	20		351	4		1.1	0.4			78	A ★
UGC 8318	13 12 06	+35 28	SBc	62	I	10.7	1.2	0	2324	7	135	165	4		2.2	1.1			384	G ★
NGC 5041	13 12 11.9	+30 58 10	Sc	28	I	9.85		0	7476			295	5		1.7	1.5			61	A ★
			Sb	30	I	7.3		0	7478		286	308	4		1.7	1.5			543	A ★
ESO 508-G 30	13 12 13.0	−22 53 03	Im	77	I	29.0	4.0	0	1515	10	145			13.4	2.2	0.7			310	P
			Im	73	F	2.84	0.69	0	1508	20		137	4	13.3	3.4	1.1			373	B
UGC 8320	13 12 16.6	+46 11 01	Im	83	F	15.0	3.0	0	193	50		60	9	5.3					20	N ★
			IBm	63	F	16.94	0.99	0	198	10	63			5.5	5.7				89	G
			IBm	66	F	18.07	1.05	0	198	7		88	4	2.9	6.0	2.6			373	G
			IBm	64		74.4	0.52	0	203	5	63	84	4		3.39	1.61			377	E ★
			IBm		I	78.0		0	190			87	4	5.1	6.0				487	B
			IBm		I	67.30		0	192			87	4		6.0	2.4			515	G ★
NGC 5037	13 12 19.6	−16 19 36	Sab	69	I	≤6.2		5	1679	43				33.6	2.5	1.0			346	E
			Sab	73	S	±	3.5	5	1897	43					2.6	0.9			466	G
UGC 8323	13 12 28.8	+35 08 36	Im	37	F	1.09	0.09	0	856		63	110	4	11.6	1.12	0.90			347	A ★
ESO 576-G 17	13 12 32	−17 42 12	Sd	27	S	±	12.0	−100	−	4600					1.9	1.7			466	E
			Sd	27	I	4.22	0.70	0	2784	8		77	4		1.9	1.7			466	G ★
NGC 5044	13 12 43.9	−16 07 17	E		M	≤0.3		6	2548					25.5					418	P
			E0		F	≤0.92		5	2704					34.0	2.6	2.6			455	J ★
NGC 5042	13 12 47.8	−23 43 10	SXc	55	I	11.69	1.93	0	1390	15		233	4	12.1	6.3	3.7			373	E
			SXc	55	I	74.2	11.2	0	1386	2	235	245	4		4.2	1.0			523	J ★
UGCA 342	13 12 54	+42 16	Im		I	90.53	6.20	0	388	13	95	168	4	11.1	1.6	0.6			0	E ★
			Im		S	±	18.0	−400	−	3000					2.5	1.0			373	G
NGC 5047	13 13 08.5	−16 15 18	SB0	87	I	6.28	0.79	0	6330	15		320	4		2.4	0.5			466	G ★
Zw 101-015	13 13 18	+15 46			I	≤1.0		4700	−	8550					0.5	0.5			327	A
UGC 8331	13 13 19.2	+47 45 41	Im	67	F	3.38	0.43	0	258	10	54			7.2	4.3				89	G
			Im	70	F	3.57	0.45	0	258	8		74	4	3.6	4.4	1.7			373	G
			Im	70	I	15.2	0.43	0	267	5	48	66	4		2.57	1.02			377	E ★
			IXm		I	14.10		0	257			73	4		4.4	1.7			515	G ★
NGC 5049	13 13 24	−16 07 30	S0	76	S	±	5.0	5	2744	65					1.9	0.6			466	G
Zw 101-016	13 13 30.0	+17 25 42	Scd	89	I	2.65	1.05	0	7099	16	278	319	4	94.	1.1	0.2			327	A ★
UGC 8333	13 13 30	+25 42	Im	68	F	2.10	0.56	0	936	10	113			18.9	2.2				89	G
			Im	72	F	2.12	0.57	0	941	15		132	4	9.5	2.2	0.8			373	G
NGC 5055	13 13 34.9	+42 17 55	Sbc		I	478.1		0	503			380	5		16.	10.1			183	G ★
			Sbc	52	I	172.7			511	9		406	5	12.1	13.9				80	G ★
			Sb	59	M	≤8.0		5	519	30				5.2	16.	10.1			87	H
			Sb	59					510					8.0	10.5	5.8			365	O ★
			Sbc		M	8.1		0	500	5				8.	16.0	10.1			374	W ★
			Sbc	52	F	87.83	4.23	0	497	5		406	4	5.8	16.0	10.0			373	B
			Sbc	53	I	439.8	37.4	0	502	4	360	397	4		12.3				473	J ★
UGC 8335	13 13 41.5	+62 23 17			S	±	4.0	5	9100					101.1					518	G
			S0/a		I	1.2	0.2	0	9418			343	4						503	G
NGC 5056	13 13 51.4	+31 12 48						0	5607	15									359	G
			Sc	61	I	10.88		0	5596			369	5		1.9	0.9			61	A ★
			Sc	60	I	7.1	30.0	0	5614	9	343	366	4		1.9	1.0			384	A ★
IC 4215	13 13 53.3	+25 40 08	Sbc		S	±	1.7	3000	−	11000					1.6	0.3			483	A
Zw 160-175	13 13 59.6	+30 56 31	Sm		I	1.31		0	5661			237		56.6	0.9	0.5			483	A ★
UGC 8340	13 14 01.3	−01 49 38	Sc	35	I	5.78	0.77	0	5665	10		382	4		1.2	1.1			466	G ★
UGC 8343	13 14 16.8	+22 14 20	S0/a		I	2.3		0	7001			367	5		1.3	0.7			488	A ★
NGC 5054	13 14 18.1	−16 22 17	Sbc	53	I	24.3		0	1743			330	4	21.2	4.5				203	G ★
			Sb	53	F	7.00	1.03	0	1743	25		347	4	15.9	6.9	4.2			373	G
			Sbc	53	M	1.78		0	1745	20				19.6					324	N
			Sb	61	I	23.38	2.8	0	1736	5		349	4		5.2	2.7			466	G ★
NGC 5058	13 14 24.0	+12 48 18		45	F	2.78	0.13	0	961		159	189	4	11.5	1.07	0.78			347	A ★
				0	I	7.66		0	961			181	4		1.0	1.0			471	A ★
UGC 8346	13 14 24	+31 39	SB		I	1.75		0	5771		235								421	A ★
MCG−03-34-041	13 14 33	−15 58	SBc	90	I	11.08	1.4	0	2628	8		352	4		2.2	0.4			466	G ★
UGC 8350	13 14 33.0	+08 39 36	Sc	89	I	2.57	0.58	0	7179	16	219	269	4	95.	1.0	0.2			327	A ★
ESO 382-G 31	13 14 50.0	−37 00 50		82	M	4.32		1	1688			236	4	33.8	2.1	0.3			535	P
UGC 8353	13 14 54.7	+20 54 26	Sd		I	3.54		0	6870			270		70.0	1.5	1.0			483	A ★

Table 1 cont.

Name (1)	R.A. (2)	Dec. (3)	Type (4)	i (5)	(6)	HI-flux (7)	(8)	(9)	v (10)	(11)	(12)	Δv (13)	(14)	Dist (15)	a (16)	b (17)	Vmax (18)	Pos (19)	Ref (20)	(21)
NGC 5065	13 15 10.3	+31 21 23	Sc	57	I	6.69		0	5550			289	5		1.5	0.8			61	A ⋆
			Sc	60	I	4.4	0.53	0	5532	9	274	305	4		1.5	0.8			384	A ⋆
			Sc	60	I	5.1	0.61	0	5550	9	270	310	4		1.5	0.8			384	G ⋆
			Sc	60	I	3.7		0	5542		266	295	4		1.5	0.8			543	A ⋆
UGC 8359	13 15 24	+27 49	Sb		I	2.02		0	6994		396								421	A
UGC 8360	13 15 36.1	−00 58 57	SXc	31	I	4.97	0.63	0	5733	8		132	4		1.5	1.3			466	G ⋆
ESO 576-G 26	13 15 52	−21 02 12	Scd	90	S	±	20.0	−100	−	4400					2.4	0.4			466	E
					S	±	36.0	2200	−	3800									552	P
NGC 5064	13 16 01.0	−47 38 42	Sb	66	I	≤28.8		5	2982					55.1	2.6				320	P ⋆
			Sb	57	I	21.7	1.8	0	3005	9	486	508	4		2.5	1.4			550	P ⋆
DDO 171	13 16 04.0	−08 11 00	Im	45	F	1.40	0.32	0	1310	10	51			24.1	2.0				89	G
			Im	46	F	1.42	0.32	0	1310	15		67	4	11.8	2.4	1.7			373	G
			Im		I	4.69		0	1306			62	4		2.4	1.7			515	G ⋆
Zw 160-183	13 16 05.5	+31 43 46	Sa p	0	I	3.37		0	5604			125	5		0.8	0.8			61	A ⋆
UGC 8362	13 16 06	+33 07			S	±	4.0	2400	−	9400									490	A
Zw 160-084	13 16 08.8	+32 02 19			I	4.3	0.88	0	4543	18	105	134	4						384	G ⋆
NGC 5068	13 16 12.4	−20 46 35	SXcd		M	4.2		0	669		66	98	4	10.2	6.3	5.8			226	P ⋆
			Scd	24	I	149.0	5.9	0	671	3		112	4	10.1	7.1				320	P ⋆
			SXcd	20	F	38.25	2.02	0	679	8		113	4	5.1	10.4	9.6			373	B
Zw 160-086	13 16 16.6	+31 07 40	S		I	6.8	0.93	0	2407	14	161		4						384	G ⋆
UGC 8363	13 16 24	+28 00	Im		I	5.59		0	2458		155								421	A ⋆
UGC 8365	13 16 31.0	+42 12 40	SBd	50	F	2.12	0.54	0	1215	20	262			25.6	3.7				89	G
			SBd	52	F	2.21	0.55	0	1215	60		195	4	12.9	3.7	2.3			373	G
NGC 5073	13 16 42	−14 36	Sc		S	±	18.0	−400	−	3000					4.9	1.0			373	G
			Sc	90	I	21.65	2.7	0	2738	8		403	4		3.4	0.5			466	G ⋆
			SBc	90	I	28.8	2.3	0	2734	8	393	429	4		3.5	2.2			523	J ⋆
NGC 5081	13 16 46.5	+28 46 03	Sb		I	5.88		0	6633			596	4		2.2	0.7			393	G ⋆
			SBb	74	I	12.28		0	6664			571	5		2.2	0.7			61	A ⋆
			SBb		I	7.2		0	6656			559	5		2.2	0.7			488	A ⋆
				75	I	5.3		0	6657		536	569	4		2.2	0.7			543	A ⋆
Zw 160-011	13 16 48	+31 24			S	±	4.0	3100	−	6600									384	A
NGC 5077	13 16 53.0	−12 23 43	E3		M	≤1.9			2647					33.5					131	G
			E		M	≤0.3		6	2683					26.8					418	P
NGC 5079	13 16 59.4	−12 26 12	Sbc	55	M	1.15		0	2870	35				33.6					324	N
			SB0/a	58	S	±	6.2	5	2870	76					1.6	0.9			466	G
Anon 1317-47	13 17 00.0	−47 01 00	Sc	53				1	2850	20				37.9	2.6	1.7			528	P
ESO 576-G 31	13 17 05	−21 38 18			S	±	36.0	2200	−	3800									552	P
NGC 5078	13 17 05.5	−27 08 43	Sa	59	I	≤9.5		0	−	2000					3.1				320	P ⋆
			Sa		I	6.2		0	1985	20		207	4						232	N ⋆
			Sa	56	I	12.5	1.4	0	2168	6	585	612	4		6.0	3.5			466	E ⋆
UGC 8370	13 17 07.3	+17 14 48	Sbc		I	3.02	0.29	0	7102	16	160	183	4	94.	1.0	1.0			327	A ⋆
			Sc	0	I	2.84	1.70	0	7097	8		169	3		1.0	1.0			529	A ⋆
ESO 576-G 32	13 17 09	−22 01	SXc p		S	±	18.0	−400	−	3000					2.7	1.9			373	B
				50	I	2.5		1	2884		253	274	4						552	P ⋆
NGC 5089	13 17 19.1	+30 31 10	S	64	S	±	6.0	3100	−	6600					2.1	1.0			384	G
ESO 382-G 45	13 17 24.8	−35 47 01	Sm	59	I	44.0	4.0	0	1450	10	165			12.4	4.4	2.4			310	P
			Sdm	74	F	5.84	0.85	0	1455	15		162	4	12.5	4.4	1.4			373	B
ESO 40-G 07	13 17 28.5	−77 15 43	Sd	90				1	2655	20				33.1	3.2	0.5			528	P
			Scd	72	I	24.0	7.0	0	2566	15	262			24.3	3.6	1.3			310	P
NGC 5084	13 17 33.0	−21 33 39		90	M	19.73		1	1539			670	4	30.8	13.8	2.1			535	P
			S0		F	13.0													229	P
			S0	78	I	96.4	6.8	0	1728	23		660	4	31.2	3.9				320	P ⋆
			S0														310		220	W
			S0	86	F	20.0		0	1721	3	645			15.5	8.2		328	78	492	V ⋆
NGC 5085	13 17 33.9	−24 10 39	Sc		M	25.0		0	1949			257	5	36.	3.2	2.8			226	P ⋆
			Sc	27	I	67.2	7.4	0	1958	13		234	4	35.6	3.5				320	P ⋆
			Sc	19	F	12.17	1.25	0	1958	15		254	4	17.8	5.6	5.3			373	E
			Sc	28	I	61.7	5.4	0	1958	4	211	234	4		2.2	0.2			523	J ⋆
NGC 5088	13 17 41.5	−12 18 31	Sb·	73	M	2.57		0	1429	20				15.9					324	N
			Sc	77	I	41.32	4.7	0	1436	5		241	4		2.4	0.7			466	G ⋆
MCG−03-34-051	13 17 42	−16 17	SB	32	I	2.25	0.46	0	2285	10		178	4		0.7	0.6			466	G ⋆
IC 4225	13 17 42	+32 14	S0/a	79	S	±	3.0	3100	−	6600					1.1	0.3			384	A
NGC 5087	13 17 42.5	−20 20 54	S0	59	M	≤0.6								23.9	2.7				246	N
ESO 508-G 51	13 17 45	−25 49 24	Sd	51	I	6.5	0.82	0	2133	5	165	187	4		2.0	1.3			466	E ⋆
				63	I	9.2		1	1997		126	138	4						552	P ⋆
UGC 8383	13 17 54	+14 48	Sb	35	I	3.55	0.73	0	8624	16	532	608	4	114.	1.1	0.9			327	A ⋆
NGC 5095	13 18 00	−02 01	S	78	S	±	5.7	0	−	6400					1.4	0.4			466	G
UGC 8382	13 18 00	+05 40			I	≤1.0		1720	−	5570					1.1	0.6			327	A
ESO 576-G 40	13 18 00.8	−21 47 21	Im	81	M	0.99		0	2089			275	4	15.5	2.4				492	V ⋆
				90	I	18.9		1	1929		160	185	4						552	P ⋆

Table 1 cont.

Name (1)	R.A. (2)	Dec. (3)	Type (4)	i (5)	(6)	HI-flux (7)	(8)	(9)	v (10)	(11)	(12)	Δv (13)	(14)	Dist (15)	a (16)	b (17)	Vmax (18)	Pos (19)	Ref (20)	(21)
ESO 576-G 39	13 18 01	−17 46 24	S	68	I	4.17	0.58	0	5127	15		239	4		1.9	0.8			466	G ★
Zw 160-202	13 18 02.0	+31 46 33	S	26	S	±	4.0	3100	−	6600					1.0	0.9			384	A
			S0/a	25	I	3.21		0	5027			167	5		1.1	1.0			61	A ★
ESO 444-G 13	13 18 09	−27 32 54	Im	0	S	±	20.0	−600	−	3300					0.91	0.91			377	E
UGC 8385	13 18 09	+10 03	SXm	61	F	3.81	0.70	0	1133	15	157			21.8	3.8				89	G
			SXm	64	F	3.98	0.82	0	1133	20		217	4	10.8	3.9	1.8			373	G
IC 883	13 18 17.1	+34 24 06		60	M	≤3.0			6894				4	93.0	1.73	1.27			293	A
			Comp		F	≤1.6		5	6950					100.	2.7				60	N
			Pec					5	6894										126	A ★
								5	6945											
					S	±	4.0							77.9					518	G ★
NGC 5103	13 18 17.6	+43 20 45	Pec	50	I	10.4	1.2	0	1225	9	130	230	4		1.5	1.0			384	G ★
NGC 5090	13 18 18.0	−43 26 36	E		M	≤0.3		6	3023					30.2					418	P
Anon 1318+31	13 18 31.3	+31 46 34	S		S	±	2.0	3100	−	6600									384	A
NGC 5104	13 18 49.2	+00 36 14			I	5.044		0	5578			482	4	78.2	1.3	0.4			562	A ★
UGC 8392	13 18 53.3	+31 29 00	Scd	53	I	5.0		0	5083		200	228	4		1.6	1.0			543	A
			Sc	48	I	1.6	0.39	0	5094	19	136	150	4		1.6	1.1			384	A ★
			Sc		I	4.74		0	5081		204								421	A ★
NGC 5109	13 18 55.3	+57 54 16	S	81	I	10.46		0	2131	15		246	5		1.8	0.5		153	158	G ★
Zw 160-008	13 19 00	+31 39		51	S	±	7.0	3100	−	6600					0.85	0.55			384	A
Zw 160-209	13 19 00.1	+31 48 47	Sm		I	0.89		0	7168			163		70.0	0.7	0.6			483	A ★
NGC 5101	13 19 00.7	−27 10 06			M	14.28		1	1682			210	4	33.6	4.5	4.5			535	P
					M	15.55		1	1728			210	4	34.6	4.9	4.9			535	P
			SBa	26	I	34.7	4.8	0	1858	10	188	209	5	32.2	6.1	5.5			346	E ★
			SBa		F	9.0													229	P
			SB0/a	27	I	37.6	4.2	0	1869	11		190	4	33.7	5.9				320	P ★
			SB0/a		F	5.13	0.62	0	1864	10		200	4	16.8	7.3	7.3			373	B
			S0/a		I	39.7		0	1852	20		197	4						232	N ★
			SBa	30	I	31.0		0	1867		183	200	4	20.8	5.9	0.7	175	168	517	V ★
UGC 8395	13 19 03.9	+12 27 00	Sab	46	I	1.54	1.33	0	11460	32		414	3		1.0	0.7			529	A
NGC 5105	13 19 06	−12 57	SBc	40	I	9.56	1.2	0	2904	10		271	4		2.7	2.1			466	G ★
NGC 5102	13 19 07.0	−36 22 06	S0		M	0.39	0.13	0	411	10				4.					35	N
								0	453	20									42	N
			S0 p		F	17.0		2	438		195	223	4	4.4					95	B ★
				73	M	0.4								4.0	16.2				21	N ★
			S0		F	≤0.3													275	I
			S0		F	19.0													229	P
			E/S0	71	I	89.4	6.6	0	471	8		215	4	5.3	8.5				320	P ★
			S0	70	I	50.0		0	470		199	214	4	4.0	9.3		96	43	517	V ★
NGC 5107	13 19 09.8	+38 48 01	SBcd	73	I	15.9		0	943			189	4	13.5	1.5				203	G ★
					I	16.61		0	940	15		205	5		1.8	0.5		128	158	G
			SBc	76	I	15.6		0	955	8		199	4	10.2	2.0		102	133	402	W ★
			Sdm		I	15.60		0	949			179	4		2.9	0.9			515	G ★
UGC 8397	13 19 18	+31 37	Sbc	67	I	1.1	0.4	0	4869	15	296	341	4		1.4	0.6			384	A ★
UGC 8398	13 19 18	+42 59			F	≤1.0		−400	−	3000									213	G
			Im		S	±	18.0	−400	−	3000					1.7	1.2			373	G
UGC 8399	13 19 25.6	+31 29 47	SBb	44	I	2.10		0	7265			113	5		1.1	0.8			61	A ★
			SBb	44	I	1.8	0.36	0	7286	12	92	143	4		1.1	0.8			384	G
UGC 8401	13 19 30	+28 57			F	≤1.0		−400	−	3000									213	G
			S/Irr		I	1.2		0	2446	8		84	4		1.0	0.8			78	A ★
					S	±	4.0	2400	−	9400									490	A
IC 4230	13 19 37.3	+26 59 44	Sb		I	1.24		0	10815			101		108.1	1.1	0.3			483	A ★
NGC 5112	13 19 41.5	+38 59 55	Scd	45	I	41.5	6.2	0	965	9		228	4	18.8	5.4				201	G ★
			SBcd	44	F	11.80	1.11	0	978	10		225	4	10.5	5.5	4.0			373	G
			SBc	45	I	50.2		0	972	4		205	4	10.2	5.0		145	120	402	W ★
			SBc		I	46.00		0	971			225	4		5.6	3.9			515	G ★
MCG−03-34-063	13 19 51	−16 27	SBa	72	S	±	4.5	0	−	6400					1.9	0.7			466	G
IC 4229	13 19 51.8	−02 09 24	SB	47	S	±	5.1	0	−	6400					1.0	0.7			466	G
IC 4231	13 20 28	−26 02 24	Sc	79	S	±	12.0	−100	−	4600					2.2	0.6			466	E
					S	±	36.0	2200	−	3800									552	P
NGC 5115	13 20 31.8	+14 12 47	SBc	64	I	4.41	2.31	0	7302	8		301	3		1.6	0.7			529	A ★
NGC 5116	13 20 34	+27 14 30	Sc		I	6.834		0	2885		340	365	4		2.3	0.7			489	A ★
			SBc	70	I	6.3	0.5	0	2887	4	334	350	4		0.3	0.1			523	J ★
NGC 5117	13 20 35.3	+28 34 43	Sbc		I	9.9		0	2391	8		243	4		2.2	1.0			78	A ★
			SBc		I	9.128		0	2392		223	236	4		2.3	0.7			489	A ★
UGC 8409	13 20 36.0	+23 34 00	Sdm	64	F	1.82	0.69	0	2812	20		197	4	28.2	3.9	1.8			373	G
			S		F	2.37		0	2804	15		162	5						157	A
			Sd	65	I	7.77	3.29	0	2799	8		190	3		2.6	1.1			529	A ★
ESO 444-G 21	13 20 43	−29 51 12	Sc	90	S	±	12.0	−100	−	4600					2.1	0.2			466	E
Zw 161-039	13 21 04.4	+32 19 58	S		S	±	3.0	3100	−	6600									384	A
UGC 8416	13 21 12	+52 55			I	2.21		0	9015			328	5	100.2					518	G

Table 1 cont.

Name (1)	R.A. (2)	Dec. (3)	Type (4)	i (5)	(6)	HI-flux (7)	(8)	v (9) (10) (11)	Δv (12) (13) (14)	Dist (15)	a (16)	b (17)	Vmax (18)	Pos (19)	Ref (20)	(21)
ESO 508-G 66	13 21 18.0	−24 24 15	Im	26	F	2.47	0.67	0 2056 20	102	38.2	3.0				89	B
			Sm	29	I	≤60.0					1.9	1.7			310	P
			Im	26	F	2.37	0.58	0 2056 25	113 4	18.8	3.0	2.6			373	B
UGC 8418	13 21 24	+30 49	Sc		I	3.68		0 7016	379						421	A ★
			Sc	90	S	±	4.0	3100 − 6600			1.1	0.1			384	A
NGC 5127	13 21 26.0	+31 49 31	E2 p		S	≤70.0		5 4830							356	G
NGC 5144	13 21 26.7	+70 46 24	Sc	44	I	8.1		0 3149	311 5	33.3					417	G
			Mult		I	9.1	0.1	0 3054	294 4		1.3	0.8			503	G
NGC 5131	13 21 37.5	+31 14 51	Sb		I	2.25		0 6638	579	70.0	2.2	0.3			483	A ★
			Sa	90	S	±	4.0	3100 − 6600			2.2	0.35			384	A
IC 4237	13 21 49.9	−20 52 38	Sc	56	I	11.9	1.4	0 2643 5	296 317 4		3.4	2.0			466	E ★
				46	I	12.4		1 2507	293 309 4						552	P ★
UGC 8426	13 21 54	+31 36	Sd		I	1.25		0 4987	302	49.9	1.5	0.2			483	A ★
			SBc	90	S	±	9.0	3100 − 6600			1.5	0.25			384	G
ESO 576-G 50	13 21 59.6	−19 25 53	Sc	56	I	30.0	6.0	0 1990 20	175	18.3	3.4	2.0			310	P
			SXcd	56	F	5.47	0.87	0 1975 30	209 4	18.2	5.0	2.8			373	E
Anon 1322−33	13 22 23	−33 23 42	Sbc	87	S	±	50.0	200 − 4600			2.7	0.5			550	P
Zw 72-071	13 22 24	+14 20			I	≤1.0		4700 − 8550			0.6	0.2			327	A
NGC 5128	13 22 31.8	−42 45 30			M	0.6		535	528 551 4	7.					236	P ★
			Pec		M	≤7.0		5 468 40		5.0	31.	25.			87	H
				44				530					230		224	P ★
			Pec		M	≤7.0		5 468 40		5.					317	H
					M	1.1		567		4.5					330	R ★
NGC 5134	13 22 35.4	−20 52 31	Sb	54	I	≤9.3		5 1754		31.8	2.6				320	P ★
			Sb	52	I	9.5	1.6	0 1754 10	132 148 5	30.5	3.1	2.0			346	E ★
			Sb	54	M	0.63		0 1765 20		19.7					324	N
NGC 5141	13 22 35.5	+36 38 16	S0	42	I	≤7.2		5 5223		58.8					417	A
UGCA 354	13 22 36	+42 45	Im		S	±	18.0	−400 − 3000			1.2	1.2			373	G
UGCA 355	13 22 36	+45 08		33	S	±	16.0	−600 − 3300			0.52	0.44			377	E
					S	±	18.0	−400 − 3000			1.1	0.9			373	G
ESO 382-G 62	13 22 43.0	−37 06 50	Sdm	90	I	≤60.0					4.1	0.8			310	P
UGC 8437	13 22 54	+18 43			I	≤1.0		3140 − 7000			1.0	0.2			327	A
NGC 5135	13 22 56.7	−29 34 26	SBab	67	I	≤11.1		5 4157		79.4	2.1				320	P ★
								0 4112 20							324	N
NGC 5145	13 23 03.0	+43 31 35	S	38	F	3.45	0.89	0 1225 15	233 4	13.1	3.5	2.8			373	G
Anon 1323−47	13 23 05.9	−47 58 00	Sc	79				1 2629 20		35.0	1.9	0.6			528	P
Anon 1323−03	13 23 08	−03 35 53	Mult		S	±	7.7	9600 − 11700							469	G
UGC 8441	13 23 32	+58 05	Im	42	F	3.45	0.56	0 1519 15	103	32.7	4.9				89	G
			Im	43	F	3.78	0.55	0 1519 15	131 4	16.6	5.0	3.6			373	G
MCG−02-34-048	13 23 39	−12 22	S0	0	S	±	4.9	0 − 6400			1.7	1.7			466	G
NGC 5147	13 23 46.8	+02 21 43	SBdm	33	I	20.7		0 1107	167 4	13.7	1.8				203	G ★
			SBdm	30	I	13.5		1093 9	156 5	20.4	2.7				80	G ★
			SBdm	32	I	18.0	3.0	0 1088 4	157	10.	3.0				273	A
ESO 576-G 59	13 23 50.8	−21 58 47	Im	57	F	1.71	0.48	0 1440 20	75	25.8	2.8				89	B
			Im	60	I	14.0	4.0	0 1427 15	85	12.6	2.1	1.1			310	P
			Im	59	F	1.53	0.47	0 1440 30	104 4	12.7	2.7	1.4			373	B
NGC 5149	13 23 53.5	+36 11 38		55	S	±	6.7	4561 − 6561					155		555	A
				55				5031 − 6031					155		555	W
UGCA 357	13 24 00	+38 02	Im	41	F	3.31	0.47	0 1170 20	170 4	12.4	1.3	1.0			373	G
ESO 444-G 37	13 24 12	−29 48 54	Im p	62	F	3.50	0.71	0 1894 15	140 4	17.1	3.5	1.7			373	E
NGC 5154	13 24 12	+36 16		0				0 5579 18	79						555	W
UGC 8448	13 24 16.5	+20 12 33	Sbc	35	I	5.38	0.41	0 7148 16	230 397 4	95.	1.1	0.9			327	A ★
			Sc	39	I	10.73	5.4	0 7149 20	212 4		1.0				188	G ★
			Sb	36	I	4.82	2.78	0 7154 8	168 3		1.1	0.9			529	A ★
UGC 8449	13 24 24.0	+43 02 00	Sm	68	F	2.15	0.64	0 1237 25	193 4	13.2	2.2	0.9			373	G
			Sdm		I	7.90		0 1235	176 4		2.3	0.9			515	G ★
Mark 454	13 24 30.0	+26 51 02			I	≤1.3		6 7080	310	128.7					235	A ★
			Sm		I	1.02		0 7073	323	70.0	0.8	0.3			483	A ★
UGC 8450	13 24 30.4	+10 18 41	Sm		I	2.1		0 1055	62 5		1.1	0.9			488	A ★
					F	≤1.0		−400 − 3000							213	G
UGC 8451	13 24 36.1	+32 27 08	Sc	57	I	5.09	0.8	0 5275 10	362 4		1.6				188	G
			Sc	62	I	5.3		0 5276	370 392 4	72.7					505	A ★
			Sc	58	I	1.0	0.36	0 5470 16	282 323 4		1.8	1.0			384	A ★
ESO 324-G 23	13 24 38.0	−37 54 49	Sd	77	F	16.87	2.01	0 1443 15	215 4	12.4	4.8	1.4			373	B
				83	M	10.51		1 1231	210 4	24.6	4.0	0.5			535	P
				83	M	12.68		1 1228	228 4	24.6	4.0	0.5			535	P
ESO 324-G 24	13 24 42.9	−41 13 15	Im		I	63.00	8.0	0 512 5	110 4	5.	3.9	3.0			218	P
			Im	54	I	60.0	6.0	0 510 5	75	3.0	4.2	2.5			310	P
			Im		F	16.88	0.88	0 525 10	112 4	3.1					373	B
NGC 5150	13 24 48.8	−29 18 11	Sb		I	≤7.1		5 4376		83.8	1.5				320	P ★

Table 1 cont.

Name (1)	R.A. (2)	Dec. (3)	Type (4)	i (5)	(6)	HI-flux (7)	(8)	(9)	v (10)	(11)	(12)	Δv (13)	(14)	Dist (15)	a (16)	b (17)	Vmax (18)	Pos (19)	Ref (20)	(21)
NGC 5157	13 24 59.0	+32 17 13	SBa	37	I	8.4	1.0	0	7197	12	515	535	4		1.6	1.3			384	G ★
			SBa	37	I	3.25	0.42	0	5173	13	681	752	4		1.6	1.3			384	A ★
Zw 101-053	13 25 05.9	+19 35 57	Sm		S	±	1.1	3000	–	11000					0.5	0.4			483	A
UGC 8457	13 25 06.0	+21 09 00	Scd		L	9.43		0	5966					59.7	1.2				483	A
			Sbc	84	I	3.33	1.23	0	5963	8		420	3		1.2	0.2			529	A ★
ESO 509-G 19	13 25 11	−25 35 48	Scd	90	S	±	9.0	−100	–	4600					3.4	0.3			466	E
					S	±	36.0	2200	–	3800									552	P
MCG−02-34-054	13 25 12	−13 10	SB0	48	I	7.19	0.86	0	3990	10		493	4		1.9	1.3			466	G ★
NGC 5158	13 25 21.3	+18 02 13	SBab		I	4.242		0	6622		106	154	4		1.4	1.3			475	A ★
			Sbc		I	4.58		0	6606			162		66.1	1.4	1.3			483	A ★
ESO 509-G 23	13 25 25	−24 42 42			S	±	36.0	2200	–	3800									552	P
Zw 161-058	13 25 36.4	+30 38 10	Mult	29	S	±	5.0	3100	–	6600					0.85	0.75			384	A
ESO 509-G 25	13 25 37.0	−27 18 40	Im	44				1	1837	20				27.1	2.1	1.6			528	P
					M	2.26		1	1651			62	4	33.0	0.8	1.1			535	P
ESO 509-G 26	13 25 37.4	−27 18 39	Sm	41	I	16.0	4.0	0	1837	5	53			16.6	2.3	1.8			310	P
					M	7.78		1	1648			525	4	33.0	1.7	1.7			535	P
MCG−02-34-055	13 25 39	−11 31	Sc	90	I	16.09	1.9	0	3935	20		735	4		2.2	0.4			466	G ★
NGC 5156	13 25 42.0	−48 39 39	SBa	24	I			1	2983	20				39.5	2.4	2.2			528	P
					M	11.13		1	2752			193	4	55.0	2.3	2.3			535	P
					M	12.75		1	2719			298	4	54.4	2.3	2.3			535	P
			Sb	90	S	±	5.0	3100	–	6600					2.4	0.35			384	A
UGC 8464	13 26 00	+30 17	Sc	90	I	3.3	0.69	0	2460	16	77	214	4		1.2	0.12			384	G ★
NGC 5169	13 26 03.6	+46 55 54	Sb	66	M	2.91		0	2412	20				31.0					324	N
			SBb	70	F	3.95	0.46	0	2482	40		335	4	25.9	3.2	1.2			373	G
			SBb	70	I	11.05		0	2401	15	264	313	4	33.	2.04		204		430	W ★
UGC 8466	13 26 06	+31 05	Scd		L	9.70		0	7137					71.4	1.3				483	A
NGC 5173	13 26 18.2	+46 51 03						0	2395	75									324	N
			E0		I	4.74		0	2428	15	150	214	4	33.	1.41		111		430	W ★
NGC 5161	13 26 24.0	−32 54 56	Sc	66	I	58.1	4.9	0	2387	15		360	4	43.8	4.7				320	P ★
			SXcd	65	F	18.24	1.85	0	2391	15		356	4	22.0	8.0	3.6			373	B
				68	M	17.00		1	1189			368	4	23.8	2.3	0.9			535	P
			Sc	66	I	83.0	7.4	0	2388	4	341	355	4		5.4	1.9			523	J ★
UGC 8469	13 26 30	+10 18			S	±	4.0	2400	–	9400									490	A
ESO 383-G 05	13 26 32.0	−34 00 42		90	M	41.76		1	3407			455	4	68.1	3.1	0.4			535	P
NGC 5172	13 26 53.3	+17 18 35	Sd		I	18.28		1	4037	10		456	5		3.3	1.9		103	158	G ★
			SXbc	55	I	23.0	3.0	0	4033	6		415		39.	4.6				273	A
								0	4028	10									359	G
			SXbc		S	±	18.0	−400	–	3000					4.8	2.9			373	G
			Sbc	56	M	12.16		0	4026	20				49.4					324	N
UGC 8473	13 26 54	−00 08			F	≤1.0		−400	–	3000									213	G
			Im	72	I	5.46	0.71	0	3251	8		179	4		1.1	0.4			466	G ★
UGC 8474	13 26 54	+01 10			F	≤1.0		−400	–	3000									213	G
NGC 5171	13 26 54	+12 00	cD		M	≤6.0		−400	–	3000					5.3	3.0			331	A
NGC 5174	13 26 57.1	+11 15 53	Sc		S	±	18.0								3.7	2.0			373	G
			Sc		I	15.0		0	6837	10		620	4		3.7	2.0			78	A ★
			Sc		I	14.60		0	6840		589	610	4		3.7	2.0			489	A ★
			Sc	59	I	16.2	1.9	0	6850	9	585	625	4		3.7	2.0			384	G ★
			Sc	59	I	16.2	2.0	0	6847	20	588	633	4		3.7	2.0			384	E ★
NGC 5170	13 27 07.3	−17 42 25	Sb	90	F	20.57	3.04	0	1498	10		629	4	13.5	10.3	1.9			373	G
			Sb	86	I	95.0		0	1497	17		534	4	20.	9.		250	306	40	W ★
			Sc		I	115.0		0	1508		497	524	4						429	E
			Sb	90	I	77.37	8.7	0	1505	5		525	4		8.1	1.1			466	G ★
			Sc	90	I	108.8	10.0	0	1505	3	508	526	4		8.1	5.7			523	J ★
UGC 8481	13 27 18	−00 02	Sc	69	S	±	6.9	0	–	6400					1.0	0.4			466	G
ESO 576-G 69	13 27 22	−20 40 36			I	17.5		0	5366			740	4						485	N ★
NGC 5187	13 27 29.8	+31 23 17	Sc		I	3.55		0	7172			321		70.0	0.9	0.7			483	A ★
UGC 8486	13 27 30.4	+11 19 20	Sc	65	I	1.51	0.86	0	6730	11		325	3		1.2	0.5			529	A ★
IC 4264	13 27 31	−27 40 12	Sbc	81	S	±	10.0	−100	–	4600					2.4	0.6			466	E
UGC 8489	13 27 31.5	+45 38 45	S	78	F	3.5	1.2		1304	20		119	9	18.8					20	N ★
			SXdm	72	F	3.07	0.62	0	1302	10		154	4	14.0	3.5	1.2			373	G
			SXdm	68	F	3.82	1.82	0	1297	10	135			27.6	3.5				89	G
NGC 5183	13 27 31.6	−01 27 43	S	64	I	17.31	2.1	0	4290	10		382	4		2.1	1.0			466	G ★
				59				3160	–	5160								122	555	W
NGC 5185	13 27 34.1	+13 40 27	Sc	68	I	3.28	1.09	0	7374	8		604	3		1.9	0.7			529	A ★
NGC 5184	13 27 36.8	−01 24 18	SXbc	56	I	5.2		0	3860			104	5						417	A
			Sb	59	I	10.94	1.3	0	4000	15		367	4		2.2	1.2			466	G ★
				56				3160	–	5160								135	555	W
NGC 5204	13 27 43.8	+58 40 32		55	F	25.1	1.3	0	200	2	114	120	4	7.0	8.	4.2			9	E ★
			Sm	60	I	63.3			210	9	107	138	4	7.9	6.6				80	G ★
			Sm	57							112	130	4	7.2	8.0	4.2			216	G ★

201

Table 1 cont.

Name (1)	R.A. (2)	Dec. (3)	Type (4)	i (5)	(6)	HI-flux (7)	(8)	(9)	v (10)	(11)	Δv (12)	(13)	(14)	Dist (15)	a (16)	b (17)	Vmax (18)	Pos (19)	Ref (20)	(21)
NGC 5204			Sm	53	M	0.64			205	30				4.6	8.0			170	285	G
			Sm	61	F	29.43	1.44	0	200	5	130	4		3.5	8.0	4.1			373	G
			Sm	53	M	0.96	0.72	0	210	15				5.8					85	N
			Sm		I	104.4	0.4	0	199		143	4			5.3	3.3			503	G
NGC 5194	13 27 46.9	+47 27 16	Sbc	35					461					4.					173	B ★
			Sbc	51					471	9	220	0		4.6					180	G
			Sc					3	449					1.2					282	D
			Sbc	20	F	71.0	4.0	0	454	11	129			4.6	8.0			185	79	J ★
			Sbc p	49	I	119.7			463	9	202	5		12.1	12.6				80	G ★
			Sbc	35	M	0.92			458					4.			180	20	173	G ★
				35	I	220.0								4.2	14.2	9.5			165	H ★
			Sbc p	49	F	47.76	3.34	0	467	10	195	4		5.7	14.2	9.4			373	B
			Sbc	35	M	0.66	0.7	0	460					6.3					85	N
			SXbc	46	I	203.8		0	475		250	5		5.9					417	G
			Sbc p	45	I	107.0		0	435						11.0				512	G
			Sbc		I	121.1	1.1	0	478		350	4			9.0	7.5			503	G
				35										9.3					568	W ★
NGC 5194/95			Mult	30	M	0.84	0.13	3	485					4.	9.	8.			361	D ★
			Mult	30				0	460										195	W ★
			Mult		M	4.6			438					1.20	14.	10.			307	H ★
			Mult	20	M	0.67			465	5				4.				22	221	O ★
			Mult		I	227.0		0	468		185	5			14.2	9.5			183	G ★
			Mult	35	I	230.0	30.0	0	474	30	230			4.0	14.2	9.5			87	H
			Mult	35					455					4.6	10.7	6.9			365	O ★
NGC 5195	13 27 52.4	+47 31 48	I0	39					465		232	0		4.6					180	G
			S0		M	≤0.16								4.					221	O
UGC 8496	13 28 00	+31 35	Mult		I	7.03		0	4827		268								421	A ★
UGC 8497	13 28 06	+30 17	S		I	3.78		0	11177		496								421	A ★
UGC 8498	13 28 07.9	+31 52 43	Sc		I	10.66		0	7320		636			70.0	2.8	0.9			483	A ★
ESO 576-G 78	13 28 10	-17 39 36	Im	60	S	±	8.6	0	-	6400					1.5	0.8			466	G
Zw 73-002	13 28 12	+11 52			I	≤1.0		5250	-	9100					0.7	0.2			327	A
UGC 8502	13 28 18	+31 32	Sdm		L	9.48		0	10195					101.9	1.0				483	A
NGC 5205	13 28 19.1	+62 46 10	S	54	F	3.59	0.58	0	1781	15	253	4		19.4	5.0	3.0			373	G
UGC 8503	13 28 24	+33 00						0	4674										490	A
UGC 8507	13 28 33.8	+19 41 41	Sm	58	I	4.63		0	1000	15	143	5			1.6	0.9		12	158	G ★
			Pec	55	F	1.18	0.38	0	1020	40	163	4		10.1	2.5	1.5			373	G
								0	998	4	82	109	4						150	A ★
			Im	56	I	3.7		0	1003		126	5		10.0					417	G
			Im	56	I	3.7		0	1003		126	5		10.0					417	A
			Sm		I	3.5		0	994		104	5			1.6	0.9			488	A ★
			Im		I	3.998		0	997		81	108	4		1.6	0.9			489	A ★
			Im p		I	3.90		0	994			112	4		2.6	1.6			515	G ★
				55				0	997	2	82	113	4				49	12	555	A
NGC 5188	13 28 37.0	-34 32 12	Sb		I	≤5.8		5	2326					41.2					320	P ★
UGC 8508	13 28 48.0	+55 10 00	Im	52	F	3.84	0.46	0	68	10	73	4		2.0	2.7	1.7			373	G
			Im	56	I	14.2	0.37	0	60	5	52	63	4	7.6	1.43	0.84			377	E ★
			IXm		I	14.80		0	60			69	4		2.7	1.6			515	G ★
UGC 8509	13 28 48	+67 55			F	≤1.0		-400	-	3000									213	G
UGC 8510	13 28 54	+29 38	Sbc		I	2.21		0	14388		185								421	A ★
					S	±	4.0	2400	-	9400									490	A
Zw 131-009	13 29 00.4	+25 52 34	Sm		I	1.85		0	7522		209			75.2	0.7	0.6			483	A ★
UGC 8513	13 29 12	-02 21	Sab	87	S	±	6.5	0	-	6400					1.2	0.25			466	G
ESO 509-G 45	13 29 24	-22 41 42	Sc	58	S	±	10.0	-100	-	4600					2.0	1.1			466	E
UGC 8516	13 29 28.1	+20 15 23	Sd	45	I	4.04		0	1011	15	146	5			1.1	0.8		30	158	G ★
			Sb		I	4.0		0	1021		125	5			1.1	0.8			488	A ★
			Sc		I	3.88		0	1025		101	124	4		1.1	0.8			489	A ★
			Sc		I	4.19		0	1019			135	4		1.9	1.3			515	G ★
				42				0	1023	2	99	126	4				71	30	555	A ★
UGC 8517	13 29 42	+31 17	S		I	2.78		0	4655		204								421	A ★
NGC 5207	13 29 46.6	+14 08 40	Sbc	54	I	6.52	1.80	0	7650	8	555	3			1.9	1.1			529	A ★
Mark 789	13 29 54.9	+11 21 49	E		F	≤0.07		5	9318										154	A
					S	±		5	9593										471	A
Mark 789 A/B	13 29 55.1	+11 21 46			I	≤0.807		5	9400					129.4	0.4	0.4			562	A
UGC 8521	13 29 58.0	+02 06 13	SBab		I	4.08		0	3275	3	119	142	4						170	A
			SBab		I	4.069		0	3274		112	134	4		1.1	1.0			475	A ★
Anon 1330-24	13 30 12	-24 25			S	±	18.0	-400	-	3000									373	B
Anon 1330-42	13 30 18	-42 04						-400	-	3000									373	B
NGC 5210	13 30 19	+07 25 36	Sa		I	1.023		0	6866		396	450	4		1.8	1.7			475	A ★
UGC 8526	13 30 21.2	-00 54 12		11	I	2.67		0	3806	8	170	199	4	50.	1.3	1.3			508	a ★
				30				3240	-	4240								70	555	W

Table 1 cont.

Name (1)	R.A. (2)	Dec. (3)	Type (4)	i (5)	(6)	HI-flux (7) (8)	v (9) (10) (11)	Δv (12) (13) (14)	Dist (15)	a (16)	b (17)	Vmax (18)	Pos (19)	Ref (20)	(21)
NGC 5216	13 30 24.6	+62 57 27	E p		S	± 18.0	−400 − 3000			4.8	3.3			373	G
NGC 5218	13 30 27.8	+63 01 27	SBb p		S	± 18.0	−400 − 3000			3.0	2.4			373	G
			SBb	54	I	≤8.4	5 2724		28.8					417	B
			SBb		I	3.3 0.3	0 3024	243 4		2.0	1.6			503	G
NGC 5211	13 30 31.2	−00 46 44	SXb		S	± 18.0	−400 − 3000			3.7	2.7			373	G
			SXb	32	I	8.38	0 3709 7	278 317 4	50.	3.7	3.2		30	508	a ★
				44	S	± 8.3	2715 − 4715						30	555	A
				44	F	7.1 1.3	0 3713 7	287 314 4				194	30	555	W
UGCA 361	13 30 36	+50 05	Im		S	± 18.0	−400 − 3000			1.7	1.0			373	G
ESO 324-G 36	13 30 41.0	−38 37 26	Sm	23	I	≤60.0				1.4	1.3			310	P
MCG−03-35-004	13 30 42	−15 51	Sa	44	S	± 7.8	0 − 6400			2.2	1.6			466	G
Zw 73-024	13 30 52.8	+09 47 00	S	89	I	2.27 0.74	0 7128 16	259 331 4	95.	0.7	0.2			327	A ★
UGC 8539	13 31 12.6	+33 17 55	S		I	5.41	0 7353	414						421	A ★
Mark 263	13 31 40.8	+69 07 00		40	F	≤0.49	5 1904		25.4	0.45	0.35			347	G
ESO 270-G 17	13 31 48.0	−45 17 36	Im	74	F	45.15 2.79	0 829 8	158 4	6.1	6.6	2.1			373	B
					I	362.0 20.0	0 825 5	152 4		14.6	1.9			218	P
			Sdm	90	I	362.0 20.0	0 826 5	135	6.1	15.7	2.1			310	P ★
			Im		I	184.0 9.1	0 828 4	149 4	12.8					320	P ★
			Sdm	86	I	336.0 21.0	0 823 3	137 154 4		15.	2.			437	I ★
UGCA 363	13 31 48.0	+60 39 00	Im	38	F	0.94 0.24	0 2072 8	56 4	22.3	1.6	1.2			373	G
			Im		I	4.10	0 2066	57 4		1.6	1.3			515	G ★
NGC 5229	13 31 58.5	+48 10 16	SBc	87	I	24.7 1.1	0 363 5	126 151 4	7.6	3.31	0.69			377	E ★
			SBc	82	F	6.44 0.78	0 365 10	157 4	4.8	5.3	1.2			373	G
UGCA 364	13 32 00	−12 05	Im	48	I	4.5 0.72	0 1506 10	59 108 4		1.10	0.76			377	G
			Im		I		0 1500			2.2	1.4			373	G
UGC 8548	13 32 00	+31 41	SB		I	6.32	0 5017	204						421	A ★
IC 900	13 32 13.6	+09 35 35	Sc		I	6.7	1 7023 20	330	127.7	1.4	0.9			235	A ★
			Sc		I	5.1	0 7070	350	140.	1.4	0.95			28	A ★
			Sc	47	I	6.53 1.6	0 7062 20	350 4		1.6				188	G ★
			Sc	53	I	6.1	0 7073	353 383 4	73.4					505	A ★
NGC 5221	13 32 29.0	+14 05 15	Sb p		S	± 18.0	−400 − 3000			4.4	1.3			373	G
Anon 1332−45	13 32 30	−45 25	Im	81	M	8.13	0 827		12.8			61	104	544	P
UGC 8560	13 32 36	+31 39	Sb		I	10.64	0 4962	229						421	A ★
NGC 5238	13 32 42.6	+51 52 21		36	F	1.43 0.19	0 229	40 58 4	4.4	2.03	1.67			347	G
			SXdm	36	F	1.83 0.34	0 243 8	59 4	3.7	3.1	2.4			373	G
			SXdm	38	I	4.5 1.0	0 231 2	28 37 4	7.6	1.68	1.34			377	E ★
			SXdm		I	6.00	0 231	48 4		3.1	2.5			515	G ★
NGC 5227	13 32 54	+01 40	Sc	29	I	14.02 2.1	0 5254 10	278 4		1.9				188	A
UGC 8567	13 32 54	+27 54			S	± 4.0	400 − 7400							490	A
ESO 509-G 74	13 32 56	−23 49 06	Sc	85	I	± 9.0	−100 − 4600			3.2	0.7			466	E
ESO 383-G 35	13 33 02	−34 02 24	E	56	S	± 27.9	5 2323			0.9	0.5			538	P
NGC 5230	13 33 04.9	+13 55 48	Sc	28	I	11.2	0 6838	157 4	90.8	2.2				203	G ★
			Sc		I	≤3.0	0 − 6700			3.3				273	A
			Sc		I	10.35	0 6858	152 174 4		2.1	1.8			489	A ★
					I	18.4 1.6	0 6871 6	128						506	D ★
			Sc	31	I	8.84 2.70	0 6855 8	168 3		2.1	1.8			529	A ★
UGC 8577	13 33 06	+45 01	Sm		S	± 18.0	−400 − 3000			2.2	0.6			373	G ★
UGC 8575	13 33 15.0	+09 13 24		85	F	2.66	0 1161	125 160 4	14.9	3.9				213	G
			Im	80	F	3.59 0.67	0 1167 20	146 4	11.2	3.9	1.0			373	G
			Im		I	12.70	0 1162	143 4		3.9	0.8			515	G ★
UGC 8578	13 33 16.9	+29 28 12		65	M	0.0884 0.002	854 2	146 4	11.9	1.27	0.35			293	A ★
				83	F	0.60 0.08	0 858	58 97 4	11.3	1.27	0.35			347	A ★
					F	0.771 0.6	0 838 20	197 9	11.8					34	N ★
UGC 8588	13 33 38.0	+46 11 00	Sm		F	1.17 0.26	0 1447 10	39	30.7	2.4				89	G
					F	1.10 0.25	0 1447 8	53 4	15.5	2.2	2.2			373	G
			S		I	5.10	0 1447	56 4		2.3	2.3			515	G ★
ESO 444-G 78	13 33 42	−28 58 54	Im		S	± 18.0	−400 − 3000			2.5	1.2			373	B
			Im	68	I	3.0 0.4	0 570 4	22 42 4	6.9	1.30	0.54			377	E ★
NGC 5239	13 33 54	+07 38	SBbc p		S	± 18.0	−400 − 3000			3.2	3.0			373	G
UGC 8591	13 34 00	+16 20			I	≤1.0	3140 − 7000			1.3	0.2			327	A
UGC 8597	13 34 10.0	+46 27 06	SBd	32	F	3.82 0.54	0 2427 10	97	50.3	2.9				89	G
			SBd	33	F	3.42 0.55	0 2434 15	119 4	25.4	2.9	2.4			373	G
NGC 5236	13 34 10.2	−29 36 49	SXc	25	I	6.02 0.05	0 0 511 3	179 242 4		11.2	1.3			523	J ★
			Sc	44	F	468.0 27.0	509 8	267 286 4	4.0	26.			180	79	J ★
			Sc	13	M	19.0 1.0		220 282 4	8.9	14.6		320	45	175	O ★
			SXbc	46	I	1600 290.	0 530 15	160	3.6	20.	18.	230		87	H ★
			SXc	24	M	5.9 1.2	515 15		4.0	16.2		258	45	39	N ★
			SXc	44	M	4.1	505		3.0	30.	27.	119		274	P ★
			SXc		F	253.0 16.0	547	385 0						275	I ★
			Sc	24	I	392.8	0 518	236 4	6.7	11.7				320	P ★

203

Table 1 cont.

Name (1)	R.A. (2)	Dec. (3)	Type (4)	i (5)	HI-flux (6)	(7)	(8)	(9)	v (10)	(11)	(12)	Δv (13)	(14)	Dist (15)	a (16)	b (17)	Vmax (18)	Pos (19)	Ref (20)	(21)
NGC 5236			Sc	24	M	24.0		0	506		258	288	5	7.9	14.6		180	45	318	E ★
			Sc	46	M	6.0		0	660	30				4.					85	N
				40				1	340					5.			153	177	323	N P
								0	502	20									324	N
			SBc		M	4.15		0	517	4	165	198	4	6.92	14.1				385	E ★
				24										8.9					567	V ★
UGC 8598	13 34 15.7	+20 26 56	Sbc	89	I	2.87	0.71	0	4821	16	106	241	4	64.	1.7	0.2			327	A ★
			Sb		I	3.0		0	4909			447	5		1.7	0.2			488	A ★
UGCA 367	13 34 24	−11 35	SXd	31	F	2.34	0.57	0	2474	15		117	4	23.5	3.0	2.5			373	G
UGC 8601	13 34 24	+48 00			F	≤1.0		−400 − 3000											213	G
					S	± 18.0		−400 − 3000							1.8	0.9			373	G
UGC 8604	13 34 24	+66 33	SXc		S	± 18.0		−400 − 3000							2.5	2.0			373	G
UGC 8644	13 34 30	+07 39			S	± 4.0		400 − 7400											490	A
UGC 8602	13 34 30	+32 21			F	≤1.0		−400 − 3000											213	G
Anon 1334−27	13 34 31.8	−27 47 37	Im	40				1	585	20				5.6	1.4	1.1			528	P
			Im		I	28.0	5.0	0	590	5		90	4	5.	1.8	1.38			218	P
			Im	46	I	27.0	3.0	0	585	10	65			4.1	1.9	1.3			310	P
			Im	36	I	20.7	0.63	0	586	5	54	75	4	6.9	1.23	1.00			377	E ★
UGC 8605	13 34 36	+32 21			F	≤1.0		−400 − 3000											213	G
			S		I	3.78		0	3006		97								421	A ★
UGC 8608	13 34 42	+32 01	Sc		I	4.63		0	3006		218								421	A ★
UGC 8609	13 34 42	+33 48	S		I	3.45		0	7758		247								421	A ★
UGC 8611	13 34 48	+45 09	SXd	20	F	2.20	0.47	0	2640	20		185	4	27.4	2.5	2.3			373	G
UGC 8614	13 34 56.0	+07 53 53	Im	57	F	5.83	0.80	0	1053	10	153			20.2	5.4				89	G
			Im	59	F	6.38	0.89	0	1053	15		227	4	10.0	5.5	2.9			373	G
NGC 5248	13 35 02.4	+09 08 23	Sbc	42	I	95.2		0	1155			291	4	14.8	6.0				203	G ★
			Sc		M	3.9	0.3	0	1152	5		282	5	11.5	7.9	6.1			76	J ★
			Sbc	48	F	16.3	3.3		1125	20				15.1	7.6				22	N ★
			SBcd		I	77.0		0	2582	10	130								171	G ★
			SXbc		M	3.4	0.3	0	1143	8		274	5	11.5	7.9	6.1			76	K ★
			SXbc	41	F	20.96	2.60	0	1156	10		291	4	11.1	7.9	6.0			373	B
			Sbc	41	I	7.38		0	1183	10	267	288	4	22.8					416	E ★
			SXbc	42	I	94.0	14.1	0	1153	5	257	281	4		6.5				473	J ★
NGC 5251	13 35 05.2	+27 40 25	S p		I	≤0.73		5	11134					223.					28	A
NGC 5249	13 35 11.6	+16 13 33	S0		M	3.0		5	7709										300	A ★
NGC 5247	13 35 20.9	−17 37 50	Sbc	30	F	61.8		0	1354			157	4	16.1	5.1				203	G ★
			Sbc	28	F	1.8	1.4		1655	20				19.1	7.4	6.2			22	N ★
			Sc	25	F	15.75	1.42	0	1360	10		160	4	12.2	6.9	6.2			373	G
			Sbc	30	M	3.48		0	1355	20				14.9					324	N
			Sbc		I	56.6		0	1361	20		146	4						232	N ★
			Sbc	30	I	32.7	3.8	0	1356	5	130	147	4		5.4				473	J ★
DDO 180	13 35 32	−09 33	Sm		F	4.18	0.60	0	1300	10	71			24.1	3.2				89	G
					F	4.43	0.62	0	1300	8		110	4	11.8	3.5	3.5			373	G
UGC 8624	13 35 48.0	+18 38 37	Sbc	77	I	2.14	0.77	0	8010	8		431	3		1.0	0.3			529	A ★
UGC 8629	13 36 00	+08 42			F	≤1.0		−400 − 3000											213	G
NGC 5256	13 36 14.1	+48 31 53	Sa					5	8239						1.2	1.1			503	G
ESO 220-G 26	13 36 41.0	−48 02 53	Sc	57	I	48.0	10.0	0	2855	10	200			26.4	4.3	2.4			310	P
UGC 8636	13 36 54	+29 13	Sbc		I	2.32		0	9749		215								421	A ★
NGC 5254	13 36 58.5	−11 14 29	Sc	56	F	5.87	1.50	0	2315	20		346	4	21.9	4.5	2.6			373	G
			Sc	58	I	29.9	2.5	0	2310	5	331	362	4		3.2	0.8			523	J ★
UGC 8637	13 37 00	+06 25						0	6970										490	A
UGC 8639	13 37 00	+51 42			F	≤1.0		−400 − 3000											213	G
			Im	41	F	0.92	0.53	0	1708	15		134	4	18.3	2.5	1.9			373	G
Anon 1337−50	13 37 05	−50 53 24	Sbc	81	I	12.0	3.0	0	3632	20	454	481	4		1.9	0.5			550	P ★
NGC 5253	13 37 05.2	−31 23 21	Im		M	0.09	0.04	0	382	9		157	5	5.0	5.2	5.1			76	K ★
								0	407	20									42	N
			IBm p	70	M	0.3		0	409		76	100	4	4.7	3.5	1.4			226	P ★
			S0/a	70	F	12.0	2.0	0	380	10	101	128	4	4.	8.		100	40	49	N ★
			p	66	I	34.8	5.1	0	410	6		83	4	4.5	3.5				320	P ★
				69				1	229					5.				43	323	P
			IBm p	61	F	10.48	0.99	0	417	10		100	4	2.3	6.7	3.3			373	B
NGC 5257	13 37 20.9	+01 05 26			I	6.37		0	6881			270	5	75.9					518	G
					I	8.646		0	6798			535	4	94.4	1.8	0.8			562	A ★
NGC 5258	13 37 24.7	+01 05 10	Sb	45	M	13.20		0	6796	20				82.8					324	N
			S		I	8.977		0	6781		438	504	4		1.7	1.4			489	A ★
					I	5.36		0	6643			225	5	73.3					518	G
UGC 8647	13 37 30	+31 33						0	749										490	A
NGC 5266 A	13 37 31.0	−48 05 27	Sc												5.4	3.9			310	P
			Scd	43	I	50.2	5.6	0	2846	13		227	4	52.5	3.3				320	P ★
Zw 102-033	13 37 42	+15 11			I	≤1.0		3140 − 8550							0.6	0.2			327	A

Table 1 cont.

Name (1)	R.A. (2)	Dec. (3)	Type (4)	i (5)	(6)	HI-flux (7)	(8)	(9)	v (10)	(11)	(12)	Δv (13)	(14)	Dist (15)	a (16)	b (17)	Vmax (18)	Pos (19)	Ref (20)	(21)
UGC 8651	13 37 43.9	+40 59 25	Im	57	F	2.91	0.25	0	200	7	42			5.5	4.3				89	G
			Im	59	F	3.23	0.33	0	200	5		56	4	2.9	4.4	2.3			373	G
			Im	57	I	13.5	0.41	0	212	5	45	61	4		2.45	1.41			377	E ★
			Im		I	14.7		0	202			61	4	5.0	4.4	2.2			487	B
			Im		I	11.80		0	202			57	4		4.4	2.2			515	G ★
UGC 8659	13 38 42	+55 41	Im		S	± 18.0		−400 − 3000							1.8	1.6			373	G
UGC 8658	13 38 45.9	+54 35 08	Sc	50	I	22.23	2.2	0	2024	10		256	4		2.5				188	G ★
			SXbc	43	F	5.27	0.96	0	2035	10		246	4	21.7	3.5	2.5			373	G
NGC 5264	13 38 47.1	−29 39 39	Im		I	13.0	6.0	0	478	10		61	4	5.	3.6	2.77			218	P
			Im	26	F	4.96	0.61	0	484	20	79			6.7	3.0				89	B
			Im	42	I	17.0	3.0	0	474		48			3.0	3.6	2.8			310	P
			Im	26	F	2.74	0.38	0	478	8		55	4	3.0	3.0	2.6			373	B
			Im	27	I	12.3	0.53	0	480	5	30	53	4	6.9	1.78	1.60			377	E ★
				51	M	0.10		1	302			61	4	6.0	1.6	1.1			535	P
Mark 268	13 38 54.1	+30 37 48	Seyf2		I	0.51		0	11950		140			240.					28	A ★
			E	52	F	≤0.09		5	12287						0.43				154	A
UGCA 371	13 39 12	+43 32	Im		S	± 18.0		−400 − 3000							1.3	1.1			373	G
UGC 8670	13 39 30	+41 08	SXd		S	± 18.0		−400 − 3000							1.8	1.8			373	G
UGC 8668	13 39 33.0	+18 23 41	Sc	65	I	3.89	0.65	0	5441	16	104	261	4	72.	1.1	0.5			327	A ★
			Sc	63	I	4.79	1.85	0	5473	8		243	3		1.1	0.5			529	A ★
Mark 67	13 39 39.4	+30 46 17			I	0.83		1	1000	20	55			18.2					235	A ★
					F	0.10	0.05	0	962		68	81	4	12.9	0.27	0.24			347	A ★
					I	0.60		0	960			76	4		0.6	0.5			515	G ★
NGC 5283	13 39 41.4	+67 55 32	Seyf1	30	M	≤0.57			2697				4	38.0	1.35	1.23			293	G
			S0		I	≤0.8			2700										114	G
NGC 5279	13 39 47.5	+55 55 27	SBa					5	7603						1.0	0.7			503	G
			S0					5	7593										503	G
NGC 5278	13 39 47.5	+55 55 27	Sb					5	7569						1.1	0.3			503	G
NGC 5278/79	13 39 49.9	+55 55 23	Mult		I	1.71		0	7546			282	5	84.7					518	G
NGC 5273	13 39 55.1	+35 54 18	S0/a		M	≤0.053		1	1100		200			20.	2.8	2.3			27	A ★
			S0/a		I	≤0.64		6	1090					19.8	2.8	2.3			30	A ★
			S0/a		M	≤0.14		5	1022					14.5					134	A
			S0		I	≤3.12		5	1082	36					3.2	2.8			375	A
			S0/a		M	≤0.37			1022					14.6					131	G
			S0/a	29	I	≤3.6		5	1070	12				21.4	3.7	3.3			346	E
			S0		I	≤4.6		5	1022										232	N
			S0/a		I	≤1.2		5	1089						3.1	2.7			419	A
NGC 5266	13 39 56	−47 55	E4		M	17.5					520			60.8			170		540	P ★
UGC 8679	13 40 00	+38 47			F	≤1.0		−400 − 3000											213	G
UGC 8683	13 40 23.0	+39 54 26	Im		F	1.53	0.30	0	663	10	32			14.7	3.5				89	G
			Im		F	1.61	0.31	0	663	7		44	4	7.5	3.5	3.5			373	G
			Im		I	7.50		0	661			49	4		3.5	3.5			515	G ★
ESO 325-G 11	13 42 00.8	−41 36 55	Im		I	40.0	6.0	0	540	5		88	4	5.	3.6	1.8			218	P
			Im	66	I	40.0	6.0	0	543	5	58				3.4	4.4	2.0		310	P
			Im	65				1	543	20				5.3	3.2	1.6			528	P
UGC 8693	13 42 16	+35 26 37	S		I	7.797		0	2438		243	261	4		1.3	0.4			489	A ★
UGC 8696	13 42 51.4	+56 08 17	Pec		I	≤8.3			11460										114	G
			Pec		S	±			11180						2.0	0.4			515	G ★
			Pec		I	2.4	0.4	0	11124			220	4		1.2	0.3			503	G
Mark 68	13 42 59.3	+27 22 13			I	0.37		1	5230	20	35			95.1					235	A ★
NGC 5289	13 43 01.5	+41 45 11	Sbc	80	I	8.84		0	2516	15		400	5		1.9	0.5		100	158	G ★
			Sab	77	I	7.3		0	2525	5		353	4	26.4	2.0		181	100	402	W ★
			Sab		I	8.89		0	2522			401	4		3.4	1.0			515	G ★
NGC 5290	13 43 11.4	+41 57 48	Scd	81	I	10.23		0	2583	15		499	5		3.6	0.9		95	158	G ★
			SBbc p	75	F	2.89	1.59	0	2579	30		479	4	26.7	5.1	1.6			373	G
			Sbc	79	I	11.0		0	2571	5		450	4	26.4	3.4		229	96	402	W ★
			Sb	77	I	11.6	0.9	0	2581	6	444	473	4		3.7				473	J ★
			Sbc		I	10.50		0	2573			482	4		5.2	1.6			515	G ★
UGC 8705	13 44 11.0	+21 05 33	Sb		I	3.7		0	6941			427	5		1.1	0.6			488	A ★
NGC 5296	13 44 12	+44 05		45	S	± 10.0		3100 − 6600							0.9	0.65			384	G
UGC 8708	13 44 18	+07 38						0	6970										490	A
NGC 5297	13 44 19.0	+44 07 23	Sbc	79	M	1.70		0	2406	20				30.9					324	N
			SXb	81	F	12.25	1.64	0	2404	20		422	4	25.1	7.6	1.9			373	G
			SXbc	78	I	51.8		0	2411			462	5	25.0					417	G
			SXbc	78	I	53.8		0	2405			439	5						417	B
NGC 5301	13 44 21.4	+46 21 28	Sb		F	8.69			1495	30		352	4	20.1	4.63				309	N ★
								0	1523	75									42	N
			Sb	76	M	1.7	0.1	0	1510	15	321			16.	4.4			151	388	W ★
			Sb	77	M	3.5	3.5	0	1487	100				23.					35	N
			Sb	80	M	4.96		0	1490	20				19.7					324	N

Table 1 cont.

Name (1)	R.A. (2)	Dec. (3)	Type (4)	i (5)	(6)	HI-flux (7)	(8)	(9)	v (10)	(11)	(12)	Δv (13)	(14)	Dist (15)	a (16)	b (17)	Vmax (18)	Pos (19)	Ref (20)	(21)
NGC 5301			Sb	81	I	33.1	2.7	0	1507	3	312	332	4		5.5				473	J ★
			Sc		I	31.0	1.0	0	1503	5	306	334	4		3.2	0.8			484	E ★
			Sc		I	45.9	2.0	0	1502	5	306	333	4		3.2	0.8			484	E ★
			Sb		I	43.9	0.9	0	1515			340	4		4.2	0.8			503	G
NGC 5293	13 44 27.8	+16 31 20	Sc		I	6.9		1	5781	20	300			105.1	1.7	1.5			235	A ★
			Sc	40	I	6.18	0.3	0	5790	10		302	4		1.7				188	G ★
			Sc	34	M	6.71		0	5770	75				71.0					324	N
NGC 5291	13 44 34.3	−30 09 41	S0/a p		I	63.0	3.0	0	4386	10	630	710	4	85.					146	E ★
UGCA 373	13 44 42	+41 33	Im		S	± 18.0		−400	− 3000						1.3	0.8			373	G
UGC 8714	13 44 48.0	+60 37 12			F	0.98		0	2055		71	124	4	29.5	2.9				213	G ★
UGC 8716	13 44 48	+60 38	Pec	70	F	1.21	0.39	0	2063	15		128	4	22.2	2.0	0.7			373	G
UGC 8721	13 45 18	+40 36	SXdm		S	± 18.0		−400	− 3000						2.0	1.3			373	G
				50	S	± 5.0		3100	− 6600						1.2	0.8			384	G
NGC 5308	13 45 20.8	+61 13 25	S0		M	≤4.0			2039					29.					131	G
UGC 8720	13 45 21.2	+17 58 00	Sbc	60	I	3.47	1.32	0	7901	8		282	3		1.0	0.5			529	A ★
NGC 5303	13 45 34.7	+38 33 13	Pec	66	I	12.8	1.7	0	1416	16	165	220	4		1.0	0.45			384	G ★
UGC 8724	13 45 36	+37 59	SB	74	S	± 6.0		3100	− 6600						1.2	0.4			384	G
UGC 8726	13 45 36	+40 44	Scd		S	± 18.0		−400	− 3000						3.5	1.0			373	G
			Sc	85	I	12.2	1.5	0	2335	11	200	220	4		2.3	0.5			384	G ★
NGC 5305	13 45 42	+38 04	SBb	48	S	± 8.0		3100	− 6600						1.6	1.1			384	G
UGC 8728	13 45 43	+07 38 40	SB		I	5.873		0	6963		333	337	4		1.5	0.8			489	A ★
NGC 5300	13 45 44.3	+04 12 00						0	1174	10									359	G
			Sc	52	F	4.12	0.98	0	1179	10		232	4	11.2	5.4	3.4			373	G
			SXc	48	I	17.6	1.5	0	1168	10	208	237	4		3.9	0.7			523	J ★
IC 4327	13 45 52.5	−29 58 08	Sc	46	I	≤12.7		1100	− 4800						1.0				320	P ★
			Sc					0	5294	50									438	E
Anon 1346−48	13 46 00.0	−48 23 00	Sc	80				1	2930	20				38.9	2.2	0.7			528	P
ESO 325-G 25	13 46 01	−41 41 06			S	± 36.0		1700	− 5600										552	P
ESO 383-G 87	13 46 21.6	−35 48 44	Sdm	26	I	37.0	4.0	0	330	4	30				1.4	5.5	5.0		310	P
			Im		I	37.0	4.0	0	330	4		48	4	5.	6.7	5.58			218	P
			Im	40	F	7.16	0.58	0	330	10		59	4	1.4	7.0	5.4			373	B
Mark 275	13 46 25.4	+31 42 33			I	2.4		1	7940	20	280			144.4					235	A ★
				51	M	8.62	0.46		7907	4		171	4	106.0	1.32	1.32			293	A ★
Anon 1346−06	13 46 26	−06 57 26			I	2.8	0.7	0	7740		210								469	G ★
					I	1.6	0.4	0	7470		116								469	G ★
UGC 8733	13 46 30.0	+43 39 00	SBc	54	F	4.62	0.80	0	2345	30		215	4	24.5	3.9	2.3			373	G
					I	16.60		0	2335			211	4		3.9	2.3			515	G ★
NGC 5311	13 46 47.6	+40 14 00	S0/a	36	I	5.1	0.89	0	2645	17	390	425	4		2.7	2.2			384	G ★
UGC 8736	13 46 55.2	+39 44 48	S	67	S	± 9.0		3100	− 6600						1.4	0.6			384	G
UGC 8737	13 46 56.4	+68 20 17			I	13.9	0.9	0	1805			484	4		2.4	0.5			503	G
UGC 8739	13 47 01.7	+35 30 14			I	10.83		0	5032			497	4	72.8	2.0	0.4			562	A ★
UGC 8740	13 47 07.4	+04 29 11	SXab		S	± 18.0		−400	− 3000						3.0	2.8			373	G
ESO 221-G 06	13 47 16.0	−48 08 04			M	76.24		1	4013			140	4	80.3	1.9	1.9			535	P
Anon 1347−48	13 47 16.0	−48 08 04			M	6.26		1	2099			183	4	42.0	1.9	1.9			535	P
UGC 8742	13 47 28	+39 10			F	0.61		0	2264		79	99	4	31.3	2.8				213	G ★
			Im	28	F	1.09	0.40	0	2266	15		95	4	23.5	2.5	2.2			373	G
NGC 5322	13 47 35.1	+60 26 21	E		M	≤0.3								20.6					205	G
			E3		S	≤12.0		5	1902					27.					405	B
					S	± 14.0		5	1804										459	N
NGC 5313	13 47 36.6	+40 14 01	S		I	8.29		0	2537	25		501	5		1.6	0.9		40	158	G ★
			Sb	53	M	3.08		0	2540	20				32.4					324	N
UGC 8746	13 47 58.3	+18 24 13	S	69	I	3.75	0.94	0	7791	16	351	390	4	103.	1.0	0.4			327	A ★
			Sc	66	I	3.60	1.53	0	7811	8		365	3		1.0	0.4			529	A ★
NGC 5320	13 48 13.8	+41 36 56	Sc	59	F	5.94	1.17	0	2613	15		308	4	27.1	5.1	2.7			373	G
			SXc	58	I	28.5	2.3	0	2617	4	300	313	4		3.5	0.9			523	J ★
NGC 5318	13 48 23.4	+33 57 15	S0	52	S	≤3.0		5	4179										414	A ★
ESO 384-G 02	13 48 24.0	−33 34 22	Scd	62	I	76.0	7.0	0	1388	10	120			12.1	6.6	3.3			310	P ★
			SBd	56				1	1388	20				20.5	6.1	3.8			528	P
UGC 8755	13 48 30	+17 18			I	≤1.0		3140	− 7000						1.1	0.2			327	A
UGCA 374	13 48 30.0	+62 59 00	Im		F	0.67	0.24	0	2132	10		48	4	23.0	1.6	1.6			373	G
			Im		I	2.40		0	2135			44	4		1.6	1.6			515	G ★
IC 4336	13 48 36	+39 57	SBb	81	S	± 5.0		3100	− 6600						1.6	0.4			384	G
UGC 8760	13 48 40.2	+38 15 48	Im	73	F	3.6	1.3		206	20		40	9	5.3					20	N ★
			Im	71	F	2.33	0.28	0	189	7	38			5.5	3.5				89	G
			Im	74	F	2.44	0.29	0	189	7		45	4	2.7	3.5	1.1			373	G
			Im	69	I	9.6	1.1	0	191	2	29	45	4		2.24	0.89			377	E ★
			Im		I	12.9		0	191			53	4	4.6	3.5				487	B
UGC 8762	13 48 42	+24 19	Im		I	9.00		0	190			48	4		3.5	1.1			515	G ★
NGC 5326	13 48 42.5	+39 49 18	Sa	62	S	± 3.0		3100	− 6600						2.2	1.1			384	G

Table 1 cont.

Name (1)	R.A. (2)	Dec. (3)	Type (4)	i (5)	(6)	HI-flux (7)	(8)	v (9)	(10)	(11)	Δv (12)	(13)	(14)	Dist (15)	a (16)	b (17)	Vmax (18)	Pos (19)	Ref (20)	(21)
NGC 5326				59	S	±	2.9	1420	–	3420								137	555	W
Zw 190-067	13 48 48	+37 12		50	S	±	9.0	3100	–	6600					0.6	0.4			384	G
NGC 5325	13 48 48	+38 31		19	I	3.2	0.55	0	3370	10	81	103	4		0.95	0.9			384	E ★
IC 944	13 49 04.6	+14 20 07	Sab	72	I	1.98	0.76	0	6992	10		641	3		1.7	0.6			529	A ★
NGC 5324	13 49 29.1	–05 48 42	Sc	12	M	5.99		0	3050	20				36.4					324	N
			Sbc		F	6.03	0.80	0	3045	15		232	4	29.5	3.9	3.9			373	G
			Sbc	17	I	25.76	2.9	0	3043	5		234	4		2.5	2.4			466	G ★
			Sbc		I	32.6		0	3045	3				57.7	8.5				500	V ★
			Sc	12	I	23.7	1.9	0	3042	4	215	232	4		2.4	0.2			523	J ★
NGC 5324 A	13 49 29.1	–05 48 43	S	45	I	1.56	0.46	0	3245	10		75	4			0.5			466	G ★
					I	2.6		0	3245	10				57.7	1.0				500	V ★
NGC 5331	13 49 41.3	+02 21 07			I	5.236		0	9909			531	4	135.7	1.1	0.8			562	A ★
			Mult		I	4.722		0	9904		434	544	4		1.1	0.8			489	A ★
IC 946	13 49 42.0	+14 21 48			I	≤1.0		4700	–	8550					0.7	0.6			327	A
NGC 5342	13 49 48	+60 07			S	±	13.0	5	2208										459	N
IC 951	13 49 51.8	+51 13 32	Scd		S	±	18.0	–400	–	3000					2.2	2.2			373	G
UGC 8778	13 49 54	+38 19	S	90	S	±	8.0	3100	–	6600					1.3	0.22			384	G
IC 949	13 49 55.5	+22 46 00	Sb	72	I	3.29	1.98	0	8344	14		422	3		1.2	0.4			529	A ★
IC 948	13 50 00.1	+14 20 17	E		M	≤0.76		5	6912					125.	1.2				300	A
Anon 1350+39	13 50 12	+39 37			S	±	18.0	–400	–	3000									373	G
NGC 5337	13 50 15.3	+39 56 01	S	66	S	±	9.0	3100	–	6600					1.8	0.8			384	G
				63	S	±	3.1	1420	–	3420								20	555	W
NGC 5334	13 50 20.2	–00 52 05	SBc	38	F	6.90	1.03	0	1383	15		223	4	13.1	6.1	4.8			373	G
			SB	40	I	26.43	3.1	0	1379	5		266	4		4.5	3.5			466	G ★
			SBc	42	I	27.7	2.5	0	1380	4	205	240	4		4.4	0.7			523	J ★
				42				0	1390									15	555	A ★
NGC 5341	13 50 22.0	+38 03 43	S	67	I	6.18		0	3648	10		287	5		1.4	0.6		164	158	G ★
Mark 277	13 50 25.2	+64 37 06	Im	74	F	2.02	0.40	0	1775		132	182	4	25.8	0.72	0.27			347	G ★
UGC 8793	13 50 30	+38 56	Sc	76	S	±	6.0	3100	–	6600					1.9	0.6			384	G
UGC 8794	13 50 36	+21 10			S	±	4.0	2400	–	9400									490	A
UGC 8795	13 50 36	+37 45	Sc	85	I	8.4	1.1	0	2287	10	200	230	4		1.4	0.3			384	G ★
UGC 8798	13 50 42	+44 04	Sdm	59	F	2.50	0.50	0	2282	20		203	4	23.9	2.5	1.3			373	G
UGC 8799	13 50 48	+06 00			F	≤1.0		–400	–	3000									213	G
NGC 5338	13 50 55.5	+05 27 13	SB0	50	I	0.75		0	816			91	4	11.6	2.3	1.3			292	A ★
UGC 8801	13 51 00	–00 58		76	S	±	4.0	383	–	2383								101	555	A
UGC 8802	13 51 00	+35 58			S	±	4.0	3400	–	10400									490	A
NGC 5349	13 51 00	+38 08	SBb	79	I	6.1	0.85	0	3684	12	175	275	4		1.8	0.5			384	G ★
NGC 5346	13 51 00	+39 49	Sc	71	S	±	15.0	3100	–	6600					2.4	0.9			384	G
Anon 1350-82	13 51 00.7	–82 49 53	Scd		S			1	2451	20				30.3	2.1	2.1			528	P
			Scd	15	I	24.0	3.0	0	2451	8	192			22.2	3.5	3.4			310	P
NGC 5347	13 51 05.6	+33 44 16	Sbc		I	12.00		0	2386	20		144	5		1.7	1.4		130	158	G ★
UGC 8806	13 51 06	+38 28	Sb	81	I	13.2	1.6	0	3510	8	300	326	4		2.0	0.5			384	G ★
NGC 5350	13 51 15.1	+40 36 35	Sb	38	M	4.42		0	2198	35				28.2					324	N
			SBbc	37	F	7.11	1.15	0	2316	15		293	4	24.1	4.9	3.9			373	G
			SBb	39	I	29.9	2.5	0	2322	2	292	316	4		3.2				473	J ★
NGC 5351	13 51 18.9	+38 09 36	Sc	58	I	18.42		0	3630	15		480	5		2.9	1.6		100	158	G ★
								0	3611	15									359	G
			Sb	56	M	9.62		0	3605	35				45.4					324	N
			Sb	58	I	23.1	1.9	0	3378	4	420	445	4		3.1				473	J ★
NGC 5354	13 51 19.6	+40 33 00	S0	38	I	18.9	2.2	0	2304	7	266	301	4		2.5	2.0			384	E ★
NGC 5353	13 51 19.8	+40 31 47	S0	62	I	≤10.8		5	2297					24.4					417	G
			E/S0	51	I	17.6	2.1	0	2307	8	300	308	4		2.8	1.8			384	E ★
IC 4340	13 51 24	+37 38		0	I	10.6	1.7	0	3197	20	496	600	4		0.9	0.9			384	G ★
IC 4341	13 51 24	+37 46		0	I	11.7	1.4	0	1776	12	250	290	4		0.95	0.95			384	G ★
NGC 5352	13 51 27.8	+36 22 48	E/S0	34	S	±	9.0	3100	–	6600					1.2	1.0			384	G
UGC 8818	13 51 36	+05 36	Sbc	33	I	5.8		0	2196			188	4	21.7	1.0	0.9			292	A ★
NGC 5355	13 51 39.0	+40 35 00	Mult		I	17.5	1.2	0	2340		290	336	4						469	G ★
			S0	56	I	14.6	1.8	0	2313	10	289	305	4		1.2	0.7			384	E ★
UGC 8820	13 51 40	–01 11 29	Sa		I	31.73		0	6303		50	76	4		2.0	2.0			475	A ★
Zw 73-095	13 51 40.2	+13 50 06	SBc	49	I	2.08	0.39	0	6660	16	285	323	4	88.	1.2	0.8			327	A ★
NGC 5348	13 51 40.7	+05 28 19	Sb	81	I	15.4		0	1443			208	4	11.6	3.5	0.6			292	A ★
			Sb	81	F	3.12	0.58	0	1457	15		193	4	14.1	5.0	1.2			373	G
			SBbc	90	I	14.2	2.1	0	1451	4	181	198	4		3.6				473	J ★
UGC 8823	13 51 52.9	+69 33 19	S0		I	≤2.9			9220										114	G
NGC 5358	13 51 54	+40 31	S0/a	79	I	5.3	0.88	0	1547	15	220	300	4		1.3	0.35			384	G ★
UGC 8827	13 52 05.2	+15 17 22			I	1.294		0	5534			220	4	78.6	1.1	1.0			562	A ★
UGC 8828	13 52 06.0	+22 05 00	Sbc	71	I	2.76	0.84	0	8335	8		611	3		1.2	0.4			529	A ★
UGC 8830	13 52 12	+36 28	S	90	I	10.7	1.4	0	3310	13	308	350	4		1.1	0.2			384	G ★
NGC 5356	13 52 28.0	+05 34 45	Sb	73	I	4.4		0	1370			287	4	11.6	3.0	0.8			292	A ★
			Sb		S	±	18.0	–400	–	3000					4.4	1.4			373	G

207

Table 1 cont.

Name (1)	R.A. (2)	Dec. (3)	Type (4)	i (5)	(6)	HI-flux (7)	(8)	(9)	v (10)	(11)	(12)	Δv (13)	(14)	Dist (15)	a (16)	b (17)	Vmax (18)	Pos (19)	Ref (20)	(21)
NGC 5356			Sbc	74	M	0.30		0	1396	75				16.6					324	N
			SXbc	75	I	5.3	0.4	0	1374	7	268	305	4		3.2				473	J ★
			Sb		I	4.237		0	1370		276	293	4		3.0	0.8			489	A ★
NGC 5361	13 52 30	+38 41		52	S	±	7.0	3100	–	6600					0.95	0.6			384	G
NGC 5368	13 52 40.3	+54 34 33												7.0					9	E
UGC 8833	13 52 42.0	+36 05 00	Im	36	I	7.6	0.55	0	240	5	28	63	4		0.94	0.77			377	E ★
			Im		I	28.0		0	138			107	4	7.6	6.5				487	B
			Im p	35	F	1.27	0.23	0	225	5		38	4	3.0	1.9	1.4			373	G
			Im		I	5.30		0	225			45	4		1.9	1.5			515	G ★
NGC 5362	13 52 47.9	+41 33 32	Sbc	68	I	8.1	1.0	0	2166	10	258	272	4		2.4	1.0			384	E ★
UGC 8837	13 52 55.2	+54 08 58	IBm	70								100	4	7.3	6.5	2.7			216	G
			Im	70	F	5.11	0.3	0	139	2	60			7.0	6.5	2.7			9	E ★
			Im		M	0.63								4.					77	J
			SBm	70	I	19.0	2.0	0	142	4	91	109	4	4.6	6.5	2.7			254	J
			IBm	65	F	5.17	0.56	0	141	10	72			7.2	6.5				89	G
			SBm	60	M	0.40		0	142		61	105	4	7.2	6.5		75	225	376	E ★
			IBm	68	F	5.78	0.59	0	141	8		102	4	2.8	6.5	2.7			373	G
			Im		I	22.30		0	140			111	4		6.5	2.6			515	G ★
Mark 463	13 53 00	+18 18			I	0.20		0	15230	30		200	4						472	A ★
UGC 8840	13 53 00	+40 10		72	S	±	11.0	3100	–	6600					1.1	0.4			384	G
UGC 8841	13 53 00	+40 24	SBb	56	S	±	6.0	3100	–	6600					1.7	1.0			384	G
UGC 8839	13 53 01.0	+18 02 14	Im	39	F	5.65	0.65	0	965	10	99			19.4	4.6				89	G
			Im	40	F	5.87	0.67	0	965	10		115	4	9.7	4.8	3.7			373	G
			Im		I	22.40		0	957			109	4		4.8	3.4			515	G ★
NGC 5360	13 53 08.1	+05 13 41		55	I	0.84		0	1171			104	4	11.6	1.8	1.0			292	A ★
								0	1086	75									324	N
Anon 1353+25	13 53 12	+25 18 26	Mult		I	4.3	0.7	0	8760		330	677	4						469	A ★
Zw 46-005	13 53 16	+08 26	Sb	48	I	2.9		0	6762		244	272	4		0.6	0.4			543	A ★
NGC 5371	13 53 33.1	+40 42 23	Sb	40	M	2.8	1.2	5	2583	30				26.7	3.9	3.1			152	J ★
			Sbc	35	I	39.7		0	2557			417	4	35.4	4.2				203	G
			Sbc	34	M	7.37		0	2541	20				32.5					324	N
			SXb	34	I	26.4		0	2554					35.3	5.0	4.0	303	8	480	W ★
			SXb	53	I	30.1	0.3	0	2554	2				34.8	5.0	4.0	242	12	522	W ★
UGC 8849	13 53 36	+14 45			I	≤1.0		4700	–	8550					1.5	0.8			327	A
					I	1.40		0	6646			270	5	74.3					518	G
UGC 8851	13 53 36	+39 57	Sdm	76	I	7.1	0.88	0	1714	8	95	165	4		1.6	0.5			384	G ★
NGC 5363	13 53 36.3	+05 29 58		47	I	1.8		0	1136			605	4	11.6	5.5	3.5			292	A ★
			I0	47	I	1.53		0	1136			605	4						304	A ★
			I0					0	1125										203	G
			I0		I	≤8.6								22.2	6.4	4.5			382	G
			I0	47	F	0.44	0.10	0	1140	10		629	4	15.2	6.4	4.5			353	A ★
								0	1155	35									324	N
NGC 5376	13 53 37	+36 45	SXb					5	2064						1.7	1.0			503	G
					S	±	10.0	5	2064										459	N
			SXb		M	≤3.8			2077					27.5					131	G
IC 959	13 53 37.6	+13 44 55	Sbc	56	I	3.41	1.31	0	6869	8		474	3		1.8	1.0			529	A ★
UGC 8850	13 53 39.8	+18 36 40	Seyf1		I	≤0.24		5	15165					303.	0.75	0.45			28	A ★
			Sb		I	6.0	2.3		14702			160	1						114	G ★
NGC 5364	13 53 41.4	+05 15 33	Sbc	22	I	59.6		0	1235			299	4	11.6	7.2	5.5			292	A ★
			Sbc		I	23.7		1	1210		310			22.0	7.2	5.5			30	A ★
			Sbc	46	M	2.67		0	1235	20				14.7					324	N
			Sc		I	72.5		0	1240			293	4		7.2	5.5			151	A
			Sbc	46	I	73.3	10.9	0	1242	6	283	308	4		7.1				473	J ★
			Sbc		I	23.59		0	1242		277	299	4		7.2	5.5			489	A ★
UGC 8856	13 53 48	+30 20	Pec		S	±	18.0	–400	–	3000					2.5	0.6			373	G
UGC 8855	13 53 51.5	+24 44 17	Sa	90	I	2.15	0.80	0	8357	8		431	3		1.0	0.2			529	A ★
UGC 8858	13 54 00	+38 32	S/Irr	71	S	±	8.0	3100	–	6600					1.6	0.6			384	G
UGC 8861	13 54 06.4	+10 26 07	S	70	I	2.66	0.65	0	4907	16	210	247	4	65.	1.3	0.5			327	A ★
			Sm	67	I	2.85	1.65	0	4895	8		206	3		1.3	0.5			529	A ★
				70	I	2.4		0	4900		193	230	4		1.3	0.5			543	A ★
NGC 5377	13 54 18.0	+47 28 55	Sa	55	F	3.5	1.2	0	1784	30		445	4	22.1	4.3				53	N ★
			Sa	53	I	9.5	2.2	0	1796	10	372	388	5	37.7	4.7	2.9			346	G ★
			Sa		I	11.9		0	1800	20		380	4						232	N ★
			SBa	56	I	11.1		0	1785			437	5	19.0					417	G
NGC 5452	13 54 26.8	+78 27 56	SXd	38	F	2.54	0.57	0	2066	15		190	4	22.7	3.5	2.8			373	G
NGC 5389	13 54 29.2	+59 59 16	SX0/a		M	≤3.2			1835					27.5					131	G
			SX0/a		S	±	18.0	–400	–	3000					6.4	1.9			373	G
Zw 74-012	13 54 33.9	+11 06 39	Sdm	78	I	2.1		0	6876		268	304	4		1.2	50.3			543	A ★
NGC 5375	13 54 40.6	+29 24 26	SBab	39	F	2.39	0.60	0	2391	30		302	4	24.4	5.3	4.1			373	G
			Sb	40	I	13.0		0	2384			318	4	48.7	3.5	2.7		0	393	G ★

Table 1 cont.

Name (1)	R.A. (2)	Dec. (3)	Type (4)	i (5)	(6)	HI-flux (7)	(8)	(9)	v (10)	(11)	Δv (12)	(13)	(14)	Dist (15)	a (16)	b (17)	Vmax (18)	Pos (19)	Ref (20)	(21)
NGC 5375			Sb	40	I	13.4		0	2383			297	4	48.7	3.5	2.7		0	393	A
			SBab	30	I	15.2		0	2392			358	5	24.5					417	G
			SBb		I	13.2		0	2383			297	5		3.5	2.7			488	a★
			SBb		I	10.47		0	2387		285	308	4		3.5	2.7			489	A★
			SBb		I	12.70		0	2384			327	4		5.3	3.7			515	G★
NGC 5378	13 54 42.7	+38 02 30	SBa	42	I	11.1	1.3	0	2947	10	440	490	4		2.4	1.8			384	G★
NGC 5380	13 54 48.0	+37 51 10	S0	20	I	≤3.6		5	3059	70				61.2	2.7	2.7			346	E
			E/S0		I	≤1.26		5	3173						2.3				501	A
			S0	0	S	± 10.0		5	3017	70					2.0	2.0			384	G
UGC 8873	13 54 56.0	+24 30 00	Sc	79	I	3.73	1.34	0	8891	8		538	3		1.5	0.3			529	A★
NGC 5374	13 54 59	+06 20 21	SBbc	40	I	7.28	0.84	0	4361	11	286	330	4		1.8	1.6			547	A★
NGC 5474 CLA	13 55 00	+54 50	Other		M	0.05								4.6					254	J
NGC 5474 CLB			Other		M	0.05								4.6					254	J
NGC 5383	13 55 00.5	+42 05 27	SBb	40	I	22.0	1.7	0	2264	5	303	327	4	23.5	3.5	2.4	210	85	192	W★
			SBb		M	8.0		0	2250	15		350	1	47.					7	W★
			SBb		I	16.7	2.0	0	2264	6		332	4	50.	3.5		260		159	G★
								0	2268	10									359	G
			Sa		F	6.39	1.32	0	2165		309	346	4	29.7	3.55	3.09			347	G★
								0	2282	20									324	N
			SBb	30	I	27.8	2.4	0	2267	6	290	327	4		3.5				473	J★
IC 4351	13 55 02.2	-29 04 18	Sb	84	I	42.9	5.8	0	2657	38		571	4	49.8	4.4				320	P★
			Sb	86	F	12.50	2.01	0	2661	30		523	4	25.0	9.5	1.9			373	E
			Sb	83	M	13.65		0	2658	20				30.7					324	N
			Sc	85	I	45.3	1.1	0	2665	5	475	508	4		5.62	1.23			377	E★
			Sb	85	I	54.8	10.8	0	2672	4	473	500	4		5.6				473	J★
				84	M	49.59		1	2512			499	4	50.2	6.9	0.7			535	P
UGC 8877	13 55 06.0	+42 02 00	SBdm		I	1.7	0.2	0	2379	10	35	60	4	23.5					192	W★
			SBdm		M	0.9		1	2480					50.	1.3				159	G
			SBdm						2379						2.2	1.8			515	G★
UGC 8879	13 55 21.3	+26 00 54	Sc	83	I	3.14	1.07	0	8592	8		496	3		1.6	0.3			529	A★
UGC 8878	13 55 21.7	+10 07 01	Sb	40	I	2.3		0	6834		116	173	4		1.0	0.8			543	A
			SBb	22	I	2.484		0	6833			173	4		1.91				64	A★
			Sc		I	3.62		0	8596			496							421	A★
UGCA 377	13 55 24	+43 09	Im		S	± 18.0		-400	-	3000					1.7	1.7			373	G
UGC 8887	13 55 42.0	+20 38 33	Sbc	66	I	3.35	1.37	0	8303	10		429	3		1.2	0.5			529	A★
NGC 5384	13 55 43	+06 45 38	S0	66	S	± 1.25		5	5103						1.8	0.8			547	A
NGC 5382	13 55 45	+06 30 03	S0	45	S	± 1.20		5	4312						1.8	1.3			547	A
UGC 8889	13 55 45.1	+22 02 17			S	± 4.0		400	-	7400									490	A
			Sa	64	I	4.22	1.59	0	8429	8		426	3		1.7	0.8			529	A★
NGC 5387	13 55 55	+06 18 46	Sc	90	I	8.363	0.96	0	5220	9	368	399	4		1.6	0.25			547	A★
			Sc	90	I	7.427	0.86	0	5218	6	371	416	4		1.6	0.25			547	A★
UGC 8892	13 56 00	+57 15	Im	41	F	2.84	0.50	0	1748	15		116	4	19.0	3.7	2.8			373	G
Anon 1356+25	13 56 05.4	+25 47 25		90	M	1.60	0.10		2597	3		219	4	35.0	0.93	0.22			293	A★
UGC 8893	13 56 06	+36 54	SXc	46	I	11.0	1.3	0	3691	10	125	165	4		1.4	1.0			384	G★
UGC 8894	13 56 06	+63 42			F	≤1.0		-400	-	3000									213	G
			Sm	49	F	1.74	0.62	0	1771	20		144	4	19.4	3.4	2.2			373	G
UGC 8896	13 56 09	+07 27 33	S		I	5.871		0	4401		290	304	4		1.5	0.2			489	A★
NGC 5394	13 56 25.2	+37 41 51	Sb p		I	5.0		0	3357	20		396	4		1.9	0.8			78	A★
NGC 5395	13 56 29.7	+37 40 05	Sb p		F	7.0	0.7	0	3459	24				51.	4.0		365		60	N
			Sb p	56	I	32.0		0	3490			454		35.	4.3				273	A
			Sb p		S	± 18.0		-400	-	3000					4.4	2.1			373	G
			Sb	57	M	8.51		0	3505	75				44.2					324	N
			Sbc p		I	16.0		0	3445	20		606	4		3.0	1.3			78	A★
			Sb	57	I	24.5		0	3544			724	5	36.0	3.1				417	G
			Sb	58	I	22.7	1.8	0	3492	10	539	633	4		3.0	1.3			473	J★
			Sb	67	I	51.4	5.8	0	3459	9	470				3.0	1.3			384	G★
Zw 191-025	13 56 30	+34 46 01			S	± 1.85		400	-	7200									547	A
UGC 8899	13 56 34.8	+22 15 43	Sc	67	I	12.19	6.00	0	2857	8		212	3		1.3	0.5			529	A★
UGC 8904	13 56 42	+26 21			S	± 4.0		1400	-	8400									490	A
Zw 74-025	13 56 48	+10 23			S	± 4.0		4000	-	7700									543	A
Anon 1357-48	13 57 00.0	-48 02 00	Sc	90				1	2869	20				38.1	2.4	0.4			528	P
UGC 8910	13 57 06	+17 43			S	± 4.0		2400	-	9400									490	A
UGC 8911	13 57 18	+28 19	Sc		I	2.77		0	10940			305							421	A★
UGC 8913	13 57 18	+39 02	Sc	80	S	± 9.0		3100	-	6600					1.5	0.4			384	G
NGC 5399	13 57 21	+35 00 55	S	79	I	3.322	0.42	0	3677	12	401	431	4		1.3	0.35			547	A★
UGC 8914	13 57 24	+52 36			F	≤1.0		-400	-	3000									213	G
			Im		S	± 18.0		-400	-	3000					1.7	1.7			373	G
Anon 1357-50	13 57 28.0	-50 47 43	Im	38	I	≤60.0									2.8	2.2			310	P
UGC 8915	13 57 30	+26 28			F	≤1.0		-400	-	3000					1.6	0.3			213	G
NGC 5401	13 57 32	+36 28 51	Sa	90	S	± 8.0		3100	-	6600									384	G

209

Table 1 cont.

Name (1)	R.A. (2)	Dec. (3)	Type (4)	i (5)	(6)	HI-flux (7)	(8)	(9)	v (10)	(11)	Δv (12) (13)	(14)	Dist (15)	a (16)	b (17)	Vmax (18)	Pos (19)	Ref (20)	(21)
NGC 5401			Sa	90	I	1.119	0.36	0	3726	6	115 195	4		1.6	0.3			547	A ★
UGC 8917	13 57 36	+40 37	Sc	90	I	9.6	1.4	0	3765	17	210	4		1.8	0.2			384	G ★
ESO 271-G 10	13 57 39.0	−45 10 36	Sc	40	I	≤7.8		5	1456					2.5				320	P ★
			SBc	26	F	3.12	0.69	0	1502	20	155	4	13.0	4.0	3.5			373	B
NGC 5403	13 57 44	+38 25 30	SBb	76	I	27.8	2.2	0	2745	4	493 523	4		3.2				473	J ★
			Sb		S	± 18.0			−400 − 3000					4.6	1.1			373	G
			Sb	85	I	24.6	2.9	0	2740	10	485 516	4		3.2	0.7			384	E ★
UGC 8918	13 57 46.3	+09 12 35	S	72	I	5.837		0	4106		338	4		2.1				64	A ★
			Sc	89	I	4.83	0.61	0	4121	16	295 329	4	54.	1.7	0.3			327	A ★
			Sbc	90	I	6.0		0	4096	8	339	4		2.0				328	A ★
								0	4100	4	308 328	4						150	A ★
			S		I	6.603		0	4100		306 327	4		1.7	0.3			489	A ★
			S		I	6.60		0	4089		356	4		2.7	0.5			515	G ★
			Sbc	90	I	5.5		0	4096		316 339	4		1.7	0.3			543	A
					I	0.70		0	3655		61	4						515	G ★
Zw 74-032	13 57 47.9	+09 31 51	Sc		I	≤3.0		5	6035				60.4					64	A
			Sc	78	I	≤2.4			3600 − 10200					1.0				328	A
			Sc	78	I	≤6.0			200 − 3600					1.0				328	A
			Sbc		S	± 1.9			4000 − 7700					0.7	0.2			543	A
UGC 8920	13 57 54	+13 12			I	≤1.0			3140 − 7000					1.2	0.4			327	A
Zw 74-035	13 58 02.5	+08 53 30	Sc	69	I	3.389		0	4363		620	4		1.56				64	A ★
			Sc	90	I	2.4		0	4609	15	258	4		1.3				328	A
			Sc	90	I	2.7		0	4609		223 258	4		1.1	0.1			543	A ★
UGC 8923	13 58 06	+38 44	S0/a	81	I	10.1	1.4	0	4911	18	465 500	4		1.2	0.3			384	G ★
ESO 445-G 89	13 58 11	−30 05 12	SXd		F	5.56	0.69	0	2594	15	187	4	24.3	4.5	4.5			373	B
			Sc	21	I	22.6	0.69	0	2583	5	152 171	4		2.40	2.24			377	E ★
				47	M	10.59		1	2415		160	4	48.3	2.5	1.7			535	P
				35	M	18.87		1	2421		175	4	48.4	2.5	1.7			535	P
NGC 5406	13 58 13.8	+39 09 23	Sc	41	I	6.3	0.74	0	5416	11	385 455	4		2.1	1.6			384	G ★
NGC 5398	13 58 23.0	−32 49 04		66	M	3.55		1	1035		123	4	20.7	2.5	1.0			535	P
			SBdm p	62	F	5.99	0.71	0	1226	15	137	4	10.5	4.5	2.2			373	B
ESO 510-G 40	13 58 31.0	−25 57 22		50	M	15.13		1	2934		245	4	58.7	1.3	0.8			535	P
NGC 5405	13 58 40	+07 56 37	S	0	I	4.797	0.57	0	6910	11	104 162	4		0.9	0.9			547	A ★
NGC 5405 ?	13 58 41	+07 43 24			I	1.9		0	7113		299 324	4		1.1	0.4			543	A ★
UGC 8927	13 58 41.2	+07 43 23		72	I	1.9		0	7113		299 324	4						543	A ★
NGC 5407	13 58 43.9	+39 23 50		46	S	± 9.0			3100 − 6600					1.4	1.0			384	G
UGC 8932	13 58 48	+41 15	Im	72	I	13.8	1.6	0	3732	6	320 380	4		1.1	0.4			384	G ★
NGC 5410	13 58 49.9	+41 13 40	SB	62	I	9.0	1.1	0	3721	9	235 270	4		1.6	0.8			384	G ★
UGC 8931/32	13 58 49.9	+41 13 40	Mult		I	11.9		0	3737		278	5	44.4					518	G
Zw 74-039	13 58 50.4	+10 21 35	Sc		I	≤3.0		5	6035				60.4					64	A
			Sc	36	I	2.8		0	6844	6	272	4		1.8				328	A ★
			Sb	35	I	2.5		0	6844		253 272	4		1.1	0.9			543	A
UGC 8934	13 58 54.4	+10 43 16	Sc		I	≤3.0			6035				60.4					64	A
			Sc	58	I	≤1.6			3600 − 10200					1.5				328	A
			Sc	58	I	≤4.0			200 − 3600					1.5				328	A
			Sd	56	I	2.90	1.02	0	10242	8	382	3		1.0	0.6			529	A ★
			Sc		S	± 1.9			4000 − 7700					1.0	0.5			543	A
NGC 5422	13 58 56.4	+55 24 25											7.0					9	E
			S0/a	77	I	≤9.7		5	1961	43			39.2	3.4	1.0			346	E
			S0/a	77	I	≤3.5		5	1961	43			39.2	3.4	1.0			346	E
			S		S	± 18.0			−400 − 3000					5.0	1.1			373	G
Anon 1358−11	13 58 59	−11 20 10	E		S	≤12.2.		5	7690									356	G
UGC 8936	13 59 00	+49 38			F	≤1.0			−400 − 3000									213	G
			Im		S	± 18.0			−400 − 3000					2.2	1.7			373	G
NGC 5430	13 59 08.4	+59 34 12	SBb		I	10.1	1.1	0	2960		420	4		2.3	1.6			503	G
NGC 5409	13 59 18.0	+09 43 53	SXb	39	I	4.932		0	6256		361	4		2.73				64	A ★
			Sb	51	I	5.9		0	6259	5	363	4		2.4				328	A ★
			Sb	52	I	4.8		0	6259		341 363	4		1.7	1.1			543	A
Zw 74-045	13 59 23.7	+09 01 35	Sb	26	I	2.774		0	6071		185	4		1.37				64	A ★
			Sc	34	I	3.4		0	6066	6	221	4		1.1				328	A ★
Anon 1359+09	13 59 27.9	+09 53 41	Sc	35	I	3.3		0	6066		183 221	4		0.6	0.5			543	A
			Scd		I	≤3.0		5	6035				60.4					64	A
Zw 74-048	13 59 30	+09 47			S	± 4.0			4000 − 7700									543	A
NGC 5421	13 59 31.0	+34 03 45			I	2.22		0	7659		282	5	85.5					518	G
NGC 5414	13 59 35.7	+10 10 08	Pec	39	I	6.067		0	4279		322	4		1.86				64	A ★
Anon 1359+09a	13 59 38.4	+09 18 01	Im		I	≤3.0		5	6035				60.4					64	A
Anon 1359+09b	13 59 40.1	+09 48 25	Im		I	≤3.0		5	6035				60.4					64	A
UGC 8945	13 59 42	+37 15	S0/a	44	I	10.1	1.2	0	6460	14	325 353	4		1.1	0.8			384	G ★
NGC 5416	13 59 43.4	+09 40 48	Sc	50	I	3.998		0	6240		361	4		2.39				64	A ★
			Sc	60	I	3.3		0	6230	6	347	4		2.1				328	A ★

Table 1 cont.

Name (1)	R.A. (2)	Dec. (3)	Type (4)	i (5)	(6)	HI-flux (7)	(8)	(9)	v (10)	(11)	(12)	Δv (13)	(14)	Dist (15)	a (16)	b (17)	Vmax (18)	Pos (19)	Ref (20)	(21)
NGC 5416			Sc	60	I	4.3		0	6245		352	383	4		1.5	0.8			543	A ⋆
NGC 5417	13 59 44	+08 16 42	Sa		S	±	1.5	5	4817						1.5	0.6			543	A
NGC 5418	13 59 48	+07 55 27	SB	62	I	2.033	0.36	0	4593	10	318	362	4		1.1	0.55			547	A ⋆
			S		S	±	4.0	4000	–	7700									543	A
UGC 8948	14 00 04.5	+09 19 09	SBb	51	I	6.551		0	6018			378	4		2.33				64	A ⋆
			SBb	64	I	4.64	0.91	0	6003	16	367	413	4	80.	1.5	0.7			327	A ⋆
			Sb	65	I	5.7		0	5992	11		368	4		2.0				328	A ⋆
								0	6012	4	343	385	4						150	A ⋆
			SBb		I	7.037		0	6011		340	386	4		1.5	0.7			489	A ⋆
			SBb		I	7.50		0	5975			449	4		2.5	1.3			515	G ⋆
			Sb	64	I	5.1		0	5992		321	368	4		1.5	0.7			543	A
Zw 74-056	14 00 06.6	+09 21 30	S	51	I	1.54	0.49	0	5684	16	295	387	4	75.	1.1	0.7			327	A
			Sc p	79	I	≤2.3		3600	–	10200					1.4				328	A
			Sc p	79	I	≤6.0		200	–	3600					1.4				328	A
			Sb		S	±	2.4	4000	–	7700					1.1	0.3			543	A
UGC 8950	14 00 14.1	+09 24 12	Sc	79	I	2.101		0	5864			206	4		1.45				64	A ⋆
			Scd	90	I	2.2		0	5854	22		299	4		1.5				328	A ⋆
			Scd	90	I	2.1		0	5867		180	223	4		1.2	0.1			543	A ⋆
ESO 325-G 46	14 00 15.0	-41 08 00		55	M	0.57		1	-298			112	4	6.0	1.7	1.0			535	P
				55	M	0.68		1	-303			113	4	6.0	1.7	1.0			535	P
			Im	55	F	15.23	1.01	0	510	8		114	4	3.2	4.5	2.7			373	B
			Im	52	I	59.2		0	508			90	5	4.2	2.6				486	I ⋆
UGC 8953	14 00 16.6	+18 45 47	Sa	90	I	2.36	1.09	0	7069	8		459	3		1.3	0.2			529	A ⋆
UGC 8951	14 00 22.2	+09 01 07	Sc	73	I	1.885		0	5872			266	4		1.53				64	A ⋆
			Sc	90	I	2.4		0	5858	23		290	4		1.4				328	A ⋆
			Sc	80	I	2.3		0	5882		276	318	4		1.1	0.2			543	A ⋆
NGC 5433	14 00 24.0	+32 44 59	Sm	87	I	5.989	0.70	0	4370	7	385	427	4		1.7	0.35			547	A ⋆
					I	5.369		0	4352			395	4	63.9	1.7	0.4			562	A ⋆
Zw 74-061	14 00 25.1	+09 07 54	Sa	42	I	≤1.3		3600	–	10200					0.8				328	A
			Sa	42	I	≤3.5		200	–	3600					0.8				328	A
			Sc		I	≤3.0		5	6035					60.4					64	A
			Sa		S	±	2.3	4000	–	7700					0.4	0.3			543	A
UGC 8955	14 00 26	+35 05 46	S	68	S	±	3.57	400	–	7200					1.2	0.5			547	A
UGC 8957	14 00 26.6	+24 04 54	Sm	43	I	2.34	1.16	0	4821	8		180	3		1.1	0.8			529	A ⋆
NGC 5443	14 00 28.0	+56 03 21			F	≤1.0		-400	–	3000					7.0				9	E
			SBb		S	±	18.0	-400	–	3000					4.8	1.8			373	G
NGC 5424	14 00 28.2	+09 39 38	S0		I	≤3.0		5	6035					60.4					64	A
NGC 5431	14 00 39.1	+09 36 10	Sb	38	I	≤1.1		6	5723						1.0				328	A
			Sd		I	≤3.0		5	6035					60.4					64	A
			Sa	40	S	±	1.9	5	5725						0.5	0.4			543	A
Anon 1400+54	14 00 40.2	+54 08 58			I	14.00		0	165			90	4						515	G ⋆
UGC 8962	14 00 42	+39 22	SB	23	I	4.2	0.60	0	5907	12	170	260	4		1.3	1.2			384	G ⋆
UGC 8959	14 00 42.6	+69 06 54		39	F	0.47		0	448		45	62	4	8.5	3.0				213	G ⋆
					S	±	18.0	-400	–	3000					2.9	2.3			373	G
			S		S	±			453						2.9	2.3			515	G ⋆
NGC 5426	14 00 47.7	-05 49 47	Sc p	58	M	9.0		0	2625	20		430	4	26.	4.0				160	G ⋆
			Sc p	58	I	43.8			2618			417	4	33.8	2.5				203	G ⋆
UGC 8961	14 00 48.1	+28 16 17	Sb	90	I	3.65	0.87	0	4616	8		431	3		1.5	0.3			529	A ⋆
NGC 5427	14 00 48.6	-05 47 27	Sc p	22											3.9				160	G ⋆
NGC 5440	14 00 50.5	+34 59 46	Sa					0	3000						5.0	2.7			373	G
			Sa	60	M	12.6		0	3689		618	625	4	75.					450	A ⋆
			Sa		I	9.516		0	3689		610	625	4		3.2	1.6			489	A ⋆
NGC 5434	14 00 54.9	+09 41 13	Sc	0	I	6.887		0	4633			28	4		3.11				64	A ⋆
			Sc	0	I	9.5		0	4634	10		64	4		2.9				328	A
								0	4638	4	38	67	4						150	A ⋆
			Sc	5	M	17.14			4638		32	59	4						435	A ⋆
			Sc		I	8.48		0	4638		33	61	4		1.8	1.8			475	A ⋆
			Sc		I	5.70		0	4641			63	4		2.9	2.9			515	G ⋆
			Sc	0	I	7.8		0	4634		43	64	4		1.8	1.8			543	A ⋆
NGC 5448	14 00 55.9	+49 24 46	Sa	62	F	4.6	1.6	0	2023	20		445	4	23.9	3.7				53	N ⋆
			Sa		F	12.25			2050	15		473	4	27.3	5.68				309	N ⋆
			Sa	60	I	25.4	1.6	0	2025	10	402	426	5	42.4	4.3	2.3			346	G ⋆
			Sa	63	I	26.6		0	2021	8					5.8		228	115	509	W ⋆
			SXa		I	26.4	0.4	0	2019			436	4		4.3	2.0			503	G
UGC 8967	14 00 59.3	+09 42 23	Sbc	72	I	8.402		0	5642			383	4		2.17				64	A ⋆
			Sc	90	I	9.4		0	5632	5		392	4		2.1				328	A ⋆
			Sc	90	I	8.5		0	5646		370	392	4		1.8	0.3			543	A ⋆
UGC 8975	14 01 09.9	+38 46 18	S	65	S	±	8.0	3100	–	6600					1.1	0.5			384	G
IC 971	14 01 12	-09 54						0	3316	10									359	G

211

Table 1 cont.

Name (1)	R.A. (2)	Dec. (3)	Type (4)	i (5)	(6)	HI-flux (7)	(8)	(9)	v (10)	(11)	(12)	Δv (13)	(14)	Dist (15)	a (16)	b (17)	Vmax (18)	Pos (19)	Ref (20)	(21)
UGC 8972	14 01 12	+11 37			I	≤1.0			3140 – 8550						1.4	0.7			327	A
					S	±	4.0		4000 – 7700										543	A
Zw 74-073	14 01 12	+11 38			S	±	4.0		4000 – 7700										543	A
NGC 5444	14 01 14.8	+35 22 18	E/S0		I	≤0.72		5	3974						2.8				501	A
NGC 5445	14 01 21.8	+35 15 52	S0	68	S	±	1.69	5	3901						1.7	0.7			547	A
UGC 8978	14 01 23.1	+15 58 00	Sb	81	I	2.10	0.96	0	6888	8		307	3		1.1	0.3			529	A ★
UGC 8977	14 01 24.0	+15 38 54	Sc	54	I	4.55	1.41	0	5262	8		292	3		1.2	0.7			529	A ★
NGC 5457	14 01 26.6	+54 35 25	SXcd		I	304.3	2.3	0	242			210	4		28.0	28.0			503	G
			Scd		I	1765		0	238		156	190	4		28.	28.			183	G ★
			SXcd	27	F	422.0	19.0		239	4	156	200	4	4.6	25.			38	79	J ★
			Scd		I	301.7			249	9	154	187	4	7.9	28.				80	G ★
			Scd	12	I	1398	100.	0	233	4	136	189	4						204	D ★
			Scd	12	I	1597	130.	0	233	4	135	193	4						204	D ★
			Sc	18	F	463.0	46.0	0	240	3	147	188	5	7.2	28.	28.			123	E ★
			Sc	20										7.2	14.0		260		116	E ★
				27	I	3900								3.9	28.	28.			165	H
			Sc	27	I	3620		0	268	5	120			3.5	28.	28.	130		87	H
			Sc		I	1600								7.2					6	W ★
			SXcd	27	M	5.0		1	225					3.5	28.	28.	180		105	N ★
			Sc	27	M	2.98		0	240	3				2.6	28.	28.	176		215	D ★
				27	I	1650			240	10	50	168	4	3.44			180	35	176	O ★
			Sc		M	6.0								7.					8	W ★
			SXcd		M	40.0		0	266		120	165	4	7.2			120		25	J ★
			Scd		M	8.0								4.					77	J
			SXcd	22	M	18.5		0	240	5				6.9			202	35	177	O ★
			SXcd	18	I	1790	090.	0	238	3	155	183	4	4.6	28.	28.			254	J ★
			Sc	18					243	1				7.2				39	283	W ★
			Sc	27	M	3.0		3	253	3				2.6					282	D ★
			SXcd	27	M	14.0			268					4.	28.	28.	240		362	H ★
			Scd												14.				351	G ★
			Sc	27					235					4.6	24.6	23.4			365	O ★
			SXcd		F	371.6	10.22	0	231	7		200	4	3.8	28.0	28.0			373	B
			Scd		M	13.5								4.					85	N
			SXcd	30	I	299.3		0	235			224	5	3.8					417	G
			SXcd	30	I	905.4		0	231			231	5	3.8					417	B
			SXcd	30	I	299.3		0	235			224	5	3.8					417	G
			SXcd	30	I	905.4		0	231			231	5	3.8					417	B
			Sc		I	338.5		0	238			191	4		28.0	28.0			515	G ★
NGC 5457/74			Mult		I	1883		0	247										183	G ★
UGC 8980	14 01 30.2	+39 17 32	SBb	25	I	11.1	1.4	0	1496	10	100	250	4		1.1	1.0			384	G ★
UGC 8979	14 01 33.7	+06 43 20	Sbc	90	I	4.68	1.52	0	7436	8		394	3		1.3	0.1			529	A ★
UGC 8984	14 01 38.0	+35 58 56	S	83	S	±	2.27	5	3829						1.3	0.3			547	A
UGC 8987	14 01 54	+16 34	SBm		S	±	18.0		−400 – 3000						5.3	1.1			373	G
ESO 510-G 59	14 01 57	−24 35 18	SBcd	29	F	8.82	1.03	0	2337	15		195	4	21.9	3.5	3.0			373	E
				68	M	19.41		1	2179			185	4	43.6	4.5	1.7			535	P
Anon 1402+33	14 02 02	+33 34 01	Mult		I	1.2	0.2	0	8100		350								469	A ★
			Mult		S	±	4.6		7200 – 9300										469	G
UGC 8998	14 02 11.7	+26 02 03	Sc	79	I	1.18	0.64	0	9922	8		350	3		1.0	0.2			529	A ★
IC 4366	14 02 12	−33 32						0	4613	15									359	B
UGC 9002	14 02 15.7	+12 57 33	Sm	32	I	1.36	1.11	0	4093	8		135	3		1.3	1.1			529	A ★
UGC 8994	14 02 18	+00 23	Sc	62	I	2.90	1.5	5	7424	20		250	4		1.0				188	G ★
UGC 8996	14 02 18.5	+14 31 07	Sc	90	I	6.8		0	7201	10		518	4		1.7	0.2			78	A ★
			Sc		I	6.064		0	7185		418	442	4		1.7	0.2			489	A ★
			Sc	86	I	4.47	1.10	0	7184	8		432	3		1.7	0.2			529	A ★
NGC 8995	14 02 19	+09 02 24			I	8.4		0	1229		161	180	4		2.3	1.2			543	A ★
			SXdm	58	F	2.26	0.49	0	1233	15		164	4	12.1	3.5	1.9			373	G
UGC 8999	14 02 22.6	+29 26 24	Sc	37	I	2.80	1.43	0	5708	8		77	3		1.0	0.8			529	A ★
UGC 9000/01	14 02 26.4	+11 02 24	Mult	89	I	2.41	1.32	0	5516	16	584	601	4	73.	1.1	0.1			327	A ★
UGC 9006	14 02 31.5	+00 10 27	S0		I	4.0		0	7600			364	3		1.3	0.7			488	A ★
			Sc	61	I	4.2		0	7591		323	405	4						505	A ★
UGC 9008	14 02 36	+11 15						0	4346										490	A
UGC 9007	14 02 38.0	+09 34 41	Sdm	27	I	1.55		0	4600			85	4		1.91				64	A ★
								0	4620	4	38	57	4						150	A ★
			Sm	10	M	2.91			4620		36	56	4						435	A ★
			Sdm		I	1.429		0	4619		40	55	4		1.0	0.8			489	A ★
			Sdm		I	1.60		0	4615			57	4		1.7	1.4			515	G ★
			Sd	40	I	1.2		0	4585		62	148	4		1.0	0.8			543	A ★
UGC 9009	14 02 42.5	+16 00 40	Sc	73	I	3.18	1.38	0	6401	8		291	3		1.0	0.3			529	A ★
Zw 74-093	14 02 48	+09 52			S	±	4.0		4000 – 7700										543	A
NGC 5473	14 02 58.9	+55 07 51	SX0		M	≤0.46			2044					29.3					131	G

Table 1 cont.

Name (1)	R.A. (2)	Dec. (3)	Type (4)	i (5)	HI-flux (6) (7) (8)	v (9) (10) (11)	Δv (12) (13) (14)	Dist (15)	a (16)	b (17)	Vmax (18)	Pos (19)	Ref (20)	(21)
NGC 5473			S0		I ≤5.4	5 2006							232	N
UGC 9010	14 03 00	+31 02				0 7331							490	A
Anon 1403+09	14 03 07.9	+09 09 14	Im	25	I 3.777	0 7044	138 4		1.53				64	A ★
NGC 5474	14 03 15.3	+53 54 05	Scd		I 117.4	0 279	60 5		7.2	6.8			183	G ★
			Scd p	20	F 29.0 3.0	0 275 2	41 54 5	7.2	7.2	6.8			123	G ★
			Scd p	20	I 81.4	0 288 9	66 5	7.9	7.1				80	G ★
				10	F 23.9 1.2	0 275 2	43	7.0	7.2	6.8			9	E ★
			Scd		M 0.31			4.					77	J ★
			Scd p	10	M 1.2 0.2	275 5		7.2	6.8	7.2		340	128	W ★
			Scd p	10	I 110.0 8.0	0 275 2	42 58 4	4.6	7.2	6.8			254	J ★
			Scd	21	I 87.5 13.1	0 273 9	63 4	7.7	7.1				201	G ★
			Scd p	20	F 34.13 1.90	0 277 7	68 4	4.2	7.2	6.6			373	G
			Scd	20	M 0.50 0.18	0 280		5.5					85	N
			Scd	21	I 92.2	0 273	83 5	3.8					417	G
			Sc		I 99.30	0 275	56 4		7.2	6.5			515	G ★
			Scd		I 86.3 0.3	0 274	73 4		6.5	5.3			503	G
Zw 74-099	14 03 18	+09 45			S ± 4.0	4000 – 7700							543	A
UGC 9015	14 03 28.4	+09 15 53	S	35	I 4.179	0 7001	320 4		2.11				64	A ★
			Sa	44	I 3.0	0 6992	309 332 4		1.2	0.9			543	A
NGC 5475	14 03 29.7	+55 58 53						7.0					9	E
NGC 5463	14 03 42	+09 36			S ± 4.0	4000 – 7700							543	A
NGC 5477	14 03 47.9	+54 42 00		45	F 3.14 0.2	0 312 2	42 60 4	7.0	3.0	2.3			9	W ★
			Sd		M 0.3			4.					77	J
			Sm	45	I 13.0 1.0	0 312 2	53 63 4	4.6	3.1	2.4			254	J
			Sd		F ≤1.5	–400 – 3000			3.0				89	G
					S ± 18.0	–400 – 3000			3.0	2.2			373	G
			S/Irr		I 54.80	0 294	84 4		3.0	2.1			515	G ★
NGC 5468	14 03 57.4	–05 12 49	Scd	17	I 29.5 4.4	0 2845 9	157 4	50.5	4.0				201	G ★
			SXcd		F 7.66 0.92	0 2840 10	152 4	27.6	3.5	3.5			373	G
			Scd	12	M 7.38	0 2839 20		34.0					324	N
Anon 1404+22	14 04 00	+22 36			I 0.0 1.0	5 29380							456	A ★
NGC 5470	14 04 01.7	+06 16 01	Sb		S ± 18.0	–400 – 3000			3.9	0.8			373	G
			Sb		I 5.625	0 1026	251 265 4		2.6	0.4			489	A ★
			Sb	90	F 4.386 0.53	0 1025 4	255 271 4		2.6	0.4			547	A ★
UGC 9021	14 04 06.5	+12 57 00	Sd	82	I 3.33 1.70	0 6606 8	263 3		1.2	0.2			529	A ★
NGC 5464	14 04 10.5	–29 46 48	Im	48	I 19.9 3.6	0 2688 29	319 4	50.6	1.0				320	P ★
			Im	48	M 4.23	0 2705 20		31.3					324	N
NGC 5472	14 04 17.2	–05 13 19	Sab	76	F 1.2 1.0	0 2910 50	248 4	31.5	1.1				53	N ★
UGC 9024	14 04 21	+22 18 21	S		I 8.641	0 2326	114 128 4		2.3	2.2			475	A ★
UGC 9023	14 04 23.0	+09 33 30	Sc	56	I 3.642	0 7208	268 4		1.92				64	A ★
				68	I 2.8	0 7204	229 273 4		1.2	0.5			543	A ★
UGC 9024	14 04 24	+22 16				0 2285							490	A
Zw 74-107	14 04 30	+10 42			S ± 4.0	4000 – 7700							543	A
NGC 5480	14 04 30.2	+50 57 54	Sd	56	I 5.51	0 1860 20	253 5		1.7	1.0			158	G ★
			Sc	48	I 8.3	0 1850	280 4	26.5	1.7				203	G ★
			Sc	47	M 0.82	0 1881 75		24.9					324	N
			Sc	47	I 10.5	0 1849	290 5	20.8					417	G
UGC 9025	14 04 33.7	+12 47 53			I ≤1.0	4700 – 8550			1.1	0.7			327	A
			SBc	50	I 2.63 0.97	0 18035 8	528 3		1.1	0.7			529	A ★
UGCA 385	14 04 36	+44 41	Im		S ± 18.0	–400 – 3000			1.6	1.4			373	G
UGC 9027	14 04 36.9	+10 52 50	Sbc	85	I 3.0	0 6867	274 306 4		1.0	0.2			543	A ★
UGC 9030	14 05 12	+09 56			S ± 4.0	4000 – 7700							543	A
Anon 1405+44	14 05 36	+44 40			S ± 18.0	–400 – 3000							373	G
UGC 9035	14 05 41.5	+30 06 40	Sbc		I 3.60	0 8248	217 4		1.5	1.1			393	G ★
			SBbc		I 3.7	0 8241	266 5		1.5	1.1			488	A ★
NGC 5486	14 05 42.4	+55 20 25	Sdm	55	I 13.04	0 1383 10	215 5		1.5	0.9		80	158	G ★
			Sm	49	M 0.79	0 1385 20		18.9					324	N
			Sc p	52	F 3.65 0.69	0 1407 20	203 4	15.6	2.5	1.6			373	G
			S/Irr		I 14.10	0 1386	213 4		2.5	1.5			515	G ★
ESO 446-G 18	14 05 45	–29 20	Sc	90	S ± 11.0	–100 – 4600			2.9	0.3			466	E
ESO 578-G 26	14 05 54	–21 21 42	Sc	55	I 8.6 1.1	0 2781 15	355 457 4		2.5	1.5			466	E ★
UGC 9037	14 06 00.0	+07 17 43	Sc	60	I 8.77 1.86	0 5940 8	307 3		1.8	0.9			529	A ★
			Sc	62	I 9.347 1.1	0 5940 4	294 311 4		1.8	0.9			547	A ★
UGC 9042	14 06 06	+35 58			S ± 4.0	–100 – 6900							490	A
UGC 9046	14 06 36	+48 13			F ≤1.0	–400 – 3000							213	G
UGC 9044	14 06 38.3	+14 33 00	Sc	56	I 1.71 0.99	0 5314 8	342 3		1.1	0.6			529	A ★
UGC 9048	14 06 43.0	+33 46 00	Sbc		I 3.5	0 10594	529 5		1.5	0.3			488	A ★
UGC 9050	14 06 48	+51 22			F ≤1.0	–400 – 3000							213	G
			Im		S ± 18.0	–400 – 3000			2.2	2.2			373	G
Anon 1406-45	14 06 54.0	–45 59 00	SBm	58		1 2626 20		35.2	1.7	1.0			528	P

Table 1 cont.

Name (1)	R.A. (2)	Dec. (3)	Type (4)	i (5)	(6)	HI-flux (7)	(8)	(9)	v (10)	(11)	(12)	Δv (13)	(14)	Dist (15)	a (16)	b (17)	Vmax (18)	Pos (19)	Ref (20)	(21)
NGC 5487	14 07 18	+08 19			S	±	4.0	4000	–	7700									543	A
NGC 5483	14 07 18.9	–43 05 12	Sc	25	M	40.0	6.0	0	1773			187	5	32.	3.0	2.7			226	P ★
								0	1773	10									359	B
			Sc	24	I	108.3	4.8	0	1778	4		184	4	31.7	3.4				320	P ★
			Sc	33	F	29.53	1.82	0	1770	10		185	4	15.8	6.1	5.1			373	B
UGC 9054	14 07 21.2	+10 05 33	SBbc	67	I	1.17	0.88	0	7234	16		310	3		1.0	0.4			529	A ★
					S	±	4.0	4000	–	7700									543	A
UGC 9055	14 07 28.4	+15 06 30	Sbc	46	I	2.58	1.06	0	7884	8		129	3		1.0	0.7			529	A ★
UGC 9057	14 07 37.6	–02 20 17	SBdm	70	F	6.15	0.69	0	1573	15		244	4	15.1	4.4	1.7			373	G
			SBdm		I	29.50		0	1583			272	4		4.4	1.3			515	G ★
IC 983	14 07 42.4	+17 58 08	SBab	24	F	7.46	0.85	0	5442	10		189	4	54.6	7.9	7.2			373	G
			SBbc	28	I	36.1	3.9	0	5442	4	171	198	4		5.5				473	J ★
			SBab		I	16.44		0	5441		175	202	4		6.0	5.5			475	A ★
IC 984	14 07 46	+18 35 51	Sb		I	3.313		0	5110		403	417	4		1.9	0.4			489	A ★
UGC 9063	14 07 48	+05 49						0	5904										490	A
UGC 9064	14 07 59.8	+16 34 20	Sc	85	I	4.28	1.45	0	5138	8		323	3		1.2	0.2			529	A ★
Zw 74-128	14 08 12	+09 14			S	±	4.0	4000	–	7700									543	A
NGC 5492	14 08 14	+19 50 46	S		I	10.14		0	2269		356	373	4		1.8	0.4			489	A ★
UGC 9068	14 08 18	+48 33	Sdm		S	±	18.0	–400	–	3000					2.7	1.7			373	G
NGC 5491	14 08 28	+06 36 01			I	6.144		0	5890		467	498	4		1.6	1.0			489	A ★
			S	53	S	±	2.07	5	727						1.6	1.0			547	A
IC 4381	14 08 40.1	+25 44 00	Sc		S	±	18.0	–400	–	3000					2.7	2.1			373	G
			SBc	40	I	6.39	2.86	0	9320	8		444	3		1.7	1.3			529	A ★
Anon 1408–49	14 08 54.0	–49 09 00	Sc	27				1	2901	20				38.5	2.0	1.8			528	P
UGC 9078	14 08 55.6	+17 44 33	SBab	44	I	5.03	1.36	0	4744	8		265	3		1.5	1.1			529	A ★
NGC 5496	14 09 03.3	–00 55 24	Sd	82	F	10.1	3.5		1527	20				9.1	5.3				22	N
			Sd	81	F	13.64	1.46	0	1544	10		260	4	14.9	6.1	1.5			373	G
			Sc		I	59.9		0	1542			273	4		4.5	0.8			393	G ★
			Sd	78	I	60.4		0	1540			300	5	14.8					417	G
			Sc		I	59.9		0	1542			273	5		4.5	0.8			488	G ★
			Sc		I	61.80		0	1540			265	4		6.2	1.2			515	G ★
ESO 1-G 06	14 09 14.4	–87 32 36	Sd	73	I	≤60.0									3.9	1.3			310	P
				74	M	9.98		1	2025			367	4	40.5	2.4	0.7			535	P
			Sb	81				1	2253	20				27.5	3.1	0.9			528	P
ESO 97-G 13	14 09 17.5	–65 06 19	Sb	65	F	450.0	30.0	0	436	4	235	285	4	4.2	17.2		152	210	92	P ★
			Sb	56	I	654	103.		439	4	298	323	4		5.3	3.1			550	P ★
NGC 5494	14 09 28.6	–30 24 47	Sc	27	I	≤21.0		5	2690					49.2	2.3				320	P ★
NGC 5495	14 09 31	–26 52 24	Sc	26	S	±	9.0	–100	–	4600					2.0	1.8			466	E
UGC 9083	14 09 36	+50 27	Sdm	36	F	1.31	0.40	0	1905	30		145	4	20.4	1.7	1.3			373	G
				36	F	6.5	0.7	0	1887	7	124	143	4				94	65	555	W
NGC 5504	14 09 52.3	+16 04 37						0	5253	10									359	G
			Sbc		I	9.24			5244	5	212	250	4						457	A ★
IC 4383	14 09 52.8	+16 07 47	Sbc		I	5.6		0	5245	10		239	4		0.5	0.5			78	A ★
			Sdm		I	5.5		0	5241	10		230	4		1.1	0.4			78	A ★
			Sd	69	I	4.54	2.34	0	5245	8		217	3		1.1	0.4			529	A ★
UGC 9091	14 10 03.6	+30 08 33	Sc	89	I	2.91	1.04	0	4364	8		212	3		1.0	0.1			529	A ★
NGC 5505	14 10 06.7	+13 32 20	Sc		I	2.6		0	5245	10		256	4		1.4	1.1			78	A
UGC 9093	14 10 12.5	+12 15 20			I	≤1.0		4700	–	8550					1.0	0.3			327	A
			Sc	73	I	1.71	0.74	0	11366	8		354	3		1.0	0.3			529	A ★
ESO 446-G 31	14 10 29.5	–29 21 20	Sc	17	S	±	26.0	–600	–	3300					1.82	1.74			377	E
			Sc	30	I	5.4	0.69	0	2652	5	102	122	4		2.4	2.3			466	E ★
NGC 5520	14 10 32.5	+50 34 59		51	F	6.1	1.0	0	1881	11	291	315	4				175	68	555	W
NGC 5506	14 10 38.7	–02 58 27	I0	75	F	2.16	0.87	0	1815	10		336	4	24.2	3.9	1.4			353	B ★
			Sc		M	0.15		6	1690		30			16.9					418	P ★
			S/Irr					5	1753										503	G
NGC 5507	14 10 43.9	–02 54 55	E		M	≤0.1		6	2170					21.7					418	P ★
NGC 5517	14 10 44	+35 56 41	S0/a	42	S	±	3.92	400	–	7200					1.2	0.9			547	A
			S0/a	42	S	±	7.0	3100	–	6600					1.2	0.9			384	G
Zw 74-144	14 10 46.8	+13 14 00	SBc		I	2.73	0.44	0	5766	16	216	252	4	76.	1.1	1.1			327	A ★
UGC 9101	14 11 01.0	+27 14 30						0	5309										490	A
			Sbc	58	I	11.42	1.60	0	5306	8		398	3		2.1	1.1			529	A ★
NGC 5514	14 11 10.6	+07 53 23	Mult		I	0.19		0	7300		50			146.	2.3	1.0			28	A ★
					I	1.27		0	7406			259	5	82.1					518	G
Anon 1411+03	14 11 36	+03 27						0	8020			200	4						300	A
UGC 9107	14 11 45.7	+31 47 47	SBb	55	I	3.45	1.51	0	15249	8		163	3		1.2	0.7			529	A ★
UGC 9108	14 11 48	+03 12						0	7835			200	4						300	A
UGC 9110	14 11 49.5	+15 51 15	SBb		I	5.78			4644	5	331	374	4						457	A ★
IC 4386	14 11 54.0	–43 45 01	Scd	69	I	50.0	5.0	0	1874	10	190			16.8	4.6	1.9			310	P
			SBc		F	11.13	0.98	0	1882	10		239	4	16.9	3.5	3.5			373	B
				70	M	11.40		1	1691			228	4	33.8	2.8	1.0			535	P

Table 1 cont.

Name (1)	R.A. (2)	Dec. (3)	Type (4)	i (5)	(6)	HI-flux (7)	(8)	(9)	v (10)	(11)	(12)	Δv (13)	(14)	Dist (15)	a (16)	b (17)	Vmax (18)	Pos (19)	Ref (20)	(21)
UGC 9113	14 12 06	+35 39 17	S		I	9.86		0	3188		282	290	4		2.3	0.6			489	A ⋆
								0	3178										490	A
			S	80	I	19.3	2.3	0	3127	10	270	425	4		2.3	0.6			384	G ⋆
NGC 5526	14 12 17	+58 00 09	Sbc		I	4.7	0.7	0	2049			395	4		2.0	0.2			503	G
IC 989	14 12 19.3	+03 21 47	E		M	2.4		0	7592			330	4	137.	1.3				300	A ⋆
NGC 5522	14 12 26	+15 22 45	Sb		I	6.684		0	4573		435	456	4		1.8	0.3			489	A ⋆
NGC 5523	14 12 35.4	+25 33 40	Scd	71	I	29.0		0	1040	5	264			11.	6.2				273	A
			Scd	71	I	45.3	6.8	0	1047	9		283	4	20.1	4.8				201	G ⋆
			Scd	72	F	9.24	1.27	0	1048	10		285	4	11.0	6.5	2.3			373	G
			Sc	77	I	23.9		0	1045			282	4	20.8	4.7	1.4		99	393	A
			Scd		M	11.0	11.0	0	760					22.					85	N
			Scd	73	I	36.0		0	1044			312	5	10.9					417	G
			Sc		I	23.9		0	1045			282	5		4.7	1.4			488	a ⋆
UGC 9120	14 12 42.0	+05 03 23	Sc	43	I	5.00	2.55	0	5746	8		236	3		1.1	0.8			529	A ⋆
			Sc	42	I	4.648	0.56	0	5744	9	258	284	4		1.2	0.9			547	A ⋆
			Sc	42	I	4.008	0.49	0	5755	4	224	265	4		1.2	0.9			547	A ⋆
UGC 9121	14 12 48.9	+15 58 26	Sbc		I	5.406		0	5322		352	369	4		1.6	0.7			489	A ⋆
			Sb	65	I	5.25	2.20	0	5333	8		370	3		1.6	0.7			529	A ⋆
NGC 5521	14 12 53	+04 38 30		0	I	4.183	0.51	0	5767	9	61	82	4		0.7	0.7			547	A ⋆
				0	I	3.317	0.42	0	5782	4	56	73	4		0.7	0.7			547	A ⋆
UGC 9126	14 13 18.0	+16 47 00	Im	26	F	1.34	0.60	0	2277	10	89			45.8	2.9				89	G
			Im	26	F	1.28	0.71	0	2277	30		92	4	22.9	2.9	2.6			373	G
								0	2270	4	94	115	4						150	A ⋆
			Im		I	5.40		0	2271			115			2.9	2.6			515	G ⋆
NGC 5529	14 13 27.5	+36 27 30	Sc	90	I	37.1		0	2882			610	4	39.6	3.9				203	G
			Sc	90	F	9.72	1.10	0	2878	15		590	4	29.7	8.1	1.5			373	G
			Sc		I	26.83		0	2882		570	603	4		6.2	0.7			489	A ⋆
			Sc	90	I	40.8	4.6	0	2880	7	585	630	4		6.2	0.7			384	G ⋆
			Sc	90	I	40.8	6.4	0	2872	10	565	588	4		5.9	3.9			523	J ⋆
UGC 9128	14 13 37.9	+23 17 06	Im	26	F	3.02	0.30	0	153	5	34			1.5	2.9				89	G
			Im	26	F	3.13	0.31	0	153	7		54	4	2.0	2.9	2.6			373	G
			Im	36	I	12.8	0.46	0	164	3	36	54	4		1.78	1.45			377	E ⋆
			Im		M	0.012								2.0					415	V
			Im		I	15.1		0	151			56	4	2.7	2.9				487	B
			Im		I	11.70		0	152			54	4		2.9	2.6			515	G ⋆
UGC 9132	14 13 58.3	+33 57 34	Sc	79	I	2.59	1.16	0	8517	8		308	3		1.0	0.2			529	A ⋆
NGC 5533	14 14 00.3	+35 34 35						0	3864	10									359	G
			Sab		S	±	18.0	−400	−	3000					5.5	3.1			373	G
			Sb	57	M	12.1		0	3867		451	464	4	79.					450	A ⋆
			Sb		I	8.269		0	3867		451	464	4		3.7	2.0			489	A ⋆
			Sb	59	S	±	8.0	5	3862	10					3.7	2.0			384	G
			Sab	59	I	12.50	1.4	0	3861	4	448	473	4		3.7	2.0			547	A ⋆
UGC 9134	14 14 08.3	+10 13 00	Sc	66	I	4.65	0.95	0	11157	8		332	3		1.5	0.6			529	A ⋆
UGC 9135	14 14 20.4	+24 43 50	Sb	66	I	2.31	0.76	0	11580	8		500	3		1.2	0.5			529	A ⋆
Anon 1414+04	14 14 26.2	+04 04 06	Im		I	7.6		0	1497	20		108	4						232	N ⋆
NGC 5532	14 14 26.2	+11 02 15	S0		I	≤1.1		6	7106					129.2	1.6	1.6			235	A ⋆
			E4		S	≤70.0		5	7110										356	G
UGC 9138	14 14 28.1	+23 13 57	Sc		I	7.131		0	4601		310	330	4		1.9	0.2			489	A ⋆
			Sbc	90	I	5.20	0.95	0	4600	8		328	3		1.9	0.2			529	A ⋆
NGC 5544	14 14 56.5	+36 48 11	Sa		I	4.034		0	3086		239	274	4		1.0	1.0			475	A ⋆
			Sa	25	I	3.0	0.49	0	3090	14	220	245	4		1.1	1.0			384	G ⋆
NGC 5544/45			Mult		M	1.4	0.2		3072	17	256			42.					209	A ⋆
			Mult		M	≤2.7			3165					47.					131	G
			Mult		I	≤3.0		5	3207	95					2.2				273	A
NGC 5545	14 14 59.5	+36 48 25	Sbc	70	I	4.2		0	3051			244	5	32.3					417	G
			Sbc	70	I			0	3084			273	5	32.3					417	A
			Sbc	70	M	2.25		0	3088	75				39.2					324	N
			Sbc	75	S	±	6.0	5	3175						1.1	0.35			384	G
Zw 46-080	14 15 01	+04 47 34			S	±	3.65	400	−	7200									547	A
NGC 5534	14 15 01.3	−07 11 07	SBa	54	I	9.2		0	2633	20	86	106	5	49.7	1.7	1.0			346	G ⋆
IC 4395	14 15 06.3	+27 05 20			S	±	4.0	2400	−	9400									490	A
			Sa	0	I	0.62	0.91	0	10946	15		198	3		1.5	1.5			529	A ⋆
Anon 1415+25	14 15 07.8	+25 07 55			S	≤10.0		2000	−	6000									333	E
UGC 9146	14 15 15.6	+56 05 42			F	0.59		0	1880		81	91	4	27.2	2.2				213	G ⋆
NGC 5530	14 15 18.0	−43 09 42	Sbc		I	4.5		0	1196			284	5	20.	3.6	1.9			226	P ⋆
			Sbc	58	I	62.1	6.2	0	1203	14		286	4	20.3	4.1				320	P ⋆
			Sbc	57	F	12.70	3.73	0	1200	25		292	4	10.1	6.8	3.8			373	B
ESO 222-G 01	14 15 34.0	−47 30 19	Sm	55	I	29.0	4.0	0	1295	20	130			11.0	3.9	2.3			310	P
			Sd	72				1	1284	20				17.7	1.7	0.7			528	P
NGC 5548	14 15 43.7	+25 22 01	S0/a		I	0.5	0.15		5204			160	1						114	A ⋆

Table 1 cont.

Name (1)	R.A. (2)	Dec. (3)	Type (4)	i (5)	(6)	HI-flux (7)	(8)	(9)	v (10)	(11)	(12)	Δv (13)	(14)	Dist (15)	a (16)	b (17)	Vmax (18)	Pos (19)	Ref (20)	(21)
NGC 5548			Sa		I	1.3		1	5200	20	110			94.5	1.7	1.5			235	A ⋆
			Sa	13	M	≤5.84								71.3	3.1				246	N
					I	0.8	0.3	0	5165	15	240		4						126	A ⋆
			S0/a	31	F	0.24	0.07	0	5142		472		4		2.67				154	A ⋆
IC 4403	14 16 06.0	+31 53 00	Sa		I	8.3		0	4273		399		5		1.4	0.5			488	A ⋆
UGC 9155	14 16 06.1	+29 11 47			S	±	4.0	2400	–	9400									490	A
			Sc	23	I	3.26	1.41	0	12656	8	118		3		1.3	1.2			529	A ⋆
IC 4399	14 16 09.0	+26 36 50			S	±	4.0	2400	–	9400									490	A
			S0/a	49	I	1.37	0.98	0	10878	29	399		3		1.2	0.8			529	A ⋆
UGC 9159	14 16 10.8	+14 30 40	Sa	76	I	5.14	1.98	0	7715	8	337		3		1.1	0.3			529	A ⋆
UGC 9165	14 16 28.5	+25 10 00	S0/a	85	I	4.53	2.28	0	5259	12	404		3		1.5	0.3			529	A ⋆
UGC 9163	14 16 30.0	+11 31 06	Sc	89	I	2.45	0.68	0	7362	16	231	314	4	98.	1.3	0.3			327	A
NGC 5559	14 16 56.4	+25 01 33	SB0/a	79	I	4.71	1.28	0	5166	8	410		3		1.6	0.4			529	A ⋆
NGC 5567	14 17 06	+35 22		0	S	±	7.0	3100	–	6600					0.9	0.9			384	G
UGC 9169	14 17 18.0	+09 36 00	Im	81	F	6.06	0.62	0	1281	10	161		4	12.7	6.1	1.5			373	G
			Im		I	24.60		0	1279		169		4		6.2	1.2			515	G ⋆
UGC 9171	14 17 24	+18 04			I	≤1.0		1720	–	7000					1.0	0.2			327	A
NGC 5560	14 17 33.8	+04 13 18	Sc	84	I	5.01		0	1711	15	281		5		4.0	0.9		115	158	G ⋆
					I	5.01	0.75	0	1711	15	281		5						248	A ⋆
			SBb p		S	±	18.0	-400	–	3000					5.5	1.5			373	G
			SBb p	83	I	5.6		0	1741	4	204			17.1	3.0	0.7		25	390	A ⋆
			Sb		I	13.9		0	1730	20	259		4						232	N ⋆
			SBb		I	5.30		0	1730	2	214	249	4						170	A
			SBb	82	I	13.0		0	1731		222		5	15.1					417	B
			SBb	82	I	4.7		0	1753		234		5	15.1					417	A
			SBb	83											3.9				473	J ⋆
			SBb		I	5.465		0	1718		228	276	4		4.0	0.9			489	A ⋆
			SBb	71	I	5.20		0	1741	6	193	244	4	20.	5.7	2.1		115	508	a ⋆
NGC 5556	14 17 38.5	-29 01 08	Sd	30	I	43.7	5.4	0	1377	12	200		4	24.6	3.2				320	P ⋆
			SXd		F	9.65	1.60	0	1384	10	159			25.0	4.3				89	B
			SXd		F	11.30	1.04	0	1384	10	181		4	12.4	4.5	4.5			373	E
NGC 5566	14 17 49.4	+04 09 42	SBa	67	I	18.7	3.6	0	1566	5	520	553	5	23.3	5.9	2.5			346	G ⋆
								0	1542	75									324	N
			SBa	71	I	10.0		0	1492	5	420			17.1	5.5	2.0		305	390	A ⋆
			Sab		I	12.7		0	1525	20	503		4						232	N ⋆
			Sb		I	7.4		0	1498	30	549		4		6.2	2.3			78	A ⋆
			SBa		I	8.59		0	1499	2	453	511	4						170	A
			SBab	71	I	16.6		0	1730		306		5	15.1					417	G
			SBab	71	I	8.5		0	1480		446		5	15.1					417	A
			SBa	59	I	9.93		0	1496	6	428	465	4	20.	8.2	4.4		35	508	a ⋆
Anon 1418-46	14 18 00.0	-46 04 00	Sbc	90				1	1653	20				22.9	5.0	0.9			528	P
NGC 5569	14 18 01.0	+04 12 35	SXcd	22	I	7.7		0	1772	3	89			17.1	1.9	1.7		90	390	A ⋆
			Scd		I	8.1		0	1778		123								232	N ⋆
			Sc		I	6.2		0	1773	15	117		4		2.0	1.6			78	A ⋆
			SXcd	30	I	6.6		0	1770		134		5	15.1					417	G
			SXcd	30	I	6.5		0	1772		104		5	15.1					417	A
			Sc	28	I	7.05		0	1768	5	82	105	4	20.	3.1	2.8			508	a ⋆
								0	1777										490	A
			Sc		I	7.777		0	1771		87	108	4		2.0	1.6			489	A ⋆
UGC 9178	14 18 06	+52 08			I	4.07		0	8743		181		5	97.5					518	G
NGC 5585	14 18 12.9	+56 57 32																			
			Sd	50	F	27.2	1.4	0	303	2	153			7.0	8.7	5.7			9	E ⋆
			Sd	50	I	83.9			317	9	164		5	7.9	7.7				80	G ⋆
			SXd	51							166		5	7.2	8.7	5.7			216	G ⋆
			Sd	48	I	123.5		0	304		165		4	6.2	5.0				203	G ⋆
			Sd	50	M	0.82			298	30				4.6	8.7			140	285	G
				48	I	157.0	10.0								5.0				203	D
			SXd	50	F	31.89	1.48	0	303	5	162		4	4.7	8.7	5.6			373	G
			Scd	53	M	1.0	0.75	0	305	20				5.5					85	N
			SXd	48	I	109.7		0	304		199		5	4.7					417	G
			SXd	48	I	134.6		0	305		180		5	4.7					417	B
			SXd		I	101.6	0.6	0	318		169		4		6.1	4.0			503	G
NGC 5579	14 18 13.6	+35 24 53	SXcd p		S	±	18.0	-400	–	3000					3.0	2.1			373	G
			Sc		I	6.027		0	3602		192	203	4		1.9	1.3			489	A ⋆
			Sc	48	I	8.9	1.1	0	3622	10	90	200	4		1.9	1.3			384	G ⋆
			Sc	46	I	4.90	3.02	0	3603	8	223		3		1.9	1.3			529	A ⋆
			Scd	48	I	8.348	0.96	0	3622	10	192	212	4		1.9	1.3			547	A ⋆
ESO 446-G 53	14 18 24	-28 59 59	S/Irr	62	S	±	28.0	-600	–	3300					1.51	0.76			377	E
NGC 5574	14 18 24.8	+03 28 03	SX0/a		I	≤0.61		6	1685					30.6	1.1	0.8			30	A
			S0	53	I	≤9.6		5	1612	50				32.2	1.9	1.2			346	E
			S0	53	I	≤2.5		5	1612	50				32.2	1.9	1.2			346	G

Table 1 cont.

Name (1)	R.A. (2)	Dec. (3)	Type (4)	i (5)	(6)	HI-flux (7)	(8)	(9)	v (10)	(11)	(12)	Δv (13)	(14)	Dist (15)	a (16)	b (17)	Vmax (18)	Pos (19)	Ref (20)	(21)
NGC 5574			S0		I	0.94		0	1659	12	603	618	4						170	A
			S0		I	≤0.7		5	1582						1.6	1.0			419	A
UGC 9182	14 18 26.4	+22 10 00	Sbc	90	I	21.2		0	4655			357	4	93.8	2.6	0.5	123		393	A
			Sbc		I	21.3		0	4655			357	5		2.6	0.5			488	a ★
UGC 9185	14 18 30.5	+15 13 40	Sc	72	I	2.78	0.89	0	7958	8		479	3		1.1	0.3			529	A ★
NGC 5576	14 18 32.6	+03 29 55	E3		M	≤0.15		5	1528					20.0					134	A
			S0/a		I	0.27		0	1428		228								427	A
UGC 9186	14 18 37.5	+23 49 53	S0	80	I	2.36	1.00	0	4538	8		254	3		1.1	0.3			529	A ★
NGC 5577	14 18 41.9	+03 39 50	Sbc	74	I	13.0		0	1485			260	4	19.4	2.6				203	G ★
			Sb	72	I	11.4		0	1490			258	4	14.9	3.2	0.9			292	A ★
			Sbc		S	± 18.0		−400	−	3000					4.6	1.6			373	G
			Sbc	74	I	10.5		0	1490	3	247			17.1	2.8	0.9		146	390	A ★
			Sbc		I	10.22		0	1489	2	243	258	4						170	A
			Sb		I	10.23		0	1489		242	255	4		3.2	0.9			489	A ★
NGC 5607	14 18 48.1	+71 48 59	Scd		I	8.2	0.2	0	7567			122	4		0.9	0.9			503	G
ESO 41-G 06	14 18 49.0	−75 05 49	Sc	63				1	2552	20				32.0	2.4	1.3			528	P
				53	M	12.92		1	2336			123	4	46.7	1.4	0.9			535	P
				53	M	14.94		1	2333			131	4	46.7	1.4	0.9			535	P
UGC 9190	14 18 59.2	+05 18 00	Sb	69	I	2.59	1.48	0	8126	14		407	3		1.3	0.5			529	A
UGC 9193	14 19 06	+36 58			F	≤1.0		−400	−	3000									213	G
			Im	0	I	3.1	0.42	0	711	11	65	105	4		1.	1.			384	G ★
UGC 9198	14 19 18	+36 40	Sb	90	I	3.4	0.54	0	3316	15	195	270	4		1.0	0.15			384	G ★
NGC 5589	14 19 18.2	+35 29 55	SBa	0	S	± 6.0		3100	−	6600					1.3	1.3			384	G
			SBa	0	I	0.528	0.36	0	3394	17	171	186	4		1.3	1.3			547	A ★
UGC 9199	14 19 33.9	+11 19 37			I	≤1.0		3140	−	7000					1.4	0.2			327	A
			Sb	90	I	2.78	0.94	0	7737	8		452	3		1.4	0.2			529	A ★
NGC 5587	14 19 46.9	+14 08 46	S0/a	75	I	8.3		0	2303	1	393	410	4		3.4			162	501	A ★
NGC 5584	14 19 49.3	−00 09 21	Scd	46	I	27.6	4.1	0	1635	9		212	4	29.1	4.7				201	G ★
			SXcd	36	F	8.31	1.06	0	1641	15		229	4	16.0	5.0	4.1			373	G
			Scd	40	M	2.48		0	1644	20				19.7					324	N
			SXcd	40	I	28.3		0	1641			250	5	16.0					417	G
			Sc		I	22.4		0	1641			210	3		3.5	2.8			488	G ★
			Sc		I	29.60		0	1639			215	4		5.0	4.0			515	G ★
NGC 5591	14 20 09.3	+13 56 45	Mult	57	I	3.36		0	7672			143	4		1.4	0.8			471	A ★
ESO 222-G 04	14 20 22.3	−49 25 50	Sm	50	I	29.0	3.0	0	1545	10	73			13.5	3.9	2.5			310	P
			Im					1	1545	20				21.1	1.5	1.1			528	P
NGC 5596	14 20 24.2	+37 20 57	S0	42	S	± 7.0		3100	−	6600					1.2	0.9			384	G
UGC 9211	14 20 37.0	+45 36 40	Im	35	F	5.45	0.64	0	690	10	99			15.9	3.7				89	G
			Im	36	F	5.78	0.66	0	690	10		115	4	8.2	3.7	3.0			373	G
UGC 9214	14 20 47.4	+33 04 38	Sa		I	1.2	0.7		10256			305	4						114	G ★
			SBa		I	1.6		0	10285		170			207.	0.9	0.55			28	A ★
			SBa	49	F	0.45	0.12	0	10254			299	4		1.48				154	A ★
UGC 9215	14 20 54	+01 57 01	SBc		I	19.54		0	1387		222	236	4		2.5	1.3			489	A ★
NGC 5592	14 21 00.2	−28 27 41	Sb	44	I	≤9.5		5	4408					85.3	1.7				320	P ★
NGC 5608	14 21 18.8	+42 00 08	Im p	54	F	3.17	0.58	0	662	15		159	4	7.8	4.4	2.6			373	G
			Im			11.50		0	664			131	4		4.4	2.6			515	G ★
NGC 5599	14 21 21.6	+06 47 60	Sb	68	I	3.55	1.08	0	7221	8		471	3		1.5	0.6			529	A ★
NGC 5600	14 21 25.9	+14 51 52	Sc	12	M	1.49		0	2349	20				29.1					324	N
					I	3.961		0	2311			115	4	37.4	1.4	1.4			562	A ★
NGC 5595	14 21 28.4	−16 29 55	Sc	54	M	7.83		0	2691	20				31.9					324	N
UGC 9221	14 21 34.5	+34 14 06	SBa	28	I	1.24	1.22	0	3865	11	172		3		0.9	0.8			529	A ★
UGC 9224	14 21 47.5	+34 56 53	Sbc	90	I	1.71	1.07	0	8497	10		347	3		1.0	0.1			529	A ★
NGC 5611	14 21 57.0	+33 16 29	S0/a		I	≤0.8		5	1924						1.6	0.8			419	A
NGC 5613	14 22 00	+35 07	S0/a	26	S	± 7.0		3100	−	6600					1.0	0.9			384	G
NGC 5614	14 22 01.7	+35 05 00	Sab	32	F	1.4	1.1	0	3899	64		504	4	44.4	2.7				53	N ★
			Sab p		I	≤3.0		5	3872	75					4.1				273	A
			Sab	32	I	3.7		0	3889			203	5	39.8					417	B
			Sa	39	I	4.2	0.70	0	3934	14	250	285	4		2.8	2.2			384	G ★
			Sab	39	I	2.288	0.36	0	3884	14	126	219	4		2.8	2.2			547	A ★
NGC 5604	14 22 06	−02 59						0	2751	10									359	G
NGC 5616	14 22 12	+36 40	Sbc	90	I	10.7	1.3	0	1415	12	175	230	4		2.5	0.5			384	G ★
UGC 9232	14 22 18	+33 10						0	2052										490	A
NGC 5605	14 22 24.7	−12 56 16						0	3363	15									359	G
UGC 9234	14 22 32.0	+26 21 55	S0	64	I	7.76	2.00	0	10899	8		599	3		2.1	1.0			529	A ★
UGC 9238	14 22 42	+35 30			S	± 4.0		3400	−	10400									490	A
Zw 75-028	14 22 48	+09 02			I	≤1.0		4700	−	8550					0.9	0.5			327	A
Anon 1422+09	14 22 48	+09 14			I	≤1.0		4700	−	8500					0.8	0.5			327	A
UGC 9240	14 22 48.8	+44 45 06	Im		F	5.58	0.42	0	153	7	46			5.5	3.1				89	G
			Im		F	5.65	0.43	0	153	7		62	4	2.8	3.1	3.0			373	G
			Im	20	I	27.1	0.43	0	163	5	47	65	4		2.06	1.94			377	E ★

217

Table 1 cont.

Name (1)	R.A. (2)	Dec. (3)	Type (4)	i (5)	(6)	HI-flux (7)	(8)	(9)	v (10)	(11)	(12)	Δv (13)	(14)	Dist (15)	a (16)	b (17)	Vmax (18)	Pos (19)	Ref (20)	(21)
UGC 9240			Im		I	28.0		0	150			64	4	4.7	3.1				487	B
			IXm		I	22.10		0	150			68	4		3.1	3.1			515	G ★
Anon 1422+14	14 22 58.3	+14 24 55			I	0.523		0	18024			527	4	244.6	0.3	0.2			562	A ★
ESO 511-G 40	14 23 03	−23 45 18	Sc	55	S	± 13.0		−100	−	4600					2.0	1.2			466	E
UGC 9242	14 23 18	+39 45	Scd	90	F	4.53	0.80	0	1440	15		205	4	15.5	7.3	1.0			373	G
UGC 9243	14 23 24	+34 04						0	3317										490	A
UGC 9244	14 23 38.2	+05 27 40	SBc	57	I	4.41	1.40	0	8374	8		432	3		1.3	0.7			529	A ★
ESO 272-G 09	14 23 42.1	−45 39 27	Im	24				1	1946	20				26.7	1.3	1.2			528	P
			Sm	53	I	16.0	3.0	0	1895	15	120			17.1	2.3	1.4			310	P
UGC 9245	14 23 51.0	+56 32 40	SBd		F	≤1.5		1200	−	6000					3.2				89	G
			SBd		S	± 18.0		−400	−	3000					3.2	2.4			373	G
IC 4423	14 24 08.0	+26 28 20	SBa	58	I	1.79	0.81	0	9067	8		434	3		1.1	0.6			529	A ★
UGC 9249	14 24 30	+08 54	Sd	86	F	2.23	0.89	0	1366	25		175	4	13.6	3.5	0.7			373	G
			Sdm		I	9.70		0	1367			161	4		3.5	0.7			515	G ★
NGC 5618	14 24 36	−02 03	Sc	44	I	9.67	1.5	0	7148	10		288	4		1.3				188	G
UGC 9252	14 24 42	+05 21	S/Irr	90	I	1.5		0	1577	10		100	4		1.1	0.2			78	A ★
Anon 1424−46	14 24 47.5	−46 04 47	Im		I	17.0	5.0	0	393	6		50	4	5.	3.4	0.68			218	P
			Im	51	I	17.0	5.0	0	393	6	38				2.1	2.2	1.4		310	P ★
			Im					1	393	20					3.1	0.0	0.0		528	P
NGC 5619	14 24 47.6	+05 01 35	Sbc		I	1.5		0	1091	10		150	4		2.4	1.1			78	A
			Sb		I	3.513		0	8388		716	747	4		2.4	1.1			489	A ★
			Sb	65	M	23.1		0	8383		716	747	4	167.					450	A ★
UGC 9253	14 24 48.9	+31 44 20	Sbc		I	4.94		0	3927		276	304	4		1.8	0.4			489	A ★
			Sbc	79	I	4.66	2.24	0	3920	8		292	3		1.8	0.4			529	A ★
Zw 75-035	14 24 49.2	+11 33 48	SBa	31	I	1.95	0.37	0	8331	16	126	188	4	111.	0.7	0.6			327	A ★
UGC 9258	14 24 59.5	+05 00 07	Sb	26	I	1.33	1.45	0	8249	11		202	3		1.0	0.9			529	A ★
NGC 5631	14 25 00.0	+56 48 26	S0		M	0.77			1950					28.7					131	G ★
			S0		I	7.6		0	2008	20		380	4						232	N ★
IC 1012	14 25 00.5	+31 10 17	Sa	47	I	5.69	2.31	0	4099	8		227	3		1.3	0.9			529	A ★
UGC 9259	14 25 02.3	+11 15 50			I	≤1.0		4700	−	8550					1.0	0.5			327	A
			Sc	60	I	0.76	0.58	0	8429	21		363	3		1.0	0.5			529	A ★
IC 4424	14 25 06	+05 02	Sab		I	0.47		0	1598	10		150	4		0.9	0.4			78	A ★
UGC 9264	14 25 10.2	+06 15 43	Sc	79	I	3.13	2.65	0	7314	19		285	3		1.0	0.2			529	A ★
UGC 9265	14 25 12.0	+25 44 10	Sa	78	I	0.77	0.69	0	4757	9		289	3		1.0	0.3			529	A ★
UGC 9266	14 25 18.2	+30 10 20	SBbc	53	I	2.02	1.53	0	4350	8		173	3		1.0	0.6			529	A ★
UGC 9268	14 25 24	+32 22			F	≤1.0		−400	−	3000									213	G
								0	3450										490	A
UGC 9267	14 25 24.4	+11 47 00	SBb	25	I	1.63	1.70	0	7433	16		202	3		1.1	1.0			529	A ★
NGC 5633	14 25 36.7	+46 22 13	Sb		F	2.7	1.1	0	2332	45				35.	3.5		200		60	N
			Sb		F	2.54		0	2353	15		267	4	30.1	3.36				309	N ★
			Sb	53	F	2.44	0.38	0	2329		254	286	4	32.4	2.30	1.45			347	G ★
			Sb	52	M	3.06		0	2330	35				36.7					324	N
			Sb	52	I	≤10.0		5	2317					24.5					417	G
NGC 5630	14 25 37.2	+41 28 51	Sm	74	F	3.01	0.85	0	2658	15		230	4	27.8	3.7	1.2			373	G
UGC 9274	14 25 42	+21 32	SBb		I	4.96		0	1146			130	4	21.					109	A ★
Anon 1425+27	14 25 47	+27 27 42	S	90	I	0.9		0	4062	5	107			58.0					546	W ★
IC 1014	14 25 54.8	+14 00 11	SXdm	49	F	7.53	1.02	0	1294	10		220	4	13.1	4.1	2.7			373	G
			SXdm		I	23.70		0	1288			220	4		4.2	2.5			515	G ★
UGC 9279	14 26 00.0	+34 02 27	SBc	73	I	2.60	1.42	0	4091	8		189	3		1.0	0.3			529	A ★
NGC 5629	14 26 02.2	+26 04 18	cD		S	≤1.77		5	4540					60.5					332	A
UGC 9282	14 26 18	+21 34			F	≤1.0		−400	−	3000									213	G
					I	2.19		0	1130			80	4	21.					109	A ★
			Im		I	2.90		0	1135			91	4		2.6	1.6			515	G ★
NGC 5635	14 26 18.9	+27 37 55	S	59	I	11.51		0	4316			779	4						272	A ★
			S	62	M	17.0		0	4316		695	779	4	88.					450	A ★
			S p		60			0	4305	5				58.0	7.5	0.2		386	65	546	W ★
UGC 9286	14 26 31.0	+11 25 07	SBb	64	I	1.80	0.69	0	7615	12		501	3		1.1	0.5			529	A ★
Mark 682	14 26 34	+27 28 24	S			± 0.5		5	4370	50				58.0					546	W ★
IC 4442	14 26 34.1	+29 11 16	SB0/a	58	I	1.36	1.26	0	4209	14		273	3		1.1	0.6			529	A ★
UGC 9291	14 26 35.3	+39 13 16	Scd	56	F	2.85	0.96	0	2895	10		262	4	30.1	4.1	2.3			373	G
NGC 5639	14 26 42.0	+30 38 07	Sc	49	I	3.65	1.96	0	3553	8		258	3		1.4	0.9			529	A ★
UGC 9294	14 26 42.5	+25 46 33	Sb	52	I	2.50	2.53	0	4137	14		227	3		1.3	0.8			529	A ★
NGC 5637	14 26 43.5	+23 24 40	S0	62	I	1.38	0.80	0	5241	8		278	3		1.0	0.5			529	A ★
Anon 1426+27	14 26 56	+27 40 15	dI		I	0.5		0	4313	5	46			58.0					546	W ★
UGC 9303	14 27 00.0	+33 08 00	Sb	83	I	2.70	1.60	0	4276	8		229	3		1.0	0.2			529	A ★
IC 1021	14 27 00.7	+20 52 33	SBa	44	I	1.34	1.20	0	8868	8		73	3		1.1	0.8			529	A ★
UGC 9299	14 27 02	+00 12 21	Sc		I	25.06		0	1552		168	198	4		1.7	0.9			489	A ★
NGC 5641	14 27 05	+29 02 40	SBb		I	6.258		0	4345		525	536	4		2.6	1.4			489	A ★
NGC 5636	14 27 07.0	+03 29 09	SBa		I	1.21		0	1745		332								427	A
			SB0/a	44	S	± 3.15		400	−	7200					1.5	1.1			547	A

Table 1 cont.

Name (1)	R.A. (2)	Dec. (3)	Type (4)	i (5)	HI-flux (6) (7) (8)	v (9) (10) (11)	Δv (12) (13) (14)	Dist (15)	a (16)	b (17)	Vmax (18)	Pos (19)	Ref (20)	(21)
NGC 5638	14 27 09.0	+03 27 23	E1		M ≤0.29	5 1677		22.5					134	A
			E		M ≤0.5			16.6					205	G
			E1		M ≤0.67	1677		23.1					131	G
			E1		I 0.63	0 1843 4	128 159 4						170	A
			E		I 0.678	0 1845	126 171 4		2.3	2.1			475	A ★
UGC 9309	14 27 10.2	+10 49 30	Sbc	69	I 0.89 0.31	0 5188 16	129 153 4	69.	1.0	0.4			327	A ★
			Sab	68	I 3.15 1.41	0 10175 9	377 3		1.0	0.4			529	A ★
NGC 5646	14 27 29.4	+35 41 07	SBa	79	I 1.85 2.18	0 8576 50	444 3		1.6	0.4			529	A ★
UGC 9310	14 27 30.0	+03 26 00	SBdm	74	F 1.60 0.46	0 1853 15	160 4	18.3	3.4	1.1			373	G
			SBdm		I 8.39	0 1848	165 4		3.4	1.0			515	G ★
UGC 9324	14 27 58.0	+44 40 00	SBm	52	F 3.08 0.42	0 2745 25	150	57.1	3.8				89	G ★
			SBm	54	F 3.23 0.49	0 2746 15	163 4	28.8	3.9	2.3			373	G
			SBm		I 12.50	0 2753	169 4		3.9	2.3			515	G ★
UGC 9317	14 27 59.1	+27 45 00	SBc	32	I 5.50 1.92	0 4425 8	73 3		1.3	1.1			529	A ★
NGC 5653	14 28 01.2	+31 26 11	Sb p	32	I 2.0 2.0	0 3589 43	166	36.	3.0				273	A
			Sb	32	M 5.34	0 3514 20		44.3					324	N
					I 3.759	0 3564	387 4	53.7	1.8	1.5			562	A ★
NGC 5660	14 28 03.0	+49 50 40	Sc	31	I 14.1	2323 9	154 5	48.8	4.4				80	G ★
			SXc	28	F 5.86 0.55	0 2336 20	158 4	24.8	4.6	4.0			373	G
			Sc	25	M 5.90	0 2322 20		30.4					324	N
UGC 9322	14 28 03.4	+23 17 17	SBbc	37	I 1.64 0.59	0 5098 8	254 3		1.0	0.8			529	A ★
NGC 5648	14 28 08.7	+14 14 36		44		0 5154	188					172	555	A
				44		5140 18					126	172	555	W
NGC 5645	14 28 10.7	+07 29 50	SBd	49	I 18.0 3.0	0 1363 8	179	13.	4.5				273	A
			SBd	57	F 4.28 1.29	0 1378 15	193 4	13.7	4.6	2.6			373	G
			Sd	50	M 1.43	0 1353 20		16.6					324	N
			SBdm		I 20.60	0 1366	210 4		4.7	2.3			515	G ★
NGC 5656	14 28 20.1	+35 32 28	Sab		I ≤3.0	0 – 6700			3.0				273	A
			Sab	34	I 7.877 0.90	0 3156 9	359 393 4		1.8	1.5			547	A ★
Anon 1428-55	14 28 24.0	-55 15 00	S	35	I	1 3108 20		40.6	1.3	1.1			528	P
IC 4444	14 28 26.0	-43 11 48	Sbc	30	I 19.3 2.4	0 1960 11	184 4	35.6	2.1				320	P
						0 1960 15							359	B
			Sc	31	F 5.03 1.20	0 1949 20	190 4	17.7	3.7	3.1			373	B
NGC 5649	14 28 27.0	+14 11 28		26		0 5208 16	138 202 4				161		555	A
				26		0 5226 14	188				200		555	W
Anon 1428-00	14 28 30	-00 42	Mult		I 3.7	0 7665 30	300 4		0.6	0.2			78	A
NGC 5652	14 28 31.5	+06 11 58	Sb		I 23.41	0 7496	417 431 4		2.1	1.5			489	A ★
			SBbc	44	I 9.57 1.31	0 7496 8	437 3		2.1	1.5			529	A ★
			Sbc	46	I 13.07 1.5	0 7495 4	422 452 4		2.1	1.5			547	A ★
UGC 9338	14 28 42.5	+05 31 37	Sc	69	I 3.84 1.75	0 8235 8	374 3		1.1	0.4			529	A ★
UGC 9340	14 28 46.5	+25 42 36	Sbc		I 3.762	0 4541	127 149 4		1.0	0.9			475	A ★
			SBa	27	I 2.99 1.86	0 4535 8	165 3		1.0	0.9			529	A ★
UGC 9339	14 28 50	+08 09 54	S	65	S ± 1.93	400 – 7200			1.1	0.5			547	A
NGC 5659	14 28 52.0	+25 34 33	Sb		I 3.212	0 4493	349 368 4		1.7	0.5			489	A ★
			Sbc	76	I 5.14 1.67	0 4464 8	416 3		1.7	0.4			529	A ★
IC 1024	14 28 55.5	+03 13 44	S0		I 7.436	0 1455	196 246 4		1.6	0.6			489	A ★
			S0	71	I 7.726 0.89	0 1476 12	202 283 4		1.6	0.6			547	A ★
Mark 685	14 28 56.5	+27 27 30		48	M 3.20 0.10	4465 3	174 4	60.0	0.73	0.42			293	A ★
					F 1.48 0.5	0 4460 20	160 9	60.5					34	N ★
NGC 5661	14 29 28	+06 28 18	SBb		I 15.95	0 2354	263 291 4		1.6	0.6			489	A ★
			SBb	73	I 16.52 1.9	0 2356 4	272 299 4		1.7	0.6			547	A ★
NGC 5643	14 29 28.1	-43 57 12	SBc	28	I 56.1	0 1194	190 208 4		4.6	4.1			538	P ★
			SXc		M 4.1	0 1196	205 5	21.	4.0	3.5			226	P ★
			Sc	27	I 56.7 6.0	0 1202 11	208 4	20.4	5.1				320	P ★
			SXc		F 11.82 1.78	0 1200 20	218 4	10.2	7.5	7.5			373	P
NGC 5673	14 29 45.9	+50 10 48	Sd	90	I 16.96	0 2082 15	306 5		2.6	0.5		136	158	G ★
			Sc	90	I 17.2	0 2081 4	276 4	23.8	2.4		138	138	402	W ★
UGC 9348	14 29 55	+00 30 53	S		I 3.957	0 1672	202 220 4		1.8	0.3			489	A ★
NGC 5665	14 29 57.4	+08 18 02	SXc	46	I 3.3	0 2202 10			2.0	1.4			375	A ★
			Sc p	51	I 1.53 0.38	0 2215	149 4	44.1	3.6	2.3			382	G
			Sc	46	M 0.95	0 2199 35		27.1					324	N
					I 4.631	0 2222	233 4	36.0	2.3	1.4			562	A ★
Zw 47-085	14 30 14	+03 08 03	Sbc	58	I 2.544 0.39	0 1473 6	62 115 4		0.9	0.5			547	A ★
NGC 5669	14 30 17.1	+10 06 37				0 1371 10							359	G
			SXcd	42	F 10.50 1.11	0 1371 10	217 4	13.8	6.1	4.6			373	G
			SXcd	39	I 32.0	0 1372 5	196	13.	6.0				273	A
			Scd	48	I 39.7 6.0	0 1371 9	220 4	25.2	5.2				201	G ★
			Scd	40	M 2.59	0 1389 20		17.2					324	N
			Sc		I 41.20	0 1372	214 4		6.2	4.3			515	G ★
NGC 5657	14 30 21.4	+79 27 51	SBb		I 8.29	0 3906	335 352 4		1.9	0.7			489	A ★

Table 1 cont.

Name (1)	R.A. (2)	Dec. (3)	Type (4)	i (5)	(6)	HI-flux (7)	(8)	(9)	v (10)	(11)	(12)	Δv (13)	(14)	Dist (15)	a (16)	b (17)	Vmax (18)	Pos (19)	Ref (20)	(21)
NGC 5657			S		I	4.1	1.1	0	2072			388	4		1.2	0.3			503	G
UGC 9356	14 30 28	+11 48 51	S		I	14.17		0	2225		232	254	4		1.6	0.8			489	A ★
NGC 5672	14 30 30.2	+31 53 25	Sb	49	M	3.24		0	3561	20				44.9					324	N
NGC 5675	14 30 36.2	+36 31 22			I	≤4.5		5	4497										126	A
			S	71	S	±	3.42	5	4166						2.9	1.1			547	A
NGC 5678	14 30 37.1	+58 08 35	Sb	60	M	4.52		0	1929	20				25.9					324	N
			SXb	60	I	15.0		0	1925			447	5	21.0					417	G
			SXb	60	I	16.3		0	1931			422	5	21.0					417	G
			SXb	51	I	15.4	1.3	0	1912	4	383	397	4		3.2				473	J ★
IC 1029	14 30 42.6	+50 07 25	Sc	90	I	14.88		0	2381	10		491	5		2.8	0.5		152	158	G ★
			Sb	82	M	6.47		0	2390	35				31.3					324	N
			Sb	90	I	16.3		0	2382	4		460	4	23.8	2.5		230	151	402	W ★
NGC 5666	14 30 43.3	+10 43 47	Comp		I	4.62		0	2221	10		214	5		0.9	0.7		155	158	G ★
			E					0	2225					27.6	0.9	0.7		155	507	V ★
			E																427	A
UGC 9362	14 30 47	+04 07 12			I	3.68		0	8868		145	179	4		1.1	1.0			475	A ★
UGC 9364	14 30 54	+07 05	Sbc		I	6.058		0	2152		184								490	A
NGC 5668	14 30 54.4	+04 40 11	Sc	19	M	3.5	0.4	0	1587	7				15.8	4.1	3.9	73	167	152	J ★
			Sd	22	I	42.0		0	1583			118	4	20.9	3.3				203	G ★
			Sc	20	M	4.3	1.0		1577	30				15.	4.1	3.9			166	G ★
			Sd	22	I	31.0		0	1585	4	102			15.	4.9				273	A
									1583	30									286	B
				22	I	41.6									3.3				203	B
NGC 5676	14 31 01.4	+49 40 37	Sd		M	2.5	2.5	0	1560					18.					85	N
			Sbc	61	I	37.9		0	2117			465	4	30.2	3.4				203	G ★
			Sbc	63	I	21.5			2122	9		492	5	48.8	4.6				80	J
			Sbc	62	F	2.35	0.82		2225	50				14.5	5.0				22	N
								0	2196	50									35	N
			Sbc	60	M	6.99		0	2127	20				28.0					324	N
			Sbc		I	31.0		0	2098	20		491	4						232	N ★
Zw 104-043	14 31 06	+20 13			I	≤1.0		5250	–	9100					0.7	0.6			327	A
NGC 5674	14 31 22.3	+05 40 43						0	1508	5									359	G
			SXbc		I	4.214		0	7472		245	299	4		1.2	1.1			475	A ★
ESO 447-G 23	14 31 40	-27 46 36	Sc	66	I	17.4	2.1	0	3758	5	305	330	4		3.8	1.7			466	E ★
UGC 9375	14 31 41.5	+28 37 13	Sbc	81	I	1.40	0.87	0	9421	20		490	3		1.0	0.2			529	A ★
UGC 9374	14 31 44.7	+10 25 53	Sa	51	I	1.53	0.72	0	9299	25		560	3		1.1	0.7			529	A ★
NGC 5677	14 31 59.5	+25 41 07	SBb	46	I	2.89	2.12	0	4839	11		240	3		1.0	0.7			529	A ★
UGC 9380	14 32 08.4	+04 28 54		58	F	1.29		0	1690		106	122	4	22.3	3.3				213	G ★
			Im	57	F	1.50	0.40	0	1708	15		142	4	16.9	3.2	1.8			373	G
			Im		I	6.522		0	1685		96	113	4		2.1	1.1			489	A ★
Zw 104-044	14 32 12.0	+19 57 54	S	71	I	2.50	0.36	0	5557	16	241	258	4	74.	0.8	0.3			327	A
Zw 47-008	14 32 21	+08 23 04			S	±	4.19	400	–	7200									547	A
UGC 9381	14 32 31.2	+36 30 06			F	1.24		0	3035		123	158	4	41.9	2.7				213	G ★
								0	3021										490	A
NGC 5679	14 32 38.7	+05 34 40	Mult		I	3.24		0	1641	25		153	5		1.1	0.6		127	158	G ★
UGCA 391	14 32 48	-13 31	SBm		S	±	18.0	-400	–	3000					1.8	1.3			373	G
UGC 9385	14 32 54.0	+05 29 24			F	1.87		0	1634		101	119	4	21.6	2.8				213	G ★
			Im	20	F	1.78	0.55	0	1644	15		106	4	16.3	2.5	2.3			373	G
								0	1637	4	92	109	4						150	A
			Im		I	8.081		0	1637		91	106	4		1.6	1.5			475	A ★
			Im		I	8.39		0	1636			103	4		2.6	2.3			515	G ★
NGC 5682	14 32 58.8	+48 53 22	Sb	76	M	1.12		0	2292	35				30.0					324	N
NGC 5683	14 33 06.4	+48 52 51	S0/a		I	≤1.0			12300										114	G
UGC 9389	14 33 08.8	+13 08 00	SBb		I	14.81		0	1823		231	249	4		2.2	0.6			489	A ★
			SBb	77	I	16.20	3.68	0	1823	8		251	3		2.2	0.6			529	A
UGC 9391	14 33 13.0	+59 33 20	SBdm	49	F	2.08	0.43	0	1920	15	122			41.3	2.9				89	G
			SBdm	51	F	2.15	0.43	0	1921	15		140	4	21.0	2.9	1.8			373	G
UGC 9392	14 33 18	+03 15						0	1763										490	A
UGC 9394	14 33 18	+13 23 13	Sc		I	6.433		0	1800		183	199	4		2.3	0.6			489	A ★
NGC 5687	14 33 18.0	+54 41 38	S0	60	M	≤1.53								32.6	3.9				246	N
			E3		M	≤0.66			2119					30.					131	G
			S0	49	I	≤9.0		5	2119					22.8					417	G
NGC 5689	14 33 43.6	+48 57 37	Sa	81	M	≤1.55								33.6	6.0				246	N
			Sa	70	I	2.8	0.7	0	2160	10	366	390	5	45.5	3.5	1.3			346	G ★
					S	±	10.0	5	2163										459	N
UGC 9400	14 33 51	+05 32 54	S0	36	I	2.01	0.36	0	6780	17	357	366	4		1.1	0.9			547	A ★
UGC 9401	14 33 51.3	+22 00 27	Sa	68	I	2.47	1.00	0	5628	8		518	3		1.7	0.7			529	A ★
UGC 9405	14 33 55.9	+57 28 25	Im	50	F	2.54	0.49	0	222	10	82			7.2	3.7				89	G
			Im	52	F	2.67	0.51	0	222	15		101	4	3.9	3.8	2.3			373	G
				50	F	1.34	0.1	0	215	5	89			7.0	3.7	2.4			9	E ★

Table 1 cont.

Name (1)	R.A. (2)	Dec. (3)	Type (4)	i (5)	(6)	HI-flux (7)	(8)	(9)	v (10)	(11)	(12)	Δv (13)	(14)	Dist (15)	a (16)	b (17)	Vmax (18)	Pos (19)	Ref (20)	(21)
UGC 9405			Im	52	I	6.6	0.48	0	232	5	82	94	4	7.6	2.51	1.58			377	E ⋆
			Im	55	I	9.5	1.1	0	218	7	86	99	4		2.5	1.5			384	E ⋆
Anon 1433+28	14 33 56.7	+28 39 56		83	M	0.592	0.018		1912	2		151	4	27.0	0.37	0.12			293	A ⋆
NGC 5693	14 34 25.7	+48 48 12	Sd	0	I	7.30		0	2276	15		117	5		1.7	1.7			158	G ⋆
			Sd	32	M	1.31		0	2282	20				29.9					324	N
			SBd		I	8.0		0	2283			75	4		1.7	1.7			459	N
ESO 580-G 04	14 34 26.0	−18 27 48	Im	25	I	7.2	0.59	0	2589	5	75	89	4		1.29	1.17			377	E ⋆
			Im		I	7.20		0	2604			102	4		2.1	1.9			515	G ⋆
NGC 5697	14 34 36	+41 54		49	S	±	3.4	4945	−	5945								25	555	W
UGC 9410	14 34 46.4	+08 51 34	Sbc	75	I	3.03	1.73	0	8420	8		326	3		1.4	0.4			529	A ⋆
UGC 9411	14 34 50.3	+10 13 27	SBa	47	I	3.04	1.48	0	9204	8		307	3		1.0	0.7			529	A ⋆
IC 4469	14 35 00.5	+18 28 00	Sc		I	5.487		0	5833		322	339	4		1.6	0.2			489	A ⋆
			Sc	85	I	3.62	0.90	0	5832	8		344	3		1.6	0.2			529	A ⋆
NGC 5696	14 35 00.8	+42 02 45		40				0	5469	11	337						251	38	555	W
NGC 5690	14 35 09.3	+02 30 14	Sc	76	I	32.3		0	1756			331	4	41.9	3.6	1.1		143	393	G ⋆
			Sc	72	F	6.19	1.28	0	1750	15		310	4	17.3	5.1	1.8			373	G
			Sc	76	I	34.0		0	1752			325	4	41.9	3.6	1.1		143	393	A
			Sc	72	M	3.28		0	1754	20				21.3					324	N
			Sc	72	I	27.8		0	1751			350	5	17.3					417	G
			Sc		I	33.1		0	1752			325	5		3.6	1.1			488	a ⋆
			Sc	74	I	26.6	2.2	0	1762	8	289	309	4		3.5	1.5			523	J ⋆
UGC 9418	14 35 14.5	+25 59 00	SBa		I	0.669		0	9844		130	145	4		1.0	1.0			475	A ⋆
			SBa	0	I	1.02	1.02	0	9840	9		147	3		1.0	1.0			529	A ⋆
NGC 5700	14 35 18	+48 25			S	±	12.0	1553	−	2790									459	N
NGC 5695	14 35 19.7	+36 47 02	S	43	F	0.38	0.19	0	4225			376			2.43				154	A ⋆
			S	48	I	2.683	0.36	0	4255	17	338	364	4		1.6	1.1			547	A ⋆
UGC 9424	14 35 30.0	+21 34 20	Sbc	57	I	2.70	1.31	0	5425	8		248	3		1.1	0.6			529	A ⋆
IC 4468	14 35 36	−22 09 15	Sb	84	I	12.3	1.5	0	2447	5	256	283	4	115.2	4.0	0.9			466	E ⋆
UGC 9425	14 35 36	+30 42			I	1.28		0	10450			409	5	115.2					518	G
UGC 9426	14 35 42.0	+48 50 18		60	F	0.94		0	2306		49	75	4	32.7	3.2				213	G ⋆
			Im	59	F	1.10	0.26	0	2315	10		62	4	24.6	3.0	1.6			373	G
			Im		I	5.10		0	2311			64	4		3.1	1.5			515	G ⋆
NGC 5692	14 35 47	+03 37 37	Pec	55	I	3.76	0.47	0	1581	11	178	239	4		1.0	0.6			547	A ⋆
Anon 1435+20	14 35 49.8	+20 23 12	S	31	I	2.52	0.33	0	9229	16	97	129	4	123.	0.7	0.6			327	A ⋆
UGCA 392	14 35 54	+45 24	Pec		S	±	18.0	−400	−	3000					1.3	0.5			373	G
NGC 5688	14 36 12	−44 49	Sc	52	F	12.56	3.45	0	2806	4		445	4	26.3	9.0	5.6			373	B
DDO 195	14 36 14.0	−08 24 53	Im	75	F	2.80	0.49	0	1823	15	79			35.4	3.9				89	G
			Im	80	F	2.93	0.49	0	1823	15		113	4	17.6	4.4	1.1			373	G
NGC 5714	14 36 23.4	+46 51 10	Sc	90	F	5.46	1.27	0	2239	20		350	4	23.8	4.4	0.8			373	G
			Sc		I	23.30		0	2237			366	4		4.4	0.9			515	G ⋆
			Sc		I	23.7	0.7	0	2253			376	4		3.0	0.4			503	G
UGC 9432	14 36 32.4	+03 09 42			F	1.34		0	1569		125	138	4	20.7	2.8				213	G ⋆
			Im	20	F	1.96	0.43	0	1573	10		112	4	15.6	2.5	2.3			373	G
			Im	21	I	2.107	0.36	0	6453	9	101	133	4		1.6	1.5			547	A ⋆
NGC 5701	14 36 41.5	+05 34 50	SB0/a	18	I	39.8		0	1505	9		144	5	33.9	6.0				80	G ⋆
			S0/a	18	F	14.1	2.8	0	1496	15		149	4	16.5	5.0				53	N ⋆
			SBa	20	I	43.2	1.6	0	1505	10	123	142	5	28.5	5.3	5.1			346	G ⋆
			SB0/a		F	12.76	1.04	0	1505	10		140	4	15.0	6.4	6.4			373	G
			S0/a		I	58.1		0	1513	20		123	4						232	N ⋆
			SBa		I	9.9		0	1505		125				4.7	4.5			419	A
NGC 5709	14 36 42	+30 39 30	SBa		I	5.974		0	3708		346	359	4		1.6	0.5			489	A ⋆
Anon 1436+19	14 36 54	+19 54			I	≤1.0		4700	−	8550					0.7	0.2			327	A
Mark 475	14 37 03.0	+37 01 06			F	≤0.48		5	812					10.8	0.27	0.27			347	A
NGC 5711	14 37 04.0	+20 12 10	SBa	58	I	2.21	0.86	0	9023	12		478	3		1.1	0.6			529	A ⋆
UGC 9443	14 37 04.7	+09 26 47	S0/a	75	I	6.75	3.03	0	9660	9		547	3		1.5	0.5			529	A ⋆
NGC 5705	14 37 15.6	−00 30 13	SBd	51	F	5.99	1.04	0	1768	15		235	4	17.4	4.3	2.7			373	G
ESO 512-G 12	14 37 17	−25 33 42	Sbc	90	I	6.9	0.88	0	1839	10	213	248	4		3.7	0.4			466	E ⋆
UGC 9449	14 37 23.0	+24 45 00	Sb	90	I	2.85	1.47	0	4475	8		251	3		1.0	0.2			529	A ⋆
UGC 9450	14 37 30.5	+23 36 47	Sd	86	I	3.05	1.11	0	4462	8		222	3		1.0	0.1			529	A ⋆
UGC 9452	14 37 36	+54 08			F	≤1.0		−400	−	3000									213	G
					S	±	18.0	−400	−	3000					2.2	0.9			373	G
NGC 5713	14 37 37.6	−00 04 35	Sbc p	43	I	50.8		0	1878	9		256	5	33.9	4.4				80	G ⋆
								0	1910	20									42	N
			Sbc p	28	I	39.8			1908			204	4	25.1	2.8				203	G ⋆
			SXbc p	40	F	12.93	1.22	0	1900	30		195	4	18.7	4.8	3.7			373	G
			Sbc	00	M	1.7	0.6	0	1862	10				13.					35	N
			Sbc	22	M	3.2			1801	30				13.2	4.7			0	285	G
			SXbc	27	I	43.5		0	1897			317	5	18.1					417	G
			Sc	32	I	22.08		0	1899	5	137	190	4	24.	4.7	4.0		10	508	A ⋆
NGC 5730	14 37 42.0	+42 57 20	Im	90	I	21.5		0	2546			330	5	26.7					417	G

Table 1 cont.

Name (1)	R.A. (2)	Dec. (3)	Type (4)	i (5)	(6)	HI-flux (7)	(8)	(9)	v (10)	(11)	Δv (12)	(13)	(14)	Dist (15)	a (16)	b (17)	Vmax (18)	Pos (19)	Ref (20)	(21)
NGC 5730				81	F	9.8	0.8	0	2527	9	289	310	4				136	88	555	W
UGC 9454	14 37 54.5	+06 31 07	SBc	38	I	3.00	2.00	0	7148	8		196	3		1.4	1.1			529	A
			Sc	39	I	3.012	0.39	0	7180	9	194	222	4		1.4	1.1			547	A ★
			Sc	39	I	3.469	0.44	0	7154	4	197	232	4		1.4	1.1			547	A ★
UGC 9455	14 37 59.5	+16 54 00			I	≤1.0		3140	–	7000					1.6	0.5			327	A
			Sa	76	I	3.37	1.33	0	8979	8		482	3		1.6	0.5			529	A ★
NGC 5731	14 38 15.0	+42 59 38	S	78	I	15.2		0	2534			312	5	26.7					417	G
				79	F	6.7	0.6	0	2537	9	188	232	4				91	116	555	W
NGC 5716	14 38 18.5	−17 15 45	SBc	39	I	11.5	1.5	0	4119	5	134	212	4		1.9	1.5			466	E ★
ESO 580-G 08	14 38 20	−17 34 18	Im	30	S	± 20.0		−600	–	3300					1.15	1.00			377	E
NGC 5727	14 38 21.3	+34 12 00	Im		I	15.1		0	1489			217	4		2.3	1.2			393	G ★
			SXdm	58	F	3.21	0.76	0	1491	15		191	4	15.9	3.5	1.9			373	G
			Sm		I	15.1		0	1492			204	5		2.3	1.2			488	a ★
NGC 5719	14 38 22.8	−00 06 15	SXab p			−400	–	3000							5.0	2.1			373	G
			SXab	69	I	44.5		0	1736			431	5	18.1					417	B
			Sb	59	I	22.37		0	1729	5	394	413	4	24.	4.7	2.5		107	508	A ★
			Sb		I	50.30		0	1734			444	4		4.7	1.9			515	G ★
UGC 9468	14 38 48.0	+10 16 07	Sab	90	I	1.62	0.77	0	16673	13		592	3		1.0	0.1			529	A ★
UGC 9469	14 39 08.4	−01 35 54			F	0.95		0	1833		67	87	4	24.0	2.8				213	G ★
			Im		I	5.40		0	1839			95	4		2.6	2.6			515	G
UGC 9471	14 39 14	+06 10 01	SBb	68	I	5.081	0.60	0	4600	9	246	266	4		1.2	0.5			547	A ★
IC 4487	14 39 30	+18 47			I	≤1.0		3140	–	7000					0.7	0.7			327	A
UGC 9474	14 39 30.1	+08 40 20			I	≤1.0		4700	–	8550					1.1	0.9			327	A
			Sc	35	I	3.03	1.76	0	10178	8		164	3		1.1	0.9			529	A
NGC 5728	14 39 36.7	−17 02 23	Sa	56	F	2.5	0.9	0	2813	100	539		4	30.2	2.7				53	N
			SBb	56	I	9.91	1.3	0	2780	10		412	4		2.9	1.7			466	G ★
UGC 9475	14 39 38.3	+12 16 53	Sbc	88	I	2.37	1.47	0	8617	11		364	3		1.1	0.2			529	A ★
UGC 9476	14 39 41.2	+44 43 35						0	3250	10									359	G
Zw 75-119	14 39 54	+09 13			I	≤1.0		3140	–	7000					0.8	0.5			327	A
UGC 9477	14 39 54.6	+59 30 42			F	0.78		0	2319		80	97	4	33.3	2.4				213	G ★
			Im		F	1.00	0.33	0	2331	20		100	4	25.1	2.0	2.0			373	G
Anon 1439−77	14 39 56.9	−77 42 39	Sc	47				1	2737	20				34.3	1.8	1.8			528	P
			Scd	41	I	≤60.0									2.3	1.8			310	P
NGC 5733	14 40 18	−00 08 18	Sb	65	S	± 21.0		−100	–	4600					1.3	0.6			466	E
NGC 5735	14 40 23.5	+28 56 15						0	3744	15									359	G
			SBb		I	12.24		0	3741		232	247	4		2.8	2.0			489	A ★
IC 1048	14 40 27.4	+05 06 08	S	71	F	3.85	0.89	0	1633	15		317	4	16.3	3.7	1.4			373	G
			S	76	I	10.65	1.2	0	1642	5	316	327	4		2.6	0.8			547	A ★
			S	76	I	14.77	1.7	0	1638	4	316	331	4		2.6	0.8			547	A
				72				0	1635	2	312	327	4				155	163	555	A
				72	F	16.2	1.0	0	1636	6	322	355	4				162	163	555	W
UGC 9485	14 40 36	+04 59		78				0	1700	3	163	184	4				77	148	555	A
				78	F	6.4	0.8	0	1706	7	176	207	4				83	148	555	W
UGC 9487	14 40 42.0	+21 37 53	Sa		I	1.5		0	12528			545	5		1.4	0.4			488	A ★
NGC 5737	14 40 53.2	+19 05 30	SBa	51	I	2.31	1.09	0	9517	8		384	3		1.4	0.9			529	A
Anon 1440+16	14 40 54	+16 42			I	≤1.0		4700	–	8550					0.7	0.7			327	A
Anon 1441−49	14 41 05.9	−49 11 00	S	77				1	2286	20				30.7	2.4	0.8			528	P
Anon 1441+28	14 41 14.1	+28 30 43		65	M	1.01	0.05		3725	2		173	4	51.0	0.43	0.17			293	A ★
UGC 9490	14 41 14.3	+11 20 53	Sc	84	I	5.20	1.68	0	10936	8		464	3		1.4	0.2			529	A
UGC 9491	14 41 42	+04 26			S	± 4.0		400	–	7400									490	A
NGC 5740	14 41 52.1	+01 53 25	Sc	58	I	30.91		0	1567	10		381	5		3.2	1.8		160	158	G ★
			SXb	59	F	7.90	2.53	0	1575	20		325	4	15.6	4.8	2.5			373	G
			Sb	57	M	2.66		0	1557	20				19.0					324	N
			SXb	58	I	31.3	2.6	0	1570	4	333	361	4		3.1				473	J ★
			Sb	59	I	16.43		0	1570	5	323	341	4	23.	4.8	2.6		160	508	A ★
			Sb		I	32.00		0	1570			363	4		4.8	2.4			515	G ★
				58				0	1573	4	344	364	4				194	160	555	A
IC 1052	14 41 56.8	+20 49 27	SBb	81	I	3.08	0.96	0	9151	8		466	3		1.1	0.3			529	A ★
NGC 5746	14 42 24.2	+02 09 53	Sc	90	I	26.71		0	1724	10		678	5		7.4	1.1		170	158	G ★
			Sb		I	30.0		0	1710			650	5		9.0	2.4			183	G
			Sb		M	≤1.0								13.					85	N
			Sb	83	M	3.03		0	1655	35				20.2					324	N
			Sb		I	36.0		0	1721			659	4		7.4	1.1			151	A
			SXb	85	I	45.2	11.5	0	1724	6	618	651	4		7.9				473	J ★
			Sb		I	35.20		0	1723			679	4		9.6	1.9			515	G ★
ESO 580-G 18	14 42 35.0	−20 28 22	Im	62	I	32.0	4.0	0	2360	20	245			22.6	2.2	1.1			310	P
UGC 9500	14 42 54.0	+08 04 20	SBm		F	2.08	0.26	0	1691	5	28			33.9	4.3				89	G
			SBm		F	2.28	0.26	0	1690	5		37	4	17.0	4.4	4.4			373	G
			Im	34	M	1.89			1690		25	39	4						435	A ★
			S/Irr		I	7.011		0	1691		26	41	4		3.0	3.0			475	A ★

Table 1 cont.

Name (1)	R.A. (2)	Dec. (3)	Type (4)	i (5)	(6)	HI-flux (7)	(8)	(9)	v (10)	(11)	(12)	Δv (13)	(14)	Dist (15)	a (16)	b (17)	Vmax (18)	Pos (19)	Ref (20)	(21)
UGC 9500			S	4				0	1690	0	24	38	4	36.8	3.	3.	100		482	A ★
			SB		I	9.30		0	1689			44	4		4.4	4.4			515	G ★
UGCA 393	14 42 54	−20 33	Im	75	F	4.81	0.96	0	2360	20		218	4	22.6	5.8	1.8			373	B
UGC 9503	14 43 08.6	+19 40 33	Sa	81	I	1.49	0.91	0	9396	9		248	3		1.5	0.4			529	A ★
ESO 580-G 22	14 43 17	−17 48 48	Sd	39	I	12.5	1.5	0	2209	5	160	188	4		2.4	1.9			466	E ★
UGC 9508	14 43 30	+49 19	Im		S	± 18.0		−400	−	3000					2.2	1.5			373	G
UGC 9511	14 43 30	+51 35 04						5	26997										503	G
UGC 9506	14 43 32.4	+31 38 36		67	F	1.88		0	1521		47	120	4	21.6	2.2				213	G ★
NGC 5750	14 43 37.4	−00 00 45	SBa	52	I	5.2	1.5	0	1930	25	268	383	5	36.6	3.2	2.0			346	E ★
			S0/a	60	F	≤4.45								11.5	4.3				21	N
			SB0/a		S	± 18.0		−400	−	3000					4.8	2.9			373	G
			SBa		I	6.40		0	1675			436	4		4.8	2.9			515	G ★
UGC 9510	14 43 40.1	+32 50 13	Sbc	76	I	3.51	1.99	0	8495	12		449	3		1.1	0.3			529	A ★
UGC 9513	14 43 42	+13 14			S	± 4.0		2400	−	9400									490	A
Anon 1443+18	14 43 54	+18 47			I	≤1.0		4700	−	8550					0.7	0.4			327	A
Anon 1443+10	14 43 55	+10 44			I	≤1.0		4700	−	8550					0.7	0.2			327	A
UGC 9515	14 43 57.7	+13 13 43	SBb	47	I	4.24	1.65	0	14011	8		413	3		1.6	1.1			529	A ★
Zw 273-026	14 44 06.9	+51 47 20	S0/a					5	9249										503	G
UGC 9517	14 44 17.0	+12 49 00	Sab	54	I	4.90	1.71	0	9108	8		332	3		1.0	0.6			529	A ★
UGCA 394	14 44 36	−17 15	Sc	90	F	11.14	1.57	0	2210	20		257	4	21.2	4.9	0.9			373	G
ESO 580-G 29	14 44 44	−19 33 24	Sc	90	S	± 10.0		−100	−	4600					2.4	0.4			466	E
ESO 580-G 30	14 44 47	−17 57 42	Sc	18	S	± 12.0		−100	−	4600					2.1	2.0			466	E
NGC 5756	14 44 48.0	−14 38 40	Sc	60	I	3.94	0.60	0	2302	20		195	4		2.1	1.1			466	G ★
UGC 9525	14 44 54	+13 40			I	0.68		0	8405			283	5	93.1					518	G
Anon 1444+16	14 44 54	+16 30			I	≤1.0		3140	−	8550					0.8	0.2			327	A
Anon 1444−14	14 45 12	−14 04						0	2045	10									359	G
UGC 9530	14 45 15.3	+09 51 57	Sc	45	I	2.81	1.72	0	8580	10		260	3		1.0	0.7			529	A ★
Anon 1445+19	14 45 37	+19 16 02	Mult		S	± 3.5		1400	−	13800									469	G
UGC 9533	14 45 58.6	+14 09 47	Sc	76	I	3.38	1.48	0	8819	12		456	3		1.0	0.3			529	A ★
ESO 580-G 37	14 46 10	−20 38 24	Sbc	62	S	± 15.0		−100	−	4600					2.0	1.0			466	E
NGC 5762	14 46 18.8	+12 39 50	S		I	8.618		0	1792		182	193	4		2.0	1.5			489	A ★
			S0/a	43	I	7.99	2.25	0	837	8		197	3		2.0	1.5			529	A ★
UGC 9537	14 46 24.0	+35 12 13	Sb		S	± 18.0		−400	−	3000					3.7	0.9			373	G
			Sb	83	I	10.77	1.26	0	8820	8		654	3		2.5	0.5			529	A ★
Zw 105-034	14 46 42	+16 56			I	≤1.0		4700	−	8550					0.7	0.6			327	A
DDO 197	14 46 51.0	−09 57 23	Mult		M	3.1		0	1890	30		320	4	18.	5.3				160	G ★
			Pec	49	F	4.87	0.74	0	1849	20	105			36.0	4.6				89	G
			IBm p	51	F	5.31	0.73	0	1849	30		200	4	17.9	5.1	3.3			373	G
			Mult		I	26.50		0	1846			163	4		5.2	3.1			515	G ★
UGC 9541	14 47 04.3	+29 57 13	Sb	90	I	4.12	1.00	0	9076	8		481	3		1.4	0.1			529	A ★
UGC 9544	14 47 12.5	+25 35 13	S0/a	0	I	0.71	0.82	0	10171	27		284	3		1.3	1.3			529	A ★
UGC 9546	14 47 25.7	+23 46 00	Sd	88	I	2.28	1.07	0	5280	8		216	3		1.0	0.1			529	A ★
ESO 580-G 41	14 47 48	−17 56 42	Sbc	87	S	± 16.0		−100	−	4600					2.4	0.5			466	E
UGC 9548	14 47 57.3	+16 55 27	Sa	69	I	2.87	1.18	0	10998	10		476	3		1.0	0.4			529	A ★
Anon 1448+27	14 48 00	+27 18			I	0.35		0	19535	30		580	4						472	A ★
ESO 580-G 45	14 48 22	−20 14 12	SBm		S	± 18.0		−400	−	3000					2.7	1.7			373	B
UGC 9558	14 48 48	+17 24	Sc	60	I	2.1		0	13481		420	460	4	144.6					505	A ★
UGC 9560	14 48 54.4	+35 46 38			F	1.9	1.7	0	1210	42				19.	1.5				141	N
					F	2.4	0.8		1209	35		160	1	15.7	1.7				141	N ★
				80	M	0.29			1210					19.	1.5		90	90	24	W ★
			Sbc p	70	I	5.0			1219			128	5		1.47	0.57		58	264	A ★
				80	M	0.328	0.008		1207	2		168	4	18.0	0.83	0.32			293	A ★
				73	F	1.18	0.22	0	1218		69	142	4	17.1	0.83	0.32			347	A ★
UGC 9562	14 49 13.1	+35 44 53		68	M	0.73			1255					19.	1.9		50	30	24	W ★
					F	5.0	3.0	0	1270	25				19.	1.9				141	N
					F	3.1	2.48		1238	35		240	1	16.4	1.9				141	N ★
			Sc p	75	I	9.0			1257			186	5		1.93	0.98		28	264	A ★
				90	M	0.921	0.014		1258	2		218	4	18.0	1.18	1.07			293	A ★
					F	2.47	0.36	0	1255		171	204	4	17.6	1.18	1.08			347	A ★
NGC 5768	14 49 33.0	−02 19 42	Sc		I	16.90		0	1959			206	4		3.2	2.6			515	G ★
NGC 5772	14 49 44.5	+40 48 11	Sb	50	I	≤13.5		5	4877					50.1					417	G
UGC 9567	14 49 54	+43 51			I	≤1.0		3140	−	7000					1.4	0.2			327	A
NGC 5777	14 49 59.8	+59 10 53	Sb		I	16.7	0.7	0	2141			444	4		3.5	0.4			503	G
			Sb					−400	−	3000					5.0	0.9			373	G
			Sb	90	I	16.9	1.4	0	2138	4	419	430	4		3.3				473	J ★
UGCA 396	14 50 00.0	−03 21 00	SXdm	38	F	6.86	0.76	0	1955	8		175	4	19.2	4.1	3.2			373	G
			SXdm		I	32.00		0	1951			181	4		4.2	3.4			515	G ★
UGC 9570	14 50 12	+59 09			F	≤1.0		−400	−	3000									213	G
					S	± 18.0		−400	−	3000					2.5	2.1			373	G
IC 1066	14 50 31.6	+03 29 58	S p		I	8.3		0	1574	10		216	4		1.4	0.8			78	A ★

Table 1 cont.

Name (1)	R.A. (2)	Dec. (3)	Type (4)	i (5)	(6)	HI-flux (7)	(8)	(9)	v (10)	(11)	(12)	Δv (13)	(14)	Dist (15)	a (16)	b (17)	Vmax (18)	Pos (19)	Ref (20)	(21)
IC 1066			S		I	6.08		0	1577	1	206	225	4						170	A
			S		I	8.445		0	1576		204	223	4		1.4	0.8			489	A★
			S	62	I	7.783	0.89	0	1577	4	204	218	4		1.6	0.8			547	A★
IC 1067	14 50 34.5	+03 32 06	SBbc		I	7.1		0	1578	10		225	4		2.2	1.7			78	A
			SBb		I	6.99		0	1577	1	216	234	4						170	A
			SBb		I	7.12		0	1578		214	224	4		2.2	1.7			489	A★
			SBb	40	I	8.418	0.96	0	1575	4	219	235	4		2.2	1.7			547	A★
NGC 5770	14 50 45	+04 09 49	SB0	37	S	±	1.71	5	1464						1.6	1.3			547	A
NGC 5774	14 51 12.1	+03 47 06	Sd	33	I	56.5		0	1575			177	4	21.0	3.0				203	G★
			Sd	31	I	32.0		0	1562			144	5		4.3	3.7		145	264	A★
			SXd						−400 − 3000						4.3	3.6			373	G
			Sd		M	4.4	1.5	0	1680	50				14.					85	N
			Sd		F	13.58		0	1563	15		142	5						157	A
			Sdm		I	20.0		0	1577	15		208	4		3.4	2.8			78	A★
			SXdm	35	I	26.42	3.0	0	1571	10	138	160	4		3.4	2.8			547	A★
			SXdm	35	I	25.54	2.9	0	1560	4	137	162	4		3.4	2.8			547	A★
Anon 1451+03	14 51 24	+03 41	Sbc		I	5.2		0	1677	15		200	4		0.4	0.2			78	A★
NGC 5775	14 51 26.8	+03 44 51	SBc	78	I			0						21.0	3.2				203	G★
			Sc	67	I	54.0		0	1677			404	5		5.7	2.5		146	264	A★
			SBc	74	I	47.0		0	1707	21	342			17.	5.6				273	A
			Sbc	90	I	38.0		0	1685	10		408	4		4.2	0.9			78	A★
			SBc	78	I	82.3	21.0	0	1699	25	326	415	4		4.3	2.2			523	J★
			SBc	80	I	52.72	5.9	0	1672	9	384	422	4		4.2	1.1			547	A★
					I	38.12		0	1680			424	4	28.8	4.2	0.9			562	A★
UGC 9578	14 51 28.3	+20 19 09			S	±	4.0		2400 − 9400										490	A
			SBb	25	I	0.98	0.42	0	6607	16	185	241	4	88.	1.1	1.0			327	A★
			SBc	25	I	2.79	1.62	0	9280	8		292	3		1.1	1.0			529	A★
UGC 9580	14 51 36	+10 18			I	2.01		0	8787			158	5	97.0					518	G
UGC 9581	14 51 42	+10 17			I	1.49		0	8939			147	5	98.7					518	G
NGC 5783	14 51 53.5	+52 16 48	SXc	54	F	4.78	0.40	0	2330	10		260	4	25.0	4.1	2.5			373	G
			SBc		I	17.79		0	2335			277	4		4.2	2.5			515	G★
			SXc	50	I	17.5	1.4	0	2335	3	249	265	4		3.0	0.6			523	J★
ESO 580-G 52	14 52 30.2	−19 26 07	Scd	56	I	36.0	5.0	0	3500	25	290			34.1	1.9	1.1			310	P
IC 1075	14 52 30.9	+18 18 27		59				0	6108	10	299	328	4		1.2	0.6	167	156	555	A
			SBc	60	I	3.91	1.06	0	6108	8		308	3		1.1	0.9			529	A★
UGC 9594	14 52 31.5	+24 17 44	SBc	35	I	4.44	2.10	0	5194	8		69	3		1.2	0.7			529	A★
IC 1076	14 52 40.7	+18 14 25			I	6.1		1	6100	20	240			110.9	1.2	0.7			235	A★
			Pec		I	7.059		0	6075		312	338	4						489	A★
					I	6.16			6070	9	311	347	4						457	A★
				55				0	6075	11	299	325	4				175	5	555	A
Anon 1452+42	14 52 47.0	+42 13 25		57	M	≤0.48			2530				4	36.0	0.87	0.65			293	G
			Comp		F	2.7		5	2510					37.	1.3				60	N
				50	F	≤0.59		0	2530					35.0	0.50	0.34			347	G
UGC 9597	14 52 53.4	+31 01 18		50	F	1.26		0	1727		128	200	4	24.4	2.3				213	G★
					S	±	18.0		−400 − 3000						1.8	1.2			373	G
Anon 1453+12	14 53 00	+12 00	S0		I	≤0.34		5	9771					196.					28	A
NGC 5787	14 53 24.0	+42 42 30	Comp		F	≤2.5		5	5460					80.	1.9				60	N
				41	M	≤2.5			5485				4	75.0	1.20	0.85			293	G
UGC 9601	14 53 30	−01 12						0	1847										490	A
UGC 9602	14 53 30	+12 04	Sa		I	≤0.26		5	8771					176.	1.0	0.9			28	A
UGC 9605	14 53 30	+48 33	Sc	90	S	±	8.0		3100 − 6600						1.0	0.12			384	G
UGC 9606	14 53 39.9	+24 55 20	Sc	83	I	3.45	1.17	0	4845	8		377	3		1.3	0.2			529	A★
IC 1078	14 54 02.7	+09 33 13	Sb	34	I	1.06	1.01	0	8594	10		167	3		1.2	1.0			529	A★
NGC 5794	14 54 14.4	+49 55 38		0	S	±	7.0		3100 − 6600						1.1	1.1			384	G
UGC 9614	14 54 18	+09 41			F	≤1.0			−400 − 3000										213	G
			Im	28	F	0.94	0.57	0	3063					30.9	2.5	2.2			373	G
			S		F	1.61		0	3062	15		130	5						157	A
UGC 9616	14 54 26.8	+09 28 13	Sa	36	I	1.42	1.32	0	8453	15		244	3		1.1	0.9			529	A★
NGC 5789	14 54 29.1	+30 26 03			I	7.97		0	1800	15		190	5		1.0	0.9			158	G★
			Sdm		I	6.90		0	1801			165	4		1.7	1.5			515	G★
				25	F	5.8	0.7	0	1806	6	96	133	4				109		555	W
UGC 9617	14 54 36	+49 36	S	90	S	±	9.0		3100 − 6600						1.6	0.25			384	G
ESO 581-G 04	14 54 41	−18 15 18	Sc	90	I	7.5	1.2	0	3789	6	269	292	4		2.6	0.4			466	E★
NGC 5797	14 54 44.8	+49 53 46	S0/a	50	S	±	15.0		3100 − 6600						1.5	1.0			384	G
UGC 9618	14 54 47.8	+24 48 58			I	≥4.66		0	9982			513	4	138.1	1.6	0.6			562	A★
ESO 8-G 07	14 54 48.7	−82 35 11	Sb	57	I	44.0	10.0	0	2517	10	192			22.9	2.3	1.3			310	P
			Scd	62				1	2517	20				31.2	2.0	1.1			528	P
UGC 9620	14 54 51.6	+19 53 54		51				0	4682	7	250	275	4				152	130	555	A
				51	F	6.3	0.8	0	4689	8	254	280	4				152	130	555	W
			S	53	I	3.96	0.78	0	4682	16	307	334	4	62.	1.3	0.8			327	A★

Table 1 cont.

Name (1)	R.A. (2)	Dec. (3)	Type (4)	i (5)	(6)	HI-flux (7)	(8)	(9)	v (10)	(11)	(12)	Δv (13)	(14)	Dist (15)	a (16)	b (17)	Vmax (18)	Pos (19)	Ref (20)	(21)
UGC 9622	14 55 04.0	+19 52 16	S	53	I	6.50	2.37	0	4780	16	424	541	4	63.	1.3	0.8			327	A ★
			S		I	4.77			4833	5	300	343	4						457	A ★
				51				0	4822	18	281	351	4				172	178	555	A
				51	F	7.8	0.9	0	4838	10	303	333	4				185	178	555	W
Anon 1455-47	14 55 05.9	-47 30 05	Im	35				1	1052	20				14.7	5.4	4.6			528	P
			Sm	52	I	190.0	20.0	0	1052	10	183			8.8	7.2	4.5			310	P ★
ESO 386-G 43	14 55 09.8	-37 21 53	S0/a	82	I	≤14.9									3.3	0.8			311	P
			S0/a		M	14.0													321	P
				79	M	1.58		1	1247			219	4	24.9	4.3	0.8			535	P
				79	M	2.66		1	1254			218	4	25.1	4.3	0.8			535	P
			Sbc	62	S	± 90.0		500	−	4000					2.7	1.4			550	P
ESO 581-G 06	14 55 13	-19 11 30	Sd	90	I	7.6	0.92	0	3120	10	168	196	4		2.1	0.3			466	E ★
UGC 9626	14 55 24	+48 50	SBb	75	I	2.4	0.45	0	4204	18	145	180	4		1.1	0.35			384	G ★
			SBb	75	I	6.1	0.82	0	2273	13	265	300	4		1.1	0.35			384	G ★
NGC 5804	14 55 27.2	+49 52 08	SBb	33	I	5.1	0.68	0	4080	12	160	260	4		1.3	1.1			384	G ★
			SBb		I	5.7	0.7	0	4112			313	4		1.3	1.1			503	G
NGC 5798	14 55 31.5	+30 10 06	Sm	51	I	6.61		0	1787	10		217	5		1.4	0.9		42	158	G ★
			Im		I	6.528		0	1791		189	210	4		1.4	0.9			489	A ★
			Im		I	6.60		0	1787			211	4		2.3	1.4			515	G ★
				49	F	6.0	0.8	0	1783	6	199	233	4				123	42	555	W
Anon 1455+33	14 55 42.0	+33 21 06			I	16.0		5	8964										471	A
Anon 1455-06	14 55 48	-06 35	Sc	51	I	7.48	1.1	0	7598	15		386	4		1.3				188	G ★
NGC 5792	14 55 48.2	-00 53 26	SBb		I	53.6		0	1929			440	5		10.9	3.2			183	G ★
					I	58.0		0							5.5				203	G
						70.3									5.5				203	B
			SBb	75	F	16.61	1.97	0	1930	20		467	4	19.1	10.3	3.2			373	G
			SBb		M	≤1.5								19.					85	N
			Sb	76	M	7.62		0	1911	20				23.4					324	N
			SBb	77	I	83.5	7.9	0	1924	4	423	471	4		7.2	3.1			473	J ★
			SBb			77.30		0	1921			460	4		10.3	3.1			515	G ★
NGC 5791	14 55 55.8	-19 04 06		52	I	≤10.6		5	3173	73				63.5	2.7	1.7			346	E
UGC 9632	14 56 24	+53 59	Sd		S	± 18.0		-400	−	3000					2.5	1.9			373	G
ESO 581-G 10	14 56 32	-19 49 12	Sc	51	S	± 11.0		-100	−	4600					2.0	1.3			466	E
NGC 5796	14 56 36.5	-16 25 30	E		M	0.6		6	2876		40			28.8					418	P ★
								0	2870										383	V ★
NGC 5793	14 56 37.0	-16 29 41						0	3515										383	V ★
			S		M	≤1.0		6	3410					34.1					418	P ★
			Sb	72	S	± 18.0		-100	−	4600					1.9	0.7			466	E
UGC 9634	14 56 41.2	+20 14 57			I	≤1.0		3140	−	7000					1.0	0.5			327	A
			SBb	61	I	4.75	3.62	0	12819	12		389	3		1.0	0.5			529	A ★
ESO 581-G 11	14 56 49	-18 32 06	Sbc	77	S	± 17.0		-100	−	4600					2.0	0.6			466	E
UGC 9638	14 56 55.2	+59 04 12		49	F	2.02		0	2267		120	151	4	32.7	3.2				213	G ★
			Im	48	F	2.71	0.53	0	2275	15		127	4	24.6	3.0	2.0			373	G
NGC 5820	14 57 10.6	+54 05 05	S0		I	6.8			3335			330	5	47.	2.				350	G ★
			S0	26	I	≤6.3		5	3264					34.7					417	G
Anon 1457+13	14 57 18	+13 25	Mult		I	0.22		0	4700	30		85	4		0.6	0.6			78	A
UGC 9644	14 57 24.0	+27 19 00	SBa		I	0.48		0	6665		114	127	4		1.4	1.4			475	A ★
			SBb	0	I	2.59	1.79	0	6666	8		143	3		1.4	1.4			529	A ★
ESO 581-G 13	14 57 27	-18 20 54	Sb	90	S	± 15.0		-100	−	4600					2.1	0.3			466	E
NGC 5806	14 57 28.4	+02 05 20	Sc	62	I	9.07		0	1353	10		365	5		3.0	1.5		170	158	G ★
			SXb	57	I	15.0	2.0	0	1369	8	323			17.	4.3				273	A
			Sb	58	M	0.51		0	1363	20				14.3					324	N
			SXb	58	I	10.4	1.6	0	1350	6	294	324	4		3.1				473	J ★
UGC 9647	14 57 30.0	+33 02 24		49	F	2.02		0	2584		209	223	4	36.0	2.9				213	G ★
					S	± 18.0		-400	−	3000					2.7	1.8			373	G
NGC 5821	14 57 31.0	+54 07 18	S	57	I	7.6		0	3376			319	5	34.7					417	G
NGC 5832	14 57 33.6	+71 52 51	SBb	56	I	43.0			470	10	165				6.5	5.37			241	E ★
			Sb		F	6.76			448	7		169	4		8.2	4.86			309	N ★
			SBb p	47	F	9.39	1.06	0	451	10		172	4		6.6	5.3	3.7		373	G
			Sb	51	M	0.53		0	439	20				8.0					324	N
			SXb	51	I	34.1		0	449			203	5	6.6					417	G
			SBb	51	I	32.8	2.8	0	446	3	146	169	4		4.0				473	J ★
			SBb		I	37.7	1.8	0	447	5	159	179	4		3.5	2.3			484	E ★
			SBb		I	60.9	2.2	0	449	5	157	178	4		3.5	2.3			484	E ★
UGCA 397	14 57 42.0	-13 21 00	Im		I	9.10		0	2790			86	4		3.2	3.2			515	G ★
			Im		F	2.54	0.53	0	2788	10		89	4	27.3	3.2	3.2			373	G
Anon 1457-48	14 57 43.0	-48 05 32	Im	45				1	586	20				7.7	3.2	2.4			528	P
			Im		I	125.0	12.0	0	586	4		90	4	5.	3.4	2.62			218	P
			Im	50	I	125.0	12.0	0	586	4	64			4.1	3.3	2.2			310	P ★
			IBm	38	I	91.4	4.6		589	1	58	87	4		3.2	2.6			550	P ★

Table 1 cont.

Name (1)	R.A. (2)	Dec. (3)	Type (4)	i (5)	(6)	HI-flux (7)	(8)	(9)	v (10)	(11)	(12)	Δv (13)	(14)	Dist (15)	a (16)	b (17)	Vmax (18)	Pos (19)	Ref (20)	(21)
UGC 9651	14 58 00	+49 43	SBc	79	S	±	6.0		3100 – 6600						1.1	0.3			384	G
UGC 9650	14 58 13.7	+83 47 26		90	S	±	3.5		3420 – 4420									6	555	W
NGC 5812	14 58 17.1	−07 15 29	E		M	≤0.4								20.4					205	G
UGC 9652	14 58 17.1	+16 22 10	SBb	57	I	0.95	0.61	0	11290	18	437		3		1.1	0.6			529	A ★
UGC 9654	14 58 33.0	+11 42 53	SBa	44	I	1.72	1.08	0	9503	14	351		3		1.1	0.8			529	A ★
NGC 5813	14 58 38.9	+01 53 57	E1		M	≤1.8			1882					24.2					18	B
			E1		S	±	0.74												427	A
UGC 9656	14 58 54.6	+09 20 42	S	79	I	5.27	1.39	0	4048	16	245	299	4	53.	1.1	0.3			327	A ★
UGC 9657	14 59 00	+48 33	SBc	90	I	4.9	0.59	0	5312	10	125	185	4		1.5	0.2			384	G ★
			SBc	90	I	8.0	0.94	0	2525	8	295	385	4		1.5	0.2			384	G ★
UGCA 399	14 59 06	+50 03	Im		S	±	18.0		−400 – 3000						1.7	1.0			373	G
UGC 9661	14 59 30	+02 01			S	±	4.0		−100 – 6900										490	A
UGC 9663	14 59 41.0	+52 47 33	Im	28	F	2.04	0.54	0	2422	10	111			51.3	2.5				89	G
			Im	29	F	1.89	0.51	0	2422	15		133	4	25.9	2.5	2.1			373	G
			Im		I	8.39		0	2420			138	4		2.5	2.0			515	G ★
UGC 9665	14 59 51.9	+48 30 54	Sbc	90	I	18.6	2.2	0	2544	10	270	320	4		1.6	0.3			384	G ★
			Sbc		I	14.6	0.6	0	2538			328	4						503	G
NGC 5830	15 00 06	+48 04	Sb	52	S	±	10.0		3100 – 6600						1.1	0.7			384	G
UGC 9672	15 00 24	+20 00						0	4946										490	A
Anon 1500+23	15 00 27	+23 32 57	Mult		I	9.0	0.8	0	5700		175	218	4						469	G ★
UGC 9668	15 00 27.9	+83 43 18		62	S	±	7.0		3100 – 6600						1.6	0.8			384	E
				57	F	8.1	1.3	0	3881	18	127						77	99	555	W
NGC 5829	15 00 29.2	+23 32 09	Sc	50	I	8.32	1.2	0	5684	10		198	4		1.7				188	G ★
																			212	A
			Sc	75	I	8.42	0.50	0	5703	16	281	340	4	76.	2.0	1.6			327	A ★
			Sc	27	M	6.02		0	5682	35				60.6					324	N
			Sc		I	7.9		0	5685		172	204	4						505	A ★
NGC 5835	15 00 42	+49 04	Sa	47	S	±	10.0		3100 – 6600						1.3	0.9			384	G
UGC 9675	15 00 57.7	+10 50 60	SBb	34	I	1.30	0.70	0	12014	12		429	3		1.2	1.0			529	A
					S	±	4.0		2400 – 9400										490	A
Mark 841	15 01 00	+10 36			I	≤0.19		5	11030	150									472	A
UGC 9676	15 01 18	+28 00						0	2884										490	A
UGC 9677	15 01 28.1	+22 53 40	Sbc	87	I	3.13	1.00	0	11553	8		695	3		1.4	0.2			529	A ★
NGC 5831	15 01 34.5	+01 24 55	E3		M	≤0.16		5	1684					22.5					134	A
			E		M	≤0.3								16.9					205	G
			S0/a		S	±	0.81												427	A
IC 4530	15 01 35.5	+26 17 27	Sb	90	I	2.13	0.87	0	9357	21		593	3		1.0	0.2			529	A ★
Mark 841	15 01 36.3	+10 37 56	Comp		F	≤0.05		5	10921										154	A
UGC 9680	15 01 42	+18 51			S	±	4.0		400 – 7400										490	A
UGC 9682	15 01 54	−00 39	Sm		S	±	18.0		−400 – 3000						3.0	1.1			373	G
IC 1090	15 01 56.0	+42 53 45	Comp		F	1.3	0.6	0	4907	28				72.	0.8		170		60	N ★
					F	≤0.94			4936										141	N
				47	M	3.92	0.40		4938	2		222	4	68.0	0.38	0.33			293	G ★
Anon 1502+11	15 02 00	+11 41			I	≤1.0			3140 – 7000						0.8	0.4			327	A
UGC 9683	15 02 00	+81 37	SBa	25	S	±	7.0		3100 – 6600						1.1	1.0			384	E
Zw 76-142	15 02 06	+11 41			I	≤1.0			4700 – 8550						0.6	0.4			327	A
Zw 248-050	15 02 12	+48 44		0	S	±	12.0		3100 – 6600						0.9	0.9			384	G
UGC 9685	15 02 18.0	+08 22 00	Sc	37	I	1.73	0.99	0	9407	8		339	3		1.0	0.8			529	A ★
IC 4533	15 02 22.1	+27 59 13	SBa	38	I	1.40	0.89	0	10065	15		440	3		1.0	0.8			529	A
Zw 248-052	15 02 48	+49 36		28	S	±	9.0		3100 – 6600						0.9	0.8			384	G
NGC 5838	15 02 54.6	+02 17 37	S0		I	≤0.77		6	1429					26.0	3.5	1.5			30	A
			S0	85	M	≤0.45								20.6	5.5				246	N
			S0		M	≤0.84			1427					24.2					131	G
			S0		F	≤2.1		7	1441					22.2					95	B
			S0/a		M	≤1.06		1	1441					26.	3.5	1.5			27	A
			S0		I	≤1.4		5	1427						4.2	1.6			419	A
			E/S0		I	≤1.36		5	1359						3.7			43	501	A
UGC 9696	15 03 04	+08 43 03	Sa		I	2.094		0	8326		82	105	4		0.9	0.8			475	A ★
UGC 9698	15 03 14.9	+23 52 53	Sbc	63	I	2.86	1.34	0	4852	8		180	3		1.1	0.5			529	A ★
UGC 9699	15 03 27.0	+09 43 18	Sc	69	I	4.09	1.11	0	8470	16	335	384	4	112.	1.0	0.4			327	A ★
NGC 5845	15 03 28.8	+01 49 39	E3		S	±	0.57												427	A
UGC 9701	15 03 32.6	+31 21 20	SBc	60	I	2.67	1.26	0	10019	9		307	3		1.0	0.5			529	A ★
NGC 5846 A	15 03 56.4	+01 47 12	E2		M	≤0.018		5	2291					22.5	0.5	0.5			249	A
NGC 5846	15 03 57.0	+01 47 57	E		I	≤1.44		5	1709						3.8				501	A
			E0		S	±	0.84												427	A
			E0		M	≤0.23			1771					32.4					120	E
			E0		M	≤0.71		5	1713					22.5					134	A ★
			E0		M	0.5	0.2		1826	50	350			32.	23.0				122	E ★
			E0		F	0.62			1813	50		480	1	23.0					47	N ★
			E0		F	≤1.6								16.6	5.4				52	N ★

Table 1 cont.

Name (1)	R.A. (2)	Dec. (3)	Type (4)	i (5)	(6)	HI-flux (7)	(8)	(9)	v (10)	(11)	(12)	Δv (13)	(14)	Dist (15)	a (16)	b (17)	Vmax (18)	Pos (19)	Ref (20)	(21)
NGC 5846			E0		M	≤0.68		5	1713					22.5	3.4	3.2			249	A ★
			E0		I	≤0.20		5	1713					33.					551	A
UGC 9709	15 04 06	+42 25			F	≤1.0		-400	-	3000									213	G
UGC 9708	15 04 10.8	+09 38 00	Sc	25	I	2.57	3.01	0	8424	10		165	3		1.1	1.0			529	A ★
			Sb	25	I	2.92	0.21	0	8453	16	86	163	4		1.1	1.0			327	A ★
UGC 9712	15 04 21	+12 45 10	Sc		I	5.868		0	6857		314	341	4	112.	1.5	0.3			489	A ★
NGC 5850	15 04 35.5	+01 44 17	SBb		I	18.6			2541	9		212	5	35.7	6.0				80	G ★
			Sb	25	M	2.09		0	2547	35				26.8					324	N
			SBb		I	6.13		0	2558	1	201	220	4						170	A
			SBb	25	I	16.7	1.6	0	2556	4	200	218	4		4.3				473	J ★
			SBb		I	8.507		0	2558		200	215	4		5.0	4.5			475	A ★
			SBb		I	8.508		0	2558		200	215	4		5.0	4.5			489	A ★
NGC 5866	15 05 07.8	+55 57 16	I0	71	M	≤0.27								13.7	4.8				246	N
			S0		F	≤3.2		7	972					12.3					95	B
			S0		M	≤0.9								14.					85	N
			S0		S	≤18.0		5	692					12.					405	B
			S0		I	≤5.0		5	692										232	N
NGC 5857	15 05 11.1	+19 47 27		59				4270	-	5270								137	555	W
IC 1093	15 05 14.8	+14 44 13	SBbc	37	I	2.84	2.18	0	13369	15		275	3		1.0	0.8			529	A ★
					I	≤1.0		4700	-	8550					1.0	0.8			327	A
NGC 5854	15 05 16.7	+02 45 37	SX0/a		I	≤0.56		6	1632					29.7	2.2	0.6			30	A ★
			I0	79	M	≤0.57								23.5	3.9				246	N
			Sa	71	I	3.0	2.0	0	1750	30	385	399	5	33.1	2.6	1.0			346	E ★
			Sa	71	I	≤6.6		5	1654	27				33.1	2.6	1.0			346	G
			SB0		M	≤1.6			1626					24.2					18	B
			Sa		I	0.43		0	1722	11	234	237	4						170	A
			S0/a		I	≤1.3		5	1626						2.7	0.8			419	A
			S0		I	≤1.56		5	1669						2.2				501	A
NGC 5859	15 05 19.0	+19 46 25	SBb		I	9.314		0	4761		452	476	4		2.9	0.7			489	A ★
				73	F	12.6	1.4	0	4770	7	455	494	4				231	136	555	W
IC 4522	15 05 45.4	-75 40 17	Sb	73	I	57.0	5.0	0	2850	15		350		26.3	3.9	1.3			310	P
			Sab	81				1	2850	20				35.9	2.8	0.8			528	P
Anon 1505-52	15 05 54.0	-52 22 00	Sd	90				1	1409	20				19.1	2.4	0.4			528	P
UGC 9733	15 06 00	+81 23	Im		S	±	18.0	-400	-	3000					1.7	1.3			373	G
Anon 1506+34	15 06 05.6	+34 34 18	Pec					0	13500	10		110		270.					16	G ★
IC 1097	15 06 14.6	+19 22 20	Sa	69	I	1.69	1.62	0	6139	16		292	3		1.1	0.4			529	A ★
NGC 5874	15 06 27.7	+54 56 38	Sc	47	I	9.56	1.4	0	3134	10		325	4		2.0				188	G ★
			Sc		S	±	18.0	-400	-	3000					3.9	2.6			373	G
			Sbc	44	M	3.03		0	3107	20				34.6					324	N
			SXbc	45	I	7.8	0.6	0	3132	4	294	306	4		2.5				473	J ★
NGC 5861	15 06 32.8	-11 07 57						0	1855	10									359	G
								0	1851	35									42	N
			SXc	56	F	8.49	1.29	0	1867	20		358	4	18.2	4.9	2.8			373	G
			Sc	55	M	3.53		0	1864	20				22.4					324	N
					I	44.50		0	1961			582	4		4.9	2.5			515	G ★
					I	44.50		0	1859			377	4		4.9	2.5			515	G ★
UGC 9738	15 06 39.9	+19 28 37	Sb	38	I	2.36	1.60	0	6260	8		198	3		1.0	0.8			529	A ★
								0	6283										490	A
UGCA 400	15 06 42	-10 30	SBb p		S	±	18.0	-400	-	3000					3.0	2.8			373	G
UGC 9739	15 06 44.5	+25 55 13	Pec		I	7.97		0	1373			195	4		1.0	0.2			393	G ★
			Pec		I	6.6		0	1365			162	5		1.0	0.2			488	A ★
NGC 5833	15 06 45.3	-72 40 06	Sc	45				1	2996	20				38.0	3.2	2.4			528	P
			Sb	42	I	62.0	15.0	0	3030	10		415		28.2	4.4	3.3			310	P
NGC 5864	15 07 02.7	+03 14 33	SB0/a		I	≤0.51		1	1632			210		29.7	2.4	0.8			30	A ★
			SBa	69	I	≤2.3		5	1548	66				31.0	2.8	1.1			346	E
			SBa	69	I	≤11.0		5	1548	66				31.0	2.8	1.1			346	G
			SBa		I	1.08		0	1820		561	687	4						170	A
			S0		I	≤0.54		5	1850						2.4				501	A
			SB0		S	±									4.1	1.2			515	G ★
NGC 5865	15 07 16.0	+00 39 35	S0		I	≤1.19		5	2042						2.8				501	A
NGC 5875	15 07 43.0	+52 43 08	Sc		I	18.64		0	3527	20		472	5		2.6	1.3		145	158	G ★
			Sb		S	±	18.0	-400	-	3000					3.9	2.1			373	G
			Sb		I	23.2	1.2	0	3493			462	4		2.6	1.3			503	G
Anon 1508+13	15 08 00	+13 49			I	≤1.0		4700	-	8550					0.8	0.2			327	A
NGC 5879	15 08 29.1	+57 11 26	Sbc	67	I	24.0		0	769	9		288	5	19.0	5.2				80	G ★
			Sbc	75	F	6.65	2.33		790	100				13.2	5.9				22	N ★
			Sbc	71	I	32.0		0	773			287	4	12.8	3.5				203	G ★
			Sbc	69	F	8.86	1.50	0	775	15		283	4	9.6	6.5	2.6			373	B
			Sb		I	31.00		0	771			295	4		6.6	2.6			515	G ★
UGC 9749	15 08 34.8	+67 24 12	dE		S	≤69.0		5	-188					0.067	20.				133	G

227

Table 1 cont.

Name (1)	R.A. (2)	Dec. (3)	Type (4)	i (5)	(6)	HI-flux (7)	(8)	(9)	v (10)	(11)	Δv (12)	(13)	(14)	Dist (15)	a (16)	b (17)	Vmax (18)	Pos (19)	Ref (20)	(21)
UGC 9749			dE		F	≤1.5		−400	−	3000					41.5				89	G
			E		S	±	18.0	−400	−	3000					31.6	20.8			373	G
UGC 9755	15 08 48.5	+10 38 20	Sc	35	I	4.44	2.09	0	9024	8	234		3		1.1	0.9			529	A ★
UGC 9760	15 09 30	+01 52	Sd	90	F	2.60	0.67	0	2016	15	163		4	20.2	4.1	0.6			373	G
UGC 9762	15 09 37.8	+32 49 54			F	1.27		0	2267		153	166	4	31.8	2.3				213	G ★
			Sm	24	F	1.40	1.15	0	2275	20	146		4	24.0	1.8	1.6			373	G
			S/Irr		I	3.435		0	2278		147	163	4		1.1	1.0			475	A ★
UGC 9763	15 09 47.5	+21 29 00	S		I	6.973		0	4700		360	422	4		2.0	0.4			489	A ★
			Sb	83	I	5.88	1.55	0	4715	8	394		3		2.0	0.4			529	A ★
UGC 9764	15 09 48	+65 05	SBdm	51	F	5.28	0.98	0	2246	10	238		4	24.5	3.9	2.5			373	G
Anon 1510+19	15 10 00	+19 20			I	≤1.0		4700	−	8550					0.8	0.8			327	A
UGC 9765	15 10 12.5	+20 50 27	Sab	61	I	3.65	1.11	0	11926	8	591		3		1.2	0.6			529	A ★
ESO 8-G 08	15 10 15.9	−87 15 34	Im	73	I	≤60.0									3.5	1.2			310	P
			Im	89				1	2269	20				27.8	2.3	0.5			528	P
UGC 9767	15 10 18	+07 37			S	±	4.0	2400	−	9400									490	A
IC 4536	15 10 24	−17 57	SBdm	17	F	3.62	0.91	0	2279	15	205		4	22.1	3.4	3.2			373	G
			S/Irr		I	3.28		0	2464	30	500		4	39.0	3.49				309	N ★
NGC 5894	15 10 32.7	+59 59 38	SBm	83	F	3.90	1.60	0	2485	25	463		4	26.8	4.8	1.1			373	G
			SBcd		I	3.5	0.5	0	2462		469		4		3.3	0.5			503	G
ESO 581-G 25	15 10 38	−20 29 24	Sm	82	F	7.56	2.59	0	2277	20	352		4	22.0	5.4	1.2			373	B
UGC 9769	15 10 42	+55 59	Sdm	39	F	5.34	0.75	0	844	30	208		4	10.3	4.4	3.4			373	G
ESO 274-G 01	15 10 49.9	−46 37 39	Sc	90	I	151.0	12.0	0	522	5	178			3.6	12.1	1.8			310	P
			Sc	90				1	518	20				7.2	11.2	1.9			528	P
				90	M	1.63		1	352		196		4	7.0	11.1	0.3			535	P
NGC 5878	15 10 59	−14 05 06	Sb	64	I	22.8	1.9	0	1988	5	437	465	4		3.5				473	J ★
Anon 1511-15	15 11 00.6	−15 16 42	Sd	36	F	6.41	0.92	0	2287	20	169		4	22.3	5.3	4.3			373	G
UGC 9770	15 11 12	+25 23			S	±	4.0	1400	−	8400									490	A
UGC 9772	15 11 16	+34 20 03	SBc		I	7.589		0	2319		96	113	4		1.0	0.7			489	A ★
Anon 1511+42	15 11 36	+42 31			S	±	6.0	1886	−	3254									459	N
NGC 5893	15 11 45.5	+42 08 40	Sc	22	I	5.76		0	5381	15	332		5		1.4	1.3			158	G ★
			S		S	±	3.0	1886	−	3254									459	N
UGC 9775	15 11 47.0	+20 09 47			I	≤1.0		4700	−	8550					1.1	0.5			327	A
			Sab	64	I	2.97	1.33	0	11920	8	476		3		1.1	0.5			529	A ★
UGC 9776	15 11 52.2	+57 09 12		60	F	0.91		0	832		91	102	4	13.6	2.2				213	G ★
			Im	59	F	0.98	0.40	0	830	10	75		4	10.2	1.7	0.9			373	G
			Im		I	4.30		0	835		110		4		1.7	0.9			515	G ★
UGC 9777	15 12 00.0	+20 39 47			I			0	4651										490	A
			Sa	57	I	7.18	1.76	0	4693	8	315		3		1.6	0.9			529	A ★
NGC 5895/96	15 12 00	+42 11			S	±	5.0	1886	−	3254									459	N
ESO 68-G 01	15 12 10.3	−72 29 21	Sm	48	I	21.0	3.0	0	3210	5	67			30.0	1.8	1.2			310	P
				65				1	3210	20				40.7	1.3	0.6			528	P
UGC 9781	15 12 20.7	+05 43 57	Sbc	0	I	2.32	2.20	0	9947	8	120		3		1.4	1.4			529	A ★
NGC 5885	15 12 21.5	−09 54 03	Sc	28	I	44.7		0	2002		213		4	26.2	3.5				203	G ★
			SXc	36	F	10.76	1.18	0	2005	10	214		4	19.7	6.5	5.3			373	G
			Sc		I	46.26		0	2000		204		4		6.6	5.3			515	G
			SXc	28	I	46.7	4.2	0	2000	4	186	209	4		3.5	0.4			523	J ★
UGC 9784	15 12 36	+62 52			F	≤1.0		−400	−	3000					2.2	1.4			213	G
			Im		S	±	18.0	−400	−	3000									373	G
UGC 9787	15 13 12	+01 37			S	±	4.0	900	−	7900									490	A
NGC 5899	15 13 14.9	+42 14 01	Sd	67	I	16.47		0	2554	15	569		5		2.8	1.2		18	158	G ★
			Sb	82	M	3.4	1.8	5	2549	50				26.8	2.6	0.6			152	J ★
			Sc	65	M	3.91		0	2496	35				27.8					324	N
			SXc		I	18.9		0	2580		579		4		2.8	1.2			459	N
			SXc	66	I	16.5	2.4	0	2594	6	469	506	4		3.0	1.0			523	J ★
NGC 5900	15 13 16.2	+42 23 42	Sb	71	M	5.06		0	2551	20				28.4					324	N
			Sb p		I	8.9		0	2498		457		4		1.5	0.4			459	N
UGC 9792	15 13 30	+00 03			F	≤1.0		−400	−	5800									213	G
			E		S	±	18.0	−400	−	3000					15.5	13.6			373	G
UGC 9793	15 13 31.6	+18 33 47			I	≤1.0		3140	−	7000					1.2	1.0			327	A
			Sb	90	I	1.90	0.69	0	11427	8	699		3		1.2	0.2			529	A ★
UGC 9794	15 13 46.7	+10 41 33	SBm		S	±	18.0	−400	−	3000					4.4	1.4			373	G
			SB/Ir		I	21.77		0	6446		545	689	4		3.0	0.8			489	A ★
NGC 5905	15 14 02.6	+55 42 06	Sc	41	I	46.78		0	3393	10	387		5		4.7	3.6		135	158	G ★
			SBb		S	±	18.0	−400	−	3000					6.5	5.1			373	G
			SBb	40	I	48.0	3.0	0	3390	5				35.4	6.4			245	339	W ★
			Sb	38	M	19.62		0	3380	20				37.5					324	N
			SBb	39	I	44.3	3.9	0	3144	3	334	355	4		4.2				473	J ★
			SBb		I	49.90		0	3392		368		4		6.5	4.5			515	G ★
			SBb		I	45.4	0.4	0	3396		371		4		4.7	3.6			503	G
Anon 1514+43	15 14 09.8	+43 21 00	p		I	3.6	0.3	0	5407	5	382	444	4	55.	2.1		175	17	460	W ★

Table 1 cont.

Name (1)	R.A. (2)	Dec. (3)	Type (4)	i (5)	(6)	HI-flux (7)	(8)	(9)	v (10)	(11)	(12)	Δv (13)	(14)	Dist (15)	a (16)	b (17)	Vmax (18)	Pos (19)	Ref (20)	(21)
UGC 9799	15 14 18	+07 12	E		S	≤14.5.		5	10510										356	G
NGC 5907	15 14 37.0	+56 30 24	Sc		I	254.4		0	670		485		5		15.7	2.0			183	G ★
			SBc	90	I	161.8		0	666	9	492		5	19.0	8.5				80	G ★
			Sc	90	I	220.0	35.0	0	669	5	459	481	4	18.					204	D ★
			Sc					0	670					18.			260		190	W ★
			Sc	90	F	62.39	5.63	0	666	7		491	4	8.5	15.6	2.0			373	B
			Sc	87	M	1.1	0.4	0	650	50				6.0					85	N
			Sc		I	36.6		0	681		462	492	4						429	E
			Sc		I	262.7		0	667			499	4		15.7	1.6			515	G ★
			Sc	90	I	248.7	21.9	0	663	2	470	492	4		12.3	8.9			523	J ★
Anon 1515+21	15 15 01	+21 46			I	1.04	0.10	0	12736	6	204			256.					496	A ★
UGC 9803	15 15 13.0	+29 35 00			F	≤1.0		−400	−	3000									213	G
			Im		S	±	18.0	−400	−	3000					1.7	1.7			373	G
			Sm	0	I	1.69	1.03	0	5259	8	90		3		1.0	1.0			529	A ★
NGC 5898	15 15 17.4	−23 55 00	S0	20	I	≤4.6		5	2098	111				42.0	2.3	2.2			346	E
			E0					5	2214					30.0	1.7	1.6			455	J ★
			E0		F	≤0.87		5	2214					30.0	1.7	1.6			455	V ★
NGC 5908	15 15 23.0	+55 35 37	Sc	67	I	18.25		0	3309	10	693		5		3.0	1.3	154		158	G
			Sb p		S	±	18.0	−400	−	3000					4.4	2.1			373	G
			Sb	67	I	20.0	2.0	0	3310	5				35.4	4.4		347		339	W ★
			Sb	70	I	16.9	1.4	0	3292	8	642	681	4		3.2				473	J ★
			Sb		I	20.10		0	3313		697		4		4.4	1.8			515	G ★
UGC 9807	15 15 35.1	+11 04 40	SBb	71	I	3.89	1.80	0	9612	11	463		3		1.4	0.5			529	A ★
NGC 5903	15 15 40.2	−23 53 12	E2		F	2.63		0	2401	20	560	580	4	30.0	2.0	1.7			455	J ★
			E2 p		M	1.8		5	2468		450			30.0	2.0	1.7			455	V ★
			E		M	≤0.3		6	2382					23.8					418	P
UGC 9808	15 15 48.0	+14 00 40			I	≤1.0		4700	−	8550					1.4	1.0			327	A
			Sc	44	I	3.77	1.58	0	10768	8	138		3		1.4	1.0			529	A ★
UGC 9809	15 15 57.1	+30 52 13	SBc	32	I	4.88	1.39	0	9227	8	193		3		1.3	1.1			529	A ★
ESO 328-G 43	15 15 59.0	−41 03 00	SBb	26	F	4.46	0.85	0	1334	25	178		4	11.9	4.5	4.0			373	B
				31	M	1.96		1	1182		149		4	23.6	2.0	1.7			535	P
UGC 9814	15 17 01.8	+11 14 00						0	3231										490	A
			Pec	70	I	3.23	1.44	0	3231	8	212		3		1.1	0.4			529	A ★
IC 4538	15 18 18	−23 28						0	2323	10									359	B
			Sc		S	±	18.0	−400	−	3000					4.0	3.2			373	B
NGC 5913	15 18 19.4	−02 23 57	SB		I	6.8	0.8	0	2009		503		4						503	G
NGC 5915	15 18 47.7	−12 54 56	Sab	43	F	3.0	1.1	0	2338	60	254		4	25.5	1.7				53	N ★
			SBbc p	41	I	18.4	0.7	0	2274	10	130	242	5	42.9	2.0	1.5			346	G ★
					S	150.0		5	2267										548	P
NGC 5916 A	15 18 52.2	−12 59 36						0	2292	35									324	N
UGC 9821	15 19 18	+08 36			S	±	4.0	400	−	7400									490	A
NGC 5923	15 19 24	+41 54	Sc		I	6.76	0.7	0	5570	10	176		4		2.1				188	G ★
NGC 5921	15 19 27.2	+05 14 53	SBbc	33	I	33.5		0	1480		189		4	20.1	4.7				203	G ★
			SBbc	32	I	28.0		0	1478	4				14.	6.8		175		273	N
			SBbc		M	6.3	2.1	0	1480	40				23.					85	A
			SBbc		I	30.9		0	1480		187		4		5.3	4.6			151	A
			SBb		I	37.40		0	1481		195		4		7.2	5.8			515	G ★
UGC 9825	15 19 34.4	+23 19 50			S	±	4.0	2400	−	9400									490	A
			Sd	35	I	5.18	1.70	0	6703	8	147		3		1.1	0.9			529	A ★
UGC 9828	15 20 13.9	+19 26 15	Sc	89	I	2.24	0.34	0	6711	16	118	175	4	89.	1.7	0.1			327	A ★
			Sbc		I	4.9		0	6871		470		5		1.7	0.1			488	A ★
UGC 9829	15 20 30	−01 10			S	±	4.0	400	−	7400									490	A
UGC 9830	15 20 30	+04 42	Sc	90	I	3.1		0	1833	15	200		4		1.5	0.2			78	A ★
Zw 7-097	15 20 39.5	+08 47 11	cD		M	≤9.2													331	A
UGC 9831	15 20 41.0	+29 56 53	S0/a	47	I	2.52	1.08	0	6868	8	242		3		1.0	0.7			529	A ★
ESO 514-G 15	15 20 45.0	−26 06 04	Sdm	20	I	≤60.0									1.9	1.8			310	P
NGC 5926	15 21 03.0	+12 52 00		32	I	3.22		0	6189		148		4		0.30	0.25			471	A
UGC 9832	15 21 26.3	+14 03 13			S	±	4.0	1400	−	8400									490	A
			Pec	51	I	1.78	1.29	0	8975	29	429		3		1.1	0.7			529	A ★
UGC 9833	15 21 41.4	+23 43 20	Sd		I	1.6		0	8705		262		5		1.2	1.0			488	A
ESO 42-G 07	15 22 05.7	−73 46 08	Scd	29	I	26.0	5.0	0	2927	10	143			27.2	2.8	2.4			310	P
			Scd	30				1	2971	20				37.5	2.3	2.0			528	P
UGC 9837	15 22 36.0	+58 14 00	Sc	19	I	8.98	1.3	0	2660	10	182		4		1.8				188	G
			SXc	25	F	2.17	0.49	0	2661	15	178		4	28.6	3.0	2.7			373	G ★
			Sc		I	10.60		0	2657		192		4		3.1	2.8			515	G ★
			SXc	19	I	11.1	0.9	0	2655	5	161	183	4		2.0	0.2			523	J ★
UGC 9840	15 23 00	+42 22	S/Irr	36	I	8.9	1.0	0	6664	9	340	360	4		1.1	0.9			384	G ★
ESO 582-G 12	15 23 13	−22 06 24	SXbc	54	F	4.66	1.15	0	2325	30	277		4	22.5	4.5	2.7			373	B
UGC 9841	15 23 17.2	+18 27 16	Sc	82	I	6.75	1.54	0	4390	8	433		3		2.5	0.4			529	A ★
Zw 106-040	15 23 19.2	+18 26 30	Sbc	89	I	4.65	0.76	0	4395	16	410	431	4	58.	2.5	0.4			327	A ★

229

Table 1 cont.

Name (1)	R.A. (2)	Dec. (3)	Type (4)	i (5)	(6)	HI-flux (7)	(8)	(9)	v (10)	(11)	(12)	Δv (13)	(14)	Dist (15)	a (16)	b (17)	Vmax (18)	Pos (19)	Ref (20)	(21)
UGC 9843	15 23 25.7	+20 57 47	SBc	50	I	2.15	1.24	0	11886	13		386	3		1.1	0.7			529	A ★
UGC 9846	15 23 44.8	+16 29 43	Sc	35	I	3.28	1.08	0	7023	8		226	3		1.1	0.9			529	A ★
NGC 5928	15 23 45.9	+18 14 55	S0		I	≤1.34		5	4567						2.6				501	A
NGC 5929	15 24 18.3	+41 50 43	S0/a	20	I	3.1	1.9	0	2561	15	211	220	5	54.4	1.5	1.5			346	E ★
NGC 5930	15 24 20.6	+41 51 05	Sa	69	I	4.1	0.68	0	2498	16	325	385	4		2.2	0.9			384	G ★
			SXb	62	I	≤12.6		5	2717					27.9					417	G
			SXb p		S	± 18.0		-400	-	3000					3.0	1.3			373	G
UGCA 409	15 24 24	-11 58	Sd		S	± 18.0		-400	-	3000					1.7	1.5			373	G
NGC 5939	15 24 25.6	+68 54 17	SXc		I	6.4	0.4	0	6700			477	4		0.9	0.5			503	G
Zw 106-044	15 24 33.6	+15 28 12	Sa	74	I	3.31	1.02	0	7617	16	334	474	4	101.	0.9	0.3			327	A ★
UGC 9856	15 24 36	+41 28	Sc	90	S	± 9.0		3100	-	6600					2.5	0.3			384	G
UGC 9857	15 24 42.0	+41 55 00	IBm	71	F	1.14	0.38	0	2332	20		140	4	24.9	3.0	1.1			373	G
			IBm	76	I	3.2	0.41	0	2346	14	70	90	4		1.9	0.6			384	G ★
			IBm		I	6.50		0	2443			415	4		3.0	0.9			515	G ★
			IBm		I	3.00		0	2365			201	4		3.0	0.9			515	G
Zw 222-009	15 24 42	+42 32			S	± 5.0		3100	-	6600									384	G
UGC 9846	15 24 43.8	+16 29 48	Sbc	35	I	2.43	0.56	0	7021	16	363	509	4	93.	1.1	0.9			327	A ★
			Sc	44	I	3.35	0.3	0	7030	10		224	4		1.0				188	G ★
UGC 9858	15 24 52.0	+40 44 16						0	2622	10									359	G
			SXbc	81	F	11.80	1.56	0	2619	10		376	4	27.7	6.1	1.5			373	G
			SXbc	82	I	40.8		0	2630			435	5	26.7					417	G
UGC 9860	15 25 16.2	+31 09 27	Sc	75	I	1.60	0.68	0	9493	8		344	3		1.1	0.3			529	A ★
Anon 1525+15	15 25 24	+15 00			I	≤1.0		4700	-	8550					0.5	0.5			327	A
ESO 274-G 16	15 25 34.1	-42 46 56	Im	67	I	35.0		0	1316		167			11.8	3.3	1.4			310	P
			Im		F	11.80	1.14	0	1336	15		160	4	12.0					373	B
					M	2.95		1	1168			193		23.4	2.3	0.4			535	P
NGC 5949	15 27 18.8	+64 56 12	Sbc	62	I	6.1		0	435			209	4	8.6	2.0				203	G ★
			Sc					0	390						3.5	1.8			373	G
			Sbc	61	I	3.6		0	435			228	5	6.4					417	G
Mark 1098	15 27 37.9	+30 39 23	Comp		F	≤0.09		5	10453										154	A
NGC 5936	15 27 39.7	+13 09 40	SBb	22	I	2.0	2.0	0	3986	22	151			40.	2.4				273	A
			SBb		I	4.637		0	4013		185	206	4		1.3	1.2			475	A ★
					I	4.39		0	4013			203	4	58.8	1.3	1.2			562	A ★
NGC 5945	15 27 53.2	+68 53 15	Sc					5	5521						3.3	2.5			503	G
NGC 5943	15 28 00	+42 57	S0	0	S	± 8.0		3100	-	6600					1.2	1.2			384	G
NGC 5945	15 28 00.7	+43 05 28	SBab		S	± 18.0		-400	-	3000					5.0	3.9			373	G
			SBa	42	S	± 6.0		3100	-	6600					3.3	2.5			384	G
UGC 9873	15 28 06	+42 48	Sc	90	I	4.2	0.51	0	4843	10	190	250	4		1.6	0.25			384	G ★
UGC 9875	15 28 36.0	+23 13 54			F	1.34		0	1980		97	113	4	27.8	2.9				213	G ★
			S		F	1.55		0	1991	15		86	5						157	A
			S		I	5.30		0	1990			102	4		2.7	2.7			515	G ★
UGC 9880	15 28 49	+47 30	Im		I	4.0		0	2535						1.2				512	G ★
NGC 5940	15 28 51.3	+07 37 38	SBab	0	F	0.35	0.09	0	10205			215	4		1.52				154	A ★
			SBab		I	1.83		0	10210	3	187	240	4						170	A
			SBab		I	1.729		0	10211		181	199	4		0.8	0.8			475	A ★
NGC 5947	15 28 54	+42 53	SBb	0	S	± 8.0		3100	-	6600					1.3	1.3			384	G
UGC 9878	15 29 00	+83 15	S	69	S	± 5.0		3100	-	6600					1.0	0.4			384	E
UGC 9880	15 29 07.2	+47 29 12		41	F	1.03		0	2565		118	140	4	36.5	2.4				213	G ★
Anon 1529+07	15 29 15	+07 28 37	Mult		S	± 3.0		9000	-	11100									469	G
			Mult		S	± 0.5		9000	-	11100									469	A
UGC 9882	15 29 30	+40 27	Sc	90	S	± 8.0		3100	-	6600					1.2	0.2			384	G
NGC 5950	15 29 42	+40 36	Sb	62	S	± 8.0		3100	-	6600					1.6	0.8			384	G
Zw 107-002	15 30 00	+18 50			I	≤1.0		3140	-	7000					0.9	0.5			327	A
UGC 9887	15 30 12	+04 55			S	± 4.0		2400	-	9400									490	A
IC 1125	15 30 30	-01 27 40	S/Irr		I	11.28		0	2796		216	233	4		1.7	1.0			489	A ★
UGC 9890	15 30 42	+42 10	Sc	70	S	± 8.0		3100	-	6600					1.3	0.5			384	G
UGC 9891	15 30 54	+40 24	S	90	S	± 6.0		3100	-	6600					1.1	0.15			384	G
UGC 9892	15 31 00	+41 22	Sb	90	S	± 10.0		3100	-	6600					1.7	0.3			384	G
UGC 9893	15 31 19.4	+46 37 10	Comp		F	1.1	0.2	0	665	10				12.	2.0		27		60	N
					F	1.3	1.0	0	655	50	56	192	4	8.6					62	N ★
					M	0.1			644					8.6	2.6				141	N
					M	0.148	0.007		652	2		72	4	11.0	1.38	0.52			293	G ★
UGC 9896	15 31 21.1	+67 43 28	Sc	74	F	1.21	0.14	0	653		45	87	4	10.5	1.38	0.51			347	G ★
					S	± 18.0		-400	-	3000					2.5	1.9			373	G
NGC 5951	15 31 23.7	+15 10 28	Sc	79	F	4.80	1.07	0	1784	15		272	4	18.6	5.0	1.3			373	G
			Sc	78	I	17.9		0	1776			279	4	19.5	3.5	0.7			292	A ★
			Sc		I	15.88			1782	5	263	289	4						457	A ★
			Sc		I	18.90			1779			288	4		5.0	1.0			515	G ★
			SBc	78	I	27.4	2.2	0	1778	6	264	277	4		3.5	1.8			523	J ★
UGC 9897	15 31 28.6	+11 10 43	Sab	44	I	1.46	1.01	0	10479	8		247	3		1.1	0.8			529	A ★

Table 1 cont.

Name (1)	R.A. (2)	Dec. (3)	Type (4)	i (5)	(6)	HI-flux (7)	(8)	(9)	v (10)	(11)	(12)	Δv (13)	(14)	Dist (15)	a (16)	b (17)	Vmax (18)	Pos (19)	Ref (20)	(21)
IC 1129	15 31 39.3	+68 24 56						0	6540	5									359	G
			Sc		S	±	18.0	-400	-	3000					2.0	1.7			373	G
UGC 9900	15 31 48.0	+14 33 47	Sd	25	I	3.80	2.94	0	4115	8		192	3		1.1	1.0			529	A ★
UGC 9901	15 32 05.0	+12 25 53	Sbc		I	5.787		0	3162		223	241	4		1.7	0.3			489	A ★
			Sbc	86	I	5.27	1.98	0	3166	8		248	3		1.7	0.3			529	A ★
UGC 9903B	15 32 09.7	+15 21 00			I	4.83		0	1953		167								563	A ★
UGC 9903E	15 32 10.6	+15 23 40			I	4.27		0	1994		143								563	A ★
UGC 9902	15 32 13.2	+15 17 40			F	≤1.0		-400	-	3000									213	G
			dI	70	I	3.4		0	1695			121	4	19.5	1.0	0.3			292	A ★
					I			0	1697										490	A
NGC 5953	15 32 13.3	+15 21 41			I			0	1950	75									324	N
			S0		I	7.1	1.1	0	1864			500	4		1.7	1.3			503	G
					I	6.49		0	1964		140				1.7	1.3			563	A ★
NGC 5953/54	15 32 13.4	+15 21 43	Mult		I	5.406		0	1969			283	4	32.7	1.7	1.3			562	A ★
NGC 5963	15 32 15.3	+56 43 34	Sa		I	44.4	0.4	0	652			223	4		4.0	3.0			503	G
			S	43	I	43.44		0	655	10		237	5		4.0	3.0		55	158	G ★
			S p	41	F	11.74	1.28	0	657	15		265	4	8.5	5.5	4.2			373	G
			Sdm	42	M	3.6		0	656	10		206	5	17.1				49	394	N ★
			S p		I	45.10		0	656			214	4		5.6	3.9			515	G ★
			Sc	45	M	3.5		0	652	3				17.			114	60	530	W ★
NGC 5954	15 32 15.7	+15 22 10	Sc		I	7.1	1.1	0	1864			500	4		1.1	0.5			503	G
			Sc		I	7.76			1955	16	126	235	4						457	A ★
					I	6.91		0	1971		125				1.1	0.5			563	A ★
			Sc		I	7.328		0	1960		146	279	4		1.1	0.5			489	A ★
			SXcd	60	I	9.7		0	1848			471	5	20.9					417	G
			SXcd	60	I	5.9		0	1938			271	5	20.9					417	A
			Scd p	61	I	4.1			2000					27.7	1.1				203	G ★
			Sc	60	I	7.2		0	1935			275	4	19.5	1.0	0.5			292	A ★
			Scd	60	M	1.01		0	1969	75				21.5					324	N
UGC 9903D	15 32 20.5	+15 20 46			I	2.48		0	1904		170								563	A ★
UGC 9907	15 32 30	+09 45			I	≤1.0		4700	-	8550					1.1	0.2			327	A
NGC 5956	15 32 35.9	+11 55 00	Sd	0	I	7.67		0	1899	10		187	5		1.7	1.7			158	G ★
			Sc		I	6.612		0	1902		148	160	4		1.7	1.7			475	A ★
			Sc		I	6.70		0	1899			165	4		2.7	2.7			515	G ★
				0	F	7.2	1.5	0	1906	9	153	193	4						555	W
UGC 9911	15 32 42	+41 19	Sc	54	S	±	9.0	3100	-	6600					1.3	0.8			384	G
UGC 9910	15 32 44.1	+31 13 03						0	1868										490	A
			Sm	34	I	10.71	6.33	0	1866	8		143	3		1.8	1.5			529	A ★
NGC 5958	15 32 45	+28 49 15	S		I	4.563		0	2004		160	204	4		1.1	1.0			475	A ★
IC 4553	15 32 47.1	+23 40 07	Pec					0	5420										272	A ★
			Pec		M	≤4.6		5	5373					72.				99	470	V ★
					I	21.11		0	5443		318				2.0	1.8			563	A ★
UGCA 132	15 32 48.0	+16 43 00	SBdm	28	F	2.59	0.32	0	1034	7		63	4	11.2	2.7	2.4			373	G
			SBdm		I	10.20		0	1032			60	4		2.7	2.2			515	G ★
NGC 5965	15 32 50.1	+56 51 08	Sc	90	I	36.03		0	3416	10		632	5		6.0	0.9		53	158	G ★
			Sb	83	F	10.98	1.17	0	3416	15		620	4	36.1	8.0	1.8			373	G
			Sb	90	I	39.3	3.2	0	3411	5	585	603	4		5.4				473	J ★
IC 4545	15 32 53.0	-81 27 18		72	M	16.33		1	2482			394	4	49.6	1.9	0.6			535	P
UGC 9916	15 32 59.5	+24 15 54	Sc	79	I	2.85	1.07	0	9332			365	3		1.0	0.2			529	A ★
NGC 5957	15 33 00.9	+12 12 51	Sc	0	I	22.59		0	1828	15		106	5		2.8	2.8			158	G
			SXb	19	I	26.2	2.2	0	1827	1	98	113	4		3.0				473	J ★
			SBb		I	8.133		0	1828		100	113	4		2.8	2.8			475	A ★
			SBb		I	25.84			1827	5	100	118	4		2.8	2.8			457	A ★
			SBb		I	24.40		0	1827			110	4		4.2	4.2			515	G ★
				18	F	30.0	3.0	0	1828	4	99	121	4						555	W
UGC 9917	15 33 04.6	+21 00 13	Sbc	57	I	4.96	1.45	0	3036	8		205	3		1.1	0.6			529	A ★
UGC 9920	15 33 15.4	+30 58 00	Sb		I	2.906		0	9438		482	512	4		1.4	0.1			489	A ★
			Sb	90	I	2.51	0.72	0	9431	8		513	3		1.4	0.2			529	A ★
UGC 9919	15 33 18	+12 46 20	Sc		I	4.251		0	3185		253	268	4		1.6	0.1			489	A ★
UGC 9921	15 33 34.5	+26 29 53	Sbc	76	I	2.48	1.17	0	9928	8		381	3		1.1	0.3			529	A ★
UGC 9922	15 34 03.8	+38 50 27	Comp		F	2.8	0.8	0	5589	23				82.	1.3		155		60	N ★
				71	M	8.19	0.44		5596	4		312	4	77.0	0.98	0.37			293	G ★
Anon 1534+19	15 34 06	+19 34			I	≤1.0		4700	-	8550					0.6	0.5			327	A
NGC 5962	15 34 13.8	+16 46 16			I	13.17		0	1958			364	4	32.6	2.8	2.0			562	A ★
					I	15.39		0	1957		345				2.8	2.0			563	A ★
			Sc	36	M	1.8	1.8	0	1932	100				22.					35	N
								0	1976	75									42	N
			Sc	43	I	17.5		0	1963			362	4	27.3	2.6				203	G ★
			Sc	42	I	17.0	2.0	0	1955	5	346			20.	4.1				273	A
			Sc	43	M	1.66		0	1960	20				21.5					324	N

Table 1 cont.

Name (1)	R.A. (2)	Dec. (3)	Type (4)	i (5)	(6)	HI-flux (7)	(8)	(9)	v (10)	(11)	Δv (12) (13)	(14)	Dist (15)	a (16)	b (17)	Vmax (18)	Pos (19)	Ref (20)	(21)
UGC 9925	15 34 14	+16 36 15			I	≤1.0			3140 – 7000					1.4	0.6			327	A
			Sc		I	1.9		0	1920	30	209	4		1.4	0.6			78	A★
			Sc		I	1.92		0	1913		182 195	4		1.4	0.6			489	A★
IC 4562	15 34 15.1	+43 39 32	E	0	S	±	5.0	5	5860					1.1	1.1			384	G
Mark 290	15 34 45.4	+58 04 00	E		I	≤1.1			9240									114	G
ESO 274-G 19	15 34 50.0	−44 14 56	Sc		I	≤60.0								2.8	1.7			310	P
IC 4566	15 35 00.3	+43 42 13	Sb	48	S	±	5.0		3100 – 6600					1.9	1.3			384	G
UGC 9936	15 35 05.0	+44 24 07	Sm	55	F	2.12	0.68	0	2628	10	162		55.4	2.7				89	G
			Sm	57	F	2.18	0.69	0	2628	15	188	4	28.0	2.7	1.5			373	G
NGC 5964	15 35 08.2	+06 08 16	SBd	37	I	43.6		0	1450		213	4	19.9	4.0				203	G★
			SBd	39	F	9.93	1.75	0	1447	10	215	4	14.9	6.1	4.8			373	G
			Sc	40	I	44.7		0	1448		208	4	29.9	4.4	3.4		145	393	A
			Sd	36	M	2.10		0	1458	20			15.8					324	N
			Sd		F	10.77		0	1456	15	180	5						157	A
			SBc		I	44.7		0	1448		208	5		4.4	3.4			488	a★
			SBc		I	21.42		0	1447		185 199	4		4.4	3.4			489	A★
UGC 9937	15 35 09.4	+20 42 46	S0/a	90	S	±	5.0		3100 – 6600					1.2	0.22			384	A
UGC 9938	15 35 09.6	+30 14 24	S/Irr		I	5.002		0	1868		97 115	4		1.5	1.5			475	A★
					F	1.29		0	1872		100 118	4	26.7	2.7				213	G★
			S		F	1.20		0	1858	15	101	5						157	A
Anon 1535+60	15 35 17	+60 30	Comp		I	1.0		0	2550					+0.5				512	G
			Comp		I	1.0		0	3490					+0.5				512	G
Zw 107-016	15 35 30	+16 29			I	≤1.0			3140 – 7000					0.8	0.8			327	A
IC 4567	15 35 30.7	+43 27 41						0	5722	15								359	G
			Sc	42	I	15.5	1.9	0	5795	13	380 430	4		1.6	1.2			384	G★
Zw 136-034	15 35 34.0	+22 35 20	S	57	I	0.7	0.36	0	5277	16	170	4		0.7	0.4			384	A★
Mark 487	15 35 48.4	+55 25 34	Comp		F	≤5.2		5	887				14.	0.8				60	N
					F	≤4.4			827									141	N
				27	M	0.0575	0.01		677	2	118	4	11.6	0.30	0.27			293	G★
					F	0.41	0.13	0	652		55 129	4	10.9	0.30	0.27			347	G★
UGC 9941	15 36 00.6	+13 07 06			F	2.48		0	1861		161 179	4	25.8	2.7				213	G
			Im	29	F	2.23	0.41	0	1856	20	184	4	19.3	2.5	2.1			373	G
								0	1859	4	149 167	4						150	A★
			Im		I	9.89		0	1860		170	4		2.5	2.0			515	G★
NGC 5970	15 36 08.1	+12 20 53	Sc	45	I	15.6			1964	9	336	5	40.9	3.9				80	G★
								0	1973	35								42	N
			SBc	45	I	21.0	3.0	0	1960	6	315		20.	4.2				273	A
			Sc	46	M	1.93		0	1966	20			21.4					324	N
UGC 9945	15 36 24.9	+04 44 43	Sc		I	7.52		0	6840	2	222 249	4						170	A
			Sc		I	7.515		0	6840		226 246	4		1.3	1.2			475	A★
UGC 9947	15 36 48	+41 12	SBdm	31	I	4.8	0.76	0	6774	16	145 175	4		1.5	1.3			384	G★
NGC 5981	15 36 51.6	+59 33 18	Sc	82	M	7.88		0	5029	75			55.0					324	N
			Sc		S	±	18.0		−400 – 3000					4.1	0.8			373	G
UGC 9950	15 37 00	+82 25	Sbc	56	S	±	7.0		3100 – 6600					1.2	0.7			384	E
UGC 9951	15 37 01	+15 32 43	Sc		I	3.827		0	2004		139 155	4		1.4	0.8			489	A★
					S	±	4.0		3400 – 10400									490	A
UGC 9954	15 37 08.0	+24 37 00	S0/a	65	I	1.40	0.56	0	10310	8	514	3		1.1	0.5			529	A★
UGC 9956	15 37 15.3	+10 23 00	Sb	83	I	1.19	0.71	0	10248	12	515	3		1.0	0.2			529	A★
MCG+04-37-016	15 37 18.7	+25 06 28						5	6687									503	G
UGC 9958	15 37 27.1	+21 56 39	E/S0	24	S	±	4.0		3100 – 6600					1.2	1.1			384	A
UGC 9959	15 37 30	+44 02	SB	90	I	2.8	0.45	0	2951	15	80 185	4		1.0	0.1			384	G★
			SB	90	I	5.4	0.72	0	5276	11	250 290	4		1.0	0.1			384	G★
UGC 9960	15 37 34.2	+02 05 20	Sa		I	3.0		0	10594		600	3		1.6	0.5			488	A★
UGC 9962	15 37 43.5	+14 08 13	Pec	90	I	2.29	2.18	0	3270	10	165	3		1.0	0.2			529	A★
Zw 136-047	15 37 44.9	+21 59 07	E/S0	53	S	±	8.0		3100 – 6600					0.4	0.25			384	A
IC 1132	15 37 53.7	+20 50 32	Sc	33	I	2.4	0.36	0	4525	8	80 115	4		1.3	1.1			384	A★
			Sc		I	5.374		0	4528		88 115	4		1.3	1.1			489	A★
UGC 9966	15 38 00	+83 15	SBa	75	S	±	9.0		3100 – 6600					1.1	0.35			384	E
Zw 136-052	15 38 24.0	+20 43 24	S	68	I	2.9	0.38	0	7890	10	341 393	4		0.95	0.40			384	A★
NGC 5985	15 38 36.3	+59 25 35	Sb	56	I	24.9			2516	9	536	5	54.4	6.6				80	G★
			Sc	60	I	30.37		0	2521	10	555	5		5.8	3.1		13	158	G
			Sb	55	M	2.70		0	2520	75			28.7					324	N
			SXb	55	I	35.1	3.3	0	2517	4	516 545	4		5.5				473	J★
Anon 1538+20	15 38 40.8	+20 58 34	S	68	I	1.0	0.36	0	9089	11	309 335	4		0.6	0.25			384	A★
NGC 5987	15 38 52.3	+58 14 33	Sb		F	4.62			3005	30	586	4	39.0	5.87				309	N★
			Sab	69	F	3.60	0.92	0	3018	25	565	4	32.2	7.0	2.8			373	G
			Sb	73	I	21.9	4.3	0	3007	6	556 579	4		4.7				473	J★
IC 1133	15 38 54.0	+15 44 00	Sb	71	I	4.73	1.86	0	4051	8	260	4		1.3	0.4			529	A★
IC 4570	15 39 18.1	+28 23 20	Sc	26	I	2.05	1.00	0	9623	8	155	3		1.0	0.9			529	A★
UGC 9977	15 39 30.0	+00 52 00	Sc	90	F	4.81	0.75	0	1915	20	291	4	19.4	5.5	1.0			373	G

Table 1 cont.

Name (1)	R.A. (2)	Dec. (3)	Type (4)	i (5)	(6)	HI-flux (7)	(8)	(9)	v (10)	(11)	(12)	Δv (13)	(14)	Dist (15)	a (16)	b (17)	Vmax (18)	Pos (19)	Ref (20)	(21)
UGC 9977			Sc		I	21.60		0	1908			292	4		5.6	0.6			515	G ⋆
UGC 9979	15 39 47.0	+00 37 54	Im	67	F	1.03	0.41	0	1978	20	121				2.5				89	G
			Im	70	F	2.31	0.60	0	1978	30		140	4	20.1	2.5	0.9			373	G
								0	1961	4	119	138	4						150	A ⋆
			Im		I	5.436		0	1961		118	134	4		1.5	0.5			489	A ⋆
			Im		I	5.20		0	1961			140	4		2.5	0.8			515	G ⋆
UGC 9980	15 40 01.8	+02 10 20	SB0		I	0.8		0	3560			413	3		1.0	0.6			488	A
Anon 1540+22	15 40 02.4	+22 50 16	S	72	S	±	11.0	3100	−	6600					0.55	0.20			384	A
UGC 9984	15 40 31.6	+23 02 29	SBb	38	S	±	4.0	3100	−	6600					1.0	0.8			384	A
			SBab	38	I	1.17	0.62	0	10568	8		242	3		1.0	0.8			529	A ⋆
NGC 5989	15 40 33.2	+59 54 50						0	2878	15									359	G
NGC 5984	15 40 33.3	+14 23 23	SBc	76	I	12.70		0	1105		226	243	4		2.9	0.6			489	A ⋆
			SBcd	76	I	12.3		0	1108	8					3.7		122	144	509	W ⋆
			SBc		I	14.68		0	1105	5	233	253	4						457	A ⋆
			SBd	76	I	13.4		0	1118			236	4	16.0	2.2				203	G ⋆
UGC 9988	15 40 36	+41 48	Sc	90	S	±	5.0	3100	−	6600					1.0	0.1			384	G
NGC 5967 A	15 40 44.0	−75 38 07		51	M	16.04		1	2714			350	4	54.3	1.7	1.1			535	P
UGC 9991	15 41 04.6	+14 35 33	Scd	90	I	3.3		0	1931	10		234	4		1.7	0.5			78	A
			Sc		I	6.579		0	1933		209	227	4		1.7	0.5			489	A ⋆
			Sbc	74	I	5.54	4.07	0	1932	10		215	3		1.7	0.5			529	A ⋆
UGC 9992	15 41 24.0	+67 25 00		48	F	2.32		0	423		57	76	4	8.5	3.0				213	G ⋆
			Im	47	F	2.64	0.33	0	429	7		52	4	6.5	2.9	2.0			373	G
			Im		I	9.70		0	429			56	4		2.9	2.0			515	G ⋆
Zw 136-064	15 41 24.3	+22 54 07	S0	40	S	±	2.0	3100	−	6600					0.9	0.7			384	A
ESO 68-G 11	15 41 40.0	−67 52 06		71	M	11.85		1	3210			141	4	64.2	1.7	0.6			535	P
NGC 5967	15 42 06	−75 31	Scd	53	I	≤12.3		5	2904					52.5	3.1				320	P ⋆
UGC 9997	15 42 06	+43 57	Sbc	90	S	±	6.0	3100	−	6600					1.0	0.2			384	G
NGC 5988	15 42 10.2	+10 27 00	Sbc	40	I	5.12	1.44	0	10591	8		515	3		1.3	1.0			529	A ⋆
NGC 5992	15 42 36.3	+41 15 00	S	38	I	9.2	1.1	0	9574	9	160	205	4		1.0	0.8			384	G ⋆
Zw 136-066	15 42 39.7	+23 00 41	Sb	59	S	±	4.0	3100	−	6600					0.55	0.30			384	A
UGC 10005	15 42 41.1	+00 55 47	Sc		I	6.41		0	3841			154	4		1.6	1.5			393	G ⋆
			Sc		I	5.1		0	3836			144	3		1.6	1.5			488	A ⋆
UGC 10008	15 43 00	+82 30	Sc	0	S	±	8.0	3100	−	6600					1.1	1.1			384	E
UGC 10009	15 43 06	+04 19			F	≤1.0		−400	−	3000									213	G
			Im		S	±	18.0	−400	−	3000					1.8	0.7			373	G
								0	2087										490	A
Zw 222-050	15 43 06	+43 40		0	S	±	7.0	3100	−	6600					0.8	0.8			384	G
UGC 10011	15 43 14.5	+25 36 00	Sc	72	I	1.85	0.93	0	9995	13		445	3		1.1	0.3			529	A ⋆
UGC 10017	15 43 21.6	+21 34 40	Sm	60	I	3.22	1.42	0	4412	8		147	3		1.2	0.6			529	A ⋆
					F	≤1.0		−400	−	3000									213	G
UGC 10014	15 43 22.8	+12 39 24			F	4.94		0	1116		117	145	4	15.9	2.5				213	G ⋆
			Im	31	F	6.31	0.76	0	1126	10		137	4	12.0	2.2	1.8			373	G
								0	1122	4	104	124	4						150	A ⋆
			Im		I	11.45		0	1122		102	121	4		1.3	1.1			489	A ⋆
			Im		I	21.80		0	1122			130	4		2.2	1.8			515	G ⋆
UGC 10015	15 43 27.0	+21 10 31	S/Irr	90	I	2.5	0.40	0	4442	13	197	300	4		1.1	0.2			384	A ⋆
			Sd	81	I	4.41	1.29	0	4443	8		212	3		1.1	0.2			529	A ⋆
Anon 1543+17	15 43 28.4	+17 27 56	Sm		L	8.82			3260			48			1.9	1.6			539	A ⋆
UGC 10020	15 43 31.7	+20 42 56	Sd	17	F	2.09	0.36	0	2089	15		85	4	22.0	3.5	3.3			373	G
			Sc		I	8.067		0	2093		60	77	4		2.3	2.2			475	A ⋆
			Sc	17	I	1.1	0.36	0	4982	17	222	290	4		2.3	2.2			384	A ⋆
			Sc		I	9.10		0	2093			78			3.5	3.1			515	A ⋆
UGC 10019	15 43 32.1	+30 18 07	SBb	76	I	5.37	1.03	0	9487	8		451	3		1.4	0.4			529	A ⋆
Zw 136-071	15 43 32.8	+23 02 02		28	S	±	9.5	3100	−	6600					0.45	0.40			384	A
UGC 10021	15 43 35	+28 14 33	S		I	6.407		0	2145		291	310	4		1.4	0.3			489	A ⋆
UGC 10024 N	15 43 41.8	+02 36 22			I	2.43		0	3884			62							563	A
Zw 78-064	15 43 42	+08 57			I	≤1.0		4700	−	8550					0.8	0.3			327	A
NGC 5990	15 43 44.6	+02 34 11	Sa		I	2.631		0	3824		400	406	4		1.6	0.9			489	A ⋆
					I	2.66		0	3863			394	4	56.1	1.6	0.9			562	A ⋆
					I	2.93		0	3789		283				1.6	0.9			563	A ⋆
UGC 10026	15 43 55.0	+10 54 53	Sbc	67	I	2.61	1.24	0	5502	8		251	3		1.0	0.4			529	A ⋆
UGC 10028	15 44 06	+44 24		77	S	±	5.0	3100	−	6600					1.0	0.3			384	A
NGC 5996	15 44 37.8	+18 01 38	S	59	I	15.4		0	3308			227	5	32.8					417	G
					I	20.2		0	3305			200	5	39.4					518	G
					I	22.97			3290	6	185	225	4						457	A ⋆
			SBd	64	I	14.74		0	3304			176	4		1.7	0.8			471	A ⋆
			SB p		S	±	18.0	−400	−	3000					2.7	1.4			373	G
NGC 5994	15 44 43.3	+18 02 23	SB	61	I	20.8		0	3297			241	5	32.8					417	G
			SB	61	I	17.5		0	3308			236	5	32.8					417	A
UGC 10034	15 44 44.6	+31 09 53			S	±	4.0	3400	−	10400									490	A

Table 1 cont.

Name (1)	R.A. (2)	Dec. (3)	Type (4)	i (5)	(6)	HI-flux (7)	(8)	(9)	v (10)	(11)	(12)	Δv (13)	(14)	Dist (15)	a (16)	b (17)	Vmax (18)	Pos (19)	Ref (20)	(21)
UGC 10034			SBb	24	I	3.27	1.97	0	9310	8		230	3		1.2	1.1			529	A ★
UGC 10031	15 44 54.6	+61 42 36	S		I	7.0		0	875						1.7				512	G
			SB		I	5.60		0	889			72	4		2.7	2.2			515	G ★
					F	1.60		0	925						2.9				213	G ★
			SBm	28	F	1.85	0.40	0	888	10	131	169	4	15.1	2.7	2.4			373	G
UGC 10035	15 45 30.0	+26 13 00	Sa	51	I	1.80	0.73	0	9475	11		430	3	11.0	1.1	0.7			529	A ★
Anon 1545+17	15 45 48	+17 36			I	≤1.0		4700	–	8550					0.6	0.4			327	A
UGC 10037	15 45 50.1	+11 25 57	SBb	0	I	0.95	0.64	0	10266	8		220	3		1.0	1.0			529	A ★
Anon 1546+22	15 46 09.0	+22 22 52	S	62	S	±	1.7	3100	–	6600					0.4	0.2			384	A
UGC 10039	15 46 12.7	+11 48 07	Sab	83	I	1.25	0.53	0	10367	10		556	3		1.1	0.3			529	A ★
Anon 1546+20	15 46 27.4	+20 50 25	Im	0	S	±	3.5	3100	–	6600					0.6	0.6			384	A
UGC 10040	15 46 28.2	+18 01 00	Sb	75	I	2.81	1.01	0	8599	8		419	3		1.0	0.3			529	A ★
UGC 10041	15 46 30.0	+05 20 00	SXdm	54	F	6.00	0.96	0	2172	20		224	4	22.2	4.5	2.7			373	G
			SXdm		I	31.60		0	2167			216	4		4.5	2.7			515	G ★
UGC 10043	15 46 30.0	+22 01 15	Sbc		I	17.32		0	2154		322	341	4		2.4	0.3			489	A ★
			Sbc	90	S	±	4.0	3100	–	6600					2.4	0.3			384	A
			Sab	90	I	17.53	1.15	0	2160	8		338	3		2.4	0.3			529	A ★
UGC 10042	15 46 31	+07 22 27	Sc		I	4.712		0	4226		337	349	4		1.6	0.3			489	A
UGC 10044	15 46 42	+18 15 23	Sc		I	2.961		0	3316		197	220	4		1.3	0.1			489	A
UGC 10049	15 47 05.4	+21 58 38	S0/a	59	S	±	2.3	3100	–	6600					1.3	0.7			384	A
Zw 78-080	15 47 06	+12 05			I	≤1.0		4700	–	8550					0.9	0.7			327	A
Zw 136-089	15 47 19.9	+20 47 49	SXb	27	I	2.2	0.36	0	4793	12	125	140	4		0.95	0.85			384	A ★
UGC 10054	15 47 52.0	+81 57 53	SBdm	61	F	3.33	0.87	0	1499	15	185			33.7	4.5				89	G
			SBdm	63	F	3.70	0.89	0	1499	20		193	4	17.3	4.8	2.3			373	G
Anon 1548+20	15 48 06.7	+20 54 45	Im	0	S	±	3.0	3100	–	6600					0.5	0.5			384	A
NGC 6004	15 48 08	+19 05 16	SBc		I	2.755		0	3828		231	245	4		1.8	1.6			475	A ★
IC 1142	15 48 10.7	+18 17 23	Sbc	30	I	4.23	1.00	0	13980	8		431	3		1.5	1.3			529	A ★
Anon 1548+68	15 48 15	+68 21 32	Mult		I	6.0	1.5	0	8580		414								469	G ★
UGC 10058	15 48 17.4	+26 04 12		41	F	1.64		0	2145		132	155	4	30.3	2.4				213	G ★
			SBm	41	F	1.42	0.35	0	2154	10		129	4	22.8	2.0	1.5			373	G
UGC 10059	15 48 39.7	+22 23 20			S	±	4.0	4400	–	11400									490	A
			Sc	50	I	2.4	0.36	0	9426	9	305	331	4		1.2	0.8			384	A ★
			Sb	48	I	3.39	0.94	0	9423	8		319	3		1.2	0.8			529	A ★
UGC 10060	15 48 53.7	+20 21 10	SBa	47	I	1.72	1.08	0	11259	15		437	3		1.0	0.7			529	A ★
UGC 10061	15 48 58.0	+16 28 47	Im	28	F	1.90	0.31	0	2087	15	67			43.3	3.5				89	G
			Im	29	F	2.12	0.35	0	2087	10		98	4	21.8	3.5	3.0			373	G
			Im		I	6.479		0	2077		72	90	4		2.3	2.0			475	A ★
UGC 10063	15 49 00	+25 53						0	2093										490	A
								0	6520										490	A
Anon 1549+47	15 49 00	+47 23	S0/a		F	1.13			2618	30		228	4	35.0	2.00				309	N ★
UGC 10062	15 49 00.9	+22 05 36	Sc	65	I	3.8	0.47	0	7793	6	268	301	4		1.5	0.7			384	A ★
			Sb	63	I	5.28	2.28	0	7789	8		292	3		1.5	0.7			529	A ★
UGC 10066	15 49 27.9	+23 56 27	Sb	90	I	5.05	1.47	0	12777	8		573	3		1.2	0.1			529	A ★
UGC 10070	15 49 40.9	+47 24 15			S	±	9.0	5	5958										459	N
					S	±	6.0	1971	–	3211									459	N
			S	62	S	±	6.0	3100	–	6600					1.4	0.7			384	G
Zw 107-050	15 50 00	+16 36			I	≤1.0		3140	–	7000					1.1	0.5			327	A
UGC 10073	15 50 12.4	+24 46 40	SBbc	60	I	2.39	2.09	0	9589	21		292	3		1.2	0.6			529	A ★
UGC 10074	15 50 39.0	+24 32 20	Sc	50	I	5.91	3.38	0	9613	9		351	3		1.1	0.7			529	A ★
NGC 6015	15 50 39.7	+62 27 30	Scd	65	I	74.4			830	9		310	5	20.9	5.0				80	G ★
			Scd	66	I	96.4		0	831			315	4	13.9	4.5				203	G ★
			Scd	65	I	80.6	12.1	0	835	9		327	4	19.1	5.4				201	G ★
			Scd	67	M	1.3			852	30				9.8	6.3			30	285	G
			Scd		F	23.5			818	30		386	4	13.1	5.72				309	N ★
				66	I	87.7									4.5				203	B
				66	I	127.0	10.0								4.5				203	D
			Scd	65	F	20.74	1.82	0	834	10		319	4	10.5	6.3	2.8			373	B
			Scd		M	3.3	1.1	0	850	40				16.					85	N
			Scd	65	M	2.61		0	822	20				10.9					324	N
			Scd	65	I	80.4		0	831			347	5	10.4					417	G
			Sc		I	86.70		0	833			319	4		6.3	2.5			515	G ★
NGC 6008	15 50 43.8	+21 14 53	SBb		I	7.455		0	4869		133	152	4		1.5	1.5			475	A ★
			SBb	0	I	6.3	0.73	0	4877	4	140	155	4		1.5	1.5			384	A ★
UGC 10077	15 50 45.7	+13 23 00	Sb	64	I	1.56	1.03	0	10222	11		344	3		1.1	0.5			529	A ★
Zw 136-012	15 50 56.4	+21 13 19	E	50	S	±	5.0	3100	–	6600					0.6	0.4			384	A
NGC 6007	15 51 01.6	+12 06 27	Sc	41	I	7.52	0.8	0	10560	15		376	4		1.6				188	G ★
			Sc	45	M	104.2		0	10544		396	425	4	213.					450	A ★
			Sc		I	9.741		0	10544		396	425	4		1.7	1.2			489	A ★
Anon 1551+21	15 51 19.9	+21 06 41	S	78	I	4.3	0.52	0	5530	7	80	125	4		0.7	0.2			384	A ★
NGC 6012	15 51 54.5	+14 44 55	Sab	43	F	5.4	1.1	0	1846	30		227	4	21.5	2.3				53	N ★

Table 1 cont.

Name (1)	R.A. (2)	Dec. (3)	Type (4)	i (5)	(6)	HI-flux (7)	(8)	(9)	v (10)	(11)	Δv (12) (13)	(14)	Dist (15)	a (16)	b (17)	Vmax (18)	Pos (19)	Ref (20)	(21)
NGC 6012			Sab		F	4.76			1847	30	180	4	24.2	3.56				309	N ★
			Sb		I	22.1		0	1855		197	4		2.1	1.6			393	G ★
			SXab	43	I	23.5		0	1856		218	5	19.5					417	G
			SBab		I	12.1		0	1851		177	4		2.1	1.6			459	N
			SBb		I	22.1		0	1855		197	5		2.1	1.6			488	a ★
			SBa		I	12.43		0	1855		164 179	4		2.1	1.6			489	A ★
Anon 1552+21	15 52 00.3	+21 42 53	S	38	I	0.7	0.36	0	8160	15	69	4		0.5	0.4			384	A ★
UGC 10084	15 52 06	+18 47			I	≤1.0		4700	−	8550				1.2	0.7			327	A
UGC 10085	15 52 11.9	+18 40 15	Sb	47	I	4.5		0	9733		295	4		1.86				305	A ★
			Sb	48	I	2.7		0	9726		293 322	4		1.0	0.7			543	A ★
Zw 107-059	15 52 36	+19 03			I	≤1.0		3140	−	7000				0.7	0.2			327	A
UGC 10089	15 52 40.4	+21 15 46	Sc	90	I	4.0	0.49	0	5495	9	261 314	4		1.1	0.2			384	A ★
			Sc	81	I	4.56	1.21	0	5549	8	280	3		1.1	0.2			529	A ★
Mark 291	15 52 54.1	+19 20 20	SBa		I	≤0.27		5	10398				210.					28	A
			Sa		I	≤2.6			10500									114	A
UGC 10090	15 53 15.6	+61 14 42			F	0.31		0	622		33 51	4	11.1	2.2				213	G ★
					S	± 18.0		−400	−	3000				1.7	1.7			373	G
			S		I	0.80		0	629		114	4		1.7	1.7			515	G ★
Anon 1553+11	15 53 24	+11 46			I	≤1.0		4700	−	8550				0.6	0.3			327	A
UGC 10092	15 53 28.3	+18 25 41	Sc	79	I	4.5		0	5279		218	4		1.66				305	A ★
			S	79	I	4.67	0.72	0	5288	16	230 302	4	70.	1.1	0.3			327	A ★
NGC 6014	15 53 29.4	+06 04 40	S0		I	≤0.65		5	2429					2.4				501	A
Anon 1553+60	15 53 33	+60 30	Comp		I	3.0		0	2840					+0.5				512	G ★
UGC 10094	15 53 38.0	+24 38 10	Sc	86	I	1.99	1.04	0	9752	8	499	3		1.0	0.1			529	A ★
UGC 10093	15 53 39.3	+17 18 27	Sc	37	I	11.7		0	4951		159	4		2.73				305	A ★
Anon 1553+24	15 53 41.5	+24 14 42	Mult		I	≤0.28		5	12881				260.					28	A
Anon 1553+19	15 53 42	+19 20			I	≤1.0		4700	−	8550				0.5	0.2			327	A
UGC 10095	15 53 44.4	+45 34 12		65	F	1.65		0	1852		118 140	4	27.2	2.6				213	G ★
			Im	64	F	2.00	0.51	0	1869	25	133	4	20.6	2.2	1.0			373	G
Anon 1553+16	15 53 48	+16 30			I	≤1.0		4700	−	8550				0.8	0.7			327	A
Zw 79-011	15 54 00	+09 13			I	≤1.0		4700	−	8550				0.5	0.2			327	A
UGC 10097	15 54 12.9	+48 00 50	S0	32	S	± 8.0		3100	−	6600				1.4	1.2			384	G
Zw 108-015	15 54 49.6	+18 19 57	S	54	I	2.5		0	9423		321	4		1.31				305	A ★
Zw 108-018	15 55 20.4	+18 10 08	Sc	50	I	1.2		0	9424		346	4		1.26				305	A ★
UGC 10105	15 55 24	+58 51			F	≤1.0		−400	−	3000								213	G
			Im		S	± 18.0		−400	−	3000				2.2	1.7			373	G
Zw 108-019	15 55 25.4	+16 21 40	Sa		I	1.1		0	10444		467	4		1.36				305	A ★
UGC 10104	15 55 27.3	+30 11 57	Sc	14	I	10.26	1.0	0	9848	10	246	4		2.3				188	G ★
			Scd		I	9.20		0	9842		252	4		2.8	2.6			393	G ★
			Sc		I	6.455		0	9841		222 238	4		2.8	2.6			475	A ★
			Sd		I	6.2		0	9845		242	5		2.8	2.6			488	A ★
NGC 6022	15 55 30.8	+16 25 31	Sc	38	I	0.6		0	10689		153	4		1.54				305	A ★
			Sc	48	I	1.11		0	10600		344			0.8	0.5			453	A ★
			Sc	49	I	0.6		0	10607		309 382	4						543	A ★
IC 1153	15 55 33.9	+48 18 40	S0	24	S	± 9.0		3100	−	6600				1.2	1.1			384	G
Zw 108-023	15 55 37.5	+16 29 31	Sb		I	≤0.2		5	13498					1.69				305	A
Zw 250-027	15 55 42	+48 19	E		S	± 9.0		3100	−	6600								384	G
Zw 108-011	15 55 42.9	+15 06 21	Sc	35	I	2.9		0	11275		85	4		1.70				305	A ★
			Sc		I	3.10		0	11275		78	4		1.7	1.2			515	G ★
Zw 108-023	15 55 46.0	+16 29 13	Sc	20	I	1.49		0	10853		247			0.9	0.8			453	A ★
IC 1149	15 55 46.7	+12 12 46	Sbc	32	I	4.63	0.58	0	4684	16	355 399	4	62.	1.3	1.1			327	A ★
			Sbc		I	4.635		0	4685		185 208	4		1.3	1.1			489	A ★
			SBb	33	I	4.26	1.94	0	4686	8	194	3		1.3	1.1			529	A ★
UGC 10109	15 55 48	+47 18	SXb	67	I			0	5698		187 238	4		1.4	0.6			384	G ★
IC 1151	15 56 16	+17 35 03	SBc		I	9.202		0	2169		234 252	4		2.5	0.7			489	A ★
Mark 492	15 56 39.0	+26 57 26			I	≤0.41		6	4319				78.5					235	A ★
					I	0.448		0	4302		157	4	63.0	0.5	0.3			562	A ★
Zw 108-033	15 56 46.4	+15 04 17	S	62	I	0.5		0	12554		180	4		1.47				305	A ★
					I	≤1.0		4700	−	8550				0.6	0.2			327	A
			S	63	I	1.11		0	12711		548			0.8	0.3			453	A ★
UGC 10116	15 56 59.8	+24 02 53	Sa	48	I	≤6.3		5	4095				44.3					417	G
			Sa		F	≤2.1		5	4468				65.	1.3				60	N
					I	2.8		1	4680	20	210		85.1					235	A ★
Anon 1557+27	15 57 00	+27 12			I	≤0.18		5	19490	150								472	A
Anon 1557+20	15 57 00.3	+20 53 21	SBc	79	I	2.0		0	4549		208	5	44.3					417	A
			Mult		I	2.5	0.2	0	4560		183 222	4						469	A ★
NGC 6027 + comp.	15 57 00.6	+20 54 12	Mult		I	5.1			4410		350	5	61.	2.				350	A ★
			Mult		I	3.3		0	4557		210	4						305	A ★
			Mult		M	2.70	0.14		4542	3	233	4	62.0	2.23	1.23			293	A ★
UGC 10118	15 57 11.7	+48 49 27	E/S0	59	S	± 8.0		3100	−	6600				1.1	0.6			384	G

Table 1 cont.

Name (1)	R.A. (2)	Dec. (3)	Type (4)	i (5)	HI-flux (6)	(7)	(8)	v (9)	(10)	(11)	Δv (12)	(13)	(14)	Dist (15)	a (16)	b (17)	Vmax (18)	Pos (19)	Ref (20)	(21)
UGC 10120	15 57 16.3	+35 10 15	SBb	0	F	0.40	0.07	0	9442			60	4		2.25				154	A ★
			SBb	5	M	11.86			9441		36	51	4						435	A ★
			SBb		I	1.398		0	9443		36	60	4		1.3	1.3			475	A ★
			SBb		I	1.6			9430			70	5		1.3	1.3			488	A ★
UGC 10121	15 57 31.0	+18 56 27	Sb	65	I	4.2		0	8827			370	4		2.09				305	A ★
Zw 108-037	15 57 41.1	+15 43 53	Sbc	75	I	1.22		0	10099		576				0.9	0.3			453	A ★
NGC 6068	15 57 50.1	+79 08 28	SBbc	48	I	9.5		0	3975			562	5	42.3					417	G
Zw 108-041	15 58 09.6	+16 45 52	Pec	55	I	≤0.9		5	10346						1.07				305	A
			S0/a p	43	S	±	0.80	5	10346						0.4	0.3			453	A
UGC 10127	15 58 13	+20 59 25	Sb		I	10.75		0	4823		387	412	4		1.4	0.8			489	A ★
IC 1155	15 58 18.3	+15 49 31	Sc		I	2.6		0	10700			238	4		1.85				305	A ★
			Sc	53	I	1.5		0	10629	15		248	4		1.3				329	A ★
					I	≤1.0		4700	–	8550					1.0	0.7			327	A
Zw 108-043	15 58 26.1	+16 51 20	Sc	54	I	1.4		0	10695		221	248	4		0.8	0.5			543	A
Zw 108-046	15 58 32	+18 13	Sc	51	I	1.1		0	10657			255	4		1.40				305	A ★
Zw 108-045	15 58 33.0	+15 17 30	Sb	41	I	1.0		0	13155			320	4		1.37				305	A ★
Zw 108-048S	15 58 37.1	+16 28 20	Sa	47	I	1.1		0	10169			305	4		1.86				305	A ★
Zw 108-048N	15 58 37.9	+16 29 00	Sb	36	I	2.4		0	13146			441	4		1.23				305	A ★
UGC 10130	15 58 55	+08 58 27	Scd	39	I	0.7		0	12285			223	4		1.46				305	A ★
UGC 10131	15 58 55.4	+14 13 00	Sa		I	4.156		0	5027		317	340	4		1.4	0.8			489	A ★
					I	≤1.0		4700	–	8550					1.1	0.1			327	A
			Sb	90	I	1.21	0.78	0	11723	18		472	3		1.1	0.1			529	A ★
IC 1162	15 59 00.7	+17 49 00	Sb	38	I	2.7		0	13327			268	4		1.54				305	A ★
IC 1158	15 59 02	+01 50 45	SXc	48	I	8.8	0.7	0	1925	4	232	241	4		2.7	0.5			523	J ★
			SXc		I	8.879		0	1928		238	251	4		2.8	1.7			489	A ★
UGC 10134	15 59 03.7	+16 26 40	Sa	38	I	≤0.6		5	11282						1.91				305	A
			SBa	38	S	±	0.48	5	11282						1.0	0.8			453	A
Zw 108-058	15 59 05.1	+16 21 20	Sc	36	I	≤0.4		5	8566						1.23				305	A
			Sb	44	S	±	0.46	5	8565						0.6	0.4			453	A
Zw 250-035	15 59 12	+48 42		26	S	±	9.0	3100	–	6600					1.0	0.9			384	G
Zw 108-061	15 59 13.6	+16 53 32	Sc	34	I	≤0.5		5	9598						1.31				305	A
			Sb	42	I	0.50		0	9480		316				0.6	0.5			453	A ★
NGC 6028	15 59 15.8	+19 29 49	Sa	33	I	1.9		0	4475			276	4		2.35				305	A ★
Zw 108-064	15 59 20.8	+16 34 00	Sc	48	I	0.6		0	12727			551	4		1.57				305	A ★
			Sab	52	S	±	0.34	5	13052						0.8	0.5			453	A
UGC 10138	15 59 29.5	+21 29 36	S0	67	I	1.88	1.12	0	9644	34		700	3		1.4	0.6			529	A ★
Anon 1559-60	15 59 31	−60 50 30	Sc	85	I	27.4	4.1		5424	13	517	545	4		3.3	0.7			550	P ★
UGC 10140	15 59 36	+18 53			F	≤1.0		−400	–	4800									213	G
			Im		S	±	18.0	−400	–	3000					1.7	1.7			373	G
Zw 108-066S	15 59 45.7	+16 34 57	Sb	61	I	0.57		0	9140		336				0.6	0.3			453	A ★
Mark 294	15 59 48.5	+18 57 13			I	4.1		1	2638	20	140			48.0					235	A ★
					F	0.5	0.5	0	2515	100		110	9	34.			55		51	N ★
IC 1165 B	15 59 50	+15 50	Mult	42	I	≤0.8		6	10224						0.8				329	A
Zw 108-067N	15 59 50.3	+15 50 00	S0	28	I	≤0.7		5	10136						1.07				305	A
Zw 108-067S	15 59 50.3	+15 50 00	Sd	40	I	≤0.5		5	10109						1.04				305	A
Zw 108-072	15 59 56.0	+16 33 43	Sc	52	I	≤0.6		5	9276						1.96				305	A
			Sb	37	S	±	0.60	5	9276						1.0	0.9			453	A
Zw 108-071	15 59 56.3	+16 04 30	Sc	53	I	≤0.8		5	13178						1.54				305	A
			Sab	49	S	±	0.43	5	13178						0.8	0.5			453	A
Zw 108-079	16 00 33.7	+16 42 20	Sa	73	I	≤1.3		5	10470						1.62				305	A
			Sb	75	S	±	0.66	5	10470						1.0	0.3			453	A
UGC 10146	16 00 36	+05 15			S	±	4.0	1400	–	8400									490	A
UGC 10150	16 00 48	+49 20	SBc	62	S	±	6.0	3100	–	6600					1.0	0.5			384	G
NGC 6032	16 00 49.7	+21 05 33	Sd	64	I	6.5		0	4366			309	4		2.56				305	A ★
			Sb	62	M	4.72		0	4398	20				47.5					324	N
Mark 296	16 01 13.4	+19 17 53			I	2.0		1	4800	20	100			87.3					235	A ★
					F	0.85	0.40		4614	22		193	1	63.	1.8				59	N ★
			Pec	70	I	2.4		0	4662			192	4		1.53				305	A ★
UGC 10156	16 01 18	+47 21	Mult	71	S	±	8.0	3100	–	6600					1.6	0.6			384	G
Zw 108-088	16 01 32.6	+17 22 36	Sa	47	I	≤1.3		6	11062						1.6				329	A
			S0	54	S	±	0.79	5	10953						0.8	0.5			453	A
			Sa	48	S	±	1.1	5	10953						1.0	0.7			543	A
Anon 1602+24	16 02 00.0	+24 10 00			I	≤0.10		5	26560	150									472	A
Anon 1602+17	16 02 04.0	+17 34 19	S		M	8.4	3.0	0	10804		415			200.					449	V
UGC 10168	16 02 05.8	+49 28 32	SB0	37	I	5.2	0.74	0	6051	17	380	430	4		1.6	1.3			384	G ★
Zw 108-095	16 02 06.7	+16 49 59	Sb	62	I	1.5		0	9284			413	4		1.47				305	A ★
			Sb	47	I	≤1.5		6	9474						1.6				329	A
			Sb	79	I	1.1		0	9288		345	366	4		0.9	0.2			543	A ★
NGC 6040 AB	16 02 12	+17 53	Mult		I	≤2.3		6	12587										329	A
UGC 10169	16 02 12.9	+14 57 20	Pec	90	I	0.51	0.73	0	4579	30		288	3		2.5	0.4			529	A ★

Table 1 cont.

Name (1)	R.A. (2)	Dec. (3)	Type (4)	i (5)	(6)	HI-flux (7)	(8)	(9)	v (10)	(11)	(12)	Δv (13)	(14)	Dist (15)	a (16)	b (17)	Vmax (18)	Pos (19)	Ref (20)	(21)
Anon 1602+17	16 02 13.7	+17 47 03			S	± 1.1								200.					449	V
Zw 108-098	16 02 14.9	+17 36 15	Sc	57	I	2.2		0	11880			325	4		1.37				305	A ★
			Sc	71	I	1.2		0	11862	35		370	4		1.1				329	A ★
			Sbc	60	I	1.55		0	11889		300				0.8	0.4			453	A ★
			Sc		M	12.5	3.0	0	11840		365			200.					449	V
			Sbc	60	I	1.0		0	11911		307	336	4		0.6	50.3			543	A ★
Anon 1602+17	16 02 16.8	+17 51 25			S	± 1.1								200.					449	V
Zw 108-099S	16 02 20.9	+16 36 07	Sd	54	I	2.1		0	11711			266	4		1.31				305	A ★
UGC 10172	16 02 29.1	+14 25 24	Sbc	84	I	0.86	0.59	0	4629	14		296	3		1.2	0.2			529	A ★
Zw 108-108	16 02 30.2	+17 34 58	Sbc	50	I	2.5		0	10638			255	4		1.70				305	A ★
			Sb		M	17.9	3.8	0	10610		365			200.					449	V ★
			Sbc	46	I	2.4		0	10629	12		327	4		1.2				329	A ★
			Sc	54	I	2.3		0	10630		267	310	4		0.7	50.4			543	A ★
Anon 1602+17	16 02 32.1	+17 28 58	Sc		M	9.2	2.7	0	10610		310			200.					449	V ★
					M	10.2	4.5	0	12320		330			200.					449	V ★
Zw 108-107	16 02 33.0	+17 00 51	Sd	72	I	≤0.7		5	12553						1.75				305	A
			Sd	81	I	≤2.9		6	12662						1.5				329	A
			SBb	71	I	1.16		0	12934		497				1.0	0.3			453	A ★
Anon 1602+60	16 02 41	+60 00	S	70	I	5.0		0	4325						+0.5				512	G
UGC 10176	16 02 42	+13 50	Sc	90	I	2.2		0	4637	10		348	4		1.5	0.15			78	A ★
Anon 1602+18	16 02 44.5	+18 19 22			S	± 1.1								200.					449	V
NGC 6043	16 02 46.6	+17 54 40	S0		I	0.7		0	9850			423	4		1.19				305	A ★
NGC 6051	16 02 48.0	+24 04 15	cD		M	≤6.8													331	A
Anon 1602+17	16 02 52.0	+17 47 02	Sc		M	3.7	1.7	0	10186		135			200.					449	V ★
NGC 6045	16 02 53.0	+17 53 32	Sbc		M	10.4	3.2	0	10330		450			200.					449	V ★
			Sc p	90	I	≤2.7		6	10025						1.4				329	A
			Sbc	79	I	1.46		0	10049		660				1.2	0.3			453	A ★
			S0/a	90	S	± 1.4		5	9913						1.1	0.2			543	A
NGC 6047	16 02 54.0	+17 51 18	E0		S	≤87.0		5	9470										356	G
Anon 1602+17	16 02 55.4	+17 53 36	S0		M	6.3	3.3	0	9770		155			200.					449	V
IC 1173	16 02 57.3	+17 33 24	Sbc		M	16.9	3.7	0	10452		460			200.					449	V ★
			Sb	52	I	3.3		0	10438			416	4		1.96				305	A ★
			Sbc	52	I	1.8		0	10431	12		460	4		1.7				329	A ★
				53	I	1.6		0	10431		431	455	4		1.1	0.7			543	A
UGC 10181	16 03 00	+81 50	Sa	90	S	± 8.0		3100	− 6600						1.3	0.2			384	E
Anon 1603+17a	16 03 00.2	+17 40 28	Sc		M	12.0	3.0	0	12263		420			200.					449	V ★
Anon 1603+17b	16 03 00.9	+17 44 22	S0/a		I	10.0								200.					449	V
Anon 1603+17c	16 03 01.1	+17 24 18			S	± 1.1								200.					449	V
NGC 6052	16 03 01.2	+20 40 39	Mult		I	6.359		0	4746		355	444	4		0.8	0.6			489	A ★
					F	2.54	1.15		4640	44		416	1	63.	2.0				59	N ★
					I	7.5		1	4821	20	330			87.7	0.8	0.6			235	A ★
			Im		F	≤1.4			4600										372	B ★
				48	M	11.8	0.60		4738	10		490	4	65.0	0.95	0.73			293	A ★
			Pec	48	I	10.1		0	4762			418	4		1.57				305	A ★
					I	8.2		0	4750		400			97.	0.85	0.55			28	A ★
			Im	49	F	2.8	0.3	0	4762	8		442	4	64.	1.05	0.70			561	N ★
					I	9.05		0	4747			459	4	68.6	0.8	0.6			562	A ★
Anon 1603+17	16 03 07.3	+17 52 39			M	3.0	1.5	0	8250		135			200.					449	V ★
IC 1179	16 03 07.3	+17 53 20	Sc	46	I	1.5		0	11056		213	244	4		0.6	0.3			543	A ★
			Sc	38	I	1.3		0	11048			205	4		1.14				305	A ★
			Sc		M	14.4	2.5	0	11040		365			200.					449	V ★
			Sc	62	I	2.6		0	11147			420	4		1.0				329	A ★
NGC 6050 B	16 03 08.5	+17 53 31		67	I	1.5		0	9589		334	386	4		0.8	0.4			543	A
			Sc	53	I	1.2		0	9597			380	4		1.54				305	A
			Sc	62	I	1.6		0	9589	24		400	4		1.2				329	A
			Sbc		M	7.0	2.8	0	9571		270			200.					449	V
UGC 10190	16 03 11.3	+17 49 54	Sc		M	19.2	2.8	0	11080		355			200.					449	V ★
			Scd	90	I	2.0		0	11070			330	4		1.0	0.1			543	A
Anon 1603+18	16 03 13.9	+18 28 31	Sc		M	17.0	3.3	0	11690		315			200.					449	V ★
NGC 6054	16 03 15.8	+17 54 10	Sc		M	14.7	3.3	0	11225		235			200.					449	V ★
			Sbc	57	I	1.6		0	11177			320	4		1.2				329	A ★
			Sc	56	I	1.5		0	11177		278	315	4		0.8	50.5			543	A
IC 1179 ?	16 03 16.8	+18 06 00						0	11159										211	A ★
Anon 1603+18a	16 03 17.4	+18 18 10			M	4.3	2.7	0	8350		275			200.					449	V ★
Anon 1603+18b	16 03 18.1	+18 17 41			S	± 1.1								200.					449	V
IC 1185	16 03 20	+17 51 06	Sa	40	I	≤1.2		6	10486						1.6				329	A
Anon 1603+17	16 03 20.3	+17 30 36			S	± 1.1								200.					449	V
IC 1182	16 03 21.9	+17 56 11	S0 p		I	3.4		0	10250		470			207.	1.35	0.6			28	A ★
			E		M	10.0		0	10270		121	536	4						312	A ★
			Pec		I	≤0.8			10230										114	G

Table 1 cont.

Name (1)	R.A. (2)	Dec. (3)	Type (4)	i (5)	HI-flux (6) (7) (8)	v (9) (10) (11)	Δv (12) (13) (14)	Dist (15)	a (16)	b (17)	Vmax (18)	Pos (19)	Ref (20)	(21)
IC 1182			Pec	76	I 4.2	0 10091	560 4		1.9				329	A ★
			S0 p		F 0.80 0.17	0 10241	681 4		2.2				154	A ★
			S0 p		M 20.6 3.8	0 10290	590	200.					449	V ★
			Sm		I 3.0	0 10262	460 577 4						543	A ★
Zw 108-127	16 03 22.4	+18 24 27	Sb	52	I 1.19	0 11407	368		0.7	0.4			453	A ★
			Sb	42	I ≤2.0	6 11399			1.1				329	A
			SBb		M 9.4 2.8	0 11470	255	200.					449	V ★
				35	I 0.6	0 11435	342 432 4		0.6	0.5			543	A ★
Zw 108-129	16 03 25.4	+18 11 18	Sd	46	I ≤2.2	6 12106			1.2				329	A
			Sa	45	S ± 2.2	5 11993			0.7	0.5			543	A
UGC 10193	16 03 27.0	+16 19 47	Sbc	88	I 1.48	0 13079	651		1.1	0.1			453	A ★
Zw 108-132S	16 03 27.0	+16 19 47	S p	61	I 0.74	0 12075	231		0.4	0.2			453	A ★
Anon 1603+17	16 03 27.0	+17 56 03			M 9.4 2.8	0 10110	275	200.					449	V ★
IC 1186	16 03 28.6	+17 29 37	Sc	56	I ≤1.1	5 10655			1.73				305	A ★
			Sbc	53	I ≤1.0	6 11172			1.3				329	A
			SBbc	48	I 0.64	0 10522	437		0.8	0.5			453	A ★
				54	S ± 0.8	5 11061			0.8	0.5			543	A
IC 1185	16 03 29.9	+17 51 05	Sa	38	I 0.49	0 11078	136		0.5	0.4			453	A ★
			Sa	43	S ± 1.1	5 10374			0.9	0.7			543	A
Anon 1603+17	16 03 30.3	+17 42 59	Sc		M 9.4 2.8	0 12206	295	200.					449	V ★
Zw 108-135	16 03 30.8	+18 08 52	Sc	34	I ≤0.6	5 12212			1.31				305	A
Anon 1603+17	16 03 31.6	+17 26 28			S ± 1.1			200.					449	V
UGC 10195	16 03 38.2	+18 21 16	Sc	83	I 2.3	0 10721	553		2.23				305	A ★
			Sc	83	I ≤2.1	6 10991			2.0				329	A
			Sb		M 19.6 3.3	0 10760	545	200.					449	V ★
				82	I 2.1	0 10726	532 579 4		1.7	0.4			543	A ★
Anon 1603+17	16 03 38.5	+17 28 29	Sc		M 10.5 5.2	0 10266	310	200.					449	V ★
NGC 6060	16 03 41.6	+21 37 08	Sb	60	I 3.1	0 4428	459 4		3.07				305	A ★
			Sc		I 34.70	0 4450	527 4		3.3	1.6			515	G ★
Anon 1603+17	16 03 45.3	+17 53 55			M 11.4 4.5	0 11959	135	200.					449	V ★
Zw 108-139	16 03 46.1	+18 19 74	Sbc	65	S ± 0.58	5 11215			1.0	0.5			453	A
			Sc	65	I ≤2.5	6 11329			1.6				329	A
			Sbc		M 8.4 2.7	0 11175	275	200.					449	V ★
Zw 108-138	16 03 47.5	+18 14 48	Sb	30	I ≤1.6	6 11144			0.8				329	A
			Sb		M 9.5 2.5	0 11000	290	200.					449	V ★
			Sbc	29	I 0.75	0 11022	153		0.4	0.3			453	A ★
			Sc	0	I 0.6	0 11060	216 236 4		0.4	0.4			543	A ★
Zw 108-140	16 03 48.2	+18 48 12	Sc	64	I ≤0.8	5 11678	291 4		1.66				305	A
			Sc	74	I ≤4.4	6 11867			1.5				329	A
			Sc	61	I 0.88	0 11571	469		1.0	0.5			453	A
			S0/a	59	S ± 1.1	5 11751			1.2	0.4			543	A
Anon 1603+18c	16 03 51.0	+18 10 12	Sb		M 6.9 2.7	0 12190	185	200.					449	V ★
Anon 1603+18d	16 03 51.4	+18 17 20			M 5.3 2.2	0 11479	255	200.					449	V ★
Anon 1603+18e	16 03 57.6	+18 27 45	S		M 9.5 4.0	0 10940	265	200.					449	V ★
Anon 1603+18f	16 03 59.2	+18 05 17	Sc		M 14.4 4.0	0 11540	375	200.					449	V ★
Zw 108-146	16 03 59.5	+18 32 57	Sc	48	I 0.6	0 11018	187 4		1.57				305	A ★
			Sc	62	I ≤2.5	6 11276			1.0				329	A
			Sab	52	I 0.84	0 11129	383		0.8	0.5			453	A
			Sc	60	S ± 2.0	5 11161			0.6	0.3			543	A
IC 1189	16 04 00.8	+18 18 59	S	52	I 0.8	0 11810 40	110 4		1.7				329	A ★
			Sa		M 6.7 3.0	0 11855	255	200.					449	V ★
			SBa	54	I 1.09	0 11662	454		0.5	0.3			453	A ★
				54	S ± 1.1	5 11858			1.1	0.7			543	A
Anon 1604+18	16 04 02.8	+18 19 02	Sa		M 2.0 1.3	0 11425	135	200.					449	V ★
UGC 10200	16 04 03.6	+41 28 41	S	40	I 14.6	0 1995	197 5	21.9					417	G
NGC 6062	16 04 10.3	+19 54 45	Sc	36	I 10.2	0 11722	394 4		2.06				305	A ★
			SBb		I 8.853	0 11713	325 412 4		1.1	0.9			489	A ★
Zw 108-149	16 04 20.6	+18 01 38	Sc	69	I ≤1.9	6 11163			0.8				329	A
			Sab	67	S ± 0.81	5 11049			0.6	0.3			453	A
			Sa	66	S ± 1.4	5 11049			0.5	0.2			543	A
Anon 1604+18	16 04 22.6	+18 22 44	Sc		M 6.5 3.0	0 11603	135	200.					449	V ★
Zw 79-047	16 04 24	+12 01			I ≤1.0	5250 − 9100			0.7	0.2			327	A
IC 1195	16 04 25.2	+17 19 30	Sb	50	I ≤1.9	6 12232			1.1				329	A
			Sb	36	I 1.77	0 11962	451		0.6	0.5			453	A ★
				51	S ± 1.7	5 12121			0.6	0.4			543	A
Zw 108-154	16 04 33.3	+17 37 27	Sb	0	S ± 0.43	5 13634			0.6	0.6			453	A
			Sc		I 0.8	0 11160	145 165 4		0.6				543	A ★
UGC 10207	16 04 42	+32 01			S ± 4.0	2400 − 9400							490	A
Zw 108-155	16 04 45.5	+15 43 33	Sc	59	I 1.5	0 11809	506 4		1.77				305	A ★
Zw 79-049	16 04 54	+10 29			I ≤1.0	3140 − 7000			0.5	0.1			327	A

Table 1 cont.

Name (1)	R.A. (2)	Dec. (3)	Type (4)	i (5)	(6)	HI-flux (7)	(8)	(9)	v (10)	(11)	(12)	Δv (13)	(14)	Dist (15)	a (16)	b (17)	Vmax (18)	Pos (19)	Ref (20)	(21)
UGC 10211	16 04 57.1	+22 11 37	Sa	75	I	2.16	0.89	0	4338	8		366	3		1.2	0.4			529	A ★
UGC 10214	16 05 00	+55 33	SBc p		S	±	18.0	−400	−	3000					5.8	1.5			373	G
UGC 10213	16 05 02.3	+10 33 30	Sbc	35	I	2.87	1.53	0	4997	8		271	3		1.1	0.9			529	A ★
UGC 10215	16 05 12.9	+19 40 53	S0/a	47	I	2.68	0.94	0	7805	8		264	3		1.0	0.7			529	A ★
UGC 10216	16 05 20.3	+13 51 00	Sa	78	I	1.58	1.01	0	14706	27		499	3		1.0	0.3			529	A ★
UGC 10217	16 05 30	+22 29			S	±	4.0	1400	−	8400									490	A
IC 1196	16 05 36.0	+10 54 37	Sa	65	I	3.00	1.25	0	4885	8		333	3		1.1	0.5			529	A ★
IC 1198	16 06 13.9	+12 28 00	S	72	F	0.38	0.14	0	10144			497	4		0.55				154	A ★
Zw 108-158	16 06 29.3	+16 53 25	Sc	81	I	1.2		0	10596		452	525	4		0.9	50.2			543	A ★
UGC 10224	16 06 41.1	+22 10 40	Sb	53	I	2.44	1.17	0	9409	8		393	3		1.0	0.6			529	A ★
UGC 10225	16 06 54	+08 53						0	3050										490	A
UGC 10227	16 07 08.0	+36 44 13	SBc		I	6.0		0	9026			637	5		2.2	0.2			488	A ★
UGC 10229	16 07 09.2	+00 00 54		43	F	1.02		0	1505		110	124	4	20.7	2.3				213	G ★
UGC 10226	16 07 09.2	+35 55 20	Sb		I	3.7		0	9063			385	5		1.1	0.5			488	A ★
NGC 6070	16 07 25.7	+00 50 22	Scd	56	I	30.9		0	2002			409	4	27.4	3.2				203	G ★
								0	2013	35									42	N
			Scd	62	I	30.2	4.5	0	2010	9		417	4	37.8	4.4				201	G ★
			Scd	56	M	3.52		0	2005	20				21.6					324	N
			Sc	55	I	27.5		0	1993	10	396	414	4	39.9					416	E ★
UGC 10233	16 07 42.7	+22 44 33	Sbc	90	I	7.09	2.73	0	9822	8		472	3		1.3	0.2			529	A ★
NGC 6073	16 07 55.0	+16 49 41	Sc	62	I	7.7		0	4640			343	4		2.00				305	A ★
			Sc		I	5.077		0	4649		320	323	4		1.2	0.6			489	A
UGC 10236	16 07 55.9	+22 46 47	Sbc	90	I	3.25	1.84	0	9951	12		561	3		1.3	0.2			529	A ★
UGC 10239	16 08 03.6	+12 57 07	SBa		I	3.6		0	10457			318	5		1.0	0.9			488	A ★
UGC 10238	16 08 06.0	+12 26 00	SBb	61	I	1.70	0.89	0	10210	9		509	3		1.6	0.8			529	A ★
UGC 10243	16 08 18.2	+20 05 00	SBc	26	I	4.56	1.86	0	7937	8		161	3		1.0	0.9			529	A ★
UGC 10246	16 08 28.0	+27 37 40	S0/a	83	I	2.52	0.88	0	9556	9		498	3		1.2	0.3			529	A ★
UGC 10247	16 08 30	+60 13	SBm	47	S	±	5.0	3100	−	6600					1.0	0.7			384	G
Zw 108-163	16 08 35.1	+17 11 10	Sc	58	I	3.8		0	10158			339	4		1.64				305	A ★
UGC 10248	16 08 36.2	+29 38 20	Sb	90	I	1.63	0.77	0	9048	11		470	3		1.0	0.2			529	A ★
				83	I	1.1		0	9027		447	465	4						543	A ★
UGC 10250	16 08 54.5	+26 28 33			S	±	4.0	3400	−	10400									490	A
			Sc	26	I	2.19	1.33	0	19370	8		406	3		1.0	0.9			529	A ★
UGC 10249	16 08 58.6	+13 59 47	Sb	64	I	1.38	0.59	0	10436	18		497	3		1.1	0.5			529	A ★
UGC 10256	16 09 23.3	+23 56 17	Sbc	82	I	2.28	0.91	0	9565	8		482	3		1.3	0.3			529	A ★
UGC 10266	16 10 24	+49 02			F	≤1.0		−400	−	5800									213	G
					S	±	18.0	−400	−	3000					2.2	1.2			373	G
			S	59	I	4.5	0.66	0	5939	15	190	241	4		1.3	0.7			384	G ★
Anon 1610+52	16 10 24	+52 35 04			I	0.2	0.2	0	9341			111	4						503	G
NGC 6090	16 10 24.5	+52 35 08			I	5.29		0	8873			396	5	99.0					518	G
			Sd		I	3.4	0.4	0	8871			348	4		2.8	1.5			503	G
UGC 10276	16 10 52.2	+32 07 13	S0/a	90	I	5.70	1.37	0	9276	8		413	3		1.4	0.2			529	A ★
UGC 10278	16 10 54	+49 31	Sab	69	S	±	7.0	3100	−	6600					1.0	0.4			384	G
UGC 10279	16 10 56.7	+60 42 36	Mult	26	S	±	10.0	3100	−	6600					1.0	0.9			384	G
UGC 10281	16 11 00	+17 20						0	1089										490	A
UGC 10280	16 11 00	+81 26	SXb	62	S	±	8.0	3100	−	6600					1.6	0.8			384	E
UGC 10282	16 11 02.0	+32 38 17	Sb	53	I	2.45	1.31	0	9268	8		249	3		1.0	0.6			529	A ★
UGC 10284	16 11 06	+61 18	S0/a	81	S	±	13.0	3100	−	6600					1.0	0.25			384	G
UGC 10286	16 11 29.3	+32 24 40	Sbc	84	I	1.37	1.17	0	9375	17		324	3		1.2	0.2			529	A ★
UGC 10287	16 11 45.2	+14 24 30	SBbc	46	I	1.09	0.91	0	9109	10		378	3		1.3	0.9			529	A ★
UGC 10288	16 11 48.0	−00 05 00	Sc	90	F	9.62	1.57	0	2046	10		370	4	21.0	7.4	1.4			373	G
			Sc		I	36.80		0	2045			384	4		7.4	0.7			515	G ★
UGC 10290	16 11 59.4	+00 56 42			F	1.78		0	1988		129	150	4	27.3	3.2				213	G ★
			Sm	19	F	2.64	0.64	0	1982	20		142	4	20.4	3.2	3.0			373	G
			Sm		I	10.30		0	1983			141	4		3.2	2.9			515	G ★
NGC 6084	16 12 01.9	+17 53 00	S0/a	62	I	1.69	0.70	0	9081	19		656	3		1.0	0.5			529	A ★
IC 1206	16 12 51.7	+11 25 24	Sb	57	I	2.32	1.11	0	10123	12		441	3		1.1	0.6			529	A ★
UGC 10294	16 12 54	+65 33			F	≤1.0		−400	−	3000									213	G
			Sm	48	F	1.60	0.69	0	3516	20		185	4	37.4	3.0	2.0			373	G
UGC 10297	16 13 08.7	+19 01 54	Sc	86	I	3.35	1.15	0	2306	8		245	3		2.1	0.3			529	A ★
NGC 6102	16 13 34.5	+28 16 50	Sa	54	I	3.16	0.93	0	7522	8		280	3		1.5	0.9			529	A ★
UGC 10301	16 13 40.2	+31 26 40	Sb	90	I	3.58	1.21	0	6664	8		333	3		1.4	0.2			529	A ★
IC 1210	16 13 52.5	+62 39 41	Sab	81	I	23.9	2.7	0	2872	4	250	301	4		1.6	0.4			384	G ★
UGC 10305	16 13 57.9	+31 48 46	Sbc	70	I	2.50	1.15	0	9469	8		307	3		1.0	0.3			529	A ★
UGC 10306	16 14 12	+00 21			S	±	4.0	1400	−	8400									490	A
Zw 298-022	16 14 18	+61 54			S	±	8.0	3100	−	6600					0.5	0.45			384	G
UGC 10310	16 14 49.0	+47 10 00	IBm	40	F	4.55	0.57	0	715	10	88			17.7	4.5				89	G
			IBm	41	F	4.93	0.58	0	715	8		130	4	9.2	4.6	3.5			373	G
			IBm		I	28.0		0	704			132	4	17.	4.7				487	B
			IBm		I	19.79		0	716			106	4		4.7	3.3			515	G ★

Table 1 cont.

Name (1)	R.A. (2)	Dec. (3)	Type (4)	i (5)	(6)	HI-flux (7) (8)	v (9) (10) (11)	Δv (12) (13) (14)	Dist (15)	a (16)	b (17)	Vmax (18)	Pos (19)	Ref (20)	(21)
UGC 10310			IBm		I	18.40	0 716	105 4		4.7	3.3			515	G ★
IC 4595	16 15 24	−70 01 24	Sc	81	I	20.2 1.6	3411 10	451 462 4		3.1	0.8			550	P ★
UGC 10312	16 15 30	+31 19	S		S	± 18.0	−400 − 3000			2.7	1.8			373	G
UGC 10313	16 15 36	+31 43					0 6694							490	A
IC 1211	16 15 38.6	+53 07 40	E	0	I	≤7.0	5 5615		58.3					417	G
NGC 6109	16 15 42	+35 07	Pec		S	± 18.0	−400 − 3000			1.7	1.7			373	G
UGC 10320	16 15 56.9	+21 11 16	Sab	80	I	1.91 0.86	0 9532 19	588 3		1.4	0.3			529	A ★
UGC 10325	16 16 00.2	+46 12 40	dE		I	5.6 0.6	0 5768	484 4						503	G
			dE		I	5.6 0.6	0 5768	484 4						503	G
UGC 10327	16 16 20.7	+22 17 07	Sc	83	I	4.87 1.63	0 4269 8	277 3		1.0	0.2			529	A ★
NGC 6106	16 16 21.4	+07 31 56	Sc	55	I	25.9	0 1456	260 4	20.5	2.2				203	G
			Sc	55	M	1.99	0 1457 20		16.3					324	N
			Sc	55	I	25.6 2.1	0 1452 3	241 264 4		2.6	0.6			523	J ★
Anon 1616−07	16 16 24	−07 46			S	±	5 7200							548	P
Anon 1616−60	16 16 35.9	−60 22 00	Im	74	I		1 606 20		7.2	3.2	1.2			528	P
NGC 6123	16 16 39.6	+62 03 36	S0/a	84	S	± 6.0	3100 − 6600			0.9	0.2			384	G
UGC 10334	16 16 43.0	+63 58 20	IBm		F	≤1.5	1200 − 3000			2.6				89	G
			IBm		S	± 18.0	−400 − 3000			2.5	1.3			373	G
			IBm		I	3.0	0 3128	74 4	67.	2.6				487	B
UGC 10340	16 17 36	+36 24	S		I	2.66	0 5047 3	183 225 4						170	A
UGC 10339	16 17 37	+36 24			I	2.956	0 5046	172 218 4		0.7	0.45			489	A ★
UGC 10341	16 17 42	+60 55	Sbc	56	S	± 16.0	3100 − 6600			1.2	0.7			384	G
NGC 6119					F	0.9	0 9200	315 4	125.					561	N ★
NGC 6120	16 18 01.0	+37 53 35	Im	43	F	0.7	0 9200	315 4	125.	0.81	0.60			561	N ★
NGC 6130	16 18 34.6	+57 43 56	SBbc	52	I	5.7 0.84	0 4983 15	245 335 4		1.1	0.7			384	G ★
UGC 10349	16 19 12	+40 14	SBab	74	S	± 7.0	3100 − 6600			1.5	0.5			384	G
NGC 6118	16 19 12.6	−02 09 57	Scd	65	I	21.4 3.2	0 1571 9	354 4	29.7	5.7				201	G ★
			Scd	66	F	9.44 1.57	0 1578 15	361 4	16.3	7.0	3.1			373	G
			Scd	62	M	2.27	0 1554 20		16.9					324	N
			Scd	62	I	36.9	0 1571	396 5	16.2					417	G
			Sc	42	I	35.30	0 1569	370 4		7.1	2.8			515	G ★
Anon 1619+20	16 19 15.6	+20 58 54	Sm		L	9.20	3100	148		1.1	1.0			539	A ★
UGC 10354	16 19 42	+40 56	SXc	33	S	± 8.0	3100 − 6600			1.3	1.1			384	G
UGC 10355	16 20 02.3	+13 58 14	Sc	87	I	2.10 0.91	0 10104 8	419 3		1.1	0.1			529	A ★
NGC 6131	16 20 07.7	+39 03 10	SXc	0	S	± 9.0	3100 − 6600			1.1	1.1			384	G
UGC 10357	16 20 18	+40 34		33	I	3.5 0.44	0 9280 9	160 175 4		1.3	1.1			384	G ★
NGC 6143	16 20 35.7	+55 12 11	Sbc		S	≤25.0	400 − 2000							203	G
NGC 6140	16 20 36.0	+65 30 30	SBc		I	108.1	0 908	228 4		10.3	7.2			515	G ★
			SBc p	42	I	108.3	912	228 4	15.1	5.8				203	G ★
				42	I	91.6				5.8				203	B
			Sc	42	F	29.87 1.75	0 919 10	239 4	11.5	10.3	7.7			373	G
			Sc	41	M	3.50	0 914 20		12.0					324	N
			SBc	42	I	97.4 9.3	0 908 2	204 226 4		6.2	1.0			523	J ★
			Sc		I	85.4 0.4	0 903	232 4		8.0	5.8			503	G
MCG+08-30-009	16 20 57.5	+50 29 13			I	7.1 1.1	0 5399	564 4						503	G
UGC 10362	16 21 12	+39 55	SBb	62	I	7.3 0.87	0 9600 12	405 450 4		1.6	0.8			384	G ★
NGC 6132	16 21 18.0	+11 54 00	Sa	76	I	7.24 1.79	0 4961 8	352 3		1.6	0.5			529	A ★
UGC 10365	16 21 36	+04 49			S	± 4.0	2400 − 9400							490	A
Zw 224-010	16 21 48	+39 15		0	S	± 8.0	3100 − 6600			0.7	0.7			384	G
Anon 1622+54	16 22 00.6	+54 16 00	Comp		F	≤2.0	5 5410		80.	0.7				60	N
					F	≤1.0	5410							141	N
					M	≤1.6	5432	4	75.0	0.32	0.27			293	G
Anon 1622−63	16 22 01	−63 04 54	Scd	56	I	30.9 2.5	3836 7	330 348 4		2.5	1.5			550	P ★
UGC 10372	16 22 19.6	+30 16 40	SBc	50	I	3.01 1.66	0 14510 24	568 3		1.1	0.7			529	A ★
UGC 10376	16 22 29.4	+65 33 00			F	0.76	0 822	65	14.0	2.7				213	G ★
					S	± 18.0	−400 − 3000			2.5	2.3			373	G
UGC 10377	16 22 54	+23 11			S	± 4.0	1400 − 8400							490	A
NGC 6146	16 23 29.5	+41 00 24	E	31	S	± 6.0	3100 − 6600			1.5	1.3			384	G
UGC 10380	16 23 34.4	+16 41 17	Sa	90	I	4.02 1.72	0 8752 14	531 3		1.7	0.3			529	A ★
Anon 1623+20	16 23 48.0	+20 46 34	dI		L	8.12	1985	83		0.4				539	A ★
UGC 10381	16 23 48	+39 59	S0/a	59	S	± 9.0	3100 − 6600			1.3	0.7			384	G
Zw 224-021	16 24 07.9	+40 27 26	Im	47	F	0.6 0.2	0 8637 10	249 4	118.	0.77	0.54			561	N ★
NGC 6150	16 24 12	+40 36	E		S	± 5.0	3100 − 6600							384	G
UGC 10384	16 24 25.4	+11 41 31	S0/a	90	I	5.74 2.34	0 4970 8	382 3		1.4	0.3			529	A ★
			S		I	9.5 0.5	0 4953	420 4						503	G
NGC 6155	16 24 43.3	+48 28 40	Sa		I	7.5 0.5	0 2423	303 4		1.4	0.9			503	G
UGC 10388	16 24 47.5	+16 29 40	Sa	73	I	2.35 1.39	0 4630 12	447 3		1.7	0.6			529	A ★
UGC 10387	16 24 54.0	+13 05 27	Sd	60	I	1.52 1.44	0 4932 24	239 3		1.0	0.5			529	A ★
UGC 10389	16 25 00	+39 14	SB	72	I	13.5 1.6	0 6348 10	485 562 4		1.1	0.4			384	G ★
Zw 224-025	16 25 00	+40 35		19	S	± 13.0	3100 − 6600			0.95	0.9			384	G

Table 1 cont.

Name (1)	R.A. (2)	Dec. (3)	Type (4)	i (5)	(6)	HI-flux (7)	(8)	(9)	v (10)	(11)	(12)	Δv (13)	(14)	Dist (15)	a (16)	b (17)	Vmax (18)	Pos (19)	Ref (20)	(21)
UGC 10398	16 25 54	+17 45						0	4508										490	A
UGC 10401	16 26 00	+57 00			F	≤1.0		−400	−	3000									213	G
					S	± 18.0		−400	−	3000					2.2	1.3			373	G
Anon 1626+32	16 26 28	+32 55 59	Mult		S	± 4.2		5400	−	12300									469	G
			Mult		S	± 3.9		9900	−	12000									469	A
UGC 10405	16 26 39.5	+18 00 00	Sbc		I	5.6		0	10879		146	5			1.7	1.3			488	A ⋆
UGC 10406	16 26 48	+03 13			S	± 4.0		2400	−	9400									490	A
UGC 10407	16 26 48.2	+41 19 43	Im	33	F	0.44	0.05	0	8446	10	150	4	115.		0.78	0.66			561	N ⋆
NGC 6166	16 26 55.4	+39 39 36	E4		S	≤80.0		5	8880										356	G
UGC 10411	16 27 12	+62 47	Sab	81	S	± 10.0		3100	−	6600					1.4	0.35			384	G
UGC 10413	16 27 18.0	+21 26 53						0	2987										490	A
			Sbc	75	I	12.64	1.84	0	2990	8	256	3			2.5	0.7			529	A ⋆
Mark 883	16 27 47.1	+24 33 07	E		F	≤0.07		5	11389										154	A
UGC 10417	16 28 00	+40 49	Sbc	90	S	± 9.0		3100	−	6600					1.1	0.2			384	G
UGC 10419	16 28 04.2	+27 48 18			F	1.09		0	2617		96	120	4	37.1	2.7				213	G ⋆
			Im	29	F	1.21	0.33	0	2623	15	98		4	27.9	2.5	2.1			373	G
								0	2613	4	88	106	4						150	A ⋆
			Im		I	5.00		0	2613		103		4		2.5	2.0			515	G ⋆
UGC 10420	16 28 06	+39 53	SBb	50	S	± 8.0		3100	−	6600					1.8	1.2			384	G
MCG+01-42-008	16 28 27.4	+04 11 24			I	1.315		0	7342		302		4	101.8	0.8	0.5			562	A ⋆
UGC 10426	16 28 34.6	+16 21 30	S0	72	I	2.68	1.07	0	10125	11	483	3			1.1	0.4			529	A ⋆
ESO 452-G 05	16 28 36	−27 59 59	S	21	S	± 20.0		−600	−	3300					1.07	1.00			377	E
NGC 6177	16 28 48.5	+35 09 40	SBc	49	I	3.80	1.68	0	9304	8	417	3			1.7	1.1			529	A ⋆
UGC 10430	16 28 54	+41 36	SBb	25	S	± 7.0		3100	−	6600					1.1	1.0			384	G
UGC 10431	16 29 00	+81 55	Sc	90	S	± 10.0		3100	−	6600					1.0	0.2			384	E
UGC 10432	16 29 00	+41 19	Sb	90	S	± 11.0		3100	−	6600					1.5	0.2			384	G
UGC 10434	16 29 10.8	+20 17 30	Sab	80	I	9.18	2.99	0	2520	8	275	3			1.6	0.4			529	A ⋆
UGC 10435	16 29 14.4	+22 48 13	Sb		I	6.01		0	7300		325	4			1.1	0.7			393	G ⋆
			SBb		I	4.8		0	7295		315	5			1.1	0.7			488	A ⋆
UGC 10436	16 29 24	+41 16	Sc	0	S	± 6.0		3100	−	6600					1.4	1.4			384	G
NGC 6184	16 29 54	+40 41		46	S	± 12.0		3100	−	6600					0.7	0.5			384	G
NGC 6181	16 30 09.7	+19 55 48	Sc	62	I	23.4		0	2376		386	4		33.5	2.2				203	G ⋆
								0	2379	20									42	N
			SXc	60	I	20.0	3.0	0	2371	7	376			24.	3.8				273	A
			Sc	61	M	4.04		0	2379	20				26.5					324	N
			Sc	60	I	20.6		0	2357	10	241	284	5	47.1					416	E ⋆
			SXc	62	I	23.3	1.9	0	2373	3	370	403	4		2.6	0.8			523	J ⋆
					I	14.41		0	2373			397	4	37.6	2.5	1.0			562	A ⋆
UGC 10440	16 30 32.8	+19 32 03	Sc		I	1.937		0	4405		86	104	4		1.2	1.1			475	A ⋆
			Sc	24	I	2.91	1.17	0	4405	8		103	3		1.2	1.1			529	A ⋆
NGC 6189	16 30 52.4	+59 43 59	SXc	66	I	10.3	1.3	0	5639	13	400	429	4		1.8	0.8			384	G ⋆
Anon 1631+35	16 31 12	+35 01			M	≤1.0								110.					209	A ⋆
NGC 6190	16 31 14.2	+58 32 41						0	3355	15									359	G
UGC 10445	16 31 48.6	+29 05 19	Sc	50	I	26.5		0	966		186	4		22.7	2.9	1.9	145		393	G ⋆
			Sc	50	I	26.1		0	958		170	4		22.7	2.9	1.9	145		393	A
			Sc		I	26.3		0	956		170	5			2.9	1.9			488	a ⋆
			Sc		I	15.50		0	963		129	155	4		2.9	1.9			489	A ⋆
			Sc		I	26.80		0	962		172	4			4.3	2.6			515	G ⋆
IC 4612	16 32 06	+39 22		0	S	± 7.0		3100	−	6600					0.8	0.8			384	G
UGC 10449	16 32 12	+62 46	Sdm	0	S	± 20.0		3100	−	6600					1.5	1.5			384	G
NGC 6186	16 32 16.7	+21 38 40	SBb	0	I	1.73	1.06	0	11350	8	107	3			1.7	1.7			529	A ⋆
UGC 10453	16 32 45.0	+20 40 53	Sc	89	I	7.99	1.45	0	4351	8	286	3			1.5	0.2			529	A ⋆
IC 1222	16 33 42	+46 19	Sc	49	I	3.49	0.4	0	9222	10	304	4			1.6				188	G ⋆
UGC 10463	16 33 57.6	+10 28 00	SBa	62	I	0.85	0.85	0	9656	37	358	3			1.0	0.5			529	A ⋆
UGCA 412	16 34 07.8	+52 18 56	Comp		F	≤2.9		5	2650					41.	0.8				60	N
					M	≤1.0			2650										141	N
				39	M	≤0.6			2662			4		38.0	0.30	0.25			293	G
				37	F	≤0.42		0	2662					37.9	0.30	0.24			347	G
NGC 6195	16 34 48	+39 08	Sb	48	S	± 9.0		3100	−	6600					1.6	1.1			384	G
UGC 10471	16 35 00	+81 40		51	S	± 11.0		3100	−	6600					2.0	1.3			384	E
NGC 6217	16 35 05.1	+78 18 05	SBbc	40	M	4.0		0	1355	10	340	4		16.	3.9				160	G ⋆
			SBcd	25	I	51.7			1370	9	234	5		36.6	5.1				80	G ⋆
			SBbc	30	I	61.2		0	1359		205	4		21.2	3.0				203	G ⋆
			Sbc	40	F	10.4	3.6		1325	50				16.6	3.4				22	N
			SBbc	40	M	5.8			1356	30				16.5	4.4		170		285	G
				30	I	58.8									3.0				203	B
				30	I	55.3	10.0								3.0	2.5			203	D
			SBbc		M	2.4	0.7	0	1363		269	5		16.5	3.3	2.5			76	J
			SBbc		M	≤2.4								18.					85	N
			Sbc	30	M	5.93		0	1366	20				19.7					324	N

Table 1 cont.

Name (1)	R.A. (2)	Dec. (3)	Type (4)	i (5)	(6)	HI-flux (7)	(8)	v (9)	(10)	(11)	Δv (12)	(13)	(14)	Dist (15)	a (16)	b (17)	Vmax (18)	Pos (19)	Ref (20)	(21)
NGC 6217			SBbc		I	55.4	0.4	0	1355		243		4		3.6	3.6			503	G
Anon 1635+66	16 35 36	+66 19	E		S	±	18.0	−400	−	3000									373	G
UGC 10477	16 35 45.1	+37 22 33	Sa		I	4.9		0	851		124		5		1.8	0.3			488	A ★
NGC 6196	16 36 05.7	+36 10 21	E		M	≤0.8								11.0					205	G
UGC 10485	16 36 12	+39 21	Sb	90	S	±	9.0	3100	−	6600					1.5	0.15			384	G
UGC 10489	16 36 30	+62 53		90	S	±	10.0	3100	−	6600					1.5	0.1			384	G
UGC 10490	16 36 34.8	+17 27 00	Sbc		I	1.9		0	4594		208		5		1.1	0.9			488	A ★
UGC 10495	16 37 00	+07 23			S	±	4.0	2400	−	9400									490	A
UGC 10498	16 37 23.0	+29 27 53	Sc	89	I	1.70	1.00	0	12391	14	390		3		1.0	0.1			529	A ★
UGC 10497	16 37 30.3	+72 30 06		68	F	6.4	1.2	0	4331	10	257	287	4				130	91	555	W
NGC 6252	16 38 00	+82 42		56	S	±	10.0	3100	−	6600					0.85	0.5			384	E
UGC 10500	16 38 05.5	+57 49 21	S0/a	21	S	±	10.0	3100	−	6600					1.6	1.5			384	G
UGC 10502	16 38 21.0	+72 28 16						0	4299	10									359	G
			Sc	31	F	4.33	0.66	0	4305	15	277		4	45.4	3.9	3.3			373	G
				31	F	13.6	0.8	0	4307	6	262	288	4				238	95	555	W
UGC 10504	16 38 31.3	+33 46 37	Sab	64	I	3.25	2.03	0	9257	21	518		3		1.1	0.5			529	A ★
NGC 6206	16 39 17.8	+58 42 48	S0	0	S	±	5.0	3100	−	6600					0.7	0.7			384	G
UGC 10508	16 39 24	+62 05	Sab	90	S	±	6.0	3100	−	6600					1.2	0.2			384	G
UGC 10510	16 39 36	+58 11	Sc	38	I	6.21	0.6	0	5418	10	196		4		1.5				188	G
			Sc	21	I	8.2	1.0	0	5445	9	180	280	4		1.6	1.5			384	G ★
UGC 10513	16 40 18	+00 44			S	±	4.0	2400	−	9400									490	A
UGC 10514	16 40 18.4	+25 10 20	Sb		I	5.2		0	6742		418		5		1.7	0.5			488	A ★
UGC 10517	16 40 31.3	+61 25 15	Sa	90	S	±	10.0	3100	−	6600					1.6	0.3			384	G
UGC 10518	16 40 36	+62 29	Sbc	36	S	±	11.0	3100	−	6600					1.1	0.9			384	G ★
NGC 6207	16 41 17.8	+36 55 32	Sc	64	I	32.5		0	854		252		4	14.0	2.6				203	B
								0	870	35									42	N
			Sc	54	M	1.3	0.4	0	852	35				13.					35	N
			Sc	62	I	36.0	5.0	0	851	7	230			10.	4.6				273	A
			Sc	68	F	7.49	1.07	0	852	10	225		4	10.5	4.8	2.0			373	B
			Sc	72	I	40.0		0	850		244		4	19.6	3.3	1.2		15	393	A
			Sc		M	≤0.9								13.					85	N
			Sc	63	I	29.0		0	852		279		5	10.5					417	G
			Sc		I	40.0		0	850		244		5		3.3	1.2			488	a ★
			S		I	22.54		0	850		222	246	4		3.3	1.2			489	A ★
			S		I	30.50		0	854		247		4		4.8	1.9			515	G ★
			Sc	64	I	34.3	5.2	0	852	6	231	261	4		3.0	1.0			523	J ★
UGC 10525	16 41 57.3	+23 29 13	Sb		I	2.9		0	9572		123		5		1.0	0.9			488	A ★
UGC 10526	16 42 20.2	+25 12 57	Sbc	53	I	3.35	1.20	0	10297	8	305		3		1.0	0.6			529	A ★
NGC 6223	16 42 27.5	+61 40 08	Pec		S	±	18.0	−400	−	3000					5.0	3.6			373	G
UGC 10529	16 42 39.7	+32 18 30	Sbc		I	3.924		0	4433		142	163	4		1.2	1.1			475	A ★
			Sc	24	I	5.73	1.37	0	4433	8	168		3		1.2	1.1			529	A ★
UGC 10528	16 42 42.3	+22 36 41	S0		I	7.44		0	4282		490		4		2.4	1.3			393	G ★
			S0	61	I	≤6.0		5	4276					44.3					417	G
			S0		I	4.3		0	4274		504		5		2.4	1.3			488	A ★
			S0	60	I	5.8		0	4267	3	491	508	4		2.3			65	501	A ★
			S0		I	7.80		0	4269		500		4		4.1	2.0			515	G ★
NGC 6226	16 42 48.5	+62 04 35	Pec	62	I	6.4	0.77	0	5612	13	325	360	4		0.8	0.4			384	G ★
					I	4.4	0.4	0	5564		397		4		0.8	0.4			503	G
ESO 179-G 13	16 43 07.8	−57 21 02	Im	55	I	120.0	6.0	0	836	5	195			6.9	4.1	2.4			310	P ★
				72	M	5.49		1	699		210		4	14.0	2.3	0.7			535	P
			Pec p	60				1	840	20				10.9	3.3	1.9			528	P
UGC 10539	16 44 00	+58 10	Sbc	90	S	±	6.0	3100	−	6600					1.0	0.2			384	G
UGC 10542	16 44 36	+61 55	Sc	90	S	±	12.0	3100	−	6600					1.6	0.2			384	G
UGC 10543	16 44 42.0	+27 02 00	Sb	0	I	0.70	0.89	0	10744	10	139		3		1.0	1.0			529	A ★
UGC 10545	16 45 03.3	+34 29 53	Sc	66	I	1.70	1.31	0	9307	22	410		3		1.0	0.4			529	A ★
NGC 6236	16 45 03.8	+70 52 13						0	1279	10									359	G
			SXcd	52	F	5.78	0.69	0	1288	15	196		4	15.3	4.4	2.8			373	G
			SXc		I	25.50		0	1278		201		4		4.4	2.6			515	G ★
UGC 10547	16 45 06.0	+34 14 40	SBbc	62	I	2.04	1.23	0	9290	23	520		3		1.5	0.7			529	A ★
UGC 10548	16 45 06	+59 44	SBb	62	S	±	10.0	3100	−	6600					1.6	0.8			384	G
UGC 10549	16 45 18	+21 13						0	2596										490	A
UGC 10554	16 45 48	−01 32	Sbc	71	I	5.1	2.5	0	1562	8	192	200	4		1.6				473	J ★
UGC 10557	16 46 00	+13 58						0	4770										490	A
IC 1231	16 46 08.3	+58 30 38						0	2938	30									359	G
			Sc	68	I	5.0	0.61	0	3141	9	270		4		2.4	1.0			384	G ★
NGC 6215	16 46 10.8	−58 54 18	Sc		M	10.1		0	1564		108		5	29.	1.9	1.5			226	P ★
			Sc	38	I	39.7	4.4	0	1555	7	134		4	28.1	2.7				320	P ★
NGC 6238	16 46 42.5	+62 14 03	Pec	55	S	±	7.0	3100	−	6600					0.5	0.3			384	G
NGC 6248	16 46 48.0	+70 27 00	SBcd	68	F	9.18	1.03	0	1126	20	206		4	13.6	4.8	2.0			373	G
			SBc		I	35.90		0	1131		178		4		4.8	1.9			515	G ★

Table 1 cont.

Name (1)	R.A. (2)	Dec. (3)	Type (4)	i (5)	(6)	HI-flux (7)	(8)	(9)	v (10)	(11)	(12)	Δv (13)	(14)	Dist (15)	a (16)	b (17)	Vmax (18)	Pos (19)	Ref (20)	(21)
UGC 10565	16 46 54	+48 49			F	≤1.0		−400	−	3000									213	G
			Im		S	±	18.0	−400	−	3000					1.7	1.5			373	G
Mark 499	16 47 03.0	+48 47 34		23	M	≤24.0	0.99		7730	50			4	106.0	0.50	0.50			293	G ★
NGC 6244	16 47 30.7	+62 17 15	SBa	87	I	12.8	1.4	0	4378	4	65	80	4		1.7	0.35			384	G ★
UGC 10570	16 47 42	+59 38	Sc	70	S	±	11.0	3100	−	6600					1.3	0.5			384	G
NGC 6221	16 48 25.2	−59 08 00	SBc		M	13.3		0	1482			315	5	27.	3.0	2.1			226	P ★
			SBc	43	I	76.0	5.7	0	1481	11		300	4	26.6	4.1				320	P ★
			SXc	45	M	3.0		0	1485					13.			118	148	P ★
			Sbc	43	I	76.4		0	1488		282	327	4		3.2	2.3			538	P ★
NGC 6239	16 48 30.6	+42 49 28	SBb	50	M	0.49	0.18	0	931	16									35	N
																			42	N
			Sb	62	M	1.30		0	946	20									324	N
NGC 6246	16 48 52.6	+55 37 43	SBc p		S	≤20.0		0	922	20				11.9					203	G
				65	F	7.7	1.0	300	−	2000							202	47	555	W
UGCA 414	16 48 54	−03 01	SBb		S	±	18.0	0	5334	17	367	433	4		3.2	2.9			373	G
UGC 10581	16 49 00	+82 43	Sdm	90	S	±	12.0	−400	−	3000					1.0	0.1			384	E
UGC 10582	16 49 06.5	+24 02 00	Sbc	79	I	4.07	2.46	3100	−	6600		395	3		1.1	0.3			529	A ★
UGC 10584	16 49 12.1	+55 28 09	SBb		S	≤30.0		0	11137	14		283		55.0	3.7	3.7			203	G
			SXc		F	5.09	1.03	300	−	2000									373	G
			SBc	22	I	19.1	1.6	0	5271	30	233	257	4		2.5	0.2			523	J ★
				22	F	16.4	1.0	0	5266	4	253	290	4				320		555	W
UGC 10588	16 49 24	+21 58						0	5260	7									490	A
UGC 10590	16 50 12.9	+59 48 08	SBc	0	S	±	8.0	0	2680						0.9	0.9			384	G
NGC 6240	16 50 27.7	+02 29 00	Pec		S	±	18.0	3100	−	6600					4.0	1.8			373	G
			Pec					−400	−	3000									126	A ★
			S0/a		S	±	2.4	5	7298	30					2.3				501	A ★
					I	4.18		5	7298						2.2	0.9			563	A ★
Anon 1651−11	16 51 34	−11 15			I	5.0		0	7287		173								512	G
UGC 10596	16 51 54.5	+10 31 47			S	±	4.0	0	920										490	A
			Sc	35	I	2.73	1.66	1900	−	8900		350	3		1.1	0.9			529	A ★
UGC 10597	16 52 01.0	+23 29 23	Sb	51	I	1.91	1.12	0	14050	11		385	3		1.1	0.7			529	A ★
UGC 10598	16 52 09.1	+27 15 13	SBb	64	I	2.03	0.93	0	10294	8		351	3		1.1	0.5			529	A ★
Anon 1652−62	16 52 10	−62 19 30	Scd	66	S	±	50.0	200	−	4600					2.5	1.1			550	P
UGC 10599	16 52 12.3	+39 50 22	Pec		I	≤4.3			10000										114	G
					S	≤10.4.		5	10090										356	G
UGC 10603	16 52 50.9	+22 13 53	Sc	82	I	3.26	1.43	0	10651	8		467	3		1.2	0.2			529	A ★
UGC 10604	16 53 00	+81 56	S	90	S	±	13.0	3100	−	6600					1.8	0.35			384	E
UGC 10605	16 53 00	+83 23	Im		S	±	18.0	−400	−	3000					2.5	2.1			373	G
NGC 6255	16 53 00.5	+36 34 55	SBc		I	23.50		0	918			212	4		5.1	2.0			515	G
			SBc		I	20.64		0	923		165	202	4		3.5	1.4			489	A ★
			Sc	69	I	31.1		0	914			207	4	22.4	3.5	1.4		65	393	A
			SBcd	65	I	24.8		0	913			229	5	11.1					417	G
			SBc		I	31.1		0	914			207	5		3.5	1.4			488	a ★
			SBc	66	F	7.15	0.98	0	921	15		220	4	11.2	5.0	2.2			373	G
IC 4630	16 53 06.7	+26 44 27	Pec	46	I	1.28	0.69	0	10359	8		444	3		1.3	0.9			529	A ★
UGC 10608	16 53 12.0	+53 11 34	SBdm	44	F	2.74	0.50	0	1094	10	93			25.7	2.2				89	G
			SBdm	45	F	2.96	0.43	0	1094	8		116	4	13.3	2.2	1.5			373	G
			SBdm		I	10.60		0	1089			111	4		2.2	1.5			515	G ★
UGC 10609	16 53 18	+69 58			F	≤1.0		−400	−	3000									213	G
UGC 10610 W	16 53 24	+43 08			I	1.94		0	10144			193	5	112.4					518	G
UGC 10610 E	16 53 24	+43 08			I	0.30		0	10037			45	5	111.3					518	G
ESO 138-G 09	16 53 34.0	−60 48 36			M	1.54		1	881			79	4	17.6	1.4	0.5			535	P
UGC 10616	16 54 18	+58 47	Sdm	90	S	±	6.0	3100	−	6600					1.1	0.1			384	G
UGC 10615	16 54 21.3	+34 54 47	Sc	63	I	4.34	2.15	0	9512	10		426	3		1.1	0.5			529	A ★
ESO 138-G 10	16 54 36.3	−60 08 31	Scd	45	I	160.0	10.0	0	1147	5	215			10.0	6.6	4.7			310	P ★
					M	14.53		1	1000			188	4	20.0	2.0	1.6			535	P
			Sc	49				1	1130	20				14.7	5.4	3.8			528	P
Anon 1654+02	16 54 42.4	+02 57 34			S	±	2.0	5	9090										563	A
IC 1237	16 55 13.5	+55 06 09	SBc		S	≤40.0		400	−	3000									203	G
UGC 10623	16 55 24	+02 33						0	6821										490	A
NGC 6269	16 55 58.7	+27 55 51	cD		S	≤1.53		5	10350					138.0					332	A
NGC 6267	16 56 02.0	+23 03 37	Sd	39	I	6.13		0	2974	15		272	5		1.4	1.1		35	158	G ★
			SBc		I	5.993		0	2980		240	259	4		1.4	1.1			489	A ★
			SBc		I	6.78		0	6267	5	244	259	4						457	A ★
UGC 10633	16 56 17	+70 31 12			I	2.79		0	6031		104	123	4		1.2	1.1			475	A ★
IC 1236	16 56 18	+20 07			I	3.20		0	6032			133	4		2.1	1.9			515	G ★
			SBc		I	5.90		0	6033			197	4		2.1	1.9			515	G ★
Anon 1656+31	16 56 52	+31 11	Im		I	1.0		0	4350										512	G
UGC 10639	16 57 10.4	+29 04 00	SBb	61	I	1.97	1.21	0	9829	23		439	3		1.0	0.5			529	A ★
UGC 10641	16 57 12	+58 59	Sc	90	I	4.4	0.58	0	5314	12	115	145	4		1.5	0.1			384	G ★

243

Table 1 cont.

Name (1)	R.A. (2)	Dec. (3)	Type (4)	i (5)	(6)	HI-flux (7)	(8)	(9)	v (10)	(11)	(12)	Δv (13)	(14)	Dist (15)	a (16)	b (17)	Vmax (18)	Pos (19)	Ref (20)	(21)
UGC 10642	16 57 18	−00 28			F	≤1.0		−400	−	5800									213	G
			E		S	±	18.0	−400	−	3000					20.5	11.0			373	G
NGC 6286	16 57 45.1	+59 00 43	Pec	31	S	±	6.0	3100	−	6600					1.5	1.3			384	G
UGC 10648	16 57 48	+59 50	SBb	46	I	5.6	0.75	0	6020	11	280	335	4		1.4	1.0			384	G ★
UGC 10653	16 58 15.2	+27 39 23	SBb	58	I	3.40	1.28	0	10882	8		287	3		1.5	0.8			529	A
Zw 53-023	16 58 42.9	+06 55 47			S	±	2.8	5	6750										563	A
NGC 6278	16 58 43.8	+23 05 01	Sa		I	1.72		0	2776	15		173	5		2.1	1.2		130	158	G ★
			S0		I	0.9		0	2805		167				2.4	1.4			419	A
Mark 504	16 59 10.4	+29 28 45	Seyf1		I	≤0.23		5	10953					223.					28	A
			S0		I	≤1.2			10800										114	G
				43	F	≤0.14		5	11000										154	A
UGC 10661	16 59 32.8	+28 00 33	Sc	83	I	5.73	2.55	0	10151	14		570	3		1.0	0.2			529	A ★
UGC 10663	16 59 33.6	+30 23 57	SBb	33	I	2.01	2.33	0	10073	23		247	3		1.3	1.1			529	A ★
NGC 6290	17 00 10.6	+59 02 27	SBa	34	S	±	8.0	3100	−	6600					1.2	1.0			384	G
UGC 10669	17 00 52.8	+70 21 36			F	1.07		0	443		58	114	4	9.1	2.6				213	G ★
			Im		F	0.85	0.25	0	440	8		52	4	6.8	2.2	2.2			373	G
			Im		I	3.00		0	441			48	4		2.3	2.3			515	G ★
			Im		I	2.90		0	443			49	4		2.3	2.3			515	G ★
UGC 10673	17 01 12	+29 56			S	±	4.0	400	−	7400									490	A
UGC 10674	17 01 18	+09 22			S	±	4.0	400	−	7400									490	A
UGC 10675	17 01 21.3	+31 31 32	Seyf1		I	1.0		0	10000		170			204.	2.5				28	A ★
			Mult		F	≤0.19		5	10500										154	A
UGC 10676	17 01 48	+26 35			F	≤1.0		−400	−	3000									213	G
			Im		S	±	18.0	−400	−	3000					3.2	1.7			373	G
ESO 138-G 14	17 02 17.3	−62 00 47	Sd	90		70.0	6.0	0	1508	10	226			13.6	5.8	0.6			310	P
				90	M	12.32		1	1354			245	4	27.1	4.3	0.3			535	P
			Sc	90				1	1506	20		238	4	19.5	4.3	0.6			528	P
UGC 10682	17 02 18	+60 26	S	65	S	±	7.0	3100	−	6600					1.1	0.5			384	G
NGC 6292	17 02 27.7	+61 06 53	Sbc	66	I	16.8	1.9	0	3407	8	265	305	4		1.8	0.8			384	G ★
UGC 10685	17 02 31.3	+12 59 20	Sbc		I	3.7		0	9642			456	5		1.3	0.5			488	A ★
MCG+10-24-092	17 02 34.9	+60 24 21			I	3.4	0.4	0	3618			367	4						503	G
UGC 10687	17 02 42	+59 48	SBc	47	S	±	6.0	3100	−	6600					1.0	0.7			384	G
Anon 1702+58	17 02 52.8	+58 17 46			I	2.6	0.6	0	5866			517	4		0.7	0.5			503	G
NGC 6297	17 03 05.0	+62 05 36	S0	46	S	±	6.0	3100	−	6600					2.2	0.4			384	G
UGC 10692	17 03 18.0	+23 14 00	Sb	86	I	4.28	1.16	0	9309	8		558	3		2.2	0.4			529	A ★
UGC 10699	17 03 57.2	+10 26 22	SBb		I	1.2		0	6275			292	5		0.5	0.4			488	A ★
Anon 1704−77	17 04 33	−77 31 35			M	31.44		0	2736			358	4						535	P
UGC 10713	17 05 23.9	+72 30 43			S	±	15.0	1456	−	2692									459	N
					I	15.7	0.7	0	1076			281	4		2.0	0.4			503	G
NGC 6296	17 06 15.5	+03 57 28	Sb		S	≤50.0		300	−	1900									203	G
				38				0	6720									130	555	A
UGC 10721	17 06 23	+25 34 51	Sc		I	6.096		0	2918		267	286	4		1.1	0.6			489	A ★
IC 4633	17 06 24.1	−77 28 45	Sc	47				1	2927	20				36.6	4.3	3.1			528	P
					M	49.68		1	2753			349	4	55.1	2.8	2.8			535	P
			Sbc	72	I	58.0	15.0	0	2938	15	336			27.4	4.2	1.5			310	P
NGC 6306	17 07 00.0	+60 47 37	S	77	S	±	3.0	5	3064						1.0	0.3			384	G
			SBab		I	1.2	0.2	0	3103			211	4		1.0	0.3			503	G
NGC 6324	17 07 02.3	+75 28 21	S					5	4800						1.0	0.6			503	G
IC 4635	17 08 16.0	−77 25 55		83	M	34.13		1	2768			393	4	55.4	3.4	0.4			535	P
UGC 10736	17 08 24.0	+69 32 00	SXdm	69	F	5.27	0.83	0	491	10		159	4	7.4	5.0	2.0			373	G
			SXdm		I	22.30		0	490			160	4		5.1	2.0			515	G ★
UGC 10743	17 09 04.9	+08 03 07	Sa		I	3.85		0	2570			224	4		1.2	0.5			393	G ★
			Sa		I	3.4		0	2567			291	5		1.2	0.5			488	A ★
ESO 138-G 17	17 09 16.0	−59 02 54		23	M	27.89		1	3366			149	4	67.3	1.5	1.4			535	P
UGC 10745	17 09 24	+61 28	Sdm	26	S	±	6.0	3100	−	6600					1.0	0.9			384	G
NGC 6308	17 09 54	+23 26 23	SXc		I	3.703		0	8820		299	330	4		1.3	1.0			489	A ★
Zw 111-012	17 10 09.2	+16 37 12			I	1.78		0	8908		230								563	A ★
NGC 6314	17 10 33.1	+23 19 45	Sa		I	≤2.6		6	6928					126.0	1.8	0.8			235	A ★
			Sab	65	I	1.24	0.67	0	6635	16		514	3		1.8	0.8			529	A ★
NGC 6315	17 10 40.4	+23 16 56	Sc	32	M	9.61		0	6775	75				73.1					324	N
IC 1248	17 11 00	+60 03	SBc	0	S	±	7.0	3100	−	6600					1.4	1.4			384	G
NGC 6340	17 11 16.8	+72 21 55	S0/a	58	M	0.82	0.65	0	1902	60				17.					35	N
								0	1903	75									42	N
			SB0/a		M	2.0			1193			205		23.6					18	B ★
			Sa	26	I	14.3	1.2	0	1199	10	224	288	5	29.4	4.0	3.6			346	G ★
			S0/a		I	15.4		0	1205	20		275	4						232	N ★
					S	±	14.0	1456	−	2692									459	N
			Sa	0	S	20.0		5	1900					33.0	5.0				480	W ★
NGC 6321	17 12 15.0	+20 22 10	SBb		I	3.087		0	6226		204	225	4		1.1	1.0			475	A ★
			SBc	25	I	2.72	1.80	0	6224	8		233	3		1.1	1.0			529	A ★

Table 1 cont.

Name (1)	R.A. (2)	Dec. (3)	Type (4)	i (5)	(6)	HI-flux (7) (8)	v (9) (10) (11)	Δv (12) (13) (14)	Dist (15)	a (16)	b (17)	Vmax (18)	Pos (19)	Ref (20)	(21)
NGC 6300	17 12 16.9	-62 45 54	SBb		M	4.2	0 1110	321 5	19.	3.4	2.6			226	P ★
			SBb	50	I	61.0 4.8	0 1110 14	341 4	19.2	6.3				320	P ★
				55	M	5.61	1 952	319 4	19.0	3.0	1.7			535	P
IC 1254	17 12 24	+72 27	Sb		I	≤6.0	700 - 1600							232	N
					S	± 25.0	1456 - 2692							459	N
UGC 10770	17 12 24.3	+59 22 48	SBm p		S	± 18.0	-400 - 3000			2.7	1.2			373	G
Anon 1712-09	17 12 46	-09 15			I	3.0	0 3100							512	G
Anon 1712+72	17 12 54	+72 39			S	± 25.0	1456 - 2692							459	N
NGC 6330	17 13 47.8	+29 27 17	S0/a	78	I	1.84 1.27	0 8687 18	461 3		1.7	0.5			529	A ★
Anon 1713-10	17 13 48	-10 17			S	30.0	5 5090							548	P
Anon 1713-57	17 13 48.9	-57 46 16	Sm	65	I	56.0 5.0	0 1087 10	154	9.5	3.6	1.7			310	P
			S				1 1087 20		14.3	0.0	0.0			528	P
					M	5.22	1 944	175 4	18.9	2.3	1.7			535	P
UGC 10779	17 14 00	+06 29					0 7014							490	A
NGC 6338	17 14 31.4	+57 28 01	S0	50	S	± 11.0	3100 - 6600			1.5	1.0			384	G
IC 1252	17 14 54	+57 26	Sab	90	S	± 7.0	3100 - 6600			1.1	0.2			384	G
NGC 6339	17 15 29.7	+40 53 55			I	3.20 0.55	0 2112 10							359	G
			SBcd	56	F	3.20 0.55	0 2111 20	245 4	23.4	4.9	2.8			373	G
			SBc		I	14.10	0 2109	238 4		4.9	2.5			515	G ★
UGC 10791	17 15 30	+72 27			F	≤1.0	-400 - 3000							213	G
					S	± 18.0	-400 - 3000			3.5	3.5			373	G
					S	± 19.0	1456 - 2692							459	N ★
UGC 10792	17 15 36.0	+75 15 24			F	1.75	0 1228	69 106 4	19.6	3.2				213	G ★
			Im		F	1.74 0.36	0 1239 8	60 4	14.8	3.0	3.0			373	G
			Im		I	8.50	0 1233	73 4		3.1	3.1			515	G ★
UGC 10795	17 16 12	+30 58			F	≤1.0	-400 - 3000							213	G
			Im		S	± 18.0	-400 - 3000			2.7	1.6			373	G
UGC 10798	17 16 40.6	+19 34 33	Sb		I	2.0	0 6167	279 5		1.0	0.2			488	A ★
ESO 102-G 02	17 16 43.2	-65 07 11	Scd	20	I	≤60.0				1.9	1.8			310	P
UGC 10803	17 17 12.1	+73 29 21		51	I	10.1	0 1255	296 5	15.0					417	G
NGC 6359	17 17 22.3	+61 49 53	S0	53	M	≤3.29			45.7	1.6				246	N
UGC 10805	17 17 34.4	+14 26 47	SBm	26	F	1.85 0.28	0 1557 7	38	33.8	2.9				89	G
			SBm	26	F	1.93 0.27	0 1557 8	59 4	17.2	3.0	2.6			373	G
			Scd		I	6.26	0 1555	61 4		1.8	1.6			393	G ★
			Sd		I	4.9	0 1554	67 5		1.8	1.6			488	A ★
			SBm		I	4.90	0 1552	60 4		3.1	2.8			515	G ★
UGC 10806	17 17 35.6	+49 56 00	SBdm	64	F	5.68 0.82	0 936 15	187 4	11.8	3.7	1.7			373	G
			SBdm		I	21.10	0 926	188 4		3.8	1.5			515	G ★
NGC 6347	17 17 40.6	+16 42 37	SBbc		I	2.7	0 6146	386 5		1.2	0.6			488	A ★
UGC 10808	17 17 42	+28 22			F	≤1.0	-400 - 4800							213	G
							0 3000							490	A
UGC 10809	17 17 48	+24 58	Pec		S	± 18.0	-400 - 3000			2.4	1.0			373	G
Anon 1717-00	17 17 53.3	-00 55 50	cD		S	≤28.4.	5 9130							356	G
NGC 6361	17 18 03.4	+60 39 33	Sb	74	I	18.4	0 3812	523 5	40.6					417	G
			Sb	76	I	5.6 0.67	0 4017 10	115 209 4		2.3	0.7			384	G ★
			Sb		I	20.2 1.2	0 3831	567 4		2.3	0.7			503	G
Anon 1718-10	17 18 04	-10 45			I	8.0	0 1055							512	G
UGC 10817	17 18 06	+61 17	Sc	90	I	5.4 0.87	0 2694 18	308 340 4		1.1	0.1			384	G ★
ESO 102-G 03	17 18 46.3	-64 57 48	SXb	40	I	17.0 3.0	4260 20	320 4	82.	2.5				370	P ★
UGC 10819	17 19 18	+60 12	Sab	65	S	± 9.0	3100 - 6600			1.1	0.5			384	G
UGC 10822	17 19 23.6	+57 57 50	dE		S	≤24.0	5 -277		0.067	13.				133	G
			dE		F	≤1.5	-400 - 3000			51.4				89	G
			E		S	± 18.0	-400 - 3000			37.7	24.1			373	G
			dE	55	S	± 30.0	3100 - 6600			0.	0.			384	E
Mark 506	17 20 45.5	+30 55 34	Sa		I	0.53	0 12900	300	262.	1.1				28	A ★
			S0		I	≤1.6	12900							114	G
			SXa	46	F	≤0.12	5 12932			0.78				154	A
Zw 300-015	17 21 18	+59 10		0	I	4.4 0.80	0 2560 10	70 95 4		0.6	0.6			384	E ★
IC 1256	17 21 46.3	+26 31 57	Sbc		I	6.0	0 4730	348 5		1.7	1.3			488	A ★
UGC 10830	17 22 12.4	+60 29 21	S	68	S	± 7.0	3100 - 6600			1.2	0.5			384	G
NGC 6370	17 22 32.9	+57 01 14	E	0	S	± 12.0	3100 - 6600			1.4	1.4			384	G
UGC 10837	17 22 36	+25 00			S	± 4.0	-100 - 6900							490	A
UGC 10841	17 22 48	+10 42					0 2787							490	A
UGC 10847	17 23 12	+23 21					0 3919							490	A
NGC 6373	17 23 24.4	+59 02 26	SXc	53	I	7.9 0.92	0 3320 9	200 235 4		1.6	1.0			384	G ★
IC 4660	17 23 33.2	+75 53 33	S	81	I	2.47	0 1225 15	108 5		1.4	0.4		170	158	G ★
			S		I	2.60	0 1260	167 4		2.4	0.7			515	G ★
			S		I	2.50	0 1242	158 4		2.4	0.7			515	G ★
UGC 10854	17 24 00	+58 15	Sc	56	S	39.0 13.0	3100 - 6600			1.2	0.7			384	E
NGC 6377	17 24 34.7	+58 51 35	Mult	55	I	6.3 0.81	0 9025 6	50 67 4		1.0	0.6			384	E ★

Table 1 cont.

Name (1)	R.A. (2)	Dec. (3)	Type (4)	i (5)	HI-flux (6)	(7)	(8)	v (9)	(10)	(11)	Δv (12)	(13)	(14)	Dist (15)	a (16)	b (17)	Vmax (18)	Pos (19)	Ref (20)	(21)
NGC 6376	17 24 38.6	+58 51 53	Mult	55	I	6.3	0.81	0	9025	6	50	67	4		1.0	0.6			384	E ⋆
NGC 6368	17 24 51.2	+11 35 01						0	2765	10									359	G
			Sb	78	F	5.06	1.46	0	2767	10		403	4	29.2	6.0	1.7			373	G
			Sb	77	I	24.3	2.0	0	2759	3	400	422	4		4.0				473	J ⋆
			Sb		I	22.90		0	2766			423	4		6.0	1.2			515	G ⋆
UGC 10858	17 25 00	+59 30	Sc	90	S	±	30.0	3100	−	6600					1.0	0.12			384	G
UGC 10859	17 25 06	+59 40	SBbc	62	S	±	5.0	3100	−	6600					1.2	0.6			384	G
NGC 6372	17 25 31.1	+26 30 53	S		I	5.8		1	4945	20	270			89.9	1.8	1.2			235	A ⋆
			Sc	38	I	8.11	1.1	0	4751	15		299	4		1.5				188	G ⋆
			Sb	47	M	4.45		0	4753	35				52.1					324	N
UGC 10862	17 25 41.9	+07 27 40	SBc	24	F	4.33	0.69	0	1694	10		157	4	18.3	5.3	4.8			373	G
			Sc	25	I	15.9		0	1692			155	4	36.5	3.3	3.0			393	G ⋆
			Sc	25	I	17.9		0	1690			142	4	36.5	3.3	3.0			393	A
			SBc		I	12.83		0	1690		127	144	4		3.3	3.0			475	A ⋆
			SBc		I	16.9		0	1690			142	5		3.3	3.0			488	a ⋆
			SBc		I	18.60		0	1687			150	4		5.3	4.8			515	G ⋆
IC 1258	17 26 31.3	+58 31 32	S0/a	38	S	±	5.0	3100	−	6600					1.0	0.8			384	G
UGC 10870	17 26 36	+60 04	S	65	S	±	9.0	3100	−	6600					1.1	0.5			384	G
NGC 6381	17 26 38.0	+60 03 13	Sbc		I	13.8	0.8	0	3618			329	4		1.4	1.0			503	G
			Sbc	40	M	3.02		0	3265	35				37.0					324	N
			Sc	46	S	±	15.0	3100	−	6600					1.4	1.0			384	G
NGC 6395	17 27 10.2	+71 08 01	Sc p	72	F	4.37	0.67	0	1167	15		218	4	14.2	4.0	1.4			373	G
			Sc		I	11.80		0	1163			231	4		4.1	1.2			515	G ⋆
NGC 6385	17 27 12.0	+57 33 38	SBa	21	I	8.0	1.5	0	3358	7	98	120	4		1.5	1.4			384	E ⋆
UGC 10878	17 27 44.2	+23 21 30	Pec		I	2.2		0	12181			744	5		1.1	0.5			488	A
NGC 6390	17 27 49.8	+60 08 01	Sbc	83	I	5.4	0.80	0	3190	13	280	306	4		1.7	0.4			384	E ⋆
UGC 10882	17 28 00	+58 35	Sc	59	S	±	16.0	3100	−	6600					1.1	0.6			384	E
UGC 10884	17 28 12	+06 19			S	±	4.0	2400	−	9400									490	A
NGC 6379	17 28 27.3	+16 19 24	Sc		I	2.995		0	5975		192	208	4		1.2	1.1			475	A ⋆
			Sc	41	I	4.54	0.7	0	5966	20		212	4		1.1				188	G ⋆
			Sc	24	I	2.05	2.45	0	5978	29		233	3		1.2	1.1			529	A ⋆
UGC 10888	17 29 22.6	+60 23 16	Sb	52	S	±	14.0	3100	−	6600					1.1	0.7			384	E
NGC 6393	17 29 42	+59 41	SBb	80	S	±	7.0	3100	−	6600					1.5	0.4			384	G
UGC 10890	17 29 48.3	+32 16 00	Sc		I	3.3		0	4549			280	5		1.9	0.1			488	A
NGC 6384	17 29 59.0	+07 05 43	Sbc	46	I	81.9		0	1665			394	4	24.1	5.6				203	G ⋆
								0	1649	35									42	N
					I	63.0		0	1650	20		430		17.					333	E
			Sbc		M	≤2.2								18.9					85	N
			Sbc	46	M	9.74		0	1658	20									324	N
NGC 6389	17 30 25.8	+16 26 16						0	3118	10									359	G
			Sbc	50	F	7.88	0.94	0	3122	15		410	4	33.0	5.0	3.3			373	G
			Sc	53	I	36.8		0	3117			432	4	65.8	3.2	2.0		130	393	G ⋆
			Sc	53	I	44.2		0	3115			420	4	65.8	3.2	2.0		130	393	A
			Sbc	47	I	36.8		0	3120			458	5	32.9					417	G
			Sbc	48	I	41.4	3.4	0	3119	4	393	424	4		3.1				473	J ⋆
			Sc		I	40.5		0	3115			420	5		3.2	2.0			488	a ⋆
			Sb		I	40.50		0	3118			431	4		5.0	3.0			515	G ⋆
UGC 10894	17 31 00	+27 37						0	6890										490	A
UGC 10895	17 31 12	+59 30	SBbc	90	S	±	45.0	3100	−	6600					1.1	0.15			384	E
NGC 6399	17 31 12	+59 40	S0/a	62	S	±	15.0	3100	−	6600					1.2	0.6			384	E
NGC 6412	17 31 22.9	+75 44 26	Sd	0	I	23.34		0	1320	10		160	5		2.3	2.3			158	G ⋆
			Sc	27	I	17.9			1333	9		140	5	36.6	3.7				80	G ⋆
			Sc	28	I	25.0		0	1320			146	4	20.9	2.3				203	G ⋆
			Sc		M	≤2.9								23.					85	N
			Sc	27	M	1.75		0	1319	20				19.3					324	N
			Sc	27	I	24.3		0	1333			202	5	15.8					417	G
			Sc		I	23.20		0	1319			142	4		3.6	3.6			515	G ⋆
			Sc	28	I	21.8	1.8	0	1319	3	120	137	4		2.3	0.2			523	J ⋆
			Sc		I	21.2	0.2	0	1328			154	4		2.3	2.3			503	G
UGC 10899	17 31 30	+20 48						0	3223										490	A
UGC 10901	17 31 36	+05 30						0	2820										490	A
UGC 10903	17 31 40.8	+23 52 54		53	F	1.71		0	4040		138	170	4	56.5	2.2				213	G ⋆
			Im		S	±	18.0	−400	−	3000					1.7	1.0			373	G
UGC 10910	17 32 54	+33 57			F	≤1.0		−400	−	3000									213	G
			Im		S	±	18.0	−400	−	3000					2.2	2.2			373	G
UGC 10913	17 34 21.2	+15 19 40	SBd		I	2.3		0	6619			60	5		1.1	1.0			488	A ⋆
UGC 10915	17 34 48	+24 57			S	±	4.0	−100	−	6900									490	A
NGC 6411	17 34 57.9	+60 50 40	E	39	S	±	15.0	3100	−	6600					2.3	1.8			384	E
UGC 10921	17 35 42	+17 24			F	≤1.0		−400	−	3000									213	G
			Im		S	±	18.0	−400	−	3000					1.7	1.3			373	G

Table 1 cont.

Name (1)	R.A. (2)	Dec. (3)	Type (4)	i (5)	HI-flux (6) (7) (8)	v (9) (10) (11)	Δv (12) (13) (14)	Dist (15)	a (16)	b (17)	Vmax (18)	Pos (19)	Ref (20)	(21)
UGC 10922	17 35 48	+60 19	Sc	39	S ± 5.0	3100 - 6600			1.4	1.1			384	G
Anon 1736−63	17 36 23.9	−63 21 56	S0	29	I ≤14.3				2.5	2.2			311	P
UGC 10923	17 36 28.4	+86 46 51			I 4.33	0 7816	541 5	87.2					518	G
UGC 10931	17 36 36	+60 28	Sc	90	S ± 8.0	3100 - 6600			1.2	0.12			384	G
NGC 6408	17 36 36.2	+18 54 20	SBa		I 4.769	0 3940	308 325 4		1.6	1.5			475	A ★
			SBbc	21	I 7.51 4.29	0 3936 8	322 3		1.6	1.5			529	A ★
NGC 6418	17 37 18	+58 45		32	S ± 9.0	3100 - 6600			0.7	0.6			384	G
UGC 10934	17 37 40.3	+72 07 04			I 16.6 0.6	0 2483	404 4		2.4	1.0			503	G
ESO 102-G 12	17 37 46.8	−63 45 31	Sd	80	I ≤60.0				2.1	0.6			310	P
UGC 10935	17 37 48	+57 17	S0	74	S ± 4.0	3100 - 6600			1.2	0.4			384	G
IC 1267	17 38 04.4	+59 23 58	Sc	60	I 6.23 0.9	0 9308 15	454 4		1.5				188	G ★
			SBb	44	I 6.0 0.78	0 9308 14	445 480 4		1.5	1.1			384	G ★
			SBb		I 7.30	0 9306	515 4		2.5	1.8			515	G ★
Anon 1739+47	17 39 06.0	+47 45 20			M ≤2.6	5793	4	81.0	0.22	0.20			293	G
			Comp		F ≤2.0	5 5750		86.	0.8				60	N
UGC 10943	17 39 42	+03 12				0 6792							490	A
NGC 6417	17 39 42.7	+23 41 48	SBb		I 5.293	0 3317	181 206 4		1.6	1.4			475	A ★
			SBb	29	I 4.50 1.45	0 3317 8	208 3		1.6	1.4			529	A ★
NGC 6436	17 40 36	+60 29	Sc	55	I 4.5 0.54	0 6332 9	256 320 4		1.5	0.9			384	G ★
ESO 70-G 13	17 41 12.4	−68 14 26	Sm	55	I ≤60.0				2.2	1.3			310	P
UGC 10956	17 41 24	+04 34				0 6699							490	A
UGC 10958	17 41 48	+66 53			F ≤1.0	−400 - 5800							213	G
					S ± 18.0	−400 - 3000			2.5	1.7			373	G
UGC 10961	17 42 06	+58 50	Sc	65	I 14.2 1.7	0 3050 10	405 4		1.1	0.5			384	G ★
IC 4662	17 42 12.0	−64 37 18	IBm	52	I 125.2 8.2	0 308 4	124 4	3.2	2.2				320	P ★
			Im	52	I 120.7	0 306	120 5	2.1	2.2				486	I ★
				48	M 0.34	1 147	131 4	2.9	2.6	1.7			535	P
			Im	52	M 0.60	0 310		3.2	2.2		47	224	544	P
UGC 10968	17 43 18	+58 01	Sbc	69	I 3.6 0.65	0 2855 19	175 210 4		1.0	0.4			384	G ★
NGC 6454	17 44 00.0	+55 43 00			S ≤38.0	5 9120							356	G
UGC 10972	17 44 21.8	+26 33 41	Sc	79	I 8.27	0 4649	437 4	97.4	2.6	0.7		57	393	G ★
			Sc	79	I 6.8	0 4657	416 4	97.4	2.6	0.7		57	393	A
			Sc		I 6.8	0 4657	416 5		2.6	0.7			488	a ★
			Sc		I 8.20	0 4651	410 4		4.1	1.2			515	G ★
UGC 10977	17 44 37.4	+30 43 01	Sc	78	I 6.80 1.97	0 4626 8	362 3		1.1	0.3			529	A ★
UGC 10982	17 45 12	+59 22	Sb	90	S ± 15.0	3100 - 6600			1.2	0.15			384	G
UGC 10981	17 45 16.8	+09 33 47	Sb		I 4.2	0 10901	509 5		1.0	0.5			488	A ★
UGC 10991	17 46 36.0	+67 21 00		41	F 0.99	0 1460	51 79 4	22.9	2.8				213	G ★
			Im	41	F 1.17 0.33	0 1457 8	56 4	17.1	2.7	2.0			373	G
			Im		I 5.40	0 1467	82 4		2.7	1.9			515	G ★
			Im		I 5.10	0 1465	84 4		2.7	1.9			515	G ★
NGC 6460	17 47 21.9	+20 46 38	Sb	59	I 9.18 1.50	0 3348 8	297 3		1.9	1.0			529	A ★
NGC 6478	17 47 27.1	+51 10 21				0 6776 15							359	G
			Scd		I 1.5 0.5	0 6816	576 4		1.8	0.5			503	G
UGC 11002	17 47 54	+58 26	Sb	50	S ± 6.0	3100 - 6600			1.2	0.8			384	G
UGC 11001	17 47 57.0	+14 18 01				0 4219							490	A
			Sd	69	I 3.31 1.31	0 4211 8	327 3		1.4	0.5			529	A ★
NGC 6467	17 48 27.4	+17 33 05				0 3033							490	A
Mark 507	17 48 55.4	+68 42 50	S0		I ≤2.5	15900							114	G
Anon 1749+56	17 49 15.3	+56 41 10			M ≤1.5	5300	4	74.0	0.62	0.45			293	G
			Comp		F ≤2.9	5 5442		81.	1.3				60	N
					F 0.76 0.76	5198 80	180 1	70.5	1.3				141	N ★
NGC 6491	17 49 30.5	+61 32 38	Sb	67	M 11.69			59.2					324	N
Zw 300-081	17 49 36	+59 39		0	S ± 8.0	3100 - 6600			0.7	0.7			384	G
NGC 6484	17 49 43.1	+24 29 38	Sc	19	I 28.63	0 3112 10	418 5		2.0	1.9			158	G ★
						0 3112 15							359	G
			Sb		I 19.68	0 3121	337 386 4		2.0	1.9			475	A ★
NGC 6482	17 49 43.6	+23 05 00	E		I ≤0.62	6 4127		75.0	2.1	1.8			30	A
NGC 6493	17 49 52.2	+61 34 12				0 5373 35							324	N
			SBc	23	S ± 8.0	3100 - 6600			1.3	1.2			384	G
NGC 6503	17 49 57.8	+70 09 25	Scd		I 187.6	0 35	250 5		11.2	4.0			183	G ★
			Scd	71	I 115.9	0 30	240 4	3.8	4.9				203	G ★
			Scd	74	I 139.0	0 30 8	271 4	3.8	11.2	4.0	131	23	266	W ★
			Scd	72	I 113.2 17.0	0 62 9	196 4	5.7	9.1				201	G ★
			Scd	74	M 1.1	80 30		4.6	11.2			120	285	G
			Scd	72	F 35.37 2.57	0 51		3.1	11.4	4.0			373	B
			Scd	69	I 114.5	0 25	283 5	2.8					417	G
			Scd	69	I 148.7	0 27	265 5	2.8					417	B
			Sc	74	I 193.6	0 30		3.8	11.2	4.0	120	123	480	W ★
			Sc		I 117.4	0 51	204 4		11.4	3.4			515	G ★

Table 1 cont.

Name (1)	R.A. (2)	Dec. (3)	Type (4)	i (5)	(6)	HI-flux (7)	(8)	(9)	v (10)	(11)	(12)	Δv (13)	(14)	Dist (15)	a (16)	b (17)	Vmax (18)	Pos (19)	Ref (20)	(21)
NGC 6503					I	101.5	0.5	0	42			263	4		8.0	2.6			503	G
IC 1269	17 49 58.8	+21 34 51	Sbc		I	8.3		1	6310	20	130			114.7	1.7	1.3			235	A ★
			Sc	35	I	7.57	1.1	0	6121	10		134	4		1.8				188	G ★
					I	11.5	2.3	0	6121	13	113	133	4						378	E ★
			Sc		I	8.2		0	6115			133	5		1.7	1.3			488	A ★
					I	10.3	1.5	0	6150	3	110								506	D ★
NGC 6485	17 50 00	+31 28 28	Sb		I	10.22		0	4743		232	262	4		1.4	1.3			475	A ★
UGC 11016	17 50 06	+28 55	Sc	85	I	3.3	0.42	0	6493	11	262	322	4		1.4	0.3			384	A ★
UGC 11017	17 50 12	+29 52	SB/Ir	58	I	1.4	0.36	0	4628	13	143	149	4		1.8	1.0			384	A ★
								0	4653										490	A
UGC 11018	17 50 18	+22 53						0	3700										490	A
NGC 6497	17 50 37.1	+59 28 58	SBb	62	S	±	6.0	3100	−	6600					1.6	0.8			384	G
NGC 6487	17 50 46.7	+29 50 53	E	27	S	±	3.0	3100	−	6600					1.9	1.7			384	A
UGC 11027	17 51 12	+24 35	Im		S	±	18.0	−400	−	3000					2.9	1.9			373	G
								0	3197										490	A
UGC 11029	17 51 48	+24 28 50	SBc		I	9.744		0	3147		178	199	4		1.4	1.4			475	A ★
								0	3145										490	A
UGC 11031	17 52 06	+30 42	Im	0	I	2.0	0.36	0	4791	8	130	150	4		1.0	1.0			384	A ★
UGC 11035	17 52 39.1	+32 53 36			I	3.64		0	7798		150				1.7	1.1			563	A ★
UGC 11039	17 52 54	+18 33			F	≤1.0		−400	−	4800									213	G
			Im		S	±	18.0	−400	−	3000					1.8	1.8			373	G
								0	3629										490	A
UGC 11046	17 53 30	+28 50	SBa	47	S	±	8.0	3100	−	6600					1.3	0.9			384	G
NGC 6500	17 53 47.7	+18 20 44	Sa	36	I	17.42		0	3004			545	4						272	A ★
			Sa	40	I	10.8		0	3012			535	5	32.3					417	A
			Sa	40	I	≤23.9		5	2937					32.3					417	B
			Sa	40	I	13.3		0	3006			521	5	32.3					417	A
			Sa		I	16.40		0	2995			547	4		4.7	3.8			515	G ★
			Sab p	51	I	12.6		0	2986		458	520	4	32.7	3.8			215	517	W ★
NGC 6501	17 53 52.1	+18 22 47	S0/a		I	4.3		1	3050		200			55.5	1.7	1.5			30	A ★
								5	3078	11				32.7	2.9				517	W ★
UGC 11055	17 54 45.6	+12 14 41	S0	24				0	2877									105	555	A
UGC 11057	17 54 55.2	+12 11 03		36				0	2860										490	A
				66				0	2858									90	555	A
UGC 11058	17 55 04.0	+32 38 27	Sc	50	I	4.77	0.7	0	4752	10		276	4		1.3				188	G ★
			Sbc		I	4.55		0	4765			334	4		1.6	1.2			393	G ★
			SBbc		I	4.5		0	4755			298	5		1.6	1.2			488	A ★
			Sc	48	I	4.4		0	4755		289	323	4						505	A ★
UGC 11060	17 55 12	+27 58	Sa	80	S	±	8.0	3100	−	6600					1.5	0.4			384	G
UGC 11064	17 55 42.3	+27 50 19	Sc	0	I	3.2	0.41	0	7030	9	222	245	4		2.0	2.0			384	A ★
					S	±	4.0	−100	−	6900									490	A
			Sc	0	I	4.99	1.88	0	7043	8		253	3		2.0	2.0			529	A ★
UGC 11068	17 56 00	+28 15						0	4127										490	A
UGC 11070	17 56 06	+27 16	SBb	44	S	±	7.0	3100	−	6600					1.1	0.8			384	G
UGC 11074	17 56 42.0	+07 09 00	Sd	65	F	3.87	0.60	0	1899	15		215	4	20.6	5.0	2.3			373	G
			Sdm		I	17.26		0	1896			240	4		5.1	2.0			515	G ★
NGC 6509	17 56 58.5	+06 17 20						0	1815	10									359	G
			Scd	35	F	8.93	0.92	0	1817	20		308	4	19.7	3.4	2.8			373	G
			Sc		I	32.20		0	1814			285	4		3.4	2.7			515	G ★
Anon 1757−04	17 57 48	−04 00			S	≤48.0		5	3780										548	P
MCG+08-33-005	17 57 49.9	+45 53 18			I	2.3	0.3	0	5607			189	4						503	G
UGC 11081	17 58 00	+81 08	Im		S	±	18.0	−400	−	3000					1.7	1.3			373	G
UGC 11090	17 58 42	+28 43	Sc	50	S	±	2.0	3100	−	6600					1.5	1.0			384	A
UGC 11091	17 58 55.7	+35 00 33	Sc		I	3.5		0	7243			316	5		1.1	0.6			488	A ★
UGC 11093	17 59 30	+06 58	Sc	85	F	14.58	1.15	0	1961	10	329		4	21.2	6.5	1.4			373	G
			SBc	90	I	57.7	4.7	0	1964	1	310	327	4		3.3	2.1			523	J ★
NGC 6527	17 59 36.0	+19 44 00	S0	48	I	4.15	1.97	0	5444	13		414	3		1.6	1.1			529	A ★
UGC 11098	18 00 48	+29 18	S	51	S	±	6.0	3100	−	6600					1.4	0.9			384	G
UGC 11100	18 01 24	+29 05	S	62	S	±	6.0	3100	−	6600					1.0	0.5			384	G
UGC 11103	18 02 00	+29 30	Sbc	90	I	1.9	0.54	0	2880	15	68	90	4		1.0	0.2			384	G ★
UGC 11105	18 02 24.0	+21 38 00	Sdm	42	F	3.00	0.78	0	2226	15		195	4	24.4	4.3	3.2			373	G
			Sdm		I	16.60		0	2222			214	4		4.3	3.0			515	G ★
Anon 1802−08	18 02 36	−08 45			I	3.0		0	1000										512	G
UGC 11109	18 02 50.4	+46 43 42			F	1.32		0	1565		115	138	4	24.3	2.3				213	G ★
			Im		S	±	18.0	−400	−	3000					2.0	1.8			373	G
UGC 11107	18 02 52	+17 15 43	SBb		I	7.367		0	5543		136	157	4		1.1	1.1			475	A ★
UGC 11111	18 03 11.4	+23 05 54		33	F	1.72		0	2426		226	255	4	35.2	2.4				213	G ★
			SBm					−400	−	3000					2.2	1.8			373	G
UGC 11113	18 03 24	+23 16	SXcd		F	2.39	0.41	0	2333	10		122	4	25.5	3.0	3.0			373	G
NGC 6560	18 03 51.2	+46 52 30	Sc	60	I	10.76	1.1	0	7040	20		340	4		1.2				188	G ★

Table 1 cont.

Name (1)	R.A. (2)	Dec. (3)	Type (4)	i (5)	(6)	HI-flux (7)	(8)	(9)	v (10)	(11)	(12)	Δv (13)	(14)	Dist (15)	a (16)	b (17)	Vmax (18)	Pos (19)	Ref (20)	(21)
NGC 6555	18 05 36.5	+17 35 50	Sc	37	I	9.1		0	2224		213		4	32.3	2.0				203	G ★
								0	2226	10									359	G
			Sc	36	M	1.44		0	2227	35				25.5					324	N
			Sc		I	10.39		0	2222		208	226	4		2.1	1.8			489	A ★
			SXc	37	I	9.8	0.8	0	2225	4	200	218	4		2.1	0.3			523	J ★
UGC 11124	18 05 40.3	+35 33 23						0	1608	10									359	G
			SBcd	28	F	5.15	0.71	0	1609	30	175		4	18.5	4.1	3.6			373	G
			SBc		I	21.25		0	1608		169		4		4.2	3.4			515	G ★
UGC 11122	18 05 42	+09 42						0	7590										490	A
UGC 11123	18 05 42	+28 28						0	2695										490	A
			Sdm	36	S	±	9.0	3100	–	6600					1.1	0.9			384	G
IC 4688	18 05 48	+11 41	Sc		S	±	18.0	–400	–	3000					3.2	2.3			373	G
UGC 11127	18 06 48	+28 02	Mult	72	I	7.3	1.0	0	7110	17	232	280	4		1.1	0.4			384	G ★
UGC 11130	18 07 18.0	+69 49 00			M	≤13.2			15000					150.					308	B
UGC 11131	18 07 48	+01 34						0	1827										490	A
NGC 6570	18 08 50.5	+14 04 51	SBm	53	I	11.4		0	2294		236		4	33.1	1.6				203	G ★
			Sdm	58	I	11.89		0	2283	10	259		5		1.8	1.0		30	158	G ★
			Sm	52	M	1.73		0	2284	20				26.0					324	N
			SBm	54	I	9.3		0	2285		245		5	24.8					417	G
NGC 6438 A	18 09 24.0	–85 26 00			M	14.41		1	2291		461		4	45.8	2.0	0.7			535	P
					M	14.91		1	2291		368		4	45.8	2.0	0.7			535	P
					I	19.2	2.5	0	2515	19	289		4	46.1					320	P ★
UGC 11141	18 09 30.0	+12 04 00	Sdm		F	3.07	0.50	0	2241	15	112		4	24.3	4.0	4.0			373	G
			Sdm		I	13.70		0	2240		119		4		4.1	4.1			515	G ★
NGC 6574	18 09 34.9	+14 58 04	S	47	I	4.77		0	2261	20	341		5		1.3	0.9	160	158	G ★
			Sbc					0	2295										203	G
			Sbc	38	M	0.83		0	2297	35				26.2					324	N
					I	3.551		0	2285		379		4	35.3	1.3	0.9			562	A ★
UGC 11152	18 10 18.0	+18 35 00	SBdm	57	F	2.90	0.48	0	2730	25	175		4	29.4	3.9	2.2			373	G
			SBdm		I	12.90		0	2724		183		4		3.9	2.0			515	G ★
UGC 11157	18 10 30	+30 11						0	4579										490	A
Anon 1811–58	18 11 05.9	–58 13 00	Sc	72				1	2779	20				35.8	2.4	1.0			528	P
NGC 6587	18 11 39.6	+18 48 40	S0		I	≤1.2		6	3000					54.5	2.0	2.0			30	A
			E/S0		I	≤0.36								2.9					501	A
UGC 1116	18 11 41.3	+13 15 42						0	2307										490	A
Anon 1811–02	18 11 51.5	–02 26 05			I	14.0		0	1750	30	400								333	E
NGC 6621	18 13 10.2	+68 20 50	Sc	62	M	10.37		0	6284	75				68.8					324	N
NGC 6621/22			Mult		I	4.4	0.4	0	6258		475		4		2.0	0.9			503	G
NGC 6622	18 13 14.4	+68 20 15			I	6.58		0	6236		482		5	70.7					518	G
UGC 11177	18 13 36	+06 44						0	6157										490	A
ESO 182-G 10	18 14 25.0	–54 13 01		63	M	25.81		1	3454		201		4	69.1	2.3	2.0			535	P
UGC 11193	18 15 39.0	+70 59 00		51	F	1.57		0	1503		128	160	4	23.5	2.8				213	G ★
			Im	50	F	1.31	0.34	0	1528	25	130		4	17.9	2.7	1.7			373	G
			Im		I	6.20		0	1513		131		4		2.7	1.6			515	G ★
			Im		I	5.20		0	1512		123		4		2.7	1.6			515	G ★
UGC 11194	18 15 56.6	+26 44 05						0	4730										490	A
			Sc	53	I	8.61	3.05	0	4731	8	378		3		1.7	1.0			529	A ★
UGC 11210	18 19 48	+21 08			S	±	4.0	400	–	7400									490	A
NGC 6627	18 20 23.5	+15 40 23	Sb	21	M	4.63		0	5273	20				57.6					324	N
			SBb	30	I	4.93	2.51	0	5267	8	112		3		1.5	1.3			529	A ★
UGC 11214	18 20 36	+12 24						0	2646	5									359	G
NGC 6643	18 21 13.4	+74 37 43	Sc	60	I	29.7			1501	9	342		5	36.6	4.21				80	G ★
								0	1506	35									42	N
			Sc	59	I	35.6		0	1482		354		4	23.1	3.4				203	G ★
			Sc	60	M	3.5	1.2	0	1507	35				21.					35	N
			Sc	61	M	2.3			1477	30				16.5	5.1			40	285	G
								0	1482	10									359	G
			Sc		M	≤1.9								21.					85	N
			Sc	59	M	7.15		0	1507	75				18.5					324	N
			Sc	59	I	34.5		0	1483		390		5	17.4					417	G
			Sc	59	I	38.8	3.3	0	1480	3	327	344	4		3.9	1.1			523	J ★
			Sc		I	35.2	0.2	0	1483		368		4		4.0	1.9			503	G
UGC 11220	18 21 48.0	+40 55 00			F	2.73		0	1451		90	106	4	22.8	2.6				213	G ★
			Im		F	2.87	0.41	0	1447	10	94		4	17.1	2.5	2.5			373	G
			Im		I	12.00		0	1449		94		4		2.5	2.5			515	G ★
NGC 6636	18 22 04.7	+66 35 38	S0/a		I	12.6	0.6	0	4132		553		4		2.1	0.5			503	G
UGC 11224	18 22 24	+36 46			F	≤1.0		–400	–	4800									213	G
			Im		S	±	18.0	–400	–	3000					2.0	2.0			373	G
NGC 6632	18 23 03.9	+27 30 20	Sbc		S	±	18.0	–400	–	3000					5.0	2.4			373	G
			Sbc	61	M	1.60		0	2141	35				25.0					324	N

Table 1 cont.

Name (1)	R.A. (2)	Dec. (3)	Type (4)	i (5)	HI-flux (6) (7) (8)	v (9) (10) (11)	Δv (12) (13) (14)	Dist (15)	a (16)	b (17)	Vmax (18)	Pos (19)	Ref (20)	(21)
NGC 6632			Sbc	61	I 26.4 2.2	0 4761 4	565 588 4		3.1				473	J ★
IC 4710	18 23 28.0	−67 00 51	SBm	43	I 28.5 2.9	0 741 3	54 4	11.9	4.3				320	P ★
				22	M 1.09	1 581	61 4	11.6	2.4	2.3			535	P
			SBd	43		0 740		11.9	4.3		16	253	544	P
IC 4713	18 24 48.0	−67 15 18	Sm	73	I ≤12.2	−500 − 6800			1.2				320	P ★
NGC 6651	18 25 05.2	+71 34 22	Sc		I 14.4 0.4	0 5782	450 4		1.8	0.9			503	G
UGC 11237	18 25 12	+24 50				0 5325							490	A
NGC 6654	18 25 14.4	+73 09 11	Sa	45	M ≤1.77			31.1	4.7				246	N
			S0/a	43		1821	336 0	16.5					180	G
			SB0 p	37	I ≤7.5	5 1806		20.6					417	G
NGC 6635	18 25 20.8	+14 47 11	S0		I ≤0.79	6 5273		95.9	1.0	0.9			30	A
NGC 6641	18 26 51.3	+22 52 05	Pec	25	I 2.47 2.06	0 4145 11	198 3		1.1	1.0			529	A ★
UGC 11251	18 27 03.8	+38 00 47	Sc		I 3.6	0 2334	168 5		1.5	0.9			488	A ★
UGC 11252	18 27 22.4	+48 12 31	Scd		I 6.6 0.6	0 4935	379 4		1.3	0.5			503	G
ESO 140-G 23	18 28 27.0	−57 42 33	SBd	51		1 2730 20		35.1	1.8	1.2			528	P
					M 8.29	1 2618	140 4	52.4	1.4	1.4			535	P
IC 4720	18 29 12.0	−58 26 24	Sc	71	I ≤18.8	500 − 7000			1.9				320	P ★
				69	M 14.67	1 2104	306 4	42.1	2.3	0.8			535	P
Anon 1829−34	18 29 18	−34 13			S ≤25.0	5 5100							548	P
UGC 11263	18 29 18	+30 57				0 2945							490	A
UGC 11265	18 29 45.8	+33 54 03	Comp		I 10.13	0 6122 25	651 5		0.8	0.8			158	G
			Comp		S ±	6122			1.6	1.6			515	G ★
IC 4721	18 30 06.0	−58 32 24	Scd	71	I 73.6 5.6	0 2245 13	351 4	42.7	3.7				320	P ★
				72	M 39.49	1 2405	332 4	48.1	4.6	1.4			535	P
Anon 1830+55	18 30 10.4	+55 14 17	Comp		F ≤3.2	5 5535		83.	1.7				60	N
					F ≤1.0	5535							141	N
					M 2.24 0.37	5631 3	109 4	79.0	0.72	0.28			293	G ★
NGC 6667	18 30 49.7	+67 57 01	SXab p	43	F 6.11 1.46	0 2582 30	400 4	28.5	5.1	3.7			373	G
						0 2555 35							324	N
			Pec		I 26.50	0 2591	432 4		5.2	3.6			515	G ★
			SXab		I 27.7 0.7	0 2587	479 4		3.2	2.3			503	G
NGC 6658	18 31 49.2	+22 50 54	S0	86	M ≤4.68			64.4	3.1				246	N
UGC 11279	18 32 12	+37 09			F ≤1.0	−400 − 4800							213	G
			Im		S ± 18.0	−400 − 3000			1.8	1.6			373	G
NGC 6661	18 32 31.1	+22 52 16	E/S0		I ≤0.81	6 4541		82.6	1.9	1.2			30	A
			Sa	55	M ≤4.80			65.1	3.7				246	N
			S0/a		M ≤11.0	4316		60.6					18	B
IC 1291	18 32 34.4	+49 14 20	Sdm	32	M 2.80	0 1964 20		23.5					324	N
			SBdm p	29	F 4.71 0.82	0 1960 15	209 4	22.3	3.7	3.2			373	G
			SBdm		I 21.06	0 1962	245 4		3.7	3.0			515	G ★
NGC 6670 W	18 32 54	+59 51			I 3.56	0 8422	237 5	94.0					518	G
NGC 6670 E	18 32 54	+59 51			I 5.66	0 8683	339 5	96.8					518	G
NGC 6677	18 33 35.2	+67 05 44	Comp		F ≤2.5	5 6480		96.	1.1				60	N
			S0/a		I 11.5 0.5	0 6739	540 4		0.6	0.2			503	G
UGC 11289	18 33 42	+22 25				0 3991							490	A
UGC 11291	18 34 06	+30 47	Sd		S ± 18.0	−400 − 3000			3.9	1.2			373	G
						0 2881							490	A
NGC 6689	18 35 23.0	+70 28 48	Sd	69	F 9.50 1.18	0 487 15	238 4	7.5	6.0	2.4			373	G
			Sd	69	M 0.53	0 483 20		7.8					324	N
			Sd	69	I 37.0	0 489	263 5	7.5					417	G
			Sd	69	I 36.3	0 488	239 5	7.5					417	B
			Sc		I 37.90	0 491	231 4		6.1	2.4			515	G ★
UGC 11303	18 35 42	+33 14	Sb		S ± 18.0	−400 − 3000			2.5	1.4			373	G
NGC 6675	18 35 47.9	+40 00 46				0 2491 10							359	G
			SBbc	44	I 7.6 0.6	0 2501 6	254 289 4		2.0				473	J ★
UGC 11302	18 35 48	+22 02 53				0 4097							490	A
			SB/Ir		I 4.302	0 4102	128 145 4		1.0	1.0			475	A ★
NGC 6674	18 36 31.1	+25 19 55				0 3430 10							359	G
			Sb	55	M 24.58	0 3432 20		38.6					324	N
			SBb	55	I 53.7 4.8	0 3171 3	428 451 4		4.2				473	J ★
			SBb		I 23.74	0 3428	448 464 4		4.5	2.1			489	A ★
NGC 6691	18 38 15.3	+55 35 38	Sc	39	I 4.54 0.7	0 5886 10	81 4		1.3				188	G ★
			SBb		I 5.20	0 5886	94 4		2.7	2.7			515	G ★
			SBbc		I 5.2 0.2	0 5887	125 4		1.6	1.6			503	G
UGC 11320	18 38 42	+23 38				0 3700 10							359	G
UGC 11321	18 38 42	+44 13			F ≤1.0	−400 − 4800							213	G
			Im		S ± 18.0	−400 − 3000			2.5	2.1			373	G
UGC 11326	18 39 12	+08 05			S ± 4.0	400 − 7400							490	A
ESO 140-G 43	18 39 48	−62 23	SBc	57	I 14.5	0 4209	300 356 4		1.5	0.9			538	P ★
UGC 11331	18 40 00	+73 34			F ≤1.0	−400 − 3000							213	G

Table 1 cont.

Name (1)	R.A. (2)	Dec. (3)	Type (4)	i (5)	(6)	HI-flux (7)	(8)	(9)	v (10)	(11)	(12)	Δv (13)	(14)	Dist (15)	a (16)	b (17)	Vmax (18)	Pos (19)	Ref (20)	(21)
NGC 6654	18 40 34.2	+73 31 55	Sdm		I	17.54		0	1556			334	4		3.9	1.6			515	G ★
			SBd p	68				0	1565					18.2	3.9	1.6			373	G
			SBd	74	I	15.4		0	1420					22.4	2.1				203	G ★
UGC 11337	18 41 00	+18 40 40	SBa		I	3.557		0	4253		208	228	4		1.6	1.5			475	A ★
Zw 255-009	18 41 41	+50 36 39			I	2.4	0.4	0	2502			323	4						503	G
UGC 11344	18 42 06	+24 05						0	3822										490	A
UGC 11346	18 42 12	+25 12						0	4645										490	A
NGC 6701	18 42 35.1	+60 36 04	Sa					5	3983						1.6	1.2			503	G
NGC 6684	18 44 03.0	−65 13 54	SB0	44	I	≤4.7		5	823					13.8	4.2				320	P ★
UGC 11350	18 44 06	+22 34						0	4696	15									359	G
UGC 11355	18 45 48	+22 53						0	4360										490	A
UGC 11360	18 47 18.0	+18 39 00	Im	24	F	2.29	0.43	0	3082	30		175	4	33.1	3.7	3.4			373	G
			Im		I	7.30		0	3077			163	4		3.8	3.4			515	G ★
NGC 6684 A	18 47 32.1	−64 53 19	Sm	41	I	48.0	8.0	0	1002	5	55			8.7	4.6	3.5			310	P ★
			Im		I	30.1	3.0	0	1003	4		71	4	17.4					320	P ★
NGC 6711	18 47 38.8	+47 35 58	Sc	34	I	2.49	0.5	0	4678	20		156	4		1.0				188	G
			SBbc		I	2.90		0	4666			221	4		2.1	1.9			515	G ★
			SBbc		I	4.4	0.4	0	4663			254	4		1.1	1.0			503	G
NGC 6699	18 47 45.0	−57 23 54	Sb	17	I	≤7.6		5	3473					67.5	2.2				320	P ★
			SXb		S	≤112.		5	3420						1.6	1.5			226	P
UGC 11362	18 47 48	+23 12						0	4203										490	A
NGC 6710	18 48 33.3	+26 46 42	S0		I	0.81	0.09	0	4552	4	501	560	4		2.2				501	A ★
UGC 11370	18 49 42	+26 29						0	4483										490	A
UGC 11371	18 49 54	+26 25						0	3746										490	A
IC 4787	18 50 43.2	−68 44 49	Scd	31	I	≤60.0		0	795	3	37			6.6	1.7	1.4			310	P
ESO 104-G 22	18 50 52.4	−64 51 51	Im	48	I	28.0	4.0	0	-						2.8	1.9			310	P
			Im	58				1	790	20				9.7	1.7	1.0			528	P
NGC 6707	18 51 18.0	−53 53 24			I	≤9.2		5	2719					52.9					320	P ★
Anon 1851+73	18 51 26	+73 17 19	Mult		S	± 2.0		0800 − 12900											469	G
UGC 11375	18 52 12	+24 35						0	4317										490	A
IC 4796	18 52 23.0	−54 16 42	S0/a	65	I	≤6.3		5	3036					59.0	1.7				320	P ★
UGC 11379	18 54 36	+25 10						0	4410	15									359	G
IC 4806	18 57 15.0	−57 36 12	S0	77	I	≤6.5		5	4400					86.0	3.7				320	P ★
Anon 1857+19	18 57 23.5	+19 02 06			S	≤7.0		2000 − 6000											333	E
UGC 11385	18 57 24	+19 22						0	3111										490	A
UGC 11389	18 59 49.9	+59 05 34			I	2.4	0.4	0	3718			332	4		1.0	0.6			503	G
NGC 6745	19 00 04.1	+40 41 06			I	13.6		0	4538			446	5	52.2					518	G
UGC 11392	19 00 30	+34 43	Im		S	± 18.0		−400 − 3000							2.2	0.5			373	G
UGC 11394	19 01 30	+27 32						0	4235										490	A
			Sc	90	I	6.6	1.0	0	4239	5	366	384	4		2.0	1.4			523	J ★
UGC 11397	19 01 59.0	+33 46 12						0	4524	15									359	G
UGC 11396	19 02 00	+24 17			S	± 4.0		2400 − 9400											490	A
Anon 1902−59	19 02 41.9	−59 33 00	Sc	90				1	1847	20				23.5	2.7	0.3			528	P
UGC 11400	19 03 12	+78 58	Im		S	± 18.0		−400 − 3000							2.0	1.1			373	G
IC 4820	19 04 31.0	−63 32 42	Sc	75	I	≤16.8		0 − 3700							1.6				320	P ★
UGC 1140	19 05 05.2	+28 55 38						0	3907										490	A
NGC 6744	19 05 18.0	−63 56 18	SXbc		M	55.0	6.0	0	835			332	5	14.	14.5	9.1			226	P ★
			Sbc	50	M	23.0		0	835			332	5	14.	20.5				226	P ★
			SBcd		F	142.0	10.0		849			300	0						275	I ★
			Sbc	50	I	975.0	11.4	0	842	5		336	4	14.3	15.8				320	P ★
ESO 104-G 44	19 06 37.0	−64 18 20	Im	55	I	29.0	5.0	0	779	15	175			6.5	2.8	1.7			310	P
UGC 11406	19 06 48.0	+42 59 00	Sc	41	I	10.15	1.5	0	4556	10		238	4		2.1				188	G ★
			SB		I	8.10		0	4551			250	4		4.0	2.0			515	G ★
NGC 6764	19 07 01.3	+50 51 03	Sb		I	15.1	2.1		2412			300	1		2.2				114	G ★
			SBb	55	I	11.4		0	2426			307	4	36.1	2.2				203	G
								0	2414	15									359	G
			SBbc	52	F	4.18	0.66	0	2409	10		292	4	26.9	4.0	2.5			373	G
			Sb	54	M	3.23		0	2435	20				28.6	3.11				324	N
			SBbc	52	F	3.85	0.54	0	2407			289	4		3.11				154	G ★
			SBb			14.60		0	2417			304	4		4.0	2.4			515	G ★
NGC 6753	19 07 12	−57 08	Sb	27	I	≤13.8		5	3103					60.2	2.8				320	P ★
			Sb		S	≤79.8		5	3170						2.2	1.9			226	P
NGC 6754	19 07 34	−50 43 30	Scd	55	I	9.6	1.9		3253	25	379	415	4		1.8	1.1			550	P ★
Anon 1908+19	19 08 13.6	+19 29 23			I	8.0		0	3860	30		400							333	E
					I	8.60		0	3881			449	4		1.0	1.0			515	G ★
IC 4824	19 08 43.5	−62 10 24	Im	45	I	24.0	4.0	0	953	5	86			8.4	3.5	2.5			310	P
				65	M	2.44		1	824			88	4	16.5	2.0	0.9			535	P
			Im	56				1	940	20				11.8	3.2	2.0			528	P
			IBm	48	I	19.0	1.5		945	2	75	89	4		3.3	2.3			550	P ★
Anon 1909+65	19 09 00	+65 54			F	≤1.0			300										141	N

251

Table 1 cont.

Name (1)	R.A. (2)	Dec. (3)	Type (4)	i (5)	(6)	HI-flux (7)	(8)	(9)	v (10)	(11)	(12)	Δv (13)	(14)	Dist (15)	a (16)	b (17)	Vmax (18)	Pos (19)	Ref (20)	(21)
IC 4832	19 09 54.0	−56 41 48	Sc	80	I	≤12.2		0	−	6700					1.7				320	P ★
IC 4837 X	19 11 16.4	−54 44 27	SBc	67				1	2697	20				34.7	2.6	1.2			528	P ★
			Scd p	60	I	≤13.8		5	2668					51.7	2.6				320	P ★
ESO 141-G 42	19 11 38.6	−62 27 03	Im	90				1	890	20				11.1	3.2	0.6			528	P
			Sm	78	I	32.0	5.0	0	935	10	150			8.2	3.9	1.1			310	P
IC 4836	19 11 52.0	−60 17 12	SBcd	17	I	37.4	5.3	0	4687	33		460	4	91.6	1.5				320	P ★
UGC 11415	19 11 57.1	+73 19 55	S0/a		I	7.3	0.3	0	7510			320	4		1.3	0.9			503	G
ESO 10-G 04	19 13 06.8	−60 06 41	Sd	59	I	≤60.0									2.9	1.5			310	P
NGC 6769	19 13 55.0	−60 36 06	SXb p	47	I	≤7.7		5	3903					74.1	2.6				320	P ★
NGC 6770	19 14 13.8	−60 36 12	SXb p	40	I	≤7.7		5	3813					74.1	2.6				320	P
IC 4845	19 15 56	−60 29			I	13.7	2.6	0	3954	33		341	4	76.9					320	P ★
NGC 6789	19 16 17.0	+63 52 54	Im		S	± 18.0		−400	−	3000					3.0	3.0			373	G
UGC 11428	19 18 32	+30 43 48	Sc		I	7.059		0	3945		186	218	4		1.2	1.2			475	A ★
ESO 184-G 60	19 18 40.7	−54 40 48	Scd	48	I	≤60.0									2.1	1.4			310	P
NGC 6780	19 18 44.0	−55 52 18	Sc	34	I	≤3.1		5	3476					73.0	2.0				320	P ★
NGC 6792	19 19 22.1	+43 02 15	Sc	59	I	14.85		0	4628	10		536	5		2.4	1.3	25		158	G ★
								0	4643	15									359	G
			SBb		S	± 18.0		−400	−	3000					5.0	2.8			373	G
			SBb	56	I	≤16.2													417	G
			SBb	56	I	14.1	1.1	0	4631	5	519	552	4		2.4				473	J ★
			Sc		I	13.55		0	4643			586	4		4.9	2.5			515	G ★
UGC 11430	19 19 34.2	+43 13 51	Sd	0	I	2.85		0	5478	10		147	5		1.1	1.1			158	G ★
			Sc		I	3.10		0	5487			136	4		2.5	2.5			515	G ★
NGC 6796	19 20 50.8	+61 02 53	Sbc		I	13.6	0.6	0	2194			445	4		2.1	0.5			503	G
Anon 1920−35	19 20 53	−35 16 48	Sc	90	S	± 70.0		600	−	5600					2.2	0.4			550	P
Anon 1922+63	19 22 00	+63 04	Comp		F	≤2.9		5	6120					91.	0.7				60	N
					F	≤1.0			6120										141	N
IC 4852	19 22 02.0	−60 26 12	Sc	43	I	≤12.4		5	4498					87.8	2.2				320	P ★
			Scd	23					4410						1.8	1.8			550	P
IC 1301	19 25 18.0	+49 39 00	Sc	58	I	14.65	1.5	0	3992	10		266	4		1.3				188	G ★
			Scd	43	M	6.94		0	3995	20				45.0					324	N
					I	13.30		0	3992			272	4		2.7	1.9			515	G ★
ESO 594-G 04	19 27 05.4	−17 46 59	dI		I	35.0	4.0		−79	5		40	4	1.1	3.0				294	P
			Im	60	I	35.0	4.0	0	−79	5	40			1.0	3.3	1.8			310	P
			Im	32	S	± 5.0		−600	−	3300					2.59	2.22			377	E
			Im		I	7.00								1.1					415	V ★
			Im		I	28.60		0	−79			35	4		3.8	3.0			515	G ★
ESO 10-G 06	19 27 23.0	−84 22 59			M	5.27		1	2270			237	4	45.4	0.6	0.6			535	P
UGC 11448	19 28 48	+35 40						0	4578										490	A
IC 1302	19 29 03.6	+35 40 54	Sc	44	M	6.27		0	4671	75				52.0					324	N
			Sc		I	9.89						379	4		3.4	1.7			515	G
ESO 142-G 19	19 29 07.0	−58 13 44	Sa	78	I	≤60.0		0	4651						5.5	1.5			310	P
IC 1303	19 29 41.4	+35 46 24	Sc		S	≤30.0		400	−	1900									203	G
			Sc	48	M	2.35		0	4465	75				49.9					324	N
UGC 11453	19 29 59.5	+53 59 45	Sc	48	I	11.86	1.2	0	3850	10		326	4		1.9				188	G ★
			Sb	38	M	5.17		0	3859	35				43.6					324	N
			Sb		I	11.30		0	3837			358	4		3.2	2.2			515	G ★
Anon 1931−57	19 31 30.0	−57 38 00	Sc	90				1	1911	20				24.3	3.3	0.4			528	P
IC 4869	19 31 37.8	−61 08 20	Im	24				1	1795	20				22.6	1.4	1.3			528	P
			Sd	44	I	25.0	3.0	0	1795	10	130			16.9	2.9	2.1			310	P
NGC 6806	19 33 42	−42 26			M	2.11		1	1686			70	4	33.7	1.1	1.1			535	P
								0	5728	20									359	B
UGC 11458	19 35 06	+69 54			F	≤1.0		−400	−	3000									213	G
UGC 11459	19 35 41.7	+40 35 31	Sd		I	24.93		0	3128	20		404	5		2.4	1.5	12		158	G ★
								0	3123	10									359	G
			Sc		I	22.10		0	3124			393	4		7.0	4.2			515	G ★
			Sc	50	I	23.4	1.9	0	3122	4	366	384	4		2.4	0.5			523	J ★
UGC 11461	19 36 42	+08 42						0	3115										490	A
ESO 142-G 32	19 38 24.5	−58 55 37	Im	41				1	1927	20				24.4	1.3	1.0			528	P
			Sc	66	I	≤60.0									2.8	1.2			310	P
NGC 6808	19 38 28	−70 45 06			S	± 36.0		2800	−	5000									552	P
ESO 73-G 04	19 39 01	−70 10		60	I	7.9		1	3546		355	385	4						552	P ★
NGC 6810	19 39 20.0	−58 46 24	Sab	76	I	≤17.2		5	1808					37.8	3.2				320	P ★
			Sa		S	≤79.8		5	2025						2.9	0.8			226	P
Anon 1939−60	19 39 30.0	−60 46 00	Sbc	84				1	2514	20				31.8	2.0	0.5			528	P
NGC 6814	19 39 55.5	−10 26 36	Sbc		I	33.7	3.4		1560			145	4						114	G ★
								0	1560	35									42	N
			Sbc	00	M	2.8	2.8	0	1588	50				25.					35	N
			Sbc	19	I	32.3		0	1565			94	4	22.7	3.2				203	G ★
				19	I	35.5									3.2				203	B

Table 1 cont.

Name (1)	R.A. (2)	Dec. (3)	Type (4)	i (5)	(6)	HI-flux (7)	(8)	(9)	v (10)	(11)	(12)	Δv (13)	(14)	Dist (15)	a (16)	b (17)	Vmax (18)	Pos (19)	Ref (20)	(21)
NGC 6814			Sbc		M	≤3.1								29.					85	N
			Sbc	18	M	3.40		0	1564	20				17.9					324	N
			SXb	21	F	6.87	0.52	0	1561			134	4		1.89				154	G ⋆
			Sbc	87	I	42.09	4.0	0	1562	5	82	107	4						442	E ⋆
			SBc		I	41.20		0	1564			99	4		7.7	7.7			515	G ⋆
			Sbc	18	I	36.2		0	1559		78	98	4		3.2	3.0			538	P ⋆
Anon 1940+50	19 40 21.4	+50 28 49	Mult		S	≤74.0		5	7160										356	G
ESO 73-G 07	19 41 26	−70 12 48			S	± 36.0		2800	−	5000									552	P
NGC 6821	19 41 43.1	−06 57 18	SBd	30	I	19.6		0	1523			161	4	22.4	1.1				203	G ⋆
			Sd	30	M	1.39		0	1530	20				17.7					324	N
ESO 460-G 34	19 41 54	−28 17	Im	0	I	9.4	0.36	0	1987	5	31	52	4		1.23	1.23			377	E ⋆
NGC 6822	19 42 06.4	−14 55 23	dI	69	F	620.0			−58	3				0.5	20.	10.	47	125	103	O ⋆
			Im		I	2150	210.	0	−62	5	63			.48	20.	20.	80		87	H
			IBm		F	315.0	17.0		−59		65	88	4						275	I ⋆
			Im		M	≥0.03		3	−23					0.3					282	D
			Im	45	M	0.05	0.02	3	−50	5				0.5	20.	20.			360	D ⋆
			Im						−57		57	88	4	.48	16.6	12.3			365	O ⋆
			Im	45	M	0.14		0	−60					.48					349	H
			Im					0	−50		57	84	5		20.	20.		119	86	J ⋆
			Im		M	0.38								0.8					85	N
			dI		I	249.3		0	0		69		4		15.7	15.7			515	G ⋆
ESO 526-G 03	19 43 35	−23 15 30	Im		S	± 18.0		−400	−	3000					3.5	3.0			373	B
UGC 11473	19 43 54.0	+43 01 00						0	4651	10									359	G
			Sc		I	11.60		0	4655			332	4		6.6	4.0			515	G ⋆
ESO 73-G 12	19 45 25	−68 37 24			S	± 36.0		2800	−	5000									552	P
ESO 594-G 17	19 45 27.6	−18 11 52	Sm	55	I	22.0	6.0	0	1773	30	153			18.8	2.8	1.7			310	P
			SBm	55	F	3.01	0.87	0	1735	30		190	4	18.4	3.9	2.3			373	G
UGC 11482	19 46 54	+07 02	Im		S	± 18.0		−400	−	3000					5.6	2.5			373	G
								0	3159										490	A
ESO 73-G 14	19 47 59	−70 27 30			S	± 36.0		2800	−	5000									552	P
UGC 11489	19 49 36	+04 40			S	± 4.0		400	−	7400									490	A
Anon 1950−58	19 50 11.9	−58 51 00	Sc	53				1	2144	20				27.1	4.6	3.1			528	P
UGC 11490	19 50 48	+57 52			F	≤1.0		−400	−	4800									213	G
UGC 11492	19 51 38.7	+57 19 46	Sc	59	I	6.03	0.3	0	3562	10		306	4		1.8				188	G ⋆
			SXbc		I	6.55		0	3562			344	4		4.0	2.0			515	G ⋆
NGC 6835	19 51 45.4	−12 41 45	SBa	75	M	3.0	1.0	0	1568	10				21.					35	N
								0	1546	20									42	N
			Am	74	I	13.4	1.0	0	1608	10	112	188	5	34.2	2.6	0.9			346	E ⋆
								0	1620	35									324	N
					S	130.0		5	1790										548	P
NGC 6836	19 51 52.6	−12 49 00	Sm	19	I	14.2		0	1628			126	4	23.5	1.2				203	G ⋆
			Sm	17	M	2.15		0	1634	20				18.6					324	N
			Sm		I	15.10		0	1625			153	4		2.5	2.5			515	G ⋆
UGC 11493	19 52 30	+05 45						0	3307										490	A
			Sc	44	I	11.4	0.9	0	3320	4	184	205	4		2.3	0.4			523	J ⋆
UGC 11496	19 52 50.4	+67 31 54			F	1.20		0	2105		108	128	4	31.8	3.6				213	G ⋆
					S	± 18.0		−400	−	3000					3.9	3.9			373	G
					I	8.10		0	2117			144	4		3.9	3.9			515	G ⋆
ESO 142-G 58	19 52 50.7	−61 59 31	Sd	62	I	≤60.0									2.2	1.1			310	P
IC 4903	19 52 54	−70 35 18			S	± 36.0		2800	−	5000									552	P
UGC 11498	19 54 48	+05 45	SBb		S	± 18.0		−400	−	3000					7.0	2.6			373	G
			SBb	73	I	21.1	1.7	0	3264	12	478	503	4		3.4				473	J ⋆
UGC 11501	19 56 05	+02 27 16	Sb		I	9.698		0	7480		159	175	4		1.5	1.4			475	A ⋆
ESO 399-G 14	19 57 20.9	−34 54 28	Sc	29	I	≤60.0									3.6	3.2			310	P
UGC 11504	19 59 42	+07 39			F	≤1.0		−400	−	4800									213	G
					S	± 4.0		900	−	7900									490	A
IC 4929	20 01 14	−71 49 30			S	± 36.0		2800	−	5000									552	P
UGC 11510	20 01 36	+53 44	SBbc	71	I	23.6	1.9	0	3925	6	386	423	4		2.1				473	J ⋆
UGC 11511	20 01 48	+07 16						0	5955										490	A
IC 4934	20 02 08	−69 37 24		83	I	4.3		1	3238		259	270	4						552	P ⋆
NGC 6851 A	20 02 11.0	−48 07 12	Sd	59	I	≤9.9		−500	−	5200					2.4				320	P ⋆
UGC 11513	20 02 22	+13 58 34	SBc		I	7.221		0	4408		114	139	4		1.3	1.2			475	A ⋆
UGC 11515	20 04 12.0	+62 38 00			I			0	3253	5									359	G
			Sc		I	12.90		0	3247			174	4		3.1	3.1			515	G ⋆
NGC 6861 D	20 04 42.0	−48 21 24	E/S0	76	I	≤6.7		5	2493					49.1	3.1				320	P ⋆
Anon 2005−62	20 05 11.9	−62 00 00	Sb	87				1	810	20				9.9	2.8	0.6			528	P
IC 4945	20 05 59	−71 09 36			S	± 36.0		2800	−	5000									552	P
Anon 2006+29	20 06 01	+29 00			I	5.0		0	685										512	G ⋆
UGC 11517	20 06 06	+05 49			S	± 4.0		1900	−	8900									490	A
NGC 6868	20 06 16.0	−48 31 36	E		M	≤0.3		6	2724					27.2					418	P

253

Table 1 cont.

Name (1)	R.A. (2)	Dec. (3)	Type (4)	i (5)	(6)	HI-flux (7)	(8)	(9)	v (10)	(11)	(12)	Δv (13)	(14)	Dist (15)	a (16)	b (17)	Vmax (18)	Pos (19)	Ref (20)	(21)
NGC 6870	20 06 34	−48 26	Sab	70	I	≤8.6		5	2610					51.4	2.2				320	P ★
UGCA 417	20 06 36.0	−06 27 00	Im	56	F	6.90	0.76	0	1422	8		98	4	15.9	4.9	2.8			373	G
			Im	50	I	27.2	0.45	0	1431	5	77	94	4		2.51	1.66			377	E ★
			Im		I	27.10		0	1423			95	4		4.9	2.5			515	G ★
UGC 11523	20 09 28	+05 21 56	Sc		I	1.643		0	5418		44	90	4		1.1	1.0			475	A ★
UGC 11524	20 09 36.0	+05 36 00	Sc	27				5	5232	20					1.2				188	G ★
			Sc		I	8.602		0	5232		92	131	4		1.1	1.0			475	A ★
			Sc		I	16.50		0	5273			285	4		2.3	2.1			515	G ★
ESO 399-G 25	20 10 11.7	−37 20 03	S0	59	I	35.0	8.0		2538	20		465	4	50.6	3.1	1.6			311	P ★
NGC 6878 A	20 10 70.0	−44 57 54	Sb	63	I	≤11.4			4000 − 7700						1.9				320	P ★
IC 4962	20 11 25	−71 17		89	I	2.9		1	3278		152	182	4						552	P ★
IC 4964	20 11 37	−74 02 24		67	I	8.5		1	3028		203	230	4						552	P
NGC 6872	20 11 40.8	−70 55 30	SXb	77	I	≤4.6		5	4701					91.1	4.0				320	P
IC 4972	20 12 27.0	−71 04 12	Sbc	80	I	≤9.7			500 − 7500						0.8				320	P ★
UGC 11530	20 13 06	+73 32			F	≤1.0			−400 − 3000										213	G
NGC 6887	20 13 31.0	−52 57 06	Sbc	67	I	≤10.8		5	3041					59.6	3.6				320	P ★
			Sbc	72				1	2692	20				34.2	2.9	1.2			528	P
UGC 11533	20 14 16.2	+00 26 24		60	F	1.38		0	3742		161	204	4	52.5	3.0				213	G ★
			Im		I	6.50		0	3717			199	4		3.2	1.6			515	G ★
IC 4981	20 14 26.0	−71 00 12	p	77	I	≤9.2			700 − 7500						0.7				320	P
NGC 6890	20 14 49.0	−44 57 54	Sb	38	I	≤4.9		5	2419					48.0	1.6				320	P
			Sab	38	S	±	22.5	5	2466	65					1.5	1.2			538	P
UGC 11537	20 16 06	−00 18						0	4751										490	A
ESO 26-G 01	20 16 09.1	−81 44 15	Sc	38	I	≤60.0									2.2	1.8			310	P
				31	M	7.94		1	2563			96	4	51.3	1.3	1.1			535	P
				31	M	6.20		1	2560			131	4	51.3	1.3	1.1			535	P
			Scd	33	I	9.2	0.7		2777	9	85	99	4		1.8	1.5			550	P ★
IC 4992	20 18 10	−71 43 30		90	I	8.0		1	4068		284	304	4						552	P ★
UGC 11540	20 19 12	+66 35	SBb	55	I	8.3	0.7	0	2490	10	347	374	4		2.2				473	J ★
NGC 6902 A	20 19 32	−44 26		38	I	≤7.9			0 − 8200						1.5				320	P ★
NGC 6902 B	20 19 41.0	−44 01 54	Sd	17	I	13.3	2.5	0	2966	20		214	4	59.0	1.8				320	P ★
UGC 11541	20 19 48	+00 08						0	3805										490	A
UGC 11543	20 20 12	+09 25			S	±	4.0		2400 − 9400										490	A
ESO 400-G 12	20 20 31	−37 04 48	Sc		I	0.78		0	8600			130	4						485	N ★
ESO 285-G 07	20 20 32.0	−44 09 36	SXa	67	I	≤6.3		5	2902					57.7	2.2				320	P ★
IC 1317	20 20 42.2	+00 30 06	S0		F	≤1.4		5	3955					59.	1.7				60	N
				31	M	≤1.1			3975				4	56.0	0.92	0.80			293	G
NGC 6902	20 21 02.0	−43 48 56	SB0/a		M	14.5			2781			324		37.0					18	B ★
			SXb		F	16.0													229	P
			SBa	36		73.7	59.0	0	2796	15		370	4	55.6	2.3				320	P ★
NGC 6906	20 21 06.3	+06 16 55	Sbc	61	M	7.44		0	4839	20				53.2					324	N
			Sbc		I	6.50		0	4852			469	4		3.0	1.5			515	G ★
NGC 6907	20 22 07.7	−24 58 18	SBbc	30	I	55.6	4.5	0	3139	17		420	4	64.4	3.6				320	P ★
			SBbc	41	F	9.41	1.32	0	3186	30		320	4	32.7	6.1	4.6			373	B
			SBbc		S	≤160.			770 − 2890						2.7	2.4			226	P
			Sbc	30	M	19.73		0	3178	20				34.3					324	N
			SBbc	30	I	55.5	6.3	0	3180	10	340		4		3.24	2.82			384	E ★
NGC 6916	20 22 24.0	+58 11 00	SBbc	44	F	3.40	0.71	0	3103	40		350	4	34.0	4.5	3.2			373	G
			SBbc		I	12.00		0	3101			379	4		4.5	3.1			515	G ★
UGC 11555	20 22 42.0	+05 06 00	Sc	60	I	9.84	1.5	0	4846	15		194	4		1.7				188	G ★
			Sc	63	I	7.2		0	4851		158	199	4						505	A ★
			Sbc		I	9.45		0	4845			223	4		3.4	1.7			515	G ★
UGC 11556	20 22 48	+12 14						0	5557										490	A
UGC 11557	20 23 01.6	+60 01 58	SXdm	24	F	5.15	0.60	0	1393	10		115	4	16.8	5.0	4.6			373	G
			SXdm		I	18.50		0	1388			108	4		5.0	4.5			515	G ★
NGC 6912	20 24 00	−18 47	Sc	30	I	5.65	1.4	0	7087	30		122	4		1.0				188	G ★
Anon 2024+02	20 24 12	+02 32	Sc	22	S	≤20.0		5	5289	20					1.1				188	G
UGC 11564	20 25 12	+10 35						0	5330										490	A
UGC 11568	20 25 54	+10 35						0	4215										490	A
UGC 11569	20 26 24	+10 28			S	±	4.0		2400 − 9400										490	A
UGC 11571	20 26 42	+10 31						0	4755										490	A
NGC 6922	20 27 17.0	−02 21 29						0	5665	10									359	G
IC 5020	20 27 30.0	−33 39 12	S0/a		I	23.4	2.6	0	3071	15		278	4	62.2					320	P ★
UGC 11575	20 27 36.3	+02 53 00	Sb		I	4.55		0	3965			335	4		1.6	0.5			393	G ★
			Sb		I	8.7		0	3991			284	5		1.6	0.5			488	A ★
UGC 11577	20 28 06	+01 13						0	3775										490	A
UGC 11578	20 28 18	+09 00						0	4597										490	A
NGC 6923	20 28 33.6	−31 00 06	Sb	57	M	9.91		0	2811	20				30.1					324	N
UGC 11582	20 28 36	+20 07	Sm		S	±	18.0		−400 − 3000						5.0	3.0			373	G
								0	3687										490	A

Table 1 cont.

Name (1)	R.A. (2)	Dec. (3)	Type (4)	i (5)	(6)	HI-flux (7)	(8)	(9)	v (10)	(11)	Δv (12)	(13)	(14)	Dist (15)	a (16)	b (17)	Vmax (18)	Pos (19)	Ref (20)	(21)
Anon 2028−48	20 28 41.9	−48 42 00	SBd	39				1	2430	20				31.1	2.2	1.8			528	P
UGC 11585	20 29 42	−02 25	Sc	26	I	8.61	0.9	0	5954	10	304		4		1.2				188	G ★
NGC 6927 A	20 30 12.0	+09 42 48	E6		M	≤1.1		5	4277					60.1					134	A
Anon 2030−53	20 30 18.0	−53 09 00	Sc p					1	2564	20				32.4	1.9	1.9			528	P
NGC 6928	20 30 25.0	+09 45 30	SBab		I	7.9		1	4986	20	360			90.7	2.2	0.6			235	A ★
			Sab	71	F	2.1	0.7	0	4727	30		414	4	55.1	2.1				53	N ★
			SBab		I	6.3		0	4750		470			99.	2.2	0.65			28	A ★
NGC 6926	20 30 30.4	−02 11 57	Sab	74	M	≤7.05								71.3	4.1				246	N
					S	±	18.0	0	5970	20									359	G
			Im					−400 −	3000						3.5	2.4			373	G
NGC 6930	20 30 34.3	+09 42 14	Sab	68	F	3.3	0.6	0	4694	25		414	4	54.7	1.4				53	N ★
ESO 74-G 04	20 30 36	−73 17 06		79	I	6.9		1	3158		160	195	4						552	P ★
NGC 6925	20 31 14.2	−32 09 10	Sbc		M	47.0		0	2767			536	5	57.	3.9	1.4			226	P ★
								0	2784	15									359	B
			Sbc	70	I	62.4	3.9	0	2806	18		571	4	57.1	3.5				320	P ★
			Sbc	67	F	11.63	2.09	0	2799	15		517	4	28.5	6.3	2.7			373	B
			Sbc	69	M	14.03		0	2798	20				29.9					324	N
UGC 11595	20 32 30	+01 46						0	4010										490	A
IC 5023	20 33 34	−67 21 36		75	I	6.9		1	3077		301	329	4						552	P ★
NGC 6946	20 33 48.8	+59 58 50	SXcd	30	F	208.0	10.0		50	9	224			4.2	7.5			253	79	J ★
			Scd		I	839.1		0	55		240		5		19.	16.6			183	G ★
			SXcd	22	M	3.9	0.78	0	50					4.2	14.4	12.6	110	70	98	G ★
			SXcd	30	M	21.0	1.0	0	40	5	218	238	5	10.1			208	62	178	O ★
			SXcd	30	M	21.2		0	40	5				10.1			208	62	177	O ★
			Sc	31	I	520	210.	0	95	30	140			4.2	14.4	12.6	70		87	H ★
			Sc	31					45					3.7	10.5	9.3			365	O ★
			Scd	31	M	3.7	3.7	0	100	40				4.2					85	N
			Scd	30	M	11.0		5	55					10.1	11.0		230	62	468	V ★
			SXcd					0	44		248		4		23.9	23.9			515	G ★
UGC 1159	20 34 10.4	+11 19 13						0	4449										490	A
ESO 400-G 43	20 34 31	−35 39 42	Comp		I	7.8		5	5829					77.				20	560	V ★
NGC 6937	20 35 05.0	−52 19 06	Sab	24	I	31.8	4.1	0	4663	30		459	4	92.1	3.2				320	P
ESO 106-G 09	20 35 57.0	−66 46 05		90	M	6.04		1	1883			302	4	37.7	1.7	0.1			535	P
					S	±	36.0	2800 −	5000										552	P
NGC 6951	20 36 37.7	+65 55 48	Sbc	30	I	35.2		0	1426			331	4	22.8	3.6				203	G ★
			Sbc	40	F	14.7	5.2		1380	100				12.6	6.8				22	N ★
								0	1396	90									35	N
			Sbc		M	≤1.9								18.					85	N
			Sbc	30	M	2.78		0	1424	20				18.0					324	N
			SBbc		I	37.40		0	1426			344	4		6.9	6.2			515	G ★
UGC 11612	20 38 18.7	+00 28 13	Sbc		I	4.2		0	8047			443	5		1.1	0.1			488	A ★
Anon 2038+50	20 38 43.4	+50 48 20			S	≤10.0		2000 −	6000										333	E
IC 5028	20 38 55.0	−65 49 42	Im	44				1	1622	20				19.9	1.2	0.9			528	P
				66	M	2.73		1	1502			113	4	30.0	1.3	0.5			535	P
UGC 11615	20 39 18	+19 01						0	4354										490	A
NGC 6943	20 39 48.0	−68 55 42	Scd	61	I	49.0	4.3	0	3109	19		438	4	59.4	3.7				320	P ★
				64	I	41.6		1	2996		414	437	4						552	P ★
IC 5039	20 40 11.3	−30 02 03	Sd	77	I	22.6	3.3	0	2700	26		354	4	55.2	2.0				320	P ★
IC 5041	20 40 31	−29 53 06	Sd	74	M	14.75		0	2708	20				29.1					324	N
								0	2710	20									324	N
Anon 2041−46	20 41 11.9	−46 10 00	Sc	70				1	2691	20				34.3	2.3	1.0			528	P
UGC 11617	20 41 24	+14 08						0	5119										490	A
Mark 509	20 41 26.2	−10 54 18			F	≤0.54		5	10358										154	G
NGC 6954	20 41 31.6	+03 01 41	S0		S	±	1.14	5	4011						0.9	0.5			488	A
UGC 11620	20 41 46.5	+12 14 13		44	I	4.38		0	4469	9	315	340	4	60.	1.3	1.0		25	508	A ★
UGC 11623	20 42 03.8	+12 19 01	SBa	38	I	2.58		0	4641	10	281	346	4	60.	1.9	1.5		40	508	A ★
Anon 2042−46	20 42 35.9	−46 02 00	Sc p	51				1	2725	20				34.8	1.4	1.0			528	P
Mark 896	20 43 44.5	−02 59 46	Mult		F	≤0.50		5	8000						0.62				154	G
UGC 11624	20 43 48	+06 30			F	≤1.0		−400 −	4800										213	G
					S	±	4.0	2400 −	9400										490	A
UGC 11625	20 43 54	+28 22			S	±	4.0	1900 −	8900										490	A
UGC 11626	20 44 00	+00 03			S	±	4.0	1400 −	8400										490	A
DDO 210	20 44 07.8	−13 02 00	Im	56	F	2.90	0.43	0	−131	10	26			1.0	3.2				89	G
			Im	58	F	3.03	0.45	0	−132	7		46	4	1.0	3.7	2.0			373	G
			Im	58	I	11.5	1.2	0	−140	2	19	30	4		2.09	1.17			377	E ★
			Im		I	6.46								1.0					415	V
			Im		I	12.10		0	−141		34		4		3.7	1.9			515	G ★
UGC 11627	20 44 24	+05 27						0	4864										490	A
NGC 6962	20 44 45.4	+00 08 13	Sab	36	F	5.2	1.0	0	4204	60	509		4	48.9	3.3				53	N ★
			Sb	41	I	14.33		0	4219	15	545		5		3.0	2.3		75	158	G ★

255

Table 1 cont.

Name (1)	R.A. (2)	Dec. (3)	Type (4)	i (5)	(6)	HI-flux (7)	(8)	(9)	v (10)	(11)	Δv (12)	(13)	(14)	Dist (15)	a (16)	b (17)	Vmax (18)	Pos (19)	Ref (20)	(21)
NGC 6962			SXab	36	I	17.0		0	4202		544		5	44.2					417	G
			Sa		I	23.30		0	4067		814		4		5.0	3.5			515	G★
NGC 6958	20 45 30.0	−39 10 54	E		M	≤0.3		6	2760					27.6					418	P
UGC 11635	20 45 42.8	+79 58 20	Sbc		S	±	18.0	−400	−	3000					5.3	2.2			373	G
NGC 6969	20 45 59.8	+07 33 13	Sa		S	±	0.85	5	4000						1.1	0.3			488	A
IC 5052	20 47 32.0	−69 23 30	Sd	89	I	105.7	4.8	0	598	5	211		4	9.2	4.0				320	P★
			Sd	90	I	82.0		0	580		185		5	5.9	4.0				486	I★
			Sd	90				1	598	10	211		4	6.7	5.0	0.9			528	P
			Sd	89	M	2.29		0	592					9.2	4.0		88	115	544	P
IC 5063	20 48 12.2	−57 15 26	S0	55	M	10.0		0	3380	16	512	555	4	66.			185	120	326	P★
Anon 2049−05	20 49 44	−05 56 49	Mult		I	6.5	0.9	0	6030		160	240	4						469	G★
IC 5060	20 49 45	−71 49 36		77	I	1.8		1	4127		126	149	4						552	P★
Anon 2053−55	20 53 11.9	−55 55 00	SBd	61				1	2092	20				26.2	1.5	0.8			528	P
NGC 6984	20 54 17.0	−52 04 18	SBc	47	I	19.5	2.5	0	4670	23	357		4	92.3	1.7				320	P★
Anon 2055+16	20 55 05.3	+16 56 03			I	≥2.08		0	10810		263		4	146.2	0.2	0.2			562	A★
Anon 2055−42	20 55 06	−42 50			S	≤9.0		5	12788										548	P
UGC 11651	20 55 06.0	+25 46 00	Sdm	75	F	4.93	1.04	0	1527	25	290		4	18.0	6.9	2.2			373	G
								0	1516										490	A
			Sdm		I	20.80		0	1523		278		4		6.9	2.1			515	G★
UGC 11653	20 55 12	+18 37						0	4177										490	A
UGC 11655	20 55 38.3	+25 26 43	Sm	77	I	4.19	0.69	0	4756	3	259	269	3		1.3	0.3			454	A★
								0	5068										490	A
UGC 11654	20 55 42	+04 17			S	±	4.0	2400	−	9400									490	A
IC 5071	20 56 11.9	−72 50 00	Sb	82				1	3097	20				38.5	3.4	1.0			528	P
				90	I	25.0		1	2995		370	395	4						552	P★
UGC 11657	20 57 11.9	−02 04 56			I	7.24		0	5822		224		5	63.3					518	G
Anon 2058+15	20 58 49.2	+15 53 54	Sa		I	2.0		0	11950		420			244.	0.4				28	A★
			Sab		I	2.30		0	11950		418		4		0.9	1.0			515	G★
IC 5078	20 59 42	−17 00	Sbc	74	F	8.83	1.47	0	1479	20	284		4	16.1	5.6	1.9			373	G
			Sbc	75	I	37.9	1.3	0	1473	5	260	274	4		4.07	1.29			377	E★
			Sbc	75	I	36.3	3.0	0	1473	4	259	270	4		4.1				473	J★
UGC 11668	21 00 19.9	+36 29 48	Comp		F	≤2.4		5	2713					43.	1.1				60	N
				44	M	≤0.61			2550					38.0	0.87	0.75			293	A
				48	F	≤0.29		0	2713					39.9	0.52	0.36			347	G
ESO 341-G 32	21 00 21.0	−39 38 50		25	M	10.16		1	2768		88		4	55.4	1.3	1.1			535	P
ESO 47-G 22	21 00 25	−73 02 18			S	±	36.0	2800	−	5000									552	P
NGC 7013	21 01 56.2	+29 41 53	Sa		I	14.7		1	1070		330			19.5	5.2	1.6			30	A★
								0	830	75									42	N
			S0		M	0.81		5	599		380			11.4	2.7				134	A★
			S0/a		M	0.72	0.6	5	852	100				11.					35	N
			Sa	68	F	3.51	1.2		780	35	380			11.4	8.3				246	N
			S0/a		M	≤0.44								11.					85	N
								0	780	20									324	N★
			S0/a		I	15.7		0	787	20	346		4						232	N★
			S0/a														170		220	W
			S0/a	72	I	21.6		0	775	20	305	336	4	11.8	3.9		170		424	W★
			S0/a		I	15.49	0.20		775	6	330								519	a★
			Sa		I	25.35		0	778		365		4		10.9	3.3			515	G★
NGC 7015	21 03 12.0	+11 12 48						0	4876	15									359	G
			Sbc	27	M	7.02		0	4879	20				53.8					324	N
			Sb		I	7.152		0	4882		187	208	4		1.8	1.7			475	A★
					I	8.07		0	4882	5	192	215	4						508	A
					I	7.60		0	4883		219		4		3.1	2.8			515	G★
UGC 11677	21 03 42	+15 45						0	4972										490	A
Anon 2103−55	21 03 55.0	−55 09 04	IBm	53				1	1360	20				16.8	2.4	1.6			528	P
				56	M	2.44		1	1311		131		4	26.2	1.8	1.0			535	P
Anon 2104+44	21 04 23	+44 48 12			S	≤30.0		2000	−	6000									333	E
Anon 2104+47	21 04 36	+47 00			I	10.0		0	3685										512	G★
Mark 897	21 05 15.1	+03 40 37			S	11.0		5	8795										471	A
NGC 7025	21 05 27.6	+16 08 03	Sa		I	2.5		0	4969		604		5		2.3	1.5			488	A★
Anon 2107+44	21 07 09	+44 39 06			S	≤15.0		0	1650										333	E
					S	≤15.0		0	4200										333	E
					S	≤15.0		0	5600										333	E
NGC 7020	21 07 11.0	−64 14 48	S0/a	58	I	≤6.7		5	3090					59.5	4.2				320	P★
Anon 2108+45	21 08 28	+45 13 06			S	≤15.0		2000	−	6000									333	E
UGC 11690	21 08 50.1	+22 42 27	S0/a		I	1.15		0	6481		419		3		1.3	0.2			565	A★
UGC 11694	21 09 24	+11 03			S	±	4.0	2400	−	9400									490	A
UGC 11695	21 09 36.0	−01 41 00	Sc	50	I	3.52	1.1	0	9672	50	118		4		1.2				188	G★
			Sb		I	5.70		0	9557		521		4		2.4	1.4			515	G★
					I	6.99		0	9670		454		5	104.2					518	G★

Table 1 cont.

Name (1)	R.A. (2)	Dec. (3)	Type (4)	i (5)	(6)	HI-flux (7)	(8)	(9)	v (10)	(11)	(12)	Δv (13)	(14)	Dist (15)	a (16)	b (17)	Vmax (18)	Pos (19)	Ref (20)	(21)
UGC 11699	21 09 54	+12 24						0	4812										490	A
Anon 2110+45	21 10 28.0	+45 19 06			S	≤15.0		0	700			200							333	E
					I	0.60		0	760			153	4		1.0	1.0			515	G ★
NGC 7042	21 11 22.7	+13 22 05	Sb	11	I	3.83		0	5082	6	329	353	4	70.	3.3	3.2		140	508	A ★
				28				0	5073	11	322	353	4				330	140	555	A
NGC 7043	21 11 42	+13 24	SBa	30	I	2.27		0	4932	7	258	298	4	70.	1.9	1.7		135	508	A ★
				42				0	4945	18	272	279	4				188	135	555	A
Anon 2111+46	21 11 44	+46 30			I	3.0		0	805										512	G
NGC 7038	21 11 46	−47 26	Sc	52	I	31.4	3.9	0	4931	34		548	4	98.0	2.9				320	P ★
			SBc	60	I	28.5	2.3		4943	9	502	541	4		3.6	1.8			550	P ★
Anon 2112−65	21 12 00.0	−65 01 00	Sc	90				1	1859	20				22.7	2.6	0.3			528	P
UGC 11705	21 12 00	+12 27						0	5056										490	A
IC 5092	21 12 08.3	−64 40 27	Sbc	36	I	≤60.0									3.1	2.5			310	P
			SBc	24	I	≤11.2		0	−	5700					2.9				320	P ★
UGC 11707	21 12 18.0	+26 32 00	Sdm	55	F	13.89	1.17	0	908	10		202	4	11.9	6.4	3.8			373	G
			SXdm		I	55.90		0	905			205	4		6.4	3.8			515	G ★
NGC 7046	21 12 24	+02 37 38	SB		I	8.391		0	4161		283	302	4		1.8	1.5			489	A ★
UGC 11709	21 12 42.0	+25 39 27			F	≤1.0		−400	−	5800									213	G
			Sm	29	I	0.98	0.16	0	4568	3	47	64	3		1.6	1.4			454	A ★
NGC 7041	21 13 07.0	−48 35 18	E/S0	70	I	≤6.7		5	1877					36.8	3.5				320	P
UGC 11710	21 13 08.8	+24 08 13	Sm	21	I	4.38	0.68	0	4687	1	99	117	3		1.5	1.4			454	A
								0	4689										490	A
Anon 2113+42	21 13 45.9	+42 40 13			S	≤10.0		2000	−	6000									333	E
NGC 7041 A/B	21 14 34.2	−48 36 39	Sdm	50	I	≤60.0									3.6	2.4			310	P
Zw 471-003	21 15 22.9	+24 09 00	Sa		I	3.35		0	4751			257	3		0.8	0.2			565	A ★
UGC 11715	21 15 24.7	+13 23 00	Sbc		I	3.1		0	5049			251	5		1.0	0.1			488	A
UGC 11716	21 15 30.0	+25 45 07	Sm	37	I	2.32	0.39	0	4569	4	164	175	3		1.5	1.2			454	A ★
								0	4557										490	A
NGC 7052	21 16 20.8	+26 14 15	E		M	≤0.5		5	4920					95.	2.5				300	A
Zw 471-006	21 16 46.0	+25 13 00	Sd		I	5.25		0	936			176	3		1.0	0.2			565	A ★
UGC 11721	21 17 00	+13 51						0	5018										490	A
UGC 11722	21 17 21.8	+21 45 33	Sc	75	I	8.87	1.41	0	4957	1	368	382	3		1.7	0.5			454	A ★
Anon 2117−04	21 17 34	−04 07 17	Mult		I	8.4	0.7	0	8880		147	214	4						469	G ★
UGC 11725	21 18 30	+08 58						0	6346										490	A
NGC 7053	21 18 52.3	+22 52 18	S0/a		I	1.66		0	4708			417	3		1.6	1.5			565	A ★
UGC 11729	21 19 00.7	+24 49 00	SBd	76	I	2.59	0.42	0	4634	3	171	196	3		1.2	0.3			454	A ★
IC 5104	21 19 12.2	+21 01 38	Sb		I	6.75		0	4971			460	4		1.8	0.4			393	G ★
			SBb		I	6.8		0	4958			396	5		1.8	0.4			488	a ★
			SBab		I	5.00		0	4942			433	4		3.6	1.1			515	G ★
UGC 11730	21 19 13.2	+29 14 18			F	0.94		0	4617		50	74	4	65.3	2.2				213	G ★
			Im		I	4.19		0	4621			65	4		2.2	2.2			515	G ★
NGC 7056	21 19 48.1	+18 27 06	SBb		I	1.653		0	5374		237	249	4		1.0	1.0			475	A ★
			SBbc		I	1.8		0	5378			252	5		1.0	1.0			488	A ★
ESO 287-G 13	21 19 56.0	−45 59 06	Sbc	76	I	57.2	6.1	0	2675	25		466	4	53.1	3.5				320	P ★
			Sbc	71	I	37.2	3.0	0	2691	7	366	383	4		3.2	1.2			550	P ★
IC 5105 A	21 22 18.0	−40 29 12	SBc	58	I	≤9.1		1500	−	6300					2.0				320	P ★
NGC 7059	21 23 35.0	−60 13 54	Sc	57	I	77.2	7.1	0	1752	16		354	4	33.1	3.0				320	P ★
			Sc	58	I	99.2		0	1730			315	5	21.8	3.0				486	I ★
			SXbc	58				1	1752	16		352	4	21.5	2.5	1.5			528	P
UGC 11741	21 23 48	+13 57			S	± 4.0		2400	−	9400									490	A
UGC 11742	21 23 54	+01 50			S	± 4.0		2400	−	9400									490	A
Zw 492-001	21 23 57.1	+30 16 33	S		I	5.70		0	7639			651	3		1.0	0.6			565	A ★
NGC 7064	21 25 34.0	−52 59 06	Sc	89	I	33.1	4.5	0	869	12		183	4	16.2	2.9				320	P ★
			Sc	90	I	55.5		0	855			170	5	10.6	2.9				486	I ★
			Scd	80	I	43.0	3.5	0	852	5	158	172	4		3.5	0.9			550	P ★
UGC 11753	21 26 42.8	+31 37 00	SBb		I	4.556		0	4588		81	92	4		1.4	1.4			475	A ★
			SBbc		I	3.44		0	4590			98	3		0.8	0.8			565	A ★
NGC 7072 A	21 27 13.0	−43 25 18	Sc	44	I	≤20.5		−300	−	5200					0.9				320	P ★
NGC 7070	21 27 14.0	−43 18 18	Scd	30	I	32.3	3.8	0	2393	15		260	4	47.7	2.2				320	P ★
UGC 11754	21 27 19.0	+27 06 03						0	4823	10									359	G
			Sd	31	I	9.29	1.43	0	4825	1	167	196	3		2.1	1.8			454	A ★
			Sc		I	11.60		0	4828			221	4		3.8	3.0			515	G ★
NGC 7077	21 27 27	+02 11 43	E		I	1.948		0	1144		121	131	4		0.6	0.6			475	A ★
NGC 7080	21 27 48.4	+26 29 53	Sc	26	I	8.22	1.2	0	4838	15		162	4		1.7				188	G ★
			Sb	18	M	6.54		0	4836	20				53.8					324	N
			SBb		I	6.541		0	4832		101	154	4		1.8	1.8			475	A ★
			Sc		I	9.30		0	4844			190	4		3.3	3.3			515	G ★
NGC 7070 A	21 28 36.0	−43 04 06		53	I	≤10.7		800	−	8200					1.7				320	P ★
NGC 7081	21 28 50.8	+02 16 17	S		I	10.0	2.0	0	3280	8	74			35.	2.2				273	A
			S		I	7.18		0	3288	1	67	102	4						170	A

257

Table 1 cont.

Name (1)	R.A. (2)	Dec. (3)	Type (4)	i (5)	(6)	HI-flux (7)	(8)	(9)	v (10)	(11)	(12)	Δv (13)	(14)	Dist (15)	a (16)	b (17)	Vmax (18)	Pos (19)	Ref (20)	(21)
NGC 7081			S		I	7.315		0	3282		65	101	4		1.1	1.1			475	A ★
			S		I	10.60		0	3264			150	4		1.9	1.9			515	G ★
			S		I	10.70		0	3263			147	4		1.9	1.9			515	G ★
Anon 2129+48	21 29 25	+48 00	Sc	40	I	10.0		0	3775						0.9				512	G ★
Anon 2130+09	21 30 01.0	+09 55 02			I	0.90		0	18880	30		950	4						472	A ★
					I	0.9	0.4	5	18290										456	A ★
			Seyf1		I	≤0.57		5	18284					370.	0.5	0.2			28	A ★
			Pec		I	≤1.9			18510										114	G
			Comp	65	F	≤0.40		5	18315						0.78				154	G
					F	1.17		0	3487		88	110	4	49.5	2.2				213	G ★
UGC 11764	21 30 45.0	+07 46 42	S/Irr		I	3.856		0	3489		77	90	4		1.0	1.0			475	A ★
			S		I	4.10		0	3488			91	4		1.8	1.8			515	G ★
			S		I	4.10		0	3477			111	4		1.8	1.8			515	G ★
UGC 11765	21 31 06	+08 33						0	6670										490	A
IC 5119	21 31 37.9	+21 36 50	Sb	82	I	3.32	0.54	0	5303	1	406	459	3		1.0	0.3			454	A ★
NGC 7083	21 31 48.0	−64 07 54	Sbc	51	I	45.7	3.5	0	3109	16		412	4	59.9	4.4				320	P ★
			Sc	56				1	3109	16		408	4	38.7	3.2	2.0			528	P
				54	I	42.4		1	3012		394	421	4						552	P ★
UGCA 420	21 32 00	−13 44	Im	39	F	1.18	0.48	0	2927	15		142	4	30.7	2.2	1.7			373	B
			Im	40	I	5.0	0.43	0	2914	10	135	168	4		1.10	0.85			377	E ★
UGC 11769	21 32 08.0	+26 07 50	Sc	69	I	2.75	0.46	0	6438	3	427	443	3		1.6	0.6			454	A ★
NGC 7090	21 32 58.9	−54 46 54	SBc	85	M	5.7	0.9	0	846			240	5	16.	6.6	1.1			226	P ★
			SBc	89	I	59.0	3.6	0	866	7		220	4	16.0	5.1				320	P ★
			SBc	90				1	866	10		229	4	10.4	6.8	1.4			528	P
UGC 11771	21 33 10.8	+23 14 40	Sd	79	I	4.55	0.72	0	1665	1	128	149	3		1.5	0.3			454	A ★
UGC 11774	21 33 48	+16 50						0	6874										490	A
UGC 11777	21 33 49.7	+27 53 33			F	≤1.0		−400	−	4800									213	G
			Sm	38	I	5.87	0.92	0	4930	1	173	189	3		1.4	1.1			452	A ★
								0	4931										490	A
UGC 11782	21 35 42.0	+08 45 00	SBm	55	F	3.40	0.60	0	1112	15		146	4	13.4	3.9	2.3			373	G
			SBm		I	14.30		0	1112			155	4		3.9	2.3			515	G ★
UGC 11783	21 35 47.0	+30 57 30	Sbc	63	I	3.96	0.69	0	7374	4	328	345	3		1.3	0.6			452	A ★
Zw 493-003	21 36 31.0	+29 36 40	Sc		I	2.99		0	4941			261	3		0.7	0.5			565	A ★
UGC 11785	21 36 52.9	+02 35 47	Sc		I	3.4		0	4074			364	5		1.4	0.1			488	A ★
NGC 7102	21 37 14.7	+06 03 33	Sb	50	M	6.87		0	4841	20				53.2					324	N
			SBb		I	2.76		0	4842	1	168	202	4						170	A
			SBb		I	8.202		0	4843		162	199	4		1.7	0.9			489	A ★
								0	4848										490	A
NGC 7096	21 37 26	−64 08	Sa	30	I	≤9.2		5	2958					56.9	2.9				320	P ★
Zw 472-004	21 37 38.8	+24 26 00	S		I	2.39		0	8714			332	3		0.8	0.7			565	A ★
UGC 11787	21 37 48.0	+24 48 57	Sb	46	I	1.76	0.29	0	8731	4	252	265	3		1.0	0.7			454	A ★
UGC 11790	21 38 55.7	+00 39 33	Sc		I	1.9		0	4540			246	5		1.6	1.1			488	A ★
NGC 7098	21 39 13.0	−75 22 06	Sa	52	I	≤29.3		0	−	7000					4.4				320	P ★
			SXa	55				1	2376	20				29.1	3.9	2.5			528	P
NGC 7107	21 39 15.0	−45 01 18	SBdm	24	I	≤11.6		0	2487					49.4	2.0				320	P ★
			SBdm	24	F	2.62	0.50	0	2198	50		107	4	21.8	3.2	2.9			373	B
ESO 236-G 34	21 39 24.3	−51 30 49	Sm	38	I	≤60.0									2.2	1.8			310	P
UGC 11791	21 39 26.5	+25 09 40	Sc		I	1.01		0	17841			324	3		1.0	0.3			565	A ★
UGC 11793	21 39 40.9	+22 29 07	SBc	22	I	4.53	0.70	0	5627	1	102	113	3		1.4	1.3			454	A ★
			SBb		I	5.22		0	5627		102	115	3		1.4	1.3			475	A ★
Zw 493-004	21 39 42.5	+31 37 43	SBb		I	1.61		0	13060			201	3		0.9	0.6			565	A ★
UGC 11795	21 40 11.5	+23 24 00	Sm	41	I	1.75	0.28	0	5452	1	98	123	3		1.2	0.9			454	A ★
								0	5448										490	A
NGC 7116	21 40 27.8	+28 43 05	Sc	69	I	6.27	1.00	0	3532	1	230	262	3		1.2	0.5			452	A ★
Zw 493-006	21 41 40.7	+30 51 27	Sbc		I	1.50		0	13056			513	3		0.8	0.3			565	A ★
NGC 7119 A	21 43 02.0	−46 45 18	Sc	59	I	≤10.0									1.0				320	P ★
UGCA 421	21 43 48	−21 28	E		S	± 18.0		−400	−	3000					6.0	6.0			373	B
UGC 11807	21 43 48	+06 52			F	≤1.0		−400	−	4800									213	G
								0	4915										490	A
UGC 11809	21 44 09.6	+08 03 50	Sb		I	3.0		0	10887			613	3		1.0	0.4			488	A ★
IC 1401	21 44 26.1	+01 28 40	Sc	69	I	9.59	0.5	0	4718	10		376	4		1.8				188	G ★
			Sc		I	9.17		0	4730			388	4		2.1	0.7			393	G ★
			Sb	67	M	6.63		0	4721	20				51.8					324	N
			Sc					0	4719			382	5		2.1	0.7			488	A ★
			Sc	73	I	5.9		0	4717		358	381	4	53.8					505	A ★
NGC 7124	21 44 45.0	−50 49 18	SBbc	65	I	≤2.9		5	5027					99.7	2.4				320	P ★
UGC 11812	21 45 06.8	+31 51 53			F	≤1.0		−400	−	4800									213	G
			Sm	0	I	1.36	0.23	0	5191	9	157	172	3		1.0	1.0			452	A ★
UGC 11813	21 45 12.0	+21 55 53	Sdm		I	3.6		0	1833	8		125	4		1.0	0.4			78	A ★
			Sm	66	I	5.37	0.84	0	1833	1	96	120	3		1.0	0.4			454	A ★

Table 1 cont.

Name (1)	R.A. (2)	Dec. (3)	Type (4)	i (5)	(6)	HI-flux (7)	(8)	(9)	v (10)	(11)	(12)	Δv (13)	(14)	Dist (15)	a (16)	b (17)	Vmax (18)	Pos (19)	Ref (20)	(21)
IC 5135	21 45 20.0	−35 10 48		24	I	≤10.6		5	4796					96.6	1.4				320	P ⋆
			Sa	25	S	±	18.5	5	4796	71					1.3	1.2			538	P
NGC 7125	21 45 37.0	−60 56 42	Sc	48	I	72.3	3.2	0	3085	5		244	4	59.7	3.1				320	P ⋆
			Sc	49	I	110.3		0	2986			345	5	38.5	3.1				486	I ⋆
			SXc	52				1	3085	20				38.4	3.0	2.0			528	P
NGC 7126	21 45 39.0	−60 50 30	Sc	62	I	67.7	2.5	0	3054	7		391	4	59.1	2.1				320	P ⋆
ESO 27-G 01	21 45 50.2	−81 45 17	Sc	49	I	43.0	4.0	0	2560	10	120			23.7	3.7	2.5			310	P
			Sc	38				1	2561	20				31.3	3.2	2.7			528	P
NGC 7137	21 45 54.1	+21 55 43	Sc	25	I	8.2		0	1679			102	4	25.9	1.5				203	G ⋆
								0	1538	75									42	N
			S		I	3.8		1	2000		100			36.4	1.6	1.3			30	A ⋆
			Sc	00	M	3.2	3.2	0	1568	100				22.					35	N
								0	1694	5									359	G
			S		M	18.8		1	1920		120			35.	1.6	1.3			27	A
			S		M	13.7		1	1940		100			35.	1.6	1.3			27	A
			SXc p	35	F	2.48	0.55	0	1685	45		190	4	19.5	2.7	2.2			373	G
			Sc		M	≤1.3								22.					85	N
			Sc	25	M	1.38		0	1730	20				21.0					324	N
			S		I	7.60		0	1696			184	4		2.8	2.2			515	G ⋆
Zw 493-008	21 46 16.5	+29 09 50	S		I	1.08		0	4776			271	3		0.8	0.5			565	A ⋆
UGC 11816	21 46 32.5	+00 12 40	SBbc		I	3.175		0	4749		128	141	4		1.6	1.5			475	A ⋆
			SBc		I	7.5		0	4751			141	5		1.6	1.5			488	A ⋆
NGC 7138	21 46 36.0	+12 16 00	SBa		I	1.9		0	8417			538	3		1.1	0.5			488	A ⋆
NGC 7135	21 46 46.0	−35 06 42	E/S0 p	46	I	≤4.7		5	2718					55.0	2.9				320	P ⋆
			S0		I	≤6.5		5	2718										232	N
UGC 11819	21 47 00	+41 43			F	≤1.0			−400 − 3000										213	G
UGC 11820	21 47 03.6	+13 59 48		48	F	4.98		0	1102		125	150	4	18.0	2.7				213	G ⋆
			Sm	47	F	5.12	0.71	0	1108	10		128	4	13.5	2.5	1.7			373	G
			S/Irr		I	17.36		0	1106		111	128	4		1.5	1.0			489	A ⋆
			Sm		I	23.10		0	1103			136	4		2.6	1.8			515	G ⋆
			Sm		I	22.50		0	1103			137			2.6	1.8			515	G ⋆
Zw 472-009	21 47 39.9	+22 35 33	S		I	1.37		0	11474			271	3		0.8	0.3			565	A ⋆
Zw 493-009	21 47 42.0	+31 22 40	Sc		I	3.31		0	6007			311	3		0.9	0.2			565	A ⋆
UGC 11824	21 47 57.9	+30 35 20	SBd	72	I	4.10	0.73	0	7158	6	334	359	3		1.0	0.3			452	A ⋆
UGC 11827	21 48 21.9	+22 37 00	Im	67	I	4.67	0.75	0	5331	1	133	236	3		1.0	0.4			454	A ⋆
UGC 11829	21 48 36	+44 28			F	≤1.0			−400 − 3000										213	G
NGC 7141	21 48 48.0	−55 48 00	Sa	53				1	3002	20				37.4	4.6	3.1			528	P
UGC 11830	21 48 51.0	+25 37 54	Sc	20	I	13.27	0.7	0	5678	10		224	4		1.3				188	G ⋆
			Sb	21	M	11.75		0	5678	20				62.8					324	N
			Sc	0	I	11.05	1.71	0	5679	1	202	223	3		1.4	1.4			454	A ⋆
			Sb		I	9.353		0	5674		201	220	4		1.4	1.4			475	A ⋆
Zw 472-012	21 49 10.9	+22 36 33	Sc	60	I	2.80	0.45	0	5342	1	217	237	3		0.8	0.4			454	A ⋆
Zw 472-013	21 49 15.4	+22 25 07	Scd	75	I	1.34	0.24	0	11413	6	340	368	3		0.9	0.3			454	A ⋆
UGC 11834	21 49 26.3	+25 01 18	Sc	25	I	3.13	0.51	0	4885	3	180	204	3		1.1	1.0			454	A ⋆
UGC 11838	21 50 20.5	+28 04 13	Sd	90	I	5.75	0.92	0	3478	1	249	264	3		2.1	0.2			452	A ⋆
ESO 145-G 25	21 50 37.0	−57 50 45	Sdm	45	I	44.0	8.0	0	1846	10	140			17.6	4.7	3.4			310	P ⋆
			Im	41				1	1835	20				22.5	2.1	1.7			528	P
UGC 11840	21 50 42	+04 00			S	±	4.0		2400 − 9400										490	A
UGC 11841	21 50 48	+38 42	Sdm		S	±	18.0		−400 − 3000						6.3	0.9			373	G
UGC 11842	21 51 03.5	+25 16 33	Sbc	86	I	2.26	0.38	0	5773		317	327	3		1.0	0.2			454	A ⋆
Zw 493-011B	21 51 28.5	+32 33 00	Sc		I	1.25		0	19145			322	3		0.5	0.4			565	A ⋆
NGC 7156	21 52 01.1	+02 42 25	SXcd	24	I	6.0	2.0	0	3983	17	93			42.	2.8				273	A
								0	3979	5									359	G
			Scd	24	M	2.04		0	3971	20				43.9					324	N
			Scd		I	5.62		0	3983	1	103	130	4						170	A
			SXcd	25	I	5.4		0	4005			142	5	42.1					417	G
			Sc		I	5.617		0	3982		101	112	4		1.6	1.4			475	A ⋆
			Sbc		I	4.4		0	3990			131	5		1.6	1.4			488	A ⋆
			Sc		I	5.20		0	3982			130	4		2.6	2.1			515	G ⋆
			Sc		I	6.00		0	3987			139	4		2.6	2.1			515	G ⋆
NGC 7154	21 52 23.0	−35 03 18	Im	54	I	19.3	3.9	0	2615	28		277	4	53.0	1.2				320	P ⋆
Zw 493-012	21 52 51.5	+30 20 47	Sc		I	0.70		0	7025			257	3		0.7	0.6			565	A ⋆
UGC 11847	21 53 03.1	+30 15 07			F	≤1.0			−400 − 3000										213	G
			Sm	52	I	2.20	0.39	0	5566	7	195	204	3		1.0	0.6			452	A ⋆
Zw 493-012B	21 53 06.3	+30 26 17	Sc		I	0.32		0	8475			137	3		0.6	0.1			565	A ⋆
UGC 11848	21 53 12	+10 14						0	4996										490	A
UGC 11849	21 53 22.9	+24 39 36	SBd	53	I	5.09	0.82	0	5841	1	339	361	3		1.7	1.0			454	A ⋆
UGC 11852	21 53 44.0	+27 39 44	SBb	66	I	10.12	1.60	0	5850	1	311	328	3		1.6	0.7			452	A ⋆
Mark 516	21 53 52.8	+07 07 43			I	≤0.66		5	9157					187.					28	A
UGC 11855	21 54 12.8	+30 33 00	Scd	76	I	5.33	0.91	0	5600	4	446	476	3		1.5	0.4			452	A ⋆

Table 1 cont.

Name (1)	R.A. (2)	Dec. (3)	Type (4)	i (5)	(6)	HI-flux (7)	(8)	(9)	v (10)	(11)	Δv (12) (13) (14)	Dist (15)	a (16)	b (17)	Vmax (18)	Pos (19)	Ref (20)	(21)
Anon 2154−60	21 54 20.7	−60 32 39	Im	39	I	9.0	3.0	0	1685	5	48	15.9	2.1	1.7			310	P
			Im	41				1	1685	20		20.4	1.0	0.8			528	P
Zw 493-016	21 55 11.2	+30 29 00	Sc		I	1.09		0	7136		267 3		0.8	0.3			565	A ★
UGC 11859	21 55 34.0	+00 46 13	Sb	90	I	14.0		0	3015		347 4	63.9	2.5	0.2		63	393	G ★
			Sb	90	I	17.1		0	3013		323 4	63.9	2.5	0.2		63	393	A
			Sb		I	17.1		0	3013		323 5		2.5	0.2			488	a ★
UGC 11860	21 55 40.5	+24 01 33	Sm	63	I	4.28	0.68	0	3126	1	171 181 3		1.6	0.7			454	A ★
					S	±	4.0	−100	−	6900							490	A
UGC 11861	21 55 42.0	+73 01 00	SXdm	42	F	14.26	1.14	0	1489	10	275 4	17.6	6.6	5.0			373	G
			SXdm		I	60.50		0	1480		268 4		6.7	4.7			515	G ★
UGC 11863	21 55 53.8	−00 58 53			F	≤1.0		−400	−	3000							213	G
			Sm		I	0.9		0	4883		179 5		1.0	0.8			488	A ★
UGC 11864	21 55 54	+42 03	SBdm	49	F	4.09	0.71	0	4322	15	163 4	46.2	6.5	4.3			373	G
Zw 472-017	21 56 06.0	+26 57 27	S		I	0.96		0	12320		303 3		0.4	0.4			565	A ★
Mark 518	21 56 09.0	+11 47 56	S		S	10.0		2890	−	8378							471	A
UGC 11866	21 56 12.0	+13 53 00	Pec		I	10.0		0	1702		119 3		1.5	0.8			488	A ★
NGC 7163	21 56 25.6	−32 07 17	Sab	48	I	0.8	0.6	0	2875	100	305 4	32.5	1.8				53	N ★
NGC 7162	21 56 33.0	−43 32 48	Sc	70	I	11.9	1.8	0	2267	26	333 4	45.1	2.3				320	P ★
			SXm	38	F	4.62	0.67	0	2275	15	124 4	22.6	2.5	2.0			373	B
			Sc	65	I	19.2	1.5		2310	10	274 294 4		3.1	1.4			550	P ★
UGC 11868	21 56 42.0	+17 56 00	SBm	28	F	3.75	0.67	0	1102	15	155 4	13.6	4.0	3.5			373	G
			S		F	2.25		0	1094	15	118 5						157	G
			SBm		I	9.4		0	1090	8	133 4		2.6	2.3			78	A ★
			SBm		I	11.10		0	1092		134 4		4.1	3.3			515	G ★
					I	0.40		0	811		92 4						515	G ★
Zw 473-001	21 57 10.5	+23 28 33	Sb		I	1.41		0	6025		285 3		1.0	0.3			565	A ★
NGC 7162 A	21 57 31.0	−43 22 48	Sm	27	I	19.0	3.4	0	2269	13	143 4	45.2	2.5				320	P ★
IC 1417	21 57 39.6	−13 23 18	Sb	75	M	11.26		0	4309	35		46.8					324	N
NGC 7167	21 57 42	−24 53						0	2575	15							359	B
UGC 11871	21 58 13.9	+10 18 41	Pec		I	1.6		0	7974		230 3		1.0	0.6			488	A ★
NGC 7177	21 58 18.5	+17 29 50	Sb	60				0	1225	20							35	N
								0	1192	20							42	N
								0	1150	10							359	G
			Sb	47	M	1.34		0	1175	20		15.0					324	N
			SXb	48	I	28.2	2.4	0	1148	3	295 319 4		3.3				473	J ★
NGC 7171	21 58 20.4	−13 30 36	Sb	52	M	7.17		0	2696	20		29.8					324	N
NGC 7172	21 59 06.3	−32 06 27	Sab	50	F	≤0.5						30.0	2.1				53	N ★
				54	I	≤5.6		5	2651			54.0	2.1				320	P ★
Anon 2159−54	21 59 18.0	−54 19 00	Im	68				1	1722	20		21.0	2.0	0.9			528	P
UGCA 424	21 59 24	−12 25	SBdm	36	F	3.67	0.66	0	2725	20	182 4	28.7	3.0	2.4			373	G
			SBdm	38	I	12.8	0.44	0	2725	5	145 174 4		1.70	1.35			377	E ★
UGC 11875	21 59 24	+09 58						0	7838								490	A
IC 5152	21 59 25.0	−51 32 12	Im	54	I	84.8	6.7	0	127	4	95 4	1.5	4.2				320	P ★
			Im	54	M	0.1		0	122		79 95 4	2.	4.2	2.3			226	P ★
			Im	54	M	0.05		0	126			1.5	4.2			43	285	544	P
NGC 7180	21 59 32.4	−20 47 21	S0/a	61	F	0.3	0.2	0	1238	100	221 4	14.9	1.7				53	N ★
NGC 7183	21 59 36	−19 09 24	Sa	83	I	15.1	1.1	0	2635	5	408 457 4		4.37	1.02			377	E ★
NGC 7184	21 59 53.3	−21 03 18	SBc	75	I	38.3	4.8	0	2599	41	655 4	54.0	4.7				320	P ★
			SBc	74	F	13.88	2.23	0	2625	20	535 4	27.3	8.1	2.6			373	B
			SBc		M	≤0.6						15.					85	N
			Sc	74	M	11.19		0	2606	20		28.5					324	N
			SBc	75	I	45.8	4.0	0	2628	3	531 551 4		5.8	2.7			523	J ★
UGC 11878	22 00 00	+18 05	S p		S	±	18.0	−400	−	3000			2.4	1.9			373	G
IC 1420	22 00 09	+19 30 32	SB		I	5.282		0	1639		47 77 4		1.5	1.5			475	A ★
IC 5156	22 00 19.0	−34 04 48	Sa	70	F	2.6	0.5	0	2782	30	429 4	31.3	1.8				53	N ★
			SBa		I	≤6.7		5	2584			52.4					320	P ★
Zw 494-001	22 00 30.5	+31 27 13	Sc	78	I	6.18	1.01	0	4765	3	261 291 3		0.8	0.2			452	A ★
UGC 11868 A	22 01 47.0	+17 56 00	SBm		I	0.40		0	811		92 4		1.0	1.0			515	G ★
Zw 473-002	22 01 54.0	+26 07 33	S		I	0.85		0	6101		162 3		0.6	0.6			565	A ★
UGC 11891	22 01 54.0	+43 30 18		41	F	19.08		0	458		140 166 4	10.0	5.4				213	G
			Im	41	F	29.03	1.39	0	461	7	154 4	7.6	10.5	8.0			373	G
			Im		I	102.0		0	456		157 4	15.	10.5				487	B
			Im		I	113.0		0	461		155 4		10.5	7.3			515	G ★
			Im		I	66.40		0	465		160 4		10.5	7.3			515	G ★
UGC 11893	22 02 00	+35 42			S	±	4.0	2400	−	9400							490	A
UGC 11895	22 02 12	+39 30			I	8.91		0	4702		395 374 3						498	G ★
UGC 11896	22 02 24	+15 33						0	7656								490	A
UGC 11897	22 02 25	+41 10 05			I	6.71		0	4415		246 186 3						498	G ★
Zw 473-003	22 02 51.0	+26 22 00	Sb		I	3.46		0	6104		280 3		0.7	0.4			565	A ★
UGC 11905	22 03 32.2	+20 23 47	Sab p		I	2.3		0	7522		363 3		1.9	0.8			488	A ★

Table 1 cont.

Name (1)	R.A. (2)	Dec. (3)	Type (4)	i (5)	(6)	HI-flux (7)	(8)	(9)	v (10)	(11)	(12)	Δv (13)	(14)	Dist (15)	a (16)	b (17)	Vmax (18)	Pos (19)	Ref (20)	(21)
NGC 7203	22 03 51.0	−31 24 30						0	2490	75									324	N
NGC 7204	22 04 01.2	−31 17 42						0	2590	20									324	N
NGC 7205 A	22 04 08.0	−57 42 30	Sd	32	I	≤8.9		0	−	5900					1.0				320	P ★
UGC 11908	22 04 12	+15 49						0	1772										490	A
UGC 11909	22 04 17.3	+47 00 23	S p	78	F	8.17	0.71	0	1108	10	247		4	14.0	9.3	2.6			373	G
					I	29.51		0	1107		236	205	3						498	G ★
			S		I	32.80		0	1103		251		4		9.4	1.9			515	G ★
NGC 7205	22 05 10.0	−57 41 18	Sbc	60	I	45.4	4.9	0	1690	25	462		4	32.1	3.9				320	P
			Sbc	63				1	1690	25	334		4	20.5	3.2	1.7			528	P
			Sc	54	I	34.7	2.8	0	1689	7	326	336	4		3.4	2.1			550	P ★
UGC 11913	22 05 18	+40 48			I	4.52		0	5714		339	290	3						498	G ★
NGC 7217	22 05 37.6	+31 06 53	Sab	32	F	2.1	0.7	0	929	38	351		4	13.5	4.1				53	N ★
				35	I	14.3		0	954	10	313		5	24.5			86		243	G ★
			Sb	30	I	15.0		0	928		371		4	24.7	3.8	3.3	95		393	G ★
			Sb	30	I	15.5		0	952		355		4	24.7	3.8	3.3	95		393	A
			Sab		M	0.8	0.8	0	840					18.					85	N
			Sab		I	11.5		0	952	20	312		4						232	N ★
			Sab	32	I	11.7		0	950		353		5	12.3					417	G
			Sb		I	15.5		0	952		353		3		3.8	3.3			488	a ★
UGC 11919	22 06 06.0	+40 56 00	Sc	56	I	6.00	0.9	0	5350	15	147		4		1.5				188	G ★
					I	7.22		0	5355		163	132	3						498	G ★
			SXbc		I	6.60		0	5352			145	4		4.1	2.9			515	G ★
NGC 7213	22 06 07.0	−47 25 48	Sa	17	I	26.8	3.2	0	1792	27	451		4	35.2	2.0				320	P ★
			Sa	18	I	31.9		0	1746		357	467	4		1.9	1.8			538	P ★
Zw 473-004	22 06 29.5	+24 27 07	S		I	1.69		0	6307		302		3		0.5	0.2			565	A ★
UGC 11921	22 06 49.6	+14 06 47	Sm		I	3.3		0	1679		188		3		1.9	0.8			488	A ★
UGC 11924	22 06 53.3	+21 16 07	Sm		I	5.7		0	3803		249		3		1.7	1.0			488	A ★
UGC 11926	22 07 12	+18 27						0	1655										490	A
Anon 2207+17	22 07 15.2	+17 24 57		34	M	2.59	0.38		8046	11	145		4	111.0	0.28	0.23			293	A ★
					I	2.70		0	7847		732		4		0.6	0.5			515	G ★
					I	7.50		0	8053		508		4		0.6	0.5			515	G ★
UGC 11927	22 07 18	+40 45			I	10.71		0	4478		281	264	3						498	G ★
Anon 2207+40	22 07 18	+40 45			I	1.65		0	4693		133	126	3						498	G ★
UGC 11928	22 07 21.1	+16 38 40			I	2.8		0	13132		501		3		1.0	0.8			488	A
DDO 211	22 07 28.0	−19 06 47	SBb	66	F	1.33	0.70	0	1729		149			36.4	3.2				89	B
			Im	69	F	2.20	0.76	0	1738	30	151		4	18.5	3.0	1.2			373	E
NGC 7218	22 07 29.1	−16 54 34	SBcd	57	M	1.7	0.6	0	1710	20				15.					35	N
								0	1670	20									42	N
			Scd	63	I	20.0	3.0	0	1662	9	283		4	32.5	3.1				201	G ★
			SBcd	59	F	6.19	1.34	0	1662	15	277		4	17.8	3.9	2.1			373	G
Zw 473-005	22 07 58.5	+25 13 13	S		I	1.38		0	7144		153		3		0.3	0.3			565	A ★
UGC 11932	22 08 00	+44 19			F	≤1.0		−400	−	4800									213	G
NGC 7223	22 08 02.4	+40 46 13						0	4634	15									359	G
Anon 2208-10	22 08 42	−10 41			S	±18.0		−400	−	3000									373	G
Zw 494-003	22 08 50.0	+29 21 43	Sc	30	S	±	1.17	5	6881						0.8	0.7			452	A
			S		I	2.02		0	6839		215		3		0.8	0.7			565	A ★
UGC 11939	22 09 06	+11 33						0	8079										490	A
UGC 11941	22 09 18.0	+29 36 43	Scd	90	I	2.02	0.37	0	6847	10	281	293	3		1.1	0.1			452	A ★
NGC 7219	22 09 29.0	−65 05 42	S0/a p	48	I	≤6.1		5	2933					56.2	2.4				320	P ★
Anon 2209-62	22 09 30.0	−62 19 00	Sa	90				1	1703	20				20.5	2.6	0.2			528	P
UGC 11943	22 09 33.0	+25 54 07	Sa		I	1.15		0	12304		526		3		1.0	0.3			565	A ★
UGC 11944	22 09 36.0	+17 39 24		71	F	3.11		0	1737		170	199	4	26.5	3.6				213	G
			Im	69	F	3.64	0.71	0	1733	15		176	4	19.9	3.5	1.4			373	G
			Im		I	11.24		0	1736		142	163	4		2.3	0.8			489	A ★
								0	1725										490	A
			Im		I	14.30		0	1738			176	4		3.6	1.4			515	G ★
NGC 7228	22 09 36	+38 27			I	4.00		0	6553		432	407	3						498	G ★
UGC 11946	22 09 36	+46 04	Sc	44	I	13.2	1.6	0	5536	10	348	369	4		1.1	0.8			384	E
UGC 11956	22 09 38.6	+28 39 37	Sm	41	I	1.88	0.29	6	6279	1	51	82	3		1.2	0.9			452	A ★
IC 5181	22 10 16.0	−46 15 54	S0	73	I	≤5.2		5	2070					40.8	2.4				320	P ★
NGC 7231	22 10 27	+45 04 55			I	21.20		0	1086		212	200	3						498	G ★
NGC 7232 A	22 10 36.0	−46 08 18	SBab	89	I	≤11.4		1000	−	3000					1.0				320	P
Anon 2211-67	22 11 11.9	−67 06 00	Sc	90				1	1746	20	390		4	21.0	3.8	0.6			528	P
NGC 7229	22 11 12	−29 40						0	4303	15									359	B
UGC 11954	22 11 30	+40 32			F	≤1.0		−400	−	4800									213	G
NGC 7236/37	22 12 19.4	+13 35 42	Mult		I	≤0.34		5	7869					162.	2.3	1.3			28	A ★
			Mult		S	≤86.0		5	7860										356	G
			Mult		M	≤2.2			7855					108.0	1.02	1.02			293	A
NGC 7232	22 12 33.0	−46 05 54	Sa	77	I	8.5	2.0	0	2152	8	65		4	42.5	2.4				320	P ★
Zw 494-007	22 12 40.7	+31 31 30	Sd	62	I	2.84	0.52	0	11826	9	382	449	3		0.6	0.3			452	A ★

261

Table 1 cont.

Name (1)	R.A. (2)	Dec. (3)	Type (4)	i (5)	(6)	HI-flux (7)	(8)	(9)	v (10)	(11)	(12)	Δv (13)	(14)	Dist (15)	a (16)	b (17)	Vmax (18)	Pos (19)	Ref (20)	(21)
NGC 7233	22 12 44.0	−46 05 42	S0/a	54	I	23.4	3.4	0	1915	16	220		4	37.8	2.1				320	P ⋆
NGC 7232 B	22 12 48.0	−46 01 54	SBm	38	I	≤11.4		1000	−	3000					1.7				320	P
Anon 2212−45	22 12 54	−45 56	SBm	37	F	4.88	1.29	0	2042					20.2	3.2	2.5			373	B
Anon 2212−64	22 12 56.7	−64 38 10	SBc					1	3062	20				37.9	2.0	2.0			528	P
			Sc	45	I	20.0	3.0	0	3059	10	124			29.4	4.4	3.2			310	P
IC 1437	22 13 11.9	+01 48 53	S0		I	0.3		0	2875		72		5		1.1	1.0			488	A ⋆
IC 5179	22 13 13.0	−37 05 42	Sbc	59	I	≤13.9		5	3447					69.3	2.1				320	P ⋆
UGC 11966	22 13 18	+08 24	S			±	4.0	1400	−	8400									490	A
UGC 11967	22 13 21.2	+33 22 56	Sdm	81	I	5.35	0.88	0	5021	2	254	303	3		1.2	0.2			452	A ⋆
NGC 7241	22 13 25.7	+18 58 53	SBbc p	69	I	42.0		0	1423	10	347			17.	4.9				273	A
								0	1447	10									359	G
			SBbc p					0	1446						5.1	1.5			373	G
			SBbc	72											3.5				473	J ⋆
Anon 2213−47	22 13 36.0	−47 22 00	Sc	90				1	2748	20				34.3	2.0	0.4			528	P
IC 1438	22 13 42	−21 41	SBb					0	2616	30	170		4	27.1	3.9	3.9			373	B
Anon 2213+22	22 13 46.9	+22 41 06	Comp		F	≤1.5		5	3870					59.	2.0				60	N
					M	1.37	0.17		3855	6	186		4	55.0	1.03	0.72			293	A ⋆
			Sa		I	2.21		0	3866		151		3		1.0	0.5			565	A ⋆
Zw 494−009	22 13 53.5	+27 39 23	Sbc	65	I	4.45	0.74	0	7089	3	290	311	3		0.9	0.4			452	A ⋆
Anon 2214+13	22 14 00	+13 54			I	3.3	0.5	0	19700		310								456	A
					I	3.5		0	19700	18	280								456	A ⋆
					I	0.77		0	19720	30	330		4						472	A ⋆
NGC 7244	22 14 01.3	+16 13 12		54	M	5.16	0.35		7545	5	287		4	104.0	0.73	0.42			293	A ⋆
				58	I	2.41		0	7582		344		4		0.5	0.4			471	A
ESO 602−G 03	22 14 06	−21 30	Im	68	F	3.61	0.63	0	2599	25	102			53.6	3.6				89	B
			Im p	72	F	3.56	1.39	0	2571	20	160		4	26.7	3.5	1.2			373	B
Anon 2214−45	22 14 11.9	−45 19 00	Im	35				1	1822	20				22.5	1.3	1.1			528	P
UGC 11973	22 14 42.3	+41 15 11	SXbc		S	±	18.0	−400	−	3000					6.5	2.2			373	G
					I	19.69		0	4219		511	485	3						498	G ⋆
Mark 304	22 14 45.9	+13 59 20	Comp		F	≤0.35		5	19707										154	G
Zw 473−009	22 14 53.0	+24 57 30	Sbc		I	2.51		0	12660		431		3		0.8	0.5			565	A ⋆
UGC 11974	22 15 01.6	+33 15 13	SBc	34	I	3.88	0.67	0	6386	6	373	391	3		1.2	1.0			452	A ⋆
UGC 11976	22 15 18.8	+28 42 10	Sc	85	I	2.70	0.45	0	6472	4	254	266	3		1.1	0.2			452	A ⋆
UGC 11977	22 15 19.4	+33 00 33			S	±	4.0	400	−	7400									490	A
			Sm	41	S	±	1.7	762	−	14406					1.2	0.9			452	A
			Sm		I	2.46		0	11284		322		3		1.2	0.9			565	A ⋆
ESO 603−G 10	22 15 19.9	−25 58 17	Sm	32	I	≤60.0									1.5	1.3			310	P
UGC 11978	22 15 21.6	+28 01 53	Sc		I	3.0		0	6520		151		3		1.3	1.3			488	A ⋆
Zw 473−010	22 15 25.7	+27 22 30	S		I	1.06		0	6551		323		3		0.6	0.3			565	A ⋆
Anon 2215+24	22 15 47.0	+24 50 30	S		I	0.54		0	7047		118		3		0.1	0.1			565	A ⋆
UGC 11979	22 16 00	+45 28	SBm		S	±	18.0	−400	−	3000					5.9	5.9			373	G
																			498	G ⋆
NGC 7250	22 16 08.5	+40 18 48	I0	63	I	7.76		0	5734		81	51	3						417	G
UGC 11981	22 16 14.8	+28 59 34	Sd	35	I	6.6		0	1157		228		5	14.5					452	A ⋆
Zw 473−011	22 16 44.5	+24 20 47	Sb		I	3.81	0.60	0	6412	1	115	135	3		1.6	1.3			565	A ⋆
UGC 11983	22 16 48.8	+33 04 43	Scd	81	I	1.47		0	8255		246		3		0.9	0.8			452	A ⋆
NGC 7253 a	22 17 08.6	+29 08 48	Pec		I	2.21	0.38	0	4902	6	288	301	3		1.0	0.2			373	G
					S	±	18.0	−400	−	3000					3.0	1.4			452	A ⋆
NGC 7253 b	22 17 11.3	+29 08 06	Sc	64	I	7.79		0	4583	15	432	456	3		1.8	0.8			452	A ⋆
UGC 11988	22 17 45.7	+32 54 06	Sm	45	I	4.19		0	4493	15	237	259	3		1.7	0.7			452	A ⋆
					I	3.14	0.53	0	6451	5	210	235	3		1.0	0.7				
Anon 2217−80	22 17 48.0	−80 15 00	Sc	77				0	6439										490	A
IC 5201	22 17 54	−46 17	SBcd	62	I	157.4	0.94	1	1808	20	216		4	21.7	2.8	1.0			528	P
			SBcd	63	F	32.01	1.92	0	915	10	206		4	17.8	7.6				320	P ⋆
			SBcd	62	M	13.16		0	918					8.9	12.1	5.9			373	B
NGC 7252	22 17 57.7	−24 55 51	S0/a p		M	≤8.1			4733					17.8	7.6		97	209	544	P
UGC 11989	22 18 10.6	+32 40 20	Sm	0	I	1.47	0.26	0	8704	8	141	154	3	64.4					18	B ⋆
					F	≤1.0		−400	−	3000					1.0	1.0			452	A ⋆
					S	±	4.0	400	−	7400									213	G
IC 5201	22 18 18	−46 19	Scd	62	I	165.9		0	910		220		5	11.7	7.6				490	A
UGC 11991	22 18 19.6	+47 27 13	Sc	68	I	9.65	1.4	0	5473	10	388		4		1.6				486	I ⋆
			Sc	64	I	9.7	1.1	0	5478	10	376	398	4		2.1	1.0			188	G ⋆
Anon 2218+24	22 18 21.2	+24 30 45	Pec		I	1.21		0	12348		278		3		0.5	0.2			384	E ⋆
UGC 11992	22 18 24	+13 59						0	3593										565	A ⋆
Anon 2218+54	22 18 29	+54 32 42			S	≤15.0		2000	−	6000									490	A
UGC 11994	22 18 38.1	+33 02 27	Scd	90	I	6.45	1.17	0	4872	9	375	445	3		2.5	0.3			333	E
Anon 2219−48	22 19 23.9	−48 39 00	Im					1	706	20				8.4	1.3	1.3			452	A ⋆
Zw 473−012	22 19 27	+25 04 00	Sc		I	1.27		0	12545		578		3		1.0	0.3			528	P
UGC 12003	22 20 06	+73 24			F	≤1.0		−400	−	3000									565	A ⋆
Zw 494−016	22 20 17.0	+28 12 57	Sc	63	S	±	1.7	2372	−	14406					0.7	0.3			213	G
																			452	A

Table 1 cont.

Name (1)	R.A. (2)	Dec. (3)	Type (4)	i (5)	(6)	HI-flux (7)	(8)	(9)	v (10)	(11)	Δv (12)	(13)	(14)	Dist (15)	a (16)	b (17)	Vmax (18)	Pos (19)	Ref (20)	(21)
Zw 494-016			S		I	1.30		0	6890			415	3		0.7	0.3			565	A ★
UGC 12005	22 20 18	+35 46						0	5482										490	A
Zw 494-017	22 20 28.1	+29 31 27	Sb	47	I	3.18	0.52	0	4583	3	178	178	3		0.7	0.5			452	A ★
ESO 289-G 26	22 20 33.7	−42 31 28	Scd	44	I	20.0	4.0	0	2427	20	178			24.2	2.4	1.8			310	P
			SBd	50				1	2427	20				30.3	2.4	1.7			528	P
UGC 12011	22 20 44.6	+30 40 16			M	5.35	0.95	0	6710	50		189	4	93.0	0.77	0.67			293	A ★
			S	36	I	≤8.3		5	6702					69.9					417	G
			S		I	1.47		0	6720			244	3		0.2	0.1			565	A ★
UGC 12015	22 21 01.2	+19 35 53	SXd					0	3200						2.2	1.8			373	G
			SBc		I	4.0		0	7682			161	3		1.3	1.1			488	A ★
UGC 12018	22 21 20.6	+30 36 25	SBc	84	I	12.89	2.15	0	6735	4	466	484	3		1.8	0.3			452	A ★
NGC 7270	22 21 30.8	+32 08 54	Sc	57	I	1.41	0.30	0	6662	9	239	520	3		1.1	0.6			452	A ★
UGCA 428	22 21 36.0	−03 44 00	SBc	40	F	1.92	0.41	0	2836	10		98	4	30.1	3.2	2.4			373	G
			SBc		I	9.20		0	2832			107	4		3.3	2.3			515	G ★
UGC 12021	22 21 42	+05 44			S	±	4.0		1400 − 8400										490	A
UGC 12022	22 21 47.6	+33 10 49	SBc	73	I	5.89	1.03	0	6524	5	409	442	3		1.6	0.5			452	A ★
UGC 12023	22 21 48	+05 06						0	8482										490	A
Zw 473-013	22 21 58.3	+21 59 07	S		I	3.81		0	7572			398	3		0.8	0.3			565	A ★
UGC 12027	22 22 00	+41 00			I	4.49		0	4133		121	101	3						498	G
NGC 7275	22 22 00.3	+32 11 33	Sb	90	I	1.14	0.20	0	6533	7	287	305	3		1.0	0.2			452	A ★
UGC 12029	22 22 25.3	+22 43 07		73	F	1.03		0	1243		98	116	4	20.1	2.8				213	G ★
			Sm	71	I	2.59	0.41	0	1237	1	58	94	3		1.6	0.5			454	A ★
NGC 7282	22 23 48	+40 03			I	16.27		0	4542		360	335	3						498	G ★
Anon 2224+15	22 24 00.0	+15 00 00	Im		I	3.2		0	1892	3	109	142	4		0.9				501	A
NGC 7280	22 24 01.6	+15 53 40	Sab	48	I	2.69		0	1903	20		155	5		1.9	1.3	78		158	G ★
			SX0		M	0.54		1	2100		240			38.	1.9	1.3			27	A ★
			S0/a		I	1.3		1	2060		210			37.5	1.9	1.3			30	A ★
			S0		S	±	18.0		−400 − 3000						3.5	2.4			373	G
			S0		I	1.06	0.07	0	1846	4	184	250	4		2.5			78	501	A ★
			Sab		I	3.80		0	1851			287	4		1.6	1.1			515	G ★
UGCA 429	22 24 24	+15 55	Im	47	F	0.91	0.51	0	1914	20		125	4	21.6	1.6	1.1			373	G
			Im	48	I	3.9	0.34	0	1903	5	133	144	4		0.81	0.56			377	E ★
UGC 12041	22 24 48	+39 32			F	≤1.0			−400 − 3000										213	G
Zw 495-001	22 24 54.3	+31 15 03	Scd	79	I	1.96	0.36	0	6451	12	379	394	3		0.9	0.2			452	A ★
NGC 7286	22 25 31.4	+28 50 26	Sab	71	I	8.18	1.27	0	1008	1	170	178	3		1.9	0.7			452	A ★
NGC 7290	22 26 00.8	+16 53 35	Sc	56	I	10.05		0	2896	20		292	5		1.7	1.0	161		158	G ★
			Sbc	51	I	7.0	2.0	0	2901	4	250			31.	2.9				273	A
			Sbc		I	9.0	3.0	0	2900	50		250	4						203	G
UGC 12046	22 26 02.1	+29 35 54	Sc	0	S	±	1.7		−831 − 12688						1.2	1.2			452	A
NGC 7292	22 26 06.5	+30 02 09	Im		I	19.0		0	985			119	4		2.3	1.8			393	G ★
			IBm	38	F	5.22	0.55	0	993	10		100	4	12.7	3.7	2.9			373	G
			Im	36	M	0.83		0	987	20				13.3					324	N
			IBm	37	I	18.5		0	983			108	5	12.6					417	G
			IBm		I	28.0		0	985			91	4	25.	3.8				487	B
			Sm		I	19.2		0	988			99	3		2.3	1.8			488	G ★
			IBm		I	19.50		0	985			97	3		3.8	3.0			515	G ★
			IBm		I	0.50		0	819			80	4		1.0	1.0			515	G ★
Zw 474-002	22 26 16.1	+22 37 36	Sbc		I	1.28		0	11702			217	3		0.7	0.5			565	A ★
UGC 12049	22 26 24	+16 45			F	≤1.0			−400 − 3000										213	G
								0	2956										490	A
Zw 495-004	22 27 58.5	+31 26 30	S		I	0.48		0	6709			193	3		0.4	0.4			565	A ★
Anon 2228+33	22 28 00	+33 00	Im		I	2.5		0	886	8		157			2.2				439	W ★
Anon 2228−00	22 28 04.2	−00 22 54			F	0.43	0.27	0	1566		120	147	4	23.4	0.15	0.15			347	G ★
Zw 474-003	22 28 08.5	+21 52 53	S		I	0.51		0	9491			398	3		0.5	0.2			565	A ★
NGC 7298	22 28 10.4	−14 26 47	Sc	28	I			0	5030					68.8	1.5				203	G ★
			Sc	33	I	9.47	1.4	0	5040	10		202	4		0.8				188	G ★
			Sc	27	M	4.24		0	5034	75				47.4					324	N
UGC 12060	22 28 12.0	+33 34 00	IBm		F	6.59	0.73	0	887	10		128	4	11.7	3.4	3.4			373	G
					I	25.3	2.0	0	886	8		157		10.					199	G ★
			IBm		I	24.0		0	880			133	4	22.	3.4				487	B
			IBm		I	24.60		0	885			133	4		3.4	3.4			515	G ★
NGC 7300	22 28 19.8	−14 15 42	Sb	59	M	8.44		0	5005	35				47.2					324	N
UGC 12059	22 28 20.6	+22 17 11	SBc	48	I	1.85	0.30	0	7552	2	226	252	3		1.2	0.8			454	A ★
UGC 12064	22 29 06	+39 06	E2		S	≤11.2.		5	5130										356	G
NGC 7303	22 29 14.4	+30 41 55	S p		S	±	18.0		−400 − 3000						2.7	2.0			373	G
			Sc	41	I	6.69	1.04	0	3697	1	175	200	3		1.6	1.2			452	A ★
UGC 12066	22 29 24	+19 25			I	11.9		0	5778			594	5	63.1					518	G
Zw 474-005	22 29 56.4	+23 36 20	Sc		I	0.97		0	11954			379	3		0.7	0.3			565	A ★
NGC 2573 B	22 30 00	−89 26			I	24.4	3.7	0	2524	22	289		4	46.1					320	P ★
UGC 12069	22 30 00.0	+76 15 00	SXdm	48	F	2.85	0.71	0	2369	15		155	4	26.3	3.7	2.5			373	G

263

Table 1 cont.

Name (1)	R.A. (2)	Dec. (3)	Type (4)	i (5)	(6)	HI-flux (7)	(8)	(9)	v (10)	(11)	(12)	Δv (13)	(14)	Dist (15)	a (16)	b (17)	Vmax (18)	Pos (19)	Ref (20)	(21)
UGC 12069			SXdm		I	12.20		0	2363			185	4		3.7	2.2			515	G ★
UGC 12071	22 30 05.5	+30 34 34	SBc	74	I	2.35	0.41	0	10372	6	393	418	3		1.3	0.4			452	A ★
Zw 474-006	22 30 08.5	+23 01 17	S		I	1.42		0	11819			561	3		0.6	0.2			565	A ★
UGC 12072	22 30 13.8	+23 40 27	Sc	83	I	3.32	0.55	0	7458	3	336	354	3		1.0	0.2			454	A ★
UGC 12073	22 30 18	+38 58			I	12.58		0	4676		435	393	3						498	G ★
UGC 12075	22 30 36	+38 58			I	11.18		0	5341		223	162	3						498	G ★
NGC 7307	22 30 57.0	−54 11 25	Sc	85					2084		249	293	4	16.7					379	P ★
			Sc	82	I	33.5	4.2	0	2102	19		301	4	41.9	3.1				320	P ★
			SXc p	71	F	7.80	1.17	0	2083	20		274	4	20.8	5.0	1.9			373	B
			SBc	68	I	35.7	2.9		2087	9	232	267	4		3.6	1.5			550	P ★
UGC 12078	22 31 14.1	+30 32 39	Sc	83	S	±	1.7	2372	−	14406					1.5	0.3			452	A
			S		I	2.01		0	10417			484	3		1.5	0.3			565	A ★
UGC 12079	22 31 18	+38 43			F	≤1.0		−400	−	3000									213	G
UGC 12081	22 31 33.5	+09 54 53	Sa		I	3.1		0	11637			644	3		1.3	0.2			488	A ★
NGC 7311	22 31 34.6	+05 18 46	Sab	57	I	5.0	2.0	0	4536	18	501			47.	3.0				273	A
			Sc		I	3.59		0	4541	3	468	467	4						170	A
			Sab		I	3.589		0	4524		498	520	4		1.8	0.9			489	A ★
IC 5431	22 31 36.0	+23 05 00			S	10.0		2890	−	8378									471	A
NGC 7309	22 31 41.9	−10 37 00	SXbc		F	1.81	0.57	0	4013	15		142	4	41.6	3.5	3.5			373	G
			Sc	17	M	2.20		0	3986	20				38.0					324	N
UGC 12082	22 31 52.7	+32 36 06	S	38	F	8.2	1.6		815	20		72	9	9.1					20	N ★
			Sm	30	F	7.01	0.62	0	806	10	72			20.8	4.9				89	G
					I	33.0		0							2.7				203	G
					I	28.1									2.7				203	B
			Sm	30	F	6.66	0.55	0	803	5		87	4	10.8	5.4	4.6			373	E
			Im	32	I	31.6		0	803			83	4	21.7	3.5	3.0			393	A
			Sm		I	31.6		0	803			82	3		3.5	3.0			488	a ★
			S/Irr		I	16.44		0	804		67	80	4		3.5	3.0			489	A ★
			Sm		I	27.10		0	803			87	4		5.4	4.3			515	G ★
UGC 12084	22 32 04.4	+24 46 10	SBc	41	I	1.27	0.23	0	12210	35	342	373	3		1.6	1.2			454	A ★
					S	±	4.0	400	−	7400									490	A
UGC 12090	22 32 20.7	+15 41 06	Sm		I	3.5		0	1880			163	3		1.0	0.4			488	A ★
UGC 12094	22 32 22.6	+22 18 10	Sm	37	I	1.14	0.19	0	7604	3	39	62	3		1.0	0.8			454	A ★
								0	8000										490	A
UGC 12092	22 32 24	+06 03						0	4464										490	A
UGC 12093	22 32 24	+18 23						0	8342										490	A
NGC 7314	22 33 00.2	−26 18 32	Sbc	56	M	3.3	2.5	0	1467	70				20.					35	N
								0	1422	75									42	N
			Sbc	62	I	26.4	4.0	0	1416	27		350	4	29.7	4.1				320	P ★
			SXbc	61	F	9.70	1.46	0	1430	10		317	4	15.0	6.1	3.1			373	B
			Sc	62	I	47.6	2.5	0	1423	5	314	339	4		4.57	2.29			377	E ★
Anon 2233+34	22 33 24	+34 00 28	S		I	0.07	0.04	0	6250	300		170			0.6	0.2			439	W ★
NGC 7316	22 33 30.6	+20 03 50	S	36	I	5.0	2.0	0	5556	11	136			57.	2.2				273	A
			S	36	I	4.4		0	5566			176	5	58.2					417	G
			SBc	36	I	5.75		0	5557			155	4		1.1	0.9			471	A ★
			Sb		I	5.7		0	5553			158	3		1.1	0.9			488	A ★
Anon 2233+33	22 33 33	+33 58 58	S/Irr		I	0.02		0	6400			150			0.3	0.3			439	W ★
NGC 7317	22 33 34.2	+33 41 12	E2		M	≤2.9		5	6736					93.5					134	A
NGC 7318	22 33 39.2	+33 42 26	SBbc		I	1.05		0	6600			195							439	W ★
					I	0.13		0	5735			230							439	W ★
					I	0.17		0	5990			175							439	W ★
NGC 7318 B	22 33 40.9	+33 42 25	Sa	52	F	≤0.45		5	5727		57	116	5	88.					200	G ★
			Sbc		I	2.8	1.0		5690	15		225	5						271	A ★
NGC 7319 C			Other		I	5.4	1.6		6602	15		90	4	100.	2.5	4.0	21	9	244	W ★
NGC 7318 AB9	22 33 41.4	+33 42 06	Other		I	10.1		0	6200			200	6	100.					267	A ★
Anon 2233+33	22 33 46.0	+33 43 01			I	4.8	0.3	0	6600		72	132	4						469	G ★
					I	4.2	0.5	0	6600		161	310	4						469	A ★
					I	1.1	0.2	0	6000		83	117	4						469	A ★
					I	1.3	0.2	0	6000		115								469	A ★
			SBbc	37	I	4.8	1.0	0	6620	23		157	4	47.	3.2	0.6			199	G ★
			SBbc p		I	3.4	0.3	0	6622	10		250	4						97	A ★
			Sbc	40	M	7.32		0	6611	20				72.5					324	N
			Sbc	39	F	1.52	0.35	0	6590	15		173	5	22.	2.7				19	N ★
			Sbc		I	11.0	1.0	0	6600	20		280	5	88.					271	A ★
NGC 7320	22 33 46.6	+33 41 18	Sbc	60	I	8.5	0.5	0	774	12		200	4	17.	3.8	0.7			199	G ★
			Sbc	63	I	6.8	0.8	0	750	20	120			10.					4	N ★
			Sd	58	I	9.6		0	776			200	4	14.1	1.9				203	G ★
			Sbc	62	F	1.88	0.55	0	755	25		221	5	12.	3.1				19	N ★
			Sbc p		I	7.1	0.7	0	779	5		182	4						97	A ★
			Sd	57	I	7.8	0.4		784	10	155	212	4	15.	2.2	1.2	127	86	244	A ★

Table 1 cont.

Name (1)	R.A. (2)	Dec. (3)	Type (4)	i (5)	(6)	HI-flux (7)	(8)	(9)	v (10)	(11)	(12)	Δv (13)	(14)	Dist (15)	a (16)	b (17)	Vmax (18)	Pos (19)	Ref (20)	(21)
NGC 7320			Sd	57	F	1.86	0.44	0	786	20		187	4	10.7	3.2	1.8			373	G
			Sd		S	48.0	10.0	0	806	25	186								149	A ★
			Sd		I	0.78		0	779	5		212			2.0				439	W ★
			Sc		I	7.30		0	775			185	4		3.3	1.6			515	G ★
DDO 214	22 33 54.0	−03 09 00	Sm		I	15.30		0	1696			134	4		3.6	2.9			515	G ★
			Sm	30	F	3.78	0.67	0	1693	10	117			36.8	3.2				89	G
			Sm	30	F	3.76	0.67	0	1692	10		136	4	18.7	3.5	3.0			373	G
			Sm		F	3.80		0	1693	15		98	5						157	G
			Sm		I	5.0		0	1760			99	4	38.	3.6				487	B
Anon 2233+34	22 33 58	+33 52 34	S		I	0.12	0.06	0	6850	40		170			0.4	0.4			439	W ★
NGC 7320 C	22 34 02.8	+33 43 33	SB0		I	2.9	0.8		5985	10		160	5	88.	2.9				271	A ★
NGC 7321	22 34 03.0	+21 21 38	SBb		I	≤3.0		0	−	6700									273	A
Mark 915	22 34 07.3	−12 48 18	E	55	F	1.30	0.54	0	7248			376	4		0.82				154	G ★
IC 5233	22 34 10.3	+25 30 07	Sb		I	4.0		0	7375			259	3		1.1	0.9			488	A ★
UGCA 430	22 34 17.1	−25 29 31	Scd	18	I	11.0	3.0	0	3436	10	60			35.1	2.4	2.3			310	P
					S	± 18.0		−400	−	3000					3.0	2.6			373	B
Anon 2234+33	22 34 23	+33 41 22	SB		I	0.10	0.03	0	6060	20		200			0.5	0.5			439	W ★
NGC 7323	22 34 27.5	+18 53 06	Sb	31	I	8.1		0	5597			311	5	58.5					417	G
			Sb		I	7.78		0	5600	7	261	308	4						457	A ★
Zw 474-011	22 34 36.0	+22 40 00	Sc		I	1.32		0	11514			217	3		0.6	0.5			565	A ★
UGCA 431	22 34 42.0	−08 43 00	Im		S	± 18.0		−400	−	3000					1.7	1.3			373	G
			Im	24	I	2.9	0.29	0	2806	5	51	64	4		0.85	0.78			377	E ★
			Im		I	3.90		0	2814			84	4		1.7	1.4			515	G ★
			Im		I	0.40		0	2927			51	4		1.0	1.0			515	G ★
NGC 7331	22 34 47.7	+34 09 35	Sbc		I	162.2		0	822			505	5	13.5	7.0				183	G ★
			Sbc	71	I	181.0	24.0	0	812	12	493	525	4	22.					204	D ★
			Sbc	71	I	237.3		0	817			528	4	14.6	8.5				203	G ★
			Sbc	75	F	50.0	10.0	0	815	20		540	5	13.	12.9				19	N
			Sb	71	I	50.13		0	821					15.8	16.6		258		138	A
			Sbc		F	61.0			817					11.					372	G ★
			Sbc	75	M	8.2		0	820	5				14.	13.5	7.0			374	W ★
			Sbc	69	M	3.8			852	30				7.9	13.5			170	285	G
				71	I	178.0									8.5				203	B
				71	I	180.0	10.0								8.5				203	D
			Sbc	61	F	51.41	6.30	0	819	10		531	4	11.0	14.8	7.6			373	B
			Sbc	69	M	3.2	0.5	0	815	20				9.5					85	N
			Sbc		I	177.0		0	815	20		540			9.6				439	W ★
			Sbc	71	I	179.4	27.0	0	818	6	492	521	4		10.7				473	J ★
			Sb		I	257.6		0	817			537	4		14.8	7.4			515	G ★
			Sb	75	I	217.0	12.0	0	820	3				14.9	13.5	7.0	257	167	522	W ★
NGC 7328	22 34 59.8	+10 16 23	Sb		I	9.4		0	2823			336	3		2.1	0.7			488	A ★
NGC 7332	22 35 01.2	+23 32 16	S0		M	≤0.22		1	1460		430			27.	3.6	0.9			27	A ★
			S0		I	≤0.49		6	1451					26.4	3.6	0.9			30	A ★
			S0 p	90	M	0.075		5	1191		284			19.3	3.4				134	A ★
			S0	82	F	≤1.2								16.1	5.7				246	N
			S0		M	≤0.5								13.					85	N
			S0		I	≤3.8		5	1191										232	N
					I	≤0.10													519	a ★
NGC 7337	22 35 09.1	+34 06 48	SBa		F	≤0.85		5	6900					11.					372	B ★
NGC 7335	22 35 11.0	+34 09 31	Sa		F	≤0.85		5	6500					11.					372	B ★
NGC 7339	22 35 23.5	+23 31 28	Scd	78	I	9.18		0	1339	15		366	5		2.8	0.8	93		158	G ★
			Sbc	72	I	7.8		0	1377			345	4	15.2	2.8	0.8			292	A ★
			Sbc		M	≤1.2								19.					85	N
			Sbc	75	M	0.64		0	1324	20				16.7					324	N
			Sbc		I	8.5		0	1349	20		342	4						232	N ★
			Scd	74	I	7.90	1.30	0	1335	2	324	337	3		2.8	0.8			454	A ★
			SXbc	77	I	9.8	1.5	0	1336	8	330	351	4		3.0				473	J ★
			SBc		I	6.16	0.10		1335	5	329								519	a ★
UGC 12123	22 35 30.0	+24 56 00	SBd	90	I	3.50	0.57	0	4077	3	200	221	3		1.1	0.1			454	A ★
NGC 7340	22 35 40	+34 10 30			F	≤0.85		5	6400					11.					372	B ★
UGC 12126	22 35 52	+35 14 22	SBa		I	3.838		0	8070			341 362	4		1.5	1.4			475	A ★
UGC 12128	22 36 18.0	+28 21 26			S	± 4.0		2400	−	9400									490	A
			S		I	1.92		0	19507			633	3		1.1	0.6			565	A ★
NGC 7343	22 36 19.6	+33 48 45			I			0	5615	30									325	N
			Sbc	34	M	3.92		0	6065	75				66.7					324	N
					I	6.97		0	7431	22	287	367	4						508	A
UGCA 432	22 36 24	−06 05	SXc p	71	F	3.29	0.69	0	2930	15		268	4	30.9	4.1	1.5			373	G
UGC 12132	22 36 30	+34 03	S		I	0.11	0.03	0	6115			343			1.0	0.5			439	W ★
DDO 215	22 36 34.0	−05 01 27	Im	73	F	1.82	0.43	0	829	10	57			19.3	2.9				89	G
			Im	77	F	1.86	0.44	0	829	10		82	4	10.0	2.7	0.8			373	G

Table 1 cont.

Name (1)	R.A. (2)	Dec. (3)	Type (4)	i (5)	(6)	HI-flux (7)	(8)	(9)	v (10)	(11)	(12)	Δv (13)	(14)	Dist (15)	a (16)	b (17)	Vmax (18)	Pos (19)	Ref (20)	(21)
DDO 215			Im		I	7.90		0	830			71	4		2.7	0.8			515	G ★
NGC 7329	22 36 55.0	−66 44 12	SBb	48	I	≤20.1		5	3189					61.9	4.1				320	P ★
Zw 495-008	22 37 00.0	+32 42 00	SBd	45	I	1.18	0.20	0	8822	5	93	106	3		0.7	0.5			452	A ★
UGC 12134	22 37 06	+11 31	Sc	69	I	6.87	1.0	0	7348	15		392	4		1.6				188	G ★
			Sc	73	I	13.0		0	7389		410	507	4	84.3					505	A ★
UGC 12137	22 37 34.2	+37 57 18	Sc	45	I	11.19	2.8	0	4705	25		212	4		1.8				188	G ★
Anon 2238−45	22 38 00.0	−45 55 00	Sb	85				1	2828	20				35.2	1.8	0.4			528	P
UGC 12140	22 38 01.2	+15 44 54	Sb		I	5.3		0	7555			403	3		1.1	0.4			488	A ★
Zw 495-009	22 38 03.0	+31 47 54	Sbc		I	1.28		0	7388			180	3		0.5	0.3			565	A ★
UGC 12143	22 38 05.5	+31 34 53	Sbc	70	I	3.58	0.63	0	7847	4	395	412	3		1.6	0.6			452	A ★
UGC 12144	22 38 14.8	+33 12 14	SBc	41	I	3.20	0.52	0	6150	2	172	188	3		1.2	0.9			452	A ★
Zw 474-017	22 38 17.5	+25 21 43	S		I	1.12		0	13660			242	3		0.5	0.4			565	A ★
UGC 12145	22 38 28.0	+33 19 00	S		I	2.06		0	9929			260	3		1.1	0.3			565	A ★
UGC 12146	22 38 32.4	+22 12 49	Scd	75	I	2.30	0.39	0	11363	4	387	406	3		1.1	0.3			454	A ★
UGC 12149	22 38 48.1	+31 54 28	SBb	0	I	0.87	0.20	0	7317	24	231	368	3		1.1	1.1			452	A ★
IC 5242	22 38 51.4	+23 08 30	Im	26	I	1.77	0.31	0	7082	4	140	287	3		1.0	0.9			454	A ★
IC 5240	22 38 56.0	−45 01 48	SBa	41	I	12.6	2.2	0	1777	30		338	4	35.0	3.2				320	P ★
UGC 12151	22 38 59.4	+00 08 24		48	F	4.03		0	1757		167	194	4	25.9	4.3				213	G ★
			Im	47	F	5.00	0.83	0	1753	25		193	4	19.4	4.4	3.0			373	G
IC 5243	22 39 00.5	+23 06 51	Im	27	M	12.2	0.60		7144	2		189	4	99.0	0.72	0.65			293	A ★
			Sc	31	I	3.49	0.54	0	7153	1	93	130	3		0.7	0.6			454	A ★
UGC 12156	22 39 12	+39 02			I	3.74		0	5182		166	122	3						498	G ★
Mark 308	22 39 30.5	+19 59 59	I0	46	F	0.76	0.12	0	7121			492	4		0.62				154	A ★
NGC 7361	22 39 31.0	−30 19 14	Sc	80					1252		229	240	4	16.7					379	P ★
			Sc	76	I	42.1	4.3	0	1229	13		258	4	25.5	2.8				320	P ★
			Sc	73	F	10.17	1.22	0	1259	10		233	4	13.1	4.6	1.6			373	B
			Sc		M	2.6	0.8	0	1240	20				16.					85	N
			Sc	77	I	33.9	2.7	0	1248	4	216	232	4		3.5	1.7			523	J ★
UGC 12158	22 39 42	+19 44						0	9286										490	A
NGC 7356	22 39 42.5	+30 26 53	Scd	63	I	0.79	0.18	0	7274	15	505	527	3		1.1	0.5			452	A ★
UGC 12161	22 39 53.0	+32 56 23	Sc	0	I	2.79	0.55	0	9826	14	293	301	3		1.0	1.0			452	A ★
NGC 7357	22 40 03.9	+29 54 27	Sc	68	I	5.30	0.84	0	7309	1	371	403	3		1.8	0.7			452	A ★
Zw 495-017	22 40 17.5	+29 14 37	S		I	1.79		0	7315			245	3		0.6	0.3			565	A ★
UGC 12163	22 40 17.7	+29 27 51	SB	52	F	0.97	0.19	0	7390			315	4		1.33				154	A ★
			SBc	56	I	2.61	0.42	0	7400	1	266	282	3		0.8	0.5			452	A ★
ESO 345-G 46	22 40 22.7	−40 07 43	Scd		I	28.0	4.0	0	2135	15	178			21.3	3.4	3.4			310	P
			Sm	40	F	5.81	0.89	0	2153	15		176	4	21.5	2.4	1.8			373	B
UGC 12164	22 40 29.3	+30 14 31	Sc	60	I	4.14	0.70	0	9866	4	495	518	3		1.6	0.8			452	A ★
UGC 12165	22 40 30.8	+32 43 50	Scd	88	I	2.65	0.47	0	6520	8	344	366	3		1.1	0.1			452	A ★
UGC 12166	22 40 36	+04 47			F	≤1.0			−400 − 4800										213	G
Zw 474-023	22 40 51.5	+22 29 53	S		I	1.10		0	10470			190	3		0.5	0.5			565	A ★
NGC 7363	22 40 59.4	+33 44 13	Sd	19	I			0	830					14.8	1.1				203	G ★
			Sd		I	0.8	0.4	0	830	100		300			1.2				439	W ★
Zw 474-024	22 41 06.8	+23 40 20	S		I	1.58		0	12718			605	3		0.5	0.2			565	A ★
UGC 12169	22 41 14.9	+23 41 07	Sc	70	I	2.19	0.40	0	12821	7	461	486	3		1.1	0.4			454	A ★
UGC 12172	22 41 25.5	+07 07 44	Sc		I	4.1		0	7569			395	3		1.2	0.6			488	A ★
UGC 12173	22 41 35.8	+38 06 43						0	4769	15									359	G
NGC 7367	22 42 01.8	+03 22 46	Sab		I	2.4		0	7235			617	5		1.6	0.4			488	A ★
UGC 12176	22 42 12	+48 30			I	3.82		0	8961		97	88	3						498	G ★
UGC 12177	22 42 26.4	+33 11 53	Sc	0	I	5.84	0.96	0	6567	2	132	225	3		1.0	1.0			452	A ★
			S		I	5.76		0	6556		122	177	4		1.0	1.0			475	A ★
					I	3.68		0	6577	11	77	144	4						508	A
UGC 12178	22 42 37.0	+06 10 03	SXdm	58	F	7.90	0.82	0	1935	10		242	4	21.4	4.9	2.7			373	G
			Scd	61	I	27.8		0	1930			246	4	42.6	3.3	1.7		10	393	G ★
			Scd	61	I	30.0		0	1932			243	4	42.6	3.3	1.7		10	393	A
			Sd		I	28.9		0	1932			243	5		3.3	1.7			488	a ★
			SXdm		I	33.30		0	1929			243	4		4.9	2.5			515	G ★
NGC 7368	22 42 40.0	−39 36 24	Sb					0	2360		367	403	4	16.7	3.9	0.8			379	P ★
UGC 12180	22 43 03.9	+21 32 33	Sab	77	I	3.91	0.65	0	7091	2	328	349	3		1.0	0.3			454	A ★
NGC 7371	22 43 25.2	−11 16 00	SBa	20	I	18.8	1.0	0	2685	15	142	164	5	56.5	2.7	2.6			346	G ★
Anon 2243−65	22 43 48.0	−65 06 00	Sd	90				1	2368	20				28.8	3.5	0.4			528	P
UGC 12181	22 43 52.5	+37 47 19	Sc	52	I	7.37	3.7	0	4784	25		205	4		1.0				188	G ★
			Sc	36	I	4.3	0.69	0	4760	20	124	138	4		1.1	0.9			384	E ★
Zw 495-023	22 44 08.0	+28 23 00	S0/a		I	0.30		0	9943			153	3		0.7	0.3			565	A ★
Zw 474-028	22 44 35.8	+21 38 00	S		I	2.99		0	1408			105	3		0.7	0.3			565	A ★
Zw 495-024	22 44 47.5	+31 16 33	Sa		I	1.02		0	6444			251	3		0.6	0.2			565	A ★
UGC 12185	22 45 04.2	+31 06 39	SBc	60	I	2.74	0.48	0	6649	3	419	514	3		1.8	0.9			452	A ★
NGC 7377	22 45 04.8	−22 34 36	S0		M	≤6.0			3416					46.7					18	B
UGC 12186	22 45 06	+49 52			I	5.86		0	5303		334	224	3						498	G ★
UGC 12189	22 45 36	+03 39			S	± 4.0			−100 − 6900										490	A

Table 1 cont.

Name (1)	R.A. (2)	Dec. (3)	Type (4)	i (5)	(6)	HI-flux (7)	(8)	(9)	v (10)	(11)	(12)	Δv (13)	(14)	Dist (15)	a (16)	b (17)	Vmax (18)	Pos (19)	Ref (20)	(21)
UGC 12190	22 45 43.8	+28 01 33	Sb		I	6.8		0	7263			589	3		2.2	0.2			488	A ★
Anon 2245−40	22 45 48	−40 47			S	± 18.0		−400	− 3000										373	B
Anon 2246+24	22 46 07.0	+24 15 57	SBab		I	2.62		0	12313			331	3		0.8	0.7			565	A ★
Mark 921	22 46 12.0	+31 31 00		42	I	3.37		0	3834			206	4		0.17	0.13			471	A ★
UGC 12191	22 46 16.9	+27 20 41	Sc	58	I	7.31	1.17	0	9589	1	316	349	3		1.5	0.8			454	A ★
UGC 12192	22 46 18	+36 57						0	6485										490	A
			SBbc	44	S	± 1.7		5645	− 10989						1.1	0.8			452	A
UGC 12195	22 46 19.7	+32 58 20	SBab		I	0.75		0	8698			159	3		1.1	0.8			565	A ★
UGC 12193	22 46 21.3	+27 19 03	SBd	22	I	7.19	1.12	0	9597	1	289	351	3		1.3	1.2			454	A ★
UGC 12197	22 46 28.0	+24 34 13	Scd	84	I	3.60	0.65	0	7460	6	360	371	3		1.2	0.2			454	A ★
UGC 12194	22 46 28.5	+27 41 47	Sc	63	I	2.45	0.43	0	10019	6	360	386	3		1.1	0.5			452	A ★
Zw 474-032	22 46 31.0	+27 18 13	S		I	2.86		0	9612			361	3		0.6	0.4			565	A ★
UGC 12199	22 46 47	+39 44 13			I	5.36		0	6740		377	333	3						498	G ★
UGC 12198	22 46 48.0	+27 36 10	Sc	78	I	2.01	0.41	0	10002	12	421	439	3		1.0	0.3			452	A ★
UGC 12203	22 47 04.7	+32 33 10	S		I	2.52		0	9143			412	3		1.0	0.1			565	A ★
UGC 12204	22 47 06	+39 58			I	4.38		0	6719		386	370	3						498	G ★
UGC 12206	22 47 10.7	+33 05 38	SBa		S	± 18.0		−400	− 3000						5.1	3.1			373	G
			SBb	56	I	4.21	0.70	0	6770	2	376	404	3		3.0	1.7			452	A ★
Anon 2247−89	22 47 11.9	−89 24 00	S p	72				1	2527	20				30.9	2.4	1.0			528	P
UGC 12205	22 47 16.4	+14 49 20						0	3398										490	A
			Sab		I	3.6		0	3395			181	3		0.9	0.3			488	A ★
NGC 7385	22 47 25.0	+11 20 38	E p		I	≤0.41		5	7836					161.	1.6	1.4			28	A
					I	≤2.6		5	7764										126	A
NGC 7386	22 47 32.5	+11 26 02	S0		I	≤0.45		5	7242						2.2			150	501	A
UGC 12210	22 47 50.5	+31 06 49	SBab	23	S	± 1.7		2372	− 12688						1.3	1.2			452	A ★
			SBa		I	1.67		0	6801			379	3		1.3	1.2			565	A ★
UGC 12212	22 48 07.4	+28 52 29		44	F	3.61		0	892		115	137	4	15.5	3.8				213	G ★
			Sm	42	F	3.85	0.57	0	896	8		106	4	11.6	4.0	3.0			373	G
			S/Irr		I	12.25		0	894		98	110	4		2.5	1.8			489	G
			S		I	15.50		0	894			114	4		4.0	2.8			515	G ★
			Sm		I	11.60		0	892			114	3		2.5	1.8			565	A ★
UGC 12213	22 48 30.0	+07 02 00	SXdm	19	F	2.68	0.57	0	3213	15		115	4	34.2	3.0	2.8			373	G
			SXdm		I	10.10		0	3207			119	4		3.2	2.9			515	G ★
			SXdm		I	10.10		0	3203			138	4		3.2	2.9			515	G
UGC 12218	22 49 01.0	+32 05 13	Sm	62	I	2.25	0.38	0	6391	4	263	355	3		1.0	0.5			452	A ★
NGC 7393	22 49 03.6	−05 49 24	Sc	61	M	3.66		0	3806	35				36.4					324	N
			SBc	62	I	15.3	1.2	0	3755	6	312	340	4		2.0	0.6			523	J ★
NGC 7392	22 49 07.2	−20 52 17	Sbc	53	I	≤10.6		5	2925					60.3	1.9				320	P ★
			Sbc	53	M	2.88		0	3128	35				29.6					324	N
UGC 12222	22 50 00	+11 23		51	I	4.0		0	8640		452	482	4						543	A ★
UGC 12221	22 50 00	+82 38	Sd	71	F	4.30	0.78	0	2057	25		272	4	23.0	4.0	1.5			373	G
UGC 12224	22 50 06.3	+05 49 33	Sc		I	7.21		0	3497			215	4		2.1	2.1			393	G ★
			Sc		I	8.0		0	3509			207	5		2.1	2.1			488	A ★
Mark 309	22 50 10.1	+24 27 56			I	0.772		0	12636			215	4	169.6	0.5	0.2			562	A ★
Zw 495-039	22 50 13.5	+30 35 24	Sc		I	1.06		0	9161			292	3		0.3	0.3			565	A ★
UGC 12227	22 50 30	+34 13						0	6438										490	A
UGC 12229	22 50 48.0	+32 30 00	S		I	0.60		0	6710			363	3		1.1	0.4			565	A ★
NGC 7407	22 50 59.6	+31 51 46	Sd	61	I	8.07	1.36	0	6430	3	468	487	3		2.1	1.0			452	A ★
Zw 496-007	22 51 07.0	+31 22 45	Sd	24	I	2.80	0.45	0	6576	2	111	143	3		0.6	0.5			452	A ★
UGC 12231	22 51 10.4	+31 21 13	SBd	61	I	3.37	0.55	0	3887	2	177	194	3		1.5	0.7			452	A ★
UGC 12234	22 51 20.0	+33 26 35						0	4141	20									359	G
			Scd	57	I	2.85	0.50	0	6313	7	421	430	3		1.3	0.7			452	A ★
UGC 12233	22 51 21.0	+25 34 33	SBc	25	I	5.51	0.86	0	7569	1	106	143	3		1.1	1.0			454	A ★
Anon 2251+13	22 51 37.0	+13 19 00	Sdm		I	2.09		0	2448			258	4		1.0	1.0			515	A ★
UGC 12237	22 51 48	+11 30		75	I	3.0		0	8476		491	592	4						543	A ★
NGC 7410	22 52 10.9	−39 55 42	I0	77	M	≤0.79								25.7	7.8				246	N
			SBa	71	I	≤4.5		5	1638					32.7	4.7				320	P ★
Zw 496-015	22 52 15.6	+32 03 12	Sc	56	I	1.76	0.32	0	6627	8	154	180	3		0.8	0.5			452	A ★
ESO 346-G 14	22 52 17.0	−38 51 06	Sc	90					2700		222	243	4						379	P ★
UGC 12245	22 52 23.8	+21 32 06	Sc		I	2.1		0	8360			357	3		1.0	0.4			488	A ★
Zw 496-016	22 52 30.8	+32 31 40	Sd	38	I	3.95	0.63	0	6000	1	266	282	3		0.7	0.6			452	A ★
NGC 7413	22 52 34.8	+12 57 12	E3		S	≤95.0		5	9740										356	G
Zw 496-017	22 52 36.0	+31 47 00	S		I	1.01		0	7212			280	3		0.6	0.3			565	A ★
Zw 496-018	22 52 37.8	+31 32 17	Sdm	24	I	1.41	0.25	0	7170	9	129	149	3		0.6	0.5			452	A ★
Zw 496-019	22 52 45.9	+31 02 30	S		I	2.63		0	6654			196	3		0.8	0.3			565	A ★
NGC 7412	22 52 54.9	−42 54 33	Sc						1709		129	163	4	16.7	5.5	4.			379	P ★
								0	1711	20									359	B
			SBb	40	I	25.0	2.8	0	1722	11		192	4	34.0	4.0				320	P ★
			SBb	36	F	7.21	1.56	0	1726	20		184	4	17.1	4.4	3.6			373	B
UGC 12249	22 52 57.5	+28 04 50	Sc		I	2.59		0	7546			336	3		1.0	0.1			565	A ★

267

Table 1 cont.

Name (1)	R.A. (2)	Dec. (3)	Type (4)	i (5)	(6)	HI-flux (7)	(8)	(9)	v (10)	(11)	(12)	Δv (13)	(14)	Dist (15)	a (16)	b (17)	Vmax (18)	Pos (19)	Ref (20)	(21)
Zw 496-022	22 53 02.9	+31 36 24	Sc	75	I	0.71	0.14	0	7007	11	269	290	3		0.7	0.2			452	A ⋆
IC 5267 A	22 53 04.0	−43 42 06	Sb	77	I	≤11.4		800	−	3800					1.9				320	P
			Sb	73	M	0.10		0	1520		48			15.0	3.2		80	352	517	V ⋆
NGC 7416	22 53 06.0	−05 45 48	Sb	73	M	1.95		0	2848	20				27.6					324	N
			SBb	73	I	10.3	0.8	0	2858	6	352	364	4		3.4				473	J ⋆
IC 5269 A	22 53 07.5	−36 36 54	S						2877		164	182	4		1.6	1.2			379	P ⋆
			Im	27	I	≤8.8		500	−	4700					1.6				320	P ⋆
NGC 742	22 53 09.5	+29 32 13	S0/a		I	1.04		0	9459		250		3		0.7	0.6			565	A ⋆
UGC 12252	22 53 20.3	+31 30 13	Sd	90	I	2.45	0.42	0	7111	4	304	317	3		1.6	0.1			452	A ⋆
UGC 12251	22 53 22.7	+06 06 27	S0		S	±	0.97	0	−	12700					1.0	0.4			488	A
Zw 496-024	22 53 33.1	+31 24 17	Sc	60	I	3.54	0.57	0	7180	3	274	285	3		0.9	0.5			452	A ⋆
UGC 12257	22 53 48	+19 06	S		S	±	4.0	2400	−	9400									490	A
NGC 7418	22 53 48.5	−37 17 48	Scd	36	F	5.33	4.26		1510	50				20.2	4.8				22	N
			Sc						1449		198	213	4	16.7	4.6	3.2			379	P ⋆
			Scd	34	I	32.3	3.9	0	1446	16		266	4	29.1	3.3				320	P ⋆
			SXcd	40	F	7.72	1.93	0	1445	20		248	4	14.5	6.5	5.0			373	B
			Scd	34	M	0.88		0	1443	35				13.3					324	N
IC 5269 B	22 53 49	−36 31	Sc	82					1662		240	253	4	16.7					379	P ⋆
			Sc	74	F	4.53	1.07	0	1659	20		256	4	16.7	4.4	1.4			373	B
NGC 7418 A	22 53 54.0	−37 02 24	Sc						2105		187	212	4	16.7	3.6	2.0			379	P ⋆
Zw 496-025	22 53 58.2	+28 10 37	Sd	35	I	1.44	0.25	0	7167	5	239	257	3		0.8	0.7			452	A ⋆
NGC 7421	22 54 06	−37 37	Sab	21	F	1.8	0.6	0	1832	20		190	4	19.7	2.4				53	N ⋆
			SBab		S	±	18.0	−400	−	3000					4.0	4.0			373	B
IC 5264	22 54 06	−36 49	Sb	90	M	1.54		0	2043	20				18.9					324	N
UGC 12260	22 54 12.4	+37 27 53	Sc		I	4.0		0	5540		304		5		1.7	0.3			488	A ⋆
NGC 7412 A	22 54 18.0	−43 04 18	Sd	89	I	29.0	3.3	0	929	8		150	4	18.2	2.1				320	P ⋆
			SBd		F	4.13	0.71	0	938	20		134	4	9.2	5.3	5.3			373	B
IC 5267	22 54 22.0	−43 39 52	S0	46					1700		364	384	4	16.7					379	P ⋆
			S0/a		F	5.0													229	P
			S0	36		57.8	5.3	0	1725	17		370	4	34.0	5.2				320	P ⋆
			Sa	50	I	24.0		0	1713		360	383	4	15.0	5.2		217	325	517	V ⋆
IC 1459	22 54 23	−36 43 42	E		M	≤0.3		6	1636					16.4					418	P
NGC 7424	22 54 28.0	−41 20 20	Sc						942		173	194	4		16.	16.			379	P
			Scd	27	I	245.0	10.8	0	942	4		166	4	18.6	7.8				320	P ⋆
			SXcd	20	F	61.40	3.14	0	951	8		177	4	9.4	10.5	9.8			373	B
			Scd	28	I	339.0		0	935			192	5	12.3	7.8				486	I ⋆
			Sc	27	M	21.71		0	942					18.6	7.8		158	224	544	P ⋆
			SBcd	8	I	207.8	10.4		939	0	153	174	4		10.4	10.3			550	P ⋆
NGC 7428	22 54 45.4	−01 18 56	Sa	55	F	3.9	0.8	0	3085	25		363	4	36.2	2.4				53	N ⋆
			Sd		I	10.84		0	3077	2	320	347	4						170	A
			SXa	56	I	12.2		0	3080			371	5	32.5					417	G
			SBa		I	2.711		0	3077		313	338	4		2.5	1.3			489	A ⋆
IC 5269	22 54 57.0	−36 17 36	S0						1967		164	173	4	16.7	1.8	0.9			379	P ⋆
Anon 2254+27	22 54 57.9	+27 42 42	Pec		I	2.40		0	2944		108				0.82				556	A
UGC 12263	22 55 00.0	+72 25 00	Im	47	F	4.46	1.06	0	2671	20		272	4	29.4	6.3	4.4			373	G
			Im		I	28.40		0	2675			280	4		6.3	4.4			515	G ⋆
Zw 475-005	22 55 03.0	+25 50 27	Sc	55	I	0.92	0.17	0	7105	8	294	318	3		0.7	0.4			454	A ⋆
IC 5270	22 55 08.0	−36 07 30	SBc	85					1636		213	260	4	16.7					379	P ⋆
IC 5271	22 55 16.0	−34 00 36	Sb						1751		456	471	4	16.7	3.4	1.2			379	P ⋆
			Sb	69	M	0.92		0	1702	20				15.9					324	N
NGC 7435	22 55 29.5	+25 51 57	SBb	64	I	1.11	0.26	0	7012	39	351	368	3		1.5	0.7			454	A ⋆
NGC 7436	22 55 32.5	+25 52 56	E		M	≤1.1		5	7409					139.	2.				300	A
NGC 7437	22 55 40.7	+14 02 30	SXd		F	1.64	0.51	0	2117	30		125	4	23.5	2.9	2.9			373	G
			Sc		I	5.917		0	2115		102	116	4		1.8	1.8			475	A ⋆
			Sc		I	6.20		0	2115			122	4		2.9	2.9			515	G ⋆
UGC 12271	22 55 48	+02 02 35	Sc		I	7.07	1.1	0	4836	10		195	4		1.8				188	G ⋆
			Sc	27	M	3.66		0	4835	35				46.2					324	N
			Sc		I	4.837		0	4841		165	196	4		1.6	1.5			475	A ⋆
UGC 12272	22 55 52.4	+25 30 03	Sb	38	I	0.60	0.17	0	7245	24	306	483	3		1.0	0.8			454	A ⋆
			Sa		I	0.55		0	7273			436	3		1.0	0.8			565	A ⋆
UGC 12274	22 55 55.7	+25 47 16	Sc	68	I	0.50	0.14	0	6611	33	398	418	3		1.3	0.5			454	A ⋆
Zw 475-012	22 56 00.5	+26 22 03	Sb		I	1.09		0	7152			647	3		0.9	0.3			565	A ⋆
NGC 7440	22 56 12.0	+35 32 00	Sc	46	I	4.04	2.0	0	5665	25		121	4		1.7				188	G
			SBa		I	3.70		0	5666			142	4		3.4	3.4			515	G ⋆
UGC 12280	22 56 20.2	+24 22 07	Sbc		I	2.46		0	11878			386	3		1.0	0.5			565	A ⋆
Anon 2256+26	22 56 36.1	+26 09 07	S		I	0.84		0	7705		65				0.4				556	A
IC 5273	22 56 38.5	−37 58 14	Sb						1298		216	229	4	16.7	3.0	2.0			379	P ⋆
			Scd	43	I	33.1	4.3	0	1320	26		402	4	26.5	2.8				320	P ⋆
			SXc	46	F	4.09	1.89	0	1304	20		200	4	13.1	5.0	3.5			373	B
			Scd	43	M	0.94		0	1301	20				12.0					324	N

Table 1 cont.

Name (1)	R.A. (2)	Dec. (3)	Type (4)	i (5)	(6)	HI-flux (7)	(8)	(9)	v (10)	(11)	(12)	Δv (13)	(14)	Dist (15)	a (16)	b (17)	Vmax (18)	Pos (19)	Ref (20)	(21)
UGC 12281	22 56 42.0	+13 19 00	Sdm	90	F	7.05	1.15	0	2567	20		305	4	27.9	5.0	0.6			373	G
			Sdm	90	I	23.8		0	2565	10					4.1		146	30	509	W ★
			Sdm		I	25.15		0	2571			301	4		5.1	0.5			515	G ★
UGC 12283	22 56 53.9	+23 49 56	SBbc	0	I	0.97	0.17	0	9949	2	267	293	3		1.2	1.2			454	A ★
NGC 7442	22 56 57.8	+15 16 51	Sc	15	I	2.5		0	7268			151	4	75.0	1.0	1.0			292	A ★
Anon 2257+24	22 57 02.6	+24 51 32			I	0.73		0	7417		75				0.32				556	A
UGC 12290	22 57 12.0	+24 34 33	Sc	90	I	2.93	0.52	0	7287	7	455	468	3		1.5	0.2			454	A
UGC 12289	22 57 14.7	+23 48 06			S	±	4.0		2400 – 9400										490	A
			Sd	21	I	3.09	0.50	0	10160	2	218	244	3		1.4	1.3			454	A ★
Zw 475-016	22 57 16.7	+25 56 10	S0/a		I	0.38		0	7769			364	3		0.7	0.2			565	A ★
UGC 12293	22 57 20.9	+25 45 44	Sb	25	I	1.06	0.20	0	9980	12	69	113	3		1.1	1.0			454	A ★
UGC 12291	22 57 23.9	+26 01 53						0	7762										490	A
			Sd	46	I	3.61	0.58	0	7764	1	313	328	3		1.6	1.1			454	A ★
NGC 7448	22 57 34.9	+15 42 50	Sc	69	M	5.4	2.3	5	2419	250				26.1	2.5	1.0			152	J ★
								0	2196	35									42	N
			Sbc	55	M	3.3	0.66	0	2247	30				18.					35	N
			Sc	63	I	31.3		0	2192			305	4	24.0	2.7	1.1			292	A ★
					I	19.34		0	2191			313	4	30.7	2.7	1.1			562	A ★
Zw 475-019	22 57 46.0	+25 49 40			S	±	18.0		-400 – 3000										373	G
			S		I	1.81		0	6839			134	3		0.5	0.5			565	A ★
Zw 496-029	22 57 47.0	+31 06 33	S0/a		I	1.15		0	6631			266	3		0.6	0.3			565	A ★
IC 5269 C	22 58 02.0	-35 38 24	SBa						1796		194	204	4	16.7	2.5	1.2			379	P ★
NGC 7451	22 58 09.6	+08 12 01	SBbc		I	1.9		0	6653			421	3		1.1	0.5			488	A ★
NGC 7450	22 58 10.0	-13 11 14	S	43	F	1.86	0.31	0	3191			214	4		0.87				154	G ★
Zw 475-020	22 58 21.5	+25 25 50	Sc	0	I	1.32	0.22	0	7393	3	104	152	3		0.5	0.5			454	A ★
UGC 12303	22 58 24.0	+26 28 00	Sc	40	I	4.54	0.76	0	7947	3	273	286	3		1.7	1.3			454	A ★
UGC 12304	22 58 35.8	+05 23 06						0	3461										409	A
			Sc		I	2.2		0	3465			304	5		1.4	0.2			488	A ★
			Scd	90	I	2.0		0	3461		283	319	4		1.4	0.2			543	A ★
NGC 7457	22 58 36.1	+29 52 31	S0		M	≤0.33		5	525					10.5	4.4	2.5			249	A ★
			E/S0 p		M	≤0.32		5	525					10.5					134	A
			S0/a		M	≤0.32		6	788					14.	4.0	2.4			27	A
			S0		M	≤0.30		5	525					5.	4.1	2.0			76	K
			S0		M	≤0.29		5	525					10.5					18	B
			S0		I	≤4.2		5	525										232	N
			E/S0		I	≤1.77		5	525						4.3			130	501	A
UGC 12307	22 58 42	+12 27		86	F	3.01		0	2812		220	263	4	40.5	2.8	0.3			213	G ★
Zw 496-033	22 58 51.9	+30 15 47	Sc	70	I	1.11	0.21	0	9019	15	201	216	3		0.7	0.3			452	A ★
UGC 12311	22 59 01.6	+29 58 02	Sc	78	I	4.23	0.66	0	920	1	107	123	3		1.6	0.4			452	A ★
Anon 2259+12	22 59 07	+12 28			I	2.50		0	-364			56	4						515	G ★
NGC 7460	22 59 09.6	+01 59 41	Sb	38	M	3.35		0	3254	35				31.6					324	N
			Sb p		I	4.88		0	3192	2	204	228	4						170	A
			Sb		I	1.221		0	3192		203	224	4		1.1	1.0			475	A ★
UGC 12313	22 59 14.4	+15 48 00		76	F	2.63		0	1995		98	280	4	29.7	3.0				213	G ★
			Sbc	72	I	8.4		0	1993			242	4	24.0	1.8	0.5			292	A ★
NGC 7463	22 59 22.7	+15 42 48	Sb p	79	I	52.0			2058					30.5	2.2				203	G ★
			SXb p	74	I	24.0		0	2053		562			27.	4.5				273	A
			S	80	I	6.6		0	2445			213	4	24.0	3.2	0.6			292	A ★
			SXb	79											3.0				473	J ★
NGC 7463/...	22 59 22.8	+15 42 48	Mult p		I	46.3			2110			820	5	28.	4.				350	G ★
NGC 7456	22 59 23.5	-39 50 18	Scd	76	I	43.3	5.7	0	1236	24		362	4	24.6	4.7				320	P ★
			Scd	76					1200		234	253	4	16.7					379	P ★
			Scd	74	F	11.23	2.06	0	1211	15		236	4	12.1	8.3	2.8			373	B
NGC 7464/...	22 59 24.6	+15 42 18	Mult p					5	1877					28.0	0.7	0.7			455	J ★
ESO 406-G 42	22 59 28.0	-37 21 12	S/Irr						1373		124	140	4	16.7	2.3	1.8			379	P ★
					F	11.23	0.64		1378	15		127	4	13.8					373	B
NGC 7465	22 59 31.8	+15 41 50						0	1941	35									324	N
			SB0		I	25.4		1	2190	20	130			39.8	1.2	0.7			235	A
			SB0	49	I	11.7		0	1959			175	4	24.0	1.2	0.7			292	A ★
			E p	53	F	7.74	0.42	0	2063		430	771	4	30.8	1.58	1.00			347	A ★
NGC 7463/...	22 59 31.9	+15 41 47	Mult	49	I	68.26	4.00	0	2065	13	176	751	4	30.9	1.3	0.9			378	E ★
NGC 7466	22 59 38.3	+26 47 01	Sc	73	I	4.78	0.86	0	7513	7	419	433	4		1.6	0.5			454	A ★
Zw 475-022	22 59 40.2	+25 29 33	Sc	69	I	1.57	0.27	0	7503	5	232	286	3		0.8	0.3			454	A ★
UGC 12320	22 59 40.7	+30 29 43	Sd	87	I	2.36	0.41	0	6619	6	331	353	3		1.1	0.1			452	A ★
UGC 12318	22 59 41.9	+25 24 07	SBc	72	I	1.68	0.29	0	9763	4	409	427	3		1.2	0.4			454	A ★
UGC 12321	22 59 48	+15 45	Sbc	90	I	4.9		0	2152			217	4	24.0	1.0	0.12			292	A ★
NGC 7462	22 59 57.5	-41 06 18	SBc	90					1062		198	229	4	16.7					379	P ★
			Sc	89	I	30.7	4.5	0	1047	14		200	4	20.7	2.6				320	P ★
			SBc	79	F	8.07	1.02	0	1074	10		199	4	10.6	5.8	1.5			373	B
Zw 496-036	22 59 59.5	+31 55 17	S		I	0.75		0	6404			194	3		0.5	0.2			565	A ★

Table 1 cont.

Name (1)	R.A. (2)	Dec. (3)	Type (4)	i (5)	(6)	HI-flux (7) (8)	(9)	v (10)	(11)	Δv (12) (13) (14)	Dist (15)	a (16)	b (17)	Vmax (18)	Pos (19)	Ref (20)	(21)
UGC 12323	23 00 09.6	+32 19 33	Sd	24	I	1.64 0.28	0	5970	6	191 207 3		1.1	1.0			452	A★
UGC 12325	23 00 18.0	+21 36 13	Sd	61	I	2.91 0.48	0	5927	2	348 362 3		1.5	0.7			454	A★
UGC 12326	23 00 19.0	+21 48 53	Sd	33	I	1.72 0.31	0	10315	7	299 336 3		1.2	1.0			454	A★
UGC 12327	23 00 26.9	+25 44 44	Sc	90	I	3.58 0.62	0	13660	4	399 435 3		1.5	0.1			454	A★
NGC 7468	23 00 30.3	+16 20 04	Im		F	4.10 1.44		2093	20	225 1	31.0	2.0				38	N★
			E3 p	47	I	10.0 2.0	0	2083	12	159	23.					273	A
			Pec	49	I	10.0	0	2081		200 4	23.0	0.9	0.6			292	A★
				54	M	2.78 0.10		2083	2	223 4	31.0	1.15	0.78			293	A★
			Im	49	F	3.02 0.12	0	2081		158 203 4	31.1	1.15	0.78			347	A★
			Comp		M	6.9		2081								502	V
Anon 2300−46	23 00 36.0	−46 18 00	SBm				1	1533	20		18.5	1.2	1.2			528	P
Zw 475-028	23 00 42.9	+23 29 23	S		I	0.66	0	7762		182 3		0.6	0.3			565	A★
Zw 475-027	23 00 43.2	+23 01 30	S		I	1.21	0	11835		481 3		0.6	0.6			565	A★
NGC 7469	23 00 44.5	+08 36 18	Sa		I	3.1 0.6		4754		885 1						114	A★
			SBa		I	4.9	1	5200	20		570					235	A★
			SBa	45	I	2.69	0	4916		395 4	94.5	1.6	1.1			272	A★
			SBa p		I	≤3.0	5	4894	9			2.8				273	A
			SBa	46	F	0.50 0.05	0	4916		395 4		2.4				154	A★
			SXa p	44	I	≤9.0	5	4894			51.0					417	G
			SXa p	44	I	≤5.5	5	4894			51.0					417	A
					I	≥2.10	0	4916		395 4	65.8	1.6	1.1			562	A★
NGC 7469/IC ...	23 00 44.5	+08 36 18	Mult		I	14.03 7.18	0	4971	41	515 583 4	66.8	1.9	1.4			378	E★
Zw 475-029	23 00 55.2	+23 08 00	S		I	0.57	0	16880		398		0.6	0.3			565	A★
Anon 2301+23	23 01 14.7	+23 24 59			I	2.70	0	1155		94		0.58				556	A
Mark 315	23 01 35.6	+22 21 13	E p		I	1.7	0	11830		165	242.					28	A★
			E1 p	34	F	0.38 0.07	0	11827		297 4		0.56				154	A★
UGC 12338	23 01 48	+17 38					0	8704								490	A
Zw 475-031	23 01 50.5	+22 16 17	SBc		I	2.28	0	7777		230 3		1.0	0.5			565	A★
Mark 926	23 02 07.1	−08 57 20	E	42	F	≤0.52	5	14380				0.4				154	G
UGC 12340	23 02 08.5	+26 53 10	S		I	5.88	0	1056		125 3		1.1	0.4			565	A★
NGC 7479	23 02 26.7	+12 03 08	SBc	39	I	37.6	0	2382		362 4	34.7	3.9				203	G
							0	2358	35							42	N
			SBbc	35	I	37.18 2.26	0	2384	13	345 387 4	35.0	4.2	3.4			378	E★
			SBbc	35	I	25.84 3.29	0	2378	13	343 353 4	34.9	4.2	3.4			0	G★
			SBbc	35	I	31.56 2.67	0	2376	26	354 378 4	34.9	4.2	3.4			378	A
			Sbc	40	I	44.7	0	2381		385 4	55.7	4.4	3.4		25	393	A
			Sc	38	M	5.67	0	2388	35		24.0					324	N
			SBc	38	I	30.8	0	2366		427 5	25.9					417	G
			SBc	38	I	37.7	0	2372		432 5	25.9					417	B
			SBbc		I	42.3	0	2381		385 5		4.4	3.4			488	a★
			SBbc	40	I	37.0 4.2	0	2373	7	353 378 4		4.4	3.4			384	G★
			SBc	39	I	32.3 2.9	0	2382	3	350 371 4		4.1	0.6			523	J★
					I	17.22	0	2378		380 4	32.7	4.4	3.4			562	A★
Zw 453-062	23 02 28.1	+19 16 55			I	1.24	0	7524		449 4	101.1	0.9	0.5			562	A★
UGC 12344	23 02 30.0	+18 27 00	SBd	66	F	4.27 0.71	0	1633	10	164 4	18.7	3.5	1.5			373	G
			SBdm		I	19.10	0	1632		173 4		3.6	1.4			515	G★
UGC 12350	23 02 48.0	+16 35 00	Sm	70	F	3.53 0.57	0	2138	15	223 4	23.7	4.5	1.7			373	G
			Sm		I	14.40	0	2135		229 4		4.5	1.4			515	G★
UGC 12351	23 03 12	+18 43					0	1689								490	A
UGC 12352	23 03 14.0	+27 23 40	Sc	60	I	1.92 0.35	0	7447	9	453 485 3		1.8	0.9			454	A★
NGC 7483	23 03 15	+03 16 30	SBa		I	6.739	0	4939		239 277 4		1.6	0.9			489	A★
Zw 496-039	23 03 21.2	+28 25 33	Sc	65	I	3.08 0.52	0	7335	6	217 235 3		0.8	0.3			452	A★
UGC 12357	23 03 27.0	+30 48 00	S		I	1.05	0	7024		395 3		1.0	0.3			565	A★
UGC 12355	23 03 32.9	+24 17 39	Sd	76	I	2.41 0.44	0	7712	8	304 318 3		1.2	0.3			454	A★
UGC 12359	23 03 42	+14 36			S	± 4.0		−100 − 6900								490	A
UGC 12362	23 03 50.6	+31 36 37	SBc	71	I	7.58 1.22	0	6473	1	352 388 3		1.7	0.6			452	A★
UGC 12361	23 03 51.9	+11 00 51	S0/a	70	I	2.8	0	2990		167 191 4		1.0	0.4			543	A★
							0	2990								409	A
Anon 2303+27	23 03 54.6	+27 37 13			I	0.53	0	6913		68		0.4				556	A
UGCA 435	23 04 12.0	+12 28 00	E				0	−383				2.9	2.9			373	G
			dE	29	I	3.6 0.4	0	−385	2	28 50 4		1.78	1.57			377	E★
			E		I	5.70	0	−382		56 4		2.9	2.9			515	G★
IC 5285	23 04 31.5	+22 40 00	Comp		F	≤2.2	5	6220			92.	2.7				60	N
					M	≤0.5					86.					209	A★
					F	≤1.25		5960								141	N
			Im	40	I	1.77 0.32	0	6151	4	353 385 3		1.7	1.3			454	A★
			Comp	26	I	3.22	0	6154	9	360 406 4	85.	2.8	2.5		100	508	A★
UGC 12370	23 04 34.9	+09 41 13					0	4893								409	A
			Sc		I	5.6	0	4889		273 3		1.5	0.3			488	A★
			Sc	82	I	5.9	0	4893		256 282 4		1.5	0.3			543	A★

Table 1 cont.

Name (1)	R.A. (2)	Dec. (3)	Type (4)	i (5)	(6)	HI-flux (7)	(8)	(9)	v (10)	(11)	Δv (12) (13)	(14)	Dist (15)	a (16)	b (17)	Vmax (18)	Pos (19)	Ref (20)	(21)
UGC 12369	23 04 36	+05 43			F	≤1.0		−400	−	3000								213	G
UGC 12372	23 04 38.1	+35 30 25	Sb		I	4.0		0	5480		274	5		0.8	0.7			488	A
UGC 12373	23 04 48	+13 33						0	4313									490	A
UGC 12376	23 04 51.8	+15 34 59			I	≤3.0		0	−	6700				1.2				273	A
Zw 475-037	23 04 57.4	+22 32 27	Sc	83	I	3.13	0.51	0	6081	1	291 350	3		1.0	0.2			454	A★
NGC 7490	23 05 01.0	+32 06 18						0	6214	15								359	G
			Sbc		S	±	18.0	−400	−	3000				4.5	4.2			373	G
			Sc	21	I	11.27		0	6221		314	3		3.0	2.8			452	A★
			Sb		I	8.986		0	6212		295 312	4		3.0	2.8			475	A★
Zw 475-039	23 05 04.5	+27 24 50	Sbc		I	1.04		0	7072		332	3		0.9	0.3			565	A
NGC 7489	23 05 05.3	+22 43 35	Sd	62	I	12.54		0	6239	15	384	5		2.2	1.1	170		158	G★
			Sd	59	I	12.47	1.93	0	6238	1	359 379	3		2.2	1.1			454	A★
UGC 12380	23 05 10.0	+11 15 23	Sc	57	I	≤6.64		2300	−	5700				1.3	0.7			378	E
			Sd	52	S	±	1.4	1800	−	5500				1.1	0.6			543	A
UGC 12384	23 05 19.6	+24 41 20	SBd	37	I	3.72	0.63	0	10020	4	267 287	3		1.0	0.8			454	A★
UGC 12383	23 05 20.5	+22 25 53	SBc	48	I	2.41	0.44	0	10412	4	480 501	3		1.5	1.0			454	A★
UGC 12382	23 05 22.0	+04 53 26	Sc	90	I	≤8.5		1650	−	6950				1.1	0.2			378	G
								0	3522									409	A
			Sc	90	I	4.7		0	3523		279 354	4		1.2	0.1			543	A
UGC 12385	23 05 23.5	+30 02 43	SBd	26	I	2.67	0.43	0	7024	2	88 115	3		1.0	0.9			452	A
UGC 12386	23 05 34.3	+24 41 57	Sd	59	I	1.29	0.24	0	10094	6	292 307	3		1.2	0.6			454	A★
					S	±	4.0	2400	−	9400								490	A
Zw 496-046	23 05 38.0	+28 17 53	S		I	2.93		0	9566		250	3		0.5	0.5			565	A★
Anon 2305+27	23 05 52.2	+27 26 47	Pec		I	2.90		0	2884		86			0.9				556	A
UGC 12388	23 05 59.8	+12 33 32	Sdm	65	I	8.813	0.998	0	4571	13	231 286	4	66.8	2.0	1.0			378	E★
			Sd		S	±	18.0	−400	−	3000				2.9	1.2			373	G
ESO 469-G 15	23 06 13.0	−31 07 48	Sc						1631		222 249	4	16.7	2.0	0.2			379	P★
NGC 7495 A	23 06 21.0	+11 43 19	S	68	I	10.18	2.87	0	4848	13	135 202	4	66.8	0.9	0.4			378	E
NGC 7495	23 06 26.6	+11 46 35	Sc	30	I	17.94	1.8	0	4894	10	214	4		1.8				188	G★
			Sc		I	8.0		0	4890		200		102.	2.0	1.75			28	A
			Sc	28	I	15.18	1.23	0	4869	13	179 213	4	66.8	2.2	2.0			378	E★
			Sc	28	I	15.93	1.57	0	4893	26	197 226	4	66.8	2.2	2.0			378	G★
			SXc	25	I	15.8	1.3	0	4890	4	190 214	4		2.1	0.2			523	J★
NGC 7497	23 06 34.9	+17 54 20	SBcd	76	I	59.3		0	1716		303	4	26.0	3.8				203	G★
			SBcd	88	I	39.0		0	1705	9	270		20.	5.8				273	A
			SBc	69	F	13.37	1.40	0	1710	15	310	4	19.5	6.1	2.4			373	G
			Sc		I	56.50		0	1707		307	4		6.2	2.5			515	G★
IC 5287	23 06 46.0	+00 29 00	SBb		S	±	2.01	0	−	12700				1.1	1.0			488	A
NGC 7496	23 06 59	−43 42	SBb						1636		156 180	4	16.7					379	P★
			SBb	38	I	25.8	2.9	0	1654	12	217	4	32.5	3.5				320	P★
			SBb	38	F	4.83	0.80	0	1657	15	169	4	16.3	5.0	4.0			373	B
			SBb	18	M	1.7		0	1640	5			16.	3.5		225	5	148	P★
			SBc	38	I	28.4		0	1640		159 178	4		3.5	2.8			538	P★
Zw 496-047	23 07 04.7	+29 12 43	Scd	79	I	3.79	0.62	0	3710	55	235 261	3		0.9	0.2			452	A★
UGC 12394	23 07 06.3	+32 24 18	SBbc	37	I	0.80	0.17	0	6528	12	293 343	3		1.0	0.8			452	A★
Anon 2307+12	23 07 07.1	+12 23 46			S	±	0.25	100	−	8120				0.5				556	A
Anon 2307+26	23 07 09.1	+26 33 25			S	±	0.25	100	−	8120				0.58				556	A
Zw 406-005	23 07 20.7	+07 14 40						0	4644									409	A
			Sa	48	I	1.0		0	4644		216 244	4		0.7	0.5			543	A★
UGCA 436	23 07 36.0	+18 10 00	Im		F	1.24	0.25	0	1785	10	88	4	20.2	1.6	1.6			373	G
			Im	33	I	6.6	0.31	0	1788	5	62 87	4		1.10	0.93			377	E★
			Im		I	4.80		0	1788		79	4		1.6	1.6			515	G★
Zw 496-049	23 07 39.4	+29 57 10	Sc	35	I	1.12	0.24	0	9575	15	379 398	3		0.6	0.5			452	A★
Zw 496-050	23 07 45.9	+29 38 40	Mult	34	I	2.11	0.37	0	6614	4	163 275	3		0.6	0.5			452	A★
UGC 12400	23 08 05	+21 26 24	SBa		I	2.995		0	9531		180 227	4		1.0	1.0			475	A★
Anon 2308+11	23 08 35.7	+11 05 40	Sm		I	1.50		0	2639		69			0.63				556	A
UGC 12403	23 08 35.9	+12 30 55	SBc	69	I	7.121	0.739	0	4544	24	231 293	4	66.8	1.2	0.5			378	E★
Zw 406-015	23 08 48	+04 42			S	≤2.0		2800	−	5800								409	A
UGC 12405	23 08 48.9	+05 59 28	S	25	I	8.16	2.33	0	6293	26	161 181	4	86.8	1.2	0.6			378	G
NGC 7508	23 09 18.5	+12 40 09	S	72	I	≤13.7		1650	−	6950				1.1	0.4			378	G
UGC 12407	23 09 20.2	+09 14 03	S	59	I	≤8.0		5	6574	71			90.7	1.4	0.8			378	E
UGC 12410	23 09 25.3	+30 44 56	Sd	86	I	3.11	0.51	0	7085	1	434 461	3		1.8	0.2			452	A★
NGC 7507	23 09 26.4	−28 48 48	E0		F	≤0.17		5	1637				22.4	2.6	2.6			455	J★
UGC 12411	23 09 48	+48 32	Sm		S	±	18.0	−400	−	3000				5.5	0.7			373	G
						5.32		0	8657		600 559	3						498	G★
NGC 7511	23 09 56.0	+13 27 17	S	65	I	≤7.60		2300	−	5700				1.3	0.6			378	E
ESO 407-G 09	23 10 00.0	−37 28 48	Sc						1575		198 211	4	16.7	2.4	1.0			379	P★
			Sc		S	±	18.0	−400	−	3000				2.9	1.3			373	B
NGC 7514	23 10 01.6	+34 36 55	S0/a		I	2.2		0	4843		323	5		1.6	1.0			488	A★
UGC 12416	23 10 11.9	+10 27 29	Pec	75	I	≤14.9		5	6900	216			95.1	1.2	0.4			378	E

271

Table 1 cont.

Name (1)	R.A. (2)	Dec. (3)	Type (4)	i (5)	(6)	HI-flux (7)	(8)	(9)	v (10)	(11)	(12)	Δv (13)	(14)	Dist (15)	a (16)	b (17)	Vmax (18)	Pos (19)	Ref (20)	(21)
UGC 12416	23 10 13.9	+15 37 53			I	1.70		0	6579		129				2.88				556	A
UGC 12419					I	≤3.0		0	—	6700					1.2				273	A
Zw 496-056	23 10 14.1	+33 25 33	Sc	70	I	4.10	0.73	0	5243	6	250	270	3		0.7	0.3			452	A ⋆
Anon 2310+12	23 10 17.4	+12 13 22	S		I	1.80		0	4891		142				0.58				556	A
NGC 7515	23 10 17.8	+12 24 24	S	27	I	6.83	2.53	0	4487	24	319	334	4	66.8	1.9	1.7			378	E
			S		S	±	18.0	−400	−	3000					2.7	2.2			373	G
			S	35	I	6.0	2.0	0	4467	8	307			47.	2.9				273	A
								0	4473										409	A
			Sa	35	I	5.5		0	4473		316	354	4		1.7	1.4			543	A ⋆
Zw 475-042	23 10 18.0	+25 56 20	S		I	1.16		0	19744			474	3		0.5	0.3			565	A ⋆
IC 1474	23 10 18.9	+05 32 02	Sc	64	I	3.403	1.24	0	3525	41	236	344	4	51.8	1.3	0.6			378	E ⋆
			Sc	65	I	4.8		0	3471	8		285	4		1.6				329	A ⋆
			Sb	66	I	4.4		0	3471		262	285	4		1.1	0.5			543	A
NGC 7513	23 10 32.6	−28 37 51	SBb p	38	I	≤8.3		5	1495					30.8	3.2				320	P ⋆
			SBb		S	±	18.0	−400	−	3000					4.1	3.2			373	B
			Sb	38	M	0.16		0	1569	35				14.8					324	N
NGC 7519	23 10 40.1	+10 30 00	Sb	43	I	≤6.35		2300	−	5700				51.8	1.4	1.0			378	E
			S		S	±	4.0	1400	−	8400									490	A
NGC 7518	23 10 40.6	+06 02 57	Sa		I	2.604		0	3539		72	87	4		1.5	1.4			475	A ⋆
			Sab	14	I	2.891	0.341	0	3524	13	71	95	4	51.8	1.7	1.7			378	E ⋆
			Sb	21	F	0.07	0.06	0	3554		44	75	4	50.3	1.55	1.44			347	A ⋆
			Sb		I	2.8		0	3531	5		93	4		2.5				329	A ⋆
			Comp		M	0.75			3554										502	V
			Sa		I	3.00		0	3536			96	4		2.9	2.6			515	G ⋆
			Sab	21	I	2.2		0	3531		80	93	4		1.5	1.4			543	A
UGC 12423	23 10 40.9	+06 09 29	Sc	90	I	23.91	2.80	0	4821	13	486	518	4	66.8	3.7	0.7			378	E ⋆
			Sc		S	±	18.0	−400	−	3000					5.1	0.9			373	G
			Scd	90	I	23.1		0	4850	5		535	4		3.6				329	A ⋆
					M	8.7		0	4850			526	4	40.	3.6				398	V ⋆
			Scd	90	I	17.9		0	4850		501	535	4		3.6	0.4			543	A
UGC 12425	23 10 41.5	+23 58 00	Sab		I	0.67		0	8420			487	3		1.6	0.3			565	A ⋆
Zw 475-044	23 10 54.8	+22 35 07	Sbc		I	1.65		0	17213			542	3		0.6	0.3			565	A ⋆
UGC 12427	23 10 58.5	+28 40 53	Scd	75	I	4.75	0.74	0	3697	1	196	220	3		1.1	0.3			452	A ⋆
UGC 12426	23 11 00.4	+06 17 41	Sc	82	I	≤11.2		2300	−	5700				51.8	1.4	0.3			378	E
								0	4708										409	A
			Sd	90	I	4.2		0	4709		260	347	4		1.3	0.2			543	A
UGC 12430	23 11 17.6	+28 44 13	Sd	90	I	13.19	2.03	0	3676	1	217	246	3		2.5	0.2			452	A ⋆
UGC 12429	23 11 21.0	+22 25 20	Sd	42	I	3.35	0.54	0	4285	1	195	229	3		1.5	1.1			454	A ⋆
Zw 475-047	23 11 22.4	+25 11 53	Sbc		I	1.44		0	8046			163	3		0.6	0.5			565	A ⋆
UGC 12432	23 11 30.5	+24 37 16	Sd	83	I	1.71	0.30	0	8375	6	328	361	3		1.0	0.1			454	A ⋆
NGC 7529	23 11 31.5	+08 43 12	S	25	I	6.468	0.717	0	4511	13	158	184	4	66.8	1.3	1.2			378	E ⋆
			S	25	I	6.7		0	4552	15		227	4		1.9				329	A
			Sab	25	I	5.8		0	4552		186	227	4		1.1	1.0			543	A
Anon 2311+09	23 11 40.5	+09 39 54	Mult	62	I	3.548	1.20	0	3894	24	151	214	4	51.8	1.1	0.5			378	E
NGC 7535	23 11 42.0	+13 18 37	Sc	14	I	7.54	0.815	0	4604	13	102	126	4	66.8	1.9	1.9			378	E ⋆
UGC 12435	23 11 42.3	+31 46 20	SBb	46	S	±	1.7	2372	−	9308					1.0	0.7			452	A
			SBa		I	1.07		0	7118			335	3		1.0	0.7			565	A ⋆
NGC 7536	23 11 42.4	+13 09 15	SBb	69	I	13.23	1.73	0	4673	13	327	344	4	66.8	2.4	1.0			378	E ⋆
								0	4708										409	A
			Sb	72	I	9.9		0	4708		330	354	4		2.2	0.8			543	A ⋆
NGC 7532	23 11 48	−02 58						0	3555	20									324	N
UGC 12441	23 11 53.5	+30 51 06	SBcd	85	I	1.89	0.35	0	6968	6	282	297	3		1.0	0.1			452	A ⋆
NGC 7537	23 12 01.9	+04 13 33	Sbc	75	I	21.0		0	2654			380	5		3.62	1.15		79	264	A ⋆
			Sbc	74	I	40.0	6.0	0	2687	13	347			29.	3.3				273	A
			Sbc	82	I	26.9		0	2677	15		353	4		2.4				329	A
			Sbc	77	M	5.85		0	2649	20				26.1					324	N
			Sb	70	I	21.12		0	2674	5	320	379	4	35.	4.9	2.2		102	508	A ⋆
			Sb	70	I	25.58		0	2673	5	319	387	4	35.	4.9	2.2		102	508	a ⋆
			Sb	70	I	22.20		0	2681	5	308	345	4	35.	4.9	2.2		102	508	a ⋆
				81	I	23.5		0	2677		315	353	4		2.1	0.5			543	A
				78				0	2682	5	305	349	4				152	79	555	A
				78	F	16.0	1.2	0	2680	6	302	321	4				144	79	555	W
NGC 7531	23 12 02.5	−43 52 30	Sbc	70					1597		342	351	4	16.7					379	P ⋆
			Sbc	67	I	76.7	6.4	0	1586	15		358	4	31.1	3.0				320	P ⋆
			Sbc	58	F	20.14	1.88	0	1598	15		341	4	15.7	6.0	3.3			373	B
			Sbc	67	I	109.3		0	1600			380	5	20.9	3.0				486	I ⋆
			Sc	67	M	18.70		0	1593					31.1	3.0		165	201	544	P
UGC 12444	23 12 03.5	+31 16 38	Sc	26	S	±	1.7	762	−	10989					1.0	0.9			452	A
NGC 7543	23 12 08.1	+28 03 18	Sc	34	I	0.79	0.16	0	6921	15	336	389	3		1.2	1.0			452	A ⋆
Zw 496-064	23 12 10.7	+30 53 47	S		I	1.23		0	6923			287	3		0.5	0.3			565	A ⋆

Table 1 cont.

Name (1)	R.A. (2)	Dec. (3)	Type (4)	i (5)	(6)	HI-flux (7)	(8)	(9)	v (10)	(11)	(12)	Δv (13)	(14)	Dist (15)	a (16)	b (17)	Vmax (18)	Pos (19)	Ref (20)	(21)
NGC 7541	23 12 11.0	+04 15 40	SBbc p	69	I	56.7			2665			472	4	38.0	2.8				203	G ★
			SBbc p	67	I	27.0			2712			496	5		5.14	2.21		102	264	A
			SBbc p	66	I	59.0	9.0	0	2678	7	437			29.	4.7				273	A
			Sbc	75	I	47.8		0	2678	5		477	4		3.5				329	A ★
			Sbc	68	M	11.57		0	2670	20				26.3					324	N
			Sc	65	I	28.28		0	2679	5	443	480	4	35.	3.3	1.3		49	508	A ★
			Sc	65	I	19.27		0	2681	5	431	472	4	35.	3.3	1.3		49	508	a ★
			Sc	65	I	29.34		0	2675	7	430	460	4	35.	3.3	1.3		49	508	a ★
			Sbc	74	I	35.3		0	2678		430	477	4		3.4	1.1			543	A
					I	22.54		0	2686			480	4	36.1	3.4	1.1			562	A ★
				69	F	33.8	3.0	0	2680	4	444	482	4				233	102	555	A
				69				0	2679	4	438	485	4				229	102	555	W
Anon 2312+10	23 12 12.8	+10 08 43	S	43	I	≤7.86		2300	–	5700				51.8	0.9	0.7			378	E
UGC 12451	23 12 13.0	+05 08 28	Im	78	I	4.139	0.808	0	3637	24	138	166	4	51.8	1.8	0.5			378	E ★
					F	≤1.0		–400	–	3000									213	G
								0	3633										409	A
			Sdm	81	I	3.9		0	3634		182	212	4		1.6	0.4			543	A ★
Zw 406-031	23 12 16.1	+07 26 44						0	4730										409	A
			Sa	77	I	2.5		0	4731		224	263	4		1.0	0.3			543	A ★
Zw 496-067	23 12 16.4	+31 02 40	Sc	86	I	2.11	0.37	0	7015	7	298	308	3		0.9	0.1			452	A ★
UGC 12449	23 12 24.1	+23 00 39	S		I	1.15		0	7923			460	3		1.0	0.1			565	A ★
NGC 7547	23 12 34.0	+18 42 12	SX0 p	65	I	≤6.1		5	4858					51.2					417	A
			S		I	≤0.9		3900	–	6000									469	A
Zw 496-069	23 12 34.5	+28 12 57	S		I	0.78		0	6770			211	3		0.5	0.4			565	A ★
UGC 12454	23 12 37.7	+09 24 24	S0	68	I	2.128	0.59	0	4793	13	182	201	4	67.0	1.5	0.6			378	E ★
UGC 12458	23 12 43.0	+30 40 35	Sbc		I	2.64		0	6850			467	3		1.0	0.1			565	A ★
NGC 7548	23 12 43.7	+25 00 40	S0/a		I	0.27		0	7989			210	3		1.0	0.8			565	A ★
NGC 7550	23 12 46.8	+18 41 25	S0	22	I	≤9.0		5	4987					51.2					417	G
			S0		I	≤0.54		5	5109						1.8				501	A
NGC 7549	23 12 47.7	+18 46 10	SBcd	74	I	≤15.3		5	4806					51.2					417	G
			S p		I	3.4	0.9	0	4689			321	4						469	A ★
			Mult		S	±	3.0	5	4680										469	G
Anon 2312-59	23 12 48	-59 19	S			27.0		5	13731										548	P
Zw 475-051	23 12 57.5	+23 31 43	Sc		I	1.65		0	17391			382	3		0.6	0.5			565	A ★
IC 5295	23 13 01.7	+24 50 53	SB0/a		I	0.45		0	8120			236	3		0.8	0.7			565	A ★
NGC 7557	23 13 07.5	+06 26 08	E/S0	40	I	≤3.37		5	3613	55				51.8	1.0	0.8			378	E
UGC 12459	23 13 12.0	+24 37 37	Scd	69	I	1.70	0.30	0	7994	6	285	302	3		1.1	0.4			454	A ★
NGC 7559	23 13 16.0	+13 01 03	E/S0	22	I	≤3.88		2300	–	5700					1.5	1.4			378	E
IC 5296	23 13 16.1	+24 49 20	SBc	53	I	3.19	0.52	0	8086	3	300	314	3		1.0	0.6			454	A ★
NGC 7552	23 13 25.1	-42 51 30	SBab		M	10.2		0	1580			207	5	31.	2.9	2.0			226	P ★
			SBab						1613		198	249	4	16.7					379	P ★
			SBab	46	I	40.0	5.8	0	1544	27		366	4	30.4	3.5				320	P ★
			SBab	46	F	9.73	1.71	0	1609	50		280	4	15.8	5.9	4.1			373	B
					S	180.0		5	1664										548	P
NGC 7562	23 13 25.2	+06 24 53	E2	40	I	4.327	0.649	0	3514	13	206	223	4	51.8	2.4	1.9			378	E ★
NGC 7563	23 13 25.2	+12 55 23	SBa	62	I	≤8.49		2300	–	5700					2.2	1.1			378	E
UGC 12467	23 13 29.1	+06 22 46	Sdm	73	I	4.499	1.17	0	3515	24	200	270	4	51.8	1.6	0.6			378	E ★
								0	3500										409	A
				79	I	2.5		0	3501		216	250	4		1.5	0.4			543	A ★
Zw 475-056	23 13 32.3	+25 16 54			M	5.5		0	8197			296			0.7	0.7			521	A ★
			SBc	29	I	2.72	0.46	0	8199	3	291	360	3		0.8	0.7			454	A ★
					I	1.942		0	8197			350	4	110.3	1.1	0.9			562	A ★
Zw 475-057	23 13 33.9	+27 10 54	Sd	37	I	2.62	0.42	0	7320	1	127	180	3		0.8	0.6			454	A ★
UGC 12470	23 13 54.3	+28 13 15	Sb	25	I	0.97	0.19	0	6744	8	279	292	3		1.1	1.0			452	A ★
NGC 7568	23 13 56.8	+24 13 27	Sc	53	I	4.07	0.74	0	8416	7	339	365	3		1.0	0.6			454	A ★
UGC 12472	23 14 12.6	+08 37 59	S0	48	I	≤5.53		5	6513	71				89.8	1.2	0.8			378	E ★
NGC 7570	23 14 13.9	+13 12 35	SBa	32	I	13.14	1.10	0	4687	13	180	219	4	65.7	1.9	1.1			378	E ★
								0	4702										409	A
			Sa	60	I	7.4		0	4703		169	216	4		1.6	0.8			543	A ★
Zw 496-072	23 14 17.0	+29 18 53	S		I	1.78		0	7152			656	3		0.4	0.2			565	A ★
UGC 12474	23 14 18.1	+33 43 25	Sa		S	±	1.83	0	–	12700					1.2	0.4			488	A
Zw 406-042	23 14 33.4	+06 50 58						0	3564										409	A
				46	I	1.1		0	3564		202	242	4		1.0	50.7			543	A ★
UGC 12476	23 14 35.9	+30 03 43	Sab	56	S	±	1.7	762	–	12688					1.4	0.8			452	A
UGC 12477	23 14 42	+18 25	S0/a		I	0.35		0	6304			370	3		1.4	0.8			565	A ★
			S0 p		S	±	18.0	–400	–	3000					3.4	2.3			373	G
Anon 2314+18	23 14 47	+18 26 47	Mult		S	±	3.5	0800	–	12900									469	G
UGC 12480	23 14 53.0	+07 21 49	Im		I	≤3.11		1650	–	6950				51.8	1.2	1.2			378	G
					F	≤1.0		–400	–	5800									213	G
								0	3872										490	A

Table 1 cont.

Name (1)	R.A. (2)	Dec. (3)	Type (4)	i (5)	(6)	HI-flux (7)	(8)	(9)	v (10)	(11)	(12)	Δv (13)	(14)	Dist (15)	a (16)	b (17)	Vmax (18)	Pos (19)	Ref (20)	(21)
UGC 12480					I	3.50		0	3872		91				1.13				556	A
ESO 407-G 14	23 14 57.0	−35 03 54	Sc						2755		198	243	4		2.4	1.6			379	P ★
Zw 475-059	23 15 01.7	+21 51 20	Sc		I	1.21		0	11745			120	3		0.7	0.6			565	A ★
Anon 2315+09	23 15 04.3	+09 22 54			I	1.40		0	3811		127				0.85				556	A
NGC 7580	23 15 06.1	+13 43 40			I	7.8		1	4630	20	200			84.2	0.8	0.6			235	A ★
					I	5.3		0	4450		235			93.	0.8	0.6			28	A ★
			S	40	I	5.90	3.00	0	4433	24	210	242	4	66.8	1.0	0.8			378	E
NGC 7593	23 15 26.0	+11 04 33	S p	59	I	≤8.17		2300	−	5700				51.8	1.0	0.5			378	E
								0	4108										409	A
			Sb	60	I	2.9		0	4108		242	278	4		1.0	0.5			543	A ★
NGC 7587 A	23 15 27.5	+09 24 25	Sa	75	I	≤8.23		5	8934					122.2	1.4	0.5			378	E
NGC 7585	23 15 27.6	−04 55 18	S0		M	≤7.5			3352					48.5					18	B
NGC 7587 B	23 15 28.2	+09 23 35	S	75	I	≤8.23		5	8934					122.2	1.0	0.3			378	E
NGC 7582	23 15 38.0	−42 38 39	SBab	67					1547		227	330	4	16.7					379	P ★
			SBab	63	I	41.3	4.1	0	1594	21		417	4	31.4	4.1				320	P ★
			SBab	64	I	42.4		0	1563		234	410	4		4.6	2.2			538	P ★
			SBab	64	I	46.2		0	1574		215	447	4		4.6	2.2			538	P ★
IC 1478	23 15 42.5	+10 01 29	Sb	52	I	≤7.71		2300	−	5700				51.8	1.9	1.2			378	E
NGC 7591	23 15 43.9	+06 18 46	Sc	68	I	14.61		0	4964	15		469	5		1.9	0.8		145	158	G ★
			SBb	62	I	20.0	3.0	0	4953	16	367			51.	3.1				273	A
			SBb	62	I	22.64	2.29	0	4926	13	363	419	4	66.8	2.1	1.1			378	E ★
								0	4976	20									359	G
			Sb	68	I	17.9		0	4952	6		436	4		2.4				329	A ★
					M	10.0								40.	1.9				398	V ★
								0	4952										409	A
				68	I	15.2		0	4952		383	436	4		1.9	0.8			543	A
					I	14.18		0	4961			419	4	66.1	1.9	0.8			562	A ★
NGC 7592	23 15 48.6	−04 41 18	Sab p						7314										203	G
					I	5.42		0	7311			450	5	77.8					518	G
Anon 2315+10	23 15 59.0	+10 30 45	S	68	I	≤9.29		2300	−	5700				51.8	0.9	0.4			378	E
NGC 7590	23 16 10.0	−42 30 39	Sbc						1616		363	444	4	16.7					379	P ★
			Sbc	68	I	57.0	4.1	0	1582	17		475	4	31.1	2.3				320	P ★
UGC 12490	23 16 10.8	+24 57 33	SBa		I	≤3.0		5	7957	45					2.1				273	A
			SBb	38	I	3.26	0.52	0	8060	1	194	350	3		1.0	0.8			454	A ★
			SBb	42	I	2.91		0	8098			235	4		1.0	0.8			471	A ★
UGC 12488	23 16 12	+20 42			S	±	4.0	2400	−	9400									490	A
Zw 475-061	23 16 12.3	+24 59 37	Sc	0	I	1.73	0.29	0	8117	4	201	278	3		0.7	0.7			454	A ★
UGC 12489	23 16 14.4	+22 35 53	Sd	86	I	4.30	0.69	0	10888	1	520	540	3		1.3	0.1			454	A ★
NGC 7601	23 16 15.4	+08 57 38	Sbc	29	I	9.268	2.84	0	8038	24	258	375	4	110.2	1.4	1.2			378	E ★
UGC 12494	23 16 20.4	+06 36 17	SXc	69	I	2.81	1.30	0	4209	24	197	226	4	51.8	1.7	0.7			378	E ★
			Scd	74	I	5.9		0	4181	5		253	4		1.8				329	A ★
			Sc	74	I	5.4		0	4181		212	253	4		1.6	0.5			543	A
NGC 7603	23 16 22.6	−00 01 39	Sb		I	≤2.3			8800						1.6				114	G
			S p		I	6.8		0	8736	20		60	4		1.4	0.9			78	A
Anon 2316+07	23 16 25.2	+07 30 21			I	0.82		0	4310		102				0.45				556	A
NGC 7606	23 16 29.4	−08 45 36	Sb	66	M	4.13		0	2256	20				22.0					324	N
			Sb	66	I	20.0	4.5	0	2230	3	503	525	4		5.8				473	J ★
NGC 7599	23 16 36.0	−42 31 48	Sc						1687		289	320	4	16.7					379	P ★
			Sc	72	I	74.4	5.7	0	1621	20		533	4	31.9	3.5				320	P ★
			SBc					−400	−	3000					5.8	2.4			373	B
UGC 12497	23 16 38.7	+07 25 48	Im	74	I	≤9.12		2300	−	5700				51.8	1.2	0.4			378	E
			Im	84	I	4.3		0	3759	12		260	4		1.4				329	A ★
			S0/a	83	I	4.1		0	3759		189	260	4		1.1	0.2			543	A ★
					I	3.60		0	3762		159				1.08				556	A
UGC 12499	23 16 39.2	+25 52 36						0	5606										490	A
			Sm	49	I	1.50	0.26	0	5555	8	199	209	3		1.1	0.7			454	A ★
IC 5309	23 16 39.6	+07 50 08	Sb	64	I	2.515	0.809	0	4244	46	459	582	4	51.8	1.6	0.8			378	E ★
			Sb	69	I	3.6		0	4162	14		265	4		1.9				329	A ★
								0	4186										409	A
				70	I	2.3		0	4187		293	321	4		1.5	0.6			543	A
NGC 7608	23 16 43.3	+08 04 37	S	75	I	3.078	0.531	0	3518	24	273	288	4	51.8	1.8	0.6			378	E
			S	80	I	2.7		0	3480	53		350	4		1.8				329	A ★
			Sa	79	I	2.5		0	3557		239	319	4		1.5	0.4			543	A
UGC 12502	23 16 43.4	+22 09 40	Sa		I	1.63		0	11030			553	3		1.0	0.3			565	A ★
Zw 476-004	23 16 47.2	+25 47 00	Sd	37	I	0.83	0.15	0	6276	9	161	171	3		0.8	0.6			454	A ★
Anon 2316+24	23 16 51.8	+24 39 37			I	1.50		0	5809		94				0.68				556	A
UGC 12505	23 16 52.9	+05 37 52	Pec	27	I	≤4.66		2300	−	5700				51.8	1.1	1.0			378	E
Zw 476-005	23 16 53.6	+23 31 43			S	±	4.0	6800	−	10500									543	A
			S0/a		I	0.60		0	9094			464	3		0.7	0.3			565	A ★
UGC 12506	23 17 00	+15 48	Sc	90	I	31.9	3.7	0	2385	8	345	365	4		2.8	0.2			384	G ★

Table 1 cont.

Name (1)	R.A. (2)	Dec. (3)	Type (4)	i (5)	(6)	HI-flux (7)	(8)	(9)	v (10)	(11)	(12)	Δv (13)	(14)	Dist (15)	a (16)	b (17)	Vmax (18)	Pos (19)	Ref (20)	(21)
NGC 7611	23 17 04.7	+07 47 23	SB0		M	≤0.8		1	3580					65.	1.2	0.6			27	A ⋆
			S0	59	I	≤4.02		5	3303	71				51.8	1.2	0.8			378	E
			S0/a	62	I	≤1.2		6	3500						1.7				329	A
			S0	63	S	±	1.3	5	3383						1.2	0.6			543	A
UGC 12510	23 17 06	+07 59			F	≤1.0		−400 − 3000											213	G
NGC 7610	23 17 09.5	+09 54 42	Sc	33	I	25.59	1.63	0	3556	13	238	278	4	51.8	2.8	2.3			378	E ⋆
			Sc	40	I	27.26	1.4	0	3550	10		286	4		2.3				188	G ⋆
			Sc	35	F	9.85	1.32	0	3560	30		295	4	37.7	4.0	3.3			373	G
			Scd	36	I	29.2		0	3551	5		282	4		3.8				329	A ⋆
			Scd	38	I	18.6		0	3551		254	282	4		2.7	2.2			543	A
NGC 7612	23 17 12.2	+08 18 09	S0	60	I	≤4.33		5	3189	71				51.8	1.8	0.9			378	E
			Sbc	65	S	±	1.2	5	3228						1.5	0.7			543	A
UGC 12514	23 17 21.1	+25 44 07	Sm	62	I	1.70	0.30	0	5863	7	235	247	3		1.1	0.5			454	A ⋆
NGC 7615	23 17 22.5	+08 07 30						0	4473										409	A
			S0/a	51	S	±	1.6	5	2942						0.9	0.6			543	A
Zw 497-003	23 17 34.9	+32 39 10	Sc		I	2.11		0	9325			578	3		0.8	0.2			565	A ⋆
Mark 322	23 17 35.0	+25 56 26		44	M	2.56	0.64		7945	43				109.0	0.35	0.23			293	A ⋆
Zw 476-009	23 17 36.0	+25 26 20	S0/a		I	1.05		0	7949			318	3		0.3	0.3			565	A ⋆
NGC 7617	23 17 37.0	+07 53 31	E/S0	43	I	≤3.36		5	4072	90				51.8	0.9	0.7			378	E
NGC 7620	23 17 37.4	+23 56 50	Scd		I	≤3.0		5	9534	220					2.4				273	A
			Sd	22	I	7.38	1.14	0	9582	1	235	256	3		1.3	1.2			454	A ⋆
					S	12.0		2890 − 8378											471	A
			Sc		I	7.465		0	9582		235	276	4		1.3	1.2			475	A ⋆
UGC 12521	23 17 37.5	−02 07 42	Sa		I	3.88		0	3641	4	268	285	4						170	A
UGC 12518	23 17 40.7	+07 39 29	Sb	83	I	3.261	0.472	0	2787	13	107	144	4	51.8	1.5	0.4			378	E
			Sc	90	I	≤2.5		6	4030						1.6				329	A
Zw 476-011	23 17 42.0	+25 44 57	Sc	41	I	1.57	0.28	0	6062	8	201	226	3		0.4	0.3			454	A ⋆
NGC 7619	23 17 42.6	+07 55 57	E2		M	≤4.0		5	3757					52.7					134	A
			E3	28	I	≤3.44		5	3761	47				51.8	3.0	2.7			378	E
			E3		M	≤2.04		5	3757					80.6	2.9	2.6			193	A ⋆
UGC 12522	23 17 44.4	+07 43 54	S/Irr		I	3.746		0	2807		103	128	4		1.7	1.6			475	A ⋆
			Scd	19	I	4.835	0.566	0	2797	13	109	122	4	51.8	1.9	1.8			378	E ⋆
					F	≤1.0		−400 − 3000											213	G
			Scd	20	I	4.8		0	2798	5		133	4		2.8				329	A ⋆
				20	I	3.7		0	2798		113	133	4		1.7	1.6			543	A
Zw 476-010	23 17 45.5	+25 19 13	Sc		I	1.74		0	6063			268	3		0.7	0.3			565	A ⋆
NGC 7624	23 17 55.2	+27 02 31	Sc		M	4.56		1	4440		300			81.	1.0	0.7			27	A ⋆
								0	4351	25									359	G
			Sc		I	≤3.0		5	4477	220					2.1				273	A
			Sd	45	I	3.79		0	4276		0	331	3		1.0	0.7			454	A ⋆
			Sc	42	I	3.77		0	4237			311	4		1.0	0.7			471	A ⋆
NGC 7623	23 17 58.0	+08 07 20	S0	49	I	≤4.32		5	3463	90				51.8	1.9	1.3			378	E
			S0	53	I	≤2.9		6	3661						2.3				329	A
			S0		I	≤0.72		5	3674						1.9				501	A
			Sbc	56	S	±	3.2	5	3674						1.6	1.0			543	A
NGC 7625	23 18 00.6	+16 57 15	Sa p	35	I	1.4		0	1620	20		205	4	18.	2.5				160	G ⋆
			S0/a p		M	2.8		1	1830		160			33.	1.5	1.5			27	A ⋆
			Sa p		F	4.6	0.9	0	1654	9		214	1	27.	2.9				60	N
			E/S0 p	34	M	2.7		5	1637		190			24.9					134	A ⋆
			S/Irrp	22	I	12.0	2.0	0	1624	12	147			19.	2.7				273	A
			S p	21	I	18.3	1.7	0	1624	10	150	184	5	37.5	2.3	2.1			346	E ⋆
			Sa	34	F	3.65	1.28	0	1641	35		368	0	24.5	2.7				21	N
					F	4.96	0.40	0	1626		146	189	4	25.0	1.78	1.66			347	G ⋆
			Sa p	00	M	7.25	1.81	0	1633			262	4	37.0	2.9	2.9			382	G ⋆
UGC 12530	23 18 04.0	+29 01 53	SBd	21	I	6.58	1.03	0	4311	1	93	111	3		1.5	1.4			452	A ⋆
ESO 347-G 08	23 18 06.0	−42 00 15	Sm	18	I	22.0	4.0	0	16	10	98			1.0	2.4	2.3			310	P
			Im	34				1	16	20				1.0	2.4	2.1			528	P
NGC 7626	23 18 10.3	+07 56 35	E1 p		M	≤1.9		5	3439					45.8					134	A
			E1 p	30	I	≤3.91		5	3400	14				51.8	3.0	2.7			378	E
			E1		S	≤98.0		5	3440										356	G
			E1		M	≤1.22		5	3465					80.6	2.5	2.0			193	A ⋆
UGC 12532	23 18 18	+02 14						0	4021										490	A
UGC 12533	23 18 24.0	+23 32 00	Sc	90	I	2.24	0.39	0	6004	3	475	496	3		1.5	0.2			454	A ⋆
					S	±	4.0	6800 − 10500											543	A
UGC 12535	23 18 29.5	+07 54 19	Sbc	85	I	≤7.47		1650 − 6950						51.8	1.3	0.3			378	G
			Sbc	90	I	≤3.3		6	4040						1.4				329	A
				90	S	±	1.5	5	4214						1.1	0.1			543	A
Zw 406-079	23 18 33.6	+07 49 42	S0/a	65	I	2.9		0	3886		143	193	4		1.2	0.5			543	A ⋆
Zw 476-015	23 18 36.0	+26 08 33	Sc	73	I	2.68	0.44	0	5858	2	107	267	3		0.8	0.3			454	A ⋆
UGC 12537	23 18 40.7	+29 16 35	Sc	57	I	3.81	0.62	0	6116	2	441	466	3		1.3	0.7			452	A ⋆

275

Table 1 cont.

Name (1)	R.A. (2)	Dec. (3)	Type (4)	i (5)	(6)	HI-flux (7)	(8)	(9)	v (10)	(11)	Δv (12)	(13)	(14)	Dist (15)	a (16)	b (17)	Vmax (18)	Pos (19)	Ref (20)	(21)
Zw 406-078	23 18 40.9	+07 05 33	S0/a	62	I	≤1.1		6	3270						1.1				329	A
			Sbc	62	S	±	1.5	5	3074						0.7	0.3			543	A
UGC 12538	23 18 43.0	+33 07 46	Scd	73	I	1.87	0.34	0	4897	6	286	302	3		1.0	0.3			452	A ★
Zw 406-082	23 18 44.8	+07 12 24						0	3999										409	A
			Sb	72	I	1.1		0	3999		207	235	4		0.8	50.2			543	A ★
NGC 7630	23 18 44.8	+11 07 24	S	67	I	≤6.95		2300	–	5700					1.2	0.5			378	E
IC 5315	23 18 49.8	+25 06 33	E		I	0.99		0	4437			195	4		1.0	1.0			269	A ★
			E		I	1.0		0	4431			183	3		1.0	1.0			488	A ★
NGC 7631	23 18 54.6	+07 56 36	Sb	61	I	3.0	2.0	0	3760	5	365			36.	3.0				273	A
			Sb	63	I	4.788	0.834	0	3757	24	345	387	4	51.8	2.0	1.0			378	E ★
			Sb	66	I	5.1		0	3742	5		381	4		2.3				329	A ★
			Sa	66	I	4.4		0	3742		365	381	4		1.8	0.8			543	A
Zw 476-017	23 18 54.7	+21 56 40	Sbc	74	I	1.64	0.30	0	11923	5	449	472	3		0.8	0.3			454	A ★
UGC 12543	23 19 06.0	+26 50 50	Sd	72	I	3.93	0.64	0	5972	1	159	252	3		1.0	0.3			454	A
Zw 406-086	23 19 08.7	+08 43 00	S	68	I	5.073	0.743	0	3634	13	188	203	4	51.8	1.3	0.6			378	E ★
			Pec	77	I	2.2		0	3575	32		194	4		1.3				329	A ★
								0	3595										409	A
			S0/a	84	I	2.3		0	3595		165	229	4		1.0	0.3			543	A
NGC 7634	23 19 09.8	+08 36 46	SB0	40	I	≤2.96		5	3236	71				51.8	1.5	1.2			378	E
			S0	42	I	≤1.4		6	3435						1.9				329	A
			S0		M	≤1.42		5	3236					80.6	1.5	1.1			193	A ★
			S0/a		I	≤0.9		5	3236						1.5	1.1			419	A
			S0	45	S	±	1.8	5	3150						1.2	0.9			543	A
UGC 12545	23 19 11.0	+26 48 13	SBd	62	I	3.93	0.64	0	5751	1	194	247	3		1.3	0.6			454	A ★
Zw 497-007	23 19 12.5	+33 13 00	Sc		I	0.60		0	4915			130	3		0.5	0.4			565	A
UGC 12544	23 19 13.2	+08 48 13	Im	17	I	5.16	0.505	0	2840	13	73	87	4	51.8	1.3	1.2			378	E ★
			Scd	24	I	5.2		0	2849	5		122	4		2.0				329	A ★
			Scd	24	I	4.4		0	2849		78	122	4		1.2	1.1			543	A
Anon 2319+27	23 19 13.4	+27 23 16			I	0.94		0	5935		45				0.45				556	A
UGC 12546	23 19 13.5	+26 48 40	Scd	74	I	6.80	1.08	0	5923	1	586	608	3		1.4	0.4			454	A ★
NGC 7632	23 19 18.0	−42 45 12	E/S0		I	≤8.4		5	1553					30.5					320	P ★
UGC 12547	23 19 18.8	+04 43 55						0	5112										409	A
			Sc	62	I	3.6		0	5113		193	240	4		1.2	0.6			543	A ★
Anon 2319+10	23 19 24.8	+10 14 58	Pec	63	I	≤8.65		2300	–	5700				51.8	1.1	0.6			378	E
UGC 12552	23 19 33.4	+12 45 39	Sab	81	I	≤7.95		2300	–	5700					1.6	0.4			378	E
UGC 12553	23 19 41.4	+09 06 34			F	≤1.0		−400	–	3000									213	G
								0	3577										409	A
			Sd	39	I	3.4		0	3578		78	102	4		1.4	1.1			543	A
					I	2.70		0	3574			83				1.17			556	A
NGC 7640	23 19 42.6	+40 34 16	SBc	81	F	100.0	5.0		373	14	238			4.4	11.4			176	79	J ★
			SBc	77	I	360.0	30.0		360	10	216	265	5	4.4	13.5	3.6	120	165	194	O ★
			SBc	83	I	348.0	32.0	0	374	3	228	263	4	13.					204	D ★
			Sc		I	313.4		0	377			260	5		13.5	3.6			183	G ★
			Sb	90					370					6.4	11.0	2.2			365	O ★
			SBc	89	M	1.6			363	30				4.4	13.5			170	285	G
			SBc	77	M	4.3	3.2	0	360	30				8.7					85	N
			SBc	83	I	313.2	20.6	0	367	1	237	259	4		10.7	6.3			523	J ★
NGC 7641	23 19 59.8	+11 37 05	Sa	70	I	≤8.90		2300	–	5700					1.9	0.7			378	E
UGC 12557	23 20 00.8	+28 54 31	Sc	77	I	4.16	0.69	0	5923	2	533	559	3		1.5	0.4			452	A ★
UGC 12555	23 20 01.3	+04 50 45		79	I	3.8		0	4915		230	256	4		1.1	0.3			543	A
								0	4914										409	A
Anon 2320+10	23 20 05.4	+10 06 35			I	1.70		0	3521		127				0.5				556	A
Zw 476-023	23 20 07.3	+23 06 07	S		I	1.66		0	5034			171	3		0.5	0.5			565	A ★
UGC 12562	23 20 15.5	+11 29 54	S0/a	82	I	2.8		0	3836		167	199	4		1.3	0.3			543	A ★
					I	2.00		0	3836		154				1.08				556	A
UGC 12565	23 20 15.6	+22 56 00	Sc	50	I	2.19	0.37	0	8534	4	303	324	3		1.1	0.7			454	A ★
UGC 12567	23 20 18	+43 42			I	2.48		0	5313		213	195	3						498	G ★
UGC 12564	23 20 18.5	+22 39 40	Sd	69	I	3.45	0.57	0	12371	3	497	520	3		1.0	0.3			454	A ★
UGC 12566	23 20 18.5	+28 52 00	Sbc	39	I	2.99	0.54	0	5781	6	332	357	3		1.8	1.4			452	A ★
NGC 7642	23 20 19	+01 10 06			I	3.366		0	8952		245	283	4		0.5	0.5			475	A ★
NGC 7643	23 20 19.0	+11 42 51	Sa	58	I	1.1		0	3878		345	396	4		1.4	0.8			543	A ★
			S	55	I	9.276	2.05	0	5420	24	232	315	4	75.4	1.7	1.0			378	E
								0	3878										409	A
UGC 12561	23 20 26.4	+08 43 11	Sdm	73	I	5.862	0.804	0	3744	24	188	217	4	51.8	1.6	0.6			378	E
								0	3743										409	A
			Sc	82	I	3.9		0	3743		200	230	4		1.7	0.4			543	A ★
UGC 12569	23 20 42	+14 38			S	±	4.0	−100	–	6900									490	A
UGC 12570	23 20 43.7	+32 15 13	Im	48	I	3.51		0	5268			278	3		0.6	0.4			452	A ★
Zw 476-027	23 20 48	+24 28			S	±	4.0	6800	–	10500									543	A
UGC 12571	23 20 51.3	+13 02 40	SB	55	I	7.901	0.779	0	3911	13	279	298	4	55.3	2.2	1.3			378	E ★

Table 1 cont.

Name (1)	R.A. (2)	Dec. (3)	Type (4)	i (5)	(6)	HI-flux (7)	(8)	(9)	v (10)	(11)	Δv (12) (13) (14)	Dist (15)	a (16)	b (17)	Vmax (18)	Pos (19)	Ref (20)	(21)
UGC 12571								0	3914								409	A
			S	60	M	3.5					373 4						413	A
			Sa	59	I	5.5		0	3915		299 322 4		2.0	1.1			543	A ★
UGC 12572	23 20 53.6	+24 28 30	Sbc	86	I	0.75	0.16	0	9756	17	526 544 3		1.0	0.2			454	A ★
Zw 497-011	23 20 54.0	+29 09 23	Sc		I	1.82		0	6835		211 3		0.6	0.6			565	A ★
Zw 476-028	23 21 07.5	+24 55 00	Sc		I	0.85		0	9648		242 3		0.6	0.6			565	A ★
NGC 7648	23 21 22.2	+09 23 36	S0	46	I	≤2.96		5	3593	71		51.8	1.8	1.3			378	E
			S0		I	0.42	0.09	0	3559	83	202 329 4		1.8				501	A ★
			Sa	50	S	±	1.4	5	4050				1.6	1.0			543	A
UGC 12578	23 21 48.0	−00 23 00	S p	45	F	2.57	0.43	0	2696	15	127 4	28.6	2.5	1.7			373	G
			S		I	11.60		0	2701		131 4		2.6	1.8			515	G ★
				50	I	11.6	1.1	0	2700	4	103 132 4	57.3				80	527	J ★
			S		I	0.50		0	2398		120 4		1.0	1.0			515	G ★
Zw 476-030	23 21 57.6	+25 06 37	S0/a		I	2.17		0	9579		305 3		0.7	0.6			565	A ★
UGC 12581	23 22 02.3	+08 59 33	SBab	40	I	≤4.54		5	2300	5	700	51.8	1.6	1.3			378	E
UGC 12583	23 22 04.9	+23 42 37	Sd	77	I	2.88	0.48	0	5055	4	262 289 3		1.3	0.3			454	A ★
UGC 12585	23 22 07.4	+08 09 01	Sdm	20	I	7.027	0.785	0	3659	13	95 112 4	51.8	1.7	1.6			378	E ★
			Sc	20	I	4.9		0	3678		98 116 4		1.6	1.5			543	A
								0	3677								409	A
UGC 12588	23 22 18.1	+41 04 23	Sdm		F	3.31	0.53	0	425	15	116 4	7.0	3.2	3.2			373	G
			Sdm		I	12.50		0	416		103 4		3.3	3.3			515	G ★
NGC 7653	23 22 18.6	+14 59 58	Sb	28	I	3.0	2.0	0	4265	9	277	45.	2.9				273	A
								0	6202	20							359	G
UGC 12587	23 22 21.8	+26 22 00	Sbc		I	1.2		0	12795		367 3		1.1	0.8			488	A
UGC 12589	23 22 30	−00 16			I	4.25		0	10157		307 5	108.2					518	G
Zw 497-014	23 22 32.3	+29 31 07	Sc		I	3.43		0	7701		207 3		0.9	0.8			565	A ★
UGC 12591	23 22 52.7	+28 13 22	Sab	66	I	1.39	0.27	0	6949	4	949 979 3		1.6	0.7			452	A ★
			S0/a	67	I	2.2	0.4	0	6935	10	950		1.6	0.7	506	238	461	A ★
Zw 497-016	23 22 54.0	+28 35 00	Sa		I	1.75		0	10343		351 3		0.8	0.5			565	A ★
UGC 12593	23 22 56.6	+32 24 16	Sd	39	I	4.27	0.69	0	4974	2	204 216 3		1.3	1.0			452	A ★
UGC 12592	23 23 00	+05 11			F	≤1.0		−400	− 3000								213	G
Zw 476-034	23 23 13.8	+22 37 43			S	±	9.0	3100	− 6600								384	G
			S0/a		I	3.12		0	7367		321 3		0.6	0.4			565	A ★
UGC 12596	23 23 31.2	+12 55 38	S	64	I	≤9.63		2300	− 5700				1.3	0.6			378	E
Zw 497-018	23 23 38.1	+31 42 10	Sc		I	1.74		0	13473		415 3		0.8	0.3			565	A ★
Zw 476-036	23 23 40.0	+22 30 50	S		I	2.52		0	11016		381 3		0.6	0.4			565	A ★
ESO 407-G 18	23 23 47.6	−32 39 57	dI		I	15.0	3.0		62	5	35 4		1.3	1.5			294	P
			Im	18	I	15.0	3.0	0	62	5	35		1.0	2.3 2.2			310	P
			Im			±	18.0	−400	− 3000				2.3	1.7			373	B
Mark 324	23 24 01.8	+17 59 30			F	0.44	0.14	0	1600		105 181 4	24.7	0.30	0.27			347	A ★
Zw 476-037	23 24 05.3	+25 22 03	Sd	70	I	2.54	0.42	0	9061	2	343 364 3		0.9	0.3			454	A ★
Zw 497-019	23 24 08.5	+32 34 17	Sc		I	2.71		0	5268		238 3		1.1	0.7			565	A ★
NGC 7664	23 24 10.6	+24 48 18	Sc	53	I	31.0	5.0	0	3472	8	338	37.	4.6				273	A
								0	3481	15							359	G
			Sc		S	±	18.0	−400	− 3000				4.9	2.8			373	G
			Sb	59	I	27.4		0	3477		354 4	74.5	3.3	1.8		90	393	A
			Sc	56	M	10.58		0	3513	20		34.5					324	N
			Scd	55	I	26.6		0	3479		394 5	37.2					417	G
			Sb		I	27.4		0	3477		354 3		3.3	1.8			488	a ★
			Sc	59	S	±	34.0	3100	− 6600				3.3	1.8			384	G
ESO 347-G 17	23 24 15	−37 37 18	Im	69	F	3.09	0.73	0	690	25	103 4	6.9	3.4	1.3			373	B
NGC 7661	23 24 18.0	−65 33 00	Sc	54				1	1992	20		23.8	1.9	1.2			528	P
Mark 532	23 24 18.0	+11 05 00		0	I	1.19		0	8923		210 4		0.17	0.17			471	A ★
Zw 476-040	23 24 18.2	+26 19 44	Sd	47	I	3.83	0.64	0	5717	3	227 268 3		0.9	0.6			454	A ★
			Sc		I	3.83		0	5717		268 3		0.9	0.6			565	A ★
UGC 12599	23 24 19.2	+25 24 40	S0/a	84	S	±	20.0	3100	− 6600				1.1	0.25			384	G
			Sab	90	I	2.55	0.50	0	6688	10	471 496 3		1.1	0.2			454	A ★
			S0/a		I	2.55		0	6688		496 3		1.1	0.2			565	A ★
Zw 497-020	23 24 35.0	+28 50 20	Sb		I	0.46		0	6958		150 3		0.6	0.3			565	A ★
UGC 12601	23 24 36	+14 46						0	4075								490	A
NGC 7671	23 24 47.8	+12 11 34	S0	54	I	≤3.70		5	4126	71		66.8	1.7	1.1			378	E
NGC 7672	23 24 59.8	+12 06 35	Sb	28	I	≤3.21		5	4394	93		66.8	1.0	0.9			378	E
Zw 497-021	23 25 02.0	+29 46 20	Sb		I	0.65		0	10329		281 3		0.5	0.3			565	A ★
UGC 12603	23 25 08.2	+29 34 17	S		I	3.26		0	10329		508 3		1.1	0.3			565	A ★
UGC 12604	23 25 09.9	+22 28 40	SBb	46	I	2.45	0.42	0	11088	2	320 444 3		1.0	0.7			454	A ★
			SBa	47	S	±	17.0	3100	− 6600				1.0	0.7			384	G
			S		S	±	4.0	6800	− 10500								543	A
NGC 7673	23 25 11.9	+23 18 52	Comp		I	8.17		0	3407	20	202 5		1.7	1.6			158	G ★
			S0/a p		M	6.46		1	3600		100	65.	1.7	1.6			27	A ★
			Comp		F	1.8	1.3	0	3408	29		53.	2.7		250	60	N

277

Table 1 cont.

Name (1)	R.A. (2)	Dec. (3)	Type (4)	i (5)	HI-flux (6) (7) (8)	v (9) (10) (11)	Δv (12) (13) (14)	Dist (15)	a (16)	b (17)	Vmax (18)	Pos (19)	Ref (20)	(21)
NGC 7673			Sc		F 1.64 0.33	3404 20	250 1	48.6					38	N ★
					F ≤1.88	3368							141	N
			Sc p	18	I 11.0 2.0	0 3412 10	113	37.	2.9				273	A
				27	M 10.1 0.2	3402 2	220 4	49.0	1.70	1.62			293	A ★
			Sc	18	I 8.6	0 3426	215 5	37.1					417	G
			Sc	18	I 7.3	0 3413	241 5	37.1					417	A
					I 6.546	0 3409	171 4	46.7	1.7	1.6			562	A ★
NGC 7674	23 25 24.5	+08 30 13	SBb	25	I 7.382 1.91	0 8857 24	449 467 4	121.1	1.2	1.1			378	E ★
			SBb	25	I 6.67	0 8747	344 4						272	A
			SXbc p	25	F 1.37 0.12	8747	344 4		1.75				154	A ★
			Mult		I 4.3 1.1	0 8850	144 436 4						469	G ★
					I ≥2.80	0 8800	344 4	117.0	1.0	0.9			562	A ★
NGC 7674/75			Mult p		I ≤3.0	5 8850 200			2.1				273	A
UGC 12609	23 25 33.6	+30 44 16	Sm	62	I 1.49 0.26	0 5055 7	224 242 3		1.3	0.6			452	A ★
Zw 497-023	23 25 34.4	+31 53 13	Sbc		I 2.12	0 5175	384 3		1.0	0.3			565	A
NGC 7677	23 25 36.2	+23 15 18	Sc	51	I 9.02	0 3544 20	302 5		1.7	1.1		35	158	G ★
			SXbc		M 11.1	1 3730	300	68.	1.7	1.1			27	A ★
			Scd		F 4.63 1.62	3540 35	440 1	50.2					38	N ★
			SXbc	49	I 9.0 2.0	0 3554 7	266	37.	2.9				273	A
			SXbc	49	I 13.6	0 3536	373 5	37.1					417	A
			SXbc	49	I 6.7	0 3563	287 5	37.1					417	A
			SBc	49	I 9.14 1.42	0 3554 1	270 285 3		1.7	1.1			454	A ★
					S ±	5 3897							471	A
UGC 12611	23 25 43.8	+27 24 47	Sa		I 0.98	0 5089	414 3		1.1	0.2			565	A ★
NGC 7678	23 25 57.4	+22 08 40	Sc	42	I 13.5	0 3491	323 4	49.7	2.2				203	A
						0 3459 35							42	N
			SXc	41	I 7.0 2.0	0 3487 6	284	37.	3.8				273	A
			Sc	41	M 4.35	0 3464 20		34.0					324	N
			SBd	43	I 9.91 1.57	0 3487 1	292 306 3		2.5	1.8			454	A ★
			SXc	42	I 13.2 1.1	0 3487 6	306 321 4		2.3	0.3			523	J ★
					I 7.616	0 3490	318 4	47.7	2.5	1.8			562	A ★
UGC 12615	23 26 01.5	+28 29 40	Sm	45	I 1.16 0.20	0 7041 7	130 146 3		1.0	0.7			452	A ★
						0 7035							490	A
IC 5325	23 26 02.0	−41 36 12	Sbc		I 10.3 2.3	0 1497 21	187 4	29.5	2.6				320	P ★
			Sbc		F 2.40 0.67	0 1512 15	142 4	14.9	3.7	3.7			373	B
UGC 12613	23 26 02.8	+14 28 13	Im	49	I 21.0 0.5	0 −184 5	13 28 4						442	E ★
			Im	51	I 20.5	0 −185	38 4		1.0	4.1			203	G ★
			Im	51	I 19.2 1.5	0 −186 2	21 38 4		4.57	2.95			377	E ★
			Im		I 6.614	0 −182	22 37 4		5.0	3.0			489	A ★
			Im	53	F 5.40 0.49	0 −179 10	43		1.0	7.7			89	G
			Im	24	M 0.017	0 −180	18 33 4		1.6	7.7	9	260	376	E ★
			Im	55	F 5.98 0.52	0 −178 7	49 4		1.0	7.8	4.6		373	G
					I 18.5 2.8	0 −184 13	25 40 4						378	E ★
			Im		M 0.019 0.019	0 −240			0.6				85	N
			Im		M 0.001				1.0				415	V
			Im		I 32.0	0 −190	55 4		1.6	7.8			487	B ★
			Im		I 22.40	0 −186	41 4			7.8	4.7		515	G ★
NGC 7679	23 26 13.4	+03 14 12	S0 p	49	I 10.49 1.86	0 5121 24	181 279 4	66.8	1.9	1.3			378	E ★
			SB0 p		M 17.0	5181	320	71.1					18	B ★
			SB0		I 2.76	0 5080	150 4	92.					109	A ★
			Sc		I 2.53	0 5135 3	287 394 4						170	A
			SB0	52	I 9.8	0 5120	335 5	53.2					417	G
			SB0	52	I 6.1	0 5149	324 5	53.2					417	A
					I 5.366	0 5143	288 4	68.1	1.7	1.1			562	A ★
UGC 12619	23 26 14.9	+21 57 00	SXdm	53	S ± 16.0	3100 − 6600			1.6	1.0			384	G
						0 3893							490	A
			Sm	50	I 4.90 0.77	0 3887 1	176 191 3		1.6	1.0			454	A ★
					S ± 4.0	6800 − 10500							543	N
NGC 7682	23 26 30.2	+03 15 28	Sab	36	F 1.5 0.5	0 5155 30	324 4	59.3	1.2				53	N ★
			SBa	35	I 4.95	0 5114	230 4						272	A ★
			SBa		I 4.22	0 5120	240 4	92.					109	A ★
			SBab		I 4.76	0 5115 2	196 220 4						170	A
			SBab	36	I 11.4	0 5149	314 5	53.2					417	G
			SBab	36	I 5.0	0 5124	226 5	53.2					417	A
			SBa		I 1.191	0 5116	196 212 4		1.1	0.9			489	A ★
NGC 7683	23 26 31.6	+11 10 08	S0	60	I ≤8.03	2300 − 5700			2.3	1.2			378	E
			S0		S ± 0.76	0 − 12700			2.0	0.9			488	A
UGC 12624	23 26 36	+21 17				0 3513							490	A
UGC 12625	23 26 38.8	+29 30 03	Sc	90	I 1.92 0.38	0 5281 9	502 549 3		1.6	0.2			452	A ★
Zw 476-047	23 26 39.0	+26 17 40	Sb		I 0.77	0 7974	146 3		0.5	0.5			565	A ★

Table 1 cont.

Name (1)	R.A. (2)	Dec. (3)	Type (4)	i (5)	(6)	HI-flux (7)	(8)	(9)	v (10)	(11)	Δv (12)	(13)	(14)	Dist (15)	a (16)	b (17)	Vmax (18)	Pos (19)	Ref (20)	(21)
Anon 2326+11	23 26 39.9	+11 34 28			I	1.80		0	3648		76				0.82				556	A
UGC 12626	23 26 46.5	+26 06 27	Sc	72	I	5.65	1.01	0	8016	7	448	466	3		1.2	0.4			454	A ★
			S	74	S	± 18.0		3100	−	6600					1.2	0.4			384	G
					I	3.5		0	8021		443	461	4						543	A
Zw 476-049	23 27 07.5	+23 40 13	Sd	39	I	2.63	0.42	0	9799	2	242	259	3		0.9	0.7			454	A ★
UGC 12629	23 27 22.8	+32 25 30		90	S	± 1.7		2372	−	12688					1.1	0.2			452	A
			Sa		I	1.22		0	5220		441		3		1.1	0.2			565	A ★
Zw 476-051	23 27 24.5	+24 41 47	Sc	65	I	2.16	0.36	0	9596	4	424	411	3		0.8	0.3			454	A ★
Zw 497-029	23 27 25.3	+31 48 33	Sb		I	1.48		0	4871		384		3		0.8	0.4			565	A ★
Zw 476-050	23 27 26.5	+22 55 53	S		I	1.18		0	10927		392		3		0.6	0.3			565	A ★
Zw 497-030	23 27 27.5	+32 22 37	Sa		I	1.18		0	5212		447		3		1.2	0.2			565	A ★
UGC 12631	23 27 32.2	+26 48 30	Sc	80	I	3.58	0.61	0	9168	2	461	510	3		1.1	0.3			454	A ★
			Sb	80	I	3.3		0	9182		462	491	4		1.1	0.2			543	A
UGC 12632	23 27 33.0	+40 43 07	Sm	35	F	14.47	0.90	0	424	10	114			13.0	6.5				89	G
			Sm		M	1.88		0	421		114	136	4	8.6	6.5				376	E ★
			Sm	36	F	18.07	1.04	0	424	7	131		4	7.0	7.5	6.1			373	G
			S		I	70.10		0	423		129		4		7.6	6.1			515	G ★
			S		I	69.69		0	423		128		4		7.6	6.1			515	G ★
Zw 476-055	23 27 40.2	+25 15 24	Im	0	I	4.09	0.65	0	5749	1	206	240	3		0.5	0.5			454	A ★
					M	7.02	0.47	0	5734	5	294		4	80.0	0.42	0.32			293	A ★
			Comp		F	2.4	1.2	0	7307	62	482		1	79.	1.1				60	N ★
					F	≤1.0			5396										141	N
UGC 12634	23 27 42	+39 57			I	5.29		0	5456		297	279	3						498	G ★
Zw 476-056	23 27 45.4	+22 32 40	Sc	60	I	1.39	0.25	0	10380	6	359	402	3		0.8	0.4			454	A ★
Zw 497-031	23 27 52.8	+32 36 43	Sc		I	1.05		0	5126		171		3		0.8	0.7			565	A ★
NGC 7685	23 27 57	+03 37 12		35	I	5.1		0	5642		294	320	4		1.9	1.6			543	A ★
			Sc		S	± 18.0		−400	−	3000					3.0	2.5			373	G
								0	5642										409	A
UGC 12639	23 27 58.4	+29 56 43	SBc	38	I	8.22	1.27	0	4536	1	134	157	3		1.4	1.1			452	A ★
UGC 12644	23 28 58.0	+28 55 03	SBd	56	I	3.20	0.52	0	5490	2	173	204	3		1.3	0.7			452	A ★
UGC 12643	23 28 58.8	+24 55 36	Sm	64	I	2.44	0.43	0	6998	7	221	232	3		1.4	0.6			454	A ★
								0	6966										490	A
			SBdm	67	S	± 20.0		3100	−	6600					1.4	0.6			384	G
UGC 12645	23 29 01.5	+32 12 13	Sc	60	I	1.52	0.29	0	5162	10	235	247	3		1.0	0.5			452	A ★
UGC 12646	23 29 09.4	+25 40 13	SBb		I	2.6		0	8028		196		3		1.9	1.7			488	A ★
			SBb	27	S	± 21.0		3100	−	6600					1.9	1.7			384	G
				30	I	2.6		0	8040		177	213	4		1.9	1.7			543	A
Zw 476-059	23 29 14.0	+27 02 33			S	± 4.0		6800	−	10500									543	A
			Sb		I	1.37		0	12695		448		3		0.8	0.3			565	A ★
Zw 476-060	23 29 18.0	+24 27 33	S0/a		I	0.43		0	5702		295		3						565	A ★
Zw 476-061	23 29 32.3	+23 17 00			I	2.80		0	6986		271		3		0.4	0.3			565	A ★
UGC 12650	23 29 35.0	+32 08 58	Sd	83	I	3.33	0.54	0	5081	2	307	322	3		1.4	0.2			452	A ★
Zw 476-063	23 29 53.6	+23 14 06	Sc		I	0.79		0	11667		276		3		0.8	0.6			565	A ★
NGC 7689	23 29 54	−54 22	Scd	46	I	35.5	3.6	0	1981	14	276		4	37.9	2.7				320	P ★
UGC 12658	23 30 15.0	+30 50 44	SBc	68	S	± 1.7		2372	−	9308					1.3	0.5			452	A
			SBb		I	2.11		0	9494		178		3		1.3	0.5			565	A ★
NGC 7690	23 30 18.0	−51 58 36	Sb	64	I	≤16.3		0	1364					28.4	2.5				320	P ★
			Sb	65	I	16.3	1.3		1503	7	258	274	4		2.2	1.0			550	P ★
Zw 476-065	23 30 42.0	+25 22 40	Sc		I	0.94		0	7024		269		3		0.3	0.3			565	A ★
Zw 476-066	23 30 43.5	+26 34 53	Sdm	27	I	5.13	0.82	0	3696	1	128	148	3		0.9	0.8			454	A ★
IC 5329	23 30 48	+20 57	Sc	90	S	± 17.0		3100	−	6600					1.8	0.25			384	G
Zw 476-067	23 30 56.5	+25 22 30		42	I	8.4	1.1	0	3260	10	70	90	4		0.8	0.6			384	E ★
			S		I	3.80		0	3717		161		3		0.7	0.5			565	A ★
UGC 12663	23 31 01.0	+23 44 40		25	S	± 15.0		3100	−	6600					1.1	1.0			384	G
			S0		I	0.92		0	7964		168		3		1.1	1.0			565	A ★
UGC 12665	23 31 09.6	+29 45 49	Sc	46	I	4.07	0.65	0	5375	1	158	247	3		1.3	0.9			452	A ★
UGC 12666	23 31 12.2	+32 06 26	Sd	61	I	5.06	0.85	0	4991	4	287	301	3		1.5	0.7			452	A ★
Zw 476-068	23 31 15.7	+25 30 40		28	S	± 10.0		3100	−	6600					0.9	0.8			384	G
			Sd	29	I	2.52	0.42	0	8116	5	210	233	3		0.8	0.7			454	A ★
			S0/a	33	I	2.5		0	8115		212	240	4		0.6	0.5			543	A ★
IC 5328 B	23 31 16.0	−45 29 06	Sc	77	I	≤13.1		400	−	6200					1.3				320	P ★
UGC 12667	23 31 19.8	+29 46 59	Sd	55	I	5.74	0.89	0	3797	1	224	247	3		1.6	0.9			452	A ★
Anon 2331+23	23 31 21.2	+23 55 00	S0		I	1.32		0	5594		192		3		0.3	0.1			565	A ★
UGC 12669	23 31 30	+44 25			I	3.64		0	4541		186	174	3						498	G ★
NGC 7698	23 31 31.6	+24 40 05	S0	36	S	± 10.0		3100	−	6600					1.1	0.9			384	G
IC 5332	23 31 48.0	−36 22 36	Sd		M	9.2	1.3	0	702		118		5	14.	6.2	4.7			226	P ★
			Sd	40	I	165.0	8.6	0	708	4	112		4	14.1	6.5				320	P ★
			Sd	40	F	41.32	2.21	0	707	8	119		4	7.1	9.3	7.2			373	B
			Sc	40	M	7.28		0	703					14.1	6.5		76	77	544	P
UGC 12674	23 32 03.9	+28 26 06	Sm	68	I	3.26	0.53	0	6826	3	205	229	3		1.1	0.4			452	A ★

279

Table 1 cont.

Name (1)	R.A. (2)	Dec. (3)	Type (4)	i (5)	(6)	HI-flux (7)	(8)	(9)	v (10)	(11)	(12)	Δv (13)	(14)	Dist (15)	a (16)	b (17)	Vmax (18)	Pos (19)	Ref (20)	(21)
UGC 12674								0	6821										490	A
					S	±	4.0	6800	−	10500									543	A
UGC 12675	23 32 06.0	+22 57 00	Scd	81	I	1.31	0.25	0	3031	14	148	182	3		1.0	0.2			454	A ★
				90	S	±	17.0	3100	−	6600					1.1	0.2			384	G
					S	±	4.0	6800	−	10500									543	A
Anon 2332+12	23 32 11.3	+12 39 09			I	1.20		0	3838		119				0.45				556	A
UGC 12678	23 32 19.3	+26 01 38		90	I	1.31	0.28	0	8954	11	515	528	3		1.2	0.2			454	A ★
			Sb	90	I	0.8	0.50	0	3955	23	125	140	4		1.2	0.2			384	G ★
			Sc	90	I	1.8		0	8953		533	562	4		1.2	0.2			543	A ★
UGC 12682	23 32 24.0	+17 57 00	Im	34	F	3.40	0.46	0	1394	15	67			31.6	2.6				89	G
			Im	35	F	3.07	0.51	0	1397	25		125	4	16.2	2.5	2.0			373	G
			Im		I	8.337		0	1388		71	99	4		1.6	1.3			489	A ★
			Im		I	7.40		0	1396			126	4		2.6	2.1			515	G ★
Anon 2332+05	23 32 52.6	+05 46 01	Sm		S	±	0.25	100	−	8120					0.58				556	A
UGC 12688	23 32 53.3	+07 02 48						0	5241										409	A
			Pec		I	7.2		0	5208			363	3		1.6	0.4			488	A ★
			S0/a		I	5.9		0	5241		322	421	4		1.6	0.4			543	A ★
UGCA 440	23 33 00	+18 02	Im		S	±	18.0	−400	−	3000					1.3	1.0			373	G
			Im	43	S	±	20.0	−600	−	3300					0.69	0.51			377	E
UGC 12690	23 33 06.0	+00 55 12			F	1.77		0	2596		90	108	4	36.8	3.2				213	G ★
			Im		F	2.39	0.53	0	2613	15		116	4	27.8	3.0	3.0			373	G
			Im		I	10.20		0	2605			107	4		3.1	3.1			515	G ★
NGC 7711	23 33 07.7	+15 01 26	S0 p		S	±	18.0	−400	−	3000					6.0	2.6			373	G
UGC 12693	23 33 14.4	+32 06 33	SBd	90	I	9.08	1.43	0	4952	1	217	235	3		2.1	0.1			452	A ★
Zw 476-074	23 33 19.0	+24 18 37	Sd	54	I	2.00	0.34	0	11444	6	256	269	3		0.7	0.4			454	A ★
NGC 7712	23 33 20.8	+23 20 32		27	I	4.0	2.0	0	3051	6	185			37.	2.0				273	A
			Pec	26	I	5.3		0	3132			329	5	33.7					417	G
			Pec	26	I	≤21.0		5	3080					33.2					417	B
			Pec		I	9.0		0	3055			193	3		0.9	0.8			488	A ★
UGC 12695	23 33 30	+12 36 07			F	≤1.0		−400	−	3000									213	G
			S/Irr		I	5.164		0	6184		67	92	4		1.2	1.2			475	A ★
								0	6182										490	A
UGC 12696	23 33 30.0	+22 45 27	SBcd	26	I	2.31	0.46	0	11444	10	314	334	3		1.0	0.9			454	A ★
			SBbc	26	S	±	25.0	3100	−	6600					1.0	0.9			384	G
UGC 12697	23 33 30	+35 40			F	≤1.0		−400	−	3000									213	G
NGC 7713	23 33 36.0	−38 12 48	Sd	64	I	53.1	4.5	0	702	9		207	4	13.8	3.7				320	P ★
			SBcd	55	F	12.32	1.75	0	698	40		236	4	6.9	5.5	3.3			373	B
			SBcd	65	M	3.3	0.6	0	660			219	5	14.	4.0	1.7			226	P ★
			Sd	63	M	0.38		0	723	20				6.5					324	N
			Sd	62	I	64.2		0	692			210	5	9.1	3.7				486	I ★
NGC 7714	23 33 40.1	+01 52 40	S	43	I	17.51		0	2795			264	4						272	A ★
			Pec	42	I	26.0	4.0	0	2803	15	160			30.	3.0				273	A
								0	2800	75									324	N
			SBb p	42	F	2.90	0.17	0	2795			264	4		2.7				154	A ★
			SBb		I	13.62		0	2804	1	169	231	4						170	A
			SBb	43	I	20.5		0	2787			296	5	29.7					417	G
			SBb	43	I	16.0		0	2812			264	5	29.7					417	A
			Sdm p	43	I	12.50		0	2796			227	4		1.8	1.3			471	A ★
			S		I	13.62		0	2804		166	229	4		1.8	1.3			489	A ★
					I	21.0		0	2796			245	5	30.0					518	A
					I	12.33		0	2795			264	4	37.1	1.8	1.3			562	A ★
NGC 7714/15	23 33 40.9	+01 52 40	SBb p	42		3.8		0	2805	40		290	4	30.	2.9				160	G ★
ESO 347-G 29	23 33 46.2	−39 03 26	Sdm	69	I	39.0	4.0	0	1553	10	230			15.4	4.8	2.0			310	P
			Sd	65				1	1553	20				18.7	4.6	2.3			528	P
NGC 7715	23 33 48.0	+01 52 54						0	2770	35									324	N
			Sb p		I	2.7		0	2808	10		243	4		3.2	0.4			78	A ★
			IBm	90	I	18.4		0	2791			270	5	29.7					417	G
			IBm	90	I	11.2		0	2800			240	5	29.7					417	A
UGC 12701	23 33 56.1	+27 40 55	Sc	90	I	3.0		0	8857		349	388	4		1.0	0.1			543	A ★
			Sc		I			0	8855			385	3		1.0	0.1			565	A ★
NGC 7716	23 33 57.2	+00 01 14	Sb	32	M	2.31		0	2567	20				25.1					324	N
			SBb	38	F	4.43	1.03	0	2572	20		239	4	27.3	3.5	2.8			373	G
UGC 12705	23 34 04.9	+13 52 47	SBc		I	11.1		0	3966			191	3		1.5	1.0			488	A ★
UGC 12708	23 34 18	+26 13		79	S	±	6.0	3100	−	6600					1.1	0.3			384	G
					S	±	4.0	6800	−	10500									543	A
NGC 7713 A	23 34 31.0	−37 59 36	Scd	34	I	≤10.6		−500	−	6700					2.0				320	P ★
Zw 476-078	23 34 35.6	+23 03 00	S		I	2.07		0	11628			500	3		0.4	0.3			565	A ★
UGC 12709	23 34 50.0	+00 06 53	Sm	50	F	2.52	0.70	0	2677	10	142			56.2	4.3				89	G
			Sm	52	F	1.97	0.62	0	2677	10		155	4	28.4	4.4	2.8			373	G
			Sm		F	2.02		0	2682	15		130	5						157	G

Table 1 cont.

Name (1)	R.A. (2)	Dec. (3)	Type (4)	i (5)	(6)	HI-flux (7)	(8)	(9)	v (10)	(11)	(12)	Δv (13)	(14)	Dist (15)	a (16)	b (17)	Vmax (18)	Pos (19)	Ref (20)	(21)
Zw 476-080	23 34 54	+26 48			S	±	4.0	6800	–	10500									543	A
UGC 12710	23 35 00.0	+17 43 00	Im p	52	F	2.93	0.60	0	2521	15		155	4	27.4	2.5	1.6			373	G
			Im		I	13.10		0	2516			194	4		2.5	1.5			515	G ★
Anon 2335−48	23 35 07.0	−48 00 06	Sc	90	I			1	2844	20		554	4	34.9	5.4	0.5			528	P
			Sc	90	I	68.2	5.5		2844	7	543	567	4		5.1	0.8			550	P ★
Mark 328	23 35 09.4	+29 51 10	Comp		F	1.4		5	1320					22.	0.9				60	N
					I	0.81		1	1630	20	100			29.6					235	A ★
					F	≤2.2		5	1050					13.8					62	N
					F	≤1.88			1050										141	N
				27	M	0.173	0.029		1383	3		134	4	22.0	0.58	0.42			293	A ★
			E3	37	F	0.06	0.07	0	1374		106	147	4	22.1	0.30	0.24			347	A ★
UGC 12711	23 35 29.9	+31 43 10	Sc	23	I	5.96	0.96	0	4983	2	199	223	3		1.2	1.1			452	A ★
Zw 476-083	23 35 30	+26 10			S	±	4.0	6800	–	10500									543	A
Anon 2335+27	23 35 32	+27 06 48	Scd		I	0.6		0	8705		133	165	4						543	A
NGC 7718	23 35 35.9	+25 26 07	Sc	48	I	1.35	0.26	0	9452	7	460	524	3		1.2	0.8			454	A ★
			S	51	S	±	38.0	3100	–	6600					1.4	0.9			384	G
Anon 2335+26	23 35 40.5	+26 55 21			M	3.1	0.5		7956	9	111			109.					209	A ★
			S0/a		I	1.6		0	7962		146	174	4						543	A ★
UGC 12714	23 35 43.4	+32 03 33	Sd	82	I	7.87	1.26	0	4795	2	303	317	3		1.3	0.2			452	A ★
UGC 12713	23 35 45.1	+30 25 54	S0/a		I	8.60		0	298			167	4		2.5	1.3			515	G ★
			S0/a	58	F	2.34	0.51	0	289	30		115	4	5.4	2.5	1.3			373	G
			Sm	59	I	8.89	1.37	0	312	1	97	132	3		1.2	0.6			452	A ★
NGC 7720 A	23 35 58.6	+26 45 17	E		I	≤0.66		5	9026					185.	2.2	1.5			28	A
			E4		S	≤84.0		5	8990										356	G
Zw 476-088	23 35 59.5	+26 18 53	Sd	39	I	1.36	0.25	0	9395	10	174	184	3		0.9	0.7			454	A ★
			Sc	45	I	2.0		0	9389		183	238	4		0.8	0.6			543	A ★
UGC 12717	23 36 04	+05 09 23	Sc		I	4.862		0	5692		132	149	4		1.1	1.0			475	A ★
NGC 7721	23 36 13.8	−06 47 42	Sc	64	M	5.40		0	2015	20				19.7					324	N
			Sc	65	F	13.37	1.71	0	2015	20		325	4	21.5	4.5	2.0			373	G
			Sc	65	I	50.5	4.1	0	2012	3	305	328	4		3.4	1.1			523	J ★
Zw 476-096	23 36 18	+26 59			S	±	10.0	3100	–	6600									384	G
NGC 7723	23 36 21.6	−13 14 12	Sb	45	M	1.05		0	1913	75				18.6					324	N
			SBb	45	I	10.0	1.6	0	1861	7	321	346	4		3.6				473	J ★
Anon 2336+26	23 36 36.0	+26 18 00	Sc		I	0.92		0	7964			168	3		0.6	0.4			565	A ★
UGC 12721	23 36 41.1	+26 50 12	Sb	69	M	10.0						450	4						413	A
			SBc	67	I	6.27	1.00	0	7604	1	406	420	3		1.5	0.6			454	A ★
			SBb	69	I	7.9	1.4	0	7786	19	220	255	4		1.5	0.6			384	G ★
				70	I	5.1		0	7608		403	433	4		1.5	0.6			543	A ★
Anon 2336+04a	23 36 41.6	+04 08 00			I	1.40		0	6400		161				0.58				556	A
Anon 2336+04b	23 36 50.7	+04 05 07			S	±	0.25	100	–	8120					0.5				556	A
UGC 12724	23 37 03.6	+28 33 13			F	≤1.0		−400	–	5800									213	A
			Sm	52	I	2.22	0.38	0	6541	5	264	278	3		1.0	0.6			452	A ★
UGC 12725	23 37 06	+21 39	S0	72	I	8.0	1.0	0	7785	10	280	295	4		1.1	0.4			384	G ★
NGC 7727	23 37 19.1	−12 34 09	Sa	36	F	0.5	0.2	0	1814	100		363	4	21.4	4.2				53	N ★
			Sa p	35	I	3.8	1.0	0	1920	30	421	435	5	39.5	4.7	3.9			346	E
			S0/a		M	≤1.6			1846					26.1					18	B
UGC 12726	23 37 28.5	+31 05 26	Sbc	90	S	±	1.7	2372	–	9308					1.3	0.2			452	A
NGC 7728	23 37 30.1	+26 51 23	E		M	≤2.3		5	9498		92			177.	1.0				300	A
Anon 2337+07	23 37 36.1	+07 01 53			I	2.60		0	3699		92				0.82				556	A
UGC 12729	23 37 46.6	+00 57 53	S0		S	±	1.54	0	–	12700					1.3	0.5			488	A
NGC 7729	23 38 02.8	+28 54 44	Sb	76	I	2.66	0.47	0	5251	3	543	563	3		1.9	0.6			452	A ★
UGC 12732	23 38 09.1	+25 57 30			F	13.83		0	743		121	144	4	13.1	4.5	4.5			213	G ★
					F	17.50	1.17	0	756	8		140	4	10.0	4.5	4.5			373	G
								0	749	1	107	126	4						150	A ★
			S/Irr		I	23.16		0	749		107	127	4		3.0	3.0			475	A ★
			S		I	69.69		0	747			139	4		4.5	4.5			515	G ★
			S		I	70.00		0	747			138	4		4.5	4.5			515	G ★
Zw 476-111	23 38 35.1	+24 53 40	Sc		I	1.50		0	11883			523	3		1.0	0.6			565	A ★
Anon 2338+05	23 38 40.1	+05 38 49			I	1.70		0	1732		86				0.53				556	A
Zw 476-112	23 38 45.1	+25 16 29		60	S	±	20.0	3100	–	6600					0.95	0.5			384	G
			Sc	56	I	3.58	0.58	0	9400	2	352	480	3		0.9	0.5			454	A ★
			S0/a	66	I	3.8		0	9406		454	517	4		0.9	0.4			543	A ★
NGC 7731	23 38 55.7	+03 27 43	Sa	38	F	4.2	0.8	0	2891	7		231	4	34.0	1.7				53	N ★
Anon 2339−03	23 39 13.2	−03 56 48	Sc	80	M	4.89		0	7010	75				65.8					324	N
Anon 2339+02	23 39 20.9	+02 41 55	S		S	±	0.25	100	–	8120					0.5				556	A
UGC 12740	23 39 21.9	+23 32 10	Sd	0	I	1.74	0.28	0	10522	2	126	137	3		1.1	1.1			454	A ★
			Sc	0	S	±	21.0	3100	–	6600					1.1	1.1			384	G
UGC 12742	23 39 24	+44 42			I	10.48		0	5554		231	213	3						498	G ★
UGC 12741	23 39 24.2	+30 18 14	Sb	79	I	5.02	0.82	0	5230	3	386	396	3		0.9	0.3			452	A ★
UGC 12744	23 39 42	+25 57	E	33	S	±	9.0	3100	–	6600					1.3	1.1			384	G

281

Table 1 cont.

Name (1)	R.A. (2)	Dec. (3)	Type (4)	i (5)	(6)	HI-flux (7)	(8)	v (9)	(10)	(11)	Δv (12)	(13)	(14)	Dist (15)	a (16)	b (17)	Vmax (18)	Pos (19)	Ref (20)	(21)
Zw 476-116	23 39 51.5	+27 03 17	S		I	1.54		0	7417		383		3		0.7	0.2			565	A ★
ESO 292-G 14	23 39 55.0	−45 10 42	Sd	89	I	≤9.1		0	−	4200					1.9				320	P ★
Anon 2340−45	23 40 00	−45 27	Sd		S	±	18.0	−400	−	3000					4.6	4.6			373	B
Zw 476-117	23 40 07.2	+26 48 47		46	S	±	9.0	3100	−	6600					0.7	0.5			384	G
			S		I	1.44		0	7487		311		3		0.6	0.4			565	A ★
Zw 476-117B	23 40 11.0	+26 50 40	Sc		I	2.95		0	7667		429		3		0.7	0.3			565	A ★
NGC 7737	23 40 12.0	+26 46 00	Sab	65	S	±	1.24	5	7638						1.1	0.5			454	A
			S0/a	65	S	±	10.0	3100	−	6600					1.1	0.5			384	G
					S	±	4.0	6800	−	10500									543	A
			S0/a		S	±	1.24	5	7638						1.1	0.5			565	A
UGC 12746	23 40 15.4	+27 01 17	Sd	83	I	5.74	0.93	0	7426	1	368	458	3		1.4	0.2			454	A ★
			Sc	90	S	±	10.0	3100	−	6600					1.4	0.2			384	G
			Scd	90	I	5.1		0	7436		456	499	4		1.4	0.2			543	A
Zw 476-020	23 40 24	+27 12			S	±	10.0	3100	−	6600									384	G
Mark 330	23 40 29.4	+19 08 48	Im	51	I	5.42		0	4145		185		4		1.1	0.7			471	A ★
Zw 476-121	23 40 44.4	+22 44 33	Sc	73	I	2.01	0.37	0	10604	8	418	440	3		0.8	0.3			454	A
Zw 476-023	23 41 00	+27 02			S	±	9.0	3100	−	6600									384	G
Anon 2341+06	23 41 08.9	+06 24 02	S		I	1.00		0	3809		138				0.63				556	A
ESO 471-G 06	23 41 09	−32 14 12	Sm	86	F	11.40	0.91	0	267	8	112		4	2.8	5.3	1.1			373	B
UGC 12755	23 41 18.4	+28 03 50	SBc	51	S	±	1.7	−831	−	10989					1.6	1.0			452	A
			SB	53	S	±	22.0	3100	−	6600					1.6	1.0			384	G
			Sb	56	I	1.5		0	8788		502	537	4		1.6	1.0			543	A ★
			SB		I	1.82		0	8780			539	3		1.6	1.0			565	A ★
NGC 7741	23 41 22.7	+25 47 53	SBcd	45	I	32.0		0	749	5	193			10.	5.8				273	A
			Scd	58	I	46.2	6.9	0	753	9		216	4	18.0	6.4				201	G ★
			SBcd	45	M	7.6			786	30				10.1	7.2			160	285	G
				46	I	47.9									3.7				203	B
			SBcd	58	F	12.64	1.20	0	750	10		213	4	9.9	7.4	4.1			373	B
			Scd	45	M	0.82		0	743	20				9.0					324	N
			SBc		I	49.70		0	749			211	4		7.4	3.7			515	G ★
Zw 498-005B	23 41 27.6	+28 50 23	Sb		I	4.55		0	11032		591		3		0.7	0.3			565	A ★
NGC 7742	23 41 43.1	+10 29 25	E/S0 p		M	2.1		5	1622		108			24.2	2.8				134	A ★
			Sa	20	I	13.3	1.3	0	1651	10	69	91	5	38.0	2.6	2.6			346	E ★
			Sb	12	M	0.56		0	1656	20				17.0					324	N
			Sb		I	7.6		0	1670	20		94	4						232	N ★
NGC 7743	23 41 48.6	+09 39 25	I0	35	M	≤0.69								25.5	4.2				246	N
			SBa	31	I	3.4	1.0	0	1686	30	258	361	5	38.2	3.6	3.1			346	E ★
			S0		I	3.0		0	1591	20		310	4						232	N ★
			SBa		I	0.4		0	1710		75				3.1	2.6			419	A
UGC 12762	23 41 58.6	+21 40 40	Sc	57	I	2.33	0.37	0	5362	1	210	239	3		1.3	0.7			454	A ★
UGC 12764	23 42 06.2	+21 44 27	Sd	0	I	2.65	0.41	0	5435	1	63	113	3		1.0	1.0			454	A
UGC 12763	23 42 12	+12 36						0	4093										490	A
Zw 498-006	23 42 35.5	+28 47 17	Sc		I	1.48		0	6884		389		3		1.0	0.3			565	A ★
UGC 12766	23 42 35.9	+25 14 27	S	90	S	±	38.0	3100	−	6600					1.1	0.2			384	G
			S	90	I	0.87		0	7348	30	294		4		1.1	0.2			78	A
			Sc	85	I	2.20	0.38	0	11747	4	354	371	3		1.1	0.2			454	A ★
UGC 12767	23 42 36	+06 45 47						0	5261										409	A
			SBb		I	5.209		0	5265		292	311	4		2.0	2.0			475	A ★
			Sc	0	I	4.1		0	5261		310	333	4		2.0	2.0			543	A
Anon 2342+06	23 42 50.4	+06 33 15			I	1.70		0	5308		84				0.68				556	A
UGC 12771	23 43 00	+16 58						0	1289										490	A
NGC 7747	23 43 00.8	+27 04 57	SBc	71	I	2.32	0.43	0	7685	8	530	552	3		1.7	0.6			454	A ★
			SBb	73	S	±	19.0	3100	−	6600					1.7	0.6			384	G
				72	I	1.9		0	7692		557	606	4		1.7	0.6			543	A
Zw 477-005	23 43 17.5	+27 19 40	Sd	44	I	1.56	0.26	0	8971	3	207	231	3		0.7	0.5			454	A ★
IC 1508	23 43 22.0	+11 47 00	Sd		I	8.9		0	4261		326		3		1.8	0.4			488	A ★
UGC 12775	23 43 39.9	+05 35 06	Sab		I	2.7		0	9536		421		5		1.0	0.4			488	A ★
UGC 12776	23 43 41.3	+33 05 26	Sc		I	13.80		0	4929	15	262		5		2.8	2.2		90	158	G ★
			SBb p		S	±	18.0	−400	−	3000					4.4	3.5			373	G
			Sc	39	I	20.7		0	4946			294	4	103.6	2.8	2.2		90	393	G ★
			Sc	39	I	15.6		0	4945			290	4	103.6	2.8	2.2		90	393	A
			SBb		I	18.2		0	4925			285	3		2.8	2.2			488	a ★
NGC 7750	23 44 04.3	+03 31 17	Pec	56	I	73.0	11.0	0	2934	9	235			31.	2.9				273	A
			Scd	57	M	4.43		0	2925	35				28.4					324	N
								0	3847										409	A
				61	I	14.1		0	2944		217	252	4						543	A
Anon 2344+23	23 44 16.7	+23 09 05	Pec		I	2.41		0	11526		467		3		0.3	0.3			565	A ★
Anon 2344+06	23 44 17.4	+06 34 56			I	1.50		0	3050		70				0.82				556	A
NGC 7751	23 44 25.1	+06 35 08		20	I	6.0	2.0	0	3261	11	85			35.	2.8				273	A
NGC 7752	23 44 27.0	+29 10 57			I			0	5142	35									324	N

Table 1 cont.

Name (1)	R.A. (2)	Dec. (3)	Type (4)	i (5)	(6)	HI-flux (7)	(8)	(9)	v (10)	(11)	(12)	Δv (13)	(14)	Dist (15)	a (16)	b (17)	Vmax (18)	Pos (19)	Ref (20)	(21)
NGC 7752			S0 p		I	6.0		0	5081	10		180	4		0.45	0.2			78	A ★
			I0	56	I	9.1		0	5049			243	5	53.8					417	A
			Im	64	I	12.55	1.94	0	5121	20	130	398	3		0.5	0.2			452	A ★
			Im	56	I	7.89		0	5038			184	4		0.45	0.20			471	A ★
NGC 7753	23 44 33.2	+29 12 22	SXbc	49	I	27.0		0	5163	11	361			53.	4.9				273	A
			Sbc	50	M	13.43		0	5166	35				49.7					324	N
			Sc		I	12.0		0	5166	8		392	4		3.5	1.8			78	A ★
			SXbc	49	I	21.8		0	5156			445	5	53.8					417	G
			SXbc	49	I	15.4		0	5160			414	5	53.8					417	A
			Sc	59	I	13.04	2.01	0	5160	10	351	386	3		3.5	1.8			452	A ★
			SXbc	50	I	22.7	1.9	0	5168	5	363	387	4		3.4				473	J ★
IC 5355	23 44 44.1	+32 30 21	Sb		I	1.6		0	4859			234	3		1.1	0.6			488	A ★
Zw 498-012	23 44 52.8	+28 06 57	Sb	73	I	3.0		0	9038		378	408	4		1.0	0.3			543	A ★
			Sbc		I	3.79		0	9030			398	3		0.8	0.3			565	A ★
Anon 2344-02	23 44 53	-02 35	Mult		S	±	5.0	5400	-	7800									469	G
Anon 2344+02	23 44 55.1	+02 42 28			I	1.20		0	3808		65				0.45				556	A
Anon 2345-57	23 45 06.0	-57 21 00	Sd	90				1	1905	20				22.7	3.9	0.8			528	P
UGC 12783	23 45 06	+18 19			F	≤1.0		-400	-	3000									213	G
Zw 477-006	23 45 12.0	+27 09 00	Sc		I	1.56		0	9280			458	3		0.8	0.3			565	A ★
NGC 7755	23 45 15.8	-30 47 51	Sc	38	I	35.5	3.5	0	2967	17		336	4	59.7	3.7				320	P ★
			SBc	46	F	7.37	2.31	0	2968	15		299	4	29.9	5.4	3.8			373	B
			Sc	38	M	7.05		0	2955	20				27.3					324	N
			SXc	39	I	38.9	5.5	0	2957	7	285	306	4		3.7	0.6			523	J ★
Anon 2345+27	23 45 29.7	+27 20 28	Sbc		I	2.26		0	8301			380	3		0.8	0.1			565	A ★
UGC 12785	23 45 30	+27 06	S0	74	S	±	10.0	3100	-	6600					1.2	0.4			384	G
Zw 477-009	23 45 47.6	+23 48 47	Sd	44	I	0.93	0.16	0	10055	5	233	244	3		0.7	0.5			454	A ★
Anon 2346+05	23 46 00	+05 00	Sc		I	2.3		0	3812		147	183	4						505	A ★
NGC 7757	23 46 11.6	+03 53 43	Sc	22	I	15.2		0	2950			161	4	41.6	2.5				203	G ★
			Sc	22	I	16.0	2.0	0	2953	8	149			31.	3.8				273	A
								0	2955	10									359	G
			Sc	28	F	4.16	0.58	0	2953	15		173	4	31.2	3.7	3.2			373	G
			Sc	21	M	2.67		0	2941	20				28.6					324	N
								0	2959										409	A
			Sc	22	I	14.4	1.2	0	2955	5	148	174	4		2.6	0.3			523	J ★
			Sc	30	I	12.0		0	2959		154	175	4		2.5	2.2			543	A ★
UGC 12789	23 46 12	+26 08	Sbc	90	S	±	19.0	3100	-	6600					1.1	0.2			384	G
					S	±	4.0	6800	-	10500									543	A
UGC 12791	23 46 17.0	+25 56 26	Im	66	F	1.49	0.34	0	799	10	84			19.9	2.7				89	G
			Im	69	F	2.26	0.50	0	799	20		118	4	10.4	2.7	1.1			373	G
			Im		I	8.033		0	788		92	113	4		1.7	0.6			489	A ★
			Im	73	I	8.4	1.0	0	796	9	95	120	4		1.7	0.6			384	G ★
			Im		I	4.60		0	792			112	4		2.8	1.1			515	G ★
Zw 477-011	23 46 17.7	+22 25 44	Sd	29	I	1.99	0.32	0	10610	1	209	257	3		0.8	0.7			454	A ★
					S	±	4.0	6800	-	10500									543	A
Anon 2346+05	23 46 24	+05 52	Scd	0	M	1.32		0	3807	75				36.6					324	N
UGC 12792	23 46 30.0	+26 30 40	SBc	63	I	2.55	0.44	0	11514	3	423	444	3		1.5	0.7			454	A ★
			SBb	65	S	±	38.0	3100	-	6600					1.5	0.7			384	G
NGC 7760	23 46 40.3	+30 42 13	E		S	±	0.44	5	5000						1.1	1.1			488	A
			E		S	±	0.44	5	5248						1.1	1.1			565	A
ESO 348-G 09	23 46 45.3	-38 02 43	Im	59	I	21.0	3.0	0	657	10	87			6.4	2.9	1.5			310	P
Anon 2346+03	23 46 46.8	+03 54 12			I	0.57		0	2971		73				0.4				556	A
UGC 12796	23 46 48	+47 39			I	7.15		0	4622		155	127	3						498	G ★
Zw 498-015	23 46 57.1	+32 51 43	Sc		I	0.92		0	10947			256	3		0.6	0.3			565	A ★
UGC 12798	23 47 07.6	+29 39 33	Sc	78	I	3.77	0.63	0	5264	4	352	377	3		1.2	0.3			452	A ★
Zw 498-017	23 47 16.5	+29 45 47	Sb		I	0.77		0	5158			175	3		0.7	0.5			565	A ★
Anon 2347+21	23 47 32.6	+21 29 50			S	±	0.25	100	-	8120					0.4				556	A
Anon 2347+06	23 47 48.1	+06 54 35			S	±	0.25	100	-	8120					0.45				556	A
UGC 12803	23 48 02.0	+28 43 16	Sc	38	I	2.24	0.42	0	8917	12	483	536	3		1.4	1.1			452	A ★
					S	±	4.0	6800	-	10500									543	A
Anon 2348+28	23 48 05.0	+28 40 36			S	±	0.25	100	-	8120					0.5				556	A
Anon 2348+19	23 48 10.3	+19 31 13			S	±	0.25	100	-	8120					0.4				556	A
Zw 477-016	23 48 15.6	+27 00 38			M	4.8	0.6		8002	6	91			110.					209	A ★
			Sab	32	I	1.90	0.30	0	7997	1	119	152	3		0.7	0.6			454	A ★
				22	S	±	20.0	3100	-	6600					0.7	0.65			384	G
			S0/a	0	I	1.2		0	7999		128	158	4		0.7	0.7			543	A ★
NGC 7764	23 48 18.0	-41 00 36	IBm	50	I	≤11.5		5	1692					33.0	1.4				320	P ★
			Im	38	F	2.62	1.07	0	1706	60		190	4	16.8	2.5	2.0			373	B
NGC 7765	23 48 20.5	+26 53 20	Sc	27	I	0.54	0.10	0	7561	6	225	247	3		0.9	0.8			454	A ★
			Sa		S	±	1.6	5	7551						0.6	0.6			543	A
NGC 7767	23 48 24.5	+26 48 35	Sab	90	I	0.61	0.14	0	8066	14	586	640	3		1.1	0.2			454	A ★

283

Table 1 cont.

Name (1)	R.A. (2)	Dec. (3)	Type (4)	i (5)	(6)	HI-flux (7)	(8)	(9)	v (10)	(11)	Δv (12)	(13)	(14)	Dist (15)	a (16)	b (17)	Vmax (18)	Pos (19)	Ref (20)	(21)
NGC 7767			S0/a	90	S	±	12.0	3100	–	6600					1.1	0.2			384	G
NGC 7768	23 48 26.2	+26 52 09	cD		M	≤3.2													331	A
Zw 477-020	23 48 28.0	+26 56 27	Sc	74	I	0.54	0.12	0	8312	19	330	346	3		1.0	0.3			454	A ★
NGC 7769	23 48 31.5	+19 52 25	Sb	11	I	8.0	2.0	0	4204	14	357			45.	3.0				273	A
			Sb	12	M	2.84		0	4202	35				40.7					324	N
			Sab		I	4.2		0	4230	8		373	4		1.8	1.8			78	A ★
			Sb	12	I	6.7		0	4197			313	5	44.8					417	G
			Sb	12	I	4.6		0	4203			364	5	44.8					417	A
			Sab	0	I	6.06		0	4224	8	321	413	4	60.	2.9	2.9			508	A ★
UGC 1281	23 48 32.7	+00 46 42	Sc	73	I	3.9		0	8113		437	463	4	73.9					505	A ★
Anon 2348+32	23 48 41.0	+32 42 43			I	0.94		0	4951		128				0.53				556	A
Zw 477-022	23 48 49.2	+24 22 40	Sb		I	0.51		0	9971			254	3		0.6	0.4			565	A ★
NGC 7770	23 48 49.9	+19 49 13	S0		I	6.7		0	4281	20		300	4		1.0	0.9			78	A ★
			S0/a	28	I	≤8.3		5	4338					44.8					417	A
				0	S	±	3.0	5	4338					60.	1.8	1.8			508	A
NGC 7771	23 48 52.2	+19 50 01			I	7.967		0	4291			640	4	57.8	2.5	1.2			562	A ★
			SBa		I	15.20			4256	6	507	566	4						457	A ★
			SBa		I	7.7		0	4345	20		652	4		2.5	1.2			78	A ★
			SBa	65	I	11.9		0	4297			561	5	44.8					417	G
			SBa	65	I	8.6		0	4302			605	5	44.8					417	A
			SBa	51	I	9.45		0	4291	7	477	613	4	60.	3.8	2.5			508	A ★
Mark 331	23 48 53.1	+20 18 24	S	79	I	7.0		0	5423			367	4						414	A ★
					I	≥7.00		0	5423			367	4	72.8	1.0	0.7			562	A ★
UGC 12817	23 49 20.3	+28 59 16	Sc	78	I	1.89	0.35	0	9269	6	475	490	3		1.2	0.3			452	A ★
Zw 498-020	23 49 25.5	+28 17 27	Sc		I	1.30		0	7049			261	3		0.6	0.6			565	A ★
ESO 149-G 03	23 49 26.0	–52 51 41	Im	90	I			1	577	20				6.1	2.4	0.4			528	P
			Sdm	90	I	≤60.0									3.0	0.6			310	P
Zw 477-024	23 49 26.5	+27 03 33	Sc	60	I	0.66	0.14	0	8124	12	116	345	3		0.6	0.3			454	A ★
				65	I	0.6		0	8130		304	331	4		0.7	0.3			543	A ★
NGC 7773	23 49 37.5	+31 00 01	SBc	0	I	1.63	0.27	0	8486	3	100	120	3		1.2	1.2			452	A ★
Zw 498-023	23 49 40.2	+31 11 23	Pec		I	1.27		0	8536			374	3		0.8	0.5			565	A ★
NGC 7775	23 49 51.4	+28 29 40	Sc		I	≤3.0		0	–	6700					2.2				273	A
			Sd	35	I	3.05	0.48	0	6752	1	128	169	3		1.1	0.9			452	A ★
UGC 12823	23 50 12	+26 52	SB0	38	S	±	20.0	3100	–	6600					1.0	0.8			384	G
UGC 12826	23 50 35.5	+29 17 37	Im	58	S	±	1.7	2372	–	9308					1.1	0.6			452	A
Zw 477-026	23 50 43.2	+24 40 27	Sc		I	0.88		0	17734			283	3		0.4	0.4			565	A ★
Zw 477-027	23 50 44.3	+27 25 33	Sb		I	0.65		0	7988			363	3		0.8	0.4			565	A ★
NGC 7779	23 50 52.6	+07 35 51	S0/a					0											203	G
NGC 7780	23 51 00.0	+07 50 00	Sc		S	±	5.0	5	5125										505	A
Zw 498-028	23 51 10.2	+28 58 43	Sc	44	S	±	1.7	2372	–	9308					0.7	0.5			452	A
			Sbc		I	0.47		0	9425			252	3		0.7	0.5			565	A ★
Zw 477-028	23 51 15.5	+27 08 20	Sc	60	I	0.95	0.18	0	7972	11	356	401	3		0.8	0.4			454	A ★
					S	±	4.0	6800	–	10500									543	A
NGC 7782	23 51 20.5	+07 41 35	Sb	54	I	11.0	2.0	0	5377	9	559			54.	3.3				273	A
			Sb	55	M	4.20		0	5368	35				51.0					324	N
			Sc	61	I	8.9		0	5387		572	593	4	75.0					505	A ★
Zw 498-030	23 51 49.3	+30 01 27	Sbc		I	1.63		0	9548			242	3		0.6	0.6			565	A ★
UGC 12840	23 51 56.7	+28 35 38	SBa		I	2.1		0	6856			244	3		1.2	1.0			488	A ★
Zw 498-033	23 52 23.2	+29 56 00	Sa		I	1.39		0	9083			339	3		1.1	0.8			565	A ★
NGC 7785	23 52 45.5	+05 38 11	E5		M	≤2.1		5	3486					53.6					134	A
			E5		M	≤1.97		5	3846					80.4	2.3	1.4			193	A ★
			E	54	I	≤20.3		5	3846					40.2					417	G
			E		S	±	0.59	5	3833						1.8	1.2			488	A
NGC 7786	23 52 48.1	+21 18 35			I	≤3.0		0	–	6700					1.7				273	A
Zw 498-034	23 52 51.8	+30 06 33	Sc		I	1.70		0	5203			377	3		0.9	0.1			565	A ★
Zw 498-036	23 52 55.7	+29 58 47	S0/a		I	0.47		0	9294			426	3		0.9	0.3			565	A ★
UGC 12843	23 52 57.0	+17 38 33	SXdm	64	F	5.16	0.58	0	1777	20		208	4	19.9	4.5	2.1			373	G
			SXdm		I	20.45		0	1774			185	4		4.5	1.8			515	G ★
					I	15.00		0	1769		150				2.52				556	A
Zw 498-037	23 53 05.5	+28 58 20			I	1.34		0	6833			131	3		0.6	0.6			565	A ★
UGC 12844	23 53 06.8	+19 14 00	Sc		I	2.8		0	7886			382	3		1.6	0.5			488	A ★
UGC 12845	23 53 10.9	+31 37 23	Sd	41	I	9.25	1.46	0	4880	1	107	251	3		2.4	1.8			452	A ★
								0	4878										490	A
UGC 12846	23 53 13.0	+18 09 59			F	1.42		0	1739		90	109	4	26.0	3.2				213	G ★
			Sm	25	F	1.85	0.39	0	1744	10		110	4	19.6	3.0	2.7			373	G
					S			0	1736			113	4		3.1	2.8			515	G ★
					I	6.70		0	1739		94				1.17				556	A
Zw 477-031	23 53 17.5	+26 34 13			S	±	4.0	6800	–	10500									543	A
			Sa		I	0.30		0	7504			115	3		1.2	0.1			565	A ★
Zw 478-002A	23 53 18.5	+25 13 37	Pec		I	2.27		0	17395			730	3		0.7	0.4			565	A ★

Table 1 cont.

Name (1)	R.A. (2)	Dec. (3)	Type (4)	i (5)	(6)	HI-flux (7)	(8)	(9)	v (10)	(11)	(12)	Δv (13)	(14)	Dist (15)	a (16)	b (17)	Vmax (18)	Pos (19)	Ref (20)	(21)
Mark 541	23 53 28.2	+07 14 36	Sab		I	2.1	1.2		11716			50	2						114	G ★
			Seyf1		I	1.7		0	11820		405			240.					28	A ★
IC 1516	23 53 33	−01 12 35	Sbc		I	4.343		0	7334		112	129	4		1.3	1.2			475	A ★
UGC 12850	23 53 34.0	+29 06 17	S		I	3.88		0	6933			340	3		1.1	0.4			565	A ★
Zw 499-013	23 53 41.0	+29 08 00	Sc		I	3.15		0	6955			378	3		0.8	0.6			565	A ★
ESO 12-G 10	23 53 47.8	−81 50 47	Sd	66	I	42.0	6.0	0	1930	15	245			17.3	4.2	1.9			310	P
			Sc	65				1	1925	20				23.0	3.5	1.8			528	P
Zw 477-032	23 54 01.7	+26 55 13	Sd		I	3.1		0	7936		350	425	4		0.8	0.2			543	A ★
			Sbc		I	2.79		0	7906			348	3		0.9	0.2			565	A ★
UGC 12855	23 54 04.5	+26 49 34	Sab	61	I	2.69	0.50	0	7877	4	442	467	3		1.4	0.7			454	A ★
			Sb		I	1.7		0	7874		439	465	4		1.4	0.7			543	A ★
UGC 12856	23 54 11.6	+16 32 09	IBm	69	F	4.12	0.69	0	1781	25		182	4	19.9	3.9	1.5			373	G
			IBm			13.50		0	1777			182	4		3.9	1.6			515	G ★
UGC 12857	23 54 13.0	+01 04 27	Sb		I	9.7		0	2459			268	5		1.9	0.4			488	A ★
Zw 499-016	23 54 31.1	+33 24 40	Sdm	54	I	2.79	0.53	0	10523	11	348	363	3		0.7	0.4			452	A ★
UGC 12861	23 54 33.6	+29 33 40	Sbc	53	S	±	1.7		2372 −	9308					1.0	0.6			452	A
			Sab		I	0.61		0	7100			326	3		1.0	0.6			565	A ★
UGC 12864	23 54 49.6	+30 42 53	SBc	56	I	10.64	1.67	0	4685	1	266	278	3		1.8	1.0			452	A ★
			SBb		I	10.6		0	4685			278	3		1.8	1.0			488	A ★
NGC 7793	23 55 15.5	−32 52 03	Sdm		M	1.4		0	227			193	5	4.5	8.3	5.8			226	P ★
			Sdm	45	M	1.7	0.2	0	227		174	193	4	4.5	11.9				226	P ★
			Sdm		F	109.0	10.0		231		177	220	0						275	I ★
			Sdm	44	I	268.0	15.2	0	226	7		190	4	4.6	8.7				320	P ★
			Sdm	50				0	220					3.0	7.1		95		322	P
			Sdm	45	F	63.96	3.15	0	231	7		194	4	2.4	12.0	8.6			373	B
			Sdm	0	M	0.38	0.12	0	265	20				2.5					85	N
								0	245	20									324	N
			Sd	44	M	1.23		0	227					4.6	8.7		118	291	544	P
UGC 12866	23 55 20.4	+22 04 34	Sd	72	I	1.98	0.37	0	8073	8	301	328	3		1.0	0.3			454	A ★
ESO 28-G 07	23 55 26.9	−73 44 05	Sm	60	I	≤90.0									2.3	1.2			310	P
Zw 499-020	23 55 38.4	+28 11 00	Sc		I	1.11		0	8508			262	3		0.6	0.3			565	A ★
Zw 499-022	23 55 39.2	+29 18 36	Sb		I	0.96		0	7063			294	3		0.6	0.4			565	A ★
Anon 2355+28	23 55 48.0	+28 18 37	Sc		I	0.47		0	8837			64	3		0.8	0.6			565	A ★
UGC 12869	23 55 55.8	+31 57 10	SBd	0	I	5.17	0.82	0	4859	1	99	123	3		1.0	1.0			452	A ★
UGC 12873	23 55 58.8	+25 56 07	Sm		I	4.8		0	3260			160	3		1.5	1.3			488	A ★
NGC 7794	23 56 00.8	+10 26 58	S	22	I	4.0	2.0	0	5280	32	158			54.	2.5				273	A
UGC 12874	23 56 07.5	+26 51 40	Sd	43	I	1.94	0.33	0	11598	5	250	280	3		1.1	0.8			454	A ★
					S	±	4.0		2400 −	9400									490	A
UGC 12876	23 56 18	+12 19			F	≤1.0			−400 −	4800									213	G
								0	5142										490	A
Zw 478-008	23 56 40.3	+25 39 47	Sbc		I	0.95		0	7012			235	3		0.8	0.2			565	A ★
IC 1525	23 56 42.6	+46 36 45	Sc	48	I	10.99		0	5018	10		345	5		1.9	1.3		20	158	G ★
								0	5031	15									359	G
UGC 12882	23 56 46.4	+31 00 34	Sc		I	3.56		0	5001			246	3		1.0	0.1			565	A ★
NGC 7798	23 56 51.7	+20 28 18	S	22	I	3.0	2.0	0	2407	8	80			27.	2.5				273	A
			S	20	F	1.07	0.40	0	2403	15		92	4	26.2	2.2	2.0			373	G
			S		I	3.90		0	2404			103	4		2.3	2.1			515	G ★
				22	F	4.2	1.5	0	2403	6	77	108	4				98		555	W
NGC 7800	23 57 03.4	+14 31 46	Pec	45	F	8.56	1.00	0	1748	15		232	4	19.5	3.9	2.8			373	G
			I0	45	M	7.73	1.93	0	1752			183	4	38.7	3.9	2.8			382	G ★
			SB		I	36.95			1736	6	208	241	4						457	A ★
Anon 2357+17	23 57 06.6	+17 21 37			I	1.20		0	6457		174				0.58				556	A
Anon 2357+26	23 57 11.5	+26 58 38			I	0.89		0	4699		64				0.5				556	A
UGC 12887	23 57 12	+48 15			I	2.11		0	5399		169	141	3						498	G ★
IC 5369	23 57 17.5	+32 25 27	Sa		I	0.73		0	10086			554			1.0	0.5			565	A ★
UGC 12889	23 57 28.4	+46 59 46	Sc	40	I	7.36		0	5017	10		486	5		2.3	1.8		165	158	G ★
Zw 478-009C	23 57 30.0	+22 48 40	Sc		I	1.96		0	4445			208	3		1.1	0.1			565	A ★
UGC 12894	23 57 48.0	+39 12 54			F	1.34		0	334		39	68	4	7.9	2.2				213	G ★
			Im		I	5.80		0	327			60	4		1.9	1.9			515	G ★
UGC 12893	23 57 54	+16 57	Sdm					0	1000						3.0	2.7			373	G
UGC 12896	23 57 58.0	+26 02 48	Sc	26	I	2.89	0.50	0	7656	6	190	238	3		1.0	0.9			454	A ★
UGC 12895	23 58 00	+19 47			S	±	4.0		400 −	7400									490	A
UGC 12897	23 58 04.1	+28 06 23	Sbc	76	I	0.74	0.17	0	8705	15	606	622	3		1.2	0.3			452	A ★
			Mult		I	0.5	0.2	0	8700		600								469	A
UGC 12900	23 58 24	+20 04	Sc	90				0	6507	50					2.0	0.15			78	A
UGC 12901	23 58 29.1	+28 38 00	SBc	68	I	3.83	0.62	0	6899	1	399	424	3		1.8	0.7			452	A ★
NGC 7803	23 58 46.0	+12 50 00	Sab		I	4.13		0	5401	25		205	5		1.0	0.7		85	158	G ★
			S0/a	45	I	8.0		0	5327			354	5	55.2					417	G
			S0/a		I	2.85	0.14	0	5336	2	233	325	4		1.1			85	501	A ★
Anon 2358+12	23 58 47	+12 51 15	Mult		I	4.6	0.4	0	5340		154	233	4						469	G ★

285

Table 1 cont.

Name (1)	R.A. (2)	Dec. (3)	Type (4)	i (5)	(6)	HI-flux (7)	(8)	(9)	v (10)	(11)	(12)	Δv (13)	(14)	Dist (15)	a (16)	b (17)	Vmax (18)	Pos (19)	Ref (20)	(21)
NGC 7805/06	23 58 54.5	+31 09 37	Mult		I	2.07		0	4801			324	5	52.7	1.1	0.8			518	G
NGC 7806	23 58 56.4	+31 09 51	Sb		I	1.4		0	4753	20		365	4		1.1	0.8			78	A ★
			Sc	43	I	1.25	0.23	0	4782	10	272	287	3						452	A ★
Anon 2358+61	23 58 59	+61 15			I	1.0		0	4805										512	G
Zw 499-038	23 59 02.0	+33 17 13	S		I	2.20		0	7431			390	3		0.5	0.3			565	A ★
Anon 2359+17	23 59 03.9	+17 12 38			I	0.85		0	6413		72				0.58				556	A
Zw 478-011	23 59 04.8	+26 38 40	S0/a		S	±	1.29	5	7679						0.7	0.3			565	A
UGC 12914	23 59 05.8	+23 12 40	Sb	54	I	5.9		0	4522			259	5	47.6					417	A
			S		I	10.67			4371	8	489	654	4						457	A ★
			Sc	61	I	12.69	1.97	0	4392	1	181	628	3		2.7	1.3			454	A ★
			Sb	54	I	7.0		0	4561			293	5	47.6					417	G
					I	11.82		0	4534			622	4	61.2	2.7	1.3			562	A ★
UGC 12914/15			Mult		I	7.00		0	4561			293	5	49.6					518	G
UGC 12915	23 59 08.6	+23 12 59	SBc	73	I	11.02	1.73	0	4392	1	186	599	3		1.6	0.5			454	A ★
					I	11.37			4336	7	546	579	4						457	A ★
DDO 221	23 59 24.2	−15 44 33	Im		I	285.4		0	−115			56	5		12.6	6.5			183	G ★
			Im					0	−125		50				12.	5.			233	G
			Im	59	F	51.50	4.00	0	−123	10	62				1.0	12.6			89	G
			Im					0	−130										365	O ★
			IBm		M	0.15		0	−127		51	94	4		1.6	12.6			376	E ★
			IBm	68	I	248.8	10.8	0	−116	2		74	4		8.3	6.7			320	P ★
			Im	64	F	75.12	4.00	0	−124					1.0	14.4	6.7			373	G
			Im		I	295.7		0	−123			71	4		14.4	5.8			515	G ★
			Im	68				0	−120						8.3		25	174	544	P
UGC 12920	23 59 48.0	+26 56 00	Scd	85	I	2.89	0.48	0	7613	2	287	307	3		1.3	0.2			454	A ★
Mark 543	23 59 52.9	+03 04 26	Seyf1		I	1.6		0	7650			230		156.					28	A ★

TABLE 2a: List of H I References, ordered by sequence number

1		van Albada,G.D., Shane,W.W.: 1975, *Astron. Astrophys.*, **42**, 433
2		van Albada,G.D.: 1977, *Astron. Astrophys.*, **61**, 297
3	a	van Albada,G.D.: 1978, *Ph.D. Thesis*, Univ. Leiden
	b	van Albada,G.D.: 1978, *I.A.U. Symp.* No. **77**, 218
	c	van Albada,G.D.: 1979, in *Photometry, Kinematics and Dynamics of Galaxies*, p. 421
	d	van Albada,G.D.: 1980, *Astron. Astrophys. Suppl.Ser.*, **39**, 283
	e	van Albada,G.D.: 1980, *Astron. Astrophys.*, **90**, 123
4		Allen,R.J.: 1970, *Astron. Astrophys.*, **7**, 330
5	a	Allen,R.J., Darchy,B.F., Lauque,R.: 1971, *Astron. Astrophys.*, **10**, 198
	b	Allen,R.J., Darchy,B.F., Lauque,R.: 1972, *I.A.U. Symp.* No. **44**, 269
6		Allen,R.J., Goss,W.M.: 1979, *Astron. Astrophys. Suppl.Ser.*, **36**, 135
7		Allen,R.J., Goss,W.M., Sancisi,R., Sullivan III,W.T., van Woerden,H.: 1974, *I.A.U. Symp.* No. **58**, 425
8		Allen,R.J., Goss,W.M., van Woerden,H.: 1973, *Astron. Astrophys.*, **29**, 447
9		Allen,R.J., van der Hulst,J.M., Goss,W.M., Huchtmeier,W.K.: 1978, *Astron. Astrophys.*, **64**, 359
10		Allen,R.J., Shostak,G.S.: 1979, *Astron. Astrophys. Suppl.Ser.*, **35**, 163
11		Allsopp,N.J.: 1978, *M.N.R.A.S.*, **184**, 397
12		Allsopp,N.J.: 1979, *M.N.R.A.S.*, **187**, 537
13		Allsopp,N.J.: 1979, *M.N.R.A.S.*, **188**, 371
14		Allsopp,N.J.: 1979, *M.N.R.A.S.*, **188**, 765
15		Appleton,P.N.: 1983, *M.N.R.A.S.*, **203**, 533
16		Baan,W.A., Haschick,A.D., Greenfield,P.E.: 1978, *Astrophys. J.*, **222**, L7
17		Baars,J.W.M., Wendker,H.J.: 1976, *Astron. Astrophys.*, **48**, 405
18		Balick,B., Faber,S.M., Gallagher III,J.S.: 1976, *Astrophys. J.*, **209**, 710
19	a	Balkowski,C., Bottinelli,L., Chamaraux,P., Gouguenheim,L., Heidmann,J.: 1973, *Astron. Astrophys.*, **25**, 319
	b	Balkowski,C., Bottinelli,L., Chamaraux,P., Gouguenheim,L., Heidmann,J.: 1973, *I.A.U. Symp.* No. **58**, 237
20		Balkowski,C., Bottinelli,L., Chamaraux,P., Gouguenheim,L., Heidmann,J.: 1974, *Astron. Astrophys.*, **34**, 43
21		Balkowski,C., Bottinelli,L., Gouguenheim,L., Heidmann,J.: 1972, *Astron. Astrophys.*, **21**, 303
22		Balkowski,C., Bottinelli,L., Gouguenheim,L., Heidmann,J.: 1973, *Astron. Astrophys.*, **23**, 139
23		Balkowski,C., Chamaraux,P.: 1975, *Astron. Astrophys.*, **43**, 297
24		Balkowski,C., Chamaraux,P., Weliachew,L.: 1978, *Astron. Astrophys.*, **69**, 263
25		Beale,J.S., Davies,R.D.: 1969, *Nature*, **221**, 531
26		Bieging,J.H.: 1978, *Astron. Astrophys.*, **64**, 23
27		Bieging,J.H., Biermann,P.: 1977, *Astron. Astrophys.*, **60**, 361
28		Bieging,J.H., Biermann,P.: 1983, *Astron. J.*, **88**, 161
29		Biermann,P., Clarke,J.N., Fricke,K.J.: 1978, *Astron. Astrophys.*, **70**, L41
30		Biermann,P., Clarke,J.N., Fricke,K.J.: 1979, *Astron. Astrophys.*, **75**, 7
31		Bosma,A., Ekers,R.D., Lequeux,J.: 1977, *Astron. Astrophys.*, **57**, 97
32		Bosma,A., van der Hulst,J.M., Sullivan III,W.T.: 1977, *Astron. Astrophys.*, **57**, 373
33		Bottinelli,L., Chamaraux,P., Gerard,E., Gouguenheim,L., Heidmann,J., Kazes,I., Lauque,R.: 1971, *Astron. Astrophys.*, **12**, 264
34		Bottinelli,L., Chamaraux,P., Gouguenheim,L., Heidmann,J.: 1973, *Astron. Astrophys.*, **29**, 217
35		Bottinelli,L., Chamaraux,P., Gouguenheim,L., Lauque,R.: 1970, *Astron. Astrophys.*, **6**, 453
36		Bottema,R., Shostak,G.S., van der Kruit,P.C.: 1986, *Astron. Astrophys.*, **167**, 34
37	a	Bottinelli,L., Duflot,R., Gouguenheim,L.: 1975, in *Proc.Europ.Astron.Meeting* No. **3**, 348
	b	Bottinelli,L., Duflot,R., Gouguenheim,L.: 1978, *Astron. Astrophys.*, **63**, 363
	c	Bottinelli,L., Duflot,R., Gouguenheim,L.: 1978, *Astron. Astrophys.*, **67**, 443
38		Bottinelli,L., Duflot,R., Gouguenheim,L., Heidmann,J.: 1975, *Astron. Astrophys.*, **41**, 61
39		Bottinelli,L., Gouguenheim,L.: 1973, *Astron. Astrophys.*, **29**, 425
40		Bottema,R., van der Kruit,P.C., Freeman,K.C.: 1987, *Astron. Astrophys.*, **178**, 77
41		Bottinelli,L., Gouguenheim,L.: 1975, *Astron. Astrophys.*, **39**, 341
42		Bottinelli,L., Gouguenheim,L.: 1976, *Astron. Astrophys.*, **47**, 381
43		Bottinelli,L., Gouguenheim,L.: 1977, *Astron. Astrophys.*, **54**, 641
44		Bottinelli,L., Gouguenheim,L.: 1977, *Astron. Astrophys.*, **60**, L23
45		Bottinelli,L., Gouguenheim,L.: 1980, *Astron. Astrophys.*, **88**, 108
46		Bottinelli,L., Gouguenheim,L.: 1978, *Astron. Astrophys.*, **64**, L3
47		Bottinelli,L., Gouguenheim,L.: 1979, *Astron. Astrophys.*, **74**, 172
48		Bottinelli,L., Gouguenheim,L.: 1979, *Astron. Astrophys.*, **76**, 176
49		Bottinelli,L., Gouguenheim,L., Heidmann,J.: 1972, *Astron. Astrophys.*, **17**, 445
50		Bottinelli,L., Gouguenheim,L., Heidmann,J.: 1972, *Astron. Astrophys.*, **18**, 121
51		Bottinelli,L., Gouguenheim,L., Heidmann,J.: 1973, *Astron. Astrophys.*, **22**, 281
52		Bottinelli,L., Gouguenheim,L., Heidmann,J.: 1973, *Astron. Astrophys.*, **25**, 451
53	a	Bottinelli,L., Gouguenheim,L., Paturel,G.: 1980, *Astron. Astrophys.*, **88**, 32
	b	Bottinelli,L., Gouguenheim,L., Paturel,G.: 1980, *Astron. Astrophys. Suppl.Ser.*, **40**, 355
54		Brundage,W.D., Kraus,J.D.: 1966, *Science*, **153**, 411
55		Burns,W.R., Roberts,M.S.: 1971, *Astrophys. J.*, **166**, 265
56	a	Brinks,E.: 1983, *I.A.U. Symp.* No. **100**, 23

TABLE 2a (cont.)

56	b	Brinks,E.: 1983, *I.A.U. Symp.* No. **100**, 27
	c	Brinks,E., Bajaja,E.: 1983, *I.A.U. Symp.* No. **100**, 139
	d	Brinks,E.: 1984, *Ph.D. Thesis*, Univ. Leiden
	e	Brinks,E., Shane,W.W.: 1984, *Astron. Astrophys. Suppl.Ser.*, **55**, 179
	f	Brinks,E., Burton,W.B.: 1984, *Astron. Astrophys.*, **141**, 195
	g	Brinks,E., Burton,W.B.: 1985, *I.A.U. Symp.* No. **106**, 437
	h	Brinks,E.: 1985, in *New Aspects of Galaxy Photometry*, p. 249
57		Giovanardi,C., Helou,G., Salpeter,E.E., Krumm,N.: 1983, *Astrophys. J.*, **267**, 35
58		Carozzi,N., Chamaraux,P., Duflot-Augarde,R.: 1974, *Astron. Astrophys.*, **30**, 21
59		Casini,C., Heidmann,J., Tarenghi,M.: 1979, *Astron. Astrophys.*, **73**, 216
60		Chamaraux,P.: 1977, *Astron. Astrophys.*, **60**, 67
61		Chincarini,G.L., Giovanelli,R., Haynes,M.P.: 1983, *Astrophys. J.*, **269**, 13
62	a	Chamaraux,P., Heidmann,J., Lauque,R.: 1970, *Astron. Astrophys.*, **8**, 424
	b	Heidmann,J.: 1972, *I.A.U. Symp.* No. **44**, 264
63		Cesarsky,D.A., Falgerone,E.G., Lequeux,J.: 1977, *Astron. Astrophys.*, **59**, L5
64		Chincarini,G.L., Giovanelli,R., Haynes,M.P.: 1979, *Astron. J.*, **84**, 1500
65		Cohen,R.J.: 1979, *M.N.R.A.S.*, **187**, 839
66		Comte,G., Lequeux,J., Viallefond,F.: 1985, in *Star-Forming Dwarf Galaxies and related objects*, p. 273
67		Combes,F., Gottesman,S.T., Weliachew,L.: 1977, *Astron. Astrophys.*, **59**, 181
68		Cottrell,G.A.: 1976, *M.N.R.A.S.*, **174**, 455
69		Cottrell,G.A.: 1976, *M.N.R.A.S.*, **177**, 463
70		Cottrell,G.A.: 1977, *M.N.R.A.S.*, **178**, 577
71		Crutcher,R.M., Rogstad,D.H., Chu,K.: 1978, *Astrophys. J.*, **225**, 784
72		van Damme,K.J.: 1966, *Austr.Journ.Phys.*, **19**, 687
73		Davies,R.D.: 1974, *I.A.U. Symp.* No. **58**, 119
74		Briggs,F.H.: 1982, *Astrophys. J.*, **259**, 544
75		Williams,B.A.: 1986, *Astrophys. J.*, **311**, 25
76		Lewis,B.M., Davies,R.D.: 1973, *M.N.R.A.S.*, **165**, 213
77		Davies,R.D., Stephenson,R.J.: 1974, in *Proc.Europ.Astron.Meeting* No. 1, 15
78		Sulentic,J.W., Arp,H.: 1983, *Astron. J.*, **88**, 489
79		Dean,J.F., Davies,R.D.: 1975, *M.N.R.A.S.*, **170**, 503
80		Dickel,J.R., Rood,H.J.: 1978, *Astrophys. J.*, **223**, 391
81		Dieter,N.H.: 1962, *Astron. J.*, **67**, 313
82		Dressel,L.L., Bania,T.M., Davis,M.M.: 1983, *Astrophys. J.*, **266**, L97
83	a	Emerson,D.T.: 1974, *M.N.R.A.S.*, **169**, 607
	b	Emerson,D.T.: 1975, *C.N.R.S. Coll.* No. **241**, 243
	c	Emerson,D.T.: 1976, *M.N.R.A.S.*, **176**, 321
	d	Emerson,D.T.: 1978, *M.N.R.A.S.*, **182**, 793
84		Magri,C., Haynes,M.P., Forman,W., Jones,C., Giovanelli,R.: 1988, *Astrophys. J.*, **333**, 136
85	a	Bottinelli,L., Gouguenheim,L., Heidmann,J., Heidmann,N.: 1968, *Ann. d'Astrophys.*, **31**, 205
	b	Gouguenheim,L.: 1969, *Astron. Astrophys.*, **3**, 281
86		Davies,R.D.: 1972, *I.A.U. Symp.* No. **44**, 67
87	a	Epstein,E.E.: 1964, *Astron. J.*, **69**, 490
	b	Epstein,E.E.: 1964, *Astron. J.*, **69**, 521
88		Faber,S.M., Balick,B., Gallagher III,J.S., Knapp,G.R.: 1977, *Astrophys. J.*, **214**, 383
89		Fisher,J.R., Tully,R.B.: 1975, *Astron. Astrophys.*, **44**, 151
90		Fisher,J.R., Tully,R.B.: 1976, *Astron. Astrophys.*, **53**, 397
91		Fosbury,R.A.E., Mebold,U., Goss,W.M., Dopita,M.A.: 1978, *M.N.R.A.S.*, **183**, 549
92	a	Freeman,K.C., Karlsson,B., Lynga,G., Burrell,J.F., van Woerden,H., Goss,W.M., Mebold,U.: 1977, *Astron. Astrophys.*, **55**, 445
	b	Mebold,U., Goss,W.M., van Woerden,H., Freeman,K.C.: 1976, *Proc. A.S.A.*, **3**, 72
93		Gallagher III,J.S.: 1972, *Astron. J.*, **77**, 568
94		Gallagher III,J.S., Knapp,G.R., Faber,S.M., Balick,B.: 1977, *Astrophys. J.*, **215**, 463
95	a	Gallagher III,J.S., Faber,S.M., Balick,B.: 1975, *Astrophys. J.*, **202**, 7
	b	Faber,S.M., Gallagher III,J.S.: 1976, *Astrophys. J.*, **204**, 365
96		Giovanelli,R.: 1979, *Astrophys. J.*, **227**, L125
97		Gordon,K.J., Gordon,C.P.: 1979, *Astrophys. Lett.*, **20**, 9
98		Gordon,K.J., Remage,N.H., Roberts,M.S.: 1968, *Astrophys. J.*, **154**, 845
99	a	Gottesman,S.T., Davies,R.D.: 1970, *M.N.R.A.S.*, **149**, 237
	b	Davies,R.D., Gottesman,S.T.: 1970, *M.N.R.A.S.*, **149**, 263
	c	Gottesman,S.T., de Jager,G.: 1970, *Mem. Roy.Astron.Soc.*, **74**, 67
	d	Gottesman,S.T.: 1970, *Mem. Roy.Astron.Soc.*, **74**, 73
	e	Gottesman,S.T.: 1970, *Mem. Roy.Astron.Soc.*, **74**, 89
	f	Davies,R.D.: 1970, *Observatory*, **90**, 134
100	a	Gottesman,S.T., Hunter Jr.,J.H., Ball,J.R.: 1983, *I.A.U. Symp.* No. **100**, 93
	b	Gottesman,S.T., Ball,J.R., Hunter Jr.,J.H.: 1983, *I.A.U. Symp.* No. **100**, 235
101		Gottesman,S.T., Weliachew,L.: 1972, *Astrophys. Lett.*, **12**, 63

TABLE 2a (cont.)

102	a	Gottesman,S.T., Weliachew,L.: 1975, *Astrophys. J.*, **195**, 23
	b	Gottesman,S.T., Weliachew,L.: 1975, *C.N.R.S. Coll.* No. **241**, 199
103		Gottesman,S.T., Weliachew,L.: 1977, *Astron. Astrophys.*, **61**, 523
104		Gottesman,S.T., Weliachew,L.: 1977, *Astrophys. J.*, **211**, 47
105	a	Guelin,M., Weliachew,L.: 1970, *Astron. Astrophys.*, **7**, 141
	b	Guelin,M.: 1970, *Astron. Astrophys.*, **9**, 477
106	a	Guelin,M., Weliachew,L.: 1970, *Astron. Astrophys.*, **9**, 155
	b	Guelin,M., Weliachew,L.: 1972, *I.A.U. Symp.* No. **44**, 74
107		Guibert,J.: 1973, *Astron. Astrophys.*, **29**, 335
108	a	Guibert,J.: 1973, *Astron. Astrophys. Suppl.Ser.*, **12**, 263
	b	Guibert,J.: 1974, *Astron. Astrophys.*, **30**, 353
	c	Guibert,J.: 1975, *C.N.R.S. Coll.* No. **241**, 263
109		Grayzeck,E.J.: 1983, *I.A.U. Symp.* No. **100**, 97
110		Haschick,A.D., Baan,W.A., Burke,B.F.: 1978, *Astrophys. J.*, **225**, 343
111		Hawarden,T.G., van Woerden,H., Mebold,U., Goss,W.M., Peterson,B.A.: 1979, *Astron. Astrophys.*, **76**, 230
112	a	Gottesman,S.T., Johnson,D.W.: 1983, *I.A.U. Symp.* No. **100**, 307
	b	Johnson,D.W., Gottesman,S.T.: 1983, *Astrophys. J.*, **275**, 549
113		Haynes,M.P., Giovanelli,R., Roberts,M.S.: 1979, *Astrophys. J.*, **229**, 83
114		Heckman,T.M., Balick,B., Sullivan III,W.T.: 1978, *Astrophys. J.*, **224**, 745
115		Hoeglund,B., Roberts,M.S.: 1966, *Astrophys. J.*, **142**, 1366
116		Huchtmeier,W.K.: 1975, *Astron. Astrophys.*, **45**, 259
117		Huchtmeier,W.K.: 1979, *Astron. Astrophys.*, **75**, 170
118		Huchtmeier,W.K., Bohnenstengel,H.-D.: 1975, *Astron. Astrophys.*, **41**, 477
119		Huchtmeier,W.K., Bohnenstengel,H.-D.: 1975, *Astron. Astrophys.*, **44**, 479
120		Huchtmeier,W.K., Tammann,G.A., Wendker,H.J.: 1975, *Astron. Astrophys.*, **42**, 205
121		Huchtmeier,W.K., Tammann,G.A., Wendker,H.J.: 1976, *Astron. Astrophys.*, **46**, 381
122		Huchtmeier,W.K., Tammann,G.A., Wendker,H.J.: 1977, *Astron. Astrophys.*, **57**, 313
123		Huchtmeier,W.K., Witzel,A.: 1979, *Astron. Astrophys.*, **74**, 138
124	a	van der Hulst,J.M.: 1977, *Ph.D. Thesis*, Univ. Groningen
	b	van der Hulst,J.M.: 1978, *I.A.U. Symp.* No. **77**, 269
	c	van der Hulst,J.M.: 1979, *Astron. Astrophys.*, **71**, 131
	d	van der Hulst,J.M.: 1979, *Astron. Astrophys.*, **75**, 97
125		van der Hulst,J.M., Ondrechen,M.P., van Gorkom,J.H., Hummel,E.: 1983, *I.A.U. Symp.* No. **100**, 233
126		Heckman,T.M., Balick,B., van Breugel,W.J.M., Miley,G.K.: 1983, *Astron. J.*, **88**, 583
127		van der Kruit,P.C., Searle,L.: 1982, *Astron. Astrophys.*, **110**, 79
128		van der Hulst,J.M., Huchtmeier,W.K.: 1979, *Astron. Astrophys.*, **78**, 82
129		Knapp,G.R., Faber,S.M., Gallagher III,J.S.: 1978, *Astron. J.*, **83**, 11
130		Knapp,G.R., Gallagher III,J.S., Faber,S.M.: 1978, *Astron. J.*, **83**, 139
131		Knapp,G.R., Gallagher III,J.S., Faber,S.M., Balick,B.: 1977, *Astron. J.*, **82**, 106
132		Knapp,G.R., Kerr,F.J.: 1974, *Astron. J.*, **79**, 667
133		Knapp,G.R., Kerr,F.J., Bowers,P.F.: 1978, *Astron. J.*, **83**, 360
134	a	Knapp,G.R., Kerr,F.J., Williams,B.A.: 1978, *Astrophys. J.*, **222**, 800
	b	Kerr,F.J.: 1978, *I.A.U. Symp.* No. **77**, 53
135		Krumm,N., Salpeter,E.E.: 1976, *Astrophys. J.*, **208**, L7
136		Krumm,N., Salpeter,E.E.: 1977, *Astron. Astrophys.*, **56**, 465
137		Krumm,N., Salpeter,E.E.: 1979, *Astrophys. J.*, **227**, 776
138		Krumm,N., Salpeter,E.E.: 1979, *Astron. J.*, **84**, 1138
139		Krumm,N., Salpeter,E.E.: 1979, *Astrophys. J.*, **228**, 64
140		Shane,W.W., Krumm,N.: 1983, *I.A.U. Symp.* No. **100**, 105
141		Lauque,R.: 1973, *Astron. Astrophys.*, **23**, 253
142		Lewis,B.M.: 1972, *Austr.Journ.Phys.*, **25**, 315
143		Lewis,B.M.: 1975, *Astron. Astrophys.*, **44**, 147
144		Davies,R.D., Lewis,B.M.: 1973, *M.N.R.A.S.*, **165**, 231
145		Lo,K.Y., Sargent,W.L.W.: 1979, *Astrophys. J.*, **227**, 756
146		Longmore,A.J., Hawarden,T.G., Cannon,R.D., Allen,D.A., Mebold,U., Goss,W.M., Reif,K.: 1979, *M.N.R.A.S.*, **188**, 285
147	a	Love,R.: 1972, *Nature*, **235**, 76
	b	Love,R.: 1972, *Nature Physical Sciences*, **235**, 53
148	a	Pence,W.D., Blackman,C.P.: 1984, *M.N.R.A.S.*, **207**, 9
	b	Pence,W.D., Blackman,C.P.: 1984, *M.N.R.A.S.*, **210**, 547
149		Sulentic,J.W., Arp,H.: 1983, *Astron. J.*, **88**, 267
150		Lewis,B.M.: 1983, *Astron. J.*, **88**, 962
151		Giovanelli,R., Haynes,M.P.: 1983, *Astron. J.*, **88**, 881
152		McCutcheon,W.H., Davies,R.D.: 1970, *M.N.R.A.S.*, **150**, 337
153		Mebold,U., Goss,W.M., Fosbury,R.A.E: 1977, *M.N.R.A.S.*, **180**, 11P
154		Mirabel,I.F., Wilson,A.S.: 1983, *Astrophys. J.*, **277**, 92
155		Mebold,U., Goss,W.M., van Woerden,H., Hawarden,T.G., Siegman,B.: 1979, *Astron. Astrophys.*, **74**, 100

TABLE 2a (cont.)

156	a	Newton,K., Emerson,D.T.: 1977, *M.N.R.A.S.*, **181**, 573
	b	Emerson,D.T., Newton,K.: 1978, *I.A.U. Symp.* No. **77**, 183
157		Romanishin,W., Krumm,N., Salpeter,E., Knapp,G., Strom,K.M., Strom,S.E.: 1982, *Astrophys.J.*, **263**, 94
158	a	Peterson,S.D.: 1979, *Astrophys.J.Suppl.*, **40**, 527
	b	Peterson,S.D.: 1979, *Astrophys.J.*, **232**, 20
159		Peterson,C.J., Rubin,V.C., Ford Jr.,W.K., Thonnard,N.: 1978, *Astrophys.J.*, **219**, 31
160		Peterson,S.D., Shostak,G.S.: 1974, *Astron.J.*, **79**, 767
161		Reakes,M.: 1979, *M.N.R.A.S.*, **187**, 509
162		Reakes,M.: 1979, *M.N.R.A.S.*, **187**, 525
163		Reakes,M.L., Newton,K.: 1978, *M.N.R.A.S.*, **185**, 277
164		Reif,K., Mebold,U., Goss,W.M.: 1978, *Astron.Astrophys.*, **67**, L1
165		Roberts,M.S.: 1962, *Astron.J.*, **67**, 437
166		Roberts,M.S.: 1965, *Astrophys.J.*, **142**, 148
167		Roberts,M.S.: 1968, *Astrophys.J.*, **151**, 117
168		Shostak,G.S.: 1987, *Astron.Astrophys.*, **175**, 4
169		Shostak,G.S., van Gorkom,J.H., Ekers,R.D., Sanders,R.H., Goss,W.M., Cornwell,T.J.: 1983, *Astron.Astrophys.*, **119**, L3
170		Lewis,B.M.: 1983, *Astron.J.*, **88**, 1695
171		Roberts,M.S.: 1978, *Astron.J.*, **83**, 1026
172	a	Roberts,M.S., Cram,T.R., Whitehurst,R.N.: 1976, in *The Galaxy and the Local Group*, p. 215
	b	Roberts,M.S., Whitehurst,R.N., Cram,T.R.: 1978, *I.A.U. Symp.* No. **77**, 169
	c	Whitehurst,R.N., Roberts,M.S., Cram,T.R.: 1978, *I.A.U. Symp.* No. **77**, 175
	d	Cram,T.R., Roberts,M.S., Whitehurst,R.N.: 1980, *Astron.Astrophys.Suppl.Ser.*, **40**, 215
173		Roberts,M.S., Warren,J.L.: 1970, *Astron.Astrophys.*, **6**, 165
174		Rogstad,D.G., Crutcher,R.M., Chu,K.: 1979, *Astrophys.J.*, **229**, 509
175		Rogstad,D.H., Lockhart,I.A., Wright,M.C.H.: 1974, *Astrophys.J.*, **193**, 309
176	a	Rogstad,D.H., Shostak,G.S.: 1971, *Astron.Astrophys.*, **13**, 99
	b	Rogstad,D.H.: 1971, *Astron.Astrophys.*, **13**, 108
177		Rogstad,D.H., Shostak,G.S.: 1972, *Astrophys.J.*, **176**, 315
178		Rogstad,D.H., Shostak,G.S., Rots,A.H.: 1973, *Astron.Astrophys.*, **22**, 111
179		Rogstad,D.H., Wright,M.C.H., Lockhart,I.A.: 1976, *Astrophys.J.*, **204**, 703
180		Rood,H.J., Dickel,J.R.: 1976, *Astrophys.J.*, **205**, 346
181		Rots,A.H.: 1978, *Astron.J.*, **83**, 219
182		Rots,A.H.: 1979, *Astron.Astrophys.*, **80**, 255
183	a	Rots,A.H.: 1980, *Astron.Astrophys.Suppl.Ser.*, **41**, 189
	b	Rots,A.H.: 1979, NRAO Special Publication
184		Rots,A.H., Shane,W.W.: 1974, *Astron.Astrophys.*, **31**, 245
185	a	Rots,A.H., Shane,W.W.: 1975, *Astron.Astrophys.*, **45**, 25
	b	Rots,A.H.: 1975, *Astron.Astrophys.*, **45**, 43
	c	Rots,A.H.: 1975, *C.N.R.S. Coll.* No. **241**, 201
186		Rubin,V.C., Ford Jr.,W.K., Roberts,M.S.: 1979, *Astrophys.J.*, **230**, 35
187		Rubin,V.C., Thonnard,N., Ford Jr.,W.K.: 1977, *Astrophys.J.*, **217**, L1
188		Rubin,V.C., Ford Jr.,W.K., Thonnard,N., Roberts,M.S., Graham,J.A.: 1976, *Astron.J.*, **81**, 687
189		Salpeter,E.E.: 1978, *I.A.U. Symp.* No. **77**, 23
190	a	Guelin,M., Sancisi,R., Weliachew,L., van Woerden,H.: 1975, *C.N.R.S. Coll.* No. **241**, 291
	b	Sancisi,R.: 1976, *Astron.Astrophys.*, **53**, 159
191	a	Sancisi,R., Allen,R.J., van Albada,T.S.: 1975, *C.N.R.S. Coll.* No. **241**, 295
	b	Sancisi,R., Allen,R.J.: 1979, *Astron.Astrophys.*, **74**, 73
192	a	Sancisi,R.: 1978, *I.A.U. Symp.* No. **77**, 276
	b	Sancisi,R., Allen,R.J., Sullivan III,W.T.: 1979, *Astron.Astrophys.*, **78**, 217
193	a	Thonnard,N.: 1982, in *The Comparative HI-content of Normal Galaxies*, p. 65
	b	Kumar,C.K., Thonnard,N.: 1983, *Astron.J.*, **88**, 260
	c	Thonnard,N.: 1983, *I.A.U. Symp.* No. **100**, 305
194		Seielstad,G.A., Wright,M.C.H.: 1973, *Astrophys.J.*, **184**, 343
195		Shane,W.W.: 1975, *C.N.R.S. Coll.* No. **241**, 217
196		Shane,W.W.: 1975, *C.N.R.S. Coll.* No. **241**, 413
197		Shobbrook,R.R., Robinson,B.J.: 1967, *Austr.Journ.Phys.*, **20**, 131
198		Shostak,G.S.: 1974, *Astron.Astrophys.*, **31**, 97
199		Shostak,G.S.: 1974, *Astrophys.J.*, **187**, 19
200		Shostak,G.S.: 1974, *Astrophys.J.*, **189**, L1
201		Shostak,G.S.: 1975, *Astrophys.J.*, **198**, 527
202		Shostak,G.S., van Woerden,H.: 1983, *I.A.U. Symp.* No. **100**, 33
203		Shostak,G.S.: 1978, *Astron.Astrophys.*, **68**, 321
204		Shostak,G.S., Allen,R.J.: 1980, *Astron.Astrophys.*, **81**, 167
205		Shostak,G.S., Roberts,M.S., Peterson,S.D.: 1975, *Astron.J.*, **80**, 581
206	a	Shostak,G.S., Rogstad,D.H.: 1973, *Astron.Astrophys.*, **24**, 405
	b	Shostak,G.S.: 1973, *Astron.Astrophys.*, **24**, 411

TABLE 2a (cont.)

207		Shostak,G.S., Weliachew,L.: 1971, *Astrophys. J.*, **169**, L71
208		Siefert,P.T., Gottesman,S.T., Wright,M.C.H.: 1975, *C.N.R.S. Coll.* No. **241**, 425
209		Silverglate,P.R., Krumm,N.: 1978, *Astrophys. J.*, **224**, L98
210		Tully,R.B., Boesgaard,A.M., Schempp,W.V.: 1979, in *Photometry, Kinematics and Dynamics of Galaxies*, p. 325
211		Sullivan III,W.T., Johnson,P.E.: 1978, *Astrophys. J.*, **225**, 751
212		Tarter,J.C., Wright,M.C.H.: 1979, *Astron. Astrophys.*, **76**, 127
213	a	Thuan,T.X., Seitzer,P.O.: 1979, *Astrophys. J.*, **231**, 327
	b	Thuan,T.X., Seitzer,P.O.: 1979, *Astrophys. J.*, **231**, 680
214		Tully,R.B., Bottinelli,L., Fisher,J.R., Gouguenheim,L., Sancisi,R., van Woerden,H.: 1978, *Astron. Astrophys.*, **63**, 37
215		Volders,L.: 1959, *B.A.N.*, **14**, 323
216		Tully,R.B., Fisher,J.R.: 1977, *Astron. Astrophys.*, **54**, 661
217	a	Wright,M.C.H., Warner,P.J., Baldwin,J.E.: 1972, *M.N.R.A.S.*, **155**, 377
	b	Warner,P.J., Wright,M.C.H., Baldwin,J.E.: 1973, *M.N.R.A.S.*, **163**, 163
	c	Baldwin,J.E.: 1974, *I.A.U. Symp.* No. **58**, 139
218		Webster,B.L., Goss,W.M., Hawarden,T.G., Longmore,A.J., Mebold,U.: 1979, *M.N.R.A.S.*, **186**, 31
219		Weliachew,L.: 1969, *Astron. Astrophys.*, **3**, 402
220		van Woerden,H., van Driel,W., Schwarz,U.J.: 1983, *I.A.U. Symp.* No. **100**, 99
221		Weliachew,L., Gottesman,S.T.: 1973, *Astron. Astrophys.*, **24**, 59
222		Weliachew,L., Sancisi,R., Guelin,M.: 1978, *Astron. Astrophys.*, **65**, 37
223		Whitehurst,R.N., Roberts,M.S.: 1972, *Astrophys. J.*, **175**, 347
224		Whiteoak,J.B., Gardner,F.F.: 1971, *Astrophys. Lett.*, **8**, 57
225		Whiteoak,J.B., Gardner,F.F.: 1976, *Proc.A.S.A.*, **3**, 71
226		Whiteoak,J.B., Gardner,F.F.: 1977, *Austr.Journ.Phys.*, **30**, 187
227		Winter,A.J.B.: 1975, *M.N.R.A.S.*, **172**, 1
228		van Woerden,H., Bosma,A., Mebold,U.: 1975, *C.N.R.S. Coll.* No. **241**, 483
229		van Woerden,H., Goss,W.M., Mebold,U., Siegman,B., Hawarden,T.G.: 1976, *Proc.A.S.A.*, **3**, 68
230		Wright,M.C.H.: 1973, *Astrophys. J.*, **179**, 453
231		Wright,M.C.H., Seielstad,G.A.: 1973, *Astrophys. Lett.*, **13**, 1
232		Balkowski,C., Chamaraux,P.: 1983, *Astron. Astrophys. Suppl.Ser.*, **51**, 331
233		Thonnard,N.: 1975, *Bull.A.A.S.*, **7**, 550
234		Chamaraux,P., Balkowski,C., Gerard,E.: 1980, *Astron. Astrophys.*, **83**, 38
235		Biermann,P., Clarke,J.N., Fricke,K.J.: 1979, *Astron. Astrophys.*, **75**, 19
236		Gardner,F.F., Whiteoak,J.B.: 1976, *Proc.A.S.A.*, **3**, 63
237		Huchtmeier,W.K.: 1972, *Astron. Astrophys.*, **17**, 207
238		Huchtmeier,W.K.: 1973, *Astron. Astrophys.*, **22**, 27
239	a	Huchtmeier,W.K.: 1972, *Astron. Astrophys. Suppl.Ser.*, **7**, 397
	b	Huchtmeier,W.K.: 1973, *Astron. Astrophys.*, **22**, 91
240		Huchtmeier,W.K.: 1973, *Astron. Astrophys.*, **23**, 93
241		Grewing,M., Mebold,U.: 1975, *Astron. Astrophys.*, **42**, 119
242		Morris,M., Wannier,P.G.: 1980, *Astrophys. J.*, **238**, L7
243		Peterson,C.J., Rubin,V.C., Ford Jr.,W.K., Roberts,M.S.: 1978, *Astrophys. J.*, **226**, 770
244		Allen,R.J., Sullivan III,W.T.: 1980, *Astron. Astrophys.*, **84**, 181
245		Thuan,T.X., Martin,G.E.: 1979, *Astrophys. J.*, **232**, L11
246		Balkowski,C.: 1979, *Astron. Astrophys.*, **78**, 190
247		Wright,M.C.H.: 1979, *Astrophys. J.*, **233**, 35
248		Peterson,S.D., Terzian,Y.: 1979, *Journ.Roy.Astron.Soc. Canada*, **73**, 215
249		Knapp,G.R., Kerr,F.J., Henderson,A.P.: 1979, *Astrophys. J.*, **234**, 448
250		Haynes,M.P.: 1979, *Astron.J.*, **84**, 1830
251	a	Unwin,S.C.: 1980, *M.N.R.A.S.*, **190**, 551
	b	Unwin,S.C.: 1980, *M.N.R.A.S.*, **192**, 243
	c	Unwin,S.C.: 1983, *M.N.R.A.S.*, **205**, 773
	d	Unwin,S.C.: 1983, *M.N.R.A.S.*, **205**, 787
252		Newton,K.: 1980, *M.N.R.A.S.*, **190**, 689
253	a	Newton,K.: 1980, *M.N.R.A.S.*, **191**, 169
	b	Newton,K.: 1980, *M.N.R.A.S.*, **191**, 615
254	a	Davies,R.D., Davidson,G.P., Johnson,S.C.: 1980, *M.N.R.A.S.*, **191**, 253
	b	Davies,R.D.: 1978, *I.A.U. Symp.* No. **77**, 274
255		Hart,L., Davies,R.D., Johnson,S.C.: 1980, *M.N.R.A.S.*, **191**, 269
256		Haynes,M.P., Roberts,M.S.: 1979, *Astrophys. J.*, **227**, 767
257		Viallefond,F., Allen,R.J., de Boer,J.A.: 1980, *Astron. Astrophys.*, **82**, 207
258		Shane,W.W.: 1980, *Astron. Astrophys.*, **82**, 314
259		Combes,F., Foy,F.C., Gottesman,S.T., Weliachew,L.: 1980, *Astron. Astrophys.*, **84**, 85
260		Burstein,D., Krumm,N.: 1981, *Astrophys. J.*, **250**, 517
261		Reakes,M.: 1980, *M.N.R.A.S.*, **192**, 297
262		Briggs,F.H., Wolfe,A.M., Krumm,N., Salpeter,E.E.: 1980, *Astrophys. J.*, **238**, 510
263	a	Gottesman,S.T.: 1979, in *Photometry, Kinematics and Dynamics of Galaxies*, p. 301

TABLE 2a (cont.)

263	b	Gottesman,S.T.: 1980, *Astron. J.*, **85**, 824
264		Dickel,J.R., Rood,H.J.: 1980, *Astron. J.*, **85**, 1003
265		Raimond,E., Faber,S.M., Gallagher III,J.S., Knapp,G.R.: 1981, *Astrophys. J.*, **246**, 708
266		Shostak,G.S., Willis,A.G., Crane,P.C.: 1981, *Astron. Astrophys.*, **96**, 393
267		Sullivan III,W.T.: 1980, *Astron. Astrophys.*, **89**, L3
268		Wilkerson,M.S.: 1980, *Astrophys. J.*, **240**, L115
269		Haynes,M.P., Giovanelli,R.: 1980, *Astrophys. J.*, **240**, L87
270		Bosma,A., Casini,C., Heidmann,J., van der Hulst,J.M., van Woerden,H.: 1980, *Astron. Astrophys.*, **89**, 345
271		Peterson,S.D., Shostak,G.S.: 1980, *Astrophys. J.*, **241**, L1
272		Mirabel,I.F.: 1982, *Astrophys. J.*, **260**, 75
273		Krumm,N., Salpeter,E.E.: 1980, *Astron. J.*, **85**, 1312
274		Lewis,B.M.: 1968, *Proc. A.S.A.*, **1**, 104
275		Bajaja,E.: 1979, *Univ. de Chile Publ.*, **3**, 64
276		Huchtmeier,W.K., Seiradakis,J.H., Tammann,G.A.: 1980, *Astron. Astrophys.*, **89**, 95
277		Lequeux,J., Viallefond,F.: 1980, *Astron. Astrophys.*, **91**, 269
278		Huchtmeier,W.K., Seiradakis,J.H., Materne,J.: 1980, *Astron. Astrophys.*, **91**, 341
279	a	Robinson,B.J., van Damme,K.J.: 1964, *I.A.U. Symp.* No. **20**, 276
	b	Robinson,B.J., van Damme,K.J.: 1966, *Austr.Journ.Phys.*, **19**, 111
280		van de Hulst,H.C., Raimond,E., van Woerden,H.: 1957, *B.A.N.*, **14**, 1
281		Wentzel,D.G., van Woerden,H.: 1957, *B.A.N.*, **14**, 335
282		Volders,L., van de Hulst,H.C.: 1959, *I.A.U. Symp.* No. **9**, 423
283		Bosma,A., Goss,W.M., Allen,R.J.: 1981, *Astron. Astrophys.*, **93**, 106
284		Gordon,K.J.: 1971, *Astrophys. J.*, **169**, 235
285		Roberts,M.S.: 1968, *Astron. J.*, **73**, 945
286		Ford Jr.,W.K., Rubin,V.C., Roberts,M.S.: 1971, *Astron. J.*, **76**, 22
287		Gottesman,S.T., Davies,R.D., Reddish,V.C.: 1966, *M.N.R.A.S.*, **133**, 359
288		Guelin,M., Weliachew,L.: 1969, *Astron. Astrophys.*, **1**, 10
289		Roberts,M.S.: 1966, *Astrophys. J.*, **144**, 639
290		Robinson,B.J., Koehler,J.A.: 1965, *Nature*, **208**, 993
291		Jaffe,W.J., Perola,G.C., Tarenghi,M.: 1978, *Astrophys. J.*, **224**, 808
292		Haynes,M.P.: 1981, *Astron. J.*, **86**, 1126
293	a	Gordon,D., Gottesman,S.T.: 1979, in *Photometry, Kinematics and Dynamics of Galaxies*, p. 227
	b	Gordon,D., Gottesman,S.T.: 1981, *Astron. J.*, **86**, 161
294		Longmore,A.J., Hawarden,T.G., Webster,B.L., Goss,W.M., Mebold,U.: 1978, *M.N.R.A.S.*, **184**, 97P
295	a	Hindman,J.V.: 1967, *Austr.Journ.Phys.*, **20**, 147
	b	Hindman,J.V., Balnares,K.M.: 1967, *Austr.Journ.Phys.*, *Astrophys.Suppl.*, **4**, 3
296		Appleton,P.N., Davies,R.D., Stephenson,R.J.: 1981, *M.N.R.A.S.*, **195**, 327
297	a	de Jager,G., Davies,R.D.: 1971, *M.N.R.A.S.*, **153**, 9
	b	Gottesman,S.T., de Jager,G.: 1970, *Mem. Roy.Astron.Soc.*, **74**, 67
	c	de Jager,G.: 1970, *Mem. Roy.Astron.Soc.*, **74**, 123
298		Gallagher III,J.S., Hunter,D.A., Knapp,G.R.: 1981, *Astron. J.*, **86**, 344
299		Giovanelli,R., Haynes,M.P.: 1981, *Astron. J.*, **86**, 340
300	a	Dressel,L.L., Bania,T.M., O'Connell,R.W.: 1982, *I.A.U. Symp.* No. **97**, 309
	b	Dressel,L.L.: 1982, in *The Comparative HI-content of Normal Galaxies*, p. 78
	c	Dressel,L.L., Bania,T.M., O'Connell,R.W.: 1982, *Astrophys. J.*, **259**, 55
301	a	Hindman,J.V., McGee,R.X., Carter,A.W.L., Holmes,E.C.J., Beard,M.: 1963, *Austr.Journ.Phys.*, **16**, 552
	b	Hindman,J.V., Kerr,F.J., McGee,R.X.: 1963, *Austr.Journ.Phys.*, **16**, 570
302	a	McGee,R.X.: 1964, *Austr.Journ.Phys.*, **17**, 515
	b	McGee,R.X.: 1964, *I.A.U. Symp.* No. **20**, 289
	c	McGee,R.X., Milton,J.A.: 1966, *Austr.Journ.Phys.*, **19**, 343
	d	McGee,R.X., Milton,J.A.: 1966, *Austr.Journ.Phys.*, *Astrophys.Suppl.*, **2**, 2
303	a	Kerr,F.J., Hindman,J.V., Robinson,B.J.: 1954, *Austr.Journ.Phys.*, **7**, 297
	b	Kerr,F.J., de Vaucouleurs,G.: 1955, *Austr.Journ.Phys.*, **8**, 508
	c	Kerr,F.J., de Vaucouleurs,G.: 1956, *Austr.Journ.Phys.*, **9**, 90
304		Haynes,M.P., Giovanelli,R.: 1981, *Astrophys. J.*, **246**, L105
305		Giovanelli,R., Chincarini,G.L., Haynes,M.P.: 1981, *Astrophys. J.*, **247**, 383
306		Argyle,E.: 1965, *Astrophys. J.*, **141**, 750
307		Heeschen,D.S.: 1957, *Astrophys. J.*, **126**, 471
308	a	Dent,W.A.: 1971, *Astrophys. J.*, **165**, 451
	b	Dent,W.A.: 1977, *I.A.U. Symp.* No. **44**, 259
309		Balkowski,C., Chamaraux,P.: 1981, *Astron. Astrophys.*, **97**, 223
310	a	Longmore,A.J., Hawarden,T.G., Webster,B.L.: 1979, in *Photometry, Kinematics and Dynamics of Galaxies*, p. 223
	b	Longmore,A.J., Hawarden,T.G., Goss,W.M., Mebold,U., Webster,B.L.: 1982, *M.N.R.A.S.*, **200**, 325
311		Hawarden,T.G., Longmore,A.J., Goss,W.M., Mebold,U., Tritton,S.B.: 1981, *M.N.R.A.S.*, **196**, 175
312		Bothun,G.D., Stauffer,J.R., Schommer,R.A.: 1981, *Astrophys. J.*, **247**, 42
313		Lewis,B.M.: 1972, *I.A.U. Symp.* No. **44**, 267

TABLE 2a (cont.)

314		Peterson,C.J., Rubin,V.C., Ford Jr.,W.K., Thonnard,N., Roberts,M.S.: 1976, *Astrophys. J.*, **208**, 662
315		Davies,R.D., Gottesman,S.T., Reddish,V.C., Verschuur,G.L.: 1963, *Observatory*, **83**, 245
316	a	Dieter,N.H.: 1957, *Publ. A.S.P.*, **69**, 356
	b	Dieter,N.H.: 1962, *Astron. J.*, **67**, 217
317		Dieter,N.H.: 1962, *Astron. J.*, **67**, 222
318		Huchtmeier,W.K., Bohnenstengel,H.-D.: 1981, *Astron. Astrophys.*, **100**, 72
319		Disney,M.J., Pottasch,S.R.: 1977, *Astron. Astrophys.*, **60**, 43
320	a	Reif,K.: 1982, *Ph.D. Thesis*, Univ. Bonn
	b	Reif,K., Mebold,U., Goss,W.M., van Woerden,H., Siegman,B.: 1982, *Astron. Astrophys. Suppl.Ser.*, **50**, 451
321		Hawarden,T.G., Longmore,A.J., Goss,W.M., Mebold,U., Tritton,S.B.: 1979, in *Photometry, Kinematics and Dynamics of Galaxies*, p. 155
322		Lewis,B.M., Robinson,B.J.: 1973, *Astron. Astrophys.*, **23**, 295
323	a	Lewis,B.M.: 1969, *Ph.D. Thesis*, Australian National Univ.
	b	Lewis,B.M.: 1969, *Proc. A.S.A.*, **1**, 288
324	a	Bottinelli,L., Gouguenheim,L., Paturel,G.: 1981, *Astron. Astrophys. Suppl.Ser.*, **44**, 217
	b	Bottinelli,L., Gouguenheim,L., Paturel,G.: 1982, *Astron. Astrophys.*, **113**, 61
	c	Bottinelli,L., Gouguenheim,L., Paturel,G.: 1982, *Astron. Astrophys. Suppl.Ser.*, **50**, 101
	d	Bottinelli,L., Gouguenheim,L., Paturel,G.: 1982, *Astron. Astrophys. Suppl.Ser.*, **50**, 529
325		Balkowski,C., Le Denmat,G., Nottale,L.: 1981, *Astron. Astrophys. Suppl.Ser.*, **43**, 121
326		Danziger,I.J., Goss,W.M., Wellington,K.I.: 1981, *M.N.R.A.S.*, **196**, 845
327		Williams,B.A., Kerr,F.J.: 1981, *Astron. J.*, **86**, 953
328		Sullivan III,W.T., Bothun,G.D., Bates,B., Schommer,R.A.: 1981, *Astron. J.*, **86**, 919
329	a	Schommer,R.A., Sullivan III,W.T., Bothun,G.D.: 1981, *Astron. J.*, **86**, 943
	b	Sullivan III,W.T., Schommer,R.A., Bothun,G.D.: 1979, in *Photometry, Kinematics and Dynamics of Galaxies*, p. 231
330		Gosachinskii,I.V., Grachev,V.G., Ryzhkov,N.F.: 1981, *Soviet Astronomy*, **24**, 647
331		Valentijn,E.A., Giovanelli,R.: 1981, *Astron. Astrophys.*, **114**, 208
332		Burns,J.O., White,R.A., Haynes,M.P.: 1981, *Astron. J.*, **86**, 1120
333		Pfleiderer,J., Gruber,M.D., Gruber,G.M., Velden,L.: 1981, *Astron. Astrophys.*, **102**, L21
334	a	Burke,B.F., Turner,K.C., Tuve,M.A.: 1963, *Carnegie Institution Yearbook* 62, 289
	b	Burke,B.F., Turner,K.C., Tuve,M.A.: 1964, *Carnegie Institution Yearbook* 63, 341
	c	Burke,B.F., Turner,K.C., Tuve,M.A.: 1964, *I.A.U. Symp.* No. 20, 99
335	a	Bajaja,E., Loiseau,N.: 1980, *Bol.Asoc.Arg.Astr.*, **25**, 87
	b	Loiseau,N., Bajaja,E.: 1981, *Rev.Mexicana Astron.Astrof.*, **6**, 55
	c	Bajaja,E., Loiseau,N.: 1982, *Astron. Astrophys. Suppl.Ser.*, **48**, 71
336		Roberts,M.S., Rots,A.H.: 1973, *Astron. Astrophys.*, **26**, 483
337		Tully,R.B., Boesgaard,A.M., Dyck,H.M., Schempp,W.V.: 1981, *Astrophys. J.*, **246**, 38
338		Emerson,D.T., Baldwin,J.E.: 1973, *M.N.R.A.S.*, **165**, 9P
339		van Moorsel,G.A.: 1982, *Astron. Astrophys.*, **107**, 66
340		Spinrad,H., Sargent,W.L.W., Oke,J.B., Neugebauer,G., Landau,R., King,I.R., Gunn,J.E., Garmiere,G., Dieter,N.H.: 1971, *Astrophys. J.*, **163**, L25
341		Gottesman,S.T.: 1982, *Astron. J.*, **87**, 751
342	a	McGee,R.X., Newton,L.M.: 1981, *Proc. A.S.A.*, **4**, 189
	b	McGee,R.X., Newton,L.M.: 1981, *Proc. A.S.A.*, **4**, 308
343		Giovanelli,R., Haynes,M.P., Chincarini,G.L.: 1982, *Astrophys. J.*, **262**, 442
344		Bothun,G.D., Romanishin,W., Margon,B., Schommer,R.A., Chanan,G.A.: 1982, *Astrophys. J.*, **257**, 40
345	a	van der Kruit,P.C., Shostak,G.S., van Albada,T.S.: 1979, in *Photometry, Kinematics and Dynamics of Galaxies*, p. 277
	b	van der Kruit,P.C., Shostak,G.S.: 1982, *Astron. Astrophys.*, **105**, 351
	c	van der Kruit,P.C., Shostak,G.S.: 1983, *I.A.U. Symp.* No. 100, 69
346		Huchtmeier,W.K.: 1982, *Astron. Astrophys.*, **110**, 121
347		Thuan,T.X., Martin,G.E.: 1981, *Astrophys. J.*, **247**, 823
348		Heckman,T.M., Sancisi,R., Sullivan III,W.T., Balick,B.: 1982, *M.N.R.A.S.*, **199**, 425
349		Burley,J.: 1963, *Astron. J.*, **68**, 274
350		Gallagher III,J.S., Knapp,G.R., Faber,S.M.: 1981, *Astron. J.*, **86**, 1781
351		Roberts,M.S.: 1975, *I.A.U. Symp.* No. 69, 331
352		Allsopp,N.J.: 1979, *M.N.R.A.S.*, **186**, 343
353		Thuan,T.X., Wadiak,E.J.: 1982, *Astrophys. J.*, **252**, 125
354		Huchtmeier,W.K.: 1978, *I.A.U. Symp.* No. 77, 197
355		Roberts,M.S.: 1969, *Astron. J.*, **74**, 859
356		Roberts,M.S., Steigerwald,D.G.: 1977, *Astrophys. J.*, **217**, 883
357		Kinman,T.D., Rubin,V.C., Thonnard,N., Ford Jr.,W.K., Peterson,C.J.: 1977, *Astron. J.*, **82**, 879
358		Aaronson,M., Mould,J., Huchra,J.P., Sullivan III,W.T., Schommer,R.A., Bothun,G.D.: 1980, *Astrophys. J.*, **239**, 12
359		Thonnard,N., Rubin,V.C., Ford Jr.,W.K., Roberts,M.S.: 1978, *Astron. J.*, **83**, 1564
360		Volders,L., Hoegbom,J.A.: 1961, *B.A.N.*, **15**, 307
361		Heidmann,J.: 1961, *B.A.N.*, **15**, 314
362		Dieter,N.H.: 1962, *Astron. J.*, **67**, 317
363		Roberts,M.S.: 1962, *Astron. J.*, **67**, 431
364		Seielstad,G.A., Whiteoak,J.B.: 1965, *Astrophys. J.*, **142**, 616
365		Rogstad,D.H., Rougoor,G.W., Whiteoak,J.B.: 1967, *Astrophys. J.*, **150**, 9

TABLE 2a (cont.)

366		Lewis,B.M.: 1970, *Observatory*, **90**, 264
367		Margon,B., Spinrad,H., Heiles,C., Tovmassian,H., Harlan,E., Bowyer,S., Lampton,M.: 1972, *Astrophys. J.*, **178**, L77
368		Davies,R.D.: 1973, *M.N.R.A.S.*, **161**, 25P
369		Mathewson,D.S., Ford,V.L., Murray,J.D.: 1975, *Observatory*, **95**, 176
370		Fosbury,R.A.E., Mebold,U., Goss,W.M., van Woerden,H.: 1977, *M.N.R.A.S.*, **179**, 89
371		Sersic,J.L., Bajaja,E., Colomb,F.R.: 1977, *Astron. Astrophys.*, **59**, 19
372		Shostak,G.S.: 1977, *C.N.R.S. Coll.* No. **263**, 489
373		Fisher,J.R., Tully,R.B.: 1981, *Astrophys. J. Suppl.*, **47**, 139
374	a	Bosma,A.: 1978, *I.A.U. Symp.* No. **77**, 28
	b	Bosma,A.: 1979, *Ph.D. Thesis*, Univ. Groningen
	c	Bosma,A.: 1981, *Astron. J.*, **86**, 1791
	d	Bosma,A.: 1981, *Astron. J.*, **86**, 1825
375		Helou,G., Giovanardi,C., Salpeter,E.E., Krumm,N.: 1981, *Astrophys. J. Suppl.*, **46**, 267
376		Huchtmeier,W.K., Seiradakis,J.H., Materne,J.: 1981, *Astron. Astrophys.*, **102**, 134
377		Huchtmeier,W.K., Richter,O.-G.: 1986, *Astron. Astrophys. Suppl.Ser.*, **63**, 323
378		Richter,O.-G., Huchtmeier,W.K.: 1982, *Astron. Astrophys.*, **109**, 155
379		Aaronson,M., Dawe,J.A., Dickens,R.J., Mould,J.R., Murray,J.B.: 1981, *M.N.R.A.S.*, **195**, 1P
380		Helou,G., Salpeter,E.E., Krumm,N.: 1979, *Astrophys. J.*, **228**, L1
381		Huchtmeier,W.K., Richter,O.-G.: 1982, *Astron. Astrophys.*, **109**, 331
382		Hunter,D.A., Gallagher III,J.S., Rautenkranz,D.: 1982, *Astrophys. J. Suppl.*, **49**, 53
383		Whiteoak,J.B., Gardner,F.F: 1988, *Proc.A.S.A.*, **7**, 88
384		Richter,O.-G., Huchtmeier,W.K.: 1989, *Astron. Astrophys.Suppl.Ser.*, to be submitted
385	a	Richter,O.-G.: 1982, *Ph.D. Thesis*, Univ. Hamburg
	b	Richter,O.-G., Huchtmeier,W.K.: 1983, *Astron. Astrophys.*, **125**, 187
386	a	Bajaja,E., Shane,W.W.: 1982, *Astron. Astrophys. Suppl.Ser.*, **49**, 745
	b	Bajaja,E., Gergeley,T.E.: 1977, *Astron. Astrophys.*, **61**, 229
387		Appleton,P.N., Davies,R.D.: 1982, *M.N.R.A.S.*, **201**, 1073
388	a	Krumm,N.: 1982, in *The Comparative HI-content of Normal Galaxies*, p. 109
	b	Krumm,N., Shane,W.W.: 1982, *Astron. Astrophys.*, **116**, 237
389		Shostak,G.S., Hummel,E., Shaver,P.A., van der Hulst,J.M., van der Kruit,P.C.: 1982, *Astron. Astrophys.*, **115**, 293
390		Helou,G., Salpeter,E.E., Terzian,Y.: 1982, *Astron. J.*, **87**, 1443
391		Bothun,G.D., Mould,J., Heckman,T., Balick,B., Schommer,R.A., Kristian,J.: 1982, *Astron. J.*, **87**, 1621
392		Bothun,G.D., Schommer,R.A.: 1982, *Astron. J.*, **87**, 1368
393		Hewitt,J.N., Haynes,M.P., Giovanelli,R.: 1983, *Astron. J.*, **88**, 272
394		Romanishin,W., Strom,S.E., Strom,K.M.: 1982, *Astrophys. J.*, **258**, 77
395		Gottesman,S.T., Hunter Jr.,J.H.: 1982, *Astrophys. J.*, **260**, 65
396		Mould,J., Balick,B., Bothun,G., Aaronson,M.: 1982, *Astrophys. J.*, **260**, L37
397		Lewis,B.M.: 1982, in *The Comparative HI-content of Normal Galaxies*, p. 38
398		Bothun,G.D., Balick,B., Skillman,E.D.: 1982, *Astron. J.*, **87**, 1098
399		Kollatschny,W., Biermann,P., Fricke,K.J., Huchtmeier,W., Witzel,A.: 1983, *Astron. Astrophys.*, **119**, 80
400	a	Giovanelli,R., Haynes,M.P.: 1982, *Astron. J.*, **87**, 1355
	b	Giovanelli,R.: 1982, in *The Comparative HI-content of Normal Galaxies*, p. 117
401		Sargent,W.L.W., Sancisi,R., Lo,K.Y.: 1983, *Astrophys. J.*, **265**, 711
402		van Moorsel,G.A.: 1983, *Astron. Astrophys. Suppl.Ser.*, **53**, 271
403		Kotanyi,C.: 1981, *Ph.D. Thesis*, Univ. Groningen
404	a	Chincarini,G.L., Giovanelli,R., Haynes,M.P., Fontanelli,P.: 1983, *Astrophys. J.*, **267**, 511
	b	Chincarini,G.: 1982, in *The Comparative HI-content of Normal Galaxies*, p. 93
405		Knapp,G.R., Gunn,J.E.: 1982, *Astron. J.*, **87**, 1634
406		Johnson,D.G.: 1980, *Ph.D. Thesis*, Univ. of Florida
407	a	van Moorsel,G.A.: 1982, *Ph.D. Thesis*, Univ. Groningen
	b	van Moorsel,G.A.: 1983, *Astron. Astrophys. Suppl.Ser.*, **54**, 1
	c	van Moorsel,G.A.: 1983, *Astron. Astrophys. Suppl.Ser.*, **54**, 19
	d	van Moorsel,G.A.: 1984, *Astron. Astrophys. Suppl.Ser.*, **55**, 163
408		Rubin,V.C., Thonnard,N., Ford Jr.,W.K.: 1982, *Astron. J.*, **87**, 477
409		Bothun,G.D., Schommer,R.A., Sullivan III,W.T.: 1982, *Astron. J.*, **87**, 725
410		Shaver,P.A., Wall,J.V., Danziger,I.J., Ekers,R.D., Fosbury,R.A.E., Goss,W.M., Malin,D., Moorwood,A.F.M., Pocock,A.S., Tarenghi,M., Wellington,K.J.: 1983, *M.N.R.A.S.*, **205**, 819
411		Viallefond,F., Thuan,T.X.: 1983, *Astrophys. J.*, **269**, 444
412		Williams,B.A.: 1983, *Astrophys. J.*, **271**, 461
413		Schommer,R.A., Bothun,G.D.: 1983, *Astron. J.*, **88**, 577
414		Mirabel,I.F.: 1983, *Astrophys. J.*, **270**, L35
415		Sargent,W.L.W., Lo,K.-Y.: 1985, in *Star-Forming Dwarf Galaxies and related objects*, p. 253
416		Bohnenstengel,H.D.: 1983, *Ph.D. Thesis*, Univ. Hamburg
417		Davis,L.E., Seaquist,E.R.: 1983, *Astrophys. J. Suppl.*, **53**, 269
418		Jenkins,C.R.: 1983, *M.N.R.A.S.*, **205**, 1321
419		Giovanardi,C., Krumm,N., Salpeter,E.E.: 1983, *Astron. J.*, **88**, 1719
420		Williams,B.A., Brown,R.L.: 1983, *Astron. J.*, **88**, 1749

TABLE 2a (cont.)

421		Fontanelli,P.: 1983, *Astron. Astrophys.*, **138**, 85
422		Davies,R.D., Kinman,T.D.: 1984, *M.N.R.A.S.*, **207**, 173
423		Shostak,G.S., van der Kruit,P.C.: 1984, *Astron. Astrophys.*, **132**, 20
424		Knapp,G.R., van Driel,W., Schwarz,U.J., van Woerden,H., Gallagher III,J.S.: 1984, *Astron. Astrophys.*, **133**, 127
425		van der Kruit,P.C., Shostak,G.S.: 1984, *Astron. Astrophys.*, **134**, 258
426		Hummel,E., Dettmar,R.-J., Wielebinski,R.: 1986, *Astron. Astrophys.*, **166**, 97
427		Lake,G., Schommer,R.A.: 1984, *Astrophys. J.*, **280**, 107
428		Helou,G., Hoffman,G.L., Salpeter,E.E.: 1984, *Astrophys. J. Suppl.*, **55**, 433
429		Kreitschmann,J.: 1985, *Ph.D. Thesis*, Univ. Bochum
430		Knapp,G.R., Raimond,E.: 1984, *Astron. Astrophys.*, **138**, 77
431		Sancisi,R., van Woerden,H., Davies,R.D., Hart,L.: 1984, *M.N.R.A.S.*, **210**, 497
432		Krumm,N., Burstein,D.: 1984, *Astron. J.*, **89**, 1319
433		Wevers,B.M.H.R., Appleton,P.N., Davies,R.D., Hart,L.: 1984, *Astron. Astrophys.*, **140**, 125
434		Bajaja,E., van der Burg,G., Faber,S.M., Gallagher III,J.S., Knapp,G.R., Shane,W.W.: 1984, *Astron. Astrophys.*, **141**, 309
435		Lewis,B.M.: 1984, *Astrophys. J.*, **285**, 453
436	a	Gottesman,S.T., Ball,J.R., Hunter Jr.,J.H., Huntley,J.M.: 1984, *Astrophys. J.*, **286**, 471
	b	Hunter Jr.,J.H., Ball,J.R., Huntley,J.M., England,M.N., Gottesman,S.T.: 1988, *Astrophys. J.*, **324**, 721
437	a	Colomb,F.R., Loiseau,N., Testori,J.C.: 1982, *Bol. Asoc. Arg. Astr.*, **27**, 167
	b	Colomb,F.R., Loiseau,N., Testori,J.C.: 1984, *Astrophys. Lett.*, **24**, 139
438		Richter,O.-G.: 1984, *Astron. Astrophys. Suppl. Ser.*, **58**, 131
439		Shostak,G.S., Sullivan III,W.T., Allen,R.J.: 1984, *Astron. Astrophys.*, **139**, 15
440		Knapp,G.R., van Driel,W., van Woerden,H.: 1985, *Astron. Astrophys.*, **142**, 1
441		Schwarz,U.J.: 1985, *Astron. Astrophys.*, **142**, 273
442		Huchtmeier,W.K., Seiradakis,J.H.: 1985, *Astron. Astrophys.*, **143**, 216
443		Krumm,N., van Driel,W., van Woerden,H.: 1985, *Astron. Astrophys.*, **144**, 202
444		Roelfsema,P.R., Allen,R.J.: 1985, *Astron. Astrophys.*, **146**, 213
445		Bothun,G.D., Mould,J.R., Wirth,A., Caldwell,N.: 1985, *Astron. J.*, **90**, 697
446	a	Schneider,S.E., Helou,G., Salpeter,E.E., Terzian,Y.: 1983, *Astrophys. J.*, **273**, L1
	b	Schneider,S.E.: 1985, *Astrophys. J.*, **288**, L33
	c	Schneider,S.E., Salpeter,E.E., Terzian,Y.: 1986, *Astron. J.*, **91**, 13
	d	Schneider,S.E., Salpeter,E.E., Terzian,Y.: 1987, *I.A.U. Symp.* No. 117, 116
447	a	Hoffman,G.L., Helou,G., Salpeter,E.E., Sandage,A.: 1985, *Astrophys. J.*, **289**, L15
	b	Hoffman,G.L.: 1985, in *The Virgo Cluster*, Proceedings of an ESO Workshop, p. 101
	c	Hoffman,G.L., Helou,G., Salpeter,E.E.: 1985, in *Star-Forming Dwarf Galaxies and related objects*, p. 271
	d	Hoffman,G.L., Salpeter,E.E., Helou,G.: 1987, *I.A.U. Symp.* No. 117, 162
	e	Hoffman,G.L., Helou,G., Salpeter,E.E., Glosson,J., Sandage,A.: 1987, *Astrophys. J. Suppl.*, **63**, 247
	f	Hoffman,G.L., Helou,G., Salpeter,E.E.: 1988, *Astrophys. J.*, **324**, 75
448		Williams,B.A.: 1985, *Astrophys. J.*, **290**, 462
449		Salpeter,E.E., Dickey,J.M.: 1985, *Astrophys. J.*, **292**, 426
450		Lewis,B.M.: 1985, *Astrophys. J.*, **292**, 451
451	a	Kennicutt,R.C., van der Hulst,J.M.: 1985, in *The Virgo Cluster*, Proceedings of an ESO Workshop, p. 91
	b	van der Hulst,J.M., Kennicutt,R.C.: 1985, in *New Aspects of Galaxy Photometry*, p. 303
452		Giovanelli,R., Haynes,M.P.: 1985, *Astron. J.*, **90**, 2445
453		Giovanelli,R., Haynes,M.P.: 1985, *Astrophys. J.*, **292**, 404
454		Giovanelli,R., Haynes,M.P., Myers,S.T., Roth,J.: 1986, *Astron. J.*, **92**, 250
455		Appleton,P.N., Sparks,W.B., Pedlar,A., Wilkinson,A.: 1985, *M.N.R.A.S.*, **217**, 779
456		Condon,J.J., Hutchings,J.B., Gower,A.C.: 1985, *Astron. J.*, **90**, 1642
457		Giovanardi,C., Salpeter,E.E.: 1985, *Astrophys. J. Suppl.*, **58**, 623
458		Sancisi,R., Thonnard,N., Ekers,R.D.: 1987, *Astrophys. J.*, **315**, L39
459		van der Burg,G.: 1985, *Astron. Astrophys. Suppl. Ser.*, **62**, 147
460		Schechter,P., Sancisi,R., van Woerden,H., Lynds,C.R.: 1984, *M.N.R.A.S.*, **208**, 111
461		Giovanelli,R., Haynes,M.P., Rubin,V.C., Ford Jr.,W.K.: 1986, *Astrophys. J.*, **301**, L7
462		Haynes,M.P., Giovanelli,R.: 1986, *Astrophys. J.*, **306**, 466
463		Vigroux,L., Thuan,T.X., Vader,J.P., Lachieze-Rey,M.: 1986, *Astron. J.*, **91**, 70
464		Briggs,F.H.: 1986, *Astrophys. J.*, **300**, 613
465		Baan,W.A., Haschick,A.D.: 1983, *Astron. J.*, **88**, 1088
466		Richter,O.-G., Huchtmeier,W.K.: 1987, *Astron. Astrophys. Suppl. Ser.*, **68**, 427
467	a	Bicay,M.D., Giovanelli,R.: 1986, *Astron. J.*, **91**, 705
	b	Bicay,M.D., Giovanelli,R.: 1986, *Astron. J.*, **91**, 732
	c	Bicay,M.D., Giovanelli,R.: 1987, *Astron. J.*, **93**, 1326
468	a	Tacconi,L.J., Young,J.S.: 1986, *Astrophys. J.*, **308**, 600
	b	Tacconi-Garman,L.J., Young,J.S.: 1987, in *Star Formation in Galaxies*, p. 491
469		Williams,B.A., Rood,H.J.: 1986, *Astrophys. J. Suppl.*, **63**, 265
470		Baan,W.A., van Gorkom,J.H., Schmelz,J.T., Mirabel,I.F.: 1987, *Astrophys. J.*, **313**, 102
471		Jackson,J.M., Barrett,A.H., Armstrong,J.T., Ho,P.T.P.: 1987, *Astron. J.*, **93**, 531
472		Hutchings,J.B., Gower,A.C., Price,R.: 1987, *Astron. J.*, **93**, 6

TABLE 2a (cont.)

473		Staveley-Smith,L., Davies,R.D.: 1987, *M.N.R.A.S.*, **224**, 953
474		van Gorkom,J.H., Schechter,P.L., Kristian,J.: 1987, *Astrophys. J.*, **314**, 457
475		Lewis,B.M.: 1987, *Astrophys. J. Suppl.*, **63**, 515
476	a	Carignan,C., Sancisi,R., van Albada,T.S.: 1987, *I.A.U. Symp.* No. 117, 161
	b	Carignan,C., Sancisi,R., van Albada,T.S.: 1988, *Astron. J.*, **95**, 37
477		van der Hulst,J.M., Skillman,E.D., Kennicutt,R.C., Bothun,G.D.: 1987, *Astron. Astrophys.*, **177**, 63
478		Skillman,E.D., Terlevich,R., van Woerden,H.: 1985, in *Star-Forming Dwarf Galaxies and related objects*, p. 263
479	a	Hauschildt,M.H.: 1986, *Ph.D. Thesis*, Univ. Hamburg
	b	Hauschildt,M.H.: 1987, *Astron. Astrophys.*, **184**, 43
480	a	Wevers,B.M.H.R.: 1984, *Ph.D. Thesis*, Univ. Groningen
	b	Wevers,B.M.H.R., van der Kruit,P.C., Allen,R.J.: 1986, *Astron. Astrophys. Suppl.Ser.*, **66**, 505
481	a	Deul,E.R., van der Hulst,J.M.: 1987, *Astron. Astrophys. Suppl.Ser.*, **67**, 509
	b	Deul,E.R.: 1988, *Ph.D. Thesis*, Univ. Leiden
482		Lewis,B.M.: 1987, *Observatory*, **107**, 201
483		Gavazzi,G.: 1987, *Astrophys. J.*, **320**, 96
484		Huchtmeier,W.K., Richter,O.-G.: 1985, *Astron. Astrophys.*, **149**, 118
485		Boisse,P., Dickey,J.M., Kazes,I., Bergeron,J.: 1988, *Astron. Astrophys.*, **191**, 193
486	a	Martin,M.C., Bajaja,E.: 1982, *Bol.Asoc.Arg.Astr.*, **27**, 179
	b	Bajaja,E., Martin,M.C.: 1985, *Astron. J.*, **90**, 1783
487		Hunter,D.A., Gallagher III,J.S.: 1985, *Astrophys. J.*, **90**, 1789
488		Haynes,M.P., Giovanelli,R.: 1984, *Astron. J.*, **89**, 758
489		Lewis,B.M., Helou,G., Salpeter,E.E.: 1985, *Astrophys. J. Suppl.*, **59**, 161
490		Bothun,G.D., Beers,T.C., Mould,J.R., Huchra,J.P.: 1985, *Astron. J.*, **90**, 2487
491		Carignan,C.: 1985, *Astrophys. J.*, **299**, 59
492		Gottesman,S.T., Hawarden,T.G.: 1986, *M.N.R.A.S.*, **219**, 759
493		van Gorkom,J.H., Knapp,G.R., Raimond,E., Faber,S.M., Gallagher III,J.S.: 1986, *Astron. J.*, **91**, 791
494		Huchtmeier,W.K., Richter,O.-G.: 1986, *Astron. Astrophys. Suppl.Ser.*, **64**, 111
495		Ables,J.G., Forster,J.R., Manchester,R.N., Rayner,P.T., Whiteoak,J.B., Mathewson,D.S., Kalnajs,A.J., Peters,W.L., Wehner,H.: 1987, *M.N.R.A.S.*, **226**, 157
496		Schweizer,F., Ford Jr.,W.K., Jedrzejewski,R., Giovanelli,R.: 1987, *Astrophys. J.*, **320**, 454
497		Bothun,G.D., Impey,C.D., Malin,D.F., Mould,J.R.: 1987, *Astron. J.*, **94**, 23
498		Haynes,M.P., Giovanelli,R., Starosta,B.M., Magri,C.A.: 1988, *Astron. J.*, **95**, 607
499	a	Simkin,S.M., van Gorkom,J.H., Hibbard,J., Su,H.-J.: 1987, *Science*, **235**, 1289
	b	Arp,H.: 1987, *Science*, **237**, 823
	c	Simkin,S.M., van Gorkom,J.H.: 1987, *Science*, **237**, 823
500		Richter,O.-G., Ferguson,H.C., van Gorkom,J.H., Huchtmeier,W.K.: 1989, preprint
501		Chamaraux,P., Balkowski,C., Fontanelli,P.: 1987, *Astron. Astrophys. Suppl.Ser.*, **69**, 263
502	a	Brinks,E., Klein,U.: 1985, in *Star-Forming Dwarf Galaxies and related objects*, p. 281
	b	Brinks,E., Klein,U.: 1988, *M.N.R.A.S.*, **231**, 63P
503	a	Armstrong,J.T., Wootten,H.A.: 1986, in *Light on Dark Matter*, Astrophys.Sp.Sci.Lib. Vol. **124**, 439
	b	Wootten,H.A., Armstrong,J.T., Hartman,L.: 1988, priv. comm.
504		Caspers,H.C.M., Shane,W.W.: 1986, in *Light on Dark Matter*, Astrophys.Sp.Sci.Lib. Vol. **124**, 445
505		Bothun,G.D., Aaronson,M., Schommer,R., Huchra,J.P., Mould,J.: 1984, *Astrophys. J.*, **278**, 475
506		Hulsbosch,A.N.M.: 1987, *Astron. Astrophys. Suppl.Ser.*, **69**, 439
507		Lake,G., Schommer,R.A., van Gorkom,J.H.: 1987, *Astrophys. J.*, **314**, 57
508		Schneider,S.E., Helou,G., Salpeter,E.E., Terzian,Y.: 1986, *Astron. J.*, **92**, 742
509	a	Warmels,R.H.: 1986, *Ph.D. Thesis*, Univ. Groningen
	b	Warmels,R.H.: 1988, *Astron. Astrophys. Suppl.Ser.*, **72**, 19
	c	Warmels,R.H.: 1988, *Astron. Astrophys. Suppl.Ser.*, **72**, 57
	d	Warmels,R.H.: 1988, *Astron. Astrophys. Suppl.Ser.*, **72**, 427
	e	Warmels,R.H.: 1988, *Astron. Astrophys. Suppl.Ser.*, **73**, 453
510	a	Skillman,E.D., Bothun,G.D., Murray,M.A., Warmels,R.H.: 1987, *Astron. Astrophys.*, **185**, 61
	b	Skillman,E.D.: 1987, in *Star Formation in Galaxies*, p. 263
511		Bottema,R., Shostak,G.S., van der Kruit,P.C.: 1987, *Nature*, **328**, 401
512	a	Kerr,F.J., Henning,P.A.: 1987, *Astrophys. J.*, **320**, L99
	b	Kerr,F.J., Henning,P.A.: 1988, in *Large Scale Structure and Motions in the Universe*, p. 379
513		Dickel,J.R., Rood,H.J.: 1975, *Astron. J.*, **80**, 584
514		Morras,R., Bajaja,E.: 1986, *Rev.Mexicana Astron.Astrof.*, **13**, 69
515		Tifft,W.G., Cocke,W.J.: 1988, *Astrophys. J. Suppl.*, **67**, 1
516		Mahoney,J.H., van der Hulst,J.M., Burke,B.F.: 1988, *Astrophys. J.*, in press
517	a	van Driel,W.: 1987, *Ph.D. Thesis*, Univ. Groningen
	b	van Driel,W., van Woerden,H., Gallagher III,J.S., Schwarz,U.J.: 1988, *Astron. Astrophys.*, **191**, 201
	c	van Driel,W., Davies,R.D., Appleton,P.N.: 1988, *Astron. Astrophys.*, **199**, 41
	d	van Driel,W., Rots,A.H., van Woerden,H.: 1988, *Astron. Astrophys.*, **204**, 39
	e	van Driel,W., van Woerden,H.: 1989, *Astron. Astrophys.*, submitted
	f	van Driel,W., Rots,A.H., van Woerden,H., Braun,R.: 1989, *Astron. Astrophys.*, submitted
518		Bushouse,H.A.: 1987, *Astrophys. J.*, **320**, 49

TABLE 2a (cont.)

519		Burstein,D., Krumm,N., Salpeter,E.E.: 1987, *Astron. J.*, **94**, 883
520		Hoffman,G.L., Lewis,B.M., Helou,G., Salpeter,E.E., Williams,H.L.: 1989, *Astrophys. J. Suppl.*, **69**, 65
521		Mirabel,I.F., Sanders,D.B.: 1987, *Astrophys. J.*, **322**, 688
522		Begeman,K.: 1987, *Ph.D. Thesis*, Univ. Groningen
523		Staveley-Smith,L., Davies,R.D.: 1988, *M.N.R.A.S.*, **231**, 833
524		Bottinelli,L., Dennefeld,M., Gouguenheim,L., Martin,J.M., Paturel,G., Le Squeren,A.M.: 1987, in *Star Formation in Galaxies*, p. 597
525		Dennefeld,M., Karoji,H., Bouchet,P., Bottinelli,L., Gouguenheim,L.: 1987, in *Star Formation in Galaxies*, p. 605
526		Schneider,D.P., Mould,J.R., Porter,A.C., Schmidt,M., Bothun,G.D., Gunn,J.E.: 1987, *Publ. A.S.P.*, **99**, 1167
527		Axon,D.J., Staveley-Smith,L., Fosbury,R.A.E., Danziger,I.J., Boksenberg,A., Davies,R.D.: 1988, *M.N.R.A.S.*, **231**, 1077
528		Tully,R.B.: 1988, *Nearby Galaxy Catalog*
529		Freudling,W., Haynes,M.P., Giovanelli,R.: 1988, *Astron. J.*, **96**, 1791
530		Bosma,A., van der Hulst,J.M., Athanassoula,E.: 1988, *Astron. Astrophys.*, **198**, 100
531		Dressel,L.L.: 1987, *I.A.U. Symp.* No. **127**, 423
532		Williams,B.A., van Gorkom,J.H.: 1988, *Astron. J.*, **95**, 352
533		Skillman,E.D., Terlevich,R., Teuben,P.J., van Woerden,H.: 1988, *Astron. Astrophys.*, **198**, 33
534		Kim,D.-W., Guhathakurta,P., van Gorkom,J.H., Jura,M., Knapp,G.R.: 1988, *Astrophys. J.*, **333**, 684
535		Tully,R.B. (unpublished data by Zealy et al.): 1988, priv. comm.
536		Irwin,J.A., Seaquist,E.R., Taylor,A.R., Duric,N.: 1987, *Astrophys. J.*, **313**, L91
537		Bottinelli,L., Fraix-Burnet,D., Gouguenheim,L.: 1987, *I.A.U. Symp.* No. **115**, 634
538		Phillips,M.M., Turtle,A.G., Pence,W.D.: 1988, priv. comm.
539		Schombert,J.M., Bothun,G.D.: 1988, *Astron. J.*, **95**, 1389
540		Varnas,S.R., Bertola,F., Galletta,G., Freeman,K.C., Carter,D.: 1987, *Astrophys. J.*, **313**, 69
541		Carignan,C., Freeman,K.C.: 1988, *Astrophys. J.*, **332**, L33
542	a	Guhathakurta,P., van Gorkom,J.H., Kotanyi,C.G., Balkowski,C.: 1988, *Astron. J.*, **96**, 851
	b	Cayatte,V., van Gorkom,J.H., Balkowski,C., Kotanyi,C., Guhathakurta,P.: 1988, in *Large Scale Structure and Motions in the Universe*, p. 329
543	a	Bothun,G.D., Aaronson,M., Schommer,R., Mould,J., Huchra,J.P., Sullivan III,W.T.: 1985, *Astrophys. J. Suppl.*, **57**, 423
	b	Sullivan III,W.T.: 1988, priv. comm.
544		Becker,R., Mebold,U., Reif,K., van Woerden,H.: 1988, *Astron. Astrophys.*, **203**, 21
545		van Moorsel,G.A.: 1988, *Astron. Astrophys.*, **202**, 59
546		Saglia,R.P., Sancisi,R.: 1988, *Astron. Astrophys.*, **203**, 28
547		Richter,O.-G., Williams,B.A.: 1989, *Astron. J.*, to be submitted
548		Norris,R.P., Gardner,F.F., Whiteoak,J.B., Allen,D.A., Roche,P.F.: 1988, *M.N.R.A.S.*, in press
549		Higdon,J.L.: 1988, *Astrophys. J.*, **326**, 146
550		Davies,R.D., Staveley-Smith,L., Murray,J.D.: 1989, *M.N.R.A.S.*, **236**, 171
551		Bregman,J.N., Roberts,M.S., Giovanelli,R.: 1988, *Astrophys. J.*, **330**, L93
552	a	Aaronson,M., Bothun,G.D., Budge,K.G., Dawe,J.A., Dickens,R.J., Hall,P.J., Lucey,J.R., Mould,J.R., Murray,J.D., Schommer,R.A., Wright,A.E: 1987, *I.A.U. Symp.* No. **130**, 185
	b	Aaronson,M., Bothun,G.D., Cornell,M.E., Dawe,J.A., Dickens,R.J., Hall,P.J., Sheng,H.M., Huchra,J.P., Lucey,J.R., Mould,J.R., Murray,J.D., Schommer,R.A., Wright,A.E: 1989, preprint
553		Schweizer,F., van Gorkom,J.H., Seitzer,P.O.: 1989, *Astrophys. J.*, in press
554		Impey,C.D., Bothun,G.D.: 1989, *Astrophys. J.*, in press
555		Oosterloo,T.: 1988, *Ph.D. Thesis*, Univ. Groningen
556		Eder,J., Schombert,J.M., Dekel,A., Oemler Jr., A.: 1989, preprint
557		Shostak,G.S., Skillman,E.D.: 1989, *Astron. Astrophys.*, in press
558		Corbelli,E., Schneider,S.E., Salpeter,E.E.: 1989, *Astrophys. J.*, **97**, 390
559		van Driel,W., Fraix-Burnet,D., Boisson,C., Bottinelli,L., Gouguenheim,L.: 1988, *Astron. Astrophys.*, **205**, 47
560	a	Bergvall,N., Joersaeter,S., Olofsson,K.: 1987, in *Starbursts and Galaxy Evolution*, p. 177
	b	Bergvall,N., Joersaeter,S.: 1988, *Nature*, **331**, 589
561		Maehara,H., Hamabe,M., Bottinelli,L., Gouguenheim,L., Heidmann,J., Takase,B.: 1988, *Publ.Astron.Soc. Japan*, **40**, 47
562	a	Mirabel,I.F., Sanders,D.B.: 1987, in *Starbursts and Galaxy Evolution*, p. 283
	b	Mirabel,I.F., Sanders,D.B.: 1988, *Astrophys. J.*, **335**, 104
563		Garwood,R.W., Helou,G., Dickey,J.M.: 1987, *Astrophys. J.*, **322**, 88
564		Viallefond,F., Lequeux,J., Comte,G.: 1987, in *Starbursts and Galaxy Evolution*, p. 139
565		Giovanelli,R., Haynes,M.P.: 1989, *Astron. J.*, in press
566		Henning,P.A., Kerr,F.J.: 1988, in *Large Scale Structure and Motions in the Universe*, p. 363
567		Allen,R.J., Atherton,P.D., Tilanus,R.P.J.: 1986, *Nature*, **319**, 296
568		Tilanus,R.P.J., Allen,R.J.: 1989, *Astrophys. J.*, in press
569		Richter,O.-G., Ferguson,H.C., van Gorkom,J.H.: 1988, in *Large Scale Structure and Motions in the Universe*, p. 429
570		England,M.N.: 1989, *Astrophys. J.*, **337**, 19

TABLE 2b: List of H I References, ordered alphabetically

552	a	Aaronson,M., Bothun,G.D., Budge,K.G., Dawe,J.A., Dickens,R.J., Hall,P.J., Lucey,J.R., Mould,J.R., Murray,J.D., Schommer,R.A., Wright,A.E: 1987, *I.A.U. Symp.* No. **130**, 185
	b	Aaronson,M., Bothun,G.D., Cornell,M.E., Dawe,J.A., Dickens,R.J., Hall,P.J., Sheng,H.M., Huchra,J.P., Lucey,J.R., Mould,J.R., Murray,J.D., Schommer,R.A., Wright,A.E: 1989, preprint
379		Aaronson,M., Dawe,J.A., Dickens,R.J., Mould,J.R., Murray,J.B.: 1981, *M.N.R.A.S.*, **195**, 1P
358		Aaronson,M., Mould,J., Huchra,J.P., Sullivan III,W.T., Schommer,R.A., Bothun,G.D.: 1980, *Astrophys. J.*, **239**, 12
495		Ables,J.G., Forster,J.R., Manchester,R.N., Rayner,P.T., Whiteoak,J.B., Mathewson,D.S., Kalnajs,A.J., Peters,W.L., Wehner,H.: 1987, *M.N.R.A.S.*, **226**, 157
2		van Albada,G.D.: 1977, *Astron. Astrophys.*, **61**, 297
3	a	van Albada,G.D.: 1978, *Ph.D. Thesis*, Univ. Leiden
	b	van Albada,G.D.: 1978, *I.A.U. Symp.* No. **77**, 218
	c	van Albada,G.D.: 1979, in *Photometry, Kinematics and Dynamics of Galaxies*, p. 421
	d	van Albada,G.D.: 1980, *Astron. Astrophys. Suppl.Ser.*, **39**, 283
	e	van Albada,G.D.: 1980, *Astron. Astrophys.*, **90**, 123
1		van Albada,G.D., Shane,W.W.: 1975, *Astron. Astrophys.*, **42**, 433
4		Allen,R.J.: 1970, *Astron. Astrophys.*, **7**, 330
567		Allen,R.J., Atherton,P.D., Tilanus,R.P.J.: 1986, *Nature*, **319**, 296
5	a	Allen,R.J., Darchy,B.F., Lauque,R.: 1971, *Astron. Astrophys.*, **10**, 198
	b	Allen,R.J., Darchy,B.F., Lauque,R.: 1972, *I.A.U. Symp.* No. **44**, 269
6		Allen,R.J., Goss,W.M.: 1979, *Astron. Astrophys. Suppl.Ser.*, **36**, 135
7		Allen,R.J., Goss,W.M., Sancisi,R., Sullivan III,W.T., van Woerden,H.: 1974, *I.A.U. Symp.* No. **58**, 425
8		Allen,R.J., Goss,W.M., van Woerden,H.: 1973, *Astron. Astrophys.*, **29**, 447
9		Allen,R.J., van der Hulst,J.M., Goss,W.M., Huchtmeier,W.K.: 1978, *Astron. Astrophys.*, **64**, 359
10		Allen,R.J., Shostak,G.S.: 1979, *Astron. Astrophys. Suppl.Ser.*, **35**, 163
244		Allen,R.J., Sullivan III,W.T.: 1980, *Astron. Astrophys.*, **84**, 181
11		Allsopp,N.J.: 1978, *M.N.R.A.S.*, **184**, 397
352		Allsopp,N.J.: 1979, *M.N.R.A.S.*, **186**, 343
12		Allsopp,N.J.: 1979, *M.N.R.A.S.*, **187**, 537
13		Allsopp,N.J.: 1979, *M.N.R.A.S.*, **188**, 371
14		Allsopp,N.J.: 1979, *M.N.R.A.S.*, **188**, 765
15		Appleton,P.N.: 1983, *M.N.R.A.S.*, **203**, 533
387		Appleton,P.N., Davies,R.D.: 1982, *M.N.R.A.S.*, **201**, 1073
296		Appleton,P.N., Davies,R.D., Stephenson,R.J.: 1981, *M.N.R.A.S.*, **195**, 327
455		Appleton,P.N., Sparks,W.B., Pedlar,A., Wilkinson,A.: 1985, *M.N.R.A.S.*, **217**, 779
306		Argyle,E.: 1965, *Astrophys. J.*, **141**, 750
503	a	Armstrong,J.T., Wootten,H.A.: 1986, in *Light on Dark Matter*, Astrophys.Sp.Sci.Lib. Vol. **124**, 439
	b	Wootten,H.A., Armstrong,J.T., Hartman,L.: 1988, priv.comm.
527		Axon,D.J., Staveley-Smith,L., Fosbury,R.A.E., Danziger,I.J., Boksenberg,A., Davies,R.D.: 1988, *M.N.R.A.S.*, **231**, 1077
470		Baan,W.A., van Gorkom,J.H., Schmelz,J.T., Mirabel,I.F.: 1987, *Astrophys. J.*, **313**, 102
465		Baan,W.A., Haschick,A.D.: 1983, *Astron. J.*, **88**, 1088
16		Baan,W.A., Haschick,A.D., Greenfield,P.E.: 1978, *Astrophys. J.*, **222**, L7
17		Baars,J.W.M., Wendker,H.J.: 1976, *Astron. Astrophys.*, **48**, 405
275		Bajaja,E.: 1979, *Univ. de Chile Publ.*, **3**, 64
434		Bajaja,E., van der Burg,G., Faber,S.M., Gallagher III,J.S., Knapp,G.R., Shane,W.W.: 1984, *Astron. Astrophys.*, **141**, 309
335	a	Bajaja,E., Loiseau,N.: 1980, *Bol.Asoc.Arg.Astr.*, **25**, 87
	b	Loiseau,N., Bajaja,E.: 1981, *Rev.Mexicana Astron.Astrof.*, **6**, 55
	c	Bajaja,E., Loiseau,N.: 1982, *Astron. Astrophys. Suppl.Ser.*, **48**, 71
386	a	Bajaja,E., Shane,W.W.: 1982, *Astron. Astrophys. Suppl.Ser.*, **49**, 745
	b	Bajaja,E., Gergeley,T.E.: 1977, *Astron. Astrophys.*, **61**, 229
18		Balick,B., Faber,S.M., Gallagher III,J.S.: 1976, *Astrophys. J.*, **209**, 710
246		Balkowski,C.: 1979, *Astron. Astrophys.*, **78**, 190
19	a	Balkowski,C., Bottinelli,L., Chamaraux,P., Gouguenheim,L., Heidmann,J.: 1973, *Astron. Astrophys.*, **25**, 319
	b	Balkowski,C., Bottinelli,L., Chamaraux,P., Gouguenheim,L., Heidmann,J.: 1973, *I.A.U. Symp.* No. **58**, 237
20		Balkowski,C., Bottinelli,L., Chamaraux,P., Gouguenheim,L., Heidmann,J.: 1974, *Astron. Astrophys.*, **34**, 43
21		Balkowski,C., Bottinelli,L., Gouguenheim,L., Heidmann,J.: 1972, *Astron. Astrophys.*, **21**, 303
22		Balkowski,C., Bottinelli,L., Gouguenheim,L., Heidmann,J.: 1973, *Astron. Astrophys.*, **23**, 139
23		Balkowski,C., Chamaraux,P.: 1975, *Astron. Astrophys.*, **43**, 297
309		Balkowski,C., Chamaraux,P.: 1981, *Astron. Astrophys.*, **97**, 223
232		Balkowski,C., Chamaraux,P.: 1983, *Astron. Astrophys. Suppl.Ser.*, **51**, 331
24		Balkowski,C., Chamaraux,P., Weliachew,L.: 1978, *Astron. Astrophys.*, **69**, 263
325		Balkowski,C., Le Denmat,G., Nottale,L.: 1981, *Astron. Astrophys. Suppl.Ser.*, **43**, 121
25		Beale,J.S., Davies,R.D.: 1969, *Nature*, **221**, 531
544		Becker,R., Mebold,U., Reif,K., van Woerden,H.: 1988, *Astron. Astrophys.*, **203**, 21
522		Begeman,K.: 1987, *Ph.D. Thesis*, Univ. Groningen
560	a	Bergvall,N., Joersaeter,S., Olofsson,K.: 1987, in *Starbursts and Galaxy Evolution*, p. 177
	b	Bergvall,N., Joersaeter,S.: 1988, *Nature*, **331**, 589
467	a	Bicay,M.D., Giovanelli,R.: 1986, *Astron. J.*, **91**, 705
	b	Bicay,M.D., Giovanelli,R.: 1986, *Astron. J.*, **91**, 732

TABLE 2b (cont.)

467	c	Bicay,M.D., Giovanelli,R.: 1987, *Astron. J.*, **93**, 1326
26		Bieging,J.H.: 1978, *Astron. Astrophys.*, **64**, 23
27		Bieging,J.H., Biermann,P.: 1977, *Astron. Astrophys.*, **60**, 361
28		Bieging,J.H., Biermann,P.: 1983, *Astron. J.*, **88**, 161
29		Biermann,P., Clarke,J.N., Fricke,K.J.: 1978, *Astron. Astrophys.*, **70**, L41
235		Biermann,P., Clarke,J.N., Fricke,K.J.: 1979, *Astron. Astrophys.*, **75**, 19
30		Biermann,P., Clarke,J.N., Fricke,K.J.: 1979, *Astron. Astrophys.*, **75**, 7
416		Bohnenstengel,H.D.: 1983, *Ph.D. Thesis*, Univ. Hamburg
485		Boisse,P., Dickey,J.M., Kazes,I., Bergeron,J.: 1988, *Astron. Astrophys.*, **191**, 193
374	a	Bosma,A.: 1978, *I.A.U. Symp.* No. **77**, 28
	b	Bosma,A.: 1979, *Ph.D. Thesis*, Univ. Groningen
	c	Bosma,A.: 1981, *Astron. J.*, **86**, 1791
	d	Bosma,A.: 1981, *Astron. J.*, **86**, 1825
270		Bosma,A., Casini,C., Heidmann,J., van der Hulst,J.M., van Woerden,H.: 1980, *Astron. Astrophys.*, **89**, 345
31		Bosma,A., Ekers,R.D., Lequeux,J.: 1977, *Astron. Astrophys.*, **57**, 97
283		Bosma,A., Goss,W.M., Allen,R.J.: 1981, *Astron. Astrophys.*, **93**, 106
530		Bosma,A., van der Hulst,J.M., Athanassoula,E.: 1988, *Astron. Astrophys.*, **198**, 100
32		Bosma,A., van der Hulst,J.M., Sullivan III,W.T.: 1977, *Astron. Astrophys.*, **57**, 373
505		Bothun,G.D., Aaronson,M., Schommer,R., Huchra,J.P., Mould,J.: 1984, *Astrophys. J.*, **278**, 475
543	a	Bothun,G.D., Aaronson,M., Schommer,R., Mould,J., Huchra,J.P., Sullivan III,W.T.: 1985, *Astrophys. J. Suppl.*, **57**, 423
	b	Sullivan III,W.T.: 1988, priv. comm.
398		Bothun,G.D., Balick,B., Skillman,E.D.: 1982, *Astron. J.*, **87**, 1098
490		Bothun,G.D., Beers,T.C., Mould,J.R., Huchra,J.P.: 1985, *Astron. J.*, **90**, 2487
497		Bothun,G.D., Impey,C.D., Malin,D.F., Mould,J.R.: 1987, *Astron. J.*, **94**, 23
391		Bothun,G.D., Mould,J., Heckman,T., Balick,B., Schommer,R.A., Kristian,J.: 1982, *Astron. J.*, **87**, 1621
445		Bothun,G.D., Mould,J.R., Wirth,A., Caldwell,N.: 1985, *Astron. J.*, **90**, 697
344		Bothun,G.D., Romanishin,W., Margon,B., Schommer,R.A., Chanan,G.A.: 1982, *Astrophys. J.*, **257**, 40
392		Bothun,G.D., Schommer,R.A.: 1982, *Astron. J.*, **87**, 1368
409		Bothun,G.D., Schommer,R.A., Sullivan III,W.T.: 1982, *Astron. J.*, **87**, 725
312		Bothun,G.D., Stauffer,J.R., Schommer,R.A.: 1981, *Astrophys. J.*, **247**, 42
40		Bottema,R., van der Kruit,P.C., Freeman,K.C.: 1987, *Astron. Astrophys.*, **178**, 77
36		Bottema,R., Shostak,G.S., van der Kruit,P.C.: 1986, *Astron. Astrophys.*, **167**, 34
511		Bottema,R., Shostak,G.S., van der Kruit,P.C.: 1987, *Nature*, **328**, 401
33		Bottinelli,L., Chamaraux,P., Gerard,E., Gouguenheim,L., Heidmann,J., Kazes,I., Lauque,R.: 1971, *Astron. Astrophys.*, **12**, 264
34		Bottinelli,L., Chamaraux,P., Gouguenheim,L., Heidmann,J.: 1973, *Astron. Astrophys.*, **29**, 217
35		Bottinelli,L., Chamaraux,P., Gouguenheim,L., Lauque,R.: 1970, *Astron. Astrophys.*, **6**, 453
524		Bottinelli,L., Dennefeld,M., Gouguenheim,L., Martin,J.M., Paturel,G., Le Squeren,A.M.: 1987, in *Star Formation in Galaxies*, p. 597
37	a	Bottinelli,L., Duflot,R., Gouguenheim,L.: 1975, in *Proc.Europ.Astron.Meeting* No. **3**, 348
	b	Bottinelli,L., Duflot,R., Gouguenheim,L.: 1978, *Astron. Astrophys.*, **63**, 363
	c	Bottinelli,L., Duflot,R., Gouguenheim,L.: 1978, *Astron. Astrophys.*, **67**, 443
38		Bottinelli,L., Duflot,R., Gouguenheim,L., Heidmann,J.: 1975, *Astron. Astrophys.*, **41**, 61
537		Bottinelli,L., Fraix-Burnet,D., Gouguenheim,L.: 1987, *I.A.U. Symp.* No. **115**, 634
39		Bottinelli,L., Gouguenheim,L.: 1973, *Astron. Astrophys.*, **29**, 425
41		Bottinelli,L., Gouguenheim,L.: 1975, *Astron. Astrophys.*, **39**, 341
42		Bottinelli,L., Gouguenheim,L.: 1976, *Astron. Astrophys.*, **47**, 381
43		Bottinelli,L., Gouguenheim,L.: 1977, *Astron. Astrophys.*, **54**, 641
44		Bottinelli,L., Gouguenheim,L.: 1977, *Astron. Astrophys.*, **60**, L23
46		Bottinelli,L., Gouguenheim,L.: 1978, *Astron. Astrophys.*, **64**, L3
47		Bottinelli,L., Gouguenheim,L.: 1979, *Astron. Astrophys.*, **74**, 172
48		Bottinelli,L., Gouguenheim,L.: 1979, *Astron. Astrophys.*, **76**, 176
45		Bottinelli,L., Gouguenheim,L.: 1980, *Astron. Astrophys.*, **88**, 108
49		Bottinelli,L., Gouguenheim,L., Heidmann,J.: 1972, *Astron. Astrophys.*, **17**, 445
50		Bottinelli,L., Gouguenheim,L., Heidmann,J.: 1972, *Astron. Astrophys.*, **18**, 121
51		Bottinelli,L., Gouguenheim,L., Heidmann,J.: 1973, *Astron. Astrophys.*, **22**, 281
52		Bottinelli,L., Gouguenheim,L., Heidmann,J.: 1973, *Astron. Astrophys.*, **25**, 451
85	a	Bottinelli,L., Gouguenheim,L., Heidmann,J., Heidmann,N.: 1968, *Ann. d'Astrophys.*, **31**, 205
	b	Gouguenheim,L.: 1969, *Astron. Astrophys.*, **3**, 281
53	a	Bottinelli,L., Gouguenheim,L., Paturel,G.: 1980, *Astron. Astrophys.*, **88**, 32
	b	Bottinelli,L., Gouguenheim,L., Paturel,G.: 1980, *Astron. Astrophys.Suppl.Ser.*, **40**, 355
324	a	Bottinelli,L., Gouguenheim,L., Paturel,G.: 1981, *Astron. Astrophys.Suppl.Ser.*, **44**, 217
	b	Bottinelli,L., Gouguenheim,L., Paturel,G.: 1982, *Astron. Astrophys.*, **113**, 61
	c	Bottinelli,L., Gouguenheim,L., Paturel,G.: 1982, *Astron. Astrophys.Suppl.Ser.*, **50**, 101
	d	Bottinelli,L., Gouguenheim,L., Paturel,G.: 1982, *Astron. Astrophys.Suppl.Ser.*, **50**, 529
551		Bregman,J.N., Roberts,M.S., Giovanelli,R.: 1988, *Astrophys. J.*, **330**, L93
74		Briggs,F.H.: 1982, *Astrophys. J.*, **259**, 544
464		Briggs,F.H.: 1986, *Astrophys. J.*, **300**, 613

TABLE 2b (cont.)

262		Briggs,F.H., Wolfe,A.M., Krumm,N., Salpeter,E.E.: 1980, *Astrophys. J.*, **238**, 510
56	a	Brinks,E.: 1983, *I.A.U. Symp.* No. 100, 23
	b	Brinks,E.: 1983, *I.A.U. Symp.* No. 100, 27
	c	Brinks,E., Bajaja,E.: 1983, *I.A.U. Symp.* No. 100, 139
	d	Brinks,E.: 1984, *Ph.D. Thesis*, Univ. Leiden
	e	Brinks,E., Shane,W.W.: 1984, *Astron. Astrophys. Suppl.Ser.*, **55**, 179
	f	Brinks,E., Burton,W.B.: 1984, *Astron. Astrophys.*, **141**, 195
	g	Brinks,E., Burton,W.B.: 1985, *I.A.U. Symp.* No. 106, 437
	h	Brinks,E.: 1985, in *New Aspects of Galaxy Photometry*, p. 249
502	a	Brinks,E., Klein,U.: 1985, in *Star-Forming Dwarf Galaxies and related objects*, p. 281
	b	Brinks,E., Klein,U.: 1988, *M.N.R.A.S.*, **231**, 63P
54		Brundage,W.D., Kraus,J.D.: 1966, *Science*, **153**, 411
459		van der Burg,G.: 1985, *Astron. Astrophys. Suppl.Ser.*, **62**, 147
334	a	Burke,B.F., Turner,K.C., Tuve,M.A.: 1963, *Carnegie Institution Yearbook* 62, 289
	b	Burke,B.F., Turner,K.C., Tuve,M.A.: 1964, *Carnegie Institution Yearbook* 63, 341
	c	Burke,B.F., Turner,K.C., Tuve,M.A.: 1964, *I.A.U. Symp.* No. 20, 99
349		Burley,J.: 1963, *Astron. J.*, **68**, 274
332		Burns,J.O., White,R.A., Haynes,M.P.: 1981, *Astron. J.*, **86**, 1120
55		Burns,W.R., Roberts,M.S.: 1971, *Astrophys. J.*, **166**, 265
260		Burstein,D., Krumm,N.: 1981, *Astrophys. J.*, **250**, 517
519		Burstein,D., Krumm,N., Salpeter,E.E.: 1987, *Astron. J.*, **94**, 883
518		Bushouse,H.A.: 1987, *Astrophys. J.*, **320**, 49
491		Carignan,C.: 1985, *Astrophys. J.*, **299**, 59
541		Carignan,C., Freeman,K.C.: 1988, *Astrophys. J.*, **332**, L33
476	a	Carignan,C., Sancisi,R., van Albada,T.S.: 1987, *I.A.U. Symp.* No. 117, 161
	b	Carignan,C., Sancisi,R., van Albada,T.S.: 1988, *Astron. J.*, **95**, 37
58		Carozzi,N., Chamaraux,P., Duflot-Augarde,R.: 1974, *Astron. Astrophys.*, **30**, 21
59		Casini,C., Heidmann,J., Tarenghi,M.: 1979, *Astron. Astrophys.*, **73**, 216
504		Caspers,H.C.M., Shane,W.W.: 1986, in *Light on Dark Matter*, Astrophys.Sp.Sci.Lib. Vol. 124, 445
63		Cesarsky,D.A., Falgerone,E.G., Lequeux,J.: 1977, *Astron. Astrophys.*, **59**, L5
60		Chamaraux,P.: 1977, *Astron. Astrophys.*, **60**, 67
501		Chamaraux,P., Balkowski,C., Fontanelli,P.: 1987, *Astron. Astrophys. Suppl.Ser.*, **69**, 263
234		Chamaraux,P., Balkowski,C., Gerard,E.: 1980, *Astron. Astrophys.*, **83**, 38
62	a	Chamaraux,P., Heidmann,J., Lauque,R.: 1970, *Astron. Astrophys.*, **8**, 424
	b	Heidmann,J.: 1972, *I.A.U. Symp.* No. 44, 264
64		Chincarini,G.L., Giovanelli,R., Haynes,M.P.: 1979, *Astron. J.*, **84**, 1500
61		Chincarini,G.L., Giovanelli,R., Haynes,M.P.: 1983, *Astrophys. J.*, **269**, 13
404	a	Chincarini,G.L., Giovanelli,R., Haynes,M.P., Fontanelli,P.: 1983, *Astrophys. J.*, **267**, 511
	b	Chincarini,G.: 1982, in *The Comparative HI-content of Normal Galaxies*, p. 93
65		Cohen,R.J.: 1979, *M.N.R.A.S.*, **187**, 839
437	a	Colomb,F.R., Loiseau,N., Testori,J.C.: 1982, *Bol.Asoc.Arg.Astr.*, **27**, 167
	b	Colomb,F.R., Loiseau,N., Testori,J.C.: 1984, *Astrophys. Lett.*, **24**, 139
259		Combes,F., Foy,F.C., Gottesman,S.T., Weliachew,L.: 1980, *Astron. Astrophys.*, **84**, 85
67		Combes,F., Gottesman,S.T., Weliachew,L.: 1977, *Astron. Astrophys.*, **59**, 181
66		Comte,G., Lequeux,J., Viallefond,F.: 1985, in *Star-Forming Dwarf Galaxies and related objects*, p. 273
456		Condon,J.J., Hutchings,J.B., Gower,A.C.: 1985, *Astron. J.*, **90**, 1642
558		Corbelli,E., Schneider,S.E., Salpeter,E.E.: 1989, *Astrophys. J.*, **97**, 390
68		Cottrell,G.A.: 1976, *M.N.R.A.S.*, **174**, 455
69		Cottrell,G.A.: 1976, *M.N.R.A.S.*, **177**, 463
70		Cottrell,G.A.: 1977, *M.N.R.A.S.*, **178**, 577
71		Crutcher,R.M., Rogstad,D.H., Chu,K.: 1978, *Astrophys. J.*, **225**, 784
72		van Damme,K.J.: 1966, *Austr.Journ.Phys.*, **19**, 687
326		Danziger,I.J., Goss,W.M., Wellington,K.I.: 1981, *M.N.R.A.S.*, **196**, 845
86		Davies,R.D.: 1972, *I.A.U. Symp.* No. 44, 67
368		Davies,R.D.: 1973, *M.N.R.A.S.*, **161**, 25P
73		Davies,R.D.: 1974, *I.A.U. Symp.* No. 58, 119
254	a	Davies,R.D., Davidson,G.P., Johnson,S.C.: 1980, *M.N.R.A.S.*, **191**, 253
	b	Davies,R.D.: 1978, *I.A.U. Symp.* No. 77, 274
315		Davies,R.D., Gottesman,S.T., Reddish,V.C., Verschuur,G.L.: 1963, *Observatory*, **83**, 245
422		Davies,R.D., Kinman,T.D.: 1984, *M.N.R.A.S.*, **207**, 173
144		Davies,R.D., Lewis,B.M.: 1973, *M.N.R.A.S.*, **165**, 231
550		Davies,R.D., Staveley-Smith,L., Murray,J.D.: 1989, *M.N.R.A.S.*, **236**, 171
77		Davies,R.D., Stephenson,R.J.: 1974, in *Proc.Europ.Astron.Meeting* No. 1, 15
417		Davis,L.E., Seaquist,E.R.: 1983, *Astrophys. J. Suppl.*, **53**, 269
79		Dean,J.F., Davies,R.D.: 1975, *M.N.R.A.S.*, **170**, 503
525		Dennefeld,M., Karoji,H., Bouchet,P., Bottinelli,L., Gouguenheim,L.: 1987, in *Star Formation in Galaxies*, p. 605

TABLE 2b (cont.)

308	a	Dent,W.A.: 1971, *Astrophys. J.*, **165**, 451
	b	Dent,W.A.: 1977, *I.A.U. Symp.* No. 44, 259
481	a	Deul,E.R., van der Hulst,J.M.: 1987, *Astron. Astrophys. Suppl.Ser.*, **67**, 509
	b	Deul,E.R.: 1988, *Ph.D. Thesis*, Univ. Leiden
513		Dickel,J.R., Rood,H.J.: 1975, *Astron. J.*, **80**, 584
80		Dickel,J.R., Rood,H.J.: 1978, *Astrophys. J.*, **223**, 391
264		Dickel,J.R., Rood,H.J.: 1980, *Astron. J.*, **85**, 1003
316	a	Dieter,N.H.: 1957, *Publ. A. S. P.*, **69**, 356
	b	Dieter,N.H.: 1962, *Astron. J.*, **67**, 217
317		Dieter,N.H.: 1962, *Astron. J.*, **67**, 222
81		Dieter,N.H.: 1962, *Astron. J.*, **67**, 313
362		Dieter,N.H.: 1962, *Astron. J.*, **67**, 317
319		Disney,M.J., Pottasch,S.R.: 1977, *Astron. Astrophys.*, **60**, 43
531		Dressel,L.L.: 1987, *I.A.U. Symp.* No. 127, 423
82		Dressel,L.L., Bania,T.M., Davis,M.M.: 1983, *Astrophys. J.*, **266**, L97
300	a	Dressel,L.L., Bania,T.M., O'Connell,R.W.: 1982, *I.A.U. Symp.* No. 97, 309
	b	Dressel,L.L.: 1982, in *The Comparative HI-content of Normal Galaxies*, p. 78
	c	Dressel,L.L., Bania,T.M., O'Connell,R.W.: 1982, *Astrophys. J.*, **259**, 55
517	a	van Driel,W.: 1987, *Ph.D. Thesis*, Univ. Groningen
	b	van Driel,W., van Woerden,H., Gallagher III,J.S., Schwarz,U.J.: 1988, *Astron. Astrophys.*, **191**, 201
	c	van Driel,W., Davies,R.D., Appleton,P.N.: 1988, *Astron. Astrophys.*, **199**, 41
	d	van Driel,W., Rots,A.H., van Woerden,H.: 1988, *Astron. Astrophys.*, **204**, 39
	e	van Driel,W., van Woerden,H.: 1989, *Astron. Astrophys.*, submitted
	f	van Driel,W., Rots,A.H., van Woerden,H., Braun,R.: 1989, *Astron. Astrophys.*, submitted
559		van Driel,W., Fraix-Burnet,D., Boisson,C., Bottinelli,L., Gouguenheim,L.: 1988, *Astron. Astrophys.*, **205**, 47
556		Eder,J., Schombert,J.M., Dekel,A., Oemler Jr., A.: 1989, preprint
83	a	Emerson,D.T.: 1974, *M.N.R.A.S.*, **169**, 607
	b	Emerson,D.T.: 1975, *C.N.R.S. Coll.* No. 241, 243
	c	Emerson,D.T.: 1976, *M.N.R.A.S.*, **176**, 321
	d	Emerson,D.T.: 1978, *M.N.R.A.S.*, **182**, 793
338		Emerson,D.T., Baldwin,J.E.: 1973, *M.N.R.A.S.*, **165**, 9P
570		England,M.N.: 1989, *Astrophys. J.*, **337**, 19
87	a	Epstein,E.E.: 1964, *Astron. J.*, **69**, 490
	b	Epstein,E.E.: 1964, *Astron. J.*, **69**, 521
88		Faber,S.M., Balick,B., Gallagher III,J.S., Knapp,G.R.: 1977, *Astrophys. J.*, **214**, 383
89		Fisher,J.R., Tully,R.B.: 1975, *Astron. Astrophys.*, **44**, 151
90		Fisher,J.R., Tully,R.B.: 1976, *Astron. Astrophys.*, **53**, 397
373		Fisher,J.R., Tully,R.B.: 1981, *Astrophys. J. Suppl.*, **47**, 139
421		Fontanelli,P.: 1983, *Astron. Astrophys.*, **138**, 85
286		Ford Jr.,W.K., Rubin,V.C., Roberts,M.S.: 1971, *Astron. J.*, **76**, 22
91		Fosbury,R.A.E., Mebold,U., Goss,W.M., Dopita,M.A.: 1978, *M.N.R.A.S.*, **183**, 549
370		Fosbury,R.A.E., Mebold,U., Goss,W.M., van Woerden,H.: 1977, *M.N.R.A.S.*, **179**, 89
92	a	Freeman,K.C., Karlsson,B., Lynga,G., Burrell,J.F., van Woerden,H., Goss,W.M., Mebold,U.: 1977, *Astron. Astrophys.*, **55**, 445
	b	Mebold,U., Goss,W.M., van Woerden,H., Freeman,K.C.: 1976, *Proc. A.S.A.*, **3**, 72
529		Freudling,W., Haynes,M.P., Giovanelli,R.: 1988, *Astron. J.*, **96**, 1791
93		Gallagher III,J.S.: 1972, *Astron. J.*, **77**, 568
95	a	Gallagher III,J.S., Faber,S.M., Balick,B.: 1975, *Astrophys. J.*, **202**, 7
	b	Faber,S.M., Gallagher III,J.S.: 1976, *Astrophys. J.*, **204**, 365
298		Gallagher III,J.S., Hunter,D.A., Knapp,G.R.: 1981, *Astron. J.*, **86**, 344
350		Gallagher III,J.S., Knapp,G.R., Faber,S.M.: 1981, *Astron. J.*, **86**, 1781
94		Gallagher III,J.S., Knapp,G.R., Faber,S.M., Balick,B.: 1977, *Astrophys. J.*, **215**, 463
236		Gardner,F.F., Whiteoak,J.B.: 1976, *Proc. A.S.A.*, **3**, 63
563		Garwood,R.W., Helou,G., Dickey,J.M.: 1987, *Astrophys. J.*, **322**, 88
483		Gavazzi,G.: 1987, *Astrophys. J.*, **320**, 96
57		Giovanardi,C., Helou,G., Salpeter,E.E., Krumm,N.: 1983, *Astrophys. J.*, **267**, 35
419		Giovanardi,C., Krumm,N., Salpeter,E.E.: 1983, *Astron. J.*, **88**, 1719
457		Giovanardi,C., Salpeter,E.E.: 1985, *Astrophys. J. Suppl.*, **58**, 623
96		Giovanelli,R.: 1979, *Astrophys. J.*, **227**, L125
305		Giovanelli,R., Chincarini,G.L., Haynes,M.P.: 1981, *Astrophys. J.*, **247**, 383
299		Giovanelli,R., Haynes,M.P.: 1981, *Astron. J.*, **86**, 340
400	a	Giovanelli,R., Haynes,M.P.: 1982, *Astron. J.*, **87**, 1355
	b	Giovanelli,R.: 1982, in *The Comparative HI-content of Normal Galaxies*, p. 117
151		Giovanelli,R., Haynes,M.P.: 1983, *Astron. J.*, **88**, 881
452		Giovanelli,R., Haynes,M.P.: 1985, *Astron. J.*, **90**, 2445
453		Giovanelli,R., Haynes,M.P.: 1985, *Astrophys. J.*, **292**, 404
565		Giovanelli,R., Haynes,M.P.: 1989, *Astron. J.*, in press

TABLE 2b (cont.)

343		Giovanelli,R., Haynes,M.P., Chincarini,G.L.: 1982, *Astrophys. J.*, **262**, 442
454		Giovanelli,R., Haynes,M.P., Myers,S.T., Roth,J.: 1986, *Astron. J.*, **92**, 250
461		Giovanelli,R., Haynes,M.P., Rubin,V.C., Ford Jr.,W.K.: 1986, *Astrophys. J.*, **301**, L7
293	a	Gordon,D., Gottesman,S.T.: 1979, in *Photometry, Kinematics and Dynamics of Galaxies*, p. 227
	b	Gordon,D., Gottesman,S.T.: 1981, *Astron. J.*, **86**, 161
284		Gordon,K.J.: 1971, *Astrophys. J.*, **169**, 235
97		Gordon,K.J., Gordon,C.P.: 1979, *Astrophys. Lett.*, **20**, 9
98		Gordon,K.J., Remage,N.H., Roberts,M.S.: 1968, *Astrophys. J.*, **154**, 845
493		van Gorkom,J.H., Knapp,G.R., Raimond,E., Faber,S.M., Gallagher III,J.S.: 1986, *Astron. J.*, **91**, 791
474		van Gorkom,J.H., Schechter,P.L., Kristian,J.: 1987, *Astrophys. J.*, **314**, 457
330		Gosachinskii,I.V., Grachev,V.G., Ryzhkov,N.F.: 1981, *Soviet Astronomy*, **24**, 647
263	a	Gottesman,S.T.: 1979, in *Photometry, Kinematics and Dynamics of Galaxies*, p. 301
	b	Gottesman,S.T.: 1980, *Astron. J.*, **85**, 824
341		Gottesman,S.T.: 1982, *Astron. J.*, **87**, 751
436	a	Gottesman,S.T., Ball,J.R., Hunter Jr.,J.H., Huntley,J.M.: 1984, *Astrophys. J.*, **286**, 471
	b	Hunter Jr.,J.H., Ball,J.R., Huntley,J.M., England,M.N., Gottesman,S.T.: 1988, *Astrophys. J.*, **324**, 721
99	a	Gottesman,S.T., Davies,R.D.: 1970, *M.N.R.A.S.*, **149**, 237
	b	Davies,R.D., Gottesman,S.T.: 1970, *M.N.R.A.S.*, **149**, 263
	c	Gottesman,S.T., de Jager,G.: 1970, *Mem. Roy.Astron.Soc.*, **74**, 67
	d	Gottesman,S.T.: 1970, *Mem. Roy.Astron.Soc.*, **74**, 73
	e	Gottesman,S.T.: 1970, *Mem. Roy.Astron.Soc.*, **74**, 89
	f	Davies,R.D.: 1970, *Observatory*, **90**, 134
287		Gottesman,S.T., Davies,R.D., Reddish,V.C.: 1966, *M.N.R.A.S.*, **133**, 359
492		Gottesman,S.T., Hawarden,T.G.: 1986, *M.N.R.A.S.*, **219**, 759
395		Gottesman,S.T., Hunter Jr.,J.H.: 1982, *Astrophys. J.*, **260**, 65
100	a	Gottesman,S.T., Hunter Jr.,J.H., Ball,J.R.: 1983, *I.A.U. Symp.* No. 100, 93
	b	Gottesman,S.T., Ball,J.R., Hunter Jr.,J.H.: 1983, *I.A.U. Symp.* No. 100, 235
112	a	Gottesman,S.T., Johnson,D.W.: 1983, *I.A.U. Symp.* No. 100, 307
	b	Johnson,D.W., Gottesman,S.T.: 1983, *Astrophys. J.*, **275**, 549
101		Gottesman,S.T., Weliachew,L.: 1972, *Astrophys. Lett.*, **12**, 63
102	a	Gottesman,S.T., Weliachew,L.: 1975, *Astrophys. J.*, **195**, 23
	b	Gottesman,S.T., Weliachew,L.: 1975, *C.N.R.S. Coll.* No. 241, 199
103		Gottesman,S.T., Weliachew,L.: 1977, *Astron. Astrophys.*, **61**, 523
104		Gottesman,S.T., Weliachew,L.: 1977, *Astrophys. J.*, **211**, 47
109		Grayzeck,E.J.: 1983, *I.A.U. Symp.* No. 100, 97
241		Grewing,M., Mebold,U.: 1975, *Astron. Astrophys.*, **42**, 119
190	a	Guelin,M., Sancisi,R., Weliachew,L., van Woerden,H.: 1975, *C.N.R.S. Coll.* No. 241, 291
	b	Sancisi,R.: 1976, *Astron. Astrophys.*, **53**, 159
288		Guelin,M., Weliachew,L.: 1969, *Astron. Astrophys.*, **1**, 10
105	a	Guelin,M., Weliachew,L.: 1970, *Astron. Astrophys.*, **7**, 141
	b	Guelin,M.: 1970, *Astron. Astrophys.*, **9**, 477
106	a	Guelin,M., Weliachew,L.: 1970, *Astron. Astrophys.*, **9**, 155
	b	Guelin,M., Weliachew,L.: 1972, *I.A.U. Symp.* No. 44, 74
542	a	Guhathakurta,P., van Gorkom,J.H., Kotanyi,C.G., Balkowski,C.: 1988, *Astron. J.*, **96**, 851
	b	Cayatte,V., van Gorkom,J.H., Balkowski,C., Kotanyi,C., Guhathakurta,P.: 1988, in *Large Scale Structure and Motions in the Universe*, p. 329
108	a	Guibert,J.: 1973, *Astron. Astrophys.Suppl.Ser.*, **12**, 263
	b	Guibert,J.: 1974, *Astron. Astrophys.*, **30**, 353
	c	Guibert,J.: 1975, *C.N.R.S. Coll.* No. 241, 263
107		Guibert,J.: 1973, *Astron. Astrophys.*, **29**, 335
255		Hart,L., Davies,R.D., Johnson,S.C.: 1980, *M.N.R.A.S.*, **191**, 269
110		Haschick,A.D., Baan,W.A., Burke,B.F.: 1978, *Astrophys. J.*, **225**, 343
479	a	Hauschildt,M.H.: 1986, *Ph.D. Thesis*, Univ. Hamburg
	b	Hauschildt,M.H.: 1987, *Astron. Astrophys.*, **184**, 43
321		Hawarden,T.G., Longmore,A.J., Goss,W.M., Mebold,U., Tritton,S.B.: 1979, in *Photometry, Kinematics and Dynamics of Galaxies*, p. 155
311		Hawarden,T.G., Longmore,A.J., Goss,W.M., Mebold,U., Tritton,S.B.: 1981, *M.N.R.A.S.*, **196**, 175
111		Hawarden,T.G., van Woerden,H., Mebold,U., Goss,W.M., Peterson,B.A.: 1979, *Astron. Astrophys.*, **76**, 230
250		Haynes,M.P.: 1979, *Astron. J.*, **84**, 1830
292		Haynes,M.P.: 1981, *Astron. J.*, **86**, 1126
269		Haynes,M.P., Giovanelli,R.: 1980, *Astrophys. J.*, **240**, L87
304		Haynes,M.P., Giovanelli,R.: 1981, *Astrophys. J.*, **246**, L105
488		Haynes,M.P., Giovanelli,R.: 1984, *Astron. J.*, **89**, 758
462		Haynes,M.P., Giovanelli,R.: 1986, *Astrophys. J.*, **306**, 466
113		Haynes,M.P., Giovanelli,R., Roberts,M.S.: 1979, *Astrophys. J.*, **229**, 83
498		Haynes,M.P., Giovanelli,R., Starosta,B.M., Magri,C.A.: 1988, *Astron. J.*, **95**, 607
256		Haynes,M.P., Roberts,M.S.: 1979, *Astrophys. J.*, **227**, 767
126		Heckman,T.M., Balick,B., van Breugel,W.J.M., Miley,G.K.: 1983, *Astron. J.*, **88**, 583

TABLE 2b (cont.)

114		Heckman,T.M., Balick,B., Sullivan III,W.T.: 1978, *Astrophys. J.*, **224**, 745
348		Heckman,T.M., Sancisi,R., Sullivan III,W.T., Balick,B.: 1982, *M.N.R.A.S.*, **199**, 425
307		Heeschen,D.S.: 1957, *Astrophys. J.*, **126**, 471
361		Heidmann,J.: 1961, *B.A.N.*, **15**, 314
375		Helou,G., Giovanardi,C., Salpeter,E.E., Krumm,N.: 1981, *Astrophys. J. Suppl.*, **46**, 267
428		Helou,G., Hoffman,G.L., Salpeter,E.E.: 1984, *Astrophys. J. Suppl.*, **55**, 433
380		Helou,G., Salpeter,E.E., Krumm,N.: 1979, *Astrophys. J.*, **228**, L1
390		Helou,G., Salpeter,E.E., Terzian,Y.: 1982, *Astron. J.*, **87**, 1443
566		Henning,P.A., Kerr,F.J.: 1988, in *Large Scale Structure and Motions in the Universe*, p. 363
393		Hewitt,J.N., Haynes,M.P., Giovanelli,R.: 1983, *Astron. J.*, **88**, 272
549		Higdon,J.L.: 1988, *Astrophys. J.*, **326**, 146
295	a	Hindman,J.V.: 1967, *Austr.Journ.Phys.*, **20**, 147
	b	Hindman,J.V., Balnares,K.M.: 1967, *Austr.Journ.Phys., Astrophys.Suppl.*, **4**, 3
301	a	Hindman,J.V., McGee,R.X., Carter,A.W.L., Holmes,E.C.J., Beard,M.: 1963, *Austr.Journ.Phys.*, **16**, 552
	b	Hindman,J.V., Kerr,F.J., McGee,R.X.: 1963, *Austr.Journ.Phys.*, **16**, 570
115		Hoeglund,B., Roberts,M.S.: 1966, *Astrophys. J.*, **142**, 1366
447	a	Hoffman,G.L., Helou,G., Salpeter,E.E., Sandage,A.: 1985, *Astrophys. J.*, **289**, L15
	b	Hoffman,G.L.: 1985, in *The Virgo Cluster*, Proceedings of an ESO Workshop, p. 101
	c	Hoffman,G.L., Helou,G., Salpeter,E.E.: 1985, in *Star-Forming Dwarf Galaxies and related objects*, p. 271
	d	Hoffman,G.L., Salpeter,E.E., Helou,G.: 1987, *I.A.U. Symp.* No. 117, 162
	e	Hoffman,G.L., Helou,G., Salpeter,E.E., Glosson,J., Sandage,A.: 1987, *Astrophys. J. Suppl.*, **63**, 247
	f	Hoffman,G.L., Helou,G., Salpeter,E.E.: 1988, *Astrophys. J.*, **324**, 75
520		Hoffman,G.L., Lewis,B.M., Helou,G., Salpeter,E.E., Williams,H.L.: 1989, *Astrophys. J. Suppl.*, **69**, 65
239	a	Huchtmeier,W.K.: 1972, *Astron. Astrophys. Suppl.Ser.*, **7**, 397
	b	Huchtmeier,W.K.: 1973, *Astron. Astrophys.*, **22**, 91
237		Huchtmeier,W.K.: 1972, *Astron. Astrophys.*, **17**, 207
238		Huchtmeier,W.K.: 1973, *Astron. Astrophys.*, **22**, 27
240		Huchtmeier,W.K.: 1973, *Astron. Astrophys.*, **23**, 93
116		Huchtmeier,W.K.: 1975, *Astron. Astrophys.*, **45**, 259
354		Huchtmeier,W.K.: 1978, *I.A.U. Symp.* No. 77, 197
117		Huchtmeier,W.K.: 1979, *Astron. Astrophys.*, **75**, 170
346		Huchtmeier,W.K.: 1982, *Astron. Astrophys.*, **110**, 121
118		Huchtmeier,W.K., Bohnenstengel,H.-D.: 1975, *Astron. Astrophys.*, **41**, 477
119		Huchtmeier,W.K., Bohnenstengel,H.-D.: 1975, *Astron. Astrophys.*, **44**, 479
318		Huchtmeier,W.K., Bohnenstengel,H.-D.: 1981, *Astron. Astrophys.*, **100**, 72
381		Huchtmeier,W.K., Richter,O.-G.: 1982, *Astron. Astrophys.*, **109**, 331
484		Huchtmeier,W.K., Richter,O.-G.: 1985, *Astron. Astrophys.*, **149**, 118
377		Huchtmeier,W.K., Richter,O.-G.: 1986, *Astron. Astrophys. Suppl.Ser.*, **63**, 323
494		Huchtmeier,W.K., Richter,O.-G.: 1986, *Astron. Astrophys. Suppl.Ser.*, **64**, 111
442		Huchtmeier,W.K., Seiradakis,J.H.: 1985, *Astron. Astrophys.*, **143**, 216
278		Huchtmeier,W.K., Seiradakis,J.H., Materne,J.: 1980, *Astron. Astrophys.*, **91**, 341
376		Huchtmeier,W.K., Seiradakis,J.H., Materne,J.: 1981, *Astron. Astrophys.*, **102**, 134
276		Huchtmeier,W.K., Seiradakis,J.H., Tammann,G.A.: 1980, *Astron. Astrophys.*, **89**, 95
120		Huchtmeier,W.K., Tammann,G.A., Wendker,H.J.: 1975, *Astron. Astrophys.*, **42**, 205
121		Huchtmeier,W.K., Tammann,G.A., Wendker,H.J.: 1976, *Astron. Astrophys.*, **46**, 381
122		Huchtmeier,W.K., Tammann,G.A., Wendker,H.J.: 1977, *Astron. Astrophys.*, **57**, 313
123		Huchtmeier,W.K., Witzel,A.: 1979, *Astron. Astrophys.*, **74**, 138
506		Hulsbosch,A.N.M.: 1987, *Astron. Astrophys. Suppl.Ser.*, **69**, 439
280		van de Hulst,H.C., Raimond,E., van Woerden,H.: 1957, *B.A.N.*, **14**, 1
124	a	van der Hulst,J.M.: 1977, *Ph.D. Thesis*, Univ. Groningen
	b	van der Hulst,J.M.: 1978, *I.A.U. Symp.* No. 77, 269
	c	van der Hulst,J.M.: 1979, *Astron. Astrophys.*, **71**, 131
	d	van der Hulst,J.M.: 1979, *Astron. Astrophys.*, **75**, 97
128		van der Hulst,J.M., Huchtmeier,W.K.: 1979, *Astron. Astrophys.*, **78**, 82
125		van der Hulst,J.M., Ondrechen,M.P., van Gorkom,J.H., Hummel,E.: 1983, *I.A.U. Symp.* No. 100, 233
477		van der Hulst,J.M., Skillman,E.D., Kennicutt,R.C., Bothun,G.D.: 1987, *Astron. Astrophys.*, **177**, 63
426		Hummel,E., Dettmar,R.-J., Wielebinski,R.: 1986, *Astron. Astrophys.*, **166**, 97
487		Hunter,D.A., Gallagher III,J.S.: 1985, *Astrophys. J.*, **90**, 1789
382		Hunter,D.A., Gallagher III,J.S., Rautenkranz,D.: 1982, *Astrophys. J. Suppl.*, **49**, 53
472		Hutchings,J.B., Gower,A.C., Price,R.: 1987, *Astron. J.*, **93**, 6
554		Impey,C.D., Bothun,G.D.: 1989, *Astrophys. J.*, in press
536		Irwin,J.A., Seaquist,E.R., Taylor,A.R., Duric,N.: 1987, *Astrophys. J.*, **313**, L91
471		Jackson,J.M., Barrett,A.H., Armstrong,J.T., Ho,P.T.P.: 1987, *Astron. J.*, **93**, 531
291		Jaffe,W.J., Perola,G.C., Tarenghi,M.: 1978, *Astrophys. J.*, **224**, 808
297	a	de Jager,G., Davies,R.D.: 1971, *M.N.R.A.S.*, **153**, 9
	b	Gottesman,S.T., de Jager,G.: 1970, *Mem. Roy.Astron.Soc.*, **74**, 67

TABLE 2b (cont.)

297	c	de Jager,G.: 1970, *Mem. Roy.Astron.Soc.*, **74**, 123
418		Jenkins,C.R.: 1983, *M.N.R.A.S.*, **205**, 1321
406		Johnson,D.G.: 1980, *Ph.D. Thesis*, Univ. of Florida
451	a	Kennicutt,R.C., van der Hulst,J.M.: 1985, in *The Virgo Cluster*, Proceedings of an ESO Workshop, p. 91
	b	van der Hulst,J.M., Kennicutt,R.C.: 1985, in *New Aspects of Galaxy Photometry*, p. 303
512	a	Kerr,F.J., Henning,P.A.: 1987, *Astrophys. J.*, **320**, L99
	b	Kerr,F.J., Henning,P.A.: 1988, in *Large Scale Structure and Motions in the Universe*, p. 379
303	a	Kerr,F.J., Hindman,J.V., Robinson,B.J.: 1954, *Austr.Journ.Phys.*, **7**, 297
	b	Kerr,F.J., de Vaucouleurs,G.: 1955, *Austr.Journ.Phys.*, **8**, 508
	c	Kerr,F.J., de Vaucouleurs,G.: 1956, *Austr.Journ.Phys.*, **9**, 90
534		Kim,D.-W., Guhathakurta,P., van Gorkom,J.H., Jura,M., Knapp,G.R.: 1988, *Astrophys. J.*, **333**, 684
357		Kinman,T.D., Rubin,V.C., Thonnard,N., Ford Jr.,W.K., Peterson,C.J.: 1977, *Astron. J.*, **82**, 879
424		Knapp,G.R., van Driel,W., Schwarz,U.J., van Woerden,H., Gallagher III,J.S.: 1984, *Astron. Astrophys.*, **133**, 127
440		Knapp,G.R., van Driel,W., van Woerden,H.: 1985, *Astron. Astrophys.*, **142**, 1
129		Knapp,G.R., Faber,S.M., Gallagher III,J.S.: 1978, *Astron. J.*, **83**, 11
130		Knapp,G.R., Gallagher III,J.S., Faber,S.M.: 1978, *Astron. J.*, **83**, 139
131		Knapp,G.R., Gallagher III,J.S., Faber,S.M., Balick,B.: 1977, *Astron. J.*, **82**, 106
405		Knapp,G.R., Gunn,J.E.: 1982, *Astrophys. J.*, **87**, 1634
132		Knapp,G.R., Kerr,F.J.: 1974, *Astron. J.*, **79**, 667
133		Knapp,G.R., Kerr,F.J., Bowers,P.F.: 1978, *Astron. J.*, **83**, 360
249		Knapp,G.R., Kerr,F.J., Henderson,A.P.: 1979, *Astrophys. J.*, **234**, 448
134	a	Knapp,G.R., Kerr,F.J., Williams,B.A.: 1978, *Astrophys. J.*, **222**, 800
	b	Kerr,F.J.: 1978, *I.A.U. Symp.* No. **77**, 53
430		Knapp,G.R., Raimond,E.: 1984, *Astron. Astrophys.*, **138**, 77
399		Kollatschny,W., Biermann,P., Fricke,K.J., Huchtmeier,W., Witzel,A.: 1983, *Astron. Astrophys.*, **119**, 80
403		Kotanyi,C.: 1981, *Ph.D. Thesis*, Univ. Groningen
429		Kreitschmann,J.: 1985, *Ph.D. Thesis*, Univ. Bochum
127		van der Kruit,P.C., Searle,L.: 1982, *Astron. Astrophys.*, **110**, 79
425		van der Kruit,P.C., Shostak,G.S.: 1984, *Astron. Astrophys.*, **134**, 258
345	a	van der Kruit,P.C., Shostak,G.S., van Albada,T.S.: 1979, in *Photometry, Kinematics and Dynamics of Galaxies*, p. 277
	b	van der Kruit,P.C., Shostak,G.S.: 1982, *Astron. Astrophys.*, **105**, 351
	c	van der Kruit,P.C., Shostak,G.S.: 1983, *I.A.U. Symp.* No. **100**, 69
388	a	Krumm,N.: 1982, in *The Comparative HI-content of Normal Galaxies*, p. 109
	b	Krumm,N., Shane,W.W.: 1982, *Astron. Astrophys.*, **116**, 237
432		Krumm,N., Burstein,D.: 1984, *Astron. J.*, **89**, 1319
443		Krumm,N., van Driel,W., van Woerden,H.: 1985, *Astron. Astrophys.*, **144**, 202
135		Krumm,N., Salpeter,E.E.: 1976, *Astrophys. J.*, **208**, L7
136		Krumm,N., Salpeter,E.E.: 1977, *Astron. Astrophys.*, **56**, 465
138		Krumm,N., Salpeter,E.E.: 1979, *Astron. J.*, **84**, 1138
137		Krumm,N., Salpeter,E.E.: 1979, *Astrophys. J.*, **227**, 776
139		Krumm,N., Salpeter,E.E.: 1979, *Astrophys. J.*, **228**, 64
273		Krumm,N., Salpeter,E.E.: 1980, *Astron. J.*, **85**, 1312
427		Lake,G., Schommer,R.A.: 1984, *Astrophys. J.*, **280**, 107
507		Lake,G., Schommer,R.A., van Gorkom,J.H.: 1987, *Astrophys. J.*, **314**, 57
141		Lauque,R.: 1973, *Astron. Astrophys.*, **23**, 253
277		Lequeux,J., Viallefond,F.: 1980, *Astron. Astrophys.*, **91**, 269
274		Lewis,B.M.: 1968, *Proc. A.S.A.*, **1**, 104
323	a	Lewis,B.M.: 1969, *Ph.D. Thesis*, Australian National Univ.
	b	Lewis,B.M.: 1969, *Proc. A.S.A.*, **1**, 288
366		Lewis,B.M.: 1970, *Observatory*, **90**, 264
142		Lewis,B.M.: 1972, *Austr.Journ.Phys.*, **25**, 315
313		Lewis,B.M.: 1972, *I.A.U. Symp.* No. **44**, 267
143		Lewis,B.M.: 1975, *Astron. Astrophys.*, **44**, 147
397		Lewis,B.M.: 1982, in *The Comparative HI-content of Normal Galaxies*, p. 38
170		Lewis,B.M.: 1983, *Astron. J.*, **88**, 1695
150		Lewis,B.M.: 1983, *Astron. J.*, **88**, 962
435		Lewis,B.M.: 1984, *Astrophys. J.*, **285**, 453
450		Lewis,B.M.: 1985, *Astrophys. J.*, **292**, 451
475		Lewis,B.M.: 1987, *Astrophys. J. Suppl.*, **63**, 515
482		Lewis,B.M.: 1987, *Observatory*, **107**, 201
76		Lewis,B.M., Davies,R.D.: 1973, *M.N.R.A.S.*, **165**, 213
489		Lewis,B.M., Helou,G., Salpeter,E.E.: 1985, *Astrophys. J. Suppl.*, **59**, 161
322		Lewis,B.M., Robinson,B.J.: 1973, *Astron. Astrophys.*, **23**, 295
145		Lo,K.Y., Sargent,W.L.W.: 1979, *Astrophys. J.*, **227**, 756
146		Longmore,A.J., Hawarden,T.G., Cannon,R.D., Allen,D.A., Mebold,U., Goss,W.M., Reif,K.: 1979, *M.N.R.A.S.*, **188**, 285
310	a	Longmore,A.J., Hawarden,T.G., Webster,B.L.: 1979, in *Photometry, Kinematics and Dynamics of Galaxies*, p. 223

TABLE 2b (cont.)

310	b	Longmore,A.J., Hawarden,T.G., Goss,W.M., Mebold,U., Webster,B.L.: 1982, *M.N.R.A.S.*, **200**, 325
294		Longmore,A.J., Hawarden,T.G., Webster,B.L., Goss,W.M., Mebold,U.: 1978, *M.N.R.A.S.*, **184**, 97P
147	a	Love,R.: 1972, *Nature*, **235**, 76
	b	Love,R.: 1972, *Nature Physical Sciences*, **235**, 53
561		Maehara,H., Hamabe,M., Bottinelli,L., Gouguenheim,L., Heidmann,J., Takase,B.: 1988, *Publ.Astron.Soc. Japan*, 40, 47
84		Magri,C., Haynes,M.P., Forman,W., Jones,C., Giovanelli,R.: 1988, *Astrophys. J.*, **333**, 136
516		Mahoney,J.H., van der Hulst,J.M., Burke,B.F.: 1988, *Astrophys. J.*, in press
367		Margon,B., Spinrad,H., Heiles,C., Tovmassian,H., Harlan,E., Bowyer,S., Lampton,M.: 1972, *Astrophys. J.*, **178**, L77
486	a	Martin,M.C., Bajaja,E.: 1982, *Bol.Asoc.Arg.Astr.*, **27**, 179
	b	Bajaja,E., Martin,M.C.: 1985, *Astron. J.*, **90**, 1783
369		Mathewson,D.S., Ford,V.L., Murray,J.D.: 1975, *Observatory*, **95**, 176
152		McCutcheon,W.H., Davies,R.D.: 1970, *M.N.R.A.S.*, **150**, 337
302	a	McGee,R.X.: 1964, *Austr.Journ.Phys.*, **17**, 515
	b	McGee,R.X.: 1964, *I.A.U. Symp.* No. 20, 289
	c	McGee,R.X., Milton,J.A.: 1966, *Austr.Journ.Phys.*, **19**, 343
	d	McGee,R.X., Milton,J.A.: 1966, *Austr.Journ.Phys., Astrophys.Suppl.*, **2**, 2
342	a	McGee,R.X., Newton,L.M.: 1981, *Proc. A.S.A.*, **4**, 189
	b	McGee,R.X., Newton,L.M.: 1981, *Proc. A.S.A.*, **4**, 308
153		Mebold,U., Goss,W.M., Fosbury,R.A.E: 1977, *M.N.R.A.S.*, **180**, 11P
155		Mebold,U., Goss,W.M., van Woerden,H., Hawarden,T.G., Siegman,B.: 1979, *Astron. Astrophys.*, **74**, 100
272		Mirabel,I.F.: 1982, *Astrophys. J.*, **260**, 75
414		Mirabel,I.F.: 1983, *Astrophys. J.*, **270**, L35
562	a	Mirabel,I.F., Sanders,D.B.: 1987, in *Starbursts and Galaxy Evolution*, p. 283
	b	Mirabel,I.F., Sanders,D.B.: 1988, *Astrophys. J.*, **335**, 104
521		Mirabel,I.F., Sanders,D.B.: 1987, *Astrophys. J.*, **322**, 688
154		Mirabel,I.F., Wilson,A.S.: 1983, *Astrophys. J.*, **277**, 92
339		van Moorsel,G.A.: 1982, *Astron. Astrophys.*, **107**, 66
407	a	van Moorsel,G.A.: 1982, *Ph.D. Thesis*, Univ. Groningen
	b	van Moorsel,G.A.: 1983, *Astron. Astrophys.Suppl.Ser.*, **54**, 1
	c	van Moorsel,G.A.: 1983, *Astron. Astrophys.Suppl.Ser.*, **54**, 19
	d	van Moorsel,G.A.: 1984, *Astron. Astrophys.Suppl.Ser.*, **55**, 163
402		van Moorsel,G.A.: 1983, *Astron. Astrophys.Suppl.Ser.*, **53**, 271
545		van Moorsel,G.A.: 1988, *Astron. Astrophys.*, **202**, 59
514		Morras,R., Bajaja,E.: 1986, *Rev.Mexicana Astron.Astrof.*, **13**, 69
242		Morris,M., Wannier,P.G.: 1980, *Astrophys. J.*, **238**, L7
396		Mould,J., Balick,B., Bothun,G., Aaronson,M.: 1982, *Astrophys. J.*, **260**, L37
252		Newton,K.: 1980, *M.N.R.A.S.*, **190**, 689
253	a	Newton,K.: 1980, *M.N.R.A.S.*, **191**, 169
	b	Newton,K.: 1980, *M.N.R.A.S.*, **191**, 615
156	a	Newton,K., Emerson,D.T.: 1977, *M.N.R.A.S.*, **181**, 573
	b	Emerson,D.T., Newton,K.: 1978, *I.A.U. Symp.* **77**, 183
548		Norris,R.P., Gardner,F.F., Whiteoak,J.B., Allen,D.A., Roche,P.F.: 1988, *M.N.R.A.S.*, in press
555		Oosterloo,T.: 1988, *Ph.D. Thesis*, Univ. Groningen
148	a	Pence,W.D., Blackman,C.P.: 1984, *M.N.R.A.S.*, **207**, 9
	b	Pence,W.D., Blackman,C.P.: 1984, *M.N.R.A.S.*, **210**, 547
243		Peterson,C.J., Rubin,V.C., Ford Jr.,W.K., Roberts,M.S.: 1978, *Astrophys. J.*, **226**, 770
159		Peterson,C.J., Rubin,V.C., Ford Jr.,W.K., Thonnard,N.: 1978, *Astrophys. J.*, **219**, 31
314		Peterson,C.J., Rubin,V.C., Ford Jr.,W.K., Thonnard,N., Roberts,M.S.: 1976, *Astrophys. J.*, **208**, 662
158	a	Peterson,S.D.: 1979, *Astrophys.J.Suppl.*, **40**, 527
	b	Peterson,S.D.: 1979, *Astrophys. J.*, **232**, 20
160		Peterson,S.D., Shostak,G.S.: 1974, *Astron. J.*, **79**, 767
271		Peterson,S.D., Shostak,G.S.: 1980, *Astrophys. J.*, **241**, L1
248		Peterson,S.D., Terzian,Y.: 1979, *Journ.Roy.Astron.Soc. Canada*, **73**, 215
333		Pfleiderer,J., Gruber,M.D., Gruber,G.M., Velden,L.: 1981, *Astrophys.*, **102**, L21
538		Phillips,M.M., Turtle,A.G., Pence,W.D.: 1988, priv. comm.
265		Raimond,E., Faber,S.M., Gallagher III,J.S., Knapp,G.R.: 1981, *Astrophys. J.*, **246**, 708
161		Reakes,M.: 1979, *M.N.R.A.S.*, **187**, 509
162		Reakes,M.: 1979, *M.N.R.A.S.*, **187**, 525
261		Reakes,M.: 1980, *M.N.R.A.S.*, **192**, 297
163		Reakes,M.L., Newton,K.: 1978, *M.N.R.A.S.*, **185**, 277
320	a	Reif,K.: 1982, *Ph.D. Thesis*, Univ. Bonn
	b	Reif,K., Mebold,U., Goss,W.M., van Woerden,H., Siegman,B.: 1982, *Astron. Astrophys.Suppl.Ser.*, **50**, 451
164		Reif,K., Mebold,U., Goss,W.M.: 1978, *Astron. Astrophys.*, **67**, L1
385	a	Richter,O.-G.: 1982, *Ph.D. Thesis*, Univ. Hamburg
	b	Richter,O.-G., Huchtmeier,W.K.: 1983, *Astron. Astrophys.*, **125**, 187
438		Richter,O.-G.: 1984, *Astron. Astrophys.Suppl.Ser.*, **58**, 131

TABLE 2b (cont.)

569		Richter,O.-G., Ferguson,H.C., van Gorkom,J.H.: 1988, in *Large Scale Structure and Motions in the Universe*, p. 429
500		Richter,O.-G., Ferguson,H.C., van Gorkom,J.H., Huchtmeier,W.K.: 1989, preprint
378		Richter,O.-G., Huchtmeier,W.K.: 1982, *Astron. Astrophys.*, **109**, 155
466		Richter,O.-G., Huchtmeier,W.K.: 1987, *Astron. Astrophys. Suppl.Ser.*, **68**, 427
384		Richter,O.-G., Huchtmeier,W.K.: 1989, *Astron. Astrophys. Suppl.Ser.*, to be submitted
547		Richter,O.-G., Williams,B.A.: 1989, *Astron. J.*, to be submitted
363		Roberts,M.S.: 1962, *Astron. J.*, **67**, 431
165		Roberts,M.S.: 1962, *Astron. J.*, **67**, 437
166		Roberts,M.S.: 1965, *Astrophys. J.*, **142**, 148
289		Roberts,M.S.: 1966, *Astrophys. J.*, **144**, 639
285		Roberts,M.S.: 1968, *Astron. J.*, **73**, 945
167		Roberts,M.S.: 1968, *Astrophys. J.*, **151**, 117
355		Roberts,M.S.: 1969, *Astron. J.*, **74**, 859
351		Roberts,M.S.: 1975, *I.A.U. Symp.* No. **69**, 331
171		Roberts,M.S.: 1978, *Astron. J.*, **83**, 1026
172	a	Roberts,M.S., Cram,T.R., Whitehurst,R.N.: 1976, in *The Galaxy and the Local Group*, p. 215
	b	Roberts,M.S., Whitehurst,R.N., Cram,T.R.: 1978, *I.A.U. Symp.* No. **77**, 169
	c	Whitehurst,R.N., Roberts,M.S., Cram,T.R.: 1978, *I.A.U. Symp.* No. **77**, 175
	d	Cram,T.R., Roberts,M.S., Whitehurst,R.N.: 1980, *Astron. Astrophys. Suppl.Ser.*, **40**, 215
336		Roberts,M.S., Rots,A.H.: 1973, *Astron. Astrophys.*, **26**, 483
356		Roberts,M.S., Steigerwald,D.G.: 1977, *Astrophys. J.*, **217**, 883
173		Roberts,M.S., Warren,J.L.: 1970, *Astron. Astrophys.*, **6**, 165
279	a	Robinson,B.J., van Damme,K.J.: 1964, *I.A.U. Symp.* No. **20**, 276
	b	Robinson,B.J., van Damme,K.J.: 1966, *Austr.Journ.Phys.*, **19**, 111
290		Robinson,B.J., Koehler,J.A.: 1965, *Nature*, **208**, 993
444		Roelfsema,P.R., Allen,R.J.: 1985, *Astron. Astrophys.*, **146**, 213
174		Rogstad,D.G., Crutcher,R.M., Chu,K.: 1979, *Astrophys. J.*, **229**, 509
175		Rogstad,D.H., Lockhart,I.A., Wright,M.C.H.: 1974, *Astrophys. J.*, **193**, 309
365		Rogstad,D.H., Rougoor,G.W., Whiteoak,J.B.: 1967, *Astrophys. J.*, **150**, 9
176	a	Rogstad,D.H., Shostak,G.S.: 1971, *Astron. Astrophys.*, **13**, 99
	b	Rogstad,D.H.: 1971, *Astron. Astrophys.*, **13**, 108
177		Rogstad,D.H., Shostak,G.S.: 1972, *Astrophys. J.*, **176**, 315
178		Rogstad,D.H., Shostak,G.S., Rots,A.H.: 1973, *Astron. Astrophys.*, **22**, 111
179		Rogstad,D.H., Wright,M.C.H., Lockhart,I.A.: 1976, *Astrophys. J.*, **204**, 703
157		Romanishin,W., Krumm,N., Salpeter,E., Knapp,G., Strom,K.M., Strom,S.E.: 1982, *Astrophys. J.*, **263**, 94
394		Romanishin,W., Strom,S.E., Strom,K.M.: 1982, *Astrophys. J.*, **258**, 77
180		Rood,H.J., Dickel,J.R.: 1976, *Astrophys. J.*, **205**, 346
181		Rots,A.H.: 1978, *Astron. J.*, **83**, 219
182		Rots,A.H.: 1979, *Astron. Astrophys.*, **80**, 255
183	a	Rots,A.H.: 1980, *Astron. Astrophys. Suppl.Ser.*, **41**, 189
	b	Rots,A.H.: 1979, NRAO Special Publication
184		Rots,A.H., Shane,W.W.: 1974, *Astron. Astrophys.*, **31**, 245
185	a	Rots,A.H., Shane,W.W.: 1975, *Astron. Astrophys.*, **45**, 25
	b	Rots,A.H.: 1975, *Astron. Astrophys.*, **45**, 43
	c	Rots,A.H.: 1975, *C.N.R.S. Coll.* No. **241**, 201
186		Rubin,V.C., Ford Jr.,W.K., Roberts,M.S.: 1979, *Astrophys. J.*, **230**, 35
188		Rubin,V.C., Ford Jr.,W.K., Thonnard,N., Roberts,M.S., Graham,J.A.: 1976, *Astron. J.*, **81**, 687
187		Rubin,V.C., Thonnard,N., Ford Jr.,W.K.: 1977, *Astrophys. J.*, **217**, L1
408		Rubin,V.C., Thonnard,N., Ford Jr.,W.K.: 1982, *Astron. J.*, **87**, 477
546		Saglia,R.P., Sancisi,R.: 1988, *Astron. Astrophys.*, **203**, 28
189		Salpeter,E.E.: 1978, *I.A.U. Symp.* No. **77**, 23
449		Salpeter,E.E., Dickey,J.M.: 1985, *Astrophys. J.*, **292**, 426
192	a	Sancisi,R.: 1978, *I.A.U. Symp.* No. **77**, 276
	b	Sancisi,R., Allen,R.J., Sullivan III,W.T.: 1979, *Astron. Astrophys.*, **78**, 217
191	a	Sancisi,R., Allen,R.J., van Albada,T.S.: 1975, *C.N.R.S. Coll.* No. **241**, 295
	b	Sancisi,R., Allen,R.J.: 1979, *Astron. Astrophys.*, **74**, 73
458		Sancisi,R., Thonnard,N., Ekers,R.D.: 1987, *Astrophys. J.*, **315**, L39
431		Sancisi,R., van Woerden,H., Davies,R.D., Hart,L.: 1984, *M.N.R.A.S.*, **210**, 497
415		Sargent,W.L.W., Lo,K.-Y.: 1985, in *Star-Forming Dwarf Galaxies and related objects*, p. 253
401		Sargent,W.L.W., Sancisi,R., Lo,K.Y.: 1983, *Astrophys. J.*, **265**, 711
460		Schechter,P., Sancisi,R., van Woerden,H., Lynds,C.R.: 1984, *M.N.R.A.S.*, **208**, 111
526		Schneider,D.P., Mould,J.R., Porter,A.C., Schmidt,M., Bothun,G.D., Gunn,J.E.: 1987, *Publ. A. S. P.*, **99**, 1167
446	a	Schneider,S.E., Helou,G., Salpeter,E.E., Terzian,Y.: 1983, *Astrophys. J.*, **273**, L1
	b	Schneider,S.E.: 1985, *Astrophys. J.*, **288**, L33
	c	Schneider,S.E., Salpeter,E.E., Terzian,Y.: 1986, *Astron. J.*, **91**, 13
	d	Schneider,S.E., Salpeter,E.E., Terzian,Y.: 1987, *I.A.U. Symp.* No. **117**, 116

TABLE 2b (cont.)

508		Schneider,S.E., Helou,G., Salpeter,E.E., Terzian,Y.: 1986, *Astron. J.*, **92**, 742
539		Schombert,J.M., Bothun,G.D.: 1988, *Astron. J.*, **95**, 1389
413		Schommer,R.A., Bothun,G.D.: 1983, *Astron. J.*, **88**, 577
329	a	Schommer,R.A., Sullivan III,W.T., Bothun,G.D.: 1981, *Astron. J.*, **86**, 943
	b	Sullivan III,W.T., Schommer,R.A., Bothun,G.D.: 1979, in *Photometry, Kinematics and Dynamics of Galaxies*, p. 231
441		Schwarz,U.J.: 1985, *Astron. Astrophys.*, **142**, 273
496		Schweizer,F., Ford Jr.,W.K., Jedrzejewski,R., Giovanelli,R.: 1987, *Astrophys. J.*, **320**, 454
553		Schweizer,F., van Gorkom,J.H., Seitzer,P.O.: 1989, *Astrophys. J.*, in press
364		Seielstad,G.A., Whiteoak,J.B.: 1965, *Astrophys. J.*, **142**, 616
194		Seielstad,G.A., Wright,M.C.H.: 1973, *Astrophys. J.*, **184**, 343
371		Sersic,J.L., Bajaja,E., Colomb,F.R.: 1977, *Astron. Astrophys.*, **59**, 19
195		Shane,W.W.: 1975, *C.N.R.S. Coll.* No. **241**, 217
196		Shane,W.W.: 1975, *C.N.R.S. Coll.* No. **241**, 413
258		Shane,W.W.: 1980, *Astron. Astrophys.*, **82**, 314
140		Shane,W.W., Krumm,N.: 1983, *I.A.U. Symp.* No. **100**, 105
410		Shaver,P.A., Wall,J.V., Danziger,I.J., Ekers,R.D., Fosbury,R.A.E., Goss,W.M., Malin,D., Moorwood,A.F.M., Pocock,A.S., Tarenghi,M., Wellington,K.J.: 1983, *M.N.R.A.S.*, **205**, 819
197		Shobbrook,R.R., Robinson,B.J.: 1967, *Austr.Journ.Phys.*, **20**, 131
198		Shostak,G.S.: 1974, *Astron. Astrophys.*, **31**, 97
199		Shostak,G.S.: 1974, *Astrophys. J.*, **187**, 19
200		Shostak,G.S.: 1974, *Astrophys. J.*, **189**, L1
201		Shostak,G.S.: 1975, *Astrophys. J.*, **198**, 527
372		Shostak,G.S.: 1977, *C.N.R.S. Coll.* No. **263**, 489
203		Shostak,G.S.: 1978, *Astron. Astrophys.*, **68**, 321
168		Shostak,G.S.: 1987, *Astron. Astrophys.*, **175**, 4
204		Shostak,G.S., Allen,R.J.: 1980, *Astron. Astrophys.*, **81**, 167
169		Shostak,G.S., van Gorkom,J.H., Ekers,R.D., Sanders,R.H., Goss,W.M., Cornwell,T.J.: 1983, *Astron. Astrophys.*, **119**, L3
389		Shostak,G.S., Hummel,E., Shaver,P.A., van der Hulst,J.M., van der Kruit,P.C.: 1982, *Astron. Astrophys.*, **115**, 293
423		Shostak,G.S., van der Kruit,P.C.: 1984, *Astron. Astrophys.*, **132**, 20
205		Shostak,G.S., Roberts,M.S., Peterson,S.D.: 1975, *Astron. J.*, **80**, 581
206	a	Shostak,G.S., Rogstad,D.H.: 1973, *Astron. Astrophys.*, **24**, 405
	b	Shostak,G.S.: 1973, *Astron. Astrophys.*, **24**, 411
557		Shostak,G.S., Skillman,E.D.: 1989, *Astron. Astrophys.*, in press
439		Shostak,G.S., Sullivan III,W.T., Allen,R.J.: 1984, *Astron. Astrophys.*, **139**, 15
207		Shostak,G.S., Weliachew,L.: 1971, *Astrophys. J.*, **169**, L71
266		Shostak,G.S., Willis,A.G., Crane,P.C.: 1981, *Astron. Astrophys.*, **96**, 393
202		Shostak,G.S., van Woerden,H.: 1983, *I.A.U. Symp.* No. **100**, 33
208		Siefert,P.T., Gottesman,S.T., Wright,M.C.H.: 1975, *C.N.R.S. Coll.* No. **241**, 425
209		Silverglate,P.R., Krumm,N.: 1978, *Astrophys. J.*, **224**, L98
499	a	Simkin,S.M., van Gorkom,J.H., Hibbard,J., Su,H.-J.: 1987, *Science*, **235**, 1289
	b	Arp,H.: 1987, *Science*, **237**, 823
	c	Simkin,S.M., van Gorkom,J.H.: 1987, *Science*, **237**, 823
510	a	Skillman,E.D., Bothun,G.D., Murray,M.A., Warmels,R.H.: 1987, *Astron. Astrophys.*, **185**, 61
	b	Skillman,E.D.: 1987, in *Star Formation in Galaxies*, p. 263
533		Skillman,E.D., Terlevich,R., Teuben,P.J., van Woerden,H.: 1988, *Astron. Astrophys.*, **198**, 33
478		Skillman,E.D., Terlevich,R., van Woerden,H.: 1985, in *Star-Forming Dwarf Galaxies and related objects*, p. 263
340		Spinrad,H., Sargent,W.L.W., Oke,J.B., Neugebauer,G., Landau,R., King,I.R., Gunn,J.E., Garmiere,G., Dieter,N.H.: 1971, *Astrophys. J.*, **163**, L25
473		Staveley-Smith,L., Davies,R.D.: 1987, *M.N.R.A.S.*, **224**, 953
523		Staveley-Smith,L., Davies,R.D.: 1988, *M.N.R.A.S.*, **231**, 833
149		Sulentic,J.W., Arp,H.: 1983, *Astron. J.*, **88**, 267
78		Sulentic,J.W., Arp,H.: 1983, *Astron. J.*, **88**, 489
267		Sullivan III,W.T.: 1980, *Astron. Astrophys.*, **89**, L3
328		Sullivan III,W.T., Bothun,G.D., Bates,B., Schommer,R.A.: 1981, *Astron. J.*, **86**, 919
211		Sullivan III,W.T., Johnson,P.E.: 1978, *Astrophys. J.*, **225**, 751
468	a	Tacconi,L.J., Young,J.S.: 1986, *Astrophys. J.*, **308**, 600
	b	Tacconi-Garman,L.J., Young,J.S.: 1987, in *Star Formation in Galaxies*, p. 491
212		Tarter,J.C., Wright,M.C.H.: 1979, *Astron. Astrophys.*, **76**, 127
233		Thonnard,N.: 1975, *Bull. A.A.S.*, **7**, 550
193	a	Thonnard,N.: 1982, in *The Comparative HI-content of Normal Galaxies*, p. 65
	b	Kumar,C.K., Thonnard,N.: 1983, *Astron. J.*, **88**, 260
	c	Thonnard,N.: 1983, *I.A.U. Symp.* No. **100**, 305
359		Thonnard,N., Rubin,V.C., Ford Jr.,W.K., Roberts,M.S.: 1978, *Astron. J.*, **83**, 1564
245		Thuan,T.X., Martin,G.E.: 1979, *Astrophys. J.*, **232**, L11
347		Thuan,T.X., Martin,G.E.: 1981, *Astrophys. J.*, **247**, 823
213	a	Thuan,T.X., Seitzer,P.O.: 1979, *Astrophys. J.*, **231**, 327
	b	Thuan,T.X., Seitzer,P.O.: 1979, *Astrophys. J.*, **231**, 680
353		Thuan,T.X., Wadiak,E.J.: 1982, *Astrophys. J.*, **252**, 125

TABLE 2b (cont.)

515		Tifft,W.G., Cocke,W.J.: 1988, *Astrophys. J. Suppl.*, **67**, 1
568		Tilanus,R.P.J., Allen,R.J.: 1989, *Astrophys. J.*, in press
535		Tully,R.B. (unpublished data by Zealy et al.): 1988, priv.comm.
528		Tully,R.B.: 1988, *Nearby Galaxy Catalog*
337		Tully,R.B., Boesgaard,A.M., Dyck,H.M., Schempp,W.V.: 1981, *Astrophys. J.*, **246**, 38
210		Tully,R.B., Boesgaard,A.M., Schempp,W.V.: 1979, in *Photometry, Kinematics and Dynamics of Galaxies*, p. 325
214		Tully,R.B., Bottinelli,L., Fisher,J.R., Gouguenheim,L., Sancisi,R., van Woerden,H.: 1978, *Astron. Astrophys.*, **63**, 37
216		Tully,R.B., Fisher,J.R.: 1977, *Astron. Astrophys.*, **54**, 661
251	a	Unwin,S.C.: 1980, *M.N.R.A.S.*, **190**, 551
	b	Unwin,S.C.: 1980, *M.N.R.A.S.*, **192**, 243
	c	Unwin,S.C.: 1983, *M.N.R.A.S.*, **205**, 773
	d	Unwin,S.C.: 1983, *M.N.R.A.S.*, **205**, 787
331		Valentijn,E.A., Giovanelli,R.: 1981, *Astron. Astrophys.*, **114**, 208
540		Varnas,S.R., Bertola,F., Galletta,G., Freeman,K.C., Carter,D.: 1987, *Astrophys. J.*, **313**, 69
257		Viallefond,F., Allen,R.J., de Boer,J.A.: 1980, *Astron. Astrophys.*, **82**, 207
564		Viallefond,F., Lequeux,J., Comte,G.: 1987, in *Starbursts and Galaxy Evolution*, p. 139
411		Viallefond,F., Thuan,T.X.: 1983, *Astrophys. J.*, **269**, 444
463		Vigroux,L., Thuan,T.X., Vader,J.P., Lachieze-Rey,M.: 1986, *Astron. J.*, **91**, 70
215		Volders,L.: 1959, *B.A.N.*, **14**, 323
360		Volders,L., Hoegbom,J.A.: 1961, *B.A.N.*, **15**, 307
282		Volders,L., van de Hulst,H.C.: 1959, *I.A.U. Symp.* No. 9, 423
509	a	Warmels,R.H.: 1986, *Ph.D. Thesis*, Univ. Groningen
	b	Warmels,R.H.: 1988, *Astron. Astrophys.Suppl.Ser.*, **72**, 19
	c	Warmels,R.H.: 1988, *Astron. Astrophys.Suppl.Ser.*, **72**, 57
	d	Warmels,R.H.: 1988, *Astron. Astrophys.Suppl.Ser.*, **72**, 427
	e	Warmels,R.H.: 1988, *Astron. Astrophys.Suppl.Ser.*, **73**, 453
218		Webster,B.L., Goss,W.M., Hawarden,T.G., Longmore,A.J., Mebold,U.: 1979, *M.N.R.A.S.*, **186**, 31
219		Weliachew,L.: 1969, *Astron. Astrophys.*, **3**, 402
221		Weliachew,L., Gottesman,S.T.: 1973, *Astron. Astrophys.*, **24**, 59
222		Weliachew,L., Sancisi,R., Guelin,M.: 1978, *Astron. Astrophys.*, **65**, 37
281		Wentzel,D.G., van Woerden,H.: 1957, *B.A.N.*, **14**, 335
480	a	Wevers,B.M.H.R.: 1984, *Ph.D. Thesis*, Univ. Groningen
	b	Wevers,B.M.H.R., van der Kruit,P.C., Allen,R.J.: 1986, *Astron. Astrophys. Suppl.Ser.*, **66**, 505
433		Wevers,B.M.H.R., Appleton,P.N., Davies,R.D., Hart,L.: 1984, *Astron. Astrophys.*, **140**, 125
223		Whitehurst,R.N., Roberts,M.S.: 1972, *Astrophys. J.*, **175**, 347
383		Whiteoak,J.B., Gardner,F.F: 1988, *Proc. A.S.A.*, **7**, 88
224		Whiteoak,J.B., Gardner,F.F.: 1971, *Astrophys. Lett.*, **8**, 57
225		Whiteoak,J.B., Gardner,F.F.: 1976, *Proc. A.S.A.*, **3**, 71
226		Whiteoak,J.B., Gardner,F.F.: 1977, *Austr.Journ.Phys.*, **30**, 187
268		Wilkerson,M.S.: 1980, *Astrophys. J.*, **240**, L115
412		Williams,B.A.: 1983, *Astrophys. J.*, **271**, 461
448		Williams,B.A.: 1985, *Astrophys. J.*, **290**, 462
75		Williams,B.A.: 1986, *Astrophys. J.*, **311**, 25
420		Williams,B.A., Brown,R.L.: 1983, *Astron. J.*, **88**, 1749
532		Williams,B.A., van Gorkom,J.H.: 1988, *Astron. J.*, **95**, 352
327		Williams,B.A., Kerr,F.J.: 1981, *Astron. J.*, **86**, 953
469		Williams,B.A., Rood,H.J.: 1986, *Astrophys. J. Suppl.*, **63**, 265
227		Winter,A.J.B.: 1975, *M.N.R.A.S.*, **172**, 1
228		van Woerden,H., Bosma,A., Mebold,U.: 1975, *C.N.R.S. Coll.* No. **241**, 483
229		van Woerden,H., Goss,W.M., Mebold,U., Siegman,B., Hawarden,T.G.: 1976, *Proc. A.S.A.*, **3**, 68
220		van Woerden,H., van Driel,W., Schwarz,U.J.: 1983, *I.A.U. Symp.* No. 100, 99
230		Wright,M.C.H.: 1973, *Astrophys. J.*, **179**, 453
247		Wright,M.C.H.: 1979, *Astrophys. J.*, **233**, 35
231		Wright,M.C.H., Seielstad,G.A.: 1973, *Astrophys. Lett.*, **13**, 1
217	a	Wright,M.C.H., Warner,P.J., Baldwin,J.E.: 1972, *M.N.R.A.S.*, **155**, 377
	b	Warner,P.J., Wright,M.C.H., Baldwin,J.E.: 1973, *M.N.R.A.S.*, **163**, 163
	c	Baldwin,J.E.: 1974, *I.A.U. Symp.* No. **58**, 139

TABLE 2c: List of H I References, ordered by Publication Year

303	a	Kerr,F.J., Hindman,J.V., Robinson,B.J.: 1954, *Austr.Journ.Phys.*, **7**, 297
	b	Kerr,F.J., de Vaucouleurs,G.: 1955, *Austr.Journ.Phys.*, **8**, 508
	c	Kerr,F.J., de Vaucouleurs,G.: 1956, *Austr.Journ.Phys.*, **9**, 90
307		Heeschen,D.S.: 1957, *Astrophys. J.*, **126**, 471
280		van de Hulst,H.C., Raimond,E., van Woerden,H.: 1957, *B.A.N.*, **14**, 1
281		Wentzel,D.G., van Woerden,H.: 1957, *B.A.N.*, **14**, 335
316	a	Dieter,N.H.: 1957, *Publ. A. S. P.*, **69**, 356
	b	Dieter,N.H.: 1962, *Astron. J.*, **67**, 217
215		Volders,L.: 1959, *B.A.N.*, **14**, 323
282		Volders,L., van de Hulst,H.C.: 1959, *I.A.U. Symp.* No. 9, 423
360		Volders,L., Hoegbom,J.A.: 1961, *B.A.N.*, **15**, 307
361		Heidmann,J.: 1961, *B.A.N.*, **15**, 314
317		Dieter,N.H.: 1962, *Astron. J.*, **67**, 222
81		Dieter,N.H.: 1962, *Astron. J.*, **67**, 313
362		Dieter,N.H.: 1962, *Astron. J.*, **67**, 317
363		Roberts,M.S.: 1962, *Astron. J.*, **67**, 431
165		Roberts,M.S.: 1962, *Astron. J.*, **67**, 437
349		Burley,J.: 1963, *Astron. J.*, **68**, 274
301	a	Hindman,J.V., McGee,R.X., Carter,A.W.L., Holmes,E.C.J., Beard,M.: 1963, *Austr.Journ.Phys.*, **16**, 552
	b	Hindman,J.V., Kerr,F.J., McGee,R.X.: 1963, *Austr.Journ.Phys.*, **16**, 570
334	a	Burke,B.F., Turner,K.C., Tuve,M.A.: 1963, *Carnegie Institution Yearbook* 62, 289
	b	Burke,B.F., Turner,K.C., Tuve,M.A.: 1964, *Carnegie Institution Yearbook* 63, 341
	c	Burke,B.F., Turner,K.C., Tuve,M.A.: 1964, *I.A.U. Symp.* No. 20, 99
315		Davies,R.D., Gottesman,S.T., Reddish,V.C., Verschuur,G.L.: 1963, *Observatory*, **83**, 245
87	a	Epstein,E.E.: 1964, *Astron. J.*, **69**, 490
	b	Epstein,E.E.: 1964, *Astron. J.*, **69**, 521
302	a	McGee,R.X.: 1964, *Austr.Journ.Phys.*, **17**, 515
	b	McGee,R.X.: 1964, *I.A.U. Symp.* No. 20, 289
	c	McGee,R.X., Milton,J.A.: 1966, *Austr.Journ.Phys.*, **19**, 343
	d	McGee,R.X., Milton,J.A.: 1966, *Austr.Journ.Phys., Astrophys.Suppl.*, **2**, 2
279	a	Robinson,B.J., van Damme,K.J.: 1964, *I.A.U. Symp.* No. 20, 276
	b	Robinson,B.J., van Damme,K.J.: 1966, *Austr.Journ.Phys.*, **19**, 111
306		Argyle,E.: 1965, *Astrophys. J.*, **141**, 750
166		Roberts,M.S.: 1965, *Astrophys. J.*, **142**, 148
364		Seielstad,G.A., Whiteoak,J.B.: 1965, *Astrophys. J.*, **142**, 616
290		Robinson,B.J., Koehler,J.A.: 1965, *Nature*, **208**, 993
115		Hoeglund,B., Roberts,M.S.: 1966, *Astrophys. J.*, **142**, 1366
289		Roberts,M.S.: 1966, *Astrophys. J.*, **144**, 639
72		van Damme,K.J.: 1966, *Austr.Journ.Phys.*, **19**, 687
287		Gottesman,S.T., Davies,R.D., Reddish,V.C.: 1966, *M.N.R.A.S.*, **133**, 359
54		Brundage,W.D., Kraus,J.D.: 1966, *Science*, **153**, 411
365		Rogstad,D.H., Rougoor,G.W., Whiteoak,J.B.: 1967, *Astrophys. J.*, **150**, 9
197		Shobbrook,R.R., Robinson,B.J.: 1967, *Austr.Journ.Phys.*, **20**, 131
295	a	Hindman,J.V.: 1967, *Austr.Journ.Phys.*, **20**, 147
	b	Hindman,J.V., Balnares,K.M.: 1967, *Austr.Journ.Phys., Astrophys.Suppl.*, **4**, 3
85	a	Bottinelli,L., Gouguenheim,L., Heidmann,J., Heidmann,N.: 1968, *Ann. d'Astrophys.*, **31**, 205
	b	Gouguenheim,L.: 1969, *Astron. Astrophys.*, **3**, 281
285		Roberts,M.S.: 1968, *Astron. J.*, **73**, 945
167		Roberts,M.S.: 1968, *Astrophys. J.*, **151**, 117
98		Gordon,K.J., Remage,N.H., Roberts,M.S.: 1968, *Astrophys. J.*, **154**, 845
274		Lewis,B.M.: 1968, *Proc. A.S.A.*, **1**, 104
288		Guelin,M., Weliachew,L.: 1969, *Astron. Astrophys.*, **1**, 10
219		Weliachew,L.: 1969, *Astron. Astrophys.*, **3**, 402
355		Roberts,M.S.: 1969, *Astron. J.*, **74**, 859
25		Beale,J.S., Davies,R.D.: 1969, *Nature*, **221**, 531
323	a	Lewis,B.M.: 1969, *Ph.D. Thesis*, Australian National Univ.
	b	Lewis,B.M.: 1969, *Proc. A.S.A.*, **1**, 288
173		Roberts,M.S., Warren,J.L.: 1970, *Astron. Astrophys.*, **6**, 165
35		Bottinelli,L., Chamaraux,P., Gouguenheim,L., Lauque,R.: 1970, *Astron. Astrophys.*, **6**, 453
105	a	Guelin,M., Weliachew,L.: 1970, *Astron. Astrophys.*, **7**, 141
	b	Guelin,M.: 1970, *Astron. Astrophys.*, **9**, 477
4		Allen,R.J.: 1970, *Astron. Astrophys.*, **7**, 330
62	a	Chamaraux,P., Heidmann,J., Lauque,R.: 1970, *Astron. Astrophys.*, **8**, 424
	b	Heidmann,J.: 1972, *I.A.U. Symp.* No. 44, 264
106	a	Guelin,M., Weliachew,L.: 1970, *Astron. Astrophys.*, **9**, 155

TABLE 2c (cont.)

106	b	Guelin,M., Weliachew,L.: 1972, *I.A.U. Symp.* No. 44, 74
99	a	Gottesman,S.T., Davies,R.D.: 1970, *M.N.R.A.S.*, 149, 237
	b	Davies,R.D., Gottesman,S.T.: 1970, *M.N.R.A.S.*, 149, 263
	c	Gottesman,S.T., de Jager,G.: 1970, *Mem. Roy.Astron.Soc.*, 74, 67
	d	Gottesman,S.T.: 1970, *Mem. Roy.Astron.Soc.*, 74, 73
	e	Gottesman,S.T.: 1970, *Mem. Roy.Astron.Soc.*, 74, 89
	f	Davies,R.D.: 1970, *Observatory*, 90, 134
152		McCutcheon,W.H., Davies,R.D.: 1970, *M.N.R.A.S.*, 150, 337
366		Lewis,B.M.: 1970, *Observatory*, 90, 264
5	a	Allen,R.J., Darchy,B.F., Lauque,R.: 1971, *Astron. Astrophys.*, 10, 198
	b	Allen,R.J., Darchy,B.F., Lauque,R.: 1972, *I.A.U. Symp.* No. 44, 269
33		Bottinelli,L., Chamaraux,P., Gerard,E., Gouguenheim,L., Heidmann,J., Kazes,I., Lauque,R.: 1971, *Astron. Astrophys.*, 12, 264
176	a	Rogstad,D.H., Shostak,G.S.: 1971, *Astron. Astrophys.*, 13, 99
	b	Rogstad,D.H.: 1971, *Astron. Astrophys.*, 13, 108
286		Ford Jr.,W.K., Rubin,V.C., Roberts,M.S.: 1971, *Astron. J.*, 76, 22
340		Spinrad,H., Sargent,W.L.W., Oke,J.B., Neugebauer,G., Landau,R., King,I.R., Gunn,J.E., Garmiere,G., Dieter,N.H.: 1971, *Astrophys. J.*, 163, L25
308	a	Dent,W.A.: 1971, *Astrophys. J.*, 165, 451
	b	Dent,W.A.: 1977, *I.A.U. Symp.* No. 44, 259
55		Burns,W.R., Roberts,M.S.: 1971, *Astrophys. J.*, 166, 265
284		Gordon,K.J.: 1971, *Astrophys. J.*, 169, 235
207		Shostak,G.S., Weliachew,L.: 1971, *Astrophys. J.*, 169, L71
224		Whiteoak,J.B., Gardner,F.F.: 1971, *Astrophys. Lett.*, 8, 57
297	a	de Jager,G., Davies,R.D.: 1971, *M.N.R.A.S.*, 153, 9
	b	Gottesman,S.T., de Jager,G.: 1970, *Mem. Roy.Astron.Soc.*, 74, 67
	c	de Jager,G.: 1970, *Mem. Roy.Astron.Soc.*, 74, 123
239	a	Huchtmeier,W.K.: 1972, *Astron. Astrophys. Suppl.Ser.*, 7, 397
	b	Huchtmeier,W.K.: 1973, *Astron. Astrophys.*, 22, 91
237		Huchtmeier,W.K.: 1972, *Astron. Astrophys.*, 17, 207
49		Bottinelli,L., Gouguenheim,L., Heidmann,J.: 1972, *Astron. Astrophys.*, 17, 445
50		Bottinelli,L., Gouguenheim,L., Heidmann,J.: 1972, *Astron. Astrophys.*, 18, 121
21		Balkowski,C., Bottinelli,L., Gouguenheim,L., Heidmann,J.: 1972, *Astron. Astrophys.*, 21, 303
93		Gallagher III,J.S.: 1972, *Astron. J.*, 77, 568
223		Whitehurst,R.N., Roberts,M.S.: 1972, *Astrophys. J.*, 175, 347
177		Rogstad,D.H., Shostak,G.S.: 1972, *Astrophys. J.*, 176, 315
367		Margon,B., Spinrad,H., Heiles,C., Tovmassian,H., Harlan,E., Bowyer,S., Lampton,M.: 1972, *Astrophys. J.*, 178, L77
101		Gottesman,S.T., Weliachew,L.: 1972, *Astrophys. Lett.*, 12, 63
142		Lewis,B.M.: 1972, *Austr.Journ.Phys.*, 25, 315
313		Lewis,B.M.: 1972, *I.A.U. Symp.* No. 44, 267
86		Davies,R.D.: 1972, *I.A.U. Symp.* No. 44, 67
217	a	Wright,M.C.H., Warner,P.J., Baldwin,J.E.: 1972, *M.N.R.A.S.*, 155, 377
	b	Warner,P.J., Wright,M.C.H., Baldwin,J.E.: 1973, *M.N.R.A.S.*, 163, 163
	c	Baldwin,J.E.: 1974, *I.A.U. Symp.* No. 58, 139
147	a	Love,R.: 1972, *Nature*, 235, 76
	b	Love,R.: 1972, *Nature Physical Sciences*, 235, 53
108	a	Guibert,J.: 1973, *Astron. Astrophys. Suppl.Ser.*, 12, 263
	b	Guibert,J.: 1974, *Astron. Astrophys.*, 30, 353
	c	Guibert,J.: 1975, *C.N.R.S. Coll.* No. 241, 263
178		Rogstad,D.H., Shostak,G.S., Rots,A.H.: 1973, *Astron. Astrophys.*, 22, 111
238		Huchtmeier,W.K.: 1973, *Astron. Astrophys.*, 22, 27
51		Bottinelli,L., Gouguenheim,L., Heidmann,J.: 1973, *Astron. Astrophys.*, 22, 281
22		Balkowski,C., Bottinelli,L., Gouguenheim,L., Heidmann,J.: 1973, *Astron. Astrophys.*, 23, 139
141		Lauque,R.: 1973, *Astron. Astrophys.*, 23, 253
322		Lewis,B.M., Robinson,B.J.: 1973, *Astron. Astrophys.*, 23, 295
240		Huchtmeier,W.K.: 1973, *Astron. Astrophys.*, 23, 93
206	a	Shostak,G.S., Rogstad,D.H.: 1973, *Astron. Astrophys.*, 24, 405
	b	Shostak,G.S.: 1973, *Astron. Astrophys.*, 24, 411
221		Weliachew,L., Gottesman,S.T.: 1973, *Astron. Astrophys.*, 24, 59
19	a	Balkowski,C., Bottinelli,L., Chamaraux,P., Gouguenheim,L., Heidmann,J.: 1973, *Astron. Astrophys.*, 25, 319
	b	Balkowski,C., Bottinelli,L., Chamaraux,P., Gouguenheim,L., Heidmann,J.: 1973, *I.A.U. Symp.* No. 58, 237
52		Bottinelli,L., Gouguenheim,L., Heidmann,J.: 1973, *Astron. Astrophys.*, 25, 451
336		Roberts,M.S., Rots,A.H.: 1973, *Astron. Astrophys.*, 26, 483
34		Bottinelli,L., Chamaraux,P., Gouguenheim,L., Heidmann,J.: 1973, *Astron. Astrophys.*, 29, 217
107		Guibert,J.: 1973, *Astron. Astrophys.*, 29, 335
39		Bottinelli,L., Gouguenheim,L.: 1973, *Astron. Astrophys.*, 29, 425
8		Allen,R.J., Goss,W.M., van Woerden,H.: 1973, *Astron. Astrophys.*, 29, 447
230		Wright,M.C.H.: 1973, *Astrophys. J.*, 179, 453

TABLE 2c (cont.)

194		Seielstad,G.A., Wright,M.C.H.: 1973, *Astrophys. J.*, **184**, 343
231		Wright,M.C.H., Seielstad,G.A.: 1973, *Astrophys. Lett.*, **13**, 1
368		Davies,R.D.: 1973, *M.N.R.A.S.*, **161**, 25P
76		Lewis,B.M., Davies,R.D.: 1973, *M.N.R.A.S.*, **165**, 213
144		Davies,R.D., Lewis,B.M.: 1973, *M.N.R.A.S.*, **165**, 231
338		Emerson,D.T., Baldwin,J.E.: 1973, *M.N.R.A.S.*, **165**, 9P
77		Davies,R.D., Stephenson,R.J.: 1974, in *Proc.Europ.Astron.Meeting* No. 1, 15
58		Carozzi,N., Chamaraux,P., Duflot-Augarde,R.: 1974, *Astron. Astrophys.*, **30**, 21
184		Rots,A.H., Shane,W.W.: 1974, *Astron. Astrophys.*, **31**, 245
198		Shostak,G.S.: 1974, *Astron. Astrophys.*, **31**, 97
20		Balkowski,C., Bottinelli,L., Chamaraux,P., Gouguenheim,L., Heidmann,J.: 1974, *Astron. Astrophys.*, **34**, 43
132		Knapp,G.R., Kerr,F.J.: 1974, *Astron. J.*, **79**, 667
160		Peterson,S.D., Shostak,G.S.: 1974, *Astron. J.*, **79**, 767
199		Shostak,G.S.: 1974, *Astrophys. J.*, **187**, 19
200		Shostak,G.S.: 1974, *Astrophys. J.*, **189**, L1
175		Rogstad,D.H., Lockhart,I.A., Wright,M.C.H.: 1974, *Astrophys. J.*, **193**, 309
73		Davies,R.D.: 1974, *I.A.U. Symp.* No. **58**, 119
7		Allen,R.J., Goss,W.M., Sancisi,R., Sullivan III,W.T., van Woerden,H.: 1974, *I.A.U. Symp.* No. **58**, 425
83	a	Emerson,D.T.: 1974, *M.N.R.A.S.*, **169**, 607
	b	Emerson,D.T.: 1975, *C.N.R.S. Coll.* No. **241**, 243
	c	Emerson,D.T.: 1976, *M.N.R.A.S.*, **176**, 321
	d	Emerson,D.T.: 1978, *M.N.R.A.S.*, **182**, 793
37	a	Bottinelli,L., Duflot,R., Gouguenheim,L.: 1975, in *Proc.Europ.Astron.Meeting* No. 3, 348
	b	Bottinelli,L., Duflot,R., Gouguenheim,L.: 1978, *Astron. Astrophys.*, **63**, 363
	c	Bottinelli,L., Duflot,R., Gouguenheim,L.: 1978, *Astron. Astrophys.*, **67**, 443
41		Bottinelli,L., Gouguenheim,L.: 1975, *Astron. Astrophys.*, **39**, 341
118		Huchtmeier,W.K., Bohnenstengel,H.-D.: 1975, *Astron. Astrophys.*, **41**, 477
38		Bottinelli,L., Duflot,R., Gouguenheim,L., Heidmann,J.: 1975, *Astron. Astrophys.*, **41**, 61
241		Grewing,M., Mebold,U.: 1975, *Astron. Astrophys.*, **42**, 119
120		Huchtmeier,W.K., Tammann,G.A., Wendker,H.J.: 1975, *Astron. Astrophys.*, **42**, 205
1		van Albada,G.D., Shane,W.W.: 1975, *Astron. Astrophys.*, **42**, 433
23		Balkowski,C., Chamaraux,P.: 1975, *Astron. Astrophys.*, **43**, 297
143		Lewis,B.M.: 1975, *Astron. Astrophys.*, **44**, 147
89		Fisher,J.R., Tully,R.B.: 1975, *Astron. Astrophys.*, **44**, 151
119		Huchtmeier,W.K., Bohnenstengel,H.-D.: 1975, *Astron. Astrophys.*, **44**, 479
185	a	Rots,A.H., Shane,W.W.: 1975, *Astron. Astrophys.*, **45**, 25
	b	Rots,A.H.: 1975, *Astron. Astrophys.*, **45**, 43
	c	Rots,A.H.: 1975, *C.N.R.S. Coll.* No. **241**, 201
116		Huchtmeier,W.K.: 1975, *Astron. Astrophys.*, **45**, 259
205		Shostak,G.S., Roberts,M.S., Peterson,S.D.: 1975, *Astron. J.*, **80**, 581
513		Dickel,J.R., Rood,H.J.: 1975, *Astron. J.*, **80**, 584
102	a	Gottesman,S.T., Weliachew,L.: 1975, *Astrophys. J.*, **195**, 23
	b	Gottesman,S.T., Weliachew,L.: 1975, *C.N.R.S. Coll.* No. **241**, 199
201		Shostak,G.S.: 1975, *Astrophys. J.*, **198**, 527
95	a	Gallagher III,J.S., Faber,S.M., Balick,B.: 1975, *Astrophys. J.*, **202**, 7
	b	Faber,S.M., Gallagher III,J.S.: 1976, *Astrophys. J.*, **204**, 365
233		Thonnard,N.: 1975, *Bull. A.A.S.*, **7**, 550
195		Shane,W.W.: 1975, *C.N.R.S. Coll.* No. **241**, 217
190	a	Guelin,M., Sancisi,R., Weliachew,L., van Woerden,H.: 1975, *C.N.R.S. Coll.* No. **241**, 291
	b	Sancisi,R.: 1976, *Astron. Astrophys.*, **53**, 159
191	a	Sancisi,R., Allen,R.J., van Albada,T.S.: 1975, *C.N.R.S. Coll.* No. **241**, 295
	b	Sancisi,R., Allen,R.J.: 1979, *Astron. Astrophys.*, **74**, 73
196		Shane,W.W.: 1975, *C.N.R.S. Coll.* No. **241**, 413
208		Siefert,P.T., Gottesman,S.T., Wright,M.C.H.: 1975, *C.N.R.S. Coll.* No. **241**, 425
228		van Woerden,H., Bosma,A., Mebold,U.: 1975, *C.N.R.S. Coll.* No. **241**, 483
351		Roberts,M.S.: 1975, *I.A.U. Symp.* No. **69**, 331
79		Dean,J.F., Davies,R.D.: 1975, *M.N.R.A.S.*, **170**, 503
227		Winter,A.J.B.: 1975, *M.N.R.A.S.*, **172**, 1
369		Mathewson,D.S., Ford,V.L., Murray,J.D.: 1975, *Observatory*, **95**, 176
172	a	Roberts,M.S., Cram,T.R., Whitehurst,R.N.: 1976, in *The Galaxy and the Local Group*, p. 215
	b	Roberts,M.S., Whitehurst,R.N., Cram,T.R.: 1978, *I.A.U. Symp.* No. **77**, 169
	c	Whitehurst,R.N., Roberts,M.S., Cram,T.R.: 1978, *I.A.U. Symp.* No. **77**, 175
	d	Cram,T.R., Roberts,M.S., Whitehurst,R.N.: 1980, *Astron. Astrophys. Suppl.Ser.*, **40**, 215
121		Huchtmeier,W.K., Tammann,G.A., Wendker,H.J.: 1976, *Astron. Astrophys.*, **46**, 381
42		Bottinelli,L., Gouguenheim,L.: 1976, *Astron. Astrophys.*, **47**, 381
17		Baars,J.W.M., Wendker,H.J.: 1976, *Astron. Astrophys.*, **48**, 405

TABLE 2c (cont.)

90		Fisher,J.R., Tully,R.B.: 1976, *Astron. Astrophys.*, **53**, 397
188		Rubin,V.C., Ford Jr.,W.K., Thonnard,N., Roberts,M.S., Graham,J.A.: 1976, *Astron. J.*, **81**, 687
179		Rogstad,D.H., Wright,M.C.H., Lockhart,I.A.: 1976, *Astrophys. J.*, **204**, 703
180		Rood,H.J., Dickel,J.R.: 1976, *Astrophys. J.*, **205**, 346
314		Peterson,C.J., Rubin,V.C., Ford Jr.,W.K., Thonnard,N., Roberts,M.S.: 1976, *Astrophys. J.*, **208**, 662
135		Krumm,N., Salpeter,E.E.: 1976, *Astrophys. J.*, **208**, L7
18		Balick,B., Faber,S.M., Gallagher III,J.S.: 1976, *Astrophys. J.*, **209**, 710
68		Cottrell,G.A.: 1976, *M.N.R.A.S.*, **174**, 455
69		Cottrell,G.A.: 1976, *M.N.R.A.S.*, **177**, 463
236		Gardner,F.F., Whiteoak,J.B.: 1976, *Proc.A.S.A.*, **3**, 63
229		van Woerden,H., Goss,W.M., Mebold,U., Siegman,B., Hawarden,T.G.: 1976, *Proc.A.S.A.*, **3**, 68
225		Whiteoak,J.B., Gardner,F.F.: 1976, *Proc.A.S.A.*, **3**, 71
43		Bottinelli,L., Gouguenheim,L.: 1977, *Astron. Astrophys.*, **54**, 641
216		Tully,R.B., Fisher,J.R.: 1977, *Astron. Astrophys.*, **54**, 661
92	a	Freeman,K.C., Karlsson,B., Lynga,G., Burrell,J.F., van Woerden,H., Goss,W.M., Mebold,U.: 1977, *Astron. Astrophys.*, **55**, 445
	b	Mebold,U., Goss,W.M., van Woerden,H., Freeman,K.C.: 1976, *Proc.A.S.A.*, **3**, 72
136		Krumm,N., Salpeter,E.E.: 1977, *Astron. Astrophys.*, **56**, 465
122		Huchtmeier,W.K., Tammann,G.A., Wendker,H.J.: 1977, *Astron. Astrophys.*, **57**, 313
32		Bosma,A., van der Hulst,J.M., Sullivan III,W.T.: 1977, *Astron. Astrophys.*, **57**, 373
31		Bosma,A., Ekers,R.D., Lequeux,J.: 1977, *Astron. Astrophys.*, **57**, 97
67		Combes,F., Gottesman,S.T., Weliachew,L.: 1977, *Astron. Astrophys.*, **59**, 181
371		Sersic,J.L., Bajaja,E., Colomb,F.R.: 1977, *Astron. Astrophys.*, **59**, 19
63		Cesarsky,D.A., Falgerone,E.G., Lequeux,J.: 1977, *Astron. Astrophys.*, **59**, L5
27		Bieging,J.H., Biermann,P.: 1977, *Astron. Astrophys.*, **60**, 361
319		Disney,M.J., Pottasch,S.R.: 1977, *Astron. Astrophys.*, **60**, 43
60		Chamaraux,P.: 1977, *Astron. Astrophys.*, **60**, 67
44		Bottinelli,L., Gouguenheim,L.: 1977, *Astron. Astrophys.*, **60**, L23
2		van Albada,G.D.: 1977, *Astron. Astrophys.*, **61**, 297
103		Gottesman,S.T., Weliachew,L.: 1977, *Astron. Astrophys.*, **61**, 523
131		Knapp,G.R., Gallagher III,J.S., Faber,S.M., Balick,B.: 1977, *Astron. J.*, **82**, 106
357		Kinman,T.D., Rubin,V.C., Thonnard,N., Ford Jr.,W.K., Peterson,C.J.: 1977, *Astron. J.*, **82**, 879
104		Gottesman,S.T., Weliachew,L.: 1977, *Astrophys. J.*, **211**, 47
88		Faber,S.M., Balick,B., Gallagher III,J.S., Knapp,G.R.: 1977, *Astrophys. J.*, **214**, 383
94		Gallagher III,J.S., Knapp,G.R., Faber,S.M., Balick,B.: 1977, *Astrophys. J.*, **215**, 463
356		Roberts,M.S., Steigerwald,D.G.: 1977, *Astrophys. J.*, **217**, 883
187		Rubin,V.C., Thonnard,N., Ford Jr.,W.K.: 1977, *Astrophys. J.*, **217**, L1
226		Whiteoak,J.B., Gardner,F.F.: 1977, *Austr.Journ.Phys.*, **30**, 187
372		Shostak,G.S.: 1977, *C.N.R.S. Coll.* No. **263**, 489
70		Cottrell,G.A.: 1977, *M.N.R.A.S.*, **178**, 577
370		Fosbury,R.A.E., Mebold,U., Goss,W.M., van Woerden,H.: 1977, *M.N.R.A.S.*, **179**, 89
153		Mebold,U., Goss,W.M., Fosbury,R.A.E: 1977, *M.N.R.A.S.*, **180**, 11P
156	a	Newton,K., Emerson,D.T.: 1977, *M.N.R.A.S.*, **181**, 573
	b	Emerson,D.T., Newton,K.: 1978, *I.A.U. Symp.* No. **77**, 183
124	a	van der Hulst,J.M.: 1977, *Ph.D. Thesis*, Univ. Groningen
	b	van der Hulst,J.M.: 1978, *I.A.U. Symp.* No. **77**, 269
	c	van der Hulst,J.M.: 1979, *Astron. Astrophys.*, **71**, 131
	d	van der Hulst,J.M.: 1979, *Astron. Astrophys.*, **75**, 97
214		Tully,R.B., Bottinelli,L., Fisher,J.R., Gouguenheim,L., Sancisi,R., van Woerden,H.: 1978, *Astron. Astrophys.*, **63**, 37
26		Bieging,J.H.: 1978, *Astron. Astrophys.*, **64**, 23
9		Allen,R.J., van der Hulst,J.M., Goss,W.M., Huchtmeier,W.K.: 1978, *Astron. Astrophys.*, **64**, 359
46		Bottinelli,L., Gouguenheim,L.: 1978, *Astron. Astrophys.*, **64**, L3
222		Weliachew,L., Sancisi,R., Guelin,M.: 1978, *Astron. Astrophys.*, **65**, 37
164		Reif,K., Mebold,U., Goss,W.M.: 1978, *Astron. Astrophys.*, **67**, L1
203		Shostak,G.S.: 1978, *Astron. Astrophys.*, **68**, 321
24		Balkowski,C., Chamaraux,P., Weliachew,L.: 1978, *Astron. Astrophys.*, **69**, 263
29		Biermann,P., Clarke,J.N., Fricke,K.J.: 1978, *Astron. Astrophys.*, **70**, L41
171		Roberts,M.S.: 1978, *Astron. J.*, **83**, 1026
129		Knapp,G.R., Faber,S.M., Gallagher III,J.S.: 1978, *Astron. J.*, **83**, 11
130		Knapp,G.R., Gallagher III,J.S., Faber,S.M.: 1978, *Astron. J.*, **83**, 139
359		Thonnard,N., Rubin,V.C., Ford Jr.,W.K., Roberts,M.S.: 1978, *Astron. J.*, **83**, 1564
181		Rots,A.H.: 1978, *Astron. J.*, **83**, 219
133		Knapp,G.R., Kerr,F.J., Bowers,P.F.: 1978, *Astron. J.*, **83**, 360
159		Peterson,C.J., Rubin,V.C., Ford Jr.,W.K., Thonnard,N.: 1978, *Astrophys. J.*, **219**, 31
134	a	Knapp,G.R., Kerr,F.J., Williams,B.A.: 1978, *Astrophys. J.*, **222**, 800
	b	Kerr,F.J.: 1978, *I.A.U. Symp.* No. **77**, 53
16		Baan,W.A., Haschick,A.D., Greenfield,P.E.: 1978, *Astrophys. J.*, **222**, L7

TABLE 2c (cont.)

80		Dickel,J.R., Rood,H.J.: 1978, *Astrophys. J.*, **223**, 391
114		Heckman,T.M., Balick,B., Sullivan III,W.T.: 1978, *Astrophys. J.*, **224**, 745
291		Jaffe,W.J., Perola,G.C., Tarenghi,M.: 1978, *Astrophys. J.*, **224**, 808
209		Silverglate,P.R., Krumm,N.: 1978, *Astrophys. J.*, **224**, L98
110		Haschick,A.D., Baan,W.A., Burke,B.F.: 1978, *Astrophys. J.*, **225**, 343
211		Sullivan III,W.T., Johnson,P.E.: 1978, *Astrophys. J.*, **225**, 751
71		Crutcher,R.M., Rogstad,D.H., Chu,K.: 1978, *Astrophys. J.*, **225**, 784
243		Peterson,C.J., Rubin,V.C., Ford Jr.,W.K., Roberts,M.S.: 1978, *Astrophys. J.*, **226**, 770
354		Huchtmeier,W.K.: 1978, *I.A.U. Symp.* No. **77**, 197
189		Salpeter,E.E.: 1978, *I.A.U. Symp.* No. **77**, 23
192	a	Sancisi,R.: 1978, *I.A.U. Symp.* No. **77**, 276
	b	Sancisi,R., Allen,R.J., Sullivan III,W.T.: 1979, *Astron. Astrophys.*, **78**, 217
374	a	Bosma,A.: 1978, *I.A.U. Symp.* No. **77**, 28
	b	Bosma,A.: 1979, *Ph.D. Thesis*, Univ. Groningen
	c	Bosma,A.: 1981, *Astron. J.*, **86**, 1791
	d	Bosma,A.: 1981, *Astron. J.*, **86**, 1825
91		Fosbury,R.A.E., Mebold,U., Goss,W.M., Dopita,M.A.: 1978, *M.N.R.A.S.*, **183**, 549
11		Allsopp,N.J.: 1978, *M.N.R.A.S.*, **184**, 397
294		Longmore,A.J., Hawarden,T.G., Webster,B.L., Goss,W.M., Mebold,U.: 1978, *M.N.R.A.S.*, **184**, 97P
163		Reakes,M.L., Newton,K.: 1978, *M.N.R.A.S.*, **185**, 277
3	a	van Albada,G.D.: 1978, *Ph.D. Thesis*, Univ. Leiden
	b	van Albada,G.D.: 1978, *I.A.U. Symp.* No. **77**, 218
	c	van Albada,G.D.: 1979, in *Photometry, Kinematics and Dynamics of Galaxies*, p. 421
	d	van Albada,G.D.: 1980, *Astron. Astrophys. Suppl.Ser.*, **39**, 283
	e	van Albada,G.D.: 1980, *Astron. Astrophys.*, **90**, 123
321		Hawarden,T.G., Longmore,A.J., Goss,W.M., Mebold,U., Tritton,S.B.: 1979, in *Photometry, Kinematics and Dynamics of Galaxies*, p. 155
310	a	Longmore,A.J., Hawarden,T.G., Webster,B.L.: 1979, in *Photometry, Kinematics and Dynamics of Galaxies*, p. 223
	b	Longmore,A.J., Hawarden,T.G., Goss,W.M., Mebold,U., Webster,B.L.: 1982, *M.N.R.A.S.*, **200**, 325
293	a	Gordon,D., Gottesman,S.T.: 1979, in *Photometry, Kinematics and Dynamics of Galaxies*, p. 227
	b	Gordon,D., Gottesman,S.T.: 1981, *Astron. J.*, **86**, 161
345	a	van der Kruit,P.C., Shostak,G.S., van Albada,T.S.: 1979, in *Photometry, Kinematics and Dynamics of Galaxies*, p. 277
	b	van der Kruit,P.C., Shostak,G.S.: 1982, *Astron. Astrophys.*, **105**, 351
	c	van der Kruit,P.C., Shostak,G.S.: 1983, *I.A.U. Symp.* No. **100**, 69
263	a	Gottesman,S.T.: 1979, in *Photometry, Kinematics and Dynamics of Galaxies*, p. 301
	b	Gottesman,S.T.: 1980, *Astron. J.*, **85**, 824
210		Tully,R.B., Boesgaard,A.M., Schempp,W.V.: 1979, in *Photometry, Kinematics and Dynamics of Galaxies*, p. 325
10		Allen,R.J., Shostak,G.S.: 1979, *Astron. Astrophys. Suppl.Ser.*, **35**, 163
6		Allen,R.J., Goss,W.M.: 1979, *Astron. Astrophys. Suppl.Ser.*, **36**, 135
59		Casini,C., Heidmann,J., Tarenghi,M.: 1979, *Astron. Astrophys.*, **73**, 216
155		Mebold,U., Goss,W.M., van Woerden,H., Hawarden,T.G., Siegman,B.: 1979, *Astron. Astrophys.*, **74**, 100
123		Huchtmeier,W.K., Witzel,A.: 1979, *Astron. Astrophys.*, **74**, 138
47		Bottinelli,L., Gouguenheim,L.: 1979, *Astron. Astrophys.*, **74**, 172
117		Huchtmeier,W.K.: 1979, *Astron. Astrophys.*, **75**, 170
235		Biermann,P., Clarke,J.N., Fricke,K.J.: 1979, *Astron. Astrophys.*, **75**, 19
30		Biermann,P., Clarke,J.N., Fricke,K.J.: 1979, *Astron. Astrophys.*, **75**, 7
212		Tarter,J.C., Wright,M.C.H.: 1979, *Astron. Astrophys.*, **76**, 127
48		Bottinelli,L., Gouguenheim,L.: 1979, *Astron. Astrophys.*, **76**, 176
111		Hawarden,T.G., van Woerden,H., Mebold,U., Goss,W.M., Peterson,B.A.: 1979, *Astron. Astrophys.*, **76**, 230
246		Balkowski,C.: 1979, *Astron. Astrophys.*, **78**, 190
128		van der Hulst,J.M., Huchtmeier,W.K.: 1979, *Astron. Astrophys.*, **78**, 82
182		Rots,A.H.: 1979, *Astron. Astrophys.*, **80**, 255
138		Krumm,N., Salpeter,E.E.: 1979, *Astron. J.*, **84**, 1138
64		Chincarini,G.L., Giovanelli,R., Haynes,M.P.: 1979, *Astron. J.*, **84**, 1500
250		Haynes,M.P.: 1979, *Astron. J.*, **84**, 1830
158	a	Peterson,S.D.: 1979, *Astrophys. J. Suppl.*, **40**, 527
	b	Peterson,S.D.: 1979, *Astrophys. J.*, **232**, 20
145		Lo,K.Y., Sargent,W.L.W.: 1979, *Astrophys. J.*, **227**, 756
256		Haynes,M.P., Roberts,M.S.: 1979, *Astrophys. J.*, **227**, 767
137		Krumm,N., Salpeter,E.E.: 1979, *Astrophys. J.*, **227**, 776
96		Giovanelli,R.: 1979, *Astrophys. J.*, **227**, L125
139		Krumm,N., Salpeter,E.E.: 1979, *Astrophys. J.*, **228**, 64
380		Helou,G., Salpeter,E.E., Krumm,N.: 1979, *Astrophys. J.*, **228**, L1
174		Rogstad,D.G., Crutcher,R.M., Chu,K.: 1979, *Astrophys. J.*, **229**, 509
113		Haynes,M.P., Giovanelli,R., Roberts,M.S.: 1979, *Astrophys. J.*, **229**, 83
186		Rubin,V.C., Ford Jr.,W.K., Roberts,M.S.: 1979, *Astrophys. J.*, **230**, 35
213	a	Thuan,T.X., Seitzer,P.O.: 1979, *Astrophys. J.*, **231**, 327

TABLE 2c (cont.)

213	b	Thuan,T.X., Seitzer,P.O.: 1979, *Astrophys. J.*, **231**, 680
245		Thuan,T.X., Martin,G.E.: 1979, *Astrophys. J.*, **232**, L11
247		Wright,M.C.H.: 1979, *Astrophys. J.*, **233**, 35
249		Knapp,G.R., Kerr,F.J., Henderson,A.P.: 1979, *Astrophys. J.*, **234**, 448
97		Gordon,K.J., Gordon,C.P.: 1979, *Astrophys. Lett.*, 20, 9
248		Peterson,S.D., Terzian,Y.: 1979, *Journ.Roy.Astron.Soc. Canada*, **73**, 215
218		Webster,B.L., Goss,W.M., Hawarden,T.G., Longmore,A.J., Mebold,U.: 1979, *M.N.R.A.S.*, **186**, 31
352		Allsopp,N.J.: 1979, *M.N.R.A.S.*, **186**, 343
161		Reakes,M.: 1979, *M.N.R.A.S.*, **187**, 509
162		Reakes,M.: 1979, *M.N.R.A.S.*, **187**, 525
12		Allsopp,N.J.: 1979, *M.N.R.A.S.*, **187**, 537
65		Cohen,R.J.: 1979, *M.N.R.A.S.*, **187**, 839
146		Longmore,A.J., Hawarden,T.G., Cannon,R.D., Allen,D.A., Mebold,U., Goss,W.M., Reif,K.: 1979, *M.N.R.A.S.*, **188**, 285
13		Allsopp,N.J.: 1979, *M.N.R.A.S.*, **188**, 371
14		Allsopp,N.J.: 1979, *M.N.R.A.S.*, **188**, 765
275		Bajaja,E.: 1979, *Univ. de Chile Publ.*, **3**, 64
183	a	Rots,A.H.: 1980, *Astron. Astrophys. Suppl.Ser.*, **41**, 189
	b	Rots,A.H.: 1979, NRAO Special Publication
204		Shostak,G.S., Allen,R.J.: 1980, *Astron. Astrophys.*, **81**, 167
257		Viallefond,F., Allen,R.J., de Boer,J.A.: 1980, *Astron. Astrophys.*, **82**, 207
258		Shane,W.W.: 1980, *Astron. Astrophys.*, **82**, 314
234		Chamaraux,P., Balkowski,C., Gerard,E.: 1980, *Astron. Astrophys.*, **83**, 38
244		Allen,R.J., Sullivan III,W.T.: 1980, *Astron. Astrophys.*, **84**, 181
259		Combes,F., Foy,F.C., Gottesman,S.T., Weliachew,L.: 1980, *Astron. Astrophys.*, **84**, 85
45		Bottinelli,L., Gouguenheim,L.: 1980, *Astron. Astrophys.*, **88**, 108
53	a	Bottinelli,L., Gouguenheim,L., Paturel,G.: 1980, *Astron. Astrophys.*, **88**, 32
	b	Bottinelli,L., Gouguenheim,L., Paturel,G.: 1980, *Astron. Astrophys. Suppl.Ser.*, **40**, 355
270		Bosma,A., Casini,C., Heidmann,J., van der Hulst,J.M., van Woerden,H.: 1980, *Astron. Astrophys.*, **89**, 345
276		Huchtmeier,W.K., Seiradakis,J.H., Tammann,G.A.: 1980, *Astron. Astrophys.*, **89**, 95
267		Sullivan III,W.T.: 1980, *Astron. Astrophys.*, **89**, L3
277		Lequeux,J., Viallefond,F.: 1980, *Astron. Astrophys.*, **91**, 269
278		Huchtmeier,W.K., Seiradakis,J.H., Materne,J.: 1980, *Astron. Astrophys.*, **91**, 341
264		Dickel,J.R., Rood,H.J.: 1980, *Astron. J.*, **85**, 1003
273		Krumm,N., Salpeter,E.E.: 1980, *Astron. J.*, **85**, 1312
262		Briggs,F.H., Wolfe,A.M., Krumm,N., Salpeter,E.E.: 1980, *Astrophys. J.*, **238**, 510
242		Morris,M., Wannier,P.G.: 1980, *Astrophys. J.*, **238**, L7
358		Aaronson,M., Mould,J., Huchra,J.P., Sullivan III,W.T., Schommer,R.A., Bothun,G.D.: 1980, *Astrophys. J.*, **239**, 12
268		Wilkerson,M.S.: 1980, *Astrophys. J.*, **240**, L115
269		Haynes,M.P., Giovanelli,R.: 1980, *Astrophys. J.*, **240**, L87
271		Peterson,S.D., Shostak,G.S.: 1980, *Astrophys. J.*, **241**, L1
335	a	Bajaja,E., Loiseau,N.: 1980, *Bol.Asoc.Arg.Astr.*, **25**, 87
	b	Loiseau,N., Bajaja,E.: 1981, *Rev.Mexicana Astron.Astrof.*, **6**, 55
	c	Bajaja,E., Loiseau,N.: 1982, *Astron. Astrophys. Suppl.Ser.*, **48**, 71
251	a	Unwin,S.C.: 1980, *M.N.R.A.S.*, **190**, 551
	b	Unwin,S.C.: 1980, *M.N.R.A.S.*, **192**, 243
	c	Unwin,S.C.: 1983, *M.N.R.A.S.*, **205**, 773
	d	Unwin,S.C.: 1983, *M.N.R.A.S.*, **205**, 787
252		Newton,K.: 1980, *M.N.R.A.S.*, **190**, 689
253	a	Newton,K.: 1980, *M.N.R.A.S.*, **191**, 169
	b	Newton,K.: 1980, *M.N.R.A.S.*, **191**, 615
254	a	Davies,R.D., Davidson,G.P., Johnson,S.C.: 1980, *M.N.R.A.S.*, **191**, 253
	b	Davies,R.D.: 1978, *I.A.U. Symp.* No. 77, 274
255		Hart,L., Davies,R.D., Johnson,S.C.: 1980, *M.N.R.A.S.*, **191**, 269
261		Reakes,M.: 1980, *M.N.R.A.S.*, **192**, 297
406		Johnson,D.G.: 1980, *Ph.D. Thesis*, Univ. of Florida
325		Balkowski,C., Le Denmat,G., Nottale,L.: 1981, *Astron. Astrophys. Suppl.Ser.*, **43**, 121
324	a	Bottinelli,L., Gouguenheim,L., Paturel,G.: 1981, *Astron. Astrophys. Suppl.Ser.*, **44**, 217
	b	Bottinelli,L., Gouguenheim,L., Paturel,G.: 1982, *Astron. Astrophys.*, **113**, 61
	c	Bottinelli,L., Gouguenheim,L., Paturel,G.: 1982, *Astron. Astrophys. Suppl.Ser.*, **50**, 101
	d	Bottinelli,L., Gouguenheim,L., Paturel,G.: 1982, *Astron. Astrophys. Suppl.Ser.*, **50**, 529
318		Huchtmeier,W.K., Bohnenstengel,H.-D.: 1981, *Astron. Astrophys.*, **100**, 72
376		Huchtmeier,W.K., Seiradakis,J.H., Materne,J.: 1981, *Astron. Astrophys.*, **102**, 134
333		Pfleiderer,J., Gruber,M.D., Gruber,G.M., Velden,L.: 1981, *Astron. Astrophys.*, **102**, L21
331		Valentijn,E.A., Giovanelli,R.: 1981, *Astron. Astrophys.*, **114**, 208
283		Bosma,A., Goss,W.M., Allen,R.J.: 1981, *Astron. Astrophys.*, **93**, 106
266		Shostak,G.S., Willis,A.G., Crane,P.C.: 1981, *Astron. Astrophys.*, **96**, 393

TABLE 2c (cont.)

309		Balkowski,C., Chamaraux,P.: 1981, *Astron. Astrophys.*, **97**, 223
332		Burns,J.O., White,R.A., Haynes,M.P.: 1981, *Astron. J.*, **86**, 1120
292		Haynes,M.P.: 1981, *Astron. J.*, **86**, 1126
350		Gallagher III,J.S., Knapp,G.R., Faber,S.M.: 1981, *Astron. J.*, **86**, 1781
299		Giovanelli,R., Haynes,M.P.: 1981, *Astron. J.*, **86**, 340
298		Gallagher III,J.S., Hunter,D.A., Knapp,G.R.: 1981, *Astron. J.*, **86**, 344
328		Sullivan III,W.T., Bothun,G.D., Bates,B., Schommer,R.A.: 1981, *Astron. J.*, **86**, 919
329	a	Schommer,R.A., Sullivan III,W.T., Bothun,G.D.: 1981, *Astron. J.*, **86**, 943
	b	Sullivan III,W.T., Schommer,R.A., Bothun,G.D.: 1979, in *Photometry, Kinematics and Dynamics of Galaxies*, p. 231
327		Williams,B.A., Kerr,F.J.: 1981, *Astron. J.*, **86**, 953
375		Helou,G., Giovanardi,C., Salpeter,E.E., Krumm,N.: 1981, *Astrophys. J. Suppl.*, **46**, 267
373		Fisher,J.R., Tully,R.B.: 1981, *Astrophys. J. Suppl.*, **47**, 139
337		Tully,R.B., Boesgaard,A.M., Dyck,H.M., Schempp,W.V.: 1981, *Astrophys. J.*, **246**, 38
265		Raimond,E., Faber,S.M., Gallagher III,J.S., Knapp,G.R.: 1981, *Astrophys. J.*, **246**, 708
304		Haynes,M.P., Giovanelli,R.: 1981, *Astrophys. J.*, **246**, L105
305		Giovanelli,R., Chincarini,G.L., Haynes,M.P.: 1981, *Astrophys. J.*, **247**, 383
312		Bothun,G.D., Stauffer,J.R., Schommer,R.A.: 1981, *Astrophys. J.*, **247**, 42
347		Thuan,T.X., Martin,G.E.: 1981, *Astrophys. J.*, **247**, 823
260		Burstein,D., Krumm,N.: 1981, *Astrophys. J.*, **250**, 517
379		Aaronson,M., Dawe,J.A., Dickens,R.J., Mould,J.R., Murray,J.B.: 1981, *M.N.R.A.S.*, **195**, 1P
296		Appleton,P.N., Davies,R.D., Stephenson,R.J.: 1981, *M.N.R.A.S.*, **195**, 327
311		Hawarden,T.G., Longmore,A.J., Goss,W.M., Mebold,U., Tritton,S.B.: 1981, *M.N.R.A.S.*, **196**, 175
326		Danziger,I.J., Goss,W.M., Wellington,K.I.: 1981, *M.N.R.A.S.*, **196**, 845
342	a	McGee,R.X., Newton,L.M.: 1981, *Proc. A.S.A.*, **4**, 189
	b	McGee,R.X., Newton,L.M.: 1981, *Proc. A.S.A.*, **4**, 308
330		Gosachinskii,I.V., Grachev,V.G., Ryzhkov,N.F.: 1981, *Soviet Astronomy*, **24**, 647
403		Kotanyi,C.: 1981, Ph.D. Thesis, Univ. Groningen
388	a	Krumm,N.: 1982, in *The Comparative HI-content of Normal Galaxies*, p. 109
	b	Krumm,N., Shane,W.W.: 1982, *Astron. Astrophys.*, **116**, 237
397		Lewis,B.M.: 1982, in *The Comparative HI-content of Normal Galaxies*, p. 38
193	a	Thonnard,N.: 1982, in *The Comparative HI-content of Normal Galaxies*, p. 65
	b	Kumar,C.K., Thonnard,N.: 1983, *Astron. J.*, **88**, 260
	c	Thonnard,N.: 1983, *I.A.U. Symp.* No. 100, 305
386	a	Bajaja,E., Shane,W.W.: 1982, *Astron. Astrophys. Suppl.Ser.*, **49**, 745
	b	Bajaja,E., Gergeley,T.E.: 1977, *Astron. Astrophys.*, **61**, 229
339		van Moorsel,G.A.: 1982, *Astron. Astrophys.*, **107**, 66
378		Richter,O.-G., Huchtmeier,W.K.: 1982, *Astron. Astrophys.*, **109**, 155
381		Huchtmeier,W.K., Richter,O.-G.: 1982, *Astron. Astrophys.*, **109**, 331
346		Huchtmeier,W.K.: 1982, *Astron. Astrophys.*, **110**, 121
127		van der Kruit,P.C., Searle,L.: 1982, *Astron. Astrophys.*, **110**, 79
389		Shostak,G.S., Hummel,E., Shaver,P.A., van der Hulst,J.M., van der Kruit,P.C.: 1982, *Astron. Astrophys.*, **115**, 293
398		Bothun,G.D., Balick,B., Skillman,E.D.: 1982, *Astron. J.*, **87**, 1098
400	a	Giovanelli,R., Haynes,M.P.: 1982, *Astron. J.*, **87**, 1355
	b	Giovanelli,R.: 1982, in *The Comparative HI-content of Normal Galaxies*, p. 117
392		Bothun,G.D., Schommer,R.A.: 1982, *Astron. J.*, **87**, 1368
390		Helou,G., Salpeter,E.E., Terzian,Y.: 1982, *Astron. J.*, **87**, 1443
391		Bothun,G.D., Mould,J., Heckman,T., Balick,B., Schommer,R.A., Kristian,J.: 1982, *Astron. J.*, **87**, 1621
405		Knapp,G.R., Gunn,J.E.: 1982, *Astron. J.*, **87**, 1634
408		Rubin,V.C., Thonnard,N., Ford Jr.,W.K.: 1982, *Astron. J.*, **87**, 477
409		Bothun,G.D., Schommer,R.A., Sullivan III,W.T.: 1982, *Astron. J.*, **87**, 725
341		Gottesman,S.T.: 1982, *Astron. J.*, **87**, 751
382		Hunter,D.A., Gallagher III,J.S., Rautenkranz,D.: 1982, *Astrophys. J. Suppl.*, **49**, 53
353		Thuan,T.X., Wadiak,E.J.: 1982, *Astrophys. J.*, **252**, 125
344		Bothun,G.D., Romanishin,W., Margon,B., Schommer,R.A., Chanan,G.A.: 1982, *Astrophys. J.*, **257**, 40
394		Romanishin,W., Strom,S.E., Strom,K.M.: 1982, *Astrophys. J.*, **258**, 77
74		Briggs,F.H.: 1982, *Astrophys. J.*, **259**, 544
395		Gottesman,S.T., Hunter Jr.,J.H.: 1982, *Astrophys. J.*, **260**, 65
272		Mirabel,I.F.: 1982, *Astrophys. J.*, **260**, 75
396		Mould,J., Balick,B., Bothun,G., Aaronson,M.: 1982, *Astrophys. J.*, **260**, L37
343		Giovanelli,R., Haynes,M.P., Chincarini,G.L.: 1982, *Astrophys. J.*, **262**, 442
157		Romanishin,W., Krumm,N., Salpeter,E., Knapp,G., Strom,K.M., Strom,S.E.: 1982, *Astrophys. J.*, **263**, 94
437	a	Colomb,F.R., Loiseau,N., Testori,J.C.: 1982, *Bol.Asoc.Arg.Astr.*, **27**, 167
	b	Colomb,F.R., Loiseau,N., Testori,J.C.: 1984, *Astrophys. Lett.*, **24**, 139
486	a	Martin,M.C., Bajaja,E.: 1982, *Bol.Asoc.Arg.Astr.*, **27**, 179
	b	Bajaja,E., Martin,M.C.: 1985, *Astron. J.*, **90**, 1783
300	a	Dressel,L.L., Bania,T.M., O'Connell,R.W.: 1982, *I.A.U. Symp.* No. 97, 309

TABLE 2c (cont.)

300	b	Dressel,L.L.: 1982, in *The Comparative HI-content of Normal Galaxies*, p. 78
	c	Dressel,L.L., Bania,T.M., O'Connell,R.W.: 1982, *Astrophys. J.*, **259**, 55
348		Heckman,T.M., Sancisi,R., Sullivan III,W.T., Balick,B.: 1982, *M.N.R.A.S.*, **199**, 425
387		Appleton,P.N., Davies,R.D.: 1982, *M.N.R.A.S.*, **201**, 1073
320	a	Reif,K.: 1982, *Ph.D. Thesis*, Univ. Bonn
	b	Reif,K., Mebold,U., Goss,W.M., van Woerden,H., Siegman,B.: 1982, *Astron. Astrophys. Suppl.Ser.*, **50**, 451
407	a	van Moorsel,G.A.: 1982, *Ph.D. Thesis*, Univ. Groningen
	b	van Moorsel,G.A.: 1983, *Astron. Astrophys. Suppl.Ser.*, **54**, 1
	c	van Moorsel,G.A.: 1983, *Astron. Astrophys. Suppl.Ser.*, **54**, 19
	d	van Moorsel,G.A.: 1984, *Astron. Astrophys. Suppl.Ser.*, **55**, 163
385	a	Richter,O.-G.: 1982, *Ph.D. Thesis*, Univ. Hamburg
	b	Richter,O.-G., Huchtmeier,W.K.: 1983, *Astron. Astrophys.*, **125**, 187
232		Balkowski,C., Chamaraux,P.: 1983, *Astron. Astrophys. Suppl.Ser.*, **51**, 331
402		van Moorsel,G.A.: 1983, *Astron. Astrophys. Suppl.Ser.*, **53**, 271
399		Kollatschny,W., Biermann,P., Fricke,K.J., Huchtmeier,W., Witzel,A.: 1983, *Astron. Astrophys.*, **119**, 80
169		Shostak,G.S., van Gorkom,J.H., Ekers,R.D., Sanders,R.H., Goss,W.M., Cornwell,T.J.: 1983, *Astron. Astrophys.*, **119**, L3
421		Fontanelli,P.: 1983, *Astron. Astrophys.*, **138**, 85
465		Baan,W.A., Haschick,A.D.: 1983, *Astron. J.*, **88**, 1088
28		Bieging,J.H., Biermann,P.: 1983, *Astron. J.*, **88**, 161
170		Lewis,B.M.: 1983, *Astron. J.*, **88**, 1695
419		Giovanardi,C., Krumm,N., Salpeter,E.E.: 1983, *Astron. J.*, **88**, 1719
420		Williams,B.A., Brown,R.L.: 1983, *Astron. J.*, **88**, 1749
149		Sulentic,J.W., Arp,H.: 1983, *Astron. J.*, **88**, 267
393		Hewitt,J.N., Haynes,M.P., Giovanelli,R.: 1983, *Astron. J.*, **88**, 272
78		Sulentic,J.W., Arp,H.: 1983, *Astron. J.*, **88**, 489
413		Schommer,R.A., Bothun,G.D.: 1983, *Astron. J.*, **88**, 577
126		Heckman,T.M., Balick,B., van Breugel,W.J.M., Miley,G.K.: 1983, *Astron. J.*, **88**, 583
151		Giovanelli,R., Haynes,M.P.: 1983, *Astron. J.*, **88**, 881
150		Lewis,B.M.: 1983, *Astron. J.*, **88**, 962
417		Davis,L.E., Seaquist,E.R.: 1983, *Astrophys. J. Suppl.*, **53**, 269
401		Sargent,W.L.W., Sancisi,R., Lo,K.Y.: 1983, *Astrophys. J.*, **265**, 711
82		Dressel,L.L., Bania,T.M., Davis,M.M.: 1983, *Astrophys. J.*, **266**, L97
57		Giovanardi,C., Helou,G., Salpeter,E.E., Krumm,N.: 1983, *Astrophys. J.*, **267**, 35
404	a	Chincarini,G.L., Giovanelli,R., Haynes,M.P., Fontanelli,P.: 1983, *Astrophys. J.*, **267**, 511
	b	Chincarini,G.: 1982, in *The Comparative HI-content of Normal Galaxies*, p. 93
61		Chincarini,G.L., Giovanelli,R., Haynes,M.P.: 1983, *Astrophys. J.*, **269**, 13
411		Viallefond,F., Thuan,T.X.: 1983, *Astrophys. J.*, **269**, 444
414		Mirabel,I.F.: 1983, *Astrophys. J.*, **270**, L35
412		Williams,B.A.: 1983, *Astrophys. J.*, **271**, 461
446	a	Schneider,S.E., Helou,G., Salpeter,E.E., Terzian,Y.: 1983, *Astrophys. J.*, **273**, L1
	b	Schneider,S.E.: 1985, *Astrophys. J.*, **288**, L33
	c	Schneider,S.E., Salpeter,E.E., Terzian,Y.: 1986, *Astron. J.*, **91**, 13
	d	Schneider,S.E., Salpeter,E.E., Terzian,Y.: 1987, *I.A.U. Symp.* No. 117, 116
154		Mirabel,I.F., Wilson,A.S.: 1983, *Astrophys. J.*, **277**, 92
140		Shane,W.W., Krumm,N.: 1983, *I.A.U. Symp.* No. 100, 105
56	a	Brinks,E.: 1983, *I.A.U. Symp.* No. 100, 23
	b	Brinks,E.: 1983, *I.A.U. Symp.* No. 100, 27
	c	Brinks,E., Bajaja,E.: 1983, *I.A.U. Symp.* No. 100, 139
	d	Brinks,E.: 1984, *Ph.D. Thesis*, Univ. Leiden
	e	Brinks,E., Shane,W.W.: 1984, *Astron. Astrophys. Suppl.Ser.*, **55**, 179
	f	Brinks,E., Burton,W.B.: 1984, *Astron. Astrophys.*, **141**, 195
	g	Brinks,E., Burton,W.B.: 1985, *I.A.U. Symp.* No. 106, 437
	h	Brinks,E.: 1985, in *New Aspects of Galaxy Photometry*, p. 249
125		van der Hulst,J.M., Ondrechen,M.P., van Gorkom,J.H., Hummel,E.: 1983, *I.A.U. Symp.* No. 100, 233
112	a	Gottesman,S.T., Johnson,D.W.: 1983, *I.A.U. Symp.* No. 100, 307
	b	Johnson,D.W., Gottesman,S.T.: 1983, *Astrophys. J.*, **275**, 549
202		Shostak,G.S., van Woerden,H.: 1983, *I.A.U. Symp.* No. 100, 33
100	a	Gottesman,S.T., Hunter Jr.,J.H., Ball,J.R.: 1983, *I.A.U. Symp.* No. 100, 93
	b	Gottesman,S.T., Ball,J.R., Hunter Jr.,J.H.: 1983, *I.A.U. Symp.* No. 100, 235
109		Grayzeck,E.J.: 1983, *I.A.U. Symp.* No. 100, 97
220		van Woerden,H., van Driel,W., Schwarz,U.J.: 1983, *I.A.U. Symp.* No. 100, 99
15		Appleton,P.N.: 1983, *M.N.R.A.S.*, **203**, 533
418		Jenkins,C.R.: 1983, *M.N.R.A.S.*, **205**, 1321
410		Shaver,P.A., Wall,J.V., Danziger,I.J., Ekers,R.D., Fosbury,R.A.E., Goss,W.M., Malin,D., Moorwood,A.F.M., Pocock,A.S., Tarenghi,M., Wellington,K.J.: 1983, *M.N.R.A.S.*, **205**, 819
416		Bohnenstengel,H.D.: 1983, *Ph.D. Thesis*, Univ. Hamburg
438		Richter,O.-G.: 1984, *Astron. Astrophys. Suppl.Ser.*, **58**, 131

TABLE 2c (cont.)

423		Shostak,G.S., van der Kruit,P.C.: 1984, *Astron. Astrophys.*, **132**, 20
424		Knapp,G.R., van Driel,W., Schwarz,U.J., van Woerden,H., Gallagher III,J.S.: 1984, *Astron. Astrophys.*, **133**, 127
425		van der Kruit,P.C., Shostak,G.S.: 1984, *Astron. Astrophys.*, **134**, 258
430		Knapp,G.R., Raimond,E.: 1984, *Astron. Astrophys.*, **138**, 77
439		Shostak,G.S., Sullivan III,W.T., Allen,R.J.: 1984, *Astron. Astrophys.*, **139**, 15
433		Wevers,B.M.H.R., Appleton,P.N., Davies,R.D., Hart,L.: 1984, *Astron. Astrophys.*, **140**, 125
434		Bajaja,E., van der Burg,G., Faber,S.M., Gallagher III,J.S., Knapp,G.R., Shane,W.W.: 1984, *Astron. Astrophys.*, **141**, 309
432		Krumm,N., Burstein,D.: 1984, *Astron. J.*, **89**, 1319
488		Haynes,M.P., Giovanelli,R.: 1984, *Astron. J.*, **89**, 758
428		Helou,G., Hoffman,G.L., Salpeter,E.E.: 1984, *Astrophys. J. Suppl.*, **55**, 433
505		Bothun,G.D., Aaronson,M., Schommer,R., Huchra,J.P., Mould,J.: 1984, *Astrophys. J.*, **278**, 475
427		Lake,G., Schommer,R.A.: 1984, *Astrophys. J.*, **280**, 107
435		Lewis,B.M.: 1984, *Astrophys. J.*, **285**, 453
436	a	Gottesman,S.T., Ball,J.R., Hunter Jr.,J.H., Huntley,J.M.: 1984, *Astrophys. J.*, **286**, 471
	b	Hunter Jr.,J.H., Ball,J.R., Huntley,J.M., England,M.N., Gottesman,S.T.: 1988, *Astrophys. J.*, **324**, 721
422		Davies,R.D., Kinman,T.D.: 1984, *M.N.R.A.S.*, **207**, 173
148	a	Pence,W.D., Blackman,C.P.: 1984, *M.N.R.A.S.*, **207**, 9
	b	Pence,W.D., Blackman,C.P.: 1984, *M.N.R.A.S.*, **210**, 547
460		Schechter,P., Sancisi,R., van Woerden,H., Lynds,C.R.: 1984, *M.N.R.A.S.*, **208**, 111
431		Sancisi,R., van Woerden,H., Davies,R.D., Hart,L.: 1984, *M.N.R.A.S.*, **210**, 497
480	a	Wevers,B.M.H.R.: 1984, *Ph.D. Thesis*, Univ. Groningen
	b	Wevers,B.M.H.R., van der Kruit,P.C., Allen,R.J.: 1986, *Astron. Astrophys. Suppl.Ser.*, **66**, 505
415		Sargent,W.L.W., Lo,K.-Y.: 1985, in *Star-Forming Dwarf Galaxies and related objects*, p. 253
478		Skillman,E.D., Terlevich,R., van Woerden,H.: 1985, in *Star-Forming Dwarf Galaxies and related objects*, p. 263
66		Comte,G., Lequeux,J., Viallefond,F.: 1985, in *Star-Forming Dwarf Galaxies and related objects*, p. 273
502	a	Brinks,E., Klein,U.: 1985, in *Star-Forming Dwarf Galaxies and related objects*, p. 281
	b	Brinks,E., Klein,U.: 1988, *M.N.R.A.S.*, **231**, 63P
451	a	Kennicutt,R.C., van der Hulst,J.M.: 1985, in *The Virgo Cluster*, Proceedings of an ESO Workshop, p. 91
	b	van der Hulst,J.M., Kennicutt,R.C.: 1985, in *New Aspects of Galaxy Photometry*, p. 303
459		van der Burg,G.: 1985, *Astron. Astrophys. Suppl.Ser.*, **62**, 147
440		Knapp,G.R., van Driel,W., van Woerden,H.: 1985, *Astron. Astrophys.*, **142**, 1
441		Schwarz,U.J.: 1985, *Astron. Astrophys.*, **142**, 273
442		Huchtmeier,W.K., Seiradakis,J.H.: 1985, *Astron. Astrophys.*, **143**, 216
443		Krumm,N., van Driel,W., van Woerden,H.: 1985, *Astron. Astrophys.*, **144**, 202
444		Roelfsema,P.R., Allen,R.J.: 1985, *Astron. Astrophys.*, **146**, 213
484		Huchtmeier,W.K., Richter,O.-G.: 1985, *Astron. Astrophys.*, **149**, 118
456		Condon,J.J., Hutchings,J.B., Gower,A.C.: 1985, *Astron. J.*, **90**, 1642
452		Giovanelli,R., Haynes,M.P.: 1985, *Astron. J.*, **90**, 2445
490		Bothun,G.D., Beers,T.C., Mould,J.R., Huchra,J.P.: 1985, *Astron. J.*, **90**, 2487
445		Bothun,G.D., Mould,J.R., Wirth,A., Caldwell,N.: 1985, *Astron. J.*, **90**, 697
543	a	Bothun,G.D., Aaronson,M., Schommer,R., Mould,J., Huchra,J.P., Sullivan III,W.T.: 1985, *Astrophys. J. Suppl.*, **57**, 423
	b	Sullivan III,W.T.: 1988, priv. comm.
457		Giovanardi,C., Salpeter,E.E.: 1985, *Astrophys. J. Suppl.*, **58**, 623
489		Lewis,B.M., Helou,G., Salpeter,E.E.: 1985, *Astrophys. J. Suppl.*, **59**, 161
447	a	Hoffman,G.L., Helou,G., Salpeter,E.E., Sandage,A.: 1985, *Astrophys. J.*, **289**, L15
	b	Hoffman,G.L.: 1985, in *The Virgo Cluster*, Proceedings of an ESO Workshop, p. 101
	c	Hoffman,G.L., Helou,G., Salpeter,E.E.: 1985, in *Star-Forming Dwarf Galaxies and related objects*, p. 271
	d	Hoffman,G.L., Salpeter,E.E., Helou,G.: 1987, *I.A.U. Symp.* No. 117, 162
	e	Hoffman,G.L., Helou,G., Salpeter,E.E., Glosson,J., Sandage,A.: 1987, *Astrophys. J. Suppl.*, **63**, 247
	f	Hoffman,G.L., Helou,G., Salpeter,E.E.: 1988, *Astrophys. J.*, **324**, 75
448		Williams,B.A.: 1985, *Astrophys. J.*, **290**, 462
453		Giovanelli,R., Haynes,M.P.: 1985, *Astrophys. J.*, **292**, 404
449		Salpeter,E.E., Dickey,J.M.: 1985, *Astrophys. J.*, **292**, 426
450		Lewis,B.M.: 1985, *Astrophys. J.*, **292**, 451
491		Carignan,C.: 1985, *Astrophys. J.*, **299**, 59
487		Hunter,D.A., Gallagher III,J.S.: 1985, *Astrophys. J.*, **90**, 1789
455		Appleton,P.N., Sparks,W.B., Pedlar,A., Wilkinson,A.: 1985, *M.N.R.A.S.*, **217**, 779
429		Kreitschmann,J.: 1985, *Ph.D. Thesis*, Univ. Bochum
503	a	Armstrong,J.T., Wootten,H.A.: 1986, in *Light on Dark Matter*, Astrophys.Sp.Sci.Lib. Vol. **124**, 439
	b	Wootten,H.A., Armstrong,J.T., Hartman,L.: 1988, priv. comm.
504		Caspers,H.C.M., Shane,W.W.: 1986, in *Light on Dark Matter*, Astrophys.Sp.Sci.Lib. Vol. **124**, 445
377		Huchtmeier,W.K., Richter,O.-G.: 1986, *Astron. Astrophys. Suppl.Ser.*, **63**, 323
494		Huchtmeier,W.K., Richter,O.-G.: 1986, *Astron. Astrophys. Suppl.Ser.*, **64**, 111
426		Hummel,E., Dettmar,R.-J., Wielebinski,R.: 1986, *Astron. Astrophys.*, **166**, 97
36		Bottema,R., Shostak,G.S., van der Kruit,P.C.: 1986, *Astron. Astrophys.*, **167**, 34
463		Vigroux,L., Thuan,T.X., Vader,J.P., Lachieze-Rey,M.: 1986, *Astron. J.*, **91**, 70

TABLE 2c (cont.)

467	a	Bicay,M.D., Giovanelli,R.: 1986, *Astron. J.*, **91**, 705
	b	Bicay,M.D., Giovanelli,R.: 1986, *Astron. J.*, **91**, 732
	c	Bicay,M.D., Giovanelli,R.: 1987, *Astron. J.*, **93**, 1326
493		van Gorkom,J.H., Knapp,G.R., Raimond,E., Faber,S.M., Gallagher III,J.S.: 1986, *Astron. J.*, **91**, 791
454		Giovanelli,R., Haynes,M.P., Myers,S.T., Roth,J.: 1986, *Astron. J.*, **92**, 250
508		Schneider,S.E., Helou,G., Salpeter,E.E., Terzian,Y.: 1986, *Astron. J.*, **92**, 742
469		Williams,B.A., Rood,H.J.: 1986, *Astrophys. J. Suppl.*, **63**, 265
464		Briggs,F.H.: 1986, *Astrophys. J.*, **300**, 613
461		Giovanelli,R., Haynes,M.P., Rubin,V.C., Ford Jr.,W.K.: 1986, *Astrophys. J.*, **301**, L7
462		Haynes,M.P., Giovanelli,R.: 1986, *Astrophys. J.*, **306**, 466
468	a	Tacconi,L.J., Young,J.S.: 1986, *Astrophys. J.*, **308**, 600
	b	Tacconi-Garman,L.J., Young,J.S.: 1987, in *Star Formation in Galaxies*, p. 491
75		Williams,B.A.: 1986, *Astrophys. J.*, **311**, 25
492		Gottesman,S.T., Hawarden,T.G.: 1986, *M.N.R.A.S.*, **219**, 759
567		Allen,R.J., Atherton,P.D., Tilanus,R.P.J.: 1986, *Nature*, **319**, 296
514		Morras,R., Bajaja,E.: 1986, *Rev.Mexicana Astron.Astrof.*, **13**, 69
509	a	Warmels,R.H.: 1986, *Ph.D. Thesis*, Univ. Groningen
	b	Warmels,R.H.: 1988, *Astron. Astrophys. Suppl.Ser.*, **72**, 19
	c	Warmels,R.H.: 1988, *Astron. Astrophys. Suppl.Ser.*, **72**, 57
	d	Warmels,R.H.: 1988, *Astron. Astrophys. Suppl.Ser.*, **72**, 427
	e	Warmels,R.H.: 1988, *Astron. Astrophys. Suppl.Ser.*, **73**, 453
479	a	Hauschildt,M.H.: 1986, *Ph.D. Thesis*, Univ. Hamburg
	b	Hauschildt,M.H.: 1987, *Astron. Astrophys.*, **184**, 43
524		Bottinelli,L., Dennefeld,M., Gouguenheim,L., Martin,J.M., Paturel,G., Le Squeren,A.M.: 1987, in *Star Formation in Galaxies*, p. 597
525		Dennefeld,M., Karoji,H., Bouchet,P., Bottinelli,L., Gouguenheim,L.: 1987, in *Star Formation in Galaxies*, p. 605
564		Viallefond,F., Lequeux,J., Comte,G.: 1987, in *Starbursts and Galaxy Evolution*, p. 139
560	a	Bergvall,N., Joersaeter,S., Olofsson,K.: 1987, in *Starbursts and Galaxy Evolution*, p. 177
	b	Bergvall,N., Joersaeter,S.: 1988, *Nature*, **331**, 589
562	a	Mirabel,I.F., Sanders,D.B.: 1987, in *Starbursts and Galaxy Evolution*, p. 283
	b	Mirabel,I.F., Sanders,D.B.: 1988, *Astrophys. J.*, **335**, 104
481	a	Deul,E.R., van der Hulst,J.M.: 1987, *Astron. Astrophys. Suppl.Ser.*, **67**, 509
	b	Deul,E.R.: 1988, *Ph.D. Thesis*, Univ. Leiden
466		Richter,O.-G., Huchtmeier,W.K.: 1987, *Astron. Astrophys. Suppl.Ser.*, **68**, 427
501		Chamaraux,P., Balkowski,C., Fontanelli,P.: 1987, *Astron. Astrophys. Suppl.Ser.*, **69**, 263
506		Hulsbosch,A.N.M.: 1987, *Astron. Astrophys. Suppl.Ser.*, **69**, 439
168		Shostak,G.S.: 1987, *Astron. Astrophys.*, **175**, 4
477		van der Hulst,J.M., Skillman,E.D., Kennicutt,R.C., Bothun,G.D.: 1987, *Astron. Astrophys.*, **177**, 63
40		Bottema,R., van der Kruit,P.C., Freeman,K.C.: 1987, *Astron. Astrophys.*, **178**, 77
510	a	Skillman,E.D., Bothun,G.D., Murray,M.A., Warmels,R.H.: 1987, *Astron. Astrophys.*, **185**, 61
	b	Skillman,E.D.: 1987, in *Star Formation in Galaxies*, p. 263
471		Jackson,J.M., Barrett,A.H., Armstrong,J.T., Ho,P.T.P.: 1987, *Astron. J.*, **93**, 531
472		Hutchings,J.B., Gower,A.C., Price,R.: 1987, *Astron. J.*, **93**, 6
497		Bothun,G.D., Impey,C.D., Malin,D.F., Mould,J.R.: 1987, *Astron. J.*, **94**, 23
519		Burstein,D., Krumm,N., Salpeter,E.E.: 1987, *Astron. J.*, **94**, 883
475		Lewis,B.M.: 1987, *Astrophys. J. Suppl.*, **63**, 515
470		Baan,W.A., van Gorkom,J.H., Schmelz,J.T., Mirabel,I.F.: 1987, *Astrophys. J.*, **313**, 102
540		Varnas,S.R., Bertola,F., Galletta,G., Freeman,K.C., Carter,D.: 1987, *Astrophys. J.*, **313**, 69
536		Irwin,J.A., Seaquist,E.R., Taylor,A.R., Duric,N.: 1987, *Astrophys. J.*, **313**, L91
474		van Gorkom,J.H., Schechter,P.L., Kristian,J.: 1987, *Astrophys. J.*, **314**, 457
507		Lake,G., Schommer,R.A., van Gorkom,J.H.: 1987, *Astrophys. J.*, **314**, 57
458		Sancisi,R., Thonnard,N., Ekers,R.D.: 1987, *Astrophys. J.*, **315**, L39
496		Schweizer,F., Ford Jr.,W.K., Jedrzejewski,R., Giovanelli,R.: 1987, *Astrophys. J.*, **320**, 454
518		Bushouse,H.A.: 1987, *Astrophys. J.*, **320**, 49
483		Gavazzi,G.: 1987, *Astrophys. J.*, **320**, 96
512	a	Kerr,F.J., Henning,P.A.: 1987, *Astrophys. J.*, **320**, L99
	b	Kerr,F.J., Henning,P.A.: 1988, in *Large Scale Structure and Motions in the Universe*, p. 379
521		Mirabel,I.F., Sanders,D.B.: 1987, *Astrophys. J.*, **322**, 688
563		Garwood,R.W., Helou,G., Dickey,J.M.: 1987, *Astrophys. J.*, **322**, 88
537		Bottinelli,L., Fraix-Burnet,D., Gouguenheim,L.: 1987, *I.A.U. Symp.* No. 115, 634
476	a	Carignan,C., Sancisi,R., van Albada,T.S.: 1987, *I.A.U. Symp.* No. 117, 161
	b	Carignan,C., Sancisi,R., van Albada,T.S.: 1988, *Astron.J.*, **95**, 37
531		Dressel,L.L.: 1987, *I.A.U. Symp.* No. 127, 423
552	a	Aaronson,M., Bothun,G.D., Budge,K.G., Dawe,J.A., Dickens,R.J., Hall,P.J., Lucey,J.R., Mould,J.R., Murray,J.D., Schommer,R.A., Wright,A.E: 1987, *I.A.U. Symp.* No. 130, 185
	b	Aaronson,M., Bothun,G.D., Cornell,M.E., Dawe,J.A., Dickens,R.J., Hall,P.J., Sheng,H.M., Huchra,J.P., Lucey,J.R., Mould,J.R., Murray,J.D., Schommer,R.A., Wright,A.E: 1989, preprint
473		Staveley-Smith,L., Davies,R.D.: 1987, *M.N.R.A.S.*, **224**, 953
495		Ables,J.G., Forster,J.R., Manchester,R.N., Rayner,P.T., Whiteoak,J.B., Mathewson,D.S., Kalnajs,A.J., Peters,W.L., Wehner,H.: 1987, *M.N.R.A.S.*, **226**, 157

TABLE 2c (cont.)

511		Bottema,R., Shostak,G.S., van der Kruit,P.C.: 1987, *Nature*, **328**, 401
482		Lewis,B.M.: 1987, *Observatory*, **107**, 201
526		Schneider,D.P., Mould,J.R., Porter,A.C., Schmidt,M., Bothun,G.D., Gunn,J.E.: 1987, *Publ. A.S.P.*, **99**, 1167
499	a	Simkin,S.M., van Gorkom,J.H., Hibbard,J., Su,H.-J.: 1987, *Science*, **235**, 1289
	b	Arp,H.: 1987, *Science*, **237**, 823
	c	Simkin,S.M., van Gorkom,J.H.: 1987, *Science*, **237**, 823
522		Begeman,K.: 1987, *Ph.D. Thesis*, Univ. Groningen
517	a	van Driel,W.: 1987, *Ph.D. Thesis*, Univ. Groningen
	b	van Driel,W., van Woerden,H., Gallagher III,J.S., Schwarz,U.J.: 1988, *Astron. Astrophys.*, **191**, 201
	c	van Driel,W., Davies,R.D., Appleton,P.N.: 1988, *Astron. Astrophys.*, **199**, 41
	d	van Driel,W., Rots,A.H., van Woerden,H.: 1988, *Astron. Astrophys.*, **204**, 39
	e	van Driel,W., van Woerden,H.: 1989, *Astron. Astrophys.*, submitted
	f	van Driel,W., Rots,A.H., van Woerden,H., Braun,R.: 1989, *Astron. Astrophys.*, submitted
566		Henning,P.A., Kerr,F.J.: 1988, in *Large Scale Structure and Motions in the Universe*, p. 363
569		Richter,O.-G., Ferguson,H.C., van Gorkom,J.H.: 1988, in *Large Scale Structure and Motions in the Universe*, p. 429
538		Phillips,M.M., Turtle,A.G., Pence,W.D.: 1988, priv.comm.
535		Tully,R.B. (unpublished data by Zealy et al.): 1988, priv.comm.
485		Boisse,P., Dickey,J.M., Kazes,I., Bergeron,J.: 1988, *Astron. Astrophys.*, **191**, 193
530		Bosma,A., van der Hulst,J.M., Athanassoula,E.: 1988, *Astron. Astrophys.*, **198**, 100
533		Skillman,E.D., Terlevich,R., Teuben,P.J., van Woerden,H.: 1988, *Astron. Astrophys.*, **198**, 33
545		van Moorsel,G.A.: 1988, *Astron. Astrophys.*, **202**, 59
544		Becker,R., Mebold,U., Reif,K., van Woerden,H.: 1988, *Astron. Astrophys.*, **203**, 21
546		Saglia,R.P., Sancisi,R.: 1988, *Astron. Astrophys.*, **203**, 28
559		van Driel,W., Fraix-Burnet,D., Boisson,C., Bottinelli,L., Gouguenheim,L.: 1988, *Astron. Astrophys.*, **205**, 47
539		Schombert,J.M., Bothun,G.D.: 1988, *Astron. J.*, **95**, 1389
532		Williams,B.A., van Gorkom,J.H.: 1988, *Astron. J.*, **95**, 352
498		Haynes,M.P., Giovanelli,R., Starosta,B.M., Magri,C.A.: 1988, *Astron. J.*, **95**, 607
529		Freudling,W., Haynes,M.P., Giovanelli,R.: 1988, *Astron. J.*, **96**, 1791
542	a	Guhathakurta,P., van Gorkom,J.H., Kotanyi,C.G., Balkowski,C.: 1988, *Astron. J.*, **96**, 851
	b	Cayatte,V., van Gorkom,J.H., Balkowski,C., Kotanyi,C., Guhathakurta,P.: 1988, in *Large Scale Structure and Motions in the Universe*, p. 329
515		Tifft,W.G., Cocke,W.J.: 1988, *Astrophys. J. Suppl.*, **67**, 1
549		Higdon,J.L.: 1988, *Astrophys. J.*, **326**, 146
551		Bregman,J.N., Roberts,M.S., Giovanelli,R.: 1988, *Astrophys. J.*, **330**, L93
541		Carignan,C., Freeman,K.C.: 1988, *Astrophys. J.*, **332**, L33
84		Magri,C., Haynes,M.P., Forman,W., Jones,C., Giovanelli,R.: 1988, *Astrophys. J.*, **333**, 136
534		Kim,D.-W., Guhathakurta,P., van Gorkom,J.H., Jura,M., Knapp,G.R.: 1988, *Astrophys. J.*, **333**, 684
516		Mahoney,J.H., van der Hulst,J.M., Burke,B.F.: 1988, *Astrophys. J.*, in press
527		Axon,D.J., Staveley-Smith,L., Fosbury,R.A.E., Danziger,I.J., Boksenberg,A., Davies,R.D.: 1988, *M.N.R.A.S.*, **231**, 1077
523		Staveley-Smith,L., Davies,R.D.: 1988, *M.N.R.A.S.*, **231**, 833
548		Norris,R.P., Gardner,F.F., Whiteoak,J.B., Allen,D.A., Roche,P.F.: 1988, *M.N.R.A.S.*, in press
528		Tully,R.B.: 1988, *Nearby Galaxy Catalog*
383		Whiteoak,J.B., Gardner,F.F: 1988, *Proc. A.S.A.*, **7**, 88
561		Maehara,H., Hamabe,M., Bottinelli,L., Gouguenheim,L., Heidmann,J., Takase,B.: 1988, *Publ.Astron.Soc.Japan*, **40**, 47
555		Oosterloo,T.: 1988, *Ph.D. Thesis*, Univ. Groningen
556		Eder,J., Schombert,J.M., Dekel,A., Oemler Jr., A.: 1989, preprint
500		Richter,O.-G., Ferguson,H.C., van Gorkom,J.H., Huchtmeier,W.K.: 1989, preprint
384		Richter,O.-G., Huchtmeier,W.K.: 1989, *Astron. Astrophys. Suppl.Ser.*, to be submitted
557		Shostak,G.S., Skillman,E.D.: 1989, *Astron. Astrophys.*, in press
565		Giovanelli,R., Haynes,M.P.: 1989, *Astron. J.*, in press
547		Richter,O.-G., Williams,B.A.: 1989, *Astron. J.*, to be submitted
520		Hoffman,G.L., Lewis,B.M., Helou,G., Salpeter,E.E., Williams,H.L.: 1989, *Astrophys. J. Suppl.*, **69**, 65
570		England,M.N.: 1989, *Astrophys. J.*, **337**, 19
558		Corbelli,E., Schneider,S.E., Salpeter,E.E.: 1989, *Astrophys. J.*, **97**, 390
554		Impey,C.D., Bothun,G.D.: 1989, *Astrophys. J.*, in press
553		Schweizer,F., van Gorkom,J.H., Seitzer,P.O.: 1989, *Astrophys. J.*, in press
568		Tilanus,R.P.J., Allen,R.J.: 1989, *Astrophys. J.*, in press
550		Davies,R.D., Staveley-Smith,L., Murray,J.D.: 1989, *M.N.R.A.S.*, **236**, 171

TABLE 3: References to further H I Emission and Absorption Observations

1000		Lilley,A.E., McClain,E.F.: 1956, *Astrophys. J.*, **123**, 172
1001		Heeschen,D.S.: 1956, *Astrophys. J.*, **124**, 660
1002		Heeschen,D.S.: 1957, *Publ. A. S. P.*, **69**, 350
1003		Dieter,N.H.: 1957, *Publ. A. S. P.*, **69**, 356
1004		Heeschen,D.S., Dieter,N.H.: 1958, *Proc. I.R.E.*, **46**, 234
1005		Field,G.B.: 1959, *Astrophys. J.*, **129**, 525
1006	a	Muller,C.A.: 1959, *I.A.U. Symp.* No. **9**, 465
	b	Muller,C.A.: 1959, *B.A.N.*, **14**, 339
1007		Field,G.B.: 1962, *Astrophys. J.*, **135**, 684
1008		Goldstein Jr.,S.J.: 1963, *Astrophys. J.*, **138**, 978
1009	a	Koehler,J.A., Robinson,B.J.: 1966, *Astrophys. J.*, **146**, 488
	b	Koehler,J.A.: 1966, *Astrophys. J.*, **146**, 504
1010		Roberts,M.S.: 1966, *Phys. Rev. Lett.*, **17**, 1203
1011		Penzias,A.A., Scott III,E.H.: 1968, *Astrophys. J.*, **153**, L7
1012		Allen,R.J.: 1968, *Nature*, **220**, 147
1013		Allen,R.J.: 1969, *Astron. Astrophys.*, **3**, 382
1014		Gordon,K.J.: 1969, *Astrophys. Lett.*, **4**, 47
1015		Penzias,A.A., Wilson,R.W.: 1969, *Astrophys. J.*, **156**, 799
1016		Heiles,C., Miley,G.K.: 1970, *Astrophys. J.*, **160**, L83
1017		Roberts,M.S.: 1970, *Astrophys. J.*, **161**, L9
1018		Baldwin,J.E., Field,E., Warner,P.J., Wright,M.C.H.: 1971, *M.N.R.A.S.*, **154**, 445
1019		Bottinelli,L.: 1971, *Astron. Astrophys.*, **10**, 437
1020		Weliachew,L.: 1971, *Publ. A. S. P.*, **83**, 609
1021		Wright,M.C.H.: 1971, *Astrophys. J.*, **166**, 455
1022		Balkowski,C.: 1973, *Astron. Astrophys.*, **29**, 43
1023		Brown,R.L., Roberts,M.S.: 1973, *Astrophys. J.*, **184**, L7
1024		Gerard,E.: 1973, *Astron. Astrophys.*, **28**, 95
1025		Gott III,J.R., Wrixon,G.T., Wannier,P.: 1973, *Astrophys. J.*, **186**, 777
1026		Kellman,S.A., Black,D.C.: 1973, *Astrophys. J.*, **184**, 753
1027		Roberts,M.S., Rots,A.H.: 1973, *Astron. Astrophys.*, **26**, 483
1028		de Young,D.S., Roberts,M.S., Saslaw,W.C.: 1973, *Astrophys. J.*, **185**, 809
1029		Balkowski,C., Bottinelli,L., Chamaraux,P., Gouguenheim,L., Heidmann,J.: 1974, *Mem.Soc.Astr. Ital.*, **45**, 611
1030		Bottinelli,L., Gouguenheim,L.: 1974, *Astron. Astrophys.*, **36**, 461
1031	a	Mathewson,D.S., Cleary,M.N., Murray,J.D.: 1974, *I.A.U. Symp.* No. **58**, 367
	b	Mathewson,D.S., Cleary,M.N., Murray,J.D.: 1974, *Astrophys. J.*, **190**, 291
1032		Roberts,M.S.: 1974, *Science*, **183**, 371
1033		Weliachew,L.: 1974, *Astrophys. J.*, **191**, 639
1034		Wright,M., Tarter,J., Silk,J.: 1974, *Astron. Astrophys.*, **36**, 441
1035		de Young,D.S., Roberts,M.S.: 1974, *Astrophys. J.*, **189**, 1
1036		Cohen,R.J., Davies,R.D.: 1975, *M.N.R.A.S*, **170**, 23P
1037		Mathewson,D.S., Cleary,M.N., Murray,J.D.: 1975, *Astrophys. J.*, **195**, L97
1038		Roberts,M.S., Whitehurst,R.N.: 1975, *Astrophys. J.*, **201**, 327
1039		Roberts,M.S.: 1975, in *Stars and Stellar Systems*, Vol. **9**, 309
1040		Cohen,R.J.: 1976, in *The Galaxy and the Local Group*, p. 249
1041		Ekers,R.D., van der Hulst,J.M., Miley,G.K.: 1976, *Nature*, **262**, 369
1042		Gottesman,S.T., Lucas,R., Weliachew,L., Wright,M.C.H.: 1976, *Astrophys. J.*, **204**, 699
1043		Lang,K.R.: 1976, *Astrophys. J.*, **206**, L91
1044		Lynden-Bell,D.: 1976, in *The Galaxy and the Local Group*, p. 235
1045		Davies,R.D., Pedlar,A.: 1977, *I.A.U. Coll.* No. **37**, 283
1046		Davies,R.D., Wright,A.E.: 1977, *M.N.R.A.S.*, **180**, 71
1047		Galt,J.A.: 1977, *Astrophys. J.*, **214**, L9
1048		Galt,J.A.: 1977, *Journ.Roy.Astron.Soc. Canada*, **71**, 394
1049		Mathewson,D.S., Schwarz,M.P., Murray,J.D.: 1977, *Astrophys. J.*, **217**, L5
1050		Roberts,M.S.: 1977, *C.N.R.S. Coll.* No. **263**, 501
1051		Shostak,G.S.: 1977, *Astron. Astrophys.*, **54**, 919
1052		Wolfe,A.M., Wills,B.J.: 1977, *Astrophys. J.*, **218**, 39
1053		Emerson,D.T.: 1978, *Astron. Astrophys.*, **63**, L29
1054		Hulsbosch,A.N.M.: 1978, *Astron. Astrophys.*, **66**, L5
1055	a	Haynes,M.P., Giovanelli,R., Burkhead,M.S.: 1978, *Astron. J.*, **83**, 938
	b	Giovanelli,R.: 1978, *I.A.U. Symp.* No. **77**, 276
1056		Haynes,M.P., Brown,R.L., Roberts,M.S.: 1978, *Astrophys. J.*, **221**, 414
1057		Wolfe,A.M., Broderick,J.J., Condon,J.J., Johnston,K.J.: 1978, *Astrophys. J.*, **222**, 752
1058		Peterson,B.M.: 1978, *Astrophys. J.*, **223**, 740
1059		Baan,W.A., Haschick,A.D., Burke,B.F.: 1978, *Astrophys. J.*, **225**, 339
1060		Salpeter,E.E.: 1978, *I.A.U. Symp.* No. **77**, 23

TABLE 3 (cont.)

1061		Sancisi,R.: 1978, *I.A.U. Symp.* No. **77**, 27
1062		Landecker,T.L.: 1978, *I.A.U. Symp.* No. **77**, 173
1063		Baldwin,J.E.: 1978, *I.A.U. Symp.* No. **77**, 191
1064		Huchtmeier,W.K.: 1978, *I.A.U. Symp.* No. **77**, 264
1065		Kinman,T.D.: 1978, *I.A.U. Symp.* No. **77**, 299
1066		Tully,R.B.: 1978, *I.A.U. Symp.* No. **77**, 299
1067		Landecker,T.L.: 1978, *I.A.U. Symp.* No. **77**, 300
1068		Brown,R.L., Spencer,R.E.: 1979, *Astrophys. J.*, **230**, L1
1069		Haynes,M.P.: 1979, *Astron. J.*, **84**, 1173
1070		Johnston,K.J., Broderick,J.J., Condon,J.J., Wolfe,A.M., Weiler,K., Genzel,R., Witzel,A., Booth,R.: 1979, *Astrophys. J.*, **234**, 466
1071		Materne,J., Huchtmeier,W.K., Hulsbosch,A.N.M.: 1979, *M.N.R.A.S.*, **186**, 563
1072		Mirabel,I.F., Cohen,R.J.: 1979, *M.N.R.A.S.*, **188**, 219
1073		Newman,W.I.: 1979, *Astron. Astrophys.*, **73**, 37
1074		Perrenod,S.C., Chaisson,E.J.: 1979, *Astrophys. J.*, **232**, 49
1075		Wright,M.C.H.: 1979, *Astrophys. J.*, **234**, 27
1076		Casertano,S.P.R., Shostak,G.S.: 1980, *Astron. Astrophys.*, **81**, 371
1077		Gordon,K.J., Gordon,C.P.: 1980, *Astron. J.*, **85**, 139
1078		Haschick,A.D., Crane,P.C., Greenfield,P.E., Burke,B.F., Baan,W.A.: 1980, *Astrophys. J.*, **239**, 774
1079		Peterson,B.M., Foltz,C.B.: 1980, *Astrophys. J.*, **242**, 879
1080		Shostak,G.S., Gilra,D.P., Noordam,J.E., Nieuwenhuijzen,H., de Graauw,T., Vermue,J.: 1980, *Astron. Astrophys.*, **81**, 223
1081		Wolfe,A.M.: 1980, *Phys. Scr.* Vol. **21**, 744
1082		Fisher,J.R., Tully,R.B.: 1981, *Astrophys. J.*, **243**, L23
1083		Crane,P., van der Hulst,J.M., Haschick,A.D.: 1982, *I.A.U. Symp.* No. **97**, 307
1084		Wolfe,A.M., Davis,M.M., Briggs,F.H.: 1982, *Astrophys. J.*, **259**, 495
1085		Davis,M.M., Wolfe,A.M.: 1982, *I.A.U. Symp.* No. **97**, 311
1086		Haschick,A.D., Crane,P.C., van der Hulst,J.M.: 1982, *Astrophys. J.*, **262**, 81
1087		Dickey,J.M.: 1982, *Astrophys. J.*, **263**, 87
1088		Morras,R.: 1983, *Astron. J.*, **88**, 62
1089		van der Hulst,J.M., Golisch,W.F., Haschick,A.D.: 1983, *Astrophys. J.*, **264**, L37
1090		Brown,R.L., Mitchell,K.J.: 1983, *Astrophys. J.*, **264**, 87
1091		Bothun,G.D., Schommer,R.A.: 1983, *Astrophys. J.*, **267**, L15
1092		Haschick,A.D., Crane,P.C., Baan,W.A.: 1983, *Astrophys. J.*, **269**, L43
1093		Briggs,F.H.: 1983, *Astrophys. J.*, **274**, 86
1094		McGee,R.X., Newton,L.M., Morton,D.C.: 1983, *M.N.R.A.S.*, **205**, 1191
1095		Thonnard,N.: 1983, *I.A.U. Symp.* No. **100**, 29
1096		Knapp,G.R.: 1983, *I.A.U. Symp.* No. **100**, 297
1097		Weliachew,L., Fomalont,E.B., Greisen,E.W.: 1984, *Astron. Astrophys.*, **137**, 335
1098		Fouque,P.: 1984, *Astron. Astrophys. Suppl.Ser.*, **55**, 55
1099		Bothun,G.D.: 1985, *Astron. J.*, **90**, 1982
1100		Dickey,J.M.: 1986, *Astrophys. J.*, **300**, 190
1101		Hardy,E., Noreau,L.: 1987, *Astron. J.*, **94**, 1497
1102		Baan,W.A., van Gorkom,J.H., Schmelz,J.T., Mirabel,I.F.: 1987, *Astrophys. J.*, **313**, 102
1103		Schmelz,J.T., Baan,W.A., Haschick,A.D.: 1987, *Astrophys. J.*, **315**, 492
1104		Carilli,C.L., van Gorkom,J.H.: 1987, *Astrophys. J.*, **319**, 683
1105		Meaburn,J., Marston,A.P., McGee,R.X., Newton,L.M.: 1987, *M.N.R.A.S.*, **225**, 591
1106		Appleton,P.N., Ghigo,F.D., van Gorkom,J.H., Schombert,J.M., Struck-Marcell,C.: 1987, *Nature*, **330**, 140
1107	a	Noreau,L., Hardy,E.: 1987, *I.A.U. Symp.* No. **130**, 207
	b	Noreau,L., Hardy,E.: 1988, *Astron. J.*, **96**, 1845
1108		de Bruyn,A.G., Wieringa,M.H., Katgert,P., Sancisi,R.: 1987, *I.A.U. Symp.* No. **130**, 211
1109		van Gorkom,J.H.: 1987, *I.A.U. Symp.* No. **127**, 421
1110		Martin,J.M., Bottinelli,L., Dennefeld,M., Gouguenheim,L., Handa,T., Le Squeren,A.M., Nakai,N., Sofue,Y.: 1988, *Astron. Astrophys.*, **195**, 71
1111		van der Hulst,J.M., Sancisi,R.: 1988, *Astron. J.*, **95**, 1354
1112		Hutchings,J.B., Neff,S.G., van Gorkom,J.H.: 1988, *Astron. J.*, **96**, 1227
1113		Mirabel,I.F., Kazes,I., Sanders,D.B.: 1988, *Astrophys. J.*, **324**, L59
1114		Brown,R.L., Broderick,J.J., Johnston,K.J., Benson,J.M., Mitchell,K.J., Waltman,W.B.: 1988, *Astrophys. J.*, **329**, 138
1115		Schmelz,J.T., Baan,W.A., Haschick,A.D.: 1988, *Astrophys. J.*, **329**, 142
1116		Dickey,J.M., Brinks,E.: 1988, *M.N.R.A.S.*, **233**, 781
1117		Martin,J.M., Bottinelli,L., Dennefeld,M., Gouguenheim,L., Le Squeren,A.M.: 1989, *Astron. Astrophys.*, **208**, 39
1118		van Gorkom,J.H., Knapp,G.R., Ekers,R.D., Ekers,D.D., Laing,R.A., Polk,K.S.: 1989, preprint

TABLE 4: Discussions of Global Galaxy Parameters from H I Observations

1400	a	Byrd,G.G.: 1977, *Astrophys. J.*, **208**, 688
	b	Byrd,G.G.: 1977, *Astrophys. J.*, **218**, 86
1401		Li Zong-yun, Liu Ru-liang: 1981, *Chin. Astron. Astrophys.*, **5**, 205
1402	a	Sofue,Y., Kato,T.: 1981, *Publ. Astron. Soc. Japan*, **33**, 449
	b	Sawa,T., Sofue,Y.: 1982, *Publ. Astron. Soc. Japan*, **33**, 665
	c	Nakai,N., Sofue,Y.: 1984, *Publ. Astron. Soc. Japan*, **36**, 313
1403		Bothun,G.D.: 1984, *Astrophys. J.*, **277**, 532
1404		Appleton,P.N.: 1984, in *Clusters and Groups of Galaxies*, p. 273
1405		Bohnenstengel,H.-D.: 1984, in *Clusters and Groups of Galaxies*, p. 275
1406		Warmels,R.H., van Woerden,H.: 1984, in *Clusters and Groups of Galaxies*, p. 251
1407		Knapp,G.R., Turner,E.L., Cunniffe,P.E.: 1985, *Astron. J.*, **90**, 454
1408		Chamaraux,P., Balkowski,C., Fontanelli,P.: 1986, *Astron. Astrophys.*, **165**, 15
1409		Wardle,M., Knapp,G.R.: 1986, *Astron. J.*, **91**, 23
1410		McGee,R.X., Newton,L.M.: 1986, *Proc. A.S.A.*, **6**, 471
1411		Altschuler,D.R., Davis,M.M., Giovanardi,C.: 1987, *Astron. Astrophys.*, **178**, 16
1412		Sancisi,R., van Albada,T.S.: 1987, *I.A.U. Symp.* No. 117, 67
1413		Huchtmeier,W.K., Richter,O.-G.: 1988, *Astron. Astrophys.*, **203** 237
1414		Sancisi,R.: 1988, preprint

TABLE 5: Discussions of the Tully - Fisher Relation

1600		Tully,R.B., Fisher,J.R.: 1975, *C.N.R.S. Coll.* No. **241**, 95
1601		Sandage,A., Tammann,G.A.: 1976, *Astrophys. J.*, **210**, 7
1602		Tully,R.B., Fisher,J.R.: 1977, *Astron. Astrophys.*, **54**, 661
1603		Roberts,M.S.: 1978, *Astron. J.*, **83**, 1026
1604		Shostak,G.S.: 1978, *Astron. Astrophys.*, **68**, 321
1605		Aaronson,M., Huchra,J.P., Mould,J.R.: 1979, *Astrophys. J.*, **229**, 1
1606		Aaronson,M., Mould,J.R., Huchra,J.P.: 1980, *Astrophys. J.*, **237**, 655
1607		Bottinelli,L., Gouguenheim,L., Paturel,G., de Vaucouleurs,G.: 1980, *Astrophys. J.*, **242**, L153
1608		Mould,J.R., Aaronson,M., Huchra,J.P.: 1980, *Astrophys. J.*, **238**, 458
1609		Visvanathan,N.: 1981, J.Astrophys.Astron., **2**, 67
1610		Aaronson,M., Mould,J., Huchra,J., Schechter,P.L., Tully,R.B.: 1982, *Astrophys. J.*, **258**, 64
1611		de Vaucouleurs,G., Buta,R., Bottinelli,L., Gouguenheim,L., Paturel,G.: 1982, *Astrophys. J.*, **254**, 8
1612		Hart,L., Davies,R.D.: 1982, *Nature*, **297**, 191
1613		Huchtmeier,W.K.: 1982, *Astron. Astrophys.*, **110**, 121
1614		Richter,O.-G.: 1982, *Ph.D. Thesis*, Univ. Hamburg
1615		Tully,R.B., Mould,J.R., Aaronson,M.: 1982, *Astrophys. J.*, **257**, 527
1616		Aaronson,M., Mould,J.: 1983, *Astrophys. J.*, **265**, 1
1617	a	Bottinelli,L., Gouguenheim,L., Paturel,G., de Vaucouleurs,G.: 1983, *Astron. Astrophys.*, **118**, 4
	b	Bottinelli,L., Gouguenheim,L., Paturel,G., de Vaucouleurs,G.: 1984, *Astron. Astrophys. Suppl.Ser.*, **56**, 381
	c	Bottinelli,L., Gouguenheim,L., Paturel,G., de Vaucouleurs,G.: 1985, *Astron. Astrophys. Suppl.Ser.*, **59**, 43
1618		de Vaucouleurs,G.: 1983, *M.N.R.A.S.*, **202**, 367
1619		Meisels,A.: 1983, *Astron. Astrophys.*, **118**, 21
1620		Visvanathan,N.: 1983, *Astrophys. J.*, **275**, 430
1621		Bottinelli,L., Gouguenheim,L., Paturel,G., de Vaucouleurs,G.: 1984, *Astrophys. J.*, **280**, 34
1622		Bothun,G.D.: 1984, *Astrophys. J.*, **277**, 532
1623		Richter,O.-G.: 1984, in *Clusters and Groups of Galaxies*, p. 401
1624		Richter,O.-G., Huchtmeier,W.K.: 1984, *Astron. Astrophys.*, **132**, 253
1625		Sandage,A., Tammann,G.A.: 1984, *Nature*, **307**, 326
1626		Bothun,G.D., Mould,J., Schommer,R.A., Aaronson,M.: 1985, *Astrophys. J.*, **291**, 586
1627		Bottinelli,L., Gouguenheim,L., Paturel,G., Teerikorpi,P.: 1985, in *New Aspects of Galaxy Photometry*, p. 223
1628		Giraud,E.: 1985, *Astron. Astrophys.*, **153**, 125
1629		Giraud,E.H.: 1986, *Astrophys.*, **155**, 283
1630		Bottinelli,L., Gouguenheim,L., Paturel,G., Teerikorpi,P.: 1986, *Astron. Astrophys.*, **156**, 57
1631		Aaronson,M., Bothun,G., Mould,J., Huchra,J., Schommer,R.A., Cornell,M.E.: 1986, *Astrophys. J.*, **302**, 536
1632		Giraud,E.: 1986, *Astrophys. J.*, **309**, 512
1633		Aaronson,M.: 1986, in *Galaxy Distances and Deviations from Universal Expansion*, p. 55
1634		Huchtmeier,W.K.: 1986, in *Galaxy Distances and Deviations from Universal Expansion*, p. 63
1635		Kraan-Korteweg,R.C., Cameron,L., Tammann,G.A.: 1986, in *Galaxy Distances and Deviations from Universal Expansion*, p. 65
1636	a	Bottinelli,L., Fouque,P., Gouguenheim,L., Paturel,G., Teerikorpi,P.: 1986, in *Galaxy Distances and Deviations from Universal Expansion*, p. 73
	b	Bottinelli,L., Fouque,P., Gouguenheim,L., Paturel,G., Teerikorpi,P.: 1987, *Astron. Astrophys.*, **181**, 1
1637		Bothun,G.D.: 1986, in *Galaxy Distances and Deviations from Universal Expansion*, p. 87
1638		Visvanathan,N.: 1986, in *Galaxy Distances and Deviations from Universal Expansion*, p. 99
1639	a	Richter,O.-G.: 1986, in *Galaxy Distances and Deviations from Universal Expansion*, p. 105
	b	Richter,O.-G., Tammann,G.A., Huchtmeier,W.K.: 1987, *Astron. Astrophys.*, **171**, 33
1640		Mould,J.: 1986, in *Galaxy Distances and Deviations from Universal Expansion*, p. 111
1641		Aaronson,M.: 1987, *I.A.U. Symp.* No. 124, 185
1642		Giraud,E.: 1987, *Astron. Astrophys.*, **174**, 23
1643		Bottinelli,L., Gouguenheim,L., Teerikorpi,P.: 1988, *Astron. Astrophys.*, **196**, 17
1644		Bottinelli,L., Gouguenheim,L., Paturel,G., Teerikorpi,P.: 1988, *Astrophys. J.*, **328**, 4
1645		Sandage,A.: 1988, *Astrophys. J.*, **331**, 605
1646		Kraan-Korteweg,R.C., Cameron,L.M., Tammann,G.A.: 1988, *Astrophys. J.*, **331**, 620
1647		Huchtmeier,W.K.: 1988, in *Large Scale Structure and Motions in the Universe*, p. 367
1648		Staveley-Smith,L., Davies,R.D.: 1988, in *Large Scale Structure and Motions in the Universe*, p. 439

TABLE 6: Catalogues, Review Articles, Popular Articles, and Miscellaneous H I References

1800	Wright,M.C.H.: 1971, *Astrophys. J.*, **166**, 455
1801	Roberts,M.S.: 1972, *I.A.U. Symp.* No. **44**, 12
1802	Roberts,M.S., Rots,A.H.: 1973, *Astron.Astrophys.*, **26**, 483
1803	Haynes,M.P.: 1979, *I.A.U. Symp.* No. **84**, 567
1804	Bottinelli,L., Gouguenheim,L., Paturel,G.: 1982, *Astron. Astrophys. Suppl.Ser.*, **47**, 171
1805	Aaronson,M., Huchra,J., Mould,J.R., Tully,R.B., Fisher,J.R., van Woerden,H., Goss,W.M., Chamaraux,P., Mebold,U., Siegman,B., Berriman,G., Persson,S.E: 1982, *Astrophys. J. Suppl.*, **50**, 241
1806	Huchtmeier,W.K., Richter,O.-G., Bohnenstengel,H.-D., Hauschildt,M.: 1983, ESO Scientific preprint no. 250
1807	Haynes,M.P., Giovanelli,R., Chincarini,G.L.: 1984, in *Clusters and Groups of Galaxies*, p. 445
1808	Baiesi-Pillastrini,G.C., Palumbo,G.G.C.: 1986, *Astron. Astrophys.*, **163**, 1

TABLE 7: Abstracts published in *Astron.J.* and *Bull.A.A.S.*

2000	Kerr,F.J., Hindman,J.V.: 1953, *Astron.J.*, **58**, 218
2001	Heeschen,D.S.: 1957, *Astron.J.*, **62**, 18
2002	Dieter,N.H.: 1958, *Astron.J.*, **63**, 49
2003	Westerhout,G.: 1959, *Astron.J.*, **64**, 134
2004	Cooper,B.F.C., Epstein,E.E., Goldstein Jr.,S.J., Jelley,J.V., Kaftan-Kassim,M.A.: 1960, *Astron.J.*, **65**, 486
2005	Hindman,J.V., McGee,R.X., Carter,A.W.L., Kerr,F.J.: 1961, *Astron.J.*, **66**, 45
2006	Penzias,A.A.: 1961, *Astron.J.*, **66**, 293
2007	Roberts,M.S.: 1961, *Astron.J.*, **66**, 294
2008	Dieter,N.H., Epstein,E.E., Lilley,A.E., Roberts,M.S.: 1962, *Astron.J.*, **67**, 270
2009	Epstein,E.E.: 1962, *Astron.J.*, **67**, 271
2010	Burke,B.F., Ecklund,E.T., Johnson,P.A., Turner,K.C., Tuve,M.A.: 1963, *Astron.J.*, **68**, 70
2011	Burke,B.F., Turner,K.C., Tuve,M.A.: 1963, *Astron.J.*, **68**, 274
2012	Burley,J.: 1963, *Astron.J.*, **68**, 274
2013	Turner,K.C., Tuve,M.A., Burke,B.F.: 1963, *Astron.J.*, **68**, 295
2014	Seielstad,G.A., Whiteoak,J.B., Radhakrishnan,V., Fomalont,E.B.: 1965, *Astron.J.*, **70**, 147
2015	Brundage,W.D., Kraus,J.D.: 1965, *Astron.J.*, **70**, 669
2016	Roberts,M.S.: 1965, *Astron.J.*, **70**, 689
2017	Goldstein Jr.,S.J.: 1966, *Astron.J.*, **71**, 162
2018	Meng,S.Y., Kraus,J.D.: 1966, *Astron.J.*, **71**, 170
2019	Koehler,J.A.: 1966, *Astron.J.*, **71**, 860
2020	Gordon,K.J.: 1968, *Astron.J.*, **73**, 14S
2021	Turner,K.C.: 1968, *Astron.J.*, **73**, 37S
2022	Gordon,K.J., Remage,N.H., Roberts,M.S.: 1968, *Astron.J.*, **73**, 95S
2023	Penzias,A.A., Wilson,R.W.: 1968, *Astron.J.*, **73**, 113S
2024	Gordon,K.J.: 1968, *Astron.J.*, **73**, 178S
2025	Heidmann,N.: 1969, *Bull.A.A.S.*, **1**, 192
2026	Turner,K.C.: 1970, *Bull.A.A.S.*, **2**, 222
2027	Wright,M.C.H.: 1971, *Bull.A.A.S.*, **3**, 240
2028	Wright,M.C.H.: 1971, *Bull.A.A.S.*, **3**, 352
2029	Shostak,G.S., Rogstad,D.H.: 1972, *Bull.A.A.S.*, **4**, 238
2030	Rogstad,D.H., Shostak,G.S.: 1972, *Bull.A.A.S.*, **4**, 265
2031	Weliachew,L.: 1973, *Bull.A.A.S.*, **5**, 429
2032	Fisher,J.R., Tully,R.B.: 1973, *Bull.A.A.S.*, **5**, 429
2033	Erkes,J.W., Turner,K.C., Connors,D.T.: 1973, *Bull.A.A.S.*, **5**, 430
2034	Shostak,G.S.: 1973, *Bull.A.A.S.*, **5**, 430
2035	DeYoung,D.S., Roberts,M.S.: 1973, *Bull.A.A.S.*, **5**, 431
2036	Gallagher III,J.S., Faber,S.M., Balick,B.: 1974, *Bull.A.A.S.*, **6**, 332
2037	Faber,S.M., Gallagher III,J.S.: 1974, *Bull.A.A.S.*, **6**, 332
2038	Gottesman,S.T., Weliachew,L.: 1974, *Bull.A.A.S.*, **6**, 435
2039	Siefert,P.T., Gottesman,S.T.: 1974, *Bull.A.A.S.*, **6**, 435
2040	Wolfe,A.M., Burbidge,G.R.: 1975, *Bull.A.A.S.*, **7**, 422
2041	Rots,A.H.: 1975, *Bull.A.A.S.*, **7**, 506
2042	Peterson,C.J., Rubin,V.C., Ford Jr.,W.K., Thonnard,N.: 1975, *Bull.A.A.S.*, **7**, 539
2043	Allen,R.J., Sullivan III,W.T.: 1976, *Bull.A.A.S.*, **8**, 297
2044	Wolfe,A.M., Broderick,J.J., Condon,J.J., Johnston,K.J.: 1976, *Bull.A.A.S.*, **8**, 367
2045	Krumm,N., Salpeter,E.: 1976, *Bull.A.A.S.*, **8**, 395
2046	Haschick,A.D., Baan,W.A., Burke,B.F.: 1976, *Bull.A.A.S.*, **8**, 496
2047	Krumm,N., Salpeter,E.: 1976, *Bull.A.A.S.*, **8**, 496
2048	Peterson,C.J., Rubin,V.C., Ford Jr.,W.K., Thonnard,N.: 1977, *Bull.A.A.S.*, **9**, 336
2049	Haynes,M.P., Roberts,M.S.: 1977, *Bull.A.A.S.*, **9**, 361
2050	Haynes,M.P., Giovanelli,R., Roberts,M.S.: 1977, *Bull.A.A.S.*, **9**, 361
2051	Kerr,F.J., Knapp,G.R., Williams,B.A.: 1977, *Bull.A.A.S.*, **9**, 361
2052	Davis,M.M., Sullivan III,W.T., Harris,H.: 1977, *Bull.A.A.S.*, **9**, 362
2053	Gottesman,S.T., Weliachew,L.: 1977, *Bull.A.A.S.*, **9**, 362
2054	Haschick,A.D., Baan,W.A., Burke,B.F., Crane,P.C.: 1977, *Bull.A.A.S.*, **9**, 362
2055	Shane,W.W.: 1977, *Bull.A.A.S.*, **9**, 362
2056	Haynes,M.P., Roberts,M.S.: 1977, *Bull.A.A.S.*, **9**, 584
2057	Thonnard,N., Rubin,V.C.: 1977, *Bull.A.A.S.*, **9**, 619
2058	Heckman,T.M., Balick,B., Sullivan III,W.T.: 1977, *Bull.A.A.S.*, **9**, 619
2059	Seitzer,P.O., Thuan,T.X.: 1978, *Bull.A.A.S.*, **10**, 423
2060	van der Hulst,J.M.: 1978, *Bull.A.A.S.*, **10**, 428
2061	Mirabel,I.F.: 1978, *Bull.A.A.S.*, **10**, 619
2062	Chincarini,G., Giovanelli,R., Haynes,M.P.: 1978, *Bull.A.A.S.*, **10**, 663
2063	Haynes,M.P., Chincarini,G., Giovanelli,R.: 1978, *Bull.A.A.S.*, **10**, 673
2064	Sullivan III,W.T., Schommer,R.A., Bates,B.A.: 1978, *Bull.A.A.S.*, **10**, 687

TABLE 7 (cont.)

2065	Giovanelli,R.: 1979, *Bull. A.A.S.*, **11**, 406
2066	Krumm,N., Burstein,D.: 1979, *Bull. A.A.S.*, **11**, 429
2067	Gordon,K.J., Gordon,C.P.: 1979, *Bull. A.A.S.*, **11**, 430
2068	Haynes,M.P.: 1979, *Bull. A.A.S.*, **11**, 430
2069	Peterson,S.D., Shostak,G.S.: 1979, *Bull. A.A.S.*, **11**, 459
2070	Aaronson,M., Mould,J., Huchra,J., Sullivan III,W., Schommer,R., Bothun,G.: 1979, *Bull. A.A.S.*, **11**, 634
2071	Sullivan III,W.T., Schommer,R.A., Bothun,G.D.: 1979, *Bull. A.A.S.*, **11**, 655
2072	Giovanelli,R., Chincarini,G.L., Haynes,M.P.: 1979, *Bull. A.A.S.*, **11**, 667
2073	Haynes,M.P., Giovanelli,R.: 1979, *Bull. A.A.S.*, **11**, 668
2074	Rots,A.H.: 1979, *Bull. A.A.S.*, **11**, 673
2075	Bothun,G.D., Sullivan III,W.T.: 1979, *Bull. A.A.S.*, **11**, 675
2076	Thonnard,N., Rubin,V.C., Ford Jr.,W.K.: 1979, *Bull. A.A.S.*, **11**, 717
2077	Lo,K.Y., Sargent,W.L.W., Sancisi,R.: 1979, *Bull. A.A.S.*, **11**, 718
2078	Williams,B.A.: 1980, *Bull. A.A.S.*, **12**, 472
2079	Bonnell,J.T., Jackson,P.D., Mirabel,I.F.: 1980, *Bull. A.A.S.*, **12**, 472
2080	Davis,M.M., Wolfe,A.M.: 1980, *Bull. A.A.S.*, **12**, 494
2081	Rots,A.H., Goad,J.W.: 1980, *Bull. A.A.S.*, **12**, 803
2082	Haynes,M.P., Giovanelli,R.: 1980, *Bull. A.A.S.*, **12**, 804
2083	Giovanelli,R., Haynes,M.P., Chincarini,G.L.: 1981, *Bull. A.A.S.*, **13**, 530
2084	Haynes,M.P., Giovanelli,R.: 1981, *Bull. A.A.S.*, **13**, 842
2085	Bothun,G.D., Romanishin,W., Margon,B., Schommer,R.A., Chanan,G.A.: 1981, *Bull. A.A.S.*, **13**, 848
2086	Williams,B.A.: 1981, *Bull. A.A.S.*, **13**, 868
2087	Johnson,D.W., Gottesman,S.T.: 1981, *Bull. A.A.S.*, **13**, 893
2088	Balkowski,C.: 1981, *Bull. A.A.S.*, **13**, 893
2089	van der Hulst,J.M., Golisch,W.F., Haschick,A.D.: 1981, *Bull. A.A.S.*, **13**, 893
2090	Davis,M.M., Wolfe,A.M., Briggs,F.M.: 1982, *Bull. A.A.S.*, **14**, 649
2091	Helou,G., Giovanardi,C., Salpeter,E.E.: 1982, *Bull. A.A.S.*, **14**, 664
2092	Turner,K.C., Kulkarni,S., Heiles,C.E., Dickey,J.M.: 1982, *Bull. A.A.S.*, **14**, 882
2093	Haynes,M.P., Giovanelli,R., Hewitt,J.N.: 1982, *Bull. A.A.S.*, **14**, 905
2094	Giovanelli,R., Haynes,M.P.: 1982, *Bull. A.A.S.*, **14**, 905
2095	Bothun,G., Aaronson,M., Schommer,R.A., Mould,J., Huchra,J., Sullivan III,W.T.: 1982, *Bull. A.A.S.*, **14**, 949
2096	Baan,W.A., Haschick,A.D.: 1982, *Bull. A.A.S.*, **14**, 957
2097	Williams,B.A.: 1983, *Bull. A.A.S.*, **15**, 657
2098	Purton,C.R., Innanen,K.A., Papp,K.A.: 1984, *Bull. A.A.S.*, **15**, 908
2099	Ball,J.R.: 1984, *Bull. A.A.S.*, **15**, 934
2100	van Gorkom,J.H., Kotanyi,C.G., Balkowski,C.: 1984, *Bull. A.A.S.*, **15**, 975
2101	Terzian,Y., Schneider,S.E., Helou,G., Salpeter,E.E.: 1984, *Bull. A.A.S.*, **15**, 975
2102	Lewis,B.M.: 1984, *Bull. A.A.S.*, **16**, 410
2103	Schneider,S.E.: 1984, *Bull. A.A.S.*, **16**, 455
2104	Ghigo,F.D., Hine,B.P., van der Hulst,J.M.: 1984, *Bull. A.A.S.*, **16**, 455
2105	Rood,H.J., Williams,B.A.: 1984, *Bull. A.A.S.*, **16**, 539
2106	Dressel,L.L., Hester,J.J.: 1984, *Bull. A.A.S.*, **16**, 539
2107	Mahoney,J.M., van der Hulst,J.M., Burke,B.F.: 1984, *Bull. A.A.S.*, **16**, 539
2108	Hunter Jr.,J.H., Gottesman,S.T., Ball,J.R., Huntley,J.M.: 1984, *Bull. A.A.S.*, **16**, 539
2109	Simkin,S.M., van Gorkom,J.: 1984, *Bull. A.A.S.*, **16**, 539
2110	van Gorkom,J.H., Kotanyi,C.G., Balkowski,C.: 1984, *Bull. A.A.S.*, **16**, 720
2111	Haynes,M.P., Magri,C.A., Giovanelli,R.: 1984, *Bull. A.A.S.*, **16**, 882
2112	Dickey,J.M.: 1984, *Bull. A.A.S.*, **16**, 917
2113	Irwin,J.A., Taylor,A.R., Seaquist,E.R.: 1984, *Bull. A.A.S.*, **16**, 950
2114	Giovanelli,R., Haynes,M.P.: 1984, *Bull. A.A.S.*, **16**, 961
2115	Schneider,S.E., Salpeter,E.E., Terzian,Y.: 1984, *Bull. A.A.S.*, **16**, 991
2116	Williams,B.A.: 1985, *Bull. A.A.S.*, **17**, 601
2117	Schneider,S.E., Salpeter,E.E., Terzian,Y.: 1985, *Bull. A.A.S.*, **17**, 602
2118	Tacconi,L.J., Young,J.S.: 1985, *Bull. A.A.S.*, **17**, 613
2119	Armstrong,J.T., Wootten,H.A.: 1985, *Bull. A.A.S.*, **17**, 858
2120	van der Hulst,J.M., Skillman,E.D., Kennicutt,R.C., Bothun,G.D.: 1986, *Bull. A.A.S.*, **18**, 691
2121	Skillman,E.D.: 1986, *Bull. A.A.S.*, **18**, 691
2122	Lewis,B.M.: 1986, *Bull. A.A.S.*, **18**, 708
2123	Appleton,P.N., van der Hulst,J.H., Kim,Y.: 1986, *Bull. A.A.S.*, **18**, 708
2124	Simkin,S.M., van Gorkom,J.H., Hibbard,J., Su,H.-J.: 1986, *Bull. A.A.S.*, **18**, 848
2125	Murray,M.A., Skillman,E.D., Bothun,G.D., Warmels,R.H.: 1986, *Bull. A.A.S.*, **18**, 905
2126	van Gorkom,J.H., Guhathakurta,P., Kotanyi,C.G., Balkowski,C.: 1986, *Bull. A.A.S.*, **18**, 906
2127	Lada,C.J., Margulis,M., Sofue,Y., Nakai,N., Handa,T.: 1986, *Bull. A.A.S.*, **18**, 916
2128	Schmelz,J.T., Baan,W.A., Haschick,A.D.: 1986, *Bull. A.A.S.*, **18**, 916
2129	van Driel,W., van Woerden,H.: 1986, *Bull. A.A.S.*, **18**, 926
2130	Carilli,C.L., van Gorkom,J.H.: 1986, *Bull. A.A.S.*, **18**, 969

TABLE 7 (cont.)

2131	Kerr,F.J.: 1986, *Bull. A.A.S.*, **18**, 976
2132	Thuan,T.X., Schneider,S.E.: 1986, *Bull. A.A.S.*, **18**, 997
2133	Dressel,L.L.: 1986, *Bull. A.A.S.*, **18**, 998
2134	Magri,C.: 1986, *Bull. A.A.S.*, **18**, 999
2135	Glendenning,B.E., Kronberg,P.P.: 1986, *Bull. A.A.S.*, **18**, 1006
2136	Schneider,S.E., Thuan,T.X., Salpeter,E.E., Terzian,Y.: 1986, *Bull. A.A.S.*, **18**, 1014
2137	Dow,M.W., Salpeter,E.E., Lewis,B.M.: 1986, *Bull. A.A.S.*, **18**, 1034
2138	Irwin,J.A., Seaquist,E.R., Taylor,A.R., Duric,N.: 1986, *Bull. A.A.S.*, **18**, 1047
2139	Ebneter,K., Davis,M., Jeske,N., Stevens,M.: 1987, *Bull. A.A.S.*, **19**, 681
2140	Carignan,C., Freeman,K.C.: 1987, *Bull. A.A.S.*, **19**, 684
2141	Ferguson,H.C., Richter,O.-G., van Gorkom,J.H.: 1987, *Bull. A.A.S.*, **19**, 686
2142	Williams,B.A., van Gorkom,J.H.: 1987, *Bull. A.A.S.*, **19**, 688
2143	Kim,D.W., Guhathakurta,P., van Gorkom,J.H., Jura,M., Knapp,G.R.: 1987, *Bull. A.A.S.*, **19**, 1031
2144	Freudling,W., Haynes,M.P., Giovanelli,R.: 1987, *Bull. A.A.S.*, **19**, 1079
2145	Higdon,J.L.: 1988, *Bull. A.A.S.*, **20**, 644
2146	Garcia-Barreto,J.A., Magri,C., Pismis,P.: 1988, *Bull. A.A.S.*, **20**, 910
2147	Henning,P.A., Kerr,F.J.: 1988, *Bull. A.A.S.*, **20**, 1027
2148	Carilli,C.L., van Gorkom,J.H., Stocke,J.: 1988, *Bull. A.A.S.*, **20**, 1027
2149	Wallington,S., Katz,N., Gunn,J.E., Knapp,G., van Gorkom,J.H.: 1988, *Bull. A.A.S.*, **20**, 1038
2150	Tacconi,L.J., Wesselius,P.R., van der Hulst,J.M.: 1988, *Bull. A.A.S.*, **20**, 1075
2151	Rots,A.H., Crane,P.C., van der Hulst,J.M., Bosma,A.: 1988, *Bull. A.A.S.*, **20**, 1082
2152	Hurt,R., Turner,J., Ho,P.: 1988, *Bull. A.A.S.*, **20**, 1082
2153	Eder,J.: 1988, *Bull. A.A.S.*, **20**, 1082

Table 8: Author Index with Number of References and Number of Entries

No.	Author	N_R	N_E	References
1	Aaronson,M.	19	690	358, 379, 396, 505, 543, 552, 1605, 1606, 1608, 1610, 1615, 1616, 1626, 1631, 1633, 1641, 1805, 2070, 2095
2	Ables,J.G.	1	1	495
3	Allen,D.A.	2	27	146, 548
4	Allen,R.J.	21	71	4, 5, 6, 7, 8, 9, 10, 191, 192, 204, 244, 257, 283, 439, 444, 480, 567, 568, 1012, 1013, 2043
5	Allsopp,N.J.	5	11	11, 12, 13, 14, 352
6	Altschuler,D.R.	1	0	1411
7	Appleton,P.N.	9	112	15, 296, 387, 433, 455, 517, 1106, 1404, 2123
8	Argyle,E.	1	1	306
9	Armstrong,J.T.	3	347	471, 503, 2119
10	Arp,H.	3	136	78, 149, 499
11	Athanassoula,E.	1	1	530
12	Atherton,P.D.	1	1	567
13	Axon,D.J.	1	1	527
14	Baan,W.A.	14	6	16, 110, 465, 470, 1059, 1078, 1092, 1102, 1103, 1115, 2046, 2054, 2096, 2128
15	Baars,J.W.M.	1	1	17
16	Baiesi-Pillastrini,G.C.	1	0	1808
17	Bajaja,E.	8	51	56, 275, 335, 371, 386, 434, 486, 514
18	Baldwin,J.E.	4	2	217, 338, 1018, 1063
19	Balick,B.	13	172	18, 88, 94, 95, 114, 126, 131, 348, 391, 396, 398, 2036, 2058
20	Balkowski,C.	20	308	19, 20, 21, 22, 23, 24, 232, 234, 246, 309, 325, 501, 542, 1022, 1029, 1408, 2088, 2100, 2110, 2126
21	Ball,J.R.	4	8	100, 436, 2099, 2108
22	Balnares,K.M.	1	1	295
23	Bania,T.M.	2	16	82, 300
24	Barrett,A.H.	1	72	471
25	Bates,B.	2	87	328, 2064
26	Beale,J.S.	1	1	25
27	Beard,M.	1	2	301
28	Becker,R.	1	33	544
29	Beers,T.C.	1	572	490
30	Begeman,K.	1	4	522
31	Benson,J.M.	1	0	1114
32	Bergeron,J.	1	2	485
33	Bergvall,N.	1	1	560
34	Berriman,G.	1	0	1805
35	Bertola,F.	1	1	540
36	Bicay,M.D.	1	643	467
37	Bieging,J.H.	3	108	26, 27, 28
38	Biermann,P.	6	186	27, 28, 29, 30, 235, 399
39	Black,D.C.	1	0	1026
40	Blackman,C.P.	1	3	148
41	Boesgaard,A.M.	2	2	210, 337
42	Bohnenstengel,H.-D.	6	36	118, 119, 318, 416, 1405, 1806
43	Boisse,P.	1	2	485
44	Boisson,C.	1	3	559
45	Boksenberg,A.	1	1	527
46	Bonnell,J.T.	1	0	2079
47	Booth,R.	1	0	1070
48	Bosma,A.	8	18	31, 32, 228, 270, 283, 374, 530, 2151
49	Bothun,G.D.	36	1472	312, 328, 329, 344, 358, 391, 392, 396, 398, 409, 413, 445, 477, 490, 497, 505, 510, 526, 539, 543, 552, 554, 1091, 1099, 1403, 1622, 1626, 1631, 1637, 2070, 2071, 2075, 2085, 2095, 2120, 2125
50	Bottema,R.	3	3	36, 40, 511

Table 8 (Cont.)

51	Bottinelli,L.	46	845	19, 20, 21, 22, 33, 34, 35, 37, 38, 39, 41, 42, 43, 44, 45, 46, 47, 48, 49, 50, 51, 52, 53, 85, 214, 324, 524, 525, 537, 559, 561, 1019, 1029, 1030, 1110, 1117, 1607, 1611, 1617, 1621, 1627, 1630, 1636, 1643, 1644, 1804
52	Bouchet,P.	1	2	525
53	Bowers,P.F.	1	6	133
54	Bowyer,S.	1	1	367
55	Braun,R.	1	15	517
56	Bregman,J.N.	1	3	551
57	Briggs,F.H.	6	8	74, 262, 464, 1084, 1093, 2090
58	Brinks,E.	3	5	56, 502, 1116
59	Broderick,J.J.	4	0	1057, 1070, 1114, 2044
60	Brown,R.L.	6	4	420, 1023, 1056, 1068, 1090, 1114
61	Brundage,W.D.	2	1	54, 2015
62	Budge,K.G.	1	125	552
63	Burbidge,G.R.	1	0	2040
64	Burke,B.F.	11	4	110, 334, 516, 1059, 1078, 2010, 2011, 2013, 2046, 2054, 2107
65	Burkhead,M.S.	1	0	1055
66	Burley,J.	2	1	349, 2012
67	Burns,J.O.	1	7	332
68	Burns,W.R.	1	1	55
69	Burrell,J.F.	1	1	92
70	Burstein,D.	4	18	260, 432, 519, 2066
71	Burton,W.B.	1	1	56
72	Bushouse,H.A.	1	78	518
73	Buta,R.	1	0	1611
74	Byrd,G.G.	1	0	1400
75	Caldwell,N.	1	27	445
76	Cameron,L.	2	0	1635, 1646
77	Cannon,R.D.	1	1	146
78	Carignan,C.	4	3	476, 491, 541, 2140
79	Carilli,C.L.	3	0	1104, 2130, 2148
80	Carozzi,N.	1	5	58
81	Carter,A.W.L.	2	2	301, 2005
82	Carter,D.	1	1	540
83	Casertano,S.P.R.	1	0	1076
84	Casini,C.	2	6	59, 270
85	Caspers,H.C.M.	1	1	504
86	Cayatte,V.	1	21	542
87	Cesarsky,D.A.	1	1	63
88	Chaisson,E.J.	1	0	1074
89	Chamaraux,P.	17	320	19, 20, 23, 24, 33, 34, 35, 58, 60, 62, 232, 234, 309, 501, 1029, 1408, 1805
90	Chanan,G.A.	2	1	344, 2085
91	Chincarini,G.L.	10	222	61, 64, 305, 343, 404, 1807, 2062, 2063, 2072, 2083
92	Chu,K.	2	2	71, 174
93	Clarke,J.N.	3	85	29, 30, 235
94	Cleary,M.N.	2	0	1031, 1037
95	Cocke,W.J.	1	677	515
96	Cohen,R.J.	4	1	65, 1036, 1040, 1072
97	Colomb,F.R.	2	2	371, 437
98	Combes,F.	2	3	67, 259
99	Comte,G.	2	5	66, 564
100	Condon,J.J.	4	9	456, 1057, 1070, 2044
101	Connors,D.T.	1	0	2033
102	Cooper,B.F.C.	1	0	2004
103	Corbelli,E.	1	2	558

Table 8 (Cont.)

104	Cornell,M.E.	2	125	552, 1631
105	Cornwell,T.J.	1	1	169
106	Cottrell,G.A.	3	3	68, 69, 70
107	Cram,T.R.	1	1	172
108	Crane,P.C.	7	1	266, 1078, 1083, 1086, 1092, 2054, 2151
109	Crutcher,R.M.	2	2	71, 174
110	Cunniffe,P.E.	1	0	1407
111	Danziger,I.J.	3	3	326, 410, 527
112	Darchy,B.F.	1	4	5
113	Davidson,G.P.	1	6	254
114	Davies,R.D.	30	560	25, 73, 76, 77, 79, 86, 99, 144, 152, 254, 255, 287, 296, 297, 315, 368, 387, 422, 431, 433, 473, 517, 523, 527, 550, 1036, 1045, 1046, 1612, 1648
115	Davis,L.E.	1	442	417
116	Davis,M.M.	8	1	82, 1084, 1085, 1411, 2052, 2080, 2090, 2139
117	Dawe,J.A.	2	169	379, 552
118	DeYoung,D.S.	1	0	2035
119	Dean,J.F.	1	17	79
120	Dekel,A.	1	132	556
121	Dennefeld,M.	4	3	524, 525, 1110, 1117
122	Dent,W.A.	1	4	308
123	Dettmar,R.-J.	1	1	426
124	Deul,E.R.	1	1	481
125	Dickel,J.R.	4	146	80, 180, 264, 513
126	Dickens,R.J.	2	169	379, 552
127	Dickey,J.M.	8	78	449, 485, 563, 1087, 1100, 1116, 2092, 2112
128	Dieter,N.H.	9	5	81, 316, 317, 340, 362, 1003, 1004, 2002, 2008
129	Disney,M.J.	1	1	319
130	Dopita,M.A.	1	2	91
131	Dow,M.W.	1	0	2137
132	Dressel,L.L.	5	17	82, 300, 531, 2106, 2133
133	Duflot,R.	2	9	37, 38
134	Duflot-Augarde,R.	1	5	58
135	Duric,N.	2	3	536, 2138
136	Dyck,H.M.	1	1	337
137	Ebneter,K.	1	0	2139
138	Ecklund,E.T.	1	0	2010
139	Eder,J.	2	132	556, 2153
140	Ekers,D.D.	1	0	1118
141	Ekers,R.D.	6	7	31, 169, 410, 458, 1041, 1118
142	Emerson,D.T.	4	7	83, 156, 338, 1053
143	England,M.N.	2	7	436, 570
144	Epstein,E.E.	4	47	87, 2004, 2008, 2009
145	Erkes,J.W.	1	0	2033
146	Faber,S.M.	13	102	18, 88, 94, 95, 129, 130, 131, 265, 350, 434, 493, 2036, 2037
147	Falgerone,E.G.	1	1	63
148	Ferguson,H.C.	3	2	500, 569, 2141
149	Field,E.	1	0	1018
150	Field,G.B.	2	0	1005, 1007
151	Fisher,J.R.	9	2008	89, 90, 214, 216, 373, 1082, 1602, 1805, 2032
152	Foltz,C.B.	1	0	1079
153	Fomalont,E.B.	2	0	1097, 2014
154	Fontanelli,P.	4	120	404, 421, 501, 1408
155	Ford,V.L.	1	1	369
156	Ford Jr.,W.K.	15	333	159, 186, 187, 188, 243, 286, 314, 357, 359, 408, 461, 496, 2042, 2048, 2076
157	Forman,W.	1	30	84

Table 8 (Cont.)

158	Forster,J.R.	1	1	495
159	Fosbury,R.A.E.	5	6	91, 153, 370, 410, 527
160	Fouque,P.	2	0	1098, 1636
161	Foy,F.C.	1	2	259
162	Fraix-Burnet,D.	2	4	537, 559
163	Freeman,K.C.	5	4	40, 92, 540, 541, 2140
164	Freudling,W.	2	298	529, 2144
165	Fricke,K.J.	4	86	29, 30, 235, 399
166	Gallagher III,J.S.	19	187	18, 88, 93, 94, 95, 129, 130, 131, 265, 298, 350, 382, 424, 434, 487, 493, 517, 2036, 2037
167	Galletta,G.	1	1	540
168	Galt,J.A.	2	0	1047, 1048
169	Garcia-Barreto,J.A.	1	0	2146
170	Gardner,F.F.	6	82	224, 225, 226, 236, 383, 548
171	Garmiere,G.	1	1	340
172	Garwood,R.W.	1	35	563
173	Gavazzi,G.	1	142	483
174	Genzel,R.	1	0	1070
175	Gerard,E.	3	30	33, 234, 1024
176	Gergeley,T.E.	1	1	386
177	Ghigo,F.D.	2	0	1106, 2104
178	Gilra,D.P.	1	0	1080
179	Giovanardi,C.	6	274	57, 375, 419, 457, 1411, 2091
180	Giovanelli,R.	43	3491	61, 64, 84, 96, 113, 151, 269, 299, 304, 305, 331, 343, 393, 400, 404, 452, 453, 454, 461, 462, 467, 488, 496, 498, 529, 551, 565, 1055, 1807, 2050, 2062, 2063, 2065, 2072, 2073, 2082, 2083, 2084, 2093, 2094, 2111, 2114, 2144
181	Giraud,E.	4	0	1628, 1629, 1632, 1642
182	Glendenning,B.E.	1	0	2135
183	Glosson,J.	1	298	447
184	Goad,J.W.	1	0	2081
185	Goldstein Jr.,S.J.	3	0	1008, 2004, 2017
186	Golisch,W.F.	2	0	1089, 2089
187	Gordon,C.P.	3	2	97, 1077, 2067
188	Gordon,D.	1	99	293
189	Gordon,K.J.	9	4	97, 98, 284, 1014, 1077, 2020, 2022, 2024, 2067
190	Gosachinskii,I.V.	1	1	330
191	Goss,W.M.	24	572	6, 7, 8, 9, 91, 92, 111, 146, 153, 155, 164, 169, 218, 229, 283, 294, 310, 311, 320, 321, 326, 370, 410, 1805
192	Gott III,J.R.	1	0	1025
193	Gottesman,S.T.	26	136	67, 99, 100, 101, 102, 103, 104, 112, 208, 221, 259, 263, 287, 293, 297, 315, 341, 395, 436, 492, 1042, 2038, 2039, 2053, 2087, 2108
194	Gouguenheim,L.	45	845	19, 20, 21, 22, 33, 34, 35, 37, 38, 39, 41, 42, 43, 44, 45, 46, 47, 48, 49, 50, 51, 52, 53, 85, 214, 324, 524, 525, 537, 559, 561, 1029, 1030, 1110, 1117, 1607, 1611, 1617, 1621, 1627, 1630, 1636, 1643, 1644, 1804
195	Gower,A.C.	2	28	456, 472
196	Grachev,V.G.	1	1	330
197	Graham,J.A.	1	129	188
198	Grayzeck,E.J.	1	4	109
199	Greenfield,P.E.	2	1	16, 1078
200	Greisen,E.W.	1	0	1097
201	Grewing,M.	1	4	241
202	Gruber,G.M.	1	45	333
203	Gruber,M.D.	1	45	333
204	Guelin,M.	5	7	105, 106, 190, 222, 288
205	Guhathakurta,P.	4	27	534, 542, 2126, 2143

Table 8 (Cont.)

206	Guibert,J.	2	3	107, 108
207	Gunn,J.E.	4	11	340, 405, 526, 2149
208	Hall,P.J.	1	125	552
209	Hamabe,M.	1	5	561
210	Handa,T.	2	0	1110, 2127
211	Hardy,E.	2	0	1101, 1107
212	Harlan,E.	1	1	367
213	Harris,H.	1	0	2052
214	Hart,L.	4	22	255, 431, 433, 1612
215	Hartman,L.	1	275	503
216	Haschick,A.D.	16	5	16, 110, 465, 1059, 1078, 1083, 1086, 1089, 1092, 1103, 1115, 2046, 2054, 2089, 2096, 2128
217	Hauschildt,M.H.	2	70	479, 1806
218	Hawarden,T.G.	10	192	111, 146, 155, 218, 229, 294, 310, 311, 321, 492
219	Haynes,M.P.	47	2893	61, 64, 84, 113, 151, 250, 256, 269, 292, 299, 304, 305, 332, 343, 393, 400, 404, 452, 453, 454, 461, 462, 488, 498, 529, 565, 1055, 1056, 1069, 1803, 1807, 2049, 2050, 2056, 2062, 2063, 2068, 2072, 2073, 2082, 2083, 2084, 2093, 2094, 2111, 2114, 2144
220	Heckman,T.M.	5	80	114, 126, 348, 391, 2058
221	Heeschen,D.S.	5	3	307, 1001, 1002, 1004, 2001
222	Heidmann,J.	18	223	19, 20, 21, 22, 33, 34, 38, 49, 50, 51, 52, 59, 62, 85, 270, 361, 561, 1029
223	Heidmann,N.	2	106	85, 2025
224	Heiles,C.	3	1	367, 1016, 2092
225	Helou,G.	13	1006	57, 375, 380, 390, 428, 446, 447, 489, 508, 520, 563, 2091, 2101
226	Henderson,A.P.	1	22	249
227	Henning,P.A.	3	28	512, 566, 2147
228	Hester,J.J.	1	0	2106
229	Hewitt,J.N.	2	120	393, 2093
230	Hibbard,J.	2	1	499, 2124
231	Higdon,J.L.	2	1	549, 2145
232	Hindman,J.V.	4	5	295, 301, 303, 2005
233	Hine,B.P.	1	0	2104
234	Ho,P.T.P.	2	72	471, 2152
235	Hoegbom,J.A.	1	5	360
236	Hoeglund,B.	1	2	115
237	Hoffman,G.L.	3	528	428, 447, 520
238	Holmes,E.C.J.	1	2	301
239	Huchra,J.P.	13	1217	358, 490, 505, 543, 552, 1605, 1606, 1608, 1610, 1631, 1805, 2070, 2095
240	Huchtmeier,W.K.	40	1989	9, 116, 117, 118, 119, 120, 121, 122, 123, 128, 237, 238, 239, 240, 276, 278, 318, 346, 354, 376, 377, 378, 381, 384, 385, 399, 442, 466, 484, 494, 500, 1064, 1071, 1413, 1613, 1624, 1634, 1639, 1647, 1806
241	Hulsbosch,A.N.M.	3	3	506, 1054, 1071
242	Hummel,E.	3	13	125, 389, 426
243	Hunter,D.A.	3	65	298, 382, 487
244	Hunter Jr.,J.H.	4	12	100, 395, 436, 2108
245	Huntley,J.M.	2	6	436, 2108
246	Hurt,R.	1	0	2152
247	Hutchings,J.B.	3	28	456, 472, 1112
248	Impey,C.D.	2	3	497, 554
249	Innanen,K.A.	1	0	2098
250	Irwin,J.A.	3	3	536, 2113, 2138
251	Jackson,J.M.	1	72	471
252	Jackson,P.D.	1	0	2079
253	Jaffe,W.J.	1	1	291
254	Jedrzejewski,R.	1	1	496
255	Jelley,J.V.	1	0	2004

Table 8 (Cont.)

256	Jenkins,C.R.	1	24	418
257	Jeske,N.	1	0	2139
258	Joersaeter,S.	1	1	560
259	Johnson,D.W.	3	3	112, 406, 2087
260	Johnson,P.E.	2	4	211, 2010
261	Johnson,S.C.	2	20	254, 255
262	Johnston,K.J.	4	0	1057, 1070, 1114, 2044
263	Jones,C.	1	30	84
264	Jura,M.	2	6	534, 2143
265	Kaftan-Kassim,M.A.	1	0	2004
266	Kalnajs,A.J.	1	1	495
267	Karlsson,B.	1	1	92
268	Karoji,H.	1	2	525
269	Katgert,P.	1	0	1108
270	Kato,T.	1	0	1402
271	Katz,N.	1	0	2149
272	Kazes,I.	3	3	33, 485, 1113
273	Kellman,S.A.	1	0	1026
274	Kennicutt,R.C.	3	4	451, 477, 2120
275	Kerr,F.J.	13	327	132, 133, 134, 249, 301, 303, 327, 512, 566, 2005, 2051, 2131, 2147
276	Kim,D.-W.	2	6	534, 2143
277	Kim,Y.	1	0	2123
278	King,I.R.	1	1	340
279	Kinman,T.D.	3	3	357, 422, 1065
280	Klein,U.	1	4	502
281	Knapp,G.R.	27	171	88, 94, 129, 130, 131, 132, 133, 134, 157, 249, 265, 298, 350, 405, 424, 430, 434, 440, 493, 534, 1096, 1118, 1407, 1409, 2051, 2143, 2149
282	Koehler,J.A.	3	18	290, 1009, 2019
283	Kollatschny,W.	1	1	399
284	Kotanyi,C.	5	30	403, 542, 2100, 2110, 2126
285	Kraan-Korteweg,R.C.	2	0	1635, 1646
286	Kraus,J.D.	3	1	54, 2015, 2018
287	Kreitschmann,J.	1	17	429
288	Kristian,J.	2	7	391, 474
289	Kronberg,P.P.	1	0	2135
290	Krumm,N.	22	515	57, 135, 136, 137, 138, 139, 140, 157, 209, 260, 262, 273, 375, 380, 388, 419, 432, 443, 519, 2045, 2047, 2066
291	Kulkarni,S.	1	0	2092
292	Kumar,C.K.	1	15	193
293	Lachieze-Rey,M.	1	1	463
294	Lada,C.J.	1	0	2127
295	Laing,R.A.	1	0	1118
296	Lake,G.	2	33	427, 507
297	Lampton,M.	1	1	367
298	Landau,R.	1	1	340
299	Landecker,T.L.	2	0	1062, 1067
300	Lang,K.R.	1	0	1043
301	Lauque,R.	5	90	5, 33, 35, 62, 141
302	Le Denmat,G.	1	9	325
303	Le Squeren,A.M.	3	1	524, 1110, 1117
304	Lequeux,J.	5	10	31, 63, 66, 277, 564
305	Lewis,B.M.	21	758	76, 142, 143, 144, 150, 170, 274, 313, 322, 323, 366, 397, 435, 450, 475, 482, 489, 520, 2102, 2122, 2137
306	Lilley,A.E.	1	0	2008
307	Lo,K.Y.	4	16	145, 401, 415, 2077

Table 8 (Cont.)

308	Lockhart,I.A.	2	2	175, 179
309	Loiseau,N.	2	2	335, 437
310	Longmore,A.J.	6	175	146, 218, 294, 310, 311, 321
311	Love,R.	1	1	147
312	Lucas,R.	1	0	1042
313	Lucey,J.R.	1	125	552
314	Lynden-Bell,D.	1	0	1044
315	Lynds,C.R.	1	2	460
316	Lynga,G.	1	1	92
317	Maehara,H.	1	5	561
318	Magri,C.	5	413	84, 498, 2111, 2134, 2146
319	Mahoney,J.H.	2	1	516, 2107
320	Malin,D.	2	2	410, 497
321	Manchester,R.N.	1	1	495
322	Margon,B.	3	2	344, 367, 2085
323	Margulis,M.	1	0	2127
324	Marston,A.P.	1	0	1105
325	Martin,G.E.	2	122	245, 347
326	Martin,J.M.	3	1	524, 1110, 1117
327	Martin,M.C.	1	19	486
328	Materne,J.	3	29	278, 376, 1071
329	Mathewson,D.S.	5	2	369, 495, 1031, 1037, 1049
330	McCutcheon,W.H.	1	9	152
331	McGee,R.X.	7	4	301, 302, 342, 1094, 1105, 1410, 2005
332	Meaburn,J.	1	0	1105
333	Mebold,U.	19	593	91, 92, 111, 146, 153, 155, 164, 218, 228, 229, 241, 294, 310, 311, 320, 321, 370, 544, 1805
334	Meisels,A.	1	0	1619
335	Meng,S.Y.	1	0	2018
336	Miley,G.K.	3	18	126, 1016, 1041
337	Milton,J.A.	1	1	302
338	Mirabel,I.F.	11	197	154, 272, 414, 470, 521, 562, 1072, 1102, 1113, 2061, 2079
339	Mitchell,K.J.	2	0	1090, 1114
340	Moorwood,A.F.M.	1	1	410
341	Morras,R.	2	1	514, 1088
342	Morris,M.	1	1	242
343	Morton,D.C.	1	0	1094
344	Mould,J.	23	1293	358, 379, 391, 396, 445, 490, 497, 505, 526, 543, 552, 1605, 1606, 1608, 1610, 1615, 1616, 1626, 1631, 1640, 1805, 2070, 2095
345	Muller,C.A.	1	0	1006
346	Murray,J.D.	7	218	369, 379, 550, 552, 1031, 1037, 1049
347	Murray,M.A.	2	4	510, 2125
348	Myers,S.T.	1	284	454
349	Nakai,N.	3	0	1110, 1402, 2127
350	Neff,S.G.	1	0	1112
351	Neugebauer,G.	1	1	340
352	Newman,W.I.	1	0	1073
353	Newton,K.	4	5	156, 163, 252, 253
354	Newton,L.M.	4	1	342, 1094, 1105, 1410
355	Nieuwenhuijzen,H.	1	0	1080
356	Noordam,J.E.	1	0	1080
357	Noreau,L.	2	0	1101, 1107
358	Norris,R.P.	1	26	548
359	Nottale,L.	1	9	325
360	O'Connell,R.W.	1	15	300

Table 8 (Cont.)

361	Oke,J.B.	1	1	340
362	Olofsson,K.	1	1	560
363	Ondrechen,M.P.	1	2	125
364	Oosterloo,T.	1	126	555
365	Palumbo,G.G.C.	1	0	1808
366	Papp,K.A.	1	0	2098
367	Paturel,G.	12	499	53, 324, 524, 1607, 1611, 1617, 1621, 1627, 1630, 1636, 1644, 1804
368	Pedlar,A.	2	12	455, 1045
369	Pence,W.D.	2	25	148, 538
370	Penzias,A.A.	4	0	1011, 1015, 2006, 2023
371	Perola,G.C.	1	1	291
372	Perrenod,S.C.	1	0	1074
373	Persson,S.	1	0	1805
374	Peters,W.L.	1	1	495
375	Peterson,B.A.	3	1	111, 1058, 1079
376	Peterson,C.J.	6	5	159, 243, 314, 357, 2042, 2048
377	Peterson,S.D.	6	200	158, 160, 205, 248, 271, 2069
378	Pfleiderer,J.	1	45	333
379	Phillips,M.M.	1	22	538
380	Pismis,P.	1	0	2146
381	Pocock,A.S.	1	1	410
382	Polk,K.S.	1	0	1118
383	Porter,A.C.	1	1	526
384	Pottasch,S.R.	1	1	319
385	Price,R.	1	19	472
386	Purton,C.R.	1	0	2098
387	Radhakrishnan,V.	1	0	2014
388	Raimond,E.	4	8	265, 280, 430, 493
389	Rautenkranz,D.	1	26	382
390	Rayner,P.T.	1	1	495
391	Reakes,M.	4	9	161, 162, 163, 261
392	Reddish,V.C.	2	6	287, 315
393	Reif,K.	4	394	146, 164, 320, 544
394	Remage,N.H.	2	1	98, 2022
395	Richter,O.-G.	19	1862	377, 378, 381, 384, 385, 438, 466, 484, 494, 500, 547, 569, 1413, 1614, 1623, 1624, 1639, 1806, 2141
396	Roberts,M.S.	49	460	55, 98, 113, 115, 165, 166, 167, 171, 172, 173, 186, 188, 205, 223, 243, 256, 285, 286, 289, 314, 336, 351, 355, 356, 359, 363, 551, 1010, 1017, 1023, 1027, 1028, 1032, 1035, 1038, 1039, 1050, 1056, 1603, 1801, 1802, 2007, 2008, 2016, 2022, 2035, 2049, 2050, 2056
397	Robinson,B.J.	6	23	197, 279, 290, 303, 322, 1009
398	Roche,P.F.	1	26	548
399	Roelfsema,P.R.	1	1	444
400	Rogstad,D.H.	11	38	71, 174, 175, 176, 177, 178, 179, 206, 365, 2029, 2030
401	Romanishin,W.	4	29	157, 344, 394, 2085
402	Rood,H.J.	6	225	80, 180, 264, 469, 513, 2105
403	Roth,J.	1	284	454
404	Rots,A.H.	14	87	178, 181, 182, 183, 184, 185, 336, 517, 1027, 1802, 2041, 2074, 2081, 2151
405	Rougoor,G.W.	1	25	365
406	Rubin,V.C.	15	332	159, 186, 187, 188, 243, 286, 314, 357, 359, 408, 461, 2042, 2048, 2057, 2076
407	Ryzhkov,N.F.	1	1	330
408	Saglia,R.P.	1	4	546
409	Salpeter,E.E.	33	1527	57, 135, 136, 137, 138, 139, 157, 189, 262, 273, 375, 380, 390, 419, 428, 446, 447, 449, 457, 489, 508, 519, 520, 558, 1060, 2045, 2047, 2091, 2101, 2115, 2117, 2136, 2137
410	Sancisi,R.	19	26	7, 190, 191, 192, 214, 222, 348, 401, 431, 458, 460, 476, 546, 1061, 1108, 1111, 1412, 1414, 2077

Table 8 (Cont.)

411	Sandage,A.	4	298	447, 1601, 1625, 1645
412	Sanders,D.B.	3	88	521, 562, 1113
413	Sanders,R.H.	1	1	169
414	Sargent,W.L.W.	5	17	145, 340, 401, 415, 2077
415	Saslaw,W.C.	1	0	1028
416	Sawa,T.	1	0	1402
417	Schechter,P.	3	7	460, 474, 1610
418	Schempp,W.V.	2	2	210, 337
419	Schmelz,J.T.	5	1	470, 1102, 1103, 1115, 2128
420	Schmidt,M.	1	1	526
421	Schneider,D.P.	1	1	526
422	Schneider,S.E.	9	100	446, 508, 558, 2101, 2103, 2115, 2117, 2132, 2136
423	Schombert,J.M.	3	138	539, 556, 1106
424	Schommer,R.A.	22	886	312, 328, 329, 344, 358, 391, 392, 409, 413, 427, 505, 507, 543, 552, 1091, 1626, 1631, 2064, 2070, 2071, 2085, 2095
425	Schwarz,M.P.	1	0	1049
426	Schwarz,U.J.	4	27	220, 424, 441, 517
427	Schweizer,F.	2	3	496, 553
428	Scott III,E.H.	1	0	1011
429	Seaquist,E.R.	4	445	417, 536, 2113, 2138
430	Searle,L.	1	1	127
431	Seielstad,G.A.	4	9	194, 231, 364, 2014
432	Seiradakis,J.H.	4	74	276, 278, 376, 442
433	Seitzer,P.O.	3	462	213, 553, 2059
434	Sersic,J.L.	1	1	371
435	Shane,W.W.	13	20	1, 56, 140, 184, 185, 195, 196, 258, 386, 388, 434, 504, 2055
436	Shaver,P.A.	2	11	389, 410
437	Sheng,H.M.	1	125	552
438	Shobbrook,R.R.	1	1	197
439	Shostak,G.S.	36	362	10, 36, 160, 168, 169, 176, 177, 178, 198, 199, 200, 201, 202, 203, 204, 205, 206, 207, 266, 271, 345, 372, 389, 423, 425, 439, 511, 557, 1051, 1076, 1080, 1604, 2029, 2030, 2034, 2069
440	Siefert,P.T.	2	1	208, 2039
441	Siegman,B.	4	373	155, 229, 320, 1805
442	Silk,J.	1	0	1034
443	Silverglate,P.R.	1	11	209
444	Simkin,S.M.	3	1	499, 2109, 2124
445	Skillman,E.D.	9	14	398, 477, 478, 510, 533, 557, 2120, 2121, 2125
446	Sofue,Y.	3	0	1110, 1402, 2127
447	Sparks,W.B.	1	12	455
448	Spencer,R.E.	1	0	1068
449	Spinrad,H.	2	2	340, 367
450	Starosta,B.M.	1	383	498
451	Stauffer,J.R.	1	1	312
452	Staveley-Smith,L.	5	337	473, 523, 527, 550, 1648
453	Steigerwald,D.G.	1	45	356
454	Stephenson,R.J.	2	12	77, 296
455	Stevens,M.	1	0	2139
456	Stocke,J.	1	0	2148
457	Strom,K.M.	2	28	157, 394
458	Strom,S.E.	2	28	157, 394
459	Struck-Marcell,C.	1	0	1106
460	Su,H.-J.	2	1	499, 2124
461	Sulentic,J.W.	2	135	78, 149

Table 8 (Cont.)

462	Sullivan III,W.T.	22	754	7, 32, 114, 192, 211, 244, 267, 328, 329, 348, 358, 409, 439, 543, 2043, 2052, 2058, 2064, 2070, 2071, 2075, 2095
463	Tacconi,L.J.	3	1	468, 2118, 2150
464	Tacconi-Garman,L.J.	1	1	468
465	Takase,B.	1	5	561
466	Tammann,G.A.	9	52	120, 121, 122, 276, 1601, 1625, 1635, 1639, 1646
467	Tarenghi,M.	3	4	59, 291, 410
468	Tarter,J.C.	2	4	212, 1034
469	Taylor,A.R.	3	3	536, 2113, 2138
470	Teerikorpi,P.	5	0	1627, 1630, 1636, 1643, 1644
471	Terlevich,R.	2	4	478, 533
472	Terzian,Y.	8	133	248, 390, 446, 508, 2101, 2115, 2117, 2136
473	Testori,J.C.	1	1	437
474	Teuben,P.J.	1	2	533
475	Thonnard,N.	15	336	159, 187, 188, 193, 233, 314, 357, 359, 408, 458, 1095, 2042, 2048, 2057, 2076
476	Thuan,T.X.	9	588	213, 245, 347, 353, 411, 463, 2059, 2132, 2136
477	Tifft,W.G.	1	677	515
478	Tilanus,R.P.J.	2	2	567, 568
479	Tovmassian,H.	1	1	367
480	Tritton,S.B.	2	11	311, 321
481	Tully,R.B.	16	2381	89, 90, 210, 214, 216, 337, 373, 528, 535, 1066, 1082, 1602, 1610, 1615, 1805, 2032
482	Turner,E.L.	1	0	1407
483	Turner,J.	1	0	2152
484	Turner,K.C.	8	2	334, 2010, 2011, 2013, 2021, 2026, 2033, 2092
485	Turtle,A.G.	1	22	538
486	Tuve,M.A.	4	2	334, 2010, 2011, 2013
487	Unwin,S.C.	1	2	251
488	Vader,J.P.	1	1	463
489	Valentijn,E.A.	1	5	331
490	Varnas,S.R.	1	1	540
491	Velden,L.	1	45	333
492	Vermue,J.	1	0	1080
493	Verschuur,G.L.	1	5	315
494	Viallefond,F.	5	10	66, 257, 277, 411, 564
495	Vigroux,L.	1	1	463
496	Visvanathan,N.	3	0	1609, 1620, 1638
497	Volders,L.	3	18	215, 282, 360
498	Wadiak,E.J.	1	4	353
499	Wall,J.V.	1	1	410
500	Wallington,S.	1	0	2149
501	Waltman,W.B.	1	0	1114
502	Wannier,P.G.	2	1	242, 1025
503	Wardle,M.	1	0	1409
504	Warmels,R.H.	4	52	509, 510, 1406, 2125
505	Warner,P.J.	2	1	217, 1018
506	Warren,J.L.	1	2	173
507	Webster,B.L.	3	163	218, 294, 310
508	Wehner,H.	1	1	495
509	Weiler,K.	1	0	1070
510	Weliachew,L.	22	22	24, 67, 101, 102, 103, 104, 105, 106, 190, 207, 219, 221, 222, 259, 288, 1020, 1033, 1042, 1097, 2031, 2038, 2053
511	Wellington,K.I.	2	2	326, 410
512	Wendker,H.J.	4	52	17, 120, 121, 122
513	Wentzel,D.G.	1	1	281
514	Wesselius,P.R.	1	0	2150

Table 8 (Cont.)

515	Westerhout,G.	1	0	2003
516	Wevers,B.M.H.R.	2	18	433, 480
517	White,R.A.	1	7	332
518	Whitehurst,R.N.	3	2	172, 223, 1038
519	Whiteoak,J.B.	10	114	224, 225, 226, 236, 364, 365, 383, 495, 548, 2014
520	Wielebinski,R.	1	1	426
521	Wieringa,M.H.	1	0	1108
522	Wilkerson,M.S.	1	9	268
523	Wilkinson,A.	1	12	455
524	Williams,B.A.	16	572	75, 134, 327, 412, 420, 448, 469, 532, 547, 2051, 2078, 2086, 2097, 2105, 2116, 2142
525	Williams,H.L.	1	156	520
526	Willis,A.G.	1	1	266
527	Wills,B.J.	1	0	1052
528	Wilson,A.S.	1	92	154
529	Wilson,R.W.	2	0	1015, 2023
530	Winter,A.J.B.	1	2	227
531	Wirth,A.	1	27	445
532	Witzel,A.	3	3	123, 399, 1070
533	Wolfe,A.M.	11	1	262, 1052, 1057, 1070, 1081, 1084, 1085, 2040, 2044, 2080, 2090
534	Wootten,H.A.	2	275	503, 2119
535	Wright,A.	2	125	552, 1046
536	Wright,M.C.H.	16	13	175, 179, 194, 208, 212, 217, 230, 231, 247, 1018, 1021, 1034, 1042, 1075, 2027, 2028
537	Wrixon,G.T.	1	0	1025
538	Young,J.S.	2	1	468, 2118
539	de Boer,J.A.	1	3	257
540	de Bruyn,A.G.	1	0	1108
541	de Graauw,T.	1	0	1080
542	de Jager,G.	2	2	99, 297
543	de Vaucouleurs,G.	6	2	303, 1607, 1611, 1617, 1618, 1621
544	de Young,D.S.	2	0	1028, 1035
545	van Albada,T.S.	4	3	191, 345, 476, 1412
546	van Albada,G.D.	3	3	1, 2, 3
547	van Breugel,W.J.M.	1	18	126
548	van Damme,K.J.	2	2	72, 279
549	van Driel,W.	7	30	220, 424, 440, 443, 517, 559, 2129
550	van Gorkom,J.H.	30	50	125, 169, 470, 474, 493, 499, 500, 507, 532, 534, 542, 553, 569, 1102, 1104, 1106, 1109, 1112, 1118, 2100, 2109, 2110, 2124, 2126, 2130, 2141, 2142, 2143, 2148, 2149
551	van Moorsel,G.A.	4	36	339, 402, 407, 545
552	van Woerden,H.	28	460	7, 8, 92, 111, 155, 190, 202, 214, 220, 228, 229, 270, 280, 281, 320, 370, 424, 431, 440, 443, 460, 478, 517, 533, 544, 1406, 1805, 2129
553	van de Hulst,H.C.	2	12	280, 282
554	van der Burg,G.	2	48	434, 459
555	van der Hulst,J.M.	25	39	9, 32, 124, 125, 128, 270, 389, 451, 477, 481, 516, 530, 1041, 1083, 1086, 1089, 1111, 2060, 2089, 2104, 2107, 2120, 2123, 2150, 2151
556	van der Kruit,P.C.	9	31	36, 40, 127, 345, 389, 423, 425, 480, 511

Table 9: Codes for and Number of Entries from different Telescopes

Code	Telescope	N_{Entry} 1983	N_{Entry} 1989
A	Arecibo 1000 ft, "circular" feed	≤ 1682	≤ 7970
a	Arecibo 1000 ft, "flat" feed	≥ 0	≥ 111
B	NRAO Green Bank 140 ft	514	591
C	Cambridge 1/2 mile, 1 mile, or 5 km	39	39
D	Dwingelo 25 m	54	59
E	Effelsberg 100 m	685	1401
F	Dominion Radio Astrophysical Observatory 25m	1	1
G	NRAO Green Bank 300 ft	3477	6101
H	Agassiz Harvard 60 ft	65	65
I	I.A.R. 30 m	28	49
J	Jodrell Bank 250 ft	191	501
K	Jodrell Bank Mark II	13	13
L	Potts Hill 36 ft	2	2
M	Hat Creek 85 ft	1	1
N	Nançay 30 · 300 m	1108	1168
O	Owens Valley	59	59
P	Parkes 64 m	695	1347
Q	Murraybank 21 ft	2	2
R	RATAN 600 m	1	1
S	Ohio State 260 ft	1	1
V	NRAO Very Large Array (VLA, 27 x 25 m)	12	162
W	Westerbork S.R.T. (15 x 25 m)	124	329
X	NRAO Green Bank Interferometer (3 x 85 ft)	3	3
	Total:	8757	19976

Table 10: Galaxies observed with Radio Interferometers

Galaxy	R.A.			Dec.			Telescopes and References
NGC 7814	00	00	41.1	+15	52	03	W: 127
NGC 7817	00	01	24.9	+20	28	18	W: 555
NGC 7828/29	00	03	56	−13	41	57	V: 549
NGC 23	00	07	19.3	+25	38	50	W: 555
NGC 26	00	07	51.3	+25	33	16	W: 555
NGC 55	00	12	31	−39	28	54	V: 426
UGC 183	00	16	55.5	+46	57	50	W: 555
IC 10	00	17	41.5	+59	00	52	W: 202, 557
UGC 196	00	17	54.4	+47	09	26	W: 555
NGC 224 HVC	00	35	10	+42	07	30	C: 156
NGC 185	00	36	11.3	+48	03	45	V: 112
NGC 205	00	37	38.7	+41	24	44	C: 251, 83; V: 112
Anon 0039+40	00	39	48	+40	18		C: 83
NGC 221	00	39	58.0	+40	35	33	C: 83
NGC 224 SW	00	40	00.2	+40	59	43	C: 251
NGC 224	00	40	00.3	+40	59	43	C: 85, 83, 338; W: 56, 386
NGC 262	00	46	04.5	+31	41	02	V: 499; W: 348
NGC 224 NC	00	48	00	+43	00		C: 156
UGC 542	00	50	44.3	+28	59	58	W: 477
UGC 608	00	56	09.2	+47	44	57	W: 407
Anon 0057+47	00	57	08.3	+47	46	17	W: 407
UGC 622	00	57	36.0	+47	43	39	W: 407
IC 65	00	58	03.2	+47	24	43	W: 407
Anon 0101+21	01	01	12.0	+21	37	00	V: 415
UGC 725	01	07	18.8	+42	50	37	W: 407
UGC 728	01	07	36.3	+43	01	23	W: 407
NGC 444	01	13	03.1	+30	49	04	W: 555
NGC 452	01	13	28.6	+30	46	13	W: 555
IC 1689	01	20	58.9	+32	47	41	V: 474
NGC 598	01	31	01.6	+30	24	15	C: 163, 217, 252; W: 481
NGC 628	01	34	00.7	+15	31	55	W: 423
Anon 0136−08	01	36	25.4	−08	01	14	V: 474
UGC 1171	01	37	01.8	+15	38	56	V: 464
UGC 1176	01	37	26.1	+15	38	44	V: 464
Anon 0137+15	01	37	27.5	+15	41	05	V: 464
NGC 678	01	46	39.3	+21	44	58	V: 545
NGC 680	01	47	01.4	+21	43	22	V: 545
Anon 0147+21	01	47	41	+21	38		V: 545
NGC 691	01	47	55.8	+21	30	45	V: 545
NGC 694	01	48	12.5	+21	45	05	V: 545
IC 167	01	48	22.2	+21	40	01	V: 545
NGC 797	02	00	27.8	+37	52	40	W: 407
NGC 801	02	00	44.8	+38	01	10	W: 407
UGC 1551	02	00	48.4	+23	50	03	W: 509
NGC 834	02	08	00.6	+37	25	56	W: 555
NGC 841	02	08	16.9	+37	15	48	W: 555
NGC 891	02	19	24.3	+42	07	17	W: 191
NGC 925	02	24	16.7	+33	21	22	X: 263; W: 480
Anon 0225−31	02	25	07.7	−31	55	09	V: 474
NGC 935	02	25	23.0	+19	22	35	W: 555

Table 10 (cont.)

Galaxy	R.A.			Dec.			Telescopes and References
IC 1801	02	25	24	+19	21		W: 555
MCG−05−07−001	02	26	11.5	−32	06	14	V: 474
IC 239	02	33	20.8	+38	45	08	C: 12
UGC 2084	02	33	24	+35	55		W: 555
UGC 2094	02	33	47.5	+35	53	41	W: 555
UGC 2105	02	34	37.7	+34	12	59	W: 555
NGC 1002	02	35	52.3	+34	24	33	W: 555
UGC 2140	02	36	18.5	+18	10	17	V: 532
NGC 1023	02	37	15.5	+38	50	56	C: 12; W: 220, 431
Anon 0237+38	02	37	29.4	+38	50	38	W: 431
Anon 0237+39	02	37	30.7	+39	09	56	W: 431
NGC 1042	02	37	56.3	−08	38	50	V: 493
NGC 1047	02	38	04.8	−08	21	36	V: 493
UGCA 39	02	38	08.1	+59	23	21	C: 147
NGC 1052	02	38	37.0	−08	28	05	V: 493
Anon 0239−08	02	39	23.8	−08	08	18	V: 493
NGC 1058	02	40	23.2	+37	07	48	W: 425
NGC 1097	02	44	11.5	−30	29	06	V: 125
UGC 2259	02	44	47.9	+37	19	50	W: 476
NGC 1122	02	49	36.0	+42	00	01	W: 555
UGC 2354	02	49	42	+42	02		W: 555
IC 284	03	02	52.2	+42	10	45	W: 509
NGC 1291	03	15	29.3	−41	17	28	V: 517
NGC 1300	03	17	25.2	−19	35	29	V: 570; W: 196
NGC 1345	03	27	14.0	−17	57	07	V: 502
NGC 1365	03	31	41.8	−36	18	24	V: 125
IC 342	03	41	58.4	+67	56	26	C: 253
UGC 2885	03	49	48.6	+35	26	33	W: 444
ESO 359-G 05	03	52	11	−36	12	36	V: 553
IC 2006	03	52	36.1	−36	06	44	V: 553
NGC 1569	04	26	05.8	+64	44	18	C: 261
NGC 1961	05	36	33.9	+69	21	16	W: 389
Zw 329-009	05	37	00	+69	13		W: 389
Anon 0537+69	05	37	12	+69	11		W: 389
Zw 329-011	05	37	54	+69	24		W: 389
Zw 307-021	05	38	06	+68	55		W: 389
Anon 0538+69	05	38	18	+69	23		W: 389
UGC 3342	05	38	54	+69	16		W: 389
Zw 329-016	05	40	12	+69	02		W: 389
UGC 3349	05	41	04.5	+69	01	51	W: 389
UGCA 116	05	53	04.9	+03	23	06	V: 502; W: 291
NGC 2146	06	10	40.1	+78	22	23	W: 504
NGC 2273 B	06	42	02.6	+60	23	43	W: 509
NGC 2273	06	45	38.4	+60	54	16	W: 220
UGC 3697	07	05	32.5	+71	55	01	W: 555
UGC 3714	07	06	46.3	+71	49	56	W: 555
NGC 2336	07	18	26.3	+80	16	32	W: 407
IC 467	07	21	56.3	+79	58	30	W: 407
NGC 2366	07	23	34.2	+69	18	27	W: 480
UGC 3860	07	24	50.2	+40	52	13	V: 66

Table 10 (cont.)

Galaxy	R.A.			Dec.			Telescopes and References
NGC 2388	07	25	37.6	+33	55	20	W: 555
NGC 2389	07	25	48.7	+33	57	47	W: 555
NGC 2403	07	32	05.5	+65	42	40	W: 480
UGC 3974	07	39	03.0	+16	55	07	V: 66
UGC 4305	08	13	53.5	+70	52	13	C: 69
NGC 2544	08	15	57.2	+74	08	59	W: 555
Anon 0818+71	08	18	42.0	+71	11	36	W: 401
NGC 2550	08	18	48.8	+74	10	25	W: 555
UGC 4483	08	32	13.8	+69	57	12	V: 415
NGC 2654	08	45	11.1	+60	24	23	W: 509
NGC 2681	08	49	58.0	+51	30	16	W: 480
NGC 2685	08	51	41.2	+58	55	30	W: 258
NGC 2712	08	56	09.7	+45	06	38	W: 388
NGC 2737	09	01	07.0	+22	06	12	W: 555
NGC 2738	09	01	07.5	+22	10	01	W: 555
NGC 2787	09	14	49.6	+69	24	50	W: 168
NGC 2805	09	16	17.0	+64	18	55	C: 162; W: 270
NGC 2814	09	17	09.2	+64	27	50	C: 162; W: 270
IC 2458	09	17	26.4	+64	27	03	C: 162; W: 270
NGC 2820/IC ...	09	17	27.0	+64	27	06	C: 162
NGC 2820	09	17	43.7	+64	28	16	C: 162; W: 270
NGC 2841	09	18	34.9	+51	11	20	W: 374, 522
UGC 4988	09	20	12	+34	56		W: 140
NGC 2854	09	20	39.8	+49	25	08	W: 555
NGC 2856	09	20	53.6	+49	27	48	W: 555
NGC 2859	09	21	15.8	+34	43	43	W: 140
UGC 5004	09	21	30.8	+34	52	33	W: 140
UGC 5011	09	22	16.3	+34	19	47	W: 140
UGC 5014	09	22	36	+35	04		W: 140
UGC 5015	09	22	46.1	+34	29	47	W: 140
UGC 5020	09	23	00.0	+34	52	10	W: 140
NGC 2903	09	29	19.9	+21	43	19	W: 480
Mark 116	09	30	30.0	+55	27	45	V: 564; W: 277
UGC 5139	09	36	00.5	+71	24	51	W: 214
NGC 2974	09	40	01.9	−03	28	14	V: 534
NGC 3003	09	45	37.9	+33	39	16	W: 555
NGC 2985	09	45	52.6	+72	30	45	W: 555
NGC 3021	09	47	59.5	+33	47	20	W: 555
NGC 3027	09	51	15.8	+72	26	26	W: 555
NGC 3031	09	51	27.6	+69	18	13	W: 184, 185
NGC 3034	09	51	43.5	+69	55	04	C: 70
UGC 5364	09	56	29.0	+30	59	07	C: 11; V: 415
NGC 3077 BR	09	56	34.8	+68	55	55	W: 124
UGC 5373	09	57	22.9	+05	34	22	V: 66
NGC 3073	09	57	29.2	+55	51	30	V: 536
MCG+09-17-009	09	57	51	+55	57	45	V: 536
NGC 3079	09	58	35.4	+55	55	11	V: 536
NGC 3077	09	59	21.5	+68	58	32	C: 68; W: 124
DDO 75	10	08	32.0	−04	27	45	V: 478, 533
NGC 3198	10	16	52.0	+45	47	59	W: 374, 480, 522

Table 10 (cont.)

Galaxy	R.A.			Dec.			Telescopes and References
NGC 3206	10	18	31.1	+57	10	58	W: 555
NGC 3220	10	20	28.6	+57	16	50	W: 555
NGC 3246	10	24	05.9	+04	06	56	W: 509
NGC 3265	10	28	19.1	+29	03	13	V: 507
NGC 3359	10	43	21.1	+63	29	11	X: 208, 341
NGC 3368	10	44	07.4	+12	05	05	W: 509
UGC 6016	10	51	12	+54	34		C: 161
NGC 3448	10	51	38.4	+54	34	23	C: 161
NGC 3504	11	00	28.1	+28	14	35	W: 407
NGC 3512	11	01	19.7	+28	18	30	W: 407
NGC 3718	11	29	50.7	+53	20	33	C: 352; W: 441
UGC 6528	11	29	55.0	+62	06	14	W: 407
NGC 3726	11	30	38.3	+47	18	13	W: 480
NGC 3725	11	30	52.4	+62	09	50	W: 407
NGC 3729	11	31	05.3	+53	24	11	C: 352; W: 441
NGC 3786	11	37	04.6	+32	11	09	W: 555
NGC 3788	11	37	06.3	+32	12	35	W: 555
NGC 3883	11	44	11.6	+20	57	13	W: 477
NGC 3900	11	46	33.3	+27	18	06	W: 220
NGC 3938	11	50	13.6	+44	24	07	W: 345
NGC 3941	11	50	19.4	+37	15	55	W: 220, 517
NGC 3958	11	51	57.5	+58	38	43	W: 402
NGC 3963	11	52	22.5	+58	46	18	W: 402
UGC 6917	11	53	54.4	+50	42	23	W: 517
UGC 6923	11	54	14.3	+53	26	23	V: 395, 436
UGC 6922	11	54	17	+51	05	44	W: 517
NGC 3992	11	55	01.0	+53	39	13	V: 100, 395, 436
UGC 6940	11	55	06	+53	32		V: 395, 436
NGC 3998	11	55	21.4	+55	43	57	W: 220, 440
UGC 6956	11	55	51.0	+51	11	40	W: 517
NGC 4016	11	55	54.4	+27	48	30	W: 407
NGC 4013	11	55	57.1	+44	13	30	W: 511
IC 749	11	55	59.1	+43	00	52	W: 555
UGC 6969	11	56	06	+53	42		V: 395, 436
NGC 4017	11	56	11.1	+27	43	57	W: 407
IC 750	11	56	17.3	+43	00	02	W: 555
Anon 1156+50	11	56	40	+50	59		W: 517
NGC 4026	11	56	51.1	+51	14	25	W: 517
NGC 4038/39	11	59	19.0	−18	35	05	V: 516; W: 124
NGC 4085	12	02	49.5	+34	23	27	W: 407
NGC 4088	12	03	03.1	+50	49	13	W: 407
NGC 4116	12	05	02.7	+02	58	15	W: 509
NGC 4131	12	06	15.4	+29	35	00	W: 555
NGC 4134	12	06	37.8	+29	27	20	W: 555
NGC 4136	12	06	45.6	+30	12	18	C: 13
NGC 4138	12	06	59.3	+43	57	57	W: 140
NGC 4144	12	07	28.3	+46	44	07	C: 13
NGC 4145	12	07	29.7	+40	09	36	W: 509
NGC 4151	12	08	00.8	+39	41	11	W: 31
NGC 4152	12	08	03.8	+16	18	45	W: 509

Table 10 (cont.)

Galaxy	R.A.			Dec.			Telescopes and References
UGC 7175	12	08	24	+40	02		W: 31
NGC 4178	12	10	13.3	+11	08	38	V: 542; W: 509
NGC 4190	12	11	13.6	+36	54	40	C: 13
NGC 4189	12	11	14.0	+13	42	16	W: 509
NGC 4192	12	11	16.1	+15	10	41	V: 542; W: 509
NGC 4203	12	12	34.1	+33	28	33	W: 220, 517
NGC 4206	12	12	43.9	+13	18	09	V: 542; W: 509
NGC 4214	12	13	08.8	+36	36	19	C: 14
NGC 4216	12	13	20.3	+13	25	38	V: 542; W: 509
NGC 4222	12	13	49.4	+13	35	11	V: 542; W: 509
NGC 4237	12	14	38.2	+15	36	08	V: 542
NGC 4242	12	14	59	+41	59	36	W: 480
NGC 4248	12	15	21.7	+47	41	16	W: 2
NGC 4254	12	16	17.1	+14	41	42	V: 542; W: 509
NGC 4258	12	16	29.7	+47	34	55	W: 1, 3
UGC 7354	12	16	36.2	+04	08	01	V: 507
NGC 4262	12	16	58.2	+15	19	18	W: 220, 443
Anon 1217+06	12	17	20	+18	25		V: 510
NGC 4278	12	17	36.5	+29	33	26	W: 265
NGC 4294	12	18	45.2	+11	47	23	W: 509
NGC 4299	12	19	08.0	+11	46	53	W: 509
NGC 4303	12	19	21.4	+04	44	58	V: 542; W: 509
Anon 1220+08	12	20	05.4	+08	34	24	W: 559
NGC 4318	12	20	10.6	+08	28	33	W: 559
NGC 4321	12	20	23.2	+16	06	00	V: 542; W: 509
IC 3258	12	21	12.0	+12	45	19	W: 509
NGC 4351	12	21	29.5	+12	29	01	W: 509
NGC 4374	12	22	31.5	+13	09	51	W: 169, 403
IC 3303	12	22	42.8	+12	59	29	W: 403
NGC 4387	12	23	09.6	+13	05	18	W: 403
NGC 4388	12	23	14.6	+12	56	17	V: 542; W: 509
NGC 4395	12	23	20.0	+33	49	29	W: 480
NGC 4394	12	23	24.7	+18	29	30	W: 509
NGC 4402	12	23	35.8	+13	23	22	V: 542; W: 403, 509
NGC 4406	12	23	39.7	+13	13	25	W: 403
Mark 209	12	23	50.5	+48	46	08	V: 564; W: 411
NGC 4413	12	23	59.9	+12	53	14	W: 403, 509
IC 3365	12	24	41.3	+16	11	15	V: 510
NGC 4435	12	25	08.6	+13	21	23	W: 403
UGC 7576	12	25	12.3	+28	58	28	W: 460
NGC 4438	12	25	13.5	+13	17	11	W: 403
UGC 7577	12	25	14.0	+43	46	20	W: 214
NGC 4449	12	25	45.2	+44	22	15	W: 228
NGC 4450	12	25	58.0	+17	21	40	V: 542
IC 3393	12	26	16.2	+13	11	00	W: 403
NGC 4485/90	12	28	05.5	+41	58	35	W: 257
NGC 4490	12	28	10.5	+41	54	56	W: 257
NGC 4498	12	29	08.7	+17	07	45	W: 509
NGC 4501	12	29	27.9	+14	41	47	V: 542; W: 509
Anon 1230+09	12	30	01.2	+09	26	54	V: 507

Table 10 (cont.)

Galaxy	R.A.			Dec.			Telescopes and References
UGC 7698	12	30	25.0	+31	48	53	C: 13
NGC 4519	12	30	58.0	+08	55	47	W: 509
NGC 4535	12	31	46.3	+07	36	34	V: 542; W: 509
IC 3522	12	32	14.8	+15	29	46	V: 510
NGC 4548	12	32	55.1	+14	46	20	V: 542; W: 509
NGC 4561	12	33	38.3	+19	35	57	W: 509
NGC 4565	12	33	51.8	+26	15	50	W: 190
NGC 4568	12	34	03.0	+11	30	45	V: 542
NGC 4569	12	34	18.7	+13	26	18	V: 542; W: 509
NGC 4571	12	34	25.4	+14	29	33	V: 477; W: 451, 509
NGC 4579	12	35	12.7	+12	05	40	V: 542; W: 509
Anon 1236+33	12	36	00.0	+33	02	00	V: 415
NGC 4594	12	37	22.8	−11	21	00	W: 434
NGC 4618	12	39	09.5	+41	25	29	W: 407
NGC 4625	12	39	29.6	+41	32	53	W: 407
NGC 4631	12	39	41.5	+32	48	54	C: 227; W: 222
NGC 4633	12	40	06.2	+14	37	48	W: 555
NGC 4634	12	40	09.7	+14	34	13	W: 555
NGC 4639	12	40	21.7	+13	31	55	W: 509
NGC 4647	12	41	01.1	+11	51	21	V: 542; W: 509
NGC 4651	12	41	12.4	+16	40	05	W: 509
NGC 4654	12	41	25.7	+13	23	58	V: 542; W: 509
NGC 4656	12	41	32.8	+32	27	00	C: 227; W: 222
UGC 7906	12	41	37.6	+12	23	28	V: 510
NGC 4650 A	12	42	04.8	−40	26	35	V: 474
UGC 7941	12	44	00	+64	50		W: 509
NGC 4689	12	45	15.2	+14	02	09	V: 542; W: 509
NGC 4694	12	45	43.8	+11	15	24	W: 517
NGC 4698	12	45	51.8	+08	45	37	W: 509
NGC 4713	12	47	25.5	+05	34	59	W: 509
NGC 4725	12	47	59.9	+25	48	20	W: 433, 480
NGC 4731	12	48	25.5	−06	07	17	V: 100, 436
NGC 4736	12	48	32.4	+41	23	28	W: 32
NGC 4747	12	49	18.6	+26	02	45	W: 433
NGC 4731 A	12	49	54.0	−06	25	00	V: 436
NGC 4775	12	51	10.8	−06	21	11	W: 509
UGC 8024	12	51	39.4	+27	25	22	V: 541
UGC 8091	12	56	09.8	+14	29	12	V: 415
NGC 4900	12	58	06.3	+02	46	09	W: 509
IC 4182	13	03	30.0	+37	52	23	C: 13
MCG−03−34−013	13	09	39	−19	10	57	V: 534
NGC 5023	13	09	57.9	+44	18	12	W: 36
Anon 1310−19	13	10	07	−19	06	27	V: 534
NGC 5018	13	10	19.9	−19	15	14	V: 534
NGC 5022	13	10	49.6	−19	17	07	V: 534
NGC 5033	13	11	09.7	+36	51	27	W: 374, 480
Anon 1311−19	13	11	14	−19	09	12	V: 534
UGC 8313	13	11	36	+42	28		W: 374
NGC 5055	13	13	34.9	+42	17	55	W: 374
NGC 5084	13	17	33.0	−21	33	39	V: 492; W: 220

Table 10 (cont.)

Galaxy	R.A.			Dec.			Telescopes and References
ESO 576-G 40	13	18	00.8	−21	47	21	V: 492
NGC 5101	13	19	00.7	−27	10	06	V: 517
NGC 5102	13	19	07.0	−36	22	06	V: 517
NGC 5107	13	19	09.8	+38	48	01	W: 402
NGC 5112	13	19	41.5	+38	59	55	W: 402
NGC 5149	13	23	53.5	+36	11	38	W: 555
NGC 5154	13	24	12	+36	16		W: 555
NGC 5169	13	26	03.6	+46	55	54	W: 430
NGC 5173	13	26	18.2	+46	51	03	W: 430
NGC 5170	13	27	07.3	−17	42	25	W: 40
NGC 5183	13	27	31.6	−01	27	43	W: 555
NGC 5184	13	27	36.8	−01	24	18	W: 555
NGC 5194/95	13	27	46.9	+47	27	16	W: 195, 568
UGC 8526	13	30	21.2	−00	54	12	W: 555
NGC 5211	13	30	31.2	−00	46	44	W: 555
NGC 5236	13	34	10.2	−29	36	49	V: 567
NGC 5289	13	43	01.5	+41	45	11	W: 402
NGC 5290	13	43	11.4	+41	57	48	W: 402
NGC 5301	13	44	21.4	+46	21	28	W: 388
NGC 5326	13	48	42.5	+39	49	18	W: 555
NGC 5324	13	49	29.1	−05	48	42	V: 500
NGC 5324 A	13	49	29.1	−05	48	43	V: 500
NGC 5337	13	50	15.3	+39	56	01	W: 555
NGC 5371	13	53	33.1	+40	42	23	W: 480, 522
NGC 5383	13	55	00.5	+42	05	27	W: 7, 192
UGC 8877	13	55	06.0	+42	02	00	W: 192
NGC 5448	14	00	55.9	+49	24	46	W: 509
NGC 5457	14	01	26.6	+54	35	25	W: 6, 8, 283
NGC 5474	14	03	15.3	+53	54	05	W: 128
NGC 5477	14	03	47.9	+54	42	00	W: 9
UGC 9083	14	09	36	+50	27		W: 555
NGC 5520	14	10	32.5	+50	34	59	W: 555
UGC 9128	14	13	37.9	+23	17	06	V: 415
Anon 1425+27	14	25	47	+27	27	42	W: 546
NGC 5635	14	26	18.9	+27	37	55	W: 546
Mark 682	14	26	34	+27	28	24	W: 546
Anon 1426+27	14	26	56	+27	40	15	W: 546
NGC 5648	14	28	08.7	+14	14	36	W: 555
NGC 5649	14	28	27.0	+14	11	28	W: 555
NGC 5673	14	29	45.9	+50	10	48	W: 402
IC 1029	14	30	42.6	+50	07	25	W: 402
NGC 5666	14	30	43.3	+10	43	47	V: 507
NGC 5697	14	34	36	+41	54		W: 555
NGC 5696	14	35	00.8	+42	02	45	W: 555
NGC 5730	14	37	42.0	+42	57	20	W: 555
NGC 5731	14	38	15.0	+42	59	38	W: 555
IC 1048	14	40	27.4	+05	06	08	W: 555
UGC 9485	14	40	36	+04	59		W: 555
UGC 9560	14	48	54.4	+35	46	38	W: 24
UGC 9562	14	49	13.1	+35	44	53	W: 24

Table 10 (cont.)

Galaxy	R.A.			Dec.			Telescopes and References
NGC 5789	14	54	29.1	+30	26	03	W: 555
UGC 9620	14	54	51.6	+19	53	54	W: 555
UGC 9622	14	55	04.0	+19	52	16	W: 555
NGC 5798	14	55	31.5	+30	10	06	W: 555
NGC 5796	14	56	36.5	−16	25	30	V: 383
NGC 5793	14	56	37.0	−16	29	41	V: 383
UGC 9650	14	58	13.7	+83	47	26	W: 555
UGC 9668	15	00	27.9	+83	43	18	W: 555
NGC 5857	15	05	11.1	+19	47	27	W: 555
NGC 5859	15	05	19.0	+19	46	25	W: 555
NGC 5905	15	14	02.6	+55	42	06	W: 339
Anon 1514+43	15	14	09.8	+43	21	00	W: 460
NGC 5907	15	14	37.0	+56	30	24	W: 190
NGC 5898	15	15	17.4	−23	55	00	V: 455
NGC 5908	15	15	23.0	+55	35	37	W: 339
NGC 5903	15	15	40.2	−23	53	12	V: 455
NGC 5963	15	32	15.3	+56	43	34	W: 530
NGC 5956	15	32	35.9	+11	55	00	W: 555
IC 4553	15	32	47.1	+23	40	07	V: 470
NGC 5957	15	33	00.9	+12	12	51	W: 555
NGC 5984	15	40	33.3	+14	23	23	W: 509
Anon 1602+17	16	02	04.0	+17	34	19	V: 449
Anon 1602+17	16	02	13.7	+17	47	03	V: 449
Zw 108-098	16	02	14.9	+17	36	15	V: 449
Anon 1602+17	16	02	16.8	+17	51	25	V: 449
Zw 108-108	16	02	30.2	+17	34	58	V: 449
Anon 1602+17	16	02	32.1	+17	28	58	V: 449
Anon 1602+18	16	02	44.5	+18	19	22	V: 449
Anon 1602+17	16	02	52.0	+17	47	02	V: 449
NGC 6045	16	02	53.0	+17	53	32	V: 449
Anon 1602+17	16	02	55.4	+17	53	36	V: 449
IC 1173	16	02	57.3	+17	33	24	V: 449
Anon 1603+17	16	03	00.2	+17	40	28	V: 449
Anon 1603+17	16	03	00.9	+17	44	22	V: 449
Anon 1603+17	16	03	01.1	+17	24	18	V: 449
Anon 1603+17	16	03	07.3	+17	52	39	V: 449
IC 1179	16	03	07.3	+17	53	20	V: 449
NGC 6050 B	16	03	08.5	+17	53	31	V: 449
UGC 10190	16	03	11.3	+17	49	54	V: 449
Anon 1603+18	16	03	13.9	+18	28	31	V: 449
NGC 6054	16	03	15.8	+17	54	10	V: 449
Anon 1603+18	16	03	17.4	+18	18	10	V: 449
Anon 1603+18	16	03	18.1	+18	17	41	V: 449
Anon 1603+17	16	03	20.3	+17	30	36	V: 449
IC 1182	16	03	21.9	+17	56	11	V: 449
Zw 108-127	16	03	22.4	+18	24	27	V: 449
Anon 1603+17	16	03	27.0	+17	56	03	V: 449
Anon 1603+17	16	03	30.3	+17	42	59	V: 449
Anon 1603+17	16	03	31.6	+17	26	28	V: 449
UGC 10195	16	03	38.2	+18	21	16	V: 449

Table 10 (cont.)

Galaxy	R.A.			Dec.			Telescopes and References
Anon 1603+17	16	03	38.5	+17	28	29	V: 449
Anon 1603+17	16	03	45.3	+17	53	55	V: 449
Zw 108-139	16	03	46.1	+18	19	74	V: 449
Zw 108-138	16	03	47.5	+18	14	48	V: 449
Anon 1603+18	16	03	51.0	+18	10	12	V: 449
Anon 1603+18	16	03	51.4	+18	17	20	V: 449
Anon 1603+18	16	03	57.6	+18	27	45	V: 449
Anon 1603+18	16	03	59.2	+18	05	17	V: 449
IC 1189	16	04	00.8	+18	18	59	V: 449
Anon 1604+18	16	04	02.8	+18	19	02	V: 449
Anon 1604+18	16	04	22.6	+18	22	44	V: 449
UGC 10497	16	37	30.3	+72	30	06	W: 555
UGC 10502	16	38	21.0	+72	28	16	W: 555
NGC 6246	16	48	52.6	+55	37	43	W: 555
UGC 10584	16	49	12.1	+55	28	09	W: 555
NGC 6340	17	11	16.8	+72	21	55	W: 480
NGC 6503	17	49	57.8	+70	09	25	W: 266, 480
NGC 6500	17	53	47.7	+18	20	44	W: 517
NGC 6501	17	53	52.1	+18	22	47	W: 517
ESO 594-G 04	19	27	05.4	−17	46	59	V: 415
NGC 6946	20	33	48.8	+59	58	50	V: 468
ESO 400-G 43	20	34	31	−35	39	42	V: 560
DDO 210	20	44	07.8	−13	02	00	V: 415
NGC 7013	21	01	56.2	+29	41	53	W: 220, 424
Anon 2228+33	22	28	00	+33	00		W: 439
Anon 2233+34	22	33	24	+34	00	28	W: 439
Anon 2233+33	22	33	33	+33	58	58	W: 439
NGC 7318	22	33	39.2	+33	42	26	W: 439
NGC 7319 C							W: 244
NGC 7320	22	33	46.6	+33	41	18	W: 439
Anon 2233+34	22	33	58	+33	52	34	W: 439
Anon 2234+33	22	34	23	+33	41	22	W: 439
NGC 7331	22	34	47.7	+34	09	35	W: 374, 439, 522
UGC 12132	22	36	30	+34	03		W: 439
NGC 7363	22	40	59.4	+33	44	13	W: 439
IC 5267 A	22	53	04.0	−43	42	06	V: 517
IC 5267	22	54	22.0	−43	39	52	V: 517
UGC 12281	22	56	42.0	+13	19	00	W: 509
NGC 7468	23	00	30.3	+16	20	04	V: 502
NGC 7518	23	10	40.6	+06	02	57	V: 502
UGC 12423	23	10	40.9	+06	09	29	V: 398
NGC 7537	23	12	01.9	+04	13	33	W: 555
NGC 7541	23	12	11.0	+04	15	40	W: 555
NGC 7591	23	15	43.9	+06	18	46	V: 398
UGC 12613	23	26	02.8	+14	28	13	V: 415
NGC 7798	23	56	51.7	+20	28	18	W: 555

n	val	n	val	n	val	n	val	n	val	n	val	n	val	n	val	n	val	n	val	n	val	n	val
1	1	51	15	101	1	151	27	201	46	251	2	301	2	351	2	401	1	451	1	501	63	551	3
2	1	52	6	102	2	152	9	202	1	252	1	302	1	352	2	402	8	452	439	502	4	552	125
3	1	53	40	103	1	153	1	203	199	253	1	303	2	353	4	403	9	453	66	503	275	553	2
4	1	54	1	104	1	154	92	204	11	254	6	304	1	354	1	404	7	454	284	504	1	554	126
5	4	55	1	105	1	155	2	205	15	255	14	305	52	355	2	405	9	455	12	505	37	555	132
6	1	56	1	106	2	156	2	206	2	256	1	306	1	356	45	406	1	456	9	506	3	556	1
7	1	57	1	107	1	157	27	207	1	257	3	307	3	357	1	407	20	457	95	507	4	557	2
8	1	58	5	108	4	158	147	208	1	258	1	308	4	358	1	408	1	458	2	508	97	558	3
9	10	59	2	109	1	159	2	209	11	259	2	309	24	359	183	409	32	459	47	509	48	559	1
10	4	60	54	110	1	160	27	210	1	260	1	310	152	360	5	410	1	460	2	510	4	560	5
11	1	61	66	111	2	161	2	211	4	261	1	311	10	361	1	411	1	461	1	511	1	561	85
12	2	62	5	112	3	162	5	212	4	262	1	312	1	362	1	412	8	462	66	512	28	562	35
13	5	63	1	113	58	163	1	213	460	263	1	313	4	363	1	413	12	463	1	513	9	563	2
14	1	64	25	114	2	164	1	214	2	264	14	314	1	364	6	414	4	464	3	514	1	564	472
15	4	65	1	115	9	165	8	215	2	265	1	315	5	365	25	415	9	465	459	515	677	565	0
16	1	66	3	116	1	166	1	216	43	266	1	316	1	366	1	416	29	466	643	516	1	566	1
17	17	67	1	117	1	167	3	217	1	267	1	317	1	367	1	417	440	467	1	517	15	567	1
18	3	68	1	118	5	168	1	218	9	268	9	318	1	368	1	418	24	468	79	518	78	568	0
19	13	69	1	119	9	169	25	219	2	269	5	319	1	369	1	419	114	469	1	519	16	569	1
20	19	70	1	120	37	170	8	220	9	270	4	320	359	370	1	420	4	470	72	520	156	570	
21	22	71	1	121	5	171	1	221	2	271	3	321	1	371	10	421	50	471	19	521	3		
22	5	72	1	122	2	172	2	222	2	272	12	322	1	372	1720	422	2	472	132	522	4		
23	2	73	3	123	3	173	1	223	1	273	130	323	4	373	6	423	1	473	5	523	156		
24	1	74	4	124	2	174	1	224	1	274	1	324	458	374	1	424	1	474	212	524	1		
25	1	75	24	125	18	175	1	225	1	275	26	325	9	375	64	425	1	475	1	525	2		
26	8	76	34	126	1	176	1	226	51	276	1	326	1	376	21	426	1	476	1	526	1		
27	52	77	4	127	1	177	4	227	2	277	1	327	227	377	156	427	29	477	3	527	1		
28	48	78	134	128	1	178	2	228	1	278	8	328	87	378	87	428	74	478	2	528	203		
29	1	79	17	129	1	179	1	229	12	279	1	329	68	379	44	429	17	479	70	529	298		
30	36	80	112	130	1	180	11	230	1	280	1	330	1	380	10	430	2	480	14	530	1		
31	3	81	1	131	1	181	2	231	1	281	1	331	5	381	2	431	1	481	1	531	1		
32	2	82	1	132	40	182	2	232	60	282	11	332	7	382	26	432	4	482	142	532	1		
33	1	83	4	133	1	183	63	233	1	283	1	333	45	383	2	433	1	483	6	533	2		
34	12	84	30	134	6	184	1	234	29	284	1	334	2	384	692	434	1	484	2	534	6		
35	44	85	106	135	39	185	1	235	48	285	32	335	1	385	45	435	10	485	19	535	168		
36	1	86	1	136	8	186	1	236	1	286	11	336	1	386	1	436	6	486	38	536	3		
37	2	87	47	137	6	187	1	237	1	287	1	337	1	387	69	437	1	487	324	537	1		
38	7	88	1	138	84	188	129	238	1	288	1	338	1	388	2	438	12	488	243	538	22		
39	1	89	241	139	14	189	1	239	1	289	1	339	2	389	10	439	1	489	572	539	6		
40	1	90	2	140	16	190	2	240	1	290	18	340	1	390	27	440	2	490	2	540	1		
41	1	91	2	141	8	191	1	241	4	291	1	341	1	391	2	441	44	491	2	541	1		
42	66	92	4	142	36	192	2	242	1	292	46	342	72	392	5	442	1	492	4	542	21		
43	1	93	2	143	1	193	15	243	1	293	99	343	1	393	120	443	1	493	251	543	482		
44	2	94	29	144	23	194	2	244	2	294	2	344	1	394	1	444	27	494	1	544	33		
45	4	95	2	145	6	195	1	245	7	295	1	345	1	395	4	445	1	495	1	545	6		
46	1	96	2	146	1	196	1	246	38	296	8	346	128	396	1	446	1	496	383	546	4		
47	4	97	1	147	3	197	1	247	1	297	1	347	115	397	4	447	298	497	1	547	161		
48	1	98	1	148	1	198	1	248	8	298	1	348	2	398	2	448	29	498	2	548	26		
49	1	99	1	149	22	199	3	249	22	299	21	349	5	399	1	449	41	499	1	549	1		
50	1	100	2	150	1	200	1	250	2	300	15	350	1	400	75	450	15	500	2	550	48		

TABLE 11: Number of Entries per reference

0	7																						
1	1	51	15	101	1	151	27	201	46	251	2	301	2	351	2	401	1	451	1	501	63	551	3
2	1	52	6	102	2	152	9	202	1	252	1	302	1	352	2	402	8	452	439	502	4	552	125
3	1	53	40	103	1	153	1	203	199	253	1	303	2	353	4	403	9	453	66	503	275	553	2
4	4	54	1	104	1	154	92	204	11	254	6	304	1	354	1	404	7	454	284	504	1	554	2
5	1	55	1	105	1	155	2	205	15	255	14	305	52	355	2	405	9	455	12	505	37	555	126
6	1	56	1	106	1	156	2	206	2	256	1	306	1	356	45	406	1	456	9	506	3	556	132
7	1	57	1	107	2	157	27	207	1	257	3	307	3	357	1	407	20	457	95	507	4	557	1
8	10	58	5	108	1	158	147	208	1	258	1	308	4	358	183	408	1	458	2	508	97	558	2
9	4	59	2	109	4	159	1	209	11	259	2	309	24	359	5	409	32	459	47	509	48	559	3
10	1	60	54	110	1	160	27	210	1	260	1	310	152	360	1	410	1	460	2	510	4	560	1
11	2	61	66	111	1	161	2	211	4	261	1	311	10	361	1	411	1	461	1	511	1	561	5
12	5	62	5	112	2	162	5	212	4	262	1	312	1	362	1	412	8	462	66	512	28	562	85
13	1	63	1	113	3	163	1	213	460	263	1	313	4	363	6	413	12	463	1	513	9	563	35
14	4	64	25	114	58	164	1	214	1	264	14	314	1	364	25	414	4	464	3	514	1	564	2
15	1	65	1	115	1	165	8	215	2	265	1	315	5	365	1	415	9	465	459	515	677	565	472
16	1	66	3	116	2	166	1	216	43	266	1	316	1	366	1	416	1	466	3	516	1	566	0
17	17	67	1	117	9	167	3	217	1	267	1	317	1	367	1	417	29	467	643	517	15	567	1
18	3	68	1	118	1	168	1	218	9	268	1	318	1	368	1	418	440	468	1	518	78	568	1
19	13	69	1	119	1	169	1	219	2	269	9	319	359	369	1	419	24	469	79	519	16	569	0
20	19	70	1	120	5	170	25	220	9	270	5	320	1	370	1	420	114	470	1	520	1	570	1
21	22	71	1	121	9	171	8	221	2	271	4	321	1	371	10	421	4	471	72	521	156		
22	5	72	3	122	37	172	1	222	2	272	1	322	4	372	1720	422	50	472	19	522	3		
23	2	73	4	123	5	173	2	223	1	273	12	323	458	373	6	423	2	473	132	523	4		
24	1	74	24	124	2	174	1	224	1	274	130	324	9	374	64	424	1	474	5	524	156		
25	1	75		125	3	175	1	225	1	275	26	325		375		425	1	475	212	525	1		
26	8	76	34	126	2	176	1	226	51	276	1	326	1	376	21	426	1	476	1	526	2		
27	52	77	4	127	18	177	4	227	2	277	227	327	156	377	1	427	29	477	3	527	1		
28	48	78	134	128	1	178	2	228	1	278	87	328	87	378	3	428	74	478	2	528	1		
29	1	79	17	129	1	179	1	229	12	279	68	329	44	379	2	429	17	479	70	529	203		
30	36	80	112	130	1	180	11	230	1	280	1	330	10	380	1	430	2	480	14	530	298		
31	3	81	1	131	40	181	1	231	60	281	5	331	1	381	1	431	4	481	1	531	1		
32	2	82	1	132	1	182	2	232	1	282	7	332	26	382	1	432	1	482	142	532	1		
33	1	83	4	133	6	183	63	233	29	283	45	333	2	383	1	433	4	483	6	533	1		
34	12	84	30	134	39	184	1	234	48	284	2	334	692	384	2	434	1	484	2	534	2		
35	44	85	106	135	8	185	1	235	1	285	1	335	45	385	1	435	10	485	19	535	6		
36	1	86	1	136	6	186	1	236	1	286	1	336	1	386	1	436	6	486	1	536	168		
37	2	87	47	137	84	187	129	237	1	287	1	337	1	387	69	437	1	487	38	537	3		
38	7	88	1	138	14	188	1	238	1	288	1	338	1	388	2	438	1	488	324	538	1		
39	1	89	241	139	16	189	2	239	1	289	2	339	2	389	10	439	1	489	243	539	22		
40	1	90	2	140	8	190	1	240	1	290	1	340	1	390	27	440	12	490	572	540	6		
41	1	91	2	141	36	191	2	241	4	291	1	341	1	391	2	441	1	491	1	541	1		
42	66	92	1	142	1	192	1	242	1	292	46	342	72	392	5	442	44	492	2	542	1		
43	1	93	4	143	1	193	15	243	1	293	99	343	1	393	120	443	1	493	4	543	21		
44	2	94	2	144	23	194	2	244	2	294	2	344	1	394	4	444	27	494	251	544	482		
45	4	95	29	145	6	195	1	245	7	295	1	345	128	395	1	445	1	495	1	545	33		
46	4	96	1	146	1	196	1	246	38	296	8	346	115	396	1	446	298	496	1	546	6		
47	4	97	2	147	1	197	1	247	1	297	1	347	2	397	4	447	1	497	1	547	4		
48	1	98	1	148	3	198	3	248	8	298	1	348	1	398	2	448	29	498	383	548	161		
49	1	99	1	149	1	199	1	249	22	299	21	349	21	399	1	449	41	499	1	549	26		
50	1	100	2	150	22	200		250		300	15	350	15	400	75	450	15	500	2	550	48		